浙江文叢

吳中水利全書

〔第一册〕

卷一至卷六

〔明〕張國維 編著

蔡一平 點校

浙江古籍出版社

圖書在版編目(CIP)數據

吴中水利全書 / (明) 張國維著. —杭州:浙江古籍出版社, 2014.11(2024.3 重印)
(浙江文叢)
ISBN 978-7-5540-0363-3

Ⅰ.①吴… Ⅱ.①張… Ⅲ.①水利史—江蘇省—明代 Ⅳ.①TU—092

中國版本圖書館 CIP 數據核字(2014)第 266701 號

吴中水利全書

(全四册)

(明)張國維 著

出版發行 浙江古籍出版社
(杭州市體育場路 347 號　郵編:310006)
網　　址 https://zjgj.zjcbcm.com
責任編輯 趙一生
封面設計 劉　欣
責任校對 余　宏
責任印務 樓浩凱
照　　排 浙江時代出版服務有限公司
印　　刷 浙江新華數碼印務有限公司
開　　本 710mm×1000mm　1/16
印　　張 84
字　　數 860 千
版　　次 2014 年 12 月第 1 版
印　　次 2024 年 3 月第 4 次印刷
書　　號 ISBN 978-7-5540-0363-3
定　　價 600.00 圓(精裝)

ISBN 978-7-5540-0363-3
01>
9 787554 003633

點校説明

蔡一平

《吴中水利全書》二十八卷，主持纂輯工作的是明代末造的名臣張國維。這裏的吴中，指長江下游南岸，從鎮江起到上海的長江出海口，再包括丹陽、金壇、宜興一綫往東的太湖流域。籠統地説，它包括太湖流域的七府，即蘇、松、常、鎮、杭、嘉、湖七府的地域。不過實際上本書所涵蓋的範圍，爲張國維巡撫江南時的主要轄區，即蘇、松、常、鎮四府範圍内的水利狀況、水利修築的記載。這一地區水利的蓄泄，洪汛的防範，旱澇的治理，攸關這一地區人民生命財産、土地耕稼的保護與安危。而事實上，太湖平原從唐代以下，已成爲我國農業經濟最發達、最富庶的地區，以此太湖地區的農經收入也就保障并決定着朝廷賦税的豐嗇。所以古時常有人説：『蘇、松、嘉三府財賦所出，當天下之半，實國家之外儲也。』『吴中水利乃國家財賦之源，生民衣食之本。』從此我們也就可以看出治理太湖的重要性和必要性。

張國維（一五九五—一六四六），東陽托塘人。明天啓二年（一六二二）進士，天啓四年下半年至七年，任職廣東番禺知縣，政績斐然。崇禎元年（一六二八），以考績卓異，陞任刑科給事中，二年調任吏科給事中，四年再調禮科給事中。五年，陞太常寺少卿。這五六年中，均任在京的言官，上疏條陳，懇切建言，常能切中時弊。七年，擢陞右僉都御史，巡撫應天、安慶等十府（即應天、徽州、寧國、池州、太平、安慶、蘇州、松江、常州、鎮江十府），轄境相當于今皖南與蘇南的大片土地。崇禎十年（一六三七），張國維上疏朝廷，議劃安慶、池州、太平，別設巡撫，并薦安慶、池州兵備道史可法任之，此議獲朝廷批准。

張國維到蘇州就任之初，便重視水利工程的建設。崇禎七年浚松江塘河，及嘉定、上海二縣虬江、無錫縣運河。八年，修吴江九里石塘、平望内外塘、長橋、三江橋、翁涇橋。九年，修松江府淙闕捍海塘，疏導吴江長橋七十二洪。十年，修長洲至和塘，浚江陰縣運河，浚崑山縣、嘉定縣、寶山所各城濠并彭華浜，及修樣、浦海岸。十一年，浚鎮江府漕渠、太倉湖川塘。可見他在巡撫六年任期内，始終關注、决策、督理蘇南水利工程的浚修。清人温睿臨在所著《南疆逸史》中論曰：『國維之撫應天也，建蘇州九里石塘及瀕湖諸堤，修松江捍海塘，立社學，設常平倉。蘇人尤德之，至今虎丘祠焉。』可見張國維在駐蘇任内，確實爲蘇南人民辦了許多好事實事，受到廣大人民的愛戴、紀念，操辦水利是他的重要德政之一。

明末崇禎年間，明王朝治下，正處於民族矛盾與階級矛盾不斷激化的時期，朝政昏聵，黨争不息，經濟凋敝，狼烟迭起，危機四伏，朝廷處於風雨飄摇之際。此時，張國維身爲朝廷的封疆大吏，他在駐地正可謂是戎馬倥偬，政務繁劇，席不暇暖，無日不在接受嚴峻的考驗。清崑山毛璞中有詩稱頌他是：『大厦難將一木支，塵揚滄海羽書馳。虎臣有志回天運，龍種無憑立國基。』『艱危歷試握神機，鬢鬢霜生未拂衣。吴會便農興水利，皖江分鎮重封圻。』這是張國維身處艱危，僕僕風塵的真實寫照。在政務如此繁難、緊張的情况下，我們很難想像他能安静地坐下來編纂一部六十多萬言的巨著，但是張國維深知『水利乃生生之原』『裕國救民，非急興水利不可』（均見《進呈水利全書疏》）。出于他愛國愛民的理念與熱情，整治太湖流域水利的良苦用心，確實在他的規劃、主持下，衹用了短短數年時間，編輯刻印了這部《吴中水利全書》（以下簡稱《全書》）。

張國維于崇禎七年四月至姑蘇抵任，到九年臘月已經寫好了書序，詳細地説到了編書的初衷與經過，他説：『自萬曆戊申後，十常八災，蚩蚩之氓，膏血已殫。國維聞之未信，頃奉簡書，來蒞兹土，則閭右凋殘，臘歌絶響，追捕之案山積，有司停俸鎸級，補過不遑……國維更悚然愧汗，於馳驅戎馬之際，得晷暇，篝燈披故牘上下千百世之典實，彙輯《水利全書》。』我們從他的書序中知道，戮力同心參與此書編纂工作的還有鄉紳蔡懋德、庠生王焕如和嘉定縣令萬任。但張國維本人在百忙之中仍付出了巨大的勞動，他説：『若夫水性之順逆，所謂因勢利導之故，國維則溯尋原委而分疏之，并繪圖幅，畢肖其縱横紆直。此於巡汛觀兵，組練艅艎之日，躬爲指勘，按察形區，附系複説。』（語見書序）『臣嘗單舸巡汛，探溯河渠，各繪水圖，括以説略，昉諸郊原郛郭，畢以湖浦江海，首尾喉腹，若縱若横，若紆若直，若遠若近，摹肖形區，全吴諸水之故道，曾煩列聖之睿畫者，恍在目前矣。』真可謂是備極辛勞，不遺餘力的了。

關於本書成書的年份，有不同的説法。清馮桂芬的《姑蘇重建張忠敏公祠記》中説：『公書成於崇禎丙子。』丙子則是崇禎九年（一六三六）。《劍橋中國明代史》亦標註爲一六三六年。康熙《金華府志·張國維傳》則云：『十一年，築鎮江漕渠，皆報竣，乃輯《吴中水利全書》。』這是説他在蘇南多年修築水利工程之後，纂輯是書。康熙新修《東陽縣志·張國維傳》曰：『十一年，築鎮江漕渠，由丹徒、丹陽迤邐百里，皆報竣。餘小疏鑿不與焉。越明年，乃輯《吴中水利全書》。』比《府志》説得更詳細、明確一點。《中國水利史稿》（下册）亦主此説，『成書于崇禎十二年（一六三九）。』所以出現以上不同説法，也是事出有因。因爲編輯刻印出書，是一項相當大的工程，有一個相當長的過程。張國維在《全書》序言的末尾，交待了三位參稽僇力的同道後，末署『崇禎九年臘月，題于蘇署待旦堂』。但是，從他抵任蘇州，至此不過兩年半多一點時間。從他寫的序言看，對於《全書》的安排、構想都已非常清楚，而且具體的工作都已有順利的進展。認爲此書成於崇禎九年，主要根據他的這篇序言。然而崇禎十年之後，他對吴中的水利興築還在繼續，完成了不少工程。我們檢視《全書》卷十四《章疏》末，收有崇禎十年李模《請浚吴淞白茆并復設水部臣疏》，疏末稱：『撫臣張國維察見民情孔亟，採輯成書，將摹畫繕寫，恭進睿覽。臣不敢贅，伏乞敕下該部，逐一詳議，覆請裁決施行。』可見《全書》的摹畫繕寫尚在進行之中。《全書》卷十《水治》末尾，還記有崇禎十一年浚太倉湖川塘的事實，這可以證明完成此書至早應在崇禎十一年。在崇禎十二年仲秋，張國維爲梓刻徐光啓的《農政全書》作序時説：『余前刻有《水利全書》，所謂急則治標，因病立劑者；今又得徐少保農政全帙，所謂緩則治本，懸方救病者也。』這就説明《水利全書》的刻成在崇禎十二年仲秋之前。我們再查檢張國維在崇禎十二年五月所上的《進呈水利全書疏》中説：『前歲書成，擬即進呈御覽，』因爲種種其他原因，推遲了呈覽的時間，到十二年五月，纔『謹盥沐拜疏，先將全書恭進御前』。從以上前前後後所述的種種情況推敲起來，這樣一部大型水利專集，要敲定它在哪一年成書，有一定的難處。不過我們可以有把握地説，在崇禎十一、十二年之際，《全書》已刻印成書，十二年五月進呈朝廷。這個結論更合乎實際情況。

關於本書的内容，陳繼儒在他爲《全書》寫的序中，將其分爲兩個部分，即紀事部分和紀言部分，這樣劃分應説是恰當的。紀事部分爲卷一至卷十，其中卷一、卷二爲蘇南四府（蘇、松、常、鎮）及各縣的水利圖與系説；卷三爲水源（水系來源，兼及杭、嘉、湖、廣德、寧國、應天諸水系）；卷四爲水脈（自太湖入江達海之水系脈絡）；卷五、卷六爲水名（四府所屬江湖蕩漾之名册）；卷七爲河形（指諸河寬廣長短）；卷八爲水年（自漢代以下歷年水旱災紀年）；卷九爲水官（歷來設治水專官紀年）；卷十爲水治（歷代治水疏浚興築史實）。這十卷中，前七卷爲横向的，水系形態與名稱，後三卷爲縱向的歷史紀事。紀言部分，指歷代以來關於吴中水利的文字資料，從朝廷的詔命敕書，到大臣的奏狀章疏，以及各種文字材料，乃至策對、祀文、詩歌等。前十卷的篇幅約佔百分之三十六，後十八卷佔百分之六十三强。

《吴中水利全書》，顧名思義是一部關於蘇南四府水利的專著或專集，它是一部關於水利工作經世實用的專著。這部書蒐輯了吴中地區歷代以來治理太湖流域上上下下水系脈絡的有關資料，給予當時及後世的人治理太湖流域的寶貴經驗和教訓。太湖流域人民的安定生活和豐裕收入，有賴于太湖的綜合治理。要治理好太湖流域，必須解决好天、地、人三者之間的協調關係，也就是要不斷解决人與自然（包括水在内）的矛盾過程，做到天人之間儘可能完美的結合。旱澇和洪水是自然現象，是天時（也即氣象條件）所决定的。太湖地區的地勢西南高東北低，注定了太湖水系總的走向，處于不同河段或湖泊的居民和農民，有着不同的利害關係，造成某些矛盾。太湖流域與長江下游三角洲攙和在一塊，受到沿海潮汐的影響，容易造成河道的淤塞，這些都是地理條件所决定的。《管子・牧民》中就説：『不務天時，則財不生；不務地利，則倉庫不盈。』於是人們就得採取修築堤岸，導江開浦，置閘啓閉，浚流泄沙等種種措施，還得籌集大量經費與勞力，而且要做到興作有序，民不徒勞，官不徒費，專官責成，以期成功，這得依靠行之有效的水政體制，這樣纔能處理好流域地區的人際關係。太湖地區歷史進程中的成敗得失，取决於對天人關係的認識正確與否，和處理得當與否。《吴中水利全書》正是集納了歷史上各個時期採取的治水方略，它們是經過治水專家和群衆的實地考研與實踐的結晶，因此也是留給後人的一份寶貴遺産，使我們可以以史爲鑒，開發治理好太湖。所以這部水利全書，在國内外都常常受到歷史學家和水利專家的重視和稱道。清代《四庫全書》的總纂官稱贊它『所記雖止明代，然指陳詳切，頗爲有用之言』。又稱『國維之於水利，實能有所擘畫，是書所記皆其閱歷之言，與儒生紙上空談，固迴不侔矣』。《劍橋中國明代史》的看法：『這是一部全面論述江蘇南部河道的治理與灌溉的專著，根據的是作者本人的經驗和有據可查的文獻，包括地圖和文獻材料。』所以張國維編輯刻印此書，在我國的水利史中有其重要的地位，也是一項實實在在的貢獻，我們開發治理太湖，那末《全書》就是一部可貴的文獻資料，必須加以重視。筆者查看了中華書局一九九九年五月出版的《中國太湖史》上、下册，這是江蘇省哲學社會科學『九五』規劃的重點項目，約一百二十萬言的皇皇巨著，然而找不到一處一句提及張國維在蘇州任内的治績與編纂《吴中水利全書》的勞績，這於治理太湖流域的歷史來説，似是不應有的缺失與疏漏。

據《中國古籍善本書目》所載，明崇禎刻本《吴中水利全書》，僅有國家圖書館、上海圖書館、天津圖書館、廣東社科院圖書室與廣西師大圖書館各藏一部。浙江東陽市文保部門僅存半部（即第十四卷至二十二卷）。此外北京中國水利水電科學研究院水利史室收藏有手抄本一部。可見現今國内保存此書之稀缺。現在一般能够看到或使用的，均賴四庫版的複印本。此次點校本書，以明崇禎嘉定刻本爲底本，以與四庫本互相對校。其實四庫文淵閣本，即是以明版爲底本過録的，我們用它與明刻本參校，大同小異，稍有變動或不同處，在校記中加以説明。明刻本對於異體字的使用是很隨便的，有時甚至在三數行中，前後就會出現幾個異體字。在這次點校過程中，儘量求其統一，達到比較規範的目的，以便讀者閱讀。如有錯字、脱誤或衍文，一般均在校記中加以説明。有的字錯了，并不删去原字，而加上圓括弧，以存原貌，把應改的字改上，加上方括弧，可接上文連讀。

張氏編纂此書，對於繪製水綱湖泊的圖形，非常重視。他在『凡例』中説：『止吕沃洲以後，始繪圖幅，然訛繆相仍，筆法苟簡，全失方輿位置，轉令觀者眩惑，有乖《周禮·職方》之制。今詳按形區，濡毫點染，分疏密於絲髮之間，具有意義。』這確實也是一大進步。他還説：『圖凡五十三，并創自今，非襲夫舊。』（見卷一之首）可見他也是很得意的。不過從現代地圖學的觀點來看，差距還是很大的吧。

本書在點校中失誤疏漏之處亦所難免，敬希讀者批評指正。

吴中水利全書目録

卷二

圖系説

卷三

卷四

卷五

卷六

第二册

卷七

卷八

卷九

卷十

卷十一

卷十二

敕諭

卷十三

奏狀

卷十四

章疏

第三册

卷十五

公移

卷十六

公移

卷十七

書

卷十八

志

卷十九

考

卷二十

説

第四册

卷二十一

論

卷二十二

議

卷二十三

序

卷二十四

記

卷二十五

記

卷二十六

策對

卷二十七

祀文

卷二十八

詩歌

附録

校勘記

〔一〕暗都剌　四庫本作『温都爾』。『奏請』，據明刻本作『奏清』。
〔二〕鐵哥　四庫本作『特爾格』。
〔三〕明里答失　四庫本作『明埒達實』。
〔四〕欽察台　四庫本作『奇徹台』。
〔五〕旭萬傑　四庫本作『舒瑪爾節』。

〔六〕麻哈馬特　四庫本作『瑪哈穆特』。

〔七〕左答納失里　四庫本作『尊達納實哩』。

〔八〕脱脱　四庫本作『托克托』，下同。

〔九〕顧浦　據《宋文鑑》作『顧會浦』。

《吴中水利全書》序一

張國維

嘗繙歷代史，核農田貢税，於唐、宋以還，即偏重吴中。我明仍元籍而稍益之，數將倍蓰。至宣德間，周文襄忱爲巡撫，秤土均則，然姑蘇、雲間兩郡，歲賦幾半天下，毘陵次之，潤州又次之。竊謂土性沃肥，頃畝可獲鍾粟，家露積而户囷倉也。及登仕版，趨王程，溯松陵而上京江，履其原隰，極目汪洋，具區中匯，跨三州，納百川，污邪之疇，農人告匱，云遇豐稔，畝入儋石，半輸公府，則仰屋坐槁。自萬曆戊申後，十常八災，蚩蚩之氓，膏血已殫。國維聞之未信，頃奉簡書，來涖兹土，則閭右凋殘，臘歌絶響，追捕之案山積，有司停俸鐫級，補過不遑。即數百萬漕糈，亦從兩部鞭笞得之。國維心痛焉，亟延見鄉大夫士，召進鄉三老於庭，詢昔何以殷贍，今何以困詘？豈守令不循良歟？催科無撫字歟？抑爾族誇靡，用度無節歟？皆曰：『非也。惟吴澤國，民以田爲命，田以水爲命，水不利則爲害，咽喉閼，腸胃涸，尾閭窒。經旬霪雨，震澤揚波，瀰漫沮洳，三農束手。初罄瓶罍以栽禾，旋竭胼胝以畢耨。秋成玉粒，徒枵腹而望天；轉盼箕徵，忍剥膚而搶地。久荷聖明，注念東南水利，而恩澤屯於下，坐視吴民之死。吾儕小人，頂戴皇恩，寧耐餒寒，未敢鋌而走險。』國維更悚然愧汗，於馳驅戎馬之際，得晷暇，篝燈披故牘上下千百世之典實，彙輯《水利全書》。帙成，將授剞劂，肅衣而起曰：昔禹抑洪水，疏九

川，陂九澤，滎陽下引，則宋、鄭、陳、蔡、曹、衛與汝、泗會於楚，西通漢川、雲夢，東通鴻溝、江淮，齊
醨淄、濟，蜀穿一江。於吴則通三江、五湖，行舟灌田，百姓享其利，而水利之説興焉。司馬著論河渠，孟堅推廣溝洫，水利之書成焉。鄭國始開，秦以饒足；宣房未塞，漢爲不支。此其利害之大較矣。吴有具區，涌川開瀆，吞江納漢，出乎大荒，行乎東極，浸莫大焉。試覽壤壚映野，軫畷帶郭，受似承盤，來如建瓴，曲河鑿於東晉，苧溪浚於元嘉，大業肇工，貞元繼迹，閱唐易代，至錢氏廣設撩清；由宋迄元，遘僞吴愈勤畚鍤。夫南渡偏安，而常平倉滿；匹雄草竊，而堅壁餉盈。富强無敵，粟紅數載，節其羸以葺雉堞、橋梁、黌舍、公署，此往事之明徵已。入我熙朝，永樂初禩，特命夏忠靖原吉治水，宣宗時周文襄繼之，粒米充溢。各屬邑建濟農倉，省耕發助。列聖以來，頻修水利神廟。中年上稼洊登，斗米價一銖，今何啻倍其三也，議者盡歸咎於水政之廢弛。賴主上明聖，如召對平臺，洎上章降旨，殷殷垂問東南水利，一則曰『無擾民』，再則曰『無擾民』。大哉如傷之視，惟恐以養民者勞民。故國維所輯，首奉王言，次贊臣僚先後之條奏，官司參覈之移文，凡可考求利病，若正史，若野抄，若碑版，若劄記，若冠紳之辨議，若襏襫之歌謡，蒐羅大備。前乎古，後乎今，時與事之殊同，意與見之睽合，或費約而臻厥成，或金縻而罔實效，并可借以觀摹，鑒其成敗。若夫水性之順逆，所謂因勢利導之故，國維則溯尋原委而分疏之，并繪圖幅，畢肖其縱横紆直。此於巡汛觀兵，組練艅艎之日，躬爲指勘，按察形區，附系複説。因想肅皇帝之癸卯，先臣吕光洵，以御史巡按吴中，鋭作水利圖考，拮据越

歲，迫於瓜代，不竟其業。後蘇守王道行續成之，文藉以傳，圖則舛錯，光洵憾焉。國維備位鎮撫，驟得竣役，以塞鰥曠，何其幸歟！雖然，衆議盈庭，廟廊築舍，衹以時詘舉贏，物力不逮，國維豈不審顧卻慮。但目擊斯民，倘再罹灾祲，無論六軍之糗糒，内府之供輸，勢不克辦；將仰丐皇仁，議蠲議賑，費出不貲，則水利之工程，其得失較相懸耳。況我國家二百七十年間，加敕命官，屢事修浚，兹編臚列成案，便宜設法，故迹可倣而循也。彼狃苟且目前之計者，必曰先開支河，暫築圩塍，此引流障水，當與疏鑿大舉相御而行。古人所云開江、治浦、圍田，三者缺一不可。若急枝而忘幹，僅可禦小潦，安能驅洪漲？即岸崇如墉，奚捍尋丈之騰襄？且土素善崩，隄防高不踰數尺，談者有類説鈴，非國維之所敢知也。鄉紳蔡藩參懋德，向嘗伏闕上言水利，深切究心，實與國維共詮次焉。而參稽僇力，則屬之嘉定令萬任、蘇庠生王焕如。是爲序。

崇禎九年臘月，題於蘇署待旦堂。

《吴中水利全書》序二

蔡懋德

世之言水者，率未辨江南與淮北。夫龍門、震澤，並神禹之疏鑿，曰砥柱，曰厎定，似相符也，而迥不侔。何也？淮北之水，遷徙靡常，順逆乍改，其患在決。決之治，雖竭人工，而天司其命。江南之水，紆曲百折，趣納有準，其患在閼。閼之治，雖仰天貺，而人職其功。故淮北自勝國宅燕，爰稱漕道。國初宋康惠、陳恭襄乘聖祖肇造之運，獲奏偉績。後徐武功、劉忠宣各攄碩畫，人猶病其漕輓計密，陵寢謀疏。垂二百年來，以堤制水，以水滌沙，策居中下。抑或開泇濟運，分黄殺流，共邀天子之靈爽，而治河者誰尸其伐？若江南水利，三江故道，亘古無易。即東江以海塘障，而迸其流入吴淞，更有白茅以分婁江之勢。如霅、苕、宣、歙、金陵、九陽諸水，建瓴而向海若，其道劃然。祇潮汐往返，泥沙易積，通則川引而畝灌，塞則逆駕而狂奔，吴其沼乎！天府數百萬貢賦，倚辦於吴矣，吴稼告歉，輸將不前，上下交困，列聖軫念民瘼，稽往代得失，采臣庶敷陳，頒敕遣官勤修水利，歲賴豐稔，司農免嗟仰屋，編户罷泣敲筋。迨神廟後水政曠廢，潦輒汎濫稽天，暵乃枯槁待斃。瓶粟不飽，恒抱嘆於閭閻，階秩屢鐫，致府辜於守令，至我哲后御宇，廣闢四聰，甦民隱痛。懋德不揣曚昧，恭上封章，荷旨下部條畫，慎厥終始。正議擬金錢所自出，奈東鄰西寇，外擾内訌，當事蘄急，紓君父憂，專務秣馬厲兵，視吴中水政爲可少緩。惟三軍宿餉，吴獨肩天下之半。而踵歲無秋，逋亡日報，能不廑根本之慮乎！此中丞張公之撫吴也，審幾握要，於寇警民生，不分先後二念。當戎馬在郊，檄治陴隍，以固拒守；躬驅羆虎，以挫狂鋒。苟乞晷暇，寡從輕舠，遍歷湖海，討尋水道源委，兼蒐故實，詮次《水利全書》，聳然几案。凡昔考究之成説，開導之便宜，措貲鏹而匪耗民財，協廟算而俄充國廪，鑿鑿乎其徵信焉。公又隨巡旌至止，指畫形區，繪以圖畫，曲肖江河塘港陂澤之脈絡，而水流分合從横，廣狹大小，不下堂皇，瞭然在目。邈矣桑《經》，淵哉庾《紀》，公殆參而過之，其精神力量，何其周且密也！宜經文緯武，恢恢有餘閑乎！頃懋德伏誦明綸，諄諄水利，於松陵、垂虹之浮漲，已命畚鍤，先去咽喉梗噎之患，則腸胃尾閭，亟需宣泄，吴淞、白茆之浚鑿，英英聖主，定不俟再計而決矣。大工繼起，所爲排之、瀹之、築之、匽之、遏之、坊之，俾水歸其壑，土返其宅者，詳按兹書，寧有軼法哉？且炯成隳，臚勸戒，詔告循良，猛思竭蹶，震惕奸宄，息念侵漁。則公是纂，直爲國家建不涸之倉，爲吴民起將仆之疾。或難德曰：『淮北之水，治策千萬人終無長畫，何江南水政，纍纍卷册，操必效之券？』語不云乎，江南病水，太湖之溢也；淮北懼水，黄河之徙也。溢則常，徙則變，天人之説盡之矣。即使夏忠宣、周文襄與宋康惠、陳恭襄易地必乖，斯江南水利，有中丞公之殫慮，未鋤未舉，業覩不朽鴻裁，淮北縱武功、忠宣復生，難繼大禹之謨烈，勢使然耳。公珥筆纂輯，德讀《禮》荒邱，謬謂粗知水學，辱緘商訂，誠不敢自諱其愚，然不賢識小，奚裨公萬一。剞劂既竣，計楮葉盈二千二百有奇，皆公正手提衡，而顧問時及。萬侯則治境瀕吴淞之壅口，三冬農隙，嘉無漕糈，鞅掌稍閑，得與野老較量晴雨，參核水政。較真而逢掖，向推吴中，掌故班班，紀述公之虚懷善下，器使樂取，以襄大業，類如此。懋德殊愧綴名，聊借蕪管，以附鞭弭之義。

《吴中水利全書》序三

陳繼儒

自來邊撫以士馬重，腹撫以錢穀重。獨今日之江南，則邊與腹皆攝受焉，而大中丞張公適當其難。往貌視三吴者指爲神皋。陸海士民，食稅衣租，老人嬉遊市中，如小兒狀，何曾眼識兵革？頃秦、晉、楚、豫之流氛，倏散倏聚者，幾年於兹矣，易乎，難乎？拱陵寢，護神京，趨督漕艦以百千計，渡江而前，安流無恙，易乎，難乎？將吏不解甲，士大夫登陴不敢宿於家，公前顧後盼，左支右吾，區處於兵單餉匱之時，易乎，難乎？太湖兩洞庭，其民喜博好鬭，聞大中丞移鎮皖口，招呼吴越人白晝摽掠。公遄歸，移兵鵰剿之。或雉經林木上，或鳥驚魚散，竄伏菰蘆中，公立梟其渠魁，羣心始定，易乎，難乎？公腹撫而兼邊撫之患，甚且竹頭木屑如陶士行，耳聽目受手畫如劉穆之，心血丹，鬚髩白矣，顧安所得暇而著成《水利全書》，何以故？崇禎初元，今藩參蔡公懋德以儀曹郎上封事，極陳東南水患。上御平臺召對，問患在何地，以蘇、松對。上顧輔臣曰：『修水利得無擾民否？』輔臣奏云：『正恐其擾民，故責成撫按修治之。』未幾，奉有特旨專敕，而以流寇起，不果行。大中丞張公蹶然奮曰：『非某，誰當任者？』乃與蔡藩參暨萬令君任、王茂才焕如，集吴中古今治水法凡數十萬言，鎮綜羣策，經之緯之，如提數十萬烏合之衆，線索在手。公於此書，足徵韜鈐。公笑曰：『吾計之熟矣，三吴，澤國也。吴不虞流寇，虞土寇，土寇不起於兵，起於荒；荒不起於旱，而多起於水；水不起於上流横，而起於下流之梗塞。下流梗塞，則三江之尾閭不通，而震澤之腸胃潰溢，蘇之下，淞之上，彌望皆巨浪洪濤，田穀不生，盜賊滋起。故治兵以攻流寇，爲民也，標證也；治水以銷土寇，爲民也，本證也。』幕府雖移江表，而神情則懸注江南。凡郡州邑之水，繪之爲圖，溯之爲源，疏之爲脈，縷之爲名，度之爲形，其紀事之法如此，首詔敕、奏章、文移，次之曰書、曰志、曰考、曰説、曰論、曰議、曰序、曰記、曰對策，又次之下至祀祝歌謡，亦不遺焉，其紀言之法如此。大抵鑿吴淞爲幹河，旁及吴淞之分派者爲支河。幹河用孟子之水利，如浚江導海是已；枝河用孔子之水利，如用力溝洫是已。前留一二里許，不必通浚，以此代堅壩，代壯閘，斷海潮之淤泥，堤防出没之鹽盜。有非常大潦，片檄下之所司，畚鍤如雲，鼓鼙如雷，不數日而震澤之水直奔吴淞，吴淞之水直奔浦口，而達於大海。潦患泄後，填土復如初。此開而不開，不開而開之妙訣也。如曰水限方隅，官限畫地，人少則不足以集事，多則膜外有秦越，室内有婦姑，似非一人事也。爲郡七，爲縣凡數十，一處淤，便廢全河；一人懈，便害全力，似非一邑事也，而愚獨謂不然。國家治黄，歲捐不貲之金錢，投無涯之巨壑，爲轉漕故耳。漕從何來？三吴半輸之。一中水患，漕何從出？今通浚吴淞，金錢不過八九萬，白茆不過五萬，視黄河工減省且數倍，故足辨也。先朝專命夏忠靖、周文襄、海忠介，而大中丞張公忠勤識力亦相當。且皇上平臺召對之後，不惜以郡縣河夫額設之金，留助經費，而又有協濟乎後，故足辦也。但水有故道可居，寇有故鄉不敢居；水有生路可出，寇有生門不肯出。今公先以治水之法，轉而治寇，而旋俟平寇之後，治吳淞以平水災，蓋神禹之不矜不伐而兼之，行所無事者也。禹金簡玉書受於蒼夷使者靈威丈人，而公之匯萃水利，得之羽檄倥傯，風檣陣馬之下。公不難寇而難水乎哉？則邊腹更不必言矣！

凡例

一、東南水利曰『集』、曰『録』、曰『書』、曰『考』，種種繁夥，然言持一家，議主一時，惠偏一郡、一邑，或師古而悖今，或詳今而略古。兹纂自三代以還，凡關水利典故文章，纖悉畢收，以備參核，故曰『全書』。又披往帙，止叙蘇、松、常、鎮四郡，徑稱三吴，稱江南。夫建業、綏安、姑孰、宛陵、新安并在江南，吴興、臨安乃西吴，僅附見水源，遽以統呼，於義未稱，今酌名吴中爲當。

一、吴爲澤國，左江右海，震澤匯於中，翕受宣泄，有建瓴之勢。其遠近縱横，高庳紆直，非畫圖莫辨，此古人所以重圖經也。乃歷來諸刻皆忽之，即單子一書，垂之千祀，而畫竟不傳，尚論者恨之。止吕沃洲以後，始繪圖幅，然訛繆相仍，筆法苟簡，全失方輿位置，轉令觀者眩惑，有乖《周禮・職方》之制。今詳按形區，濡毫點染，分疏密於絲髮之間，具有意義。水利關要，瞭如指掌。

一、吴水自宣、歙、臨安大坏等處發源，谿霅、苕、故鄣、荆溪而下，并瀦具區。檇李一郡，洪濤直注南境。又瀕江沿海所翕受則以潮汐爲吐納，陂塘川澤，纍纍若貫珠。故先叙水源，次叙水脈，其間分合疾徐，流衍歸宿，皆有一定之理，自然之勢，開帙縱覽，方知疏治無容或廢。

一、吴境水道千支萬派，皆關蓄泄，故水名不可不紀，其尤切利病，歷經疏導者，窮搜故牒，編次河形。凡長闊深淺丈尺，悉繫於下，使故迹鑿然可稽，興修不致疑阻。

一、吴中厥田下下，從今溯昔，恒患水浸，紀叙水年，所以志稼穡之苦也。若夫修浚維時，命官治績，歷世無曠。蓋廟廊隱憂，閭閻積痛，唯在此盈涸。水官、水治實千百年已徵之炯鑒，考據特爲詳備。

一、有明二祖列宗，涣汗頻頒，加惠吴民，專重農田水利，詔命、敕書昭垂典則，各匯成卷。其先朝命旨博採正史、稗編，收載志類綦詳，不復另叙，觀者於志内查核可耳。

一、歷代經濟名公，或貽惠并州，或留心梓里，所建嘉謀碩畫，在先朝曰奏狀，本朝曰章疏，各羅成編，其當軸咨諏，官司計畫，上下一切書劄、公移，皆具劃然不磨之策，并輯無佚。

一、從來講求水政，辨析利害，或著論，或著議，或著説，或對策，隨時揆勢，臆見異同，不相踵襲。兹遍搜名集，分類編次，欲事疏瀹，取以折衷，法無不善矣。

一、志考、典故攸存，搜採唯恐或漏，然頌言弁語，金石鐫銘，一時人事興廢，姓名歲月系焉。并輯序記、詩歌皆所以徵文獻也，其江海湖澤止咏勝概，不關水政者不收。若先後疏浚祭饗告虔，搜載祝詞，亦知大舉聿興，神人協志。

一、太倉乃方州，編叙各縣之後。蓋水源西來，自郡而下更按方輿志考，必先附郭，以逮轄境，與公府類册不同，亦例也。

一、崇明、靖江亦附庸蘇、常，兹書曷爲不叙？緣二邑沙浮江海之中，地脈不相聯貫，雖旱澇蓄泄，有藉鑿池浚河，司牧者可依圻循督之，且徭輕賦薄，民力猶能强事畚鍤，自昔不混東南水政之内。止二郡全境總圖，仍繪二邑方輿，并摹港脈，以存考證。

吴中水利全書卷之一

圖系説

圖以肖輿地形勢，吴中之水，但觀形勢即得其趨下之性矣。兹先合外境來源，次而郡、而州邑、而境、而城，匯分煩簡，實相綰合。蓋總以攬其概，郊原止標要害，析以徹其微，郭内必識橋梁。圖凡五十三，并創自今，非襲夫舊。系説亦統括大端，不復枝蔓，致同於書中所載。

東南水利七府總圖
江北揚州府境
靖江縣境
金山
焦山
大江
鎮江府
丹徒縣
運河
丹陽縣
孟瀆
常州府
武進縣
江陰縣
無錫縣
蘇州府
長洲縣
吳縣
常熟縣
福山港
白茆港
崑山縣
太倉州
嘉定縣
崇明縣
七鴉港
劉家河
東江
陽城湖
至和塘
新洋江
松江東口
松江中段
松江西口
上海
黃浦
松江府
華亭縣
澱山湖
吳江縣
平望
嘉興縣
嘉興府
嘉興縣
秀水縣
鴛鴦湖
桐鄉縣
平湖縣
金山衛
海鹽縣
海寧縣
崇德縣
杭州府
仁和縣
錢塘縣
西湖
錢塘江
浙東紹興府境
海塘
太湖
百瀆
湖州府
歸安縣
烏程縣
長興縣
安吉州
孝豐縣
武康縣
德清縣
餘杭縣
臨安縣
於潛縣
昌化縣
新城縣
富陽縣
宜興縣
洮湖
滆湖
金壇縣
應天南界
廣德州界
寧國府界
諸溪

東南水利總圖説

《水利全書》爲蘇、松、常、鎮而作，乃總圖兼杭、嘉、湖者何？吴中之水繇杭、湖發源，自西南而傾東北，嘉禾亦其流駛停泓之境，非合七郡，莫悉端委。試閲水源、水脈二纂，則兹圖之關紐誠大且遠矣。或又曰宣、歙、九陽諸水皆旁注，而蘇、松、常實受焉，曷不合江南而僅七郡乎？則水源之聯絡應天、廣德者，編内亦叙之詳矣。尺幅有限，豈能包括若是之廣。粤稽宋、元治迹，張官畫地，則此七郡爲浙西道，正以水限方隅，古人之衡量曲當，今仍本是義爲圖。惟條分縷析，水道劃然不紊，使披覽者舉目自辨，不必强爲複説。

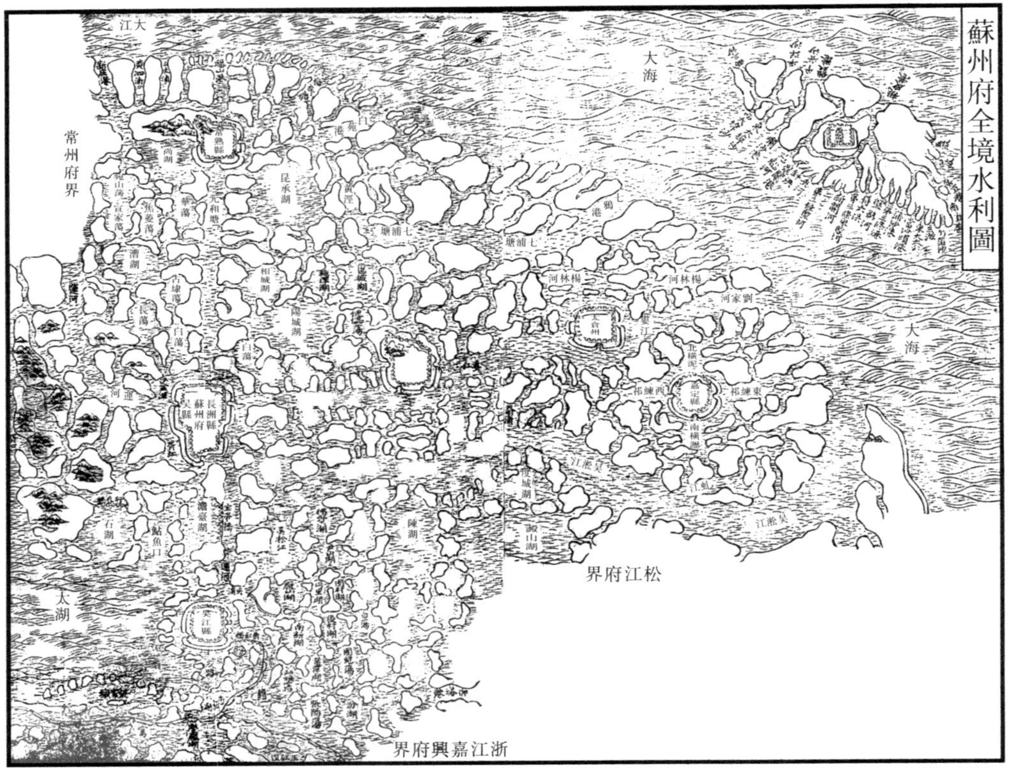
蘇州府全境水利圖
大江
大海
大海
常州府界
松江府界
浙江嘉興府界
太湖
長洲縣
蘇州府
吳縣
太倉州
嘉定縣
吳江縣
昆承湖
陽城湖
相城湖
陳湖
澱山湖
石湖
吳淞江
劉家河
楊林河
七浦塘
鶴港
白茆港

蘇州府全境水利圖説

蘇郡原隰，東西北高卬，獨西南卑陷，具區浩淼無涯，從此駛入西北境港瀆。又合梁溪以南諸水，爲之貫注，而蘇誠澤國。惟水勢至此漸平，故曰平江，順水惟東流趨納滄海，僅有吴淞、婁江、白茆港三道。此外唯七鴉港亦通泄，然不如三道之形廣勢順，餘港浦並淺狹，僅供吐納。然晝夜潮汐逆上，故水勢來疾而去緩，稍遇霪潦，蘇患偏甚於他郡。矧出海三道泥沙易壅，浚不及時，則嘉定、太倉、常熟高鄉之水反瀉，吴邑山鄉之水順傾吴江、崑山、長洲、常熟之低鄉，寧不爲壑。閱尺幅得一郡梗概，參以古人成説，則治水之法思過半矣。更松、嘉、湖、杭四郡運艘，及南北商販舠艒方舟，共取道蘇境，所爲裨國計，惠民生者，漕渠并急。説者謂浚吴淞、婁江、白茆之餘力，即兼治焉，以逮四境周環之河脈，斯實根本之論。

蘇州府城内水道總圖

此圖止畫長洲、吴兩縣共城分界，并三横四直河道，提契綱領，而從横聯貫諸水，則有後四隅分圖在。

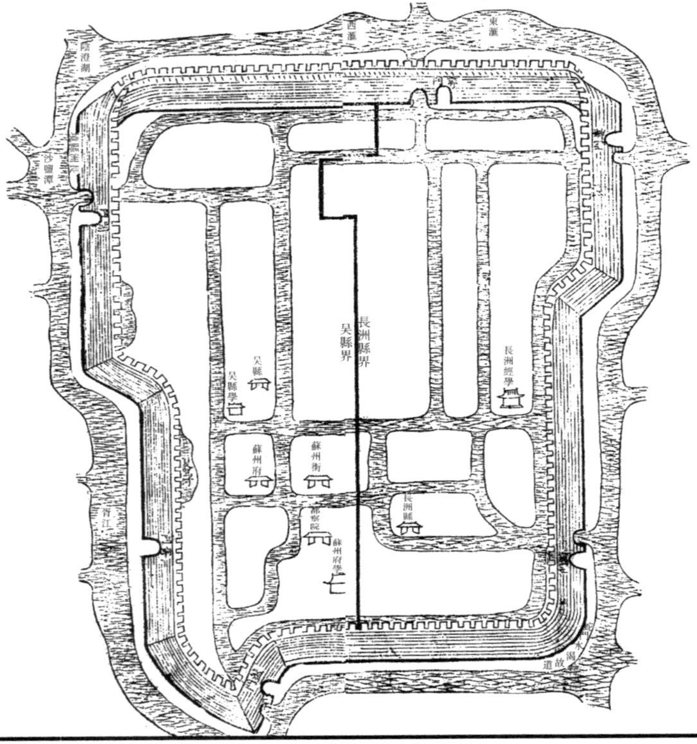

全城之内雖兩縣，東西各半，然地址河道長洲治其六，吴治其四，若外濠與城足則吴僅分南西兩面，長洲不啻倍蓰矣。

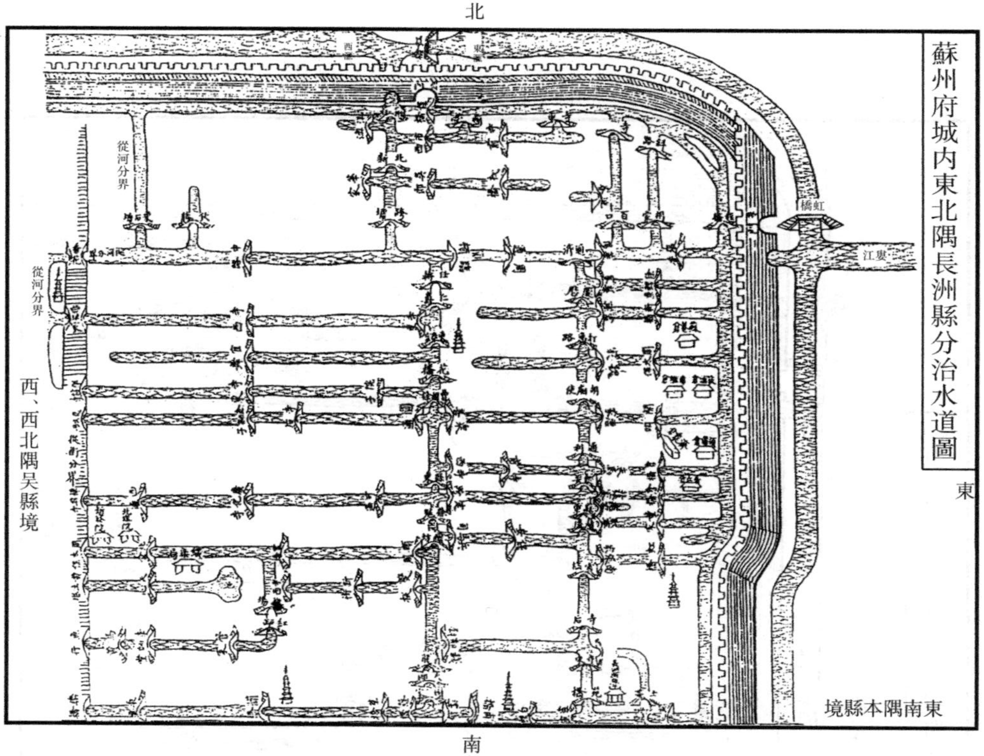
北
蘇州府城内東北隅長洲縣分治水道圖
東
從河分界
從河分界
西、西北隅吳縣境
東南隅本縣境
南

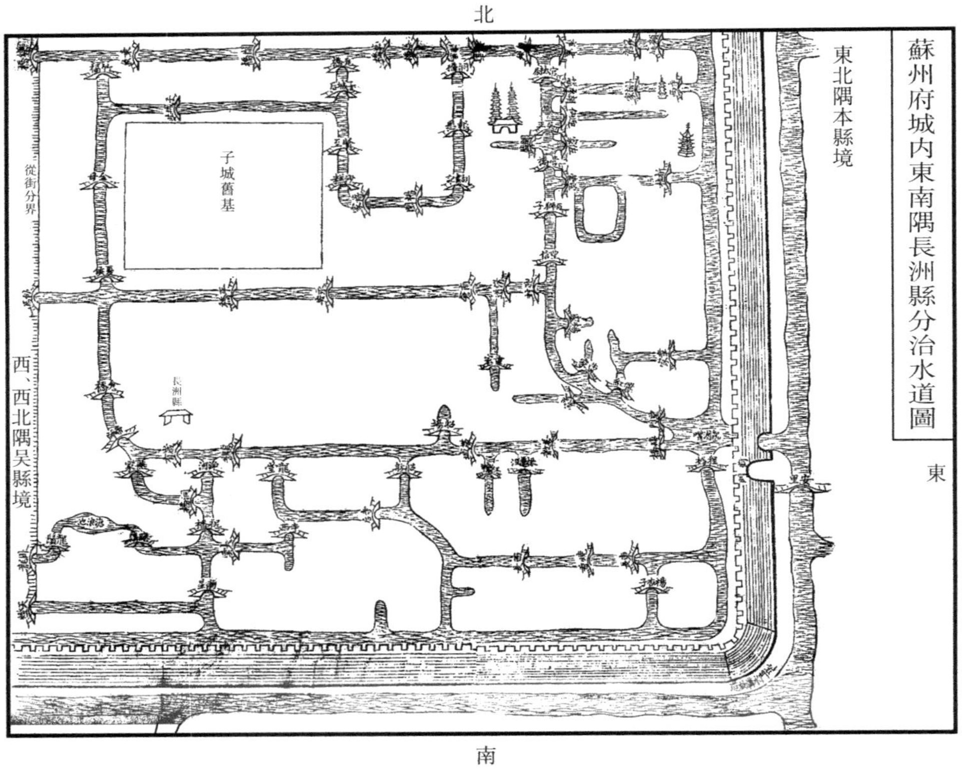
北
蘇州府城内東南隅長洲縣分治水道圖
東北隅本縣境
東
子城舊基
長洲縣
從街分界
西、西北隅吳縣境
南

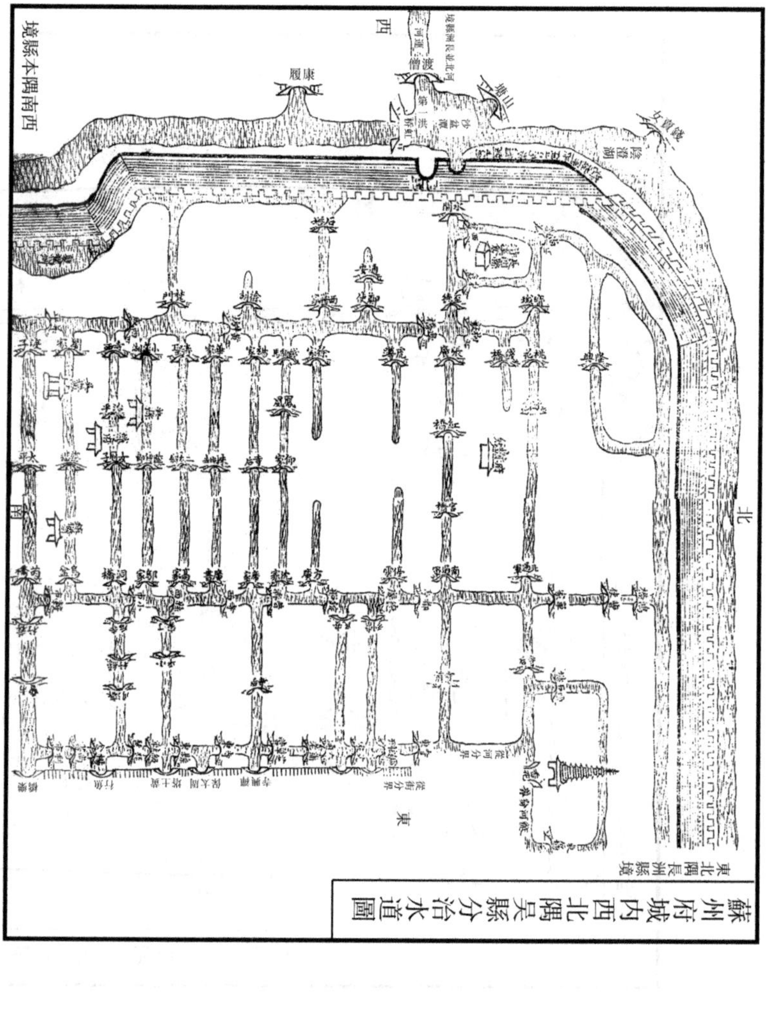
蘇州府城內西北隅吳縣分治水道圖
東北隅長洲縣境
北
東
西
西南隅本縣境
禪興寺
周太保
黃土塔
魚行
樂橋
陰澄湖

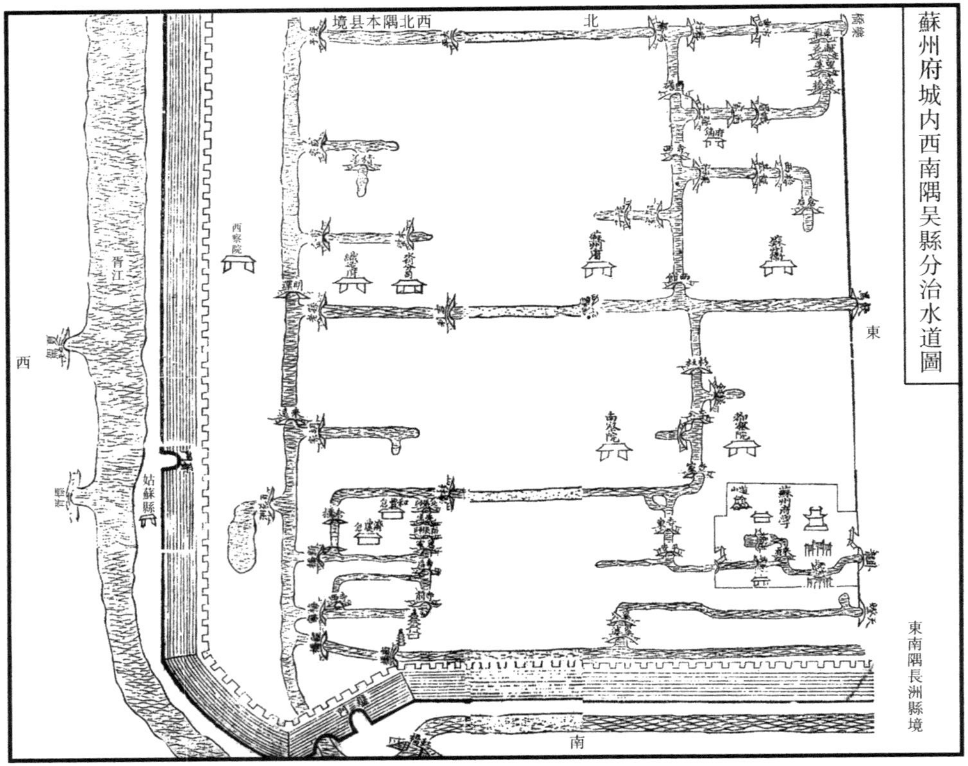
蘇州府城内西南隅吴縣分治水道圖
西北隅本县境
北
東
東南隅長洲縣境
南
西
胥江
姑蘇驛
西察院
南察院
蘇州府學

蘇州府城内水道圖説

蘇城四繞外濠深廣，增雄天塹，具區宣泄之水所共繇也。至葑關忽隘，而以一橋爲束，使南來運道統歸胥江，形勢負險，古人建設之意良可深思。城内河流，三横四直之外，如經如緯者，尚以百計，皆自西趨東，自南趨北，歷唐、宋、元不湮，入我明屢經疏浚，嘉靖以前仕宦烜赫，居民豐裕。蓋吴壤以水據勝，水行則氣運亨利，更隨巷陌舟楫通駛，凡載運薪粟，無擔負之煩，殷殷富庶，有以哉！隆、萬後水政廢弛，兩厓植木甃石，漸多侵占，及投瓦礫穢積，河形大非其故。生齒廬舍，西屬吴邑者，貌似繁華；東屬長洲，蕭條光景不堪名狀，而水流關係盛衰，實有徵驗。翻閲郡邑各志，摹勒成圖，水道大半掛漏舛錯。蓋城廣地寬，方幅誠難布置，而筆法粗疏，則非楮狹之故矣。今先繪總圖，以全城區畫兩邑轄界，次析四隅爲四圖，曲肖各河遠近，表識橋梁疏密，即久壅淤舊迹，按圖可稽，則斯圖之點撥位置，不綦難乎？曰欲理蘇城血脈，何敢自惜苦心。

長洲縣全境水利圖
北
東
南
西
常州府無錫縣界
常熟縣界
常熟縣界
常熟縣界
吴縣界
崑山县界
崑山县界
松江府青浦县界
嘉興府嘉善縣界
吴江縣界
吴江縣界
吴江縣界
吴县界
吴县界
吴縣界
長洲縣界
吴縣界
漕湖
元和塘
相城湖
施潭湖
陽城湖
冶長涇
黄埭蕩
長蕩
白蕩
白蕩
新堰
塘堰
至和塘
婁江
沙湖
金涇瀆
东瀆
吴淞江
朝天湖
獨墅湖
陳湖
澹臺湖
吴淞江
鐵底潭
尹山湖
太師湖
白苑蕩
生田蕩
東蕩
杭家蕩
粟家蕩
野菱蕩
章練塘
澱塔港
運河
滸時關

長洲縣全境水利圖説

長洲東、南、北皆連湖澤，西障吴邑，諸山巃嵸突兀，泉澗紛紜，溢入長境陽城、沙湖、陳湖及朝天、獨墅等蕩漾之滔天莽地，並仰泄於吴淞、婁江。但值吴淞溷淤，僅此婁水涓涓，長之低鄉積荒數十萬畝，貢賦無所出，累縣包賠，最苦窪丘，悉坐囊底，不近城郭，不臨運道，官舫商艘所經行，率見稻麥青黄依然，廬舍沉竈産鼃之狀，不接於目，流離悲楚，唯邑令與鄉農共抱隱痛耳。披此圖乃悉長洲之困，今惟治水開荒，兩政并行，七百里犖赤，庶幾免填溝壑乎！長洲、吴兩邑，從無輿圖，皆緣轄境互錯，莫肯庸心有之。自兹始參核疆界，以辨水道，有志經國者，其可忽諸。

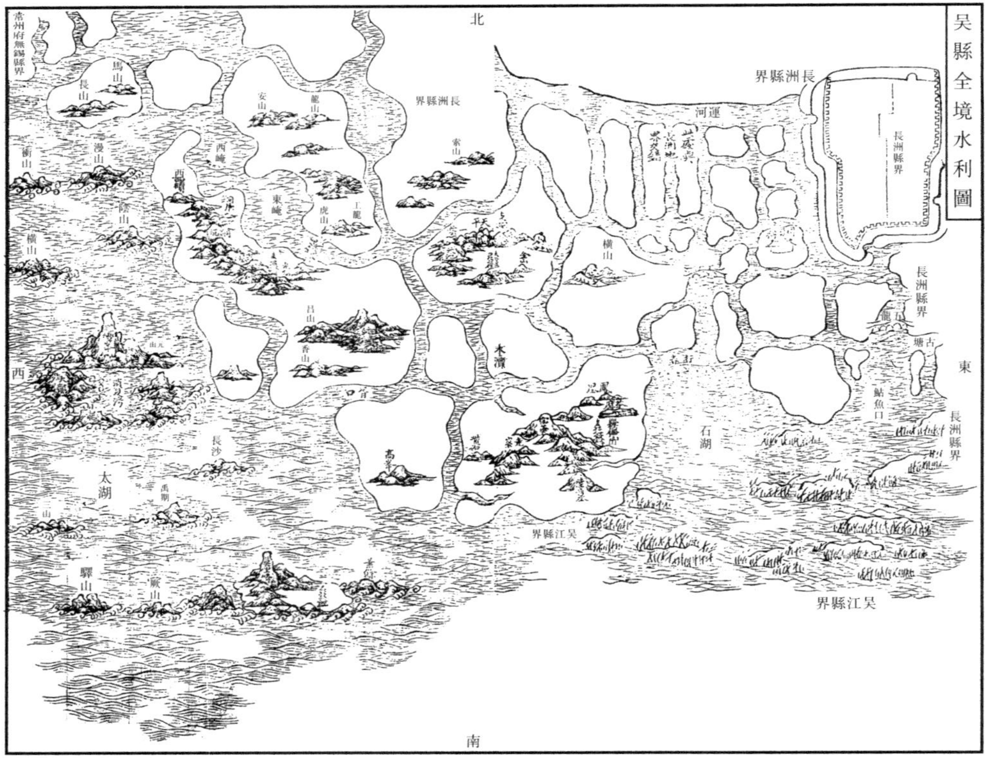
吳縣全境水利圖
北
南
東
西
常州府無錫縣界
長洲縣界
運河
馬山
長山
安山
龍山
西崦
東崦
虎山
索山
橫山
呂山
香山
木瀆
石湖
太湖
長沙
驛山
吳江縣界
鮎魚口

吴縣全境水利圖説

吴邑山多田少，境内水道有限，停泓一掬，連震澤而駛者則石湖也，出鲇魚口而東瀉長洲，實引受之。本邑凡山鄉土高斥鹵，樹稼之日，驟雨不滋，亢陽立槁，憂旱甚於畏水，泄緩而蓄急，西華、光福等塘之枯涸，固當及時修浚，尤宜仿昔人之遺法，計畝鑿池，以資灌溉，斯暵潦并有賴焉。惟喜農人務本黽勉，輸將糞田甚力，無荒蕪之病。所轄運道，止楓塘一帶慮或梗阻，亦與長洲繡錯而治，彼多此少，故吴中水政，吴獨易於他邑云。

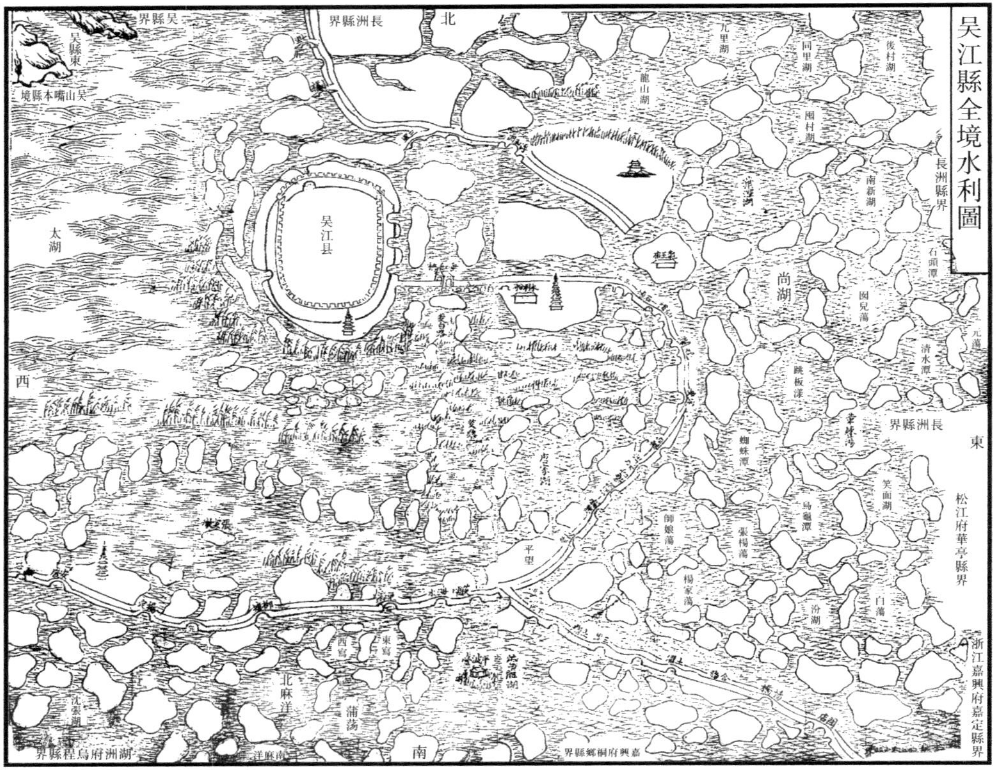
北
南
東
西
長洲縣界
吴縣界
吴縣東
吴山嘴本縣境
太湖
吴江县
尚湖
九里湖
同里湖
後村湖
龍山湖
南新湖
石頭潭
清水潭
跳板漾
蜘蛛潭
烏龜潭
笑面湖
張楊蕩
師娘蕩
楊家蕩
汾湖
白蕩
平望
東窩
西窩
北麻洋
南麻洋
蒲蕩
松江府華亭縣界
浙江嘉興府嘉定縣界
嘉興府桐鄉縣界
湖洲府烏程縣界

吴江縣全境水利圖

吴江縣全境水利圖説

吴江四境皆湖澤，分流百派，交横雜出，雖一望平疇，無延袤二三里之燥土，真水面浮丘也。鄉村煙火，非舟楫不通，自古無挽路，至宋慶曆後，始相繼爲官塘、土塘、荻塘，以濟郵傳。三塘蜿蜒相續，隨水架橋，及泄水之竇無慮千百。蓋具區東下之水，邑爲首衝，利在宣，而病在遏。故昔人有撤橋迅流之議，此固未可輕談，唯垂虹左右葑蘆壅淤，漸成平陸，芟除鑿浚，恐不待知者而後察也。雖然，吴淞江實爲下流，下流不治，即盡決長橋，洪漲滔滔疾趨，徒令長洲、崑山、青浦並罹波濤之慮，吴江亦未必益，反均受其害矣。試取吴淞江全圖與此圖互參證焉，乃可畢是説。

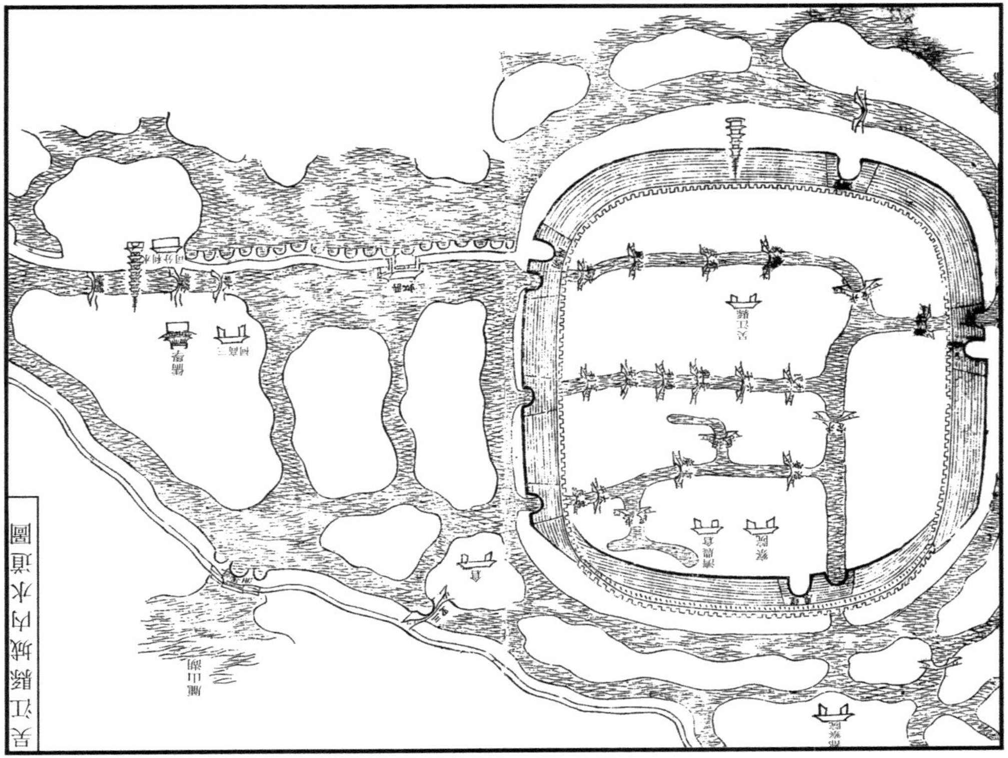
吳江縣城內水道圖
龐山湖
儒學
三高祠
察院
濟農倉
吳江縣

吴江縣城内水道圖説

吴江城中有前、後、中横河三道，北關所注漭縱一河，直貫於南，此水東出後河、中河，其西門納水迤南，徑達前河，又轉北與北來水至中河口交會。東流其勢甚駛，唯城基取占水央雉堞之下，築基培土稍高，城心窪下，每值聚雨霖澍，衢沉巷没，此非建置之失宜，實吴淞下流之阻泄耳。吴淞久弛不治，江邑豈獨城市污萊，農桑飄腐，西風湖嘯，室廬席捲。嗟此鼋倪投葬蛟龍之窟，往事能不寒心。故思治吴江水利，必先策浚吴淞，斯議最爲握本。兹城圖并及郭外，蓋廟學、公署，並在郊原。垂虹一帶正澤國咽喉，總圖拘限楮幅，不能周詳，假此更爲分疏。若曰江城褊小，斂其位置以郊外餘壤補焉，則不得觀圖之法矣。

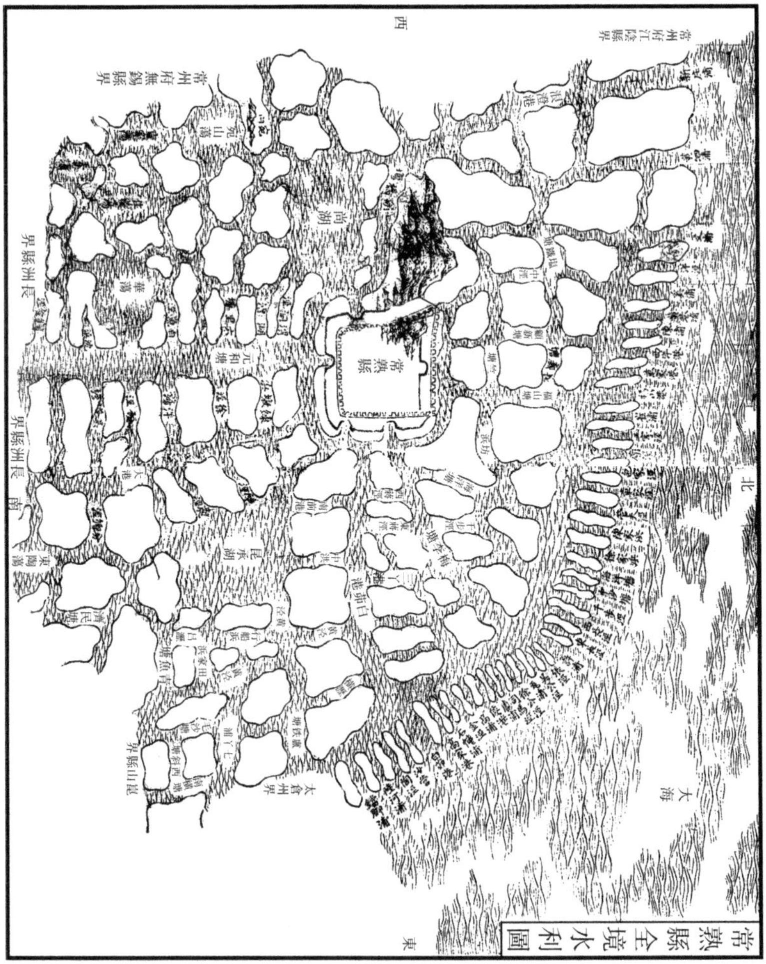
常熟縣全境水利圖
北
南
東
西
大海
常熟縣
尚湖
昆承湖
常州府江陰縣界
常州府無錫縣界
長洲縣界
長洲縣界
崑山縣界
太倉州界

常熟縣全境水利圖説

常熟負江面湖，地形西北高，東南下，水勢直趨，唯藉白茆、七鴉二大港浦，宣泄入海。若七鴉壅淤，則任陽一帶西受長洲、崑山、陽城、傀儡、巴城等湖之水亭毒，而東南太倉之岡身地高，遇雨倒注逆奔，并爲此患。白茆不通，則潭塘一帶西南受江陰、無錫之水，谿蠡、尚等湖，王基、宛山等蕩而來，俱合華蕩奔潭塘，而潭塘尤患。故講白茆、七鴉疏濬，不獨長、崑等邑被無疆之利，而常熟之窪産盡成膏腴，安得尚有催科之困乎？唯境内河港，斜徑百出，建閘築壩不可不詳議云爾。

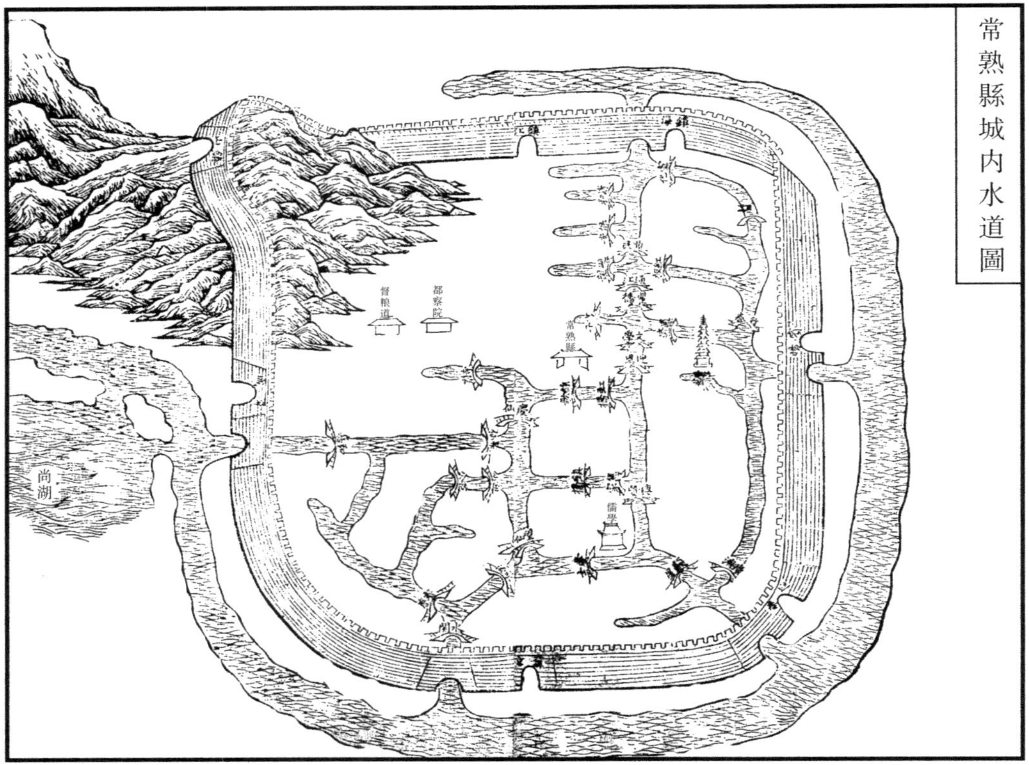

常熟縣城內水道圖

常熟縣城内水道圖説

常熟縣城倚虞山東麓，左昆湖，右尚湖，雲和塘射其胸，福山塘穿其背，縣治前後有横河七道，西受山水，東注運河，如琴之繫絃，故曰琴川。在昔琴河深廣可通巨艦，國初猶洪流湍急，至於今琴河止三道尚通水，中多澱淤，引流一線曾不容舠矣。如所稱焦尾溪，竟莫知所在，吊古者徒興悲慨。唯東西南北五門，及要津運河、三倉、儒學會於縣前三道，幸逝波涓涓，是不可不及時疏浚也。

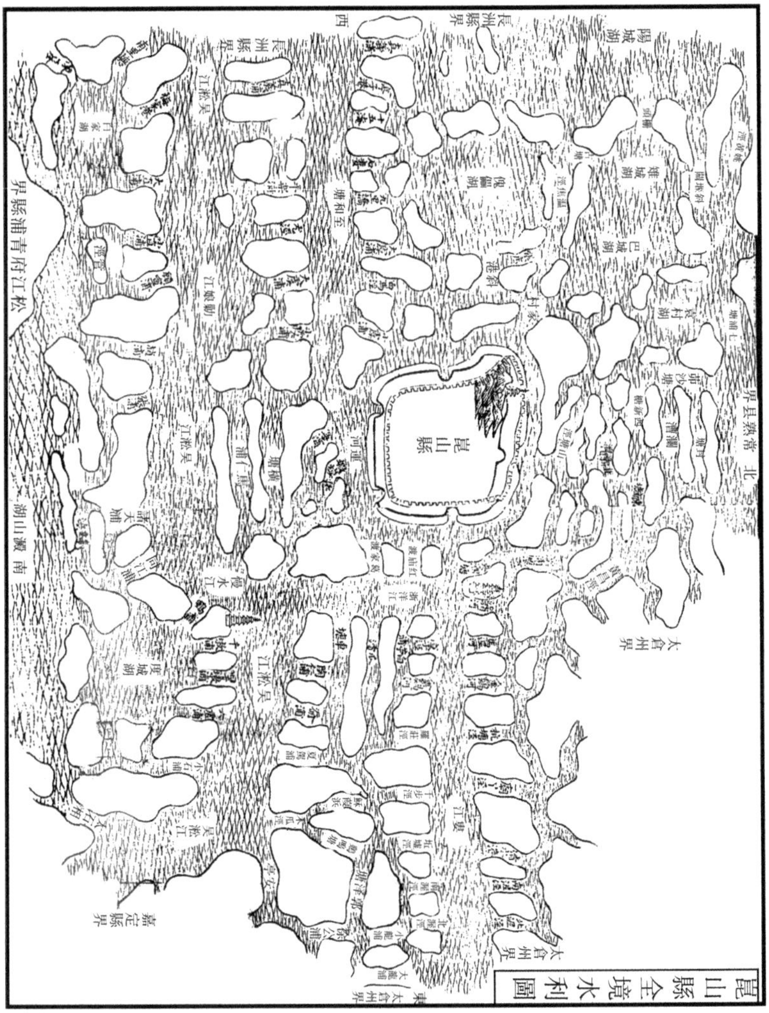
崑山縣全境水利圖
崑山縣
北 常熟縣界
東 太倉州界
太倉州界
嘉定縣界
南 澱山湖
松江府青浦縣界
西 長洲縣界
陽城湖
吳淞江

崑山縣全境水利圖説

崑山壤地居蘇郡之中，形如釜底，水道深廣不逮長洲、吴江，而污瀦倍焉。雨未經旬，丘塍盡没，一逢巨浸，登玉峰四望，目不睹青黄。農人雖勤，治田力窘，培壅缺失，刈獲恒儉。就一邑而言，北境低區多於南境，然南境之隣長洲、青浦者，其産卑窪，亦難名狀。歷稽往牒，水年必厄，尤病於吴淞澱淤，西南二境之水横溢，白茆阻塞，西北無涯之水迸來，僅此婁江一線引注入海，逝流于于徐徐，能敵驅放之猛急乎？東南壤接嘉定一帶，高阜懼旱。總之吴淞通駛，則灌溉奚患無資，故談水利至崑邑，真可痛哭流涕。

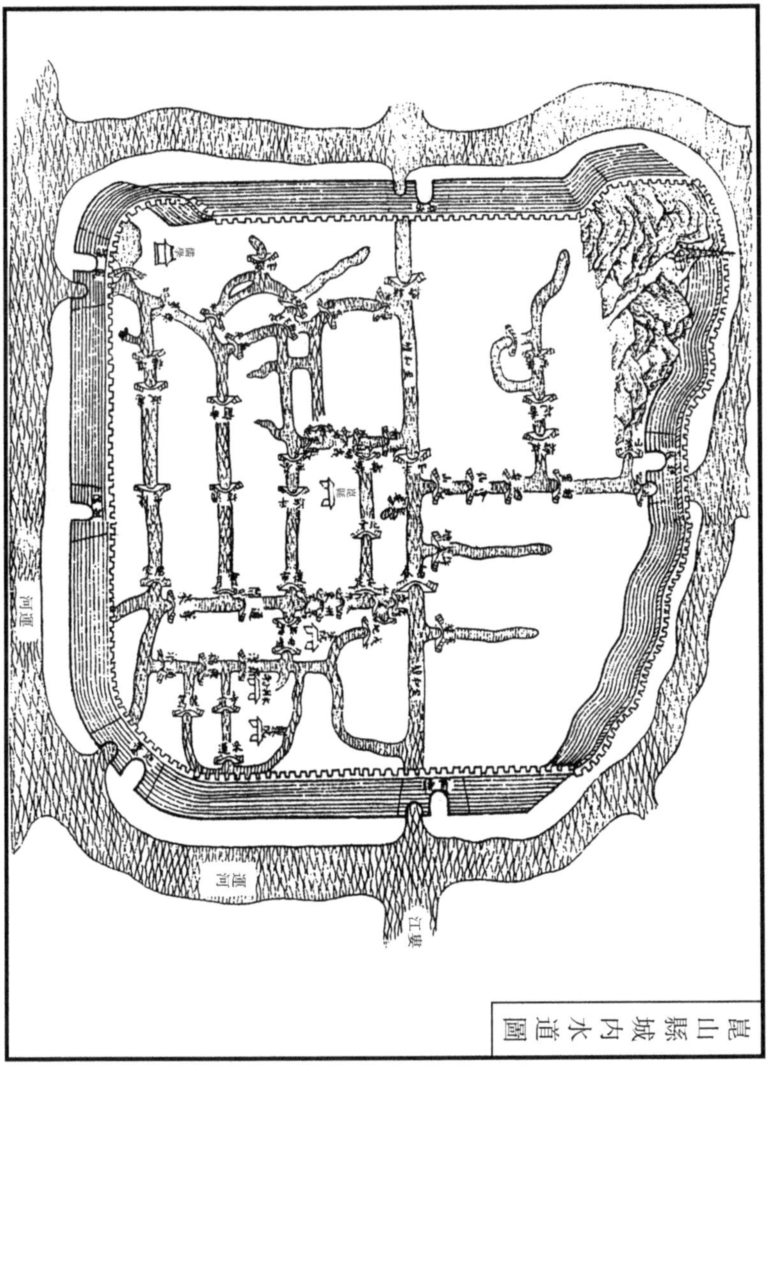
崑山縣城內水道圖
運河
運河
婁江

崑山縣城内水道圖説

崑山建治，相取水法，東西南北洪流衆趨羣會，海潮湖水至此均緩，互見清濁。玉阜之下，初皆污池藪澤，後漸爲平陸。嘉靖間跨至和塘，而城周環浚濠，其城西南運道則迤南而之東北，分引婁江水徑繞城外，直達玉虹橋。其留暉門水關所納，大都皆巴城、傀儡、陽城諸湖蕩之所傾也。城中水道自至和塘而外，支流紆曲，各有情致，説者云水至山迎，關係士人科名勳業，且四隅多田疇，旱潦咸資蓄泄，勿謂涓涓細流，遂可置之若存若亡也。

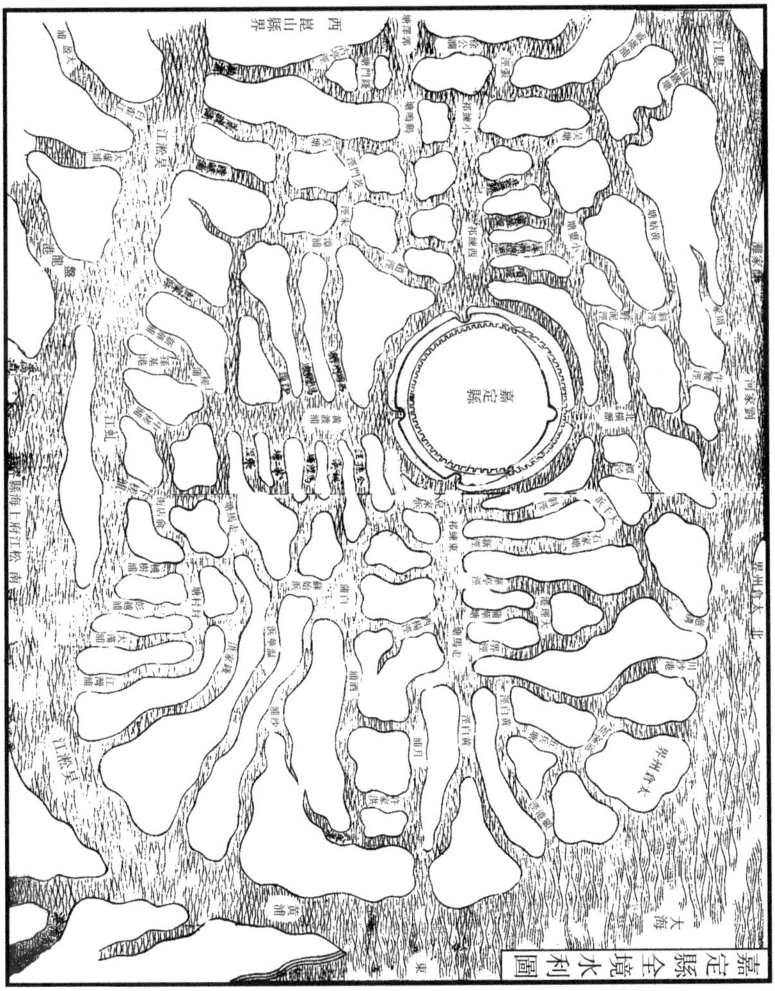
嘉定縣全境水利圖
大海
嘉定縣
西
崑山縣界
東

嘉定縣全境水利圖説

嘉定自宋割崑山東南瀕海四鄉而治，其地高厚，絶無湖瀼澤蕩，雖河脈繁多，並繇人工開鑿成渠，非就污瀦順水爲匯納，真斥鹵之邦也。潮汐去來，泥沙易淤，較諸各邑所通港浦渟泓，漣漪波光如練者，土性肥瘠不齊，故宜木棉而不宜稻。唯灌溉全資蓄泄，苟廢弛不治，乍潦則溝塍泛溢，樹藝根浮，發舒無力；暵則茂青立槁，三農袖手而吁嗟。故邑中之河，歲需導浚，然吴淞一江出海要害，偏屬輿圖，爲全吴吐泄之尾閭，倘能疏瀹常流，不但嘉定獲潤之阡陌漸可栽禾，而各邑並祛沮洳之患，此之殷憂，可獨厪嘉邑哉。

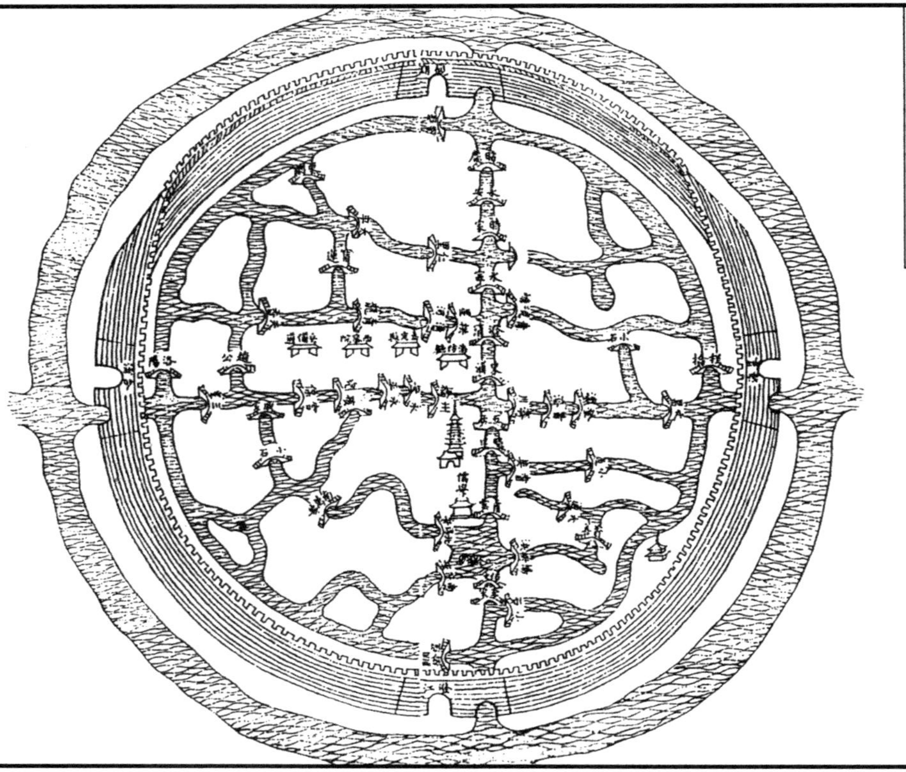

嘉定縣城內水道圖

嘉定縣城内水道圖説

嘉定縣城跨横瀝、練祁二河，十字之交，東西南北盡此二河貫注，實爲全境水利之關紐。環城内外，俱浚濠。城内四隅曠僻，有清鏡、吕墅、西庫、野奴等塘涇，紆迴縈繞。縣治東南横瀝轉西，蓄聚一潭曰匯龍，當廟學正陽衆流趨向，層波迭興，有尋丈千里之概，亢旱不涸，誠嘉水凝結處也。迨萬曆間，於學宫西南再鑿新渠，聯絡野奴涇，則波情愈遠，嘉雖平沙，直以水占勝矣。

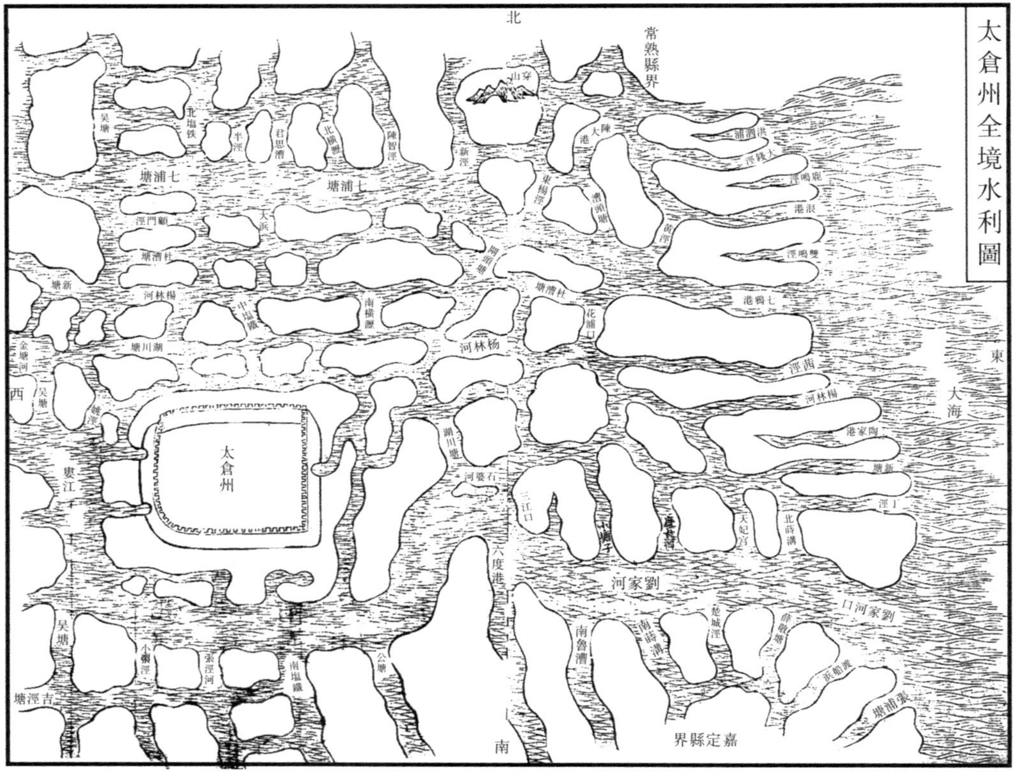
北
南
東
西
常熟縣界
穿山
大海
七浦塘
劉家河
劉家河口
嘉定縣界
楊林河
太倉州
婁江
吳塘
吉涇塘
六度港
三江口
南鹽鐵
張涇河
新塘

太倉州全境水利圖

太倉州全境水利圖説

太倉析崑山、常熟之東鄙，嘉定之北鄙立州。州東、北二境皆環滄海，土性高燥，鹹潮斥鹵，灌田全賴夫水，水惟婁江一道，自西迤南而東出劉家港，形勢寬廣，爲全吴泄水之要害，州城南、西各塘涇之水悉麗焉。他莫大於七鴉浦，凡楊林、湖川諸塘涇之水，於此交紐。昔人謂蘇州三十六浦，白茆、七鴉最巨，則七鴉之關係，恐亦僅亞於婁江耳。又謂太倉之水凡八百有五十，瀕海受潮，易於壅塞，須煩浚鑿，則州之水利詎可緩圖？倘七鴉不治，只此婁江通汛，三百里郊原蓄泄何自？周普又沙土，樹藝磽薄，霖條漲而暵立槁，小民貢輸無力，遑計俯仰乎？欲謀全稔，唯大小河流俱導，斯有裨於司農之長慮矣。

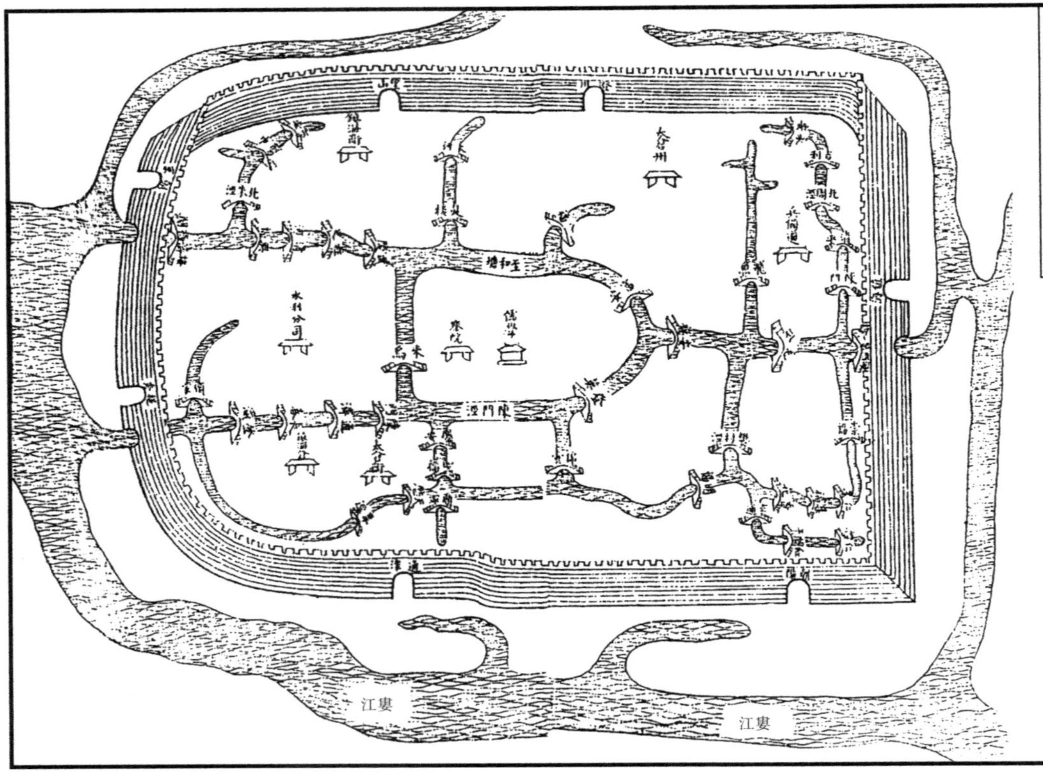

太倉州城內水道圖

太倉州城内水道圖説

太倉城即元崑山州城也，環城有濠。城内納水自西而東曰太倉塘；自西南而東迤北會於三尖口者，曰陳門塘；亘南北而中稍逶西曰鹽鐵塘，舊通南北水門，其流直駛。僞吴竊據時，掩塞二門，止東一西二之三水關爲納泄焉，而鹽鐵塘遂分流南北城下矣。太倉、陳門、鹽鐵三塘之外，尚有樊村、周旱、三涇皆支流，總繇吐納於三水關，以時盈涸。城中水隨潮進退，常瀉而不留。嘉靖間於三關各置一閘。爲貯蓄，今閘存而啟閉之司已廢。説者又謂往還潮水，閘未必能限制，莫若築淺壩以瀦之，此論果有當否乎？

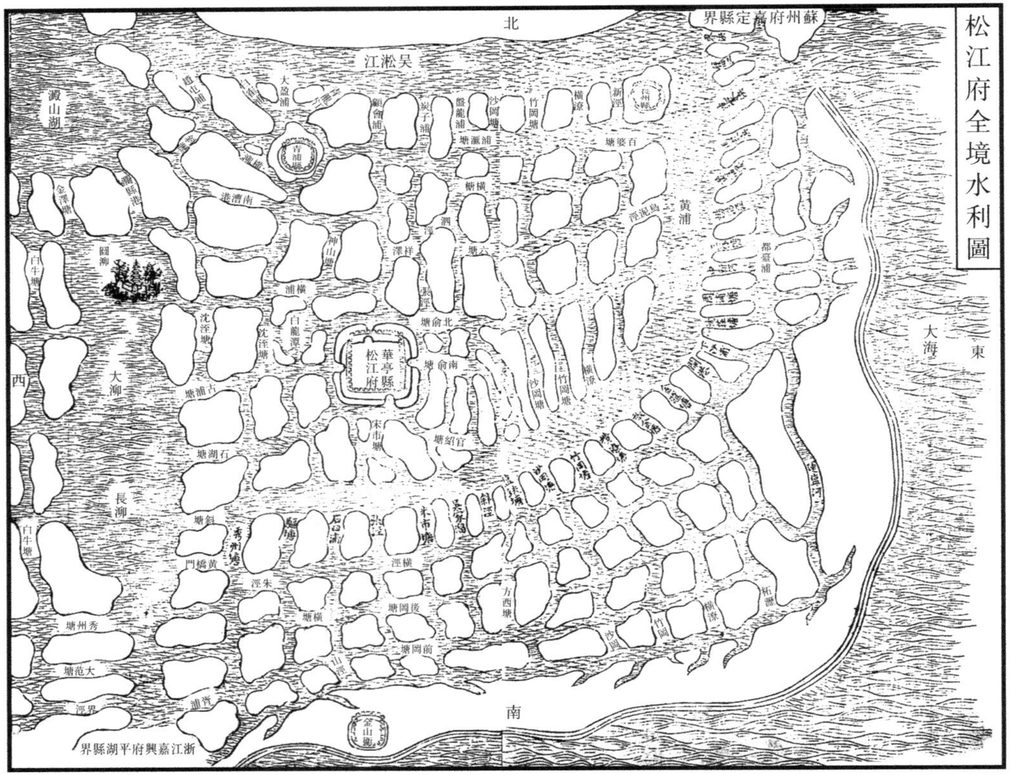
松江府全境水利圖
北
南
東
西
大海
吳淞江
蘇州府嘉定縣界
浙江嘉興府平湖縣界
松江府
華亭縣
青浦縣
金山衛
黃浦
澱山湖
大泖
長泖
圓泖
秀州塘
大范塘
沙岡塘
竹岡塘
横潦
百婆塘
方西塘
前岡塘
後岡塘
石湖塘
沈涇塘
白龍潭
横浦
神山塘
顧會浦
盤龍浦
炭子浦
都臺浦
柘瀝
大盈浦
趙屯浦
南漕港
金澤塘
白牛塘
宋市塘
官紹塘
北俞塘
南俞塘
黃橋門
朱涇

松江府全境水利圖説

松江府輿圖東與南俱高卬，臨大海，西與北并卑下，接湖陂。黄浦自西南而之東北貫諸胸，吴淞江自西而之東負於背，三泖直亘西鄙。全境塘浦涇港最繁，總之震澤狂趨，松實納受。昔有東江一道，與吴淞江南北分泄，後東江廢而海塘爲障，黄浦遂成巨浸，驚濤蔽天，瀰漫百里。然西、北二境之污潴，東境之枯涸，必藉吴淞通利，斯長流引注，高卑均益，如徒恃黄浦蓄聚，以爲松郡水利盡矣，則無論近吴淞一帶，高壤灌溉時窮，而低窪之畎畝遇雨陸沉，豈計之得乎？

松江府城内水道圖

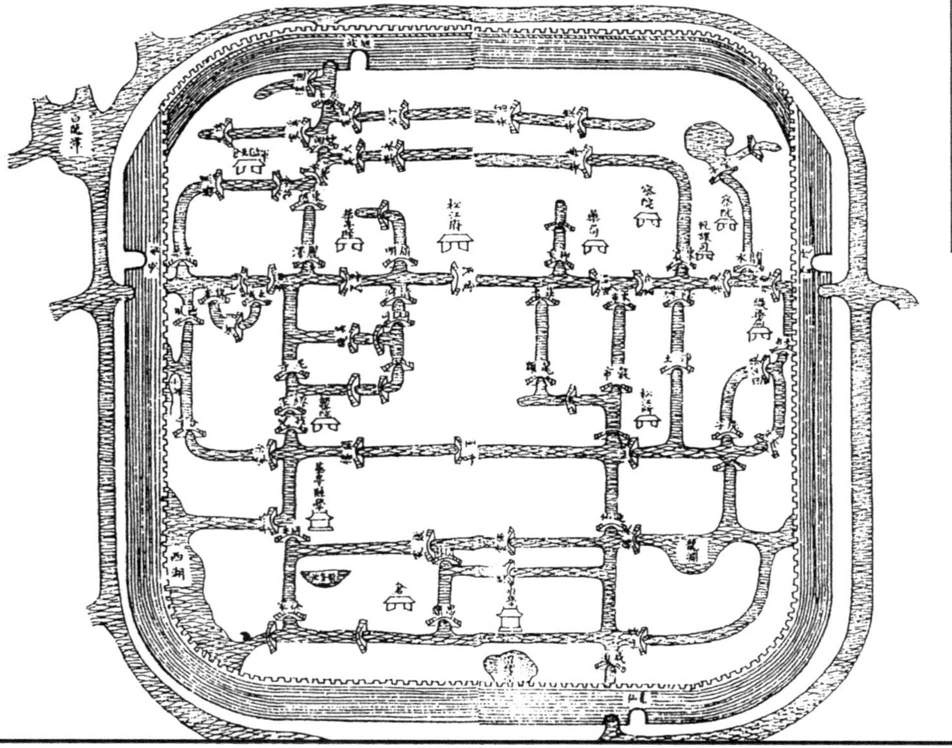

松江府城内水道圖説

松江府城不甚廣，外四面環濠水，東、西、南、北四關。出入城内河脈最繁，處處通流，位置經緯各當，東南有龍淵，西有日、月二河，西南有西湖、小西湖，皆蓄聚淵渟，清澈心目，真水國之勝區也。民居稠雜，頗厲侵占之禁，更喜賢士大夫僇力同心，能佐郡邑公帑之不逮，時舉修浚，務使水流隨在盈貫，以稱一城之形概，此松郡之所獨先也。凡撈取污泥及廢棄瓦礫，必令船户裝載郭外，投置荒僻之處，謀始慮終，事事得法。今蘇城湮塞殆盡，曷不仿而行之，徒抱抑鬱之歎，致貽哂于松耶！

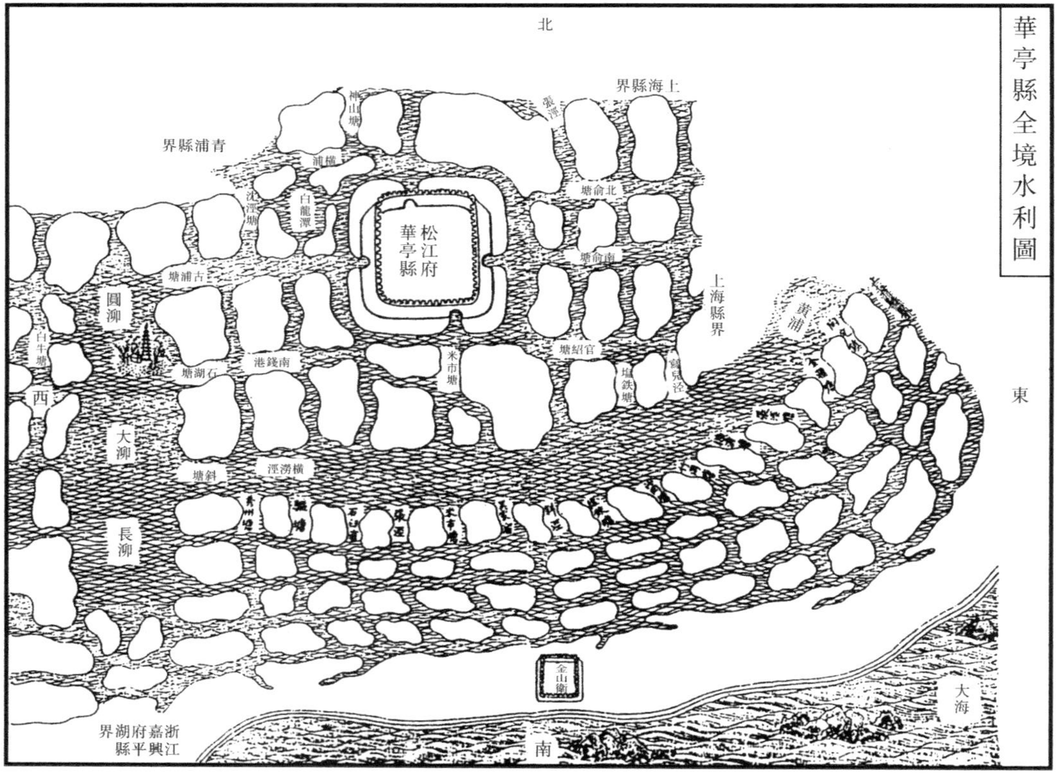
華亭縣全境水利圖
北
東
南
西
上海縣界
青浦縣界
浙江嘉興府平湖縣界
松江府華亭縣
神山塘
橫浦
沈涇塘
白龍潭
張涇
北俞塘
南俞塘
官紹塘
塩鐵塘
米市塘
古浦塘
石湖塘
南錢港
橫潦涇
斜塘
白牛塘
圓泖
大泖
長泖
黃浦
金山衛
大海

華亭縣全境水利圖說

華亭自昔稱水鄉，在松郡所隸三邑，華亭適當高低之中，塘涇淄浦經緯交錯，而土田繫焉。南境瀕海，地勢高印，向築海塘捍禦鹹潮。近郭而東即接汪洋浩蕩之黄浦，北、西二境則湖泖浸淫，水天一色，皆嘉、湖諸邑之所宣瀉。故華亭之水必使三泖常澄，諸塘無壅，黄浦不溢，而後禾稼始獲豐稔。故圍田修浚法宜并講，古人之成言可驗，請按兹圖，亦略窺其梗概矣。

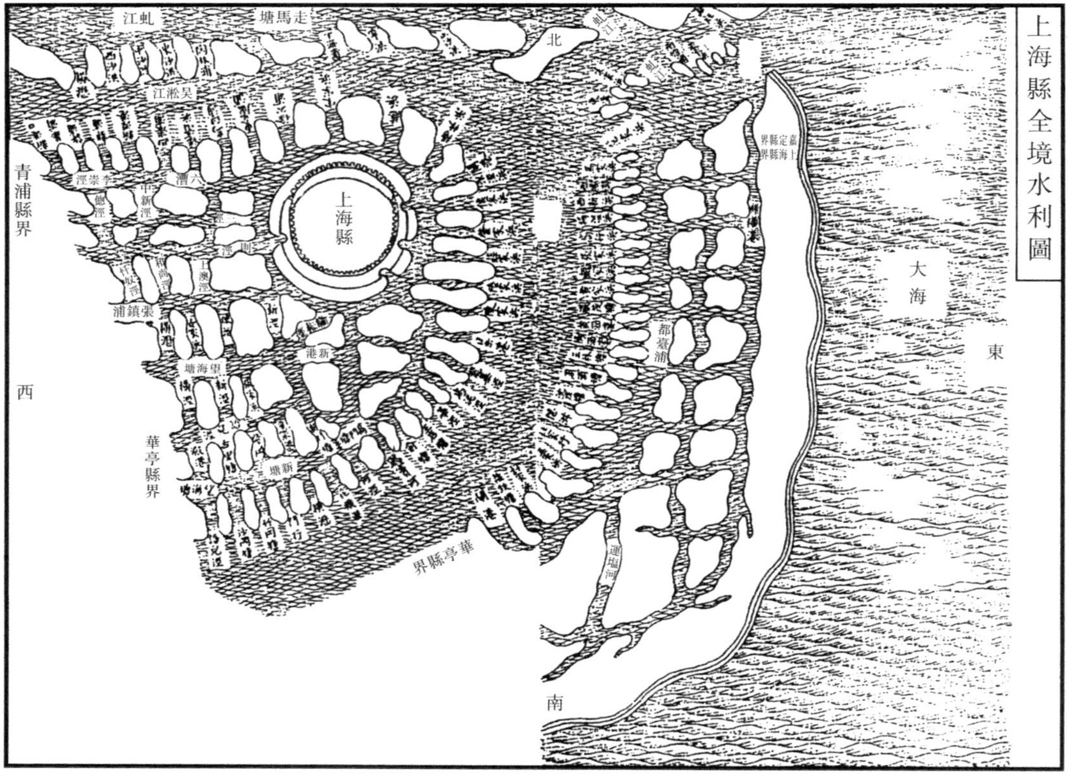
上海縣全境水利圖
上海縣
大海
東
西
南
北
青浦縣界
華亭縣界
華亭縣界
嘉定縣界
上海縣界
虬江
走馬塘
吳淞江
張鎮浦
望海塘
新港
新塘
都臺浦
運鹽河

上海縣全境水利圖説

上海縣境亦潮沙之地，春申一浦來脈浩遠，其水騰湧直浸城闉。每臨斯邑，鼓枻而游，止知有黄浦，不知有他河，如龍華、蕩蒲、匯塘、南北漕港，皆境内之大血脈。即支流亦關灌溉，祇以潮汐往返，時盈時涸，壤高善瀉，多栽木棉，而少樹稼，亦類嘉定。唯大川廣澤，嘉定所未有，故上海土性較彼沃腴。北境吴淞江與嘉定對岸而治，河實中分，則吴淞之疏導，在上海亦爲至急，觀此益信蘇、松利害相共，顧可秦越視乎？東鄙海塘爲障，會黄浦洪流，并注吴淞，而泄滬瀆，此廢東江後之舊迹。若復不浚吴淞，强其紆迴，北達婁江以出，謬貽兩郡，百世之害云。

上海縣城内水道圖

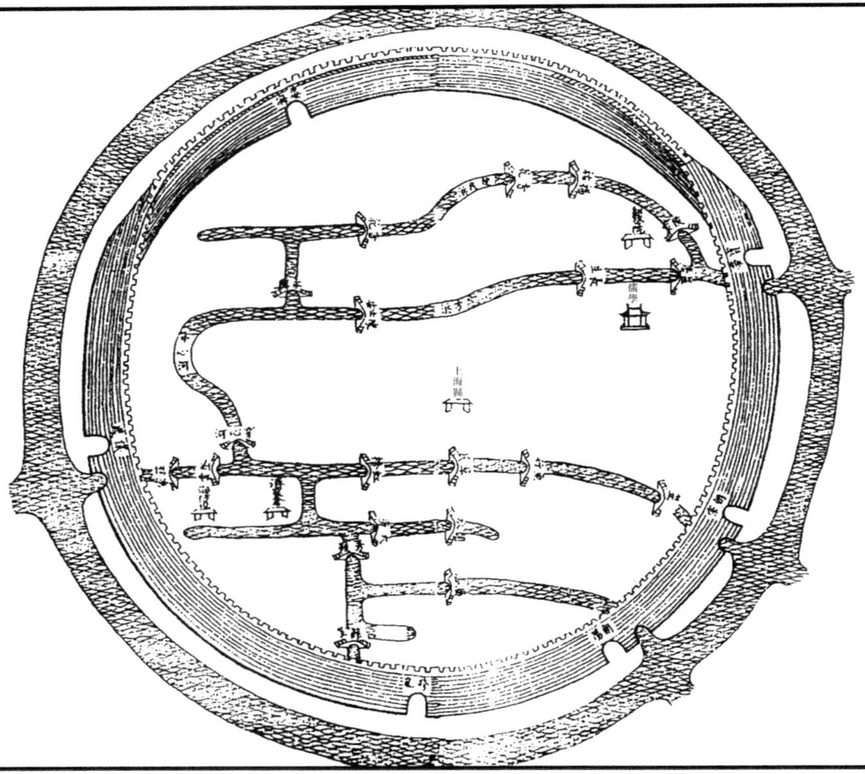

上海縣城内水道圖説

上海縣濱黄浦而城，登城一望皆浦，先止設水關三。東朝宗、西儀鳳二門者，跨肇家浜横貫其中，是爲全城大道。東北寶帶門者跨方浜，方浜之北，又環一便家浜，繇南迴北，繇北繞南，再越方浜入穿心河，總會于肇家浜。北城之血脈已結，唯南城渴水，居民艱楚。萬曆間，於朝陽門添闢水關，引薛家浜水通市河，而南城樂利，且水淺，時來時去，不能渟泓，而疏浚特爲至急，倘稍曠期，則潮汐壅淤，望涓滴爲艱矣。

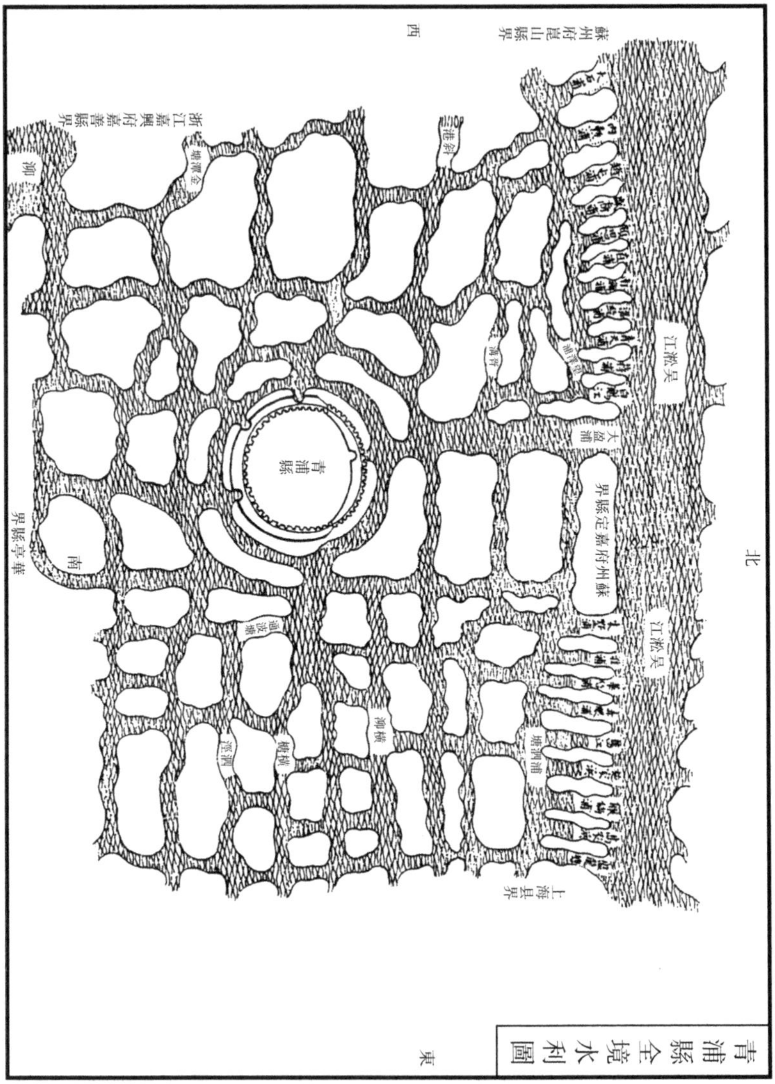
青浦縣全境水利圖
北
東
西
南
吳淞江
吳淞江
蘇州府嘉定縣界
上海縣界
蘇州府崑山縣界
浙江嘉興府嘉善縣界
華亭縣界
青浦縣
大盈浦
通波塘
金澤塘

青浦縣全境水利圖説

青浦割華亭之西北境、上海之西境爲縣，時革時復，地聯長洲、崑山，其湖澤之繁多，與田疇之卑下，大略相似。水潦一至，赤地興波，而生民之苦亦有同於二邑者。履境劃然，披圖更悉，蓋吳江、嘉善一路西來之水，并行其境東去上海，嘉定瀕海地高，青浦能不爲沼乎？昔唯吳淞江流快利，斯宣泄無阻，今一淤而水年頻遘，艱辦國課，敲筋吸髓，疲敝幾不成邑矣。欲拯其困，唯急事導決，而窪産圍坵，亦當兼行，以慰三農之望。

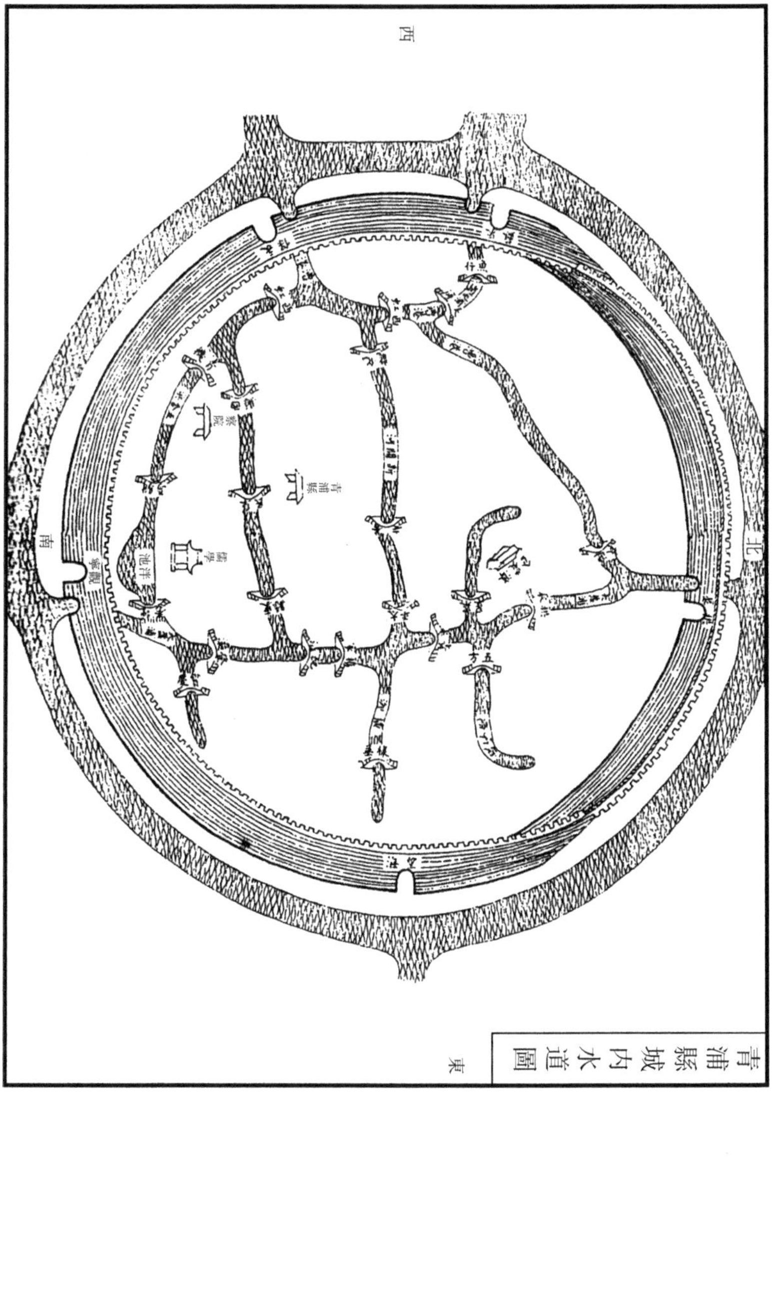

青浦縣城內水道圖

青浦縣城内水道圖

青浦舊城以縣革而廢，復縣改治唐行鎮，城小而河深，西二水門通流分港四道，總歸於直，中貫城之一河，自南而北也。南、西二門入水會於廟學當前，脈脈汪洋，清鑑毛髮，青浦之名益稱矣。港情水勢結聚最遠，建治未百年，大夫士占籍斯邑者，多處郡郭，民居雖櫛比，四隅多曠地，河無淹淤之虞，唯地卑，稍遇淫潦，即患衝没。其故亦繇吴淞去水之不疾，遂束手無計耳。

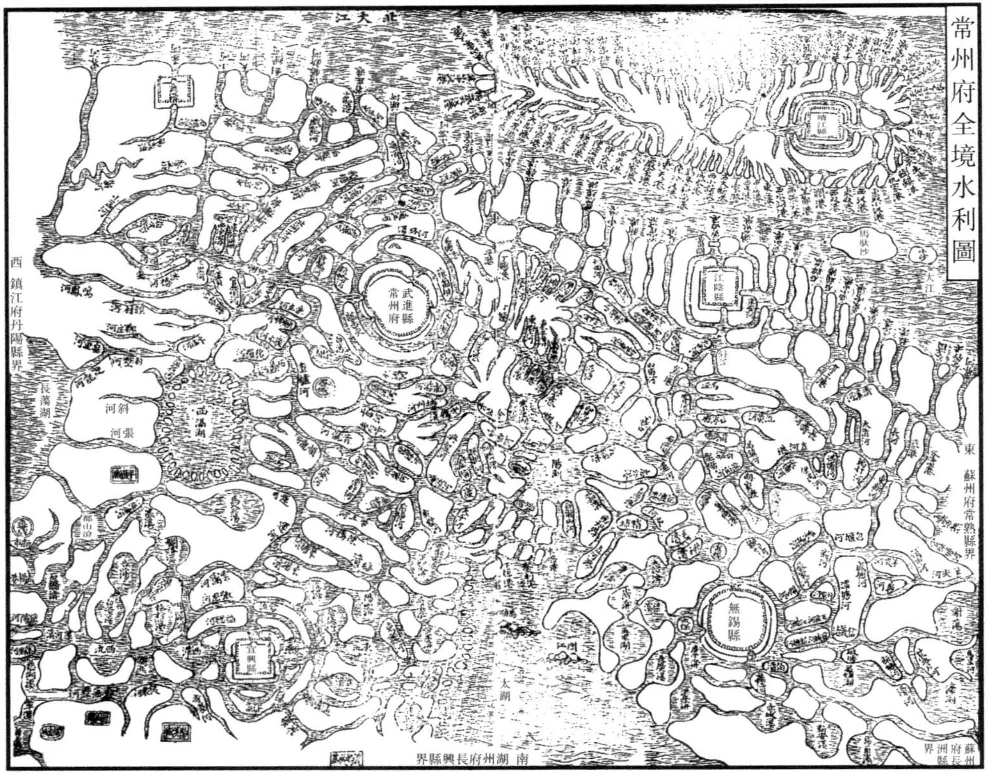
常州府全境水利圖
北大江
西
鎮江府丹陽縣界
東
蘇州府常熟縣界
南
湖州府長興縣界
蘇州府長洲縣界
常州府
武進縣
江陰縣
靖江縣
無錫縣
宜興縣
太湖
長蕩湖
西滆湖
馬馱沙
大江

常州府全境水利圖説

常郡南俯震澤，北枕大江，西承金壇、長興、溧陽來源之水，東瀉蘇境。其地形西北高，東南下，蓋武、江多懼旱，無、宜、常畏潦，然較之蘇、松之水沉陸，槁則有間，且國税徭役自常而鎮，則例漸輕，兼有夏麥輸租，不似蘇、松之僅徵秋穀。窮簷蔀屋皆精治田，沿江諸港湧潮易淤，近山諸溪，濱湖諸瀆，涓流清淺，并宜疏導。古人歷著成言，考之殊合窾會，修治比絜，蘇、松亦易爲力。

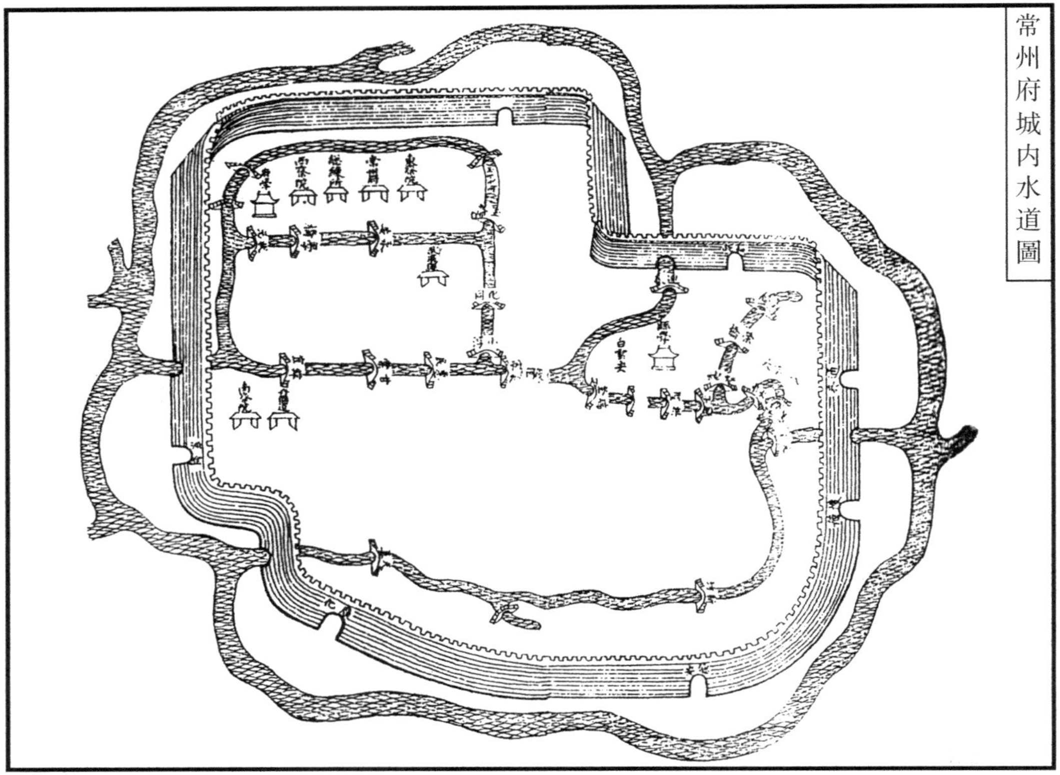

常州府城内水道圖

常州府城内水道圖説

常州府城外濠，有東南、東北、西南、西北之稱，蓋水各有引注，因區別其名耳。初漕渠在城内，水納南水關而出，東水關循城而東，掠龍舌尖者曰新城。東南濠即古之邗溝，今築文成壩，徙運道出城外，水繞龍舌尖而南，迤東轉北曰舊城。東南濠又西水關入水一派，自西徑東者爲子城。南濠再北一道，圜環府治者爲玉帶河子城。南濠流及白雲尖，西分一支出北水關，一支順東行至八字尖，屈曲而南，會邗溝者爲後河。各河天成，瀠結江左，郡邑城中流水，迎秀聚氣，無出其右者，歷來守令庸心修浚，豈亦天意使然。

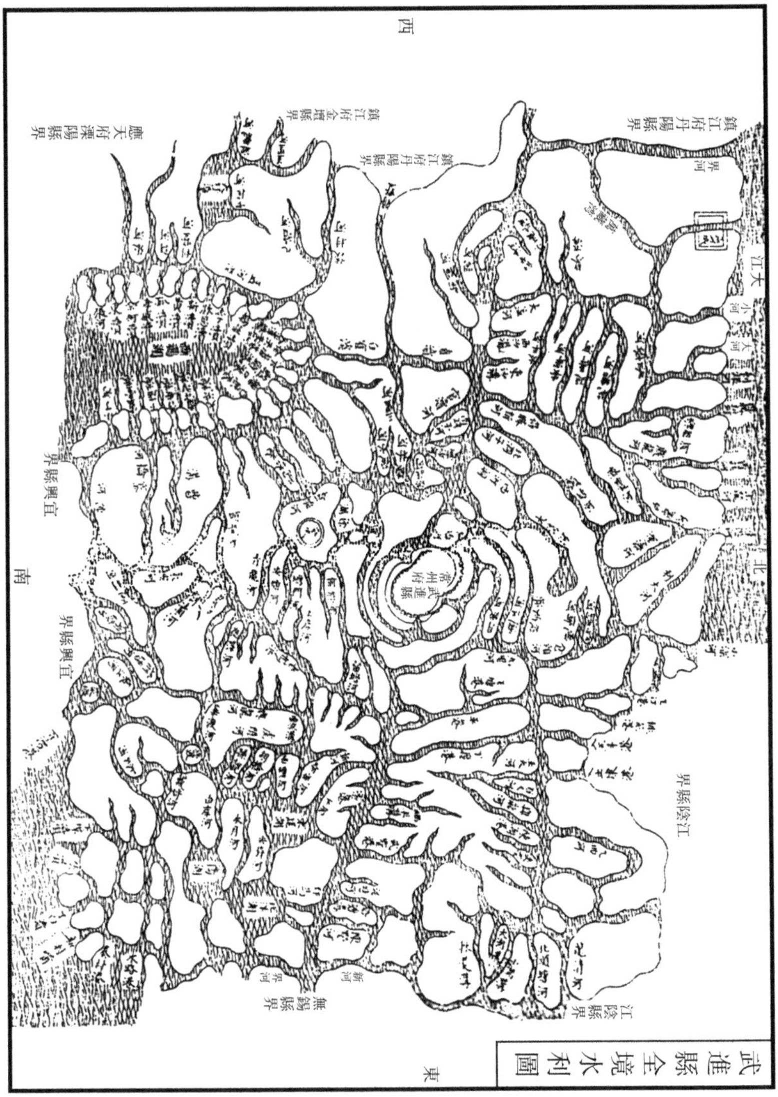
武進縣全境水利圖
東
西
南
北
江陰縣界
無錫縣界
宜興縣界
宜興縣界
應天府溧陽縣界
鎮江府丹陽縣界
鎮江府丹陽縣界
鎮江府金壇縣界
常州府武進縣
大江
小河
大河
界河
新河
界河
江陰縣界

武進縣全境水利圖説

武進方輿偏處常郡西北，獨居上流，東南臨震澤，西南介滆湖，而漕渠自西貫東，京口、雲陽諸水皆從此傾注，不獨運艘商船倚以爲命，而諸鄉甽畝亦資灌溉。故犇牛而下，舊建水閘以爲節宣。境内湖漴溪潭，受山澤瀦水，港瀆河渠，收納江潮，仰浥湖水。孟瀆一河尤爲出江要道，疏浚不可曠失。昔人有言：『興武進之水利，固以西北爲先；祛東南之水害，尤以治西北爲要。』誠綱維之確論。

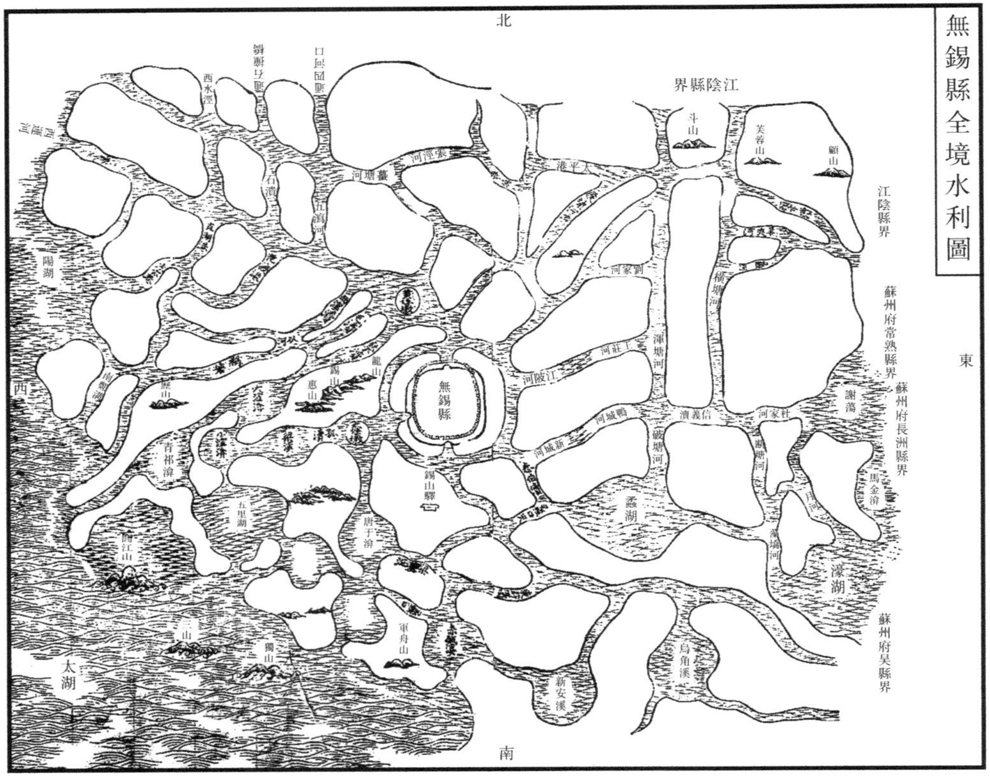
無錫縣全境水利圖
北
南
東
西
江陰縣界
江陰縣界
蘇州府常熟縣界
蘇州府長洲縣界
蘇州府吳縣界
無錫縣
錫山驛
斗山
芙蓉山
顧山
惠山
錫山
龍山
獨山
軍舟山
太湖
陽湖
蠡湖
漕湖
五里湖
新安溪
烏角溪
謝蕩
馬金蕩
唐子蕩
青祁蕩
西水墩
石瀆
平港
劉家河
江陵河
鴨城河
新城河
信義瀆
杜家河
蕩塘河
蠡塘河

無錫縣全境水利圖説

無錫在常郡居東南下流，境内河渠亡慮千百，唯梁溪與長廣溪最大，仰受毘陵以上之水，溢注太湖，流衍無窮。南則有漕渠直瀉滸墅，東則蠡、漋二湖及謝蕩并隨地勢分傾於長洲、常熟者也。就縣境而言，東南污下，宜厚堤防以障水，西北高卬，宜浚渠塘以通波，則溝洫咸被灌輸之益矣。若漕渠之在西北，其水或屈從諸港，北達大江，然洛社以上地高，河流易嗇，運糈商貨往往滯舟，疏治按時，倘亦司水衡之最急務乎！

無錫縣城内水道圖

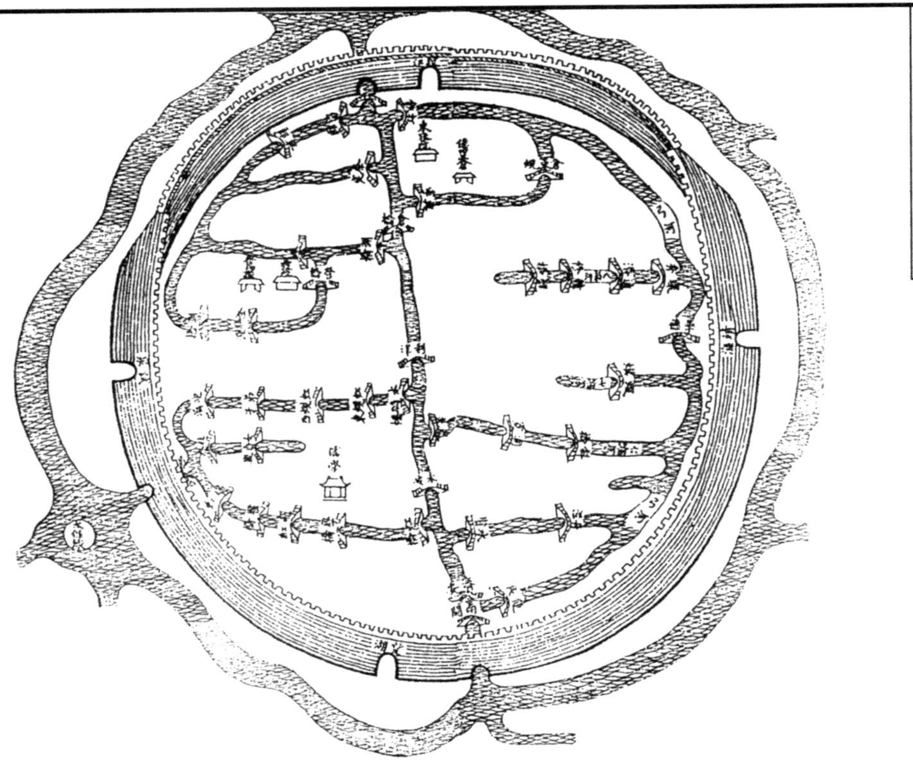

無錫縣城内水道圖説

無錫縣城北，黄埠墩受毘陵下注，及雙河之水，至近城分兩派，一會梁溪水繞城西而南爲漕渠，一入北水門，出南門爲城河，即邗溝故道，其河直界縣城而中分焉。西有支河五道，斥瀆、胡橋、營河、玉帶河，圜環繞西北隅，仍至北關，水碰、束帶二河則繞接西南，而西水關承其吐納。東則北關内繞城東南，行至南關合直河，其形如弓，曰弓河。而邗溝之直如弓之繫弦，亦曰弦河。舊有横河九道，插弓背，曰箭河，今僅存其四，而通舟者止二焉，餘皆不可問矣。錫城風物之美，水實大有結撰，第民居繁盛，湮淤日增，浚治未可視爲緩圖也。外濠周遭無間，西門水最湍急，循城而南，是乃今之運道。

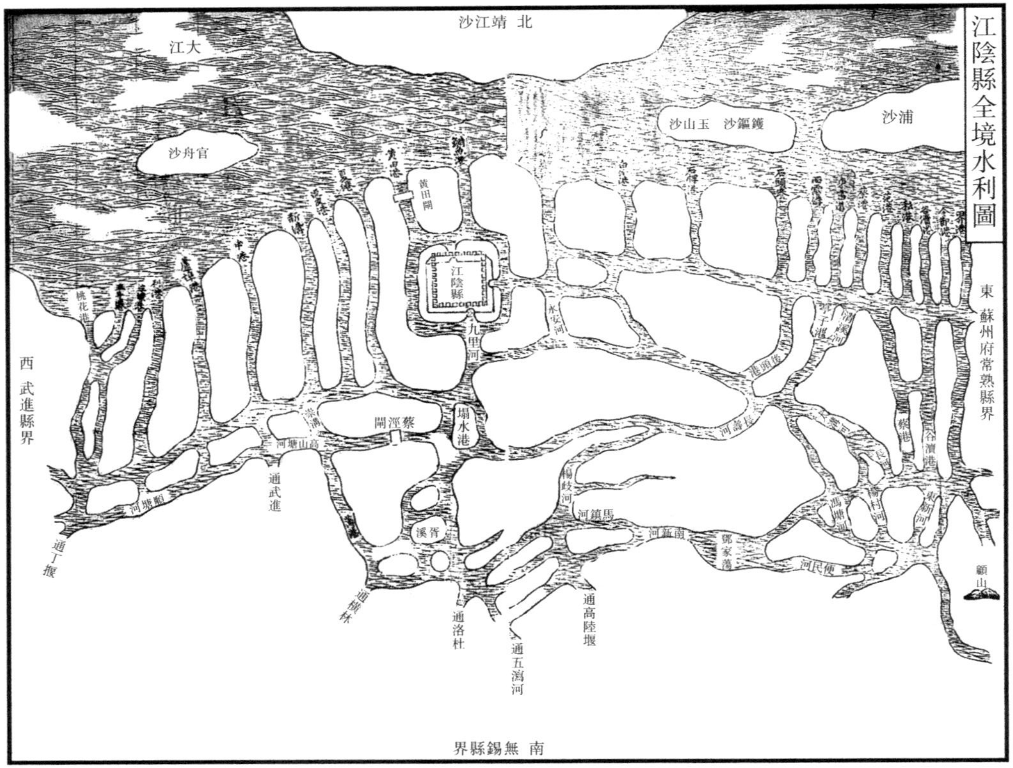
江陰縣全境水利圖
北 靖江沙
大江
官舟沙
王山沙　鑊鑪沙
浦沙
江陰縣
黄田閘
九里河
永安河
蔡涇閘
壩水港
高山塘河
通武進
胥溪
通橫林
通洛杜
通五瀉河
通高陸堰
馬鎮河
楊歧河
南新河
長壽河
鄒家蕩
便民河
東新河
谷瀆港
祭港
顧山
東 蘇州府常熟縣界
西 武進縣界
南 無錫縣界
桃花港
通丁堰
船塘河

江陰縣全境水利圖説

江陰輻員，北面濱江，故曰江陰，港脈多徑而少紆，北高南下，其接常熟、無錫之境者，河流始有參錯。邑東有横河、長河二道，凡諸河入江出口，必藉此輸導。南至蔡涇閘有三河口，則東抵常熟，西抵武進，南抵無錫之分路也。詳勘江陰之水，自黄田港溢入諸境者爲江潮，自梁溪駛入五瀉諸堰，過青暘而會諸九里河，自武進黄汀諸堰而來達於境者，皆河水受泄，并關水利，唯河水經歷之涇港尚難淹淤。若江潮則長退停積，歲見淺澀之患，故江陰水政，在常屬特爲迫切，而昔人之講求亦不遺餘力矣。

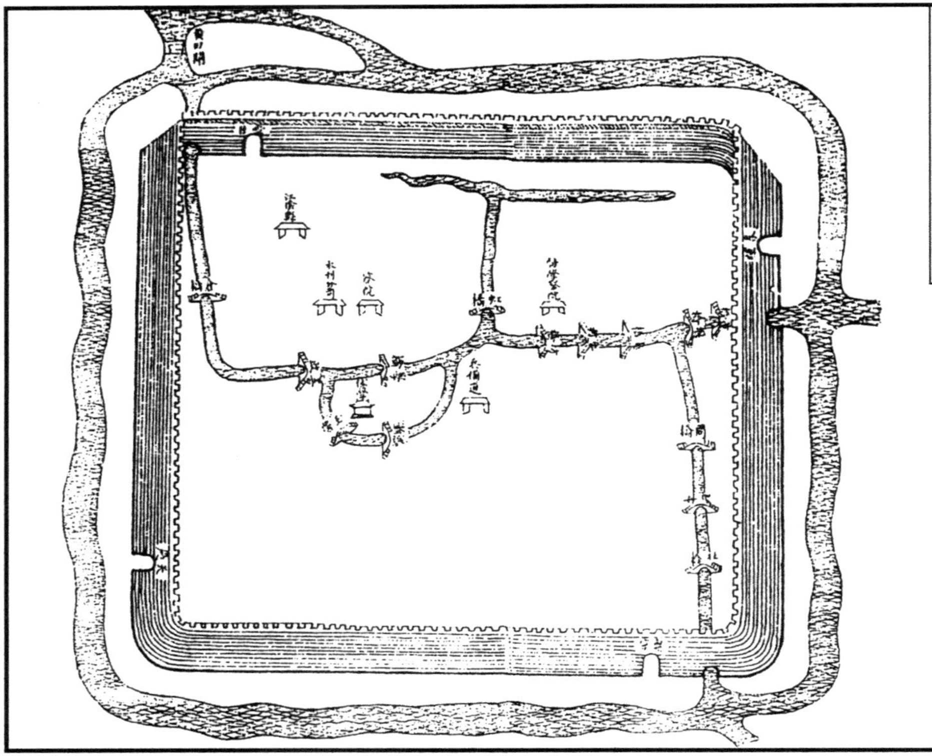

江陰縣城內水道圖

江陰縣城内水道圖説

江陰縣從南關納水入城，北行將迫東關，分折東西。西者至督學憲院，右發一支北經邑神廟，左而東繞廣福寺後，其原派則西南行，繞學宫後又環聖廟前，總會於善政橋。折北通倉河以出北水關，谿黄田港以達大江。周遭外濠，循城之東西互相迴轉，邑人呼曰轉河。總之江陰地高，城内外河渠皆不深廣，以江潮進退爲盈涸，而土疏易壅，開浚不容久廢。各河引導紆曲，使蓄泄關合元氣，勿謂瀕江城郭不以水制勝也。

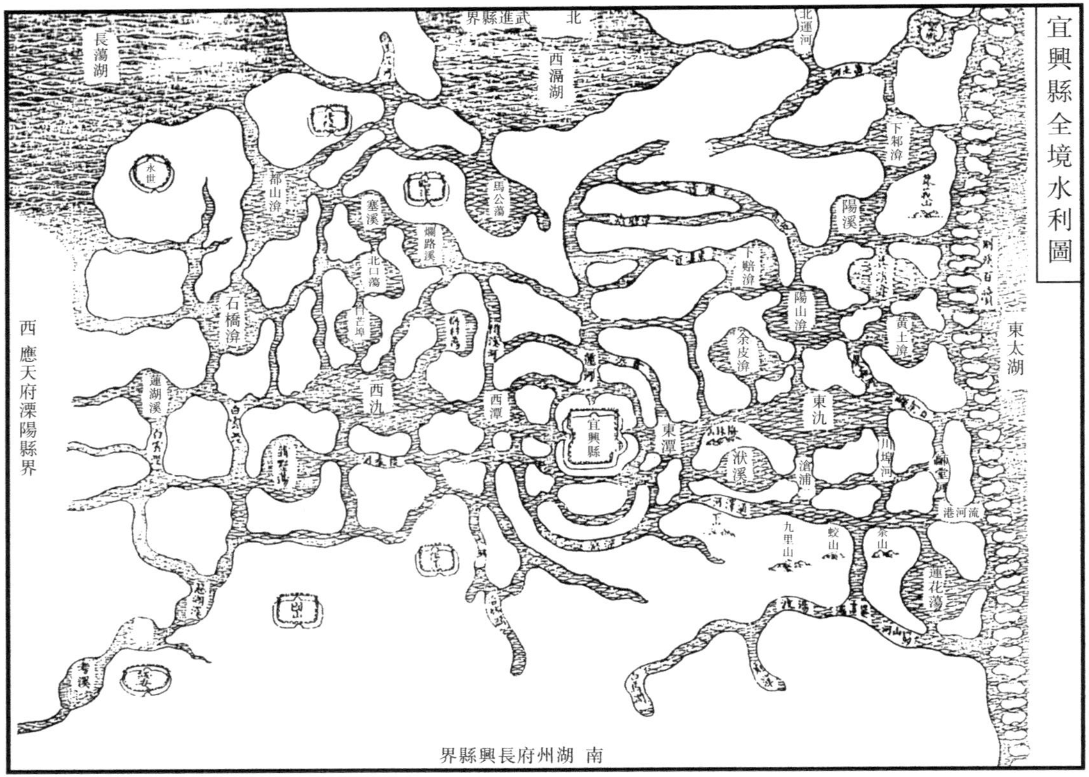
宜興縣全境水利圖
北
武進縣界
長蕩湖
西滆湖
北運河
東太湖
下邾瀆
陽溪
馬公蕩
都山瀆
塞溪
爛路溪
北口蕩
下螭瀆
陽山瀆
黃土瀆
余皮瀆
石橋瀆
西沈
西潭
宜興縣
東潭
東沈
洑溪
滄浦
川埠河
流河港
蓮湖溪
九里山
蛟山
茶山
蓮花蕩
西
應天府溧陽縣界
南
湖州府長興縣界

宜興縣全境水利圖説

宜興西接溧陽，北聯滆、洮二湖，東瀕具區，上游而來之水并繇西氿溪而入，下注東氿，分流百瀆，以達震澤。是宜興雖受水之區，實經行脈絡之地也。唯西、南二境多山，山間溪流淺狹，旱則水涸苗槁，驟雨易於騰湧。東境沿湖，勢居下流，倘百瀆宣泄稍滯，多泛漲之患。故治宜興水，必高鄉浚河鑿塘，低鄉築圍疏瀆，則源流常逝，暴水浸溢，均不能害矣。其旁西溪之河曰後袁，傍東溪之河曰通澤，各避風濤之險，惠賚民舟。若闢閃溪通溧陽運道，尤軍國萬世之利，水政特詳紀云。

宜興縣城內水道圖

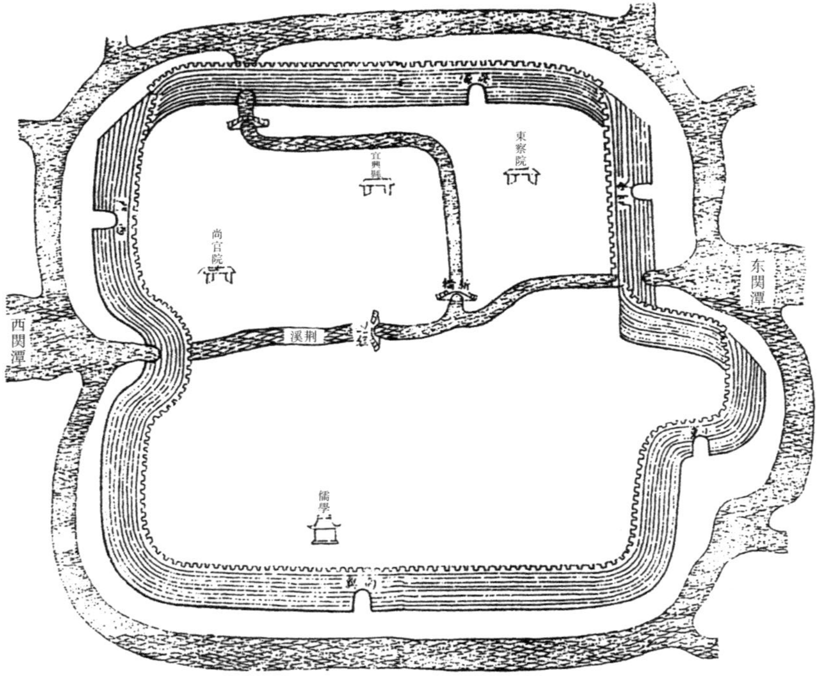

宜興縣城内水道圖説

宜興城跨荆溪之上，東西有潭，各聯氿溪，城心長橋稍東入北，一道迤西出北關曰周瀆，瀆即接城外漕渠。水關止三，而河流通利，東、西二關則西主納，而東主泄，亦源水之所必經也。城隘而河少，其脈理正大，故萃靈鍾秀，誇勝江左。繞城皆有濠，濠各有文，致深山大澤，一城若爲關鎖，水利竅要，政當於此發源處一探尋也。

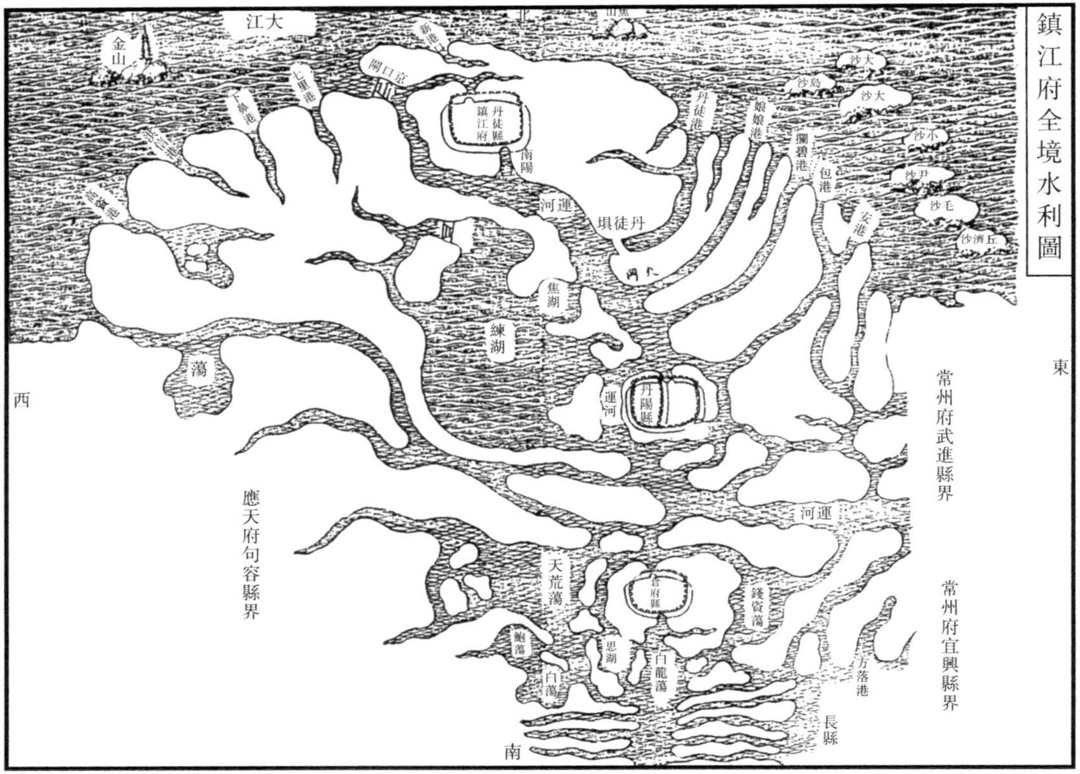
鎮江府全境水利圖
東
西
南
北
大江
金山
七里港
下鼻港
閘口京
新港
鎮江府
丹徒縣
南陽
運河
丹徒埧
丹徒港
娘娘港
包港
安港
沙大
沙島
沙大
沙小
沙尹
沙毛
沙濟丘
焦湖
練湖
蕩
丹陽縣
運河
常州府武進縣界
常州府宜興縣界
應天府句容縣界
運河
天荒蕩
錢資蕩
思湖
白龍蕩
白蕩
方落港
長縣

鎮江府全境水利圖説

鎮江郡據京口上游，其地高於蘇、松數十丈，水勢趨下如駿馬下坂。所隸三縣，丹徒全境繞江，丹陽沿江境少而土原與丹徒埒，四郊衍漫皆江潮濁水，易於阏積，去少而來多。又練湖每遇泛溢，蘇、松、常并受其患，古人於要害置閘，及添石磋、函管，隨時節宣，并有深意。至浙西一路，北上運艘官舫，悉繇漕渠，漕渠自昔鑿山開導，闊廣有限，岸土壁立，遇雨衝淋，崩墮河底，水淺舟滯，歲歲待瀹，民力苦矣。獨金壇則山溪引注，多湖澤之瀦，脈聯宜興迸受建康而下之水，其説備於水源、水脈，蓋鎮郡水政之便宜，與蘇、松、常未可同類而語。

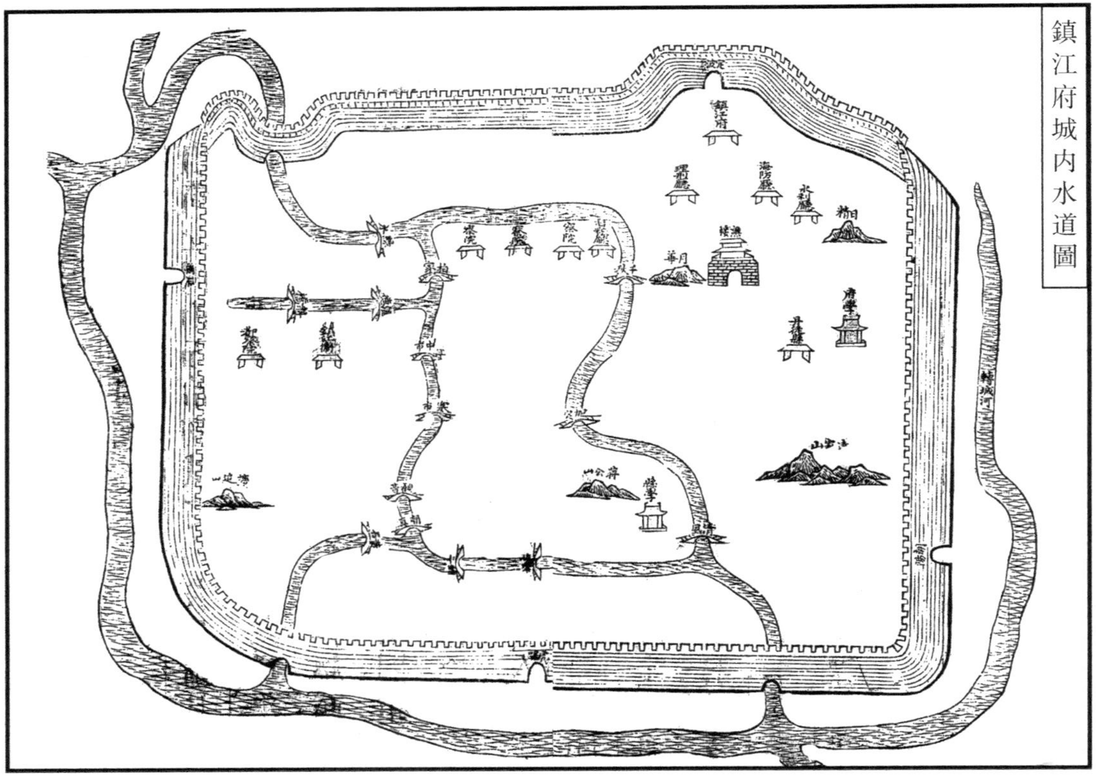
鎮江府城內水道圖

鎮江府城内水道圖説

鎮江府倚北固山而治，圍城之内有日精、月華、蔣公、唐頹諸山，土勢隆崇，遍地皆山，足通渠一線從南水關而入，蜿蜒數折，自東南轉趨西北，出北水關，是爲城中貫水大道。初入南關，稍行即分一支，自東迤西，再紆迴而北，仍會於原派北繞之水，并出北關，西河紐合生情，實人工之穿鑿，非就天成，卑窪爲污瀦者。然一城據勝，得涓流可挹長江之秀，而鐵甕雄於畿甸矣。東濠自北城外南閘進河繞城，經唐頹山後，西出京口閘者，乃南、北二面之濠塹，即今之漕渠。西濠自北徑南轉西，則曰轉城河，總之潤城水脈，非諸山之流泉，漕渠之溢水，疏浚尤當加意。

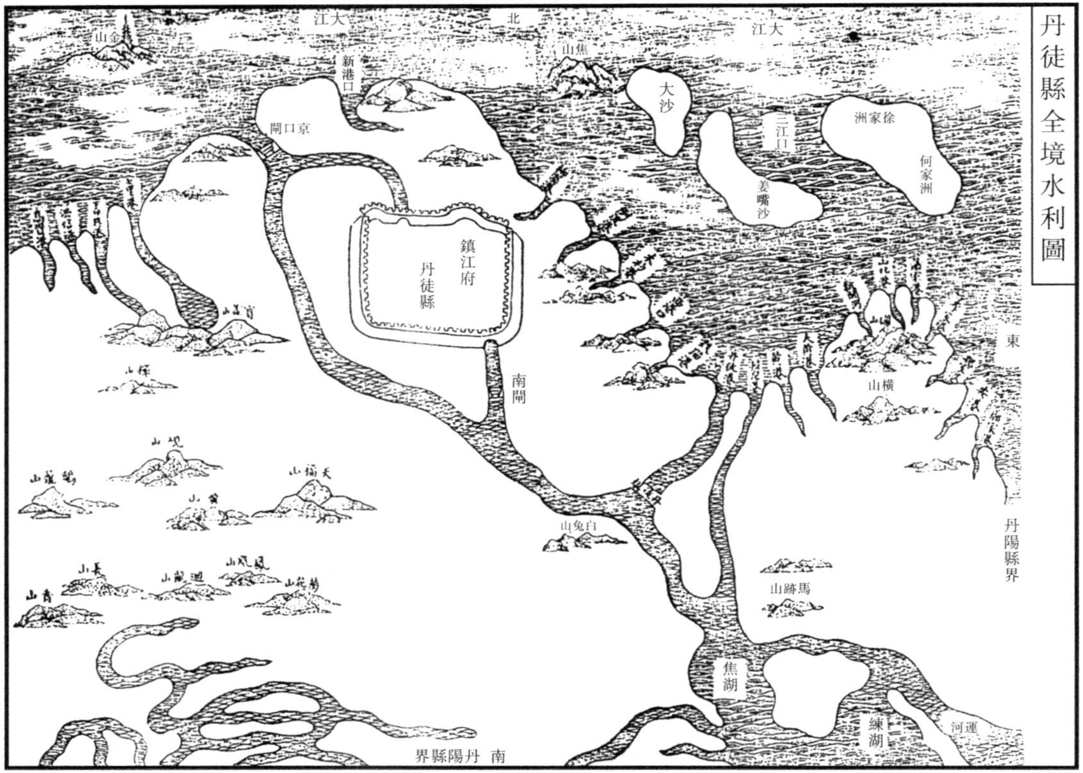
丹徒縣全境水利圖
江大
北
江大
山金
新港口
山焦
大沙
三江口
洲家徐
何家洲
姜嘴沙
閘口京
鎮江府
丹徒縣
南閘
東
山橫
丹陽縣界
山兔白
山跡馬
焦湖
練湖
河運
界縣陽丹　南

丹徒縣全境水利圖説

丹徒負江面山，其他巉然而起。漕渠自丹徒鎮來，從南繞城西出京口，水勢湍急。又北境有丹徒、孩兒等港，通江潮出入，此爲邑中水道之大關腦。詳考歷代疏浚成迹，無或曠間。若田疇灌溉，沿漕渠者，兩岸積土如山，或人力不能引水入圩，用牛運轆轤可達，若腹内阡陌，并須鑿池蓄泄，高傾卑受，以備旱潦。故丹徒之陂塘，凡有名稱者，載入水名，而遍境之澤潭，未易枚舉。水利惠農，此政亦宜深講。

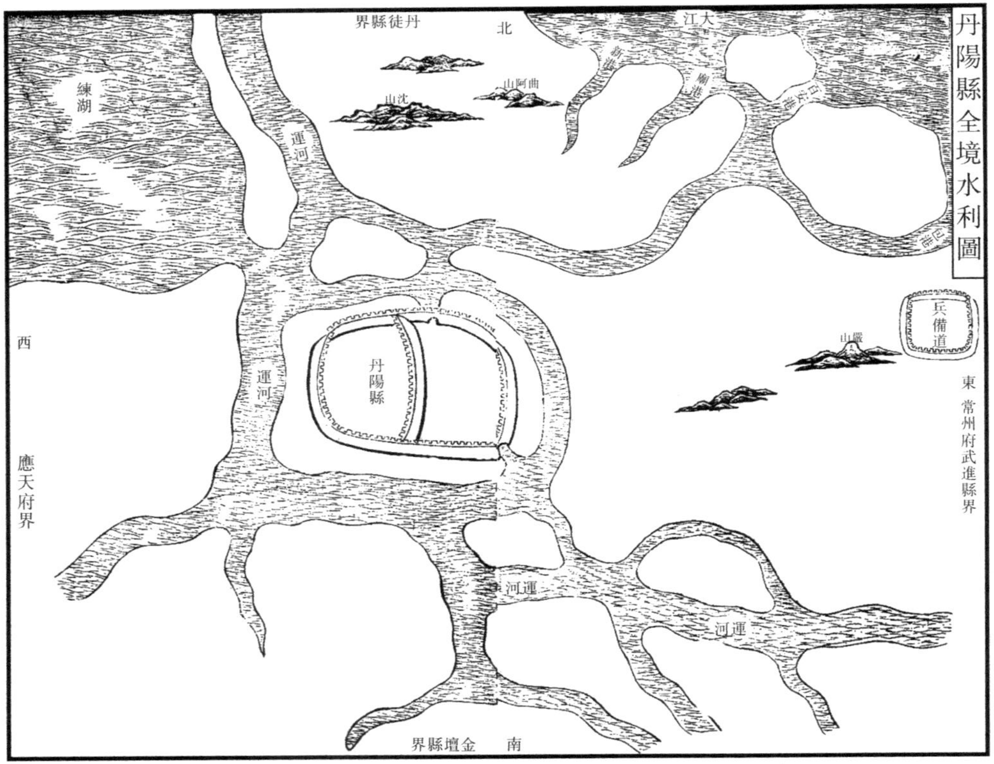
丹陽縣全境水利圖
丹徒縣界
北
大江
練湖
沈山
曲阿山
運河
西
丹陽縣
運河
應天府界
兵備道
東
常州府武進縣界
運河
運河
金壇縣界
南

丹陽縣全境水利圖説

丹陽地亦高，漕渠一路皆山脈，土厚河狹，形深水淺，其流駛急，舟楫之所倚命也。練湖邇在城西，昔人遏馬林溪以溉雲陽法，主納不主流。厥後土民築堤横截，取湖下地作田，遂分上、下二湖，作斗門礎函以節洪濤。歷代修治惟謹，入我明特申湖禁，每勤詔旨，專官督理，以防衝決。唯閭右侵占争利，雖懲創不少衰止。凡湖流横溢，不獨丹陽一邑受其害，識者常抱隱憂，講求不嫌累牘，誠非過計。境内有簡、相、珥、丁義四瀆，皆稱關要，珥瀆即金壇運道。又九曲河向立博望閘，最關水利，今久淹廢，姑存其名，以俟經國之君子。

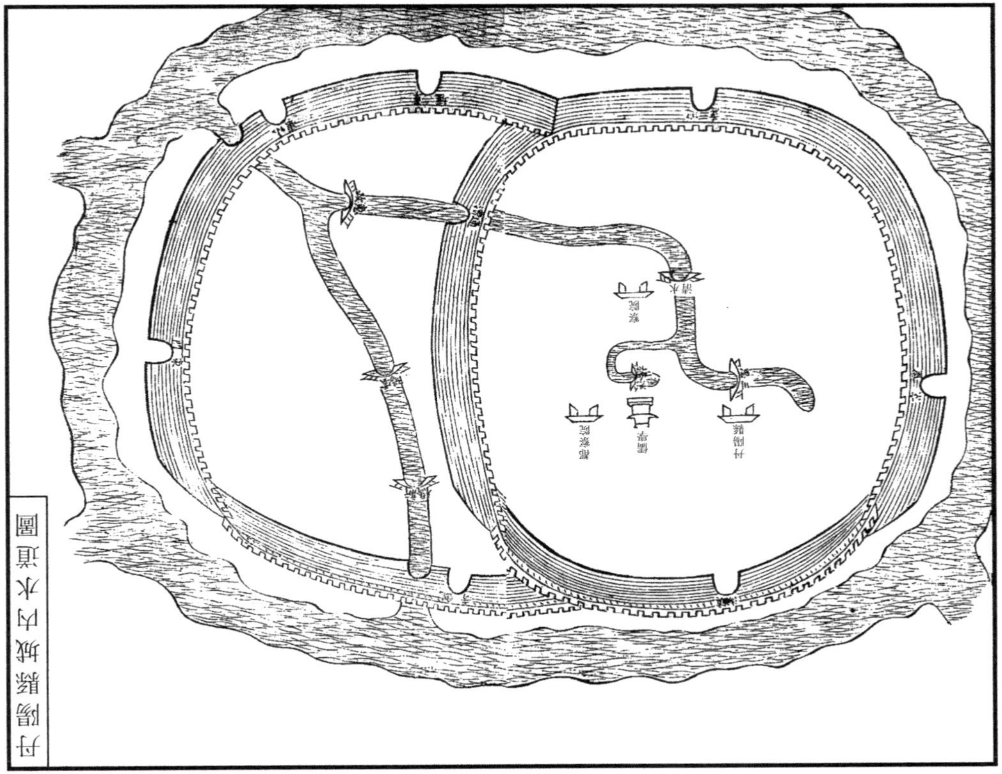
丹陽縣城内水道圖
都察院
儒學
丹陽縣
清水

丹陽縣城内水道圖説

丹陽城舊無濠，漕渠從城外東南而之西北，故東門曰通漕。通漕門右闢一水關石閘，以通漕渠，水灌入城中，廟學、縣署皆引此水經其前，挹秀占勝，尋接内城，增築外城，東跨漕渠之上，合内外城爲一矣。舳艫銜尾，盡繇城内。然漕渠水直瀉無情，萬曆間始鑿外濠，自南迄西繞隍如帶。丹徒而下之水，徑從分流入外濠爲運道，自後聯雲樓櫓不復入城中，而丹陽文運亦於此漸盛。唯外濠不甚宏闊，又當高瀉之區，冬月行舟，時見膠澀，則修浚且歲爲常矣。

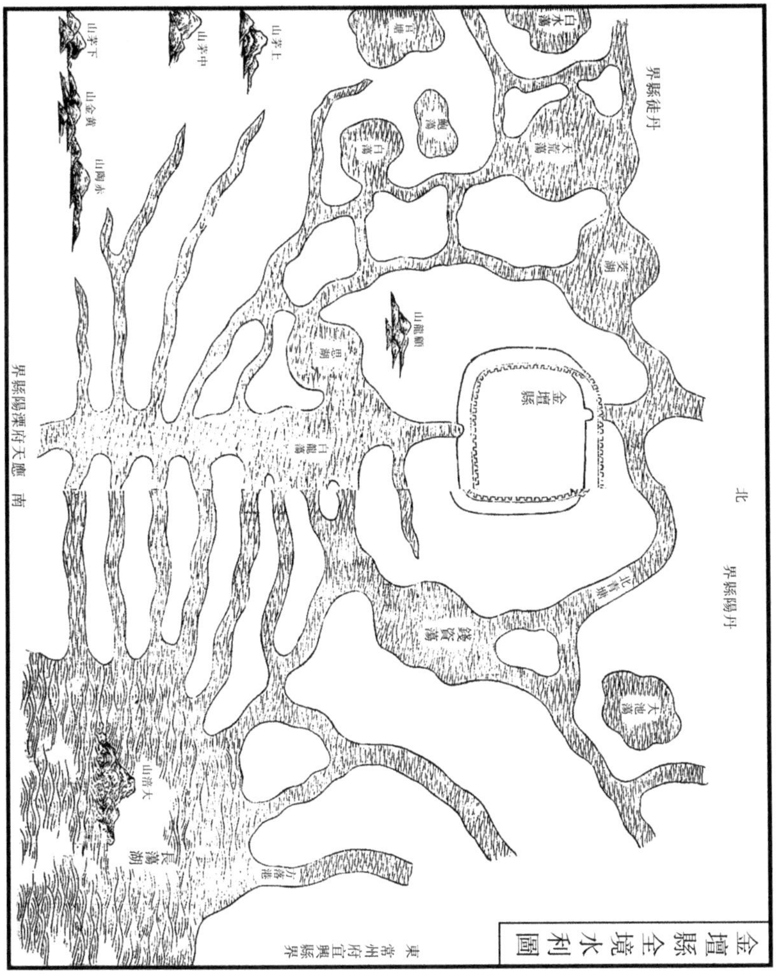
金壇縣全境水利圖
東
常州府宜興縣界
北
丹陽縣界
南
應天府溧陽縣界
丹徒縣界
金壇縣
長蕩湖
錢資蕩
大池蕩
白龍蕩
大荒蕩
白水蕩
上茅山
中茅山
下茅山
黃金山
赤陶山

金壇縣全境水利圖説

金壇雖屬鎮江，脈聯溧陽、宜興，山高水深，土脈瑩潤，絶類溧、宜境内洮高等湖，白龍、錢資等蕩，唐王、大直等溪，古速、甓橋等瀆，燕子、方洛等港，並淵深瀰漫，蓋邑當諸郡之下，西南流水源至此，舒縱地勢所繇然耳。他如蓮、莞等陂塘，未易縷數，皆山鄉灌溉之所必藉，不因濱巨澤而蓄泄可廢也。故金壇水利，在鎮屬中又當别論。

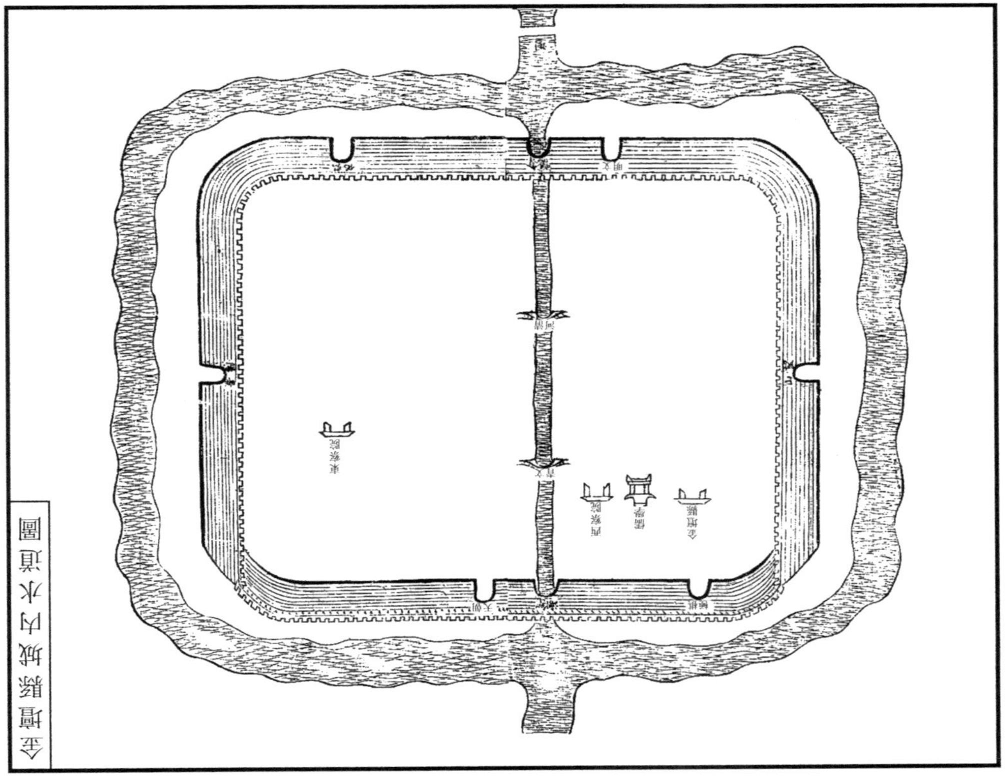
金壇縣城內水道圖

金壇縣城内水道圖説

金壇縣城在溪山映帶、水流縈洄之處。周城有濠，東濠較西濠特爲深廣。城中心貫一河，南北各設水關爲吐納，南關下甃石爲壩，蓋恐水勢趨下，灌輸易竭，稍借此砥障，而一城生旺之氣，亦於此翕聚。故金壇水性、水脈不獨全境迥異，丹徒、丹陽二邑即城中一衣帶水，亦有區別，是不可不深辨。

吴中水利全書卷之二

圖系説

吴水以震澤爲腹，三江爲腸胃，海壖爲尾閭。兹卷繪圖，首太湖全區，而踵之以五邑治湖分界，次吴淞，次婁江，又次白茆。蓋東江塞而并出口於吴淞，若白茆最稱要害，僻在東北，不可不顯揭之，次沿海，次沿江，皆辨析港脈。吴中諸水，唯海容受，而江所泄納北、西二境，近地渾潮，總亦會歸於海云。

太湖全圖

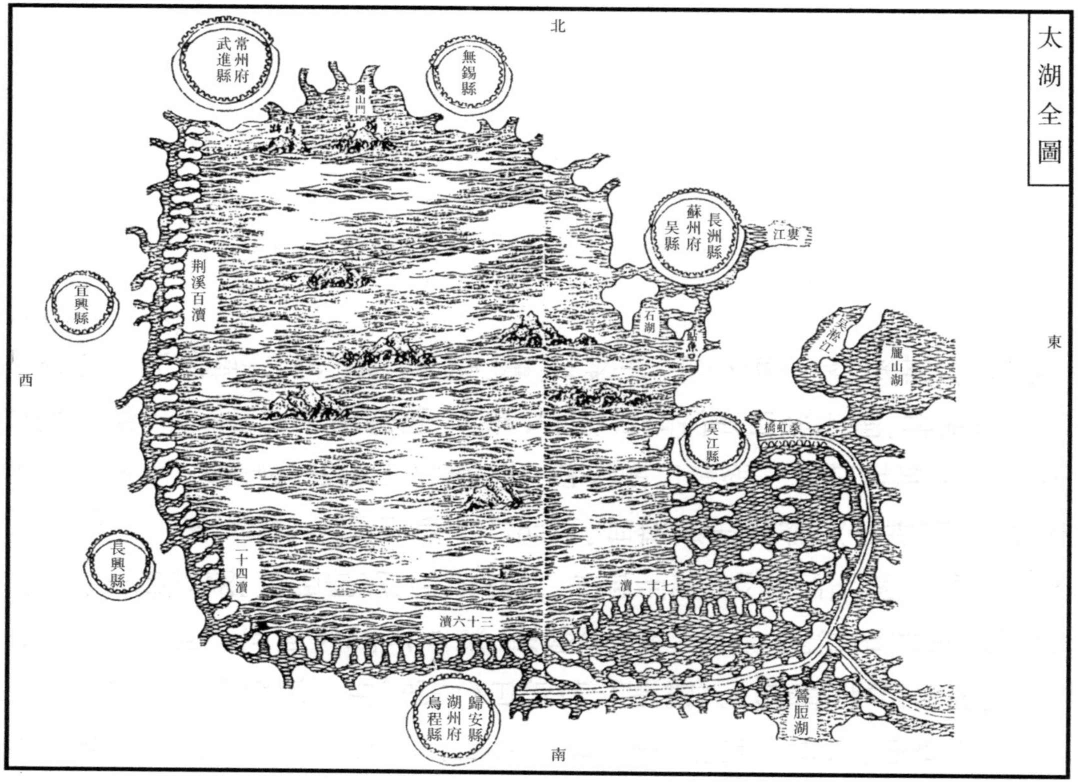
北
南
東
西
常州府武進縣
無錫縣
獨山門
蘇州府長洲縣吳縣
婁江
石湖
吳淞江
龐山湖
吳江縣
桑虹橋
宜興縣
荊溪百瀆
長興縣
二十四瀆
三十六瀆
七十二瀆
湖州府歸安縣烏程縣
鶯脰湖

太湖全圖説

太湖廣三萬六千頃，東西凡二百里，南北一百二十里，周五百里，中有山七十二，襟帶蘇、湖、常三州，東南之水皆匯於此。在《禹貢》曰震澤，《周禮》、《爾雅》并曰具區，《左傳》曰笠澤，《國語》、《史記》曰五湖。五湖之説又互異，張勃《吴録》云：『周行五百里，故名五湖。』虞翻云：『東通淞江，南通霅溪，西通荆溪，北通滆湖，東通韭溪，故謂之五湖。』陸龜蒙云：『太湖上禀咸池五車之氣。』一水五名，今湖中亦自有五湖，自莫釐山與徐侯山相值者爲菱湖；莫釐之西與菱湖通者曰莫湖；東逼胥山者曰胥湖；長山之東曰游湖；長山北連無錫岸渚者曰貢湖。五湖之外别有景湖，夫差山東曰梅梁湖，杜圻之西、魚查之東曰金鼎湖，林屋之東曰東皐里湖，其浸通謂之太湖。西納建康、常、潤、宣、歙、霅、苕諸水，皆太湖之源，東挾蘇、松湖泖塘浦以抵海，皆太湖之委。

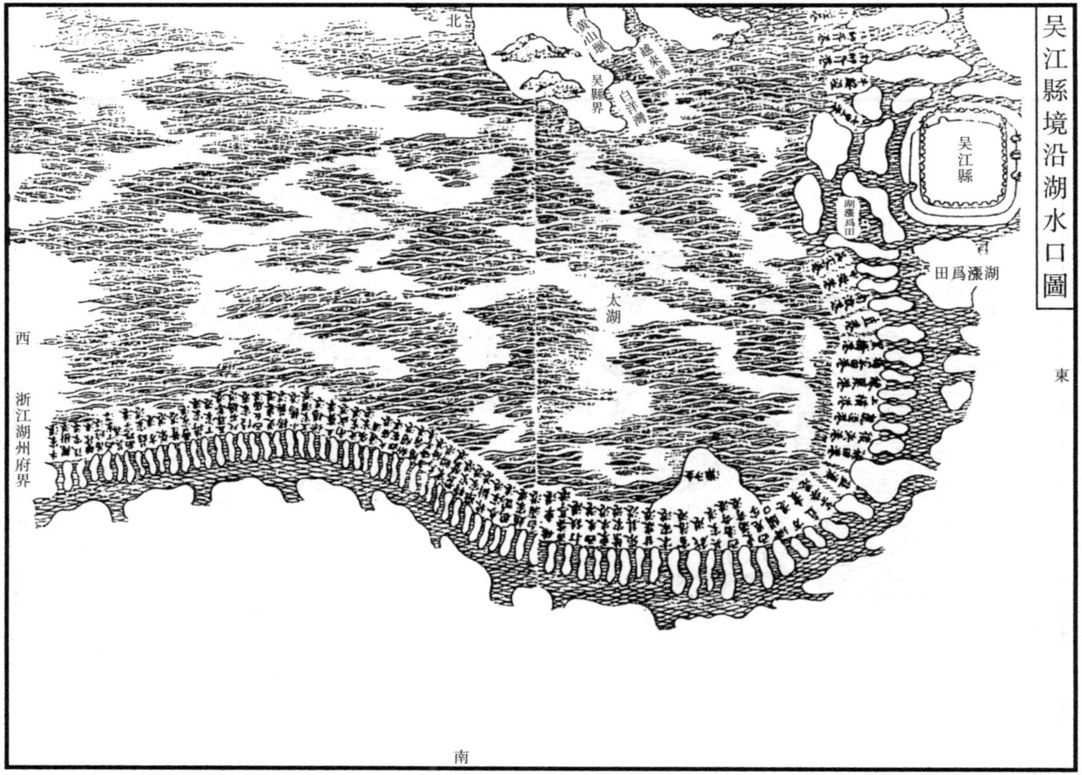
吴江縣境沿湖水口圖
吴江縣
湖漲爲田
田爲漲湖
太湖
白洋灣
吴縣界
北
西
浙江湖州府界
東
南

吳縣境沿湖水口圖
北
南
東
西
烏角溪
無錫縣界
行春橋
石湖
莫舍港
鮎魚口
溪橋港
白沙港
太湖
吳江縣界

無錫縣境沿湖水口圖

武進縣境沿湖水口圖

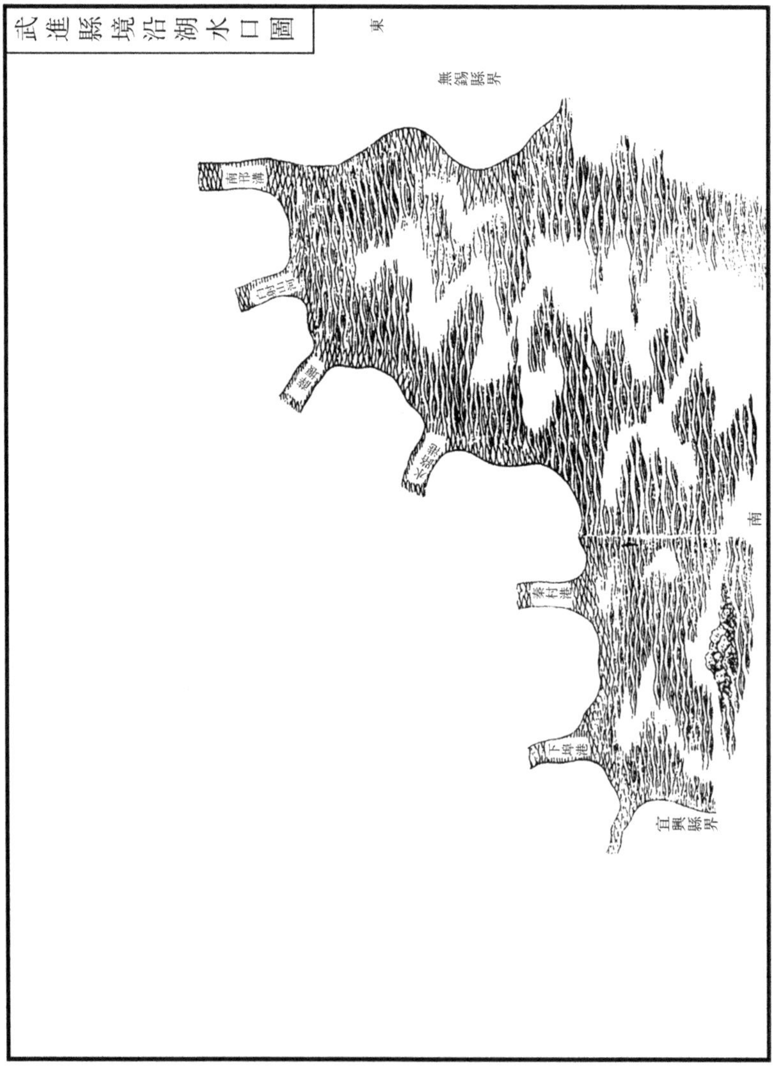

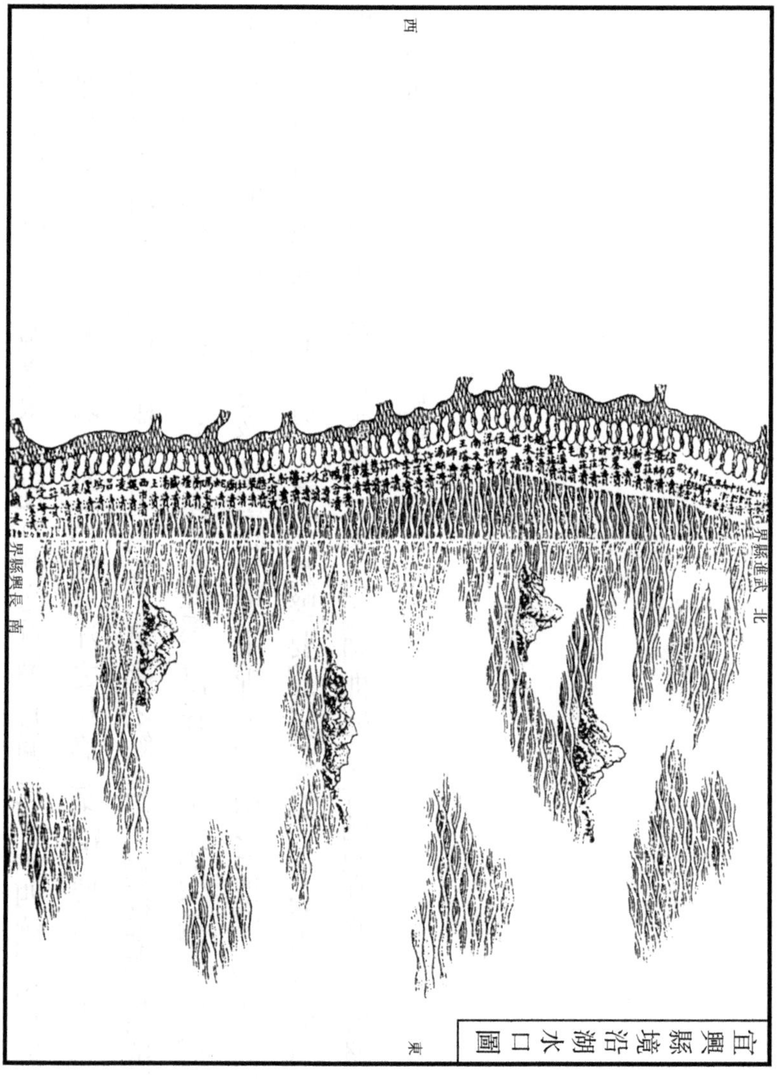
宜興縣境沿湖水口圖
西
東
北
武進縣界
南
長興縣界

太湖沿境水口分圖説

太湖周環跨三郡七邑，受來源之水，俱從宜興之百瀆，長興之二十四瀆，烏程之三十六瀆，吴江之七十二漊吐納焉。而導湖水以入海者，則吴江之長橋、葉港、曹家港、王家溪港、震澤湖、雪落港、坍闕口、直瀆、韭溪、白龍橋、七里港等；吴縣之鮎魚口、麫杖港、新涇港、莫舍漊、胥浦、香山港、塘橋港、烏角溪；無錫之新安溪、赤城溪、洪丘湈、吴塘門、獨山門、浦嶺門、閶江口；武進之南邗溝、白射山河、薛堰、水路港、秦村港、下埠港；宜興之横塘、陽溪、大浦、東蠡河塘港，皆繇湖入海之口。而入吴淞江東流者，尤爲緊要，勿容湮淤。故將沿湖曲折分境，各肖方位摹寫成圖，辨别出口之水，其流行脈絡，首卷内臨湖郡邑分合圖幅甚詳，兹皆略也。烏程、長興不載，以隸浙省，而全書之纂止四郡耳。

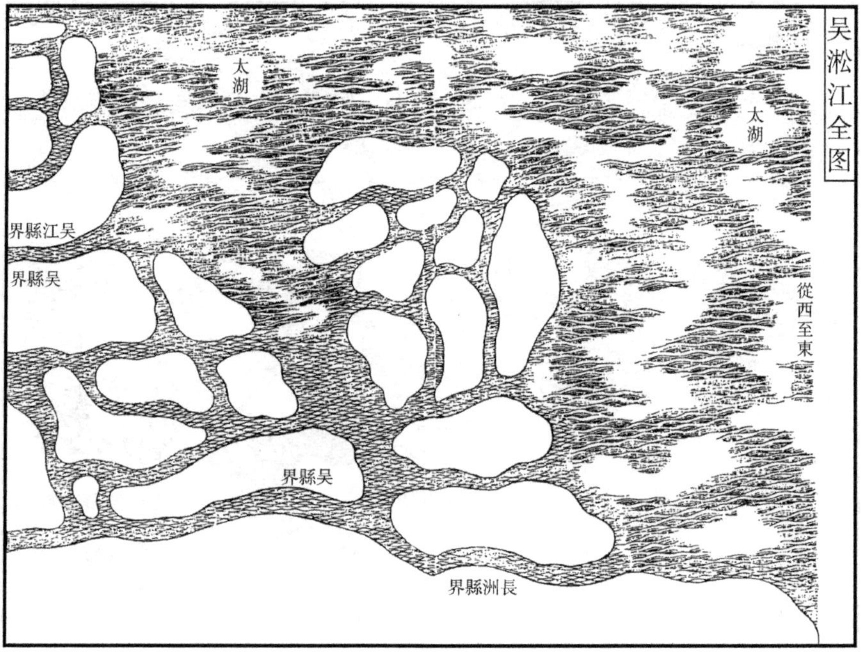
吴淞江全图
太湖
從西至東
太湖
界縣江吴
界縣吴
界縣吴
界縣洲長

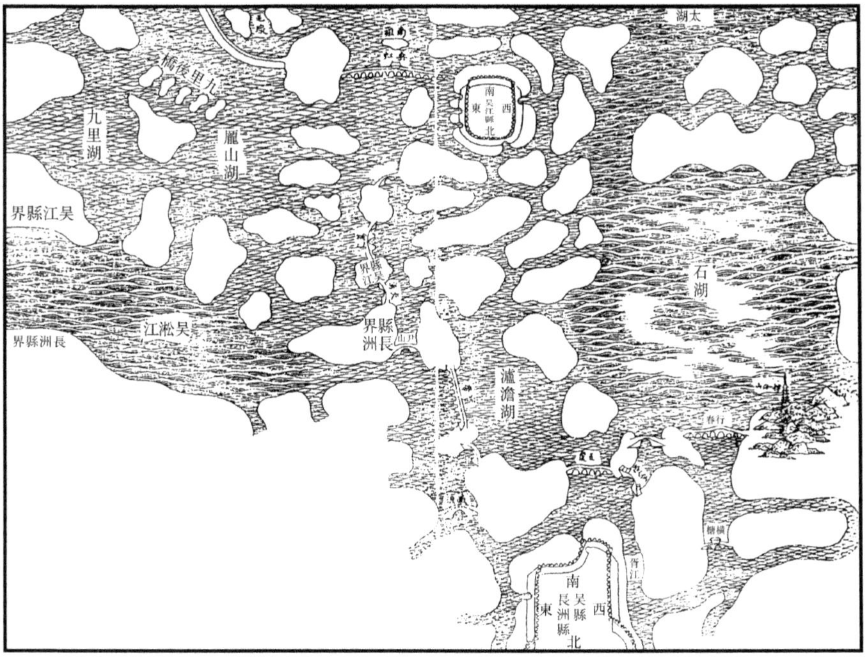
太湖
九里湖
龐山湖
吴江縣界
吴淞江
長洲縣界
長洲縣界
吴縣界
石湖
吴江縣
吴縣
長洲縣

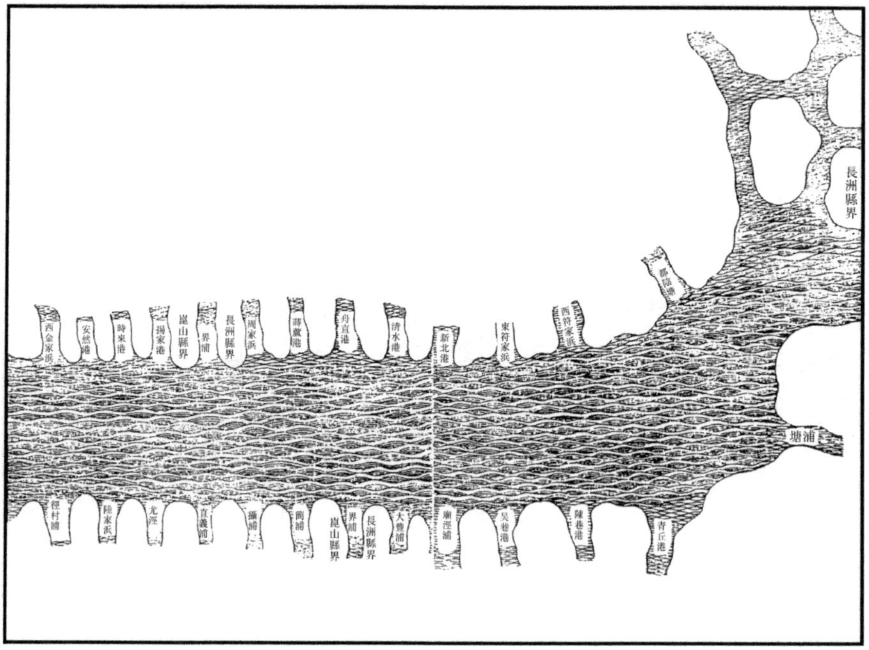
長洲縣界
鄱陽塘
塘浦
西符家浜
東符家浜
新北港
清水港
舟直港
蒔簏港
周家浜
長洲縣界
界浦
崑山縣界
揚家港
時來港
安然港
西金家浜
徑村浦
陸家浜
尤涇
直義浦
攔浦
儞浦
崑山縣界
界浦
長洲縣界
大豐浦
廟涇浦
吴巷港
陳巷港
青丘港

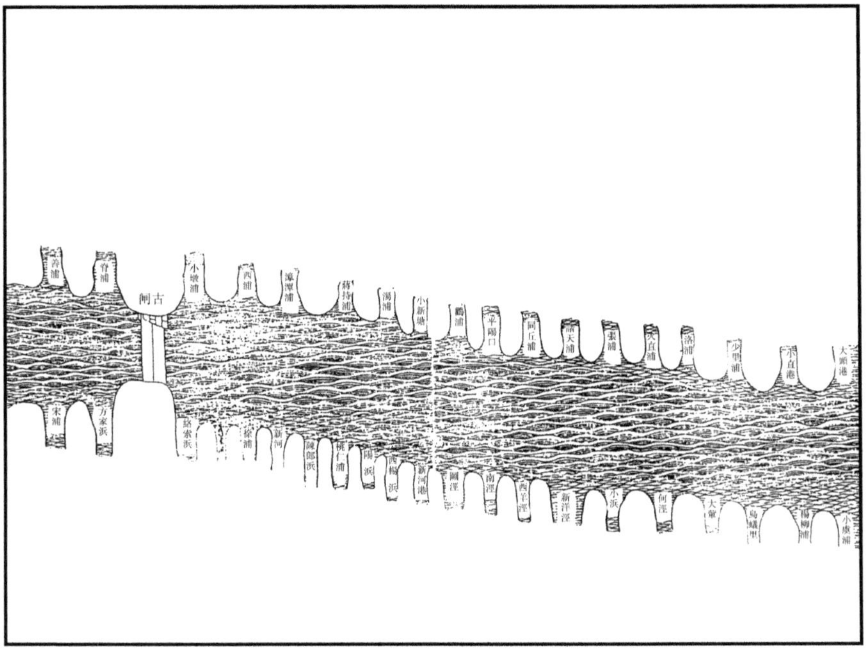

宋浦
方家浜
閘古
小塽浦
西浦
徐浦
新河
陳郎浜
桃仁浦
湯浦
小新塘
西梅浜
新河港
平陽口
同丘浦
南涇
西羊涇
新洋涇
張浦
洛浦
小浜
何涇
少里浦
小直港
大頭港
楊柳浦
小康浦

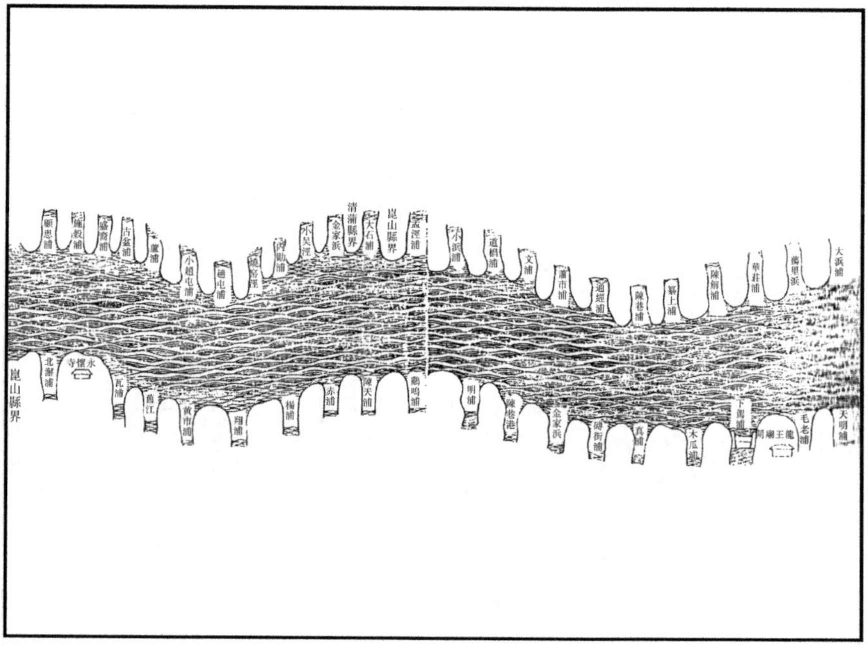
顧思浦
施毅浦
盛裔浦
古盆浦
盧浦
小趙屯浦
趙屯浦
姚宿涇
內勳浦
小吳涇
金家浜
清蒲縣界
大石浦
崑山縣界
孟涇浦
小浜浦
道楫浦
文浦
蕭市浦
道經浦
陳巷浦
築上浦
陳解浦
華莊浦
萬里浜
大浜浦
崑山縣界
北澥浦
永懷寺
瓦浦
舊江
黃市浦
翔浦
楊浦
赤浦
陳天浦
鷄鳴浦
明浦
陳巷港
金家浜
磚街浦
真浦
木瓜浦
下舊浦
龍王廟
毛老浦
天明浦

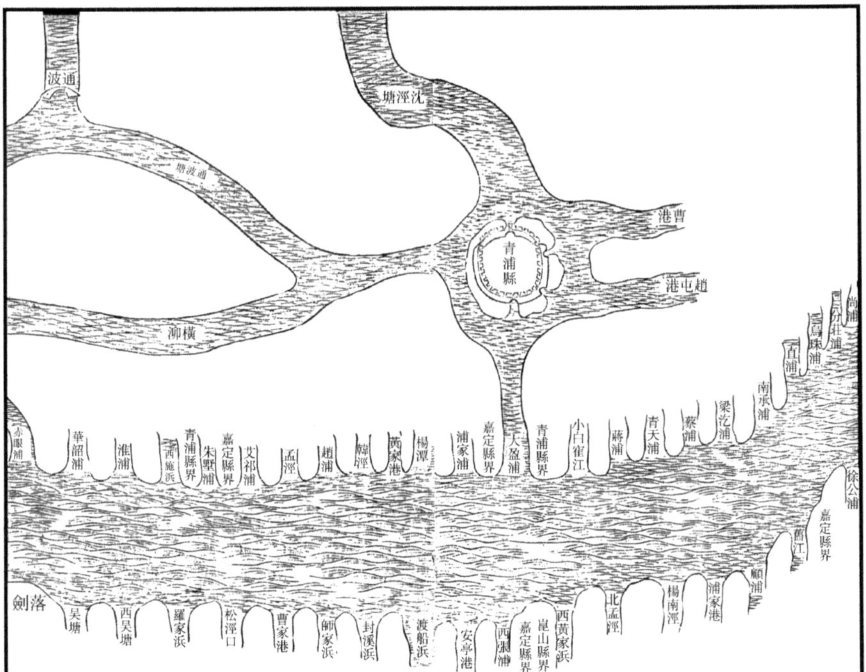
通波
沈涇塘
通波塘
曹港
趙屯港
青浦縣
横泖
赤眼浦
華詔浦
淮浦
西施浜
青浦縣界
朱墅浦
嘉定縣界
艾祁浦
孟涇
趙浦
韓涇
黄家港
楊潭
浦家浦
嘉定縣界
大盈浦
青浦縣界
小白崔江
蔣浦
青天浦
蔡浦
梁乞浦
南承浦
直浦
烏珠浦
徐公浦
嘉定縣界
舊江
顧浦
浦家港
楊南涇
北孟涇
西黄家浜
崑山縣界
嘉定縣界
安亭港
渡船浜
封溪浜
師家浜
曹家港
松涇口
羅家浜
西吴塘
吴塘

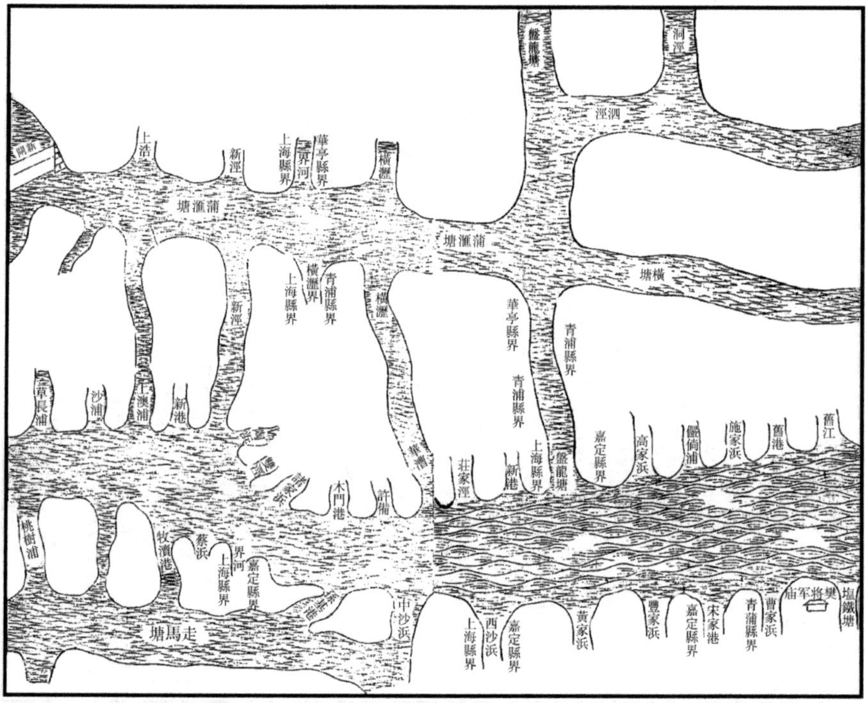

洞涇
盤龍塘
泗涇
橫塘
蒲滙塘
蒲滙塘
上浩
新涇
上海縣界
界河
華亭縣界
橫瀝
橫瀝界
上海縣界
青浦縣界
新涇
橫瀝
華亭縣界
青浦縣界
青浦縣界
青浦縣界
草長浦
沙浦
上澳浦
新港
木門港
許浦
莊家涇
新港
上海縣界
盤龍塘
嘉定縣界
高家浜
施家浜
舊港
舊江
桃樹浦
牧濱港
蔡浜
界河
上海縣界
嘉定縣界
中沙浜
走馬塘
上海縣界
西沙浜
嘉定縣界
黄家浜
豐家浜
嘉定縣界
宋家港
青浦縣界
曹家浜
塩鐵塘

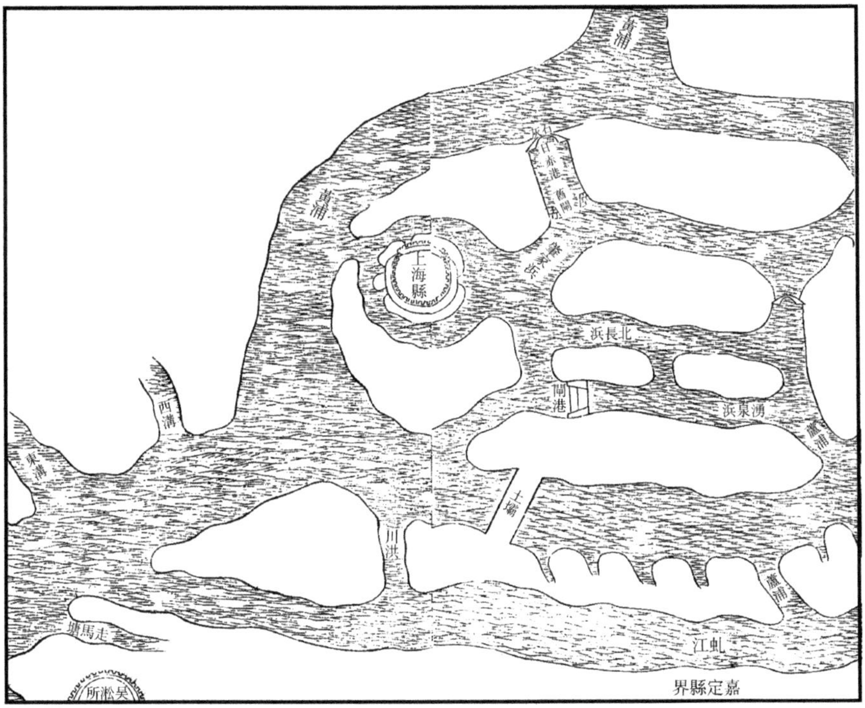
上海縣
黄浦
西溝
東溝
川洪
北長浜
閘港
湧泉浜
蘆浦
江虬
嘉定縣界
吴淞所
走馬塘

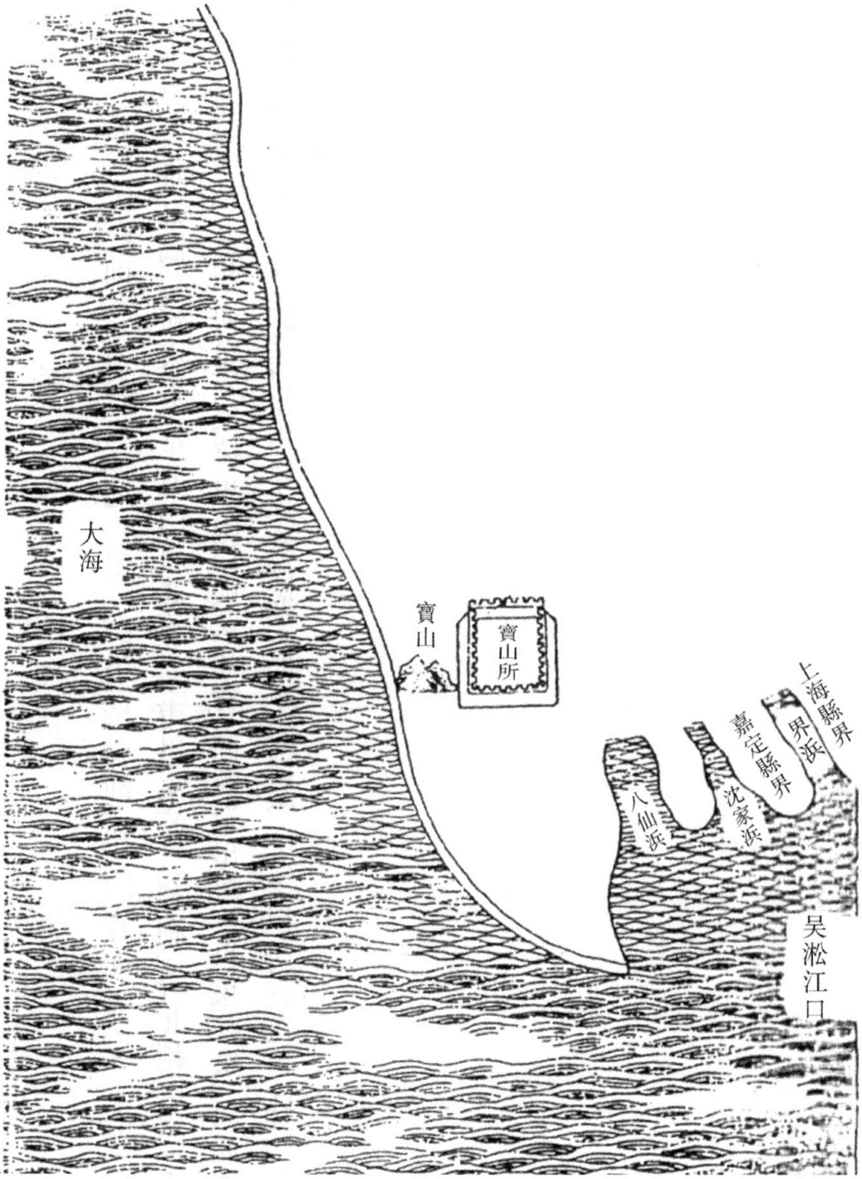
大海
寶山
寶山所
上海縣界
界浜
嘉定縣界
沈家浜
八仙浜
吴淞江口

吴淞江全圖説

吴淞江一名松陵江，即《禹貢》三江之一也。跨吴江、長洲、崑山、青浦、嘉定、上海六縣，横亘二百六十里，自垂虹橋順流東下，至尹山再北流，至甫里東流至澱湖，合北趙屯浦、東顧會浦、崧子浦、盤龍浦凡五湖，而至宋家橋東南流與黄浦會，而遞迤出海。自東江廢，只此與婁江爲東南水利之大關要。今吴淞自崑山以東并湮塞，而水患莫救，《全書》所載首重此江，兹不煩贅説。

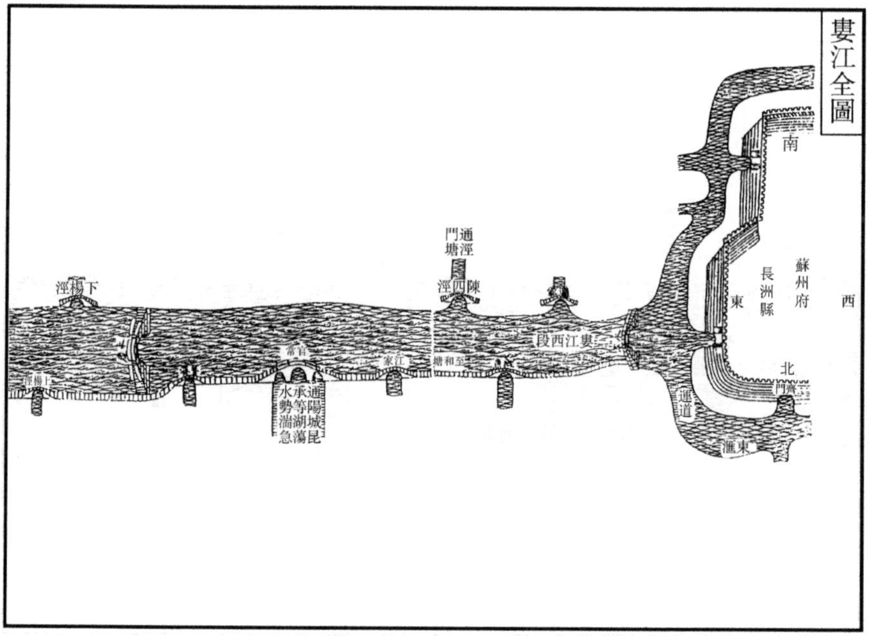

婁江全圖

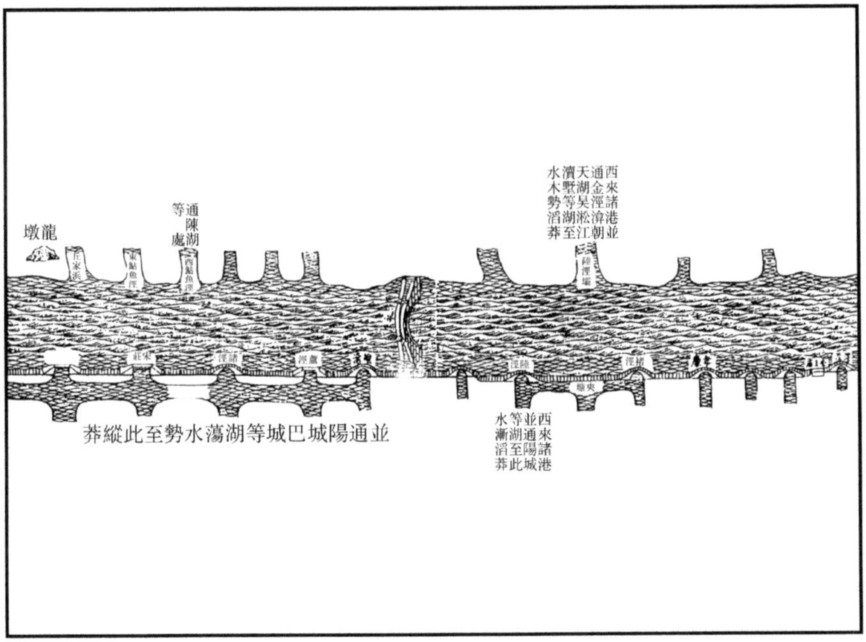
西來諸港並
通金涇滸朝
天湖吳淞江
瀆墅等湖至
水木勢滔莽
通陳湖
等處
龍墩
西來諸港
並通陽城
等湖至此
水漸滔莽
並通陽城巴城等湖蕩水勢至此縱莽

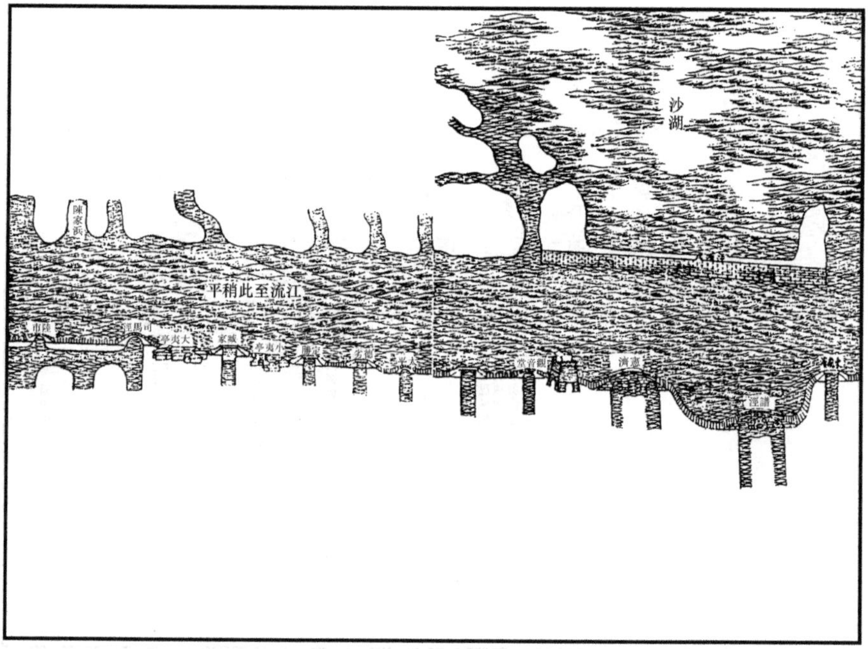
沙湖
陳家浜
江流至此稍平
陸市
司馬涇
大夷亭
小夷亭
觀音堂

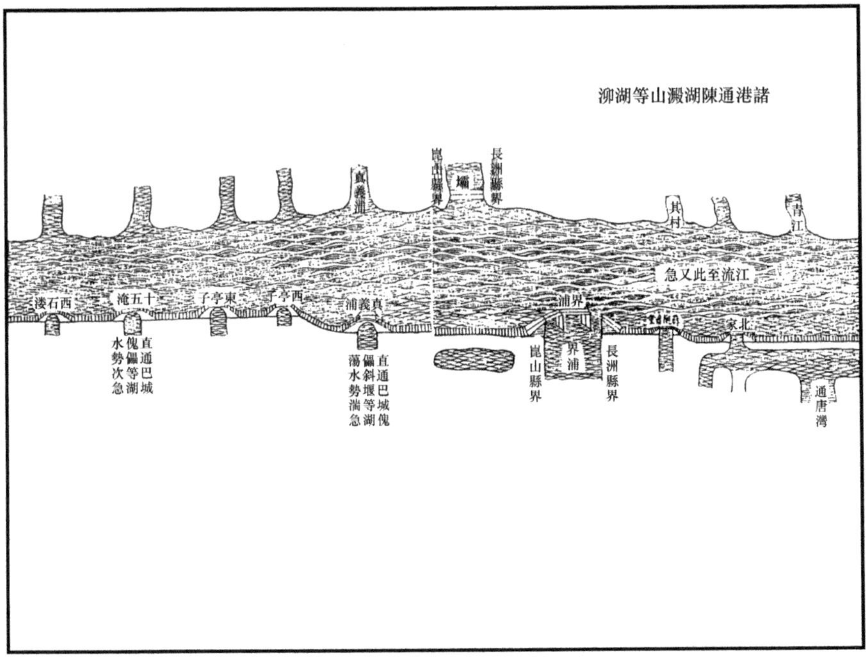
諸港通陳湖澱山等泖
長洲縣界
崑山縣界
真義浦
其村
青江
江流至此又急
北家
界浦
長洲縣界
崑山縣界
通唐灣
真義浦
直通巴城傀儡斜堰等湖蕩水勢湍急
西亭子
東亭子
十五淹
西石淺
直通巴城傀儡等湖水勢次急

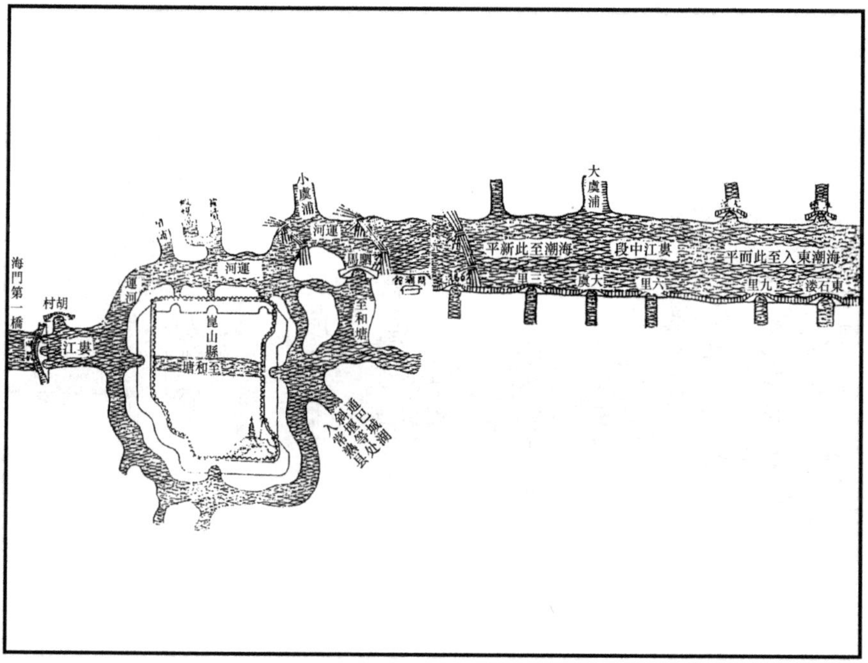
海門第一橋
胡村
婁江
崑山縣
至和塘
運河
河運
小虞浦
大虞浦
海潮至此新平
婁江中段
海潮東入至此而平
二里
大虞
六里
九里

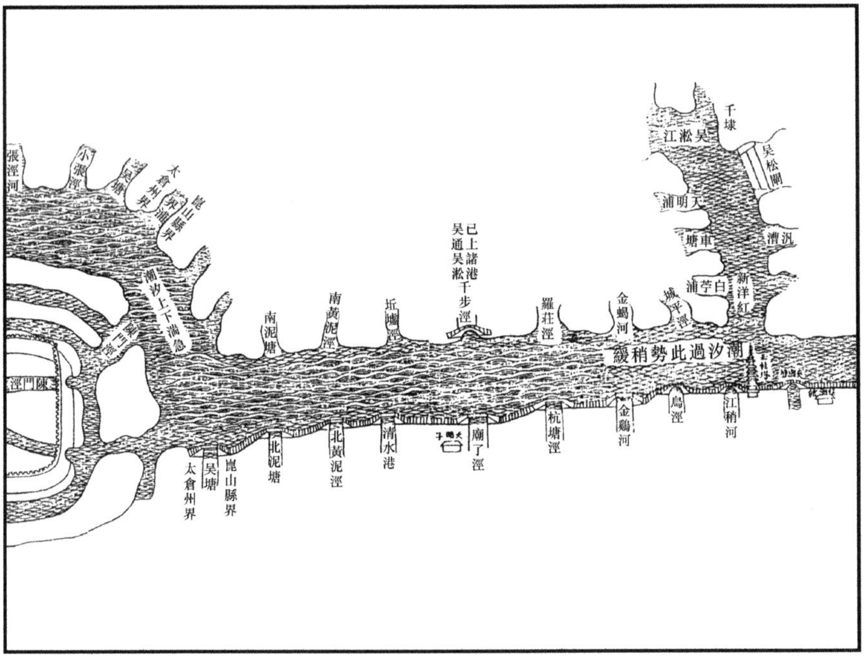
千墩
吳淞江
吳松閘
天明浦
汎漕
車塘
白苧浦
新洋紅
城平涇
金蝸河
潮汐過此勢稍緩
羅莊涇
已上諸港吳通吳淞
千步涇
南黃泥涇
南泥塘
潮汐上下湍急
小張涇
張涇河
陳門涇
太倉州界
吳塘
崑山縣界
北泥塘
北黃泥涇
清水港
廟了涇
杭塘涇
金雞河
烏涇
江稍河

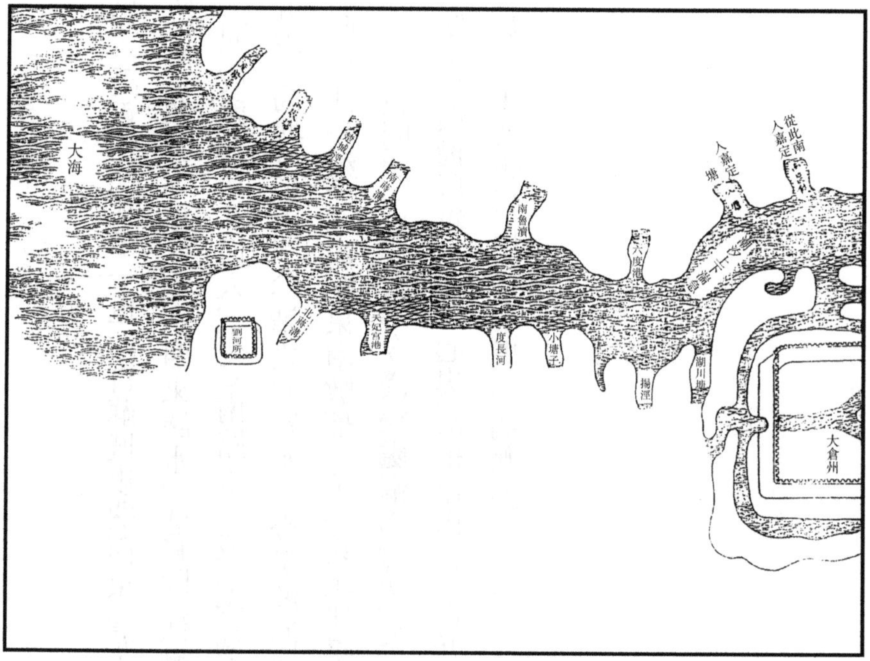
大海
劉河所
天妃宮港
度長河
小塘子
揚涇
湖川塘
大倉州
入嘉定塘
從此南入嘉定

婁江全圖説

婁江一名下江，相傳亦《禹貢》三江之一也。自蘇城婁關而東，歷崑山、太倉直達劉家港入海，凡一百八十里。兩岸港脈如蛇足，專受震澤西來諸水，或繇陸涇壩、沙湖、夷亭、真義浦，或繇吴淞江界浦，或繇小虞浦，或繇新洋江而入，謂之南路水。或繇官瀆出陽城湖，東行至傀儡、巴城等湖蕩，出真義、十五淹、高墟等港而入，謂之北路水。今吴淞湮淤，而南水泛濫，白茆、七浦阻塞，而北水横驅。夫此婁江一線，能盡納東南數郡之水，爲尾泄乎？况在勝國時，開海運萬艘經行，朱清力爲疏導。入我明間，事畚鍤，今淺狹處漸亦澀流矣。此東南之命脈，司水者亟宜究心，又名至和塘，此宋丘與權所築，北堤起婁關抵崑山止，俗乃襲訛，即太倉城中横河，猶稱至和塘，失考甚矣。婁江出海東口曰劉家港，亦屬無據，姑從之。

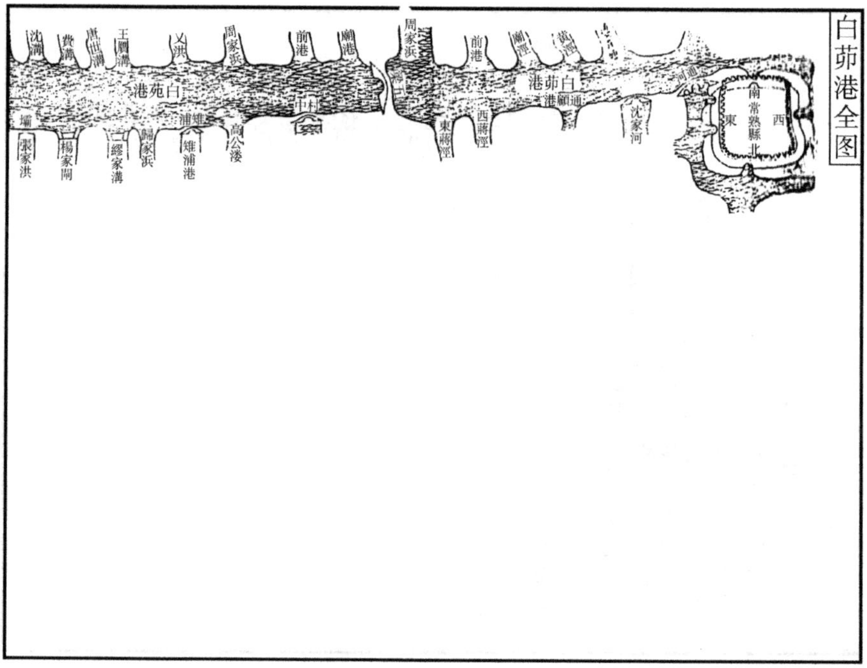
白茆港全图
常熟縣
東
西
南
北
白茆港
白茆港
沈家河
周家浜
周家浜
前港
前港
東蔣涇
西蔣涇
高公溇
楊家閘
繆家溝
張家洪
王쟁溝
沈瀆
費溝

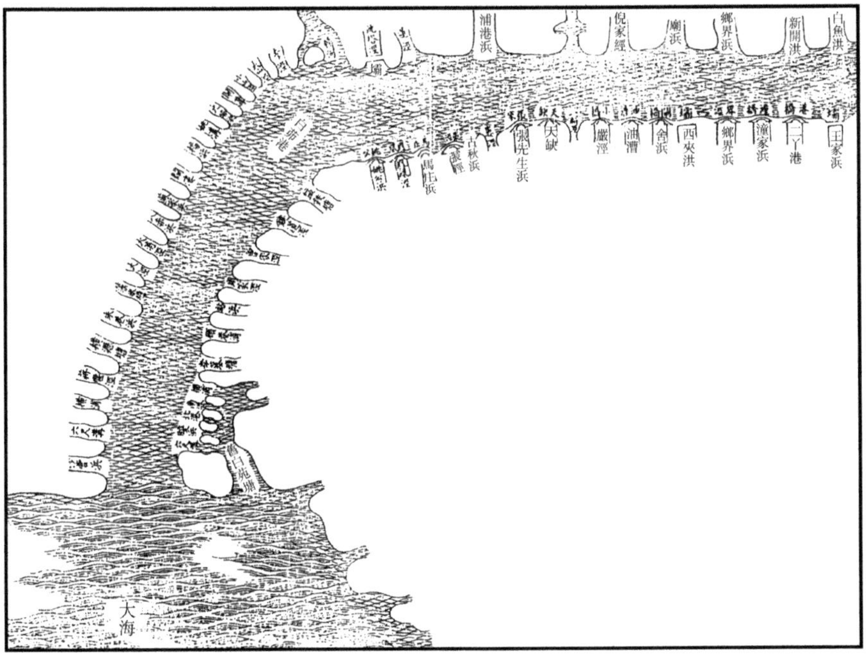
白魚洪
新開洪
鄉界浜
廟浜
倪家經
浦港浜
王家浜
二丫港
潼家浜
鄉界浜
西夾洪
舍浜
巖涇
張先生浜
古秋浜
馬庄浜
大海

白茆港全圖説

白茆港在蘇郡東北，自常熟縣城東南迎春門起，至於海，長亘八十里。具區水從長洲、無錫順流而下，如元和塘，如陽城等湖，會趨華蕩、昆尚二湖者，并驅白茆以出，則白茆之關繫，殆不亞于吴淞、婁江。古今人言之甚悉。蓋白茆一港雖僅在常熟轄境，而綱維數郡之水利。歷追往時，疏導亦協濟興工，今湮没，占佃木棉旱菽，涓流不通，虞邑士庶目擊眉攢，而鄰境不察，猶秦越視也。唯經國之君子，庸心水政，叩九閽，策當道，嘗牘滿公車，字字嘔血，試閲斯圖港旁之支脈，如鱗如翼，洪流不貫不將，仍反内境爲壑乎？

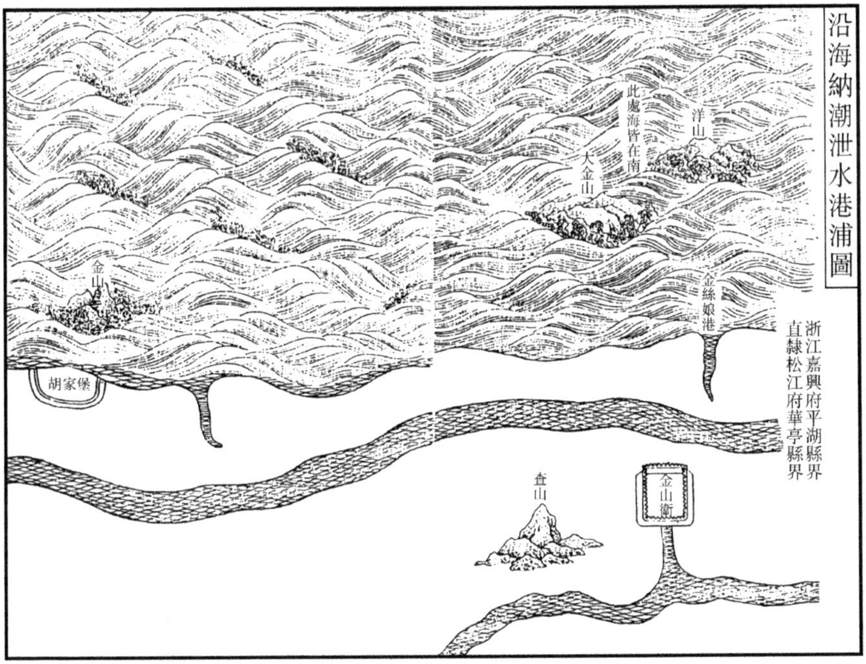

沿海納潮泄水港浦圖

洋山
溱閘港
胡宋港
東袁浦
西袁浦
柘林衛

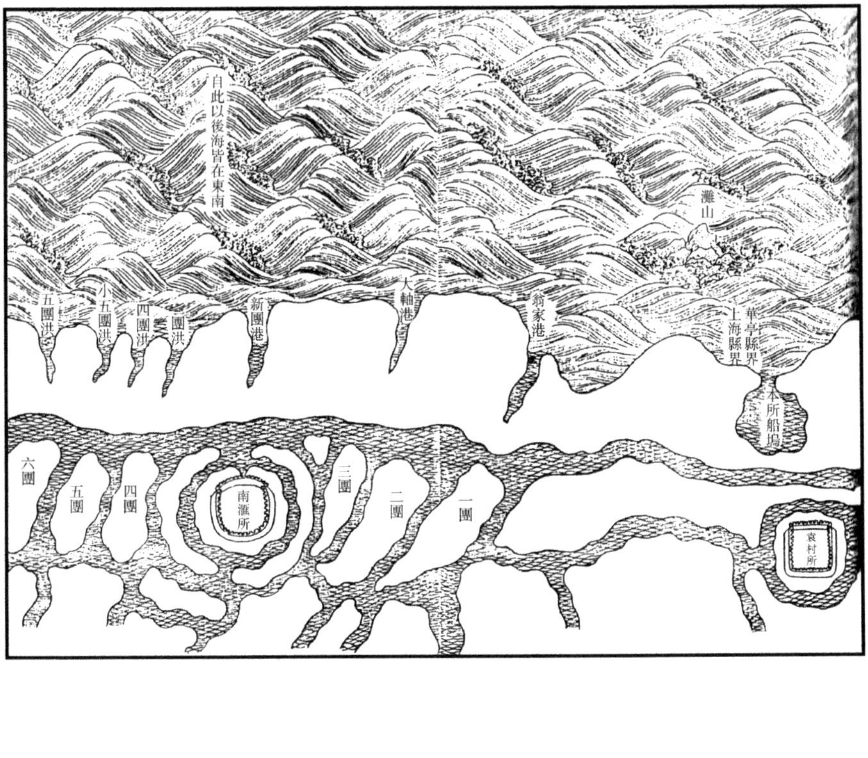
自此以後海皆在東南
灘山
華亭縣界
上海縣界
本所船塢
翁家港
大軸港
新團港
團洪
四團洪
小五團洪
五團洪
六團
五團
四團
南滙所
三團
二團
一團
袁村所

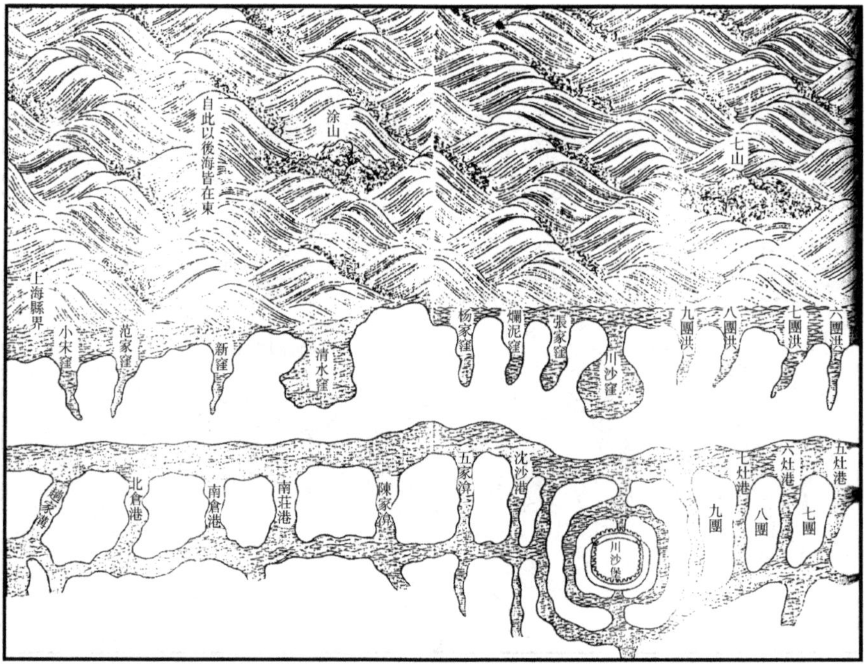

自此以後海皆在東
涂山
七山
上海縣界
小宋窪
范家窪
新窪
清水窪
杨家窪
爛泥窪
張家窪
川沙窪
九團洪
八團洪
七團洪
六團洪
五灶港
六灶港
七灶港
九團
八團
七團
川沙堡
沈沙港
五家渰
陳家渰
南莊港
南倉港
北倉港

嘉定縣界
界浜
小湯窪
徐家溝
張家浜
寶山
陰沙
寶山所
史家浜
教場浜
吴淞江口
吴淞所
綵綢港
練祁港
月浦
顧家港
施家港

黃姚港
川沙港
嘉定縣界
大倉州界
張家港
自此以後海皆在東北
劉家河
丁涇
新涇
陶家港
楊林河
茜涇
七丫港
雙鳴港
浪港
鹿鳴涇
大錢涇
洪涇浦
太倉州界
常熟縣界
鐺脚浦
陸河浦
陶涇浦
沙營浦
白茆港
此處江海交會之所

沿海納潮泄水港浦圖

東吴雖澤國，凡瀕海處則皆岡磧而高，水勢偃仰不瀉，大禹乃斷岡身爲三江，以通流出海，爲縱浦横塘以掣流入江，上下相承，水繇中駛，罔有散漫。繇是田以圩分，圩以字别，棋布繩聯，縱横相望，可爲澇備。自秦、漢患海溢而築塘爲捍，從浙境海寧縣而來，入直隸境金絲娘港之東，自南迤東，皆屬松郡。按古之東江久爲塘障，今松郡水統會黄浦，而趨吴淞，唯塘内諸港之迹，猶未没也。若蘇郡之獨當東面，不僅吴淞江、劉家、七鴉等港傾泄爲急，其他諸涇浦，亦當引注以濟旱潦。今泥沙填閼，施力維艱，司牧者將遂付之浩歎乎？

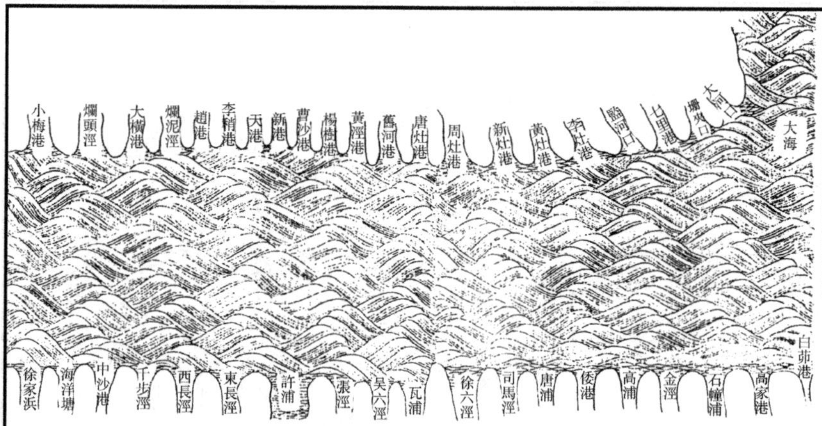
大海
大河口
七里港
鹽河口
李灶港
黃灶港
新灶港
周灶港
唐灶港
舊河港
黃涇港
楊樹港
曹沙港
新港
天港
李稍港
趙港
爛泥涇
大橫港
爛頭涇
小梅港
白茆港
高家港
石幢浦
金涇
高浦
倭港
唐浦
司馬涇
徐六涇
瓦浦
吳六涇
張涇
許浦
東長涇
西長涇
千步涇
中沙港
海洋塘
徐家浜

沿江納潮泄水港浦圖

東

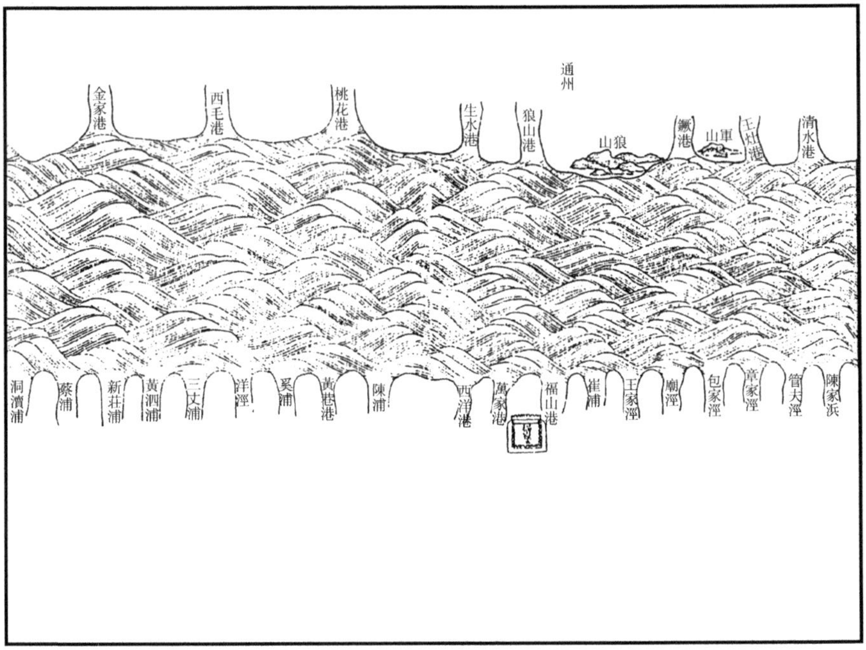
通州
金家港
西毛港
桃花港
生水港
狼山港
狼山
軍山
清水港
洞瀆浦
蔡浦
新莊浦
黃泗浦
三丈浦
洋涇
陳浦
西洋港
萬家港
福山港
崔浦
王家涇
廟涇
包家涇
管大涇
陳家浜

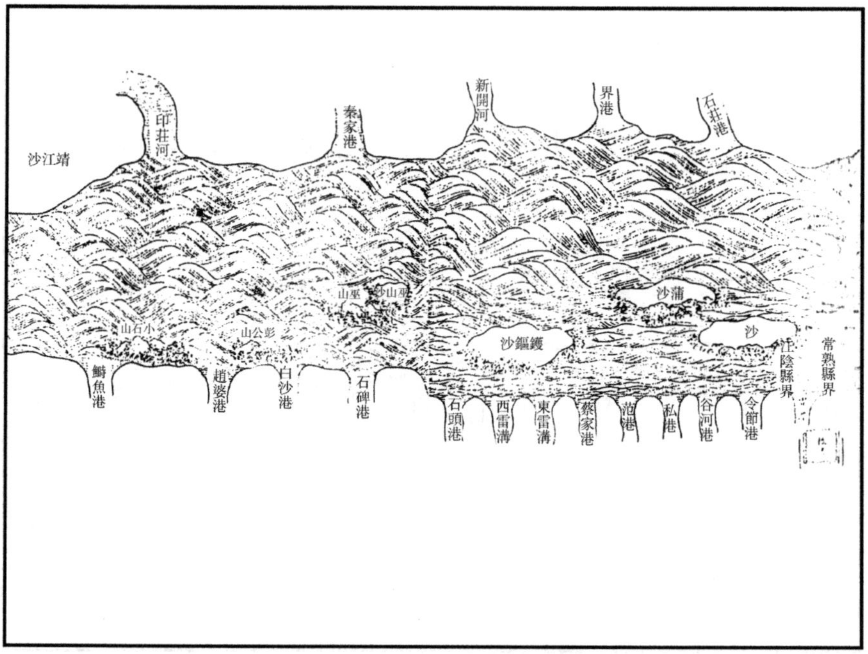
靖江沙
印莊河
秦家港
新開河
界港
石莊港
巫山
小石山
彭公山
蒲沙
鑊鏂沙
沙
常熟縣界
江陰縣界
鰣魚港
趙婆港
白沙港
石碑港
石頭港
西雷溝
東雷溝
蔡家港
范港
私港
谷河港
令節港

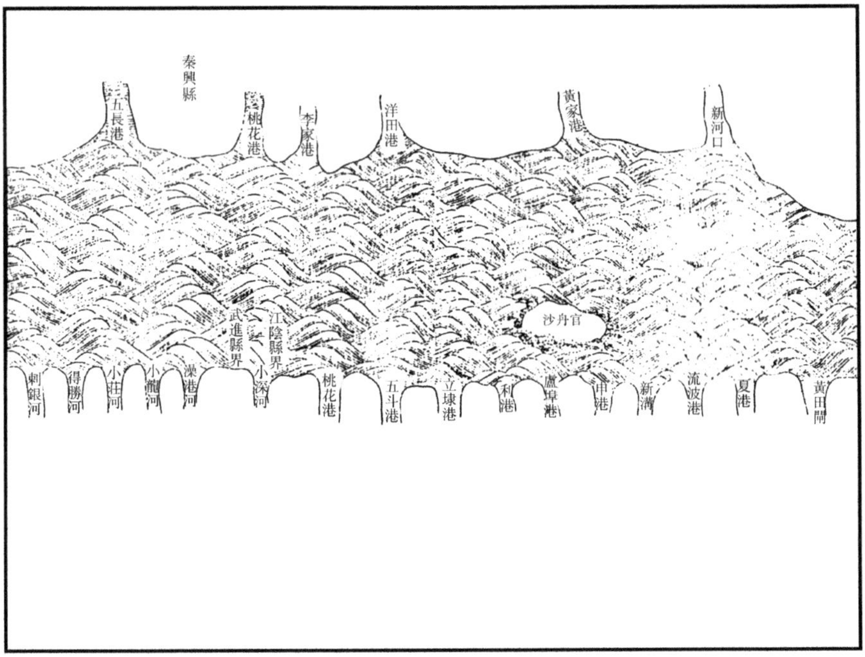
秦興縣
五長港
桃花港
李家港
洋田港
黄家港
新河口
沙舟官
武進縣界
江陰縣界
刺銀河
得勝河
小莊河
小龍河
澡港河
小深河
桃花港
五斗港
立埭港
利港
盧埠港
申港
新溝
流波港
夏港
黄田閘

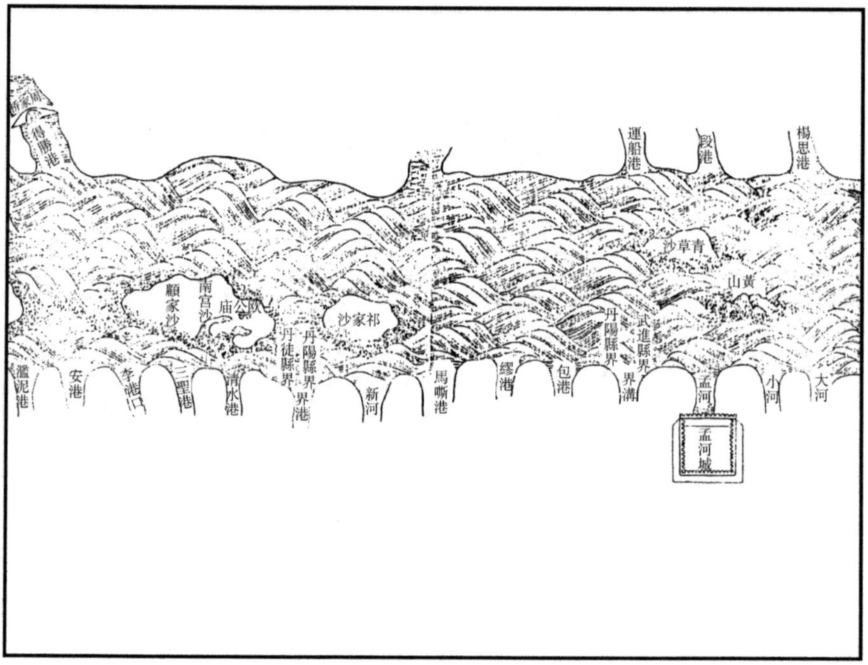
楊思港
段港
運船港
大河
小河
孟河
孟河城
界溝
武進縣界
丹陽縣界
包港
繆港
馬嘶港
新河
丹陽縣界
丹徒縣界
界港
清水港
三聖港
李港口
安港
濫泥港
得勝港
青草沙
黃山
祁家沙
顧家沙
南宮沙

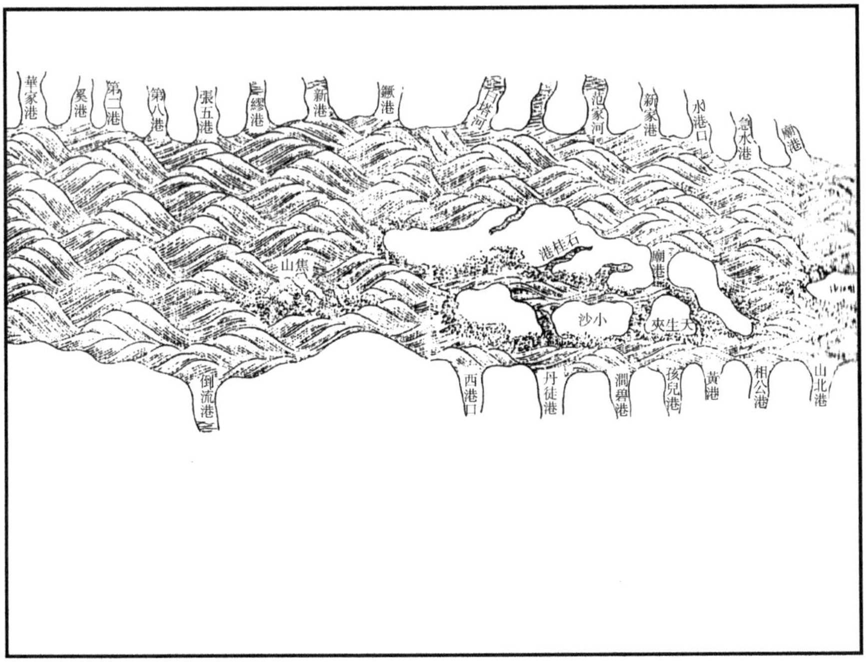

華家港
奚港
第二港
第八港
張五港
繆港
新港
鐝港
塔河
范家河
新家港
水港口
急水港
廟港
石柱港
焦山
廟港
小沙
夾生大
倒流港
西港口
丹徒港
澗碧港
孩兒港
黄港
相公港
山北港

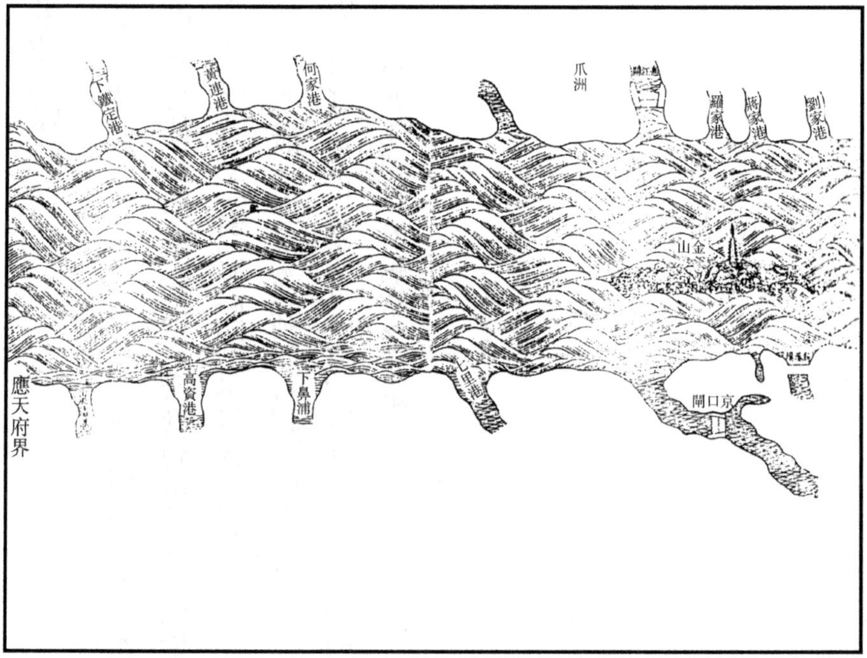
下鐵定港
黃連港
何家港
爪洲
羅家港
蔣家港
劉家港
金山
應天府界
高資港
下鼻浦
七里港
京口閘

沿江納潮泄水港浦圖説

長江自岷峨發源，繇巴入峽，經洞庭，合彭蠡，並達南畿。而涴水、淮西諸水，悉自西南順趨東北，至炭渚、高資等港，乃丹徒之輿地，兹書之所當叙也。江繞鎮之西、北二境，常、蘇之北境，湍流至白茆港以東，爲江海交會之衝，過此則東海臨焉，其圖已見前矣。江水亦以消息爲潮汐，諸港口雖引納，而常主泄，泄江之水盡歸海若，唯泥沙易淤，時賴疏瀹。五代、趙宋沿江俱置撩淺，即國初亦重壩閘節宣，今止舉通舟大道，尚謀修浚之策，而農田水利幾置弗講，并白茆要害漸成平陸，可歎也。亟繪此圖以俟廟堂之碩畫。

吴中水利全書卷之三

水源

水源詳究其高下來脈，與經繞分合，自遠而近之形勢，故敘次及外郡。

天目山發源

吴中水源，天目爲大。《湖州府志》云：『安吉州天目山，去州西南六十里，其高三萬六千丈，其廣八百里。上有三十六洞天，有十二龍潭，其巔有仙人洞，千丈巖，其東南有瀑布下注，其匯曰蛟龍池。其東北一峯曰翔鳳，林上有平地，其方一千五百丈，有兩湖，天目所由名也。』《一統志》云：『道家謂第三十四洞天，山下兩湖，若左右目。』《杭州府志》云：『於潛縣西天目山，去縣東四十五里，左目高二千丈，右目高二千五百丈，名太微玄蓋。』《洞天寰宇記》云：『高三千九百丈，廣五百五十里，水因山曲折，東、西有源，東出臨安縣爲大溪水，泛溢東流爲苕水。』《寧國府志》云：『宣城縣東南一百五十里，本浙西巨鎮，面杭背宣，東溪之水出焉。』雖各志互異，然其脈長而泉遠，又山高則勢如建瓴，洵爲吴水之發源。詳核則屬湖州府安吉州者，曰西天目，爲陰。屬杭州府臨安縣者，曰東天目，爲陽。

杭州府來源

自天目來至湖西天竺諸山，發玉泉等源，凡十六：曰武林山泉，曰冷泉，曰茯苓泉，曰白河泉，曰大悲泉，曰寒泉，曰參寥泉，曰後僕夫泉，曰玉泉，曰一勺泉，曰寒光泉，曰惠泉，曰噴月泉，曰法華泉，曰真珠泉，曰虎跑泉，匯而爲西湖。中亘六橋，湖分上、下二派東泄，一由城堧石函，以入杭城運鹽司前，分布諸河；一由昭慶寺橋北行，西折歷三閘，爲下湖河，分支入武林水門爲大河，即運河，與鹽運司前水會，散衍流濩，河皆盈溢。從鳳山門即正陽門出東十二里，至龍山閘，又渾水閘北，與候潮門水會爲外沙河，循城而北至永昌門，東南通錢塘江有壩，内水大則溢出，江潮大則溢入。永昌壩節而復注，再北過清泰門，即螺螄門，慶春門即菜市門，與内河合，仍循城轉西無星橋，至會安壩，下注艮山河，西入泛洋河，北轉至德勝橋，爲德勝壩，是爲上塘河。

下塘河即運河，在府城東北，四派皆合於餘杭塘河：一派由府城溜水橋，沿東西馬塍至賣魚橋，西合餘杭塘河。一派由打水樓南折至江漲橋入。一派由八字塘至古塘橋下折入。一派由西堰橋西至飲馬橋，亦折入是河，由餘杭縣來凡七十里。

上塘河由東南外沙河，北行爲後沙河，在艮山門外，北達蔡官人塘，北去艮山門九里。東由何儹店、湯鎮、赭山又東北達赤岸河，去府城東北三十里，通高塘、横塘北十五里，達施河村河，又東北十五里，達方興河至臨平鎮東，爲長安壩。

按杭城附郭，德勝等五壩，東臨平與長安等五壩，皆高二三仞。自上塘河水日溢，而各瀉於下塘河，殆無停晷，一遇霖潦，駕壩襄塍，牛馳馬逸，横入崇德、桐鄉、嘉興、松江以入吴淞江、黄浦諸港。凡下流皆先爲漫漲所占，太湖無歸宿之路矣。

下塘河自武林門，水由西湖過吴山水驛，接清河上、中、下三閘，至德勝橋與城東外沙河等水合，分爲二派。一由東北至長安壩，一由西北過德勝壩，下注至江漲橋，與子塘河合流，至北新橋北入湖州府界，東北接新開運河，遂通蘇、松二府。

宦塘河去府城西北三十五里，南達北新江漲河，北達奉口河。

餘杭縣南上湖、南下湖，在縣城南，漢時所開，源發自天目，由臨安來至縣南，從石門入兩湖，東流爲南渠河，又東爲餘杭塘河。塘河説見前。

按《通志》謂兩湖相接瀦泄水勢可見，但可爲湖，不可爲田也。民間占佃爲科田。嘉靖二十二年，巡按御史傅鳳翔知其居嘉、湖、蘇、松之上流，爲害甚大，痛爲釐革。會題得旨，掣其浮糧，改入嘉、湖代辨，仍復爲湖畫界樹碑，犯者有法。蓋誦宋郟僑之論，所謂杭州遷長河堰以宣、歙、杭、睦等山源決於浙江，則東南之水不入太湖。若使水不入浙趨下之勢，何由而減？殆於溧陽五堰事體相符。

天目又一源東發而爲臨安縣南溪，過縣東南入餘杭界。又一源南發而爲馬溪，又高陸山去縣北二十五里，源發而爲猷溪。各入餘杭至雙橋合流，而爲雙溪。又東過山港徑山，源水來會，東入河港，過靈源港，入錢塘縣境，通會於塘河。

臨安縣溠水，出雙林山半，瀑入大溪。

餘杭縣閑林河，一名五福渠，去縣東南二十里，水入錢塘縣。

由拳青嶂山，在縣西南十里，發源二，一爲東溪，俱東北經錢塘又折而北，入德清縣。高陸山去餘杭縣八十六里，一源發而東，過仇山之北獨松嶺八十里。一源發而東至仇山之下，二水合流而北，過盧公橋東行十二里入苕溪。

按諸水自西南來，錯綜彌漫，繇桐鄉、崇德合德清、武康之水，皆入吴江縣西鄉，半繇七十二漊以入太湖，半繇鶯脰湖過汾湖。

天目之陽發源而爲餘不溪，東過臨安縣治，又東過餘杭縣入錢塘縣界之安溪。又爲鳳口溪東南入德清縣界，仍爲餘不溪。有吴羌山之石壺泉，匯而爲龜溪。又越山之瀑布泉，石壁山之月泉，皆來會，而東又散入桐鄉縣運河。車溪、横湖、皂林諸涇，又分支爲北流水，其施諸溪水亦來會，其溪源出上强山。本溪東行二十里入歸安縣，至敬山漾，漾水合焉。又過菱湖，湖水合焉。西北過荻港，折而西爲大灣，與前溪水合，則烏程縣之黄蘖山源發而爲黄浦。又妙喜山源發而爲妙喜港。又王村諸山源發而爲黄墅港。又菁山等諸山源發而爲澤水，皆來會。北經歸安縣之峴山漾，即碧浪湖，入江子匯，是爲霅溪。

湖州府來源

天目之陰爲孝豐縣之廣苕山，去縣西南三十里，發源是爲苕溪，一名西溪，一名大溪，一名龍溪。《郡志》曰：『水至長潭、險潭與石相齧，淙淙然，類吕梁傾倒之勢，故名。』至狄浦溪水來合，溪去縣三十五里，其源出天目諸水。有景村來者，有五港來者，有澤口下者，有石柱村下者，有黄圩溪來者，各有壩，節以灌田，灌足而後泄。又過除口至山公潭，潭水來合，潭源亦出天目，至歸山下，洛溪水來合。溪即歸山潭，其源發廣德州。石溪又董嶺水亦分入，至西嶼横溪水來合，溪繇大嶺發源，過孝豐縣而東下沿干，如湖水來合。溪去孝豐縣北十里，源發廣德州金雞嶺，一名金車，有葛溪，有青山口出中館溪，有奚埠，皆相通貫，入安吉州境南，過邵渡而丘渡，獨松嶺水來合，出獨松爲五溝，合衆山之水，東過浮石山。古所謂苕溪之水，有二源是也。南嶼山水亦合焉，山與浮石相接，有白水池泉，至塔潭分支而北者，爲裏溪。本溪爲外溪，即苕溪。裏溪之行也，至石埭，埭水來合，埭源發湖南山，去州北十里。又西龍湖水來合，至石皷堰，堰水、曹埠水皆出天目，西坑瀆水皆來合，其外溪東北行也。楊子湖源出楊子山，其水西出丹陽湖，東與邸閣水分流入苕，邸閣水源出長興縣之廩山，同來合，至馬家瀆瀆水來合。瀆去州東三里，有三源：曰由干山，曰樊塢，曰峴山。又至丁埠前岡水來合，岡水發源崑、銅二山，去州北三十里，過富山塘，紫溪之水來合，内有姚湖、五湖、四龍湖、五龍湖、南獲湖，皆貫通交組於其中。至浮石山，裹溪之水復來合，至梅溪鎮，梅溪與渾水、瀆水皆來合。梅溪山去州北三十里，其源有二，一自崑、銅山發，一自蘇州山影蘇池發，又樂平山發者，爲薛坦，浮山發者爲潭入魏塘，匯爲東海堰而達焉。瀆水發源金雞嶺，俱入魚池、晏子、安福三溪而來，是爲總溪，即西溪，因諸溪之分合，故名。西北一支與長興縣之荆溪接，一支又爲龍溪，北行入歸安縣，入凡常湖，湖源出長興縣石城山，去縣南五十里，和平諸山水合，潘店水出烏程縣和平諸山，棲賢水出烏程縣棲賢山，皆來合。又過罨畫溪，即箬溪。又長興縣之四安塘諸水皆來注之，四安溪一名周瀆溪，水出石潤，經善岸塘與廣德水俱來匯，而仍爲西溪。北過釣魚臺而分者三，其一經小梅湖入太湖；其中一過湖州府城東北，入江子匯；其南一過定安與峴山漾南來水會，亦入江子匯，是爲霅溪。

武康縣銅峴山，發源爲前溪，一名餘英溪，東過縣治，北過黄隴山，東抵砂溪，兩溪之支流長流於溪之下流，德清縣之北，餘不溪之支流水注焉。後溪之水發源烏回山，過龍尾來會之水，亦注焉。北經峴山漾，入江子匯，爲霅溪。霅溪受苕溪、餘不溪、前溪諸流之水，迤邐北行，散入於烏程大錢、小梅等二十七瀆，紹興二年，知烏程縣王回浚瀆，更其名曰：豐登稔熟，康寧安樂，瑞慶福禧，和裕年通，惠澤吉利，泰興富足，冠以常字。其俗但記舊名，如楊漊、沈漊以爲便，而官名竟不稱。以入太湖。内孝豐之壩三十七，安吉之壩三十六，武康之堰七十二，德清之堰九、湖一、浦一，歸安湖二、漾十，烏程之漾十，皆所以瀦而後泄於太湖者也。又霅溪折而東，過倉橋溪灣，又東出迎春門，與峴山漾合，東入烏程縣界，大會諸水於昆山漾，過八里店，是爲運河，即荻塘。東流爲舊管，爲潯溪，入吴江縣界北。分流諸漊入太湖，東循荻塘至平望，入鶯脰湖。

長興縣白峴山，去縣西北八十里，諸水東過懸脚嶺，嶺水入焉。去縣西七十里，爲楊店水東過蒼雲嶺，梓方澗之水匯而爲合溪，與荆溪水通。南過竹山塘，塘水入焉。又東過罨畫溪，即箬溪，溪水分入焉，東北過趙瀆出太湖。

顧渚山去長興縣西四十里，金河泉達而爲水口，水東南歷紫花澗，分折東北成德橋，入太湖。其水口鎮東分爲盧祥湖，一名巴澤，折而東北，出新橋，入太湖。

白石山去長興縣西七十里，發源達而爲青山港，南會於苕溪。

川山與北川山，去長興縣北二十五里，二水合流爲常豐澗，歷黄沉潭入太湖。

花渚泉從落石澗經沙埠，入荆溪，五山發源經合溪，至轉入荆溪。長興縣荆溪以下泄入太湖之港，凡三十有四。

按自杭州天竺山至此，皆西南之水源。

常州府水源 常州府亦承受來源之水，故先叙入。

宜興縣之東瀉溪即罨畫溪，去縣南三十六里，宜興、長興鄰界於此相出入。

君山發源爲洑溪，去縣東三里，入荆溪。

章山去宜興縣西南七十里，爲張渚合流於童渚，以入荆溪。

卭山去宜興縣西南六十里，發源而爲蝦涇，入荆溪。　又一源發爲蓮河溪，東爲白雲涇，北分受長蕩湖之水，又東爲西九溪，自西溧陽縣界中，貫士於九里河，東與汫、洌合入荆溪。

汫洌滄去宜興縣西二十七里，受溧陽諸水，注于荆溪。　荆溪在宜興縣南，以在荆南山之北，故名。　漢《地理志》曰：『中江出蕪湖，湖之西南至陽羡入海者，此也。』《通志》曰：『南受宣、歙、蕪湖之水，注太湖内。　有塞溪、慈湖、章溪，東分而爲百瀆，達於太湖。』

廣德州來源

按廣德州與湖州府連界，其東南發源入湖之水，備載湖州水源下。　此則東北來者。

建平縣梅渚河，去縣北三十里，歷溧陽三塔堰入長蕩湖，屬溧陽、金壇、宜興三縣，出太湖。

寧國府來源

宣城縣南湖，在縣南，周廣四十里，東受溧陽、廣德、建平諸水，宣城諸溪漲亦瀉入焉。　諸溪繇南入者曰洪林河，西曰西溪，南曰岳嶼溝，湖泛則自西南出曲河至油榨溝，西北出湖北河至渾水港，俱與大河合，北至於水陽、慈溪，亦東合高淳水入焉。　繇牛兒港有方家港溯流而進，東通五堰以達於句吴。

按李默輯《宣城志》曰：『溯流以進云者，言泛也，不泛則水不入，以常年論之，泛時多，不泛時少，三吴其能免諸？』

應天府來源

高淳縣固城湖，去縣南五里，舊溧水縣析置高淳，遂屬焉。《溧水志》云：『大山水發源爲固城湖，經五堰入三塔港，過宜興以達太湖。』《一統志》云：『有水四派，與太平府分界。』《南畿志》云：『高淳曰：丹陽、石臼、固城三湖匯合，其流分二派，一出蕪湖，一出姑孰，固城者東經宜興入太湖。又謂源出東廬山，又謂遮軍山北有水入焉。』

按志謂三湖匯合，夫所謂匯合者，言相流通也。又謂丹陽、石臼之流西出大江，而固城者出太湖。蓋不澇之年水之分流固也，使大江泛溢，或宣、歙發洪，其漲每高幾丈，有不倒奔而逆馳以灌於太湖者乎？沈憲副啓立議，謂『能於湖之連處堤而截之，不相通貫，則震不於其躬，於其鄰矣，害未有不杜者』，亦確論也。

廣通壩在廣通鎮，原屬溧水縣，今割高淳縣，與建平縣連界。《建平志》：『胥溪去縣北四十里，上接廣通鎮，下通三塔堰。』《南畿志》則曰：『余家堰去溧水縣東南一百五十里，東通太湖，西入大江。昔吴王伐楚開此運糧。』《溧水志》止於丹陽湖下注曰：『西南桐水出自白石山，屬廣德州，白石之水衝突，則丹陽、石臼、固城三湖泛溢。此水繇五堰自宜興入太湖，昔已堙塞，故老云：「當時慮後人復開此道，則蘇、常之間必被水患，遂以石窒五堰。又液鐵以固石，至洪武二十五年開通河道，永樂元年復築云。」』

互按二志，一曰胥溪，一曰余家堰，似一地二名。又似各有其地，及考諸生吴思所撰《三塔橋碑》其略曰：『春秋吴將伍員爲復楚之役，穿地爲胥溪，以通餉道。谿蕪湖而廣通，而溧陽，而震澤，後楚水泛溢，溧陽之桑田爲瀨江矣。瀨水即子胥投金處，歷世以來雖置閘以時啓閉，而溧之險阻未遠，我明成化改元，用守臣之議，廢閘爲壩，百川皆暫瀦於邑之五堰，而分散於荆溪之百瀆，溧始爲成平之鄉矣。』繇是而觀，則一地二名可信。廣通有壩，其來已久，屢築而毁，屢毁而築。舊有壩官，亦皆汰去，廨址猶存。嘉靖三十二三年，壩猶無恙，其濶一十五里，路皆平陸，走馬負擔，今奸豪之家就中開港剥船，邀貨以規商利。日夜山水傾注，漸成大河，於四十年大澇，則宣、歙之水懷襄而過，東吴被害可勝言哉！雖然，昔人立壩果此地否乎？竊有疑焉。

五堰去溧陽縣西八十里，自廣通壩而東十五里，曰新壩。因將廣通壩鑿成河，故從東復築此，亦不堰水。自此而東九里，第一堰曰昇平堰；又南九里，曰三塔湖堰；又東九里曰南渡堰；又東九里曰沙漲堰，一名馮等；又東九里曰前麻堰；是爲五堰。在廣通壩下流，半受廣德、建平、高淳之水，其溧水、溧陽、丹陽、句容之水，又在五堰之北。

沈啓曰：五堰之水相平，霖雨稍積，山源鼎沸，則諸水奔逸東馳，連五堰所受者，同入太湖，沛如也，非五堰所能節也。詳宋郟僑書曰：『今究水利必先於江寧治水陽江，與銀林江等五堰故迹，决入西江。』單鍔書曰：『縣宜興而西，有五堰者，所以節宣、歙、金陵、九陽江衆水直趨蕪湖，後廢去五堰，則水皆入於宜興之荆溪，而入震澤，東灌蘇、常、湖三州矣。』繇是觀之，則昔人所節，似連五堰之水俱堰入於蕪湖。又詳宋黄震《答泄水書》云：『古人於宜興以西，以金陵管下設爲五堰，使西南水不入荆溪，而繇分水、銀林五堰入於運河，以至大江。國初南渡以來，五堰既以不便木簰往來而壞。』又射林曰：『唐末商販簰木，繇宣、歙以入兩浙，乃病五堰艱阻，紿官中廢。則金陵、九陽數郡之水，不西入蕪湖，而東入震澤。』繇前後之言觀之，則五堰在所堰之中無疑矣。今壩設五堰之上，所拒之水固是宣、歙，蓋拒水不入於五堰，而非築五堰邀其水以出蕪湖也。前言皆以五堰爲節水之具，則古昔之所築者，恐在五堰下流别有切要等處，而非今之所壩者也。又聞國初欲藉五堰節水分流以入蕪湖，可見五堰者但可爲湖，而不可爲田也。又恐其賦稅爲累，啓後人復堰之謀，乃掣其賦於蘇州代辦。蓋期諸堰以次蓄水，而不疾趨於東吴也，耆舊猶能言之。今歲更路遠莫爲典守，聞五堰豪家，隱其水利有關蘇、松情節。於嘉靖三十五年乘縣官入覲，從攝篆府判欺佃陞科，盡占爲田，夾築土梗於諸湖之中。壩東之水不容餘瀝停貯，竭其流而决入於太湖，太湖豈爲辭哉？不知下流二三百里之田，陰受其汩没之禍，而莫之計也。茲欲興利去害，以爲東南足食之圖，非奉上旨灼是非，而分利害，辨物土而决因革，操予奪而忘恩怨，其孰能釐而正之耶？

溧水縣胭脂湖，去縣西十里，西北通大江，東通兩浙。

溧陽縣中江，一名永陽江，一名水陽江，去縣西北三十里，下流入宜興。

千里湖，去溧陽縣東一十五里。

長蕩湖即洮湖，去溧陽縣北五十三里，中分三界。東南屬金壇縣，西屬宜興縣，其廣一百里。周處、韋昭、酈道元皆以爲五湖之一。舊泄口凡八十，今所存二十七，中有浮山北滆河，東接震澤，西通蕪湖。

鎮江府水源

鎮江府亦承受來源之水，故先叙入。

金壇縣茅山，去縣西五十里，發源之水二：一爲唐王溪，一爲直溪，東北行入長蕩湖。

思湖在金壇縣南之六里，北受荆溪之水，南入於大溪。

高湖在金壇縣西北一十里，經五中瀆來會，同入長蕩湖。白龍蕩、錢資蕩、北渚蕩、柘蕩，與諸瀆、諸港皆經緯乎其中，溢則南奔長蕩，以入太湖，東則俱入運河。

丹陽縣練湖，一名丹塘，古名曲阿。後河北去丹陽縣城五里，周百二十里，西接溧水縣界，北納長山以南諸水，凡七十一派。每遇水漲，其西南奔注溢於太湖，東泛入運河，逆納於江。

珥瀆河去丹陽縣南之七里，自漕渠口經珥瀆村入金壇縣界。

吴塘在丹陽縣東南二十里，其半金壇縣界。

白鶴溪去丹陽縣東南十里，亦名荆溪，自古荆城通金壇縣北，入武進縣。

丹徒縣丹徒鎮以北，至京口閘外大江，冬水退落則内水相平，時或放出春、夏、秋三時江水，漲滿則與孟、瀆二水并入漕渠。

自宜興東瀉溪至京口，皆西北水源也。

沈啓曰：昔人謂西北自寧國、建康等處入溧陽，迤邐至長塘湖，并潤州、金壇、延陵、丹陽諸水會於宜興，以入太湖。少傅王公鏊之水議，與少保張公治之水策，并以爲然。竊惟太湖雖廣而能容，而來水幅員，其授尤廣，正猶人家闢一畝方庭，而外周二畝房舍，加以一尺之雨，則簷溜并傾，庭起三尺之潦，無疑矣。溝非盈尺則滲泄不速，芥舟於堂，立待可見。使簷設竹瓦引他注而殺之，庭潦或可稍減一二，不待知者而後知也。此上流分殺之説，豈可謂其無益乎？宋單鍔書曰：『宜興西有夾苧干瀆，所以泄長塘湖，東入滆湖，繇大立瀆、塘口瀆、白魚灣、高梅瀆及白鶴溪而北入常州運河。運河而下分入一十四港，皆入大江，今皆名存實亡。倘開夾苧干通流，則西來入震澤之水，可以殺其勢，深利於三州之田也。』自是以往直至正德間，水部林公文沛曰：『欲減太湖上流，莫急於開丹陽之九曲河，武進之德勝南新舊孟子河、澡港、新溝，江陰之夏港諸河。夫爲是説者，非誠心以厚東南之民生者，未能探訪若是其精切也。彼漠然不加意於國本民生者，不曰迂腐之談，則曰荒疏之見。是《禹貢》大田孔子不删爲可咎矣。』雖然，給諫葉公紳之疏曰：『聞昔人於溧陽則築五堰，以遏其衝，於常州則穿港瀆以分其勢。』又湖州守張公鐸之志曰：『疏其源使水之入者有所分，導其流使水之往者有所歸。』宇宙大矣，豈謂無人。

嘉興府來源

幽湖在嘉興府西南，屬秀水縣，南納陡門諸水，北繇新城塘、盧瀝塘分入車溪、爛溪。

車溪在府西北七十一里，屬秀水縣，闊六丈，今名斜港。南自桐鄉縣，西自烏程縣，會流入溪北，達爛溪。

麻溪、芝溪在府西南，屬秀水縣，承桐鄉、烏程二境諸水，合爛溪北入鶯脰等湖。

韭溪在府西，屬秀水縣，即鴛鴦湖之支流，南自運河分流，北入吴江縣界。

錢家溪在府西北二十五里，屬秀水縣，闊一十餘丈，水從毛家港來，分二道：一支北行入和尚蕩、雁蕩；一支東行入白虎港，并入吴江縣界。

南北和尚蕩，在府西北三十里，屬秀水縣，其西南俱接横塘河，北入吴江縣楊溪。

東郭河在府東北五里，屬嘉興縣，水從相家湖來，東往嘉善縣界二十五里，北行復入吴江縣界。

永新涇屬桐鄉縣，皂林東去十里，永安舖之東，自運河分支，北流入涇，直抵爛溪。

康涇，運河之北曰通涇，南曰康涇，居皂林之中，南通陳莊等河凡十，北谿烏鎮抵爛溪，爲吴江縣界。

爛溪在永新涇東北二十里，南濱桐鄉縣者爲東爛溪，又東行二十里出秀水縣界，北入吴江縣鶯脰湖。

相家湖在府東九里，屬嘉興縣，受西南衆流，東入團港，從本境再北流入吴江縣界。

穆溪在府東北，屬嘉興縣，南接海鹽縣上谷湖，西接幽湖諸水，北入吴江縣界。

王江涇在府北，屬秀水縣，南受運河，西受聞店、麻溪諸水，北入吴江縣界。

許家蕩、南北夏墓蕩，在嘉善縣西北，俱北入汾湖，東入西白蕩，與吴江縣分界。

汾湖在嘉善縣西北，納王江涇、鶯脰湖諸水，東入三白蕩。

蘆墟三白蕩，在嘉善縣西北，西納汾湖諸水，東入黿蕩，爲青浦縣界。

已上諸水并南自嘉興府境，北入吴江縣。

平川一名西塘，在嘉善縣北，西承爛溪諸水，東北流至澱湖、三泖入青浦、華亭二縣界。

魏塘又名武塘，在嘉善縣後，西南承嘉興、秀水二縣諸水，東出秀州塘，入華亭縣境。

海鹽塘，南接海鹽縣諸水，北入馬場湖，東谿七里橋達華亭縣界。

嘉善塘合嘉興、秀水、桐鄉三縣諸水，泝白蓮寺而東三十五里，至嘉善縣入秀州塘。塘闊三千餘丈至是水疾流迅，谿楓涇北入三泖。

平湖塘塘廣三十餘丈。西南接焦山門橋，迴而東注，與馬場湖及海鹽縣境諸水會流，經嘉善縣界，以達於青浦、華亭二縣。

楓涇在嘉善縣東北，即白牛塘，一名清風涇，南承嘉興、秀水等縣諸水，北入三泖，東入珠涇，以達横潦涇。

上谷湖在海鹽縣西南六十里，東入宋坡湖。

宋坡湖在縣西四十里，南臨大海，下流合於瀲浦。

瀲浦在縣西三十里，東北匯於當湖。

當湖在平湖縣東門外，上承瀲浦以西諸水，東下石牌涇。

石牌涇在縣西北三十里，承平湖東下之水，繇麪杖等港入於長泖。

東泖在縣東北，西南納當湖諸水，東北入華亭縣境，歸黄浦。

乍浦獨山塘、沈清官塘、官田廟港、張家匯、俞塘、蘆瀝浦、丁家漾、白涇、界涇、大茳塘，皆南承浙西諸水，北達於松江。

已上諸水并繇嘉興府境西南來，統入黄浦。

吳中水利全書卷之四

水脈

吳水自湖達海入江，周環四郡，遍地通駛，形如脈絡，故叙水脈。脈隨西東南北，一順厥性，使治水者亦如察脈，斯得其理矣。

蘇州府

太湖在府城西南三十餘里，屬吳、吳江二縣境，即《禹貢》之震澤，《周禮》之具區，《左氏傳》之笠澤，又謂之五湖，而其説不同。一云周行五百里，故名。一云太湖東通淞江，南通霅溪，西通荆溪，北通滆湖，東連韭溪，凡五道，故名。一云太湖上稟咸池五車之氣，故一水五名。然今湖亦自有五名，自莫釐山東與徐侯山相值者，中爲菱湖；莫釐西北與菱湖連者爲莫湖；南連莫湖東逼胥山者爲胥湖；長山東曰游湖；長山西北連無錫縣境者曰貢湖。别有金鼎湖、梅梁湖、東皐里湖，其浸則通謂之太湖。昔范蠡乘舟入五湖口，司馬遷登姑蘇臺而望五湖，則五湖之爲太湖明矣。

湖東西二百餘里，南北一百二十里，周五百里，占蘇、湖、常三府。引西來發源諸水，從長橋水口流入吴淞江，又東流二百六十里入海。吴楊泉《五湖賦》：『受三分之灌溉，爲百川之巨都，南與長江合流，左有包山連以蠡瀆，岩嶨崔嵬，穹巄紆曲，其平原廣澤，原隰陂阪，各有條格。』

三江：松江、婁江、東江也。《禹貢》云『三江既入，震澤底定』，在府城東南三十里，名三江口。一江西南上七十里，至太湖曰松江，一江東南上七十里，至白蜆江曰上江，即古之東江。一江東北下三百餘里入海，曰下江，即古之婁江。按今三江，一自太湖從吴縣鮎魚口北入運河，經府城之婁門者，爲婁江；一自太湖從吴江縣長橋東北，合龐山湖者爲松江；一自大姚分枝過澱山湖，東至嘉定縣界，合上海縣黄浦，經嘉定之江灣、青浦，東北流入吴淞江者爲東江。其支流東出香山、胥山之間曰胥口，又東出吴山南曰白洋灣，又東北曰鮎魚口。

胥口之水自胥口橋東，入東、西醋坊橋曰木瀆，香水溪在焉。又東入跨塘橋，與越來溪會曰横塘，繇跨塘折而南爲走狗塘，自香水溪分派繞西山而東，爲上沙，其北落星涇、東沙涇。

光福之水自虎山橋上、下崦等處，西南受太湖之水微東北流過善人橋，徑靈岩山南與箭涇之水合，東入於木瀆。

箭涇之水在胥口兩香山足下，南受太湖之水，北流至靈岩山前，合光福之水東流，亦曰山塘，至木瀆鎮之斜橋，入於木瀆水。

白洋灣折北，匯於楞伽山下曰石湖，湖屬吴縣，其南界吴江縣。相傳昔范蠡繇此扁舟入五湖，其東一溪北流横塘，曰越來溪，自此與木瀆水合。出横塘橋東，入胥門運河爲胥江，亦曰胥塘，北流閶門運河曰綵雲港。自横塘北入運河曰洞涇，自綵雲港北折出洞涇西曰白蓮涇，又西出江村橋曰楓橋灣。自胥塘北至閶門與北濠水會，曰沙盆潭。又南濠中折而西繞出普安橋，曰新開河。自沙盆潭西會楓橋諸水，與虎丘山塘水合，又經北濠至聖堂灣，分爲二。西過錢賣女橋至虎丘山後，北入長蕩，折而東過齊門，過石家橋北行，其正繇齊門城濠南轉入婁江。

白鶴溪、柿木涇引太湖水而南，烏角溪北出滸墅，經運河入射瀆。相傳吴王嘗射於此，故名。其西一水繇陽山通白馬澗，亦入射瀆，東出虎丘北曰長蕩。

府城内河從盤門納太湖水匯百花洲，直北行繇明澤橋至皋橋，爲第一直河。又自和豐倉、西新橋東北行，紆迴再折過杉瀆橋，至查家橋轉北杉板橋，迤東行西館橋入北而出單家橋，爲第二直河。二水并與閶門西入之水會。又自孫老橋轉東直行，繇府治前至飲馬橋，經平橋、南倉橋，達迎葑橋，合望信橋第四直河之水，東南行出葑門，爲第三横河。又自吴縣學西渡子橋，從東直至長洲縣學東顧庭橋，爲第一横河。此水出獅子口，合葑門以北内濠之水，俱歸婁門。

夏侯橋南十字河，受飲馬橋第三横河西來水，一從倉橋逶迤東行出葑門水關，與安里橋南來水北達外城濠，至婁門東入婁江。一從北行過乘魚橋會第二横河水，至顧家橋轉北達臨頓路口，又會第一横河水，北趨跨塘下，直出齊門，此爲第三直河。望信橋直北行至官太尉橋，轉東徑盡市橋北入苑橋，出華陽橋南水口，爲第四直河，與出婁門第一横之水合〔一〕。閶門水關納楓橋運河水，東行至單家橋轉北，再東經報恩寺前直出婁門，爲第一横河。初入水關其水分流入滸溪倉西橋轉北，東行至北過軍橋，仍與報恩寺前之水合。

運河即古之邗溝，嘉興南來水，自嘉興石塘繇平望而北繞府城爲胥江，爲南濠至閶門。無錫北來水自望亭而南經滸墅楓橋，東出渡僧橋交會於閶門，絶灣湍急，故釣橋爲第一洪，其所歷吴江、吴、長洲三縣之境。

鮎魚口在太湖之北，去吴江縣十八里，南受具區水，北流匯爲鱟塘，又北過五龍橋，入爲盤門。運河爲古塘口折而東至分水墩，其東濶一百三十丈者曰鮎魚口，西濶八丈者曰鶂杖港，又爲柳胥港，即夾浦，爲瓜涇港，爲馬尾漾，爲澹臺湖，又自分水墩南流徑吴江縣城東南爲龐山湖。

澹臺湖在太湖東，《史記》：『澹臺滅明南游至江。』注謂吴國東南澹臺湖，即其故址。《吴地記》以爲滅明宅所陷。自此東經寶帶橋入運河，分流入黄天蕩、陳湖、金涇滱，直北正行則經葑門環城爲濠，至婁門東入婁江，北屈出齊門塘。

葑門東南入瓦屑涇，爲黄天蕩。東爲獨墅湖、王墓湖、朝天湖。又東爲尹山湖、赭墩湖，一名蛟龍潭。車坊漾即鑊底潭，其北口曰高家店，舊有壩，今址存。南爲白蜆江，東南爲大姚，出口爲姚城湖。又東南爲陳湖收口，又爲蕭田湖。東南入急水港，陳家港直東爲闔閭浦、章練塘。

葑門東爲葑門塘，爲黄石橋，爲金涇浜，東、西二浜。南爲麋瀆，北爲龍漊。又東六里爲斜塘，又六里爲唐浦，乃吴淞江轉折而南之處，有土壩在焉。谿北而東亦爲用直浦。

龐山湖在澹臺湖東，其南入甘泉橋，下流爲黎湖、菱湖、葉澤湖、新湖。葉澤湖東爲九里湖、急水港、杓頭潭、清水蕩。又東姚城江、白蜆江、小龍港、杓頭潭，西契跨笑面湖，與汾湖接。汾湖一名分湖，以其分屬吴江縣及浙之嘉善縣，故名。其東入謝宅蕩、蓴菜蕩、南陽港，又東通三泖，入華亭界。北入三白蕩，又北受曹龍港，通鶯脰湖。

鶯脰湖在太湖南，自荻塘會爛溪水，併出平望，匯於此。其下流爲穆和溪、黄家涇、白蕩，蕩西爲掘城湖、蠡澤湖，爲北麻漾，又西爲沈張湖，爲九曲港。北麻漾而入爲後練塘、雷墩蕩、西溪、骨池潭。

自澹臺諸水而來，衆水互流，并入淞江。

松江，《禹貢》『三江之一』，自古笠澤江也。自太湖分派，從吴江長橋北合龐山湖，折而東入長洲縣界，其北一派亦自鲇魚口入運河，經婁門而東爲上雉瀆、下雉瀆，又東爲沙湖。沙湖與松江諸水合，而青丘、戴墟二浦，自婁門北折出齊門塘，爲楊涇、蠡口、五滐涇、施澤湖。自施澤湖西又爲蕭涇，其南爲至和塘，其西尚澤蕩、漕湖。

漕湖本名蠡湖，《寰宇記》云：『范蠡伐吴開此，故名。』其稱漕者或以其通漕運也。湖之西堤屬無錫縣，而其浸皆屬長洲縣。東永昌涇、黄埭塘、東錢涇、西錢涇。北冶長涇、鵝肫蕩諸水，互流入元和塘。

元和塘即常熟北來運河，俗訛雲和塘。南屬長洲縣，北入常熟縣界。西爲尚湖，湖南爲柴涇、朱涇、徐墅涇、西湖、橋塘、張墓塘。東南白蕩，自白蕩而出爲羅墩蕩、六里塘，自張墓塘而出爲大和塘。自柴涇而出爲南塘。又自大和而出爲官禄塘、黄莊塘，諸水互流，其西吐納江陰、無錫二縣諸水，其東仍流入元和塘。元和塘東爲昆承湖，湖東爲五丫涇、西陳涇、漍涇、魏涇、東横涇、黄墓涇、徐涇塘、莫門塘、衛涇塘、南張涇、周涇、黄涇、龍涇。又南桑浜、曹家浜、時涇塘、北艾涇。自五丫涇而出爲七浦，自周涇而出爲朱堰塘，自陳涇而出爲斜橋塘、嚴舍涇、懸涇。自黄涇而出爲徐涇、楊尖涇，而華蕩在焉。華蕩西爲宛山塘、戈莊涇，自戈莊而出爲五瞿塘，而華渭蕩在焉。

已上諸水或南或北，其流梅李塘者，東北入許浦，流李墓塘者東入白茆港，流福山港者北入揚子江。

梅李塘之源，自雉浦入耿涇。千步涇迤邐常熟縣東，出許浦入於海，其西弓連涇、錢涇，其東哮塘，塘之南焦莊涇、黄莊浜、李家浜，西福山塘。

福山塘自常熟縣北四十里，入揚子江，爲福山港。其西鵜城港、通暢塘，西爲九折塘，南富平塘。富平北河陽塘，北爲奚浦。

李墓塘之源自周涇而來，至白茆塘入海。又有蕭涇、蔡涇、胡澄涇、鳳凰涇、東山涇、蓮涇、東婁涇、站浜、沈浜、嚴洞浜、黄浜、雙浜、黄姑浜、石墩塘、支塘、三丫港、黄沙港、南港、北港，俱流入白茆塘。

白茆塘南曰七浦，又一水東南流曰鹽鐵塘，西接江陰縣，東入太倉州界。

崑山之水皆自陽城湖而來，湖屬長洲縣，東界崑山縣，其西納元和塘、尚澤蕩，南納吴涇、真義浦、黄浦、朱昌涇，又南通大虞浦、下里浦，北納張茜涇、上元涇，湖之東包湖、傀儡蕩二水合而爲一。東巴城湖，北鰻鱺湖。施澤湖自巴城而入，爲尤涇、温焦涇。自鰻鱺湖而入，爲柏家瀼、大泗瀼、牛尾涇、江家瀼。自施澤而入爲碧澤潭，其南至和塘，俗名崑山塘，塘之南即淞江。北受陽城湖，南通澱山湖，諸水繇夏駕浦東北入劉家港。

至和塘西自府城婁門，東經沙湖，又東入唯亭諸水，至崑山縣。一南繞城爲濠，東行轉北；一北行而東，横貫城中，并入婁江。

下江即古之婁江。又有新江，宋嘉祐間所開，其西接淞江，南入陳湖，北入鰻鱺湖。

新江南爲石浦、道褐浦、蕭市浦、金竈浦、千墩浦、陸浦、張浦、凡規浦、六直浦、甫里浦、渡頭浦、東齊浦、利刀浦。北爲界浦、真義浦、黄瀆浦、薛莊浦、平樂浦、續浦、華翔浦、梁舍浦、大虞浦、小虞浦、社城浦、廣浦、馬仁浦、天明浦、夏駕浦、木瓜浦、顧墓浦、金城浦、三林浦、瓦浦、北矮浦、徐公浦、安亭浦、顧浦。

已上諸浦，或接剿娘江，或通老鴉涇，或通車塘，或通張涇，或接磧礇塘，或通大慈涇，而北之陽城湖，南之澱山湖，水皆納焉。

澱山湖吐納東南諸水，水較他湖特大，南屬青浦縣，北屬崑山縣。湖北有大范青漾、盛蕩、溢浦、東宿浦、西宿浦。其東朱沙港、漕港、范青漾、東合浦，西陸直浦，西南度城湖，皆北入新洋江。

新洋江在吴淞江北，出自松江，而其流溉於岡身，中有横通塘、小虞浦，其北合柏家諸瀼，入清水港，通櫻桃塘，接鰻鱺瀼，其東自湖川塘會鴨頭塘，入太倉州界。

劉家港在太倉州東七十里，港外即大海，水面寥廣，與他港浦不同。自劉家港而西爲北漕漕，爲糜長河，又西爲北時溝，爲楊子涇，爲小塘子，爲三江口，爲石婆港。南盤曲處爲湄場灣，北爲新開河，爲青福涇，爲菖蒲涇，爲半涇。

半涇横帶城東數里，南入婁江，北徑湖川、楊林至七浦。半涇之南達仁義涇，若北漕漕雖號東道水而屬於劉家港，稍偏於東南，自北漕漕入正東，横帶諸水爲丁涇港，爲新塘港，爲陸窑塘。摩羅涇爲陶家港并入於海。

吴塘在州城西三里，南入婁江，徑吉涇入嘉定縣界，北徑湖川塘，達七浦塘。

太倉塘引婁江水入州城大西門，相傳爲至和塘，俗訛爲致和塘。太倉塘稍南爲陳門塘，引婁江水入小西門，其稍偏於西北，與陳涇、黄泥漕、包涇并入鹽鐵塘，又西北爲古塘。

顧浦在州城西南五里，引吴淞江水入吉涇。自吉涇塘稍東復北下爲戚虞涇，戚虞涇與南鹽鐵、張涇、横瀝水東西相并，俱北入婁江。南鹽鐵在戚虞涇之左，張涇、横瀝在戚虞涇之右，而鹽鐵、横瀝其所通爲最遠。

楊林塘東至花浦口入海，西豀新塘上承巴城湖，長可敵七浦，而州之田待其水以灌溉者尤廣。自楊林塘而南爲湖川塘。

湖川塘東環出小塘子入婁江，北穿鹽鐵塘，西接金雞河，多支流，與七浦、楊林之水并横亘州北鹽鐵塘中，至北城下。

鐺脚港、洪泗浦、大錢涇、鹿鳴涇、浪港、雙鳴涇，皆東入於海。唐茜涇、陳大港在璜涇鎮，則與大錢、鹿鳴、洪浪、泗港〔二〕相通，南通漕頭塘，入七浦。東北距城遠者八九十里，近者不下四五十里，與唐茜涇俱東入於海。其西爲北花浦口，雙鳳鎮之顧門涇，西通新塘，東則依以鹽鐵塘。

州城之水，一自太倉塘入大西門，豀儒學前東下；一自新開河徑半涇，入大東門，并至儒學東三尖口會。其亘南北而中稍偏於西者，爲鹽鐵塘。南北水門張士誠築塞，水入東西三門，則豀鹽鐵塘分流至南北城下。東門内有周涇，南門内有旱涇，城隍廟西有樊村涇，亦藉兹三門之水出入爲盈涸焉。

嘉定之水出於淞江，自大姚江分支經澱山湖入江灣、青浦轉入松江東口。

松江東口亦名吴淞江，古之東江也。其南曰鶴江，西與青龍江合，青龍北爲大盈浦、馮浦，又南接黄浦，與上海縣分界。其北河浦、新華浦、黄渡浦、桑浦、秦公浦、雙浦、桃樹浦、趙浦、東、西彭越二浦、蘆涇浦、江灣浦、裘涇。新華浦而出爲葑村塘、封家浜。蘆涇浦而出爲沙涇。江灣浦而出爲小場浦、沈浦、大場浦。裘涇而出爲顧浦。其東婁塘、南黄泥涇、項涇、千步涇并南入練祁塘。

練祁塘又名練川，界縣市中，其西承吴淞江水，後江水不通，别開水道與海潮接，非復昔之練祁矣。其北爲蒲華塘、蓧澤塘、吕墅涇、華亭涇、黄姑塘、新涇：南爲趙涇、楊涇、荻涇、門涇、倪家浜：東爲漳浦，浦西雞鳴塘，南安亭涇，吕墅東爲東、西横瀝，第二、第四横瀝，糜長横瀝、中横瀝、外横瀝，即太倉横瀝之支流也，南北互流并入於海。

松江府

大海環府境，東南混茫無際，松江與黄浦會而入海處，其會處蹌口。

松江即吴淞江，在府北七十里，青浦、上海二縣境，與崑山、嘉定二縣連界，郡因以此得名。舊名淞江，後以水災去水從松。其東瀉海曰滬海，亦曰滬瀆，滬水名也。凡水發源而注海曰瀆，陸龜蒙云：『列竹於海澨曰滬，吴之滬瀆是也。』其别派自吴江分流，繇急水港鍾爲大澤曰澱山湖。

薛澱湖一名澱山湖，以中有澱山也。在府西北七十二里，自長洲縣界經急水港而來，北谿趙屯浦，東谿大盈浦，瀉於淞江。東南谿爛路港以入三泖，今湖之南有瓢湖，其傍有金銀、東清、東白、西陳、大葑諸蕩漾。北即長洲之蔓萊洲，其西有西黿蕩、雪落漾，又接吴江縣界。

宋時澱山在水心，并湖以北中一澳曰山門溜，東西五六里，南北七八里，正當湖流之衝，爲古來吞吐湖水之地。山門溜之中又有斜路港、大石浦、小石浦與崑山縣鄰界，通泄湖流，後潮沙淤澱，漸成圍田。元初湖去西北已五里，今趙屯、大盈去湖益遠，顧谿何家港及南、北曹港受湖水以泄於江。水患之多，有谿來矣。

趙屯浦在澱山湖北，受湖水瀉於松江，原闊五十丈，通江五大浦之一也。自北曹港分支北流隘處來口，其接曹港處又名新河，東南入曹港者曰南小趙屯浦，亦名李墟涇。東北入松江者曰北小趙屯浦，其北爲望湖涇，西爲烏嘴塘。望湖北爲孔宅涇、蘇溝並西通趙屯，東入大盈浦。趙屯之西爲内勛、會仙二浦。蘇溝之北爲直浦、盧浦、古盤、南濼、梁紇諸浦，并自蘇溝左右分流而入於松江。

内勛浦其上流曰古塘，其西爲石浦，入崑山縣界。

白鶴江古稱白鶴匯，自此至蟠龍環曲爲匯，水行流滯，溢而爲災。宋嘉祐間，自其北開爲直江，瀉太湖水東注於海。今僅同溝澮，其南浦曰西霞，俱東入大盈，與青龍江對。

大盈浦舊濶三十丈，在澱山湖東，初直受湖水，自白鶴匯達江。今東自南曹港至青浦縣絶横泖，與北曹港合，歷唐行倉至大盈橋，經青龍江、白鶴匯，北入利濟橋，南爲柘澤塘。

青龍江，吴孫權造青龍戰艦於此，故名。其上流西接大盈浦，東接顧會浦，下流合浦、家江浦。家江之西爲趙浦，轉在青龍江之北，越吴淞江入嘉定縣界，此開江取直，分屬於南之明驗。

顧會浦在大盈浦東，其上流曰通波塘，出府城北爲五里塘，又北爲祥澤塘。遂別爲崧子浦，北入鳳凰橋、絶横泖，至斡山入上海縣界。又北通新江塘，西合青龍江，東接艾祁浦以入淞江。

崧子浦舊名崧塘，在縣北十五里，自顧會浦分流下注舊江口。今入江處爲嘉定縣高家浜，此浦與顧會浦同流異派，皆入淞江。又有淮浦、華潮浦、赤眼浦一名赤雁，西舊江周涇、儻浦。

盤龍浦在崧子浦東，其上流曰盤龍塘，自府城東華陽橋北流絶俞塘，歷横塘，又經蒲匯塘，以入淞江。華陽橋北又有六磊塘、泗涇，皆盤龍所過之處。

沙岡塘在盤龍浦東，其南絶黄浦至捍海塘。北入淞江塘之東曰竹岡塘，至蒲匯塘而北，別名小萊浦。

横濼塘在竹岡東，其北絶淞江入嘉定縣界。

許浦南與横濼通，北入淞江，又有魚浦、郭巷浦。

新涇舊名新涇浦，在横濼東，其北通淞江浦之支渠。東有石橋浜、周家浜、菖蒲涇、野奴涇、彭家浜、横清涇、交紋涇、漁水窪、劉家浜、蕭師浜。又東有上澳，西有陶涇、師家浜、陸家浜、金家浜、上江涇、唐子涇、横涇。

西上澳浦、東上澳浦，并南通烏泥涇，北入淞江。

西蘆浦、大蘆浦亦北入淞江。

上海浦即大黄浦，下流合江處。

南蹌浦在上海縣東北三十六里，其支流爲東溝浦、西溝浦、馬家浜。今縣東北爲蹌港、大蹌浜，其南都臺浦。

自内勛至此，爲郡境，通江諸浦之水，南蹌以東有古江、青浦、戴家浜、張家浜。内勛以西有道褐浦、金竈浦、蕭墅浦、陸虞浦、千墩浦、佳浦、漳潭浦、同丘浦、諸天浦、張浦、帆歸浦、大直港、少里浦、東齊浦、刹力浦、吴浦、界浦、六直浦，俱入崑山縣界。

北曹港自澱山湖東北行爲新河，入趙屯浦，東入大盈浦。又東南爲横泖，其西爲三分蕩，入崑山縣界。自蕩而東至西虹橋以泄湖水，其北有白瀼，南有楚基浜。

横泖自北曹港分流經青浦縣東，過崧宅塘，絶顧會、崧子二浦，接胡涇爲東横泖。南至樓下張管山前爲横塘，望龍、歸庵斜入和盤龍浦，東貫竹岡塘，止西上澳。

崧宅塘自横泖北，西折爲界涇、孔涇、東施浦，管浦北爲七匯港、秋末涇、蓧涇。

按孔涇俗呼道林浜，西對望湖涇，東通郟店楊家莊。烏塘細流百折，至嘉定縣紀王廟鎮，商艘並從此道以避江潮之險，每患淺淤，時需疏浚。

南曹港即舊鹹魚港，自澱山湖東南爲何家港，東流納龍河水，北爲斜瀝入北曹港，東出泰來橋，折北爲大盈浦，南接柘澤東諸家塘。

諸家塘東流，歷天聖莊爲潘塘，抵陳坊橋，納神山塘水。歷佘山東南爲柘溪塘，入顧會浦，又入橫泖，爲印涇、千步涇、苧墩涇。

已上澱山湖東諸浦上流之水。

三泖在府城西華亭縣境，有上、中、下三名。《吴郡圖經》云：『泖狹者且八十丈。』《祥符圖經》云：『谷泖縣西三十五里，周一頃三十九畝。古泖縣西四十里，周四頃三十九畝。』今泖之界，西北抵山涇，南自泖橋出東南至廣陳，又東至當湖抵捍海塘。俗傳近山涇者爲上泖，近泖橋者爲下泖。縣圖以近山涇水益圓，曰團泖；近泖橋益濶，曰大泖；自泖橋而上縈繞百餘里曰長泖。此又三泖之異也。或併胥顧、謝家二泖爲三泖非也。陸機云：『三泖冬温夏凉。』今谷水在其北，金澤、章練、小蒸（一名黄溪）、大蒸、白牛諸塘在其西，葑澳、走馬諸塘在其東。泖橋之外，横絶而東者爲秀州塘。

谷水一名谷泖，《寰宇記》云：『華亭谷水下通松江。』酈道元《水經注》云：『松江東南行七十餘里，而入小湖，自湖東南出謂之谷水，南接三泖。』一云由拳長水縣陷爲谷水。

爛路港自澱山湖東南入泖，其東山涇港，西金林蕩，又有金同路、蔣家路。爛路之西爲連湖蕩，金同之西爲鄒家蕩。

金澤塘在澱山湖西南，其東南入泖，其西爲西黿蕩、雪落漾，其東東清漾，接東白、西陳諸蕩漾，西北爲周莊，北爲甫里，並屬長洲縣界。

章練塘在金澤南，其源出陳湖。東入泖，其南濮陽塘，又南有小蒸、大蒸二塘，其西通白牛塘，東入於泖，北爲毛練蕩、王家涇。章練塘入泖，與泖塔相對，分一支入泖者曰曹墳港。

白牛塘其源自當湖而來，過雪水涇，至楓涇，北入長洲縣界，茱萸港在其東。

自爛路港以下，爲三泖西界諸水。

葑澳塘在澱湖三泖東，南連走馬塘，北通南曹港，其西一支爲龍河，龍河之西即澱山。

西山涇在葑澳塘東，崑山、横雲之間，南通古浦塘，經崑山至絶走馬塘，過横雲絶秀溪塘，北入曹港，入港處又名竹管涇。

東山涇其南所至，與西山涇同，北入横雲、小横二山間，至機山南别爲秀溪塘，西入竹管涇，至於山北，别爲察樹涇，東與柘澤塘合，西亦入竹管涇，合爲曹港。

秦皇走馬塘自團泖來，東至横雲山前，爲横山塘。東絶爲沈涇塘、爲横浦，經富林市南接丘涇、八曲諸水，又東七里涇入顧會浦。

沈涇塘在府城西五里，南接秀州塘，北流西黄泥漕、浪墩涇、東沈村涇、北褚庵港。過沈涇塘橋，至富林西合横山塘，東合横浦。自此北爲神山塘，又東北入曲港，自富林西北入鍾賈山北柘澤塘。自嘉興府城下水流東北，此塘泄上流之水，旱則浚之，可引淞江水資灌溉，入大盈浦。其一支西流循千山麓者爲橫浦塘。櫻珠灣經山涇爲秀溪塘，西入葑澳。

褚庵港自沈涇東爲丘涇，會白龍潭，貫穿村落。南接採花涇，東入顧會浦，其入處曰二里涇，其傍近曰練家浜、黄家浜、沈家浜、大塔浜、金家浜、浦家浜。

神山塘水北至佘山，西入諸家塘、八曲港，分支東北爲黄蠻涇，一水出神山塘，循佘山南麓來會，並入顧會浦。

五里塘在顧會浦東，斜對二里涇，其東與洞涇合。

祥澤塘在五里塘北，自顧會浦分流，北與崧子浦合，東爲泗涇。

泗涇自祥澤塘北而東，納通波涇、外波涇、洞涇、張涇，四水東合蟠龍塘，北絶橫塘，折而東爲蒲匯塘。

元初水盛於橫塘，至正間潮徙而南，涇面廣三十丈，深二十丈，爲水道之要。今此至蒲匯塘皆淤淺可涉。

蒲匯塘受蟠龍、泗涇二水，東經沙竹岡、橫瀿諸水，又東龍華港、竹岡、橫瀿之間爲七寶鎮。

龍華港接蒲匯東流，經漁水窪、東、西上澳，東南至百婆橋，入於黄浦，故又名百婆塘，今呼爲百步塘。

已上泖東山南至城北之東流水。

秀州塘即今嘉興塘，在府城西南，其水自杭州歷嘉興而東，經風涇鎮入界。去府六十里，繇鎮而東過白牛塘，絶長泖至萬安橋，北入古浦塘，東入市爲沈涇塘。過小青河至平政橋，入西水門，與舊西河、日月河諸水合。出東門與俞塘諸水合，循西城而南，合張涇、米市塘入官紹塘，北過採花涇，東北合顧會浦，自萬安橋東流爲朱涇，自斜塘東流入橫潦涇爲黄浦。又自李塔匯東流爲南錢塘。

黄橋門水自大泖來，入嘉興塘。舊於此植木爲水竇七十餘，以泄泖水，斜入橫潦涇，其勢甚速，今塞。西有六百畝蕩。

斜塘自大泖來，東入橫潦涇，自黄門橋塞水，併入此塘。

石湖塘出大泖，合嘉興塘北流，上爲北錢市村。

古浦塘自圓泖來，歷東、西山涇，出跨塘橋，與嘉興塘水合。

小清河在秀野橋東，循西林寺北，入白龍潭。

白龍潭在府城西谷陽門外，廣十餘頃。北又通二里涇，東出與城濠合，北爲採花涇。

採花涇北通二里涇，其東爲北花園，園東北有夜遊涇，相傳陸氏夜遊處。

集賢涇在通波門東，自城濠分支，北折而東，合於洞涇，其北爲五里塘。

已上官塘西界至府城以北之水。

倉河西南通豐樂橋，東與丘家灣水合。

通波塘自府治西，中亭橋下北流出通波門，合嘉興塘諸水，北爲顧會浦。

丘家灣自府治東南出東亭橋，與米市橋、莊老橋二水合流出東門。

已上俱城中諸水。

朱涇自嘉興塘分支，貫市橋東絶驅塘，至張涇。又東爲横涇，又東爲蕩涇，當市橋回折處，曰落照灣，俗呼赤日灣。

黄浦一名春申浦，相傳爲春申君鑿，以黄姓名浦，爲南境巨川。自黄潦涇受黄橋斜塘，及嘉興塘水，東流至詹家匯，爲瓜涇塘，演迤而東，凡南、北兩涯之水皆入焉。至鄒家寺折而北流，趨上海縣，東、西兩涯之水皆入焉。又東北會吴淞江以入海，浦約長二百五十餘里，比吴淞、婁江更濶大，故論者指爲東江。瓜涇塘有東、西二渡，上海縣界，有黄浦、高昌二渡。

南錢塘自李塔匯分派而東，散行村落，爲吕巷港，出秀南橋爲蔣涇橋，並入嘉興塘東，匯爲莊港。北爲斜涇，與瑁湖南合，東入城河，與張涇合。

張涇自府治南接新運鹽河，北經前、後岡塘至泖港，出瓜涇塘，北爲駱家浜、鶴塘涇、蘆涇，東北與米市塘合，折而北行至張涇橋，與城河合。

米市塘自東泖港，北經蘆涇，與張涇合，折而東北合城河，東入南水門，北與丘家灣、東門水合泖港之南，爲鄉界涇。

官紹塘在小張涇東，受城河及斜涇諸水，入丘涇。又東經御史涇，與泖涇合，自此分流而南，入瓜涇塘者曰小官紹塘。

御史涇在府城東門外，起南俞塘，北爲斜塘。

泖涇在御史涇東，其北曰三里汀，斜連華陽港，南會官紹塘水入黄浦。

南俞塘自東門經三里汀，至吕塘廟，南入鹽鐵塘，分流東南，爲語兒涇，入黄浦，華亭、上海二縣於此分界。北通胡婆涇，南爲荷涇，又東爲吴會鎮，自荷涇東流爲茭門塘，至竹岡東南爲陸道浜，入黄浦。

鹽鐵塘自吕塘廟南入黄浦，絶浦而南過蕭塘港、望湖涇、南橋淺沙塘、上、下横涇至捍海塘，其止處爲漕涇。

北俞塘自東門東流絶洞涇，過張涇，至盤龍、駟馬、紫岡塘，貫沙竹岡、横濼、新涇東入黄浦。

洞涇自張塔橋北至北俞塘，入泗涇。

張涇在洞涇東，其南接斜塘，北入泗涇，其東即盤龍塘、泗馬塘、紫岡塘，并在盤龍塘東，其北通六磊塘。紫岡之西沙岡，東爲竹岡，爲横濼、新涇，又南爲古鶯脰湖。

六磊塘自盤龍分支，東流爲車溝，東北爲新村塘，爲吴店塘。又北爲夏家浜，東流爲廟涇、新港、烏泥涇，東南華漕港，北八尺港，并入黄浦。

烏泥涇北爲鄭家漕、曹湖涇，又北灌涇、日赤浜、陸家浜、薛家浜、徐巷港、肇嘉浜、坊浜、侯家浜、南楊涇、北楊涇、矴溝浦，并自西南入黄浦，坊浜、肇嘉之間，爲上海縣境。

已上官塘以東，郡城以西，至南北入浦之水。

界涇在府城西南，其東直胥浦塘，北大茫塘、㪅杖港，東、西徐涇、東、西洋涇。游涇北諸港梅林涇、蔣巷港，莊公塘西爲野民涇，經白牛塘，接嘉善縣界，并北通秀州塘，東南爲横泖。秋涇。丁家洋之東爲惠商涇，彭巷港其東朱家漊，北爲處士涇、謝墳涇、西帆涇，又北瀝瀆塘。横泖其源自當湖、長泖來，華亭縣與平湖縣分界，其支流爲華家涇、丁家洋、泖港，其東爲瀝瀆塘一名璜溪，自長泖東經惠高涇，至西帆涇，又東經東帆涇，北入胥浦、謝墳涇，東南爲丘涇，其南白涇、東山涇。西帆涇之東横涇，入石臼浦。胥浦塘相傳伍子胥所鑿，自長泖接界涇而東，盡納惠高、彭港、處士、瀝瀆諸水，絶石臼浦，至張涇東爲前岡塘。北出朱涇鎮，西爲徐涇，東爲驅塘、掘撻涇。驅塘、掘撻涇二水，并北出横潦涇。

歸涇在胥浦北，自長泖來，西接大茫塘，東流絶徐涇、驅塘、掘撻涇，東爲横塘，又東後岡塘，南有水五岐合流，貫徐涇東入掘撻涇，曰五丫港。

白涇自平湖縣乍浦來，惠高、彭港、處士諸涇港皆所自出，東南通山涇。

山涇在秦山西，其北通石臼浦，北折東爲新河，東北落河潭，北爲沈涇、曹涇，轉東爲褚涇。

石臼浦接山涇，北絶胥浦入潢潦涇，未至胥浦爲漕港、前鳳涇、東、西松浜，東松之北爲蔣松涇，東與張涇合。蔣松北絶横塘，入市涇者曰小張涇，張涇東南爲新運鹽河。

新運鹽河在裏護塘外，自金山衛城北至張堰鎮西爲張涇。初在查山東，後以風濤險阻，改設於此，人呼其東爲舊河。其北即古柘湖地，東通徐浦塘，張堰東高家涇。

徐浦塘自舊運鹽河東歷浦東場曹涇市至漴闕閘止，其南通海支渠，曰胡家港、金山港、菊花港、曹涇港。

高家涇自張堰東護塘北爲後涇、黄泥漊，西入張涇。其東白茅涇、沈湖涇、洮港。白茅自護塘北流，過前岡爲潘涇。白茅涇之西爲黄墳涇，東通洮港，西合後涇，北流至後岡，又北爲顧胥塘。

顧胥塘自白茆港東絶沈湖、洮港爲善涇，至奉賢涇北爲上横涇，西北爲前岡塘。

前岡塘自張涇接胥浦塘，東至白茅涇，折出而東至亭林，入方西塘。其西一支斜入張涇曰丫乂涇，東至沈湖涇，東北爲千步涇，過蕩涇爲楮石涇，過廟涇爲吴家溜、小官紹塘，北入瓜涇塘。

後岡塘西接横塘，東流至亭林，與前岡塘合。

横涇西接市涇，自張涇東流過潘涇，爲蕩涇，入千步涇，北高蔣涇入北廟涇，又北泖港。

高蔣涇自張涇東北爲鄉界涇、米市塘，又東北蓮花朵與廟涇俱入小官紹塘。蓮花朵之南南洋涇，北中洋涇、又北北洋涇，并東流，南入方西塘，北入祝家港。

泖港自張涇東，經過東、西積錢港，絶米市塘爲泖港，入小官紹塘。米市塘之西南爲盛家灣，東北爲張蕩。官紹塘之東爲化成庵塘，盡處一水通廟涇，爲古謝家泖、古胥顧泖，南窑涇在其南。

奉賢涇古闊十丈，在洮港東北，入於運港，其西爲新港。北入善涇，西北楊樹溇、吴塔涇，至亭林鎮與運港合。北入方西塘，善涇之北爲何家溜，又北鹽河、趙巷港，東下横涇。

招賢涇闊九丈五尺，在奉賢涇東，其東龍泉港，俗呼龍船港，與招賢并北通運港。

鹽河在界涇北，東入鹽鐵塘。

上横涇自奉賢涇絶鹽鐵塘而東，歷柘林市，東入柘瀝塘。

下横涇自奉賢涇東，經法華橋東南入胡家橋，與柘瀝塘合。

運港自亭林鎮前，東入鹽鐵塘，自鎮東折北爲白龍潭，爲吴衝涇，東北通葉謝鎮。

方西塘自亭林西北爲祝家港，東北入鹽鐵塘，西通洋涇，西北通爛涇。爛涇北爲泖涇，東北入瓜涇塘，與大泖涇對，俗呼爲斜涇。

淺沙塘在下横涇北，西通鹽鐵塘，東爲倩涇，過沙岡爲新塘，過漴闕入金匯塘。

南橋塘在淺沙塘北，其東經沙竹岡通横濼。從令涇、金匯塘東通青村港。自沙岡西北爲蘆涇、姚涇，遂爲巨漕，絶黄浦而北，至六磊塘。

望湖涇在南橋北，東入千步涇，北入黄浦，其北蔣家浜、秋巷涇、洞涇，其南俞江塘。

俞江塘今名俞涇塘，自漕涇北絶上、下横涇，與鹽鐵塘合，北入望湖涇。

蕭塘港在蔣家浜北，自葉謝鎮月河橋東入金匯塘，其支渠北流爲新涇、長漊、清水港，東爲顧莊塘。

從令涇在横濼東，其南通上、下横涇，曰柘瀝塘。至捍海塘北流，絶南橋諸塘入浦，隔浦與鶖脰湖對。

金匯塘在從令涇東，其南接和尚塘，北流過金匯塘，西折爲倪家灣，又北爲岡涇塘，入黄浦。其支渠著者曰百曲港。

和尚塘自捍海塘西北折而東，通陸江塘，及青村港西入金匯塘。

百曲港自金匯塘東折而南爲車溝塘，入郭家塘。北爲雪塔港、蘆溝庵港，并東入運鹽河，曲折最多，上有曲水村。

已上風涇以南，循海東北流入黄浦之水。

運鹽河其一自青村北納百曲港、蘆溝庵港諸水。北爲横港、蒲撻涇，西合倪家灣，繇岡涇塘出黄浦。自蒲撻涇北爲魯家匯，繇閘港出黄浦。衛家溝、邵宅港，并在其東。其一自下沙場東循海塘，北通諸團鹽運，每團各有支渠，其北至於青浦。

閘港自新場西入黄浦，其入處乃浦之折，而北行處新場之東，去海不遠，或指此爲東江入海之故道，下沙浦在其北。

下沙浦亦名鹽鐵塘，北爲鹹塘，塘之東都臺浦，又其東即運鹽河。三林之北鹹塘自下沙場北流絶爲沈莊、周浦、三林諸塘，通中新河、横眠港，西入黄溜漊。爲北鹹塘，又北爲曲鹹塘。

都臺浦在鹽塘東，即舊曹家溝，因巡撫都御史崔恭疏浚，故改都臺。其東北爲連家漕，又北爲水仙塘、郁家港、官路港、邵瀝港，并西通鹹塘。邵瀝東，翁家港北，陶河港，并東通運鹽河。

沈莊塘在下沙浦北，其東連家浦，連折爲鶴坡塘，并西入黄浦。

周浦塘一名杜浦，東通水仙塘，西入黄浦。

三林塘在周浦北，自鹹塘西流，其南爲横梟，北爲杜婆涇，西入黄浦。

楊淄港在三林北，自北鹹塘西入黄浦，其北黄淄漊、馬家浜，其左右東溝浦、西溝浦、范家浦。

入海浦在范家浜北，其東大蹌浜，自馬家浜以下并西入黄浦。其東北至界浜，嘉定、上海二縣分開。

已上下沙以北，西流入黄浦之水。

常州府

揚子江在府城北五十里，屬武進、江陰二縣。西接丹陽縣界，東抵常熟縣界，江岸繞郡境一百八十八里，水東出巫山門入於海。

太湖在府城東南八十里，自湖州府長興縣入宜興縣，抵武進縣，入無錫縣境。南接吴縣界，湖堤環繞郡境總一百五十里。

滆湖一名西滆沙子湖，在府城西南三十五里。東接太湖，西通蕪湖，武進與宜興二縣中分爲界。郭璞《江賦》云『具區洮滆』是也。《圖經》云：『昔有滆姓者居此，携龍卵歸，地遂陷成湖，因名。』

陽湖在府城東三十五里，亦武進與無錫縣中分界。其東南至閶江，東北至花瀆港，入運河。西通塘門、洛陽二河，北入梅港河。

宋建湖在府城東南三十里，世傳宋高宗南渡，見其地爲水潦所積，命豬於此。其東南接周陳、殷墅二河，西至蘆莊浜，入落花蕩。其南經方莊村入具莊河，其西北繇上陳港入運河。

運河東南自無錫縣望亭鎮風波橋經府城外濠，西至犇牛閘，入轉水河，凡百七十里有奇。

府城市河，一自舊外子城環繞郡治，自西水關歷甘棠橋，北出行春橋；一自舊羅城外，東西皆接運河。其一即今之城濠。

惠明河西北引荆溪水，自南水門經郡治前，稍東出化洞橋，與後河合，入於運河。

綱頭河在府城北青山門外，延袤六十五里，入無錫、江陰二縣界。其支流有四：一自通江橋東北，經鎗頭橋入江，曰澡子港；一自揚頭鄭六橋直東入江，曰利港；一自後塘東北入江曰申港；一自三山入堰，東北入江曰新溝。

白龍河在府城西北，其東通澡子港，西接得勝新河。

得勝新河，舊名烈塘，在府城西十八里。南枕運河，其北即剩銀河，亘四十三里，入揚子江。

申浦大灣河在府城北，其東接綱頭河，西出洞子河，其南運河，北剩功河，東北入澡子港。

孟瀆河在府城西三十里，犇牛鎮東。《圖經》云：『此瀆以孟城山得名，或云唐刺史孟簡所浚。』其南接運河，北流六十里入揚子江。犇牛鎮東尚有鳴鳳河，一名直瀆。其北運河，南通白鶴溪，溪西接丹陽縣界。自白鶴溪東南至運河，經蠡瀆港，入滆湖。

府城西南曰平原河、談村河、羅澤河，并東入滆湖。又有孟津河，其北入滆湖，南入宜興縣界。又孝感瀆東南通滆湖，西羅澤河，北通運河。又黄土瀆、佘柯瀆，東通滆湖，西入宜興縣界。

西蠡河一名浦陽溪，在府城西南。其北枕運河，南經陳渡橋入滆湖。相傳爲范蠡所鑿。又東則順隆河水通採菱港，又南則興隆河、華渡河。

興隆河在府城南，其東爲青城河，又東通戚墅港。

華渡河在府城東南六十里，西南接滆湖，東北入陽湖，南通黄堰河，合太平河東入太湖。順隆河之西爲永興河，又西爲青河，青河則在城東矣，水并入滆湖。

永安河三道：一在府城西北，自白鶴溪東南至蕭港，入滆湖；一在府城東北，自老鴉浜西南通運河，亦入滆湖；一在府城南，自無錫縣運河東北，至三山港，經紫溝河，入揚子江。又有漕橋河，自永安河西至運河入滆湖。

灣瀆河在府城西北，自運河東南，通宜興縣運河駛入太湖。又有剩功河自大溝東南通洞子河，入順塘河。

澡港在府城東南，其西北入揚子江。又有小新河入澡港，經大河口亦入揚子江。又有虎穽河，其東接戚墅港，西與興隆河合。又有利大河、通濟河，東自龍窟塘西北通澡港，入揚子江。又有歡塘河，其南入陽湖，北即戚墅港。又有黄堰河，北接華渡，東南合太平河，太平河北接七里港。

順塘河在府城西南，其東北至三塘河，入江陰縣界。

丁堰河在府城東南，接運河，北經楊橋，至綱頭河。又陳墅河亦南接運河，東北至三山港，經紫溝河入揚子江。

水磋河在横林鎮東北，經無錫縣界，入江陰縣青暘鄉戚墅港。北接運河，東南入於太湖。

港之南曰三山港，東南與江陰縣分界，西北入申、利二港至揚子江。

黄汀河在府城東北，西接綱頭河，東入江陰縣界。

三過溪在府城南，其北通運河，南入滆湖。

邗溝在舊羅城内：一自太平橋西繞城南，出臧橋，首尾俱枕運河；一自通吴門沿城匯歸斜橋，至虹蜆橋與後河合。

採菱港在郡東南，其北接運河。

蠡瀆在府城南，其南入滆湖，北通白鶴溪。

徐胡滰在府城南，西接蠡瀆，東南通採菱港。又白馬涇南通太湖，北接戚墅港。

夾涇在郡東北，其北與綱頭河接，南止於横山。

蘭陵瀆在犇牛鎮北。鎮西又有伯牙瀆，南接運河，北入揚子江。

閶江在無錫縣西，太湖之濱。相傳吴王闔閭嘗築城於此，故名。

五部湖一作五步，在無錫縣東北，其源濁而流清，專藉溉田。

濠湖俗名鵝肫蕩，在無錫縣東，中與常熟縣分派，其東漕湖，西入蠡湖，又東入長洲縣界。

五里湖在無錫縣南，其南自太湖而東入長廣溪，西與大渲滰合，又西則梁溪。

弓河在無錫縣城内，邗溝側旁，有九河號九箭。

閘口河在無錫縣北，其東經蔡家渡分流，一入泰伯瀆，一入江陰縣界。

五瀉河在無錫縣北，其南枕運河，出上湖大陂，北至江陰、武進二縣界，又北至申浦入揚子江。

雙河舊名雙溪，在無錫縣北。一東南與梁溪合，一通錢橋貫直湖港，入武進縣界。

咸塘河在無錫縣北，繇五丫浜北入江陰縣界。

新河在無錫縣北。相傳宋建炎間，金兀朮爲韓世忠所困，開此河通大江遁去。上有馮、梓二堰，今廢。

羊尖河、嚴埭河并在無錫縣東北，嚴埭繇閘口河北入江陰縣界。

鴨城河在無錫縣東，自運河東至甘露鎮入瀠湖，其旁曰潭塘河。

破塘河在無錫縣東，其北接鴨城河，南入蠡湖。

横塘河在無錫縣東，繇信義瀆東行入常熟縣界。

梁溪在無錫縣西，源出慧山，繞歷山西南入於太湖，北流與運河合。

長廣溪在無錫縣南，其南流至開化鄉，一出吴塘門，一出獨山門，并入太湖。

赤城溪在無錫縣南，其東南又有新安溪，并南通太湖，東入運河。

烏角溪在無錫縣東南，其東出望亭，西入太湖，與吴縣分界。

花渡港、直湖港、雙牌港并在無錫縣西北，皆接運河。花渡西貫直湖，與雙牌皆入陽湖，惟直湖南入太湖。

漆瀆在無錫縣西南。又有大渲、小渲二瀆，自梁溪至孤瀆口，始分而爲二。其西大渲，東即小渲。又南至青祁瀆始合，青祁南通五里湖，出浦嶺獨山門入太湖。

塘于瀆在無錫縣南，其東接五里湖，南通洪丘瀆入太湖。洪丘之水自太湖入，北出蠡湖。

馬金瀆、西謝瀆并在無錫縣東。謝瀆一名謝蕩，與長洲縣分界。

蠡瀆在無錫縣南，其水通太湖，繇梁墓溪達運河。

太伯瀆在無錫縣東，其西接運河，東達蠡湖。

歐瀆在無錫縣西北，宋置閘，水繇江陰縣境入大江。

胥湖在江陰縣東，昔伍子胥亡入吳，至此擊劍而歌，湖因以名。

江陰運河在縣南，北引江流入黄田港，横貫城中，南截蔡涇，經青暘達五瀉河。又有庭塘河，其西接運河，東入無錫縣界。

長河一名東河，在江陰縣東南，自運河分流入由里涇，出新河。其西北曰清溪河。

馮涇河、倪塘河并在江陰縣東。南倪塘，西接谷瀆港，東南入常熟縣界。

横河在江陰縣東，繇黄田港出春暉門，東流入令節港。

南山塘河、北山塘河并在江陰縣西。南山塘自運河分流，南入武進縣三山港。北山塘南引江水至夏港，亦入武進縣界。

崇溝河在江陰縣西南，繇夏港南經三山石堰，達武進縣界。

黄田港在江陰縣北，其東引長河，西至九里河口，折而北達城中，出黄田閘北入大江。其支流曰五斗港、曰趙港、曰白沙港、曰石牌港、曰石頭港。

谷瀆港在江陰縣東，北引江水，南行經三河口，分而爲二，一入新河達無錫縣界，一接長河。又有范港仍與谷瀆合。

夏港在江陰縣西，南引五瀉堰水，過青暘北止〔三〕，繇塘河口折而東，出蔡涇閘，北入大江。

申港一名申浦，在江陰縣西，其水自江來，南至武進縣境，東入無錫縣五瀉河，西入三山港。

利港、桃花港并在江陰縣西。利港引江水南行至蔡涇，入武進縣界。桃花港自大江入，南與立埭河合，立埭則在縣西北矣。

黄山港、雷溝港、陳港、蔡港并在江陰縣東，水從大江入，南達横河。

洮湖一名長蕩(河)[湖]〔四〕，在宜興縣西北，與溧陽、金壇二縣之水分派而入，其東通蓬塍河，北接滆湖。

宜興運河在縣北，其西接荆溪，北通滆湖。

東蠡河在宜興縣東，其南入横塘河，東北入九溪。

白龍河在宜興縣西北，自運河抵梅村河。

後袁河在宜興縣洴浰瀆西，其南自觀鶴漊東抵城下。

荆溪在宜興縣南，受宣、歙、蕪湖之水，注太湖，達松江以入海。水之通此溪者曰洑溪，在縣東北曰塞溪，在縣西北曰慈湖溪，亦曰西陽溪，曰章溪，并在縣西南。

東九溪在宜興縣東，其東繇百瀆入太湖，西合荆溪，南爲蠡河。梅村河北折通運河。

西九溪在宜興縣西，其中貫士於九里二河并汫浰潧。東合荆溪，西接白雲涇，入溧陽縣界。

新溪在宜興縣南興門外。

東瀉溪一名罨畫溪，亦名五雲溪，在宜興縣東。

忻溪在宜興縣東南，源出垂脚嶺，東北入太湖。

朋溪在宜興縣東北，即下張港之支流。

陽溪在宜興縣東北，源出陽山，東入太湖。

蓮花溪在宜興縣西，源出邛山，東接白雲涇。

爛路溪在宜興縣西，其北流至臨津前入塞溪。

沙塘港在宜興縣東，源出荆溪，東入太湖。

大浦在宜興縣東，南太湖之濱，一名太湖浦。

章浦在宜興縣西。又有滄浦，則在縣東。

餘皮潧一名餘皮湖，在宜興縣東，其南通横塘河，北入草塘瀆。

洴洌滱在宜興縣西，荆溪貫其中，西通白雲涇。

洋滱在宜興縣西，塞溪貫其中，號南、北洋滱，其北曰青魚蕩。

都滱在宜興縣西，其西通長塘湖，東接西莊湖，北入孟涇。

黄土滱一名白魚蕩，在宜興縣北，其南接運河，西北入滆湖。

百瀆在宜興縣東南七十五里，爲上瀆。　縣北六十里爲下瀆。　舊以荆溪名，居數郡下流，於太湖口疏爲百派，以分其勢，故曰百瀆。　又開横塘，袤四十里貫之，引荆溪，下震澤，入松江注諸海。　舊志載瀆名七十有二，宋治平開浚，止四十二，餘悉淤澱，今湮塞又多。　其出湖之口有二：谿東九至蜀山橋烏溪港東南五十瀆而出者，東南口也。　谿東九至横塘河、下洙沙塘港、分水墩東北五十瀆而出者，東北口也。

周瀆在宜興縣南，其東、西與荆溪接。

東湛瀆在宜興縣北，其南通運河，東入横塘。　又有西湛瀆，與此瀆接，并入運河。

黄瀆、樓公瀆并在宜興縣北。　又有草塘瀆，在縣東北，湫瀆在縣西北。

同渚、張渚并在宜興縣西南。　又有湖㳋渚在縣西，與張渚皆北入荆溪。

孟涇在宜興縣西北，唐時浚，以殺滆湖風濤之勢，其南入塞溪。

癸涇在宜興縣西，自洴洌滱入從善鄉。

鎮江府

揚子江一名京口，在府城北。其西接上流東注於海，北距廣陵郡郭，臨南岸，金、焦砥中流。郡境諸水，東南流者赴太湖，西北流者赴大江。

漕渠自江口至南水門，又南至丹陽吕城堰，水道所經大小夾岡，一在京峴南，一在丹陽北，其勢委曲周折，皆鑿山爲之。

府城内市河：一受城西諸山水匯爲澳，在今水西門外，合永安寺聖井泉，繇水西門經塘頹山後，至關門橋、小園橋，達京口港以入江。一發源真珠泉，繇鶴林門經西園橋，過道人橋分流。右折繇社壇至右軍寨，與澳水合。左折經皇祐橋、染皂橋、嘉泰橋、懷德橋、大圍橋，亦達京口港以入江。一繇清風橋側繇折橋、石礎橋，至朝真橋北流，與皇祐橋水合者，則漕渠之溢水。

新豐河舊名新豐塘，鄭河、杜墅河并在府城東南。又有寺河在府城南，海鮮河在京口閘外。

夢溪在府城朱方門外，蜃溪在子城下，自丹徒縣境流入金壇縣界。

鱔海港在府城通津門外，又西北爲京口港。

潤浦在府城東，隋置潤州，以此浦得名。又有徒兒浦。

下鼻浦在府城西，其北入江，其西曰樂亭浦。

甘露港在北固山下，界京口、甘露之間者曰新港。

丹徒鎮有東、西二港。

圌山有山北港，水北入於江。

歸水澳在中閘之東，長二百丈，水面闊狹不等，廣者五十丈，狹亦不下十丈，深丈有五尺。丹徒縣境之水，長江而外莫大於此。

護軍潭在丁角路傍。

寶堰河通茅山港，山水繇此而瀉。

油榨港南接江口，至東新開夾，西接裏腦洲，南至復原洲。

魯堰河東接萬頃洋，西至白土。

青培河東接金壇縣境，引水入丹徒縣界。　汊河、馬家澗、長山河，東接丹陽縣境，通水入丹徒縣界。

沙腰河、桃花、徐府、毛沙、孟家、朱家、何家、蕭家、李家、錢家、太平、東界、長生太廟、雙水洞、官沙十五港，并瀉水入大江。

丹陽縣有練湖，亦名練塘。　晉陳敏鑿，後塘時近湖居民築堤橫截一十四里，取湖下地作田，遂分上、下二湖。

丹陽縣市河，自練湖至西斗門，分流爲二。一經三里橋至灣頭，以達漕渠。一經仁智橋，至土地橋，亦達漕渠。

珥瀆河在丹陽縣南七里，俗呼七里河。自漕渠經珥瀆村入金壇縣界。

白鶴溪在丹陽縣東，南自縣之右荆城，通金壇縣，北入武進縣界。其分派曰丁義瀆，南折北行凡三十五里，灌溉民田甚普。又有吴塘，其半入金壇縣界。

簡瀆在丹陽縣南五里，相傳晉諶母元君擲簡於此。南唐置簡州，以此瀆得名，今俗呼瀆河。其東南曰相瀆。蕭港專在縣之東。又北有蕭塘港。

吕瀆河東入金壇縣，西通武進縣，灌溉農田，通利舟楫，并賴之。通九曲河曰蕭帝河，其水連大江，達漕渠。

長蕩湖亦名洮湖，在金壇縣南，周一百二十里，乃五湖之一。其水連震澤入松江，以達海。舊有八十浦口，後止存二十有七，今亦皆淤。

思湖在金壇縣南，東北受金溪水，西南流十二里，入大溪，又名白龍蕩。水之通此者曰唐王溪。稍南折爲直溪，皆受茅山水。谿東南併入長蕩湖。直溪南曰鮑蕩。

高湖在金壇縣西，周百餘頃，北受五中瀆，南流入大溪。

南謝塘、北謝塘、莞塘，并在金壇縣東南，東北有單塘。

古速瀆在金壇縣南，相傳陳朝散亢家居地，多沮澤。相水脈皆緣古速瀆淤壅爲災，率衆築堤，延衮十里，以便行者，而浚瀆以通洮湖，水患遂息。又有南洲瀆，縣西則有甓橋瀆，縣北則有北洲瀆。又有湖口瀆、直溪、建昌圩，水入運河之處，常易淤澱。

錢資蕩在金壇縣東南，連白龍蕩之東，西通南洲，南注速瀆入湖，灌田採漁兩利。

北渚瀆在金壇縣北，其北通運河，東入錢資蕩，又北曰柘蕩，河埂有新開蓄水灌田。

滕湘蕩介紫陽、西陽二渠之間，廣二百餘頃，民田藉以灌溉。

燕子港、下湯港、温瀆港，并在金壇縣東。方洛港在縣南錢資蕩通湖口，徐莊港在方洛港之下。新河港在湖溪之上，運河通湖，大浦口港在湖溪之下，包村港在湖溪之北，與大浦口相對。白石瀆在大浦口下，黄婆港在白石瀆下，清水瀆在黄婆〔瀆〕〔五〕下，後瀆在清水瀆下。

校勘記

〔一〕與出婁門第一横之水合　四庫本『合』字之下有『流』字。

〔二〕洪浪、泗港　據上文，此四字應作『洪泗、浪港』爲是。

〔三〕過青暘北止　『止』疑應是『上』字。

〔四〕長蕩河　據『鎮江府』文，『河』應作『湖』爲是。

〔五〕黄婆　據上下文『黄婆』下似當有『瀆』字。

吳中水利全書卷之五

水名

蘇郡七屬，水名備列兹卷。蓋蘇水最繁，不獨所轄州邑之多也。堰、栅、壩、閘附。

蘇州府

長洲縣

吳淞江　白蜆江（與吳江縣分界）　婁江　小龍江（與吳江縣分界）

漕湖（大半屬無錫縣）　陽城湖（沿東屬崑山縣）　相城湖　施澤湖

段澤湖　尚澤湖　沙湖（一名金沙湖）　馬尾湖　姚澄湖　葉澤湖

樊清湖　陳湖　清沼湖　王墓湖　朝天湖　太師湖

赭敦湖（一名蛟龍潭）　澮臺湖　瀆墅湖　尹山湖　蕭田湖

沔湖　陰澄湖

大白蕩　長蕩　黃埭蕩　三場蕩　白蕩　西白蕩
葑蕩　黃浦蕩　黃天蕩　西潭白蕩　張師田白蕩　太師白蕩
蔡家蕩　米白蕩　章練蕩　山場兜蕩　杭家白蕩　橫涇白蕩
南白蕩　陶家蕩　泖連白蕩　梁家匯蕩　東白蕩　生田白蕩
楊蕩　界涇蕩　沐莊蕩　界潭蕩　明慶蕩　旗莊蕩
周莊蕩　南朱蕩　沉龍八千巨蕩　蔓萊洲蕩　學蕩　葉舍蕩
青村蕩　草場兜蕩　野菱蕩　白茆灘蕩　橫涇蕩　界蕩
馬蕩
車坊漾　白漾　范清漾　小蕩漾
十字洋
金涇湙　彭湙
黃浦瀼
沙盆潭　葫蘆潭　鑊底潭　白龍潭　西龍潭　九龍潭
畢澤潭
獅子口　堰口　華浜口　北華浜口　蠡口
馬蕩灣　吴家灣　仁灣　九曲灣　許家灣　王家灣

北舍灣　湯家灣
野菱兜
下雉瀆　射瀆　大瀆　北横瀆　五瀆　横瀆
姚瀆　河瀆　烏瀆　涇瀆　漣瀆　直瀆
官瀆　麋瀆　邵瀆　上雉瀆　東大瀆　西大瀆
瓜瀆　徐瀆　小官瀆
阮澤
北濠　婁門城濠　葑門城濠
齊門東匯　齊門西匯　梁家匯　和尚田匯　張家港匯
西白渠　東白渠
蔓萊洲
魯班塘　虎丘山塘　竹青塘　新塘　雷門塘　平門塘
玄城塘　濟民塘　張巷塘　陸墓塘　渭涇塘　真武塘
南塘　葑門塘　元和塘　至和塘　古塘　王墓塘
鬱塘　楊巷塘　東塘　合塘　甫里塘　蠡塘
匠門塘　南斜塘　北斜塘　柳胥塘　高真塘　界涇塘

明正塘　楊枝塘　樂浦塘　章練塘　西塘　野塘
王浦　倉墩浦　百丈浦　西塘浦　官浦　青丘浦
張丫浦　界浦與崑山縣分界　闔閭浦　用直浦　西鴨浦
東鴨浦　孫妃浦　鮎魚寶浦　戴墟浦　管浦　暢浦
箭浦　大姚浦　席墟浦　直瀆浦　樂浦　浮阜浦
大流浦　唐浦　吟浦　噲浦　朱蠡浦　石家浦
進蓮浦　大影浦　小影浦　龍亭浦　盤龍浦　白涓浦
蕪菱浦　文浦　合利浦　野塘浦　五浦
夾浦與吳江縣分界　下浦　寶浦　陸浦　西官浦
合浦　東官浦
陽山河　杜莊橋河　竹青河　華山橋河　行車河　沈墅河
范蠡河　廟橋河　新塘河　永昌河　濟民河　錢賣女橋河
錢墩河　八字橋河　山塘河　吳莊河　三家村河　顧浦河
陸莊河　明正塘河　張墓司橋河　黃泥涇河　沉龍河　道院河
王家河　黃泥港河　旱涇河　靈官廟河　甘露橋河　壹沙河
雷塘河　周涇河　徐瀆河　鶯宿河　宋莊河　戰浦河

寺橋河
蠡塘河
和豐橋河
義塾河
東倉河
周莊河
大姚河
明慶河
鬼字河
曹家河
富安橋河
漾雲橋河
張家橋河
湯公橋河
黃石橋河
濟川橋河
莊港河
蓮射橋河
沈莊河
廣練橋河
吴遷橋河
徐公橋河
香花橋河
袁家橋河
夏孤孀橋河
大青河
車輪橋河
孫家橋河
顧涇河
甲裏河
鍾家橋河
蠡河
滸墅河
貴橋河
板橋河
遊鹿橋河
沈思橋河
白龍橋河
木楊橋河
長浜河
雙白橋河
張公舖橋河
新橋河
青石橋河
廟涇河
范家浜橋河
北弔橋河
南弔橋河
漁家橋河
百畝橋河
太平河
泖湖運河
摇車河
黃婆橋河
王天水橋河
通仙河
寶帶橋河
北馬路橋河
長涇河
南馬路橋河
開花橋河
鳳凰橋河
相城河
犂涇橋河
朱涇橋河
南胡涇橋河
席家橋河
黃路橋河
黃涇河
徐家橋河
金家橋河
南車橋河
安國橋河
涇瀆橋河
宋涇橋河
潘家橋河
徐瀆橋河
官涇河
三家橋河
井亭橋河
吕涇河
六和莊河
陳墓市河
思家河
張莊河
後橋河
東涇河
新涇河
北勝子橋河
南勝子橋河
胡匠橋河
陸家橋河
洞橋河

林涇港　夾浦港　李墓港　張巷港　魯巷港　五丫港
黃泥港　蘆涇港　北橫港　沈港　邢家港　何涇港
石家港　十字港　船料港　尚書港　白龍港　丘家港
右港　九曲港　中巷港　高圩港　王巷港　黃獅港
取港　陸墓港　陸萬港　卓塔港　莊港　蔡字港
蘇巷港　官涇港　三家村港　蓮子港　瓜涇港　蛇涇港
清水港　松庵港　陳家港　和尚港　唐村港　阮澤港
蔡家港　築塔港　鵝浦港　殷家港　雲龍港　周家港
張丫港　大方港　索邏港　方前港　吳巷港　查家港
出水港　鄧巷港　查巷港　劉通港　水東港　大豐港
陳巷港　廟涇港　趙莊港　曹涇港　橫港　丁家港
吳家港　西莊港　王家港　匠人港　北莊港　三篁子港
南莊港　長涇港　大澤港　錢家港　司馬港　史家港
顧村港　金巷港　黃涇港　金村港　合塘港　張林港
淩家港　浦家港　趙塔港　東暢港　西暢港　西水渠港
東浮阜港　東水渠港　北新漕港　暢浦港　西浮阜港　黃家港

刻清港　西阜港　新漕港　孫妃港　中塘港　回度港
塘村港　東浮港　東塘港　油蔴港　洪字港　張涇港
懸珠港　吴村港　金家港　斜塘港　陶浜港　西符家港
東符家港　惟操港　吴濃港　華家港　里巷港　龍墩港
陳涇港　城圩港　直港　江臨港　墳南港　南莊港
雞碑港　洪涇淤港　葑圩港　上壇港　何家港　華林港
陸山港　冠子圩港　王墓塘港　張家港　小浦港　耘田港
龍尖港　南油蔴港　北油蔴港　小涇港　田涇港　歸家港
東邵港　西邵港　菴橋港　急水港　姚家港　曹家港
紅廟港　姚澄港　北舍灣港　解涇港　大斜港　南沙港
西蔡港　小龍港　南舍港　東蔡港　許家港　長牽港
上清港　馬塔港　五巷港　石墩港　文浦港　磧沙港
林禁涇港　管村港　執洞港　楊涇港　行涇港　杜實港
彭村港　崇福港　田灣港　泖塔港　伍浦港　湯油港
東白渠港　張基港　西白渠港　七里港　徐村港　桃花港
湯莊港　邵塔港　中圩港　李家港　尤家港　張墓港

長浜港
盛港
袁家港
朱家港
錦帆涇
姚黃涇
福馱涇
瓜山涇
秋波涇
柴狗涇
箭缺涇
北涇
顧巷涇
鯉魚涇
五溇涇
王莊涇

下浦港
馬巷港
馬港
吴家灣港
猛將涇
趙王涇
朱涇
伍巷涇
顧市涇
苗王涇
後源涇
五瀆涇
黃瀆涇
旱涇
方橋涇
湯巷涇

吴家港
水西港
高店港
馮遥港
芙蓉涇
界涇
新涇
濮家涇
神堂涇
箭瀆涇
瞿莊涇
薛市涇
金涇
陸墅涇
洞涇
沙黃婆涇

六浦港
北深港
高田港
百丈港
野猫涇
管山涇
東涇
蓮子涇
趧涇
榆樹涇
吴斯涇
柿木涇
北金涇
崇河涇
孫家涇
鯮魚涇

郭巷港
陸家港
杜倉港
上篁港
陽山涇
顧家涇
毛巷涇
蔣巷涇
西榆樹涇
唐巷涇
前源涇
廟涇
黃涇
范蠡涇
蕭涇
姚瀆涇

楊柳港
九盛港
壁山港
甑山涇
波深涇
張市涇
福瀆涇
沔涇
瓜瀆涇
上涇
南涇
菖蒲涇
何瀆涇
向家涇
半塘涇

河瀆涇　洋湖涇　烏瀆涇　顧涇　許涇　廟堂涇
千步涇　冶長涇　南薛涇　北薛涇　烏土涇　渭涇
戚家涇　波涇　北横涇　横宅涇　顧思涇　上方涇
流潭涇　楸浦涇　薛宅涇　郁涇　皮涇　普涇
莊涇　湖涇　南胡涇　永昌涇　渭薛涇　小莊涇
石獅涇　石巷涇　秦涇　宋涇　蒔涇　平天涇
何涇　管家涇　犂涇　景山涇　杜莊涇　黄湓涇
蘇宅涇　施家涇　尚書涇　馬蕭涇　下洋涇　上洋涇
石巷涇　洋涇　朱家涇　黄落涇　沈禄涇　釣魚涇
太平涇　沈思涇　上楊涇　下楊涇　楊涇　黄泥涇
泥橋涇　夾鲇涇　分鄉涇　蠡瀆涇　趙墓涇　南屑涇
練奴涇　白土涇　連瀆涇　吕涇　徐奴涇　褚涇
李涇　思賢涇　堵墓涇　吴絲涇　流渭涇　羅壩涇
王巷涇　唯亭涇　官涇　穿心涇　浦塘涇　蛇涇
方巷涇　横涇　歸家涇　周涇　陸墓涇　東陸涇
朱巷涇　褚墓涇　漕涇　護門涇　暢浦涇　許馬涇

方涇　六市涇　西黄阡涇　西華涇　闞墓涇　陳涇　潭涇　彌陀涇　夏墓涇　上壇涇　東廟涇　百丈涇　呼鯉涇　角里浜　廟涇浜　珍珠浜

楊澄涇　莊家涇　南蕭涇　西湧涇　和豐涇　居涇　龍尖涇　樊涇　小涇　朱巷涇　瓦礫涇　絞車涇　薪涇　王莊浜　雙橋浜　向家浜

失河涇　曹家涇　吴泉涇　張涇　田涇　南楊涇　瓦子涇　十里涇　鮮涇　林禁涇　瓜涇　車輪涇　白蓮涇　韓家浜　潘家浜　黄泥浜

埡泥涇　廟丫涇　杜襟涇　吴涇　東陸涇　陳司涇　猫兒涇　官塘涇　送書涇　陳墓涇　龐莊涇　邵瀆涇　張家浜　東窑浜　湯家浜

碗連涇　北蕭涇　蜈蚣涇　蘆涇　白練涇　王村涇　王老涇　西陸涇　篘葉涇　行涇　張墓涇　採蓮涇　王巷浜　滿家浜　王賈浜

司馬涇　東黄阡涇　陸涇　盧福涇　羅家涇　東楊涇　張家涇　中陸涇　長涇　西廟涇　馮墓涇　高田涇　土橋浜　胡家浜　吉慶浜

莊家浜　黄家浜　童家浜　福馱浜　薛家浜　改涇浜
界涇浜　呂敏浜　銀魚浜　沈巷浜　陳家浜　冶坊浜
蔣巷浜　横涇浜　濮家浜　俞巷浜　旱涇浜　蔣家浜
西車浜　大安浜　許涇浜　邢家浜　波涇浜　船料浜
冰窨浜　謝河浜　石巷浜　張浜　謝澤浜　私庵浜
鑊鈀浜　陶家浜　倪家浜　朱陸浜　蓮子浜　周巷浜
胥家浜　沈家浜　崑山浜　五文浜　蘆青浜　范家浜
曹家浜　胡店浜　西涇浜　沈涇浜　夾裏浜　萬圩浜
嚴家浜　唐家浜　沈家橋浜　塔影浜　石家浜　龍橋浜
徐家浜　後浜　管家浜　斜河浜　流浜　花家浜
斜澤浜　長浜　趙家浜　雙漕浜　南浜　西浜
王家浜　顧家浜　出水浜　直浜　傅家浜　楊庵浜
車水浜　吴家浜　前浜　焦國浜
東龍漊　西龍漊　水漊　官漊　黄泥漊　新涇漊
水渠漊　直漊　龍漊　官材漊　涇小漊
蓮子池

沙灘澗　白馬澗

莊葛沙

白泖灘

元墩　龍墩　羣姬墩　貞姬墩　望盡墩

龍尖嘴　湖灘嘴　戈家嘴　和尚田匯嘴　張家港匯嘴

分水堰　李墓堰　底堰　南堰　官塘堰

陸涇壩　羅壩　上楊壩　沙河壩

吴縣

太湖　菱湖　莫湖　貢湖　游湖　石湖

洋湖　胥湖

鮎魚口　胥口

胥江

黄山南蕩　小家蕩　河橋蕩　蘆蕩　開家蕩

彭山崦　黄山崦　古沙崦

大瀆　直瀆　管瀆　花瀆　木瀆　井亭瀆

韓瀆　仙瀆　西菱瀆　東菱瀆

南濠

轉匯　詹家匯

西華塘　前塘　横塘　龍塘　仙人塘　興福塘

興橋塘　走馬塘　胥塘　福蓮塘　鱟塘　東塘

西塘　北塘　張家塘　南宫塘　中塘　跨塘

走狗塘　新塘　石馬塘　光福官塘　下沙塘　尤家塘

白門塘　浦莊塘　後塘　山塘　横金塘　黄蘆塘

朱塘

吕浦

穹窿渠

短橋河　新塘橋河　葛莊河　馮村河　里墅河　廟涇河即落星河

新郭河　急水橋河　張公橋河　懷胥橋河　謝塢河　王家橋河

新塘河　五龍橋河　九曲河　潘家橋河　西凉橋河　前莊橋河

後莊橋河　木履橋河　搠船橋河　潭宅橋河　莊家河　張家河

朱潭橋河　越城橋河　行春橋河　鱟塘河　雁橋河　慶星河

仙人橋河　高水橋河　永福橋河　金家河　中塘河　山塘河
金涇河　五泉河　萬河　壽寧河　馬莊河　劉莊河
朱塘河　洞涇橋河　小石灰橋河　永安橋河　古截河　陸巷河
齊興河　浮橋河　半塘橋河　鍾塔河　司馬橋河　孫莊河
沈家河　莊橋河　東洋河　東皐河　下袁河　披塘橋河
横河　東塘河　西塘河　浦莊塘河　北塘河　張墩橋河
河橋河　觀音橋河　徐莊橋河　陸路橋河　往代橋河　上澤橋河
不了橋河　安濟橋河　吴家橋河　斜漊橋河　聞德橋河　馬舗橋河
鳳凰橋河　江村橋河　楓橋河　東虹橋河　西新橋河　孫家橋河
紫涇河　三遷河　外河　沙河　猪婆橋河　白蓮橋河
范家橋河　下洲橋河　星涇河　善人橋河　斜橋河　馬巷官橋河
張市官橋河　積善橋河　永安橋河　葛舍橋河　虎山橋河　銅阬橋河
跨塘橋河　萬湖橋河　東雙橋河　西雙橋河　旱涇橋河　沙涇橋河
彩雲橋河　新橋河　井亭橋河　馬莊廟河　史家橋河　南橋河
北橋河　中石橋河　木瀆大河　胭脂橋河　醋坊橋河　東橋河
西橋河　石灰橋河　王家橋河　下沙河　何家橋河　剪涇河

胡家橋河	方家橋河	嘓叭橋河	東木涇河	張家河	朱家河
菱蕩橋河	塘門橋河	南宫塘河	姚舍橋河	曹沿橋河	周山橋河
沙潭橋河	吕浦橋河	前塘橋河	後塘橋河	雙木橋河	作油橋河
陳家橋河	高木橋河	塘灣橋河	馬港橋河	吴凡橋河	李家橋河
江家橋河	王象橋河	唐家橋河	駕安橋河	席家橋河	横山橋河
龍塘橋河	東塘河	石莊橋河	田橋河	雲龍橋河	陳湖橋河
下龍塘橋河	長巷橋河	望湖橋河	市千橋河	新橋港河	土泥橋河
寺橋河	常山橋河	東馬橋河	朱家橋河	南涇河	三洋河
萬安橋河	韓家橋河	塘橋河	吕超橋河	太平橋河	查家橋河
大河橋河	仙瀆橋河	合掌橋河	郁家河	渡水橋河	新開河
張家塘河	香涇橋河				
官涇港	濮舍港	姚市港	朱莊港	少卿港	韓瀆港
木履港	白羊灣港	陸巷港	許家港	張墩港	毛祁港
花瀆港	横港	槍港	邵巷港	陸家港	横金港
皮塘港	河橋港	錢婆港	横涇港	北舍港	石澗港
五泉港	許巷港	慈涇港	里墅港	東朱港	常山港

馬舍港　新涇港　黃墅橋港　寒瀆港　張莊港　楊家橋港

白沙港　香山港　游湖港　隋舍港　塘橋港

投龍潭在包山東浛　謝塢潭　大潭　朱潭　沙潭

百花州　下州

小峴溪　香水溪　越來溪　蓮溪　烏角溪　橫金溪

錦帆涇　朱涇　彭涇　殳涇　普安涇　徐婆涇

管瀆涇　魯都涇　水菱涇　東涇　桃花涇　沙泥涇

箭溪涇　竈涇　中洋河涇　水陸涇　前婁涇　旱涇

老鴉涇　直進涇　楊河涇　採蓮涇　三子涇　鬼涇

胥涇即懷胥橋河　居涇　洞涇與長洲縣分界　鳳凰涇

白蓮涇　官涇　長山涇　馬舍涇　西涇　璽涇

直瀆涇　洋湖涇　石家涇　黃龍涇　顧漊涇　蒲蔞涇

新涇　胡涇　周涇　彭涇　王古涇　橫涇

南塘涇　楓木涇　楊沙涇　楊木涇　牛車涇　墩上涇

陳家涇　顧家涇　梅梁涇　蒯家涇　大瀆涇　白馬涇

胡家涇　黃泥涇　沈家涇　黃家涇　分水涇　棗木涇

新豐涇　土堰涇　陸漊涇　溪橋涇　黄龍涇　後巷浜涇
龍塘涇　巷涇　史巷涇　萬人涇　上沙涇　落星涇
東沙涇　許巷涇　剪涇　金涇　寺涇　馬涇
白塔涇　雙涇　廟涇　張師涇　歸涇　江家涇
游湖涇　趙庵涇　菖蒲涇　彩雲涇　萬河涇　吴齋涇
翁婁涇
五丫义浜　成家浜　劉家浜　滸溪倉東浜　蔣垛浜　常舍浜
吴山浜　薛家灣浜　石頭浜　後徐浜　王港浜　尚書浜
戴林浜　龍衣浜　畫船浜　郭家浜　陸家浜　戴公浜
茅塔浜　丘家浜　費家浜　莊家浜　莊前浜　趙家浜
蔣公浜　陸巷浜　陳巷浜　蘆青浜　石馬浜　沈家浜
過路浜　薛家浜　鮮魚浜　丘巷浜　胡涇浜　徐墟浜
陶巷浜　曹家浜　周家浜　上家浜　葉巷浜　後巷浜
范家浜　龍塘浜　朱莊浜　大市浜　唐浜　支家浜
吴宅浜　急水浜　黄家浜　徐家浜　道堂浜　年家浜
西涇浜　金家浜　北莊浜　北溝浜　西橋浜　顧巷浜

魚道浜　太平浜　胡涇浜　旱涇浜　渡船浜　雙涇浜
張巷浜　陸店浜　張家浜　費莊浜　陳浜　塘坊浜
雁塘浜　先生浜　蘆涇浜　東戽水浜　西戽水浜　東虹橋浜
王家浜　曹家浜　施家浜　王安浜　歸涇浜　姚家浜
王埭浜　馬莊浜　觀音浜　火燒浜　壐涇浜　仙橋浜
雞墩浜　顧墅浜　婁莊浜　芙蓉浜　上洙浜　柴巷浜
徐婆浜　烏涇浜　薛家浜　潭涇浜　木行浜　莊東浜
莊西浜　寺基浜　白塔橋浜　橫浜　澗浜　青草浜
姜家浜　煉墟浜　長浜　狀元浜　引線浜　蘇家浜
葉家浜　窑頭浜　徐姑浜　張水浜　顧家浜　蒯家浜
琵琶浜　蘆菲浜　華四浜　盛家浜　石家浜　七婆浜
方家浜　寺橋浜　廟浜　庵浜　于港浜　寮里浜
辭橋浜　鳳凰浜　大墩浜　湯家浜　馬家浜　巷涇浜
楊郎浜　吴庵浜　店橋浜　馬涇浜　何家浜　周賢浜
蝦蟆浜　斷浜　山橋浜　梅社浜　駕安東浜　魚船浜
大慈村浜　市岸浜　鍾瀆浜　橫木浜　太平浜　田雞浜

石帆浜　新城浜　廣利橋浜　石塘浜　袁家浜　楊家浜
劉莊浜　詹家浜　黄蘆浜　澗橋浜　和尚浜
穹窿三閘
法雨泉
飲馬池　鳳凰池　東龍池　西龍池　白家池
東湖灘
澗溝　北溝
菱湖嘴
黄洋灣　白洋灣與吴江縣合界　游湖灣　金灣
夏家灣俗呼長船灣　塘灣　吴灣　查灣　黄楊灣
消夏灣
釣橋洪
龍船渚　摩尖渚
金魚澗
郁舍漊　顧漊　陸漊　莫舍漊
上沙　東沙

荷堰　撈橋堰

吴江縣

太湖　沈張湖　鱻澤湖　東湖　掘城湖

寶蘇湖一名沙港

戚家湖　鶯脰湖　唐家湖　雪湖　禊袴湖　笑面湖

蕭湖　姚城湖與長州縣分界　謝澤湖　葉澤湖　南新湖

尚湖　龐山湖　南湖　新湖　菱湖

同里湖一名黎湖

囤村湖　九里湖　後村湖　花園湖　汾湖　金村湖

茆塔田湖

梅堰

蔡家蕩　周勝蕩　東西骨塔蕩　白洋蕩　雷墩蕩　潘家蕩

盛家蕩　汪鸁蕩　東莊蕩　包家蕩　陸家蕩　蒲蕩

草蕩　春杵蕩　西窵蕩　東窵蕩　周家蕩　西草蕩

大龍蕩　長蕩　祥雞蕩　鬼頭蕩　大瓊蕩　塌家田蕩

方蕩　郎中蕩　盛澤蕩　白馬寺後蕩　下沙蕩　清水廟蕩
金家蕩　蔣家蕩　南涇蕩　莊灣蕩　計家蕩　北角蕩
楊家蕩　覽橋蕩　後長蕩　大平蕩　小平蕩　將軍蕩
莊前蕩　前村蕩　五架蕩　大月蕩　楊蘇蕩　西茫蕩
大渠蕩　東古蕩　氷印蕩　洪蕩　連蕩　石底蕩
天荒蕩　荼澤蕩　蓴菜蕩　薛家蕩　朱家蕩　府字蕩
葉舍蕩　朱長蕩　田蠶蕩　張王蕩　奉先蕩　師娘蕩
長臣蕩　盤陀蕩　西陽蕩　東陽蕩　荷花蕩　小月蕩
雙絲蕩　濮家蕩　姚蕩　三白蕩　胡家蕩　徐王蕩
後長蕩　墳前蕩　木庵蕩　三角蕩　玄鶴蕩　南莊蕩
凉傘蕩　龍眼蕩　宗家蕩　糊塗蕩　荳腐蕩　八門蕩
黿蕩　楊扇蕩　泥潭蕩　六百畝蕩　女兒蕩　廊廟蕩
李婆蕩　桂枝蕩　南戴蕩　昃開蕩　東長蕩　蚌殼蕩
長白蕩　楊墳蕩一名王墳　孫家蕩　江澤蕩　楊盧蕩
沅蕩　殷家蕩　張清蕩　夾泖蕩　周莊蕩　羊沙蕩
竹橋蕩　徐楊灣蕩　毛塔田蕩　黃山蕩

潭子裏
虞家漾 白田漾 劉家後漾 西漾 塘網漾 蔣家漾
斜尖漾 稽五漾 金花漾 劖船漾 長灘漾 曹家漾
南新漾 和尚漾 鉢頭漾 徐家漾 迮家漾 白花漾
八字漾 丁家漾 三廟址漾 南麻漾 北麻漾 唐白漾
長漾 馬耳漾 翁周漾 小子漾 石宵漾
壇丘四十畝漾 前長漾 桃花漾 青頭漾 長田漾 茶家漾
石礫漾 木瓜漾 月灣漾 水月漾 破鑼漾 潘家漾
烏龜漾 杜公漾 骷髏漾 雪落漾 劉家漾 鞋皮漾
八里漾 西跳板漾 東跳板漾 康家漾 西黎漾 李公漾
徐家漾 湯家漾 翁涇漾 謝家漾 車輗漾 翁漾
坍闕口 倒闕口 南津口 三江口 鮎魚口 新浜口
古塘口
劉家池 包家池 轉船池
淮南水柵 八柵
白蜆江與長洲縣分界 松江即吴淞江 小龍江與長洲縣分界

仙人坑　楊沙坑

西楊匯　葉家匯　王家匯　上匯　馬家匯

茶花衖　蕭田衖　清水衖

直瀆　溝瀆

黄家壩　安塨壩　石壩

青魚涀　禦兒涀

黎川即黎里市河　同川　會川

西天荒　東天荒

横古塘　後練塘　荻塘　東古塘　莊練塘　浦塘

西步塘　鬣塘　土塘　石塘　西塘　嶺塘

八斥塘　九里石塘　菱塘　横草塘　西古塘　祈塘

古塘

船兒扇

葫蘆兜與華亭縣分界　焦牙兜　白渠兜　雙沙兜　蕁菜兜

春杵洋　吴家洋　白洋

雷墩　勝墩舊名盛墩　牛毛墩　分水墩　梅墩

馬路河　清池河　新橋河　長明河　顧莊河　沙後興河
雙揚河　新興河　通泰河一名觀音河　曲橋河　張灣河
范蠡河　張鴨河　東長河　西斗河　九曲河　衆安河
朱家河　囤皮河　祈塘河　中濟河　東濟河　西濟河
聞店橋河　泄水橋河　大通橋河　百星橋河　下湖橋河　安涇橋河
三里橋河　張橋河　東城河　前河　中河　後河
北城河　南倉河　書院前河　北倉河　廣運橋河　北塘河
縣前河　倉橋河　掘城河　梅堰河
賀家灘　平沙灘　官場灘　野雞灘　釣雪灘　南灘
北灘
黃家灣　洪字灣　吴灣　譚公灣　三陳灣　睡龍灣
秦家灣　吴江路灣　白蕩灣　江家灣　任家灣　徐家灣
龐山灣　西葉灣　葛家灣　梅花灣　吴沙灣　白洋灣
徐楊灣　田上灣　莊灣　舍灣　仲家灣
石里後港　糞船港　廟港　梅里港　五方港　湖墓港
西港　吴家港　中潊港　南潊港　沈家港　龐家港

陸家港　小清港　唐家港　南舍港　南仁港　牛家港
南富畝港　北富畝港　槐家港　雙林港　薛埠港　西丁字港
南路字港　薛家港　方港　張港　葉港　曹家港
蔣家港　丁家港　五界亭港　雙石橋港　荳腐港　西丘廟港
更樓港　撈蕪港　小楊港　王家溪港　徐楊港　五齊港
東吴家港　西吴家港　張家港　大廟港　郎家港　新開港
湯家扇港　廟橋亭港　烏梅港　環聯港　鷺鷥港　時家港
羅家港　練樹港　麥家港　鴉鵲港　趙家港　白浦港
破車港　百婆亭港　打鐵港　西朱家港　東朱家港　葉家港
張其港　甘泉港　潘其港　戧洪港　西潘奇港　東潘奇港
西鬼字港　方港　茅柴港　馬墓港　烏橋港　楊家港
黄沙港　上横港　新涇港　孫田港　虞八港　夜字港
兩字港　鬣櫃港　黄家港　盧家港　古漊港　駟馬橋港
曹村橋港　蠡思橋港　清凉港　邵家港　渡船港　匠人港
陶家港　清隱寺港　賣香港　秀才港　水家港　吴橋港
章澳港　湯家港　蔣港　八棚港　嚴墓港　魴皮港

徐田港
九曲港
後塘港
航船港
應天寺港
普庵港
蒯家港
朱行港
十字港
穿雞港
西清橋港
行孝港
集賢港
龍涇港
山家廟港
壩頭港
西勝港
東勝港
麪杖港
安塍壩港
西楊匯港
大涇港
漆匠港
宴花莊港
胡家港
奉先港
莊前港
團旗港
永樂港
西洋港
東洋港
斐家港
新路橋港
斜路橋港
奉先橋港
三里橋港
百步港
西吳橋港
東吳橋港
衆安橋港
吾灣橋港
百花橋港
桃花港
宋家港
諸家橋港
六里橋港
烏橋港
囤皮港
祁塘港
中濟港
東濟港
西古塘港
東古塘港
南園港
陳思港
南盛港
北盛港
三家港
烏鵲港
破鑼港
圓明寺港
六家澤港
白蕩港
南龔港
急水溪港
白龍港
石撞港
涇門港
烏港
榆樹港
東仁港
里橋港
三家村港
安德龍港
陳林港
前姚港
大中港
下姚港
六里港
上沇港
下涇港
雙里港
莊塔港
西青龍港
南蕭港
謝天港
鉢頭港
殺人港
盛家港
中三橋港
路字港
磨東港
大其港
東溪港
莊橋港
楊橋港

排涇港　積善橋港　上匯橋港　無名港　南六里港　翁家港
石灰窑港　興平橋港　徐洪港　花園港　北斗港　東陵港
西陵港　大洛港　穿心港　陳思港　曲尺港　張金港
轉路夾港　徐橋港　尤家港　北洋港　大港　府字港
茶澤港　丘家港　來秀港　沈家扇港　小油車輾港　廟港
横港　大樹下港　高字港　通窑港　莊家圩港　大塔港
趙田港　許田港　南傳港　耘田港　東張港　鹽田港
陸家橋港　王家匯港　八埠港　姚家港　槐字港　横涇港
徐婆港　廟漕港　楊樹港　菱塘港　蘇家港　南楊港
丘娘子港　周涇港　葉舍港　楊家田港　黄沙港　上横港
新涇港　後浜港　百里橋港　馬家港　柳字港　爲字港
梟腰港　下胡橋港　梅墩港　周莊港　青石莊港　西浦港
同字港　高家港　牌田港　南尤港　安德橋港　上舍港
直下港　北印港　雙里港　蕭莊港　北舍港　舍灣港
姚灣港　新莊港　東莊港　仲家灣港　長葑港　木庵港
楊莧港　莊家港　西朱港　西塘港　錢家港　大浦港

急水港　何家港　賣魚港　壇角港　翁家港　南河港
北河港　和尚港　直絡港　前朱村港　王家港　廟涇港
長浜港　千步涇港　翁涇港　南石橋港　北石橋港　袁家港
菜園港　莊嵩港　北政港　鍾家港　錫作港　箍桶港
大齊港　石鐵港　黑龍田港　長巨港　官田港　唐家港
飯籮港　永福寺港　施家港　牛腸涇港　任家灣港　西潘港
江澤港　墩頭港　盧里港　沈舍港　蛇埰港　東勝港
太平港　萬家港　北朱港　東長港　翁家港　涇塘港
梅家港　戴家港　八十畝港　沈張港　頭溪港　西雲港
白龍橋港　沈家港　徹浦橋港　十字港　方尖港　東塘港
西濠港　樊家港　曹家港　糠鶴橋港　大葉港　繂橋港
龍家港　西小葉港　東小葉港　楊家港　前湖港　井亭港
西居港　謝寮港　塔庵港　通濟港即西津　北雲港　宋墓港
升平港　廣仁橋港　大通港　南柵港　何家港　長板橋港
東柵港　盧家港　下東港　東舍港　薛塔港　池家港
花光港　囤村港　沐莊港　西操港　東珊港　羅田港

韓家港　新河港　王塔港　姚路港　孫家長港　直港
蕭莊港　北尹港　陸巷港　龍溪橋港　賣鹽港　張墓港
烏埠港　西渠港　牛腰涇港　大姚渠港　吴思港　七里港
沈田港　新港一名深港　洪漕港　徐家港　南柳胥港　北柳胥港
茅柴港　瓜涇港　姚家莊港　邵巷港一名邵昂
顧家草
鴬歇梁
南莘塔　北莘塔　張塔　王塔
通浦　白浦　夾浦　大浦　徹浦　烏浦
韭溪　浲溪一作降　賦溪　曹溪　蒜溪　爛溪
西溪　麻溪　東溪　車溪　黄家溪　穆和溪
急水溪　後溪　前溪　金涇溪　小溪白泥可塗壁
何家溪　越來溪與吴縣分界　王家溪　合溪　桃溪
穆溪
吴家涇　新涇　横涇　黄沙涇　戴龍涇　山家廟涇
荒浦涇　大涇　牛長涇　王江涇　黎涇　曹龍涇

鴨欄涇　東西龍涇　牛尾涇　巴涇　廟涇　千步涇

翁涇　牛場涇　新開涇　張仙涇　古涇　大乂錢家涇

牛腰涇　烏埠涇　市涇　排涇　南涇　八十畝涇

長涇　龍涇　下涇　金涇　周涇

雪落洪　戧洪　徐洪

杓頭潭　鬼頭潭　蜘蛛潭　殷家潭　泥潭　滉潭

邵婆潭　顧家潭　槐婆潭

江漕路　茭草路　横草路　翁思路　夾馬路　馬家路

義家路　龍拖路　站船路　灣轉路

水花園

大渠　白渠　西渠　大姚渠　金㲊腰渠　鶱宿渠

潛龍渠　徐家渠

東濠　中濠　西濠　長涇濠

震澤　蠡澤　盛澤　謝澤　江澤　茶澤

葉澤

洪漕　廟漕

馬家浜　後浜　施家浜　秦家浜　傅浜　長浜
涀潭浜　道院浜　蕭家浜　穿心站船浜　里巷浜　龔家浜
旱浜　師姑浜　朱虎浜　楊家浜　石家浜　吴家浜
水清浜　鑾子浜　東岳浜　長浜與嘉善縣分界　曹家浜
洗馬浜　陳公浜　龐家浜　白米浜　大脚浜　謝寮浜
沈家浜　墖庵浜　施浜　金思浜　宋家浜　錢家浜
馬庵浜　八圖浜　牽婆浜　長板橋浜　五爪黑龍浜　張墖浜
烏浦浜　方娘浜　冷家浜　私姑浜　楊巷浜　北河浜
潭子裏浜　新浜　楊池浜　張家浜　筆管浜
鐵家漊　吴漊　楊家漊　莫舍漊一名綺川

常熟縣

昆承湖　尚湖　虞湖湮廢　澄湖　馬涇湖湮廢
官蕩　白蕩　華蕩　陳蕩　張泗蕩　洋蕩
大蕩　皇天蕩　草蕩　長蕩　藕蕩　白米蕩
佳菱蕩　陶蕩　西陶蕩　王巷蕩　宣家蕩　雁蕩

白茆塘　元和塘　鹽鐵塘　梅李塘　福山塘　海洋塘
馬廠塘　大坐塘　花板塘　石墩塘　朗城塘　湖漕塘
壽安塘　任陽直塘　耿涇塘　漕頭塘　屈塘　夏塘
鵝城塘　福千塘　南李墓塘　妙涇塘　魏涇塘　張巷塘
徐瀝塘　張亳塘　李墓塘　大和塘　張墓塘　楊尖塘
山塘　湖橋塘　冶塘　風調塘　羅墩塘　橫塘
泰和塘　陳塘　東塘　官禄塘　石塘　東墅塘
徐塘　楊木塘　沈沿塘　河陽塘　浪澄塘　新塘
九淛塘　西港口塘　嚴塘　讓塘　蔡塘　水北塘
志塘　謝莊塘　北新塘　南新塘　馬巷塘　趙公塘
山東塘　蔡舍塘　常蜞塘　積善塘　東橫塘　西橫塘
鴨囤塘　蓮塘　雉塘　仲橋塘　李埭塘　北橫塘
顧新塘　長壽塘　中沙塘　溢上塘　黃尚塘　石羅塘
仙人塘　筭村塘　哮塘　竺塘　景墅塘　東九淛塘
車陽塘　朱堰塘　下塘　東洋塘　陸巷塘　季塘
寺莊塘　洋塘　丫塘　里睦塘　時莊塘　送塘

白艾塘　舊白茆塘　沙營塘　横瀝塘　前横瀝塘　藻菜塘
東横瀝塘　瞿舍塘　蘆瀝塘　瞿涇塘　七浦塘　斜塘
東赤沙塘　吴塘　西赤沙塘　下横塘　上横塘　西斜塘
南斜塘　毛沙塘　南吴塘　萬段塘　南横塘　吴浦塘
支塘　南鹽鐵塘　北鹽鐵塘　宛山塘　潭塘　水西塘
錢莊塘　青魚塘　新安塘　鏌門塘　吴塔塘　斜橋塘
戈莊塘　濟民塘　湖塘　中潭塘　大潭塘　小潭塘
徐涇塘　衛涇塘　時涇塘　張港塘　顧涇塘　五衢塘
丁涇塘　高浦塘　伏虎塘　西哮塘　車塘　東哮塘
六里塘　練塘　仁塘　香塘
滸浦　黄泗浦　三丈浦　青墩浦　七鴉浦　黄浦
谷瀆浦　大錢浦　野兒浦　上閘浦　成象浦　許浦
大陳浦　北浦　金涇浦　蓮涇浦　鐺脚浦　陸和浦
吴浦　上匣浦　下匣浦　安兒浦　滵湖浦　船場浦
東横浦　奚浦　横浦　南雉浦　陳浦　小陳浦
蘆浦　崔浦　瓦浦　徐陸浦　高浦　唐浦

鰻魚浦　蔡浦　沙營浦即蓮涇浦　石幢浦　陶涇浦
東陸浦　新莊浦
城内琴河　内城河　舊城河　袁家河　白蕩河　道林河
沙堰河　馬墅河　石穽河　黃存河　楊尖河　鳳凰河
邵婆河　黃莊河　江陰界河　洞瀆河　山河　支河
福山堡内河　灌河　横河　月河　閘河　新河
雲河　新開河　十字河　南稍河　一字河　轉河
爛甲河　繆家閘河　楊家閘河　徐家閘河　莫城河　黃澗河
城河　練墩河　沈家河　倉河　界河　小斜橋河
南城河　斜橋河　夾河　許太圩河　穿心河　長蕩河
龍腰河　陶段河　周郎河　羅家尖河　下舍河　小橋河
鬬龍河　張潮河　丫歡河　花黎河　黃梅雨河　東村河
廟橋河　墓瀆河　黃涇河
白茆港　浪港　淍瀆港　小山港　東十字港　西十字港
陳大港　惠洞涇港　落星港　陸涇港　谷瀆港　市莊港
練村港　田溝前港　七星橋港　湖橋港　洞港　泄水港

金家港　拂水港　十字港　寶嚴港　馬婆港　蔣家港
丁家港　後港　洋龍港　烏沙港　新莊港　黃巷港
萬家港　西洋港　橫港　劉巷港　鵝城港　李巷港
雉浦港　清水港　西港　三丫港　鱔遊港　南港
北港　黃沙港　矮港　高家港　鐺脚港　陸河港
徐家港　沿河港　前港　南前港　顏港　廟港
南雉浦港　村心港　大港　斜橋港　顧家港　平墅港
營巷港　周家港　銅港
官莊匯　華匯
南橫瀝　徐瀝　前橫瀝　烏頭瀝　蘆瀝　橫瀝
沙瀝
雙漕　野兒漕　油漕　尤漕　湖漕　寺漕
淇漕　汓漕　祁漕
洪涇　渭洞涇　西涇　鸛涇　雙涇　小涇
小洋子涇　山塘涇　界涇與江陰縣分界　長涇　北斗涇
黃鶯涇　李明涇　宋陸涇　蔡浦界涇　陸明涇　葉涇

周長涇　塘茜塘　鰲魚涇　安陸涇　丁涇　黃祿涇
方陸涇　落星涇　西婁涇　通洋涇　莫城涇　虎丘涇
五丫涇　香山涇　莊涇　張巷涇　懸涇　柴涇
項涇　洞港涇　瓦漊涇　妙涇　黃墓涇　堰涇
衛涇　黃泥涇　黃涇　舍涇　菱涇　黃土涇
蔣涇　七萬涇　李田涇　腰涇　趙家涇　時涇
新涇　廟涇　荒涇　大涇　晏涇　韋涇
朱章涇　蘆涇　分鄉涇　漁梁涇　張庵涇　麪杖涇
五曹涇　楊家涇　任家涇　耿步涇　馬路涇　沙瀝涇
中涇　河涇　東長涇　西長涇　高仙涇　茅長涇
吳六涇　仙鶴涇　千步涇　王家涇　徐孔涇　匾涇
張涇　千岡門涇　顧全涇　千門涇　管夫涇　鄧家涇
羅夢涇　章家涇　西瞿家涇　包家涇　瞿家涇　祝家涇
桑墩涇　東洋涇　小匽涇　楊樹涇　蘿蔔涇　蔡巷涇
劉巷涇　淘沙涇　濤黃涇　窑竈涇　俸涇　張高涇
周涇　朱游涇　甘涇　趙涇　耿涇　蘇家涇

深涇　黃緑涇　橫涇　吳涇　洋涇　洋溝涇
嚴涇　陵涇　安樂涇　灌涇　曹橋涇　橫瀝涇
王閔涇　甘泉涇　張滔涇　花艷涇　北沙涇　徐涇
螞蝗涇　顧涇　新涇　陶涇　白涿涇　屈塘涇
油車涇　龍尖嘴涇　鰻鱺涇　鵝腸涇　章涇　湖涇
瞿舍涇　朱涇　沈洞涇　網江涇　潮涇　淘洞涇
葫蘿涇　蘭甲涇　東新涇　大麥涇　小麥涇　杜家涇
東朱涇　蘆荻涇　孔段涇　歡墩涇　菖蒲涇　五丫涇
鳳涇　香堂涇　胡子涇　團涇　洞涇　馬舍涇
陸莊涇　湖漕涇　祝宅涇　黃上涇　尚車涇　黃兆涇
姚涇　蒲善涇　龐家涇　東橫涇　陳涇　陶舍涇
鄉界涇　梧桐涇　油麻涇　張家涇　欙木涇　北寺涇
曹莊涇　孔涇　曾涇　南朱莊涇　車涇　北朱莊涇
朱莊涇　曹涇　黃莊涇　陶洞涇　焦莊涇　萬涇
榆樹涇　蜃涇　雁蕩涇　北橫涇　觀涇　錢涇
弓連涇　薛舍涇　葑涇　鶯涇　寺涇　小陸涇

南橫涇　星涇　搬載涇　心涇　大陸涇　句章涇
因涇　錢唐涇　南曹涇　季洞涇　李涇　窑涇
啞子涇　河墅涇　雞窠涇　斜涇　西橫涇　西窑涇
村前涇　珍門涇　張成涇　盧進涇　貫涇　季涇
直下涇　莘涇　東涇　白米涇　錢壩涇　范莊涇
河莊涇　嚴舍涇　紅北沙涇　三丫涇　斜路涇　陳洋涇
嚴沙涇　常洛涇　玄涇　東寺涇　西寺涇　北嚴洞涇
凌家涇　潰涇　曾家涇　錢道涇　周家涇　貴涇
西楊家涇　殷家涇　聞涇　北貴涇　孟家涇　嚴西涇
曹陸涇　錢家涇　生涇　王家涇　陸凡涇　殷涇
李家涇　黄家涇　萬史涇　俞王涇　周王涇　嚴洞涇
牛尾涇　管家涇　山涇　百步涇　湖澄涇　東山涇
西山涇　金涇　夏塘涇　哮塘涇　楊涇　駟馬涇
徐陸涇　揚州涇　沙涇　高仙涇　邵李涇　范家涇
橫崇涇　太平涇　曹家涇　徐項涇　西張涇　薛家涇
北生涇　徐家涇　東張涇　東廟涇　西周涇　橫挺涇

宋涇　葛家涇　尤涇　司馬涇　柴場涇　管段涇
石撞涇　官路涇　小錢涇　璜涇　大錢涇　隆池涇
陳智涇　蓮涇　陳涇　消涇　大消涇　横宣涇
東溪涇　東小涇　大涇　高涇　張葑涇　蔣堰涇
牛洞涇　顧圩涇　渠涇　東黄泥涇　張孝涇　牛城涇
普賢涇　藻菜涇　湄涇　顧門涇　乾涇　侯涇
陸涇　譚孔涇　磚窑涇　蔡涇　龍池涇　行涇
東黄旻涇　西黄旻涇　蔡段涇　鄔丘涇　濠涇　南成天圩涇
大周涇　小周涇　蒲漸涇　雙鳳涇　蕩黎涇　茆涇
西洪涇　蕩涇　石灰涇　前黄涇　小黄涇　後黄涇
潘涇　蘆涇　瞿涇　黄旻涇　丁澤涇　重罡涇
中横涇　官才涇　胡家涇　東鵝涇　西鵝涇　古全涇
南丁澤涇　高墩涇　方門涇　雙橋涇　茶鹽涇　瓦屑涇
湖界涇　東陳涇　西陳涇　虎游涇　東蔡涇　沙湖涇
泥涇　黄鱔涇　北蔡涇　西蔡涇　大山涇　南雙橋涇
北雙橋涇　孟涇　儲涇　倪涇　小山涇　吴王涇

王涇　譚涇　石涇　婁涇　黄江涇　馬莊涇　思涇　泗涇　東菱涇　沼涇　西黄涇　草鞋涇　魏涇　韓家涇　川涇　柴涇

百步涇　東湖涇　嚴方涇　科涇　東北陳涇　東婁涇　龍涇　洋里涇　西菱涇　鶴涇　西蔣涇　高涇　鳳尾涇　相涇　螺螄涇　馬涇

錢長涇　西湖涇　南張涇　斗門涇　北山涇　蕭涇　大陳涇　洋浩横涇　婁兜涇　避湖涇　東蔣涇　欄杆涇　南廟涇　孫涇　瓦涇　毛涇

天井涇　深涇　北張涇　唐洞涇　鳳凰涇　蛇涇　洋浩涇　川心涇　六冲涇　陸宅涇　後洪涇　魚虎涇　楊萱涇　六涇　黄墓涇　壽洋涇

蘆長涇　沈塔涇　淘沙涇　永墩涇　南山涇　六十二涇　南鄉界涇　進寶涇　吕涇　路溪涇　堰涇　斷頭涇　馬葑涇　尖涇　華涇　聖涇

鴨舍涇　秋末涇　倪家涇　鹿涇　白茆涇　艾涇　勝涇　語濂涇　張港涇　東黄涇　前洪涇　殷莊涇　黄灘涇　單長涇　陳埭涇　扈城涇

社涇　北塍涇　蘆沙涇　南耿涇　細涇　譚泥涇
長連涇　八千涇　塍涇　北耿涇　漕涇　金大涇
遵涇　章家涇　北聖涇　庵涇　吕墓涇　白魚涇
渭洞涇　滄涇　盛涇　徐墅涇　錢舍涇　沿門涇
杭涇　南錢舍涇　銅港涇　李吴涇　廟䃮涇　昌涇
周柏湖涇　西沿涇　塘岸涇
黄石浜　邵家浜　冶塘浜　張家浜　蔣家浜　布裩浜
須家浜　潼莊浜　陳宕浜　東浜　馬路浜　段路浜
邵壩浜　杜家浜　白魚浜　黄涇浜　嚴墩浜　丁家浜
陸和浜　張浜　馬章浜　陳墩浜　丫鎗浜　邵基浜
西周家浜　楊家浜　高巷浜　啞子浜　東五丫浜　黄莊浜
嚴洞官浜　白馬浜　洋泗浜　陸家浜　王家浜　曹家浜
章興浜　螞蝗浜　油車浜　菖蒲浜　邵舍浜　三里浜
湯家浜　吴家浜　徐家浜　浪夾浜　前浜　尹浜
何浜　顧家浜　南周浜　木家浜　沈巷浜　陳家浜
螻蛄浜　陸千浜　坊家浜　瞿舍浜　周巷浜　謝巷浜

段浜　范巷浜　上浜　火墩浜　李王浜　蘆沙浜
坊浜　矮欖浜　薛舍浜　許家浜　神仙浜　三墩浜
卜家浜　毛浜　章家浜　李家浜　金家浜　船浜
唐敬浜　方浜　深漕浜　穆家浜　蘆城浜　蓮蕩浜
鄧家浜　低浜　下印浜　野菱浜　祝浜　周蒲浜
黄泥浜　廟浜　雙浜　庵浜　沈浜　站浜
張横浜　姚家浜　包家浜　張臣浜　詹家浜　楊浜
高家浜　細浜　高浜　胡湛浜　祝家浜　小鬼浜
谷家浜　馬潭浜　摇櫓浜　馬李村浜　黄家浜　七雞浜
扎營浜　冬瓜浜　董家浜　陶長浜　花園浜　關家浜
郎家浜　俞家浜　姜家浜　黄蒼浜　長浜　柴場浜
西雙浜　黄浜　周官浜　朱巷浜　八赤浜　柘浜
田家浜　蘇家浜　郁家浜　東翁浜　蘆場浜　章四浜
徐老浜　西翁浜　蒲潭浜　梧桐浜　孫家浜　倒插浜
大横浜　小横浜　沈家浜　横浜　虎游浜　虎浜
郭家浜　乘牀浜　戴公浜　支塔浜　何莊浜　舍浜

黃姑浜　弓浜　洟泥浜　史港浜　黯浜　新村浜
寺浜　周先生浜　浦巷浜　金莊浜　西夾浜　上莊浜
夏家浜　張四娘浜　馬莊浜　張先生浜　古湫浜　姚公浜
童家浜　洪鐘浜　查家浜　許巷浜　廟圩浜　石橋浜
吕家浜　行船浜　寺漕浜　毛家浜　支家浜　鈔蕩浜
朗城浜　大宅浜　河村浜　繆家浜　茹家浜　葉家浜
四穿浜　下澤浜　羅公浜　凌母浜　宗家浜　羿家浜
鬼超浜　童巷浜　桑婆浜　練墩浜　直下浜　羅家浜
浦家浜　洛水浜　北浜　下莊浜　荷花浜　池家浜
程家浜　温浜　葛家浜　夏黃浜　匡家浜　吴匠浜
翁家浜　方家浜　下浜　新莊浜　和尚浜　大步浜
烏鯉浜　水牛浜　草鞋浜　報慈浜　秦家浜　王小墳浜
丫义浜　五丫浜　南李家浜　金家浜　錢家浜　黃土浜
師姑浜　羅墩浜　陶舍浜　歸家浜　莊浜　新浜
泥橋浜　打牲浜　鳳凰浜　唐家浜　蔡家浜　孤安浜
陶家浜　蔡姑浜　唐莊浜　劉家浜

鮎魚口 四丫口 水井口 哮塘涇口 潭塘口
珠璣洪 新開洪 楊樹洪 小洪 王家洪 抄鮎洪
乂洪 靴脚洪 白魚洪 蘇家洪 新洪 趙大洪
三丫洪 打牲洪 北和尚洪 和尚洪 馬田洪 毛家洪
北硃砂洪 斜洪 史家洪 草鞋洪 高家洪 茹家洪
田家洪 周家洪 下宅洪 天打洪 歸家洪 雷盆洪
硃砂洪 中洪 花八洪
龍尖嘴
城濠 魯家濠 福山堡濠
天闕
謝家灣 何家灣 葛家灣 黃家灣
南嚴洞 北嚴洞
蓮宕
焦尾溪 黃溪
後澗
葫蘆潭 龍潭 蒲潭 鬧潭 大潭 中潭

小潭　市澤潭　白潭　畢澤潭
南夾　西夾　大夾
石漊　曹夫漊　三千漊　崔家漊　菱港漊　周家漊
瓦漊　楊樹漊　猪頭漊　新漊　夾漊　黄泥漊
水漊　章漊　穿心漊　直北漊　余千漊　下段漊
横漊　東清漊　南清漊　下囊漊　西馬漊　中馬漊
東馬漊　東漊　韓村漊　袁婆漊　毛家漊　彭家漊
閘漊　盎漊　南漊　鉢盂漊　和尚漊　野菱漊
濟煉漊　金家漊　大夾漊　顔家漊　曲漊　防備漊
塔漊　曹家漊　葉家漊　大官漊　南官漊　七十畝漊
八十畝漊　西夾漊　四畝漊　腰漊　童軍漊　觀音漊
蕭家漊　東官漊　荷花漊　錢家漊　白漊　朱陸漊
翁公漊　塘新漊　官田漊　葑漊　山路漊　沈塔漊
陸家漊　零丁漊　北夾漊　南夾漊　金漊　釣鮮漊
官段漊　大漊　大横漊　撇漊　南舍漊　蓮涇漊
木杓漊　塘途漊　新開漊　官才漊　小漊　朱家漊

徐湖漊　六萬步漊　唐家漊　温家漊　西水漊　高公漊
界漊　南雉浦漊　馬家漊　王家漊　陳家漊　張蝦漊
于家漊　石家漊　長基漊　崔家漊　石岸漊　何家漊
十字漊　濮家漊　猪婆漊　猫兒漊　施家漊　香塘漊
丘家漊　史家漊　獐狼漊　川心漊　大岸漊　道士漊
西官漊　官漊
直汀
隔溝　水溝　葛溝　田溝　洋溝　顧港溝
菱溝　薛溝　唐家溝　六尺溝　陸田溝　陸灌溝
東西水溝　戧岸水溝　横溝　姚溝　閘溝　界溝
沈溝　唐水溝　王廉溝　楊水溝　費溝
陳家角
錢家段　下白段　官段　下段
白茆渡　鴬嘴渡
蔣堰　朱堰　沙堰　斜堰
洪涇東壩　洪涇西壩　陳塘東壩　陳塘西壩　馬墅河南壩

車羅壩　沙堰河東壩　陳家壩
浪夾浜壩　雙墩壩　曹家壩
司馬涇南壩　祝家壩　陶舍涇口壩
莊浜口壩　搬載涇中壩　香界涇中壩
白漊東壩　油蔴涇口壩　神仙浜口壩
珠璣洪東壩　沈塔涇南壩　沈塔涇北壩
婁涇西稍壩　西夾口壩　陳家浜口壩
和尚洪内壩　湖港口壩　史家洪口壩
李段口壩　大横漊口壩　小漊口壩
李家浜口壩　朱家漊口壩　黄泥漊口壩
支家浜口壩　朗城浜口壩　雙鳳涇口壩
毛家浜牛河壩　張泗蕩東楊家壩
界漊南壩　界漊北壩　黄泥漊南壩
欄杆涇南壩　東界河口壩　螺螄涇中壩
周涇中壩　穿心漊壩　穿心漊東壩
楊樹漊南稍壩　楊樹漊北稍壩　十字河北壩

江陰界河壩　周公壩　石塘南壩
廟涇中壩　東長涇壩　西長涇壩
天井涇東壩　界河南壩　梧桐涇口壩
錢長涇西壩　新涇口壩　三墩浜口壩
朱陸漊東壩　深涇口壩　朱陸漊西壩
張家洪壩　白漊口壩　蘆長浜口壩
羿家洪口壩　王家洪壩　宗家洪口壩
白潭口壩　山涇口壩　葉家浜口壩
廟浜口壩　新開漊口壩　大漊口壩
鈔蕩浜口壩　繆家洪口壩　官才漊口壩
下段漊軍裝壩　大宅浜口壩　東涇口壩
東黄涇口壩　唐家漊内壩　温家漊口壩
欄杆涇北壩　黄泥漊北稍壩
魚虎涇口壩　池家浜口壩　黄墓涇口壩
夏黄浜西稍壩　胡家壩　殷莊壩
尖涇西壩　黄泥漊内壩　張港涇西壩

王家漊内壩　于家漊内壩　猫兒漊北稍壩　大横漊東壩　單長涇西壩　馬葑涇東壩
顧涇西壩　凌涇南壩　丘家漊南壩　毛涇南壩　川涇南壩　施家漊内壩
下浜西壩　大潭塘東壩　大潭塘西壩　丘家漊北壩　鶴涇浜北稍壩
直下浜東壩　直下浜西壩　塘岸涇北壩　長蕩河東壩　楊萱涇南壩
沼涇十字漊東壩　沼涇十字漊南壩　沼涇十字漊北壩
沙堰河西閘　祝家壩南閘　白茆港口閘　雙漕閘　三丈浦閘　丁莊圩閘
釣鮮漊口閘　繆家閘　楊家閘　徐家閘　高公漊口閘　大潭塘東閘
小潭塘東閘　中潭塘東閘

崑山縣

吴淞江　新洋江　勦娘江
澱山湖南屬華亭縣，東南屬青浦縣　度城湖　馬涇湖　包湖　巴城湖
雉城湖　鰻鱺湖　陽城湖南北西屬長洲
雙洋蕩　白蕩　盛蕩　傀儡蕩　郭蕩　三分蕩
西洋田蕩　蕭散蕩　黄泥蕩　葛家蕩　陳墓前蕩　陳墓後蕩
阮家蕩　楊仕蕩

范青漾
朱窠瀼　柏家瀼　江家瀼　大泗瀼
東盆瀆　西盆瀆　北新瀆　黃瀆　西黃瀆　溢瀆
東黃瀆　曹瀆　蛇瀆　官瀆　墅瀆　大瓜瀆
小瓜瀆　滬瀆
至和塘　七浦塘　山塘　甫里塘　馬塘　上社塘
杭塘　歷塘　西曹塘　西涇塘　東涇塘　許墓塘
顧墓塘　夾潮塘　古澤塘　馬沙塘　漢浦塘　茆沙塘
葑塘　大虞塘　六和塘　櫻桃塘　孝義塘　橫塘
官塘　四塘　東橫塘　斜塘　婁縣上塘　婁縣下塘
楊林塘　駙馬塘　雉城塘　聖王塘　古塘　曲塘
石塘　磧碘塘　橫涇塘　車塘　郭澤塘　茹律塘
王孝塘　東曹塘　朱杲塘　雞鳴塘　舍浜橫塘　行孝塘
新塘　泥塘　吴塘
夏駕浦　千墩浦　祥五浦　八尺浦　奣子浦　官墅浦
濟浦　漫水浦　木瓜浦　戴浦　杜盛浦　溢瀆浦

須浦　漢浦　秦浦　薛家浦　大虞浦　小虞浦
李箕浦　馬仁浦　孛祿浦　熊莊浦　老鴉浦　曹瀆浦
浪墅浦　迎鐘浦　蛇浦　任中浦　馬路浦　潭市浦
韓浦　朱明浦　莊浦　葛浦　曹浦　廣浦
馮浦　寒浦　真義浦　界浦與長洲縣分界　下里浦
墅浦　景浦　西設浦　東設浦　心瀆浦　丁浦
蓋浦　良里浦　刹力浦　蔣浦　薛莊浦
平樂浦即夏里浦　社城浦　華翔浦　渡頭浦　韓溪浦
東羅浦　西羅浦　石榴浦　三林浦　淙浦　趙浦
直浦　六直浦　文浦　大直浦　小直浦　帆歸浦
洛浦　浪浦　俞家浦　朋浦　陳安浦　西張浦
東張浦　注浦　張浦　滕浦　顧仙浦　諸天浦
薛浦　岳浦　羅力浦　亭洋浦　漁連浦　同丘浦
甘子浦　漳潭浦　新漕浦　朱浦一云芝浦，又名注浦　石撞浦
少里浦　邵浦　甘册浦　宿浦　齊浦　横浦
大石浦　小石浦　道褐浦　陸虞浦　棠梨浦　溢浦

華莊浦　陳瀨浦　善浦　牛脊浦　若里浦　潘村浦
大湖浦　小湖浦　白雉浦　張鹿浦　比弓浦　夏侯浦
市浦　天明浦　黄墩浦　楊閭浦　墅瀆浦　陶仁浦
茅老浦　東茅老浦　宋浦　平港浦　徐浦　洛舍浦
古木浦　磚街浦　城迸浦　黄墅浦　鴨鱔浦　顧墓浦
大瓦浦　小瓦浦　北矮浦　潘孫浦　大須浦　小須浦
陳連浦　白田浦　蕭墅浦　劉婆浦　北瀨浦　徐公浦
大顧浦　金竈浦即盆浦　劉竈浦　大瓜浦　北陳浦
白鶴浦　武桑浦　梅浦　陳源浦　張家浦　西宿浦
東宿浦　桑浦　鄒浦　蔡浦　彭浦　沈浦
姚浦　楊浦　究浦　盧浦　金浦　霜浦
錦溪浦　黄潭浦　白苧浦　樉浦　中趙浦　南趙浦
北趙浦　郲浦　胡浦　安亭浦　低里浦　瀾漕浦
東市河　西市河　南市河　徐八道河　張河　顧宣河
嚴家河　黄墩河　浜墟河　章河　楊村河　白蓮河
奣子河　新河　東新河　石碑河　太平河　汛漕河

廟河　唐家河　踰開河　甘子河　金雞河　高墟河
九里橋河　三里橋河　大南河　牛橋河　馬路河　洛議河
新開河
清水港　白塔港　斜港　西涇橋港　東涇橋港　十乍人港
沿家港　龔家港　平港　曹港　景山港　馬婆港
戈家港　丘家港　慢水港　陸涇港　安港　寺港
楊村港　馬巷港　石墩港　徐家港　東横港　亭子港
陳墅港　武城港　蒲城港　菱港　趙靈港　帆歸港
張河港　李舍港　槐樹港　檀樹港　馮栗港　裴莊港
潮生港　馬港　許墩港　雙漕港　老鴉港　中巷港
西方港　大漕港　平林港　潮山港　雉城港　趙巷港
葉師港　葑家港　支家港　雷家港　莊港　打開港
嚴家港　横膽港　南莊港　白方港　楊莊港　洙泗港
宋家港　王家港　及墅港　斜堰港　毛沙港　北横港
渡船港　俞巷港　三家址港　蔣港　丁家港　木行港
大段港　唐市港　車塘港　白老鼠港　黄家港　西金港

陸家港　唐村港　金山港　鮑家港　馮家港　盛家港
陳巷港　耘田港　莫家港　屋田港　離莊港　華翔東港
華翔西港　馬堰莊港　老鴉窠港　酌水廟港　計家墩港　西盛港
東盛港　西戈家港　東戈家港　西清水港　長嘴港　杜癡港
張家舍港　尚明田港　横塘港　沙盆港　夏家港　鍾家港
北斜港　穿心港　度城後港　范田港
山塘涇　木人涇　尤涇　曹瀆涇　司馬涇　丁丫涇
牛車涇　陳段涇　王巷涇　黄昌涇　陸家涇　李巷涇
菜花涇　沙涇　金墳涇　五巷涇　龍涇　雙涇
牛尾涇　唐涇　學堂涇　郟浦斜涇　張胡涇　魚直涇
牛輪涇　聰明涇　邵黄涇　黄墓涇　東邵黄涇　錢家涇
米立涇　官瀆涇　白馬涇　陳墓涇　潘涇　侯涇
董家涇　仙人涇　西侯涇　沈巷涇　牛腸涇　石榴涇
張居涇　六里店涇即壅里浦　湖涇　蔡丫涇　石人涇
界牌涇與長洲縣分界　吴涇　兒市涇　景涇　李源涇
丁涇　張婆涇　千步涇　王仁涇　稍馬涇　古婁涇

斜涇　潘笠涇　丁澤涇　梅心涇　穿心涇　孫涇
五戒涇　楊秀涇　顧全涇　宋涇　朱瀝涇　駟馬涇
西蔣涇　盛涇　漁連涇　上元涇　顧市涇　瀾涇
康涇　曹涇　曹間涇　楊襄涇　五里涇　翁家涇
九里涇　長命涇　狀元涇　刁涇　古涇　華家涇
葛涇　通商涇　駙馬涇　陸涇　裕樹涇　石獅涇
張莊涇　泥塘涇　張信涇　張巷涇　師姑涇　周家涇
鰻鱺涇　徐惟涇　梅里涇　李思涇　老鴉涇　長涇
章涇　施澤涇　黃茜涇　溫焦涇　五千涇　三千涇
雉城涇　前吴涇　東西吴涇　楊巷涇　倉涇　殷涇
及墅涇　蓮池涇　黃蘆涇　姜老涇　楊丫涇　羅莊涇
朱舍涇　大渭涇　大南涇　小南涇　長對涇　放生涇
金絲涇　前巷涇　廟涇　相涇　古塘橫涇　古塘涇
辛家涇　毛涇　官涇　山池涇　光涇　張蔓涇
直涇　管涇　小徐涇　汪家涇　南漫涇　北漫涇
王家涇　邵里涇　直上涇　葛冗涇　吴巷涇　楊華涇

橫丫涇　寸心涇　季星涇　界涇　張治涇　盛家涇
施涇　姜里涇　馬尾涇　蕩涇　張鈞涇　南漕涇
大慈涇　新涇　潘昌涇　邵涇　徐涇　剎刀涇
東白米涇　庵涇　滕巷涇　沈連涇　竹墩涇　西管涇
東管涇　董泥涇　廟堂涇　香花涇　北尤涇　西白米涇
王墓涇　白段涇　傍學涇　陳隆涇　韓家涇　東橫涇
西橫涇　石牌涇　戴段涇　夏段涇　梅簡涇　郭蕩涇
茶曹涇　莊礇涇　菖蒲涇　泖涇　南廟涇　北廟涇
東廟涇　西涇　石官人涇　安里涇　斜路涇　周涇
陳莊涇　茹香涇　朱涇　水路涇　陳門涇　黃泥涇
坊巷涇　寺巷涇　南烏墩涇　北烏墩涇　古子涇　錦涇
六千涇　楊村涇　陸墓涇　吳賢涇　南橫涇　許沙涇
方涇　大漕涇　小錢涇　陶塾涇　黃土涇　請糧涇
徐姑涇　東涇　湯涇　支涇　心涇　烏墩涇
良涇　七浦涇　葉涇　方盛涇　八千涇　大潭涇
十萬步涇　施家涇　雙巷涇　郁家涇　諸昌涇　黃鈞涇

漢涇　馬連涇　北管涇　梅星涇　寒泉涇　馬跳涇
度城涇　張涇　白蠟涇　百勞涇　里涇　刁墅涇
李家涇　斗門涇　草蘿涇　江莊涇　章河涇　邵莊涇
印涇　東全涇　石灰涇　楊心涇　神童涇　馬路涇
大蔣涇　連水涇　黃鄒涇　西楊閭涇　小蔣涇　陳從涇
彭段涇　泥橋涇　顔巷涇　楊涇　金鏡涇　姚家涇
木葉涇　廟丫涇　獨兒涇　秀才涇　搭頭涇　趙段涇
杏涇　新豐涇　馬新涇　陳顔涇　陡門涇　官鴨涇
陸巷涇　汪莊涇　南北段涇　徐公涇　齊眉涇　孟涇
馬塘涇　菱段涇　顧阜涇　東段涇　葫蘆涇　五界涇
顧潮涇　午澤涇　史涇　湖浦涇　白西段涇　東陽涇
大新涇　上央涇　錢思涇　慈涇　諸涇　姜老鴉涇
温招涇　諸本涇　四段涇　蛇瀆涇　葑涇　雉涇
錢涇　幹涇　夾涇　郭涇　内錢涇　戴涇
趙涇　黃墩涇　洋漕涇　李涇　黃澄涇　甲涇
何涇　巷涇　腰涇　莊家涇　嚴莊涇　張師涇

木瓜涇　西泗涇　西六涇　吕公涇　陳涇　韓涇
顧昌涇　瞿莊涇　蔡墓涇　中城涇　石丫涇　官路涇
新開涇　薛家涇　度城廟涇　田漊涇　若塾涇　野兒涇
鴨頭涇　高涇　赤涇　安亭涇　杜家涇　徐家涇
封涇　鶴田涇　許巷涇　董段涇　梅段涇　朱同涇
馬胡涇　戚虞涇　横村涇　迮涇　中涇　泗涇
焦墩涇　南潘涇　吴潭涇　周義涇　西何涇　趙屯涇
南徐涇　泗橋涇　陸緒涇　朱村涇　嚴家涇　寺港涇
北徐涇　麻城涇　北潘涇　六如涇　窑龜涇　朱新涇
張靡涇　牛腰涇　石漊涇　萬六千涇　東麻城涇　據莊涇
交段涇　南交段涇　戴巷涇　張連涇　牛草涇　項連涇
管家涇　倪家涇　王胡涇　陳樹涇　何莊涇　朱思涇
嚴涇　鰍洞涇　流浪涇　妙安涇　東潘涇　西潘涇
丁魞涇　謝胡涇　牛洞涇　螺螄涇　北莊涇　廟段涇
丫鬣涇　六集涇　戴家涇　朱至涇　潮庭涇　黄丫涇
寺涇　乙涇　北涇　談涇　張老涇　蔡涇

黃封涇　馬涇　丫涇　金涇　許子涇　雍里涇
戈涇　汗涇　鮑涇　市涇　吳莊涇　薛丫涇
黃草涇　外涇　何店涇　千涇　狄家涇　陸涇
莊涇　中洛涇　杭塘涇　張妙涇　包涇　蕭涇
嚴段涇　沙泥涇　夏公涇　張烏涇　茭門涇　陸華涇
孟連涇　顧垂涇　猪頭涇　川洪涇　石頭涇　杭涇
朱家涇　鳳涇　蔣涇　時涇　川涇　湛涇
吳家涇　廟河涇　橫涇　歷塘涇　枯竹涇　大莳涇
小莳涇　洗段涇　豐涇　侯家涇　混泥涇　燕涇
黃涇　小黃涇　盛彭涇　古澤涇　戴項涇
篩穀浜　唐家浜　馬家浜　湯家浜　錢王浜　磚家浜
羅浜　浦家浜　潘段浜　陳巷浜　六和浜　竹墩浜
和尚浜　何家浜　李家浜　陶家浜　黃家浜　郁家浜
郭澤塘浜　西陳浜　王家浜　陳家浜　葉家浜　朱浜
學堂浜　小凌浜　相公浜　高淞浜　徐家浜　北亭浜
螺螄浜　薛家浜　許家浜　邵家浜　掘剩浜　顧塔浜

金家浜　舍浜　張家浜　曹禮浜　張童浜　宋家浜
侯家浜　周家浜　章浜　陸家浜　盧家浜　倪家浜
馬家浜　鴨脚浜　楊家浜　孫涇浜　吴家浜　三千浜
陳郎浜　唐家浜　方家浜　西毛老浜　陳毛老浜　新浜
陶墩浜　楊樹浜　三里浜　黄沙浜　蔡家浜　桃花浜
郟家浜　小婁浜　莊家浜　護竹浜　丁家浜　安然浜
孟家浜　盛浜　邵安浜　葛家浜　牛車浜　楊森浜
黄潭　漳潭　大潭　李白潭　吴潭
湖漕　汛漕　洋漕　横漕　南漕　姚黄漕
雙漕　馬鞭漕　大漕
郟溝　隔溝　蒲溝　鮑家溝　前舍溝
火燒漊　鴨頭漊　田漊　張家漊　西汀漊　龍骨漊
方家漊　掘頭漊　趙思漊　石漊　黄泥漊　萬八漊
馬婆漊　嚴家漊　腰漊　陸婆漊　六千漊　丫鬣漊
學堂漊　舍下漊　界漊　楊家漊
鶴頭灣　吴家灣

七鴉口　船塢口
馮家壩
斜堰　馬堰

嘉定縣

吳淞江　青龍江　白鶴江　蟠龍江　舊江　淺江
月河江　虬江
南横瀝　北横瀝　東横瀝　西横瀝　中心横瀝　第二瀝
第四横瀝　青岡横瀝　糜長横瀝　外横瀝
白蕩　鵝鶶蕩
華漕　路漕　長漕　鹵漕
南鹽鐵塘　北鹽鐵塘　清鏡塘　吳塘　雞鳴塘　淩門塘
瞿門塘　張岡門塘　胡岡門塘　茭門塘　河門塘　黄姑塘
婁塘　公塘　郭澤塘　錢門塘　顧塘　古江門塘
走馬塘　馬陸塘　盤龍塘　獎劄塘　東練祈塘　西練祈塘
黄泥塘　馬路塘　和尚塘　第二塘　郭山塘　新莊塘

葑村塘　姚村塘　泗塘　高境塘　謝塘　沙頭塘

雙塘　殷涇塘　蒲華塘　五岳塘　黄姚塘　石家塘

篠篺塘　毛家塘　張家塘　張浦塘　桃源塘　菖蒲塘

小石塘　新塘　陸和塘　殷岡門塘　大雙塘　小雙塘

横瀝塘

大盈浦　大盧浦俗名渡頭　儼儻浦　黄渡浦　顧浦

陸皎浦　川沙浦　淮浦　瓦浦　張浦　漳浦

新華浦　窑頭浦　赤雁浦　馮浦　鄔城浦　方亭浦

張沈浦　大頭浦　何浦　周思浦　桑浦　東戚浦

孟丫浦　沈浦　廟浦　吉涇浦　小漳浦　西戚浦

陸華浦　徐公浦　戚浦　上槎浦　中槎浦　下槎浦

庾店浦　沙浦　涓浦　大場浦　彭越浦　桃樹浦

蘆涇浦　趙浦　鵝鶊浦　段浦　江灣浦一名商量灣

月浦　小場浦　麋浦　俞店浦　俞家浦　秦公浦

孟雅浦　草場浦　沈浦　雙浦　深浦　小吉浦

東浦

金獅子港　闞家港　徐家港　戚虞港　孫基港　顧涇港
川沙港　采淘港　東夾港　西夾港　觀音港　李家港
閘港　青浦港　黃姚港　大理港　施家港　俞家港
練祈北匯
彭越洪　沙洪　界洪
江灣
浦缺
野奴涇　吕墅涇　西庫涇　趙涇　新開涇　周涇
洙泗涇　朱家涇　牛車涇　馬迮涇　杏涇　箬園涇
陸涇　馬涇　寒涇　橫涇　楊吕涇　毛門涇
浦池涇　顧涇　陳涇　菱門涇　彭門涇　東周涇
細涇　廟涇　瞿門涇　青魚涇　蘆涇　殷涇
西周涇　東盛涇　西盛涇　高涇　木涇　張涇
胡涇　沙涇　界涇與華亭縣分界　秦涇　鄭涇
任涇　朱涇　袁涇　斗門涇　大舜涇　錢涇
陶涇　金九涇　小橫涇　蘇家涇　北橫涇　南橫涇

南山涇　米篩涇　邵涇　西山涇　莊涇　黃泥涇
諸匯涇　白涇　六千涇　潭涇　斜涇　薛涇
腰涇　蕭涇　吉涇　狄涇　赤涇　張湖涇
東蠶涇　野泥涇　西蠶涇　公孫涇　項涇　西楊涇
東楊涇一名狄涇　陳家涇　東莊涇　東楊從涇　西楊從涇
西莊涇　南黃泥涇　引盛涇　東泥涇　西泥涇　北黃泥涇
中黃泥涇　潘涇　茭涇　東茭涇　盛涇　大周涇
孟涇　新涇　華亭涇　界涇與太倉州分界　新漕涇
部黃涇　南馬涇　殷巷涇　千步涇　廟堂涇　陸遠涇
唐家浜　崇文浜　邢家浜　飯鰍浜　高家浜　封家浜
馬家浜　彭家浜　史家浜　金家浜　温草浜　河門浜
姚泗浜　草場浜　陸家浜　歸家浜　牧家浜　莊家浜
鄒家浜　孫家浜　孟家浜　孫浜　長浜　藴藻浜
錢家浜一名袁張浜　張家浜　戴家浜　曹家浜　羅家浜
雷墩浜　唐泉浜　顧遷浜　姚浜　船浜　蘇家浜
倪家浜　凌家浜　孟思浜　邵家浜　姚家浜　道院浜

周家浜　舍浜　朱家浜　蘇姑浜　磚窑浜　潘家浜
犂轅浜　川浜　時家浜　淺洞浜　橫浜　毛家浜
趙家浜　沈巷浜　何家浜　半沙浜　楊樹浜　譚家浜
諸家浜　張鑑浜　屈浜　陳華浜　周升浜　嚴浜
楊家浜　葉家浜　黄家浜　宋家浜　顧家浜　蓬蒿浜
陸墓浜　湛浜　蕭浜　廟浜　李公浜　陸祈浜
薛家浜　石家浜　杜家浜　謝家浜　界浜與上海縣分界
泄漊　王瓚漊　薛漊　西邢漊　東邢漊　天生漊
龍開漊　灰白漊
大路溝　墅溝　古墅溝　慈溝
新渠
黄渡
上漊　下漊
胡舍落
外岡
糜場

太倉州

婁江自西接崑山縣官塘至劉家河出海並曰婁江

路漕　北漊漕　尤漕　楊漕　黄泥漕　夾漕

均司漕　戴浦漕　崔漕　君思漕　南漊漕　軟漕

杜八漕　蔣漕　黄涇漕　信漕　馬漕　杜漕

東横瀝　西横瀝　南横瀝　北横瀝　曹瀝　小横瀝

岳瀝　横瀝

白蕩

閘頭塘　杜漕塘　七浦塘　太倉塘　陳門塘　古塘

横塘　雙塘　石家塘　薛敬塘　張浦塘　黄姑塘

斜塘　南横塘　猴塘　沙營塘　胡塘　陸窑塘

糜長塘　楊林塘　古涇塘　吴塘　北鹽鐵塘　小鹽鐵塘

湖川塘　小塘　漕頭塘　路漕塘　直塘　吉涇塘

南鹽鐵塘　薛塘　西塘　龍塘　六里塘　新塘

謝家塘　摩羅塘

顧浦　瓦浦　七鴉浦　戴浦　花浦　東花浦
大花浦　小花浦　洪泗浦　小七浦　張浦　南潘盈浦
北潘盈浦
劉家河　觀音河　茜涇河　糜長河　新開河　香花河
西轉河　東轉河　九曲河　官水河　轉河
林樨匯
丈尺港　大度港　陸涇港　陶宅港　石婆港　丁涇港
新塘港　陶家港　薄家港　施家港　北港　浪港
鐺脚港　陳大港
三江口　大涇口　馬漕口　大浜口　花浦口　寺浜口
陸渡口　公塘口　黄溝口
楊子涇　青福涇　菖蒲涇　半涇　仁義涇　摩羅涇
茭涇　百萬涇　顧稍涇　蕩涇　諸涇　兆陽涇
南陽涇　曹涇　鳳凰涇　狀元涇　腰涇　何莊涇
白涇　丁涇　吴涇　王家涇　大洋涇　郟家涇
信曹涇　胡家涇　操園涇　江門涇　楊家涇　和家涇

馬家涇　大涇　楊柳涇　小腰涇　南諸涇　西錢涇
陸婆涇　龍亭涇　朱涇　新涇　沙家涇　黄家涇
大郎涇　西王家涇　東王家涇　東桃源涇　西桃源涇　東朱門涇
北諸涇　糜長涇　北時涇　楊涇　石婆涇　孔涇
東楊涇　石孔涇　西花涇　白米涇　大義涇　沙漊涇
杜林涇　吴卯涇　吴孟涇　楊稍涇　姚家涇　沈母涇
徐家涇　毛涇　殷舟涇　陳荻涇　杜家涇　盛涇
黄涇　蔡家涇　大沙涇　王涇　尤涇　深涇
沈婆涇　車涇　永江涇　陳文涇　魯涇　八尺涇
牛令涇　石口涇　尤漕界涇　黄淺涇　黄泥涇　陳涇
包涇　莊基涇　辛涇　旺涇　沿門涇　司馬涇
薛塘涇　高家涇　横涇　徐丫涇　楊漕涇　鄭莊涇
馬涇　滕涇　嚴涇　寺涇　徐涇　蔡涇
薛家涇　李莊涇　廟涇　夏界涇　潘涇　老鴉涇
菱角涇　岳瀝涇　周涇　姚涇　郁涇　沙湖涇
瞿涇　張涇　曹瀝涇　陸涇　董泥涇　薛段涇

陶公涇　任村涇　石牌涇　橫瀝涇　胡升涇　張華涇　楊泉涇　黃連涇　西溪涇　陸敲涇　唐茜涇　鈕童涇　陸鶴涇　楊漊涇　吳溝涇　北單涇

顧宗涇　項積涇　岳廟涇　西時涇　蘆婆涇　管門涇　蚊子涇　杭涇　倪村涇　牛皮涇　璜涇　掘頭涇　菱母涇　走團涇　翁涇　王里涇

太平涇　戚虞涇　莊五涇　東時涇　范涇　南莊涇　陸剗涇　閘牌涇　黃敲涇　葉涇　陳大涇　鄒莊涇　方莊涇　澍漲涇　南單涇　菩提涇

沙善涇　楚城涇　汗涇　潭孔涇　湯涇　北莊涇　張烏涇　赤涇　河鰍涇　大錢涇　邵蒲涇　顧華涇　斛扒涇　吳崇涇　魚涇　陳從涇

楊淺涇　長涇　楊樹涇　顧郎中涇　周陸涇　滸涇　朱履涇　沈涇　周鰻鱺涇　雙鳴涇　伏羲涇　丘渡涇　盛婆涇　麥粥涇　荒莊涇　欄杆涇

黃家涇　唐涇　黃婆涇　宋涇　陸華涇　牛脊涇　蝌涇　虎泥涇　係耆涇　茜涇　中路涇　中涇　顧童涇　蝦蟆涇　黃昌漊涇　黃封涇

窄涇　桑巷涇　老陳涇　橙涇　池涇　陳智涇
俸長涇　鹿鳴涇　雙鳴涇　朱洋涇　桃源涇　祠堂涇
山涇　鯉脊涇　進賢涇　西房涇　北房涇　周車涇
大灌涇　小灌涇　挑扒涇　諸施涇　侯婆涇　毛造涇
鮎魚涇　排涇　顧漫涇　戴店涇　淡涇　邵涇
解劉涇　張華涇　野麥涇　陳童涇　礱坑涇　陸步涇
道涇　步罡涇　陳團涇　孫烏涇　花園涇　王蟠涇
直上涇　何堰涇　蔣金涇　周涇　旱涇　樊村涇
小張涇　古涇　吉涇　陳門涇　顧門涇
菖蒲浜　急水浜　蔣家浜　金家浜　唐家浜　馬家浜
小浜　楊家浜　周家浜　長浜　潘婆浜　姚家浜
車浜　窑浜　大浜　朱涇浜　渡船浜　官浜
大麻浜　西潭家浜　東潭家浜　趙裹浜　黄沙浜　寺浜
陳家浜　朱裁縫浜　斛扒浜　曹公浜　木杓浜　斛擋浜
積水浜　魯巖浜　魯窑浜　堯師浜　莊旺浜　李師娘浜
屈家浜　燕舍浜　倪岑浜　西汲水浜　淩王浜　包智浜

道院浜　仲家浜　韓紀浜　奄浜　蘇李浜　襪頭浜
吴郎兵　樊浜　倪旻浜　小龍浜　瓦屑浜　王渭浜
顧旭浜　弓月浜　陸浜　衆望浜
湄場灣　木樨灣　糜長灣　摩羅灣　石牌灣　瞿通灣
松采漊　腰漊　夾溝漊　沙漊　楊漊　黄昌漊
杜漕漊　古漊　黄螃漊　沙家漊　官夾漊　西冬青漊
陳思漊　菱漊　灰扒漊　猛奤漊　夏田漊　陳信漊
北時溝　時溝　路溝　支溝　南時溝　黄連溝
六尺溝　急水溝　寺溝　夾溝　黄溝　水竇溝
吴溝　南車溝
龍池
葫蘆潭
南六尺　北六尺　北八尺
應岡門　張堽門　邵堽門　鄰堽門　曲堽門　顧堽門
金堽門　馮堽門　賈堽門　吴堽門　丁堽門　秦堽門
彭堽門　廟堽門　李堽門　潘堽門　時堽門　陰堽門

青塍門　五家塍門　沙堰門　斗門　薛墅門　高門
諸門　大凌門　小凌門
沙堰

吴中水利全書卷之六

水名

松、常、鎮三郡水名，合載兹卷。松境稽天皆水，常次之，鎮又次之，堰閘陂塘一切羅入。

松江府

華亭縣

海

瀏錦江

舊西湖　澱山湖　連湖　沈湖　望湖　石湖

瑁湖　謝家湖　柘湖

横泖　東泖　白泖

東白蕩　黿蕩　西陳蕩　毛練蕩　白蕩　江淮蕩

沙家蕩	橫浦蕩	張蕩	六百畝蕩	龍蕩	柴蕩
周家蕩	下火蕩	東北蕩	金林蕩	連湖蕩	
丁家洋					
雪落漾	東青漾	大漾			
唐匯	李塔匯	詹家匯	金匯	六涇匯	吉陽匯
蒲匯	魯家匯				
金澤	祥澤	柘澤	大澤	陂澤	
分水瀝	如人瀝	橫瀝	柘瀝	北瀝	
瀝瀆	汒瀆				
甲漕	黃泥漕	油車漕	沈漕	巨漕	長漕
船漕	渠漕				
大茫塘	馬莊塘	白牛塘	金澤塘	章練塘	濮陽塘
秀州塘	大貞塘	張墓塘	小蒸塘	秀溪塘	柘澤塘
莊公塘	粒婆塘	立甫塘	小茫塘	神山塘	南錢塘
和尚塘	胥浦塘	歸涇塘	瓜涇塘	諸家塘	沙岡塘
茹塘	丘婆塘	寒坡塘	紫岡塘	竹岡塘	橫瀝塘

虧塘　南泖塘　瀝瀆塘　徐浦塘　新塘　張此塘
楊巷塘　薛家塘　浦塘　瀆塘　驅塘　山塘
秋涇塘　斜塘　後塘　横塘　沈涇塘　前岡塘
顧胥塘　南横塘　後岡塘　鹽鐵塘　西方塘　北瀝塘
官紹塘　大官紹塘　小官紹塘　九墩塘　俞江塘　顧莊塘
柘瀝塘　新涇塘　張涇塘　淺沙塘　岡涇塘　陸江塘
捍海塘　南橋塘　吴塘　護塘　蕭塘　新開南橋塘
顧學塘　張舍塘　奎基塘　范塔塘　方西塘　沈莊塘
金匯塘　夾護塘　菱門塘　車溝塘　徐婆塘　郭家塘
陸涇塘　漣樹塘　孔洞塘　横山塘　蒲匯塘　駟馬塘
南俞塘　俞塘　新村塘　沈撻塘　蟠龍塘　陸磊塘
薛店塘　泗涇塘　北俞塘　浮塔塘　通波塘　嵩塘
祥澤塘　五里塘　米市塘　鶴塘　石湖塘　古浦塘
徐村塘　夏杕塘　走馬塘　横浦塘　北秀溪塘　古塘
葑澳塘　連林塘　直衖塘
横石臼浦　大夾浦　黄浦　古浦　徐浦　胥浦

北浦　大浦　小淶浦　姚從浦　時景浦　横浦
牛滑河　唐滙河　潛鳳河　通津河　界河　天仙河
羅家河　新開河　惠家河　楊巷河　王家村河　運鹽河
新運鹽河　南運鹽河　三乂河　東運鹽河　落河　新浜界河
新涇河　市河　小河　龍河　李河　日月河
舍河　新河　川心河　戚家河　吴塘河　船漕河
北沿河　通濟河　南沿河　北潮河　南潮河　中心河
枝流河　南新河　北界河　南界河　泥頭河　鳳陽河
倉河　古直界河　大月河　北浦河　一枝河　城河
大清河　苑河　石家河　廟塘河　洞涇河　五聖河
山涇河　石灰橋河　龍興河　玉帶河　南察院前官河　府學前官河
寺東河　壇河　蔣涇河　小清河　中官河　溝水石橋河
鹽河　谷暘橋河　林家鎮河　刹樹河　外薄河　南枝河
川河　沈巷河　櫻桃河
麵杖港　王巷港　陸巷港　奚家港　油車港　王浴港
丁涇港　清水港　鶴鵐港　霜降港　賈甲港　新涇港

朴墩港　石河港　胡巷港　四巷港　前村港　界港
陶家港　前莊港　幽經港　八曲港　百曲港　東泖港
竪頭港　九曲港　出泖港　華陽港　彭巷港　五丫港
彭家港　凌池港　管家港　洮港　金山港　菊花港
東彭港　鬼王港　錢家港　南閘港　楊川港　新港
俞巷港　漕港　吴塔港　李家港　陸塔港　楊樹港
龍船港　官路港　阮港　沙路港　龍泉港　漕涇港
柴船港　船漕港　南潮港　柘瀝港　西澱港　大浜漊港
北潮港　鞠家港　運港　神司港　訓港　艾澱港
袁家港　螺螄港　潘家港　中潮港　馬路港　潮港
坍港　秋港　新河港　益家港　吴家港　蕭塘港
林家港　秋巷港　鄭家港　夾橫港　談婆港　南夾橫港
張宅港　馬巷港　莊前港　胡村港　招集港　達港
一百曲港　沙堰港　南船港　北船港　蔡廟港　盧子港
蹌港　頭橋港　馮家港　二橋港　三橋港　四橋港
蘆葉港　大漾港　左路港　毛柴港　中窑港　官路港

倉港 梅家港 牛路港 白蕩港 殷家港 海螺港
陶宅港 護塘港 歷宅港 庵港 馬駝港 柴蕩港
漏斗港 黃洞港 佛字橋港 沈家港 急水港 曹墳港
胡家港 橫斜港 南錢港 雙曹港 曹涇港 莊港
青村港 五舍港 北錢港 軍行港 花脚港 趙巷港
張家港 墳港 石撞港 蔣家港 風涇港 寺西港
蔡家港 西潭港 爛路港 橫港 斜港 泖港
滕港 舍港 徐涇港 市河港 橫溪港 陸橋港
呂巷港 楊莊港 烏盆港 後陳港 陳童港 大澤港
張方港 墳頭港 金家港 聖塘港 馬墩港 六巷港
山涇港 干巷港 褚塔港 六一港 木力港 塔港
黃港 陸家港 直港 小泖港 輴港 楊家港
張巷港 消塘港 塘垛港 謝巷港 葉謝港 祝家港
前塘港 得勝港 葉家港 廟港 小港 褚鹹港
通行港 包家港 錢涇港 油墩港 馬山港 三朝港
下北港 山塘港 顧青港 蕭字港 蘆青港 夭菱港

西大港　積錢港　閘港
三里汀
石牌涇　萬羅涇　斜涇　王家涇　雪塔涇　楓涇
華沙涇　白潮涇　鴨頭涇　瓚鳳涇　竹管涇　窯樹涇
西橫涇　養民涇　計家涇　沈村涇　外波涇　潢潦涇
斬頭涇　楊樹涇　黄常涇　夜遊涇　集賢涇　陶娘涇
北塘涇　水雪涇　游涇　莊公涇　野民涇　菊涇
葑涇　東徐涇　處士涇　謝墳涇　西番涇　西徐涇
范曹涇　郭家涇　沈湖涇　檣子涇　黄墳涇　鰕魚涇
丫乂涇　瑶涇　吴塔涇　菖蒲涇　西倖涇　東新涇
泖子涇　爛涇　蒨涇　沈家涇　南腰涇　北腰涇
蔣家涇　白魚涇　秋涇　荷涇　朱莊涇　望湖涇
秋巷涇　從令涇　蔣巷涇　彭家涇　梅核涇　戈家涇
瀉水涇　和尚涇　杏菜涇　周里涇　李菜涇　麻塘涇
北諸涇　小洪涇　大瀉涇　一丁涇　沙涇　陳涇
西幽涇　東幽涇　汇瀆涇　河沙涇　廟涇　朱涇

姚涇　澱子涇　出泖涇　朗家涇　東斜涇　吴巷涇
陳巷涇　姚家涇　北洋涇　西灣涇　湯練涇　張水涇
灣梁涇　東莊涇　俸涇　新涇　華亭涇　淡浦涇
官莊涇　談河涇　吕洋涇　南洋涇　朱家涇　道涇
葉涇　後涇　莊涇　徐涇　歸涇　楊涇
掘撻涇　瓦屑涇　沈浦涇　馬家涇　灣涇　高涇
謝家涇　唐字涇　談浦涇　戚家涇　成行涇　河草涇
張洋涇　牛橋涇　陳寶涇　小鷄涇　烏盆涇　東長涇
沈婆涇　官涇　市涇　周河涇　惠高涇　細子涇
凡涇　掘石涇　吕涇　陸灣涇　胡婆涇　西樊涇
東樊涇　周順涇　新腰二涇　大張涇　林巷涇　張家涇
楊家涇　千步涇　金家涇　楊巷涇　丁涇　陸涇
張涇　山涇　達磨涇　華家涇　錢奉涇　東宋涇
木力涇　六行涇　潛涇　曹涇　白涇　山塘涇
西曹涇　沈涇　前鳳涇　六横涇　蔣信涇　葛涇
憂涇　温河涇　西宋涇　南横涇　吴涇　鄉界涇

盛家涇　高蔣涇　北橫涇　曹莊涇　黃文涇　張家永涇
拆撻涇　混河涇　李界涇　雙曹涇　西小涇　洋涇
壇涇　東小張涇　西小張涇　蕩涇　施家涇　高家涇
泖頭涇　下黃涇　東漻涇　橫火涇　西陸涇　冒涇
蔣松涇　東行涇　裘涇　洞涇　滰涇　潘涇
黃洞涇　婆子涇　陳河涇　吳冲涇　北里涇　張八涇
奉賢涇　小泖涇　闞家涇　俞新涇　洗泥涇　澱涇
大泖涇　劉家涇　梅家涇　徐家涇　墓涇　謝涇
須涇　褚石涇　鵓鴣涇　蘆涇　白泖涇　魚灣涇
鵝沌涇　西姚涇　王四涇　七灘涇　四安涇　善涇
寺莊涇　中洋涇　東洋涇　大婆涇　小橫涇　上橫涇
下橫涇　管港涇　招賢涇　徐婆涇　江子涇　篠子涇
張行涇　西洋涇　廣汪涇　界涇　麻涇　七涇
百尺涇　高梅涇　梅林涇　淡涇　孫涇　羅涇
呂運涇　高門涇　陳思涇　杏涇　秀才涇　泖涇
鄉心涇　大週涇　牛路涇　褚涇　萬言涇　牛漊涇

毛涇　李城涇　東高涇　大娘涇　崇定涇　謙蒲涇
長涇　小涇　鴉鵲涇　北沽涇　丁家涇　中腰涇
大腰涇　大娘子涇　簡涇　崇亭涇　錢麻涇　管涇
崇涇　游柘涇　仇涇　西湖涇　丘涇　中立涇
沈漕涇　河婆涇　中涇　韓泗涇　胡家涇　任涇
草涇　小兒涇　梁涇　米涇　泗涇　黄涇
柘林涇　長安涇　丘家涇　觀涇　賈涇　野奴涇
語兒涇　尹山涇　御史涇　金兆涇　腰涇　上家涇
趙灘涇　南張涇　北張涇　七里涇　南蔣涇　北蔣涇
蔡城涇　南聽涇　東聽涇　西張涇　東張涇　扁水涇
顧村涇　漳涇　黄鑾涇　迢延涇　何成涇　涯波涇
小洞涇　張仙涇　趙輝涇　聞涇　滂涇　任林涇
中高涇　二里涇　採花涇　曹河涇　小汛涇　兀子涇
牛市涇　敖涇　漕河涇　小張涇　小敖涇　蔣涇
磨子涇　岳塘涇　吕巷涇　横撈涇　黄泥涇　懸星涇
長壽涇　大茜涇　小姚涇　位生涇　鰻鱺涇　孫塔涇

斜行涇　大浦涇　西遊涇　步涇　東遊涇　裏涇
藕蕩涇　東山涇　西山涇　王泗涇　龍蕩涇　穿心涇
北居涇　平盞涇　西昂涇　楊惠涇　周家涇　顧涇
浪墩涇　尤墩涇　褚莊涇　梁涇　錢涇　沈勝涇
馬墩涇　王同涇　譚涇　沈莊涇　顧名涇　扁山涇
折腰涇　石家涇　太平涇　陸花涇　新開涇　周涇
雁來涇　鹿駝涇　諸謝涇　西壇涇　東廟涇　徐山涇
喬家涇　楊舍涇　蕭家涇　剎右涇　舊涇　横涇
楊莊浜　陸安浜　陳家浜　朱家浜　南墳浜　北墳浜
和尚浜　小浜　長浜　沈家浜　大塔浜　浦家浜
墳浜　北聞家浜　黄家浜　東松浜　西松浜　箬帽浜
張家浜　蔡家浜　蒲鞋浜　凌家浜　朴墩浜　戚家浜
櫧子浜　楊家浜　闞家浜　曲浜　新浜　音浜
添浜　緑草櫃浜　胡巷浜　長草浜　胡家浜　鈞鉤浜
中灰浜　蔣浜　徐浜　石浜　庵浜　郭高浜
陸家浜　邵婆浜　慶仁浜　鍾效浜　王家浜　杜家浜

七家浜
蔣墳浜
土地浜
沙澙浜
庵基浜
唐家浜
界浜
葉家浜
沈塔浜
王隆浜
鍋涇浜
馬家浜
千步浜
南舍浜
北舍浜
趙家浜
黄泥浜
繡斜浜
學良浜
趙墳浜
東家浜
棺材浜
蟹爪浜
郁家浜
曹家浜
羊叉浜
羊家浜
包家浜
潘家浜
員墳浜
丘家浜
皇墩浜
油麻浜
蘆黄浜
邵家浜
鐵店浜
周雞浜
莊家浜
陸舍浜
蔣公浜
新涇浜
舊舍浜
駱家浜
蝦籮浜
徐家浜
潮浜
淒潭浜
河浜
蘆浜
舍浜
張鷩浜
包文浜
脚浜
小娘浜
北楊浜
王保浜
何家浜
中家浜
荷花浜
蔣家浜
胡羅浜
塔浜
施家浜
郭家浜
行豆浜
彭家浜
南陸浜
季家浜
田家浜
萬家浜
廣浜
黄浜
周倉浜
火浜
侯家浜
東宋浜
周山浜
南長浜
摇摇浜
魚同浜
南徐浜
撻瀝浜
前浜
毛家浜
錢家浜
千家浜
趙巷浜
南村浜
油餅浜
碓坊浜
夏家浜
東陳浜
石匠浜
善家浜
秀才浜
覺庵浜

盧家浜　韓家浜　窑家浜　横浜　蟹摘浜　北長浜
計家浜　大墳浜　西長浜　東長浜　岳梁浜　泥田浜
張打子浜　宋家浜　烏長浜　金家浜　宋公浜　吴瘋子浜
欲田浜　吴燈浜　大家浜　車浜　師姑浜　烟墩浜
許巷浜　華家浜　湯家浜　艾家浜　王巷浜　戴家浜
顧家浜　陸匠浜　强家浜　孫家浜　竹園浜　軏頭浜
范巷浜　周家浜　諸家浜　合家浜　靴頭浜　螞蝗浜
柴溇浜　馮家浜　葛家浜　薛家浜　丁施浜　龍爪浜
葉謝浜　白龍浜　閔家浜　陶家浜　孔家浜　姚家浜
趙文浜　謝涇浜　張海浜　北俞浜　壽家浜　江涇浜
梅家浜　方浜　許家浜　打鐵浜　養田浜　麻家浜
莊浜　洞浜　張澤浜　譚家浜　褚家浜　丁家浜
吹笛浜　李麻浜　孫洞浜　夏宅浜　東泥甏浜　一灣浜
高巷浜　北泥甏浜　網船浜　竇家浜　吴塔浜　羅家浜
吴家浜　阮家浜　俞塘浜　牛橋浜　平家浜　洪家浜
小宋家浜　上浜　西沙浜　鄔家浜　鶴塘浜　鄭郎浜

中浜　問浜　鄭河浜　朱沙浜　高家浜　倪家浜
雞頭浜　龔家浜　李堂浜　肖郎浜　林家浜　船浜
朱郎浜　中沽浜　骨池浜　周思浜　站船浜　虞四浜
菱浜　趙公浜　朱長浜　嚴村浜　鄒司浜　談家浜
薄家浜　孫龍浜　北徐家浜　劉家浜　菖浦浜　陸福浜
修家浜　王郎浜　牛墩浜　西船浜　東船浜　游車浜
許郎浜　李巷浜　沈巷浜　封涇浜　掘頭浜　奚家浜
王泥浜　施中浜　石家浜　俞謨浜　羊山浜　柴浜
沙浜　魯家浜　官路浜　舟行浜　焦家浜　鍾家浜
朱堂浜　囊浜　廟浜　横瀝浜　瀝塔浜　孫婆浜
場官浜　瞿家浜　月河浜　大姑浜　李家浜　須家浜
六婆浜　莊姑浜　船枋浜　對坊浜　宴公浜　沈六浜
寺河浜　楊尚浜　蓬蒿浜　海鹽浜　楊樹浜　鶴腔浜
張麻浜　尚家浜　常安浜　北丁浜　夾浜　富家浜
龍家浜　洪家浜　西羅浜　中羅浜　小長浜　陸道浜
高浜　燒人浜　查家浜　曲水浜　東李家浜　西李家浜

牛馬浜　華婆浜　申明浜　倪墩浜　練家浜　塗衣浜
陸巷浜　徐巷浜　謝河浜　牛車浜　油車浜　西聽浜
聞家浜　温草浜　兩耳朵橋浜　集墩浜　俞家浜　黄洞浜
吴洋浜　夏長浜　中亭浜　蔣墩浜　焦墩浜　徐秀才浜
陳沈浜　陸灣浜　金涇浜　夏莊浜　亭武浜　石灰浜
五十畝浜　蔡方浜　洗泥浜　方家浜　柳家浜　荳腐浜
祝家浜　倒插浜　田肚浜　鴉雀浜　江家浜　葫蘆浜
斛松浜　黄橋浜　朱静浜　冰蔭浜　五舍浜　下家浜
蔣永浜　孔化浜　袁家浜　柴家浜　祁港浜　花園浜
計言浜　東姚浜　荷蘆浜　曹嚴浜　戴金浜　蓮池浜
杓頭浜　張思浜　東解浜　白蕩浜　湯河浜　斜塘浜
香家浜　小港浜　西庵浜　法華浜
北秀溪　秀溪
楊華灣　毛柴灣　阮家灣　金家灣　賣柴灣　周家灣
黄家灣　鶴景灣　南莊灣　吴家灣　沈家灣　冷水灣
盛家灣　西灣　里沙灣　丘家灣　落照灣　櫻株灣

何家溜					
白龍潭	窑潭	白水潭	落河潭		
泥婆漊	歸宅漊	季宅漊	蔡家漊	清水漊	和尚漊
陶家漊	川心漊	夾漊	小漊	古漊	黄泥漊
莫磨漊	善漊	單漊	松漊	馮家漊	中漊
周家漊	北漊	横漊	長漊	朱家漊	吴出漊
官漊	北陸家漊	湯先漊	灰扒漊	南塔漊	灣漊
何家漊	南漊	百念漊	金門漊	王家漊	顧家漊
楊樹漊	雙曹漊	西急門漊	東急門漊	斗頭漊	水漊
白柴漊	姜家漊	白沙漊	沈家漊	官才漊	生田漊
天河漊	胡家漊	袁家漊	沙漊	西唐漊	嚴家漊
金家漊	南横漊	五尺漊	南洪漊	菖蒲漊	研槌漊
邵家漊	迎王漊	南水漊	百水漊	北水漊	北長漊
南長漊	牛橋漊	蔣墩漊	三萬漊	筲箕漊	萬人漊
湯家漊	曹家漊	金漊	鹽倉漊	長漕漊	尚家漊
楊婆漊					

荷花池　鹽池
無名溝　新溝　菊花溝　南横溝　北横溝　沿河溝
官路溝　清水溝　沙泥溝　洪溝　大溝　横溝
蘆溝　金山溝　東夾溝　朱塘溝　八尺溝　許成溝
邵宅溝　車溝　衛家溝
菱門　黄橋門　西急門　東急門　金門
漴闕
泖子潤
六同村　何嚴村　新村　沈村　青村　嚴村
徐村　陳沈村
普門莊
朱巷路　朱家路　吴家路　官蕩路
東河塔　西河塔　南塔　沈塔　孫塔　吴塔
褚塔　瀝塔　范塔
北油車
宋家橋　包家橋　萬年橋

北水魚䃂　南水魚䃂
包家鐵
白俸香
東雷婆　西雷婆
仙鶴觀
潭子長
前岡　後岡　竹岡　紫岡　沙岡　東沙岡
半岡　南沙岡　北沙岡
褚家栅
魚池堰　張堰
南閘
龍淵
蓮花朶
滬沙　下沙
城外濠

上海縣

海

内横江　外横江　虬江　吴淞江　古江

鸞脰湖

横瀝　鰕瀝　北横瀝　南横瀝　新羅瀝　邵瀝

巨漕　黄漕　戴家漕　華漕　中漕　連家漕

鄭家漕　五漕　東陸漕　弓漕

秀才口　蹌口　宋家港口

北沙洪　南沙洪　穿洪　撇洪　西沙洪　川洪

玄沙

鴨子匯　鶴脛匯　魯家匯　梁家匯　蒲匯

東上澳　西上澳　上澳

城外濠

西薛龍　東薛龍

顧望塘　魚瀝塘　金匯塘　横瀝塘　俞塘　高門塘

望海塘　吳店塘　周浦塘　鹽鐵塘　大蹌塘　岡涇塘
百曲塘　陳村塘　北俞塘　聖浦塘　陸磊塘　水仙塘
沈莊塘　北鹽塘　鶴坡塘　海塘　三林塘　南鹽塘
鹹塘　橫塘　董瀝塘　西新塘　第二塘　新村塘
走馬塘　朱塘　紫岡塘　百步塘　蒲匯塘　三村塘
北曲塘　沙岡塘　篛帽塘　竹岡塘　捍海塘　駟馬塘
大蹌浦　東上澳浦　大蘆浦今名盧子浦　上海浦　南蹌浦
舊清浦　小淶浦　矴溝浦　郭浦　平浦　楊樹浦
下沙浦　聖浦　入海浦　周浦　華漕浦　魚浦
郭巷浦　大黃浦　都臺浦　龍游浦　春樹浦　東溝浦
西溝浦　橫浦　小黃浦　東漊浦　西蘆浦　蘆浦
桃樹浦　西郭浦　東郭浦　許浦　張鎮浦　赤眼浦
朱墅浦
薔薇河　新河　穿心河　黃祐河　中心河　鶯投河
新開河　運鹽河　積水河　沙洪河　淡水河　減水河
龍華港　蹌港　大魚港　吳家港　南長港　急水港

朱沙港　翁家港　網船港　魚家港　大勝港　殷家港
八竈港　橫漕港　弓漕港　鹽船港　牌樓港　大浦港
五竈港　三竈港　四竈港　虹橋港　瞿家港　寺前港
沙塗港　七竈港　內橫港　小橫港　胡家港　南長界港
大鯉港　六竈港　王家港　橫港　莊基港　新港
澱港　一竈港　北一竈港　北二竈港　北三竈港　二竈港
枯樹港　龍遊港　楊港　秦家港　郁家港　韓倉港
八尺港　內橫港　外橫港　黃河港　馬路港　顧五港
備竈港　杜赤港　行涇港　倪家港　橫校港　達涇港
龍骨港　戴家港　閘港　顧家港　官路港　淘河港
馬橋港　百步港　黃英港　車子港　邵瀝港　小姑港
夾港　沈沙港　橫沔港　界港　溪水港　一百曲港
楊賜港　日赤港　洋涇港　廟涇港　華漕港　中漕港
南漕港　副段本港　宋家港
千步涇　莊家涇　廟涇　東廟涇　橫涇　語兒涇
南廟涇　楊淄涇　菖蒲涇　東河涇　三王涇　半段涇

王千涇　庵涇　吕調涇　彭家涇　斜涇　錢涇
午横涇　夏河涇　横清涇　馬肫涇　唐村涇　沈涇
姚婆涇　丘涇　馬路涇　蒲撻涇　陶涇　烏泥涇
大婆涇　牛腸涇　交紋涇　蕭師涇　白蓮涇　界涇
丫泥涇　羊腸涇　唐子涇　吴衙涇　後漕涇　扁漊涇
西分圩涇　東分圩涇　北新涇　中分涇　楊林涇　小洋涇
洋涇　榆木涇　漕湖涇　馬迆涇　周涇　西灑涇
方門涇　劉涇　李崇涇　新涇　三涇　野奴涇
上江涇　吴晛涇　種涇　張涇　總涇　灌涇
何家浜　黄泥浜　長浜　張家浜　楊家浜　舍浜
蘇家浜　小黄浜　孫家浜　網船浜　夏焦子浜　殷家浜
新浦浜　張勝浜　靛家浜　南長浜　石橋浜　雙港浜
徐里浜　董家浜　北長浜　永泉浜　張婆浜　道院浜
鴉鵲浜　吴四浜　急水浜　顧家浜　王家浜　倪家浜
周家浜　沈公浜　逃户浜　横浜　丘公浜　陳勝浜
錢家浜　朱箍桶浜　污窑浜　西陳勝浜　郁家浜　謝家浜

汪家浜　朱家浜　陳家浜　蔣達浜　馬家浜　陸家浜
蔣家浜　吕家浜　黄家浜　東家浜　青方浜　潘家浜
范家浜　一界浜　盛家浜　内横浜　外横浜　界浜
趙同浜　徐家浜　前丈浜　盧家浜　石灰浜　小洋浜
石家浜　南楊浜　北楊浜　師家浜　莊家浜　九曲浜
戴家浜　劉家浜　陸道浜　宋家浜　官長浜　八千浜
枯樹浜　猪行浜　九七郎浜　福星浜　李家浜　柴長浜
迮家浜　葉家浜　站船浜　海塘浜　薛家浜　高行浜
小弓浜　作家浜　第二浜　翟家浜　馮家浜　東浜
肇嘉浜　周涇浜　南陸家浜　唐浜　北陸家浜　洋涇浜
外薛家浜　方浜　侯家浜　北侯家浜　姚家浜　湧泉浜
陶家浜　俞家浜　夏家浜　第一浜　彭家浜　金家浜
王麻子浜　沈家浜　謝水浜　中沙浜　小浜　和尚浜
陳婆漊　思孤漊　牌樓漊　倪家漊　赤荳漊　歸涇漊
黄淄漊　盤蛇漊　菖蒲漊　石賜漊　楊淄漊
夾溝　界溝　八尺溝　東溝　倪家溝　趙瀝溝

車子溝　西溝　禦倭溝　小車溝　中新溝　矴溝
漁溝　陳家溝　朱家溝　秦家溝　莊家溝　黄家溝
秦刁溝　丘家溝　趙家溝　楊家溝　徐巧溝　孫家溝
吕家溝　盧九郎溝　吕師溝　陶溝　車溝　蘆溝
魚洋灘
競子灌
東競子　西競子
婆葦漨　華漕漨　奚婆漨
陸家盤　致字盤　結字盤
顔家窪　魚水窪
牛角尖
倪家灣　孫家灣　龍華灣
竹岡　沙岡　紫岡
黄渡　魚庵渡
新閘
牧瀆

青浦縣

吳淞江　虬江　青龍江　白鶴江　新江　浦家江　西舊江

澱山湖　瓢湖　沉龍湖與長洲縣分界

横泖　南横泖　長泖　大泖　圓泖

黄浦瀼

蓮花漾　小葑漾　大葑漾

七匯　蒲匯

金澤　柘澤　崧澤

斜瀝　横瀝　長瀝

黄光漕　張太漕　張塔漕　北漕　泖漕

千人漕　江洸漕　華漕　大漕

荷花蕩　周家蕩　南沙蕩　潘蕩　三分蕩　陶蕩

任鄧白蕩　謝莊蕩　連湖蕩　火柴蕩　金銀白蕩　東圩白蕩

楊廉蕩　羅家扇蕩　李家栅蕩　蔡家蕩　泖連蕩　鼋蕩

東鷰蕩　西鷰蕩　沙田蕩　東陳蕩　西陳蕩　南陳蕩

任鄧蕩	濮家蕩	金銀蕩	周莊蕩	蒲蕩	
鹽鐵塘	鳳溪塘	新江塘	祥澤塘	横塘	白牛塘
古浦塘	澤塘	濮陽塘	章練塘	走馬塘	横山塘
諸路塘	古塘	張塘	海塘	趙塘	烏塘
山前塘	捍海塘	車庵塘	崧塘	玄武塘	蟠龍塘
横塘	蒲匯塘	神仙塘	秀溪塘	横浦塘	旗港塘
沈涇塘	通波塘	柘溪塘	大貞塘	小貞塘	金澤塘
宅塘	葑澳塘	漕浦塘	崧澤塘	柘澤塘	張涇塘
諸家塘	吴店塘	烏嘴塘	唐才塘		
下漊浦	莫浦	楊林浦	華潮浦	赤瀉浦	小淮浦
平浦	張浦	李浦	新曹浦	北平浦	小淶浦
横瀝浦	大淶浦	顧會浦	艾祁浦	朱墅浦	金社浦
淮浦	合浦	西浦	大盈浦	横管浦	施浦
西霞浦	黄河浦	東管浦	管浦	大趙屯浦	會仙浦
赤眼浦	嚴徜浦	東施浦	南澥浦	梁紇浦	小趙屯浦
南趙屯浦	北趙屯浦	直浦	鼓盆浦	内勳浦	玄武浦

漕浦　清切浦　趙盆浦　羅浦　古塘浦　趙浦
石浦　崧子浦　盤龍浦　蔡大浦　周浦　方亭浦
横浦　張春浦　郭浦
蹌開河　新河　腰河　小新河　長春河　羊河
烟河　運河　龍河　横泖河　大新河　新開河
楊河　地字圩河　六字河
龍潭　沙泥潭　圓潭
羅家扇
蔡浜嘴
落須灘
黄家港　花橋港　金墩港　杜癡港　夏家港　韓巷港
冷灣港　執銅港　白溪港　張家路港　澤塘港　金田港
泖田港　廟港　王田港　沈巷港　褚莊港　周方港
駱駝港　丁家路港　安莊港　闞家港　曹墳港　八曲港
南漕港舊名鹹魚港　褚庵港　龍華港　葉巷港　汪家港
徐家港　金獅港　離騷港　俞家港　大洋港　南横港

朱沙港　橫港　墻巫港　雪落港　大葑港　姚斷港
急水港　湖田港　王巷港　蔡家港　東陳港　謝莊港
金白港　陸家港　南灣港　爛路港　山涇港　車路港
鴉鵲路港　烏塘路港　青墩港　王大港　謝夫子港　斜港
烟墩港　新港　郭巷港　青龍港　浦家港　羊葉港
陸順港　大曹港　陸店港　山灣港　宋公港　馬常港
朱家村港　漕港　大山涇港　北漕港　旗港　張店港
斜瀝港　薛家港　褚家港　上段港　何家港　包家港
龍潭港　趙屯港　張家港　琴村港　石塘港　支流港
七匯港　曹港　姚港　六港
橫涇　浦周涇　磚窑涇　吴家涇　黄家涇　小張涇
新涇　吴昌涇　陳涇　夏皮涇　東洋涇　柘圓涇
曹村涇　曹涇　小洞涇　小墳涇　刑涇　吕莊涇
張婆涇　凌涇　昌涇　湛涇　張涇　徐涇
南寺涇　浦詳涇　話字涇　寺涇　淡涇　直涇
團圓涇　張七涇　郭杭涇　石榴涇　急水涇　周涇

杜石涇　宋涇　張家涇　篠涇　千步涇　蕭家涇　腰涇　大山涇　湖涇　油車涇　虬涇　塗涇　吴涇　笑連涇　施六涇　新開涇

謝夫子涇　顧方涇　李莊涇　曹子涇　山涇　黄興涇　北行涇　周方涇　牛腸涇　東盛涇　張墅涇　朱流涇　北徐涇　下段涇　陳溪涇　鄒家涇

韓涇　杭家涇　胡涇　斜涇　印涇　莊涇　沙涇　西涇　望湖涇　西盛涇　馬陸涇　史墓涇　周清涇　廟涇　羊涇　尤秀涇

金陶涇　北金涇　壩涇　西洞涇　蓮子涇　西洋涇　行涇　烔墩涇　吴貴涇　鄒涇　烔河涇　嚴涇　殷涇　石橋涇　萬步涇　楊墓涇

九千涇　外婆涇　北外婆涇　西安涇　沙河涇　箭幹涇　莫家涇　王家涇　王大涇　毛流涇　四達涇　石涇　黄團涇　羊墓涇　北寺涇　北楊涇

和尚涇　杜羅涇　牛輪涇　朱那涇　苧墩涇　八千涇　長瀝涇　小凌涇　小淶涇　施家涇　洞丘涇　秋末涇　孔涇　黄代涇　小涇　封涇

莊碘涇
黃鑾涇
丘涇
金家涇
佘山涇
斛同涇
界涇
潭路涇
古塘斜涇
雙涇
斜路涇
凡涇
瞿涇
黃華涇
大洋涇
小洋涇
莊家涇
唐家涇
八仙涇
高河涇
南田涇
陳何涇
楊全涇
螺螄涇
南湛涇
北湛涇
張廣涇
泗涇
陳道涇
龐涇
李少涇
王段涇
白洋涇
南談涇
北談涇
中談涇
朱家涇
菖蒲涇
高門涇
亭子涇
褚涇
迮墓涇
何涇
小山涇
五千涇
朱戴涇
七千涇
趙堂涇
湯涇
潘涇
蔣涇
古方涇
王金涇
朱池涇
李河涇
五段涇
徐墓涇
鴉鵲涇
沈涇
橫港涇
吴朱涇
李沙涇
南沈涇
唐光涇
陳墓涇
古盆涇
盛涇
涄涇
小吴涇
官田涇
白米涇
西金涇
高涇
許子涇
沈連涇
鳥嘴涇
白鶴涇
六童涇
陸萬步涇
孔宅涇
姚港涇
六港涇
金涇
剎樹涇
中央涇
南里涇
童家涇
朱達涇
赤魚涇
北洋涇
湄涇
南洋涇
白瀼涇
洋涇
洋先涇

東蔡浜　夾界浜　牛車浜　曹家浜　陸家浜　石家浜
顧家浜　楊家浜　羊河浜　何家浜　六骨浜　諸家浜
江家浜　小浜　上江浜　老鴉浜　黄家浜　孫家浜
伍家浜　張婆浜　吴家浜　蕭家浜　姚村浜　茹家浜
景家浜　廟浜　蘆山浜　丘家浜　韓家浜　蔡家浜
落渡浜　馬家浜　張士浜　王家浜　張家浜　管施浜
黄葱浜　陶蕩浜　莊浜　新浜　界浜　王治浜
朱流浜　杜婆浜　王母浜　東浜　義家浜　宋家浜
施家浜　羊家浜　衆安浜　高家浜　後浜　庵浜
南浜　陳浜　徐家浜　西郎浜　沙地浜　倪家浜
糊塗浜　丁家浜　琴村浜　司家浜　陸司浜　陳工浜
道林浜　潘家浜　落蘇浜
雙溪　鳳溪　柘溪　秀溪
陶家灣　陳家灣　大莫家灣　潘家灣　南灣　山灣
櫻株灣　冷灣
蘇溝　胥溝

百脚漊　朱漊　陳家漊　楊漊　新漊　黄泥漊
諸漊　何家漊　腰漊　七千漊
天聖莊
七家村　朱家村　琴村　曹村　姚村
李家栅
丁家路　烏塘路　爛路

常州府

武進縣

揚子江
太湖　宋建湖　陽湖　芙蓉湖　滆湖一名西滆沙子湖
徐湖　北洋湖
徐湖湶　陽山湶　六涪湶
伯牙瀆　蘭陵瀆　孝感瀆　湛瀆　官材瀆　孟瀆
直瀆　塘瀆　佘柯瀆　黄土瀆與無錫縣分界

蠡瀆與無錫縣分界　高梅瀆　灣瀆　大吴瀆　塘口瀆
劉瀆　楊莊瀆　東瀆　黃瀆　孤瀆　新瀆
李瀆　脈息瀆　官瀆　陳隸瀆　山瀆　莊墅瀆
無口瀆　市橋瀆　梅塘瀆　烏瀆　蘆瀆　草瀆
雙瀆　杭瀆　陰陽瀆　丫臼瀆　古龍瀆　甑潭瀆
太墟瀆　長令瀆　朱瀆　沙塘瀆　許墓瀆　褚墟瀆
楊巷瀆　吴溪瀆
落花蕩　白蕩　長蕩　大圩蕩　龍蕩
烈塘　游塘　走馬塘　新塘　顏塘　清水塘
射雁塘　山林塘　青墩塘　陳塘　除塘　上景塘
殷村塘　平塘　鄭鐵塘　安塘　北順塘　歡塘
柘塘　顧塘　順塘
運河　鳴鳳河　漕河　談村河　余澤河　郯村河
孟津河　西蠡河　青龍河　順龍河一名柘塘河　興隆河
永安河　永興河　青城河　虎穽河　歡塘河　黃堰河
太平河　華渡河　丁堰河　陳墅河　水礎河　布奔河

黄汀河　張河　南山塘河　倉頭河　利大河　通濟河
上店河　纙澤河　紫溝河　順塘河　小新河　南新河
灣瀆河　下埠河與宜興縣分界　小河　戲龍河　白龍河
小龍河　養濟河　延壽河　安寧河　丫河　萬塔河
飯馬河　南北陽河　城河　惠明河　後河　官瀆河
平原河　申浦大灣河　綱頭河與江陰縣分界　得勝河　剩銀河
南洞子河　北洞子河　得勝新河　通江河與江陰縣分界　白射山河
界河與無錫縣分界　顔塘河　殷墅河　塘門河　青河
西浦界河　得勝南新河　洞子河　大溝河　顧塘河　山塘河
龍溝河　剩功河　蠡河　具莊河　周陳河　利墅河
雙廟河　斜河　胡橋河　孫覷河　九曲河　漕橋河
百丈河　月城河　雙橋河　鳳翥河　小深河　浥塘河
卞莊河　水月河　蔣灣河　安塘河　運村河　張江河
前塘河　劉瀆河　後澤河　白塘河　尖葑河　薛堰河
印馬河　孟瀆河　澡港河　省莊河　潘郎河　鬧河
洪橋河　濟農河　大灣河　新橋河　大孟河　小孟河

萬歲河 査墟河 塞橋河 迎龍河 九瀆河 皇里河
北順塘河 南閘河 小丫河 三里河 黃林河 洪莊河
海口子河 後水河 張河 孟涇河
池家港 蘆草港 七里港 鰪頭港 百瀆港 潚港
魏村港 水仙港 澡港 水路港 秦村港 華渡港
徐洪港 王塘港 上陳港 平塘港 丁塘港 龍窟港
採菱港 戚墅港 三山港 澡子港 蠡瀆港 余澤港
下蕭港 垂虹港 遺柯港 花塘港 虞橋港 洛陽港
戴琦港 龍門港 大洪港 龍蕩港 普安港 楊柳港
楝樹港 湖瀆港 塘瀆港 莊瀆港 馬畜港 荊城港
下埠港 分水港 靈臺港
白鶴溪 三漏溪 鍾溪 下溪 白梅溪
清水潭 嘉山龍潭
邗溝 長溝 新溝 龍溝 採菱溝 蓼溝
西平溝 大湖溝 小湖溝 東沙溝 西沙溝 曹溝
西流溝 上界溝 下界溝

白馬涇　夾涇　孟涇
西浦　申浦
盧莊浜　老鴉浜　方莊浜　殷家浜
城濠
漕渠
羅墅灣　大灣　白魚灣　蔣灣
陳渡　河上渡
黄汀
西河洞
新村嘴
丁堰　戚墅堰　石堰　薛堰　黄汀堰　奔牛堰
三山堰
丈成壩　沿塘壩
犇牛閘

無錫縣

太湖　五部湖一作步　蠡湖一名漕湖，與長洲縣分界　濠湖與長洲縣分界

小五湖一名五里湖　陽湖與武進縣分界

間江

鄧蕩　青魚蕩　黄僧蕩　崇村白蕩　蘇金蕩　徐瀆蕩

大渲滰　小渲滰　青祁滰　塘于滰　洪丘滰　漆滰

馬金滰　西謝滰今名謝蕩

孤瀆口　雉尾口與武進縣分界　馬蠡口　閘口

斥瀆　西瓜瀆　信義瀆　黄土瀆與武進縣分界　孤瀆

東葑瀆　沈瀆　冷瀆　秋子瀆　毛瀆　石瀆

蠡瀆與武進縣分界　泰伯瀆　歐瀆

芙蓉塘　稍塘　張塘　石塘　落星塘　周塘

盛塘　福塘　走馬塘　興塘　咸塘　螟塘

潭塘　新塘　吴塘　寺塘　斷塘

修浦　運浦　利浦　横浦　柴浦

龍山白龍潭　軍將山龍潭　安陽山龍潭　香山龍潭　東龍潭　西龍潭
興道二龍潭
蔡家渡　胡家渡　尤村渡　何家渡
五丫浜
江陂河　高陸河　運河　太平河　月河　蟆塘河
倉河　水磋河　雙牌河與武進縣分界　張涇河　中新河
包堰河　濠河　鄒祈河　倉前新河　玉帶河　東帶河
濠橋河　師姑河即第九箭河　弓河　張塘河　王莊橋河
杜家河一名太平橋河　新塘河　轉水河　芙蓉河　盛河
閘口河　雙河　五瀉河　咸塘河　新河　羊尖河
嚴棣河　鴨城河　破增河一名福塘　潭塘河　横塘河
胡橋河　營河　洛社河　劉家河　斷塘河　盛塘河
蠡河　顧市河
蠡口尖
花渡港　直湖港　雙牌港　太平港　蟆塘港　馬蠡港
興塘港　志公港

張涇　梁墓涇　廟涇　塔子涇　九里涇　界涇
交涇　曹黄涇　大龍涇　小龍涇　横涇　西瓜涇
寺塘涇　西界涇　南界涇與長洲縣分界
梁溪一名梁清溪　長廣溪　赤城溪　新安溪　烏角溪與吴縣分界　西溪
南邗溝　北邗溝　邗溝
蓮干陂　上陂　蒙里陂　赤湖陂　傍里陂　新豐陂
許陂　華陂　上干陂　直湖陂
錫山澗　黄公澗　回龍澗　蟠龍澗　周塘澗　裹山澗
大澗　小澗
五瀉堰　望亭堰　將軍堰　馮堰　梓堰　高陸堰
五瀉閘　楊濆閘即歐濆置閘處　蓮蓉閘　斗門閘　望亭閘
吴塘門　獨山門
湖埭　嚴埭
黄埠墩　仙女墩　太保墩

江陰縣

揚子江
胥湖　纖湖　暨陽湖　前湖　射陽湖
楊淮河　青暘河　千秋河　漕河　習禮河
界涇河與無錫縣分界　南轉河　横河　九里河　清溪河
長河一名應天河　永安河　觀莊河　長壽河　市墩河
泰清河　直塘河　便民河　馮塘河　楊村河　周港河
東新河　倪塘河　南新河　百丈河　馬鎮河　五瀉河
庭塘河　立埭河　經河　順塘河　利大河　蕭岐河
前渟塘河　後渟塘河　官禄河　李岸河　南山塘河　新河
花塘河　高岸上河　廟堂河　北山塘河　崇溝河　興隆河
舜河　龍溝河　九曲河　綱頭河與武進縣分界
山塘河　楊岐河　清塘河　長亭河　學前河
黄田港一名汊港，一名李港　戚墅港　鰣魚港　趙婆港　白沙港
石牌港　石頭港　陳港　蔡港　范港　私港

谷瀆港　令節港　夏港　流皮港　申港　蘆埠港
利港　五斗港　桃花港　漕港　塌水港　黄山港
東雷溝港　西雷溝港　王家港　陳湖港　新溝港　丁堰港
三山石堰港　曲港　化成港　周港　亭子港　薄港
鰻魚港　鵝鼻港　立埭港
楊淮口　三河口　四河口　八字口　鬼涇口
黄天宕
鄧家蕩　西洋蕩
清水塘　南山塘　北山塘　馮塘　清塘　庭塘
張塘　直塘　順塘　前渟塘　後渟塘　回塘
官禄塘　泥塘　横塘　祝塘　湖塘　白塘
山塘　花塘　倪塘
桑家浜　馬奇浜　松橋浜
菖蒲涇　張涇　界涇與常熟縣分界　馮涇　馬涇
斜涇　夾涇　新涇　蔡涇　由里涇
鬼涇與常熟縣分界

胥溪　塘蜞溪
黄田閘　蔡涇閘　南關淺水閘　北關淺水閘　東關淺水閘
新涇閘　馬師閘　唐市閘
回塘堰　利楚堰　石堰　丁堰
西水灣　冷水灣　女山灣
東雷溝　西雷溝　新溝　崇溝
北角
磨盤墩

宜興縣

太湖　滆湖與武進縣分界　洮湖一名長蕩湖
蓮花蕩　止口蕩　馬公蕩　蒲干蕩　常平蕩　黄墟蕩
餘皮瀆　洴浰瀆一名南北洋瀆　都山瀆一名白魚蕩　黄土瀆一名白魚灣
常富瀆　臨津瀆　蒲墅瀆　洋瀆　亳村瀆　梅村瀆
下邾瀆　楊婆瀆　下碚瀆　錢墅瀆　石橋瀆
墓瀆　葛瀆　黄瀆　褚店瀆　歐瀆　彭瀆

毛瀆　趙瀆　師瀆　後師瀆　徐瀆　河瀆
朱瀆　楊溪瀆　臼瀆　礬瀆　北津瀆（津舊俱作準）
中津瀆　新瀆　歷瀆　前黄牛瀆　茭瀆　杜瀆
南津瀆　烏溪瀆　鴨含瀆　伍賢瀆　牛路瀆　廟瀆
馬巷瀆　大浦瀆　龔師瀆　蛇瀆　李莊瀆　新漕瀆
馬家瀆　俞家瀆　鄭瀆　寺莊瀆　高莊瀆　西市瀆
臺莊瀆　握瀆（一名掘瀆）　盛瀆　湯瀆
茅耆瀆（一作祁）　張瀆　北朱瀆　何談瀆　梁新瀆
土瀆　南朱瀆　魏瀆　凌瀆　吕瀆　塢瀆
王塔瀆　定跨瀆　虞瀆　岸瀆　須瀆　許家瀆
高涇瀆　李家瀆　竹門瀆　前塘瀆　斯塘瀆　許墓瀆
永昌瀆　吴瀆　蔡瀆　蔣瀆　符瀆　陳埭瀆
陳莊瀆　山瀆　楊巷瀆　吴溪瀆　長陵瀆　涣瀆
妙干瀆　上角瀆　五千瀆　胡瀆　古龍瀆　若文瀆
官瀆　卞瀆　鍾瀆　丫臼瀆　陰陽瀆　莊墅瀆
無口瀆　省瀆　市橋瀆　黄土瀆　韓瀆　周瀆

東湛瀆　西湛瀆　草塘瀆　黃牛瀆　樓公瀆　湫瀆
上瀆　下瀆　蒙瀆　馬瀆　公瀆　繆瀆
魚瀆　良心瀆　旱瀆　祖瀆　禮瀆　稍瀆
橫塘　鸜鵒塘　吳溪塘　沙塘　城塘　鯨塘
靜山塘　草塘　旱塘　黃塘　河瀆塘　河門塘
大浦　章浦　滄浦
運河　白龍河　後袁河　閃溪河　通澤河　東蠡河
梅村河　下埠河與武進縣分界　莊村河　興陽河　南渡河
亳村河　公文河　北渠河　高瑶河　西蠡河　上干河
城塘河　龍潭河　川埠河　義莊河　柯山河　黃土河
蜀山河　五牧河　孟涇河　彭莊河　師堂河　臨津河
鍾離河　蓬塍河　東瀆河　長六河　張師河　艾墅河
九里河　土干河　永定河　楊港河　常富河　薛家河
宋瀆河　從三河　寺基河　栅豆河　私塘河　西莊河
橫塘河　倉場河　金波河　丁莊河　後河　下張河
吳瀆河　方莊河　廣濟河　上新河　下新河　大樹河

鯨塘河
李家河
永安河
新安河
苔莊河
前洛河
下章河
張石河
象賢河
七里莊河
東莊河
圩溝河
萬壽河
楊富河
辛方河
餘堂河
湖頭河
渡頭河
楊舍河
大溪河
干瀆河
夾苧河
竹舍河
長壽河
丈溝河
萬道河
土城河
馮家河
蔣店河
八字橋河
侍郎河
雲藹河
天生河
東塘河
草塘河
張公壩河
梅林河
新眼河
山溪河
倉浦河
旱塘河
寺莊河
唐門河
圓照河
桑樹河
泊陽河
薛滸河
大新河
澗北河
徐舍河
堂前河
謝橋河
深溪河
龍遊河
戲塘河
安樂河
小酥河
湴頭河
陽泉河
興隆河
趙莊河
長林河
對埠河
盛瀆河
烏嘴瀆河
豐義河
集義河
南陽河
宜風河
白溪河
塘河
小黑河
程墅河
橫河
從河
丫溪河
尹村河
蘭溪港
周鐵港
陳橋港
下洙港
沙塘港
定跨港
烏溪港
大浦港
南趙港
莊前港
鳳川港
紅巷港
雙橋港
後河港
十里港
楝樹港
前渟港
黃塘港

鰕涇　孟涇　白雲涇　歸涇　癸涇
倉浜　深浜　田滄浜
荆溪古中江溪　新溪　東氿溪　西氿溪　忻溪　朋溪
吴溪　東瀉溪一名罨畫溪，又名五雲溪　大溪　白溪　鍾溪
湖㳇溪　陽溪　塞溪　湫溪　爛路溪　蓮湖溪
章溪　竹溪　慈湖溪一名西陽渚溪　考溪　陽羨溪
丫溪　潼渚溪
玉女潭　章㯳潭　金牛潭一名伏牛　蔣墓龍潭　龜潭
君山龍潭　計山龍潭　聖山龍潭　清水龍潭　龍池龍潭　琅玕山龍潭
白芒潭　拜都潭　東潭　西潭
湖㳇渚　潼渚　張渚　石蘭渚　西洋渚
冶林澗　黄潼澗　大澗　横澗　洛澗　白馬澗
水西澗
張公壩
西堰　分水堰　銀林堰
東山灣

蠡河口　洴浰口　荆溪口
官渡　湯渡
黄巖龍池
分水墩

鎮江府

丹徒縣

揚子江一名京江
龍目湖　杜墅湖　焦湖　新豐湖
漕渠
萬頃洋與丹陽縣分界
新港口　三江口　大港口　閘口
水塘　侯塘　彭塘　職塘　下陂塘　店塘
前塘　塔塘　繆家塘　康灣塘　上灣塘　顯堽塘
西廟塘　楊樹塘　墓岡塘　黄杜塘　鮑村塘　羊栅塘

高莊塘　路西塘　夏侯塘　夏修塘　贍軍塘　黄杜村塘
南塘　蔣公塘　白露塘　東子塘　三角塘　墊塘
義莊塘　半塘　辛塘　枝塘　下鼻塘　徐港新塘
波斯塘　羅木塘　許家塘　中漩塘　下漩塘　九家塘
皇塘　石塘　凌塘　大塘　新塘　蔣塘
草塘　漏塘　破塘　蓮河塘　雋塘　上塘
趙墳塘　石城塘　張家塘　石市塘　東菰塘　西菰塘
破窰塘　上雙塘　下雙塘　菱子塘　上行塘　劣撤塘
上戴塘　下戴塘　東下戴塘　張花臺塘　阜塘　新昌塘
基塘　華塘　包莊塘　丁家塘　陶莊塘　黄塘
吴塘　杜塘　高漩塘　滿塘　鸚塘　丁余塘
石灣塘　顔巷塘　鶴頭塘　朱公塘　觀塘　洪鶴塘
和尚塘　黄公塘　官莊塘　陳灣塘　大塘　張田塘
家東塘　東么塘　郭家塘　楊家塘　吴家塘　朱家塘
大埠塘　村中塘　坊西塘　謝岸塘　百馬岸塘　二娘塘
經山塘　三家塘　聚塘　張塘　談塘　蘇塘

徐墓塘　魏塘　崔塘　微衍塘　李塘　顔塘
徐塘　焦塘　干塘　丁塘　茆塘　周塘
古塘　馬塘　花塘　長塘　窑塘　官塘
閔塘　小塘　對塘　雙塘　西塘　鄔家塘
華家塘　許家塘　戴家塘　蔡家塘　馬家塘　王家塘
朱公塘　魏公塘　錢公塘　康公塘　府學塘　後灣道士塘
師姑塘　人師塘　馬蝗塘　螺螄塘　舊楊塘　浮萍塘
陳上塘　黄沙塘　池子塘　塔山塘　泊林塘　東雙塘
西高塘　中高塘　南廟塘　西灣塘　深溝塘　後澗塘
小灣塘　黄土塘　古劉塘　明王塘　吴新塘　米湖塘
長堰塘　大堰塘　零池塘　來成塘　西吴塘　家東塘
大南塘　家西塘　澗西塘　北大塘　上大塘　下大塘
西渡官塘　後地干塘　黄土雙塘　福林前塘　金山後村塘　東家遂少塘
屯塘　菱塘　陳塘　東塘　北塘　下塘
劉塘　米墳塘　鬧塘　東灣塘　紀家塘　金山祖塘
五塘　七畝塘　溝塘　鹿塘　潘塘　殷塘

東塘　姚塘　社塘　朱塘　柳塘　謝灣塘
胡家塘　青鑾塘　莫家塘　拖子塘　堰溝塘　言水塘
瓦窑塘　周家塘　高堰塘　木城塘　李糞塘　張南塘
湯家塘
濫泥洪
西津
茅浦　徒兒浦　潤浦　下鼻浦　西浦　北固浦
樂亭浦
沙腰河　西舊河　蒜山河　新河　土橋河　海涵河
杜墅河　市河　寺河　鄭河　新豐河一名新豐塘
海鮮河　魯堰河　青培河　汊河　長山河　寶堰河
水磨港　金線港　董家港　黄港　新河三港　朱季港
甘露港　新港　鱔魚港　京口港即江口運河　丹徒港
山北港　澗壁港　丁卯港　莫家港　車村港　泄溝港
廟瀆港　戴港　上朱港　下朱港　大港　黄港
柳港　泄港　孩溪港　沙灰港　寨橋港　西港

季港　張港　許港　生港　汝山港　韓橋港
二里港　七里港　鮮海港　下鼻港　斷妖港　洪信港
高資港　炭渚港　蘿蔔港　吴家港　油榨港　桃花港
徐府港　毛沙港　孟家港　朱家港　何家港　蕭家港
李家港　太平港　東界港　長生港　錢家港　太廟港
雙水洞港　官沙港　丹徒減水港　北港　厥港　鐵索港
樂亭港　倒流港　柳溪港　木杓港
唇溪俗呼爲辰溪　夢溪　馬林溪
積水澳　烏盆澳　歸水澳
放生池又名秦潭，緑水潭　鳳凰池　周連池　零池　荷香池
薛家池
丁卯埭
新潭　護軍潭　秋月潭　馬潭
第一漩　第二漩　第三漩
陸家灣　都灣　康灣　上灣　謝灣　西灣
東灣　石灣　陳灣　後灣　小灣　紀灣

胡豆洲　貴洲　顔洲
出水溝　深溝　堰溝
魯堰澗　黄堰澗　走馬澗
栲栳閘　南閘　京口閘　腰閘　歸水澳閘　積水澳閘
上閘　下閘　中閘　甘露上閘　甘露下閘　大瀆山閘
減水閘　新閘
炭渚
西津斗門
劉堰　魯堰　長堰　大堰　黄堰
護倉壕
甘露港壩即新港壩　丹徒壩　程公上壩　程公下壩　鱔魚壩
平江壩
南冷　中冷　北冷
大夾岡　小夾岡　紀灣岡　棧岡　朱灣岡　下夾岡
水碓　黄水碓　吕城石碓　丹徒澗壁石碓

丹陽縣

練湖一名練塘

萬頃洋與丹徒縣分界

簡瀆俗呼瀆河　相瀆一名直瀆　呂瀆　丁義瀆

破岡瀆　上容瀆　珥瀆　方瀆

新開運河　市河　珥瀆河俗呼七里河　南市河　九里河

九曲河　香草河　蕭帝河　珥村鎮河

漕渠與丹徒縣分界

浦里塘　吴塘　皇塘　姜塘　皎塘　後塘

前塘　張塘　趙塘　閶塘　南塘　北塘

千塘　長塘　郜塘　費塘　舊塘　譚塘

荒寺塘　小吴塘　柳茹塘　莊湖塘　都波塘　扶紳塘

老村塘　譚家塘　永樂塘　九源塘　五千塘　萬建塘

萬柳塘　萬東塘　九里湖塘　越塘　竹塘　蕭塘

闕塘　白龍塘　横塘

蕭港　蕭塘港　包港　左墓港　吴陵港　馬嘶港
吕瀆港　時安港
馬林溪　夢溪　白鶴溪一名荆溪　簡溪　南溪
灣溪　清水潭　倒潭　石潭
湯家灣泉　玉龍泉　彭泉
李成澗　桃花澗
黄泥壩陵口　河口　栅口
雲陽九里埭　中丘埭　破岡瀆上埭　上容瀆十六埭
楊家溝　華塢溝　張溝　利溝　雙溝　天溝
塘溝
吕城石碇　夾岡石碇
吕城斗門　夾岡斗門　練湖閘門
黄堰　博望堰　麥埠堰　横塘堰　珥村堰　草堰
木陂堰
斗門閘　水關石閘　吕城閘　博望閘　練湖下閘
黄泥壩　吕城壩

塌頂灣　七里灣　瓦窰灣　漩灣　竅河灣　石潭村長灣

酒流灣　湯家灣　白鶴灣

金壇縣

長蕩湖一名洮湖思湖　高湖　茭湖　泥湖

白龍蕩　千斤蕩　錢資蕩　千莊蕩　滕湘蕩　蔣匠蕩

白魚蕩　西周蕩　江家蕩　赤草蕩　風子阮家蕩　鮑蕩

天荒蕩　九里蕩　栢蕩　大蕩　北渚蕩　官蕩

秧蕩　白水蕩　下蕩

大浦口　高湖下口　思湖口　三河口　敞塞口

北渚

北洲瀆　南洲瀆　葉瀆　周瀆　新瀆　高湖下口瀆

甓橋徑瀆　古速瀆　白石瀆　五中瀆　沈瀆　清水瀆

溫瀆　後瀆　湖口瀆

紫陽渠　西陽渠

莞塘　單塘　陳塘　寄秧塘　洋塘　官塘即大塘

前塘　萬年塘　杏甘塘　下衣塘　黄塘　東塘
鵝毛莊塘　東禪寺塘　小塘　萬建塘　茅頭塘　謝塘
北子塘　方基塘　西長塘　東長塘　時塘　鶴塘
白塘　神塘　梁塘　北青塘　楊樹塘　南塘
西塘　練塘　牛塘　白水塘　孔家塘　景塘
南謝塘　北謝塘　白馬塘　大湖塘　小湖塘　大池塘
彊塘　列塘　下塘　定塘　馬塘　中塘
堯塘　後堰塘　漫塘　薛埠塘　菜塘　石門塘
張塘
鎮河　直里河一名直溪　薛埠河　白塔河　三汊河
張橋河　新河　大廷橋河　赤岡河　蔭風河　上青培河
建昌圩河　三里岸河　分水尖河　下青培河　西洋河　堵莊下流河
白橋下流河
新河港　燕子港　下湯港　湖頭港　荷花港　温瀆港
方洛港　徐莊港　白橋港　大浦口港　鮑村港　湖溪港
白石瀆港　大雲港　黄婆港　清水瀆港　後瀆港　臧村港

南岡　上南岡　赤岡

官蕩涇　下涇

唐王溪　直溪　大溪

南洲　北洲

紫溝　涇溝

萬束陂　蓮陂

景家灣

建昌圩閘　都圩埠閘　長新埠閘　柘蕩閘　七里橋閘　岸頭閘

西閘　莊家棚閘　三河口閘

三八堰　横堰　南堰　西堰　東堰　後堰

荆溪官坊埭　思湖口埭

南壩　莊家棚壩　菜塘壩　官塘壩　羅村壩　薛埠塘壩

周家壩　後泥壩　石門塘壩　東石壩

北渚塘埂　上𣈶堤岸埂　觀東堤岸埂　大亭堤岸埂　大雲橋岸埂

後莊堤岸埂　後堰塘岸埂　翟莊塘岸埂　鎮湖橋岸埂　下湯南岸埂　三八堰岸埂

岸頭橋岸埂　周公橋岸埂　對公橋岸埂

北圩　黄圩　陳公圩　金山圩　保平圩　馬莊圩
東疇圩　官田圩　廟下圩　庵下圩　學田圩　舊斗圩
湖蕩圩　蘆荒圩　蘆莊圩　戴圩　西疇圩　朱家圩
伏草圩　周家圩　西費圩　東費圩　温草圩　三千圩
建昌圩　永豐圩　仙林圩　上都圩　趙圩　新圩
白圩　中圩　東圩　下圩　都圩
前干埠　丁西埠　坦埠　繆家埠　百羅埠　大池埠
楊家埠　北埠　淡白周家埠　王十公埠　西蕩埠　上溪埠
溪西埠　許家埠　神塘茭埠　王家埠　車家埠　河西埠
大家埠　楊包子埠　藕埠　神塘埠　孟五郎埠　新打埠
姚家埠　史家埠　周家埠　長大埠　陳思埠　蘆茭埠
泥湖埠　談家埠　官蕩涇埠　唐家埠　六頭埠　西都關埠
官蕩埠　東尖埠　下淡白埠　新圩埠　許尖埠　天荒埠
殷家埠　楊大埠　沿河埠　潘留埠　上淡白埠　白墩埠
橋頭埠　張塘埠　八十畝埠　東圩小葑埠　上葑埠　中葑埠
蕩東埠　蕩埠　下葑埠　邵家埠　張祥埠　岳家埠

東莊埠　新埠　張家埠　蕩景埠　大蕩埠　三千公埠
蔣匠蕩埠　牛舌埠　羅家紡車埠　大葑埠　廟大埠　脱空埠
吕公埠　唐蔣埠　謝家埠　楊篤埠　南小埠　十秀埠
上新埠　于家埠　南長埠　下新埠　朱大埠　時家埠
南葑埠　九里蕩埠　陳家埠　武公埠　温草埠　白圩埠
野猫埠　官埠　千斤蕩埠　橋大埠　門前大埠　楊秀才埠
白魚蕩埠　蘆家埠　于莊蕩埠　增壽長埠　萬家埠　西葑埠
西周蕩埠　爛埠　江家蕩埠　赤草蕩埠　上都圩埠　小楊埠
風子院蕩埠　小新埠　上圩埠　中圩埠　大楊埠　黄土山埠
南堰埠　都圩埠　屯田埠　南岡埠　秧蕩埠　白水埠
火燒大埠　戴家埠　潭頭直埠　宋家埠　上南岡埠　火燒埠
鄭家埠　羅家埠　蔣思埠　橋西埠　南埠　張吴埠
洪家埠　東向埠　蔣家埠　五家埠　刁家埠　景家埠
成家埠　黄家埠　長基埠　趙圩埠　周家野舍埠　管家埠
三百畝埠　灣埠　柘樹埠　驢兒埠　楊樹埠　油草埠
蘆埠　過了官埠　天荒大埠　西堰埠　蓬池埠　唐大埠

下圩垾　西閘垾　坂西垾　觀莊垾　九公垾　長新北垾
直長垾　觀前垾　鮑蕩垾　直垾　下長垾　丁家垾
太婆垾　楊垾　王官垾　東干大垾　西官垾　官垾
景家灣垾　東堰垾　和尚大垾　和尚小垾　趙岐垾
張梅垾　柘蕩垾　前關垾　長垾　茭湖垾　石家垾
趙家垾　三培垾　道生垾　茭場垾　賴垾　松子垾
柴溝垾　後關垾　薛家垾　東關垾　尖垾　細公子垾
萬家垾　黃犢垾　茭生垾　西關垾　顏公垾　天荒小垾
藕池垾　外另垾　路家垾　孫家垾　潘馬垾　細郎垾
欄水垾　懸脚垾　犂壁垾　馬苧垾　孫大垾　荒大垾
六十畝垾　青子垾　張時垾　君子鶯池垾

浙江文叢

吴中水利全書

〔第二册〕

卷七至卷十四

〔明〕張國維 編著

蔡一平 點校

浙江古籍出版社

吴中水利全書卷之七

河形

河形自昔寬廣，兹列隆、萬間官核丈尺，以後修浚倣此。吴淞、白茆等大港見志説，兹不載。

蘇州府

府城内河　河脈繁多，並宜疏浚，今止叙三横四直，歷經丈勘者。繇首至尾，一城紐合，不能分長洲、吴兩縣之界，按境詳核，則有四隅分圖在。

第一横，自閶門水關橋起，至至德橋，俗呼泰伯廟橋。長一百三十丈有奇，闊二丈五尺。

至德橋至張廣橋，長三十丈有奇，闊二丈。

張廣橋至紅橋，長一百丈有奇，闊二丈。

紅橋永豐倉至崇真宫橋長一百丈有奇，闊二丈。

崇真宫橋至南過軍橋，長四十丈有奇，闊二丈。

自裏水關橋起至後倉橋止，乃第一横舊道。今既繇廟橋至南過軍橋，轉北直接北過軍橋水。

又裏水關橋轉北西倉橋，至尚義橋，長一百丈有奇，闊三丈。

尚義橋至寶成橋，長一百三十丈有奇，闊三丈。

桃花橋至永倉橋，長三十丈有奇，闊二丈。

寶成橋至桃花橋，長四十丈有奇，闊二丈。

永倉橋至北過軍橋，長一百五十丈有奇，闊二丈有奇。

北過軍橋至報恩寺香花橋，長一百三十丈有奇，闊三丈。

香花橋至中路橋，即天妃宫橋。長一百三十丈有奇，闊三丈。

中路橋至臨頓橋，長一百丈有奇，闊三丈。

臨頓橋至周通橋，長八十丈有奇，闊三丈有奇。

周通橋至華陽橋，長七十丈有奇，闊三丈有奇。

華陽橋至張香橋，長一百五十丈有奇，闊三丈有奇。

張香橋至婁門，長八十丈有奇，闊四丈有奇。

第二横，自吴縣學前渡子橋至太平橋，長一百六十丈有奇，闊二丈有奇。

太平橋至芮橋，長八十丈，闊二丈。

薦行橋至市曹橋，長八十丈有奇，闊二丈。
市曹橋至樂橋，長六十丈有奇，闊二丈。
樂橋至乘魚橋，長六十丈有奇，闊二丈。
乘魚橋至閶橋，長六十丈有奇，闊二丈。
閶橋至草橋，長七十丈有奇，闊二丈。
草橋至篠橋，長四十丈有奇，闊二丈。
篠橋至馬津橋，長五十丈有奇，闊二丈。
馬津橋至甫橋，長五十丈有奇，闊二丈。
甫橋至白蜆橋，長一百丈有奇，闊二丈。
盡市橋至昇龍橋，長一百二十丈有奇，闊三丈有奇。
昇龍橋至顧庭橋，長五十丈有奇，闊三丈。
顧庭橋至城河，長一百丈有奇，闊四丈有奇。
第三横，自孫老橋即白老橋，俗呼石岩橋。至織里橋，俗呼吉利橋。長一百五十丈有奇，闊二丈有奇。
織里橋至福民橋，長四十丈有奇，闊二丈。
福民橋至飲馬橋，長二百丈有奇，闊二丈。

飲馬橋至平橋，長一百二十丈有奇，闊二丈。

平橋至永安橋，長六十丈有奇，闊二丈。

永安橋過南倉橋，至清道橋，長一百五十丈有奇，闊二丈。

清道橋至迎葑橋，長一百丈有奇，闊三丈有奇。

自迎葑橋合望信橋水。東南行至望門橋，俗呼紅橋。長二百丈有奇，闊四丈有奇。

望門橋至葑門水關，長六十丈有奇，闊四丈有奇。

第一直，自臯橋起南行至黄牛坊橋，長二百五十丈有奇，闊二丈有奇。

黄牛坊橋至西成橋，長一百丈有奇，闊二丈。

西成橋至昇平橋，長八十丈有奇，闊三丈。

昇平橋至明澤橋，俗呼過軍橋。長二百丈有奇，闊三丈。

明澤橋至來遠橋，長七十丈有奇，闊三丈有奇。

來遠橋南下稍東至盤門水關，長五百丈有奇，闊五丈有奇。

第二直，自單家橋起至都亭橋，南過軍橋西南來横河在内。長一百十丈有奇，闊二丈。

都亭橋至德慶橋，俗呼三條橋。長六十丈有奇，闊一丈五尺。

德慶橋至鋌船橋，長七十丈有奇，闊一丈五尺。

鋌船橋至普濟橋，長六十丈有奇，闊一丈五尺。

普濟橋至雍熙寺西橋，長七十丈有奇，闊一丈五尺。

雍熙寺西橋至舊吳縣西橋，長七十丈有奇，闊一丈五尺。

舊吳縣西橋至小市橋，長七十丈有奇，闊一丈五尺。

小市橋至穀市橋，長八十丈有奇，闊二丈。

穀市橋至白礄橋，長五十丈有奇，闊二丈。

白礄橋至馬禪寺橋，長五十丈有奇，闊二丈。

馬禪寺橋至西館橋，長一百五十丈，闊二丈。

西館橋稍東仍南行至杉板橋，至李公橋，長八十丈有奇，闊二丈。

李公橋至查家橋，長七十丈有奇，闊二丈有奇。

查家橋西行至杉瀆橋，轉南至葛家橋，再西行至新橋，長四百丈有奇，闊二丈有奇。

第三直，自齊門賭賽橋至北新橋，長一百丈有奇，闊三丈。

北新橋至跨塘橋，長一百五十丈有奇，闊二丈。

此北來直河稍東行，入第一横河内，仍南入任蔣橋。

跨塘橋至任蔣橋，長五十丈有奇，闊二丈。

任蔣橋至仁壽橋，俗呼善更橋。長七十丈有奇，闊二丈。

仁壽橋至東章家橋，俗呼白塔子橋。長八十丈有奇，闊二丈。

東章家橋至花橋，長四十丈有奇，闊二丈。

花橋至曹胡徐橋，長三十丈有奇，闊二丈。

曹胡徐橋至舊長洲縣東橋，長一百丈有奇，闊二丈。

舊長洲縣東橋至徐鬼橋，長四十丈有奇，闊二丈。

徐鬼橋至醋坊橋，長八十丈有奇，闊二丈。

醋坊橋至青龍橋，長九十丈有奇，闊二丈。

青龍橋至大郎橋，長二十丈有奇，闊二丈。

大郎橋至顧家橋，長四十丈有奇，闊二丈。

自此稍西行，合第二横河之水，仍南行接竹槅橋。

竹槅橋至金母橋，長一百丈有奇，闊二丈。

金母橋至夏侯橋，長一百二十丈有奇，闊二丈。

夏侯橋越第三横河，至倉橋，長四十丈有奇，闊二丈。

倉橋南行迤東，至帝師橋，長六十丈有奇，闊二丈。

帝師橋過歲有橋，俗訛福民橋。至烏鵲橋，長一百丈，闊二丈。

烏鵲橋至帶城橋，長二百丈有奇，闊二丈。

帶城橋至善教橋，俗呼新造橋。長一百五十丈有奇，闊二丈。

善教橋至磚橋，長一百五十丈，闊二丈有奇。

磚橋至葑門水關，自西北來第二横河之水，合流而出。長六十丈有奇，闊二丈，至龍船嘴倍闊。

第四直，自華陽橋起至石家角通濟橋，長五十丈有奇，闊二丈。

通濟橋至慶歷橋，長七十丈有奇，闊三丈。

慶歷橋至打急路橋，長七十丈有奇，闊三丈。

打急路橋至胡廂使橋，長七十丈有奇，闊二丈。

胡廂使橋至通利橋，長六十丈有奇，闊二丈。

通利橋至衆安橋，長四十丈有奇，闊二丈。

衆安橋至蘇軍橋，長七十丈有奇，闊二丈。

蘇軍橋至積慶橋，長三十丈有奇，闊二丈。

積慶橋至雪糕橋，長三十丈有奇，闊二丈。

雪糕橋至寺後橋，長六十丈有奇，闊二丈。

寺後橋至寺東橋，長三十丈，闊二丈。

寺東橋至苑橋，長四十丈有奇，闊二丈。

自此稍西行，越西來第二横河之水，接盡市橋至官太尉橋。

苑橋至官太尉橋，長六十丈有奇，闊二丈。

官太尉橋至吴王橋，長六十丈有奇，闊三丈。

吴王橋至延壽橋，即營橋。長七十丈有奇，闊三丈。

延壽橋至百獅子橋，長五十丈有奇，闊三丈。

百獅子橋至望信橋，長三十丈有奇，闊三丈。自此稍東南行，合第三横河之水，入望門橋出葑門水關。

府學四環河 府學水脈關一郡人文，通則利，淤則厄，故詳載焉。

東來葑門程橋，南行折西至東長橋，長二千七百三丈，闊三丈。

東長橋過燒香橋，至西長橋，長一千二丈，闊三丈。

西長橋西行迤北過寺後橋，折西轉南至寺西橋，長一千七十丈，闊二丈。

寺西橋南行轉西，至大雲橋，長一百二十八丈，闊一丈五尺。自此南分一支。

大雲橋南行過南星橋，稍南西天燈橋，又轉至學前龍潭，長三百三十四丈，闊一丈五尺。

大雲橋轉北，過隱溪橋，匯滄浪池，長六十三丈，闊三丈。

滄浪池西轉南，經韓襄毅公祠，繞南禪寺，過龍鬚橋，迤東南轉西，至卧龍橋，長一百六十四丈，闊一丈。

卧龍橋從南至洗馬池東口，長一十四丈四尺，闊二丈。

以上引東來之水，入學宫。形家言：東水未入，西水反泄，秀不能鍾。考嘉靖以前，學中科名鼎盛，東來水道未鑿，似有可信。

西來自南察院前南行，過平安橋，直南轉東至鳳池門，長二百二十丈五尺，闊二丈。

鳳池門入鍾秀池，至來秀橋，長二十二丈八尺，闊二丈。一枝北分入宫墻。

來秀橋北行轉西入泮池，長四十七丈，闊六丈九尺。一枝南分入洗馬池。

來秀橋南行至洗馬池西口，長四十八丈六尺，闊二丈一尺。

以上引西來之水入學宫。

吴縣治前河

府治臨第三横河，長洲縣治臨第二直河，唯吴縣不臨三横、四直，而治前水道亦錦帆涇之一曲，有關形勢故特詳焉。

東自第二直河小市橋，轉西洞橋，至女冠子橋，長四十三丈八尺，闊一丈七尺。

女冠子橋至治平橋，長二十二丈，闊一丈二尺。

治平橋至龍興寺西橋，長四十三丈一尺零，闊一丈二尺，會第一直西成橋河。

長洲、吴二縣合治城外運河

中間交錯，長洲多而吴少。

渡僧橋起至上津橋，長一百五十七丈八尺，闊三丈。

上津橋至下津橋，長四百一十丈有奇，闊三丈有奇。

下津橋至楓橋灣，長五百二十丈有奇，闊三丈有奇。

長洲縣城外各鄉河

閶門運河。見前。

支河聞德橋河北接運河起，南至吴縣界，長九十八丈五尺，闊一丈七尺。

洞涇北接運河起，南至吴縣界，長九百八十五丈，闊二丈。

楊庵浜自三板橋北行，轉東至通貴橋，長七十七丈，闊一丈七尺，北闊三丈。

山塘南接沙盆潭，西北行至通貴橋，長一百一丈有奇，南闊一十五丈有奇，北闊三丈有奇。

通貴橋至通濟橋，長三十六丈有奇，闊二丈有奇。

通濟橋至半塘橋，長三百丈有奇，闊三丈有奇。此爲白公堤東段。

半塘橋至西山橋，長二百五十丈有奇，闊四丈有奇。此爲白公堤西段。

齊門市河，即元和塘運道。南接城濠，北至下繂埠頭，長三百丈有奇，闊四丈有奇。

陸墓市河，即元和塘運道。南自南市橋，北至新涇橋，長一百五十丈有奇，闊三丈九尺。

蠡口河自南至北盡市，長一百三十丈有奇，闊三丈有奇。

婁門市河，即婁江西首。西自永利橋，東至官瀆口，長四百一十丈有奇，西闊七丈，東闊九丈。

官瀆口東至永利橋，長四百一十丈有奇，闊九丈。

壩基河長三百七十九丈，南北闊十二丈，東西闊四丈。

葑門河自安里橋起，至吴家涇止，長二百八十八丈，底闊三丈五尺。

支河匠門塘橋河，長二百一十丈，底闊一丈五尺。

洋涇長二百七丈，底闊二丈。

張墓司橋河長一百二十丈，底闊一丈七尺。

尹山鎮湖西接運河入口，至廟橋止，長三百五丈，底闊二丈。

支河桃花港長一百五十丈，底闊二丈。

車坊港長二百三十丈，底闊一丈五尺。

何家港長八十丈，底闊一丈五尺。

東官浦長三百丈，底闊三丈。

採蓮涇、高田涇共長三百三十丈，底闊一丈五尺有奇。

支河百丈浦長三百六十丈，底闊二丈七尺。

沈緑涇長一百五十丈，底闊二丈。

丁家港、吴家港、何家港三條共長一千五百八十五丈，底闊一丈五尺。

支河龍橋浜長五十丈，底闊二丈。

明正塘河長一百二十丈，底闊三丈。
長涇港長一千六十五丈，底闊二丈。
釣魚涇長三十丈，底闊一丈五尺。
車水浜長四十七丈，底闊一丈五尺。

吴縣城外各鄉河

胥江深闊不必開浚。
支河夏駕橋河，俗名小石灰橋。東接胥江入口，西行至鄉山廟，長二百三十丈，闊一丈八尺。
康履橋河，俗名新開河。東接南濠入口，西行至歸涇橋，長八百二十丈有奇，闊二丈五尺有奇。
閶門運河見前。
支河普安涇北接運河入口，南行至新開河橋出，長四百三十丈有奇，闊三丈有奇。
鳳凰涇北接運河入口，至南行至横塘橋出，長二千一百三十丈，闊四丈五尺。
白蓮涇北接運河入口，至繇戈家橋出雙橋，長一千四百三十六丈，闊三丈五尺。
楓橋裏河北接運河入口，南至彩雲橋出，長一千七百二十四丈，闊六丈。
興福塘東自四都界起，至木瀆止，長五千一百六十八丈，面闊一丈八尺，底闊一丈五尺。

支河木履橋河長三百丈，底闊一丈。

前婁涇長二百丈，底闊一丈。

水陸涇長四百二十丈，底闊一丈。

魯都涇長四千八百丈，底闊一丈一尺。

採蓮涇長一千二百六十丈，底闊一丈。

龍衣浜長八十丈，底闊七尺。

畫船浜長四十丈，底闊八尺。

尚書浜長七十丈，底闊七尺。

戴林浜長六十五丈，底闊八尺。

陸家浜長三十丈，底闊七尺。

戴公浜長八十四丈，底闊八尺。

茅塔浜長四十丈，底闊七尺。

丘家浜長六十丈，底闊六尺。

莊前浜長四百二十丈，底闊一丈。

陳巷浜長五十丈，底闊七尺。

旱涇浜長六十四丈，底闊八尺。

　薛家浜長三百五十丈，底闊一丈。
　鮮魚浜長五十六丈，底闊七尺。
木瀆東自跨塘橋起，至胥口界止，長九百九十八丈，面闊五尺，底闊三尺。
支河白塔浜長二百二十丈，底闊一丈。
　青草浜長四百丈，底闊一丈。
　姜家浜長一百五十丈，底闊八尺。
　練虚浜長六百丈，底闊一丈。
　蘇家浜長二百五十丈，底闊八尺。
胥口塘東自王家橋起，至太湖口止，長六百九十丈，面闊五丈，底闊三丈。
支河鍾塔河長六百丈，底闊一丈。
　窑橋浜長四百十丈，底闊一丈。
　顧家浜長二百丈，底闊九尺。
　張家河長二百五十丈，底闊一丈。
　袁家浜長一百二十丈，底闊八尺。
走馬塘南自興福塘起，至木瀆鎮止，長一千八百八十五丈，面闊一丈八尺，底闊一丈五尺。
支河老鴉涇長五百二十丈，底闊一丈。

楊家浜長二百丈，底闊七尺。

劉莊浜長三百丈，底闊八尺。

和尚浜長一百二十丈，底闊八尺。

旱涇浜長一百十五丈，底闊七尺。

楊家浜長二百二十三丈，底闊一丈。

急水浜長三百十丈，底闊一丈。

顧家浜長七十丈，底闊七尺。

横木浜長二百丈，底闊八尺。

太平浜長一百丈，底闊九尺。

田雞浜長三百丈，底闊一丈。

光福塘東自木瀆河斜橋起，至西二十都界止，長五千二百二十丈，面闊三丈，底闊一丈八尺。

支河下沙河長八百丈，底闊一丈。

琵琶浜長二十八丈，底闊八尺。

蘆菲浜長三百八十丈，底闊一丈。

華四浜長八十五丈，底闊八尺。

盛家浜長六十丈，底闊八尺。

石家浜長八十丈七尺，底闊八尺。
周家浜長一百丈，底闊八尺。
七婆浜長二十丈，底闊七尺。
方家浜長二十六丈，底闊八丈。
寺橋浜長三百丈，底闊一丈。
剪金河長五百一十二丈，底闊一丈。
郭家浜長三十二丈，底闊八尺。
廟浜長三十八丈，底闊八尺。
庵浜長四十五丈，底闊八尺。
于港浜長八十二丈，底闊八尺。
寮里浜長二十二丈，底闊七尺。
辭浜長一百十丈，底闊一丈。
分水涇長一百丈，底闊一丈。
吴灣長四十丈，底闊七尺。
棗木涇長二百五十丈，底闊一丈。

吴江縣城内河

第一道，自西門至縣治前，長一百四十八丈有奇，闊二丈三尺。　縣治前至東門長水關，長八十七丈有奇，闊二丈二尺。

第二道，自利民橋即亭橋。至小東門長水關，長十五丈有奇，闊一丈二尺。

第三道，自治安橋至小東水門，長四百二十丈有奇，闊一丈六尺。

吴江縣城外各鄉河

南仁河一名南勝，一名利尚。　初闊一百二十丈，弘治九年定。　後闊二十三丈。正德十三年定。

西水路至長橋河，長十八里，闊七丈。正德十三年定。

東水路至白龍、甘泉三橋，長十八里，闊二十三丈。正德十三年定。

支河南舍等十港，各闊四五丈。

南傚港東出徹浦，闊五丈。

中傚港東出甘泉，闊九丈。

江漕路長一千一百七十丈有奇，闊一百二十丈。弘治九年定。

廟涇港長三百三十丈有奇，闊六丈。嘉靖二十三年定。

大浦港長三百丈，闊六丈。嘉靖二十三年定。

八斥運河北段，東西各長一百三十三丈，南北闊九丈。南段東西各長七百五十二丈，南北闊一十九丈三尺。

白龍橋西二港各闊六七丈，東行闊六丈。

徹浦西接東水路，長五十丈，東入尚湖，闊十丈。

甘泉橋西闊六十丈，東入龐山湖，闊六十六丈。正德十三年定。後南北長八十丈，東西闊十八丈。嘉靖二十三年定。

運河闊十三丈。

三山橋港闊四丈。嘉靖二十三年定。

定海橋港闊十八丈。嘉靖二十三年定。

萬頃橋港闊十一丈。嘉靖二十三年定。

仙槎橋港闊六丈。嘉靖二十三年定。

三山橋港南段，東西各闊三十丈，南北各長五百二十丈。北段東西各闊二十丈，南北各長一百丈。嘉靖二十三年定。

石塘水竇一百三十六，闊各倍其竇。

觀瀾港闊一丈。

自南仁河至此，爲東南泄水第一要處。

吴家港闊四十三丈，弘治九年定。後闊二十四丈。正德十三年定。北至長橋，吴淞江分三港。

一港東至甘泉，長十里，闊二十四丈，中分一枝，北折轉東至三江口，闊二十四丈。正德十三年定。

一港東北至長橋三汊口，長八里，闊二十四丈。正德十三年定。

一港北行曰斜路，至縣西門，長八里，闊五丈。正德十三年定。

内湖墓、梅里、石塘、八港，各闊四五丈。

以上皆緊關要害，全恃河渠以殺湖勢。

長橋闊一百三十丈。其南即湖，漸淤爲田，止有牛毛墩、東西漕港等路，并吴家港等處，數漲數浚。弘治四年通浚還湖，定此闊數。

南至十字港，即三汊港。長一百九十九丈，闊如舊。嘉靖元年定。

北至顧野王祠，闊五十六丈。嘉靖元年定。

南灘上段東長三百九十二丈，西長二百四十九丈。南闊一百三十四丈，北闊一百丈。下段垂虹亭東西各長八十四丈，各闊七十八丈。嘉靖二十三年定。

橋北養濟院東西各長三百七十丈，南闊九十一丈二尺，北闊九十五丈。

養濟院至顧野王祠，東西各長四百一十丈，南北闊三百十一丈。

顧野王祠至龐山湖口，東西各長三百一十八丈，闊一百五十五丈。

唐家坊西北行至運河，南北各長一百七十丈，東西各闊九十丈。

自吴家港至此，爲東南泄水第二要道。

瓜涇港東入吴淞江，闊二十五丈。

支河柳胥、潘奇、王家匯港，各闊五六丈。

按吴淞江上流，南漸漲爲田，去水惟瓜涇爲速，故夾浦最險。

鮎魚口闊一百三十丈。

支河㮰杖港闊八丈。

綺川即莫舍漊。闊一百三十丈。

越來溪闊十丈。

牛腰涇分三條，各闊七丈五尺。

平望運河長一百二十六丈有奇，闊四丈五尺有奇。

震澤運河長五百八十一丈有奇，闊六丈三尺有奇。

梅堰運河長一百四十五丈有奇，闊五丈二尺有奇。

常熟縣城内河

顯星橋至北水關，長四百一十八丈，闊二丈五尺。

魚家橋起至東北一圖界，長九十五丈，闊一丈四尺，底闊一丈。

界河起至東倉浜，長五十丈，闊一丈二尺，底闊八尺。

北范公橋起至顧廷夔門，長五十七丈，闊一丈四尺，底闊一丈。

鎮橋起至焦家橋，長四十九丈，闊一丈二尺，底闊八尺。

庵橋起至草橋，長五十四丈，闊一丈四尺，底闊一丈。

常熟縣城外各鄉河

李墓塘長二千九百丈，底闊二丈。

支河貴涇長一千一百丈，底闊二丈五尺。

五丫浜長一百六十丈，底闊一丈八尺。

黄尚塘長七百五十丈，底闊二丈五尺。

瞿舍塘長六百八十丈，底闊二丈二尺。

永墩涇長二百一十丈，底闊一丈七尺。

徐家涇長六百七十九丈，底闊一丈五尺。
赤砂塘長五百二十丈，底闊一丈五尺。
州涇長八百九十二丈，底闊一丈二尺。
張涇長三百九十七丈，底闊二丈。
婁涇長四百六十丈，底闊一丈八尺。
嚴涇長六百九十八丈，底闊二丈。
陳涇長六百四十四丈，底闊一丈八尺。
鳳凰涇長二百八十二丈，底闊一丈五尺。
東長洛涇長三百三十五丈，底闊一丈五尺。
西長洛涇長八百四十六丈，底闊三丈。
張先生浜長六百六十七丈，底闊二丈。
嚴沙涇長六百九十九丈，底闊二丈。
舍浜長一千四十二丈，底闊三丈。
沈塔涇長四百一十二丈，底闊三丈。
玄涇長一千四百一十五丈，底闊二丈。
陳涇長六百四十四丈，底闊二丈。

南油漕長五百一十丈，底闊二丈。

斜涇長六百四十丈，底闊二丈。

東塘涇長四百三十七丈，底闊二丈。

馬莊涇長四百九十六丈，底闊二丈。

毛涇長二百五十丈，底闊二丈。

徐孔涇長三百七十二丈，底闊二丈五尺。

黄涇河長三百三十丈，底闊一丈五尺。

東陳涇長三百丈，底闊一丈三尺。

西陳涇長一百二十二丈，底闊一丈七尺。

朱莊涇長二百八十八丈，底闊二丈。

鵜城大港長一千八百二十一丈，底闊二丈八尺。

油車涇長二百七十丈，底闊一丈五尺。

凌涇長五百三十八丈，底闊一丈八尺。

時涇塘長一千丈，底闊一丈五尺。

港口塘長六百丈，底闊二丈五尺。

蓮涇長一千八百丈，底闊二丈五尺。

尤涇長一千三百六十丈，底闊二丈。

七浦塘，自太倉州界東壩起，至崑山縣界西壩止，共長二千五百五十丈。第一段長九十丈，底闊三丈七尺。第二段長八十丈，底闊三丈七尺。第三段長一百二十丈，底闊三丈五尺。第四段長一百八十五丈，底闊三丈三尺。第五段長一百八十五丈，底闊三丈六尺。第六段長一百二十丈，底闊三丈八尺。第七段長八十丈，底闊四丈。第八段長三百丈，底闊三丈八尺。第九段長二百二十五丈，底闊三丈七尺。第十段長一百九十丈，底闊三丈五尺。第十一段長一百六十五丈，底闊四丈。第十二段長一百五十丈，底闊四丈。第十三段長八十丈，底闊四丈。第十四段長一百五十丈，底闊四丈。第十五段長一百五十五丈，底闊四丈。第十六段長一百五十五丈，底闊四丈。第十七段長一百二十丈，底闊四丈。

支河兩界浜長二百丈，底闊九尺。

顧全涇長三百一十丈，底闊一丈。

西鵝場長二百二十丈，底闊一丈一尺。

東鵝場長二百二十丈，底闊一丈一尺。

倒插浜長四百二十丈，底闊一丈一尺。

南周浜長八百一十丈，底闊一丈二尺。

瓦屑涇長三百五十丈，底闊一丈二尺。

王閔涇長四百七十六丈，底闊一丈一尺。
南横塘長五百一十丈，底闊一丈二尺。
北横塘長八百七十丈，底闊一丈三尺。
深涇長三百一十丈，底闊九尺。
藺甲涇長二百五十丈，底闊一丈。
山涇長一千七百丈，底闊一丈三尺。
周涇長八百九十二丈，底闊一丈二尺。
蒲善涇長八百九十二丈，底闊一丈二尺。
廟涇長二百七十丈，底闊一丈。
横塘長一千丈，底闊二丈。
福山塘自北水門外起，至福山虹橋，長四千二百二十二丈。第一段長五百二十二丈，底闊三丈。第二段長五百五十丈，底闊三丈。第三段長五百五十丈，底闊三丈。第四段長五百五十丈，底闊三丈。第五段長五百五十丈，底闊三丈。第六段長五百五十丈，底闊三丈。第七段長五百五十丈，底闊三丈。第八段長四百丈，底闊三丈。
支河曹、張二浜長四百五十丈，底闊一丈五尺。
哮塘涇長四百二十丈，底闊一丈五尺。

烏鯉浜長四百八十丈五尺，底闊一丈五尺。
白龍港長九百三十五丈，底闊二丈。
竺塘涇長六百五十五丈，底闊一丈五尺。
火墩浜長七百一十一丈，底闊二丈。
朱涇長七百九十九丈，底闊一丈七尺。
新涇長四百八十二丈二尺，底闊一丈八尺。
黄土涇長二百十丈，底闊一丈五尺。
嚴涇長七百五十丈，底闊一丈五尺。
庵前涇長二百一十丈，底闊一丈五尺。
方浜長三百十六丈，闊二丈。
李王浜長四百三丈，闊五丈。
虎游浜長六百五十丈，闊五丈九尺。
姚涇長三百二十丈，闊二丈六尺。
黄鱔涇長五百丈，闊七尺。
花板涇長三百五十丈，闊八尺。
洞涇長二百八十丈，闊五丈。

許浦塘自海口謝家灣起，至賀勝橋，長二千二百九十丈，底闊三丈。

支河中沙塘長一千五百丈，底闊一丈四尺。

溢上塘長一千五百七十丈，底闊一丈五尺。

梅李塘自賀勝橋起，至淘沙涇，長二千二百二十五丈，底闊三丈。

支河羅木涇長六百丈，底闊一丈二尺。

梧桐涇長七百丈，底闊一丈三尺。

三墩浜長一千丈，底闊一丈二尺。

崑山縣城内河

至和塘自留暉門水關起，至賓曦門水關，長六百九十丈三尺，面闊四丈，底闊三丈。

許墓塘長六十六丈，面闊二丈，底闊一丈四尺。

山塘涇長三百九十一丈四尺，面闊二丈，底闊一丈四尺。

迎鍾浦長三百三十四丈六尺，面闊一丈五尺，底闊一丈。

新橋河長一百五十丈七尺，面闊四丈，底闊三丈。

學前河長一百九十三丈二尺，面闊二丈五尺，底闊一丈四尺。

南市河長三百二十丈，面闊二丈，底闊一丈四尺。

前、後篩轂浜長二百七丈，面闊二丈，底闊一丈四尺。

西寺酒坊橋河長一百三十一丈八尺，面闊一丈五尺，底闊一丈。

裏城河長一百七十二丈八尺，面闊二丈，底闊一丈五尺。

東市通闤河長三百四十四丈二尺，面闊二丈，底闊一丈五尺。

進福南倉歸家橋河，長三百九十八丈六尺，面闊二丈五尺，底闊一丈五尺。

北倉河長一百二十九丈四尺，面闊二丈，底闊一丈五尺。

東城河長二百一十丈，面闊一丈五尺，底闊一丈。

崑山縣城外各鄉河

城濠周圍長二千六十一丈，面闊五丈不等，底闊三丈。

支河蔡涇長九百六十丈，面闊四丈，底闊二丈。

瀾漕長一千三十丈，面闊四丈，底闊二丈。

金雞河長二千七百丈，面闊四丈，底闊二丈。

中洛河長九百丈，面闊三丈，底闊一丈五尺。

漢浦塘長三千一百四丈，面闊五丈，底闊三丈。

黄昌涇長一千八十丈，面闊四丈，底闊二丈。

横塘長二千一百六十丈，面闊四丈，底闊二丈。
宋涇長八百三十丈，面闊三丈，底闊一丈五尺。
韓浦長三百丈，面闊三丈，底闊二丈。
朱明浦長三百丈，面闊一丈五尺，底闊一丈。
汛漕長九百丈，面闊二丈，底闊一丈二尺。
夾潮塘長三百七十八丈，面闊二丈，底闊一丈二尺。
石人涇長一百二丈，面闊二丈五尺，底闊一丈五尺。
孫涇浜長六百七十六丈，面闊三丈，底闊二丈。
牛尾涇長六百丈，面闊三丈，底闊二丈。
溢瀆長一百八十四丈，面闊三丈，底闊二丈。
牛盛涇長五百六十四丈，面闊三丈，底闊二丈。
黄盛涇長一百三十二丈，面闊三丈，底闊二丈。
侯涇長一百五十丈，面闊二丈，底闊一丈二尺。
凡涇長二百丈，面闊二丈，底闊一丈二尺。
九里涇長一百七十五丈，面闊二丈五尺，底闊一丈五尺。
杖明涇長一百七十四丈，面闊二丈，底闊一丈二尺。

梅新涇長二百七十丈，面闊三丈，底闊二丈。

南梅涇長四百八十丈，面闊三丈，底闊二丈。

胡涇長二百三十八丈，面闊三丈，底闊二丈。

黄泥涇長三百九十丈，面闊三丈，底闊二丈。

雞鳴塘自吴淞江起，至徐公浦止，長三千二十六丈，面闊四丈五尺，底闊二丈五尺。

支河古木河長一千二十丈，面闊二丈，底闊一丈二尺。

蔡浦長九百八十五丈，面闊二丈，底闊一丈二尺。

鄒浦長一千一百丈，面闊二丈，底闊一丈二尺。

黄墅浦長一千三百七十丈，面闊二丈，底闊一丈二尺。

朱帚塘自瓦浦口起，至徐公浦止，長一千一百六十九丈，面闊三丈，底闊一丈五尺。

支河錢涇長七百五十一丈，面闊三丈，底闊一丈二尺。

寒石塘長七百七十二丈，面闊二丈，底闊一丈。

漕塘自徐公浦起，至朱帚塘止，長九百二十丈，面闊三丈，底闊一丈二尺。

支河李涇長一百二十八丈，面闊一丈五尺，底闊八尺。

陳涇自泗涇起，至虬江止，長八百八十丈，面闊二丈，底闊一丈。

支河陳浦長三百一十八丈，面闊二丈，底闊一丈。

湄浦北段長一百五十丈，面闊二丈四尺，底闊一丈二尺。

湄浦南段長八百八十丈，面闊二丈，底闊一丈二尺。

至和塘自留暉門水關口起，至三里橋止，共長七百八十七丈五尺，面闊七丈，底闊四丈。

支河雙航涇長一千八十丈，面闊三丈，底闊一丈五尺。

趙浦長八百九十五丈，面闊四丈五尺，底闊三丈。

洛浦長二百丈，面闊三丈，底闊一丈五尺。

顧宣港長二百丈，面闊三丈，底闊一丈五尺。

薛浦長二百一十丈，面闊三丈，底闊一丈五尺。

華家港長二百二十丈，面闊三丈，底闊一丈五尺。

蓋浦長一百五十丈，面闊三丈，底闊一丈五尺。

張公底里浦長五百五十丈，面闊四丈，底闊二丈。

羅莊涇長一千六百五十丈，面闊四丈五尺，底闊二丈五尺。

朱家涇長二百六十七丈五尺，面闊三丈，底闊一丈五尺。

横涇長二百六十七丈五尺，面闊四丈，底闊二丈五尺。

千步涇長二千三百一十一丈，面闊三丈，底闊二丈。

平樂港長七百六十六丈，面闊四丈，底闊二丈四尺。

燒人港長六百五十丈，面闊三丈六尺，底闊二丈。
龔淮浜長八百五十丈，面闊三丈，底闊二丈。
唐涇長一千六百三十五丈，面闊四丈，底闊二丈。
清水港長六百三十二丈，面闊四丈，底闊三丈。
黄泥涇長四百九十一丈，面闊三丈，底闊二丈。
太平河長四百四十丈，面闊三丈，底闊二丈。
廟浜長一百八十二丈，面闊三丈，底闊二丈。
白苧浦長一千五百丈，面闊三丈，底闊二丈。
侯論浜長一千一百六十丈，面闊二丈五尺，底闊一丈五尺。
姚長浜長六百五十丈，面闊二丈五尺，底闊一丈五尺。
東金港長四百丈，面闊三丈，底闊二丈。
唐村港長一百九十八丈，面闊三丈，底闊二丈。
徐眉涇長五百丈，面闊三丈，底闊二丈。
六八涇長三百丈，面闊三丈，底闊二丈。
石頭潭長五十丈，面闊三丈，底闊二丈。
西金港長八十三丈，面闊三丈，底闊二丈。

天仙漊長一百五十丈，面闊三丈，底闊二丈。

張烏涇長七百二十丈，面闊二丈，底闊一丈二尺。

千墩浦自吴淞江起，至徐涇口止，長二千三百九十二丈五尺，面闊七丈，底闊四丈。

支河溢浦長一千一百丈，面闊四丈，底闊二丈。

沅沱涇長五百五十八丈五尺，面闊三丈五尺，底闊二丈。

蔣涇長七百六十六丈五尺，面闊三丈三尺，底闊一丈六尺。

大段港長二百六十四丈五尺，面闊四丈四尺，底闊二丈二尺。

楊莊涇長三百一十八丈五尺，面闊四丈，底闊二丈。

信漕長二百六十七丈，面闊四丈，底闊二丈。

蔡夏港長二百二十五丈，面闊三丈，底闊一丈七尺。

南瓦浦長二百三十六丈五尺，面闊二丈五尺，底闊一丈五尺。

湯涇長五百六十丈，面闊二丈，底闊一丈二尺。

漳潭河長一千二十丈，面闊三丈，底闊二丈。

新塘長一千三百八十六丈，面闊三丈，底闊二丈。

陸虞浦長一千一十二丈五尺，面闊四丈，底闊二丈。

善浦長五百七十丈，面闊三丈，底闊二丈。

張明涇長一百七十三丈，面闊三丈，底闊二丈。

姚家涇長一百八十八丈，面闊三丈，底闊二丈。

石里涇長四百六十丈，面闊三丈，底闊二丈。

牛漕涇長六百一十丈，面闊三丈，底闊二丈。

平林港長三百丈，面闊三丈，底闊二丈。

烏墩涇長六百七十八丈，面闊四丈，底闊二丈五尺。

小虞浦自北接至和塘起，至吴淞江止，長一千五百五十丈，面闊五丈，底闊三丈。

支河諸天浦長八百四十八丈，面闊五丈，底闊三丈。

凡規河長五百五十丈，面闊三丈，底闊二丈。

張浦長一千二百四十二丈，面闊三丈，底闊二丈五寸。

馬仁浦長七百六十丈，面闊三丈，底闊二丈。

杜盛浦長四百二十丈，面闊二丈五尺，底闊一丈五尺。

大瓦浦自赤涇口起，至吴淞江止，長五千四百七十丈五尺。內四百四十丈，面闊七丈，底闊三丈；又四千七百三十丈五尺，面闊四丈，底闊二丈。與太倉州地界交錯，除該州應開六百一十丈。

本縣止應開四千八百三十五丈五尺。

支河蓬温涇、顧昌涇長五百八十三丈，面闊三丈，底闊一丈五尺。

陳潼涇長五百丈，面闊三丈，底闊二丈。

周家涇長二百三十一丈，面闊二丈，底闊一丈二尺。

蔡墓涇長四百五丈，面闊二丈，底闊一丈二尺。

北澥浦長六百七十丈，面闊二丈，底闊一丈二尺。

大石浦自吴淞江起，至白米涇止，長二千二百五十丈，面闊五丈，底闊三丈。

道褐浦自吴淞江起，至楊槍涇止，長三千四百四十四丈，面闊八丈，底闊四丈。

支河郁家涇長六百丈，面闊三丈，底闊二丈。

夏駕河自赤涇口起，至郭澤塘止，長二千四百五十丈，面闊七丈，底闊三丈。

支河陶仁浦長六百一十八丈，面闊三丈六尺，底闊二丈。

西黄涇長五百六十五丈，面闊三丈六尺，底闊二丈。

汝柿浦長六百二十丈，面闊三丈，底闊一丈五尺。

陸家涇長二百八十丈，面闊三丈，底闊一丈五尺。

郁河浦長三百丈，面闊三丈五尺，底闊二丈。

徐浦長六百一十二丈，面闊四丈，底闊二丈。

楊間河長九百五十八丈，面闊三丈，底闊二丈。

瓜瀆長九百七十丈，面闊三丈，底闊二丈。

唐家浜長二百三十丈，面闊二丈，底闊一丈。

洛汊河長三百六十六丈，面闊三丈六尺，底闊二丈。

宋浦長七百二十四丈，面闊三丈，底闊一丈五尺。

夏浦長四百七十九丈，面闊三丈，底闊一丈五尺。

章涇長三百丈，面闊二丈，底闊一丈二尺。

里涇長五百丈，面闊二丈，底闊一丈二尺。

車塘長一千六百丈，面闊四丈，底闊二丈。

馬路涇長二千三百丈，面闊四丈，底闊二丈四尺。

廟丫涇長四百丈，面闊二丈，底闊一丈二尺。

小夏駕河長七百三十二丈，面闊四丈，底闊二丈四尺。

汪莊涇長四百丈，面闊三丈，底闊二丈。

小瓜瀆長四百四十丈，面闊三丈，底闊二丈。

錢家漊長一百二十八丈，面闊二丈五尺，底闊一丈五尺。

王蒲漊長三十六丈，面闊二丈五尺，底闊一丈五尺。

徐公浦自吴淞江口起，至張監橋止，長一千八百三十八丈，面闊五丈，底闊三丈。

支河泗涇長八百丈，面闊四丈，底闊二丈。

安亭涇長一千一百五十七丈，面闊五丈，底闊三丈。

時涇長三百一十二丈，面闊二丈四尺，底闊一丈四尺。

梅段涇長六百三十九丈，面闊三丈，底闊二丈。

嘉定縣城鄉各河 本縣橫穿練祁，從貫橫瀝而治，考此河形，難分城鄉内外。

東練祁自縣治起，出東門至吴淞所止，長八千六百三十五丈五尺。第一段長六千一百九十四丈，面闊五丈，底闊二丈五尺。第二段長九百七十八丈九尺，面闊五丈，底闊二丈五尺。第三段長二百八十二丈六尺，面闊七丈，底闊三丈。第四段長三百三十三丈一尺，面闊一十三丈，底闊六丈六尺。第五段長八百四十六丈九尺，面闊二丈五尺，底闊一丈五尺。

支河東斜涇長一千五百五十八丈三尺，底闊一丈五尺。

東小涇長一千七百丈，底闊一丈五尺。

南陽涇長九百五十丈，底闊一丈。

大浜長六百五(百)[十][二]丈，底闊一丈。

陶浜長一千一十丈，底闊一丈五尺。

北陽涇長四百三十六丈，底闊一丈三尺。

小馬涇長四百三十丈，底闊一丈。

東馬涇長六百五十丈，底闊一丈五尺。
杜家浜長六百丈，底闊一丈。
杜溝長三百五十丈，底闊一丈。
朱涇長八百五十五丈，底闊一丈。
東門涇長三百二十丈，底闊一丈。
湛浦稍長五百丈，底闊一丈。
菖浦塘長四百丈，底闊一丈。
門涇長四百九十丈，底闊一丈。
石家浜長四百丈，底闊一丈。
龔溝浜長三百丈，底闊七尺。
東泗塘長六百丈，底闊一丈五尺。
小河浦長七百丈，底闊一丈五尺。
小閘港長一千二十二丈，底闊二丈。
西練祁河自縣治起，出西門至太倉州鹽鐵口止，長四千九百八十六丈，面闊十丈，底闊五丈。
中間尚有太倉州轄境交錯。
支河莊浦長四百五十丈，底闊一丈。

弋涇長二百四十丈，底闊一丈。

黄泥涇長一千八十五丈，底闊一丈。

練祁塘長八百二十五丈，底闊一丈二尺。

錢門塘長七百九十八丈，底闊一丈。

錢涇長八百丈，底闊一丈。

南横瀝河自縣治起，至吴淞江，長六千七百六十八丈二尺五寸。第一段長六百二十八丈三尺，面闊十丈，底闊五丈。第二段長三千四丈九尺五寸，面闊八丈，底闊四丈。第三段長四百九十七丈，面闊十丈，底闊五丈。第四段長二千六百七丈，面闊八丈，底闊四丈。

支河公孫涇長一百六十丈，底闊一丈。

北黄泥涇長一百五十丈，底闊二丈。

南黄泥涇長三百一十丈，底闊一丈。

馬陸塘長一千八百丈，底闊一丈五尺。

小横瀝長七百二十五丈，底闊一丈。

第二塘長一千八十丈，底闊二丈。

南張涇長一千四百四十丈，底闊二丈。

吾尚塘長八百丈，底闊一丈五尺。

吊浦長四百丈，底闊一丈。

金家浜長四百丈，底闊二丈。

曹家浜長六百丈，底闊二丈。

抱龍涇長二百五十丈，底闊二丈。

南浦長一千四丈，底闊一丈五尺。

周涇長七百五十丈，底闊一丈五尺。

小新涇長三百丈，底闊一丈。

陸華浦長四百五十丈，底闊一丈五尺。

東界涇長六百四十二丈，底闊一丈。

南界涇長八百六十七丈，底闊一丈五尺。

小婁塘河自北横瀝起，至西練祁止，長一千一百五十一丈，面闊十丈，底闊五丈。

沙浦自涓浦口起，至楊家行西廟止，長三千四十九丈。第一段長九百四十四丈，面闊五丈，底闊二丈五尺。第二段長二千一百五丈，面闊四丈，底闊二丈。

涓浦自采陶港天生婁口起，至小木橋止，長二千七百六十五丈。第一段長五百七十丈，面闊六丈，底闊三丈。第二段長二百五十丈，面闊五丈，底闊二丈五尺。

走馬塘東一段，自上海縣界起至大場鎮止，長二千六百八十六丈七尺一寸，面闊七丈，底闊三丈五尺。

支河南槎浦長一千三百丈，底闊二丈。

横塘長四百七十丈，底闊一丈。

蘊草浜自李鳳墳東起，至唐家灣止，長三千三百七十四丈四尺，面闊七丈，底闊三丈五尺。

支河莊涇長二百十丈，底闊一丈。

陳涇長七百七十五丈，底闊一丈。

西吴涇長二百五十三丈，底闊一丈。

譚涇長一百五十二丈，底闊一丈。

嚴涇長五百六十五丈，底闊一丈五尺。

黄涇長四百九十四丈，底闊一丈。

界涇長五百六十丈，底闊一丈五尺。

顧岡門涇長三百五十丈，底闊一丈。

油車涇長三百九十七丈，底闊一丈。

西新涇長六百五十丈，底闊一丈。

西馬涇長三百三十四丈，底闊一丈。

戚浦長三百五十丈，底闊一丈。

馬迮涇長三百五十丈，底闊一丈。
新河長八百丈，底闊一丈。
黄趙涇長二百七十二丈，底闊一丈。
木郎浜長三百丈，底闊一丈。
梅浦長二百八十九丈，底闊一丈。
姚家浜長四百丈，底闊一丈。
馬梢涇長六百丈，底闊一丈。
東趙涇長八百三十丈，底闊一丈。
月浦長一千一十五丈，底闊一丈三尺。
殷馬港長六百丈，底闊一丈。
施家浜長四百七十九丈，底闊一丈。
佳仁浜長八百五十丈，底闊一丈五尺。
楊樹浜長四百五十丈，底闊二丈。
吴涇長八百一十丈，底闊一丈五尺。
沈浦長七百丈，底闊一丈。
包家浜長六百八十五丈，底闊一丈五尺。

馬尾浜長五百二十丈，底闊一丈。
泗汗浜長五百六十丈，底闊一丈。
毛家浜長一千三百五十丈，底闊一丈。
傍涇長二千一百五十丈，底闊一丈。
小黄浜長二千一百五十丈，底闊一丈五尺。
周家浜長四百五十五丈，底闊一丈。
羅浜長五百一十丈，底闊一丈。
彭越浜長九百三十五丈，底闊一丈二尺。
趙浦長二千五百五十丈，底闊一丈五尺。
師姑涇長七百二十丈，底闊七尺。
黄泥浦長五百五十丈，底闊一丈五尺。
中槎浦長二千七百丈，底闊二丈。
草場浜長一千八百丈，底闊一丈五尺。
諸家浜長一千二百丈，底闊一丈。
南新涇長四百二十丈，底闊一丈。
對門浜長五百一十丈，底闊一丈。

黄涇長一千三百丈，底闊一丈。

張岡門涇長四百九十丈，底闊一丈。

朱門涇長六百丈，底闊一丈。

范涇長七百五十丈，底闊七尺。

莊浜長三百丈，底闊一丈。

王家涇長三百二十丈，底闊一丈。

打猪涇長三百三十丈，底闊一丈二尺。

吉涇塘長八百丈，底闊一丈。

戴蘆涇長二百五十丈，底闊一丈。

大瀝港長三百丈，底闊一丈。

千步涇長一千一百丈，底闊一丈。

北界涇長九百丈，底闊一丈。

北殷涇塘長五百五十丈，底闊一丈五尺。

東黄姑塘長六百五十七丈，底闊一丈。

仙姑浜長四百二十八丈，底闊一丈。

新姑塘長五百丈，底闊一丈。

太倉州城内河

至和塘自東水關起，至西水關止，并南一帶共長一千五百二十丈二尺，底闊二丈有奇。

陳門涇自小西門水關起，至儒學東三尖口止，共長四百五十三丈，底闊二丈。

太倉州城外各鄉河

劉家河自西接官亭起，一路東南行至天妃宫出海，長七十里，舊闊二里，今闊狹不等。

七鴉浦自北門外東北行，至海口，長七十里，闊七八丈不等。

茜涇自東門外起，東北行至茜涇鎮出海口，長四十五里，闊狹不等。

南鹽鐵河自南關婁江南岸進口，至嘉定縣界止，中間尚有兩岸交錯。長十八里，闊五丈有奇。

七浦塘自東花浦起，至常熟縣界止，長七千九百三十四丈七尺，底闊四丈不等。

支河東花浦長七百八十丈，底闊四丈。

石孔涇長三百七十三丈，底闊八尺。

陸浜長九百九十丈，底闊一丈五尺。

衆望浜長八百三十二丈，底闊二丈五尺。

六尺河長一千三百丈，底闊二丈五尺。

八尺河長八百丈，底闊二丈。

西花涇長七百丈，底闊二丈。

穈長涇長八百六十丈，底闊二丈。

張浦長八百五十丈，底闊三丈。

丁涇長一千二百丈，底闊一丈五尺。

摩羅塘長八百七十三丈，底闊一丈五尺。

戴浦長六百六十丈，底闊一丈五尺。

閘頭塘長一千一百丈，底闊二丈。

孔涇長四百五十七丈，底闊一丈。

白米涇長一千七百五十丈，底闊二丈。

均司漕長一千七百三十二丈，底闊二丈。

姚涇長六百一十一丈，底闊一丈五尺。

南横瀝長六百七十丈，底闊二丈。

北横瀝長一千七百一十丈，底闊二丈。

鹿鳴涇長一千三百丈，底闊一丈五尺。

楊林塘自海口壩起，至崑山縣界止，長九千六百九十六丈五尺五寸，底闊三丈不等。

支河六里塘長六百九十二丈八尺，底闊一丈五尺。

小花浦長七百丈，底闊二丈。

大花浦長八百丈，底闊二丈。

摩長涇長一千五百七十三丈，底闊一丈。

閘頭塘長一千零二丈，底闊一丈五尺。

横瀝長六百二十丈，底闊一丈二尺。

軟漕長一百六十丈，底闊一丈。

顧涇長三百八十九丈，底闊七尺。

吴塘自青魚涇口起，至嘉定縣界止，長一千四百五十丈二尺八寸，底闊三丈。

支河薛墅門涇長六百一十四丈，底闊一丈。

陸涇長四百八十九丈，底闊一丈。

小陵門涇長二百九十丈，底闊七尺。

顧浦自吴塘口起，至嘉定縣界止，長一千八十五丈九尺九寸，底闊三丈。

支河邵涇長三百丈，底闊一丈。

張堈門涇長三百丈，底闊一丈。

東朱門涇長三百五十丈，底闊一丈。

朱門涇長五百五十丈，底闊一丈。

張烏涇長五百三十九丈，底闊九尺。

北䀋鐵河自西關至和塘起，至常熟縣界止，長五千二百七十四丈五尺六寸，底闊三丈。

支河古塘長四百六十丈，底闊二丈。

黄家涇長二百五十丈，底闊一丈三尺。

丁堈門涇長八百丈，底闊二丈。

顧堈門涇長七百五十一丈，底闊一丈一尺。

吳涇長五百十丈，底闊二丈。

彭堈門涇長七百六丈一尺，底闊一丈。

廟堈門涇長二百五十丈，底闊一丈。

徐丫涇長三百四十丈，底闊一丈。

任村涇長二百三十丈，底闊一丈三尺。

西岳瀝涇長二百五十丈，底闊一丈五尺。

東岳瀝涇長二百三十丈，底闊一丈四尺。

泥涇長三百二十丈，底闊一丈二尺。

寺涇長一千八十丈，底闊一丈。

蔡涇長五百一十二丈，底闊一丈。
徐涇長二千三百一十丈，底闊一丈。
顧門涇長一千三百九十九丈一尺，底闊一丈。
東廟涇長一千七百六十五丈二尺，底闊一丈。
廟涇長一千零四丈三尺，底闊一丈。
鄒莊涇長一千八百二十七丈，底闊一丈。
夏界涇長一千二百九十丈，底闊一丈。
姚涇長六百五十丈，底闊一丈三尺。
張涇長六百一十九丈二尺，底闊一丈五尺。
湖川塘自小塘子起，至崑山縣界止，長五千九百七十三丈七尺，底闊三丈。
支河小塘子長五百丈，底闊二丈。
小湖川塘長六百二十丈，底闊一丈八尺。
諸涇長一千一百三丈，底闊一丈五尺。
菖蒲涇長五百丈，底闊一丈。
湯涇長一千四百二丈，底闊一丈五尺。
朱涇長三百丈，底闊一丈二尺。

鬧頭塘長一千二丈，底闊一丈五尺。
高門涇長五百六十丈，底闊一丈八尺。
黄家涇長二百四十三丈，底闊一丈。
東横瀝長一千二十丈，底闊一丈五尺。
腰涇長一百五十六丈，底闊一丈五尺。
斜涇長三百一十丈，底闊一丈七尺。
新涇河長三百二十丈，底闊二丈。
葉涇長三百七十丈，底闊一丈五尺。
千步涇長六百二十一丈，底闊二丈。
西横瀝長三百六十丈，底闊一丈五尺。
軟漕長一百六十一丈，底闊一丈。
王家涇長二百五十丈，底闊一丈三尺。
單涇長五百八十丈，底闊一丈五尺。
胡家涇長一百七十丈，底闊一丈五尺。
黄村涇長四百丈，底闊一丈五尺。
潞漕自劉家河口天妃宫橋起，至茜涇鎮南岳廟止，長一千五百九十四丈，底闊三丈。

支河南朱涇長一千一十丈，底闊一丈五尺。

北朱涇長八百丈，底闊一丈五尺。

朱涇長一千三百丈，底闊二丈。

東桃源涇長九百五十丈，底闊一丈五尺。

西桃源涇長八百五十丈，底闊一丈五尺。

楊子涇長一千五百一十五丈，底闊一丈七尺。

新塘自海口起，至潞漕界金家橋止，長一千三百四十四丈，底闊二丈六尺。

支河湯涇長八百二丈，底闊一丈。

周家浜長一百三十丈，底闊七尺。

聖母涇長三百五十丈，底闊一丈。

楊家浜長一百二十丈，底闊八尺。

謝家塘長三百二十丈，底闊一丈。

瓦浦自赤涇界起，至邵涇止，長六百一十丈，底闊三丈。

支河邵涇長三百丈，底闊一丈。

張烏涇長五百丈，底闊一丈。

漕頭塘自七浦塘起，至北浪港稍止，長一千二百九丈五寸，底闊二丈六尺。

支河瞿通灣長七百五十丈，底闊一丈五尺。

木杓涇長五百三十丈，底闊一丈。

菖蒲涇長三百二十丈，底闊一丈。

界涇長八百六十丈，底闊一丈三尺。

陳大港長一千四百七十三丈，底闊三丈。

大錢涇自海口舊壩起，至陳涇止，長二千四百八丈，底闊三丈。

支河閔涇長三百六十丈，底闊一丈。

西王家涇長五百三十丈，底闊一丈。

東王家涇長二百五十丈，底闊一丈二尺。

糜涇長四百二十丈，底闊一丈三尺。

菖蒲浜長六百丈，底闊一丈二尺。

急水浜長一千一百丈，底闊一丈五尺。

陳涇長八百三十丈，底闊二丈。

松江府

府城内河

通波塘長四百七十三丈七尺，闊三丈。

秀州塘長五百九十四丈，闊三丈。

官紹塘長三百八十八丈，闊三丈五尺。

倉河長二百八十一丈七尺，闊三丈五尺。

日河長三百七十八丈，闊一丈六尺。

月河長二百三十九丈，闊一丈。

小西湖長一百四十丈，闊三丈。

大西湖長一百丈，闊六丈。

惠政河長一百二丈，闊二丈七尺。

玉帶河長四百六十二丈九尺，闊三丈。

西牛市涇長三百八十七丈，闊二丈八尺。

東牛市涇長八百五十丈，闊一丈五尺。

府學巽水河長七十六丈，闊二丈八尺。

濯纓亭河四圍長六十丈。

登雲河長五十九丈，闊二丈七尺。

和尚浜長六十丈，闊二丈八尺。

泮池長五十丈。

縣學巽水河長一百二十丈，闊二丈八尺。

谷市河長二十五丈九尺，闊一丈八尺。

隆陽河長三百一十八丈九尺，闊三丈。

長生河長一百三十三丈，闊三丈。

隆興河長一百零二丈九尺，闊三丈。

放生河長二百四十四丈三尺，闊一丈八尺。

艾家浜長三百一丈五尺，闊一丈五尺。

姚家潭長五十三丈七尺，闊三丈。

運鹽河長七十二丈四尺，闊三丈。

城外週圍濠河共長二千五十七丈一尺。

華亭縣城外各鄉河 各鄉河形侵占者少，故無底闊數目。

大茫塘長五千一百七十一丈。

馬莊塘長七千七百九十七丈。

白牛塘長一萬一千六百六十一丈。

秀州塘長一萬八千六百一十九丈六尺。

大貞塘長二千一百六十丈。

張墓塘長一千三百十三丈。

莊公塘長二千四百五十丈。

小茫塘長八十丈。

和尚塘長一千四百四十六丈。

胥浦塘長一萬四千四十二丈一尺。

歸涇塘長六千九百九十八丈。

茹塘長一千四十五丈。

丘婆塘長八百三十丈。

虧塘長三千六十四丈。

南泖塘長五百三十七丈。

瀝瀆塘長一千五百丈。

張此塘長五百八十九丈。

楊巷塘長九百七十丈。

薛家塘長一千三百丈。

浦塘長一千四百丈。

瀆塘長四百丈八尺。

軀塘長九百五十丈。

山塘長二千九十丈。

秋涇塘長一千三百丈。

斜塘長七千四百十九丈。

沈涇塘長二千五百十丈。

前岡塘長二千一百二十六丈。

顧胥塘長九百五十六丈。

後岡塘長三千二百五丈。

横塘長一千六百七十五丈。

鹽鐵塘長一萬六千三百八丈。
小鹽鐵塘長七百六十四丈。
西方塘長三百丈。
南横塘長七百七十八丈。
大官紹塘長八百三十九丈。
官紹塘長八千八十九丈。
小官紹塘長八百七十丈。
九墩塘長二千四百三丈。
南橋塘長六千二百十四丈。
新開南橋塘長六百八十二丈。
淺沙塘長八百五十六丈。
顧學塘長二百六十二丈。
方西塘長五千三百丈。
金匯塘長三千七百三十八丈。
肖塘長三百六十七丈。
吴塘長三百四十九丈。

蒲匯塘長二千六百六十五丈。
泗馬塘長二千五百八十八丈。
俞塘長一千九百九十四丈。
新村塘長七千二百四十四丈。
蟠龍塘長三千四百八丈。
薛店塘長九百七十八丈。
北俞塘長六千九十八丈。
通波塘長六千一百八十丈。
泗涇塘長四千四百三十丈。
嵩塘長八百六十八丈。
祥澤塘長一千八百十三丈六尺。
米市塘長七百四十四丈。
岳塘長二千五十八丈。
石湖塘長七千二百三十九丈。
沽浦塘長九千四百五十一丈。
徐村塘長二千八百七十一丈。

古浦塘長一千三百七十三丈。
走馬塘長一千六百八十丈。
秀溪塘長七百八十丈。
横山塘長四百五十丈。
連林塘長七百八十丈。
古塘長一千一百七十丈。
葑薀塘長三百五十二丈。
吴塘長三千一百六十丈。
直衖塘長二百三十一丈。
横石臼浦長三百三十六丈五尺。
石臼浦長二千十三丈。
黄浦長一萬九千六百八十五丈。
姚從浦長六百三十丈。
運鹽河長四萬一百十六丈。
舍河長二百九十六丈。
新河長三千六百五十丈。

亭林鎮市河長六百四十丈。
川心河長一千九百丈。
大溝河長一百八十丈。
楊巷鎮河長一百十八丈。
陶行橋西門河長三百四十一丈。
船漕河長二千八百丈。
城河長五千三百二十六丈。
秀野橋北市河長二百六十丈。
洞涇河長一千三百二十丈。
蔣涇河長四百五十一丈。
林家鎮河長一千七百八十二丈。
大泖長八里。
泖河長三百九十五丈。
大泖河長五百九十丈。
萬羊橋河長七百三丈。
蒲匯中段菖蒲河長二百七十五丈。

新涇河長一千五百一丈。
張宅河長三百八十丈。
葉涇河長九百三丈。
莊家行河長四百十五丈。
𦾔杖港長八千四百丈。
新涇港長五百丈。
朴墩港長八百丈。
石河港長九百五十丈。
東漕港長三百三十七丈。
練樹港長七百五十丈。
石撞港長四百七十丈。
蔣家港長五百三十丈。
黄橋門至泖港長六百八十丈。
吕巷港長一千八百六十五丈。
楊莊港長五百七十六丈。
烏盆港長五百八十九丈。

泖港長五百六十八丈。
陸塌港長一千四百丈。
華港長八百五十六丈。
横港長二千一百二十六丈。
大泖港長七千六百八十丈。
葉謝港長一千六百三十丈。
祝家港長七千二百九十一丈。
得勝港長三千六百五丈。
南閘港長一百七十丈。
龍泉港長九百十丈。
漕涇港長九百三十八丈。
鞠家港長二百十丈。
運港長二百十丈。
訓港長三百四十八丈二尺。
柘瀝港長三十九丈。
西大港長一百七十丈。

金山港、張涇、三汊河長一千四百八十六丈。
白龍潭長一百六十丈。
巨漕長三百五十四丈。
横瀝長一千二百三丈。
後岡長二千五百二十一丈。
竹岡長一萬一千一百五十五丈。
沙岡長八千二百十六丈。
東沙岡長六百三十丈。
半岡長二千三百二十五丈。
吴家路長一千八百丈。
石牌涇長二千十二丈。
萬羅涇長五千七百三十一丈。
斜涇長八千一百六十四丈。
華河涇長五千三百五十九丈。
北塘涇長二千丈。
泄水涇長二千三百丈。

菊涇長一千丈。
葑涇長二千二百丈。
東徐涇長六百丈。
西徐涇長六百五十丈。
檣子涇長一千六百丈。
羊涇長四百五十丈。
横涇長四千一百五十九丈八尺。
溆子涇長二千二百六十九丈。
西灣涇長一千四百二十丈。
徐涇長九百八十三丈四尺。
歸涇長一萬四丈九尺。
掘撻涇長九百六十七丈。
北腰涇長八百九十六丈。
大沈涇長一千五百丈。
腰涇長三百九十丈。
周河涇長六百丈。

惠高涇長一千三百丈。

細子涇長九百六十丈。

凡涇長二千四百丈。

掘石涇長一千七百七十四丈。

吕涇長七百六十丈。

市涇長六千七百二十三丈。

陸灣涇、瑶巷港長二百四十丈八尺。

大張涇長三千二百七十七丈。

菖蒲涇長九百五十丈。

張涇長三千五百九十九丈九尺。

山涇長六百三十丈。

白涇長六百五十丈。

山塘涇長五百九十丈。

西曹涇長一千二百三十丈。

沈涇長一千八百十二丈。

温河涇長八百九十六丈。

鄉界涇長十里又二百丈。
吴涇長一千八十丈。
折撻涇長一千二百七十丈。
混河涇長一萬三千一百九十丈。
李界涇長一千二百丈。
蕩涇長一千二百六十丈。
黄墳涇長一百四十丈。
蔣松涇長七百七十八丈。
千步涇長四千六百三十六丈。
大泖涇長二千四百四十三丈。
諸石涇長四百丈。
鵓鴣涇長九百五十丈。
陳涇長一百五十丈。
蘆涇長二百丈。
白毛涇長七百二十六丈。
魚灣涇長一百丈。

褚石涇長一千二百丈。
潘涇長四百五十丈。
寺莊涇長一千七百丈。
廟涇長三千三百九十七丈。
百尺涇長三千二百丈。
上横涇長七千五百六十五丈。
下横涇長六千二百七丈八尺。
高梅涇長七百四十丈。
梅林涇長一千六百丈。
淡涇長一千丈。
羅涇長八十丈四尺。
吕運涇長一千二百三十五丈。
泖涇長六千一百三丈。
鄉心涇長二百五十三丈。
招賢涇長三百四十丈。
萬言涇長二百六十丈。

崇定涇長六百三十二丈。
謙蒲涇長二百八十丈。
洋涇長三百六十四丈。
崇亭涇長一百五十丈。
管涇長一千九百六十九丈。
楊涇長八百丈。
丘涇長八百三十丈。
沈漕涇長六百七十丈。
河婆涇長六百五十四丈。
韓泗涇長一千九百丈。
黄涇長一千二百丈。
洞涇長六千七百八十五丈。
蔡成涇長一千二百四十六丈。
語兒涇長六百八十四丈。
黄鑾涇長九百四十丈。
草涇長一百七十丈。

磨子涇長二千五十八丈。
横撈涇長一千五百六十丈。
姚涇長五百五十丈。
莊涇長一千三百六十丈。
懸星涇長一千四百八十七丈。
藕蕩涇長三百六十丈。
浪墩涇長二百三十丈。
華亭涇長二百三十丈。
裏河灣長二百十丈。
古漊長一百五十丈。
金門漊長一百四十丈。
横撻漊長一千五百七十三丈。
菖蒲漊長二千一百丈。
黄泥漊長五百二十三丈。
楊樹漊長五百七十八丈。
菊花溝長四百六十丈。

長浜長一千三百丈。
上浜長一千四百丈。
西河浜長一千丈。
牛橋浜長九百七十丈。
莊浜長一千三百丈。
北沽浜長一萬二千九十丈。
譚家浜長六百七十一丈。
新浜長一千五百七十二丈。
黄動浜長四百八丈。
横瀝浜長三千五十丈。

上海縣城内河

肇嘉浜長五百三十一丈。
侯家浜長二百七十五丈。
薛家浜長三百九十丈，闊三丈。
方浜轉中心河共長三百八十五丈，闊三丈。

半段涇長二百四十五丈。

上海縣城外各鄉河

吴淞江長九千三百三十八丈。

内、外横江長五千二百五十八丈。

虬江長一千四百八十丈。

鸎竇湖長一千二百九十六丈。

蒲匯塘三段共長二千四百五十丈。

顧望塘長一千二百丈。

金匯塘長三千五百十丈。

望海塘長二千七百丈。

周浦塘長四千六百八十丈。

鹽銕塘長一萬九千五百丈。

嚴茂塘長二千九百八十七丈。

俞塘長三千三百二十四丈。

北俞塘長一千六百六十二丈。

陸磊塘長四千一百七十八丈。
水仙塘長一千二百丈。
沈莊塘長一萬二千五百六十丈。
鹹塘長二千七百丈。
走馬塘長二千八百九十丈。
三林塘長一千七百三十丈。
百步塘長二千五百丈。
都臺浦長四萬四千三十二丈。
周浦長四千八百丈。
東溝浦長二千一百丈。
小黄浦長二千一百丈。
東漊浦長一千三百丈。
西郭浦長一千二百九十二丈。
東郭浦長一千一丈。
許浦長一千二百丈。
横瀝長三千九百十丈。

新羅瀝長一千五百二十九丈。
巨漕長二千五百丈。
華漕長一千三百丈。
北沙浜長一千六百二十丈。
東上澳長一千五百八十丈。
竹岡長九千二百二十八丈。
沙岡長九千七十丈。
新河長九百丈。
運鹽河長六千五百六十丈。
淡水河長一千九百六十丈。
中新河長二千五百丈。
沙洪河長一千五百七十五丈五尺。
新港西門河長二千六百丈。
朱沙港長五百六十二丈。
五竈港長一萬三千一百五十丈。
三竈港長五千六十丈。

四竈港長一萬一千一百五十丈。
沙塗竈港長三千八百丈。
七竈港長九千六百丈。
八竈港長一萬二百丈。
内横港長二萬四千八百四十丈。
小横港長五千丈。
大鯉港長三千七百丈。
六竈港長一萬三千三百丈。
一竈港長一千三百丈。
北一竈港長一千丈。
北二竈港長一千三百七十丈。
北三竈港長一千四百丈。
二竈港長二千丈。
外横港長一萬八千九百四十丈。
閘港長四千二百二十丈。
横港長二千一百丈。

洋涇港長二千一百丈。
日赤港長一千八百丈。
新港長三百四十丈。
趙家溝長二千一百三十七丈五尺。
禦倭溝長六千四百八十丈。
孫家溝長二千一百三十七丈五尺。
黄淄漊長二千一百丈。
千步涇長五千一百丈。
横涇長六千四十丈。
語兒涇長三千三百七十丈。
東河涇長二千六百丈。
白蓮涇長五千五百二丈。
唐子涇長一千丈。
中分涇長一千二百丈。
漕烏涇長四千五百丈。
新涇長三千六百丈。

三涇長一千四百丈。

野奴涇長一千二百丈。

莊家涇長一千一百丈。

馬家浜長一萬九千一百九十丈。

内横浜長二千八百丈。

外横浜長二千七百九十丈。

肇嘉浜長連新港長三千四百十三丈。

周涇浜長三千二百丈。

青浦縣城内河

漕港長三百五十四丈，闊七丈九尺。

大盈浦長三百六十二丈，闊五丈七尺。

中市新河長二百三十九丈，闊三丈六尺。

縣河長一百九十九丈，闊四丈三尺。

學河長一百三丈。

五舍浜長一百二十三丈。

小趙屯浦長五十六丈。

青浦縣城外各鄉河

吴淞江長二千三百三十九丈。

青龍江長一千四百七十三丈二尺。

浦江長七百三十丈。

横泖長三千四百八丈。

蓮花漾東通金澤塘，西至雪落港，南至白蕩，通嘉善縣界，北至椒樹潭，共長九百三十丈。

小葑漾長闊二里。

澱山湖口長九十六丈。

大莫家灣長七百十二丈。

横瀝長一千三百五十四丈。

鹽鐵塘長一千二十丈。

鳳溪塘長三千七百六十六丈。

新江塘長一千八百十八丈。

崧塘長二千八百六十五丈八尺。

玄武塘長三千一百二十丈。

蟠龍塘長五千一百十三丈七尺。

横塘長一千三百九十三丈。

神山塘北流至佘山西，入諸家塘、八曲港，共長四百七十丈。

秀溪塘長五百三十丈。

横浦塘長六百四丈。

旗卷塘長五百七十丈。

沈涇塘在富林西合横山塘，東合横浦，北流爲神山塘，東北爲八曲港，西北入鍾賈山，共長一千三十丈。

通波塘東山涇港，西至鳳凰山，南至横涇，北至北簳山煙墩，共長七千四百六十丈。

柘溪塘長五百五十丈。

大貞塘長六百三十九丈。

小貞塘長二千三十丈。

金澤塘長二千九十四丈。

大圩塘長四百二十三丈。

宅塘長三百五十六丈。

葑澳塘長九百七十丈。
漕浦塘長五百十二丈。
崧澤塘長一千八百四十八丈。
柘澤塘南通松江，北通本縣，長九百三十八丈。
張涇塘長四百三十二丈。
平浦長二百二十六丈。
張浦長一千二百九十六丈。
小淶浦長二千六百十一丈。
横瀝浦長一千一百十七丈。
大淶浦長五百五十二丈。
顧會浦長二千三百九十二丈。
艾祁浦長三千七百二十三丈。
朱墅浦長八百二十九丈。
西浦長一千二百三十丈。
大盈浦長六千三百六十丈。
管浦長二千八百九十丈五尺。

顧浦長一百九十四丈。
瀣浦長七百八十三丈。
大趙屯浦長一千二百三丈。
小趙屯浦長一千六百一丈五尺。
趙屯浦長二千五百九十四丈。
大新河長四百三十丈。
横塘河長七百三十七丈五尺。
新開河長一千三百二十五丈。
新河長一千七十三丈。
朱沙港長七百四十一丈。
横港長九百四十六丈。
牆巫港東至大樹漾，西至阮蕩，南至金澤，北至澱河，共長八百六十丈。
雪落港長七百五十三丈。
大葑港闊二里，南通運河，北通澱山湖，共長九百四十丈。
姚斷港長七百六十一丈。
急水港阮蕩、南沙蕩、沙田湖、白蜆江。蔓萊洲西注太湖，來水會歸澱山湖。長一千六百九十七丈。

湖田港長二百三十丈。

東陳港長二百十丈。

謝莊港長一百五十六丈。

金白港長四百十七丈。

陸家港長一百三十丈。

南灣港長一百五十丈。

爛路港長一千七百丈。

山涇港長四百丈。

車路港長八百四十丈。

青墩港長一千九百五十丈八尺。

青龍港長一百九十三丈八尺。

大曹港在金蓮河，東至縣西門，北至澱湖，南至琴村浜，北至崑山縣界，共長五百二十三丈。

大山涇港長一千一百二丈。

漕港長三千六百八十二丈。

褚家港長四百二十丈。

山涇港長三百八十丈。

上段港長四百五十七丈。
何家港長一千二百三十丈。
包家港長七百九十四丈。
龍潭港長八百四十九丈。
落須灘長七百三十丈。
横涇長六百三十四丈。
尤秀涇長五千九百八十二丈。
莫家涇長七十丈。
孔宅涇長一千二百丈。
望河涇長一百三十丈。
大山涇長六百丈。
金涇長一千一百一十八丈。
四達涇即舊縣前河。長二百七十一丈八尺。

常州府

府城内河

天喜河自東關起，至大西關，長二千八丈，底闊三丈三尺。

惠民河自小西關起，至小北關，長二千二百五十丈，底闊三丈六尺。

府學河自狀元橋起，至玉帶橋，長六百六十丈，底闊二丈六尺。

縣學河自顧塘橋起，至天慶坊橋，長五百六十丈，底闊二丈四尺。

仁育河自小浮橋至新街，長二百六丈，底闊二丈。

武進縣城外各鄉河

文亨橋河長四百一十六丈，底闊六丈。

孟瀆河長七千四百九十丈，底闊四丈三尺。

桃花港長六百七十五丈四尺五寸，底闊二丈七尺。

太平河長二千二百一十丈，底闊二丈三尺。

舜河二段共長二千七百三丈，底闊二丈一尺。

東倉運河長一千八十丈，底闊六丈二尺。

奔牛閘旁運河二段，共長一百三十五丈五尺，底闊二丈四尺。

錢塘河長一千三十丈，底闊二丈。

興隆河長一千二百五十丈，底闊三丈四尺。

横溝河長七百一十六丈，底闊二丈五尺。

吴涇長一千二百丈，底闊一丈六尺。

徐洪港長一千五百七十丈，底闊三丈八尺。

漕溝支河長三千二百丈，底闊一丈九尺。

安寧河長三千七百八十八丈，底闊三丈。

延壽河長一千九百五十丈，底闊二丈二尺。

剩銀河長二千四百八十一丈，底闊二丈五尺。

養濟河長一千六百丈，底闊二丈七尺。

通濟河長一千六百丈，底闊二丈五尺。

利大河長三千七百丈，底闊三丈三尺。

小深河長二千七十丈，底闊二丈。

塘口河長一千九百五十四丈，底闊三丈。

西河洞河長九百七十七丈，底闊七丈五尺。
北洞子河長一百丈，底闊一丈八尺。
北順塘河長一千九百二十丈，底闊三丈六尺。
老鸛嘴河長八百五十丈，底闊三丈一尺。
青絲港長三百二十丈，底闊二丈二尺。
白鶴溪長二千八百九丈，底闊二丈六尺。

無錫縣城内河

邗溝自北控江門入至出望湖門，長五百九十丈，底闊三丈三尺。
弓河遶東迤北，長一千九百五十丈，底闊三丈五尺。
冉涇長四百二十丈，底闊二丈五尺。
第六箭河長三百十丈，底闊二丈七尺。
第七箭河長三百三十丈，底闊二丈三尺。
第八箭河長二百六十丈，底闊二丈五尺。
億豐倉河長三百六十丈，底闊二丈五尺。
斥瀆長二百七十丈，底闊二丈三尺。

留郎橋河沿西北城之南之東，圍環縣治，而東轉北出營河，長一千一百丈，底闊三丈四尺。

營河長三百七十丈，底闊二丈二尺。

水𥕛河長三百七十丈，底闊二丈二尺。

玉帶河長七百七十丈，底闊二丈三尺。

無錫縣城外各鄉河

南門釣橋河長七百五十丈，底闊五丈。

石灰橋河長二百五十丈，底闊二丈。

支河丁家浜長四十五丈，底闊一丈二尺。

演聖橋河六十八丈五尺，底闊一丈五尺。

九里涇西墩河長六百丈，底闊一丈。

百瀆港口河長七丈六尺，底闊二丈五尺。

百瀆橋下起小十字口止，河長一千五百九十二丈，底闊二丈。

支河孫冠浜長四十丈，底闊六尺。

王家浜長三十二丈，底闊五尺。

袁家浜長五十二丈，底闊五尺。

大墩浜長九十丈五尺，底闊六尺。
韓家浜長五十丈，底闊五尺。
張家浜長二十丈，底闊四尺。
費家浜長三十丈，底闊五尺。
蘇團河長六百七十二丈五尺，底闊二丈。
支河許浦長二十五丈，底闊五尺。
宋家浜長三十五丈，底闊五尺。
破塘浜長七十丈，底闊五尺。
陶潼浜長四十丈，底闊八尺。
香涇河長三百丈，底闊五尺。
臭瀆浜長二百二十丈，底闊五尺。
南走馬塘長三千四百一十五丈七尺五寸，底闊二丈。
北走馬塘長一千七百八十丈，底闊二丈五尺。
包沿河東段長六百七十丈，底闊三丈。
包沿河西段長六百五十丈，底闊二丈五尺。
信義瀆長八百十三丈，底闊三尺。

北邗溝長三十丈，闊一丈五尺。
支河瀆東浜長一百二十丈，底闊一丈。
雙排河長八十三丈，底闊六尺。
徐陶涇長六百三十三丈，底闊六尺。
分流涇長一千二百丈，底闊六尺。
香涇河長三百丈，底闊六尺。
錢橋河長三百五十丈，底闊一丈。
新瀆横行河長八百三十丈，底闊八尺。
察亭河長三百二十丈，底闊一丈二尺。
郭村朱莊浜河長三百八十丈，底闊六尺。
馮橋河長四百二十丈，底闊一丈。
負來河長九百丈，底闊六尺。
陸墟唐家浜河長四百五十丈，底闊六尺。
楊垛橋河長三百四十丈，底闊一丈。
胡埭河長五百三十丈，底闊二丈。
劉唐河長三百六十丈，底闊六尺。

丁村浜長二百五丈，底闊六尺。
陸家浜長三百丈，底闊六尺。
前章浜長六十丈，底闊七尺。
胡巷橋浜長一百二十丈，底闊七尺。
掘頭浜長五十丈，底闊八尺。
沙頭浜長五十丈，底闊八尺。
横山浜長五十丈，底闊八尺。
庵頭浜長二百丈，底闊一丈。
唐家浜長一百丈，底闊九尺。
坊橋河長一百五十丈，底闊九尺。
楊家橋沙墩河長三百七十丈，底闊九尺。
午千涇長三百丈，底闊一丈。
曹宅河長五十六丈，底闊一丈。
徐陶涇河長七百三十三丈，底闊一丈。
宋塘橋河長三百二丈，底闊一丈二尺。
王港涇河長六百丈，底闊一丈。

章家浜長一百五十五丈，底闊八尺。

楊家浜長二百丈，底闊八尺。

坊橋河長二百五十六丈，底闊一丈六尺。

白泥堰河長五百三丈，底闊一丈二尺。

胡家浜長一百五丈，底闊八尺。

馬家浜長八十三丈，底闊八尺。

壽山浜長二百九十丈，底闊六尺。

顧港浜長二百二十五丈，底闊六尺。

嚴埭河長一千三百丈，底闊一丈二尺。

花渡河長七百丈，底闊二丈。

李富涇河長五百五十丈，底闊八尺。

江陰縣城内河

横河自春暉門直西轉北，出愛日門，長四百八十丈一尺，底闊三丈。

直河自朝宗門直北，至堰橋，長二百四十三丈九尺，底闊三丈。

玉帶河遶儒學前，左右長一百八十四丈，底闊二丈。

虹橋河直北轉東，遶學院後，長二百十一丈，底闊二丈。

江陰縣城外各鄉河

舜河長一千九百三十二丈五尺有奇，底闊四丈。
利港長四千三百二十丈，底闊四丈。
青暘運河長三千七百五十丈，底闊五丈。
順塘河長二千一十五丈，底闊四丈。
九里河長一千三百四十九丈，底闊四丈。
北横河長六百丈，底闊三丈。
山塘河長一千九百五十六丈，底闊五丈。
東雷溝二段長九百六十丈，底闊三丈。
西雷溝二段長一千三百六十丈，底闊三丈。
桃花港長五千九百五十五丈，底闊四丈。
蘆埠港長二千七百八十二丈，底闊四丈。

宜興縣城鄉各河 河跨城心，難分内外，應照嘉定縣式合纂。

長橋河東自東關潭，西自西關潭，南自山亭鄉，北至開寶鄉，長二百六十五丈，底闊五丈。

便民河長五千四百丈，底闊五丈。

西氿閃溪裹河長二千四百一十四丈五尺，底闊七丈。

新橋河長一百九十六丈，底闊三丈。

迎恩坊橋河長一千七丈八尺，底闊三丈。

洪巷港河長七百五十丈，底闊四丈。

官瀆河長八百丈，底闊三丈。

洋溪瀆河東自太湖，西至横塘河，長三百丈，底闊三丈。

河瀆長五百丈，底闊一丈八尺。

郲瀆長四百三十丈，底闊三丈。

中準瀆東自太湖，西至横塘河，長二百丈，底闊三丈。

下章河長一百五十丈，底闊一丈。

北渠河長四十丈，底闊一丈二尺。

楝樹港長七十丈，底闊八尺。

前亭河長一百二十丈，底闊一丈。
程墅河長八十丈，底闊一丈五尺。
旱塘河長二十丈，底闊七尺。
寺基河長三丈，底闊七尺。
碓坊河長一十二丈，底闊二丈。
土千河長五十丈，底闊一丈五尺。
蠡河長三十二丈，底闊一丈三尺。
苔莊河長五百丈，底闊三丈。
張石河長二十丈，底闊三丈。
川埠河長三十丈，底闊一丈八尺。
宜風河長二十丈，底闊三丈。
李家河長八十丈，底闊二丈。
土城河長四十丈，底闊三丈。
蔣店河長二十丈，底闊二丈五尺。
西塍河長二十五丈，底闊一丈八尺。
蔣墅河長四十丈，底闊八尺。

桑樹河長六十丈，底闊二丈。
歸涇河長二十五丈，底闊二丈五尺。
丫溪河長一十丈，底闊一丈二尺。
沙塘河長二十五丈，底闊二丈。
下裴河長四十丈，底闊二丈。
潼渚港長三百丈，底闊三丈。
後桂枝河長七十丈，底闊一丈三尺。
黄秀壩河長一百一十丈，底闊一丈。
姚莊河長一百一十丈，底闊一丈五尺。
常富河長八十二丈，底闊二丈。
鳳仙河長六十五丈，底闊一丈。

鎮江府

府城内河

穿城大河長一千二百五十丈，底闊四丈不等。
石塔橋橫河轉西南出城，長三百二十丈，闊七尺不等。

中市直河長二百八十六丈四尺有奇，闊七尺不等。

淮德橋浜長一百八十三丈有奇，闊七尺不等。

丹徒縣城外各鄉河

運河長一萬七千二百六十五丈七尺，底闊四丈不等。

油榨港南自江口起，至東新開夾，西自裹腦洲，南至復原洲止，長二千七百五十四丈，面闊三丈，底闊一丈不等。

魯堰河東至萬頃洋，西至白土，南至十七都，北至高十六都，計長一千三百丈，面闊五丈，底闊二丈五尺。

支河魯堰澗長二百五十一丈，底闊六尺。

黄堰澗長三百一十八丈，底闊七尺。

青培河東自金壇縣界起，西至十九都，南自金壇縣界起，北至十九都，計長一千九百八十丈，面闊五丈二尺，底闊三丈。

支河汊河長二百七十八丈，底闊七尺。

馬家澗長二百五十三丈，底闊六尺。

長山河東自丹陽縣界起，西北至十八都，南至十九都，計長八百九十五丈，面闊五丈，底闊三丈。

支河出水溝長三百一十二丈，底闊六尺。

寶堰河東自丹陽縣界起，西南至十八都，北至洞十六都，計長一千八百九十九丈，面闊五丈，底闊三丈。

支河寶堰澗長三百五十七丈，底闊七尺。

茅山港長三百四十八丈，底闊六尺。

桃花港自至大江西南俱十二都，北至二十二都，長二百五十丈，面闊四丈五尺，底闊二丈。

沙腰河長二千五百三十八丈，面闊六丈，底闊二丈五尺。

徐府港長一千一百五十丈，面闊二丈五尺，底闊一丈。

毛沙港長一千八百五十丈，面闊三丈，底闊一丈三尺。

孟家港長五百九十丈，面闊三丈五尺，底闊一丈五尺。

朱家港計長六百一十丈，面闊三丈五尺，底闊一丈五尺。

何家港長七百八十丈，面闊三丈，底闊一丈三尺。

蕭家港長一千二百丈，面闊三丈五尺，底闊一丈五尺。

李家港長八百七十九丈，面闊三丈，底闊一丈五尺。

太平港長七百八十丈，面闊四丈，底闊一丈五尺。

東界港長一百五十丈，面闊四丈，底闊二丈不等。
長生港長三百九十丈，面闊四丈，底闊二丈。
錢家港長七百五十丈，面闊四丈，底闊二丈。
太廟港長七百一十丈，面闊三丈，底闊二丈。
雙水港長三百一十丈，面闊四丈，底闊二丈五尺。
官沙港長五百三十丈，面闊四丈，底闊二丈不等。
丹徒減水港長六百八十丈，面闊四丈，底闊二丈不等。
山北港長四百五十丈，面闊四丈，底闊二丈。
鐵猫港長一千二百五十丈，底闊二丈不等。

丹陽縣城内河

穿城邗溝長自東關起，出北關至觀音山閘口，長七百六丈，闊四丈六尺。
惠政橋河繇通漕門水關，入内城遶縣治前，長六百四十二丈七尺，闊三丈五尺。
學前新泮河長二十丈二尺有奇，闊六丈五尺有奇。

丹陽縣城外各鄉河

吕瀆河長二千五百七十四丈，底闊二丈。

蕭帝河長一千七百八十一丈，底闊一丈九尺。

支河馬嘶港長二千八百六十丈，底闊二丈。

運河長一萬二千六百八十七丈，底闊五丈。

白鶴溪長一萬四千四百五十五丈，底闊二丈。

金壇縣城内河

穿城直渠長二百三十丈三尺有奇，闊二丈不等。

金壇縣城外各鄉河

運河長六千二百八十丈。

蔭風河長三千七百四丈，底闊二丈。

上青培河長三千七百五丈，底闊二丈。

建昌圩河長三千三百二十八丈，底闊二丈。

三里岸河長三千七百一十五丈，底闊二丈。

分水尖河長三千一百九十二丈，底闊二丈。

下青培河長九百六十丈，底闊二丈。

校勘記

〔一〕『六百五百丈』，疑當作『六百五十丈』。

吴中水利全書卷之八

水年

水災流行自昔不免，唯吴田窪下，歲罹水患滋多，自漢而下，殆不勝書。并紀旱年，蓋濱海沿江及山鄉畏旱，仰藉夫水，亦關水利云。

［漢］

始元元年秋，大水。

建始間，霖雨三十日，大水。

［東漢］

永平八年秋，大水。

［**魏、吴**］

太平元年秋，湖海泛溢，平地水深數尺。

［**晉**］

太康四年冬，大水。

元康五年六月，大水。　八年九月，大水。

大興二年，大水。

咸康元年六月，大旱。

寧康二年，水。

咸安二年秋，大旱。

元興元年四月，大旱。

［南朝**宋**］

元嘉七年，義興等處大水。　十年六月，大水。

［齊］

建元元年，水。

永明元年，水。　九年，大水。

［梁］

大通二年，大旱。

大通中，吴郡水災。

大寶元年，旱。

［陳］

大建中，大水。

［唐］

貞觀三年秋，大水。

乾元元年，大水。

大曆元年，水災。

貞元六年夏，大旱。　八年，大水。

永貞元年，旱。

元和十二年，大水。

長慶二年，大水湖溢。　四年秋，旱復大水。

寶曆元年，旱。

太和三年，大水。　四年夏，大水。　六年，大水。　七年秋，大水。

會昌元年七月，大水。

乾符三年五月，旱。　六月夏，大旱。

［五代］

吴越王錢氏長興間，二次水災。

［宋］

淳化中，連年水災。

大中祥符三年，旱。　四年，吴水泛濫，壞廬舍。

乾興元年五月，大水。

天聖元年，大水。　四年九月，大水。

景祐初，大水。

寶元元年，大旱。

皇祐二年，大水。　五年夏，旱。

熙寧間，大旱。　八年，大旱。

元豐元年七月初四日夜，蘇州大雨，潮高二丈餘，漂蕩尹山至吴江塘岸，洗滌橋梁沙土皆盡，惟石僅存。四年七月，蘇州大水，民居邊湖者皆蕩盡。吴江長橋摧去其半，橋南至平望皆如掃。吴江以北露地而哭，平望以南刈禾而歌。

元祐六年，吴中水災。

紹聖元年秋，大水。　四年夏，旱。

元符二年六月，久雨，蘇、湖、秀等處尤罹水患。

大觀元年十月，蘇、湖水災。

政和五年八月，蘇、湖諸郡水災。

重和元年五月，大水。

建炎三年，旱。

建炎間，大水。

紹興二年，蘇州、吴江等縣水災。　四年六月，浙西大水，平江府所屬爲甚。　二十八年七月，平江大風雨，漂没數百里。　九月，沿海各鄉水溢。

隆興元年八月，大風雨，平江、湖州爲甚。　二年七月，平江大水浸城郭，壞廬舍、田圩、軍壘，操舟行市者累日，人溺死無數。　越月積陰苦雨，水患益甚，民流淮東。

乾道二年春，大水。　三年八月，大水。　六年五月，大水。

淳熙元年八月，大水。　二年秋，旱。　三年夏、秋，大水。　五年，旱。　七年秋，旱。　八年秋，大旱。　十一年秋，大水。　十四年六月，旱。

紹熙四年夏，大水。　五年八月，大雨，平江江溢，圮田廬甚衆。

慶元三年，旱。　五年夏、秋，大水。　六年，大旱。

嘉泰元年，大旱。　二年，自春至秋無雨，大旱。　三年五月，大旱。

開禧元年夏、秋，大旱。

嘉定二年，大旱。　六年，大水。　七年秋、冬，不雨大旱。　八年夏，大旱。　九年夏、秋，大水。　十一年，大水。　十五年，大水。　十六年五月，江潮大溢，平江爲甚，漂廬舍，傷農田，圮城郭、堤防，溺死者衆。

紹定三年夏，大水。

景定二年秋，大水。

［元］

至元二十一年春，大水。　二十三年六月，平江路水壞民田一萬七千二百頃。　二十四年，大水。　二十五年夏，大水。　二十七年，大水。　二十九年六月，大水。　三十年，大水。

元貞元年五月，大水。九月，又大旱。

大德元年，大旱。　二年，大雨，湖海泛溢，鄉城俱漂没。　五年六月，大水。　十年五月，大水，害稼。七月，大風，海溢吴江，大水。

至大元年，旱。　四年，雨水没田。　五年，水。　六年，水。　七年，水。

延祐元年，大水。　三年，大水，平江路松江府，遍地無青。　六年六七月，大水。　七年，雨水没田。

至治元年，大水損田。　二年，平江路大水，損民田四萬九千六百頃。　三年，大雨水。

泰定元年，大水。　三年，吴中水田半渰。

致和元年（天順元年天曆元祀），平江水没民田萬計。

紀載致和、天順、天曆各書大水，按正史其實一歲兩更年號，又更年爲祀云。

至順元年七月，平江大水，壞民田。十月，太湖水溢吴江，漂没民居萬家。三年，吴中水。

元統元年，水災，沿海潮溢。二年，吴中水没田。

後至元元年夏，大旱。三年，水災。四年，水災。五年，水。六年，吴中水田俱渰。

至正元年，海潮湧溢。二年大水，太湖泛溢，傷敗田廬。三年夏，大旱。四年，水。五年七月，宜興山水暴漲，平地水高一丈，壞民廬舍。六年，水渰田，半收。七年，吴中大水，無秋。八年四月，平江大水。十年，吴中雨田，渰過半。十一年，大水。十五年五月，大水，禾苗漂没，城郭崩圮。

【本朝】〔一〕

洪武初，大水。七年，大水。九年五月，大水。二十三年七月，海溢，漂没民田。末年，大旱。

永樂二年，吴中大雨，水田幾盡没。三年六月，大水，高原浮數尺，窪下者丈餘，民田並渰没。五年六月，大水。七年，大水。九年，水災。十一年，水。十二年夏，水。十三年，水。十四年，水。十六年，大水。二十年，大旱。二十一年，大水。二十二年，水。

宣德元年，大雨水，無秋。　二年，水。　三年六月，大水。　六年，水。　八年六月，大旱。　九年，大水，無秋。　十年，旱。

正統元年夏，大水。　四年，水。　五年，大水。　六年，旱。　七年，大水，湖海湧漲，平地水高數尺。　八年八月，大水壞稻。　九年，湖水泛溢，衝決四境，傷稼。　十年，水。　十一年五月，大水。　十二年，旱。　十三年，大水。　十四年夏，大水無秋。

景泰元年，大水。　四年夏，大潦；秋大旱。　五年夏，水漂没田廬。　六年夏，亢旱。

七年夏、秋，大水，農乘船而刈。

天順元年，大水，無秋。　二年秋，旱。　三年，水。　四年五月，大水。　五年七月，水。　六年，水。　八年，大水。

成化元年春、夏，大水，無秋。　二年，大水。　三年，大水。　五年夏，大水，海漲，漂没民居，鹹潮害稼。　七年，大水。　八年七月，大水，湖海漲溢，飄没田廬。　九年，大水。　十一年，水。　十二年八月，水。　十四年五月，大水。　十六年，水災，宜興湖汉、張渚山水暴漲，漂没廬舍、人畜。　十七年春、夏，大旱。秋大水，傷稼。　十八年春、夏，大水。　十九年春，大水，不害稼。　二十年五六月，水。　二十一年秋，大旱。　二十二年，大水。　二十三年六月，亢旱。

弘治元年五月，大水渰禾。　四年春、夏，大水，平地江河，民不得稼。　五年夏，大水，湖泖相連。　六年夏、秋，大水。　七年，大水冒城郭，行舟入市，農田渰没，長洲、吴江、常熟、崑山四縣尤甚。　十一年六月，水溢。　十二年，水。　十三年六月，水溢，池沼皆盈。　十六年五六月，大旱，禾盡槁。　十八年，水。

正德元年，大旱。　三年，大旱，河底生塵。　四年夏，大旱。七月連雨十七日，吴中成巨浸，農田無刈獲。　五年三春積雨，至六月大決田圍，水及樹杪，長洲、常熟、崑山、華亭縣水浮陸地。吴江長橋不浸者，僅尺許。　六年春，大水。　八年，大水。　八年，大水。　十三年六月，大雨，山水湧漲，渰田十之七。　十四年，大水。　十五年，大水渰禾。

嘉靖元年春，大旱，河渠枯涸。　三月至六月，大水，田成巨浸，吴中田疇並没。七月，湖漲吴江城外及簡村三十里内，一望無際。　二年夏，大旱，溪湖見底，妨稼。七月，湖海泛溢，漂溺民居。　三年夏，先旱後大水，傷稼。　四年夏、秋，旱　七年四月，大旱。　八年春、夏，水。秋，旱。　十年，水。　十三年夏，大旱。　十四年春，雨。夏，旱。秋，大水。　十五年秋，旱。　十六年，大水。　十七年夏，大水傷稼。　十八年春、夏，大旱。閏七月，湖海水溢，平地湧波數尺，田多坍没。　二十年，水。　二十二年，大旱，吴、嘉定、上海、武進、江陰、丹徒、丹陽各縣并傷稼。　二十三年春，水。夏、秋，旱，溝洫揚塵，禾苗槁盡。　二十四年，大旱，麥稻全荒。　二十五年六月，旱。　二十七年，旱。　二十八年，太湖水溢，低鄉害稼，高鄉苦旱。　二十九年夏，大水傷稼。　三十三年，大旱。　三十七年，水渰中下田。　三十八年夏，大旱傷稼。　四十年春、夏、秋，大水，高低盡成巨浸，波濤平野，苗自初插吐花成粒，一切皆害。城郭公署民居傾倒幾半，郊外數十里無烟火，流離載道，餓莩相枕，水至明年始退。此爲有明第一洪水大患。　四十一年夏，大水。

隆慶三年夏，大水漂没高低田畝全災。　四年，大水壞稼。　五年，水，不害稼。

萬曆三年夏，大水淹禾。　六年夏，旱。　七年五月，久雨，山源傾注，江海泛溢，大水連天，長洲、吴江、常熟、崑山、華亭諸縣一望無際，禾苗渰盡。　八年，大水成巨浸，幸吴淞白茆初浚，旋即宣泄，災僅七八。　十年七月，大東北風駕海泛溢，潮平地二丈餘，漂没上海、嘉定等處人畜無算。又風捲太湖，港汊皆乾，遥見滿湖皆火，俄風展轉西南，擁回湖水，勢若排山，大雨如注，震傾吴江簡村人民，廬舍如掃。崑山、青浦、常熟等縣，田塍盡壞。一夕水退，仍有車救獲全。　十五年七月，大水高丈餘，高低皆成巨浸，歲祲。　十六年，大旱，赤地千里，歲大祲。　十七年，大旱，太湖、澱山等湖皆涸。　十八年夏，大水。　二十一年，水。　二十三年九月，河水驟溢，池沼皆盈。　二十五年夏，旱。　三十六年，大水，浮平地數丈，高低皆成巨浸，無寸土可耕。　三十七年夏，大水。　四十年秋，大水，稼歉收。　四十八年，水。

天啓四年夏，大水，歲祲。　五年夏，旱。　六年七月初一日，湖海水溢，渰没民田。

崇禎二年夏、秋，水。　四年夏，大水，長洲、吴江、崑山、常熟各縣低鄉盡湮。　五年夏、秋，旱。　六年六月二十五日，颶風大雨，湖海水漲。　八年春、秋，大水。

校勘記

〔一〕本朝　四庫本均改爲『明』。此下遇『本朝』不再出校記。

吴中水利全書卷之九

水官

治水仰藉專官，歷代建置因革不常，皆以慎厥職也。至昭代尤重是役，官必奏績，歷歷可稽矣。

［虞］

舜命禹作司空。《虞書》曰：『舜咨四岳，僉曰：「伯禹作司空。」帝曰：「俞咨禹，汝平水土，惟時懋哉。」禹拜稽首，帝曰：「俞汝往哉！」』

［晉］

永嘉六年，命參軍郗鑒按視蘇、湖積水。

［唐］

天祐元年，吴越錢氏置都水庸田使以主水事。募卒爲部，號曰『撩淺』，每都二千人。

［宋］

乾興元年，命尚書職方員外郎楊及催督蘇、湖、秀三州疏導。

天聖元年，命轉運使徐奭、江淮發運使趙賀董蘇州浚築。又勅内供奉官張永和隨宜調度。

景祐二年，置豐田水官使者，專管湖塘河渠。

皇祐四年，命殿中丞王安石相視崑山等處塘堤。

至和五年，立常熟縣城下四指揮，統轄開江兵士。

嘉祐四年，招置蘇州開江兵士，立吴江、崑山等縣城下指揮。

熙寧元年，命昭文館編校雍元直董治浙西河渠。定望亭等堰監護使臣并繫銜管幹河塘。同所屬令佐巡視修葺、啓閉。　六年，命廣東安撫機宜郟亶爲司農寺丞，提舉兩浙水利。亶上言水利，因有此命。　七年，命檢正中書刑房公事沈括相度兩浙水利。

元豐六年，樞密院裁定蘇州開江兵級屬城下指揮，專治浦閘。定兵士八百人。

元祐六年，詔左朝奉郎邵光督修蘇州等處水利。同本路監司專董開浚河渠。

元符二年，命兩浙轉運判官曾孝藴提舉興修澳閘。

崇寧元年，命宗正使徐確相視吴淞江并議浚決。　置提舉澳閘司於蘇州，以知崑山縣鮑朝懋提舉管幹。凡常、潤、杭、秀、揚州新舊等閘通令督治。

大觀元年，命兩浙監司相度蘇州開江。　命通直郎陳仲方爲發運司屬官，再相度蘇州積水。　二年，詔浙西各縣知縣、縣尉并帶衔管縣界河塘溝洫事。　三年，命中書舍人許光凝浚治吴淞江。　四年，命兩浙提舉常平官考求練湖故迹。

政和二年，命户曹趙霖相度平江府等處水利工役。　四年，命知平江府莊徽專委户曹趙霖講究港浦利害，赴尚書省指説。　尋命趙霖充兩浙提舉常平興修水利，仍差童師敏充承受奏報文字，就平江府置局辟官。　詔平江等府所屬知縣，帶衔提舉湖塘河渠，縣尉帶衔巡視湖塘河渠。　設烈塘、犇牛二閘，各閘官一員。左右選通差後，省淮東總領所取爲辟，闕以圍田所催綱運官兼。

七年，詔權罷趙霖别充差遣。

重和元年，復以趙霖爲提舉常平，措置平江府等處水利，救護民田。

宣和元年，詔提舉常平官專切措置水利農田。　趙霖罷。時以霖增修水利不當罷官，已見成績，進直徽猷閣，復所降兩官。　五年，命王仲閎同廉訪使劉仲光、漕臣孟庾措置常、潤運河。王仲閎《宋史》不載爵秩。　詔發運提舉等官同廉訪使參訂浙西水道利害。

靖康元年，定興修農田水利官賞格。

隆興二年，詔兩浙轉運副使姜詵督諸州守臣，按視圍田利害。

乾道七年，遣御史蕭之敏按視秀州、華亭等處港堰。九年，置監堰官於亭林。招募土軍五千人巡邏，專一禁戢侵毁，并將卑薄處時加修捺。詔凡有堤堰縣分知縣、縣尉并帶銜主管堰事。

乾道間，命司門員外郎李公傳相度三江水利，給華亭縣簿尉俸隨行。

淳熙元年，命提舉浙西常平薛元鼎相視太湖沿流利害。尋詔水軍都統馮湛擢兩浙運判陳峴知平江府，督治諸涇塘浦，提刑曾逮核實以聞。

[元]

至元二十八年，命江淮行省參政燕仲楠、左司郎中都爾彌失〔一〕相視澱山湖等處水利。三十年，命都省斷事官禿剌思〔二〕行院僉事董。《元史》失名。浙東宣慰使哈剌歹〔三〕督治平江、松江等路府水利。

大德二年，詔立浙西都水庸田使司于平江路設置。秩三品，專理修築疏浚。仿舊制設撩淺軍人，仰庸田司于二、八月内依時督責。五年，詔罷都水庸田使司。八年，詔立行都水監，仍于平江路設置，直隸中書省，命行省平章徹里〔四〕提調疏浚江東、浙東、西水利。

至治三年，命中書省委官按視講究平江、鎮江二路水利。四年，設練湖提領官。查舊額湖兵四十三名，添補五十七名，共百人，於本路州縣苗糧内給食，應令專任修築。設提領壕寨一人，司吏一人，於出身人内選用。

泰定元年，復立都水庸田使司，於松江府設置。從中書右丞旭萬傑[五]之請。命行省左丞朵兒只班[六]知水利，前都水少監任仁發督治浙西水利。

天曆元祀，詔罷都水庸田使司。

至正元年，復立都水庸田使司，仍于平江路設置。轄江東、浙東、西道，與風紀重臣交調銜兼行工部事，掾屬皆視司臬吏遴選。命州縣農事正官結銜知渠堰事，受都水庸田使司節制。

［本朝］

洪武三年，奉旨設蘇、松、常、鎮沿江海口閘，各閘官一員。每閘設夫三十名，以司啓閉。

永樂二年，敕差户部尚書夏原吉偕都察院左僉都御史俞士吉、通政使司左通政趙居任、大理寺左少卿袁復治水蘇、松等處。四月，上以蘇、松水患爲憂，命夏原吉特往疏理。八月，遣俞士吉齎《水利集》賜原吉，使同趙居任、袁復講究拯治之法。尋命工科給事中姚善佐夏原吉等治水。

宣德二年，命吏部添設蘇、松、常、鎮、杭、嘉、湖七府勸農水利通判，屬縣水利縣丞各一員。從巡撫周忱之請。五年，敕差工部右侍郎周忱巡撫應天等十府一州，兼理水利、農田。

正統八年，奉旨革蘇、松、常、鎮、杭、嘉、湖七府水利通判屬縣水利縣丞。巡按蘇松御史何永芳題革，地方共稱不便。九年，敕巡撫應天等府工部右侍郎周忱兼督杭、嘉、湖水利。本年奉旨仍用蘇、松、常、鎮、杭、嘉、湖七府水利通判屬縣水利縣丞，事畢裁省。

成化八年，敕差浙江按察司僉事吴瑞專理蘇、松、常、鎮、杭、嘉、湖水利。　九年，奉旨添設蘇、松、常、鎮、杭、嘉、湖七府勸農水利通判，屬縣水利縣丞各一員。

弘治七年，敕差工部右侍郎徐貫同主事祝萃督理蘇、松、常、鎮、杭、嘉、湖水利。　本年奉旨取回主事劄付浙江按察司僉事伍性，帶理蘇、松、常、鎮水利，聽徐貫調度。　七年，奉旨仍劄付浙江按察司僉事雷士旓帶理蘇、松、常、鎮水利。　八年，敕差工部都水司主事姚文灝，提督蘇、松、常、鎮、杭、嘉、湖水利。姚文灝先任常州通判，治水奏績。　十年，敕差工部都水司郎中傅潮，提督蘇、松、常、鎮、杭、嘉、湖水利。　本年奉旨置太倉州，設水利判官一員。　十四年，敕差工部都水司郎中臧麟，提督蘇、松、常、鎮、杭、嘉、湖水利。　十七年，奉旨罷遣蘇、松等府水利部臣。

正德七年，敕蘇、松、常、鎮兵備副使帶管水利。　八年，奉旨差都察院右副都御史俞諫，巡視浙直水利。　十四年，敕巡撫應天等府工部尚書兼都察院右副都御史李充嗣，兼督蘇、松等處水利。　本年敕差工部都水司署郎中事員外郎林文沛、署郎中事主事顔如環，分理蘇、松等處水利，聽李充嗣節制。

嘉靖三年，奉旨取回水利郎中劄付浙江按察司僉事熊允懋，帶管蘇、松、常、鎮水利。　四年，敕差僉事蔡乾仍帶浙江按察司銜，專理蘇、松等府水利。　九年，敕差工部都水司郎中朱袞，提督蘇、松、常、鎮水利。　十年，奉旨取回水利郎中劄付蘇、松、常、鎮兵備帶管水利。　十四年，敕蘇、松、常、鎮兵備副使兼理水利。　二十五年，敕巡撫應天等府都察院右副都御史歐陽必進，兼督江南水利。　二十八年，敕差蘇、松、常、鎮糧儲參政一員，帶河南布政使司銜，兼理水利。　三十五年，奉旨革糧儲參政，仍劄蘇、松、常、鎮兵備副使兼理水利。　四十四年，題准改蘇州府水利通判爲同知。　四十五年，敕兩浙巡鹽御史帶管蘇、松、常、鎮、杭、嘉、湖水利。

隆慶六年，敕差蘇、松、常、鎮糧儲參政一員，帶山東布政使司銜兼理水利。

萬曆四年，敕差巡視下江監察御史林應訓，專督蘇、松、常、鎮水利。　五年，奉旨革糧儲參政，仍劄蘇、松、常、鎮兵備兼理水利。　裁汰冗員，革長洲、吳、常熟、嘉定各縣水利縣丞，并巡鹽主簿兼職水利。　革丹徒、丹陽二縣水利縣丞，屬典史職專水利。　十六年，敕差副使許應逵帶湖廣按察司銜，督理蘇、松、常、鎮水利。　十八年，奉旨革蘇、松、常、鎮水利道。　二十年，奉旨復設蘇、松、常、鎮糧儲道一員，帶湖廣布、按二司銜，布政使參政參議，按察使副使僉事無定秩。兼理水利。　二十四年，題准改糧儲道爲常、鎮兵備道，蘇、松、常、鎮兵備道爲蘇、松兵備道，析四府水利各就轄境兼理。

崇禎二年，奉旨裁汰冗員，革太倉州、長洲、吳、常熟、嘉定等縣水利判官、主簿各一員，屬吏目典史職專水利。　四年，奉旨復設蘇、松、常、鎮糧儲道一員，帶湖廣布、按二司銜，亦無定秩。兼巡視漕河，其水利、農務仍蘇、松、常、鎮二兵備道兼理。

校勘記

〔一〕都爾彌失　四庫本作『都哩默色』。
〔二〕秃剌思　四庫本作『圖埒實』。
〔三〕哈剌歹　四庫本作『哈喇岱』。
〔四〕徹里　四庫本作『徹爾』。
〔五〕旭萬傑　四庫本作『舒瑪爾節』。
〔六〕朵兒只班　四庫本作『多爾濟巴勒』。

吴中水利全書卷之十

水治

治水自夏禹而後，代見成績，而宋、元爲盛，昭代尤以貢賦半出東南，三百年疏導勤密，故利賫斑斑可考。

［夏］

《禹貢》云：『三江既入，震澤厎定。』《史記》曰：『禹治水于吴，通渠三江五湖。』

［周］

敬王八年，吴穿邗溝，通江淮。東北通射陽湖，西北至宋口入淮，通糧道。　二十五年，吴行人伍員鑿河。自長洲接界涇而東，盡納惠高、彭巷、處士、瀝瀆諸水，後人誦其功，名曰胥浦。

元王三年，越范大夫蠡伐吴開漕。今曰漕河，亦曰蠡河。

烈王十五年，楚春申君黄歇城故吴墟内，北瀆四從五横。　治水松江導流入海。後人因其姓黄曰黄浦，亦曰春申浦。　開港溉田。今曰黄田港。　開浦置上下屯。今曰申浦。

[秦]

始皇帝鑿曲阿。

[漢]

闕年，陽羡令袁玘築長橋，鑿便民河。避洴洌之險。

[吴]

赤烏八年，使校尉陳勳開破岡瀆。陳勳發兵三萬鑿句容，中道至雲陽西城，以通兵會船艦，號破岡瀆，上七埭入延陵界，下七埭入江寧界，于是東郡船艦不復行京江矣。

[晉]

咸寧間，吴興太守虞潭于沿海築壘。沿海非吴興轄境，虞潭特倡盛舉。

太興四年，晉陵内史張闓創新豐塘。張闓所郡四縣並以旱失田，闓乃立曲阿新豐塘，灌田八百餘頃，計用二十一萬一千四百二十工，以擅興造免官，後舉朝爲之申白，詔以闓爲大司農。

闕年，陳敏鑿練湖。陳敏據江東，令弟諧遏馬林溪引水爲之，以溉雲陽，號曲阿。

闕年，吴興太守沈嘉開荻塘。

［南朝宋］

元嘉二十二年，揚州刺史始興王劉濬，議穿渠浛。王濬以松江滬瀆壅噎不利，議從武康紵谿直出海口，穿渠浛，功竟不立。修陽湖乘湖廢，修成良疇數百頃。二十四年，治臨津。屬毗陵。

［齊］

建武闕年，曲阿令丘仲孚鑿長岡埭。時王敬則反兵至，鑿長岡埭瀉瀆水，以阻其去路。鑿丹徒雲陽運瀆。自雲陽西城徑抵都下。

［梁］

天監九年，造謝塘。彭城令謝法崇所造。開上容瀆。吴赤烏間開破岡瀆，晉、宋因之，至是廢去，而開上容瀆，在句容東南五里。開龍目河。武帝望京見盤紆似龍，于山前開此河，以龍目名之。

大通二年，詔遣前交州刺史王奕漕大瀆。吴郡大災，有上言當漕大瀆，以瀉浙江者。遂遣王奕假節發吴、吴興、信義三郡人丁就役。

大同元年，繞惠山浚溪。今名梁溪。

［陳］

闕年，復修破岡瀆。時上容瀆湮。

［隋］

大業六年，敕穿江南河。自京口至餘杭郡，八百餘里，面闊十餘丈，擬通龍舟，巡會稽。廢破岡瀆。

至德間，置望亭堰閘。

［唐］

景龍二年，置將軍堰閘。

開元元年，築捍海塘。自杭州鹽官縣起，抵吴淞江，袤一百五十里。　十一年，烏程縣令嚴謀達重開荻塘。荻塘自烏程縣至吴江縣境，九十里，烏程所受諸水繇荻塘出，故謀達開之。　十五年，丹陽刺史徐失名開京口。徐某以郡北隔江舟行繞瓜步，多風濤之險，乃于京口埭下開河二十五里，渡江立埭歲利百倍，舟不漂没。

永泰二年，詔重開練湖。從轉運使劉晏、刺史韋損之請。

貞元八年，蘇州刺史于頔繕堤防。自平望西至湖州之南潯，五十三里皆成堤，名曰荻塘，民頌其德，又名頔塘。　決水溉田。頔又鑿畝澮，列樹以表道，決水以溉田。

元和二年，浙西觀察使韓皐命蘇州刺史李素、長洲縣令李嘆、攝常熟縣、吴縣主簿李仲方，開常熟塘。自州齊門北抵常熟，長九十里，因名元和塘，今誤名雲和。　湖州刺史范傳正開平望官河。

五年，蘇州刺史王仲舒堤淞江爲路。時松陵鎮南、北、西俱水鄉，抵郡無陸路，至是始通。今吴江縣城北三里橋，北行至長洲縣界七里橋，曰古塘。自觀瀾舖至徹浦舖十里，曰石塘。自徹浦至平望三十里，曰官塘。自平望南行至秀水縣王江涇，曰土塘。荻塘見前。

元和間，常州刺史孟簡開瀆。孟簡既開泰伯瀆，復浚一瀆，後人稱爲孟瀆，袤四十一里，溉田無數。　開泰伯瀆。

太和闕年，疏常熟縣鹽鐵塘。

天祐元年，吴越錢氏命都水庸田司督撩淺夫疏導諸河。　浚治新洋江。兼浚横塘，通小虞浦。

司空張瑗鑿華亭縣倉河。　浚柘湖及新涇塘。繇小官浦入海。

［南唐］

昇元元年，知丹陽縣吕延貞浚練湖。吕延貞既浚練湖，復作斗門，以通灌注。

保太元年，修孟瀆水門。

［宋］

淳化三年，詔廢望亭堰。　知常州王詵開珥瀆。　至道二年，知蘇州陳省華，議築崑山塘。舊連湖瀼無陸道，爲民患，時議修築不果。

大中祥符五年，兩浙轉運使徐奭奏置開江營兵，專修吴江塘路。兵凡一千二百人，塘路南至嘉興一百餘里。

天禧二年，江淮發運副使張綸，同知蘇州孫冕疏五湖，導諸港浦。時有水患，經畫于崑山、常熟疏五湖，導太湖水入海，復歲租六十萬斛。　四年，知江陰軍崔立浚利港，開横河。崔立教民浚利港，溉田數千頃。又開横河六千里，以通運漕。

乾興元年，詔蘇、湖、秀三州疏導壅閼，命發運使發鄰郡兵助工。時積水害稼，皆繇三州江河壅閼。

天聖元年，轉運使徐奭、江淮發運使趙賀，於蘇州築堤浚潦。蘇州水壞太湖外塘，又海旁支渠堙塞，詔自市涇以北，赤門以南，築石堤九十里，起橋十有八。浚積潦，自吴江東赴海，復良田數千頃，流民自占者二萬六千家，歲出租二十萬。　七年，開潤州新河。兩浙轉運使上言潤州新河工畢，降詔嘉獎。

景祐元年，知蘇州范仲淹議疏導諸水。范仲淹上書宰臣，具言水利。時轉運使亦委蘇州節度推官張去惑分捍水道。　二年，范仲淹開五大浦。范仲淹親至海浦浚茜涇、下張、七鴉、許浦、白茆五河，以疏導諸邑之水，使東南入於松江，東北入於揚子江與海，用錢米一十八萬三千五百貫石。

寶元元年，兩浙轉運副使葉清臣，疏盤龍滙通滬瀆。盤龍滙界華亭、崑山之間，步其逕纔十里，而迴泬迂緩乃四十里，江流爲之阻遏，盛夏大雨則泛溢傷稼穡、壞室廬，殆無寧歲。乾興間屢經疏決，未得其要，范仲淹守蘇州，嘗經度之，未遑興作，至是葉清臣轉漕本路，建議釃爲新渠，從滬瀆入海道，直流迅速，其患遂弭。

慶曆元年，知華亭縣錢貽範開顧會浦。縣西北六十里趨青龍鎮，南通漕渠，下達松江，役夫三千五百二十人，糜錢一百三十六萬。　二年，蘇州通判李禹卿堤太湖。李禹卿以松江風濤，漕運多敗官舟，遂築長堤于松江、太湖之間，横截五六十里。又云八十里爲渠，益漕運，其口蓄水溉田千餘頃。歲饑出羡粟三萬，活饑民萬餘。修荻塘。　知常熟縣范琪浚金涇、鶴瀆二浦。　知晉陵縣許恢浚港。許恢以申港、澡子、戚墅三港廢不復治，浚申港凡六十八里；澡子港自江口浚之，凡四十里；戚墅港自湖口浚之，凡九十里。計工費三十六萬，凡灌田萬頃，工役三月而罷。　三年，知武進縣楊璵浚孟瀆。楊璵諭民疏治孟瀆，復通江流。　知常州李餘慶浚顧塘河。李餘慶浚顧塘河，經大市，益引惠明河水注之漕渠，復開後河，曰三十年當有魁天下者，後果如其言。　闕年，兩浙轉運副使鄭向疏蒜山河。疏蒜山漕渠，直抵于江，人稱便利。

皇祐闕年，知華亭縣吴及興水利。督民間預修水利，以備霪霶。次年大水，賴溝洫通利，民田大稔。知江陰軍葛閎浚運河。葛閎以運河自黄田港達五瀉堰，中多淤梗，積潦害稼，募粟二萬斛給役，大浚治之，長四十里。

至和二年，崑山縣主簿丘與權築崑山塘。皇祐間，發運使許某，建議命王安石相視上奏，至是與權奮然身任，知蘇州吕居簡，知崑山縣錢紀，同心計畫，始克成塘，因名至和。自婁門至崑山，六十餘里，建橋架梁凡五十二。

嘉祐三年，轉運使沈立開崑山顧浦。　四年，吴江、崑山等縣興修塘岸。　崑山縣縣丞沈失名開新江。　五年，轉運使王純臣督蘇、湖、常、秀四州，并築田塍。王純臣建議四郡通作四塍，位位相接，以禦風濤，俾縣官教誘殖利之户，自作塍岸，定其勸課，爲殿最當時推行之。　六年，知蘇州蔡抗按視屬縣積水，立法疏治。　兩浙轉運使李復圭、知崑山縣韓正彦，大修至和塘。　浚白鶴匯。浚白鶴匯如盤龍之法。　宜興縣尉阮洪疏四十九瀆。阮洪以吴中水患，屢上書監司，乞開百瀆，得請，遂疏四十九瀆，是年大稔。　知常州陳襄浚運河。陳襄以太湖積水，横遏運河，不得入江，爲民患。立法浚之，其患遂息。　八年，撤望亭堰閘，撥兵士隸蘇州。時轉運司奏常州望亭堰閘廢，撥兵士隸蘇州開江指揮，於崑山置營，興修至和塘。

嘉祐間，知常州王安石開運河。時調夫各縣，知宜興縣司馬旦言役大而亟，民有不堪，請緩之，令諸縣歲遞一役，安石不聽。會秋大霖雨，民苦之，多自經死，役竟罷。　知宜興縣司馬旦鑿新溪。　知江陰軍楊士彦浚横河。

治平三年，浙西提刑元積中開運河。　知吴江縣孫覺大築荻塘。始壘石爲岸，壅土爲塘。　四年，詔修夾岡河。都水監言，自兩浙相度到潤州，至常州界，開淘運河廢置堰閘，乞候。今年暫止運河工，開修夾岡河道。從之。　知宜興縣樓閃浚四十二瀆。百瀆止浚四十二，餘悉湮廢。

熙寧元年，詔修水利。　知無錫縣焦千之決水灌田。歲值旱河竭，用單鍔言自小渲車湖水入運河，復車梁溪水，繇將軍堰以灌之，農田獲利。　樓閌又開一瀆。民頌之，名樓公瀆。　二年，頒農田水利約束。　廢吕城堰，置望亭堰閘。先是凌民瞻建議廢吕城閘，即望亭堰置閘不用，及浚河隳敗，古涇函石閘石碶，河流益阻。　六年，修浚浦瀆。從檢正中書沈括之請。　九年，知江陰縣楊孝孺，督治農田，興水利。

元豐二年，楊孝孺鑿學前河。先是説者謂學面城，水旁流不顧，學徒未盛，至是引注，而東經熙春園，北接大河。　三年，詔開蘇州運河。朝廷賜米三萬石，開蘇州至杭州運河淺澱去處。

元豐間，知金壇縣曾，失名。請開漏湖、長蕩湖。朝廷降旨，委江東、兩浙兩路監司相度，及近縣官相視，爲豪民阻撓不行。

元祐三年，詔浙西常平調蘇、湖、常、秀四州民夫，浚青龍江。時常平使調四州夫開浚，分地程役，常熟縣丞郭三益所部先期告辦，使者留之，俾助他邑之不如期者。三益即引所部歸，使者怒，檄追甚急。母周氏謂三益曰：『青龍之役連數郡，其分地程役，征賦廪食，皆已上聞。今我先畢，何名復役之？使者倘再思，行且悔矣。雖然，汝不可無會，第無以所部從也。』三益如教，已而使檄止丞勿來，事亦遂已。　四年，詔復吕城堰，置上下二閘。從知潤州林希之請，其後京口、犇牛皆置閘。　置華亭縣新涇塘閘。　六年，詔導蘇州諸河。時林希轉知杭州，言太湖積水爲蘇州大患，乞委監司相度開決，庶民田可耕，流移復業，遂下此詔。　闕年，治芙蓉湖開堰。既治芙蓉湖爲田，因于歐瀆開五瀉堰，置閘後架梁其上，以通往來。　復置望亭閘。

紹聖二年，詔武進、丹陽、丹徒三縣修沿河堤岸溝𨻶。命各縣令佐巡護，勸食利人户修葺，任滿殿最其勤惰。　闕年，詔開浚蘇、常二州等處湖浦。浙部水溢，轉運副使毛漸請起長安堰至鹽官，徹清水浦入海。浚無錫芙蓉湖、武進廟堂港、常熟疎涇、梅里以入揚子江。又開崑山七鴉、茜涇、下張諸浦，東北通吴淞江。開大盈、顧會二浦，柘湖、新涇、下金山、小官浦悉入于海。　闕年，知丹陽縣蘇京重浚練湖。募民重浚，并易置斗門。

元符元年，知潤州王愈建吕城閘。王愈言宜令水入澳，灌注閘身以濟舟，舟衆則量差牽駕水卒併力。　二年，知無錫縣趙伾興浚水利。　潤州京口閘、常州犇牛閘，并修築工成。　三年，詔蘇、湖、秀三州役開江兵卒，浚治運河浦港溝瀆，修壘堤岸，開置斗門水堰。　漕臣曾孝藴築鎮江歸水澳閘。

崇寧元年，提舉淮浙澳閘司管幹鮑朝懋浚楊林河。自楊林橋至陶家港。　開福山塘。自丁涇口至長墅橋，北注大江。　知常州朱彦浚後河。　二年，通直郎陳仲方，同提舉浙西常平徐確開沿海江浦。徐確考《禹貢》三江之説，以爲太湖東注于海，松江正在下流，向來潮泥淤塞，水溢爲患，請自封家渡古江開淘至大通浦，直徹海口七十四里，以支常平緡米十八萬三千餘，充調夫之費。因令饑民就食，確躬操畚鍤以先之，水道遂通。或言饑民就役多死，降三秩。確曰：『使此役不興，饑民當駢首就死，以此獲愆，吾所願也。』　詔常、潤二州督浚運河。時歲旱河淺，阻滯運艘。　四年，司封員外郎李公傳等疏導三江。

崇寧間，提舉兩浙水利郟亶重浚白鶴匯。

大觀元年，命疏導松江。從中書舍人許光凝請，命監同檢按松江古迹，同發運使屬官相度蘇州積水，疏導入海。　三年，中書舍人許光凝開淘吴淞江，置閘。從兩浙監司奏請，開江復置十二閘。　四年，江陰縣丞于溥興水利，置黄田、蔡涇等閘，導申港、利港。于溥悉心水利，于黄田、蔡涇等處置上、下閘，提淤去壅，使農田免災。又導申、利二港，注灌武進，并爲利賴。

政和元年，詔蘇、湖、秀三州治水圍田，工費給越州租賦，修松江堤。兩浙提舉常平興舉，易土以石。　闢治常熟水田。闢水田數百頃，爲之疆畝。　知常州徐申重建黄田閘。知江陰縣徐充同縣丞于溥，奉檄相視形勢，移建於舊基北百步，費錢三百萬。　三年，知常熟縣李光浚山塘小山港。　江陰縣丞楚執柔浚治横河，市墩新河代洪港，并創馬師塘市閘東門堰。貸常平錢穀，用夫一萬四千七百六十有七，時知縣王有適至，相與戮力興工。　四年，詔平江府開三十六浦。設官田米三千餘石，名修橋米。　知松江府鄭聞、知華亭縣侍其銓，浚大港，築堰置閘，支常平帑充費。自簳山達青龍江口，二十七里，積水低窪，盡成腴産，置東西四十八閘，閘板尺有一寸。浚月河長三千三百五十五丈，廣六尺，浚河工費萬有一千二百金，伐取運致木石之數，七倍于浚河，糜錢九千三百五十四緡，粟二千三百九十石，凡五十五日畢工。　詔鎮江府開新泊河。詔言鎮江府旁臨大江，舟楫往來每遇風濤，無港河容停。閘西有泊河可以避急，歲久堙廢，宜令發運司計度，深行浚治，以免沉溺之患。

重和元年，知崑山縣吴昉修至和塘。

宣和元年，兩浙提舉常平趙霖浚白鶴匯，圍裏華亭泖爲田。役夫八萬五千七百有奇。二年，趙霖修治江港浦瀆工成。役夫興工修平江、常州一江二浦，五十八瀆。立浙西諸水利石碑。凡各陂湖涇浜河渠，自來蓄水灌田通舟，官爲按核打量丈尺，并地名四至，并鐫之名。五年，廉訪劉仲光、漕臣孟庾浚常州、鎮江二府運河，修閘補葺練湖。

建炎元年，知武進縣梁汝嘉浚城濠。

紹興四年，知湖州王回浚湖漊，導水入太湖。鹽官縣丞王珏開華亭縣瀕海河。浚河凡二百餘，通漕溉田，民享其利。七年，兩浙轉運使向子諲置石城石碶、夾岡斗門。向子諲命知丹陽縣朱穆等，置斗門二，石碶一，及修補堤防，盡復舊迹。十五年，秀州通判曹泳重開顧會浦。自華亭縣北門至青龍鎮，浦凡六十里，南接漕渠，而下，屬於松江。按上流得故閘基，僅存敗木，是爲旱潦蓄泄之限。曹泳分河爲十部，因形勢上下爲級十等。北門外增深三尺，而下至鎮浦極於一丈，面横廣五丈有奇，底通三丈，據上流築兩狹堤，因舊基爲新閘於河，通闢行道，建石梁四十六，通諸小涇，以分東鄉之渟漫。自榦山東西民田數千頃，皆賴其利。役工二十萬，縻錢二萬五千緡，米七千二百石。重築元豐等塘。二十四年，大理丞周環開福山港、白茆塘。二十八年，詔開白茆塘，以御前激賞酒庫錢，平江府如數給辦工役。時值大水，特下此詔，廷議并開黄泗浦、許浦，不果。兩浙轉運使趙子潚、知平江府蔣燦計料開江，復招補開江兵卒。二十九年，知平江府陳正同禁圍裏湖田。陳正同相視常熟諸浦，舊雖患潮沙，上流湍迅可以推滌。後人户裏圍湖瀼，遂致淤塞，上奏禁止。開福山塘。從常熟縣東栅至丁涇，又自丁涇至尚墅橋，北至大江，分殺水勢。　三十年，知華亭縣劉侁修秦山、鹽鐵、蚌港三堰，并繕海塘。劉侁早夜露處董率惟勤，灌田六萬畝。府臣以圖奏，孝宗大悦，亟加褒賞。　知丹陽縣郭京浚練湖。郭京以漕渠歲久湮塞，因募民浚湖，度地易置斗門十數。

乾道元年，詔蘇州招置缺額開江兵士。　開崑山縣新洋江、至和塘，常熟縣白茆等浦。知平江府沈介准據陳彌作奏狀事宜，次第開浚。　開華亭縣顧會浦。　漕臣姜詵知江陰軍徐藏浚申、利二港，造蔡涇閘。申、利二港共二十九里，深九尺，闊六丈，而下流之廣倍焉。蔡涇閘舊惟用木，至是復以石易之。　二年，知秀州孫大雅置張涇等處堰閘。孫大雅自奏置各閘，其兩柱金石基址，並以石爲之。

五年，增置撩湖軍兵。專一管轄，不許人户佃種茭菱，因而包圍堤岸。　六年，兩浙運副劉敏士、浙西提舉芮輝，置新涇塘閘堰。置堰以捍海潮，置閘以通鹽艘，仍差閘官一人，兵級十五人，以時啓閉挑撩。

常州府築五瀉堰閘。築上下二閘兼修閘裏堤岸。又于郭瀆港口、舜郎廟側聚水處，築壩以防泄水，委無錫知縣主掌管鑰，遇水深六尺方開。　知鎮江府蔡洸浚河。自丹陽南浚河至夾岡。　七年，知秀州丘崈修華亭瀕海堰移新涇堰於運港。自政和中，提舉常平官興修水利，欲涸亭林湖爲田，盡決堤堰以泄湖水，華亭地勢東南益高，西北益卑，大抵自三泖五浦下注三江以入海，雖決諸堰，湖水不可泄，鹹水竟入爲害。於是東南鄉爲斥鹵之地，民多流徙，州縣官懼害，復故堤堰，獨留新涇塘以通鹽運。海潮衝突塘口，至闊三十餘丈，鹹水延入藕、湖境上。隆興間言者復請決諸堰，以姜詵言而止。是歲左正言邑人許克昌力言于朝，時崈以太常博士除知秀州，奉命行視，勘議以新涇塘潮勢湍急，運港距新涇二十里，水勢稍緩，募四縣夫移堰于運港，并築堰外諸港及運港之兩岸。東岸自堰至徐浦塘二十四里十七丈，西岸自堰至柘湖二十三里，上闊六尺，下闊一丈五尺，高六丈。明年，遣御史蕭之敏按視還奏，詔增密秩。按丘密所築堰：曰運港大堰，闊三十丈，深三丈六尺，厚二十一丈九尺。曰𧬻涇堰，闊十五丈，深三丈五尺。曰黄姑涇堰，闊五丈，深一丈五尺。曰張戀涇堰，闊十二丈，深三丈。曰老兒涇堰，闊二丈，深一丈。曰何家涇堰，闊十一丈五尺，深二丈。曰姜涇堰，闊九尺，深一丈九尺。曰徐家涇堰，闊九尺，深一丈八尺。曰邵家涇堰，闊九尺，深一丈八尺。曰新開涇堰，闊九尺，深一丈八尺。曰招賢涇堰，闊十一丈，深二丈八尺。曰管家涇堰，闊三丈，深一丈四尺。曰張涇堰，闊三丈，深一丈。曰戚家涇堰，闊六丈，深二丈五尺。曰丫义涇堰，闊五丈，深二丈五尺。曰吴塔涇堰，闊十丈三尺，深二丈六尺。曰蔣家涇堰，闊七丈五尺，深一丈六尺。曰竹岡堰，在縣東六十里。曰沙岡堰，在縣東七十里。自增築海塘諸堰皆廢，故跡俱不可考，今所存者，惟張涇一堰一閘而已。　詔漕臣沈度修築練湖。時練湖淤澱爲害，從廷臣請，亟修治，并著盜決之令。　八年，知鎮江府宋貺浚河。自利涉河北，浚至江岸。　九年，知江陰縣貝欽世浚治運河。時運河久塞，貝欽世浚治，民争輸金助役，不費公帑。　十年，遣中使宣諭知秀州張元成，增築華亭等處瀕海堰。設監堰官，禁鹽運私發諸堰，後堰外隨潮沙漲，牢不可壞，瀕海之田得免鹹潮浸灌之患。　十二年，修華亭縣新涇塘閘，增置招賢港、徐浦塘二閘。從兩浙轉運使張叔獻之議。

十五年，命浙西提舉常平司，開浚華亭縣等處三十六浦。措置錢穀，勸諭人户于農隙并力開浚。

乾道間，命前進士胡恪開修三江五匯。初議者謂三江包于太湖五匯，三十六浦、四十二灣，常曲爲之制，則水有所歸，永不爲患。因詔李公傳相度開修，後轉運提刑提舉司言開淘吴淞江堙塞去處，自大盈諸浦泄水入海，凡用夫二百二十二萬七千八百十五工，用錢米一十八萬三千九十八貫石。

淳熙元年，提舉浙西常平薛元鼎開平江府河浦。開茜涇、七鴉、下張等浦及運河。　平江府知府韓彦古與許浦駐劄戚世明，開浚許浦。時知常熟縣劉穎以治水有勞，特轉一官。　二年，兩浙轉運副使姜詵浚通波塘，置張涇堰閘。　奏開常熟四浦。奏言黄泗浦、崔浦、許浦、白茆浦，而許浦尤重。　水軍都統馮湛、知平江府陳峴，浚治諸涇塘浦。時陳峴任兩浙運判官，遍歷平江、常州、江陰，諭民併力開浚川港，因命提舉薛元鼎相視奏覆，乃設馮湛開浚茜涇、下張、七鴉、許浦、白茆五大浦。陳峴開許浦，自雉浦至梅里道通橋三十八里，自道通橋至許浦口一十六里。　陳峴同武進縣縣丞韓隆胄、尉秦膺剛、知鎮江府張津共浚運河。陳峴開平江運河五十四里，韓隆胄、秦膺剛浚常州運河三十里，張津浚京口閘河以北至江口。　二年，知鎮江府陳居仁置黄水磋。　六年，發運使魏峻疏至和塘。東自夾湖塘，西至戴墟浦，亘四十餘里。又自方涇橋至陸涇港，立栅三十二處，共費官錢三萬三千二百緡，米二百一十石有奇。　知華亭縣楊樗年浚境内河。　十年，命秀州發卒浚治華亭鄉魚祈塘。使松江、太湖之水，遇旱即開西閘堰，放水入泖湖，爲一方利。　十三年，提舉浙西常平羅點開澱山湖。羅點奏澱山湖被戚里豪强占以爲田，水壅不泄，民田受病，乞開浚，得旨命點躬視開掘，占田之家各裹糧合夫，先行鑿浚，並湖巨浸復爲良田。　知常州林寔重浚後河。復故道袤三百丈，闊三十丈，深五丈。　浚武進縣運河。運河自韓隆胄、秦膺剛浚後，未久即湮。　十六年，提舉浙西常平詹體仁督平江、常州、鎮江三府，開漕渠置斗門。詹體仁謂浙右之有漕渠，非止通饋運資國信往來而已，蘇、秀、常、潤田之高低者實賴之，故盡心是役。　常州府浚東蠡河。郡人林靈甫捐金募工。　總領錢良臣修丹陽練湖横壩，及諸斗門磋函。計用民力二十一萬六千二百九十有七，糜錢二千一百三十一萬四千八百有奇，米一萬八千八十一石。　知鎮江府史彌堅，導市河，浚歸水澳。　十七年，提舉浙西常平劉穎疏澱山湖，泄吴淞江。二水並禁民毋得侵築，逼塞上流。農田利賴。

紹熙五年，知常州李嘉言浚烈塘河置閘。　知宜興縣高商老穿故瀆，疏積水。

紹熙間，丹陽縣開丁義瀆。歲久淤塞，上人袁正率衆開浚。

紹熙間，知鎮江府陳居仁創黄水碶。

慶元元年，知武進縣丁大聲浚後溪。　四年，知鎮江府萬鍾浚導市河。萬鍾以夾岸居民一遇大雨，往往被浸，至是隨宜浚導。　五年，詔鎮江府守臣修呂城閘。從兩浙轉運、浙西提舉之議。

嘉泰元年，知常州李珏浚漕渠，修望亭上、下二閘。李珏自上奏請委轉運提舉、常平同心浚治。三年，知常州趙善防、知武進縣丘壽雋修犇牛閘。時犇牛閘久壞，丘壽雋伐石于小河黄山修復之，凡用木者皆易以石，又爲屋覆其下，計用工二萬二千六百有奇，縻錢八千緡，米五百餘斛。

嘉定元年，知常熟縣葉凱浚小洋子涇。　鎮江府築呂城中閘，浚江口河，置閘。自江口至城南長一千八百六十九丈，闊十餘丈。復五閘以時蓄泄。　丹徒縣主簿馬榮祖修築練湖。馬榮祖以湖岸低狹，不能蓄水，修築堤共長四千七百八十二丈，下廣三丈六尺，上廣一丈二尺。　五年，知吴江縣李桃修石塘。　七年，知常熟縣惠疇築元和塘。甃石爲路以達府。　十年，知平江府趙彦橚疏錦帆涇。縱横四出以達運河，跨橋五十有五，爲河一千一百九十丈，計工三萬，費錢三千餘緡。　十二年，知江陰軍邢壽浚九里河，及城内外渠。邢壽浚九里河，面闊一丈八尺，底闊九尺，深三尺，役丁夫九千三百二十有七。

紹定二年，置魏江、江灣、福山水軍。三部凡四千，專事撈淺。五年，知平江府吳淵，命知吳江縣李椿年重修石塘，建橋梁。淵給官錢三十萬，米一千二百石，充修築費，植蒲葦、楊柳以爲捍。

淳祐二年，知鎮江府柯元壽，修練湖復閘。三年，知常熟縣張從龍開支塘。長四千尋，廣一丈，深倍之，用夫工六千。

寶祐二年，詔築吕城寶堰。四年，知常熟縣王文雍浚縣前河，開福山塘。五年，攝華亭縣、吳縣尉黄震修田塍。黄震以華亭水鄉，大究塞泄之法，申府允行，萬民頌德。

景定三年，知丹陽縣趙必棣修築練湖岸埂。湖自淳祐以來，狹小堙塞者多。至是朝廷以此委之浙西提刑，提刑委之府縣。趙必棣建議上聞，遂支撥安邊太平庫會子二萬二千五百七十一貫，及平江府支米五百石，收買竹木，傭募人工，以爲修築之計。

咸淳元年，知常州史能之浚後河。史能之節浮費以資畚鍤，民賴其利。命知平江府沈度開諸浦。沈度開決許浦，自梅里塘雉浦口東開至白蕩橋。白茆浦，自黄沙港開至支塘橋。鶴浦，自丁涇塘開至浦口。黄泗浦，自十家港開至奚浦口。茜涇浦，自界涇開至鴨頭塘。下張浦，自東海泙開至千步涇。七鴉浦，自梅浦開至李漕涇。川沙浦，自海泙開至六鶴浦。楊林浦，自楊林橋開至陶家港。掘浦，自海口開至五聖港。

六年，知鎮江府趙溍改築程公上、下二壩。

［元］

至元十三年，金壇縣作南壩。　二十四年，宣慰朱清導婁江。朱清諭上户開浚，自婁門導水入海。　二十八年，詔開澱山湖。時江淮行省參政燕仲楠，言浙西諸郡之水，聚于太湖，湖有幾處入海河道。有澱山湖者，豪家各占據爲田，以致湖水漲漫，傷損田禾。都省陳奏，因命仲楠同左司郎中都爾彌失〔一〕同督浚治。　三十年，詔平江、松江等路府，修治湖泖河港。都省以是年水災，復奏命斷事官禿剌思〔二〕、行院董某、浙東宣慰使哈剌歹〔三〕，選知水利人吴彶、張桂榮、潘應武相視合修湖泖河港。應置橋梁、閘壩九十六處，用夫匠一十三萬有奇，凡三閱月而成。都省參議張挺議所占湖田在宋皆官田地，宋亡乃爲富户所據，合收糧米還官，爲挑河支用。都堂然之，即湖田開新港三條，闊約三十餘丈，及浚趙屯、大盈二浦，活疾湖流，從此遂輟。

三十一年，詔丹陽縣浚練湖。從参政暗都剌〔四〕奏依宋例，委人提調，疏浚湖水。及修築堤岸、斗門、石䃮、函管，咸一新之。役夫六千四百有奇，用米五千石有奇，仍核侵占湖額，驗畝加賦。

大德二年，詔都水庸田使司董修築田圍，疏浚河道。　八年，浙省平章政事燕只吉臺徹里〔五〕浚決吴淞江。千夫長任仁發上章言，轉粟京師資東南，當天下十六七，而松江填淤歲久，富民利之。當水出塗築爲圍田，以故彌漫浸灌，沮洳廣遠，民不可稻。乃命徹里〔六〕董役，發卒數萬浚決，楗石堤之，導水入海，自上海縣界吴淞舊江，東抵嘉定州石橋洪，遞迤袤三十八里一百八十一步三尺，深一丈五尺，闊二十五丈。役夫爲數一萬五千，爲工一百六十五萬一千六百七十。於十一月望興工，至次年二月晦工畢，復置閘竇啓閉，以時蓄泄。　九年，行都水監浚練湖。鎮江路總管史某董役，止費工二千有奇。　十年，行都水少監任仁發浚吴淞江。自上海縣界趙屯浦、大盈浦、白鶴匯、分莊嘴、樊浦西浜、盤龍舊江，共長三十七里三百二十一步，闊二十丈，深一丈五尺，役夫二百四十五萬六千四百十九。又于廟涇西盤龍東，開挑出水口，并新涇安置木閘二座。

至大闕年，江浙行省督治田圍。行省以比年水旱災，傷田禾，百姓艱食。今春首農作將興，各處田圍高下不等，合修陂塘、圍岸、溝渠，曉諭農家須要依法修置，遇旱車水澆救，遇潦泄水通流，會集行都水監官李某講究便宜，及時修舉。

至治三年，詔開吴淞江、澱山湖及諸河渠。從江浙行省委嘉興治中高某，湖州路知事丁某，體勘合開河五十五道。常熟州九道，該工百三十二萬一千五百六十二。崑山州十一道，該工二萬七千零四。嘉定州三十五道，該工百二十六萬七千五十九。華亭縣九道，該工九百六十八萬四千八百八十二。上海縣十四道，該工千二百三十六萬八千五十二。初議有田之户自備口糧，給佃户傭力。後以連年被災，民力不逮，設處官錙興工。

四年，詔鎮江路浚漕渠，修練湖。依江浙行省所擬委參政董某率各屬正官親督，轉檄前都水少監、崇明知州任仁發同鎮江路總管條畫，自鎮江在城程公壩，至常州路武進縣吕城壩，長一百三十一里一百四十六步，面闊五丈，底闊三丈，深四尺，與見有水二尺，可積深六尺，合用夫一萬五千一十三名，六十日畢工。練湖合用夫三千名，九十日畢工，其經費於平江、鎮江、常州三路，江陰州及建康路所轄溧陽州，田多上户差倩。

泰定元年，行省左丞朵兒只班〔七〕、知水利前都水少監任仁發浚治澱山湖。江浙行省以澱山湖等處，比年壅塞，官豪勢户侵占水面，插蒔蘆葦，復爲蕩田，以致水不通流，旱潦相仍，官民失利。合委官同本處印官，勘視講議開浚。

二年，朵兒只班、任仁發浚吴淞舊江

浚常州路、江陰州各通江河港。

大盈浦、烏泥涇。舊江二道，比大德所開里數三之二，深闊如初。大盈浦長二十五里一百六十丈，與烏泥涇各深一丈，闊一十五丈。　三年，任仁發置趙浦、潘家浜、烏泥涇三閘。趙浦閘二座，嘉定州造。潘家浜南閘一座，上海縣造。北閘一座，崇德、海鹽州合造。烏泥涇南閘一座，嘉興縣造。北閘一座，華亭縣造。疏漕渠，修浚練湖。時湖水淺塞，牽輓不前，浙省平章剌罕〔八〕謀諸僚屬，委任仁發同總管毛莊計工程。適朝臣暗都剌〔九〕上奏，命行省参政董某、行臺侍御史忽都魯参阿〔一〇〕奉臨視兼司副使董不八〔一一〕、僉事和尚〔一二〕董治。差倩本路及常州、平江、建康、江陰五路，夫萬五千二十二人，工六十日，糜錢六十二萬七百二十緡，米萬八千九百石有奇。繇程公壩抵浦河口百二十里，浚深四尺，廣上五尺，廣下三尺，置函管五十四。又役夫三百，舟千隻，工九十日，糜錢二十七萬緡，米八千一百石。以南湖茭根盤錯，難事畚鍤，止尋上漕堤埂爲斗門一，石𥔲六，石函十有三。

天曆二祀，吴江知州孫伯恭大修石塘。伯恭募鈔一千餘錠，米一千餘石，以巨石重築之，爲水竇一百三十。又三竇之上，以巨石爲梁，木橋亦易以石。

至順二年，江浙行省浚烏泥涇修閘。浚河長五百一十步，闊五丈，深一丈五尺，用夫工三萬一千九百六十九。　江陰州同知萬失名浚河。自蔡涇北出江口十里一百五步，下閘以西一千八百五十餘丈。

後至元四年，華亭縣尹郭也先不花〔一三〕復修烏泥涇閘。時司鑰瘝曠閘廢。　六年，松江府知府楊伯野台〔一四〕決潘家浜置閘。從府人劉廷玉議，水因閘患，復開元堰直河，置斗門於張涇、盤車二堰。

至正元年，都水庸田使左答納失里〔一五〕修治各路、府、州河塘。從江浙行省中書左丞相欽察台〔一六〕之議。　浚吴淞江，修渠堰。撈摝吴淞江北南岸下沙泥。浚各閘舊河，松江府西門外漕渠，自秀野橋至跨塘橋一段，石湖橋、五舍橋二段及張涇、風波塘、南俞塘、北俞塘、鹽鐵塘、官紹塘、盤龍塘、蒲匯塘、六磊塘、石浦塘一十處。自松江府南門外太平柵，至張涇堰長六十三里，役夫一十九萬八百四十，用米四千七百四十七石，鈔三千一百六十四錠，各有奇。　四年，都水庸田司修捍海塘。塘長一千五百五丈八尺，爲八里六十五丈八尺，積上三百二十五萬一百三十二尺，爲庸三十二萬五千三十，僅匝月而畢工。　五年，上海縣尹劉輝興修水利。築堤防，浚溝澮。　七年，吴江州達魯花赤那海〔一七〕大修石塘。壘石厚砌，高一丈，廣一丈四尺，長一千八十丈。爲環洞一百三十有六，立石亭于南浦亭之南，表之曰至正石塘，建丁亥庵爲居守，置常稔田，以嗣修葺。　二十年，平江路通判郜肅大修崑山州田圍。　二十三年，張士誠鑿九曲河。張士誠畏海賊之强，塞至和塘之尾，障海潮之洶湧，開九曲河，僅通太倉東門。于是半涇、陳涇、古塘等港，盡塞漲爲平陸。　二十四年，張士誠命左丞吕珍督浚白茆塘。時塘爲蘆茅所塞，涓流不通。張士誠起兵民夫十萬，以芝塘爲行府，時駐節于山涇口，命吕珍督浚，塹其地爲港，長亘九十里，爲法甚厲，民愁怨之。時有華亭縣丞盛彦忠奉檄趨事撫民，獨至輿誦喧傳。

〔本朝〕

洪武三年，常州府知府孫用重建烈塘閘。改名魏村。　治犇牛壩。犇牛舊爲堰，有上、下二閘，至是廢閘更爲壩。　七年，孫用浚澡子港置閘。孫用畫圖陳議，以四縣丁夫開浚，臨江置閘。　九年，蘇州府設立長洲、常熟、崑山三縣吐納湖海水堰壩。長洲縣民俞守仁具奏，以白茆西近昆承湖南諸涇，及至和塘北港汊盡爲堰壩，本府遣官相視，計工開浚。　十闕年，常熟縣開奚浦。　二十年，江陰縣浚

申港。　二十四年，武進縣浚烈塘。烈塘深二丈，廣十二丈，改名得勝新河。　二十五年，浚胥溪建

閘，命崇山侯李新鑿溧水縣胭脂岡，通蘇、松、常、鎮、杭、嘉、湖七府運道。時都應天府以蘇、松七

府糧運自東壩入，可避江險，故浚胥溪，建石閘啓閉。後以固城湖流易泄，復開河一道，乃命李新鑿岡通道，引

湖水會秦淮入江，縻金甚巨，然新以受賂女開河迂道，坐極刑死。　武進縣疏剩銀河置閘。閘置于臨江

處。　無錫縣浚新河。新河在縣北境，將入江陰縣界，相傳自烏珠開鑿，至是始浚。　二十七年，常州

府浚運河。　浚孟瀆。工省費儉，止通輕舟。　二十八年，武進縣鑿太平河。　江陰縣浚横河。

二十九年，武進縣建孟河閘。　三十年，武進縣築簜瀆河堰。時武進縣簜瀆河淤塞，復築潴水，以

資灌溉。　三十二年，命工部遣官修築嘉定、上海二縣捍海塘。高一丈，基廣三丈，面廣二丈。

建文元年，鎮江府知府劉辰、丹陽縣知縣董復，重浚練湖。

永樂元年，築廣通壩。是年成祖文皇帝，遷都于燕，運道已廢。蘇州民吴相五以水爲下流患，引單鍔

書上奏，改築土壩，設官吏僉溧陽、溧水二縣夫四十名守壩。宣、歙諸水仍不入震澤。　二年，户部尚書夏

原吉等治蘇州等處水。上特命夏原吉偕通政趙居任、大理寺少卿袁復、給事中姚善，前來鑿吴淞江南、北灘

塗，及浚崑山縣安亭等浦。又疏下界浦掣吴淞江水，北達婁江，復挑嘉定縣西顧浦，南引吴淞江水北貫吴塘，亦

繇婁江入海。又浚常熟白茆塘、福山塘、耿涇，導昆承、陽城諸湖水入揚子江。又從華亭人葉宗行上治水方略，

于上海東北浚范家港，接黄浦引湖泖水入海。　三年，增築捍海塘。水官何傳督工，高倍於前。　四年，

詔浚孟瀆。洪武中，浚治止通輕舟，至是閘官陳讓，具陳江南漕運之利，奉旨命通政趙居任率常、蘇、松三郡丁

夫浚導，僅十晝夜畢工，視舊倍加廣，轉輸商販俱便。　九年，廢剩銀河閘。時河已湮塞，閘官傅文達以水非要道，堅請遂廢。　十一年，江陰縣重浚運河。　十三年，崑山縣重浚太平河。西自興福河，東至半涇，計長三十六里，闊一十丈，深一丈七尺。

宣德九年，常熟縣知縣郭南浚鹽鐵塘。　巡撫應天等府工部右侍郎周忱建孟河閘。命常州府知府莫愚、武進縣知縣朱怱董役。

正統二年，郭南浚七浦塘。　五年，周忱開修崑山縣顧浦，常熟縣奚浦。周忱親至江上，立表江心，盡去淤塞，自是水得疏泄。　六年，周忱重築廣通壩。永樂元年初築壩猶低薄，水或泄漏，至是增高，奉有欽降版榜，如有漏泄水利，淹没蘇、松田禾者，壩官吏處斬，夫鄰充軍。　崑山縣開塘涇。至和塘、新塘、鹽鐵塘、楊林塘、黄昌涇、鰻鯏涇，一時并開。　武進縣重修孟河閘。　丹陽縣知縣陳誼，築練湖堤及修斗門。　別建嘉山水閘。閘舊在九曲河口，其圮已久。至是丹徒縣民孫某改建于此。　七年，周忱修浚蘇、松二府沿海諸河。自金山衛、獨樹營、劉家港、白茆塘沿海各河。　十年，常熟縣知縣郭南浚七浦塘。

景泰二年，松江府知府葉冕築澱山湖堤。計萬餘丈。　五年，巡撫應天等府户部右侍郎李敏浚白茆、鹽鐵等塘。是年夏大水，渰没田禾。李敏從知府汪滸議，開浚白茆、鹽鐵等塘，以泄之。滸躬往相視，挑浚青墩浦、横瀝塘，以通白茆，開三堰引水以通鮎魚口，仍去海口淤塞約千餘畝。　修練湖。　六年，巡撫應天等府都察院右副都御史鄒來學浚簡瀆。鄒來學命鎮江府同知俞端、丹陽縣主簿鄭賢，自市河開治，廢草堰壩，西抵簡瀆，沿至九里河，南通麥埤、延陵、新河、井莊、建昌圩，蒲干、紫陽二渡口，俗名香草河。

天順元年，江陰縣知縣周斌，興水利，開通河港。開浚河港凡數十處，以廣灌溉，民享其利。浚城濠。

三年，巡撫應天等府都察院右副都御史崔恭浚吴淞江。崔恭檄蘇州府知府姚堂、崑山縣知縣周敏、嘉定縣知縣龍晉浚江，自夏界口過白鶴江，至卞家渡，四千六十七丈。自卞家渡至莊家涇，五千五百六十七丈。松江府通判洪景德、華亭縣知縣楊昕、上海縣知縣李紋，自大盈浦東至吴淞江巡司，二萬二千丈。又自新涇西南至蒲匯塘入江，四千丈，并闊十四丈，深二丈。自曹家溝平地鑿至新場，三萬餘丈，深闊并與江同。又自華涇塘、六磊塘、鶯竇湖、烏泥涇入浦。浚湖川塘。長九萬七千一百尺，面廣二百四十尺，底半之。堤深十有二尺，輔堤之廣殺二尺。浚鎮江漕河，修京口、甘露、吕城、犇牛各閘。時運道艱澀，議者欲于丹徒七里港開道接舊河。崔恭偕巡按御史鄭祐、知府林鶚勘視，止浚舊河。檄蘇、常二府撥夫三萬，自京口起至犇牛，長六十里，開深盈丈，又糜金九百八十兩。修京口、甘露、吕城、犇牛四閘，於朝陽門外作新閘以防水涸。正月興工，凡九旬竣役，閘各設官守巡。

四年，崔恭浚吴淞江，并蒲匯等塘涇。崔恭檄松江府通判洪景德，浚蒲匯塘及新涇四千丈。鑿曹家溝，南抵新場，二萬丈。浚六磊塘、鶯竇湖、烏泥涇、沙竹岡諸水達于黄浦，共長三萬餘丈。浚江陰縣城濠。

成化二年，丹陽縣知縣蔡實築練湖堤，置斗門函管。

四年，巡撫應天等府都察院右僉都御史邢宥、常州府知府卓天錫修復犇牛上閘。併以壩官領之。

五年，吴縣知縣樊瑾浚九曲港。樊瑾謂太湖近胥口人出入者，屢遭覆溺，以香山西南有九曲港者，淤塞已久，重加開浚，共三千八百五十餘丈。

八年，巡撫應天等府都察院右副都御史畢亨、巡按蘇、松、常、鎮監察御史鄭銘、提督蘇松等處水利僉事吴瑞築海塘。是秋大風海溢，漂流人畜，渰没禾稼。畢亨、鄭銘、吴瑞僉議復築海塘，檄松江府知府白行中董督華亭縣知縣戴冕，自海鹽抵上海界，築三萬四千七百六十九丈。又爲外堤，起戚漴至平湖界，五十三里。上海縣知縣王密之自華亭抵嘉定界，築一萬七千七百四十八丈。又檄嘉定縣知縣白思明自寶山北至劉家河，築一千八百一十丈。三縣所築堤並面闊二丈，址倍之，高一丈七尺。　浚吴淞江。東自嘉定縣徐公浦，西至崑山縣夏界浦，凡一百三十里。　吴縣知縣雍泰築西華石塘。雍泰見採香涇廢堰傍，糧田數千頃，遇旱禾槁。泰領民尋源，得於穹窿山隴阪間。蓋谿山腰法雨泉流出者，上爲一堰，下阪分二道，一道東谿白馬嶺南疏逾趙墓，折而西；一道西下山漊，復迤而東，二流相合近採香涇，瀦聚成潭。仍躬相地宜，甃築三百石堰，堰各置一閘，隨水旱啓閉。復市山石谿馬跡山西南而東，築堤千丈，未百日告成，湖田藉以無恙。　常熟縣知縣鄧珙浚耿涇。　武進縣知縣熊翀浚後河。　無錫縣知縣佟珍浚走馬塘。南自張塘，北至馮堰，長十三里，廣六丈，縣民趙汝明捐貲獨浚。　十年，畢亨開吴淞江。畢亨與蘇州府知府丘霽議開吴淞江，自夏界口至西莊家港，嘉定分浚六千三百五十三丈，袤共一萬一千七百七丈。　十一年，畢亨、吴瑞築常熟縣趙段圩田圍。尚湖之北皆田圩，圩岸每爲風浪侵蝕，以時修築，防禦水潦。惟西北一圩名曰趙段，正地闊水深之處，風浪衝擊，渰没田禾，爲害最甚。至是畢亨、吴瑞檄蘇州府通判何唐、常熟縣知縣蘭玉築治田圍。　十九年，宜興縣知縣袁道浚便民河并觀鶴漊。袁道募工浚便民河，五千四百丈，延袤三十里。又于觀鶴漊積淤成陸，浚之。復闢其東小河達縣城南，以避西氿之險，民便之，(曰)名曰後袁河[一八]。

弘治元年，帶理蘇、松水利浙江僉事伍性浚蘇、松二府江浦。浚吴淞江中段四十餘里，及顧會、趙屯、都臺等浦，蒲匯、新涇、楊林等塘。又議開吴江長橋淤土，以泄湖流，未畢代去。　二年，蘇州府通判張旻疏鹽鐵塘。計畝澮役民夫。　三年，江陰縣知縣任良才浚城濠。先時城濠爲市民所塞，築屋以居，至是浚河，盡撤去，仍復舊規。　四年，提督水利工部左侍郎徐貫開浚蘇州府河港。徐貫與治水工部主事祝萃，會同巡撫都御史何鑑、知府史簡，開浚吴江長橋水竇，流太湖之水，以及吴淞江。凡江口叢生葦荻，蔓延數千畝，悉墾除之。又開鹽鐵塘，自崑山之太倉城外南關起，至嘉定縣之外岡，共長十八里。又起長洲、吴、吴江、常熟四縣夫十萬五千人，挑浚白茆，并斜堰、七浦塘，長二萬四千餘丈。　疏浚漕河。　伍性浚宜興縣湯溪等瀆。凡五百六十丈。　六年，蘇州府水利通判應能浚府城内河。從衡四達，大小通利。　浚楓塘。自渡僧橋至楓橋，十里。　浚長洲縣虎邱山塘。　浚常熟縣耿涇。　上海縣知縣董鑰築捍水堤。董鑰請于浙江水利僉事雷士旃，舉行長百餘里。　徐貫浚江陰縣申、利、桃花三港。浚宜興縣葛溪等瀆。凡一千四百九十丈。　七年，徐貫開浚吴淞、白茆等江港。徐貫發民夫二十萬，浚吴江縣長橋諸茭蘆之地，導太湖水散入澱山、陽城、昆承等湖，而開吴淞江，并大石、趙屯等浦，泄澱山湖水，繇吴淞江以達于海。開白茆港并白魚洪、鲇魚口等處，泄昆承湖水以注於江。開七浦、鹽鐵等塘，泄陽城湖水以達於海。開湖州府漊涇泄天目諸山之水，自西北入于太湖。開各斗門泄運河之水繇江陰縣以入於江。設導河夫於沿江。每歲於均徭内編銀貯庫，以備興修、僱募之用。　八年，巡撫應天等府都察院右副都御史朱瑄淘三江。浚下流，殺湖水東泄之勢。　修婁江堤。督長、崑二縣修治自蘇州府城婁門起，直至太倉衛城止。　浚宜興縣五賢等瀆。凡二千六百六丈。　浚孟瀆等河。通漕運。　九年，提督水利工部主事姚文灝築沙湖堤。姚文灝見沙湖風浪頗惡，且多盗賊，傍湖築夾堤，横截其中，廣三丈，袤三百六十丈，至十一年功垂成，文灝以疾去。後任郎中傅潮始克成之。文灝先以常州府通判隨徐貫督浚常熟、江陰江口，核豪民私占蘆利，追其值貯焉。至是請于巡撫宋瑄，動支充費，賴濟急需。浚白茆塘。姚文灝命蘇州府通判張旻，調旁郡人夫二萬餘人，即舊河故迹興工，僅開二載，仍廢不治。浚福山塘。重浚宜興縣仕瀆等四瀆。凡八百五十五丈。設導河夫於沿江。十年，姚文灝浚至和塘。委蘇州府通判陳暐、崑山縣知縣張鼒募工開浚，東自新洋江口起，西至九里橋，凡長四千九百六十五丈，用過人夫九萬六千五百工，計工授直用錢一百三十五萬。浚七鴉浦。姚文灝詢於陳暐、張鼒，常熟縣知縣楊子器，籍兩縣近浦之户，二萬二千三百人，疏自尤涇東至木樨灣，凡五千五百九十丈，半月成功，計費夫工銀五千二百七十兩。開鹽鐵、馬沙等塘。并在常熟縣界，于疏泄皆大支。浚宜興縣白龍河。十一年，提督水利工部郎中傅潮浚常熟縣許浦、梅李二塘。傅潮從知縣楊子器議，委縣丞趙祥董役浚許浦淤塞處，長四千三百二十丈，闊十二丈，深八尺，役夫二萬二千人有奇。闢道植柳，得舊閘於雙墩，移建海口，以備蓄泄，易置巡司于閘上，早夜巡邏。浚梅李淤塞處，長六千三百三十丈有奇，深闊減許浦十之二，合浚二塘自城東抵海口，七十里有奇，凡爲工三萬三千有奇。浚至和塘，并崑山、嘉定二縣各涇浦。涇曰斗門、曰羅莊、曰尤涇、曰横涇、曰黄昌；浦曰大虞、曰大石、曰徐公、曰顧浦，并至和塘爲十河，深闊丈尺視舊加倍。浚武進縣運河。知縣張偉全著勞績。浚宜興縣黄瀆等五瀆，并運河。五瀆袤凡八百四十五丈，其運河皆知縣張偉設法疏浚。十二年，巡撫應天等府都察院右副都御史彭禮，同傅潮浚湖川塘。太倉州民吴賢見塘水淤塞，田失灌溉，其奏奉旨命彭禮、傅潮浚治。因委通判陳暐率太倉州判官黄湑，浚自徐昌橋至金鷄口，凡八千五百十丈，入崑山西段又六百丈，其廣十丈，深九尺，發本州夫一萬五千人，崑山縣夫一千二百人，費官銀三千二百五十兩有奇。　傅潮浚崧子浦。命松江府通判原應宿董役。　浚丹徒縣甘露港。　十三年，丹陽縣知縣高謙修築練湖。　十四年，提督水利郎中臧麟浚宜興縣港瀆。莊前港并丁山等瀆，凡六百六十丈。盛瀆、鵶瀆凡六百八十丈。　十五年，江陰縣知縣徐禎修黄田閘。　十六年，鎮江府修田圍，治河溝塘壩堰。凡一百四十所。　十七年，臧麟浚宜興縣後河并三瀆。

正德元年，江陰縣知縣劉紘浚學前河。　三年，鎮江府作博望新閘。嘉山下閘歲久復圮，至是有司即博望故基東數十步建新閘，與嘉山閘相折，水道始通。　六年，提督浙直水利都察院右僉都御史俞諫，浚江陰縣河港。俞諫命通判温應璧、縣丞黄霆浚利港。七年，應璧復浚新溝港，知縣王鉼浚九里河及馮涇河。　議開白茆港不果。時上下合議，請開白茆，俞諫獨難之，遂中止。　七年，俞諫增築廣通壩。俞諫命鎮江府通判齊濟舟增築壩三丈。　江陰縣知縣黄霆浚九曲河。　俞諫浚宜興縣河瀆浜港。時永安等河瀆港浜俱淤塞，俞諫命知縣劉一中、縣丞李廷珏重浚，凡七萬二千四百三十二丈。　八年，常州府知府李嵩浚運河。　十六年，巡崑山縣知縣方豪，相視昆承、陽城二湖舊額。撫應天等府兼提督水利太子少保工部尚書李充嗣分督水利，工部郎中林文沛開白茆塘。李充嗣發民夫，起常熟縣東倉至雙廟，浚白茆故道，一萬三千八百二十餘丈。又親至支塘駐節公廨，咨詢士民，開出水海口，議論不一。充嗣與蘇州府知府徐讚，擬循故河疏治，常熟縣主簿俞浪，獨主鑿新河，不敢發言，適巡按御史馬録來會議，浪于道中陳白，録具告充嗣相度形勢，以簿議爲是，意遂決，鑿新河三千五百五十餘丈。又浚尚湖、昆承、陽城等湖支河一十九道，凡四閱月功成，農田得稔。時林文沛身親董率，暴露風日中，不言勞憊，役夫不敢苟且塞責。

嘉靖元年，李充嗣同分督水利郎中顏如環浚吴淞江。李充嗣、顏如環并檄蘇州府知府徐讚、松江府知府孔輔、蘇州府同知冷宗元，開浚吴淞江下流，自夏駕口起至龍王廟舊江口止，共長六千三百三十六丈二尺，闊一十八丈，深一丈二尺。又檄湖州府同知徐鸞開浚大錢、小梅等港，并沿流七十二漊，以通太湖之上流。蘇州府通判孔賢開浚趙屯、大盈、道褐等浦，使上流下委，遞相容泄。

二年，林文沛開蘇州府塘港河浦。吴江縣開王家田港、東莊港、王家港、方家港、白浦港、倒斸港、夏姚河、盛市港、南盧港，共長一千五百八十七丈，以通富陽、天目、嘉興諸水，歸太湖，出白蜆江，入澱山湖。太倉州、崑山縣開楊林河，長八千四百十五丈，以泄陽城湖之水于海。崑山縣開南大虞浦，長一千八百二十二丈，以泄陽城湖水，使入婁江。常熟縣開市河、梅李塘、福山港，共長一萬一千四百九十八丈，以泄昆、尚二湖之水于揚子江。開鹽鐵河一段，長二千二百六丈，以疏白茆支流。嘉定縣開鹽鐵、河西、練祁，長四千三百九十八丈，使北達太倉劉家河，東通本縣練祁塘，各入于海。本縣又與崑山、上海縣同開吴淞江淤淺處二段，共長四千三百七十七丈，使澱山等湖之水繇是入海。

開松江府塘港。檄華亭縣開南橋塘、金滙塘、官路港、站船浜、北蟠龍塘、南嵩塘、北嵩塘、官莊涇、青村港、黄泥漕、尹山涇、米市塘，共長一萬九千四百九十五丈。上海縣開舊江、走馬塘、周浦塘、站船浜、鹽鐵塘、陸磊塘，共長一萬六千五百五十丈，以泄當湖、三泖、澱山湖諸水，使各通黄浦、吴淞江以入于海。

開常州府河瀆。檄宜興縣開南朱瀆、洋會瀆、留溝瀆、菱瀆、辛瀆、下澤瀆、長淩瀆、丫瀆、盛瀆、山瀆、丁卯瀆、三千港、洞霄圩、北枝河、鮎魚河、莊河、萬壽河、烏嘴瀆、永安河、興旺河、長壽河、瓦屑河、雙橋瀆、蘆長河、窖莊河、盛瀆、張墅河，共長九千五百八十六丈，以泄東西二九、荆溪之水，入于太湖。武進縣開得勝南新河，長七千七百五十丈。江陰縣開青暘河、西山塘、九里河，共長九千四百六十一丈，以泄運河之水于揚子江。無錫縣開間江港二百四十五丈，又開西新河、永安河、包沿河、蘇塘河，共長一萬二千五百三十一丈，亦以泄運河之水，使歸常熟宛山蕩，散出白茆諸港。　重浚烈塘。

四年，提督蘇松等處水利僉事蔡乾浚塘浦河港。長洲縣浚市河三段，自葑門善教橋起，至打急路橋止。吴縣浚市河七段，自盤門新橋起，至北過軍橋止，又興福塘一段。常熟縣浚三丈浦、横瀝塘。崑山縣浚黄昌涇、上社塘、注浦、道褐浦。嘉定縣浚西練祁、趙涇、北横瀝、桃樹浦、虬江、木瀆港、舊江界河、鹽鐵塘、雙塘及修海岸。　浚松江府瀕海諸河。上海縣張家浜、陳村塘、馬家浜、舊江、青龍江等處並浚。　浚常州府河港，開閘。江陰縣浚脱水港、馮涇河、白蕩河、應天河、泥塘河、蔡港、黄山港，修黄田閘，僅支官銀二百一十五兩六錢。　浚丹陽至京口驛諸淤淺河道。令運河避孟河風濤之險。　十年，太倉州知州陳璜置東西三門水閘。向來州城之水，隨潮出入，不能儲積，故置閘啓閉，使水常貯蓄城中。　十五年，江陰縣知縣徐禎浚利港、桃花港。　十七年，常熟縣知縣馮汝弼，建各港石閘。三丈浦、蓮涇諸河向無閘者皆置。　十九年，嘉定縣知縣馬麟浚練祁塘。自城西至外岡鎮十里，出舍于外，七日而工畢。　二十年，宜興縣知縣馮訥鑿通澤河。以東氿風波險惡，又多盜，故鑿此河，西接荆溪，東達震澤，其便利與後袁河埒。　二十三年，巡按蘇松等處監察御史吕光洵相視蘇、松、常、鎮水利，著爲圖册。圖册方成，光洵報滿代去，不果行。　嘉定縣增築捍海塘。自吴淞所南抵上海草蕩，惟所城迤舊壘，坍没未修。

浚江陰縣桃花港。　浚金壇縣赤岡、白塔二河。　二十四年，吕光洵督浚蘇、松、常、鎮四府塘浦。浚臧村以溉金壇，澡港以溉武進，艾祁、通波以溉青浦，顧浦、吴塘以溉嘉定。又浚大瓦等浦以溉崑山之東，許浦等塘以溉常熟之北。凡岡隴支河湮塞不治者，皆浚之深廣，使復其舊。太倉州知州周士佐築婁江堤。州西鄙去城三里，接吴塘口，當湖海二水交會之衝，驚濤湍急，嚙土隨流坍没，賴築此堤捍禦畎畝。江陰縣知縣趙錦建三關水閘。趙錦經畫既定，覲行屬署事常州府推官裘士錦始克成之。二十五年，巡撫應天等府都察院右都御史歐陽必進浚太倉州七浦，置崑山縣斜堰閘。歐陽必進與蘇、松兵備兼水利敖璠檄州浚七浦，慮上流不决，無以引泄水勢，再檄常熟、崑山二縣協濟工力，建斜堰、石閘，南北廣二十四尺，東西廣加五尺，閘之南向北石堤縱十二丈五尺，北西俱稱是，以捍衝激西門之中。又鑿渠，七寸下施石檻，立横板，于稍西決去壅土，以利湍流。武進縣知縣李失名修烈塘閘。就閘壘石成斗板，以禦江潮。二十六年，歐陽必進浚太倉州七鴉港。歐陽必進與巡按蘇松等處監察御史王言、兵備兼水利副使敖璠、蘇州府知府范慶，委太倉州同知周鳳岐董役，自石橋圩東至直塘，長一千八十丈有奇。自直塘至沙頭，長二千四百二十丈。又歷塗松抵璜涇，長一千八十丈，其深自一丈至八尺，廣自八尺至十丈，極于十五丈。宜興縣知縣方逢時穿張公壩河。縣北地極高阜，數十里水道不通，民甚病之。方逢時爲縣躬親規畫，南起萬石，北訖黄土，中有六壩，悉穿爲渠。時值歲歉，計户派夫，計工給米，民受灌溉之利，兼遇救荒之術，溧陽鄉官史際輸米五百石助工。三十四年，丹陽縣知縣陳奎置水關石閘。三十六年，蘇松兵備兼水利僉事熊桴修浚楊林、瓦浦、虬江等渠。四十闕年，丹陽縣知縣李學道，疏儒學環河，鑿泮池。

隆慶元年，巡鹽御史蔚元康重浚諸浦塘。浚常熟、太倉、嘉定三州縣境七浦、楊林、鹽鐵、吴塘、顧浦、青魚涇，次第施工，爲工四萬五千，糜金五千四百有奇。　二年，常熟縣知縣張博建白茆港石閘。凡用金四千一百四十兩有奇，役工五萬一千三十有奇，半取諸占港罰贖，半賴巡撫林潤、巡按董堯封、温如玉、兵備湯賓、知府蔡國熙捐助。　鎮江府同知馬豸浚馬嘶港。　崑山縣浚全吴鄉諸浦。　循吴淞江兩旁諸浦、帆歸浦、張浦、諸天浦、同丘浦，及漊涇浜，並鄉人光禄寺署丞孟紹曾捐貲浚治，不支官鏹。　三年，巡撫應天等府都察院右僉都御史海瑞，大開吴淞江。　海瑞借支軍餉及各州、縣發追稱穀贓贖導河夫無礙等銀，檄松江府同知黄成樂，蘇州府推官龍宗武、嘉定縣知縣邵一本、上海縣知縣張嵿開浚吴淞江。　查勘舊迹，共計長一萬一千五百七十一丈，闊三十餘丈，議半開河面闊一十五丈，底闊七丈五尺，深一丈五尺六寸，共用夫工銀六萬餘兩，僅兩月而工告成。　浚白茆港，置石閘。　海瑞鋭意大開白茆，尋以遷秩，不竟厥功。　時獻計建閘啓閉，節制潮沙。　修練湖堤岸。　督糧僉事鄭元韶浚三陽河。　五年，蘇松兵備兼水利副使蔡國熙浚奚浦。　時刑部主事錢順德具狀，蔡國熙轉白巡按蘇松等處御史劉曰睿，檄蘇州府水利通判吴宗吉、常熟縣知縣連三元董浚，長四千四百十丈，廣五丈，深六丈，用夫八萬八千九百五十人，官給金二千二百二十三兩，俱支贖鍰。

萬曆元年，宜興縣知縣韓容浚荆溪。　二年常州府知府施觀民於府學前鑿玉帶河。　引府治後水迴環如帶。　三年，巡撫應天等府都察院右副都御史宋儀望、巡按蘇松等處監察御史邵陛、巡視兩浙鹽課監察御史王藻、蘇松兵備兼水利副使王叔杲，修築華亭縣捍海塘。　邵陛先捐贖金五百兩經始，而宋儀望捐贖三百兩，王藻捐贖一百兩，王叔杲與松江府知府王以修、華亭縣知縣楊瑞雲，共捐贖二百兩。　詳支導河夫銀二百六十兩給工告竣。　塘長八百五十丈有奇，高厚各一丈五尺，址加厚二尺。　上海縣知縣敖選築薛家浜閘。　四年，宋儀望建金壇縣運河三閘。閘置於七里、岸頭橋、莊家浜三河口。　五年，巡視下江兼督水利監察御史林應訓疏孟瀆、浚練湖。時漕運淤梗，林應訓履任，先疏孟瀆，糜鏹一萬六千五十三兩有奇，次浚練湖，糜金一萬三千四十四兩有奇，並取諸導河夫修河米及各府協濟運河銀兩，其不敷之數，又將練湖占田科稅補湊。　開吴江縣長橋兩灘。林應訓行委兵備兼水利按察使馮叔吉檄蘇州府同知王事聖、知縣王一言勘浚自龐山湖口，至長橋達吴家港，其一應工費，皆科徵民間占佃蕩價。　浚吴淞江。林應訓先後行委兵備兼水利參政王叔杲、按察使馮叔吉，檄蘇州府同知劉崑、王事聖，勘浚自崑山縣慢水港起，至嘉定縣徐公浦止，長四十五里，面闊二十丈，深一丈二尺。又建千墩浦、夏駕口二閘。通共用銀二萬四千九百八十兩有奇，錢八萬三千有奇，並取諸蘇、松、常、鎮四府屬導河夫修河米、灘地價、吏農超參辯復納例，及各衙門贓贖。　六年，林應訓浚白茆港。林應訓行委兵備兼水利按察使徐節，檄同知王事聖、常熟縣知縣留震臣，勘浚自歸家墳小石橋起，至横塘止，長四十五里，面闊十二丈，底闊八丈，深一丈二尺，糜金二萬二千二百六十兩有奇，皆取諸吴淞江剩費，及存留宗人府銀、蘇州府屬門攤鈔租地價。　浚上海縣龍游馬路二港。　重修武進縣烈塘閘。　浚宜興縣閃溪。鑿閃溪以通溧陽縣漕運，知縣丁懋建與有勞績。　修浚蘇、松、常、鎮四府堰壩田圍。　金壇縣知縣劉美鑿長新埠渠，建義成、廣澤二閘。縣民虞郊上議大廷橋下荒蕩廣袤二十里宜田，止患無蓄泄，因鑿新舊二渠，各建石閘以司啓閉。　八年，常州府知府穆煒浚後河。以形家言，鑿去儒學前八字尖，稍曲折以合運河，去道不遠。　武進縣縣丞郭之藩築芙蓉湖堤。瀕湖腴田苦潦，築堤捍之，圍可二十餘里，築武進、無錫二縣界堤長十餘里，北障江潮，南捍湖水，自是皆成腴産。　九年，穆煒鑿新河。舊運河水，入城直瀉，形家謂法當横流障之，故鑿此河。　十年，松江府通判劉師召修浚河塘。奉賢黄泥、白龍、百曲、新港、白蓮、三林、走馬、虬江等河，并修築瀫泖、黄浦等處堤岸。　十二年，上海縣知縣顔洪範築日赤港石閘。　十三年，華亭縣知縣項應祥築陂塘，浚支河。　十五年，常熟縣知縣鄧炳浚横瀝等河。　十六年，提督蘇松常鎮水利副使許應逵浚吴淞江。時連年水旱非常，民困饑饉，廷臣屢疏上請特設道臣。奉旨著吏部推擇諳習水利官一員陞任，用前儀真管河郎中許應逵專敕行事。准支留都帑金十萬兩興修水利。應逵督同蘇州府同知傅良言、松江府通判郭承緒，分段管理。自安亭起至艾祁浦，長四百八十八丈四尺四寸，加深七尺。自艾祁浦起至黄渡止，長一千七百九十六丈，加深七尺五寸。自黄渡起至章家涇，長三千一百三十丈八尺，加深八尺。自章家涇起至新涇，長五千七百三十七丈五尺，闊二三十丈不等，加深九尺。自本年八月築壩興工，至次年四月畢工。雖張皇募衆畚鍤，百弊叢生，議者謂求通反塞，怨聲載道，並歸咎吏部用非其人。吏部謂應逵治黄河奏績，豈淮南之疏瀹與吴中迥異。　浚蘇、松、常、鎮四府河港塘瀆。許應逵册報開吴淞江用銀五萬八千七百有奇，存貯銀四萬二百九十兩有奇。浚過七浦、楊林、湖川、練祁、鹽鐵、許浦、梅林、鷄鳴、朱泉、走馬、光福、鳳溪等塘；千敦、道褐、小虞、大石、大瓦、夏駕、徐公、沙湄、都臺、艾祁等浦；蘇團、魯堰、青培、長山、寶堰、沙腰、吕瀆、蕭帝、蔭風等河；丁家、張墓、伯瀆、油榨、桃花、毛沙、太平、大廟、山北、減水、黄田等港。路漕、華漕、沙洪，銷靡工費，徒擾民間，毫無裨益。　十七年，太倉州知州韓築浚七浦、鹽鐵、楊林三塘。值前年大水，本年大旱，民饑。韓築泣請上臺發賑濟錢糧，并緩解銀二萬兩，募饑民就役，賑貸與傭值兼施。春浚七浦塘及顧門涇，冬浚鹽鐵塘、楊林塘，拯活貧口無數。　十八年，嘉定縣知縣熊密于儒學前浚匯龍潭。先是學前土山爲障，夷其址之什七，浚之爲潭，方廣數百丈。　丹陽縣知縣周應鰲開境内支河。支河通浚，可避沙壤，鄉紳禮部尚書姜寶捐資樂助，功竟未成。　二十二年，滸墅鈔關户部主事董漢儒築楓橋堤。自楓橋至關二十里，甃石成堤，既障坵塍水患，兼便舟行陸輓，捐鈔羨三千金。　二十六年，滸墅鈔關户部主事管學畏修沙湖堤。時沙湖堤圮，管學畏捐羨一千四百有奇，修堤七十五丈，高十尺，廣六尺。　太倉州知州丁永祚浚吴塘。　常熟縣知縣段然浚耿涇、山涇等河。　嘉定縣知縣王福徵浚城内河。　二十七年，丁永祚浚湖川塘。　嘉定縣知縣韓浚穿鑿野奴涇，闢浚匯龍潭。穿浚儒學西南野奴涇，蜿蜒入匯龍潭，東鑿土山，導横瀝縈廻其下。　二十九年，松江府知府許維新開府治前河，并城内日、月二河。松江府前河久淤塞，欲浚則豪右占填阻撓，時許維新奮行不顧，命上海縣降任典史龐尚鴻董役。尚鴻亦剛正果决，三日撤盡廬舍，闢故道并浚日、月二河。設法運土城外荒僻，開廣三丈，民間利賴。

三十一年，太倉州知州陳隨浚吴塘。　三十二年，陳隨浚湖川塘、七浦塘。　常熟縣知縣耿橘浚福山塘。　上海縣知縣劉一爌築龍華石閘。從鄉紳陳所藴、徐光啓議。　丹陽縣知縣韓萬象浚運河。自丹徒縣至武進縣界，長八千三百五十七丈。　三十三年，太倉州判官李枝秀浚鹽鐵塘。自州西門外起，北至常熟縣白茆塘界止，四十餘里。李枝秀以甲第左遷，秉公潔己，立法精嚴，用鶴膝樁準以水平釘入河底，俟開出方計尺寸，雖奸勇不能絞拔。其挑土堆貯，勘定低缺可加之處，標樹旗號，派定泥夫，毫忽不許紊亂。凡攤堆河岸，水漲坍墮之弊並絶。三十年來浚河實效，僅見此舉。　吴江縣知縣劉時俊築石塘。北自長洲縣界，南至浙江秀水縣界八十三里，共長九千九百八十一丈四尺，建橋十三，水竇三十七，糜金錢二萬七千有奇。　三十四年，巡撫應天等府都察院右僉都御史周孔教浚蘇州府城内河。周孔教查捐院贖浚三横四直河道，遴委中軍把總王之義，操潔才優，搜剔弊竇，屏却陋規，疏導最得實益。　耿橘浚塘浦。三丈浦、鹽鐵湖漕、横瀝、李墓塘、貴涇、横浦等枝幹各河，處處通流，並設法省存充費，官民兩稱便益。

嘉定縣知縣吴道長浚塘浦。走馬塘長三千九百丈，黄姑塘長一千五百三十丈，徐公浦長一千五百三十丈。

三十五年，嘉定縣知縣陳一元浚江塘。虬江長三千六百二十一丈，東小練祁長二千一百四十丈五尺，新涇長二千七百二十丈。　丹陽縣知縣曠鳴鸞浚運河。自倉前起至觀音山，長一千四十七丈。

三十六年，常鎮兵備兼水利右參政蔡獻臣浚武進縣運河。自龍嘴尖起至龍游河口，長四百五十七丈。又自紅廟頭起至北運河口，長四百一丈五尺二寸，闊六丈，深三尺。　浚丹陽縣鄭涇河。長一千六十二丈，闊三丈，深八尺。

三十七年，常熟縣知縣楊漣築元和塘。壘石築堤，自縣南門外起至長洲縣界止，延袤三十六里。　陳一元浚河浦。沙浦長三千一百一十丈，馬涇長一千一十八丈，袁張浜長二千五百一十一丈。　無錫縣知縣許令典浚冉涇河。國子監生尤盛割地開浚爲河。　三十八年，常鎮兵備兼水利按察使臧爾勸浚武進縣運河。丁堰鎮起至三官塘，長三百二十一丈。海子口起至孫俊橋，長七百五丈。　浚江陰縣運河。九里河長一千四百一十二丈，青暘河長三千四百六十八丈。

三十九年，崑山縣知縣祝耀祖築至和塘。自城西問潮館起至長洲縣界，長二十三里，甃石成堤。　嘉定縣知縣胡士容浚塘浦。北横瀝公塘共長三千八百一十一丈，鶇鷈浦長三千二百一十三丈。　曠鳴鸞浚運河。自新開三叉閣起至轉河，長一千三百二十丈。　四十年，太倉州知州王萬祺浚七浦塘。長四千八百三十丈，面闊十丈，底闊八丈，加深八尺。　胡士容浚河塘。練祁塘、馬路塘、譚家浜共長八千二百一十三丈五尺。巡撫應天等府都察院右僉都御史徐民式浚江陰九里河。檄知縣許達道督浚，長一千四百一十二丈。四十一年，胡士容浚塘。自草舍頭起至凌口，長五千八十三丈。走馬塘長三千九百丈，謝塘長二千一百丈。鎮江府水利通判張畏天浚丹徒縣運河。四十二年，嘉定縣知縣長洲縣知縣胡士容築至和塘，自婁門外永安橋起，至崑山縣界礮石，建橋凡四十五里。柴紹勳浚河塘。盤龍塘長二千一百一十丈，袁張浜長一千七百八十四丈。四十三年崑山縣知縣陳祖苞浚塘浦。至和塘自城東候潮館起，至十五淹止，凡二十里。小虞浦自麗澤門外，至石婁涇，一十五里。横塘自迎薰門外，至新洋江，一十二里。柴紹勳浚河瀝。北横瀝長二千八百一十一丈，高嵩塘長三千八百一十一丈。武進縣知縣楊所藴浚運河。自新閘起至連江橋，長九百三十九丈。東沙溝起至犇牛鎮，長七百五十四丈九尺。江陰縣知縣金廷璧浚山塘河。依河撈淺。丹陽縣知縣王志道浚運河。自青暘起至基莊，長一千七百八十四丈。四十四年，柴紹勳浚河浦。中心横瀝長一千五十丈，俞涇浦長一千二百三十八丈。四十五年，巡撫應天等府都察院右副都御史王應麟浚蘇州府城内河。浚三横四直，并府學前環繞玉帶河。柴紹勳浚河。谿縣西門外西練祁入鹽鐵，共長七千九百三十五丈。上海縣知縣吕濬浚河港。疏浚城外河。四十六年，太倉州知州趙贊化浚楊林塘。長五千四百四十丈，面闊七丈，底闊四丈，加深八尺。柴紹勳浚練祁塘。東練祁長七千九百三十五丈。常鎮兵備兼水利右參政蕭丁泰浚江陰縣九里河。長一千四百一十二丈。鎮江府同知署丹陽縣事邢登雲浚運河。自栅口至青龍橋，長三千七百一十五丈。四十七年，嘉定縣知縣卓邁浚河浦。沙浦長三千一百一十丈，周家浜長一千二百一十四丈。　四十八年，卓邁浚河浦。温草浜長三千一百一十九丈，袁張浜長二千五百十一丈，小吉浦長七百丈。

天啓元年，卓邁浚走馬塘。長三千九百丈。　華亭縣知縣章允儒同吕濬浚莘村塘。華亭縣長二千三百丈，上海縣長一千丈。　丹陽縣知縣袁鯨浚運河。自觀音山至草堰南門，長八百一十五丈。二年，卓邁浚塘浦。北横瀝公塘共長三千八百一十一丈，沙浦長三千一百一十丈，川沙浦長二千一百一十一丈。　華亭縣知縣郭如闇浚塘瀝。官紹塘長一千四百九十六丈，横瀝河長五百六十丈。　上海縣知縣鮑奇謨浚張家塘。東自黄浦口起，至華亭縣界，長三千二百丈。　武進縣知縣李維喬浚城濠。長一千四十七丈。　無錫縣知縣劉五緯修築石塘。時鄉紳侍郎葉茂才、副使陳幼學等倡義樂助，築砌北官塘鵝子岸，長三百二十丈有奇。　三年，太倉州知州陳如松浚城濠。周遭共長二千四百四十三丈，面闊八丈，底闊六丈，加深六尺，詳支民七軍三銀兩充費。　卓邁浚河。封家浜長三千五百一十丈。　郭如闇浚松江府城濠。東北城濠二百四十丈。　浚金匯塘。長三千七百丈。　常鎮兵備兼水利右參政曾道唯浚江陰縣運河。九里河長一千四百四十二丈，青暘河長三千四百六十八丈。　四年，崑山縣知縣閔心鏡浚運河。松江府屬入境運道淺淤，浚過三千九百三十四丈八尺，面闊一十二丈不等，詳支導河夫銀佐工。　鎮江府同知署丹陽縣事林而廷浚運河。自丹徒縣界起，至武進縣界，長八千九百五十七丈。　五年，嘉定縣知縣謝三賓浚河塘。新涇長二千七百二十丈，陳華浜長二千四百丈，黄姑塘長一千五百三十丈。

郭如闇浚塘河。浦匯塘長一千五百六十丈，徐家浜長六百七十七丈，城内穿心市河長一千三百丈。

華亭縣知縣徐尚勳浚海螺港。長一千七百八十丈。　鮑奇謨浚張家塘。長三千一百六十丈。　六年，謝三賓浚塘河。東練祁、馬路塘、譚家浜，共長八千二百一十三丈有奇。　徐尚勳浚城濠河涇。南城濠長二百一十六丈，西城濠長一百二丈，東城濠長二百二十八丈，并闊六丈。上横涇長一千二百一十三丈，闊一十三丈，圩涇長一千二百丈，闊三丈。　青浦縣知縣鄭友玄督治圍田。水災後低鄉田畝日窪，鄭友玄出令，著業主出米，佃户輸力，大圩分作小圩，長圩界爲短圩，便於戽救。華亭縣傳以爲式。　常鎮兵備兼水利副使周頌浚武進縣運河。自龍嘴尖起至東倉閘，長九百八十丈，闊六丈，深三尺。　江陰縣知縣岑之豹浚運河。九里河長一千四百四十二丈，青暘河長三千四百六十八丈。　七年，巡撫應天等府都察院右僉都御史李待問浚夏駕浦。檄太倉州知州劉彦、崑山縣知縣秦士奇同謝三賓，會詳導河夫等銀，貼助民力，浚浦長五千五十八丈有奇，面闊一十二丈不等，加深五尺。　謝三賓浚塘浦。吴塘長四千一百一十丈，小婁塘長一千三百丈，桃木浦長一千七百丈。　徐尚勳浚河。集賢涇長七百三十六丈，闊四丈三尺。黄石橋市河長一百二十二丈，闊四丈。　蘇松兵備兼水利右布政使張孝浚上海縣陸道浜。長一千二百四十三丈二尺。

崇禎元年，蘇州府同知署崑山縣事蔣爾第浚瓦浦。長六千四百二十丈，面闊一十丈不等，詳支導河夫銀佐工。　謝三賓浚塘浦。西小練祁長一千三百丈，盤龍塘長二千一百一十丈，單家浦七百一十一丈，温草浜長三千一百一十九丈，張家浜長二千一十五丈。　張孝浚松江府塘港。華亭縣莘村塘長三千五百一十八丈，蒲匯塘長一千五百六十丈，官紹塘長一千三百八十丈。上海縣莘村塘長一千丈，小閘港長二千四百五十八丈。　丹陽縣知縣蔡如蕙浚運河。自呂城起至武進縣界，長六百八十七丈。　二年，太倉州知州劉彦浚塘河。七浦塘長四千八百三十丈，潞漕長一千六百四十丈。　謝三賓浚塘河。雙塘長二千一十丈，蘇姑浜長一千三十丈。　巡撫應天等府都察院右副都御史曹文衡浚松江府河塘。檄同知錢永澄督浚華亭縣金匯塘，長三千三百四十九丈二尺，横涇河長一千八百丈，吕河涇長二百五十丈，徐家浜長三千九百一十丈。修築黄浦塘岸長二千一百八十四丈九尺。浚上海縣俞塘長三千六十丈。　松江府知府方岳貢浚府城内河。募夫浚河，隨運開土增築官塘，自西馬頭直至五里橋長堤，高固利涉便農。　常鎮兵備兼水利右參政吴時亮浚武進縣運河。東倉灣起至龍嘴尖，長一千一百六十五丈。新閘起至連江橋，長八百八十五丈。東沙溝起至犇牛三官塘，長一千四百八十丈。　宜興縣知縣李獻廷浚運河。自東門起至武進縣界萬塔橋，長八十五里。　三年，劉彦浚城濠。動支民七軍三銀兩，開深五尺。　吴縣知縣陳文瑞浚縣前河。自小市橋轉西洞橋，至女冠子橋，長四十三丈八尺，闊一丈七尺。自女冠子橋經治平橋，至龍興寺西橋，長六十五丈一尺零，闊一丈二尺，各深一丈三尺。先是河形盡被居民填占蓋房，一遇霪潦，治前如沼，陳文瑞執法疏浚。　謝三賓浚塘濠。東練祁、馬路塘、譚家浜、吴淞所城濠、泗塘，共長九千一百一十丈。　曹文衡浚上海縣肇家浜。檄錢永澄督浚，長二千五百六十九丈。　青浦縣知縣朱錫元浚城内河。市河長一百二十一丈。　四年，嘉定縣知縣來方煒浚河塘。走馬塘長三千九百丈，袁張浜長二千五百一十一丈，界浜長五百一十一丈。　方岳貢浚塘港。華亭縣浚盤龍塘，長二千五百一十五丈，亭林、鶴頸、匯河、運港、後港，長二千二百丈，鹽鐵塘長一千五百四十丈，南横港長五百二十九丈。上海縣新涇，長一千八百三十丈。

常鎮兵備兼水利右參議兼僉事吴麟瑞浚江陰縣九里河。長一千一十丈。丹陽縣知縣王範浚運河。自草舍頭起至石洋子，長一千七百二十丈。五年，來方煒浚塘浦。北横瀝公塘長三千八百一十一丈，段浦長八百二十一丈，俞涇浦長一千二百三十丈，東小練祁長二千一百四十丈，殷涇塘長一千一百丈，中心横瀝長八百一十丈，謝塘長二千一百丈。巡撫應天等府都察院右僉都御史莊祖誨浚松江府河港。檄方岳貢轉委水利通判朱啓元督浚。華亭縣祝家港，長二千三十九丈。浙河長一千六百丈。上海縣新場河，長二千五百八十丈，沈莊河長一千五百丈。青浦縣蒲匯塘，長八百丈，築泖塘岸長一千三百丈，澱湖岸長一千五百丈。吴麟瑞浚武進縣運河。自談家埸起至下舊橋，長二千三百一十三丈，乃宜興、溧陽二縣運糧要道。六年，太倉州知州劉士斗浚楊林塘。長五千四百四十丈，開深八尺。來方煒浚江浦。虬江長三千六百二十一丈，儼儻浦長二千二百一十一丈，彭越浦長二千七百一十一丈。方岳貢浚華亭縣河。艾家橋市河長三百一十九丈。巡視下江監察御史吴善謙浚寶山所城濠。吴善謙巡歷海上，見城濠淤塞，檄嘉定、上海二縣合浚，計長一千四百八十丈，各任其半。常州府通判劉鱗長浚無錫縣城内河。自北大橋起至南跨塘橋，長四百九十五丈。常州府知府洪周禄浚江陰縣九里河。長一千四百八十丈。提督蘇松等府學政監察御史甘學闊、常鎮兵備兼水利副使徐世蔭，浚江陰縣城内河。長九百六十六丈，甘學闊、徐世蔭各捐金募工，合縣士民咸樂助義。鎮江府照磨署丹陽縣事張宲浚運河。自三義閣起至馬家涵，又自凌口起至吕城，共長三千九百五十丈。七年，巡撫應天等府都察院右僉都御史張國維、巡按蘇松等處監察御史祁彪佳，浚松江府塘河。檄方岳貢核浚華亭縣蒲匯塘，長一千七百九十三丈五尺，官紹塘長一千四百九十一丈，沙岡長二千七十二丈五尺。上海縣周圍城濠，長一千六百一十一丈，蒲匯塘長二千一百四十四丈五尺，莘村塘長一千二百三十五丈。青浦縣蒲匯塘長八百二十二丈，張涇長一千二百丈，各河身並深一丈，面闊二丈。

濬嘉定、上海二縣虬江。檄上海縣知縣劉潛浚彭越浦口起至并沙河，長一千八百二十三丈二尺，面闊八丈，底闊五丈，加深八尺。關會嘉定縣浚浜口起至彭越浦口，長一千四百八十九丈五尺。

濬無錫縣運河。檄知縣陳志忠自錫山驛前起北至洛社，遇淺開浚，共長五千二百一十三丈。

八年，張國維同巡按蘇松等處監察御史王一鶚修吴江縣石塘。時塘圮石墮，哽塞烘竇，致湖流漲没田廬，兼阻漕運縴輓。檄知縣章日炌勘核，全坍應修一千五十五丈，半坍二千八十六丈。平望西諸家鋪水缺應築内外塘七百六十丈，併修長橋、三江橋、翁涇橋，紳士商民樂助竣工。

巡視下江監察御史趙志孟浚松江府運鹽河。嘉定縣知縣萬任浚河塘。

東練祁、馬路塘、譚家浜，共長八千二百一十三丈。

趙志孟巡歷松江，見運鹽河澱淤，捐贖倡舉，檄水利通判吴光祚督浚。華亭縣境長四千七百二十六丈，上海縣境長六百九十丈。

九年，張國維修松江府漴闕捍海塘。檄方岳貢督同華亭縣知縣張調鼎勘核坍塘，中段長一百九十六丈，舊址盡没，東、西兩段共長二百丈，舊址猶存。又迤西一帶崩坍一百二十丈，木石夾築，張國維率屬設處經始，合縣士民商賈樂助，舉人吴嘉胤倡義，綜核冒濫，僇力董工。

疏導吴江縣長橋烘。

十年，張國維同巡按蘇松等處監察御史路振飛重修至和塘。長洲縣東境四十五里石塘，先該知縣胡士容設先是縣民虞燧等具奏，敕部行撫按查核，覆題奉旨允行，檄下疏浚，自長橋以至九里石塘，通行開鑿。

置義田，積租繕塘，後竟移爲别用，曠久不修，長堤崩盡無以捍水，妨農病涉。張國維設處經始，兵備馮元颺與知府陳洪謐、推官署縣事劉鳴謙，各捐助有差，不經佐領吏胥董工，專屬耆民馬負圖營辦，僅四閲月畢工。

浚崑山縣、嘉定縣、寶山所各城濠并彭華浜，及修槎浦海岸。崑山縣城濠，檄知縣葉培恕；嘉定縣并寶山所二濠，檄萬任，各支導河夫銀充費，加深四尺有奇。　蘇松兵備兼水利右參議兼僉事馮元飈浚太倉州城濠。九年春，城濠澱淤，馮元飈將民七軍三，分段派浚，值兵農事冗，延閣。至是督令趨工，軍三錢糧令泥夫徑赴道支領，其民七項下，檄署州事知縣萬任調度支給。　常鎮兵備兼水利按察使曾化龍浚江陰縣運河。時江陰運河淺淤，議移倉就兑，士民共稱不便，曾化龍請于巡撫張國維、巡按王志舉，檄知縣馮士仁勘核。自縣南水關起，至五雲橋，長三百八十三丈五尺，開深五尺，用夫三百一工。自五雲橋至蔡涇閘，長一千五百二十六丈，開深七尺，用夫一萬二千二百八工，内河口漲灘長十三丈，加夫六十五工。自蔡涇閘至月城橋，長一千九百三十一丈五尺，開深五尺，用夫一萬一千五百八十九工，内三河口漲灘五丈，加夫二十五工。自月城橋起至龔店，長八百三十一丈，開深五尺，用夫四千九百八十六工。自龔店過青暘，至小青暘跨塘橋，長一千三百六十二丈五尺，開深四尺五寸，用夫六千八百十二名。五分又三塘河長一千九百三十四丈，撈淺淤泥，止用夫七千七百三十六工。以概縣田畝均灘派夫，糧里争先趨事，曾化龍躬出省視犒賞，匝月功成，漕艘直達城下，軍民並利。　十一年，張國維同巡按蘇松等處監察御史王志舉督理漕運，兼視河道，監察御史楊一儁洎曾化龍浚鎮江府漕渠。檄推官雷起劍偕水利通判宋永熙，督丹徒縣知縣鄭一岳浚江口壩起至京口閘，長二百四十六丈八尺，深五尺，闊五丈。丁卯港起至華家莊，長一千九十三丈七尺，深三尺，闊三丈四尺。剝厓起至夾岡心，長三百七十四丈，深四尺，闊三丈四尺，共用民夫一萬二千八百五十六工。丹陽縣知縣傅德堅浚草頭舍起至東關，長四千三百六十六丈，内坍山、荆家墳、觀音山、西城灣，俱深四尺五寸，闊四丈。黄泥壩、張家渡、七里廟、西門、東關，俱深六尺，闊五丈。又浚城内邗溝東關至北關，長四百三十一丈。北關起至觀音山閘口，長二百七十五丈，俱深四尺五寸，闊四丈六尺，共用民夫四萬二千一百六十三工。兩縣連境綿亘百里，未及一月報竣，通利漕運。曾化龍親詣河干查核功次，首紀雷起劍勞績，會詳三院題叙。張國維、王志舉、蘇松兵備兼水利僉事宋繼登浚太倉州湖川塘。檄知州錢肅樂督浚，長五千二百五丈，闊七丈，加深六丈八尺不等。

校勘記

〔一〕都爾彌失　四庫本作『都哩默色』。
〔二〕秃剌思　四庫本作『圖埒實』。
〔三〕哈剌歹　四庫本作『哈喇岱』。
〔四〕暗都剌　四庫本作『温都爾』。
〔五〕燕只吉臺徹里　四庫本作『揚珠濟達徹爾』。
〔六〕徹里　四庫本作『徹爾』。
〔七〕朶兒只班　四庫本作『多爾濟巴勒』。
〔八〕剌罕　四庫本作『拉哈』。
〔九〕暗都剌　四庫本作『温都爾』。
〔一〇〕忽都魯參阿　四庫本作『和托拉察噶』。
〔一一〕董不八　四庫本作『董巴哩巴』。

〔一二〕和尚　四庫本作『華善』。

〔一三〕郭也先不花　四庫本作『郭額森布哈』。

〔一四〕楊伯野台　四庫本作『楊巴雅爾台』。

〔一五〕左答納失里　四庫本作『遵達納實哩』。

〔一六〕欽察台　四庫本作『奇徹台』。

〔一七〕達魯花赤那海　四庫本作『達嚕噶齊諾海』。

〔一八〕曰名曰　疑衍第一『曰』字，應是『名曰』。

吴中水利全書卷之十一

詔命

祖宗朝軫恤東南民隱，詔命諄切。今聖主尤殷殷注念，記注邸抄，傳示海宇，兆庶歡騰，敬録如左。

［本朝］

洪武二十六年

上諭都察院：凡各處閘壩陂堰，引水可灌田畝以利農民者，務要時常整理疏浚。如有河水積流泛溢，損壞房屋田地禾稼者，須要設法堤防止遏，或所司呈禀，或人民告訴，即便定奪奏聞。若隷各布政司者，照會各司，直隷者劄付各府州縣，或差官直抵處所踏勘丈尺闊狹，度量用工多寡。若本處人民足完其事，就便差遣。倘有不敷，著令鄰近縣分添助人力，所用木石等項，於官銀見有去處支用。或發遣人夫於附近山場採取，務在農隙之時興工，毋妨民業。如水患急於害民，其功可卒成者，隨時修築，以禦其患。

洪武二十七年

上命：凡天下陂塘湖堰，可瀦蓄以備旱暵，宣泄以防霖潦者，皆因其地勢修治之，勿妄興工役，掊尅吾民。

洪武二十八年

命國子監生及人材分詣天下，督吏民興治水利。

洪武三十一年

欽頒教民榜文一款：『一民間或有某水可以灌溉田苗，某水爲害可以堤防，某河壅塞可以疏通，其當里老人，會集踏看，丈量見數，計較合用人工，併如何修築，如何疏通，定畫計策，畫圖貼説，赴京來奏，以憑爲民興利除害。』

洪武三十二年

上諭工部：『凡圩壩堰陂塘〔一〕，仰該府、州、縣提調官常川體勘境内，應有圩岸壩堰坍缺，陂塘溝渠壅塞，務要趁時修築堅完，疏浚流通，以備旱潦。毋致失時，有傷禾稼，及因而擾害於民。』

正統二年

詔有司秋成時修築圩岸，疏浚陂塘，以便農作。仍具疏繳報，俟考滿以憑黜陟。

弘治十八年

詔各府、州、縣治農官，不得别項差占，年終具所轄水道通塞，浚否緣繇，造册奏繳，考核黜陟。

嘉靖五年

命各處水利僉事，年終具所修浚圩岸、陂塘、壩堰、閘洞、溝渠，丈尺造册，送部查考。

嘉靖六年

命應天巡撫官督同水利僉事，用心整理蘇、松等處水利，毋得虚應故事。

嘉靖七年

命各處撫按守巡官，嚴督所屬，以時修浚圩岸、壩堰、陂塘、溝渠之在境内者。

嘉靖二十六年

命江南巡撫都御史，督屬修浚太倉州、常熟、崑山等縣七浦、白茆、新涇等河，許浦等塘仍令巡按御史勘驗。

隆慶三年

詔凡霸占源頭阻絶河道者，各該巡撫衙門查照《盗决泉源條律》，爲首者發附近衛所，係軍調發邊衛，各充軍著爲例。

隆慶六年

詔書内一款：『一大江南北財賦所出，全資水利。各處設有水利僉事，各府、州、縣設有水利通判、縣丞等官，近來往往視爲末務，上下因循。一遇水荒，即奏乞蠲免。撫按督令專管水利司道官，往來巡歷，着落有司官將該管地方水利，著實講求議處。何處當疏通其源，何處當挑浚其流，壩堰圩岸在在增修，使蓄泄有備，旱潦無傷。合用夫役取諸得利之家，毋令騷擾。若功程浩大，撫按官查其先年導河夫銀用剩貯庫，及該府、州、縣近地魚課，奏留修理堤壩等銀兩，酌量動支。有司官有仍前曠職誤事，及地方土豪之家阻撓壅塞，專利病民者，撫按官參拿處治。』

崇禎元年召對平臺記注

上取户科右給事中黄承昊所奏疏令，讀承昊奏曰：『東南時患水災，因水利不修之故，臣因疏詞，不敢冗長，故未暢所欲言。前禮部員外郎陳懋德有疏，言之極詳，乞并臣疏下工部行之。』上問：『水利何謂不修？是何地方？』承昊對云：『是蘇、松地方閣臣。』道登、龍錫同並奏云：『臣道登即蘇州人，臣龍錫即松江人，水利是東南一件大事，但修理須要錢糧。』懋德本内説原設有開河銀兩，上問：『幾何？』對曰：『亦不多。臣等前已擬旨撫按酌議具奏。』上沈思久之云：『要修水利可擾民否？』『臣龍錫奏正惟恐擾民，故須行本處撫按酌量。』上曰：『水利事著公議來奏。』黄承昊上《鹽屯疏》内云：『西北多曠土，則開荒無法也。責在有司，當以考成課其殿最。

東南多水災，則水利不修也。宜加浙直巡鹽御史敕書一道，令其兼管水利，嚴督道府而舉劾之。』非專題水利不入章疏，附贅於此云。

崇禎九年

特旨：『這水利興復事宜，著撫按責成司道，督有司親巡查驗，審地因時，設法疏浚，務期蓄泄得宜，高下均利。如有奸豪占塞阻撓，即參拿究治。其支河、汀堰等項，分别貧富各輸財力，使民樂趨事。不許濫委冗員衙役乘機生擾，并參治修築海塘及嚴核殿最，通一體著實遵行。』

校勘記

〔一〕圩壩堰陂塘　根據行文習慣及下文，『圩』字之下疑脱『岸』字。

吳中水利全書卷之十二

敕諭

命遣水官特賜璽書，聽以便宜，權無旁掣，故得奏績，無負任使云。

［本朝］

永樂三年

皇帝敕諭户部尚書夏原吉、都察院僉都御史俞士吉、通政司左通政趙居任、大理寺少卿袁復：『東南數郡之民頻年厄於水患，今舊穀已罄，新苗未成，老稚嗷嗷，饑餒無告。朕與卿等能獨飽乎？其往督郡縣亟發倉廩賑之，所至善加撫綏，一切民間利害有當建革者，速具以聞。卿等宜體朕憂民之心，欽哉無忽！』時佐理工科給事中姚善奉聖旨并差無敕。

宣德五年

皇帝敕諭工部右侍郎周忱：『今命爾往南京、應天、蘇州、松江、常州、鎮江、太平、寧國、池州、徽州、安慶、廣德州巡撫，遞年一應税糧，務在從長設法，區畫得宜，使人不勞困，輸不後期，尤在敷宣德意，撫恤人民，扶植良善。其水田圩岸，爾亦相度時宜整理，俾無旱潦之患。庶副朕委任之重，欽哉！故諭。』

正統九年

皇帝敕諭工部右侍郎周忱：『近聞浙江嘉、湖等府，直隸蘇、松等府，今秋多雨，潦水暴溢，渰没田稼，漂蕩民居，溺死人畜。蓋因各處遞年將舊通江海河港，乘乾旱之時，築塞爲田耕種，及因遞年沙漲，以致水不流通，人受其患。今特命爾會同巡按御史嚴督各該府、縣拘集耆民里老人等，詢訪踏勘各處原通江海河港故道，果被豪强之人築塞爲田，即令退還。并年深淤塞之處，爾等公同計議，督令府、縣官起倩人夫開挑，務要水道通行，不至爲患。其餘湖池、陂塘、圩岸可以蓄泄水利，防備旱澇者，悉從其修築開通。其間果有豪强之徒，占據把持以爲己利者，爾竟拿問，輕即量情懲治，情重者具奏區處。用工之際尤須量度地勢，酌量民力。其殷富田多之家，務令儘力用工，貧難下户及田少糧重者，酌量差遣，不可誤其生理。如工程浩大，人力艱難，非旬月可成者，爾宜審度用工，宜令受利近便去處，同心同力，切不可妨廢農時。朕惟豪强專利，小民受害，論法難容。今姑宥其罪，使之自新，保其身家。爾爲朝廷重臣，宜表率同事，公以存心，廉以律身，毋苟具文移以塞責，毋狃於小利以爲功。爾克盡職，民受實惠。朕惟爾嘉朝廷以安養斯民爲念，宜深體朕心，爲民造福，以副任使。或有窒礙難行之事，亦須體諒人情，從長計議奏來，不許違誤。故諭。』

成化七年

皇帝敕諭浙江提刑按察司僉事吴瑞：『兹特命爾前去專管蘇、松、常、鎮、杭、嘉、湖七府水利，巡行踏勘所屬地方，分督修治湖塘，疏浚河港，兼理溝洫，增築圩岸閘壩。務相地勢水形，使便蓄泄，有資灌溉。應用錢糧着有司查明設處，或有田之家，行府、縣勸令輸力。如有侵占河道，聽爾拿問改正。所屬軍衛有司，聽爾調委，仍須呈報巡撫，聽其節制，用過錢糧轉呈巡撫類奏。爾其克殫厥心，勤勞乃職，如任使不效，責有攸歸。故敕。』以後水利僉事同。

弘治七年

皇帝敕諭工部左侍郎徐貫兼都察院右僉都御史，往同巡撫應天等府都察院右僉都御史何鑑：『朕惟直隸蘇、松、常、杭、嘉、湖六府，數年以來屢被水災，圍田渰没，廬舍漂溺，民既無聊生，財賦又何自而出？今特命爾會同彼處巡撫都御史，親詣其地逐一踏勘。如果前日之水道形迹具存，今日之水患實由於此，即於所在司、府、州、縣量取丁夫錢糧，督同委官人等，以次興工修築疏浚。凡敕内該載不盡事宜，聽爾便宜處置。文武職官軍民人等，有負才識諳曉水利者，悉聽委用。職官敢有違慢乖方，狥私廢事者，五品以下徑自提問，應奏請者參奏施行。其興工之際，務審水道利害，人情從違，固不可畏難退避，失經國之良圖；亦不得鑿空妄爲，致小民之嗟怨。殫心畢慮，利國便民，斯不負朝廷委任之意。故諭。』

弘治八年

皇帝敕諭工部都水清吏司主事姚文灝：『直隸蘇、松、常、鎮及浙江杭、嘉、湖七府并蘇州、鎮江等衛所，地方廣闊，錢糧浩大，每歲收成全資水利。積年以來河港、溝渠、湖塘等項盡皆壅塞，或被豪强之人占爲己業，旱無所溉，雨無所泄，以致田穀不登，軍民缺食。近差工部左侍郎徐貫往會巡撫等官，通行疏浚，已奏工完。但恐歲月寖久，港瀆漸致堙塞，水利不能興舉，圩岸愈見坍塌，財賦無從出辦。兹特陞爾前職，命爾專一往來前項府衛地方，提督各該管官員，修理湖塘，疏通河港，開浚溝渠，及一應圩岸未經修築者，及時修築，各處閘壩未盡修理者，隨宜修理。合用木石等料，於各該田有力之家從公勸諭，或别爲措置人夫於所在附近軍衛。有司相度起工，仍須督役以時，調度有法，使蓄泄有備，旱澇無虞，毋事虚文，務臻實效，以爲地方經久之計。爾其勉之，慎之！　故敕。』姚文灝以常州府水利通判治水有功陞授。

正德八年

皇帝敕諭都察院右副都御史俞諫：『近蘇、松、常、鎮、杭、嘉、湖七府，屢被水災，圍田渰没，糧賦積逋，民生艱困。兹特命爾前去會同巡撫都御史，遍歷地方，相度形勢，尋源泝委，應修浚挑築者，亟行修浚挑築，務使水利常通，旱潦有備。所屬官員聽爾遴擇委用，工費錢糧移會巡撫設法動支，並不許官吏、豪强阻滯撓法。如有不遵，聽爾參奏處治。爾其殫竭乃猷，克臻厥績，毋負特簡責成之意。故諭。』

正德十四年

皇帝敕諭巡撫應天等府工部尚書兼都察院右副都御史李充嗣：『近蘇、松等府連遭水患，糧運缺乏，廷臣建議亟修水利。特陞爾前官不妨巡撫事，督理修浚各府湖澤、河港、塘堰，坐委所屬能幹官員，及時料理，仍不時躬巡勘視，務使蓄泄得宜，旱澇有賴。應用錢糧，聽爾設處。承委官員，分别勤惰，聽爾舉劾。如違慢誤事，徑自拿問，應奏請者奏請究治。修浚完工，具册奏報。爾爲大臣，受兹簡命，宜殫厥衷，毋負任使。特諭。』

正德十四年

皇帝敕諭工部都水清吏司署郎中事員外郎林文沛：『先該巡視浙江都御史許廷光、都給事中吴巖奏請添設大臣，專管江南水利。已命巡撫應天等府工部尚書兼都察院右副都御史李充嗣，不妨原務，兼理前事。近該李充嗣奏要添設官屬，協修水利。巡按御史馬禄亦奏要添設官員專一管理，該部議覆。兹特命爾前去蘇、松等府地方，聽巡撫委任，分投督浚，協贊成功。凡江湖、川澤、河道、溝洫務要用心勘視，核實工料，呈報巡撫酌議錢糧濟用。如官吏軍民但有阻撓，悉聽參詳處治。爾其夙夜黽勉，克供厥職，如憚勞塞責，罪有攸歸。故敕。』同差工部都水清吏司署郎中事主事顔如環分管，敕諭同。

嘉靖十四年

皇帝敕諭山東提刑按察司副使李士允：『蘇、松、常、鎮四府，係南畿重地，國家財賦取給於此。往年因盜賊生發，貽患地方，特設專官整飭兵備。今特命爾專在太倉州住札，往來四府沿江沿海一帶地方，督同軍衛有司掌印捕盜。官員操練官軍，揀選民快，修浚城池，演習水戰，緝捕盜賊，巡捉私鹽，聽理詞訟，兼提督各衛所屯田子粒。務令以時耕種，依期徵納，禁革奸弊。官吏旗軍人等，敢有役占科斂，剥削軍士，及侵占屯田，包攬拖欠屯種者，依法究治。其各府水利督令有司官吏，設法整理湖蕩、河港，淤塞淺狹者，即爲疏浚閘壩、堤防、圩岸，及禦潮海塘坍塌損壞者，即爲修築，不許豪强之徒侵占毁壞，違者一體究治，仍聽巡撫官節制。捕盜事情有應與總督備倭官員計議者，計議停當而行。各該所屬官員有廉能幹濟，具奏旌奬。貪殘不職，六品以下徑自拿問，五品以上并軍職參奏處治。爾爲憲臣，兹受委任，須盡心竭力，正己率下，務使武備修明，盜賊屏息，水利興舉，屯糧充足，斯稱任使。如或仍前專事逢迎，奔疲道路，因循苟且，虚應故事，責有所歸，爾其慎之，慎之！故敕。』

嘉靖二十五年

皇帝敕諭巡撫應天等府都察院右副都御史歐陽必進：『朕惟國家財賦取給東南，近該前巡撫右副都御史丁汝夔及巡撫御史吕光洵，各題稱蘇、松、常、鎮四府地方，連年水旱頻仍，皆由水利湮廢，以致民困賦逋，貽患非細。乞要查舊例通行修浚，事下該部轉行彼處，查勘得太倉州、常熟、崑山等縣七浦、白茆、新涇等河港，鹽鐵、許浦等塘堰修浚，有官民併力合修者，其所費財用，有原派導河夫及存留各項銀米，并撫、按、司、府、州、縣贓罰，與夫應解錢糧堪以那借者，俱令支用，已經該部議奏前來相應依擬。爾見有地方巡撫之責，特命專理其事。爾宜查照節題事理，及巡按委官勘處緣由，將四府支河動支前項銀米，查議原奏官民合修、分修，地方坐委能幹官員，責令及時修理，庶幾事克有濟。爾仍照先年撫臣李充嗣事例，不時躬往督視，務使緩急有備，旱潦無虞，期於一勞而永逸。各該承委官員，除巡按御史每年閱視工程，分别勤惰舉核外，如有違慢誤事者，五品以下爾即徑自拿問，應奏請者奏聞施行。事完之日，通將修浚過緣由畫圖貼説，并用過錢糧數目，造册奏繳。及將勤幹賢能官員，通行論奏，以憑旌擢。故諭。』

萬曆四年

皇帝敕諭監察御史林應訓：『近因言官建議蘇、松、常、鎮等處水利久湮，要差御史一員專管。該部議覆，相應今特命爾督理前項地方水利，務要時常往來巡察，督率各該司、道及府、州、縣掌印官，責令水利官帶同塘長人等，躬親相度，考究源委。要見某處係上游水匯，某處係下流支港，應分某水以殺其勢，應闊某岸以緩其衝，應浚某湖以會其流。某處壩閘應修，某處塘堰應築，合用人工隨宜區處。其劉家河、黄浦、七浦、白茆、范家港、大黄浦及各鄉支河，尤當分疏。其餘緊要河港、湖匯，并浙直交界所，如有未經開通，及已開仍欠深闊，與夫塘堰、涇瀆、陡門、壩閘等項，應修應浚應復舊應新置者，通勘估議處。如一圩之中，塘岸、溝池等項，不煩多費者，即令得業之家，量田多寡，出力修浚。果係土工浩大，動支淘河等銀應用，如再不敷，會同撫、按官從長計議，務求共濟，各不得推諉。其該道并府、州、縣掌印等官，敢有違玩誤事，及水利官營求别差，隳廢職業，或需索常例，利己病民，應拿應參，並聽舉行如例。若勢豪之家侵塞水利，姑令首正免罪，敢有隱瞞及違拒阻撓者，即行拿問，干礙職官，指名參奏。每年終將修浚過緣由，造册奏繳，復命之日，仍將所屬大小官，曾否有益水利，照例舉劾，以昭勸懲。爾爲憲臣，受兹重委，須夙夜殫心，務俾水利興舉，旱澇有備，以爲益國便民之計。如或因循苟且，虚應故事，責有所歸，爾其欽承之。故敕。』

萬曆十六年

皇帝敕諭湖廣提刑按察司副使許應逵：『近該撫、按官題稱江南水患不常，亟宜復設專官管理。該部議覆，相應命爾前去專管蘇、松等四府水利，駐札松江府地方，兼理農務。爾宜查照該部題准事理，踏看所屬地方，估計工程，議處錢糧，起調人夫。涇港湮塞者，設法開浚。圩岸低薄者，著實修築。務使支河疏通，達于江海。堤防堅固，可禦水澇。如官民勢豪之家，占種淤地，侵奪水利者，爾即清查改正。敢有抗拒阻撓，應拿問者，徑自拿問，應參奏者，參奏處治。四府及所屬州縣官員，悉聽委用。如有重大工程，應合奏請者，申呈撫、按官奏請施行。其不急工程，聽爾便宜斟酌，不必虚費財力，致拂人情。錢糧等項，除聽撫、按官總理節制外，别衙門不得干預。爾亦不得關白參謁，致妨公務。每年終仍將做過工程，用過錢糧，轉呈撫、按官造册，奏繳清册，送部查核。爾爲憲臣，受兹委任，須躬親相度，竭力經理，不避勞怨，使水利興舉，益國便民，斯爲稱職。如或因循苟且，虚應故事，責有所歸，爾其慎之，勉之！故敕。』

吴中水利全書卷之十三

奏狀

自蕭梁至宋元各朝，建白水利奏狀，形諸紀載集録者，悉搜編次。

［南朝梁］

蕭統《請停信義郡漕瀆丁役疏》

吴郡屢以水災不熟，有上言當漕大瀆，以瀉浙江。中大通二年春，詔遣前交州刺史王奕，假節發吴、吴興、信義三郡人丁就役，故統上疏。

伏聞當遣王奕等上東三郡人丁，［開］漕溝渠〔一〕，導泄震澤，使吴興一境無復水災，誠矜恤之至仁，經略之遠旨。本集及《昭明事實》無此二句。暫勞永逸，必獲後利，未萌難覩，竊有愚懷。所聞吴興屢年失收，人頗流移。吴郡十城，亦不全熟。唯信義本傳作義興。去秋有稔，復非常役之民，即目前東境穀價猶貴，劫盜屢起，在所有司皆不聞奏。今征戍未歸，强丁疏少，此雖小舉，竊恐難合。吏一呼門，動爲人蠹，又出丁之處，遠近不一，比得齊集，已妨農蠶。去年稱爲豐歲，公私未能足食，如復今兹失業，慮恐爲弊更深。且草竊多伺候人間虚實，若善人從役，則抄盜彌增。吴興未受其益，内地已罹其弊，不審可得權停此工，待優實以行〔二〕，聖心垂矜黎庶，神量久已有在。臣意見庸淺，不識事宜，苟有愚心，願得上啓。

［唐］

劉晏《停免修築練湖狀》永泰二年上狀存略

轉運使劉晏上言：得刺史韋損、丹陽耆壽等狀，上件練湖按圖經周迴四十里，比被丹陽百姓築堤，横截一十四里，開瀆口泄水，取湖下地作田。其湖未被隔斷已前，每春夏雨水漲滿，側近百姓引溉田苗，官河水乾淺，又得湖水灌注，租庸轉運及商旅往來，免用牛牽。若霖雨泛溢，即開瀆泄水入江。自被堤築以來，湖中地窄，無處貯水，横堤壅礙，不得北流，秋夏雨多，即向南奔注丹陽、延陵、金壇等縣。良田常被渰没，稍遇亢陽，近湖田苗無水灌溉。所利一百一十五頃田，損三縣百姓之地。今已依舊障水爲湖，官河又得通流，邑人免憂旱潦。乞敕中書門下，牒浙西觀察使韋損，勿使更令修築，致有妨奪。

［南唐］

吕延貞《浚治練湖狀》昇元元年上狀存略

知丹陽縣事吕延貞上言：當縣有練湖，源出潤州高麗長山，下注官河一百二十里。臣考之碑志，訪諸鄉老，當爲湖日，湖水放一寸，河水漲一尺，旱可引灌溉，潦不致奔衝，其利田幾逾萬頃。昔環湖而居，衣食於漁者凡數百家，有斗門四所。繇前唐末兵亂之後，民殘湖廢，近湖人户耕湖爲田，後農家失恃，漁樵失業，民復思湖以禦災，而無所置力。臣頻承條制，修葺陂塘，切度其湖爲利甚博，遂聚財役工，於斗門基上，以土堰偃捺，及填補破缺處。初謗議震動，謂臣不良圖，且廢湖豐己者，不十餘家。有湖無災者，四縣之地。臣明知利害，獨如弗聞。自今秋後不雨，河道乾枯，累放湖水灌注，使商旅舟船往來，免役牛牽。當縣及鄰縣人户，請水救田。臣並掘去湖岸給水，如將久遠，須置斗門，方得通濟。其斗門木植，須用楠木，乞給省場板木起建，下所司處分。

［宋］

郟亶《上水利書》熙寧三年上

崑山人郟亶上言：天下之利莫大於水田，水田之美無過於蘇州。然自唐末以來，經營至今，未見其利者，其失有六：一曰蘇州東枕海，北接江，東開崑山之張浦、茜涇、七鴉三塘而導諸海，北開常熟之許浦、白茆二浦而導諸江。不知此五處去水皆百餘里，近三四十里地形頗高，高者七八尺，水盛時決之，或入江海，水稍退則向之欲東導於海者反西流，欲北導於江者反南下，故自景祐以來，屢開之而卒無效也。二曰蘇之厭水〔三〕，以其無堤防也。故崑山、常熟、吴江皆峻其堤，設官置兵以巡治之。是不知塘雖設，而水行於堤之兩旁，何益乎治田？故徒有通往來、禦風濤之小功，而無衛民田、去水害之大效。三曰《書》云：『三江既入，震澤底定。』今松江在其南，可決水而同歸於海。崑山之下駕、新洋、小虞、大虞、朱塘、新瀆、平樂、戴墟等十餘浦是也。夫諸浦雖有決水之道，未能使水之必泄於江也。何則？水方汗漫，與江俱平，雖大決之堤防不立，適足以通潮勢之衝急，增風波之洶怒耳。四曰蘇州之水，自常州來，古者設望亭堰，所以禦常之水，使入太湖，不爲蘇害，謂望亭堰不當廢也。蘇聚數郡之水，而常居其一。常水數路，望亭居其一，豈一望亭之水能爲蘇之患耶？望亭堰廢，則常被其利，蘇未必有害；存之則蘇未必利，常先被害矣。故治蘇州之水，不在望亭堰之廢否也。五曰蘇水所以不泄者，以松江盤曲而決水遲也。古之曲其江，所以激之使深也。激之既久，其曲愈甚。故漕使葉内翰開盤龍匯，沈諫議開顧浦，謂松江之曲若今，槎浦及金竈子諸浦皆可決也。是説僅爲得之，但蘇之水與江齊平，決江之曲足以使江之水疾趨於海，未能使田之水必趨於江也。六曰蘇本江海陂湖之地，謂之澤國，自當漫然容納數州之水，不當盡爲田也。國初之税纔十七八萬石，今乃至三十四五萬石，此障陂湖爲田之過也，是説最爲疏闊。國初逃民未復，今盡爲編户，税所以昔少而今多也。借使變湖爲田，增十七八萬爲三十四五萬，乃國之利，何過之有？且今蘇州除太湖外，有常熟、崑承二湖、崑山陽城湖、長洲沙湖，是四湖自有定名，而其闊各不過十餘里。其餘若崑山之斜塘、大泗、黄瀆、夷亭、高墟、巴城、雉城、武城、夔家、江家、柏家、鰻鱺渚瀼，及常熟之市宅、碧宅、五衢、練塘諸村，長洲之長蕩、黄天蕩之類，皆積水不耕之田也，水深不過五尺，淺者可二三尺，其間尚有古岸隱見水中，俗謂之老岸。或有古之民家階甃之遺址在焉。其地或以城，或以家，或以宅爲名，嘗求其契券以驗，皆全税之田也。是古之良田，而今廢之耳。已上六説者，皆執一偏之論，而未能通其理也。必欲治之，當去六失，行六得。曰辨地形高下之殊，求古人蓄泄之迹，治田有先後之宜，興役順貧富之便，取浩博之大利，舍姑息之小恩。

一何謂地形高下之殊？曰蘇州五縣號爲水田，其實崑山之東接於海之岡隴，東西僅百里，南北僅二百里，其地東高而西下，向所謂東導於海，而水反西流者是也。常熟之北接於江之漲沙，南北七八十里，東西僅二百里，其地皆北高而南下，向所謂欲北導於江，而水反南下者是也。是二處皆謂之高田。而崑山岡身之西，抵於常州之境僅一百五十里。常熟之南抵於湖、秀之境僅二百里，其地低下，皆謂之水田。高田者常欲水，今水乃流而不蓄，故常患旱也。唯若景祐、嘉祐中則一大熟爾。水田者常患水，今西南既有太湖數州之水，而東北又有崑山、常熟二縣岡身之流，故常患水也。唯若康定、至和中則一大熟爾。但水田多而高田少，水田近於城郭，人所見而税復重，高田遠於城郭，人所不見而税復輕，故議者唯知治水而不治旱也。

二何謂古人蓄泄之迹？曰今崑山之東，地名太倉，俗號岡身，岡身之東有塘，西徹松江，北過常熟，謂之横瀝。又有小塘或二里三里，貫横瀝而東西流者，多謂之門，若所謂錢門、張岡門、沙堰門、吴岡、顧廟岡、丁岡、李岡門及斗門等之類是也。夫南北其塘則謂之横瀝，東西其塘則謂之岡門、堰門、斗門，是古者堰水於岡身之東，灌漑高田，而又爲岡門者，恐水之或壅則決之，而横瀝所以分其流也。故岡身之東，其田尚有丘畝經界溝洫之迹焉。是皆古之良田因岡門壞，不能蓄水而爲旱田耳。岡門之壞豈非五代之季，民各從其行舟之便而廢之耶？此治高田之遺迹也。若夫水田之遺迹，即今崑山之南向所謂下駕、小虞等浦者，皆決水於松江之道也。其浦之舊迹闊者二十餘丈，狹者十餘丈，又有横塘以貫其中而棋布之，是古者既爲縱浦以通於江，又爲横塘以分其勢，使水行於外，田成於内，有圩田之象焉。故水雖大而不能爲田之害，必歸於江海而後已，以是推之，則一州之田可知矣。故蘇州五門舊皆有堰，今俗呼城下爲堰下，而齊門猶有舊堰之稱，是則堤防既完，則水無所瀦容，設堰者恐其暴而流入城也。至和二年，前知蘇州吕侍郎開崑山塘，得古閘於夷亭之側，是古者水不亂行之明驗也。及夫堤防既壞，水亂行於田間，而有所瀦容，故蘇州得以廢其堰，而夷亭亦無所用其閘也。爲民者因利其浦之闊，攘其旁以爲田，又利其行舟安舟之便，決其堤以爲涇。今崑山諸浦之間，有半里或一里二里而爲小涇，命之爲某家浜者，皆破古堤爲之也。浦日以壞，故水道陻而流遲，涇日以多，故田堤壞而不固，日隳月壞，遂蕩然而爲陂湖矣，此古人之迹也。今秀州濱海之地，皆有堰以蓄水，而海鹽一縣有堰近百餘所，湖州皆築堤於水中以固田，而西塘之岸至高一丈有餘，此其遺法也，獨蘇州壞之耳。

三何謂治田有先後之宜？曰地勢之高下既如彼，古人之遺迹又如此，今欲先取崑山之東，常熟之北，凡所謂高田者，一切設堰瀦水以灌溉之。又浚其所謂經界溝洫，使水周流於其間以浸潤之。立岡門以防其壅，則高田常無枯旱之患，而水田亦減數百里流注之勢。然後取今之凡謂水田者，除四湖外，一切罷去其某家涇、某家浜之類，循古今遺迹，或五里七里而爲一縱浦，又七里或十里而爲一横塘，因塘浦之上以爲堤岸，使塘浦闊深而堤岸高厚。塘浦闊深而水通流，而不能爲田之害也。堤岸高厚則田自固，而水可擁而必趨於江也。然後擇江之曲者，若所謂槎浦、金竈子浦而決之，使水必趨於海。又究五堰之遺址而復之，使水不入於城，是雖有大水不能爲蘇州之患也。如此則高低皆利，而無水旱之憂。然後仿錢氏遺法，收圖回之利，養撩清之卒，更休迭役，以浚其高田之溝洫，與水田之塘浦，則百世之利也。

四何謂興役順貧富之便？曰蘇州五縣之民，自五等已上至一等不下十五萬户，可約古制而户借七日，則歲約百萬夫矣。又自三等已上至一等不下五千户，可量其財而取之，則足以供萬夫之食與其費矣。夫借七日之力，故不勞，量取財於富者，故不虚，以不勞不虚之役，五年而治之，何田之不可興也。

五何謂取浩博之大利？蘇州之地四至餘三百里，若以開方之法約之，尚可方二百餘里，爲田六同有畸，三分去一以爲溝池、城郭、陂湖、山林，其餘不下四同之地，爲三十六萬夫之田。又以上、中、下不易再易而去其半，當有十八萬夫之田常出租税也。國朝之法，一夫之田爲四十畝，出米四石，則十八萬夫之田可出米七十二萬石矣。今蘇州止有三十四五萬石，借使全熟，常失三四十萬石之租，又况水旱蠲除者，歲常不下十餘萬石，甚者或蠲除三十餘萬石，是遺利不少矣。今或得高低皆利，而水旱無憂，則三四十萬之税可增也。

六何謂舍姑息之小惠？曰是議之興，或者必曰向者蘇州或治一浦，或調一縣，而役一月，則民勞且怨矣。今欲盡一州之境，役五縣之民，五年而治之，其工力蓋百倍於向時。是役未興，而數千百萬之民已呶呶矣，非養民之道也。曰向者之興役也，多興於大水方盛之際，是時公私匱乏，疾厲間作，故民勞且怨也。今於平歲無事之時，借力以成利，何勞怨之有？傳曰

『使民以時』。又曰『以佚道使民，雖勞無怨』。又曰『悦以使民，民忘其勞』。雖至治之世，未嘗不役民以使之也。唯近世不求所以養之之道，使躋於富庶，但務其姑息之末使至於饑餓而不能相生，然後從而賙之。故上乏而下益困，有可以除數百年未去之患，興數百里無窮之利，使公私皆獲其利，豈可區區計國家五歲之勞，惜百姓七日之力耶？

一論古人治低田之法。昔禹之時，震澤爲患，東有堽阜以隔截其流，禹乃鑿斷堽阜，流爲三江，東入於海，而震澤底定。震澤雖定，環湖之地，尚有二百餘里可以爲田，而地皆卑下，猶在江水之下，與江湖相連，民既不能耕植，而水面又復平闊，足以容受震澤下流，使水勢散漫，而三江不能疾趨於海。其沿海之地，亦有數百里可以爲田，而地皆高仰，反在江水之上，與江湖相遠，民既不能取水以灌溉，而地勢又多西流，不得蓄聚春夏之雨澤，以浸潤其地。是環湖之地常有水患，而沿海之地常有旱災也。古人遂因其地勢之高下，井之而爲田。環湖卑下之地，則於江之南北爲縱浦以通於江，又於浦之東西爲橫塘，以分其勢而棋布之，有圩田之象焉。其塘浦闊者三十餘丈，狹者不下二十餘丈，深者二三丈，淺者不下一丈。且蘇州除太湖之外，江之南北別無水源，而古人使塘浦深闊若此者，蓋欲取土以爲堤岸，高厚足以禦其湍悍之流，故塘浦因而闊深，水亦因之而流耳，非專爲闊其塘浦以決積水也。故古者堤岸高者，須及二丈，低者亦不下一丈。借令大水之年，江湖之水高於田五六尺，而堤岸尚出於塘浦之外三五尺至一丈，故雖大水不能入於民田也。民田既不容水，則塘浦之水自高於江，而江之水亦高於海，不須決泄而水自湍流矣。故三江常浚，而水田常熟。其堽阜之地，亦因江水稍高，得以畎引以灌溉，此古人浚三江治低田之法也。至於沿海高仰之地，近江者既因江流稍高可以畎引，近海者又有早晚兩潮可以灌溉，故亦於沿海之地，及江之南北或五里七里，而爲一縱浦，又五里七里而爲一横塘。港之闊狹與低田同，而其深往往過之，且堽身之地高於積水之地四五尺至七八尺，遠於積水之處四五十里至百餘里，固非決水之道也。然古人爲塘浦闊深若此，蓋欲畎引江海之水，周流於堽阜之地，雖大旱之歲亦可車畎以溉田，而大水之歲積水或從此而流泄耳，非專爲闊深其塘浦，以決低田之積水也。至於地勢西流之處，又設堽門斗門以瀦蓄之，是雖大旱之歲，堽阜之地皆可耕以爲田，此古人治高田蓄雨澤之法也。故低田常無水患，高田常無旱災，而數百里之内，常獲豐熟。此古人治低田、高田之法也。

二論後世廢低田、高田之法者。古人治田高下，既皆有方，是時也田各成圩，圩必有長，每一年或二年，率逐圩之人修築堤防，浚治浦港，故低田之堤防常固，旱田之浦港常通也。古之田雖各成圩，然所名不同，或謂之段，或謂之團。今崑山低田皆沉在水中，而俗呼之名猶有野鴨段、大泗段、湛段及和尚團、盛熟團之類。至錢氏有國，而尚有撩清指揮之名，此其遺法也。洎乎年祀綿遠，古法隳壞，其水田之堤防，或因田户行舟及安舟之便，而破其圩。古者人户各有田舍在圩田之中，浸人爲家，欲其行舟之便，乃鑿其圩岸以爲小涇、小浜，即臣昨來所陳某家涇、某家浜之類是也。說者謂浜者安船溝也，涇浜既小，堤岸不高，遂至壞田圩，都爲白水也。今崑山柏家瀼水底之下，尚有民家階甃之遺址，此古者民居圩中之舊迹也。今崑山富户，如陳、顧、辛、晏、陶、沈等田舍，皆在圍田之中，每至大水之年，亦是外水高於田舍數尺，此今人在田圩中作田舍之驗。或因人户請射下脚，而廢其堤，或因官中開淘，而減少丈尺。臣小時見小虞浦及至和塘並闊三二十丈，屢經開淘之後，今小虞浦闊十餘丈，至和塘闊六七丈，此目所睹也。或因田主但收租課，而不修堤岸，或因租户利於易田，而故致渰没。吴人以一易再易之田，謂之白塗田，所收倍於常稔之田，而所納租米亦依舊數，故租户樂於間年渰没也。或因決破古堤，張捕魚蝦，而漸致破損。或因邊圩之人，不肯出田與衆築岸。或因一圩雖完，旁圩無力，而連延隳壞。或因貧富同圩，而出力不齊。或因公私相吝，而因循不治，故堤防盡壞，而低田漫然復在江水之下也。每春夏之交，天雨未盈尺，湖水未漲二三尺，而蘇州低田一抹盡爲白水，其間雖有低岸，亦皆狹小，沉在水底，不能固田。唯大旱之歲，常、潤、杭、秀之田，及蘇州堽阜之地，並皆枯旱，其堤岸方始露見，而蘇州水田幸一熟耳，蓋繇無堤防爲禦水之先具也。低田既容水，故水與江平，江與海平，而海潮直至蘇州之東一二十里之地，反與江湖民田之水相接，故水不能湍流，而三江不浚。臣伏覩昨來議狹汴河者，詔汴河闊處水面散漫不至深快，故汴河淤澱。今蘇州水面動連三百里，而太湖之水又不及黄河之湍迅，而欲三江不淤，不可得也。今二江已塞，而一江又淺，倘不完復堤岸，驅低田之水，盡入於松江，而使江流湍急，但恐數十年之後，松江愈塞，震澤之患不止於蘇州而已也，此低田不治之繇也。高田之廢，始繇田法隳壞，民不相率以治，港浦既淺，地勢既高，沿於海者，則海潮不應沿於江者。又因水田堤防隳壞，水得瀦聚於民田之間，而江水漸低，故高田復在江水之上，至於西流之處，又因人户利於行舟之便，壞其堽門，而不能蓄水，故高田一望盡爲旱地。每至四五月間，春水未退，低田尚未能施工，而堽阜之田已乾枯矣。唯大水之歲，湖、秀二州與蘇州之低田，渰没浄盡，則堽阜之田幸一熟耳。此蓋不浚浦港，以畎引江海之水，不復堽門，以蓄聚春夏之雨澤也。此高田廢之之繇也。

三論自來議者但知決水，不知治田。蓋治田者本也，本當在先，決水者末也，末當在後。今乃不治其本，而決其末，故自景祐以來，上至朝廷之縉紳，下至農田之匹夫，謀議擘畫三四十年，而蘇州之田百未治一二，此治水之失也。惟嘉祐中，兩浙轉運使王純臣建議謂：『蘇州民間〔四〕一概白水，至深處不過二尺以上，當復修作田位〔五〕，使位位相接，以禦風濤，則自無水患。若不修作塍岸，縱使決盡河水，亦無所濟。』此説最爲切當。又緣當時建議之時，正值兩浙連年治水無效，不知大段擘畫，令官中逐年調發夫力，更互修治。及不曾立定逐縣治田年額，以辦不辦爲賞罰之格，而止令逐縣令佐概例勸導，逐位植利人户一二十家，自作塍岸，各高五尺。緣民間所鳩工力不多，蓋不能齊整。借令多出工力，則各家所收之利，不償其所費之本。兼當時都水監所立官員，賞典不重，故上下因循，未曾併聚公私之力大段修治。臣今欲乞檢會王安石所陳利害，將臣下項擘畫修築堤岸以固民田，則蘇州水災可計日而取效也。議者或謂『曩年吳及知華亭縣，常率逐段人户，各自治田，亦不曾煩費官司，而人獲其利，今可舉用其法，以治蘇州水田，不須重煩官司也』。曰蘇州水田與華亭不同，華亭之田，地連堽阜，無暴怒之流，浚河不過一二尺，修岸不過三五尺，而田已大稔矣。然不逾三五年間尚又堙塞。今蘇州遠接江湖，水常暴怒，故崑山、常熟、吳江三縣，堤岸高者七八尺，低者不下五六尺，或用石甃，或用樁篠，或二年一治，或年年修葺，而風濤洗蕩，動有隳壞。今若以華亭之法治之，或水退之後一二年間，暫獲豐稔不可知，求其久遠之效，則不可得也。夫以華亭之法，治蘇州之高田則可矣，若治蘇州水田，譬之以一家之法，治一國也。其規摹法度則近之，至於措置施設之方，則大小不可同也。貼黄自來人所議欲開通諸天浦、盧瀝浦、松江諸匯，并決水入江陰軍等，亦皆治水之一説。但堤防未立，行之無功，候堤防既成之後，前項諸説又不可不行。蓋水勢湍急，却要諸處分減水勢故也。臣今窮究得古人治田之本，委可施行，若令臣先往兩浙相度，不過訂〔六〕之於諸縣官吏，考之於諸鄉父老而已。諸縣官吏乍來倏去，固不若臣之生長鄉里，世爲農人而備知利害也。父老之智未必過於范仲淹、葉清臣，范仲淹、葉清臣尚不能窺見古人治田之迹，父老安得而知。望令臣略到司農寺陳白，委不至有誤朝廷，候敕旨。

四論今來乞以治田爲先，決水爲後。田既先成，水亦從而可決。不過五年，而蘇州之水患息矣。然治田之法，總而論之，則瀚漫而難行，析而論之，則簡約而易治，何也？今蘇州水田之最合行修治處，如前項所陳，南北不過一百二十餘里，東西不過一百里，今若於上項水田之内，循古人之迹，五里爲一縱浦，七里爲一横塘，不過爲縱浦二十餘條，每條長一百二十餘里，横塘十七條，每條長一百餘里，共計四千餘里，用夫五千人，約用二千餘萬夫。至和中，開崑山塘，每里夫二千五百人，塘面闊六丈，底闊四丈，深四尺，每里積土計三十萬尺，分爲兩岸底闊一丈四五尺，面闊四五尺，高不及六七尺，故不逾三年又至隳壞。故曰總而言之，則瀚漫而難行也。今且以二千萬夫，開河四千里而言之：分爲五年，每年用夫四百萬，開河八百里，蘇、秀、常、湖四州之民，不下四十萬。三分去一，以爲高田之民，自治高田外，尚有二十七萬夫，每夫一年借傭半月，計得四百餘萬夫，可開河八百里。却以上項四百餘萬分爲十縣，逐縣每年當夫四十萬，開河八十里。以四十萬夫，分爲六個月，計役六萬六千餘夫，開河十三里有零。以六萬六千夫，分爲三十日，則逐縣每日役夫二千二百人，開河一百三十二步。將二千二百人又爲兩頭項，止役一千一百人，開河六十六步。雖縣有大小，田有廣狹，民有衆寡，及逐日所開河溝，所役夫數，多寡不同，大率治田多者頭項多，治田少者頭項少，雖千百項可以一頭項盡也。臣故曰析而論之，則簡約而易治也。如此而治之，五年之内，蘇州與鄰州之水田，殆亦盡矣。塘浦既浚，堤防既成，則田之水必高於江，江之水亦高於海，然後擇江之曲者而決之，及開盧瀝浦，皆有功也。何則？江水湍流故也。江流既高，然後又究五堰之遺址而復之，使水不入於城，是雖有大水，不能爲蘇州之患也。此治水田之大略也。昔有七堰，今復五堰者，今止爲五門故也。蘇州設堰，固亦舊矣。劉著作嘗引唐白居易《九日蘇州登高詩》云：『酒酣憑檻起四顧，七塘八門六十坊。』是唐之世已有堰矣。至端拱二年，轉運使喬惟岳方使廢之。蓋堤防既壞，水得瀦容於民田之間，水勢稍低，故可廢其堰也。其旱田則乞用上項一分之夫，浚治港浦，以畎引江海之水，及設堽門以瀦春夏之雨澤，則高低皆治，而水旱無虞矣。

五論乞循古人之遺迹治田者。臣昨來所乞蘇州水田一節，罷去其某家浜之類，五里七里而爲一縱浦，七里十里而爲一横塘。今具蘇州、秀州及松江沿海水田旱田，見存塘浦、港瀝堽門之數，凡臣所能記者，總七項共二百六十五條，并臣擘畫將來治田大約，各附逐項之下，謹具下項。

一、具水田塘浦之迹凡四項，共一百三十二條。

一、吴松江南岸自北平浦，北岸自徐公浦，西至吴江口，皆是水田，約一百二十餘里。南岸有大浦二十七條，北岸有大浦二十八條，是古者五里而爲一縱浦之迹也。其横浦在松江之南者，臣不能記其名，在松江之北六七里間，曰浪市横塘，又下北六七里而爲至和塘，是七里而爲一横塘之迹也。松江南大浦二十七條：北平浦、破江浦、艾祈浦、愧浦、顧匯浦、養蠶浦、大盈浦、南解浦、梁紇浦、石臼浦、直浦、分桑浦、内薰浦、趙屯浦、石浦、道褐浦、千墩浦、錐浦、張潭浦、陸直浦、甫里浦、浮高浦、塗頭浦、順德浦、大姚浦、破墩浦、盞頭浦。松江北大浦二十八條：徐公浦、北解浦、瓦浦、沈浦、蔣浦、三林浦、周浦、顧墓浦、金城浦、木瓜浦、蔡浦、下駕浦、浜浦、洛舍浦、楊梨浦、新洋浦、淘仁浦、小虞浦、大虞浦、馬仁浦、浪市浦、尤涇浦、下里浦、戴墟浦、上顧浦、青邱浦、奉里浦、任浦。松江北横塘二條：浪市横塘、至和塘。已上松江塘浦五十七條，并當松江之上流，皆是闊其塘浦，高其堤岸，以固田也。久不修治，遂至隳壞，每遇大水，上項塘浦之岸并沈在水底，不能固田。議者不知此塘浦原有大岸以固田，乃謂古人浚此大浦，只欲泄水，此不知治田之本也。臣今擘畫並當浚治其浦，修成堤岸，以禦水災，不須遠治他處塘浦，求決積水，而田自成矣。

一、至和塘自崑山西至蘇州，計六十餘里。今其南北兩岸各有大浦十二條，是五里而爲一縱浦之迹也。其横浦南六七里而有浪市塘是也，其北皆爲風濤洗刷，不見其迹。臣前所謂至和塘，徒有通往來禦風濤之小功，而無衛民田去水患之大利者，謂至和塘南北縱浦、横塘皆廢故也。謹具下項。至和塘南大浦十二條：小虞浦、大虞浦、尤涇浦、新瀆浦、平樂浦、戴墟浦、真義浦、朱塘浦、界浦、鳳凰涇、任浦、蠡塘。至和塘北大浦十二條：小虞浦、大虞浦、尤涇浦、高墟浦、雍里浦、諸昌涇、界浦、任浦、上雉瀆、下雉瀆、蠡塘、官瀆横塘。在南者曰浪市塘，已具松江項内，更不再出。在北者皆廢。已上至和塘兩岸塘浦二十四條，在塘北者今猶有其名，而或無其迹；在塘南者雖存其迹，而并皆狹小斷續，不能固田。其間南岸又有朱涇、王村涇，北岸又有司馬涇、季涇、周涇、小蕭涇、歸涇、吴涇、清涇、譚涇、褚涇、楊涇之類，皆是民間自開私浜，即臣向所謂某家涇、某家浜之類是也。今並乞廢罷，止擇其浦之大者，闊開其塘，高築其岸，南修起浪市横塘，北則或五里十里爲一横塘以固田，自近以及遠，則良田漸多，白水漸狹，風濤漸小矣。

一、常熟塘自蘇州齊門，北至常熟縣一百餘里。東岸有涇二十一條，西岸有涇十二條，是亦七里十里而爲一横塘之迹也。但自今並皆狹小，非大段塘浦，蓋古人之横塘隳壞，而百姓侵占，及擅開私浜相雜於其間，即臣所謂某家浜之類是也。謹具目今兩岸涇浜之名下項。常熟塘東横涇二十一條：闞墓涇、楊涇、米涇、樊涇、蠡涇、南湖涇、湖涇、朱涇、永昌涇、茅涇、薛涇、界涇、吴塔涇、尚涇、川涇、黄土涇、圃涇、廟涇、卞莊涇、新橋涇、黄母涇。常熟塘西横涇十二條：石師涇、王婆涇、高姚涇、蘇宅涇、蠡涇、皮涇、廟涇、永昌涇、冶長涇、潭涇、墓門涇。已上常熟塘兩岸横涇三十三條，蓋記其略耳。今但乞廢其小者，擇其大者，深開其塘，高修其岸，除西岸自擘畫爲圩外，其東岸合與至和塘北，及常熟縣南新修縱浦，交加棋布以爲圩，自近以及遠，則良田漸狹，風濤漸小矣。

一、崑山之東至太倉堽身凡三十五里，兩岸各有塘七八條，是五里而爲一縱浦之迹也。其横塘在塘之南六七里而爲朱瀝塘、張湖塘、郭石塘、黄姑塘。在塘之北爲風濤洗刷，與諸湖相連，不見其迹，謹具下項。崑山塘南塘浦七條：次里浦、新洋江、任里浦、下駕浦、下吴浦、上吴浦、太倉横瀝。崑山塘北有塘浦七條：婁縣上塘、婁縣下塘、新洋江、低里浦、黄剪涇、上吴塘、下吴塘。横塘四條：朱瀝塘、張湖塘、郭石塘、黄姑塘。已上塘瀝十八，除新洋江、下駕浦曾經開浚，餘並未嘗開浚。今河底之土反高於田中，每遇天雨稍闕，則更不通舟船；天雨未盈尺，而田盡潦没。今并乞開浚以固田，已具下項。一具旱田塘浦之迹，凡三項一百二十三條。

一、松江南岸自小來浦，北岸自北陳浦，東至海口，並是旱田，約長一百餘里。南有大浦一十八條，北有大浦二十條，是五里而爲一縱浦之迹也。其横塘之在江南者，臣不記其名，在江北者七八里而爲雞鳴塘、練祈塘，是七里而爲一横塘之迹也，謹具下項。松江南岸有大浦一十八條：小來浦、盤龍浦、朱市浦、松子浦、野奴浦、張整浦、許浦、魚浦、上燠浦、丁灣浦、蘆子浦、滬瀆浦、釘鉤浦、上海浦、下海浦、南及浦、江苧浦、爛泥浦。松江北岸有大浦二十條：北陳浦、顧浦、桑浦、大黄肚浦、小黄肚浦、章浦、樊浦、楊林浦、上河浦、下河浦、偃天浦、鎮浦、新華浦、搓浦、秦公浦、雙浦、大場浦、唐章浦、貴州浦、商量灣。横塘二條：雞鳴浦、練祈浦。已上塘浦四十條，各是畎引江水以灌溉高田，因久不浚治，浦底既高，而江水又低，故逐年常患旱也。議者乃謂於此諸浦決泄蘇州、崑山、長洲及秀州之積水，是未知古人設浦之意也。今當令高田之民治之以備旱災，則高田獲其利也。

一、太倉堽身之東至茜涇約四五十里，凡有南北塘八條，其横塘南自練祈塘，北至許浦，共一百二十餘里，有堽門及塘浜約五十餘條。臣能記其二十五條，旱田而横塘多欲水之周流於其間，灌溉之也。今皆淺淤，不能引之水以灌於田，謹具下項。南北之塘八條：太倉東横瀝、半涇塘、青堽横瀝、五家堽横瀝、鴨頭塘、支涇、楊墓子涇、茜涇。東西之塘及堽門等二十五條：方秦塘、錢門塘、劉塘、張堽門、薛市門、黄姑塘、吉涇塘、沙堰門、太倉塘、包涇、古塘、吴堽門、顧堽門、廟堽門、岳瀝、李堽門、丁堽門、湖川門、黄涇、杜漕塘、雙鳳塘、戽門直塘、支塘、李墓塘。以上堽身已東塘浜門瀝共三十三條，南北者各長一百餘里，接連大浦，並當治以灌溉高田。東西者横貫三重堽身之田，而西通諸湖，若深浚之，大者則置閘戽門，或置堰而下爲水函，遇大旱則可以車畎諸湖之水以灌田，大水則可以通放湖水以灌田，而分減低田之水勢。於平時則瀦聚春夏之雨澤，使堽身之水常高於低田，不須車畎而民田足用。

一、沿海之地，自松江下口南連秀州界，約一百餘里，有大浦二十條，臣今能記其七條。自松江下口北繞崑山、常熟之境，接江陰界，約三百餘里，有港浦六十餘條，臣能記其四十九條，是五里爲一縱浦之迹也。其横塘在崑山則爲八尺涇、花蕾涇，在常熟則爲福山東横塘、福山西横塘，謹具下項。松江口下南連秀州界有大浦七條：三林浦、杜浦、周浦、大臼浦、卹瀝浦、戚崇浦、羅公浦。松江口下北繞蘇州、崑山、常熟縣界，至江陰軍界，有港浦四十九條：北及浦、下田浦、堀浦、上夾浦、下練祈浦、桃源浦、練祈浦、顧涇浦、六岳浦、採桃浦、川沙浦、下張浦、新漕浦、茜涇浦、楊林浦、七鴉浦、鄞港浦、北浦、尹公浦、甘草浦、唐相浦、陳涇浦、錢涇浦、湓湖浦、吴泗浦、鐺脚浦、下六河浦、黄浜浦、沙營浦、白茆浦、金涇浦、高浦、許浦、塢溝浦、千步涇、耿涇浦、新涇浦、崔浦、水門浦、鰻鱺浦、吴涇、高涇、西陽浦、新涇、陳浦、張涇、湖涇、奚浦、黄泗浦。横塘四條：八尺涇、花浦涇、福山東横塘、福山西横塘。以上沿海港浦共六十條，各是古人東取海潮，北取揚子江水灌田，各開入堽阜之地七里十里或十五里間作横塘一條。通灌諸浦，使水周流於高阜之地，以浸潤高田，非專欲決積水也。其間雖有大浦五七條，自積水之處直可通海，然各遠三五十里至一百餘里，地高四五尺至七八尺，積水既被低田堤岸隳壞，一時漫流瀦聚於低下平闊之地，雖開得上項大浦，其積水終不肯遠從高處而流入於海，唯大水之年，決之則暫或東流爾。今不拘大浦小浦並皆淺淤，自當開浚。東引海潮，北引江水以灌田，臣所擘畫，治蘇州田至易曉也。水田則做岸防水以固田，高田則浚塘引水以灌田，此衆人所共知也。但自來治水者舍常而求異，忽近而求遠，而反謂做岸固田、浚塘引水之説爲淺近而不肯留意，遂因循至此。今欲知蘇州水田旱田不治之繇，觀此篇可見其大略。以上水田、旱田、塘浦之迹共七項，總二百六十四條，皆是古人因地之高下而治田之法也。

其低田則開其塘浦，高其堤岸以固田，其高田則深浚港浦，畎引江海以灌田。後之人不知古人固田灌田之意，乃謂低田高田之所以闊深其塘浦者，皆欲決泄積水也。更不計量其遠近，相視其高下，一例擇其塘浦之尤大者數十條以決水，其餘差小者，更不浚治。及興工役，動費國家三五十萬貫石，而大塘、大浦終不能泄水，其塘浦之差小者，更不曾開浚也。而議者猶謂此小塘小浦亦可泄水，以致朝廷愈不見信，而大小塘浦一例更不浚治，積歲累年，而水田之堤防盡壞，使二三百里肥腴之地，概爲白水。高田之港浦皆塞，而使數百里沃衍潮田，盡爲荒蕪不毛之地，深可痛惜。臣竊思之，上項塘浦既非天生，亦非地出，又非神化，是皆人力所爲也。然自國朝統御以來，百餘年間，除數十條大者間或浚治外，其餘塘浦官中則不曾浚治。今當不問高低，不拘小大，亦不問可以決水與不可以決水，但係古人遺迹而非私浜者，一切併合公私之力，更休迭役，旋次修治，低田則高作堤岸以防水，高田則深浚溝浦以灌田，其堽身西流之處，又設斗門、或堽門、或堰閘以瀦水，如此則高低皆治，而水旱無憂矣。

郟僑《再上水利書》僑即亶子，以父志不竟，嗣緝其説，再上便宜，因歲事亦有所建明云。

浙西昔有營田司，自唐至錢氏時，有堤防堰閘之制，旁分其支脈之流，不使溢聚，以爲腹内畎畝之患。是以錢氏百年間，歲多豐稔，唯長興中一遭水耳。暨納土之後，至於今日，其患始劇。蓋緣端拱中轉運使喬維嶽不究堤岸、堰閘之制，與夫溝洫、畎澮之利，姑務便於轉漕舟楫，一切毁之，初則故道猶存，尚可尋繹，今則去古既久，莫知其利。營田之局又謂閑司冗職，既已罷廢，則堤防之法、疏決之理，無以考據水利，害無窮已〔七〕。至乾興、天禧間，朝廷專遣使者興修水利，遠來之人不識三吴地勢高下，與夫水源來歷，及前人營田之利皆失舊聞。受命而來，恥於空還，不過遽採愚農道路之言，以目前之見爲長久之策，指常熟、崑山枕江之地，爲可導諸港而決之江，開福山、茜涇等十餘浦，殊不知古人建立堤堰，所以防太湖泛溢，渰没腹内良田。今若就東北諸瀦，決水入江，是導湖水經縣腹内之田，瀰漫盈溢，然後入海，所以浩渺之勢常逆行，而瀦於蘇之長洲、常熟、崑山，常之宜興、武進，湖之烏程、歸安，秀之華亭，嘉禾民田悉已被害，然後方及北江、東海之港浦。又以水勢之方出於港浦，復爲潮勢抑回，所以皆聚於太湖四郡之境。當潦歲積水而上源不絶，瀰漫不可治也。此足以驗開東北諸瀦爲謬論矣。又況太湖蓋積十縣之水，一自江南諸郡而下嶺阪重復間，當其霖潦積貯溪澗，奔湍迤邐，而至長塘湖，又潤州之金壇、延陵、丹徒諸邑，皆有山源併會於宜興，以入太湖。一自杭、睦、宣、歙山源與天目等山衆流而下杭之臨安、餘杭，及湖之安吉、武康、長興以入太湖，即古所謂震澤也。

昔禹治水，凡以三江決此一湖之水，今則二江已絶，唯吴淞一江存焉。疏泄之道既隘於昔，又爲權豪請占，植以菰蒲蘆葦。又於吴江之南築石爲塘，以障太湖東流之勢。又於江之中流多置罾斷，以遏水勢，致吴江不能吞來源之瀚漫，日淤月澱，下流淺狹，迨元符初，遽漲潮沙，半爲平地，積雨滋久，十縣山源併溢太湖。當蘇、湖、常、秀之間，陂淹浦港悉皆瀰漫，四郡之民惴然有爲魚之患。凝望廣野，千里一白，少有風勢駕浪，動輒數尺，雖有中高不易之地，種已成實，頃刻蕩盡，此吴民畏風甚於畏雨也。吴淞古江故道，深廣可敵千浦，向之積潦尚或壅滯，議者但以開數十浦爲策，而不知臨江濱海地勢高仰，徒勞無益。

臣今者所究治水之利，必先於江寧治九陽江與銀林江等五堰體勢故迹，決於西江。潤州治丹陽練湖，相視大綱，尋究函管水道，決於北海。常州治宜興滆湖、沙子淹，及江陰港浦入北海，以望亭堰分屬蘇州，絶常州傾廢之患。如此則西北之水，不入太湖爲害矣。又於蘇州治諸邑限水之制，闢吴江之南石塘，多置橋梁，以決太湖會於青龍、華亭而入海。仍開浚吴淞江，官司以鄰郡上户熟田例斂錢糧於農事之隙，和傭工役以漸闢之，其諸江湖風濤爲害之處，并築爲石塘，及淤彭匯與諸湖瀼等處，尋究昔有江港，自南經北以漸築爲岸堤，所在陂淹築爲水堰。秀州治華亭、海鹽港浦，仍體究柘湖、澱山湖等處，向因民户有田高壤障遏水勢，而疏決不行〔八〕者，并與開通達諸港浦。杭州遷長河堰，以宣、歙、杭、睦等山源決於浙江。如此則東南之水不入太湖爲害矣。此前所謂旁分其支脈之流，不爲腹内畎畝之患者，此也。

水爲東南患，其來久矣，治水者大抵二説。一則以導青龍江，開三十浦爲説；一則以使植利户浚涇浜作圩埕爲説。是二者各得其一偏，未容俱是。何以言之？若止於導江開浦，則必無近效；若止於浚涇作埕，則難以禦暴流。要當合二者之説，相爲首尾，乃盡其善，但施行先後自有次第耳。必不得已，欲兩者兼行以規近效，亦有其説。若欲決蘇州、湖州之水，莫若先開崑山之茜涇浦，使水東入於大海；開崑山之新安浦，使水南入於松江；開常熟之許浦、梅里浦使水北入於揚子江；復浚常州、無錫界之望亭堰，俾蘇州管轄，謹其開閉，以遏常、潤之水，則蘇州等水患可漸息，而民田可治矣。若欲決常州、潤州之水，則莫若決無錫之五卸堰，使水趨於揚子江，則常州等水患可漸息，而民田可治矣。

世之言水利者，非不知此，然開浦未久而淤泥尋塞，決堰未多而良田被患，何也？蓋雖知置堰閘以防江潮，而不知浚流以泄漲沙，故有堙塞之患。雖知決五卸堰水，而不知築堤以障民田，故有飄溺之虞。且復一於開浦決堰，而不知勸民作圩垾、浚涇浜以治田。是以不問有水無水之年，蘇、湖、常、秀之田不治，十常五六。臣故曰要當合二者之説，相爲首尾，則可盡其善。

臣所乞開崑山、常熟縣之茜涇等浦，必置堰閘者，且以茜涇浦在蘇州之東南，去海止二十里，泄水甚徑，其地浸高，比之蘇州及崑山地形，不啻丈餘，而往年開此浦者，但爲文具，所開不過三四尺、一二尺而已，又止於以地而爲丈尺，而不知以水面爲丈尺，不問高下而匀其淺深，欲水之東注不可得也。水既不東注，兼又浦口不置堰閘，賺入潮沙，無上流水勢可衝，遂至浦塞。臣故乞開茜涇等浦，須置堰閘，所以外防潮之漲沙也。聞范參政仲淹、葉内翰清臣，昔年開茜涇等浦，亦皆有閘，但無官司管轄，而豪强者保利於所得，不時啟閉，遂至廢壞。鄉人往往能道其事，若推究而行之，則所開之浦，可久而無廢。

臣所乞復常州無錫縣界望亭堰閘，俾蘇州管轄者，蓋以常、潤之地比蘇州爲差高，而蘇州之東勢接海岸，其地亦高，蘇州介於兩高之間，故每遇大水，西則爲常、潤之水所注，東則爲大海岸道所障，其水瀦蓄，無緣通泄。若不令蘇州管轄望亭堰閘，則無復有防遏之理。故臣先乞開茜涇等浦以決水，有東流之便。次乞謹守望亭閘，俾水無西衝之憂。既望亭之西自有五卸堰可以決水，徑入於北江，若使常、潤之水決下此堰，則不唯少舒蘇州之水勢，而常、潤之水亦自可以就近順流而入於江矣。

臣所乞決常州無錫縣界之五卸堰，使水北入於揚子江者，此堰決水，其勢甚徑。往者官吏非不施行，然決堰未多，而民田已没，何也？止知決堰，而不知預築堰下民田之堤岸，以防水勢故也。五卸地形與民田相去幾及丈餘，平居微雨水即溢堰而過，已有浸溺之憂。今直欲決去其堰，使諸路之水舉自此而出，又不增高其民田圩岸以爲堤防，則決堰未多，而民田已没。

臣嘗論天下之水，以十分率之，自淮而北五分，繇九河入海，《書》所謂『同爲逆河入於海』是也。自淮而南五分，繇三江入海，《書》所謂『三江既入，震澤底定』是也。而三江所決之水，其源甚大，繇宣、歙而來，至於浙界，合常、潤諸州之水，鍾於震澤。震澤之大，幾四萬頃，導其水而入海止三江爾，二江已不得見。今止松江又復淺淤，不能通泄，且百姓便於己私，於松江古河之傍多開溝港，故上流百出之水，不能徑入於海。支分派别自三十餘浦，北入吴郡界内，即先臣比部水利奏中所謂『向欲導諸江者，復南而北矣』。雖於崑山、常熟兩縣開導河浦，修築圩埠，然上流不息，諸水輻輳，或風濤間作，或洪雨繼至，所開浦河必皆壅滯，所築圩埠必有衝蕩。蓋沿江北岸三十餘浦，唯鹽鐵一塘可直瀉水北入揚子江外，其餘皆連接下江湖瀼，合而爲一，非徒無益，爲害大矣。今乞措置一面開導河浦，即便相度松江諸浦，除鹽鐵塘及大浦開導置閘外，其餘小河，一切並爲大堰，或設水竇以防江水，即吴松江水徑入東海，而吴之河浦不爲賊水所壅，諸縣圩垾亦免風波所破。臣聞錢氏循漢、唐法，自吴江沿江而東至於海，又沿海而北至於揚子江，又沿江而西至於常州、江陰界，一河一浦皆有堰閘，所以賊水不入，久無患害。

嘗考漢、晉、隋、唐以來地里志，今之平江乃古吴郡，至隋平陳始置蘇州。漢時封境甚闊，隋開皇中始移於横山下，唐貞觀中復徙於闔閭舊城。而又湖州乃隋時仁壽中，於蘇之烏程縣分置；秀州乃五代晉時，吴越王以蘇之嘉興縣分置。所謂錢塘、毗陵在古皆吴之屬縣，以地勢卑下，沿江邊海，有爲堤岸，以防遏水勢。如《唐志》所載，秀州海鹽令李諤，開古涇三百有一，而又稱去縣西北六十里，有漢塘，大和中再開，疑即臣今所謂開鹽鐵塘以泄吴松江水者也。又載杭州之餘杭令歸珧築甬道，高廣徑直百餘里，以禦水患。又載杭州鹽官縣亦有捍海塘堤二百十四里。即知古人治平江之水，不專於河，而築堤以遏水亦兼行之矣。

故爲今之策，莫若先究上源水勢，而築吴松兩岸塘堤，不唯水不北入於蘇，而南亦不入於秀，兩州之田乃可墾治。今之言治水者不知根源，始謂欲去水患，須開吴松江，殊不知開吴松江而不築兩岸堤塘，則所導上源之水，輻輳而來，適爲兩州之患。蓋江水溢入南北溝浦，而不能徑趨於海故也。倘效漢、唐以來堤塘之法，修築吴松江岸，則去水之患已十九矣。

震澤之大纔三萬六千餘頃，而平江五縣積水幾四萬頃，然非若太湖之深廣瀰漫一區也。

水在五縣，遠接民田，亦有高下之異，淺深之殊，非皆積水不可治也。但與田相通，極目無際，所以風濤一作，回環四合，無非全積之水，亦有可治之田，瀦瀉之餘，其淺淤者皆可修治，永爲良田。況五縣積水中，所謂湖瀼陂淹，若湖則有澱山湖、練湖、陽城湖、巴湖、昆湖、承湖、尚湖、石湖、沙湖；瀼則有大泗瀼、斜塘瀼、江家瀼、百家瀼、鰻鱺瀼；蕩則有龍墩蕩、任周蕩、傀儡蕩、白坊蕩、黄天蕩、雁長蕩；淹則有光福淹、尹山淹、施墟淹、赭墩淹、金涇淹、明杜淹三十餘所。雖水勢相接，略無限隔，然其間深者不過三四尺，淺者一二尺而已。

今乞措置深者如練湖，大作堤防以匱其水，復於堤防四傍設爲斗門水瀨，即大水之年，足以瀦蓄湖瀼之水，使不與外水相通，而水田之圩垾無衝激之患。大旱之年可以決斗門水瀨，以浸灌民田，而旱田之溝洫，有車畎之利，其餘若斜塘瀼、大泗瀼、百家瀼之類，深不過三四尺，淺止一二尺而已，本是民田，皆可相視分勸人户借貸錢糧，修築圩岸，開導涇浜，即前所謂湖瀼三十餘處者，往往可治者過半矣。臣聞江南有萬春圩，吴有陳滿塘，皆積水之地，今悉治爲良田，坐收苗賦，以助國用，此治湖爲田之驗也。

蘇軾《進單鍔吴中水利書狀》元祐三年上

翰林學士承旨、左朝奉郎知制誥兼侍讀蘇軾狀奏：右臣竊聞議者多謂吴中本江海，太湖故地魚龍之宅，而居民與水争尺寸，以故常被水患，蓋理之當然，不可復以人力疏治。是殆不然，臣到吴中二年，雖爲多雨，亦未至過甚，而蘇、湖、常三州皆大水害稼至十七八。今年雖爲霪雨過常，三州之水遂合爲一，太湖、松江與海渺然無辨者。蓋因二年不退之水，非今年積雨所能獨致也。父老皆言此患所從來未遠，不過四五十年耳。而近歲特甚，蓋人事不修之積，非特天時之罪也。

三吴之水瀦爲太湖，太湖之水溢爲松江以入海。海水日兩潮，潮濁而江清，潮水常欲淤塞江路，而江水清駛，隨輒滌去，海口常通，故吴中少水患。昔蘇州以東，官私船舫皆以篙行，無陸挽者。古人非不知爲挽路，以松江入海，太湖之喉咽，不敢鯁塞故也。自慶曆以來，松江始大築挽路，建長橋，植千柱水中，宜不甚礙；而夏秋漲水之時，橋上水常高尺餘，況數十里積石壅土，築爲挽路乎？自長橋挽路之成，公私漕運便之，日葺不已，而松江始艱噎不快。江水不快，軟緩而無力，則海之泥沙隨潮而上，日積不已，故海口堙滅，而吴中多水患。近日議者但欲發民浚治海口，而不知江水艱噎，雖暫通快，不過歲餘，泥沙復積，水患如故。

今欲治其本，長橋挽路固不可去，惟有鑿挽路，於舊橋外别爲千橋，橋洪各二丈，千橋之積爲二千丈，水道松江宜加迅駛，然後官私出力，以浚海口，海口既浚，而江水有力，則泥沙不復積，水患可以少衰。臣之所聞，大略如此，而未得其詳。舊聞常州宜興縣進士單鍔有水學，故召問之，出著《吴中水利書》一卷，且口陳其曲折，則臣言止得十二三耳。臣與知水者考論其書，疑可施用，謹繕寫一本，繳連進上。伏望聖慈深念兩浙之富，國用所恃，歲漕都下米百五十萬石，其他財賦供餽不可悉數，而十年九澇，公私凋弊，深可惘惜。乞下臣言與鍔書，委本路監司躬親按行，或差强幹知水官吏，考實其言，圖上利害，臣不勝區區，謹録奏聞，伏候敕旨。

附注

貼黄其圖畫得草略，未敢進上，乞下有司計會繕寫單鍔《吴中水利書》

鍔切觀三州之水，爲患滋久，較舊賦之入十常減其五六，以日月指之，則水爲害於三州逾五十年矣。所謂三州者，蘇、常、湖也。朝廷屢責監司，監司每督州縣，又間出使者，尋按舊迹，使講明利害之原。然而西州之官求東州之利，目未嘗歷覽地形之高下，耳未嘗講聞湍流之所從來。州縣憚其經營，百姓厭其出力，(鈞)[均]曰水之患天數也。按行者駕輕舟於汪洋之陂，視之茫然，猶擿埴索途，以爲不可治也。間有忠於國、志於民，深求而力究之，然(有)[猶]〔九〕知其一，而不知其二，知其末，而不知其本，詳於此而略於彼。故有曰『三州之水咸注於震澤，震澤之水東入於松江，繇松江以至於海』。自慶曆以來，吴江築長堤，横截江流，繇是震澤之水常溢而不泄，以至壅灌三州之田。此知其一偏者也。或又曰『繇宜興而西，溧陽縣之上有五堰者，古所以節宣、歙、金陵九陽江之衆水，繇分水、銀林二堰直趨太平州蕪湖』。後之商人由宣、歙販運簰木，東入二浙，以五堰爲艱阻，因相爲之謀，妄紿〔一〇〕官長，以廢去五堰。五堰既廢，則宣、歙、金陵九陽江之水或遇五六月山水暴漲，則皆入於宜興之荆溪，繇荆溪而入震澤。蓋上三州之水，東灌蘇、常、湖也。此又知其一偏者耳。或又曰『宜興之有百瀆，古之所以泄荆溪之水，東入於震澤也。今已堙塞而所存者僅四十九條，疏此則宜興之水自然無恙』。此亦知其一偏者也。

三者之論未嘗參究，得之既不詳，攻之則易破。以鍔視其迹，自西五堰東至吴江岸，猶之一身也。五堰則首也，荆溪則咽喉也，百瀆則心也，震澤則腹也。傍通震澤衆瀆，則絡脈衆竅也，吴江則足也。今上廢五堰之固，而宣、歙、池九陽江之水不入蕪湖，反東注震澤，下又有吴江岸之阻，而震澤之水積而不泄。是猶有人焉，桎其手，縛其足，塞其衆竅，以水沃其口，沃而不已，腹滿而氣絶，視者恬然，猶不謂之已死。今不治吴江岸，不疏諸瀆以泄震澤之水，是猶沃水於人，不去其手桎，不解其足縛，不除其竅塞，恬然安視而已，誠何心哉！然而百瀆非不可治，五堰非不可復，吴江岸非不可去，蓋治之有先後。且未築吴江岸以前，五堰其廢已久，然而三州之田，尚十年之間熟有五六，五堰猶未爲大患。自吴江築岸已後，十年之間熟無一二，欲具驗之，閲三州歲賦所入之數則可見矣。且以宜興百瀆言之，古者所以泄西來衆水入震澤，而終歸於海，蓋震澤吐納衆水，今納而不吐。

鍔竊視熙寧八年時，雖大旱，然連百瀆之田，皆魚游鼈處之地，低污之甚也。其田去百瀆無多遠，而田之苗是時亦皆旱死，何哉？蓋百瀆及傍穿小港瀆，歷年不遇旱，皆爲泥沙堙塞，與平地無異矣。雖去震澤甚邇，民力難以私舉。時官又無留意疏導者，苗卒歸乎槁死。自熙寧八年迄今十四載，其田即未有可耕〔一二〕之日，歲歲訴潦，民益憔悴。昔嘉祐中，邑尉阮洪深明宜興水利，方是時吳中水洪，屢上書監司，乞開通百瀆。監司允其請，遂鳩工於食利之民，疏導四十九條，是年大熟，此百瀆之驗，歲水旱皆不可不開也。

宜興所利非止百瀆而已，東則有蠡河橫亘荆溪，東北透湛瀆，東南接罨畫溪，昔范蠡鑿宜興之西蠡運河，皆以昔賢名呼其蠡河。遇大旱則淺澱，中旱則通流。又有孟涇泄滆湖之水，入震澤。其他溝瀆澱塞，其名不可縷舉。夫吳江岸界於吳松江、震澤之間，岸東則江，岸西則震澤，江之東則大海也。百川莫不趨海，自西五堰之上，衆川由荆溪入震澤，注於江，由江歸於海，地傾東南，其勢然也。自慶曆二年，欲便糧運，遂築此堤，橫截江流五六十里，遂致震澤之水常溢而不泄，浸灌三州之田，每至五六月之間，湍流峻急之時視之，則吳江岸東之水，常低於岸西之水一二尺，此堤岸阻水之迹自可覽也。又覩岸東江尾，與海相接之處污澱，茭蘆叢生，沙泥漲塞。而又江岸之東，自築岸以來，沙漲成一村，昔爲湍流奔湧之地，今爲民居、民田、桑棗場圃。吳江縣繇是歲增舊賦不少，雖然增一邑之賦，反損三州之賦不知幾百倍也。夫江尾昔無茭蘆壅障流水，今何致此？蓋未築岸之前，源流東下峻急，築岸之後，水勢遲緩，無以滌蕩泥沙，以至增積而茭蘆生，茭蘆生則水道狹，水道狹則流泄不快。雖欲震澤之水不積，其可得耶？今欲泄震澤之水，莫若先開江尾茭蘆之地，遷沙村之民，運其所漲之泥。然後以吳江岸鑿其土爲木橋千所，以通糧運，每橋用耐水土木棒二條，各長二丈五尺，横梁三條，各長六尺，柱六條，各長二丈。除首尾占閣外，可得二丈餘硔道。每一里計三百六十步，一里爲橋十所，計除占閣外，可開水面二十三丈。每三十步一橋，一千條橋共開水面二千丈。計一十一里四十步，隨橋硔開茭蘆爲港走水，仍於下流開白蜆、安亭二江，使太湖水繇華亭青龍入海，則二州水患衰減。

常州運河之北偏，乃江陰縣，其地勢自河而漸低。上自丹陽，下至無錫運河北偏，古有泄水入江瀆一十四條。曰孟瀆、曰黄汀堰瀆、曰東函港、曰北戚氏港、曰五卸堰港、曰梨溶港、曰蔣瀆、曰歐瀆、曰魏瀆涇、曰支子港、曰蠡瀆、曰牌[涇]〔一二〕，皆以古人名姓稱。昔皆泄衆水入運河，立㪷門，又北泄下江陰之江，今名存實亡，存者無幾。二浙糧船不過五百石，運河止可常存五六尺水，足可以勝五百石之舟。以其一十四處立爲石碶㪷門，每瀆於岸北先築堤岸，則制水入江。若無堤防，則水泛溢而不制，將見灌浸江陰之民田民居矣。

昔熙寧中，有提舉沈披者，輒去五卸堰，走運河之水北下江中，遂害江陰之民田，爲百姓所訟，即罷，提舉亦嘗被罪。始欲以爲利，而適足以害之，此未達古人之智，以至敗事也。切見近日錢塘進士余默兩進三州水利，徒能備陳功力瑣細之事，殊不知本末。惟有言得常州運河晉陵至無錫一十四處，置㪷門泄水，北下江陰大江，雖三尺童子，亦知如此可以爲利。然余默雖能言㪷門一事，合鍔鄙策，奈何無法度以制入江之水，行之則又豈止爲一沈披耶？又覩主簿張寔進狀言『吴江岸爲阻水之患，涇涵不通』，其言然則然矣，雖言吴江岸，而不言措置水之術。蓋古之所創涇涵，在運河之下，用長梓木爲之，中用銅輪刀，水衝之則草可刈也，置在運河底下，暗走水入江。今常州有東、西二涵地名者，乃此也。昔治平中提刑元積中開運河，嘗開〔一三〕見涵管，但見涵管之中皆泥沙，以謂功力甚大，非可易復遂已。今先開鑿江湖海故道堙塞之處，泄得積水，他日治涵管則可，若未能開故道而先治涵管，是知末而不知本也。切見常州運河之北偏，皆江陰低下之田，常患積水，難以耕植。今河上爲斗門，河下築堤防，以管水入江，百姓緣是緣此河堤可以作田圍，此泄水利田之兩端也。

宜興縣西有夾苧干瀆在金壇、宜興、武進三縣之界，東至滆湖及武進縣界，西南至宜興，北至金壇，通接長塘湖，西接五堰、茅山、薛步山水直入宜興之荆溪。其夾苧干瀆蓋古之人亦所以泄長塘湖東之滆湖之水，入大湖瀆、塘口瀆、白魚灣、高梅瀆四瀆，及白鶴溪，而北入常州之運河，繇運河而入一十四條之港，北入大江。今一十四條之港皆名存而實亡，累有知利便者獻議朝廷，欲依古開通，北入運河以注大江，自滆湖、長塘湖兩首各開三分之二。爲彼田户皆豪民，不知利便，唯恐開鑿己田，陰搆胥吏，皆柅而不行。元豐之間，知金壇縣曾某上請乞開，朝廷又降指揮，委江東及兩浙兩路監司相度，及近縣官員相視，又爲彼豪民計搆不行。倘開夾苧干瀆通流，則西來他州入震澤之水，可以殺其勢，深利於三州之田也。

鍔熙寧八年，歲遇大旱，竊觀震澤水退數里，清泉鄉湖乾數里，而其地皆有昔日邱墓、街井、枯木之根在，數里之間，信知昔爲民田，今爲太湖也，太湖即震澤也。以是推之，太湖寬廣愈於[昔時][一四]。昔云有三萬六千頃，自築吴江岸，及諸港瀆堙塞，積水不泄，又不知其愈廣幾多頃也。鍔又嘗見低下之田，昔人争售之，今人争棄之，蓋積年之水，十無一熟，積空頭之税。或遇頻年不收，則饑餓丐殍，鬻妻子以償主租[一五]，或置其田捨其廬而逋，至於酒坊，處在水鄉，沽賣不行，以致敗闕者，比年尤甚，皆緣水傷下田，不收故也。鍔又嘗遊下鄉，切見陂滓之間亦多邱墓，皆爲魚鼈之宅，且古之葬者，不即高山則於平原陸野之間，豈即水穴以危亡魂耶？嘗得唐埋銘於水穴之中，今猶存焉。信夫昔爲高原，今爲污澤，今之水不泄如古也。

昨熙寧間，檢正張諤命屬吏殿丞劉懿相視蘇、秀二州海口諸浦瀆，爲沙泥壅塞，將欲疏鑿以快流水。懿相視回申，以謂若開海口諸浦，則東風駕海水倒注，反灌民田。鍔謂懿曰：『地傾東南，百川歸海，古人開諸海浦所以通百川也。若反灌民田，古人何爲置諸浦耶？百川東流則有常，西流則有時，因東風雖致西流，風息則其流亦復歸於海，其勢然也。凡江湖諸浦港勢亦一同。』懿雖信其如此，然猶有説，蓋以昔視諸浦無倒注之患，而今乃有之，蓋昔無吴江岸之阻，諸浦雖暫有泥沙之壅，然百川湍流浩急，泥沙自然蕩滌，隨流以下。今吴江岸阻絶，百川湍流緩慢，緩慢則其勢難以蕩滌沙泥。設使今日開之，明日復合。又聞秀州青龍鎮入海諸浦，古有七十二會，蓋古之人以爲七十二會曲折宛轉者，蓋有深意。以謂水隨地勢東傾入海，雖曲折宛轉，無害東流也。若遇東風駕起，海潮洶湧倒注，則於曲折之間有所回激，而泥沙不深入也。後人不明古人之意，而一皆直之，故或遇東風海潮倒注，則泥沙隨流直上，不復有阻。凡臨江湖海諸港浦勢皆如此，所謂今日開之，明日復合者此也。今海浦昔日曲折宛轉之勢，不可不復也。夫利害掛於眉睫之間，而人有所不知。

今欲泄三州之水，先開江尾，去其泥沙茭蘆，遷沙上之民；次疏吴江岸爲千橋；次置常州運河一十四處之㪷門，石碶堤防，管水入江；次開導臨江湖海諸縣一切港瀆，及開通茜涇，水既泄矣，方誘民以築田圍。郟亶嘗欲使民就深水之中壘成圍岸，夫水行於地中，未能泄積水，而先成田圍以狹水道，當春夏湍流浩急之時，則水當湧行於田圍之上，非止壞田圍，且淹浸廬舍矣，此不智之甚也。欲乞朝廷指揮下兩浙轉運司，擇智力了幹官員分布諸縣，則不越數月其工可畢，所有創橋疏通河港，置㪷門利便制度，不在規規而言也。今所畫《三州江湖溪海圖》一本，但可觀其大略，港瀆之名亦布其一二，且欲見其詳，莫若下蘇、常、湖諸縣各畫溪河溝港圖一本，各言某河某瀆通某縣某處，俟其悉上，合而爲一圖，則纖悉若視於指掌之間也。

鍔又覩秀州青龍鎮有安亭江一條，自吴江東至青龍，繇青龍泄水入海。昔因監司相視，恐走透商税，遂塞此一江。其江通華亭及青龍，夫籠截商税利國能有幾耶？堰塞湍流，其害實大，又況措置商税不爲難事。竊聞近日華亭、青龍人户相率陳狀，情願出錢乞開安亭江，見有狀准，本縣官吏未與施行。近又訪得宜興西滆湖有二瀆，一名白魚灣，一名大吴瀆，泄滆湖之水入運河，繇運河入一十四處㪷門下江。其二瀆在塘口瀆之南，又有一瀆名高梅瀆，亦泄滆湖之水入運河，繇運河入斗門，在吴瀆之南。近聞知蘇州王覿奏請開海口諸浦，鍔竊謂海口諸浦不可開，今開之，不逾日或遇東風則泥沙又合矣。嘗觀《考工記》曰：『善溝者水齧之，善防者水淫之。』蓋謂上水湍流峻急，則自然下水泥沙齧去矣。今若俟開江尾，及疏吴江岸爲橋，與海口諸浦同時興工，則自然上流東下，齧去諸浦泥沙矣。凡欲疏通必自下而上，先治下則上之水無不流；若先治上，則水皆趨下，漫滅下道而不可施功力，其勢理然也。故今治三州之水，必先自江尾海口諸浦，疏鑿吴江岸，及置常州一十四處之斗門，築堤制水入江，比與吴江兩處分泄積水，最爲先務也。

然鍔觀合開三州諸溝瀆，不必全藉官錢。蓋三州之民憔悴之久，人人樂開，故半可以資食利户之力也。今略舉其一二，若開江尾疏吴江岸爲橋，遷吴江岸東一村之民開地，復爲昔日之江，置一十四處之斗門，并築一十四條堤制水入江，開夾苧干、白鶴溪、白魚灣、大吴瀆、塘口瀆。宜興東蠡河已上，非官錢不可開也。若宜興之横塘、百瀆，蘇州之海口諸浦，安亭江、江陰之季子港、春申港、下港、黄田港、利港，宜興之塘頭瀆，及諸縣凡有自古泄水諸溝港浜瀆，盡可資食利户之力也。莫若先下三州及諸縣，抄録諸道江湖海一切諸港瀆溝浜，自古有名者，及供上丈尺〔一六〕之力費，或係官錢，或係食利私力，期之以施工日月，同日開鑿，同日疏放。若或放水有先後，則上水奔湧東下，衝損在下開未畢溝港，以故須同日決放也。

或者有謂昔人創望亭、吕城、犇牛三堰，蓋爲丹陽下至無錫、蘇州地形東傾，古人創三堰所以慮運河之水東下不制，是以創堰以節之，以通漕運。自熙寧、治平間，廢去望亭、吕城二堰，然亦不妨綱運何耶？鍔曰昔之太湖及西來衆水，無吴江岸之阻，又一切通江湖海故道，未嘗堙塞，故運河之水嘗慮走泄入於江湖之間，是以置堰以節之。今自慶曆以來，築置吴江岸及諸港浦，一切堙塞，是以三州之水常溢而不泄，二堰尤宜先復。不復則運河將見涸，而糧運不可行，此灼然之利害也。又若宜興創市橋去西津堰，蓋嘉祐中邑尉阮洪上言監司，就長橋東市邑中創一橋，使運河南通荆溪。初開鑿市街，乃見昔日橋柱尚存泥中，咸謂古爲橋於此也。又運河之西口有古西津堰，今已廢去久矣。且古之廢橋置堰，以防走透運河之水，今也置橋廢堰以通荆溪，則溪水常倒注入運河之内，今之與古何利害之相反耶？鍔以謂古無吴江岸，衆水不積，運河高於荆溪，是以塞橋置堰以防泄運河之水也。今因吴江岸之阻，衆水積而常溢，倒注運河之内，是以創橋廢堰，見利而不見害也。今若治吴江岸泄衆水，則運河之水再防走泄，當於北門之外創一堰可也，其利害蓋如此也。

或曰切觀諸縣高原陸野之鄉，皆有塘圩，或三百畝或五百畝爲一圩，蓋古之人停瀦水以灌溉民田。以今視之，其塘之外皆水，塘之中未嘗瀦水，又未嘗植苗，徒牧養牛羊、畜放鳧雁而已，塘之所創有何益耶？鍔曰塘之爲塘，是猶堰之爲堰也。昔日置塘瀦水以防旱歲，今自三州之水久溢而不泄，則置而爲無用之地。若決吴江岸泄三州之水，則塘亦不可不開以瀦諸水，猶堰之不可不復也，此亦灼然之利害矣。苟堰與塘爲無益，則古人奚爲之耶？蓋古之賢人君子大智經營，莫不除害興利，出於人之未到。後人之淺謀管見，不達古人之大智，顛倒穿鑿，徒見其害而莫見其利也。若吴江岸止知欲便糧運，而不知遏三州之水，反以爲害。又若廢青龍、安亭江，徒知不漏商旅之税，又不知反狹水道以遏百川。今之人所以異古者凡如此也。

鍔竊觀無錫縣城内，運河之南偏有小橋，繇橋而南下，則有小瀆，瀆南透梁溪瀆，有小堰名曰單將軍堰。自橋至梁溪其瀆不越百步，堰雖有，亦不渡船筏，梁溪即接太湖。昔所以爲此堰者，恐泄運河之水。昔熙寧八年，是歲大旱，運河皆旱涸不通舟楫。是時鍔自武林過無錫，因見將軍堰既不渡船筏，而開是瀆者，古人豈無意乎？因語與邑宰焦千之曰：『今運河不通舟楫，竊覩將軍堰，接運河去梁溪無百步之遠，古人置此堰瀆，意欲取梁溪之水以灌運河。』千之始則以鍔言爲狂，終則然之。遂率民（居）［車］〔一七〕四十二，管車梁溪之水，以灌運河。五日河水通流，舟楫往來，信夫古人經營利害，凡一溝瀆皆有微意，而今人昧之也。嘗見蘇州之茜涇，昔范仲淹命工開導，以泄積水以入於海。當時諫官不知蘇州患在積水不泄，咸上疏言仲淹走泄姑蘇之水，蓋不知其利而反以爲害。今茜涇自仲淹之後，未復開鑿，亦久湮塞。鍔存心三州水利凡三十年矣，每覩一溝一瀆，未嘗不明古人之微意，其間曲折宛轉皆非徒然也。鍔今日之議，未始增廣一溝一瀆，其言與圖符合。若非觀地之勢，明水之性，則無以見古人之意。今并圖以獻，惟執事者上之朝廷，則庶幾三州憔悴之民有望於今日也。

一、先開吴江縣江尾茭蘆地。

一、先遷吴江沙上居民，及開白蜆江通青龍鎮，又開青龍鎮安亭江通海。

一、先去吴江土爲千橋。

一、先置常州運河𣺕門二十四所，用石䃘并築堤管水入江。

一、次開夾苧干、白鶴溪、白魚灣、塘口瀆、大吴瀆，令長塘湖、滆湖相連，走泄西水入運河，下𣺕門入江。

一、次開宜興百瀆，見今只有四十九條，東入太湖。

一、次開蘇州茜涇、白茅、七鴉、福山、梅里諸浦及各涇。

一、次開江陰下港、黄田、春申、季子、黿子諸港。

一、次開宜興東、西蠡河。

一、次根究諸臨江湖海諸縣，凡泄水諸港瀆并皆疏鑿。

伍堰水利，昔錢舍人公輔爲守金陵，常究伍堰之利，雖知伍堰之利，而不知伍堰以東三州之利害。鍔知三州之水利，而未究伍堰以西之利害。一日錢公輔以世之所爲伍堰之利害，與鍔參究，方知始末利害之議完也。公輔以爲伍堰者自春秋時吴王闔閭，用伍子胥之謀伐楚，始創此河，以爲漕運。春冬載二百石舟，而東則通太湖，西則入長江，自後相傳，未始有廢。至李氏時亦嘗通運，而置牛於堰上挽拽船筏。於固城湖之側，又嘗設監官，置廨宇，以收往來之税。

自是河道澱塞，堰埭低狹，虚務添置者十有一堰，往來舟筏莫能通行，而水勢遂不復西。及遇春夏大水，江湖泛漲，則園頭、王母、龍潭三澗合爲一道，而奔衝東來，河之不治愈可見也。

今若開深故道，而存留銀林、分水二堰，則諸堰盡可去矣。所欲存二堰者，蓋本處地勢自銀林堰以西，地形從東迤邐西下，自分水堰以東，地形從西迤邐東下，而其河自西壩至東壩十六里有餘，開淘之際，須隨逐處地形之高下以浚之，然後江東、兩浙可以無大水之患。然銀林堰南則通建平、廣德，北則通溧水、江寧。又當增修高廣以俟商旅舟船，往還之多，可以置官收税如前之利。此伍堰所以不可不復也。今莫若治五堰，使上之水不入於荆溪，而繇分水、銀林二堰直歸太平之蕪湖。下治吴江之岸爲千橋，使太湖之水東入於海中。治百瀆之故道，與夫蘇、常、湖三州之有故道旁穿於太湖者，雖不可縷舉，而概可以迹究也。難者曰：『雖復伍堰，奈何伍堰之側山水東下乎？復堰無益也。』鍔答曰：『繇伍堰而東注太湖，則有宣、歙、池、廣、溧水之水，（水）〔一八〕苟復堰，使上之水不入於荆溪，自餘山澗之水寧有幾邪？比之未復，十須殺其六七耳。』難者乃服。

谷繼宗曰：按單鍔七世孫單旻所刻，惟有書而無别畫。噫，罔念爾祖矣。竊謂書者通論三吴之水利害形勢，别畫者正疏決大經略也。譬諸黄岐之術，設脈理方書，而無砭劑之功，亦無以奏良效矣。乃梓行者顧又删去十二會何耶？夫滄桑屢變，古今興廢不同，存海與鄰爲壑之説，禹圭之心自見乎！繼宗又曰：按宋神宗元豐間議興水利，蘇文忠公知杭州，屢上封事，獨獻單鍔書，史不該載。且罹中丞李定、御史舒亶劾奏，非神宗明決《桑田》之詠，幾釀大禍矣。蓋其時以蘇公見忌，而豈復有録於鍔哉！《易》曰『屯其膏』，施未光也，此南渡之治可以鑒矣。

王安石《奏免廢都水監狀》熙寧五年上狀存略

丞相王安石上言：都水監亦恐不可廢。今議者顧謂此三司判官主領之時，事日繁，費日廣，舉天下之役其半在於河渠堤埽，因欲廢之，此臣之所未喻也。朝廷以爲天下水利領於三司，則三司事業不得專意，而河渠堤埽之有當經治，而力不暇給，故别置都水監，此所謂修廢官也。官修則事舉，事舉則雖繁何傷；財費則利興，利興則雖廢何害？且所謂舉天下之役，半在河渠堤埽者，以爲不當役而役之乎，以爲當役而役之乎？以爲不當役而役之，則但當察吏之不才，而不當廢監。以爲當役而役之，則役雖多是乃因置監，故吏得修其職而無廢事也，何可以廢監乎？且今水土之利，患在置官不多，而不患其冗也。

佚名《覆澳閘設官劄子》崇寧元年上狀存略

中書省臣某等、尚書省臣某等，勘會得紹聖間獻陳澳閘利害，蒙朝廷命孝蘊提舉興修了當，行運首尾四五年，若不别令官司主管，則已成東南漕運大利，當遂廢革。欲乞專差官一員，自杭州至揚州、瓜州澳閘，通管常、潤、揚、秀、杭州新舊等閘，依已降條貫專切提舉車水澳閘，覺察應於奸弊。乞差曾經監視澳閘宣德郎、新知崑山縣事鮑朝懋，提舉管幹，依提舉弓箭手例序官，請給人從舟船管事，於蘇州置廨宇，以提舉淮浙澳閘司爲名，人吏許于常、鎮、蘇、杭、秀州選差，半年一替，仍令兩浙轉運司進奏官兼管發落文字。

許光凝《上蘇州水利狀》大觀元年上狀存略

中書舍人許光凝奏：蘇州水患在太湖，必導之入海，然後水有所歸。蓋太湖距海有三江、有諸浦，能疏滌江浦，除水患猶反掌耳。今境内積水視去歲損二尺，前歲損四尺，良繇開淞江、浚八浦之力。吴人謂開一江有一江之利，浚一浦有一浦之利。願委本路監司與諳曉水勢精强之吏，遍詣江浦，詳究利害，假以歲月，先爲之備，然後調夫興役，可使公無費財而賦常足，人不告勞而食不匱，一舉而獲萬世之利矣。

趙霖《治水利害狀》政和六年上狀存略

兩浙提舉常平趙霖言：浙西六州之水注於太湖，流入松江，接青龍江東入於海。平江地勢與太湖、松江水面相平，而瀕海之地特高於他處，謂之岡身，東、西與北三面勢若盤盂，積水南入注乎其中。所以沿海環江鑿開港浦者，藉此以疏積中之水也。今瀕海之田皆作堰壩，以隔海潮裹水，使不得流，外沙日積，此崑山諸浦堙塞之繇也。岡身之民每闕雨，則悉爲堰壩以止流水，臨江之民每遇潮至，則於深浦開鑿小港，以供已用，或爲堰斷以留餘潮，此常熟諸浦湮塞之繇也。法當置閘限水内外，隨潮啟閉，而太湖、松江之水與積水爲一，沉没民田者一遇風作，則高浪萬頃，愈泄愈來，爲之計者莫若順其性，而狹其流，大築圩岸，高圍民田，如此則積水日削，衆浦日耗矣。大抵開治港浦，置閘啟閉，築圩裹田三者，闕一不可。

其開浦篇曰：古人大小縱横設爲港浦，詢究古迹，得其大者，三十六浦區爲三等。上等工大而利博，在所當先；中等工費可減上等三之二；下等間於上、中之間，或自大浦而分派工料之數又少損焉。其置閘篇曰：古者港浦盡於地勢高處淤澱，若一旦開通，未易施力。今於三十六浦中，尋究古曾置閘者四浦，惟慶安、福山兩閘尚存。蓋開浦莫急於置閘，置閘莫利於近外，置閘而又近外，有五利焉：江海之潮日兩漲落，今開浦置閘，潮上則閉，潮退即啟，外水無自以入，裹水日得以出，一利也。外水不入則泥沙不淤閉，内使港浦常得流通免於堙塞，二利也。瀕海之地，仰浦水以溉高田，每苦鹹潮多則堰斷，决之則害苗稼，築之則障積水。今置閘啓閉，水有泄而無入，閘内之地盡宜稼穡，三利也。置閘必近外，去江海可三五里，使閘外之浦日有澄沙淤積，假令歲事積治，地里不遠，易爲工力，四利也。港浦深闊，積水通流，船貨木筏得以住泊，官司或可拘收税課，以助歲計，五利也。復有二説：崑山諸浦通徹東海，沙濃而潮鹹，當先置閘而後開浦，一也。閘之側各開月河，以堰爲限，遇閘閉小舟不阻往來，二也。

其築圩篇曰：平江之賦多出低鄉，當時田圩未壞，水有限隔。今田圩既廢，水通爲一，遇東南風則太湖、松江與崑山積水盡奔常熟，西北風則常熟之水東赴者亦然。况平江之地低於諸州，唯高大圩岸方能與諸州地形相等。昔人築圩裹田，非謂得以播殖，也將恃此以殺水勢耳。至和、元和二塘爲風浪衝擊，塘岸漫滅，往來者多有覆舟之虞，是皆積水所致。今若開浦置閘，先自南鄉大築圩岸，圍裹低田，使位位相接，以禦風濤，以狹水源，治之上也。修作至和、元和塘岸，以限東西往來之水，治之次也。凡積水之田盡令修築圩岸，使水無所容，治之終也。今積水之中，有力人户間能作塍岸，圍裹低田，禾稼無虞。蓋積水本不深，而圩岸皆可築，但民無力爲之。官司借貸錢穀，集植利之衆，督以必成，或十畝或二十畝地之中，棄一畝取土爲岸，所取之田令衆户均價償之，其貸借錢穀，官爲置籍，責以三年六限隨税輸還。此治積水之策。

若其當開之浦，則崑山、常熟共三十六浦，除許浦、白茆、福山三浦不須開治。其三十三浦，崑山十有一：掘浦、下張浦、七鴉浦、茜涇浦、楊林浦、六鶴浦、顧逕浦、川沙浦、五嶽浦、蔡浦、琅港浦。常熟二十有二：黄泗浦、奚浦、西成浦、東成浦、水門浦、崔浦、耿涇浦、魚磾浦、鄔溝浦、瓦浦、塘浦、高浦、金涇浦、石撞浦、陸河浦、北浦、甘草浦、千步涇、司馬涇、金涇、錢涇、黄鶯漕。皆積久不浚，當分爲三等開修。

向子諲《奏禁練湖侵佃狀》紹興七年上狀存略

兩浙轉運使向子諲言：鎮江府吕城夾岡形勢高仰，因春夏不雨，官漕艱勤。尋遣官屬李澗詢究練湖本末，始知此湖在唐永泰間已廢而復興，今堤岸弛禁，致占侵佃冒，決放湖水，不能瀦畜，舟楫不通，公私告病。若夏秋霖潦，則丹陽、金壇、延陵一帶良田亦被渰没。臣已令丹陽縣知縣朱穆等增置二斗門、一石礎，及修補堤防，盡復舊迹，庶爲永久之利。

史才《上圍田利害狀》紹興二十三年上狀存略

諫議大夫史才言：浙西民田最廣，而平時無甚害，太湖之利也。近年瀕湖之地多爲兵卒侵據，累土增高，長堤彌望，旱則據之以溉，而民田不沾其利，澇則遠近泛溢，而民田盡没。欲乞盡復太湖舊迹，使軍民各安，田疇均利。

周環《上臨、平、湖、秀四州水利狀》紹興二十三年上狀存略

大理丞周環言：臨安、平江、湖、秀四郡低田多爲太湖積水浸灌，緣溪山諸水連接并歸太湖，東南繇松江入海，東北繇諸浦入江，其沿江泄水惟白茆浦最大，望令有司相視開決。

趙子潚《相視水利方略狀》紹興二十八年上

兩浙轉運副使趙子潚、知平江府蔣璨言：近被旨相度水利，遍歷吴江、吴、長洲三縣，民田湇没去處相視，以至常熟，北至揚子江，又自崑山東至海口，推究源流，講求利病。今詢訪得浙西諸州，平江最爲低下，而湖、常等州水皆歸於太湖，自太湖以導於松江，自松江以注於海。是太湖者數州之水所瀦，而松江又太湖之所泄也。然以數州之水巨浸而獨泄於一松江，宜其勢有所不逮，是以昔人於常熟之北開二十四浦，疏而導之揚子江。又於崑山之東開一十二浦，分而納之海。兩邑大湖凡三十有六，而民間私下涇港，又不可勝數，皆可以決壅滯而防泛濫也。後因潮汐往來，泥沙積淤，舊置開江之卒尋亦廢去，此太湖所以堙塞，而民田有漂没之憂也。天禧、天聖間運使張綸於常熟、崑山各開諸浦以導積水。景祐間，郡守范仲淹親至海浦開浚五河，以疏導諸邑之水，使東南入於松江，東北入於揚子與海。政和間，提舉趙霖將命興修水利，開浚三十六浦，及没工僅常熟二浦、崑山一浦而罷，迄今四十年，諸浦堙塞，又非前日之比，遂致民田告澇，十歲八九。今相視合開緊切去處：常熟縣梅里塘、白茆浦、崔浦、福山浦、黄泗浦，崑山縣新洋江、小虞浦、顧浦、郭澤塘。總計役夫三百三十七萬四千六百工，錢三十三萬七千四百貫，米一十萬一千五百石各有奇。崑山縣四浦工力不多，止用本縣食利户開浚。常熟縣五浦工力浩瀚，係與吴、長洲二縣利害相及，欲於三縣見賑濟人内募强壯人充當，所有差官起工等事，續次條具申請。緣平江府積水今經兩月未退，已妨種麥，若不於農隙之際支給錢米，僱夫開治深廣，恐來歲春雨積水愈甚，虧失常賦不便，望賜指揮施行。

陳正同《上平江水利狀》紹興二十九年上狀存略

知平江府陳正同言：相視到常熟諸浦，舊來雖有潮沙之患，每得上流迅湍可以推滌，不致淤塞。後來被人户圍裹湖瀼爲田，認爲永業，乞加禁止。敕户部核在湖瀦水之田，衆共溉田者，不許人請佃承買，并請佃承買人各以違制論，乞下平江府明立界至，約束人户毋得占射圍裹，有妨水利。

趙子潚《開浚塘浦狀》紹興二十九年上狀存略

兩浙轉運副使趙子潚言：被旨開浚平江府常熟縣東栅至雉浦，入丁涇徹福山塘，已於正月初五日興工。據常熟縣父老稱，福山塘與丁涇地勢相等，今開丁涇更深三尺，若不浚福山塘，則水必致倒注於涇。今與平江府縣官同往相視，宜依父老陳乞開浚。又見開東栅至雉浦口河面並合闊八丈，並雉浦港底四丈二尺，皆得泄水通快。

任古《上平江水利狀》一　紹興二十九年上狀存略

監察御史任古言：平江府崑山等縣耆宿所開浦四處，緣今歲積雨，東北風潮，并太湖衆水相會，渰没民田。春間人户圍田自當開撩，所有小虞浦、新洋江、顧浦雖合開浚，見今盡爲松江大水漲遏其外，發泄遲緩，是致諸浦蓄水，難以興工。欲候江水潮落，岸塍出露，人户自行開掘。若内有貧乏無力之人，乞量借常平官糧，寬立年限，分料送納，乞從民便。已行下本縣，命預將興工之具，候江水減退，即行開浚。

任古《上平江水利狀》二　紹興二十九年上狀存略

臣同徐康與常熟縣官詳究得：東栅至雉浦，入丁涇通徹福山塘，下注大江，委是快便。若依趙子潚申請，五千人爲率，於來歲正月入役，約計一月餘日，可畢此浦，使湖塘一帶，并被傷民田内水通至於江。然後浚治黄泗浦、三里江至十里港，工力亦不甚多，并趁農隙先畢二浦，其餘合開港浦，再候將來次第興工。

任古《上平江水利狀》三　紹興二十九年上狀存略

趙子潚昨計料開浚崔浦，係決泄昆承湖及民田内水，南自梅里塘距浦口，迤邐北入大江。

今已乾涸，緣浦身迂曲，泄水不快，是致積沙高厚，開浚工倍，欲於雉浦口別開一涇，徑入福山大浦，通於大江，名曰丁涇。北之崔浦並無回曲，不惟開浚省費，實以泄水爲便。

劉唐稽《奏開常州港瀆狀》隆興二年上狀存略

知常州劉唐稽言：申、利二港上自運河發流，經營回覆，至下流析爲二道，一自利港，一自申港以達於江，緣江口每日潮汐帶沙，填塞上流，游泥淤塞，流泄不通。而申港又以江陰軍釘立標揭，拘攔稅船，每潮來則沙泥爲木標所壅，淤塞益甚。今若相度開此二河，但下流申、利二港并隸江陰軍，若議定深闊丈尺，各於本界開淘，庶協力皆辦。又孟瀆一港在犇牛鎮西，唐孟簡所開，并宜興縣界沿湖舊百瀆皆通，宜興之水藉以疏泄，近歲阻於吴江石塘，流行不快，而沿湖河港所謂百瀆存者無幾，今若開通，委爲公私之便。

李結《上治田三議狀》隆興六年上狀存略

監都進奏院李結言：蘇、湖、常、秀所産爲兩浙之最，自紹興十三年以來，屢被水害，議者皆歸積水不決之故。以爲積水既去，低田自熟。第以工役浩大，事皆中輟。臣有管見治田便利三議：一曰敦本，二曰協力，三曰因時。司農丞郟亶議云：『古人治塘浦闊深者，蓋欲取土以爲堤岸，非專爲決積水。若堤岸高厚，借令大水之年，江湖之水高於民田五七尺，而堤岸高出於塘浦三五尺，故雖大水不能入於民田。民田既不容水，則塘浦之水自高於江，而江之水亦高於海，不須決泄而水自湍流矣。』此古人治低田之法也。若知決水而不知治田，則所開浚之地不過積土於兩岸之側，霖雨蕩滌，復入塘浦，不五七年填淤如舊，前功盡棄。爲今之務莫若專務治田，乞詔監司守令相視蘇、湖、常、秀諸州水田塘浦緊切去處，常平義倉錢米多寡，量行借貸有田之家。今就此農隙，作堰車水開浚塘浦，取土修築兩邊田岸，立定丈尺，衆户與併力，官司督以必成。且民間築岸所患無土，今既開浚塘浦，積土自多，而又塘闊深易以流泄，田岸既成，水害自去。此臣所謂敦本之議也。結又以爲百姓非不知築堤固田之利，然而不能者，或因貧富同段，而出力不齊；或因公私相吝，而因循不治，非協力不可。百姓所鳩工力有限，必賴官中補助，官中非因饑歉難以募民興役，非因時不可。後缺。

陳彌作《開諸浦狀》乾道元年上狀存略

兩浙轉運判陳彌作言：常熟之浦二十有四，皆北入於江。崑山之浦十有二，皆東入於海。蓋以太湖居其上流，昔人患松江之不能勝，而使衆水徑得其歸者也。諸澤之興，始於天禧，成於景祐，逮政和間稍已湮廢。嘗命趙霖浚之，僅能復常熟兩浦、崑山二浦而罷。今二邑之間，并江瀕海小川故道，往往淤滯，不特所謂三十六浦而已。瀦水過多。而瀉之過少，重以今歲淫雨泛濫，識者皆知開浦之利，特以工費甚廣，不敢輕議。故近浦置閘在政和已不能成，開江置卒在中興已不能復。自紹興二十八年以後，朝廷屢委監司守臣及遣御史親行按視，竟爾中輟。今若併舉大役，切慮歉歲民無餘力，官無羨儲，反至勞擾，輒擇其宜先治者凡十浦，而其緩急又半之，興工之日，仍乞以緩急爲先後之序。

邱密《奏築捍海堰狀》乾道七年上狀存略

知常州邱密奏：華亭縣東南大海，古有十八堰，捍禦鹹潮，其十七久皆捺斷不通裏河，獨有新涇塘一所，不曾築捺，海水往來，遂害一縣民田。緣新涇舊堰迫近大海，潮勢湍急，其港面闊，難以施工，設或築捺，決不經久。運港在涇塘向裏二十里，比之新涇水勢稍緩，若就此築堰，決可永久。堰外凡管民田，皆無鹹海之害，其運港止可捺堰，不可置閘。不惟瀕海土性虚燥，難以建置，兼一日兩潮，通放鹽運，不下數十百艘，先後不齊。比至通放盡絶，勢必晝夜啟而不閉，則鹹潮無緣斷絶。運港堰外別有港汊，大小十六，亦合興修。若捍海塘堰既已畢工，地理闊遠，全藉人力固護，乞令本縣知佐兼帶主管塘堰職事，繫銜秩滿，視有無損壞以爲殿最，仍令巡尉據地分巡察。

薛元鼎《相視平江水利狀》淳熙二年上狀存略

提舉常平薛元鼎言：淳熙二年春，平江大水，臣嘗被命相視太湖沿流利害。言太湖之水獨泄以松江之一川，其勢有不能勝，并湖數州皆受其害。景祐間，范仲淹就常熟、崑山之間浚五大浦，以殺其勢，爲州之利，近並堙塞。前提舉陳舉善，勸諭人户以漸開浚，獨許浦正係泄水去處，尚未施工。昨水軍統制馮湛乞用兵開掘，因與守臣不協，遂已。臣竊見許浦至梅里約三十餘里，湮塞不通，其水軍船錢糧亦自艱阻，乞詔馮湛候農隙日，從所請開浚。

章冲《上浚河置閘狀》淳熙九年上狀存略

知常州章冲奏：常州東北曰申港、利港、黄田港、夏港、五斗港，其西曰竈子港、孟瀆、泰伯瀆、烈塘。江陰之東曰趙港、白沙港、石頭港、陳港、蔡港、私港、令節港，皆古人開導以爲溉田無窮之利者也。今所在堙塞，不能灌溉。臣嘗講求其説，抑欲不勞民，不費財，而漕渠旱不乾，水不溢，用力省，而見功速，可以爲悠久之利者。在州之西南曰白鶴溪，自金壇縣洮湖而下，今淺狹特七十餘里，若用工浚治，則漕渠一帶無乾涸之患。其南曰西蠡河，自宜興太湖而下，止開浚二十餘里，若更令深遠，則太湖水來漕渠一百七十餘里，可免浚治之擾。至若望亭堰閘置於隋之至德，而徹於本朝之嘉祐，至元祐七年復置，未幾又毁之。臣謂設此堰閘有三利焉：陽羡諸瀆之水奔趨而下，有以節之，則當潦歲平江之邑必無下流淫溢之患，一也。自常州至望亭一百三十五里，運河一有所節，則沿河之田，旱歲賴以灌溉，二也。每歲冬春之交，重綱及使命往來，多苦淺涸，今啟閉以時，足通舟楫，後免車畝灌注之勞，三也。乞敕下施行。

王徹《奏開五浦狀》淳熙十年上狀存略

鎮江府兵馬鈐轄王徹言：紹興二十八年，因積水泛濫，欲泄入大江。宜自常熟縣東開浚至雉浦五十里，入許浦，縱水入江。却自雉浦之西就民創河二十五里，引水入福山浦，使二浦復歸一浦，俾近縣田稍獲灌溉。且鎮江以往地勢極高，至常州地形漸低，錢塘江北地勢尤高，秀州地形漸低，而平江在最下之處。歲有一尺之水，則湖州平陸之田悉皆渰没。聞江灘海岸常列三十六浦，各置巡簡寨捍衛浚治，故數十年前，浙西不聞每歲被水。今三十六浦其最急者，平江五浦，就五浦之内黄泗浦尤甚，大抵於福山通不用開鑿外，崔浦、許浦、白茆，沙泥壅積，幾與岸平，使千里之水不達江海，所鑿陂塘亦狹，要使江與海瀕注水如舊，然後百川之流斷有歸宿。謹圖地形水利，附奏以聞。

羅點《乞開澱湖圍田狀》淳熙十三年上狀存略

提舉浙西常平羅點言：浙西圍田湮塞，所在皆有，獨澱山湖一處爲害最大。因奸民包裹圍田，築斷堰岸，致水勢無繇發泄。此湖上通蘇、湖、秀三州之水，全藉斜路等港，通泄下徹大小石浦，出吳淞江入海。委吳縣主簿劉允濟、崑山縣尉吳溥，躬親看視，采問利害。據申到澱山湖東西三十六里，南北一十八里，旁通太湖，匯蘇、湖、秀三州之水，上承下泄，不容少有壅遏。華亭在湖之南，崑山在湖之北，湖水自西南趨東北，所賴泄水去處，其大者東有大盈、趙屯、大石三浦，西有千墩、陸虞、道褐三浦。中間南取澱山湖，北取吴淞江，凡三十六里，并湖以北中爲一澳，係古來吐吞吴水之地，今名山門溜，東西約五六里，南北約七八里，正當湖流之衝，非衆浦比。貫山門溜之中，又有斜路港，上達湖口，當斜路之半。又西過爲小石浦，上達山門溜，下入大石浦。凡斜路港、大小石浦分爲三道，殺泄湖水，并從上而下通徹吴淞江。江湖二水曉夕往來，疏灌不息，以此浦港通利，無有沙泥壅塞，可以宣導水源。今來頑民輒於山門溜之南，東取大石浦，西取道褐浦，并緣澱山湖北築成大岸，延跨數里，遏絶湖水，不使北流，盡將山門溜中圍占成田。所謂斜路及大小石浦泄放湖水去處，並皆築塞。父老嘗言圍岸築時，湖水平白漲起丈餘，盡壅入西南華亭縣界。大小石浦并斜路港口，既被圍斷，其浦脚一日二潮，則泥沙隨潮而上，湖水又不下流，無緣蕩滌通利。即今淤塞反高於田，遇水則無處泄瀉，遇旱則無從取水，大抵水性趨下，下流既壅，其勢必須潰裂四出，散入民田，理無可疑者。後缺。

張叔獻《請築新涇塘招賢港堰閘狀》淳熙十三年上狀存略

兩浙轉運副使張叔獻言：華亭東北枕海，西連太湖，北接松江，江北復控大海。地形東南最高，西北稍下，柘湖十有八港，正在其南，故古來築堰以禦鹹潮。元祐中，於新涇塘置閘，復因沙淤廢毁。今除十五處築堰及置石磋外，獨有新涇塘、招賢港、徐浦塘三處，見有鹹潮奔衝，淤塞民田。今依新涇塘置閘一所，又於兩旁貼築鹹塘，以防海潮透入民田。其相近徐浦塘元係小派，自合築堰，又欲於招賢港更置一石磋，兼楊湖歲久今稍淺澱，自當開浚。

徐誼《上水利狀》淳熙十七年上狀存略

提舉浙西常平徐誼言：昔下流不疏而上水溢，故鑿直曲港，還三江故道，開宜興百瀆，所以順導下流也。惟高原曲徑，乃瀦堰之爾。昔之言水如單鍔、郟亶皆是也。今開吴淞江下流，與宜興百瀆屬之海者，無慮數百十所。異時浦港磬折以趨海，今近浦之民多取徑直。蘇、湖、常、秀舊爲澤國，比年雨或後至，踵且不入，蓋圍田衆而疏導多也。小人見利不畏其害，圍於淺水既爲高田，圍於茭蕩既爲稻田，二俱不已，復爲下脚，始之重陂大半爲土，始之良田背水日曬，十日不雨，農廢作業。然且承用舊説，又將疏之，失利害之實矣。故舊田溝澮當浚治，圍田下脚無輒開，已開未田當捺合。今之言水者能行是三説，則高原舊田還爲衍沃，而農不病矣。

李珏《奏浚常州漕渠修建望亭二閘狀》嘉泰元年上狀存略

知常州李珏言：州境北邊揚子大江，南並太湖，東連震澤，西據滆湖，而漕渠界乎其間，渠兩傍曰白鶴溪、西蠡河，南戚氏、北戚氏直湖州港通於二河，曰利浦、孟瀆、烈塘、横河、五瀉之港通於大江，而中間又各自爲支溝斷汊，曲繞參錯，不以數計。水利之源多於他郡，而常苦易旱之患，何哉？　臣嘗詢訪其故漕渠，東起望亭，西上吕城，一百八十餘里。形勢西高東下，加以歲久淺淤，自河岸至底，其深不滿四五尺，常年春雨連綿江湖泛漲之時，河流忽盈驟減。連歲雨澤愆闕，江潮退縮，渠形尤亢。間雖得雨，水無所受，旋即走泄，南入於湖，北歸大江，東徑注於吴江，晴未旬日，又復乾涸，此其易旱一也。至若兩傍諸港，如白鶴溪、西蠡河、直湖、烈塘、五瀉堰，日爲沙土淤漲，遇潮高水從之時，尚可通行舟楫。若值小汐久晴，則俱不能通應，自餘支溝别港皆已堙塞，故雖有江湖之浸，不見其利，此其易旱二也。況漕渠一帶綱運於是經繇，使客於此往返，每遇水澀，綱運便阻。一入冬月，津送使客，作壩車水，科役百姓，不堪其擾，豈特溉田缺事而已。望委轉運提舉常平官，同本州相視漕渠，并徹江湖之處，如法浚治，盡還昔人遺迹，及於望亭修建上、下二閘，固護水源。

衛涇《上東南水利奏》開禧二年上狀存略

中書舍人兼直學士院衛涇奏：臣嘗考國家承平之時，京師漕粟多出東南，而江浙居其大半。中興以來，浙西遂爲畿甸，尤所仰給，歲獲豐穰，霑及旁路。蓋平疇沃壤，綿亘阡陌，有江湖瀦泄之利焉。大抵二浙地勢高下相類，湖高於田，田又高於江海，水少則汲湖水以溉田，水多則泄田水繇江而入海。惟瀦泄兩得其便，故無水旱之憂，而皆膏腴之地。自紹興末年，始因軍中侵奪瀕湖水蕩，工力易辦，創置堤埂，號爲壩田。民田已被其害，而猶未至甚者，瀦蓄之地尚多也。隆興、乾道之後，豪宗大姓相繼迭出，廣包强占，無歲無之，陂湖之利，日朘月削，已亡幾何，而所在圍田則遍滿矣。以臣耳目所接，三十年間昔之曰江、曰湖、曰草蕩者，今皆田也。夫陂湖之水，自常情觀之，似若無用，繇農事言之，則爲甚急。陂湖廣衍，則瀦蓄必多，遇旱可以灌溉；江流深浚，則通泄必快，遇水不至泛溢。倘瀦水之地或至狹隘，則容受必少，旱則易涸，立見焦枯。水源既壅，而江流填淤，則疏泄甚艱，水即易溢，蕩爲巨浸，事之利害，豈不較然易知，州縣監司所當禁戢。然圍田者無非權勢之家，其語言氣力足以陵駕官府，而在位者每重舉事而樂因循，故上下相蒙，恬不知怪，而圍田之害深矣。

議者又曰：圍田既廣，則增租亦多，其於邦計不爲無補。殊不思緣江并湖，民間良田，何啻數千百頃，皆異時之無水旱者。圍田一興，修築塍岸，水所繇出入之路，頓至隔絶。稍覺旱乾，則占據上流，獨擅灌溉之利，民田坐視無從取水。逮至水溢，則順流疏決，復以民田爲壑。設若圍田僥倖一稔增租，所入有幾？而常歲倍收之田，小有水旱，反爲荒土，常賦所損，可勝計哉！所謂增租既不繫省額，州縣得以移用，徒資貪黷之利耳。此其輕重得失，又不待智者而後辨也。

矧惟祖宗成憲，炳若日星，應江沮、山野、陂澤、湖塘、池濼與衆共者，不許占據，及請佃承買，官司糾劾以聞。諸瀦水之地謂衆共溉田者，輒許人請佃承買，并請佃承買人各以違制論，立法之意可謂明白。前者臣寮累嘗奏請，朝廷非不施行，臣姑疏其一二，諸路如有承買渚水地者，悉與改正。此紹興二十八年指揮也。凡係積水草蕩，今後并不許請佃，雖陳乞撥賜，亦許守臣執奏，此乾道五年九月指揮也。詔兩浙漕臣及提舉常平官，及逐州守臣，常切覺察，如官民户及寺觀圍築田畝，填塞水道，具名以聞。此淳熙三年六月指揮也。詔州縣輒敢給據與官民户及寺觀買佃江湖草蕩，許人户越訴，重置典憲，仍委監司糾劾。此又淳熙三年八月指揮也。詔浙西諸郡應官民户，舊來圍田去處，明立標記，給榜曉諭，不得於標記外再有圍裹。此淳熙十一年八月指揮也。其他條約未易悉數，夫以陳説之衆多，立法之詳備，是宜圍田之害悉絶，而瀦泄之利盡復曩時之舊可也。

然歷年浸久，陂湖之爲田者，不止民田之被害者滋甚，其已圍者牽於姑息，固不復論標記之外增創圍裹者有之。因民詞訴已毁撤，而復修築者有之。易名爲天荒，而請求給佃者有之。寺觀僧道尤無忌憚，是豈果不可禁戢哉？吏治苟簡，而法令不行之過也。積習而不知變，奸猾蒙利，良農失業，其害又豈特在民而已？臣伏見乾道間，孝宗皇帝一旦宣諭輔臣曰：『聞浙西自有圍田，即有水患，屢有人理會，多爲權勢所梗。已漕臣王炎相視有張子蓋圍田九千餘畝，湮塞水勢，立命開掘，仍戒敕不得再犯。』淳熙中，因述堯言傳法寺僧，請佃明州定海縣鳳柄、沈窖兩湖八百畝，可溉田二萬六千餘頃，即令仍廢爲湖。英斷如此，孰不悚懼，其奉行不虔者，特有司之罪，而斯民疾苦，則有所赴訴矣。

［元］

暗都剌[一九]《奏清澱湖侵占狀》至元三十年上狀存略

江浙行省參政暗都剌言：澱湖在宋時委官差軍守之，湖旁餘地不許侵占，常疏其壅塞，以泄水勢。今既無人管領，遂爲勢要絶水築堤，繞湖爲田，湖狹不足瀦蓄，每遇霖潦，泛溢爲害。昨本省官忙古斛[二〇]等興言疏治，因受曹總管金而止，張參政、潘應武等相繼建言，識者咸以爲便。臣等議此事可行無疑，然雖軍民相參，選委廉幹官提督行省山住子[二一]、行院董八都兒子[二二]及行臺哈剌斛[二三]令親詣相視會計，合用軍夫擬禀。

鐵哥[二四]《奏疏澱湖設屯守狀》至元三十一年上狀存略

平章鐵哥奏：太湖、澱山湖昨嘗奏過，先帝差倩民夫二十萬疏掘已畢。今諸河日受兩潮，漸致沙漲，若不依舊宋例，令軍屯守，必致坐隳成功。臣等議常時工役撥軍樞府，猶且吝惜屯守河道，用軍八千，必辭不遣。澱山湖圍田賦糧二萬石，就以募民夫四千，調軍士四千與同屯守，立都水防田使司，職掌收捕海賊，修治河渠圍田。

失名中書省《請修浚練湖疏治運河狀》至治三年上狀存略

中書省臣某奏：江浙行省言，鎮江運河全藉練湖之水爲上源，官司漕運供億京師，及商賈販載，農民來往，其舟楫莫不繇此。宋時專設人夫，以時修浚練湖，瀦蓄潦水。若運河淺阻，開放湖水一寸，則可添河水一尺。近年淤淺，舟楫不通，凡有官物差民運遞，甚爲不便。委官相視，疏治運河，最爲急切，伏望亟賜指揮。

任仁發《請立行都水監狀》大德八年上狀存略

千夫長任仁發言：吴淞江故道淤塞，宜立行都水監於平江路，隸中書省，修治河道閘壩，合用物料行省，即於官錢内收買應付。又浙西苗糧户内起夫一萬五千名，自備什物，每名工役一年免糧一十五石。其軍站除贍役地外，依上起科，僧道也里可温荅失蠻〔二五〕不分常住，并權豪官員不納官糧之家，以地五頃著夫一名。從行都水監選委廉幹官部夫督役，其有釐立事功廉能稱職者，行都水監具迹舉明。其著夫人户雜泛差役，權行蠲免。

任仁發《講究平江等路水利狀》泰定元年上狀存略

都水少監任仁發言：太湖納湖州、宣州諸溪之水，而南北東江海之岸，皆高水積其中，勢若盤盂，設遇雨澇，則環湖低田悉皆渰没。若欲導泄積水，在乎時時點箇太湖東北兩岸，通江河之道，不致淤塞可也。蓋環湖低田利在泄潦，兼沿江傍海高田亦仗湖流奔注，衝散潮沙，使江河通利，乃可引潮灌溉。諸小湖在太湖迤東及北者甚多，皆能接泄太湖，注江達海。數内澱山湖自大盈、趙屯等浦，以出吴淞江，與渾潮相接最近。若上源所注不急，則潮沙注湖，漸成淤澱。富家因淤澱圍裹成田，繇是湖水與諸浦漸遠，而所泄益微。若非就湖内圍田多開河渠，及時修浚諸浦，則此湖之塞，恐不止於是也。又按吴江石塘障遏東流之勢，致潮沙日漲，半爲平地。此乃太湖泄水下吴淞江第一要處，古來於堤間多置木橋與鑿水洞，上則通行，下則泄水，蓋欲仗其急流衝滌潮泥，免致水患。人不知此，或便於行路，則塞壩河口，或惰於巡防，則密置樁橛，矧以茭蘆魚簖等物障遏，必得官司於此處榜示告戒，使之咸知利害可也。

郭珪《請京口浚河建閘狀》天曆二祀上狀存略

鎮江路總管郭珪言：江口元有程公、鱔魚二壩，及黄水石磋，每歲江潮滿溢，於此車灌運河。今歲上流無雨，水源艱澀，潮勢既少，沙岸益高，徒步五里方登舟。縱欲車水入閘，人力莫能爲，非朝廷降旨開浚置閘不可。

明里答失〔二六〕《請京口浚河建閘狀》天曆二祀上狀存略

鎮江路達魯花赤〔二七〕兼管勸農桑事明里答失上言：京口舊閘久廢，江臯一里皆成淤塞，閘東又作土埭以蓄河水，江潮雖漲，阻隔不通，莫若開堀淤沙，撤去土埭，仍於江口置閘，以時啓閉。該臣等度自京口港口至程公下壩，長二里一百四十步，舊河面闊六丈，底闊二丈五尺，今擬展闊河底三丈五尺，深一丈，計用一萬二千七百六十五工，人夫一千六十名，一十二日工畢。每夫官日給米五升，鹽菜錢中統鈔五百，日計米一百五十四擔，鈔一百二十七貫。伏望朝廷許允，容臣等率屬即日興工，以圖萬世治安之利。

欽察台〔二八〕《言浙西水利狀》至正元年上狀存略

江浙行中書左丞相欽察台言：浙西水利近年有司失於舉行，堤防廢弛，溝港堙塞，水失故道，民受重困。今後莫若都水監官，歲委一員分治，仍令各處農事正官帶知圍田署銜，責任有歸。及監察御史言，宜復立都水庸田使司，慎選諳曉水利、恪守官箴之人，按披圖志，討論舊治，於必合開挑之處，將原額租税除豁，合用工本，官爲支給，使專其任責，以成效乃已。

旭萬傑〔二九〕《請立松江等處都水庸田使司狀》至正元年上狀存略

丞相旭萬傑言：吴淞江等處若不設立衙門管領，每次挑洗，甚廢貲糧，兼損民力，松江府止管兩縣，別無親管事務，欲將松江府革罷兩縣，撥與嘉興路，依前設立都水庸田使司專掌。在先所管勾當，直隸省部以山南江北道肅政廉訪使密蘭〔三〇〕、江南浙西道肅政廉訪使張友諒爲使，任仁發雖七十致仕，還着爲副，方於水利可奏實效。

校勘記

〔一〕漕溝渠　查對《梁書》，『漕』之上有『開』字，應爲『開漕溝渠』。
〔二〕待優實以行　查對《梁書》，『行』當作『不』，爲『待優實以不？』
〔三〕厭水　四庫本《三吴水考》卷八，『厭水』作『壓水』。
〔四〕民間　據同上，『民間』作『民田』。
〔五〕田位　據同上，『田位』作『田塍』。
〔六〕訂　據同上，『訂』作『計』。
〔七〕水利害無窮已　四庫本《三吴水考》卷八，作『水之利害無以興除』。
〔八〕不行　據同上，『不行』作『不可』。
〔九〕有　《叢書集成初編》本，『有』作『猶』，據改。

〔一〇〕妄紿　《叢書集成初編》本，作「罔紿」。
〔一一〕可耕　《叢書集成初編》本，作「不耕」。
〔一二〕牌　《叢書集成初編》本，「牌」下有「涇」字，據加。
〔一三〕開　《叢書集成初編》本，「開」作「云」字。
〔一四〕愈於　「愈於」下加「昔時」，據《叢書集成初編》本增。
〔一五〕主租　據同上，作「王租」。
〔一六〕丈尺　據同上，「丈尺」之下有「之料，功力之費」，明刻本似有脱漏。
〔一七〕居　「居」改「車」，據同上。
〔一八〕水　此「水」爲衍字，據同上。
〔一九〕暗都剌　四庫本作「温都爾」。
〔二〇〕忙古觪　四庫本作「蒙固岱」。
〔二一〕山住子　四庫本作「沙克珠咱」。
〔二二〕董八都兒子　四庫本作「董巴圖爾」。
〔二三〕哈剌觪　四庫本作「哈喇岱」。
〔二四〕鐵哥　四庫本作「特爾格」。
〔二五〕也里可温答失蠻　四庫本作「伊囉勒琨達實密」。
〔二六〕明里答失　四庫本作「明埒達實」。
〔二七〕達魯花赤　四庫本作「達嚕噶齊」。

〔二八〕欽察台　四庫本作『奇徹台』。

〔二九〕旭萬傑　四庫本作『舒瑪爾節』。

〔三〇〕密蘭　四庫本作『密拉』。

吴中水利全書卷之十四

章疏

封章上達民瘼，自永樂至今，諸賢之條畫，畢萃於此，披覽欲揮賈生之涕。

［本朝］

夏原吉《浚治婁江白茆港疏》永樂元年上

欽差江南治水户部尚書臣夏原吉謹題：爲欽奉敕諭事。該臣奉命治水蘇、松等處，惟奉職不稱，重貽宵旰之憂，夙夜警惕，惟勤咨訪，欽承聖諭，愧感交集。臣與共事官屬，及諳曉水利者，參考輿論，得其梗概。蓋浙西諸郡，蘇、松最居下流，太湖綿亘數百里，受納杭、湖、宣、歙諸州溪澗之水，散注澱山等湖，以入三江。頃爲浦港湮塞，滙流漲溢，傷害苗稼，拯治之法，要在浚滌吴松江諸浦，導其壅滯，以入于海。按吴淞江舊袤二百五十餘里，廣一百五十餘丈，西接太湖，東通大海，前代屢浚屢塞，不能經久。自吴江長橋至夏駕浦，約百二十餘里，雖云通流，多有淺狹之處。自夏駕浦抵上海縣南蹌浦口，可百三十餘里，潮沙漲塞，已成平陸。欲即開浚，工費浩大，灩沙泥淤，浮泛動盪，尚難施工。臣因相視得嘉定之劉家港，即古婁江，徑通大海；常熟之白茆港，徑入大江，皆係大川，水流迅急。宜浚吳淞南北兩岸安亭等浦，引太湖諸水，入劉家、白茆二港，使直注江海。又松江大黄浦，乃通吳淞要道，今下流壅遏難流，傍有范家浜至南蹌浦口，可徑達海，宜浚令深闊，上接大黄浦，以達湖泖之水。此即《禹貢》三江入海之迹，每歲水涸之時，修築圍岸，以禦暴流，如此則事功可成，于民爲便。伏乞陛下俯采臣言，立賜裁決，容臣遵奉施行。

况鍾《請官治水疏》宣德九年上

直隸蘇州府知府臣况鍾，謹奏爲東南水患甚急，懇速遣官治理，以安民生事。臣竊聞蘇州之地，有三江五湖，及來守郡，按考形勢，稽核水道，除淺狹江湖不計外，合蘇、松、嘉、湖四府，撮其要害，其湖有六：曰太湖、曰龐山湖、曰陽城湖、曰沙湖、曰昆承湖、曰尚湖，聯屬廣袤，凡三千餘里。其水東南出嘉定吳淞江，東出崑山縣婁江，即劉家港，東北出常熟縣白茆港。永樂初特命工部尚書夏原吉疏浚，水不爲患。今年久淤塞，一遇久雨，遂成巨浸，田皆没溺，民不聊生，國賦無辦。臣叨知府事，敢不據實上聞，伏乞陛下軫念時艱，仍遣大臣董督各官，於農隙發民疏浚，庶一方永賴，誦皇上德意無疆矣！

應能《申明水利職掌疏》弘治年上

直隸蘇州府水利通判臣應能謹奏：爲敬循職掌，興修水利，裕國足民事。竊見姑蘇一郡，昔稱奥壤，數郡之水，西南散流太湖。湖東洩入松江，以至于海，但遇久雨連綿，湖溢江壅，諸邑低下之田，悉皆浸没。雖北壓大江，東抵巨浸，河渠固多，而年久湮塞，勢莫能分。嘗觀古人疏導，必使諸水往東南者，入於松江；又東北者入于大江，則各府之水，可至於海。爲今之計，莫先于禁曠職，擇耆老，則官得人以專職而無曠，耆得人以領工而無廢矣。合用人工，必擇農隙，就于有田之家。每百畝修岸三丈，淘沙亦然。無田之處，亦于正、二、三月，該賑飢之時，每日驗口給米三升三合，亦照丈數分撥挑築。及水利詞訟，衙門問犯，徒杖罪名，俱照後開丈數，勒限押發修築，不容收贖。食既有糧，而工又有力。若糧塘一年以上，該里仍有岸壞沙積者，罰修水岸一十丈，革役做工二年疏放。縣官一年以上功不及三處者，罰俸三月；三年無功者，須知之年註以罷軟。州官一年以上功不及五處者，罰俸五月；三年無功者，須知年註與縣同。府職一年以上功績不及七處者，罰俸七月；三年無功，須知之年註與州同。中間若果有功績顯著，超異衆職，乞敕撫（巡）［按］〔二〕并水利憲臣等官，量才旌擢，以勵其餘。若有豪强占恡，不服清理者，并祈皇上申飭工部，轉行巡撫、憲臣與臣等，同心糾察，以警將來。如此則旱澇可防，秋成可望，東南財賦供餽皆足以充其用矣。小臣念切時艱，瑣瀆聖聽，拜疏可勝悚仄，待命之至。

楊廉《請治東南水利疏》弘治五年上

南京户科給事中臣楊廉等，謹題爲應詔直陳東南水患，懇乞命官浚治，以固根本事。臣等竊見近年東吴西浙，水災相仍，穀米踴貴。説者謂蘇、松、嘉三府，財賦所出，當天下之半，實國家之外儲也。而其地極下，《禹貢》所謂震澤者，其今蘇州之吴縣、吴江；常州之無錫、武進、宜興；湖州之烏程、長興等縣，瀦蓄霅、苕、天目之水，繇吴淞等三江入海。胡元時〔二〕疏浚最勤，民受其利。今淤塞不通，豪右復築之稼穡其上，遇雨水稍多，則無所傾泄，泛濫稽天，數郡良田并受災害，小民坐累無秋，艱措國賦。有司非不欲浚治，而阻于工費，制于豪右，束手觀望，卒不能成。兹皇上以災異求言，留都密邇時務，孰有急于此者。伏乞敕下該部，亟行所司，相度震澤入海故道，設法疏浚。仍令各處導渠修堰，以備旱澇，東南幸甚，天下幸甚。

葉紳《請設水利重臣疏》弘治七年上

吏科給事中臣葉紳謹奏：爲三吴飢饉薦臻，民生可慮，國計難圖，乞敕專官治水，以興大利事。臣惟直隸之蘇、松、常，浙江之杭、嘉、湖，約其土地雖無一省之多，計其賦税實當天下之半，况他郡所輸猶多雜賦，六郡所出純爲粳稻。郊廟之粢盛在此，内府之珍膳在此，百寮之俸給、六軍之糧餉在此。至於京師士庶以億萬計，亦皆待飽于餉給之餘。是六郡之賦税，誠國家之基本，生民之命脈，不可一日而不經理也。若水道不通，爲六郡農田之害，其所係亦重矣。夫天目諸山之水，瀦爲太湖，而六郡環乎其外，太湖之水，又繇江河以入于海。聞昔人于溧陽則爲堰壩而遏其衝，于常州則穿港瀆以分其勢，於蘇、松則開江河以導其流。惟是入海之處，潮汐往來，易于湮塞，故前代或置開江之卒，或設撩淺之夫，以時浚治，僅免水患。歷歲既久，其法廢弛，遂致諸湖巨浸壅遏于中，江河故道淤漲于外。土民利其膏腴，或堰而爲田，或築而爲圍，上源之來者不衰，而下流之去者日滯。是以川澤浸盈，經冬不涸，圍田沮洳，終歲不乾，加以夏秋淫雨浹旬，山水横發，渰没田疇，漂淪廬舍，固其所也。方弘治四年一澇，五年復澇，幸而六年頗收，稍得蘇息，而今歲大水視昔尤甚，六郡人民，流離困苦不可勝言。即今撫按等官。相繼論奏，伏望聖明以糧儲爲國家之大用，水患爲東南之大害，於廷臣中選差有才力、通曉水利者一二員，授以節鉞，重其委任，前去會同撫按官，講求民瘼，設法賑恤。軍需之可停者停之，逋負之可蠲者蠲之。俟民心稍定，民困稍蘇，然後指定地方，分投相視，何地爲山水入湖之衝，何港爲太湖入海之道，自源徂流，一一按究，然後相與度其經費，量其事期，然後大加浚治，務使下流得以宣泄，而上源不致泛溢。然當此飢歉之際，欲興大役，若非任事者處得其道，則民力不堪，不能不重困也。臣本吴人，目擊心傷，仰見皇上治先根本，據實上陳，伏祈敕下該部，允覆施行。

徐貫《奏報開浚吴淞江等處工完疏》弘治七年上

欽差提督江南水利工部尚書臣徐貫謹奏：爲開浚功成，據實奏報，以慰聖懷事。切惟東南地勢低下，水患自古有之，永樂初年，水復漲溢。太宗文皇帝命户部尚書夏原吉大加疏治，方得止息。逮今九十餘年，各處港浦仍復湮塞，爲患滋甚。仰惟皇上軫念地方，命臣等與從行主事祝萃，會同巡撫右副都御史何鑑，督令蘇州府知府史簡，設法修浚，蓋將拯墊溺之民于衽席之上，化魚鱉之區爲稻粱之域。

臣等敢不罄竭駑鈍，以圖仰副聖意。用是夙夜不遑寧處，相度施工。竊見嘉、湖、常、鎮水之上流，蘇、松水之下流，上流不浚，無以開其源，下流不浚，無以導其歸。于是督同委官人等，將蘇州府吴江長橋一帶茭蘆之地，疏浚深闊，導引太湖之水，散入澱山、陽城、昆承等湖。又開吴淞江，并大石、趙屯等浦，泄澱山湖水，繇吴淞江以達于海。開白茆浦并白魚港、鮎魚口等處，泄昆承湖以注于江。又開七浦、鹽鐵等塘，泄陽城湖水，以達于海。下流疏通，不復壅塞。開湖州之漊涇，泄天目諸山之水，自西南入于太湖。開常州之百瀆，泄荆溪之水，自西北入於太湖。又開各斗門，以泄運河之水，繇江陰以入江。上流疏通，不復湮滯。自弘治七年十一月十七日興工，至八年二月十五日工畢。幸而一向天氣晴和，人無疫癘，凡百衆庶，争先效勞，即今水患消弭，人無墊溺之憂，田有豐稔之望，列郡士民，莫不慶抃。是非臣等之能，皆皇上盛德大福，廣被東南之所致也。今將修浚過港瀆，畫圖貼説，謹具奏聞。

秦慶《上治水事宜疏》弘治七年上

禮部應會試舉人臣秦慶謹奏：爲東南水利已設專官，懇乞聖明，加意督浚，以垂永利事。臣惟國家財賦多出東南，而東南財賦盡繇水利。近年以來，列郡數被水災，民不聊生，推原其故，皆緣于太湖之溢，而太湖之所以溢，則因三江衆浦之失其道。撫按之臣皆相繼論列，蒙皇上軫念地方，特命工部右侍郎徐貫來總水事。凡通湖達海隘口支川，無不疏治，一時水患十去八九。然臣以爲疏導之利，雖已弘于一時，而經制之宜，猶未及于永久。惟昔之善治水者，每于平成之後，必立宣防之法。如近代撩淺、開江等卒，亦皆制置有定，浚治有常。是以當時利興而害去，國富而民安。臣以爲今當略仿前制，思患預防，乞敕該部，轉行巡撫及水利官，督率府縣治農官，遍詣三江各浦地方，相視要害，講求便宜，用其土著之民，專習搜淘之事，免其别差，著爲定令，仍須往來勸督，驗其工程，以行賞罰。務使水道不復壅遏，旱澇不能爲災可也，經久之道，莫善于此。臣本書生，仰見皇上注意民生，昌言無諱，伏祈敕下工部查議。臣奏果非虚妄，覆請聖旨允行，東南幸甚，國計幸甚。

姚文灝《條上水利竅要疏》弘治九年上

欽差督理蘇松等處水利工部主事臣姚文灝謹題：爲敬陳治水竅要，懇賜允行，以副任使，以奏實效事。臣聞自古聖帝明王，功莫大于禹者，以其遭洪水，而致平成也。頃年以來，黄河決於淮北，三江溢于江南，患亦甚矣。蒙皇上軫念生民，特遣大臣，奔走治理。臣最謭陋，佐郡無能，荷恩拔擢工曹，獲備使令，竊圖報效，晝夜驅役于三江五湖之間。謹講求竅要六事，開坐上請，伏乞陛下裁擇，敕部議覆，容臣遵奉施行。臣愚幸甚，地方幸甚。

計開：

一曰宜設導河之夫。查得蘇、松等處地方，乃湖海交會之衝，水日往來，川壅泥沙，最易淤塞，若不設夫，歲歲開導，則目前縱有成功，匪久湮没，非永利之道也。乞敕下該部，劄行各該府，于所屬均徭，酌量派設，庶開浚有人，隨時呼遣，可常恃無恐矣。伏候聖裁。

一曰宜發濟農之粟。查得宣宗皇帝朝，巡撫侍郎周忱，留心民事，各屬建有濟農倉，多方儲蓄，以備旱潦，雖動支賑貸，尚有餘貯。今水利專爲民田，於濟農之義相協，合無查核倉粟，酌量充支浚導工費，似爲便益，伏候聖裁。

一曰宜給修閘之錢。夫閘以捍水爲蓄泄，古人意至周密，下釘木樁，上甃巨石，萬不容已。今欲省費，議爲土閘，必不可行，合無設處金錢，計值給科，以裨永久，且免滲漏，而蓄泄均有賴矣。伏候聖裁。

一曰宜開議水之局。查得蘇、松等處，雖曰具區亭毒，然百川赴海，源委支幹，諸凡治浚事宜，及設處工費，不獨臣愚不能窺測，即郡縣諸臣，聞見亦各有限。唯博洽宏儒，高年父老，考究精詳，合無設局延攬，如果有深謀碩畫，何妨折節隆禮，採詢所長，匡扶不逮，此至緊一着也。伏候聖裁。

一曰宜重農官之選。查得蘇、松等處府縣，水利官雖以治農爲職，率皆庸懦亡（如）［知］〔三〕，詢以修治，茫然不省。蓋緣吏部循照資格，泛爲授任，及任使不稱，降斥隨之，然地方事誤矣。合無于銓除陞擢時，必遴選才識優長，諳習水利，方補是職，俟有勞績，破格顯庸，則事以官重，官以人重，奏效不難矣。伏候聖裁。

一曰宜專農官之任。查得府縣水利一官，奉旨添設，專爲治農，不預他政。近乃競營別差，地方亦以爲故常，而職業曠廢，殊于設官之初意相倍。今既重水利，則農官并不許管理別務，違者容臣參處，伏候聖裁。

謝琛《興修水利疏》正德五年上

巡按直隸監察御史臣謝琛謹題：爲興修水利以備民患事。臣惟朝廷以貢賦爲重，百姓以耕稼爲本。照得蘇、松、常、鎮四府地方，先因正德四年七月，被水爲災，渰死禾稼。已該巡按管糧御史節次奏蒙准免正耗糧米數百萬石。臣切爲朝廷憂之，飢民至食草根樹皮，傷損成疫，死亡無數。臣又爲百姓苦之，今年三四月間，前項積水不見盡消，近湖邊江之田，尚爲巨浸。至五月初旬，又遭大雨十日十夜，不少停止，新舊之水，併力爲凶，渰没在田秧苗，漂壞官民房舍，不可勝言。除已具題外，自本月下旬以來，天色已霽，雨暘亦時，似有年豐之兆。前項水勢，久不少退，其伉阜得種之田，稻苗頗有所望。其金壇、宜興、崑山、長洲各縣，近湖邊江處所，至今汪洋無際，即其眼前之播種有誤，又可以知其秋來之收成不得完全也。夫東南地氣蒸濕，春夏之間，十日半月之雨，亦爲常事。其各府田畝，所以不得播種者，或者病其前雨之久，臣實病其水利不修，積水不退之故也。使其水利修理，則天雨雖久，而水道流通，雨收水退，而播種復舉，何至有農事之誤耶？近因巡歷各該地方，獲覽地形高下之勢，參對前人水利之論，而略知一二。臣俯伏爲陛下陳之。

浙西爲區，勢本卑下，天目諸山西來之水，衆多深長，然皆歸之太湖，即古之所謂震澤也。震澤之水再流而入于陽城、昆承、澱山、三泖等湖，其性本皆欲東也。三代以前，土廣人稀，專以治水爲急，故神禹相地分流，疏其東北入海者，爲婁江。東南流者爲東江，併松江爲三江，以分泄之，自是不聞有水患之説矣。後世人稠地少，海塘一築，其近江淤肥之地，悉成膏腴之田，而東江之故道塞矣。繇是欲之東江之水，逶迤北旋，會入松江，而趨下之性遲矣。故後人於常熟縣之北，開二十四浦，疏而導之揚子江。又於崑山縣之東，開一十二浦，分而納之海，皆所以補東江不通之力也。又慮潮沙易於淤塞，各於浦口置立板閘，潮來則扃之，以禦其泥沙；歲旱亦扃之，以備其灌溉。又於閘外或設開江之卒，或設撩淺之夫，亦皆所以決壅塞，而防泛溢也。宋元以來，累累差官督治，動經費用錢糧數百餘萬。蓋凡有興作，必有利害，大抵智謀經畫之士，就其彼重於此者，而舉行之。國朝永樂年間，尚書夏原吉奉命專理其事，區畫經度，如開浚劉家、白茅二港，甚合古人之法。自後七八十年，朝廷之貢賦不虧，百姓賴以安堵者，先朝任用夏原吉之力也。弘治七年，工部侍郎徐貫亦奉命繼理其事，比有通判姚文灝以輔之，一時疏浚之法，亦有次第，惜乎小就自畫，而不能爲轉身之計。舊制板閘、夫卒之設，圍岸之築，皆未全備，是以迄今十二三年，而諸浦之壅塞如故，識者恨之。近年雖有帶管僉事，官既不專，名亦虚設，以至一二年來，水利日廢，水患歲甚。若不及時整理，將見諸浦之壅塞日堅，而後日之工程愈大，朝廷之貢賦歲虧，而各府地方，將爲魚游鱉處之地矣。近者朝廷因見各府錢糧不完，盜賊漸起，而於管糧捕盜之官，特設專理。臣愚以爲水利一興，則稼穡歲登，稼穡歲登，則貢賦自完，而百姓將有含哺鼓腹之樂，豈肯故冒督徵之刑，與夫追捕之法耶？伏望皇上垂念各府財賦所貢，上而爲郊廟内府之供，下而爲百僚六軍之給，乞命廷臣計議，或敕見差僉都御史魏□兼整前事，或選命該部大臣一員，前來專理，隨之以家小之安，重之以便宜之柄，寬之以歲月，而戒其速成。盛之以使令，而分其煩瑣。趁今秋收之後，訪前代疏浚之規，爲來年水患之備，或憫被災疲民之動勞也，令其召收爲役，因施賑濟之惠。或計各府錢糧之空乏也，容其借取湝墅、北新等關課鈔，以湊支用，開諸浦以泄諸湖之水，復板閘以嚴啓閉之規，立夫卒以常其疏浚之功，築圍岸以防其横流之勢。錢糧工力雖曰費用浩大，然量此之出，計彼之入，或相倍蓰，或相千萬。姑即去年被災免徵之數以較之，其所得所費之孰爲多寡，從可知矣。

俞諫《請留關税浚白茆疏》正德七年上

欽差巡視江南水利都察院右副都御史臣俞諫謹題：爲敬陳水利事宜，仰祈聖明允發經費，以興大功，以垂永利事。伏見皇上以國家財賦所出，多仰給於直隸之蘇、松、常、鎮及浙江之杭、嘉、湖七府。近年以來屢被水災，圍田渰没，命臣前去會同巡撫都御史張鳳，親詣其地，逐一踏勘，以次興修。臣奉敕陛辭，逾江而南，即遍七府所屬地方，相形度勢，尋源溯委，而有以知東南水之大略矣。蓋太湖受廣德、溧陽、宣、歙、常、鎮、杭、湖諸州之水，匯爲巨浸，廣袤三萬六千餘頃。東溢爲澱山、昆承、陽城、巴城諸湖，繇三江入海，而湖之衍溢，則流注於蘇、松列郡之間。昔人以環湖地卑，築圍防以禦水，名曰圩田。沿海地高，開涇浜以通灌，名曰坦田。圍防、通灌之利興，而田稱沃壤，賦甲天下矣。自吴江長橋挽路作，而湖之咽喉失其利，自海塘南障，三江北折，而湖之尾閭失其勢。失利失勢能無壅溢之患乎？昔人開龍溪七十二漊、荆溪百瀆，以疏上流；開松江十八港，常州十四瀆，崑山、常熟三十六浦，并福山白茆港以泄下流。又有塘以行水，有渠以均水，有堤以捍水，有漊以瀦水，大小縱横聯絡通貫，皆所以利圍防，資灌溉，決太湖淫潦而達之江海也。然爲之者人耳，不能無廢塞之弊，亦不能不賴於修浚之功。故當時都水有監，營田有使，開江有卒，撩淺有夫，隨時浚治，一方賴焉。近年以來，水患相仍，水利無官經管，圍防湮没，涇浜壅滯，上流如諸漊百瀆，下流如三江諸浦，率及淺淤，以及昆承、陽城諸湖爲太湖之所瀦蓄者，又被居民圍田侵占，日就窒塞，遂使水無止宿，潦則難泄，旱則灘灌，一方之民坐受其弊，公私困乏莫甚於此。是宜有以來該部修復之議，廑九重宵旰之憂也。然其間有壅塞之甚，力役之殷者，如崑山縣吴淞江、至和塘，常熟縣金雞瀆、福山港，太倉州楊林塘、湖川塘、楊家浜、浪港、大半涇、張浦塘、薛涇塘、北海岸，嘉定縣練祁河，吴江縣長橋挽路内外河，華亭縣官路港、運鹽河、陳村塘、王家港、都臺浦、馬官浜，上海縣馬路塘、劉家河，武進縣桃花港、澡子港、古塘涇、洞子河、利大河，江陰縣石頭港、利港、新溝河，宜興縣百瀆，烏程縣大錢口、小梅口等處，皆工費浩繁，合用夫力各以數千萬計，而費之最大者，莫如白茆港。查得白茆港，開自僞吴張士誠，横廣三十餘丈，長亘九十餘里，藉以宣泄湖瀼，通引潮汐，備旱潦，爲一方之利。

迨入國朝，尚書夏原吉、侍郎周忱相繼浚治。弘治七年水患，命工部侍郎徐貫大加開浚，僅得一通，尋復淤塞。嗣是弗葺，隱然成堤矣。臣往來海濱，徘徊其所，廉得所以塞之之故。蓋是港勢趨東北，吞逆海潮，其入處爲横沙所梗，承納處爲新田所礙，中流又爲鹽鐵、横瀝諸河，分流減勢居三之二。而潮汐泥沙，一日再至，港之命脈迂曲微緩，不足以衝滌之，遂致停積壅滯，日就淤塞，亦其勢有不能不然者。今不避橫沙，疏障礙均別派，棄迂從直，則隨浚隨塞，蹈前日之覆轍矣。臣看得是港，離海約十五里許，旁有姚家浜者，舊開通灌枝河也，東通小湖漕、六尺溝，至陶涇入海，其地形頗下，其勢趨東南頗順，其水道視舊港頗徑直，其去橫沙亦遠，若因而廣之，深闊與白茅稱，復疏通障礙，分決中流，會趨駛疾，計必可以滌潮沙而垂久遠。此議一出，皆以爲然，隨督同委官，逐一勘量，得是港自常熟縣東倉至姚家浜，深淺不等，共長一萬三千五百八十丈，面闊一十五丈。每丈用夫七名，計用夫九萬五千六十名。自姚家浜至陶涇口，長二千六百五十丈，開闊三十丈，深一丈五尺。每丈用夫一十五名，計用夫三萬九千七百五十名。通計夫一十三萬四千八百一十名，約四十日而成。每夫每日工食銀二分，共該銀一十萬七千八百四十八兩。築壩置閘，該木石灰鐵料銀一千餘兩。該開壞民田二十餘頃，查有新漲沙田，撥補遷改。民居墳墓百十餘所，官爲給助，民亦願從，欲便起工開浚。但查蘇、松等府倉庫皆虛，見在堪動官銀不過四千餘兩，况地方人民連遭災疫，逃亡數多，凋瘵之餘，瘡痍未復。今歲雖得稍改，中間尚有包賠荒棄之累，加以數年逋負，追併一時，若又重加前役，派取前費，不無逼民失所，致生他患。臣等酌量緩急，備行各屬委官，先將高鄉淤塞涇漕浜漊，低鄉坍没圩岸堤防，逐一查勘，照田多寡分派丈尺，督令得利之人，趁時浚築，及將前項諸漊百瀆江塘河港，以次開浚，隨宜修舉。其白茆港等處，欲候下年農隙興工，緣前項工費無從措辦。查得蘇州府庫，見有户部委官收寄滸墅鈔關，正德六年春、夏、秋三季，船料銀一萬二千四百八十九兩九錢三分，冬季并正德七年四季，船料約有一萬三千餘兩，及兩浙、兩淮運司，俱有存積餘鹽等銀，伏望陛下念東南財賦之重，憫斯民墊溺之難，特敕該部從長議處，合無將前項二年鈔關已未經收料銀，照數存留。仍於淮、浙運司查給官銀，以充前項工食之需，數内不敷，於蘇、松等府徵收。正德六年，分免剩餘米數内，量支補助，工完之日，通行造册奏繳。

許廷光《請重治水專官事權疏》正德十三年上

欽差巡視浙江等處都察院右僉都御史臣許廷光謹題：爲乞重治水事權，以興大利事。臣奉命于役東南，竊查得蘇、杭等府，本三吴澤國，厥田下下，賴自昔興修水利，所出財賦甲於天下，國家供億仰給於此。近年以來，水利官員裁復不一，興修事宜因革靡定，遂使有司視爲不急之務，豪强大肆侵阻之奸，震澤不流，三江失道，白茆累議而無功，海塘隨修而旋廢，每遇小水輒成大災，國賦虧賠，官民困弊，未有甚於此時者也。今蘇、松、常、鎮、杭、嘉、湖七府，雖設有管理水利郎中，緣地遠權輕，官民積玩，伏望皇上憐念東南郡縣，實國家萬年供億地方，乞敕該部從長計議，合無蘇、松等七府水利郎中，量加舉刺之權，以便行事，用警積玩。不然或效昔年運河故事，特設通政一員專管，則事體尤便，所費亦不加多，而國民利益當不可以數計矣。

吴巖《條上水利事宜疏》正德十三年上

工科都給事中臣吴巖謹奏：爲條列水利事宜，仰乞聖明留意，敕部早議，興利以裕貢賦，以拯昏墊事。切惟國家財賦多出東南，而東南財賦皆資水利，蓋水利不修，則田疇不治，五穀不登，而國用不足，其所關係誠非細故。近來東南地方，夏秋淫雨，山水横發，田疇渰没，諸郡之民，流離困苦，不可勝言。揆厥所繇，蓋以下流淤塞，圍岸傾頽，疏導不得其法，董治不得其人之所致耳。臣備員該科，謹將水利之切要者四事，開坐上陳，伏望皇上軫念東南爲財賦所出，民遭墊溺，敕下該部議處施行，豈惟臣等之幸，東南幸甚，天下幸甚。

計開：

一疏浚下流。浙西諸郡，蘇、松最下，太湖綿亘數百餘里，納諸山溪澗之水，散注瀼蕩間，繇三江以入於海。是太湖者諸郡之水所瀦，而三江又太湖之所泄也。若下流淤湮，滙水泛溢，渰没禾稼，爲害匪輕。爲今之計，要在相其利害，爲之區處。如白茆港、七浦塘、劉家河皆蘇州東北泄水之巨川。如吴淞江、大黄浦皆蘇、松南北交境泄水之大道。而吴淞南北與白茆諸港浦之兩傍，又各有支渠，引上流諸湖瀼之水，以歸於其中，而並入於海。就其中論之，蘇之七浦塘、劉家河、松之黄浦，并皆深闊通利。惟白茆自弘治七年疏浚之後，已二十五六年，吴淞一江，自天順間疏浚之後，六十有餘年。聞之白茆潮沙壅積，勢若丘阜，吴淞江僅如溝洫，舟楫艱行，其傍渠支港，亦多湮塞。下流既壅，上流曷歸？加以淫雨，能不泛溢？此利害之顯然可見者也。今誠能浚白茆一港，通利如七浦、劉家河，則蘇州東北之水，有所歸而不移矣。浚吴淞一江，通利如大黄浦，則蘇、松南北兩界之水，有所歸而不積矣。蘇、松之水既各有歸，則引吸上源太湖之水，不至壅溢，而向來瀼蕩沮洳，滰浸之土，皆出而可耕矣。伏候聖裁。

一修築圍岸。臣考之宋范仲淹嘗論於朝曰：『江南圍田，中有河渠，外有門閘，旱則開閘，引江水之利，澇則閉閘，拒江水之害。旱澇不及，爲農美利。』是知圍田全仗乎岸塍，岸塍常利於修築，修築堅完，旱澇有備，否則反是。臣願自今以後，每歲農隙，治農之官督令田主、佃户，各將圍岸取土修築，水漲則專增其裏，水涸則兼築其外，務令高闊堅固。遇旱則車水以入，澇則戽水以出。如此則水旱有備，而高低之田皆熟矣。伏候聖裁。

一經度財力。臣惟興水利必資乎財力，而財力必取之民間，凡遇工程一概科歛，則未免府縣派之里甲，里甲派之細民，騷動鄉村，鮮有不怨。臣以爲水利爲田而興，則財力亦必計田而出，凡有田之家，不拘官民，每田一畝，科錢一文，每田一頃，科錢百文，若田至萬頃，則該錢百萬。不但積少成多，抑且衆輕易舉，實爲經久之計。又必於每歲秋成之時，折收白銀徵解各府官庫。仍將數目造報水利官處，遇有興修，聽候動支，不許別官借貸。倘工程浩大，支用不敷，聽於官庫無礙錢糧内動支凑用，如再不敷，會計明白，備繇奏聞區處。如此則費有所出，而功易成矣。伏候聖裁。

一隆重職任。臣聞永樂初年，東南嘗大水，命户部尚書夏原吉治之，著有成績。至弘治間，東南又屢有水患，工部侍郎徐貫總理其事，有司迎合，惟圖目前，曾未幾時，而白茆等處已皆湮塞，連年災荒，未必不繇於此。自是以後，水利官員裁復不一，然位小權輕，官民玩愒，職業不舉，無怪其然。近該巡視浙江僉都御史許廷光奏乞欲仿運河故事，特設通政一員，專管水利，誠爲有見，但須該部推舉素有才望、諳曉水利大臣一員，兼以憲職，專一督理水利，大加挑浚，圖維永久。其中利所當興，弊所當革者，悉聽便宜處治，不許各官阻撓行事。又必務見成效，方許不次超遷，以旌其功。如此則官有特設，而人不玩，責有所歸而功易成矣。伏候聖裁。

工部覆奏 附

工部尚書等官李鐩等，看得巡視浙江都察院右副都御史許廷光題稱：江南水利，數年以來官員裁復不一，事宜因革靡定，一遇小水，輒成大災，要將管屯僉事帶管蘇、松等七府水利，添設通政一員專管一節，與都給事中吴巉所議前項水利，要推大臣一員，兼領憲職，前去專管，大意與許廷光所議相同。於内指陳白茆港、吴淞江兩處尤係緊急，水患修治之所當先，其所條陳疏浚下流，修築圍岸，經度財力等事，區畫周悉，皆興利除害至計，相應依擬。然爲政在人，其所擬推選大臣職專其事，尤爲水利首務，前此或委僉事，或差郎中，非不用心，但勢輕人玩，事多掣肘，以此迄無成功。失今不爲善處，則水患日深，民瘼日甚，關係匪輕，合無候命下之日，本部會同吏部，從公推舉識見宏遠、諳曉水利、素有風力憲臣二員，疏名上請簡命一員，本部備開各官所題事件，請敕一道，令其前去，會同彼處巡撫、巡按，督同各該司、府、州、縣、衛所掌印及水利等官，親詣白茆港、吴淞江等處地方，拘集土著年高士民，尋訪水勢利害源委，相度地里下流作何疏浚，圍岸作何修築，合用工料人夫，逐一估計停當，物料作何措辦，人夫作何起倩，選委能幹軍衛，有司會同水利官員，分投督理用工。應挑浚者，務要深闊，應築砌者，務要堅厚，使旱潦有備，水利疏通，田疇無恙，生民樂業，一勞永逸，刻期成功，斯稱委任。其承委官員，果有勤能出衆，先行成功者，從公會舉，以憑陞賞。不職僨事，因而科擾軍民，及勢利之家，覇占河灘水利，阻撓行事者，徑自究問參奏。一應河道利害所當興革，議有未盡者，悉聽從宜計處施行。重者具奏定奪，工完之日，將起倩過人夫，築浚過塘岸丈尺，用過錢糧數目，備造黄册一本，奏繳青册一本，送部查考。

李充嗣《請預處開浚工費疏》正德十四年上

欽差總理糧儲兼巡撫應天等府地方、太子少保、工部尚書兼都察院右副都御史臣李充嗣謹題：爲預處財用，以興修水利事。該臣奉命兼督水利，查得蘇、松、常、湖等府，太倉州等地方，如吴淞江、劉家港等處，橋浦河瀆，各有應該挑浚、疏泄、修築、整理去處。每處閘壩椿、草、灰、石、物料、人夫、工食，各動以萬計，銀亦不下千餘兩，皆當於每年農隙水涸之後，次第舉行。若而震澤之衝，衆水所會，通泄下海，以收東南諸郡之利最大且急者，則當以白茆港爲首務。若非假之以財力，濟之以寬紓，固未有能濟者。況白茆港橫沙淤塞之久，排決利導之難，則凡人夫、工食、日用之費，顧不大倍往昔哉！臣查照給事中柴奇奏准事例，備行各府，每里編僉導河夫一名，每名出銀六兩，如其不足，預編一二年，以周急用。又查照給事中吴巘奏奉欽依每田一畝，科錢一文，每田一頃，科錢百文，秋成之時，折收白銀，解府貯庫支用，其實衆輕易舉，行據各府申稱適當。民窮財盡之秋，若復如此，差徭愈加繁重。臣又復交併追徵，以資急用，不惟緩急誤事，抑恐民命不堪。乞敕該部仍准將滸墅鈔關，船料銀兩并兩浙、兩淮運司鹽銀，或抄没叛賊錢寧等，入官贓銀，量爲給發十餘萬兩，以充前項工食物料支費。如或不敷，聽臣仍查所屬各衙門應支椿、草、銀錢，并無礙贓罰官銀，及量行增添均徭銀兩，或催河夫田畝銀錢充用，庶幾臣得以分工勒限，盡力畢志於溝洫畎畝之間。若果僥倖成功，一勞永逸，量此之所出者，不過什百之一二，而較彼之所入者，循年作貢，挽輸運納，殆源源其無窮矣。伏乞聖明鑒裁，旨下該部議覆施行。臣不勝激切待命之至。

李充嗣《請設分理部官疏》正德十四年上

欽差總理糧儲兼巡撫應天等府地方、太子少保、工部尚書兼都察院右副都御史臣李充嗣謹題：爲懇乞添差官員，以興修水利事。該臣奉命兼督水利，夙夜殫心竭力，然惟自古建立事功者，多敗于自用之人，常成于多賢之助。顧臣以獨力而興大工，兼以文移浩繁，不可乏人辦理，仰祈聖明俯鑒。臣愚心思耳目有限，再添差工部素有才幹官二三員，以協修水利，及添撥書吏二名幹辦文移，庶幾贊襄有人，而修浚可圖矣。倘蒙皇上慨允，敕下工部，會同吏部速行議遣。臣不勝翹首仰望之至。

馬禄《請添部臣督開白茆疏》嘉靖元年上

巡按直隸監察御史臣馬禄謹題：爲東南水利重大，疏浚政繁，懇乞添差部臣協理，以期實效事。該臣奉命巡按江南四郡，所關國計民生者，皆得與聞。切照蘇、松地方乃天下財賦之所自出，近年以來苦爲水患，糧運缺乏。臣憂心如焚，詢諸士民，咸云水道壅遏，農田受害，幸蒙皇上南顧煢黎，特敕工部尚書李充嗣不妨巡撫事，提督浚治。但臣訪得三江之外，尚有常熟縣地方，曰白茆港，通于大海。數十年來潮沙湮塞，若此港一開，則蘇州北境，分蠡湖、華蕩、昆承、陽城諸湖，澇可注於海，而旱可引之田。顧此舉工程浩大，雖尚書李充嗣才望素優，廟堂推重，固可專責其成。但巡撫一官，地方百責攸萃，且興工之地，非其久居，恐因此而誤彼。合無查照舊例，旨下吏、工二部，推舉夙有才猷風力郎中或員外郎一員，請敕差遣駐劄常熟等處，相時度勢，專一綜理其事。則水利可興，官無廢事。臣愚不勝惓懇。

李充嗣《奏報開浚各項工完疏》嘉靖元年上

欽差總理糧儲兼巡撫應天等府地方、太子少保、工部尚書兼都察院右副都御史臣李充嗣謹奏：爲恭報興修水利工績，懇乞聖明查核，并陳善後事宜，以裨永遠事。臣受命以來，夙夜兢惕，深慮前項事情重大，非獨力所能成。乞添差官，共圖供職。吏部以工部署郎中林文沛、顏如環，督同掌蘇州府事，河南左參政徐讚，親詣白茆港、吴淞江等處，相度會議。以白茆工役繁重，蘇州當任其二，常州、松江分任其一，嘉興、湖州則協任其一，而常熟以附近，獨當其半。以吴淞江利歸蘇、松二府，其工役之費，則分派二府所屬州縣與之協濟。杭、嘉、湖、蘇、松、常、鎮各府地方，應該開浚河道、河泊、港汊，及應修築圩岸堰壩等項，分委署郎中林文沛、顏如環，督率各該掌印水利等官，次第舉行。白茆港自海口至雙廟，河形緣在海灘漲沙填壅，難以用工，隨議改就東南方平陸開挑共起，到該府所屬一州七縣，并崇明沙守禦千户所，軍民人夫三萬七千七百二十二名，委官管督，開過平地三千五百五十六丈。自雙廟西至官莊匯，河形淺窄，幾如平陸。又起過蘇、松、常三府所屬州縣，及蘇州、太倉、鎮海、金山等衛所，軍民人夫三萬七千二百八十八名，委官管督，開過故道六千一百七十七丈。自官莊匯西至常熟縣東倉，河形雖在，亦極淺塞。又起該縣附近人夫二萬二千九百八十二名，委官管督，開過舊河二千六百五十八丈，通計長一萬七千三百九十一丈，深始八尺，加至一丈五尺，闊始二十八丈，加至三十三丈，俱於正德十六年十月興工，至嘉靖元年四月工完。議照本河舊有備倭軍營，及巡簡司，應該遷改新開河口防禦。又新添設水利衙門、倉房、龍王廟，共計屋一百二十三間，亦支官錢修蓋。及照海口潮沙易壅，應置石閘一座，以備旱澇，伺秋冬水落，方可興工。又勘得白茆上流尚湖、昆承、陽城各湖涇漊，係本港咽喉，督府縣官以常熟、崑山、長洲三縣得利，人夫開過昆承湖口時，涇塘、新開洪、草鞋浜、蘇家浜、南北上洲洪、中洪、周家洪、東西錢港、尚湖口、朱涇、河界港、陽城湖口、雙漕浜、姚曹漕、新開稍廟涇、東橫涇、西橫涇、張莊漊、武城涇，共一十九處。緣陽城湖水，經斜堰枝分七浦塘，則白茆流勢因之少殺。又委官以常熟、崑山二縣人夫，築斜堰壩，仍備銀一千兩，發蘇州府貯庫候壩造閘支用。其宜興縣百瀆，受荆溪之水，會太湖亦入白茆港瀆。又委常州府調宜興人夫浚烏涇等瀆，共六十三處。以武進、無錫、江陰三縣人夫，開過桃花港、龍蕩港、九曲龍河、城塹河、申港、利港、橫河、市河共八處。其原委獨管蘇州府常熟等縣，并分管太倉州及崑山、吴江二縣，浚過枝河共五百六十三處，共長三十七萬七百三十四丈；築過官塘圩岸共三千五百八十三段，共長一百九十一萬八千七百一十五丈；造過堰壩九十六處，共長六百六十丈，并橋一座，通用人夫三十一萬四千四百二十八名。于正德十六年十一月興工，至嘉靖元年五月工完。及據署郎中顔如環呈稱，督同掌蘇州府事、左參政徐讚，松江府知府孔輔等覆，相度吴淞江上流，自吴江縣起，至崑山縣下駕浦，下流自嘉定縣舊江口起，至上海縣黄浦口，俱通利無礙。惟下駕浦至龍王廟止，舊江口俱淤塞，幾如平陸，應該開浚。共量長六千三百三十六丈，議開一十八丈，深一丈二尺，以蘇、松二府人夫共四萬三千七十八名，委官分投管督。於嘉靖元年正月興工，至本年二月工完。其下駕浦、新洋江二河，與吴淞江交會之處，横引江水，斜趨婁江，以致吴淞水弱，不能衝激污泥，抑且二河通引渾潮倒流入江，與江下流日相抵撞，易成淤積。合于二河交會之處，創造石閘，節制江流，使不斜趨，阻遏渾潮，使不倒流，庶幾此江永無後塞之患。及看得三吴之水，西北自宜興荆溪百瀆入，西南自湖州苕、霅二溪分流七十二漊港以入。其下流則自吴江長橋等處，流入澱山、昆承、陽城等湖以入三江，而澱山湖則分入趙屯、大盈、道褐、大石等浦，以入吴淞江，并泄于海。頃因水政不修，前項漊港、湖泊、浦瀆俱久湮塞，以致湖水泛溢，不繇故道。又經督率湖州府官，開浚過大錢、小梅等河，并七十二漊港。蘇州府官開浚過長橋等處湖河，崑山、上海二縣，開浚趙屯、大盈、道褐等浦。及據杭、嘉、湖、蘇、松等府，并所屬太倉等州，歸安等縣，各申呈開挑過各該管地方，東七千，西八千，及疏浚過各枝河、港浦、涇浜、河道共長七十萬六千七百九十丈，并修築過田圩、江湖、塘岸共三千八百四十二段，通長二百七十六萬四千四百九十三丈。閘座壩堰五十處，共長七千七百二十七丈，共用過人夫三十二萬六千五百五十五名，俱于本年正月興工，三月終工完。再行探索窮究水利源委，通塞利害，以至古今修理因革事宜，舉措方略，分别綱領條目，纂集成書，以彰陛下嘉惠東南，維新之盛治。俱另行外，臣惟三吴水利興廢不常，設或再行舉措，不無乏財之慮。臣欲行令蘇、松、常、鎮所屬州縣，每年量派導河夫銀掌印官，同治農官徵收貯庫，專備水利修理支用。再仿古制，備行該府造小船二十隻，每年于均徭内查編撈淺水夫四十名，置鐵掃帚、浚川杷各二十副，專委水利官監督，不時爬洗，庶潮沙不致壅積。每遇農隙，各治農官督工修浚，仍通行約束，不許别差占及營求管事。其水利郎中循行提督七府地方，凡有益于水利事宜，關係運河重事，以時修浚，悉聽巡撫官節制，仍乞敕下巡按御史，年終親臨閲視一次，稽考勤惰，據實奏報，以爲黜陟。庶人知警畏，法立能守，二河之利，民將永賴于無窮矣。臣不勝激切顒望之至。

沈啓曰：按治水工程，此舉最大，止開白茆一港，其他河港無浚，圩塘無築，虚數奏報。疏内所開江湖水道，間有舛錯，徵諸宋元及本朝夏忠靖等疏，不辯自明，工費萬計，而《水利集》亦未纂成，徒託空言，堪爲嗟惜。

周鳳鳴《條上水利事宜疏》嘉靖十一年上

大理寺左寺丞臣周鳳鳴謹奏：爲敬陳東南水利便宜，仰祈鑒允，以固萬年根本事。臣惟今日之計，固惟西北爲急，其患實在于東南。東南之患固惟賦税爲難，其病實在于水利，夫所謂水利者，除水之患，以通溝洫之利也。是故蓄泄以時，旱潦有備，賦税不虧，則國用自足。今天下賦税，大半出于東南諸府，而蘇州一府，歲輸税糧二百八十萬九千餘石，比之諸府，居十之七八。其在水利，比之諸府爲尤急。蘇、松所屬地方，承受震澤下流，田最下下，一遇水澇，受患尤深，實惟水利不修之故。臣謹條陳水利六事。

一曰復專官以圖責成。臣惟蘇、松等府州縣，原俱設有治農官，管理水利。近令浙江僉事帶管，因本省地方廣闊，蘇、松寫遠，勢難兼理，每歲經臨一次，不過取治農官執結，况係隔省。直隸知府等官亦不甘心奉行，以是日見廢弛。以臣計之，府州縣正官職守煩重，治農佐貳事權既輕，必須專官督理，合無查復。弘治年間事例，或照姚文灝主事一員，或照傅潮郎中一員，或照謝琛副使一員，專一督理。仍乞特敕巡撫應天等府都御史，加意提督。惟復查照都御史俞諫事例，乞簡命素有才望大臣一員，前去督理，假以事權，寬其期限，務令着實興修，果有成效，方許回京復命。

二曰疏海口以導下流。臣惟治水之法，必下流通利爲先，近歲尚書李充嗣，浚白茆港以入海，而白茆之水尤爲駛急，實惟吴中之利。但白茆新浚之時，工程甫畢，潮汐驟至，原留港口堰壩，一時開浚不及，數年以來，渾潮日澱，積有淤沙，横障海口，以致上流勢緩，日漸阻窒。夫三江惟吴淞、婁江通利，東江久湮，所謂白茆港者，足補三江之一。乃者海口漸淤，失今不疏，竊恐將來愈難爲力，必須設法疏浚，仍查撥導河、撈淺等項夫役，隨潮掃滌，務使海口常通，則吴中水患自少矣。

三曰浚支河以修圩岸。臣惟吴中之田，近湖沿江，地皆卑下，平時積水已多，一遇久雨，衆水畢集，常有水患。近山沿海，地皆高阜，不能引江湖之水以資灌溉，常有旱災。然以大較論之，畏澇者十之七，畏旱者十之三，高田少而易治，低田多而治難。昔人治高田之法，有塘、有漊、有潭，凡瀦水以灌田者皆是也。其治低田之法，則繞田四圍築堤，謂之圩，圩者圍也。内以圍田，外以圍水，蓋低鄉支河之水，容受衆流，比田反高，而田反在支河水面之下，若非圩岸以圍之，而支河不通，則蕩然巨浸，遂不可田。是故低田賴圩岸支河，甚於都邑之賴城池也。吴中賦税歲多逋負，固繇災傷，不可盡諉之天時，亦繇人力未盡，正謂浚支河、修圩岸是也。近歲既浚吴淞、白茆，以泄震澤之水，爲今之計，必須開浚支河積淤之土，因以修築舊坍之岸圩，務令堅實高厚，足禦湍急之流。工程簡易，則隨田出夫；十分浩大，則通融處置。在當事之大臣任之，實今日水利第一切務也。

四曰虚長橋以決壅滯。臣惟吴江有長橋，其長數里，横跨震澤東南之濱。舊本木柱駕橋，以通陸行，疏徹湖水，衝激三江之潮淤以入於海。元季易爲石橋，爲洞門一百五處，洞門既狹，水勢復分，門狹故上流阻遏，勢分故下流散緩，以是吴中常有水患。迄今二百餘年，石橋漸淤，止有三四洞門可通舟楫，其餘茭蘆叢生，漲爲平田，遂致水勢轉於東北以入海。上流愈狹，則水勢愈遏，下流愈遠，則水勢愈緩。竊謂吴中大患必須從長勘處，或易爲木橋，或重加疏浚，務使一勞永逸之計，此實決壅滯之一策也。

五曰均夫役以便貧民。臣惟吴中水利，固惟浚支河、修圩岸爲急，究其本源，則支河淤塞，繇圩岸坍塌，圩岸坍塌，繇人力怠惰，而怠惰之弊，其故有三。小民一遭水澇，困於工力難繼，大户田連阡陌，病於顧理不周。間有小民佃種大户之田，謂非己業，在大户止圖取租，彼此躭誤，更不葺理。今欲興修水利，必先飭惰勸農，若使夫役不均，益滋民害。合無一應築圩工程，簡易者就於本圩有田得利人户，不分官民，一體計畝起撥。若工程浩大，通融處置，官爲顧募，亦不得尅減工價，勢家不得假借名色，討夫以便私圖，亦不得賣放營利。在官人不得包攬，有者聽督理官參究、提問、發遣。

六曰禁侵占以飭豪右。臣惟瀕江瀕湖去處，風浪險惡，因種護堤茭蘆，以防坍塌，本爲障水，邇來豪右假以護堤爲名，不分河港寬狹，輒種茭蒲、蘆葦，占爲茭蕩蓮蕩，或勾接商人堆貯竹木簰筏，或希圖漁利，張打攔扛網簖，停積泥沙，阻壞水利，甚者霸占灘塗，築成塍圍，因而墾爲良田。止將什之一二，報官起科，每畝亦止三升五升，徵之官者不多，而水道日隘，爲下流數十州縣之害。其大甚者則將傍田河港私築堰壩，阻截行舟，衹知利己，致隣圩之田蓄泄無所，其害尤深。若不嚴加禁治改正，恐害不除，則利不興矣。臣生長東南，目覩積習之弊久矣，此大臣不可不設也。伏祈聖明鑒允，敕下該部議覆施行。

朱隆禧《請修水利疏》嘉靖十二年上

行人司行人臣朱隆禧謹奏：爲奉使南還直述聞見，仰祈採擇，以俾國計民生事。該臣齎捧詔書前往南直隸地方，竊見吏治民瘼種種可慮，即道路聽聞亦有關切國計者，謹據實開坐上聞，倘蒙皇上俯採芻蕘，敕下該部議覆施行。

計開止摘載水利一款

一重水利。蘇、松、嘉、湖等處爲東南澤國，向設有水利治農官，朝廷德意可知也。乃今溝洫淤茹，圩堤崩壞，惰農蕪業，則官不循行之故，何怪乎民生日蹙，國課多逋。宜敕令巡撫衙門督率水利官，于農隙之時，持廉潔己，省騶從躬詣阡陌間，勸課農桑，通浚溝洫堤堰，務使旱潦有賴，則東南赤子並含哺鼓腹，早辦官税而歌太平矣。

吕光洵《興修水利疏》嘉靖二十三年上

巡按直隸監察御史臣吕光洵謹題：爲敬陳東南水利，懇乞聖明鑒允修治，以救民生，以裨國計事。該臣奉命巡按江南四郡，竊與撫臣丁汝夔早夜議畫，今天下大計，莫重于財賦，而蘇、松等府地方財賦所入，乃略當天下三分之一。繇其地阻江湖，民得擅水之利，而修耕稼之業也。近歲水利漸湮，有司者既不以時奏聞，而民間又不能自出其力，隨宜修治，遂至于大壞，而瀦泄之法，皆失其常。自嘉靖十八年以來，頻遭水患，而去歲尤劇，今年又值旱災，田皆荒落不實，無以爲命。伏蒙詔蠲常税數十萬石，又命郡縣發廪以賑之，恩澤甚厚。然困者未甦，飢者未飽，而公私儲蓄已空竭矣。萬一來歲雨陽少愆，民復告饑，又何以繼之。臣嘗巡歷各該地方，相視高下，詢問父老，頗得其説，輒敢陳之。

一曰廣疏浚以備瀦泄。蓋三吴之地古稱澤國，其西南翕受太湖諸澤之水，形勢尤卑，而東北際海岡隴之地，視西南特高。大抵高者其田常苦旱，卑者其田常苦潦。昔人于下流之地，疏爲塘浦，導諸湖之水，繇北以入于江，繇東以入于海，而又引江潮流衍于岡隴之外。是以瀦泄有法，而水旱皆不爲患。近來縱浦横塘多湮塞不治，惟二江頗通，一曰黄浦，一曰劉家河。然太湖諸水，源多而勢盛，二江不足以泄之，而岡隴支河又多壅絶，無以資灌溉。于是高下俱病，而歲常告災。臣謂治之之法，當自要害者始。宜先治澱山等處一帶茭蘆之地，導引太湖之水，散入陽城、昆承、三泖等湖。又開吴淞江并大石、趙屯等浦，泄澱山之水，以達于海。浚白茆港并鮎魚口等處，泄昆承之水，以注于江。開七浦、鹽鐵等塘，泄陽城之水，以達于江。又導田間之水，悉入于小浦，小浦之水悉入于大浦，使流者皆有所歸，而瀦者皆有所泄，則下流之地治，而潦無所憂矣。於是乃浚艾祁、通波，以溉青浦；浚顧浦、吴塘，以溉嘉定；浚大瓦等浦，以溉崑山之東；浚許浦等塘，以溉常熟之北；浚臧村等港，以溉金壇；浚澡港等河，以溉武進。凡岡隴支河堙塞不治者，皆浚之深廣，使復其舊，則上流之地亦治，而旱無所憂矣。此三吴水利之徑也。

一曰復版閘以防淤澱。河浦之水皆自平原流入江海，水慢而潮急，沙隨浪湧，其勢易淤。昔人權其便宜，去江海十餘里，或七八里，夾流而爲閘。平時隨潮啓閉，以禦淤沙。歲旱則閉而不啓，以蓄其流。歲澇則啓而不閉，以宣其溢。昔稱置閘有三利，蓋謂此也，然多堙廢，惟常熟縣福山閘尚存。臣訪諸故老，皆以爲河浦入海之地皆宜置閘，然後可以久而不壅。

一曰量緩急以處工費。往歲凡有興作，皆併役於一時，是以功未成而財力告匱。今宜令所在有司，簡勘某水利害大，某水利害小，某水最急，某水差緩，則興作有序，民不知勞，而工費之資亦可以先時而集矣。宜略仿宋臣范仲淹，以官糧募饑民修水利之法，行令有司查審應賑人數，籍其老病無力者爲一等，壯健有力者爲一等。無力者日給米一升，聽其自便。有力者日給米三升，就令開浚。各造册查考，則官不徒費，民不徒勞，所謂一舉而兩得利者也。以後年分，每於冬月募民興作，次年二月而罷，其費用或取之贓贖。大約三年而止，通計所費不過二三十萬，而水利大治矣。

一曰重委任以責成功。先時大臣奉命經理吴中者，凡數十餘人，惟正統間巡撫侍郎周忱功效最著，吴民至今思之，亦先朝委任特專，而歷年又久，故忱得以盡行其志。近遣大臣疏治，多欲以歲月成功，故雖賢者亦不暇爲國遠慮。臣願申明先朝委任周忱事例，特敕撫臣務爲長久之計。凡一應錢糧、夫役，與疏治經略之宜，工程緩急之序，聽其便宜從事，而責其成功。其府、州、縣有司官員，凡遇陞遷行取給繇者，皆考核其水利有績，方許離任。其遷延玩愒及處置乖方，費財僨事者，仍聽臣等隨時糾治，以勉勤恪，如是則事有定規，人有定志，而成功可期矣，此治水之要也。

然臣有三慮焉：臣聞群志難集，浮言易興，是以事每阻於旁撓，功多毀於垂成。臣竊見上流咽喉之地，淤澱豐衍多爲民間所據，一旦欲取而疏之，是必游揚其説，以爲興作不便，此臣之所慮者一也。工役之費出於侵欺，而善侵者類多豪猾，憑藉根連，堅不可破。臣嘗廉治二十餘人，而有司者皆畏其口語，莫敢窮竟。今欲悉治其類而清之，亦必游揚其説，以爲興作不便，此臣之所慮者二也。郡縣有司咸受約束，而責以成功，其志在生民者，固皆欣然樂於從事矣，而其因循觀望，隨俗俯仰，以規速化者，亦必游揚其説，以爲興作不便，此臣之所慮者三也。屏此三者而後五事之功可成矣，伏願皇上留神賜覽，下臣所奏工部詳議，覆請施行，民生幸甚。

吕光洵《興修水利再疏》嘉靖二十四年上

巡按直隸監察御史臣吕光洵謹題：爲敬陳東南水利，懇乞聖明鑒允修治，以救民生，以裨國計事。先該臣具題前事，奉聖旨該部知道，欽此。臣等遥望闕門，專候部覆，而浚治錢糧竊爲計議，勘得累歲積逋，如原派導河夫銀，及存留撥剩各項銀米，撫按司、府、州、縣及各衙門贓贖，與夫應解錢糧，堪以那借〔四〕，久爲豪猾所侵者，不啻數十餘萬，已經委官清查造册，各有可稽之數，若使有司諸臣能同心體國，按籍而行之，則底績之期可指日而待也。且臣愚計本欲量度緩急，順其時勢，而以漸爲之。即如今災祲民窮，則量發在官銀米，募民不能自食者，開浚支河，因寓賑施之法。若二三幹河，則稍俟年豐，追理逋賦，大集財力，然後治之，隨事擇便，而不併役於一旦，此無不可爲之時也。其所役之人，各因其水之所利，隨地而用之。利在一鄉，即役一鄉之民；利在一縣，即役一縣之民；利及旁縣者，則旁縣助之；利及旁府者，則旁府助之。凡召募工役之煩，此無不可役之人也。若夫疏浚之法，又皆因其故道淺者深之，狹者廣之，縮者延之。初非鑿山堙谷，壞田園毁廬墓，創爲決裂難行之事，以拂民之所欲，此無不可成之功也。夫以無不可爲之財，用無不可役之人，圖無不可成之功，是宜朝議而夕報。而事固有不然者，蓋委任責成之道未至也。臣查永樂初，水溢爲災，特命尚書夏原吉治之，又遣都御史俞士吉齎《水利集》賜原吉，其專且重如此。正統時，則侍郎周忱治之。在景泰、天順時，則侍郎李敏、都御史崔恭治之。在成化、弘治時，則都御史畢亨、侍郎徐貫、都御史何鑑治之。皆以專任成功。至正德時，撫臣李充嗣兼理水利，璽書從事，故最有功，是皆委任責成之效也。頃年以來，故道漸堙，先後建議諸臣，每以水利爲言。幸蒙下部議行，而府、縣有司漫不加省，或舉一二易行者略加疏治，以塞責銷繳勘劄而已，固未有實意爲民興利祛害，以圖久遠之功者也。伏望特賜璽書一道，專責巡撫都御史及臣，委官查勘疏治之處，親行相視，量其緩急，度其時宜，計其經費，督率官民，授以方略，使之如法修治，無奪於浮議，無急於近功，期以三年畢事。如果經理得宜，勳勞懋著，乞照先年周忱等故事，量兼部堂職銜，仍留在任督理，必俟堙廢盡闢，水無遺利，然後不次召用，仍責巡按御史每歲親歷工所，簡勘工程，及查在工官員，分別勤惰，通行奏報，則事有責成，人有定志，虛玩之弊可祛，久大之功可致矣。伏乞皇上鑒臣愚衷，并敕該部議覆施行。

工部覆奏 附

工部尚書等官張潤等覆，看得導河夫役宜行巡撫與本官酌量地方緩急，僉點備用，可省之處不須濫設，修理壩閘聽量支官錢。若海口、河灘生長蘆葦，亦可取以易銀收貯備用，歲終皆籍其數，以憑查考。府、縣治農官俱准推官，例不許雜差，講議水利不必開局，乞令各官躬自巡歷，悉其源委，以爲疏治之宜。

呂光洵《請治田圍疏》嘉靖二十四年上

巡按直隸監察御史臣呂光洵謹題：爲再陳水利未盡事宜，并祈聖鑒允行事。臣按屬四府，最居東南下流，而蘇、松又居常、鎮下流，其水易瀦而難泄，雖導河浚浦，引注於江海，而每遇秋霖泛漲，風濤相薄，則河浦之水逆行田間，衝嚙爲患。宋轉運使王純臣嘗令蘇、湖作田塍禦水，民甚便之，而司農丞郟亶亦云治河以治田爲本。臣嘗詢問故老，以爲二三十年以前，民間足食無事，歲時得因其餘力，營治圩岸，而田益完美。近年民間空乏，勤苦救死不贍，無暇修繕，故田圩漸壞，而歲多水災，合請旨下該部，轉行府、道治農等官，務令民間每歲農隙，各出其力，以治圩岸，岸高則田自固，雖有霖潦不能爲害，且足以制諸湖之水，不得漫衍，而咸歸於河浦，則不待決泄，自然湍流。而岡隴之地，亦因江水稍高，又得畎引以資灌溉，蓋不但利於低田而已也。謹補牘奏聞，伏候命下通行申飭，倘有不遵，仍議罰治，則當時各官并知警惕，無患實政之弗舉矣。臣愚曷勝惓切，仰望之至。

翁大立《請設治水部臣疏》嘉靖三十八年上

欽差總理糧儲提督軍務兼巡撫應天等府地方都察院右副都御史臣翁大立謹題：爲懇乞差官亟興水利，以修荒政，以裕國儲事。竊臣前爲蘇、松、常、鎮督糧道參政，每見蘇、松之民，倭奴在前，耘插在後，寧罹鋒鏑，不肯罷其生理。今來爲巡撫，曾幾何時，乃今周行海上，但見彌望荒原，廬井盡廢，皆東南沃土，國儲二百萬石所自出。前罹倭患猶如彼，今去倭患却如此，其故何哉？臣考東吴之地，古稱澤國，以其外環江海，内注湖陂，渠道縱横，海潮上下，故三江既入，震澤底定，在《禹貢》時，亦已言水利矣。國初遣尚書夏原吉疏水道，周忱定田租，東吴之民世享其利。考其遺事，皆自震澤浚源以注江，三江導流以入海，而又姑蘇爲三十六浦，松江爲八匯，毘陵爲十四瀆，旱則引水溉田，潦則循渠赴壑，是以懇田之入倍于四方，轉漕所輸，萬世永賴。歲月既久，旋復湮塞，天順年間，都御史崔恭嘗開吴淞江；正德年間，尚書李充嗣嘗開白茆港；嘉靖丙午年間，都御史歐陽必進嘗開七浦塘，此皆水利最大者。今復湮塞，民甚病之，然猶轉緣南畝未忍棄去者，以黄浦、婁江湧潮而入，枝河細渠猶得引注其中，資溉植也。但倭寇初來，慮其奪舟以濟，凡于港汊之交，釘栅築堤，截其衝突。大凡水之爲性，急則迅流而去滓，緩則停瀦而成淤。年復一年，淤滓日積，渠道之間，仰高成阜矣。雖有腴田無救于旱，此水利不興，其故一也。具區湖泖并水而居者，雜蒔茭蘆，積泥成蕩，遂自起圩岸，量報陞科，上流日微，水勢日殺，而又邇年以來，黄浦、婁江之口，爲舟師所居，下流亦淤，海潮無力，此水利不興，其故二也。府、縣原有治農官，歲編導河夫銀兩，軍興以後，官或裁革，銀亦借支，民間貧難，豈能自浚？是以積荒者日多，此水利不興，其故三也。今府藏空虚，閭閻困瘁，臣乃以治水爲言，時詘舉贏，若爲迂遠，但臣聞『功不百者不久安，勞不倍者不永逸』。蘇、松、常、鎮、杭、嘉、湖七府皆臣總理糧儲，此國家之左藏也。田日捐瘠，民日逃去，賦税安所從出？臣甚懼焉。水利既興，旱潦有備，即不能爲萬年之計，而數十年間民可免飢，況今年大旱遍于江南，冬春之交恐其盜起。水利既興，則更得庸賃爲活，消其邪心，故不獨裕國儲，亦荒政所先也。如蒙皇上鑒允，敕下工部，選差風力老練郎中，或員外郎主事一員，前來駐劄適中處，所將七府地方，會同臣與巡按御史周爰，相度通融處置。如吴淞江、白茆港、七浦塘等處，大者放紹興府陡門之制，造成石閘，啓閉以時。而又于鎮江、常州運河一帶，挑浚深廣，使輸挽無礙，可歲省過江米一十萬餘石，實爲萬世之利。然非户部深維至計，大破常格，量留七府，折白銀數萬兩，以贍匱乏，則區區導河夫銀，未見其能濟也。

凌雲翼《請設水利臺臣疏》嘉靖四十五年上

原任江西布政使司左參政今起復，臣凌雲翼謹奏：爲東南水利積廢，懇乞聖明專設督理憲臣，以拯民生，以裕國賦事。竊惟我國家財賦取給東南，而蘇、松等府地方，古稱澤國，必須水利興修，旱澇有備，斯歲事得以常稔，而賦税有所自出也。先朝如尚書夏原吉、侍郎周忱等，皆久任地方，累歲經畫，伊時百姓樂業，庫藏充盈，誠有所自。迨日久因循，漸成湮塞，至于今則廢壞極矣。臣居憂四年，目擊民患，兹獲瞻拜闕廷，敢謬陳膚見。蓋蘇、松地方延袤不過千里，計其財賦所入，乃略當天下三分之一。良繇外濱大海，内阻江湖，其大河之環列于郡縣者，不啻數十，所以吐納江海之流者也。其支河之錯綜于原野者，不啻千數，所以分析大河之派者也。故雖窮鄉僻壤，灌溉無遺，誠東南財賦之源本也。邇年以來，淤塞日甚，江海之水，不達于大河，其甚者不異于溝渠矣。大河之水，不達于支河，其甚者悉履爲平地矣。故當春耕之時，百姓皇皇無所適從，遇旱則一望枯槁，遇水則立成巨浸，繇地利不修，而惟聽命于天時，則雨暘之期，豈能適當而無愆乎？故十年之間，水旱之災嘗居五六，此田地之所以日荒蕪也。今東南州縣所在荒田動連阡陌，漸如西北景象，科額既重，出辦不支，此小民之所以日逃移也。田地日荒，逃移日衆，故雖有力之家，一充糧運，輒因賠販荒糧，傾家蕩産，富者日貧，貧者不逃移不止，此逋負之所以日多，而有司之所以日苦不給也。臣嘗反覆思維，以爲東南之水利，猶人身之血脈也。東南之財賦，猶人身之脂膏也。善養生者必使血脈流通，百節不滯，而後支體豐腴。今東南之民困于征求，而水利置之不講，亦猶養生者不先治其血脈，而日望其脂膏，將立以待斃而已矣。臣之愚見，以爲今日東南水利，必須專設御史一員督理，則事乃有濟耳。臣亦知今日之時勢，多一事不如省一事，添一官不如少一官，然在水利則有萬不可已者。臣竊思南京監察御史，如巡江，如巡倉，如屯田，雖各因事設差，然以水利較之，爲更切于時務。如將前項三差，擇其可併者併之，而以一員專督水利，則地方既無添官之擾，而水利遂有興修之望，此誠簡易可行者耳。或以水利事宜，嘗責之巡撫都御史矣。不知承平之世，積貯有餘，海洋無警，力或可及。自倭患以來，兵革之務，加派之征，日不暇給。臣謂以水利責之巡撫不可也。亦嘗兼之兵備副使矣，然上有撫按之掣肘，下有軍民之煩劇，奔走支持，恒恐不逮，臣謂以水利兼之兵備，尤不可也。

臣惟謂設御史有五便，何以言之？東南水利廢而不修，已非朝夕之故矣。矧今南北多虞，司計告匱，如欲疏請官錢，命官開浚，則當事者必以爲闊于時務，故相率諱言之耳。如以御史專理，則責有所歸，必將留心考求。某河當先，某河當緩，孰當大開，孰當小開，或俟積貯錢糧，或俟設法措處，量力而動，以次經理，積以日月，漸獲實效，其便一也。有田之家，薦罹水旱，利害切身，捐貲挑浚，亦所樂從。顧以統率無人，異同惑衆，臣每見春耕之時，撫按留心民事，亦嘗行文郡縣矣，然掌印官員漫不經心，不過轉行州縣佐貳，職既卑微，才復譾劣，其不才者坐索塘長之常例，鞭撻閭閻之窮民，上下相欺，搪塞了事，非徒無益，而更有害，故民間相率避忌，莫敢以休戚聞于撫按有司，遂益致廢壞。如有御史往來巡察，則掌印官員不敢視爲虚文。加以區畫得宜，鼓舞有法，俾得業人户，富者出財，貧者出力，疏通一年，即有三年之利，官銀不費，而民利可興，其便二也。興治水利未免動衆費財，惟御史行事，撫按有司皆無阻撓，或動支衙門之贓罰，或查處無礙之官錢，或量罰有罪之豪右，或激勸尚義之巨室，應奏請者奏請施行，應便宜者便宜行事，即如淘河夫役銀兩，額徵在官，原備每年挑淺之用，今皆那移〔五〕文銷，致失初意。如有御史查得專備河工，不無少裨，中間設法處分，尚多良策，顧其人何如耳，其便三也。東南水利以江湖爲巨區，其有坍漲不一，要在隨宜修治。今官豪富室，每遇漲灘輒圖承佃，甚者割江湖之界限，興築堤岸，墾成坵畝，名曰蕩田，報官給帖，遂爲己産，報者什一，漏者什伍，陞科甚微，獲利甚厚，妨壞水利，恒必繇之。如有御史釐刷，則人情知所畏忌，可以杜絶，將來其佃成熟田，果于水利或無大礙，亦當酌其年之遠近，利之厚薄，量納官價，以充開河之費，誠爲一舉兩得，其便四也。東南自倭患以來，加派兵餉，每府動踰萬計，臣竊計海上之警，將來或未可知，目前數年保無大患，水陸官兵坐糜廩食，當事者懲鑒往轍，諱言汰兵，以有用之財，悉置之無用之地，獨不可通融一處乎？臣每思農隙之時，正非風汛之候也，如將官兵月糧裁省三四月，移爲河工項下支用，于海防未爲有妨，且今所募兵夫，率多市井無賴，如以解散不便，即用以充開河夫役，亦無不可。古人寓兵于農，原非二事，矧行師之際，挑塹掘濠，亦兵夫責也。乘其閑而用之，不愈于偷安游食而坐銷壯氣乎！此在巡撫所不敢言，而惟御史得以酌議題請，其便五也。

夫國家北有醜虜〔六〕，南有島夷，添設官員，加添兵食，無少吝惜，以倭虜有荼毒之慘也。今東南水利積廢，田地抛荒，徵科之急，追呼逮繫，小民流離失所，其害甚于倭虜，然無荼毒之形，故當事者姑置之耳。此猶人身雖未見流毒之患，而元氣日索，扁鵲、倉公將望而驚走矣。臣又以今日漕河之事，言之黄河之害，原非一日，亦以積廢因循，致成潰決。今特遣重臣，不惜浩費，以事關運道，乃南北命脈，上廑皇上之憂故也。今東南之患，不啻漕河，顧民間隱憂無繇上達耳。臣食禄公朝，尸素已久，小民所不敢言者，臣知而不言，爲罪大矣。故寧言而不用，不敢避而不言，所以懇懇焉陳于君父之前也。如蒙俯採，敕下工部，會同都察院，議將東南水利專設御史一員，或慮添官之擾，就于南京監察御史内，將巡江、巡倉、屯田三差議併其一，而以一員專督水利，掌院都御史掄選資望深重、才識練達者，敕書印信，特重其事權，往來蘇、松、常、鎮，專一提督水利。其差必以三年爲期，果有勞績懋著，不次陞擢京堂，以激勵人心，將見數年之後，水利日興，旱澇無患，穡事豐而百姓日殷，賦税充而逋欠日清矣。

工部覆奏 附

工部尚書等官雷禮等覆：看得參政凌雲翼奏，要將南京巡江、巡倉、屯田御史歸併一員，提督蘇、松等處水利一節，爲照東南財賦全資水利，今查蘇、松等府雖原設有水利專官，皆不盡心本職，營求別差，以致旱潦無備，前後諸臣建議非不剴切，而督責無人，徒爲文具，委宜專設憲臣，重其事權，及時修舉，但巡江、巡倉、屯田御史各有職務，似難歸併，惟巡鹽御史原兼管河道，可以責成，合候命下本部，備行翰林院撰敕一道，仍咨都察院，差人齎付彼處巡鹽御史督率該管水利司道及各府、州、縣掌印水利等官，帶同塘長人等，躬親相度。如一圩之中，塘岸溝池不煩多費者，即令得業之家，量田多寡，出人修築疏浚其江浦之當開當塞，閘壩之當修當廢。果係工力浩大，量動淘河夫銀以充其用，如再不敷，即便會同撫按從長計處，彼處撫按亦要悉心遠計，務求共濟，不得因有專敕，遂致推諉。若勢豪之家，侵塞水利者，責令改正，如有抗違阻撓，指名參奏。每年終將緣繇造册奏繳，復命之日，照例舉（効）［劾］〔七〕，以昭勸懲。

海瑞《請浚吴淞江疏》 隆慶三年上

欽差總理糧儲提督軍務兼巡撫應天等府地方都察院右僉都御史臣海瑞謹題：爲凶災可憫，水利宜興，懇乞聖明立賜裁決，以救億萬生靈事。該臣奉命巡撫江南，正值飢荒，臣痌瘝不寧，延見鄉紳父老，推求其故，并思目前救飢之策，咸云蘇、松等府并爲澤國，天目諸山之水匯于太湖，而吴淞江盡泄太湖之水，繇黄浦入海。近年冬來，水利官曠職不修，撫按亦不留心，潮泥日積，填淤本江，無所泄瀉，太湖因之奔湧，處處農田受災，歲稼不登，唯有坐槁，欲圖永利，必浚吴淞江。夫吴淞江一水，既爲國計所需，民生攸賴，修之舉之其可一日緩耶！臣于舊歲十二月，巡歷上海縣，親行相視，旋委上海縣知縣張嵿，率領沿江住居父老，按行故道，量得淤塞當浚地長該一萬四千三百三十七丈二尺。原江面闊三十丈，今議開十五丈，計該用工銀七萬六千一百二兩二錢九分。今二麥未布，方春正月，米每石價銀已八錢五分矣。飢民動以千百，告求賑濟，臣仿宋臣范仲淹守杭故事，計將節年導河夫銀，及臣本衙門贓罰銀兩，各倉儲米穀，并溧陽縣鄉官太僕寺少卿史際義出賑濟穀二萬石，率此告濟飢民，按工給與銀穀。于今正月初三日，按江故道，興工挑浚，委松江府同知黄成樂，督率上海縣知縣張嵿、嘉定縣知縣邵一本分理興工，于中兼行賑濟，十萬飢民稍稍安輯矣。但工程浩大，銀兩不敷，飢饉頻仍，變故叵測，官儲民積，計至二月間盡矣。江南四面皆荒，湖廣、江西雖有收成，府縣又執行閉糴，無從取米。伏望皇上軫念民飢，當恤吴淞江水道國計所關，敕下該部酌議，量留蘇、松、常三府漕糧二十萬石，准照前旨銀數改折。凡應天等十一府州、縣庫貯，不拘各院道衙門項下無礙贓罰銀兩，聽臣調用。浙江杭、嘉、湖三府，與蘇、松、常三府，共此太湖之水，吴淞江開則六府均蒙其利，塞則六府同受其害。其庫藏銀亦如應天等府一例，容臣移會浙江撫臣取用，彼處飢民亦聽河工就食吴淞。借飢民之力，而故道可通，民借銀米之需，而荒歉有濟，一事兩利，地方不勝幸甚。

海瑞《請浚白茆港疏》隆慶三年上

欽差總理糧儲提督軍務兼巡撫應天等府地方都察院右僉都御史臣海瑞謹題：爲再疏白茆兼行賑濟事。臣開浚吴淞已題請外，隨又巡歷常熟縣，據士民紛紛陳告：『白茆港雖經隆慶二年開挑，止通一線之路。以故三年水患不能流泄，全吴北境一帶，地面均受其害，常熟去吴淞江尚三百里，飢民赴工僅有一二，若于興工兼行賑濟，一舉兩利，當開白茆。』臣即親行相視丈驗，闊者不過四丈，水深不過四尺，狹者不及二丈，水深不及三尺，果然淺狹。考今三吴入海之道，南止吴淞江，北止白茆港，中止劉家河三道而已。劉家河幸通達無滯，若止開吴淞而不開白茆，難免水患。臣又酌計先經題請吴淞江工銀，猶有餘剩。吴淞江河工，二月望後可畢。青黄不接，飢民無處趁食，勢必官發銀米賑濟。臣思與其空行濟飢，不若仍照吴淞江事例，便舉畚鍤，飢民既得就食，河道開通，今秋成熟有望。臣乃檄署縣事常州府通判姜國華，丈量約長該五千七丈七尺。因舊河道廣狹淺深不一，通融牽搭，計該用人夫一百六十四萬九千五百三十六工，計該用工銀四萬一千二百三十八兩四錢，悉照吴淞江例，不取民，不損官，并給倉庫之積，擬於春仲興工，伏望皇上軫念飢民當賑，水利當興，特命工部覆議施行，地方幸甚。

海瑞《請補河工錢糧疏》 隆慶三年上

欽差總理糧儲提督軍務兼巡撫應天等府地方都察院右僉都御史臣海瑞謹題：爲河工告成，乞賜處補錢糧兼圖後效事。該臣勘得吴淞江淤爲平地，有八十餘里，全吴水利此爲第一。又各州縣飢民告急，臣思昔人興工救荒，旋於春初破土起工，畚鍤雲來，五十日即已竣役，臣親行相視，量得開深一丈六尺，面闊十五丈，下闊七丈五尺，前估計題請該工食銀七萬六千一百二兩，止用過銀六萬八千三百九十七兩。東、西二壩未開，并近壩一里内再議開深三尺，以受壩外渾泥，并管工、犒賞、開壩、造橋等項，共再用一千餘金，便可完事。工成甚速，銀不盡用，皆緣飢民趨事，值連月不雨，有天幸焉。父老皆稱太湖水道，節有攔壅，計有崑山縣夏駕口，吴江縣長橋，長洲縣寶帶橋，吴縣胥口等處，委官踏勘，凡可通流入吴淞江去處，逐一疏浚，畢後方行開壩。又勘得内出之水係清流，外入之潮湧渾土，若内水急流，則足以衝蕩潮沙，免于淤塞。又臣于正月杪勘浚白茆港，于二月初興工，估計銀四萬一千二百三十八兩，據該縣于三月初報完工六分，計至下旬亦漸次收功。其吴淞江工候旨未下，臣權宜借發松江府、蘇州府練兵銀各一萬兩，鎮江府銀二萬兩。白茆河借發常州府練兵銀一萬兩，蘇州府四千兩，先因各方水災，臣令修圩築堰，查導河贓罰銀兩，聽各州縣支用，故解至吴淞、白茆充費者不多，今松江府銀一萬兩補足，餘四萬四千兩未補，伏望皇上允臣前後二疏，内借發未補銀兩，容接任撫臣如數調取補足。白茆河未完工，并夏駕口、長橋、寶帶橋等處，及四府圩岸、塘浦、支河等項，約三月盡可通完。臣因鑒始慮終，吴淞、白茆若使先年時加修浚，豈至淤塞如此。疏浚費力，伏望敕下該部，以後水利不修，撫、按、道、府、州、縣並以曠職議處，斯國計民生大有攸賴矣。

谷中虚《請定督理水利憲臣轄屬疏》隆慶三年上

欽差提督軍務巡撫浙江等處地方都察院右僉都御史臣谷中虚謹題：爲敬陳督理水利便宜，以專職守，以責成功事。該臣看得浙江之嘉、湖與直隸之蘇、松等處，其源皆出于天目諸山，本自聯絡。其間江湖陂澤自當一同浚治，近奉明旨，兩浙巡鹽御史兼理蘇、松水利，而不及浙江之杭、嘉、湖，浙江按察司水利僉事督理浙江之杭、嘉、湖等府，而不能行于直隸之蘇、松、常、鎮，彼此觀望，不無誤事。夫水利爲東南至切至急至重之務，若非專官督理，難責成功。伏望皇上深維國計，俯察民瘼，敕兩浙巡鹽御史兼理浙直水利，浙江水利道僉事專督浙江水利，直隸蘇松兵備道副使專督蘇、松等府水利，各隨宜修浚，以防水旱之虞。仰候旨下吏、工二部詳議，覆請改敕施行。

宋儀望《請復水利專官疏》萬曆二年上

欽差總理糧儲提督軍務兼巡撫應天等府地方都察院右僉都御史臣宋儀望謹題：爲東南

歲祲，迭見水利難曠興修，懇乞聖明復設專官，以救民瘼，以裨國計事。該臣筮仕吴令，今又承匱填撫江南，竊見蘇、松糧賦之重，所藉唯此農田，而農田水旱不常，歉多稔少，心切憫之。蓋緣勾吴形勢，東南自嘉興沿海而北，水皆趨黄浦入海；西北自常、鎮沿江而東，水皆趨江陰、常熟；西南自杭州、湖州霅、苕諸溪，漲而東中，爲太湖瀦聚三州之水，匯爲巨浸，流注龎山、瀆墅、澱山、三泖、陽城諸湖蕩，開浦引湖；北經常熟七浦、白茆諸港者，則入于江；東北經崑山、太倉穿劉家河，東南通吴淞江，穿青浦，各入于海。諸水聯絡，四面環護，中如仰盂然。就全吴地勢論之，杭、嘉、湖、常、鎮，勢繞四隅，蘇州居中，松江居下，則又爲諸水之所受焉。故潦則待泄，旱則待蓄，自昔水利不可一日弗講。自東江既廢，吴淞、婁江之外，唯白茆港亦賴吐納。三道并爲大要害，而支河、塘浦在在動關血脈，必須通駛乃獲灌溉之利。溯自嘉靖初，特敕巡撫侍郎李充嗣，及題添差郎中林文沛、顔如環大加疏治之後，曠怠日久，江港潮沙日上，湮塞不通，小小修浚，無補於事。經巡按御史吕光洵連篇具牘，僅加敕巡撫都御史歐陽必進略一舉行，至先皇帝三年，巡撫都御史海瑞請旨開浚吴淞江，踵疏白茆港，乃以遷代迫行，不克終事，蓋撫臣百責攸萃，不能躬督畚鍤，道臣職掌兵刑，奔走四郡，亦無寧晷，莫若仍舊遵祖制，或照姚文灝、傅潮等事例用部郎，或照吴瑞等事例設僉事管理水利。庶事有專責，巡行相視，俾江湖緊要歲歲加撩浚之功，塘浦、支流處處得浸灌之溢，蓄泄有備，旱潦無虞，歲稼常登，國賦有辦，臣等得藉手撫綏豐芑重地，根本固于維桑矣。伏乞敕下工部查核臣言非謬，即爲議覆施行。

錢允治曰：『宋都憲留心民瘼，其令吳之政迄今尸祝，而置買役田爲百世利。此疏情亦真懇，止敘列水道尚未悉順，乃知身坐堂皇，目周四境，雖神禹不能也。嗟夫，吾吳水利，非專官巡督不可。』

郭思極《修復練湖疏浚孟瀆疏》萬曆四年上

巡按直隸監察御史臣郭思極謹題：爲江南亢旱日久，運道艱阻可虞，乞敕當事臣工，清復蓄水湖額，疏通達江間道，以垂永利事。臣惟蘇、松四郡關係國計民瘼之大，莫急水利，近荷皇上洞悉民隱，專敕憲臣董理其事，將見澤國奠安，四郡黎民熙熙然有更生之望矣，臣復何言！近臣巡歷常州、丹陽以至鎮江，則見漕河淺涸，大異往時，運舟鱗集，停閣不前。蓋繇天時久旱，外無江潮可入，内無支流可濟，雖竭盡挑浚之勞，末如之何？於時督漕憲臣以及司道有司，絡繹道塗，星行露宿，經營相度，多方計處，乃導流轉灌，遠戽港汊之水，注之漕河。又廣募民舟以剥運，多撥民夫以挽拽，知慮悉殫，水陸畢力，工費無算，僅能引舟出江，雖於漕期尚可無誤，而二郡騷然，民幾不堪命矣。臣觸目疚心，不遑寧處，顧無策以濟民艱，乃考按圖經，咨諏士庶，則固有陳迹可復，地利可修者。得貳説焉：一曰清復練湖，以永資蓄泄。蓋江南漕河緜亘四百餘里，其勢北高而南下，在蘇州以至常州，則地形最下，水得流通，雖遇歲旱，不至甚涸。自常州以至京口，地形高亢，河流易涸，雖犇牛、吕城建有石閘二座，以時啓閉，蓄水以待運船，然而仰藉蓄水以濟運者，實有丹陽之練湖爲之源也。練湖北去丹陽城百步而近，漕河縈繞其側，舊額廣周四十餘里，仰受長山、高驪之水，匯爲巨浸。唐宋以來，築有中埂、斗門、石閘，制度詳備，歷代修浚。至我明天順、成化之間，屢常疏瀹增修，是以水得停瀦，汪洋不竭，夏秋則戽水以漑田，冬春則放水以濟運。故有『湖水放一寸，河水漲一尺』之諺，其有資於漕運者甚大也。夫何守令狃近利而忽遠圖，縱令勢家豪户周圍告佃成田，日侵月削，寖失舊額。且佃田之家，輒私放其水，冀免渰没，而便于耕作也。傍湖之民又私開涵洞，張網其間，而利於取魚也。彼皆相仍其業，視爲己有，雖嘗有建議清復之者，而怵于謗讟，因循中止，年涸一年，至於今且揚塵矣。一遇亢旱，束手無策，是天造地設之利而人棄之，安得盡諉之天時哉！臣愚以爲佃湖租税之入，爲利甚微，漕河蓄泄無賴，爲害甚大，理當清復無疑矣。但向之清復未能者，勢家豪户阻撓於其間，而任勞任怨之難其人也。今既敕有憲臣專管水利，奸頑之徒自當慴服。憲臣主持於其上，有司奉行于其下，披圖按籍，一清復之，倘以貧民失業爲慮，臣又訪得該縣有萬頃洋等處，皆可墾爲膏腴之區，使佃湖之家轉佃于彼，則失于東者償於西，公私可兩便矣。一曰議修孟瀆，以傍通舟楫。夫犇牛、吕城之二閘，例於冬閉春啓，蓄水以待運船。然秋冬之交，運船空回者，必取道於此，而官船之往來者，亦必取道於此，上下交馳，情奪而勢阻，欲其恪守閘規，不可得已。求諸先年，有不繇二閘而可以間道達江者，則又有武進之孟瀆河在也。孟瀆在武進之北，延袤六十餘里而長，外通長江，内資灌溉，商民舟楫，罔不便之。向使此河不淤阻，則空回糧船與往來官船，率繇此以抵江，俾犇牛、吕城得閉閘蓄水，專通運艘，則勢不至於淺涸之甚。緣自嘉靖年間，遭值倭亂，築堡中流，設兵禦守，於是河流漸微，日就阻塞。雖嘗有建議開浚之者，計度工費約該五萬餘金，而當事之臣經理欠周，乃欲以武進一縣之民力當之，譬之一國之事，而責辦于一家，以十人之負，而責荷於一人，勢有所不能矣。以故旋議旋寢，至於今將爲平陸矣，安望其能通舟以達江哉？臣愚以爲此河之開，不獨有資于灌溉，而實有資于漕運；不獨有便于武進一縣，而實有便于常、鎮二郡。今惟責之水利憲臣，詳爲酌議，民力取諸常、鎮二郡，錢糧取諸漕運，衙門要不必加派以病民，而計工授直，則無不濟矣。孟瀆一開，則既有間道以通舟楫，而運閘得啓閉之宜。又引江潮以達犇牛，而運河資接濟之力，縱遇亢旱，不至坐以待困如今日矣。故議浚孟瀆以傍通舟楫，亦緩急可賴之一策也。此外若預查勘時，挑浚等事漕規具存，臣無事瑣瑣矣。伏乞敕下該部，再加查議，如果臣言可採，覆請定奪施行，庶於國計民瘼咸有所裨矣。

陳世寳《請復練湖疏浚孟瀆疏》萬曆四年上

欽差巡按直隸等處監察御史臣陳世寳謹題：爲敷陳末議，懇乞聖明亟賜舉行，以裨將來糧運大計事。

計開內摘修浚湖瀆二款

一請復上下練湖。照得練湖上下，約一萬三千餘畝，長山之水盡注于中。東距運河不過一堤，如使已往湖形未湮，舊制猶存，停流蓄水，不使外泄，雖今年運道旱涸，而引決以濟，第見建瓴而下，須臾盈滿，豈至使臣等驚惶區處，備嘗艱苦，軍民疏導撈浚，重遭勞擾，而後儌倖利涉于萬一也哉！今臣督同浙江都司葉歡，于張官渡車水之暇，沿埂逐崖查得原設之閘半廢，涵洞之底太低，中雖有水，走泄甚易，且豪黠彊禦之徒占爲己田，雖近有公租之入，所值幾何？彼又將利其水之不存，而便于耕種爲矣。以故今春引水通運，累及百姓，遂有一二鄉紳貽書于臣，以歸咎此湖之久廢。里老百餘人遮道泣訴，謂復此湖而後常、鎮之民始有息肩之日。吁嗟，此湖之便于漕運若是，人情之願于清復若是，乃有司惟以城狐社鼠，占悋掣肘，竟寢而不問。不知朝廷三尺之法，議單清復之令，將安用之。即歲納些須公租，亦豈能當我官民一遇河道旱乾，輒勞費如此耶？况有誤國計，干係匪輕。臣昨于糧運通行之後，亦行管河參政王叔杲委官踏丈，但非奉明旨則臣行既遠，將又停閣不舉。伏乞皇上鑒今年之事，爲未然之防，敕下該部，鋭意清復，咨行應天巡撫專責管河參政，督同各該府縣掌印管河官，逐一踏丈，要見四圍原額若干畝，今存若干畝。某處蓄水更當挑渠以入湖，某處堤壞更當修築以防溢。舊閘當修者修之，涵洞當改者改之，應於某官掌管其事，塘長壩夫各該若干，修浚錢糧應費若干，其地勢高阜仍當招種者，即以其租收貯官庫，以爲本湖修浚之資。

嚴立限期，務在五月以裏踏丈明白，造册回繳，仍於每年終巡撫衙門具本，練湖蓄水若干，文册報部查考，仰祈聖裁。

一復開孟瀆河。照得請復練湖，誠濟運要務，而孟瀆河不開，亦爲缺典。聞此河于嘉靖初年，當漕船旱澀，該漕司呈達該道開挑，而運事始通。今該臣親至犇牛鎮，疏浚閘左之月河，查得孟瀆河亦在犇牛之中，因督同蘇、松管河參政王叔杲、督糧參政楊世華往彼踏勘，見得河形尚存，閘基猶在。又據土民禀稱，本河起于犇牛萬緣橋，歷黄泥、謝店、羅墅、石橋、萬遂等處，約七十里而入大江。入江之後繇黄牛山、圌山門、焦山、金山之側以達瓜洲閘，雖有百里之遠，而急流之險止一二十里耳。但因嘉靖三十一二等年，倭寇突犯常、鎮，有司始將此河緊要去處築壩堵塞，以斷其入寇之路，日積月累，遂致此河淤墊幾平，而糧運商賈之船，不復經行矣。臣又博訪衆論，謂此河復開，不惟遇旱可通運船，而秋冬回空，倘正值丹陽一帶打壩修河之時，徑繇大江入此，直出常州，無復阻礙，而船到必早，夫回空早則赴兑亦早，開幫亦早，最有益於運政者也，仰祈聖裁。

林應訓《款陳開浚吴淞江工費疏》萬曆五年上

欽差巡按直隸巡視下江兼督水利監察御史臣林應訓謹題：爲蘇、松水利急應開浚，懇恩處給錢糧，并陳末議，清查灘占田地，以資工費事。據蘇、松兵備道右參政王叔杲呈稱，蒙臣案驗即將蘇州府之吴淞江，及吴江長橋，松江府之黄浦等處，皆關係最重，逐一勘議開浚。至於設處錢糧，經畫工費，選委官屬該道務身任而熟計，以憑覆行酌議施行等因，依蒙通行各屬去後爲照。水政廢弛，旱潦並困，今日所最急者，在蘇郡則莫先于吴淞江，而吴江則其來源也。在松郡則莫先於黄浦，而山涇港、秀州諸塘，乃其來源也。帶同蘇州府同知劉崑，繇大黄浦溯吴淞江，其舊時河額，勢難盡浚。自上海縣江口宋家橋，至嘉定縣艾祁八十里，曾經前巡撫都御史海瑞開浚，今尚通流，可以稍緩。自艾祁至崑山縣慢水港六十餘里，兩旁俱漲灘，江流僅存一線，相應開浚，共量長一萬九千五十八步，折官丈九千五百二十九丈，每丈照見存河形開闊二十丈，以土方計之，約一十一萬四千三百四十八方，共計銀四萬五千七百三十九兩有奇。又自龐山湖口至長橋達吴家港，乃太湖出水之口，亦俱成漲灘，急應開浚，闊狹長短不等，共積土方約六萬七千二百一十五方，共計工價二萬六千八百八十六兩有奇，此則在蘇郡者，共得銀七萬二千六百二十餘兩矣。又帶同松江府同知鄭復亨，自黄浦横澇、珠涇溯秀州塘入南泖，至山涇港，共量過應開浚者二萬八千七百五十六步，折官丈一萬四千三百七十八丈，以土方計之，約七萬六千五百二十九方有奇。此則在松江者，共得銀三萬六百一十餘兩矣。夫以兩府最急水利三處所費，已至十萬三千餘兩，他如蘇之茜涇、楊林、白茆、七浦諸港，松之蒲匯、官紹諸塘，常、鎮之澡港、九曲諸河，無慮數十，除中間支河可責得利人夫，幹河可責各區民力，至於泄水要港，誠非民力所能辦。今既急其所先，諸港亦當次第修舉，所需工費不貲，搜括庫藏，既無錙銖之餘，加編民間，又苦供輸之困，措處財用爲艱，竊見江北治河往往奏留漕糧，此不過爲國儲運道計耳。江南水利爲國儲之所自出，誠不當後於運道。歷觀先朝，每遇滰没凶荒，輒蠲除數十萬。與其蠲恤於被災之後，孰若預治於未災之先也。似應議請錢糧，以爲疏浚堰閘之費等因到臣。該臣覆看得蘇、松水利久廢，無論小港支流率多淤淺，即長江巨浸，亦皆灘漲。是以容納失其故宅，節宣乖其所性，霖雨連旬，則患浸淫，亢陽彌月，則憂枯槁，如之何而望田疇盡治，賦税易充也。故湮塞之病在在皆然，則開浚之舉，亦在在難已。大約欲興全吴之利，計非三十萬金不可。但害有重輕，而勢有緩急，論工固難於併舉，議費尤難以卒辦。臣用是夙夜思惟，多方咨訪，督同該道并蘇、松二屬府、州、縣掌印水利官，躬行相度，考究源委，看得三吴水利，莫重於蘇、松，而其在蘇州者尤莫重於吴淞江。若吴江縣長橋一帶，則太湖入江之口，在松江府者，亦莫重於黄浦，若山涇港、秀州塘諸處則澱、泖入浦之路，皆不容不急爲之圖也。至於工費浩繁，别無措處，搜括庫藏，既無錙銖之餘，加派民間，又苦徵輸之困，誠有如該道所言者，則所恃以濟必用之費，不得不叩閽而請矣。至各州縣類有新漲灘田，侵占河基等弊，法應清查改正，就中有可設處以助工費者，臣不敢不竭盡其愚也。除田間水道民力可辦者，隨經責令得利人夫，乘時修浚，不敢煩瀆聖聽。及蘇之茜涇、楊林、白茆、七浦諸港，松之蒲匯、官紹諸塘，常、鎮之澡港、九曲諸河，非民力所能辦者，容臣逐一估計，以漸修舉，并鳩工給直，分段委官，一應未盡事宜，容臣詳其區畫，以俟農隙興工外，謹將急應開浚水道，并議處工費緣繇，開具上陳，伏乞皇上軫念蘇、松水利有關國計，而工程浩大，經費爲難，敕下工部議覆，容臣等遵奉施行。

計開：

一議開吴淞江中段，以通入海之勢。爲照太湖入海，其道有三：東北繇劉家河入海，即古婁江之故道也；東南繇大黄浦入海，即古東江之遺意也；其中則爲吴淞江，經崑山、嘉定、青浦、上海四縣界上入海，乃太湖之正脈，比之河浦尤爲要害。今河浦皆通，而中江獨塞者何也？蓋江水之流與海潮遇，海潮渾濁，來則洶湧，而其勢莫禦，去則遲緩，而其泥易澱，所賴江水迅駛，而衝滌之耳。劉家河獨受巴、陽諸湖之水，而又有新洋江、夏駕浦諸水從旁而注之大黄浦，總會杭、嘉二郡之水，而又有澱山、泖蕩諸水從上而灌之。是以流皆清駛，足以敵潮，雖有渾濁而不能淤也。惟吴淞江則不然，其源出於長橋、石塘之下，經龐山湖、九里湖而入，今長橋、石塘二處則湮塞矣，龐山、九里二湖則灘漲矣。其來已微，且其中又爲新洋江、夏駕浦等處掣其水以入劉家河，其勢益弱，及其與潮遇也，安能勝其洶湧之勢，而滌其渾濁之流耶？日積月累，則其至於淤塞，而僅容一線，不惟水失故道，時有淫溢之虞，然巨流既滯，則小港亦壅，舊熟之田半成荒畝，而食利之民，至有買米以充兑運，甚且衣食無措，展轉而散之四方矣。故前任巡撫都御史海瑞，破群議而開之幾八十里，遂使兩旁居民，漸歸故土，而積荒之地近皆播種。是吴淞江之開也，其有益於民生甚大，所惜者一旦遷去，事功未竟耳。臣今看得自艾祁至崑山慢水港六十餘里，急當開浚，復經丈計土方，實該工食銀四萬五千七百三十九兩有奇。此江一開，則太湖之水直入於海。歲或淋潦，可免泛溢，而就中傍江湖渠，得以引流灌田，將來青浦一帶，積荒之區，俱可墾種而成熟矣。伏乞聖裁。

一疏吴家港長橋，以宣出湖之源。爲照吴江縣治居太湖之正東，而湖水經其前，入吴淞江達之海。宋時運道經其地，爲有風波阻險，乃建長橋、石塘以通牽挽之路。夫以湖水從出之處，而以橋塘横貫其中，誠不能礙，但古人制作自有深慮。如長橋爲長一百三十丈，爲洞六十有二；至於石塘，小則有竇，大則有橋，内外浦涇縱横貫穿，皆爲泄水計。今石塘涇竇半皆淤塞，而長橋内外俱已灘漲爲田，僅得一二洞門通水，若又不治，將盡長橋而没之矣。故長橋不疏，則雖開吴淞江亦無益也。除石塘工費另行議處，而長橋一帶急應開浚。臣今看得自龐山湖口，繇長橋至吴家港，復經丈計土方，實該工食銀二萬二千八百八十六兩有奇。此河一開，則河水有所泄，江水有所歸，源盛流長，爲利固甚大矣。伏乞聖裁。

一議浚山涇港諸瀆，以導達浦之流。爲照松江府之大黄浦，西南受杭、嘉二郡之水，西北受澱、泖諸蕩之水，總會於浦入海。方今黄浦洪流滔滔，無容議矣，而秀州塘、山涇港諸處，漸已淤淺，狃於目前之安者，既不知預防之術，而泥於通方之論者，乃徒歸咎於開江之非。不知江自江，浦自浦，如人兩足然，各無疾痛則各自伸縮，原不相妨，今懼江之開而浦之塞者，是必入浦之路有所礙也。若自澱山湖分流入浦一帶港涇，凡有淤淺，併爲疏瀹，則兩利俱存，此不易之論矣。臣今看得自黃浦橫潦涇經秀州塘，入南泖至山涇港等處，急應開浚，復經丈計土方，實該工食銀三萬六百一十餘兩，此河一開，則雲間西來之水，無所阻滯，而黃浦之流爲益盛矣。浦流益盛，則田間溝洫皆可旁達，以資灌溉之澤也。伏乞聖裁。

一議請給錢糧以便興事之用。爲照三吴水利不難於議工，難於議費，今據前項應開河道，僅有三處，費已十萬有餘，其餘尚未議及也。各縣雖有淘河夫銀，多者不過三百兩，少者僅二百兩耳，施之平時，尚不足以應一枝河之役。若欲加編于民，則方今各府供輸已重，財力已困，即使正額尚多逋負，每一追併，愁嘆盈途。茲將興利以遺民，何忍加編以增害，至於庫藏則連年織造搜括無遺，邇有不敷，遂至束手而莫之措也。臣以爲財賦有從出之地，有轉輸之地，方今修治運河，費無所惜者，蓋以運河爲財賦轉輸之地，關係莫有重焉者也。今我皇上命臣督理水利，蓋謂蘇、松乃財賦重地，水利不修，則蓄泄無備，一遇旱潦便成荒歉，賦税固無所出。故不以水利視水利，而以財賦視水利，則司國計者必不忍惜必用之費，以隳當舉之功矣。伏望敕下工部詳議，查將堪動錢糧行撫按官，速爲區處，以便興作。伏乞聖裁。

一議清查灘占，以廣經費之助。爲照東南水利大壞，始繇于治農官督察不勤，繼成于奸民侵塞日熾，近緣遍歷湖港，見兩岸俱係漲灘，奸民罔利，初蒔茭蘆，漸築堤岸，遂成膏腴，以致湖港湮塞，荒區賠累，即應盡數追奪入官。但勢以漸成，業非故主，似難概坐，應分別高下，量追價值，以資河工，仍給帖存照，履畝起科，以充導河港之費，固不應容豪右獨擅其利也。

至於傍郭河渠，邇來侵塞更甚，今河額視昔已失過半，甚至不能容舠，無論水利有妨，即以糧運，動致阻礙，俱應查復原額，以杜將來侵塞之奸。臣因反覆參酌前項田地，雖多寡難以預計，苟使設法清量，隨宜徵價，其於開浚之工，諒亦有可資者。伏乞敕下部覆合，無容臣行委官丈勘，除有礙水利者，盡數開挑折卸，首正免罪，其餘姑可容留者責令徵價，仍給帖存照，以備開浚工費，如有隱瞞及抗違阻撓者，容臣遵敕參拿，則以水之利治水之害，不必一一仰資乎公帑，而亦無待加派於窮民矣。事完通行，造册類繳。伏乞聖裁。

林應訓《開浚孟瀆河工疏》萬曆五年上

欽差巡按直隸巡視下江兼督水利監察御史臣林應訓謹題：爲河道異常淺阻，漕船遲誤數多，懇乞聖明嚴飭當事諸臣，以重國計事。臣奉命督理江南水利，節經案行蘇、松、常、鎮兵備道，即將按屬蘇、松等府地方，大小河道，逐一查勘。去後隨據本道參政王叔杲呈稱，孟瀆河爲國家漕運之捷徑，而開浚之江必調停夫役之得宜。行據常州府通判王日東公同府縣掌印官丈勘得本河自萬緣橋起，至孟瀆河口止，共長九千九百五十丈，積方三萬九千九百六十方，細閱兩岸高峻挑土安頓，陡而且遠，比之平地開土堆堤者不同，價若不平，夫無應募，合照舊例，每方深廣一丈，給工價銀四錢，今計方數共該銀一萬五千九百八十四兩，及本河壩邉立車六十一部，起集人夫車戽，計工三千一百工，共銀三十一兩，二項通共銀一萬六千一十五兩。查得前河原係浙直運道，永樂、宣德、弘治年間，議于蘇、松、常、鎮、杭、嘉、湖七府，協力併開，自正德時浚後至今，淤塞年久，是難獨坐常州一府等因，報道照得孟瀆河，雖坐武進縣地方，實爲浙直運道捷徑，載在漕誌，且官民船隻經行尤便，非止一隅之利，今據覆勘合用前銀，查得原蒙題准修河米折銀，專聽修浚運河支用。萬曆元年起至四年止，浙江杭、嘉、湖三府欠解銀四千四百五十兩四錢八分八釐，并存留三府備用銀六千二百二兩五錢六分。合無將常州府見存導河夫銀，及該府并蘇州府見貯修河米銀，先行給發，立限興工挑浚，所少銀兩，暫於兵餉銀内借用。仍乞移文浙江撫院，嚴督杭、嘉、湖三府，將欠解并存留備用銀兩，速解該府補還，工可立就。此河既開，江口修完閘座，每遇運船通行之時，徑繇此河出江，誠爲官民兩便等因，呈蒙本院批允，遵依督行府縣掌印管河官，責令委官動支前銀，起夫興工挑浚。去後續據常州府申稱，照依通判王日東原勘丈方，議用前銀，募集人夫五萬四千四百名，照方開浚，委官照磨金承詔、縣丞崔言、典史吴仁，分段督率人夫，俱於三月初八等日興工。論方給直，務照原派深闊丈尺如式開浚，各報工完訖，除原議前銀外，又加增戽水人夫一千九百工，每工銀一分，該銀一十九兩，及委官省祭白訢等十二員，每員每日議給供給銀四分，該銀一十兩八錢八分，又犒賞塘長、里總花紅銀九兩，連原議通共銀一萬六千五十三兩八錢八分，隨將本府庫貯導河夫銀五千一百四兩二錢九釐六毫，又修河米銀一千二百六十三兩五錢二分六釐七豪二絲二忽，及蘇州府并武進等縣導河夫銀，并修河米銀共四千八百六十八兩五錢六分七釐三毫六忽四微，通共銀一萬一千二百三十六兩二錢九分七釐六毫二絲八忽四微。動支放給外，尚欠銀四千八百一十七兩五錢八分二釐三毫七絲一忽六微，即於本府庫貯兵餉銀内權借支給，俱經給發居民沈彩等，散給人夫收領訖。合候嚴催杭、嘉、湖三府前項欠解，并存留銀兩，補還兵餉之數。再照沿河兩岸率多泥沙，俱非固土，天時雨滂，未免倒塌，而江潮日至，浮沙湧進，淤塞之患，勢所不免。歷年以來，屢浚屢淤，蓋開浚工完，則人情俱懈，而不復議及經久之計。今雖挑浚完工，若不立法善後，不一二十年，淤塞之患又至矣。合於萬緣橋、黄蓮樹各建閘一座，每座用銀三百九十三兩三錢，共該銀七百八十六兩六錢。築壩樁木等料銀六十六兩二錢，孟河城南北西閘改造，天關修砌，燕尾并打壩等項，該用銀一千二十五兩五錢七分八釐。又議設三百料船二十隻，每隻約用銀四十兩，共該銀八百兩。鐵掃箒二十具，該銀二十二兩，專備夾取河中淤泥之用，以上共該銀二千七百兩三錢七分八釐，無從措處，合無仍於本府庫貯兵餉銀内借用，即行建造閘座築完。每歲冬月量加疏浚，使河泥輒至而不集，河水常裕而不涸，實爲運道萬全之利也，等因申道。該本道親勘開浚工程，委無虚冒，册報到臣。該臣看得孟瀆河口徑渡江北入白塔河，至灣頭以達漕河，爲浙直運道捷徑，此河誠開不直漕船出江之便已也，仍有三利焉。運船與民船分道而行一也；商民船瓜洲而下，一潮可達，免風濤盗賊之虞二也；地方灌溉之利三也。先此武進之民憚於獨勞，倡爲險澀之説，故其議不果行。今銀兩取之導河夫銀、修河米折銀，不足則借支兵餉，不累常州人夫，則徵諸各屬，不累武進。蓋人人踴躍，率作興事矣。自三月初八日起至五月初七日止，募集人夫五萬四千四百名，開河九千九百五十丈，用銀一萬六千五十三兩八錢八分。蓋先於秋後數月，不必再行估計，而夫工錢糧因以附見焉。相應具題，伏乞敕下工部，將臣等造送文册逐一稽查，除將導河夫銀、修河米折銀徑行支用外，其杭、嘉、湖三府應解修河備用銀兩，行令浙江巡撫作速起解，補還兵餉。至於常州府官續議建閘改關，設船編夫等項，費不過二千餘金，容另便宜處發，委官責成，不煩内帑，不敢疏濆，容臣造册奏報，青册送部查考。

林應訓《請復練湖疏》萬曆五年上

欽差巡按直隸巡視下江兼督水利監察御史臣林應訓謹題：爲江南亢旱日久，運道艱阻可虞，乞敕當事臣工，請復蓄水湖額，疏通達江閘道，以垂永利事。該臣奉南京都察院劄付，准工部咨該巡按直隸監察御史郭思極題前事，疏開請復練湖，以永資蓄泄。該本部議覆奉旨移咨到院，備劄到臣，隨即案行蘇、松、常、鎮兵備道，轉委廉能官員，及行常、鎮二府掌印水利官，臨湖踏勘。該道仍親詣湖所，查革占佃去後，今據本道參政王叔杲呈稱，遵依備行常、鎮二府掌印水利官，及委蘇州府通判劉體道，前去會同該縣掌印水利官踏勘議報。續據劉體道呈稱，會同鎮江府通判劉琚、丹陽縣知縣尹良任，查得本湖自西晉陳敏遏馬林溪，引出長山八十四汊之水，以溉雲陽之田，周圍築堤名曰練塘，又曰練湖，約四十里許，計一萬三千畝有奇。蓋包山溪兼隣邑丹徒縣界，繇張堰湖至龍頭崗止，而概言之也。環湖之堤仍立涵洞一十三處，至宋紹興時，中作横埂，分爲上下湖，立上、中、下三閘，凡八十四汊之水，始經辰溪衝入上湖，復繇三閘轉入下湖。本朝洪武間，因運道水澀難行，依下湖東堤開建三閘，借湖之水以濟糧運。舊址見今具在，其佃種成田，勘得丹徒縣居民蔣祥等公莊田一千七百二十畝一分三釐九毫，華諒等佃田四百二畝，丹陽縣民姜得三等佃墾田三百一十三畝，俱起科辦糧，與水利無妨。相應存留外，其華諒附近决口田一百八十畝七分，并居民任清等佃墾田六百七十四畝四分，張芸、荆貴等佃墾田四千七十三畝。此皆未經起科，於湖地水利有礙，俱應開浚。切詳長山八十四汊之水，原非山下發泉有源之水，不過藉天雨時行，則群山崙水奔流澎湃，來不可禦，去不可留，而本湖形勢本高，又非若昭陽、邵伯等湖，低窪匯水之比。今堤障浚治之功，誠不容已。但照湖身周圍方四十里，若必概湖之地而開浚之，非動支數百萬之帑金，募集數十萬之夫力，又遲以經再之歲月，必無有濟。今除上湖係來水建瓴之勢，及下湖本窪之區，俱免開浚外，其餘量行浚深一尺以預瀦蓄。以土方人工計之，共該銀三萬一千六百有奇，以所起之土，即挑加西南堤埂，議以存留之田，准其浚湖之數，亦可以省工費之半，其餘查請應動錢糧，募夫開挑等因到道，本道隨親詣練湖處所，督同府縣掌印水利等官，周迴細審本湖形勢，看得所勘練湖源委原額，已詳其堤内所佃田畝，俱係侵占湖利，不問丹徒、丹陽告佃久近，已未陞科，既奉有嚴旨，自應盡行查復，以杜後來侵占之漸。所議姑留以助疏浚，殊屬未妥。惟公莊田傍堤邊高岡，不妨湖内蓄水，且藉此守黄金堤，庶免衝决，相應存留。其湖心淤漲，相應挑浚，即以其土加築西南一帶堤埂，務令高厚仍堅，築閘座以備蓄泄。行令該府，覆議詳悉，併估築砌堤閘工費速報，去後續據知府張純申稱，會同常州府知府穆煒、蘇州府通判劉體道、該府通判張汝正、劉琚督同丹徒、丹陽二縣知縣楊廷相、尹良任，會勘得上、下練湖，前代資以灌田，國初兼以濟運，其間興廢不一，皆緣節宣失宜。

蓋本湖雖無常源，然夏秋雨澇，止受長山八十四汊之水，每每衝溢傷堤壞閘。堤壞水乾，則湖爲棄物，於是民佃爲田，舊制寢失矣。是堤壞者民佃之漸，民佃者湖廢之繇也，兼以春初亢旱，水枯益甚，無怪乎運道之不濟也。今奉明旨查復舊制，革田歸湖，誠切時務。然欲使堤可不壞，河可常恃，則浚湖築堤爲要，而設閘宣節尤急。議得上湖四際夾阜，下湖東北臨河一帶，原埂完固，無容再增，中有缺口四處，相應填補。惟西南一帶殊覺單薄，合行倍加增築，約令高以一丈，厚以十丈爲率，略與東北相應，湖心受水去處，間有年久淤淺，應加疏浚，即以所浚之土加倍堤埂。臨湖上舊閘一座，底高湖心三尺，堅厚如故，無容再修。仍增建中閘一座，底比上閘低二尺，改建下閘一座，底比中閘低二尺，高厚俱仿上閘之制。每遇啓閘濟運，先上閘，次中閘，次下閘，則水不盡泄，自有餘濟。復慮秋水衝擊，堤不可守，議建減水閘二座，界於中、下二閘之中，閘面比湖心高六尺，闊五尺，水未滿閘面則資以蓄，既滿閘面則資以泄，庶幾宣節得宜，功可永賴。其議革湖田在上湖者，如魏家莊一帶，蔣祥等公莊田傍湖堤高岡，與水利絶不相礙，姑免追奪，其餘臨湖圍埂，如華誏、華昇等田，相應盡行革去。在下湖者，如道人墩一圍，查議丹陽縣嘉靖三十三年間，因被倭亂築城鑿濠，用過姜得三腴田三十餘畝，將本墩量行給補，殊與别佃不同，且墩阜成山，離水十有餘丈，似不必概行攤革。墩下低田圍埂，少礙水利，并與任清、張芸、荆貴等久近佃種，已未陞科之田，最礙水利者，盡行將埂攤平，退還内查陞科田糧，相應除豁，共該革田五千六百四十三畝一分，存留不妨水利公莊田一千七百二十畝一分三釐九毫。其沿堤私設涵洞，概行禁塞。中有古設涵洞一十三處，皆民田賴以灌溉，湖水賴以宣泄，合無照舊存留。每遇秋夏，呈官給示，方准啓放，一入冬春，即行閉塞。有私啓者，官治以罪，如此則官民兩便，非惟運道有賴，抑且農業不妨矣。合用人夫相應三縣協濟，合用錢糧照依部覆，取足漕銀興工等因，并將勘估新建中閘一座，改造下閘一座，建築減水閘二座，修造中埂二閘，合用石料夫工等用，共三千五百三十八兩七錢九分八釐，及挑浚等堤，其合用人工該銀九千五百五兩六錢二分，通共銀一萬三千四十四兩四錢一分八釐，數目緣繇到道。照得練湖自晉、宋迄今，屢興屢廢，蓋因水本無源，雨集則羣流奔湧，湖緣堤障而成其勢，易於潰決；天旱則泉源既枯，地以積淤肥美，小民利於佃種，該府所謂堤壞者佃種之漸，佃種者廢湖之繇，誠確論矣。

今既查明原額，徐公莊田於水利無妨，姑留外，其餘盡行清復；已經起科者，准與開除其挑浚築砌之工費。公私涵管之存革，上、下閘座之啓閉，該府酌議詳悉停妥，乘今春水未至，湖地方乾，便於挑土，本道已行令多募夫役，先那常、鎮二府解淮兑軍減存行糧銀二千六百三十一兩，并暫借貯庫練兵銀，即日興工挑築，計月餘内可完其閘座，一面採辦石料，立限修砌，未敷銀一萬四百一十三兩四錢一分八釐，伏乞速行措處補庫，接放兵餉，刻限完工，庶可以乘時蓄水，以便秋冬濟運。再照工固詳於經始，而事每忽於圖終，誠使堤障既設，而督察不勤，涵閘既修，而節宣無法，是繕治於一時者，未免旋廢於日久。湖額既清，而禁令不嚴，泉源已微，而疏導不加，是取辦於目下者，豈能永利于將來。合于堤埂涵閘完固之後，專委鎮江府水利通判，督令丹陽縣水利縣丞，時常沿堤巡視，稍有滲漏，即加補塞。遇山水泛漲，悉啓閘口，以防灌潰。秋冬水泉微涸，督令塘長多方疏導歸湖，無令他泄，或湖水盡涸，亦不許奸民乘機佃種，違者重治以罪，悉著爲令甲各官奉行不謹，聽本道不時參究等因，具呈到臣。該臣看得上、下練湖水無常源，非堤障而浚治之，何能爲運河助也。是以國初有三閘之址，議單有歲修之令，積久以來，豪民習見佃田之利，而私相侵鑿，以潰其防。有司亦幸其河運之通，而不復禁制，以虞其後居常率稱如故，不意天旱水涸，如今春而漕運幾失濟矣。

今欲施湖之工，必先復湖之舊，故委勘於通判劉體道等，革田四千九百二十八畝一分，覆勘於知府張純等，革田五千六百四十三畝一分，督勘於參政王叔杲，革去佃墾田五千八百五十七畝三分四釐一毫，其所存留止藉守黃金堤之公莊田耳。臣親詣其地周圍四望，基埂平夷，無復阻撓，障礙者乃就形勢而考鏡之。竊見上湖地仰八十四汊之水所繇來也，雖不能蓄而懼其泄，泄則水力分矣。下湖地形較上湖頗平衍，而高於運河僅數尺，故懼其不盈，水盈而堤堅，則應時而注之，河有全力矣。二者上、下湖之大方也。上湖四際夾阜，循治故岸，足無疏泄；下湖環旋計四十里，頃者委官建議浚以一尺，於工不爲深，而費已三萬餘，且泥無所歸，旋盪入湖，概浚何益？故沿湖築堤，相堤建閘，殊爲長便。所據知府張純等、參政王叔杲其議工程，則堤凡一十七號，長二千七百七丈，各高以一丈，厚以十丈，西南一帶務與東北相等，其司啓閉則增建中閘，改建下閘，修造中埂二閘，其虞秋水則建減水二閘，而參政王叔杲又欲於堤閘完固之後，督官緝理，勿隳前功，始事善後之議，似俱詳當。今人夫已集，約用銀一萬三千四十四兩四錢一分八釐。部覆原取之漕運衙門，臣等已將應解減存行糧銀二千六百三十一兩，扣兑支用，仍有不敷銀一萬四百一十三兩四錢一分八釐，與夫前項事宜，通應題請，伏乞敕下工部再加詳議。如臣所言不謬，將革去民田已經起科者，除其差糧，應增堤閘如前布工，應用銀兩如數催發，臣等胼胝赴之，功可逾月而望矣。

林應訓《開浚吴淞江工完疏》萬曆五年上

欽差巡按直隸巡視下江專督水利監察御史臣林應訓謹題：爲蘇、松水利急應開浚，懇恩處給錢糧，并陳末議，清查灘占田地，以資工費事。該臣奉南京都察院勘劄，准工部咨備奉欽依開浚吴淞江事理，咨院備劄到臣，隨經案行蘇、松、常、鎮兵備道遵行去後，今據蘇、松兵備按察使馮叔吉呈稱，案查先該本道回籍參政王叔杲遵蒙案驗事理，帶同蘇州府同知劉崑勘議，得自上海縣江口宋家橋，至嘉定縣艾祁八十里，前經巡撫海都御史開浚，今尚流通，自艾祁至崑山縣慢水港六十餘里，兩旁俱係灘漲，相應開浚，共量長一萬九千五十八步，以土計之，約一十一萬四千三百四十八方，每方計銀四錢，共銀四萬五千七百三十九兩有奇，所需工費不貲，搜括庫藏，既無錙銖之餘，加派民間，又苦供輸之困，措處財用，誠爲至難。又經備行該府掌印水利官，及原委同知劉崑，覆查酌處工費，將長洲、吴、崑山三縣灘占田蕩，及侵占傍郭河渠，逐一清查丈勘明白，凡有應行開挑，即便拆卸改正，定立界址，分别丈尺，其存留徵價者，分别等第，徵銀在官，聽開江支用。仍一面將應開處所勘核的確，分段計算實用工費，委官募夫計處停當，以便興事。間續據該府新任接管同知王事聖册報轉呈本院行道，即速立限追徵長、吴、崑三縣灘地價銀，完解崑山縣庫收貯，聽吴淞江工費隨行府縣查追。間又該王參政覆據王同知勘報，本江自慢水港起徐公港止，計四十五里，議開江面闊二十丈，深一丈二尺，開深闊各一丈爲一方，計土八萬八千五百五十二方，每方十六工，給直四錢，該夫一百四十一萬六千八百三十二工，定以四十日工完扣算，該夫三萬五千四百二十名，每名八分，并議廠壩總散工員役供給犒賞等用，共計銀三萬六千六十兩一分。又查合用人夫近江地方崑山縣居其八，青浦縣居其二，餘俱隔遠。兹欲止於二縣雇募，則三萬五千餘人恐難足數，議於崑山縣每里雇夫三十名，青浦、嘉定、長洲三縣各每里雇夫二十名，共足三萬五千六百二十名之數，分爲五段打壩，每段委總工官一員，督浚列款呈報去後，比因灘田地價追徵不全，欲議取諸官帑餘積，繼以織造供輸，搜括錙銖無遺，工費無處，難以動工。續蒙本院督催酌處，隨議動借常、鎮二府修河米銀一萬兩，蘇州府又借支見徵所屬州縣修河米銀五千餘兩，少紓目前湊用，候徵灘價補還，呈允支解，間值前道去任，該本道到任接管，續蒙憲牌再行覆勘，議妥酌處工費，即日起工，如有便宜，不妨條議。隨帶王同知及崑山、青浦二縣掌印官，督同熟知水利士民，遍歷本江逐丈測水，驗得頭段慢水港起千墩浦口止，約九里許，兩旁雖有淤塞，其中廣闊深通，其工止當修浚。尾段屈家墳起艾祁止，約十五里，面底俱係深闊，其工可以不浚。中段自千墩浦口起至屈家墳止一帶，計三十五里許，淤塞果係一線，俱當大挑，實量長五千四百一十七丈七尺，其深闊查照先年海都御史開浚過。本江下段面闊十二丈至十四五丈止，底闊八丈至十丈止，其深俱以一丈二尺爲準，其夫工原議開土深闊一丈爲一方計，十六工給銀四錢。查江形深淺不同，夫工折算難計，查照上年孟瀆河開浚事例，每開土横過一尺深闊，各如式約算土一方，領工食銀四錢，各稱省便。又查得五段齊起，恐戽水爲難，議將夫工分爲三段，先併力於頭段，則戽水易乾，夫易下手，於工爲速。又查得戽水夫工，原議太少，應于崑山、青浦附近雇夫戽水，當發千金，則人心自奮等因，呈覆本院，蒙牌行蘇州府先動開江銀兩，分發崑山、嘉定、長洲三縣，預給工食。本道督令各縣掌印官募取開土人夫，長洲縣一萬四百四十名，嘉定縣一萬一千五百五名，崑山縣一萬三千七百三十九名，又募蕭山夫三百六十八名，青浦縣夫三千名。崑山、青浦二縣出備車輛，另募車水人夫共四千三百九十二名，各工食俱令各該掌印官親給，管押赴工，委王同知總督調度，分委府衛首領、縣佐等官宓天麒、吴懷京、盧大業、李應春、熊配麟、高良倫、陶繼顔、丁楣、陳添琦九員，分段率領，限於三月十九日齊集本江，二十日一齊興工。間本道又行各屬催解錢糧，蘇州府并各州縣解各年導河夫銀七千六百六十四兩七錢一釐二毫二絲。長洲縣解徵完灘地價銀二千九百九兩三錢四分九釐九毫；吴縣解徵完灘地價銀六千六百四十三兩三分二釐六毫；崑山縣報徵完灘地價銀三千五百二十二兩三錢三釐二毫；吴江縣解扣省廠夫銀七百二十兩、水夫銀九十六兩、又解河工銀六十三兩一錢八分三釐三毫；嘉定縣解扣省廠夫銀五百五十一兩二錢；蘇州府并長、吴二縣解社倉米穀易銀四百七兩二分二釐；蘇州府解追完罰犯河工銀三百五十八兩三錢，又辯復吏河工銀四十兩；太倉州解加納陰陽官河工銀三十兩；常州府縣解罰犯河工銀二百兩，超參辯復吏農河工銀一百五十兩；蘇州府縣解完按院贓罰助河工銀一百九十三兩二錢二分七釐；鎮江府解嘉靖四十四年分存剩練兵銀四千八百八十八兩六錢七分七釐八絲二忽九微五沙八塵，辯復承差河工銀五十兩；江陰縣解軍犯長解銀二十兩；蘇州府借支徵完各州縣解各年修河米銀二千四百五十一兩六錢七釐二毫二絲二忽；常州府解修河米折銀五千三百五十七兩二錢一分六釐八絲五忽四微；鎮江府解修河米折銀五十八兩八錢五分七釐五毫九絲七忽九微四纖一沙一塵一埃；又各府、州、縣解兵備道項下贓贖助河工銀共五千九百二兩五錢一分六釐七毫四絲、萬曆錢十萬文。以上共銀四萬二千二百七十七兩二錢三鳌九毫四絲七忽二微四纖六沙九塵一埃。萬曆錢十萬文，俱解發崑山縣收貯聽用。

續據王同知報委官宓天麒、陶繼顔率嘉定縣人夫開完河九百丈，熊配麟率長洲縣人夫開河五百一十七丈，于四月初九日工完。吴懷京、凃子熟率夫開完頭段河七百丈，于四月十二日工完。盧大業、高良倫開完青浦尾段河九百丈，于四月十八日工完。宓天麒、陶繼顔率嘉定縣人夫開完河八百二十五丈七尺五寸，又蕭山夫開完八十二丈，俱四月十九日工完。李應春率崑山縣人夫開完河七百一十丈，熊配麟、丁榍、陳添琦率長洲縣人夫開完河七百六十六丈，俱于四月二十日工完。本職驗俱闊深如式，緣繇蒙批，據稱各縣分開河工報完，未委虚的，趁今江水未放，查驗有據，該道即委外府官二員，通行稽核各縣實開過吴淞江長若干里丈，深闊果否如數，并募過人夫，給過工食，備造文册繳報。依委常、鎮二府推官韓萃善、吴道卿勘報。隨據二官揭稱，勘得千墩浦起至屈家墳止，長五千四百一十七丈七尺，開面闊逾一十二丈，底闊逾八丈，深逾一丈二尺，内除罰崑山縣侵尅車夫工食，塘長陶巍開土三丈二尺四寸五分，崑山縣人夫開過一千四百一十九丈二尺五分，嘉定縣開過一千七百二十九丈二尺五寸，長洲縣開過一千二百八十四丈，青浦縣開過九百丈，又募蕭山夫開過八十二丈，逐一勘覆，俱一例闊深，工完如式。其夫工名數，給過銀兩，俱已各縣正官召募散給，并無虚冒情弊，其廠壩犒賞等項，通候王同知查造細册另報等因，又該本道委據簡校宓天麒、經歷吴懷京等查得慢水港至楊間河一段，水深一丈一尺，兩旁水深六尺，楊間河至千墩浦口止一段，水深一丈，兩旁水深五尺，相應修浚。又勘得屈家墳至艾祁，長有一十五里，面底俱係闊深不必開浚。又據王同知呈報，慢水港之河若打壩修浚，戽水極難，已蒙本院面諭，即令置設混江龍十具，僱大樣沙船，募夫篙去淤泥，中深俱一丈二尺，兩邊削洗俱闊一十丈之外，緣繇到道。隨該本道親往本江自慢水港至千墩浦口止，計九里許，河心兩旁逐一測水，委果洗篙深通。又千墩浦口起至屈家墳止，三段開挑處所，共三十五里，覆核面底闊深，一例如式。隨令開壩以便農作外，又詣屈家墳至艾祁止，計十五里許，江心兩旁逐一測水，與新開之河深闊相等，不必修浚，前項河工悉已完訖。又據蘇州府申准同知王事聖關開修浚過吴淞江中段淺狹去處，自千墩浦口起至屈家墳止，計三十五里許，共實量長官丈五千四百一十七丈七尺，俱照横過一丈，闊深各如式，算土一方給夫銀四錢。又開千墩浦口東角夏駕河沙塗、三又河口高岡，并築壩填壩土方共給過挑土人夫工食銀二萬一千七百九十八兩五錢四分八釐一毫，戽水人夫工食銀一千八十七兩六錢三分五釐，廠壩竹木除易價還官外，實費銀三百六兩九錢五釐。管工員役廪糧銀一百四十五兩九錢六分五釐，犒賞祭江諸費用銀一百一十四兩八錢，銅錢八萬三千一十文。又將慢水港至千墩浦口止，計九里俱係深闊，止用混江龍疏導淤沙，并修築兩岸，用過夫工銀二百五十五兩一錢五釐五毫。及督同崑山縣知縣程達看得千墩浦迤西慢水港之間建石閘一座，估該灰石等料銀九百八十九兩五錢。又于夏駕浦口築一小閘，估計工費銀二百八十二兩三錢。所建二閘工費就于崑山縣用剩銀内支給，委官先行買料完備，俟冬水退興工，連前通共實該用銀二萬四千九百八十兩七錢五分八釐六毫，錢八萬三千一十文。又查刷得崑山縣收放一應開江錢糧，各處解發，并本縣徵完各項銀，共有四萬二千二百七十七兩二錢三釐九毫四絲七忽二微四纖六沙九塵一埃，錢十萬文。除放過前項開江工費，并聽造閘支用外，仍有餘剩銀一萬七千二百九十六兩四錢四分五釐三毫四絲七忽二微四纖六沙九塵一埃，錢一萬六千九百九十文，存貯聽候别項河工支用。前項收放一應錢糧，俱經職親查，並無虛冒情弊，具册關送到府，具申到道，隨該本道覆核相同。

看得三吴水利，三江入海，而吴淞江中段則入海之中道也，今河浦皆通，而中段獨塞，此其爲害，豈細故哉！緣在上者以非關於運道，即隱懷民瘼，每以勞怨揺阻，雖明知開浚之爲利，而上下忍於淤塞之爲虞。欽承明旨，民無越志。自屈家墳以達艾祁，直與前海院之新河并其利。自千墩浦而達慢水港，遠與劉家河之海道會其歸。以三十餘里一綫之濁流，而闊爲一十餘丈一帶之巨浸，初議三萬五千六百有奇之夫役，用之四旬，而今也三旬而舉之。初議四萬五千七百有奇之工價，猶恐不足，而今也二萬四千九百有奇而足之。得天得人，如期如式，未有若斯江之速且深者也等因，具呈到臣。該臣會同巡撫右副都御史胡執禮、巡按御史胡時化，看得吴淞江之中塞也，關係水利甚大，而其議久不决者，以民難慮始，官多偷安，非狃于經費之無措，則惑于浮言之中阻也。兹者仰荷我皇上加意東南水利，而明旨森然，至嚴至切，故臣奉而行之，諸司用命，群費畢集，雖有奸豪，不得行其阻撓之計。且役之興也，當春夏清和之候，適細民青黄不接之時，授民以直，而農有所濟，募民之力，而人樂于趨。又費有可省者則省之，如修慢水港之法。役有可已者則已之，如停艾祁浦之工。慮竹木之料或不堪也，即以各段委管官自行買辦，工完皆變價以還官。恐工食之給或不清也，則令各縣掌印官親行印封，散畢隨掣秤以示衆。臣與該道復時時到工，考其勤惰而賞罰之，訪其侵尅而究懲之。是以役無頃刻之曠，食無毫末之虚，故集三萬五千有餘夫於江上，功以三旬而舉，費以二萬四千而足也。理應具題，伏乞敕下工部覆查。如果前項工程别無虚冒，即將已經散給銀兩准其支銷，其餘存剩在庫銀兩，并各縣灘占未完地介，俱准徵收，聽候别項河工支用，容臣造册奏報，并青册送部查考。

林應訓《開浚白茆塘工完疏》萬曆六年上

欽差巡按直隸巡視下江兼督水利監察御史臣林應訓謹題：爲遵敕開浚水利，請給錢糧，以便稽查責成事。據整飭蘇、松、常、鎮兵備、湖、廣按察司按察使徐節呈蒙本院案驗，奉南京都察院勘劄，准工部咨備，奉欽依開浚白茆塘事，理移咨前來備劄到院，案行本道，内開白茆塘先經海撫院開浚，何以未及十年淤塞如故。該道即親詣塘所，督同府、縣掌印水利官沿行相度，窮究源委，即今再浚，作何方法可永遠不淤，并查應否添築壩閘，作速勘估確報等因，蒙此遵依，督同蘇州府同知王事聖、常熟縣知縣留震臣會勘去後，隨據同知王事聖呈稱：勘得白茆塘淤淺去處，自歸家莊小石橋起，至横塘止，計四十五里，量長八千七十九丈。每長一丈，面闊十二丈，底闊八丈，深一丈二尺，淺深不等，積算土方七萬七千四百三十方二分一釐九毫。每方工食銀二錢八分，共銀二萬一千六百八十兩四錢六分一釐四毫六絲。分列十二段，每段應搭廠一所，除沿途庵院不必搭蓋外，實搭廠十所，每所工料銀一兩五錢，該銀一十五兩。築壩三條，應用竹木工料銀二百四兩七錢六分五釐。又勘横塘口應建石閘一座，合用木石灰鐵夫工等項，該銀三千二百六十九兩五錢一分一釐。以上共該用銀二萬五千一百六十九兩七錢三分七釐四毫六絲。其戽水人夫工食，候築壩興工量水淺深，用夫之多寡，另議詳奪。至於設處錢糧一節，據該縣申報，應支白茆、高明、沙耿涇、福山并各開地價淘河夫銀，共有二千七百二十四兩六錢八分四釐二毫。又查得崑山縣開江支存夫銀一萬三千五十七兩五分七釐二毫六絲四忽三微四纖一沙一塵一埃，二項共銀一萬五千七百八十一兩七錢四分一釐四毫六絲四忽二微四纖一沙一塵一埃，尚少銀九千三百八十七兩九錢九分五釐九毫九絲五忽六微五纖八沙八塵九埃。或支各屬灘占地價、導河夫銀或堪動别項錢糧輳用等因呈道。又該本道覆行會議，得開浚本塘自歸家莊起至横塘止，計長八千七十九丈，約四十五里，每十一里分爲一段，定委常熟縣縣丞王儼、主簿秦湯相，吴江縣主簿李三省、吴縣主簿任可賢督工，總工則同知王事聖、知縣留震臣，定有身家耆民五百名，分段募夫開挑。又議以二百丈立一耆民爲分管，每千丈立一陰醫省祭等官爲總工。又議本塘照原議開面闊一十二丈，底闊八丈，深一丈二尺，但河形水勢不同，必於取數非便，且開河緊要在深不在闊，如兩岸估勘不足十二丈者，聽總管官勘實順勢開導，其堆土務運至十五丈之外。本塘四十五里，每十里該用戽水車二百輛，計水車九百輛。令塘長、圖長出辦，大約用車夫二千七百人，每人給米二升，限六日車乾，計米三百二十四石。又每五里造官廠一座，管工官住劄，每一里搭草廠二座，每座可容五十人，爲食宿避雨之所。興工破土之日，每耆一名給花紅一分以爲優勸。又議横塘口建石閘一座，照原估料銀三千二百六十九兩五錢一分一釐，行縣委官先行量給官銀，採辦石料完備，候開浚河工畢日，興工砌築等因，具繇呈報。間又據蘇州府知府李充實查議處置工費錢糧數目，緣繇到道。查得白茆塘工費原估該用銀二萬五千一百六十九兩七錢三分七釐四毫六絲，除查有常熟縣見徵沙租地價導河銀，崑山縣庫貯開江支剩銀，蘇州府及長、吴二縣報完宗人府米折導河夫灘地價銀，見在共有二萬一千二十三兩八錢二分三釐三毫，尚欠銀四千一百四十五兩九錢一分四釐一毫六絲，應于見徵存留宗人府米銀内徵給。查該縣數有大户吴潔淳名下欠者，止有四百七十四兩，令照銀數認方開河外，實少銀三千六百七十一兩九錢一分四釐一毫六絲，應將民欠宗人府米銀六千餘兩内徵給，以該縣之欠米，開該縣之河工，官民無詞。

再照白茆塘爲出海巨流，海潮與湖水晝夜必兩會，當其會處，則清濁相值，其流稍停，渾泥遂積，日復一日，故易淤塞。今惟于初開之時，務深而不務闊，既開之後，每年以導河銀僱夫撈洗，然後可圖永利，具詳允示本道遵行。間催據常熟、崑山、長洲、吴縣并蘇州府徵完各門地價、灘税、導河夫銀、宗人府米銀、開江支剩銀，共二萬一千四百八十一兩四錢一分八釐四忽三微四纖一沙一塵一埃，俱發常熟縣收貯，先行動支募夫搭廠之用，餘少銀兩，嚴徵民欠宗人府米銀接濟去後，據常熟縣知縣留震臣申稱：本塘原勘長八千七十九丈，該夫銀二萬一千六百八十兩四錢六分一釐四毫六絲。今該本縣又續議增開歸家橋宕六十七丈，約該夫工銀一百八十七兩零，連築壩、戽水、建閘共該用銀二萬五千餘兩。除各處解到本縣徵完銀支給外，見今河工完及八分，尚有募夫工食犒賞供給等用，約少銀二千餘兩，并建閘料銀三千二百餘兩，本縣欲追原議民欠宗人府米銀支給，一時徵併不前，申乞區處等因，到道酌議。借支鎮江府嘉靖四十五年分支剩練兵銀二千三百一十兩五錢九分七釐九絲五忽六微八纖，解發常熟縣接濟完工，再有不敷及建閘料銀，嚴行府縣追併存留宗人府米銀凑用，補還借支鎮江府銀兩，具繇詳允借支前銀，解發常熟縣收用外，今該按察使徐節到任接管，覆行本府同知施之藩、推官赫瀛會同勘驗。隨據呈稱，會同管浚總工同知王事聖親詣白茆塘，自横塘口起至歸家橋止，浚過工程共長八千七十九丈。又續議增開歸家橋宕六十七丈，每丈俱照原議，開面闊一十二丈，底闊八丈，中深一丈二尺，旁深一丈，逐一查勘，浚工丈尺俱已如式。又將王同知關送用過一應募夫廠壩供給犒賞等費，及常熟縣收放過河工錢糧各數目，前來覆核，得常熟縣官庫收過蘇、鎮二府并崑山、長洲、吴縣解到，及本縣徵完河工銀共二萬三千七百九十二兩一分五釐一毫三纖一塵一埃，數内放過廠壩竹木物料，除變易還官外，實用過銀一百一十六兩六錢九分三釐。又放岸水人夫食米三百六十二石一斗二升内，除本縣罰犯范璧米三十八石，實該米三百二十四石一斗二升，每石價銀四錢五分，該銀一百四十五兩八錢五分四釐。又該開挑人夫工食二萬一千八百四十二兩三錢一分九釐九毫四絲，内扣河深易開減銀二十六兩二錢一釐五毫六絲外，實給銀二萬一千八百一十六兩一錢一分八釐三毫八絲。又放管工員役廩給口糧銀四十六兩七錢五分，又給犒賞效勞員役花紅銀牌與祭江開壩等用銀一百三十五兩五錢三分五釐，通共放過銀二萬二千二百六十兩九錢五分三毫八絲。逐項細核明白，應准支銷。仍有支存官庫原借鎮江府練兵銀一千五百三十一兩六分四釐七毫二絲三纖一塵一埃，覆查相同，備造文册報道，該本道覆核相同，應准支銷，造册完繳。其横塘口建閘，候水退興工，不敷料銀嚴行府、縣將原題宗人府米銀八千兩，除徵完放過本塘河工外，尚欠五千一十四兩一錢七分七釐五毫，追完找給前項閘料，并補還原借鎮江府銀共該四千四十九兩零之外，仍餘九百六十五兩一錢三分七釐五毫，與常熟縣原報應徵各沙租、各門地價導河銀，尚欠一千五百二十八兩九錢六釐四毫六絲，俱聽別項河工支用。

再照白茆塘東出大海，西連昆承湖，海潮湖流日必兩會，清濁相值，停積渾泥淤塞。自後於農隙水涸，該縣量動導河夫銀撈洗，庶可永久。今將造完核過工費錢糧文册呈報到臣，該臣看得白茆塘原議建閘，蓋慮渾湖入瀫，而設此以防之。及臣督同道、府、廳、縣親詣其地，據耆老居民衆議，本塘今歲開浚不爲不深，而洚水爲災未能盡泄者，蓋因海口舊閘稍礙之故。今若再建横塘新閘，恐於内水有礙，相應停寢。其原估建閘銀兩，仍貯該縣聽候别項河工支用。除將開浚工程用過錢糧逐一覆查明實，見今造册奏繳外，伏乞敕下工部將前項用過銀數覆請開銷。

江有源《請專官治水疏》萬曆十五年上

南京廣東道監察御史臣江有源謹題：爲懇敕專官以治東南水利，以惠民生，以足國用事。竊照江南水患不常，皆爲水利不修之故，臣吴人也，於吴中水利頗知梗概，且叨承耳目之司，請得與皇上備言之。蓋浙西之地，蘇、松最低，位居下流，太湖綿亘數百里，納受諸山溪澗之水，散至澱山、三泖等湖，而繇三江入海。三江者湖海之咽喉也，自海塘南障，而東江堙廢，水勢始北折而爲黄浦，趨於吴淞，併於婁江，又溢入七浦、白茆，其道迂迴屈曲，不能駛急。又海潮日有二至，浮泥湧入，淤塞江路，江路塞則湖水始泛濫而爲患，此三吴水利之大凡也。古人治之有原有委，而其要則在於任人。萬曆初年言官建議，特命南京監察御史一員，總理其事。該部覆奏欽依，業已施行，未幾令兼巡江之差，又未幾併其差於巡江御史，於是名雖專敕，實則帶管，而建官之意又輕矣。况巡江之差一年而竣，水利之事豈可計日而成。經營方始，代期已及，即有(石)[碩]〔七〕畫，安所成就。故雖因時疏浚，以救目前，而終不能大舉廢墜，爲吴民垂永利者，官之不專故也。臣願添設一員，畀之專敕，重其事權，無論御史，無論僉事，但能久於其官，而又不以他務分之，則舍水利之外，無可自見。必且殫忠畢慮，以求稱厥功，而水利可修矣。

請遂言修治之法：一曰開江湖以導其壅。今之吴淞江、婁江、七浦、白茆此四河者，襟帶湖海，吐納衆流，一日不可使之不通者也。浚吴淞江之外，即宜疏白茆之淤，開七浦之塞，撤去斜堰，或爲石磩，或爲石閘，而諸河亦當併議也。婁江今雖通流，而太倉以東多有漲沙，海口有横沙，早計者及今爲之，力可省也。至於瀕海之地，比之腹内特高，浚治亦宜倍深，不然内低外高，難乎水之東注矣。一曰疏塘浦以通其脈。昔人於川原廣衍處所，每七里爲一縱浦，十里爲一横塘，所以通決水道，使相灌輸，無屯瀦枯涸之患。乃民力既不能開挑，而有司苦於錢糧無措，若罔聞知，堙塞已過半矣。是宜相其緩急，以次疏之，務使溝瀆之水，悉達於塘浦，塘浦之水悉達於江河，聯絡貫穿，流通可也。一曰備規制以善其後。古人於濱江瀕海通潮江浦，悉設官置閘，潮至則閉閘以澄江，潮退則開閘以泄水，其潮汐不及之水圩田，四圍亦設門閘，因旱澇而時啓閉焉。港之小者不通舟楫，則築爲壩堰，而穿爲斗門，蓄泄啓閉，法亦如之。又於閘外設撈淺之夫，時常爬疏積滯，置鐵掃帚等船，隨潮上下，以蕩滌浮淤。諸老岸處栽桑柘，種茭蘆，護堤固岸，纖悉備具，此所以無水患也。而今皆弛矣，間有知置閘之利者，又置之不得其所，名以節水而反以壅水，此於興工之後，所當多方講求，曲爲處置，以開吴民百世之利者也。

唯錢糧工費，尚須擬議，既設專官，自能調劑，酌量上請，非臣所能預爲縷指，伏乞勑下該部虚心計畫，如果臣言不謬，速爲具覆施行，臣無任翹首企望之至。

徐桓《請復水利憲臣給發錢糧疏》萬曆十六年上

南京刑科給事中臣徐桓謹題：爲東南財力已困，水患難必，乞速簡任興發，及時修浚，以裨國計，以厚民生事。臣惟東南爲國家財賦奥區，水利爲東南財賦源本，不容一日不修浚者。況水患叠仍，民力已困，今歲淫潦復未可必，可泄泄然不亟爲之圖哉？頃御史江有源請復專官，修舉水利，荷皇上俞允，敕該部着撫按官逐一相度，從長計議，業已見之行矣，臣復何言？顧臣所慮者，非專官之難得人，以充任爲難，非修舉之難得財，以經費爲難。惟簡任有人，則功可成，惟興發有財，則事可濟，此足國裕民之至計，所當亟議者也。臣請得竟其説。

嘗聞三吴古稱澤國，其西南翕受太湖、陽城諸水，形勢尤卑，而南北際海，地多岡隴，視西南特高。高者其田嘗苦旱，卑者其田嘗苦潦，古人治之，高下曲盡其制，然大較惟疏淤障以決下流，築圩岸以固堤防而已。近來官無專任，豪民肆梗，以致故道堙塞，水患叠仍，去年七月間，風潮淹溺尤甚，蘇、松獨當下流，被害尤烈，饑饉流離，民不聊生。荷皇上軫念，恩賜蠲免，復令郡縣發、粟賑貸，德意甚盛。第飢民之困苦未甦，公家之徵催已急，昨吴江士民相率而號訴于庭，幾激成變。萬一今歲雨暘少愆，淫潦復作，又將何以處之？臣私憂過計，惟急修水利，庶足以弭患於將來也。議者宜復專官，設僉事似矣。蓋專官則職不分，于功爲易就，僉事則體未尊，于民爲易親，或單車而循阡陌，或扁舟而泛江湖，廣咨博訪，窮覽遠討，以底平成之績，事無不甚便者。但臣愚則謂設官之要，惟在于得人，修浚之宜，惟先于足用。人不得，則所設皆具官也，用不足，則所議皆空談也。臣爲今計，莫若簡任賢能，大發帑藏，以修浚之爲急。嘗考先朝屢命大臣經理吴中者，前後不下數十人，而其有功于水者，則惟尚書夏原吉與巡撫侍郎周忱爾，人才之難得可知也。方今豪强日肆，水道日湮，淤者已占而田，澤者已斷而漁，非得强力有才、實心幹濟者，其人不可也。然當明盛之世，正群賢彙征之時，豈無若人足以勝其任乎？特患不能知耳。伏望天語叮嚀吏部，博加采訪，不拘在内在外，但得强力有才，實心幹濟者，即授以專敕，俾之統轄江南，專管水利，委任而責成之，庶經理不患于無人，而水利可以次第修矣。然修水利必需財用，方今民窮財盡，所在赤立，而欲興大役動大衆，以成所難成之功，正所謂時詘舉贏也。欲取之公耶？則庫藏以近年織造，搜括盡矣；欲取之民耶？則閭閻以累歲災眚，疲困極矣；將欲坐視其湮塞而不爲之浚耶？臣恐告災者歲復一歲，議蠲者年復一年，後將何所底止。

臣聞江南各郡，别無錢糧堪借，京師内帑亦無多餘可發。惟查南京户部頗有積蓄，十二年間嘗爲越河濟工發一十萬矣。十五年間又爲山、陝糴米發二十萬矣。江南之民亦陛下赤子也，江南之地財賦根源，豈不尤重于越河，尤切于山、陝哉？臣願皇上照例特發二十萬以修水利，不足則令地方措處，乃今日最急務也。且計利害者必權輕重，皇上亦何惜小費，而不爲吴民興大利哉！今誠預發二十萬以修浚之，使淫潦無虞，田禾有穫，即國家無蠲賑之費，閭里無輸納之艱，其利當百倍之，奚啻二十萬已哉！說者謂民窮興作非時，必且難之，不知此正可以賑民飢也，特恐賑之不得其道耳。昔宋臣范仲淹以官糧募飢民，全活者數十萬，今宜仿而行之，募飢民之稍壯者應役，日給米三升，盡以官銀糴米，計口給散，每日令有司造册查考，不許冒破，則官不徒費，民不徒勞，豈非一舉而兩利乎？且聞淮安浚河者夫每派之里甲，派之行役，官多委之武弁，委之省祭，科斂需索，無所不至，怨聲載道，可爲殷鑒。今惟召募飢民，給散官米，則可絶此弊矣。臣嘗叨令吴中，今又備員留省耳，而目之不忍坐視其昏墊，輒效一得之愚，伏望皇上睿斷，將臣所奏亟議施行。若夫相地土之高下，酌工程之緩急，議夫役之多寡，是又撫按諸臣身親經歷者之責，非臣之愚所能臆度者也，臣無任激切祈望之至。

李淶《奏報水利副使許應逵開浚功成疏》萬曆十七年上

欽差總理糧儲提督軍務兼巡撫應天等府地方都察院右僉都御史臣李淶謹奏：爲水利工程告完，地方有賴，謹據實奏報事。案據蘇、松水利副使許應逵，呈奉兩院案驗准户、工二部，咨爲江南水患不常，乞復專官，及時修治，以奠民生，以裨國計事。該本部覆奉欽依專設水利官一員，并動支南京帑銀十萬兩，專爲修理水利之用。該職于萬曆十六年閏六月十八日到任，先開吴淞江，并七浦、楊林等河，用過銀五萬八千七百一兩七錢五分四釐九毫八絲六忽，已經册報奏，繳存銀四萬一千二百九十八兩二錢四分五釐一絲四忽。今開浚各屬幹河支河，并修築圩岸、石塘、橋梁等處，前銀俱已支用訖，造册至報前撫臣周繼，陞任啓行，未經會奏，案候在卷。該臣接管會同巡按直隸監察御史陳惟芝，看得三吴之至急者，莫如水利。緣其田賦之額，每以十之五六輸公家，而藉以資生，不能强半，故此利興則公私並賴，否則民既無以爲生，賦將何所自出乎？以是令甲郡邑專設水利官，各州縣亦歲編導河夫銀數百兩，以備撈淺之用，此其重可知也。

先臣吕光洵巡按吴會時，查核水利，凡河港共二千二百五十餘處，當其時除民間應浚者不計外，即以應俟官浚之河，僅一百七十餘處，及應築壩閘四十餘處，已該工費銀四十八萬。自光洵著論後，湮塞量日有加矣。故自頃巡撫都御史海瑞及水利御史林應訓間一竭力浚治，然亦未能遍爲疏通也。嗣後則潮漲日澱，河復淺塞，以故臺臣建議設官專理，厥意良厚，荷蒙皇上俞允，特設水利副使一員，并發帑金十萬，爲吴生民開導利之源，惠至渥也。今副使許應逵承命而至，鋭意經理，其浚吴淞江也，既先其要于各州縣支河也，亦及其凡。當浚吴淞時，適遘客歲大旱，人遂爲浚此以致各處支河水咸趨之，因益淺無救于旱，不知客歲之旱異災也。各省直無不以水竭告者也，且亦自此旱年言耳。脱若水潦，則未有此之不疏，而支河得速泄者，故其先事焉者，是光洵之見也，不可後之役也。已而吴淞既畢，則以四萬金發之各州縣，如鹽鐵、中古、千墩等處河浦，并行疏浚者，其深與吴淞埒焉，亦光洵之見也，不容已之舉也。至于常、鎮等府導河夫銀，先是任民拖欠，以致河港愈淺，本官核有司嚴徵之，而并督其疏浚。計今勢雖難于驟遍，而其修舉者亦多矣，除將開浚過江河港浦，及支用過錢糧數目，另册報外，謹具奏聞。

歸子顧《請疏治吴淞江疏》萬曆四十年[上]

工科給事中臣歸子顧謹題：爲江南災傷洊臻，民生日困，國課寖絀，懇乞聖明軫念地方受害之源，亟興三吴第一水利，以足民裕國事。臣竊查江南一隅，歲賦半天下，第供辦出於農田，農田資乎水利。蓋江南澤國以水爲利，亦以水爲害，而利害則全係吴淞江之通塞。《書》曰：『三江既入，震澤底定。』震澤即今之太湖。其廣三萬六千頃，納受杭、嘉、湖、宣、歙、應天、蘇、松、常、鎮等郡谿澗之水，爲三吴巨浸，而三江則錢塘、揚子、吴淞江也。自杭州築長林堰，而太湖東南之水，不得入於錢塘。自常州築五堰，而太湖西北之水，不得入於揚子。獨吴淞一江當太湖下流，泄諸郡之滙水以注海，而今且久塞，是以太湖有納無吐，平時常自滿溢，客水暴至，即四向潰出，渰敗數郡，饑饉頻仍，國家貢賦亦安所從出？臣生長江南，目擊其故，竊以爲欲全活蒼生，以興無窮之利，令國計民生兩便，則舍浚滌吴淞江無策也。

考宋時江面原闊九里，可敵千浦，故與錢塘、揚子並稱三江。勝國之末，水利曠修，江流淤塞，已失九里千浦之舊。聖朝正統間，巡撫周忱始立表江心，設法開浚，淤塞頓通。嗣是天順四年，巡撫崔恭；弘治七年，侍郎徐貫；嘉靖元年，尚書李充嗣；隆慶三年，巡撫海瑞；浚者凡五，迄今四十餘年，廢不講矣。皇上御極以來，亦嘗有建議開浚，然用不得人，求通反塞。邇水旱相仍，如萬曆三十六七八等年，大浸稽天，三吴之民，胥淪魚鼈，禾稼不登，非以下流無從泄瀉之故歟？從此民困輸將，賦額日縮，上供邊餉，司農仰屋咨嗟。苟不先去病根，通其利源，徒望生聚殷蕃，貢賦盈額，不可得已。

說者謂必宜修浚吴淞江，循故道，仿前迹，探其源而析其委，採於衆而斷於獨，大興畚鍤，壅閼者疏瀹之，霸占者清復之，務使江身闊深，水流駛迅，滔滔入海。他如塘浦支河，交暢四達，股引灌溉，旱暵無虞，即遇霪霖，亦有宣瀉，無復滔天漭地之患，田得成熟，何至額徵歲虧，動煩廟堂之慮。臣又稽海瑞浚江六十餘里，所費官帑不過六七萬金。若能設處有方，何愛六七萬之費，而不以開江南無窮之利，且朝廷每年經理河道，費頗不貲，蓋懼漕船飄損，缺誤軍食。乃三吴正漕糧所自出，而國與民兼利，其吃緊祇在吴淞一江，奈何聽其久湮，不爲蚤計，束手坐困耶？懇祈敕下該部酌議具覆，移咨撫按，查節行事例，設處錢糧，刻日興工，豈惟利澤地方，實今經國急務，臣伏疏可勝悚切仰望之至。

薛貞《請浚吴淞江疏》萬曆四十二年上

巡按直隸監察御史臣薛貞謹題：爲議開東南一大水利以濟民困，以足國賦事。臣惟國家財賦仰給東南，而三吴尤爲重地，三吴財賦取給農田，而水利尤爲要務。蓋吴澤國也，全資江海之水，以灌溉疏滯，而生民衣食之源，國家惟正之供胥賴之。若吴淞江之通塞，關係利害不淺，而其所當開，非吴中今日第一義乎？考之此江即《禹貢》三江之一也，《書》云：『三江既入，震澤底定。』震澤者即今之太湖是也，一曰婁江，一曰吴淞江，一曰東江，太湖之水三江受之，三江之水，大海受之。其北則繇太倉劉家河入海，所謂婁江也；其南則繇雲間黄浦入海，所謂東江也；吴淞一江獨當其中，此蘇州之下流，雲間之上流也。三江之勢正如乾卦三爻，有前後二爻，而無中爻。豈惟氣運無所宣泄，而江水不通，旱潦無常，民不得其利，反受其害矣。

粤稽古昔，歷代治迹昭然，即我朝留心水利，如夏原吉、周忱等諸臣，經畫燦然，姑不暇遠引備舉，即隆慶四年，巡撫都御史海瑞，奮然獨任，借支軍餉，及各處發追稻穀，與導河夫無礙等銀，簡擇府佐、縣正等官，刻期開浚，查勘舊迹，共計用工食銀六萬餘兩，不兩三月而告成功。自此二十餘年，江流通利，旱潦有資，百姓至今尸祝之。嗣後因循廢弛，日益壅塞，間議開浚，而不得其法，以致空費金錢，卒無成效。沿至今日，黄浦以東，宋橋以西，尚皆通流如故，而此江遂成平陸矣。此江既塞，則田間水道，日就淺淤。臣嘗親歷其處，遇旬日之雨，一望瀰漫，無從瀉出，蘇、松之間，盡變爲沼。二麥新禾，俱成腐爛。幸而晴霽數日，則又車戽無資，田疇龜坼，禾苗立見枯槁。今有司奉檄追徵，但知痛恨逋負，而不知逋負之繇，實原於此。監司但知東南凋敝，而不知凋敝之繇，亦原於此。此江之開浚，胡可一日不講哉！乃議者或以旱潦相仍，公私俱匱，不宜興作，此皆習於玩愒，未覩利害之原者也。夫旱潦相仍，正繇水利湮廢，若猶日復一日，則旱潦之災日甚一日，而東南之民終無安飽之期矣。夫計利害者必權其輕重，四府所入，歲不下數百萬，而一遇災傷蠲免，即三四十萬。他日流亡逋負，不能追徵者，又不知以幾十萬。疏浚之費准其凶荒陰耗之實，其孰得孰失，皆不待較而知也。臣兩年來留心於此，屢行各官查勘已明，凡地形高下之宜，源流分合之勢，古今通塞之繇，大小緩急之序，興作考驗之方，延袤深淺之度，與夫力役之難易，工費之輕重，人情之趨向，咸著册籍，較然可考。

但當今日水旱頻仍，上下交詘，既不可加歛於民，而内帑又不可望乞，故百計思維，求所以湊濟其用者，惟有節年錢糧，係解糧大户侵欺者，設法行追。又如原派導河夫銀，及存留撥剩各項銀米，撫、按、司、府、州、縣及各衙門贓罰，與夫應解錢糧，堪以那借，大約通計，足開此江之用，已經委官清查，似有可稽之數。若使有司諸臣，奉公體國，按籍而行，則底績之期可指日而成也。惟是衆志難壹，浮言易起，事每阻於築舍，而多毁於旁撓。臣竊見近湖咽喉之地，淤澱豐衍，悉成膏腴，多爲勢豪家所占踞，久假不歸，視爲故物，一旦欲取而疏之，是必游揚其説，作梗其事，多方設難，以爲興作不便耳。此非杜豪强之口，破流俗之見，恐撓之者不無其人也。

臣巡歷日久，頗悉此中變態，故詢之父老，訪之輿論，無不一口稱當開者。是以熟思審處，方敢竭誠上懇，伏惟皇上念東南財賦之原，小民凋弊之故，皆係之此江。敕下工部議覆施行，豈直吴民免逋負之追擾，國家足惟正之貢賦，將天地之氣運，從古而宣泄者，不至於今而湮塞，其所裨益東南，豈淺鮮哉！

周起元《請浚吴淞白茆疏》天啓四年上

欽差總理糧儲提督軍務兼巡撫應天等府地方都察院右僉都御史臣周起元謹題：爲亟興水利以備瀦泄，以救荒歉，以裕國用事。江南蘇、松、常、鎮四郡，幅員不過五百里，歲輸租粒數百萬，最急莫如水利，而水利之最大者，莫如吴淞江、婁江與白茆港三道。蓋環蘇、松、常與嘉、湖數郡之湖澤歸翕于此，爲宣泄入海之道，近婁江、劉家河一線，僅通吐納，而吴淞與白茆二水則淤爲平陸。前代屢浚姑不具論，入熙朝永樂、正統、天順、景泰、成化、弘治、正德、嘉靖、隆慶、萬曆間，并荷明旨專官浚治，惟今四十餘年，竟未施工，以致吴淞江自澳塘以至新涇口，及東、西蘆浦、三壩等處六七十里，淤澱不通，白茆港則梅林、塘墩、鎮涇等處俱久填塞，先後建議諸臣叩閽求浚，輒因中寢，吴中億萬生靈，引領以望涣汗之頒。地方不敢擅興大役，邇年小有水災，低田輒渰，直、浙數郡皆受患，如長洲、吴江、常熟、崑山、太倉、嘉定、上海、青浦、無錫、宜興等州邑之間，荒田數萬頃。每遇漕白兑運，有司苦派高鄉攤補，而高鄉賦役原重，寧甘爲低區代賠，致有司考成降罰，而小民徒累敲扑，亦終不能完額。今年巨浸稽天，瀰漫千里者，水之爲害也。雨後停蓄，經三旬不消者，水利不修之爲害也。若又因循不治，則東南水患日甚一日，而國賦與民生兩受其累矣。

臣查曩撫臣海瑞開吴淞江，用銀七萬有奇，近按臣薛貞委官估計，數亦相當，白茆港則常熟縣知縣宋賢力請疏浚，約該銀五萬，通計兩江港工費以十二萬計。竊查萬曆三十六年水災，荷蒙神宗皇帝軫恤蘇、松等府，賑銀五萬。今時詘度，皇上不能多發公帑，然如神廟賑災之數，必不容少，或可即就此賑數，再添一二萬，興舉河工，俾臣檄各鄉饑民，盡赴工作，計丈定工，計人授糈，計日給值，所全活必無量，而水利亦修。後雖有霖潦，不至傷稼，貢賦常充，足國足民，實兩攸藉。昔宋臣范仲淹守臨安，遇歲凶則大興工作，募飢民赴役就食，賴以全活甚衆。兹臣所言，亦師其意，尚欠五萬兩，容臣于所屬搜括積欠導河銀并贓贖，再查照往牘，或量行募派，以奏其績。

若夫浚之之法，惟在尋其故道，淺者加深，窄者使廣，應閘者建閘，應堰者築堰，應石者甃石。倘民間有于淤地之傍鋤墾成業，如不妨河面河心，不難稍縮以曲存其種植，期于水流通瀉而止。第不許豪右奸猾占淤塞爲私産，暗囑堪輿家遥播風水之説，以陰行阻撓，謂蘇、松有異議焉。嘗考松郡弘治間開導吴淞，而錢福大魁天下。嘉靖間開浚，而徐階位躋首揆，水道通達，文運官星，顯赫無比。若設不可信之堪輿，而貽數郡之水害，即真有小礙，尚當擇利從其大者，而况風氣所關，有利無患，故爲阻撓，以遂其占墾之誤，臣願以白簡隨其後。昔成祖皇帝命夏原吉治水，遣官齎《水利書》以賜原吉，重其委任，因得殫力成功。今皇上念勤法祖，東南水利久已留神。臣待罪巡撫，以國計民生爲第一義，敢不據實上請於工部司屬中特簡練達官一員，前來專董浚治，以明聖意之決行，不爲道旁之築舍。至於分理府佐等官，則就所屬遴選分勞，臣不敢不盡厥心焉。伏乞敕下工部議覆施行，臣無任悚息待命之至。

陳懋德《請浚吴淞白茆等江港疏》崇禎元年上

禮部主客清吏司署郎中事員外郎臣陳懋德謹奏：爲微臣奉差事竣，直陳道路見聞之真，深維東南根本之計，敬效一得，并瀝愚衷以祈聖鑒事。臣去年奉命册封光澤，往返萬里，凡燕、趙、齊、梁、周、楚之地，遍歷周咨，率皆凋耗，然未有如臣鄉吴地之叠災奇困者也。以臣所覩記，數年之間大浸居其七八，而至丁卯一歲之中，水、蟲、風三災沓告，荒慘情形，已經省直撫按及宦京諸臣，交章奏聞，臣不敢贅。惟臣訪之父老，僉云雖係天災頻仍，亦繇人事未盡。臣亟叩其故，則謂吴水鄉以水爲利，而今反受水之害者，惟水政之久廢而莫舉也。

臣按江南水患，永樂二年，特命户部尚書夏原吉疏治；正統五年，特命巡撫侍郎周忱疏治；弘治四年，特命工部侍郎徐貫疏治。其他用部郎、臬司與地方有司隨時浚理，屈指而計，大約十餘年一興水利。以故歲不告潦，田獲有秋，國家額賦輸將不竭，而府縣尚有餘積，以備不虞。乃今水利之不興已數十年，吴淞江入海故道化爲平陸矣。白茆、七浦、鹽鐵等泄水大川僅存一綫矣。止劉家河尚通，而潮沙漸淤，亦非故迹，所以一遇霪霖，太湖西來數郡山水奔注，蘇、松下流無從宣泄，數百萬頃良田悉成巨浸。夫臣鄉雖一隅，財賦半天下，況今邊警需餉，仰給東南尤爲至急至切。使及今不治，而水患日甚一日，災祲易乘，蠲賑難望，小民皮毛俱盡，猝有他虞，即國賦將安所從出哉？當事諸臣非不熟知此爲要計，而苦值公私交匱，不敢輕舉，臣愚以爲幸遭聖明在上，軫念東南，屢見明旨，真同如傷之視，吴民歡呼，拭目以望德澤。即如織造上供，仰荷陛下立賜停免，則此項錢糧中酌其可動支者，并清查原設導河夫銀，即足充開浚水利之費，仍仿祖宗朝例，責任大臣如周忱等，假以便宜，聽其相度區畫，期於成功，而後報命。是皇上即以所留於地方之物力，興地方無窮之大利，不但立拯億萬墊溺生靈於衽席之上，而使江南數百萬賦税，源源上輸，涣小儲成大儲，不加賦而賦日裕，不别求惠民，而民受實惠，臣所謂根本之計，似緩而實急者此也。夫事屬非常之原，正須身任民社，與夙諳經濟者大家講求。臣緣于役，竊附原隰咨諏之義，先引其端以入告，皇上倘鑒臣言匪謬，伏乞敕部確議，條畫施行，臣愚無任悚仄待命之至。

工科抄參 附

工科參看得國家漕儲仰給三吴，而頻歲災祲，動苦霖潦，乞蠲議折無虚日也，識者廑根本之慮焉。水鄉而却罹水之害，則水政不修，而人事之廢墜也，儀郎言之悉矣。夫監司有水利，道、州、縣設水利官，額賦應有水利錢糧，乃白茆、七浦、鹽鐵等川之僅存一綫，劉家河之潮沙漸淤也何故？職掌有在，則振刷無難，惟是淞江一派，《書》稱『三江既入，震澤底定』者，此實其一焉。朝宗故道，彌望桑田，海忠介而後，非阻於慮始之難，則苦於經費之窘，屢煩盈庭之議，而迄無成説者，匪一朝一夕之故也。百年之利，非常之原，直隸撫按當必洞徹原委，而毅然爲斯民請命者，抄出移文催覆之。

工部覆奏　附　此疏擬稿未上

照得水利一節，係本司職掌，伏覩皇上平臺召對，商咨水利，惟恐擾民，又有公議來奏之諭。臣部職掌所關，敢不少效末議，以備採擇。

看得國家大計，以東南財賦爲本根，東南財賦尤以水利興修爲命脈。蓋三吴號稱澤國，萬水所湊，西匯太湖，北枕大江，東環滄海，南抵錢塘，其中若湖、泖、涇、漊、蕩、瀝、浦、瀆、塘、河、溪、港、浜、漕、渠、洫等水，縱横棋布，大小貫輸，如人身之經絡血脈，疏通則利，壅噎則病，顯然易見。昔范仲淹、蘇軾諸大儒，皆悉心講求，或躬親疏浚，至本朝夏原吉、周忱、徐貫、李充嗣、海瑞諸臣，屢奉特命，專治水利，能使高下曲盡其制，旱澇不能爲災，國計民生並受其福，尸祝至今不衰。邇年江南水患疊仍，困敝已極，小民逃亡，餓殍漂溺之苦，莫能圖畫，計惟有修治水利一著，可少紓民力，乃當事不果行者，不過曰錢糧缺乏也，豪右阻撓也，故道難復也，有司奉行不實也。臣以爲皆不足慮，惟願皇上仿祖宗朝例，特命才識通練，實心幹事之臣，專任責成之。任得其人，自能設處錢糧，自能彈壓豪右，自能相度地宜，自能督率有司盡職，自能毫不擾民，而水政畢舉。

按《會典》嘉靖六年，敕巡撫官督同水利僉事，用心整理蘇、松水利，毋得虛應故事。隆慶六年特降敕書，以東南水利專責成巡撫，成例具在。皇上重國計即重東南，重東南即重水利一事，伏乞特加專敕撫臣，一切水利事宜，悉聽條畫、經營、舉劾、激勸，務期興利拯患，迄有成功，而後報命。當此聖明勵精核實之初，何患無夏原吉等其人，以救一方億萬生靈，且浚國用不涸之源耶！案呈到部，看得東南賦甲天下，本計莫如水利，有太湖以爲之匯，則有吴淞、白茆、鹽鐵、七鴉等江浦以爲之泄，能泄則水本爲利，不能泄則水反爲害，水政宜修，此不煩再計者。但大役一興，浮議易集，責任不專，終成築舍。該司急議任人，按祖制請專敕，誠爲東南憂水患，興永利耳。且臣聞去年太湖夜漲，衝漂萬家，今秋沿海一帶，復遭蕩没，米價頓湧，災黎重困，救民水火之中，勢難少緩。伏惟皇上視民如傷，亟允所請，特專敕巡撫一切便宜拯治，其有司能設法修浚者，舉薦優擢，其泄泄從事者，即加參處，則人知激勸，成功不擾，而公私之利並收之矣。

李待問《回奏三江水利疏》崇禎元年上

欽差總理糧儲提督軍務兼巡撫應天等府地方都察院右僉都御史臣李待問謹題：爲徽臣奉差事竣，直陳道路見聞之真，深維東南根本之計，敬效一得，并瀝愚衷，以祈聖鑒事。准户部咨該禮部員外郎陳懋德題前事，内稱修復水利，開浚吴淞等三江等因，奉聖旨『織造料價已有旨改餉水利事，撫按酌議具奏該部知道，欽此欽遵』。備咨到臣，臣即備行蘇、松、常、鎮二道轉行四府所屬州、縣查議，又經行檄催報去後，未據詳到。今該臣看得蘇、松諸郡地勢卑下，西來諸水畢匯具區，而歸大海。《禹貢》稱『三江既入』，即吴淞江、婁江、東江是也。吴淞尚仍舊名，婁江少徙而爲劉家河，東江久湮，而别出爲白茆港。數十年來未浚，淤沙乘潮上下，日久漸成平陸。今劉河出口稍滯，而澌流尚存。吴淞自澳塘以至新涇口，及東、西蘆浦、三壩等處六十里，淤澱不通。白茆則梅林塘、壑鎮涇等處俱久湮塞，而有力之家且築平臙爲膏腴矣。濱海一帶，高在外，窪在内，雨暘時若猶茫茫巨浸，一遇泛澇則天行之災十三，而地利之荒已十七矣。國家以三吴爲外府，率倚辦於農田，乃田日失收，民日窮蹙，不特民無所托命，抑且賦無所從出，失今不治，長此安窮，誠有不容再計者。

累朝以來，十餘年必一疏治，今積至四五十年矣。天啓間撫臣周起元，曾疏陳格於請帑之説。查起元疏稱都御史海瑞開吴淞，用銀七萬兩有奇。前按臣薛貞曾委官估計，數亦不相遠。

白茆則知縣宋賢估計，約用銀五萬，通兩江工費以十二萬計，而劉河不與焉。大抵此議不一，有言總開三江，一勞永逸者；有言物力難措，先開吴淞江，而後徐議之者；有言且就内河疏導其溝澮，取給於導河夫銀，而往往積爲民間逋欠，方在州縣清查，畢竟爲數無幾，然此亦小小補塞罅漏之功。惟於下流出海之處，疏鑿所加，如建瓴而下，一通無所不通，始爲得力。而先事吴淞江，以達赴壑之路，俟有餘力，以及兩江。至錢糧一事，臣歷任幾二年，所目擊民生凋敝與庫藏乾竭，去年桐封支應，所在蒐索，甚而糶賑穀，請祠價，經幾湊泊，僅完此數，真缾罍交罄矣。頃閲邸報，見皇上平臺召對，惓惓以擾民爲慮，此堯舜其咨之懷，三吴昏墊之餘，蒙皇上一言，而已載之衽席矣。臣竊以爲錢糧措置，動稱巨萬，臣轉思迴慮，不知如何可以仰答聖明勤民之摯念也。惟四府陳設錢糧，除臣得請蠲豁外，尚存九萬餘兩，此固上供之急需，亦異惟正之定額，倘得就中約留數萬兩，餘不足查導河夫銀益之。按先朝此役，每每頒發帑金，特遣重臣經理，始克臻安流之效。其在今日聖慈如傷倍切，惟以小民目前之輸，還爲小民粒食之計所在，耄倪自當欣欣終事，源源子來，於聖明不擾之德意，萬無不愜。臣奉旨酌議具奏，業行道、府詳核，而東臯多稼，相度維艱，臣且以代事去，誼不敢默默於此。若夫所開道里廣遠，所用夫役多寡，與夫專官經畫一切事宜，尚須酌報，臣未敢漫爲遥度，以掣他日任事之肘也。謹會同巡按御史林棟隆合詞具題，伏乞聖明嘉惠全吴，敕下該部酌議施行。

莊祖誨《修復練湖疏》崇禎六年上

欽差總理糧儲提督軍務兼巡撫應天等府地方都察院右僉都御史臣莊祖誨謹題：爲練湖修復，新漕轉輸，謹據實恭報以慰聖懷事。准工部咨該本部題奉聖旨：『練湖既足濟漕，即着該撫按同巡漕御史查照舊制，力圖修復，其經費錢糧，准將協濟修河等項銀兩，酌議動支，仍嚴核冒破，務期工築堅整，可資永利。如有勢豪頑猾阻撓把持的，即指名參來該部知道，欽此欽遵。』備咨到臣，隨經會同按、漕二臣，仰道行府查修去後，續據常、鎮兵備右參議兼僉事吴麟瑞呈，據鎮江府申准水利通判張含錦牒開，勘得練湖延袤四十餘里，往者蓄水原有石閘五所，水涵三處，按時開閉，以濟漕運。自佃田之後，内外築埂，毁閘開涵，水盡泄去，隨于漕運有礙。今欲退湖田以復湖水，先塞水涵以固閘壩，使水無泄漏，則不退田而田自退，不復湖而湖自復。更有京口、丹徒、吕城三閘，上下走泄湖水，即有停泓，不足以當此三處漏卮，必先築此閘壩，趁時瀦蓄，方濟漕運等因，牒府呈道。該本道看得居民貪佃湖田，横築堤埂，毁壞閘涵，致無蓄水濟運。

今據詳覆舊有石閘水涵必先議復，湖水自盈等因，具詳本院奉批。湖水濟運，亟應檄府停蓄，工費數目若干，錢糧動支何項，仰速查議報，奉此行間。又奉本院批據鎮江府署印推官周廷鑨申稱，行准水利廳勘估修閘料價，共一千三百餘兩，然所議止七閘木石諸料，尚有九涵及修築湖埂八十餘丈，募夫工價不與焉，大約以三千金爲準。向有蘇、松、杭、嘉、湖等府每年協濟本府修河米銀六千一百餘兩，歷年逋解，及本府屬三縣支存修河米銀七百餘兩，應于內動支，合請檄催速解興工。預行丹陽縣禮聘義民綜理料價工費，不使吏書經手，至有爲就田派夫之説者，斷不可行。夫以江南之水利，豈可偏累雲陽之赤子乎？又吕城、犇牛、丹徒、京口各閘，皆爲練湖而設。蓋徒、陽地居上流，若湖水一入運河，即泄而之毘陵以下，勢不可圉。故先年練湖蓄水時，吕城、犇牛等閘，冬初下版封閉，商民船隻悉取道孟河。

今不再申禁，千頃汪洋不足當一宵流泄，宜急行縣將數閘設版募夫，特嚴啓閘等因奉批，仰常、鎮道速查議報奉。經備行鎮江府查議去後，續據申稱，備行通判張含錦牒開，會同丹陽縣知縣王範帶領匠作，公同查估下湖石閘四座，上湖石閘三座，應用物料夫工，實該銀二千九百六十三兩二錢六分。牒府申報到道，該本道覆核無異，呈詳到臣，批允去後，續據該府知府王秉鑑申准水利通判張含錦牒報，練湖各閘于去年三月初九日興工，至六月十八日報竣。築埂五十三丈，于六月二十六日興工，至八月初十日報竣。共用過工料銀一千九百一兩四錢四分八釐五毫，築埂共用過工料銀一百六十八兩五錢一分七釐，通共用銀二千六十九兩九錢六分五釐五毫。各閘比原估節省銀七百三十一兩七錢四分一釐五毫。又南埂新舊俱已築高加闊，比照河埂尚高數尺等因，并造支銷數目文册呈報前來，據此該本道覆看得練湖修復，關漕務灌輸，勘驗閘埂，俱倍加堅築，幸已告成。其工費取之蘇、松、杭、嘉、湖等府協濟修河銀內，照數支給，及查南埂低陷加築高闊，稱係上年未用人夫著令畚鍤，並未動支錢糧，其吕城、犇牛二閘，兩府並已報竣等因呈報到臣，值按臣陳乾陽候代離任，該臣覆核看得練湖一水預瀦蓄以資灌輸，此國家無疆之利也。惟是建閘築埂，堤防有法，啓閉以時，斯足永賴。年來兑運愆期，遲至夏秋河水瀰漫，重艘遄行，無藉停蓄，而此湖侵占爲田。今漕既挽遲爲速，則嚴冬水涸，練湖修復難緩須臾，故臣欽奉明旨，催檄道府各官，估勘節省，浚築告成，湖流傾注，凡重艘經過時，啓涵泄水，以通濡滯，新運盡銜尾出江矣。其吕城、犇牛二閘，復行修整以遏上流之水，隨令附近巡簡時其啓閉，糧運之日，南北商民船隻，仍照往規盡繇孟河出入，此皆防尾閭之泄，爲飛輓之計。其丹陽北舊有九曲河，向亦灌田濟漕，自練湖廢，而此湖與之俱廢，今正鼓舞義民修復，亦補助練湖之不足也。除另册送部查考外，仍請明旨勒石著令，庶練湖水利永資漕運矣。

張國維《覆請開浚吴江縣長橋泄疏》崇禎九年上

欽差總理糧儲提督軍務兼巡撫應天等府地方都察院右僉都御史臣張國維謹題：爲目擊時艱，特陳民情夙弊，伏乞聖明亟賜興釐，以彰聖治事。准工部咨都水清吏司，案呈工科抄送直隸蘇州府吴江縣鄉民虞燧條奏前事，奉聖旨訪察，一概停止，已有旨了。其四款着部院看議具奏，欽此欽遵。抄出到部除事隸户、禮二部者，聽該部另覆外，其水利一款，事隸本部，查原疏内開一議覆水利。國家賦稅，全倚東南澤國，獨重水利。諸水縈紆百折，俱歸于海，其間原委徑路襟喉，每患浮漲淤塞。自隆慶間開浚後，今復湮塞，比托稱告佃罟利，裨益國課，究竟爲胥吏乾没。自此入海路窄，一時泛漲，圩堤難障。故六年有三没之患，此水源發浙西歸太湖，而襟喉惟在吴江。沿湖一帶淤塞已成平陸，今欲議開則浩費莫支。惟長橋七十二洪，乃衆流所注，古稱三江，此地斷不可塞。分波而南，有九里石塘，其洪不下數百，今淤其半，此二處務宜開浚之。水路一通，永無洪水横流之患矣。此外惟增築圩岸，務令高厚，使能障水，衝激無虞。至鎮湖臨蕩之田，宜種茭蘆，捍衛水勢，就田按畝計派，佃户出工，業户出食，每區著塘長同圩甲、業户、佃户于農隙一同興工。

再照東南水利，每年未嘗不修舉，緣視爲故套，塞責了事，徒令胥役向民邀索一番而已，以致日壞一日，今須特設廉能憲司一員，寬限三年，務期水利大成，然後報命，不次超擢，如是庶奏平成之功矣。等因，相應看議摘覆案呈到部，該臣等看得三吴號爲澤國，渰没之患每每見告，則年來淤塞日甚，所謂入海路窄，水退甚難，説亦近確。今議于長橋七十二洪及九里石塘咽喉兩處開浚，使水道順利安流入海。自然無泛溢之患矣。據稱厚築圩岸，列植茭蘆，工食派自田畝，經費不領官錢，似亦鑿鑿可行者。但事關水利，計必下行不擾，功期可成，皆地方有司之責也。乞敕該撫按暨道府，橋洪等處，親勘講畫，是否有關咽喉，開浚可必成功，增築圩岸及分派工役，是否可從，并佃罟取利，藉口國課，究竟乾没，徒貽淤塞之患，所當釐禁一一詳議具奏。至請設憲司查蘇、松、常、鎮兵備原有兼管水利之責，如更議特設，事在銓衡，臣等未敢輕議等因，覆奉聖旨浚築事宜，該撫按確議具奏，官不必增設，欽此欽遵。移咨到院，備行蘇、松兵備兼理水利道，仰府帖縣去後，續據該道右參議兼僉事馮元颺呈，據蘇州府申、據吴江縣申，稱吴江地勢低下，太湖水三萬六千頃，衆流匯歸，溯其注泄之自，半從吴江長橋，及九里石塘而東，繇吴淞江、婁江以入于海。泛溢浮泥隨流而來，一遇茭草，倚附成淤，日甚一日，水勢大而去路隘，九歲三淹，農人告困，故鄉民虞燧列款叩閽籲苦。

兹沿橋而南，仿石塘細細踏勘，蓋緣長橋旁隙地浮架于水閣，雖無礙于通流，而橋洪阻隘，淤泥閉塞，似應拆卸，以復古額。至九里石塘原當太湖屏障上築周行以通運艘，下開小洞以便注泄。今歷年多不待填築而淤塞者，寖成高阜，旁有支流雜港，湖水未嘗不通，一當冲突，不無横溢，所當與長橋亟議開浚者也。若民間圩岸，除高鄉土沃居民自能修築外，惟濱湖各區最低，患獨甚而民最貧，當于農隙責成塘長圩甲，計畝興工，務期築堤高厚，再植茭蘆捍衛，庶洪水不致爲患，可以仰答綸音等因，具詳到府。今該本府知府陳洪謐參看得吴江長橋，西枕太湖，東接吴淞，下留環洞宣泄湖水，橋旁豈宜架閣壅淤。至九里石塘亦泄水咽喉，駸成高阜，九歲三淹，勢所必至。今該縣勘確與長橋一體開浚，誠因利順導之至計也。低窪水鄉，仍乘農隙，盡力築堤，植茭捍衛，庶水旱無虞，并無科擾等因到道。該本道看得太湖翕聚衆水，吴江仰承委灌，分注吴淞、婁江以入海。其長橋七十二洪，與九里石塘一帶諸水竇，皆宣泄之所必繇。

今橋洪旁架浮閣，淤遏水勢，漸致閉塞，則拆卸不容緩。石塘諸竇年久亦多壅淤成陸，并宜一體開浚，以免農田之患。惟植茭蘆捍衛，因民力築圩，所爲劑量撥派，有利無擾，是在印官奉行之善耳等因，具詳到臣。查閲詳内，尚有佃罟一節，未據呈覆，隨經另檄駁查，復據該道呈稱，長橋關鎖湖流，利于宣泄，其橋洪兩旁，向恐淤塞，告佃有禁，方將詳請疏通，豈容豪右占據，并無取利乾没之弊。兹據府縣查覆僉同相應轉呈等因到臣，該臣會同巡按御史王一鶚，看得三吴故稱澤國，而太湖巨浸，周五百里，汪洋浩淼，其所納宣、歙、臨安、苕、霅之水，悉繇吴江始分爲二，以達于海。而長橋七十二洪及九里石塘諸竇，皆駛泄洪流之支徑。今已漸成阡陌，雖歲督修浚，每以工力告詘，因仍沿習，而爲田廬賦税患者，時時見告，殆不止九歲三淹而已。邑民虞燧身親罹害，疏陳愷切。兹據道府勘議，毁浮閣，植茭蘆，疏淤增築，隨宜利導，不以擾民，俾深闢壅塞之路，而自無横決之虞。斯田疇可望豐稔，責成縣官加意辦之，若橋旁爲泄水之區，向不容告佃，則利無取漁，藉口乾没之弊，不禁而自絶矣。伏乞敕部議覆施行。

李模《請浚吴淞白茆并復設治水部臣疏》崇禎十年上

浙江道監察御史臣李模謹題：爲國賦全倚東南，農田久困墊溺，懇祈聖明垂念根本，大修水利，以救孑黎，以培長治事。竊惟國家正供半倚東南，東南賦額半在蘇、松二郡，乃土田下下，緣杭、湖、嘉、鎮、常及應天、廣德并據上游，而蘇、松獨居其下，仰受宣、歙、霅、苕、建康諸水匯於太湖，如建瓴甂。太湖袤三萬六千餘頃，即在吴江縣郭外，自此東出長橋，直趨吴淞江，奇分而南爲東江，北爲婁江，即古所稱三江也，并注入海。後東江以築捍海塘廢止，藉吴淞、婁江爲宣泄，二江蜿蜒隸於吴江、長洲、崑山、太倉、嘉定、上海、青浦七州縣，然水多江少，傾瀉不及，又蘇郡東北境屬常熟縣，有白茆一港，分無錫而下，漕蠡、昆尚、陽城等湖之泛濫而納諸江，更泖蕩瀼澬，千百縱横交錯，總歸此三道。昔人比爲全吴之尾閭，通則各郡農田遇潦不致騰襄，遇暵可施灌溉。

考東南水利從神禹底定之後，歷春秋、戰國、漢、唐、宋、胡元[九]入本朝，自高皇帝以至神祖之初年，無時不講求數載一疏治，田穀洊登，即間有稽天之浸，赤地之殃，尚可移豐補嗇。萬曆以後水政弛廢者逾五十年，吴淞、白茆湮閼殆盡，止婁江一道涓涓細流，霖雨經旬，數郡水泙湃而下，沿海地窿高岡，勢無旁泄，蘇、松二郡竟成巨壑。或值亢暘，則又幹河澱塞，支港乾枯，無計導流以資車戽。水旱交病，十歲九荒，兼以國家多事，蠲貸難請，吴中米貴如珠，生民困苦已極，歷該撫臣周起元、李待問、部臣陳懋德，先後特疏籲懇奉旨下部覆議，而慎始慮終，未免築舍。其説有四：

一曰時詘舉贏。當此四郊多壘，用兵需餉，剜肉醫瘡，如巨工驟興，經費百出，正不知百姓近歲之供輸，筋髓敲竭，倘再罹潦暵，弱者枵腹而殞生，强者棄鋤而走險。爾時賑賚招徠，當罄無限物力，司農歲計所入數百萬，尚能按籍箕斂否乎？然畚鍤貲鏹，誠未易言，説者謂宜特請明旨，俯允杭、嘉、湖、蘇、松、常、鎮七府起解，買辦雜料錢糧，於二三年内漸次酌量存留，并原編淘河夫銀兩完貯，而後於撫、按、道、府、州、縣等衙門，隨宜設法，照例協濟，及勸募有田之家樂捐助工，此有先年開浚事宜可仿。彼日舉行，亦當荒療之際，非寬然有餘而謀先根本，不容不涣，小儲以成大儲，則貢賦源源，默培軍國命脈，損暫而益常矣。

二曰吴淞、白茆淤沙漸已陞科告佃，今一開鑿，税額何償，將累樂業耕户。此皆豪民自私自利之談，非體國經野之議。竊查税則輕微，有司不過歲徵其入，以抵水荒區逋欠，即近該巡按御史饒京具題，核取江海沙漲科糧充餉，豪民乘機，或亦册報及之，但關水利要害，何惜此涓埃，而誤農田大計。凡籌策利害，當權輕重，即使開鑿，果不便於佃税諸户，而水利一興，樂樂利利之民何啻萬萬。水荒之田亦開墾成熟，不待包賠，得失天淵，政可相提而較。

三曰裹田築圍，支渠撈淺，聊備蓄泄，姑緩疏瀹。此未悉吴中原隰耳。從來治水治田兩者相御，不可偏廢，撩淺圍坧，即是盡力之溝洫，誠農作之綱領。但來源之水既無泄宣，湖流駛駕，常高數尺或盈丈，而堤岸可若是崇乎？即崇矣，而洪濤晝夜衝激，能不傾蕩乎？若旱魃爲虐，雖渠深亦竭，遠盻震澤，而思桔槔，必無是望。所謂江不開塘不通，縱岸堅如營壁，而苗亦坐槁，斯開浚之萬難濡滯，不待智者而決矣。

四曰大興水利必設專官。方今裁汰冗員，添一官多一官之費，聖明慎重不允，惟恐擾累民間。臣嘗詢訪父老，所傳萬曆丙子、戊子兩命專官，未臻厥成，然皆廷議倉猝，不得其人之故。

如祖宗朝擇人而任，明效彰彰。若不設官，撫臣控制江海，禦勦流氛，拮据戎行，殆非昔比。按臣持斧，周歷匝歲，一更道臣，詰戎弭盜，即水利帶銜簿書旁午，矧川原綿邈，何暇宵晝巡行？而府州縣正催科聽訟，不給治農佐領，事權輕渺，不有上官提衡，安望施設？故言遣大臣者，必以夏原吉、徐貫、俞諫爲例；言遣部臣者，必以姚文灝、傅潮、林文沛、顔如環爲例；言加敕巡撫者，必以周忱、李充嗣、歐陽必進爲例；言添道臣者，必以吴璿等爲例。以臣考求往迹，夏原吉布衣蔬食，躬親胼胝，仍有都御史俞士吉、通政趙居任、少卿袁復、給事中姚善偕行贊理，若徐貫、俞諫，體統嚴重，貫亦乞主事祝萃隨巡。在今日用大臣尤爲未便，巡撫受敕如周忱善矣。時忱兼理浙西糧儲，均平賦額，節省倉庾，甚裕便宜，動支廩粟，故得奏用多官。至李充嗣之日，巡撫事緒紛紜，輒疏添差協理郎中矣。海瑞目擊時艱，自疏請旨肩任，畢竟分巡撫之餘力，止治吴淞一江，而踵浚白茆，以陞任去亟，致有遺憾。添設道臣無慮數次，止吴璿一人當成化初克稱厥職。蓋水利興情，恒須獨斷，道臣肘掣，各臺文移顧忌，必如部臣姚文灝、傅潮、林文沛、顔如環四人，專職勤事，勞績於今未泯。蓋部郎甲榜初硎，朝氣方鋭，事體歸一，不辭瑣屑；又官秩未尊，可與巡撫每事咨决，巡按亦得旁察短長，凡出行省視，騶從稀少，不糜供億，職列京銜，不受各差節制，假以璽書，柄操舉劾。府佐州、縣長，并勢分相臨，呼吸立應，上下各便。惟設官添費，不可苟且。臣亦反覆計議，吏書承舍，當於蘇、常兩道，各省二名，可備使令。公署則有舊設分司，無俟創建，只此官大半居水，乘坐官舫，亦於撫道取撥，不必另造。其差定限，奏績最則優遷，殿則劣處，斯水利立見成效。

已上四説，臣生居澤國，辨析甚詳，伏讀邸報東南水利事宜，明旨嚴飭至再至三，仰見軫恤民瘼，恐專官未遣，慮始不周，徒廑聖懷，終無興利實事，用敢稽核上陳，其水道輿圖及歷年疏浚故實，可爲考證者，撫臣張國維察見民情孔亟，採輯成書，將摹畫繕寫恭進睿覽，臣不敢贅，伏乞敕下該部，逐一詳議，覆請裁決施行。

校勘記

〔一〕撫巡　四庫本作『撫按』，乃巡撫、巡按之略語。據改。
〔二〕胡元時　四庫本作『昔元時』。
〔三〕亡如　四庫本爲『無知』，據改『如』爲『知』。
〔四〕那借　四庫本作『挪借』。
〔五〕那移　四庫本作『挪移』。
〔六〕醜虜　四庫本作『勁敵』。
〔七〕舉効　四庫本作『舉劾』，據改。
〔八〕石畫　四庫本作『碩畫』，據改。
〔九〕胡元　四庫本去『胡』字。

浙江文叢

吴中水利全書

〔第三册〕卷十五至卷二十

〔明〕張國維 編著
蔡一平 點校

浙江古籍出版社

吴中水利全書卷之十五

公移

公移遍搜故籍，自趙宋逮我明之正德，凡數百載，共若干篇。

［宋］

劉宰《回趙守問開七里河利便劄子》

宰等伏准公劄下，問開七里河事，其爲利甚公，而恐妨民之私；其爲慮甚遠，而恐擾民於近。摹畫已悉，而詢訪下及於邦人，此道甚古，此意甚厚，某等雖至愚極陋，其敢自默？竊謂爲民旅目前計，則但開横塘堰下至運河口，俗號七里河，其事小，其役省，不調丁夫亦可集事。若爲（綱）［綱］運計，則其事大，其役煩，非調丁夫不可，其勢必須農隙。蓋自七里河以至金壇，中有兩堰，北曰横塘，南曰珥村。兩堰之間地勢特高，水至不聚，所以置堰制水之平，使北不下運河，以泄於江，南不下金壇，以泄於湖，其制甚善。但河太淺狹，又有堰無閘，所以不通綱運。

今使府欲爲綱運計，則不但横塘堰下之河當開，自運河口至金壇之荆城，凡四十四里之河，亦不容不開。河道既開，更須於横塘、珥村，各置閘兩座，以便開閉。此其事大役繁，當此盛夏，豈惟妨農，亦恐屯聚久饑之民，日久不散，氣息重蒸，疫癘滋起，有失大卿子愛斯民之意，故曰必須農隙。若但以横塘堰下七里之河淤塞尤甚，欲且開通以爲民旅輕舟往來之便，則不必調夫，不必須隅官，只乞委官到地頭，先次募人開掘二三丈，見得每丈合用錢若干、米若干，却通記此河丈尺。分定料次，於來諭三策中，取中間優加日給之説，明出榜文，每料支錢若干、米若干，使民間自相結甲前來應募。依料次開掘，官司不問陰晴，不計工數，止據所關支盡數，支還元料錢米，如此則不召自來，不賞自勸，不出一月足可了辦。但此役斷無功於綱運，亦無益於久遠，管見如此，更乞於二者之中，詳酌施行。

黄震《申嘉興府修田塍狀》

平江府吴縣尉權攝嘉興府華亭縣黄震謹申：竊見本縣管下圍田盡在西鄉，見今茫茫，尚成巨浸，未可施工。向後水退，各有田主自係己事，何待官司監督。縱使官吏到鄉，不過於官河上經行一遭，取鄉保責狀一紙而去，僻村小港何緣遍及，坐守監視，恐無此理，縱一處可監，其餘凡幾鄉幾圍，安得一一而監之？古有田畯之官，固可往來阡陌，與民無間。時異事殊，百姓畏官如虎，凡欲利之，適以害之。今歲荒歉，被害最甚。諸司重疊差官，簡溂諸鄉都分，疃傷旁午，耆保以上，迎接不暇，吏卒之擾，爲官者兩耳目尚簡核不及，或所差不得其人，則其爲擾朝廷，又安得而知。惟有省事，即事便民，除此以外更無他説。况田岸之事小，水利之事大。田岸之事在民，在民者在官不必慮；水利之事在官，在官者在民不得爲。必欲利民，使之蒙福，則莫若講求水利之大者。

竊考本縣圖志，南北東西各有放水之處，東以蒲匯通大海，西以大盈浦通吴淞江，南至通波塘，直至極北，亦通吴淞江。此華亭所以常熟，自小人妄獻利便，將泄水之地塞爲沙田，朝廷不知，一時聽信，可爲利所得毫末，而華亭一縣多被渰没，公私交病，所失甚多。今若準舊開浚，則百姓自然利賴其爲修田岸也大矣。如蒙申請，捨田岸之小，而修水利之大，幸不勝甚。

［元］

麻合馬特〔一〕《集議拯治吴淞江堙塞》

江東浙東西道都水庸田使司都水庸田使麻合馬〔一〕，參詳浙西田土，多藉太湖之水灌溉，所利甚大。若河港閉塞，不能通流湖水，稍遇大雨，便至泛溢，渰没田禾，爲害不輕。其吴淞江原受太湖、澱山湖諸處湖泖上源急流，衝散潮沙，自古可敵千浦。浙西之水，來既有源，去亦有委，是以不成水患。近歲以來因上源吴江州一帶，橋洪〔二〕塘岸樁釘壩塞，流水艱澀，又因沿江水面并左右淀山湖泖等處，權豪種植蘆葦，圍裹爲田，并邊近江湖河港、隘口沙灘，滋生茭蘆，阻節上源太湖水勢，以致湖水無力，不能渲滌潮沙，遂將東江沙泥塞滿江邊，雖有江洪水勢，不能全復古道。今太湖之水不流於江，而北流入於至和等塘，經繇太倉出劉家等港，注入大海，并淀山湖之水，望東南流於大曹港、柘澤塘、東西横泖，泄於新涇，并上海浦注江達海。今張桂榮、何珍、朱文祥所言，吴淞江漸成痼疾，頗難救療。即今江内却有水洪通流，尤當拯治匱積江邊之水，并每日二潮不致散漫止於江道通流。欲得日潮通利，於平江路總管李通等一同講議，理合相其地宜，順其水性，分流派泄，出江達海，庶消湖水泛溢之患。擬將上源吴江州一帶，石塘橋洪〔二〕水洞一百三十餘處，每處展闊作一丈，使太湖水勢泄流快便，將太湖東南淀山湖迤東堙塞河道、東西横泖等，疏浚深闊，以泄淀山湖、長泖等水，及將平江路崑山州、嘉定州堙塞河道亦行開挑，分泄太湖水勢，添注劉家港，泄於大海。又將各處江湖河港椿壩并圍裹成田，魚簖、茭蘆、葑稗阻水去處，盡行起除，禁約諸人不得似前違犯，阻遏水利。仍令拘該吴淞江地面、平江路、嘉定州、松江府、上海縣等處，將松江通徹海潮河港，勸諭近民於港口築壘土壩，安置透水大槽，名曰水竇，潮來閉竇，阻遏渾沙，潮退起竇，泄放湖水，始得江道漸有通利之望。

毛莊《浚築練湖申》至治二年

鎮江路總管毛莊言：練湖淤淺，宜依淀山等湖，農民取泥之法。用船千艘，以五千料爲率，每船用夫三名，以竹罾撈取淤泥，日可取泥三載，十船計三十載，三月通計二十七萬載，令就近田多上户，驗糧出備船夫，每夫官給米三升，鈔一兩，如此於民便。

馬榮祖《修築練湖呈》至治二年

丹徒縣主簿馬榮祖言：上、下二湖别無上源，正籍高麗長山八十四汊山水入湖，近年湖岸低狹，蓄水不及一尺，若依濬山取泥法，地利與彼不同，徒費工役。不若就湖取泥，修築堤埂令高闊，即可瀦水灌田，合修埂長四千七百八十二丈，計九千五百六十四步。下廣三丈六尺，上廣一丈二尺，加土不等，共一十七萬五千六百八十尺，每工挑土四十尺，計用二十五萬一千八百九十二工，并築打一萬八十工，共二十六萬九千八百九十二工，每日三千工，九十日可辦。

江浙行省督治田圍

去歲災傷，田禾不收，米價湧貴，百姓艱食。即今春首，農作將興，各處田圍，合修陂塘、岸塍、溝渠，曉諭農家依法修治。旱則車水，澇則泄之，會集行都水監，講究得修浚之際，田主出米，佃户出力。係官圍田，若貧窮不能修浚者，量其所須，官爲借貸，收成之日，抵數還官。事有成效，勸農官定擬奏聞陞賞，失誤者治罪。其拋荒水田，多因租額太重，無人承佃。勸諭當鄉富户，自備工本，修築成圍，聽令本户佃種。拋荒官田，止約原租，初年免徵，次年准半，三年後但係民田、輸税諸人，不得争奪，俱照庸田司五年圍岸體式修築。

江浙行省督開堰河

太湖周迴八百餘里，吞吐諸山百川之水，連接澱山湖、長泖俱繇六閘而出。每閘止闊二丈，總計一十二尺，欲泄浩蕩無窮之水，豈無滯乎？兼以隨潮啓閉，一日之間不過數時。去歲至順元年，天雨連綿，湖泖水漲，其常、湖、平江、嘉興、杭州諸處之水積於下，爲緣諸港閉塞，閘內不能急泄，致將田禾一概渰没，城郭居民房屋皆成巨浸。今歲八月間，又值雨水霖霆，復行盈溢，推原其繇，蓋因石閘啓閉有時，水勢不能直達下流故也。其烏泥涇閘內，舊有河身涇直下流入浦，擬合趁此農隙，差倩人夫，權將舊河直道從宜開挑，以導宿水歸海。否則來春雨水不常，官糧田禾必復被渰，小民愈遭疲困，深係利害。未報間臬司按部下議從之，府復而始報可起工。於次年春二月之十六日開浚，河長五百一十步，闊五丈，深一丈五尺，凡旬有三浹，計庸三萬一千九百六十有奇。二三年間水勢流通，厥患胥弭。既嬰閘吏愀尸曠積，以權開陳，乞於府從堰如初。仍改至元之四年，水復爲患，華亭尹郭也先不花[三]承議，又克鑿之。六年，知府楊伯野臺[四]復決，潘家浜閘內舊堰直河，迄今爲利。時府人劉廷玉請於張涇、盤車二堰置閘深浚，外河導水歸海，伯野臺[四]復從之，發民疏浚，置斗門焉。

吴執中言順導水勢略

都水書吏吴執中上狀：繇漢而唐，以迄於宋，堤防之具，代不廢弛。如曰閘、曰壩、曰堰、曰塘、曰修圍、曰浚河，以故千有餘年間，獲水之利多，被水之害少。考今三江所決之水，其源甚大，繇江東宣、徽而來，加以天目大山險潭，并西南諸山東注之水，鍾於震澤，即今太湖也。其湖綿亘三州六縣，周圍六百餘里，面闊三萬六千餘頃。導其水而入海，止三江爾。三江已不得見汪洋浩蕩之勢，止泄於吴淞之一江。吴淞江舊云可敵千浦，今則東自河沙匯，西至道褐浦，六七十里之間，兩岸漲沙將與岸平，其中僅存江洪闊不過二三十步，深亦不過二三尺，湖水所至，比之舊時，萬不及一。雖汪洋之勢見於上海、新涇、太倉劉家港通達入海，豈能盡泄浙江諸郡之水？略舉其繇：

今吴江塘岸乃太湖咽喉之地，昔人曾以挽路不便，有宜建千橋之説。今積石壅土數十餘里，雖下有水洞百餘，能泄幾何？况又有東長橋、西長橋、寶帶等橋，植數千柱於水中。及岸之東向，於江口則有富豪之侵占，於江尾則有茭蘆之閉塞，周圍幾二百里，其源亦自吴江分派，積淤成塗，漸爲富豪圍占，致使二百餘里湖面，大半爲田。澱山之圍田愈廣，太湖之流勢愈遲。每五六月之間水湧之時，吴江石塘東向之水，每低於塘西之水數寸，無怪乎東西之潮沙日盛於一日，平江、松江之圍田常困於渰没者，患蓋繇乎此。

爲今之計，若欲浙西水勢通流，少遇水患，必開吴淞之故道，復澱山之舊規，庶乎可以有濟。然吴淞古江已被潮沙湮漲，役重工多，是非人力可及。澱山舊河多爲豪户圍裹成田，恐亦未易除毁。合無於上海、太倉等處，相視可開河港，挑浚通流，仍踏視吴淞古江，應有舊來出水支港，可以容易出海去處，盡行疏浚，務使支脈貫通，出泄順便。開挑之際，就令有司於已開河港之上，訪求古迹，安置閘座，依時啓閉，以抑潮沙。或乞設立撩淺人夫，專一看守修理，以防向後復淤之患。

左答納失里〔五〕　集江湖水利

江東浙東西道都水庸田使司都水庸田使左答納失里〔五〕，參詳太湖即古震澤、具區，周圍五百里，受吴中數郡之水，西南湖州諸溪，西北宣州諸溪，并下太湖。蓋諸山峙於太湖之西，地形高阜，兼南、北、東三處江海之岸亦高，而太湖之四外，皆高水積其中，常若盤盂之盈滿，非藉江湖深利，何以通泄？設有雨潦，則泛濫四溢，環湖低田，其能免滰没乎？

蓋環湖皆蘇、湖、常、秀之良田，病於低窪，利在泄潦，皆沿江傍海諸高田，亦仗湖流奔注，衝散潮沙，使江湖深利，乃可引潮澆灌。繇是言之，凡太湖出水口子，宜常通不宜略塞也。諸小湖在太湖迤東及北者，有昆承湖、陽城湖、尚湖、沙湖、陳湖、三山湖、蠡湖、薛澱湖，并諸水泖瀼淹蕩皆能接泄太湖水，注江達海。數内澱山湖關係吴淞江注泄，至爲切要。此湖水自大盈、趙屯二浦以瀉吴淞江，既近且便，較之諸湖，惟澱山湖之東岸北岸與渾潮相接最近。若上源所注不急，則潮沙繇此以注湖内，漸成淤澱，富豪之家繇淤澱而圍成田地，繇是湖之瀦水益狹，又與二浦漸遠，而所泄不能快便，若非就湖内圍田上多開河道，及時時修浚二浦，并浚近浦諸溝洫，接濟通泄，衝滌渾潮，則此河淤澱，恐不止於是也。

吴江長堤又名挽路石塘，按單鍔云：『慶曆二年因風濤多敗漕舟，遂接續築爲長堤，横截五六十里，雖時有橋梁而流勢不快，江海浦港復多沙漲。』又東坡云：『松江沿數十里，積石壅土，築爲挽路，建長橋，植千柱於水中，漲水之時，橋上水長高尺餘，江水不快，則海之泥沙隨潮日積，而吴中多水患。』又郟亶云：『吴江築爲石塘，以障東流之勢，是致下流淺狹，遽漲潮沙，半爲平地。』如長堤，如挽路，如石塘，皆同此處。止是太湖東岸泄水下吴淞江入海第一要處，古言交口立論，必是此處不當閉塞，昔人於堤岸多置木橋，多鑿水洞，上則通行，下則泄水者，蓋欲仗其急流奔注，衝敵泥沙，免致水患。然猶慮橋柱之阻水，今人多不知此意，或便於行路，則壩塞河口，或墮於巡防，則密置樁橛，此又不止於橋柱之阻水也。矧以茭荷魚簖等物障遏，妨害農耕，必得官司於此處榜示告戒，使之咸知利害可也。

吴江兩長橋、長洲寶帶橋，曾議鑿堍添橋，寬展水道，於三十年未能深利。如寶帶橋南堍，全未通流，皆合浚治。崑山塘自吴城東闉，距崑山七十里，北納陽城湖，南吐吴淞江。常熟塘自齊門北至常熟一百餘里，可接泄太湖水勢，入昆承等湖，注江達海。兩塘諸河道各有七十餘條，今多壩塞之處，決去壩塞，使之有通無塞可也。大盈浦、趙屯浦、注泄湖水最爲切要，常宜深闊通利，近年以來漸至淤塞，有若平地。愚常究其淤塞之因，蓋爲閉塞吴江平望沿太湖河道口子，無太湖急流下澱山湖，而澱山湖東向與潮相接，先自積淤潮泥，漸爲富豪圍占爲田，繇是二浦與湖相去遠，而注泄遲，不能衝滌渾潮，即成淤塞。今至元甲午，增工開修，趙屯浦至今通泄。大盈浦未浚，兼浦口不曾整置堰閘堤防，潮沙所以復致漲塞，今宜修浚通泄。

［本朝］

吴瑞《浚吴淞江行蘇松二府牒》成化七年

欽差督理蘇、松等處水利浙江提刑按察司僉事吴，爲興修水利事。奉欽差巡撫應天等府都察院右副都御史畢，劄付前事。内開該本道呈，據蘇州府類繳吴江、嘉定、崑山三縣勘到開江圖説。前來將江、崑山二縣各處淺狹枝分河道另行外，後按視嘉定縣將吴淞江踏勘丈量。内地名大盈浦起至艾祁浦，其深止五六尺。過東又自蟠龍江起，至北溜浜，其深止六七尺。隨問彼處鄉民，皆言淺塞歲久，相應疏浚。今照崑山縣原開本江，自夏駕口起至顧浦止，一十餘里，淺狹應疏。及大盈浦起至北溜浜止，深亦不過五六餘尺。緣係通連太湖，緊要泄水，大江潮汐淤塞，以致上源之水急不能泄，旱澇均爲民患，理應崑山、嘉定、上海三縣動支錢糧，出夫開浚等因，呈詳到院參照。據呈勘量過大盈浦起至艾祁浦等處，又蟠龍江起至北溜浜止，俱各淺狹，要起崑山、嘉定二縣人夫，候冬農隙之時，擇日開挑，工程浩大。其夫給糧食用一節，除行蘇、松二府各委官一員，前去將前項該挑河道，再行踏量明白，候農隙之時，起倩附近得利人夫，督工開挑外，劄仰本道再行催督，委官會勘明白，開報施行等因，劄付到道，奉此擬合就行。爲此故牒該府着落。當該官吏即行委官，督同上海縣委官，及會彼府縣委官，各帶糧耆、塘長人等，親詣本江，將淺狹應挑去處，丈量算計。要見共該丈尺若干，合用人夫若干，某縣分該某處至某處止，若干丈尺，共該用夫若干，每夫日給糧米若干，期在某月某日興工。其開挑闊視兩岸舊額爲則，仍須斟酌某處頗高，某處稍卑，各該挑深丈尺若干，務要處置停當，趁農隙之時，起倩相應人夫，編立總、小甲名目，選平昔曾經管挑河道公勤耆老人等，每三百餘步一名，分投管督，約日興工，併力開挑。將完之日，府縣委官同沿岸驗看，無有淺狹處遺缺，方許開壩散工，毋得妄將未完朦朧報稱先完，以致彼深此淺，徒勞工力，事發定行治罪。

吴瑞《開挑吴淞江示約》成化七年

欽差督理蘇松等處水利浙江提刑按察司僉事吴，爲興修水利事。照得本道即日督浚吴淞江所有事宜，合行申飭所屬官吏糧塘夫長人等，各各遵守毋違。

計開：

一、吴淞江淺塞處應挑地方，西自夏駕口起，東至徐公港止，通長一萬七千六十一丈，共該用夫六萬八千二百四十五名。

一、崑山縣西第一段，該五千三百五十三丈七尺，用夫若干。嘉定縣中二段，并加多一千丈，共該六千三百五十三丈六尺，用夫若干。上海縣東第三段，該五千三百五十三丈七尺，用夫若干。其面闊須用一十四丈五尺，底闊八丈五尺，深一丈二尺五寸。

一、每夫一百一十一名，編立小甲二十名，總甲一名。每小甲一名管夫十名，每十名内選勤謹老實一名，着令做飯，如有遲誤，許管夫人等禀首懲治，合用物料，俱令置辦完備應用。

一、人夫宿歇做飯須得處所，如傍近有人家房屋方便者，令其借宿做飯。若人家住遠，許每一小甲共搭窩舖一大間，衆人宿歇，傍作小舍，安頓鍋竈，務要墊土高厚，用防卑濕，合用器皿，令各夫湊辦。

一、令人量計，每三百餘步完爲一工，選素熟管挑河道，或耆老，或糧塘長一名分管。每九百步内，仍選義官或耆民一人，總管三人。撥與在官甲首一名隨從，令其時常往來點閘，責治。

一、人夫數多，中間或有奸詐愚頑，棄工在逃，仰各縣置枷數面，送本府委官收掌。如遇在逃人墮誤工程，即拘拿前來，決責四十，枷號三日，疏放罰補原工。府官仍將管工總、小甲并該管糧里通查，照依定則責治。中間若有受財賣放者，究贓問罪。

一、人夫做工多係鄉民，不知調理，倏生疾厲，必誤工程，亟須用藥，方保無虞。各縣推選明理醫生數人，令訓科管領，各携帶藥餌，若有土工人等，一時感冒疾病，即便對症用藥調治。

一、各縣照依分定地方，選平日熟于伏水之人，令其依法打量某處起至某處止，其深若干，可挑若干尺寸。某處起至某處其淺若干，可挑若干尺寸，就立木牌，明書其上，令小甲各用一十四丈五寸長繩一條，隔河兩岸釘樁拴住，使管工并人工，視此爲則。

一、所挑泥土俱令於岸傍量留一丈二尺空地外邊堆積，以便往來巡看，亦免日後雨水流滯河内。

一、各管工人役，每一日早一次將所管挑過深闊丈尺，呈報府縣，先查功程多寡，府官就行類送手本開報，以憑勸懲。

一、功完之日，府縣委官沿岸逐一驗看，通長一樣深闊，無有淺狹遺缺，就具不致扶同結狀開報，方許開壩散工，若或通同作弊，查出定治以罪。

林智《勘報蘇州府屬水利呈》

直隸蘇州府儒學教授林智爲水利事。奉欽差巡撫應天等府都察院右副都御史牟劄付委職，巡視蘇州一府水利。奉此遵依，勘得蘇州地形卑下，其西南有太湖，上受杭、嘉、湖、天目諸山之水，下流吴淞江、劉家港等處，東至於海。又一派繇白茆、福山等港，北泄於揚子江。前代設撩淺夫，專爲導河築堤，以防水患。近年以來，白茆、福山、許浦、七浦等處，潮泥湧淺，久不疏浚，及被豪右將尤涇口攔作斜堰，向東有新村下射去處，汊港湮塞，又被直塘人家占出半河。其陽城湖東河港壩斷，以致上流不通，稍遇霪雨，水無分泄，田盡渰没。爲今之計，莫若委官親詣許浦、白茆、七浦等處，相度起夫挑開深闊，及將斜堰、尤涇口并新村直塘、陽城湖壩斷等處，照舊開通，分殺水勢。今浦河水道舊迹尚存，可令尋究開決，亦疏通水患之一助也。更於河浦去處，仍舊設撩淺夫，時常開浚，免其差役，冬月遣官巡視，遇淺即浚。如此則水有所泄，庶不爲患，不然縱修圍岸，隨修隨壞，徒費無益矣。

姚文灝《申飭水利事宜條約》弘治七年

欽差提督浙西水利工部主事姚，爲興修水利事。本職節該欽奉敕諭，專一往來蘇、松、常、鎮及浙江杭、嘉、湖七府，并蘇州、鎮江等處衛所地方，提督各該官員修理湖塘，疏通河道，開浚溝渠，及一應圩岸未經修築者，及時修築。各處閘壩未盡修理者，隨宜修理，合用木石等料，於各該田多有力之家，從公勸諭，或别爲措置。人夫於所在附近軍衛有司相兼起用，仍須督役以時，調度有法，使蓄泄有備，旱澇無虞，以爲地方經久之計。自揣疏庸，尚賴所屬同心協力，所有合用事宜，仰各遵守施行。

計開：

一、不論低田高田，俱以十分爲率，低田以一分爲堤岸，高田以一分爲溝池，則餘九分，可以永無旱澇。其五等圩岸田低於水者，底闊一丈五尺，田與水平者，底闊一丈四尺。田高於水一尺者，底闊一丈二尺；田高於水二尺者，底闊一丈；田高於水三尺者，底闊九尺，面闊比底各減半高，亦以水爲準，外面各離水八尺。

一、各圖圩岸俱著排年分管，若本圖原有十圩，則每甲一圩，若不及十圩，則將大圩分湊之。若十圩以上，則并小圩兼管之，分管既定，然後立封牌爲誌。

一、封牌以石爲之，長五尺，闊四方各一尺五寸，皆豎於圩南上二尺五寸。四面刻字，前云某字圩，後云某縣幾都圖、幾甲，排年某人。左云官民田若干，右云糧若干，下二尺五寸培而築之。

一、應修圩岸，該管排年量田高下，照依五等岸式，督率圩户各就田所修築，假如田頭闊五丈者，即修岸五丈；闊十丈者，即修岸十丈。或有貧難并逃絶人户，田頭及溝頭岸則衆共修築。其圩心田户若有徑塍者，自修徑塍。無徑塍者，與衆同修。逃户及溝頭岸，排年則管修一圖圩岸，糧耆則管修一區圩岸。各縣治農官，則提督一縣；各府治農官，則提督一府。若一圖圩岸不修，罪坐排年，一區圩岸不修，坐罪糧耆。等而上之，一縣一府責各有歸。或不論田頭闊狹，但論有田多寡，照田出人，照人分岸，使一總修築。亦可以高鄉溝渠糧耆同里老相勘本區該開河渠幾處，某渠爲急，某渠次之，依次併工開浚。工程小者，或今年開幾渠，明年開幾渠。工程大者，或今年開半段，明年開半段，一二年之後，無不通之渠矣。

一、低鄉有等大圩，一遇雨水茫然無收，該管人員務要督率圩户，於其中多作徑塍，分爲小圩，大約頻潦去處，一圩不過三百畝。間潦去處，一圩不過五百畝。如此則人力易齊，水潦易去。

一、取土修圩，所毁田畝衆共篰泥填補，若不可補，議將田那補〔六〕其毁田之家。有田在本圩多者，亦不必補。一圩田外有等，坦田往往被災，而不敢作災，今後俱要築爲圩岸，所補田畝，一體那補其低圩岸内，再幫子岸一條，高及一半，如階級之狀。

一、圩岸上俱要砌内外車場，高低水涸不得因車水放水輒便掘岸。一邊臨湖蕩，圩岸外須種茭蘆，以禦風浪，其狹河宣泄去處，却不許一概侵種，以遏水勢。

一、高鄉田畝去水頗遠，無從車灌者，令田户於田内開塘蓄水備旱，或滲漏不蓄水者，於他處挑取黏土，和灰築底，自然蓄水。

一、近山高田無水車灌者，令得利人户，於山（拗）［坳］田尾，共買地開岸以收蓄泉源及雨水，亦可備旱。

一、開河修圩，其間有工役重大，非糧耆所能獨管者，須委有才幹義官，或本地有行止得業之人，相兼管督。

一、高鄉河港臨水二三丈間，不許人耕種以致浮土下河，止許栽桑等項。

一、凡緊要泄水河内，但係古人建造木橋，宣泄快便，不得輒造石橋，遏束水勢。

一、軍衛屯田坐落應修圩内，及應開河道，俱照民家協同修浚，不許坐視，管屯官一體及時提督。

一、所屬七府人才淵藪，豈無懷抱嘉謀、可以興修水利、裨益農田者，有司宜用心推訪。

徐貫《相視水利曉諭》 弘治八年

欽差提督江南水利工部左侍郎兼都察院右僉都御史除，爲欽奉敕諭事。照得國家財賦仰給於東南，而直隸之蘇、松、常，浙江之杭、嘉、湖六府，實居其大半。數年以來，六府屢被水災，圍田渰没，廬舍漂沉，民既無以聊生，財賦何自而出？近者吏科給事中葉紳等，具奏其地衆水入湖入海之處，堰壩港瀆年久堙塞，故一遇水潦，無從宣泄，泛濫爲災。乞差官相視通行修浚。旨下工部會議，以爲可行，命本部院前來會同欽差巡撫右副都御史何，看得前項地方連年水患，蓋因各該府縣視爲泛常堙塞者，不即疏通，坍塌者不即修築，積成今日之患。若不大爲區處，則此患終無可弭，雖興工舉事，未免勞民傷財。然成大事者不惜小費，圖遠功者不計近勞，爲此除將合行事宜，開坐通行外，劄仰本府著落，當該官吏即委府縣正官、督同各該水利官，盡心所事，毋得畏難，務底成績，以圖經久。敢有違慢乖方，及狥私廢事者，定行究治不恕。

計開：

一、仰府縣委官督同水利官，各要親歷地方，將一應河港涇瀆等處，務要尋訪故迹，某處堙塞，某處坍塌，或沙泥壅積，或被人侵占，某處當挑浚，某處當修築，約有幾里，該用人夫若干，物料若干，先行申報，以憑區處。

一、仰府縣速將地里圖志，并前代治河事迹可考者，一一呈送，以憑參用。其倉庫收貯錢糧等項，亦要查出數目，先具手册申報，以憑支用。

一、仰府縣曉諭軍民之家，有先因水道壅塞請佃納糧者，有因他人填塞，用價置買爲業者，有將湖泖瀆口沙漲去處，霸占栽種茭蘆、養魚覔利者，又有因而造成房屋居住者，以致水道不通，渰没田禾，皆是官司不能常加點視修治，積久成患。文書到日，許令陳首，聽其改正，如有頑愚豪横不服者，輕則拿問，重則題參，治以重罪。

一、府縣有殷實之家，願出錢糧以助工役者，具名開報，以憑奬勵，如多至二百兩以上者，題給冠帶榮身，免差雜派。

伍性《浚河築岸牌》弘治八年

欽差督理蘇、松等處水利浙江提刑按察司僉事伍，爲興修水利事。本道欽奉敕書，往來於嘉、湖、杭、蘇、松、常、鎮七府所屬地方，提督治農并管屯官，挑浚河道，修築圩岸。隨據地方人民，往往爲徭役不均，差科不法，兼以去年旱傷無收，本道按臨去處，告開河者不下數百餘人，已經准行整理。工少者令該都自行挑浚，工多者令（概）〔該〕〔七〕縣僇力併工，其間奸懶無狀之民，不服差遣，輒赴當道告訴。多方阻遏，殊不知民食不足，繇乎水利之不興；水利之不興，繇河港之淤塞。今開河道所以興水利，以足民食，目今農務將興，除已往者不追究外，合行申飭，爲此仰府官吏，即便轉行屬縣省諭治農官員，并耆老人等，各盡職掌，毋爲浮言動摇，庶使水利可興，民食可足，不然惟有參提問罪而已。

沈經《勘報吴江水利呈》弘治十一年

蘇州府吴江縣委官醫學訓科沈經爲公勘量修水利，以蘇民困事。奉本縣帖文，該奉欽差總理糧儲巡撫應天等府地方都察院左副都御史佀批該本縣申詳前事，奉批仰縣選官從公勘量，造册具繇詳報，繳奉此帖，仰本官查勘坍湖，并興修水利，呈報以憑轉詳等因。奉此遵依，帶同糧塘里書弓手，前詣坍湖去處，勘量間看得各都田，今昔坍入湖中者，有全圩俱坍，有一圩半坍不等，俱在水中，年坍年告，有前勘已完而糧未豁，有前勘已明而未報，有前勘未明而尚勘渾亂，其中所據各役指點某處，水中原無疆界爲準，難以爲據。況各糧虚實多寡，止據書手册底，亦多改抹，若照各詞勘報，不無移虚作實，有負委選。本職早夜細思，計有四條，可以清查，并杜後累。勘時必從先查黄册，以究其根；復量實田，以核其數；勘後通勘新漲以攤其糧；復修圩岸以杜其壞。事干重大，俱候本縣裁酌，非委官所敢擅便，爲此備繇款開上陳，如有可采，伏乞轉詳，另委施行。

計開：

一曰先查黄册，以究其根。照得人户田地，俱載黄册，若據册以查其户，據户以查其田圩字號，則何圩見存，何圩已坍，自無隱蔽。然後將其已坍者，分别曾勘未勘，各該多少，庶彼不得將未坍之田，捏作已坍，已勘之湖捏作未勘。其册籍俱貯庫中，委官安敢查對，如蒙允許，乞發查明事畢還庫。

二曰量實田以核其數。照得今昔坍湖田在水底立標，水面疆界難明，本職思得各户之田有數，查其黄册既明，即將見在之田丈該多少，則知坍田在水多少矣。查其先勘該多少，則知今勘該多少矣。庶數得其真，無影捏之弊矣。實田不入詞内，未敢擅量。

三曰通量新漲，以攤其糧。照得坍湖告勘，年積歲繁，以田日攤而糧愈少，糧日倍而愈多也，虚糧非經奏請，焉得除免。切思本縣西有坍湖，東有新漲，東漲之土，即西坍之田。是坍湖者新漲之原額，新漲者坍湖之後身，非有二也。今坍湖之民日苦賠糧，貧困愈甚，新漲之民日享其利，國課不輸，利害不均，莫此爲甚。使新漲之田若復陞科，則坍湖之賠終無了日，不若就將新漲通行丈量，驗其高低，照依民田則例，或一升或三升，五升，八升，盡賦以補坍湖之虚税，就入實徵，不待十年，造册而後推收，不必上司奏請而後開豁，誠一舉兩得其便矣。事干重大，非上司特委府縣正官，或佐貳兩員親詣河中丈量酌處，不免强梗弊多，伏乞採納轉達，萬民仰望。

四曰修田圩以杜其壞。照得太湖風浪勢如排山，岸遇輒崩，日就成浸，非人所能禦也。又查有等低灘，形如鱉裙，風趕浪衝，反不坍損，因求其故，站岸壁立與浪相抗必傾，斜坡不深隨浪相迎不鬭。爲今之計，不若令各有田之家，各於其站立之處，或石塊，或瓦屑，或煤鐵等灰，填滿其處，一如斜坡之式，加之泥沙，或植茭蘆楊柳等樹，以殺其奔突之勢，則其圍塍未必如往年崩塌之易矣。况有水利專官督其工程，不甚爲難，果得舉行，萬民幸甚。

方豪《勘視昆承湖復治水都御史俞諫揭》正德八年

直隸蘇州府崑山縣知縣方豪謹稟：近者奉府檄領公命，往視昆承、陽城二湖，今於昆承十日，湖之梗概粗得之矣，試爲公言之。湖在常熟東南五里，亦名昆湖，竊意『承』當作『城』，陽城、巴城皆此『城』字，可以例也。後人訛『城』爲『承』，故有二湖之説爾。豪初至湖上，遍詢故老咸云『自鮎魚口以西皆湖故址』，湖去鮎魚口不遠，自不可信。因思郡、縣二志皆云『湖縱横各十八里』，乃用二小舟以百步繩互牽之，自南至北得步五千四百有奇，古稱三百步爲里，五千四百步爲里十八，所謂縱十八者是已。然後自西至東，如其法儘其數，樹木以表識之。東有黄涇去所表木，不及二百六十步，閲其東岸甚老，而古意湖之故址在是也。登岸瞻視，見一父老問之曰：『岸之西即田耶？』曰：『儂生來第見此岸，岸西皆茭蕩，非田也。』鄙見遂決，蓋人之利於湖也，始則植茭蘆以引沙土，而享茭蘆之利。久而沙土漸積，乃以之爲田，而享稼穡之利。故湖之東爲田者，舊漲也；田之外爲蕩者，新漲也。先度其新漲之蕩，得五千畝有奇，後度其舊漲之田，得九千畝有奇。其度新漲也，孰弗譊譊然曰：『吾於某年報賦者也，吾得之於某人，且取賦者也。』豪廉其曰：『報賦者以他賦影射之也。其曰「得之於某人，且收賦者」，其人以他賦影射之，欲其得之甘，而且有以分其重賦也。』衆咸服曰：『某有罪，某有罪。實新漲未嘗賦也，今不敢欺矣。』

及又度舊漲也，則據各區所呈之賦而行之，得於賦外者，則曰『遺漏』凡九百畝有奇，其所謂已賦者，未可信也。關之於縣，縣弗答也。問之於人，人不知也。稽之於册，册無據也。乃索其中有田者，（青谿）[按畝]〔八〕而觀之，擇其賦少之户，執其賦度其田，儘其他田若干，而以其餘抵兹田，則果已賦矣，然亦未可信也。何者？蘇州之賦有舊額，准各縣而一之也；常熟之賦有舊額，准各區而一之也；各區之賦有舊額，准各圖而一之也；各圖之賦有舊額，准各户而一之也。今既報賦於官，則圖之額當加矣，圖之額加，則區之額、縣之額、以至於郡之額，皆當加矣。如是而後謂之已賦也。今人户、圖長以及區長皆曰已賦，不知郡縣之額加乎否也？郡縣之額舉無所加，而曰已賦，賦之誰也？縱於額不加，則以之補坍與荒可也，而一有坍與荒，則又以（概）[該]〔九〕縣之賦餘補之，此非吏書之埋没，必糧長之侵尅，雖賦與不賦等爾，然此非昆承一湖然也。

明公繇一湖以及他湖，繇一縣以及他縣，一掃而空之。凡有所賦，必以補坍與荒，是於水利外，興莫大之利也。昆湖新舊之漲，凡萬餘畝，爲仕宦所得者十之九，小民所得者十之一。若新漲者非湖之故址，何以專於仕宦，而弗遍於小民耶？及今不速去之，豪恐新漲之外復有漲焉，而湖廢矣。今兹富歲傍湖之田，尚多災者，凶歲可知也。湖塞之害且爾，湖廢可勝言耶？然欲盡去之，亦未易也，去其太甚者爾，故豪以舊漲者爲無礙，而以新漲者爲有礙，欲明公酌其緩急而爲之也。幸甚！

方豪《勘視陽城湖復治水都御史俞諫揭》正德八年

直隸蘇州府崑山縣知縣方豪謹稟：去年昆湖事畢，即之陽湖。適母病告劇，不得已而歸，三月以來病母稍瘥，乃暫釋縣事，繇官瀆入，周旋量度凡十八日殆遍，雖有圖册，恐弗能詳，復准舊爲書以獻，願公覽焉。

夫吴之諸湖，自太湖以下，陽城爲大，大則吐納之功多，而疏浚之所宜先者也。湖雖一而實分爲三，自横涇以西，蓮花朵以東，夷亭以北，陽城村以南，界於崑山、長洲之間者爲東湖。東蓮花朵、陽城村西，有石獅涇承天莊者爲中湖。官瀆在其南，相城在其北，承天莊在其東，邢店港在其西者，爲西湖。中湖爲大，而東湖次之，西湖又次之。人言湖廣七十里，以豪計之，殆不止此。東湖通於中湖，其最要者則蓮花、陽城之間，次則孫墓、白龍庵之間，又次則蓮花朵、下營田之間。今唯蓮花朵、陽城村之間故道猶在，餘皆漲爲田蕩，凡五頃有奇，而漸成平陸矣。西湖通中中湖通於西湖，其最要者則南坟、茆塔之間，今漲爲田蕩者凡二頃，而亦成平陸矣。東湖去官塘止四五里，其相通非一涇也，近塘者雖湖之水，唯官瀆最大，今則瀆口亦有阻矣。其他沿湖之漲固皆足以爲礙，而東湖玄珠村之北，漲凡五頃；西湖陸通，而近湖者亦多塞矣。其他沿湖之漲固皆足以爲礙，而東湖玄珠村之北，漲凡五頃；西湖陸墓塘之南，漲凡三頃，又其礙之大者也。

據豪愚見，當先開孫墓、白龍庵之間，蓮花朵、下營田之間，南坟、茆塔之間，使三湖各自相通。次開官瀆口及官塘諸涇，使諸水與湖相通。次開玄珠村、陸墓塘之大漲。次開沿湖之小漲，以其土加岸，使岸益高。而又年設管湖之役，俾其不時巡邏，以防再浸；而又月遣水利之官，俾其躬自踏勘，以防虚應。庶乎水有吐納之地，民無旱潦之憂，上裨國賦，下足民食，而公之功名當與湖而俱永矣。

李充嗣《申飭開浚款約》正德十四年

欽差總理糧儲兼巡撫應天等府地方太子少保工部尚書兼都察院右副都御史李，爲督撫地方事。照得本部院特奉敕諭，兼督水利，除通行外，所有委官及赴工力役軍民人等，俱宜上緊，齊心協力，催儹工程，各照分定地方開浚，早收成功。但恐法行弊生，奸人梗化，阻滯大工，今將合行事宜，開列曉示於後。

計開：

一、仰各處水利委官及管工人員，俱各自辦蘆蓆、船蓬、草苫，用心蓋造夫廠，務期堅守，足備風雨，仍措置稻草鋪墊，以便宿歇，安設鍋竈，使人不致凍餒。

一、挑運土泥，務離河岸遠去三十丈之外，若地方原有堤埂低窪去處，許於堤外安頓，挨次平鋪，毋致堆積成岡，致雨水淋洗入河，日久仍復淤塞。

一、管工官開挑深闊，俱遵照分理郎中原定丈數。先挑河心一帶，禦防雨水，以便疏泄。其兩傍以原舊水平，取則開浚，不許短狹淺少尺寸。

一、千長人等務要常在工所催督工程，但有放肆遊蕩，飲酒賭博，妨誤職業者，許巡視官訪拿解院重治。在逃人夫，徑行該管官司提解枷號示衆，仍追工食銀錢還官。每逃一名，罰本户人夫二名，解赴工頭着役。

一、各處解運銀錢柴米等項，俱要告報本部院，及欽差官處，轉發各委官監收支放，不許留難，致生奸弊。其間如有無知小人，抵換冒濫，花銷剋落，許被害之人，指實陳告。

一、勤幹人員奉公守法，攢併工完，撫來人役久皆得所，樂於效力者，重加犒賞，案候采訪，另行旌獎，推舉擢用。其恣肆科擾，怠職誤事者，定行查究重治。

顏如環《分理水利條約》嘉靖元年

欽差協理江南水利工部署郎中事員外郎顏爲懇乞添差官員，以興水利事。當職欽奉敕諭，先該巡視浙江都御史許廷光、工科都給事中吴巘等，各奏要添設大臣，專管江南水利，已命總理糧儲兼巡撫應天等府地方工部尚書兼都察院右副都御史李，不妨原務兼理前事。近該本部院疏題添設官屬，協修水利，巡按御史馬亦題添設官員，專一管理。准該部覆議，添設郎中二員，已經通行去後，切惟東南財賦，當天下之半，水利實爲政之先。往者疏浚有法，旱澇無虞，後水利衙門革復無常，政令不一，以致水道湮塞，災害頻仍。近該言官論列先敕撫院總理其事，復增置部署，假以事權，蓋欲大舉，以收全功。顧以庸劣叨蒙任使，亦惟所屬相與協心綜理，庶幾贊襄有托，修浚可圖。所有合行事宜，擬合通行，爲此案仰本司官吏，抄案呈府，轉行所屬掌印水利官，各將後開事宜應議處者，即便議處，應回報者，即便回報，務要著實舉行，毋得虚應故事。

計開：

一、各府河道應該修浚者，仰各水利官拘集糧塘里長，審令盡數報出，除尋常工程各鄉都自能開浚者，督令趁時興工，責限併力修完。其餘俱各分投委官或義民老人，丈量長短深闊丈尺，計算某處該用幾萬幾千工，人夫幾萬，各該幾十日可完。某處該用幾千幾百工，人夫幾千人，該幾十日可完。分別等第，如工程最大，必須鄰近州縣協助；某處工程次大，必須合縣人夫協助；某處工程稍大，必鄰近某鄉某都協助，定爲三等。本年州縣大役，酌量分撥。若夫役有限，今冬明春難盡修完，即將三等河道議處緩急。如某河幾處所宜急修者，俱在今冬，所當緩者，暫候下年方修。計處停當，備造手册，送水利官申呈定奪。

一、各處水利官務要親詣所屬，嚴督各塘圖長圩甲人等，督率得利人户，將各圩岸併力興工修築。應該增置者，即便增置，俱要高厚。仍自本年十二月起，至次年三月止，每月初旬，將前月督率修築過圩岸數目開具申報。

一、各處江湖、泖蕩、浦塘、涇瀆，通泄水利去處，多被大户强占，或朦朧告官起科承佃，亦有曾經告發官斷掘拆，仍舊私占，阻壞水利。仰各府將此條翻刻告示，發所屬州、縣、市、鎮去處，張掛曉諭，限一月之内，許各出首，免其問罪。其已起科認糧者，即與開豁。不肯自首者，仰各糧塘圖長及被害之人，指實呈首，以憑拿開，并監追積年得過花利。

一、各處小民張釘簾斷取魚，致水流滯緩，壅淤泥沙，妨礙河脈，著令盡數撤去，違者重治。

一、河道修浚工程重大，應合鄰境府、州、縣、鄉、都協助者，查得先年或驗田糧出夫，有二十畝起夫一名之例，而富豪派至千百，勢不能辦，往往阻令，或令十排年出夫，有每里三十名、六十名之例，而勞力者多非有田之家，享利者反無供事之勞，以爲欠當。議者謂用排年出夫，衆輕易舉，但驗糧以出工食，或每畝出米若干，就於秋糧會計内帶徵，以供夫役工食，庶貧民出力而無裹糧之苦，富家出錢以免荷鍤之勞，似亦可行。仰各屬掌印官，從長計處，務俾情法兩盡而經久，可以作急回報定奪。

一、吴淞江、白茆港見議修浚，仰各掌印水利官虛心詢訪，務求至當，以爲一勞永逸之計。若果別有該修大於此者，亦必求講而行之，其各河道應該增置閘堰，及添設撈淺夫，如有借名苛歛財物者，許出錢之人指實陳告，以憑問治，仍追贓給賞。

一、各府委官每五日一次查考，各千長總甲工程分數，開具手本呈遞，以憑查考，其或夫役懶惰，全無工程者，呈報查究。

一、堆土務要在兩岸三十丈之外，若兩岸原有高岡者，堆放岡傍之外，不許高過於岡。

一、仰崑山、嘉定、上海三縣，多備稻草，查照各該地方人夫棚内，俱要覆蓋厚密，可蔽雨雪，鋪墊高厚，可隔寒濕，聽候本部驗看。仍仰千長嚴督人夫，先將河心開闊七丈，直下至底深一丈完備，方纔開挑兩傍斜河，庶幾雨雪之時，放水河心，可以兩傍施工，且無下水做工之患。

一、大工肇興，庶民雲集，沿河店鋪商人，販賣魚、肉、酒、茶、鹽等項，俱許兩平交易，敢有委官夫隸人等，挾勢減價强買，及牙行人等高擡時價貴賣者，許被害之人指實陳告，以憑拿問。

林文沛《水利興革事宜款示》嘉靖元年

欽差協理江南水利工部署郎中事主事林，爲水利事。照得本部分治常熟等處水利，周咨已悉，所有應興應革事宜，合行曉諭，爲此示仰所屬官吏軍民人等知悉，務須遵行，如有故違，定行參處，提究不貸。

計開：

一、太湖爲患，病在下流不通，疏常熟之白茆港、梅李塘、福山港、耿涇、奚浦、黄泗浦，太倉之七浦、湖川塘、楊林塘，所以導之也。其爲太湖患者，則練湖與西滆沙子湖，而二湖亦有枝流(涇)[徑][一〇]趨入海者，如丹陽之九曲河，武進之舊孟子河、德勝南新河、澡港、新溝，江陰之夏港，今皆歲久淤塞，遂貽深患。爲今之計。疏太湖下流，莫急於開常熟之梅李塘、福山港、奚浦、耿涇、黄泗浦，太倉之湖川塘、楊林塘諸河。減太湖上流，莫急於開丹陽之九曲河、武進之德勝南新河、舊孟子河、澡港、新溝，江陰之夏港諸河，仰府、州、縣治農官，各要查照，及時計處，興工開浚。

一、各處河道宣泄入海者，俱應置閘，白茆病在河闊泥泛，無可施工。其餘入江河形，闊不過七八丈上下，因而建造一閘或二閘，潮至則閉，潮退則啓，使渾水不得入，而清水蓄積，得以洗其閘外之淤。其主灌溉之河，地形多是中高兩下，非天雨水無繇積，仍須兩頭或置閘，或設竇，斯可爲利。各計所費銀，多不過百兩，治農官須要親詣相度，逐一估計，照詳本部。查於導河夫銀内動支，辦料委廉幹官督理創造，有得利居民，情愿出力自造者聽。

一、蘇州府長洲、崑山、常熟縣，常州府無錫、武進縣，各有地形低窪濱連湖蕩之處，頻年淹没。今各處水道疏通，低窪淹没者俱易退泄，各治農官務要常川遍歷，但有圍岸坍盡，不能修理者，丈量數目，逐一申報，候農畢之時，拘集得利之家修築，仍查在庫導河夫銀，或無礙官錢，量支貼助。

一、各處圩岸塌坍者，圩甲開報得利之家，照田出夫，協同修理，泥土就於傍圩田内起取。本鄉都内，有義民爲衆信服者，治農官舉報委之管理，或四五圩，或六七圩，有功者通行獎勞，怠廢者治之。工完府縣治農官取其修築數目，造册以憑查考。其圩内石埠無存者，圩甲置補。圩大者分之，或作積水漊，横亘於中，闊約一丈，兩頭加闊，用石砌作車口，遇潦車救。

一、白茆既通，沙泥隨潮，最易淤塞。查得舊有鐵掃帚置之船尾，裝載如櫓之狀，待潮落時鐵帚一齊摇動，刮揚沙泥，隨潮入海。今之治黄河者，又有爪江龍法，仰府縣治農官，各查制度創造，督（澇）［撈］[一二]淺人夫，常川演習，務經久可行，以善其後。

一、河道除白茆、吴淞江，其餘有專主宣泄者，有專主灌溉者。宣泄之河正吞湖流，或東或北，自趨入海，其勢爲縱爲經，其開挑宜深宜闊。太倉之七浦塘、湖川塘、楊林塘，常熟之梅李塘、福山港、黄泗浦、奚浦、耿涇，江陰之角上湖、谷瀆港、蔡港、夏港、蘆阜港，武進之舊孟子河、德勝南新河、澡港、順塘河、新溝，丹陽之九曲河是也。灌漑之河則入海河之枝流，其勢爲横爲緯，其開挑僅使水能浹洽，可備旱乾即止。

一、爲河之患者，無如石橋，而石橋之洞有圓有方。洞圓者塞河道五分之二，洞方者塞河道五分之三。今後除不開水道者不毁，其餘但有坍塌，將基址起拆，易木爲之。若坍塌未甚，欲行修理，須酌量闊狹，原有一洞者，或添二洞、或三洞，務使水易退泄。其原無橋梁，富豪勢要之家，欲徇己便，妄意添設，以致阻礙河道者，府縣治農官緝訪禁治。如橋不關泄水，不在禁限。

一、泄水涇港去處，有等刁詐之徒，往往築壩阻截，非占作魚池，則取便往來，遂致旱潦成災。今後有此，許被害之人指名赴告重治。

一、各處湖蕩塘浦多有或假護岸而遍種茭蘆，或圍取魚利，而張釘簾斷，遂成淤淺，告佃起科，深爲民害。仰各水利官嚴加禁治，敢有仍前似此致河淤淺者，拿問重治。若果濱連江湖泖蕩傾坍去處，方許種植茭蒲，其一切堤岸之上，每丈許栽榆柳或桑柘一枝，治農民常川查究，毋得虚應故事。

一、各處河道多被居民立釘樁石閣板蓋房，繼以石砌剥岸，占闊之後，復又立樁占出。又有起造船舫，日漸淤塞，以致河道狹隘，阻遏水勢。仰治農官通行查勘，不礙水勢者，姑且停免。其新砌未成，與岸合復立樁石者，不拘新舊俱令拆卸，抗違者申呈拿問。

一、各州縣塘長、各該掌印官，查遠年額數編僉，應多者多，應少者少，永爲定則。仍通將（概）[該][一二]縣人户查審，但丁糧相應，材堪幹辦者，如每區應該一名，務要編至四名或五名，内將一名應役，餘皆聽缺補用，庶里書放富差貧之弊，可常革矣。

顔如環《議開吴淞江呈》嘉靖元年

欽差協理江南水利工部署郎中事員外郎顔如環，爲水利事。該職巡行蘇、松等府，查吴淞江一帶洪流，至新洋江口、夏駕浦口二處交會，二處通婁江，潮水倒入江内，澱積泥沙。又因地勢卑近，遂引江水順趨北下，併入婁江，以致吴淞江易成淤淺，累經開浚，不久復塞。或謂此江出海一百餘里，累浚累塞，而此二處相去婁江不三十里，因而疏浚深闊，使此江中水併入婁江出海，似爲便易。不知此江爲三江之一，與婁江各自通泄，當（夫）[天][一三]旱固可合而爲一，及至水溢，則婁江自泄所受之水不暇，又安能併吴淞江之水而皆泄乎？故昔人有言：『使二江可併爲一，則神禹先併之矣，何必又有三江？』此誠不易之論，然而先年累次修浚，樂簡易而畏煩難，以致二處淤塞不通，而棄此爲可不必用。本職詢訪耆老，咸謂當於新洋、夏駕口各置一閘，冬春常閉，夏秋淫潦開之，以分泄水勢，或旱乾開之以通引灌溉，庶幾江流常通，旱潦有備。又看得夏駕口闊一十六丈，深止四五尺，潮勢亦緩，造閘無難。其新洋江口闊四十丈，深一丈五尺，潮勢頗大，難以作堰，但事體重大，及費用錢糧數多，必須委官勘議停當，方可施行，未敢擅便，合就呈詳。

顏如環《分治吴淞江水利工完呈》嘉靖二年

欽差協理江南水利工部署郎中顏如環，爲懇乞添差官員，以興水利事。奉欽差總理糧儲兼巡撫應天等府地方太子少保工部尚書兼都察院右副都御史李劄付，當職分管松江、杭州、嘉興、湖州四府及蘇州府嘉定一縣，其太倉州崑山、吴江縣與郎中林文沛共管。依奉親詣吴淞江，督同蘇州府掌府事河南布政使司左參政徐讚、松江府知府孔輔等，相度得吴淞江上流，自吴江縣長橋起，至崑山縣夏駕口止；下流自嘉定縣舊江口起，至上海縣黄浦口止，俱各通流無礙。惟夏駕口起，至龍王廟舊江口止，共長六千三百三十六丈，計二十九里，俱已淤塞。議該開闊一十八丈，深一丈二尺，該用人夫四萬三千七十八名，官給工食銀米柴薪等項，該銀一萬三千三百九十五兩九錢，米二萬五千三百三十二石二斗。夏駕口造閘，估計物料工食共該銀一千五百兩，逐一于蘇州府議處。蒙本院行委同知冷宗元等分投督工，於嘉靖元年正月初七日興工，至本年二月二十二日工完。又看得夏駕口、新洋口乃吴淞江交會處，横引江水斜趨婁江，以致吴淞江水勢小弱，不能衝泄潮泥，且二河通引渾潮倒流入江，與本江下流正潮日相抵撞，易於瀫積，遂致淤淺。合於二河交會處，置造石閘，節制江流，使不斜趨，阻遏渾潮，使不倒流，庶幾此江永無復塞之患。備呈本院，行令蘇州府，估計物料。委官見今夏駕口興工造閘，其新洋江口閘，案候冬月再議外，又看三湖之水悉繇太湖，其上源西北自宜興荆溪、百瀆以入；西南自湖州苕、霅二溪，分流七十二漊港以入；而其下流則自吴江長橋、澱山、昆承、陽城等湖以入三江；而澱山湖則分入趙屯、大盈、道褐、大石等浦以入吴淞，并泄於海。頃因水政不舉，前項漊港、河泊、浦瀆俱久湮塞，而吴淞江之塞，實因上流不快所致。又經督率開浚，節據原委湖州府同知徐鸞等報，開浚過大錢、小梅等河，并大十二漊港。蘇州府通判孔賢呈報，開浚過趙屯、大盈、道褐等浦，俱吴淞江上流，已盡開通。及據杭、嘉、湖、蘇州等府并所屬太倉等州縣，各申呈疏浚修築過各枝河港浦、涇浜、河道并圩岸等項，俱照本院文就令各得利人户自備工食修築，於嘉靖元年正月俱已完工。到職又躬親巡歷勘驗相同，諭令造册徑自繳報。今照本職該管松、杭、嘉、湖并蘇州府嘉定一縣，及太倉、崑山、吴江等州縣，督修過河道圩岸，用過人夫錢糧總數，擬合開具回報。

林文沛《分治白茆港等處水利工完呈》嘉靖二年

欽差協理江南水利工部署郎中事主事林文沛，爲懇乞添差官員，以興水利事。奉欽差總理糧儲兼巡撫應天等府地方太子少保工部尚書兼都察院右副都御史李劄付，仰本職專管蘇州府屬常熟、長洲、吴縣及常州、鎮江二府，并太倉、鎮海、鎮江、崇明等衛所，蘇州府除嘉定縣該郎中顔如環獨管外，更有太倉州崑山、吴江縣，係兩相關涉地方，各與顔如環督同蘇州府掌府事河南左参政徐讚、常熟縣知縣劉乾亨等，親詣白茆港，逐一相度得本河海口至雙廟，河形略存，緣海灘漲沙填壅，難以用工。隨議改就東南方陸地開挑，共起行該府所屬七州縣，并崇明沙千户所軍民人夫三萬七千七百二十二名，分委同知徐乾等督開平地三千三百五十六丈八尺。其雙廟西至官莊匯河形淺窄，幾如平陸；又起過蘇、松、常等三府，太倉、鎮海、蘇州、金山等四衛，軍民人夫三萬七千二百八十八名，分委通判傅潮、指揮翁仁廣等，督開過六千一百七十七丈。

又官莊匯河西至常熟縣東倉，河形雖在，亦已淺塞，仍起常熟縣附近人夫，令備工食，官給犒賞，共二萬二千九百八十二名，分委縣丞趙經、周岐鳳督開過七千六百五十八丈七尺。通計長一萬七千三百九十二丈五尺，深始八尺，加至一丈五尺，闊始二十八丈，加至三十三丈，共用銀二萬九千九百三十五兩一錢，米五萬七千九百四十一石一斗，於正德十六年十月初十日興工，至嘉靖元年四月十四日工完。爲照本河舊防倭屯營巡簡司，應該遷新挑河口備禦，又經行府措辦工食銀八百兩，發常熟縣蓋造軍營巡簡司，及該縣水利官衙門倉旁龍王廟共五所，亦各完成。緣本河潮沙易湧，相應置閘，但泥土虚泛，輒難輕動除，備銀三千六百九兩三錢，收貯蘇州府，候秋冬計議興工取用。及勘得尚湖并昆承、陽城各湖，年久湮塞，涇漊係本港咽喉。又經督同該府通判萬奎，并治農縣丞趙經等，起常熟、長洲、崑山三縣得利人夫，開過昆承湖口，時涇塘、新開洪、草鞋浜、蘇家洪、南北上洲洪、中洪、周家洪、東西錢港、尚湖口、朱涇河、界涇港、陽城湖口、雙漕浜、姚黄漕、新開河、稍廟涇、東横涇、張莊漊、武城涇共一十九條，緣陽城湖水經斜堰，枝分七浦塘，則白茆水勢因之少殺。又經行委主簿竹嵩起到常熟、崑山二縣得利人夫，并動支二縣椿笆銀八十三兩六錢，築完斜堰壩一座，仍又備銀一千兩，發蘇州府貯庫，聽候本壩造閘支用。其宜興縣百瀆受荆溪之水，會太湖，亦入白茆港，續據常州府通判王嶽呈報，久塞應浚。又經行委本官起調宜興縣得利人夫，分浚烏涇等瀆共六十三條，會同該府知府王教、知縣暢華、王泮、縣丞徐璣等，起到武進、無錫、江陰三縣得利人夫，開挑龍蕩、桃花、九曲龍河、城墅河、申港、利河、横河、市河共八條，其原蒙劄委獨管蘇州等府、常熟等縣，并同郎中顔如環分管太倉州及崑山、吴江二縣，又經浚過枝河，并前共五百六十二條，長三十七萬七百三十四丈四尺，築過官塘圩岸共三千五百八十一段，長一百九十一萬八千七百一十五丈五尺，造過堰壩共九十六座，長六百六十丈四尺，并橋梁一座，通共人夫三十一萬二千二百九十四名，俱於正德十六年十一月初六日興工，至嘉靖元年五月初九日工完，擬合呈報。

蔡乾《計處導河夫銀呈》嘉靖四年

督理浙江等處水利提刑按察司僉事蔡乾，爲計處導河夫銀事。據直隸蘇、常二府，太倉、武進等州縣，各申繳正德十五年起，至嘉靖五年止導河夫銀册揭，并華亭、上海、崇明三縣未經派徵緣繇到道。案照前事已經通行，及該本道巡歷督查去後，今據繳到除丹徒、丹陽、金壇三縣另行催報外，查得各報數目中間，已完者少，未完者多，支銷者漫無憑據，侵欠者不行清追，積習之弊，不可枚舉。爲照前項夫銀，專爲水利急缺應用而設，故每年於均徭内編僉，收銀貯庫，以備不時之需，係是屢經議處停當奏准，永爲定例。况遇工程浩大之際，仍許動支别項官銀應用。

近年以來，各該掌印官員，往往視水利爲末務，空立一騙局，編僉之後不肯依法趁時追納，致縱奸徒，展轉囊括以歸私室，及至上司查理，揑補花户文册，妄稱小民拖欠。况官吏之更代無常，弊源之鼠穴難考，以致起滅詞訟之徒，動輒以前項夫銀訐告一人之事，乃至連逮百十人之衆，一年之事甚至蔓延十餘年之遠，是本爲利民之計，而反爲殃民之禍。因循至此，愚民何罪，乃有司不肯設徵收之良法，以圖經久可行耳。爲今之計，合無隔别選委廉幹官員，親詣各州縣從公查審，要見已完者見貯，支解那移未完者侵欠停徵。務救下流，仰惟詳示，而於河道之策，必且受實用，而不徒負虚名矣。

蔡乾《專責農官治水呈》嘉靖四年

督理浙江等處水利提刑按察司僉事蔡乾，爲專責任以興水利事。竊惟江南財賦素甲於天下，而財賦充裕實資於水利。先年於蘇、松七府特命風憲官員提督之而猶未也，又於各府專設治農通判等官分理，良法美意至精至備，故膺此職者，在不識時務觀之，則不免有閑官之議。

欲稱此職者，雖使俊傑居之，亦恒虞素餐之誚。夫何邇年以來，各該治農官員往往差占，或便其身爲私圖，而終年遠出者有之，曾不知本等職業爲何物？各該府縣掌印官，每遇差委之人，朦朧定擬申呈允行，不曰『已奉某衙門選委』，則曰『不妨原務帶管』，習以爲常，遂成故事。獨不思此官未設之前，亦不聞有官少事廢之日，致使治農之虚名，翻成害農之蠹政，殆有不可勝言者。失今不爲之計，誠恐上焉有負設官之德意，下焉有妨提督之政務。况近奉欽差總理糧儲兼巡撫應天等府地方太子少保工部尚書兼都察院右副都御史李，總理修浚白茆等港，奏添工部郎中二員，及工完取回，經今已逾三年。

本道近日巡歷地方，看得前項諸港，日見湮塞，其他應修處所，在在有之。即今秋成農隙，方圖相度次第興工，必須治農各官專理，庶克濟事。若不預爲呈請，嚴加禁諭，不惟各屬難以遵奉，抑且本道動相掣肘，合無候明示至日，通行蘇、松等七府，并轉行所屬州縣各掌印官，除治農通判等官，差委兩京公務者，行文催促，作急完事回任外，其見委署印及帶管别事者，通行查出申呈原行衙門詳奪改委，嚴督各官在任盡心管理水利。今後不拘大小治農官員，并不許别項差委，致妨本等職業，中間敢有欺公玩法，任意營求，蒙蔽上司，及闒茸廢事，貪污不職者，體訪得出，或被告發，一體究問。庶幾職業以專，人心思奮，而水利或少裨於萬一矣。

蔡乾《申飭水利須知案驗》嘉靖四年

欽差督理浙江等處水利提刑按察司僉事蔡，爲申飭水利須知事宜事。竊惟浙西水利爲重，莫不皆知，奈所司督理無方，使古人遺法蕩無復存。其至官稱治農，水鄉之高下莫辨；役充塘長，圩岸之至到莫分。今若不嚴加點視，豈可望水利興修？合亟申飭爲此仰抄案回州縣著落，當該官吏照依，案驗内事理即將發去，後開水利須知條款，著令各塘長備將該管河道圩岸等項，逐一開寫書裝册内，送州縣印鈐，面寫『水利須知』四字，給與齎帶講究，候按臨查考。今後如遇枝河淤塞，圩岸坍塌，即諭得利人户出夫，一年一次修浚。如大河橋閘工程浩大者，具申本道酌處施行，各水利官仍留一樣文册一本披覽，俱毋違錯不便。

計開：

一、某都、保、區、圖、塘長某人，年貌籍貫。

一、該管大河幾處，某河自某處起至某處止，共長若干丈尺，水源上從何來，下從何往，灌溉田若干，橋梁閘若干座，有無通潮，有無茭蘆，有無樹木。

一、支河共幾處，俱照前開，無則不必。

一、圩岸長短，亦照前開。

一、仍畫圖於各册之前。

朱袞《水利興革事宜條約》嘉靖九年

欽差提督蘇松等處水利工部郎中朱，爲欽奉敕諭事。照得裕民足國莫先於務農，禦災捍患在急於治水，矧江澤之地，實財賦之區，往者朝廷念旱澇相仍，谿堤防久廢，特降璽書，復設部署付以列郡，又恐軍衛有司抗違誤事，特授參拿之權。聞權豪勢要侵占阻壞，尤嚴鋤治之法，自顧庸愚，仰承欽命，雖節行督諭，恐未通知，今續得見開合併申示。

計開：

一、國家於圩岸、陂塘、橋梁、道路俱仰府、州、縣官常川勸諭，於江南又各設治農官以佐理之。但昧於治體者，正官或忽而不理，該職又棄而之它，甚有索取常例，啓塘圩之科害，濫受詞狀，縱胥吏之吹求，下鄉督役，則民畏其擾，入境問農，則事仍久廢。似此治農，適以病農，仰各砥礪興修，毋怠職業。

一、每區都選有行止者爲塘長，以圖圩之田多者爲圖長，圩甲俱聽塘長調度。有等營充之人，或指饋送農官，科歛圖圩，或假開河築塘，賣索夫役。又有市民冒剋，全不下鄉勸率，止令佃僕應官，其諸糧老雖曾督責，慢不協理。仰各奉公守法，勤緊興修，待候巡歷，訪驗賞罰。

一、吴田下下，使無高圩，旱澇何備？近年水利漸湮，霪潦難泄，財賦虧額，軍國失仰，良繇政弛而農惰耳。仰治農官遇農少隙，隨即興修，論田出夫，分段堅築。其圩大難澇者，多添徑塍，或分作三四五圩，田低易潦者，中開十字港，或二十字。十字形内外俱窪，四面開溝所取之土，就便築岸，廢田之税，攤派本圩，所損少而利澤長，此實養民之要務也。

一、築圩先量本圩周圍若干丈，堅固若干丈，坍壞若干丈，内每田十畝或二十畝出夫一名，數少者朋力，孤貧者量免。各主分段立界插標，大段面闊六尺，脚闊倍之，如宜高厚，相地加增，或車港取泥，或高鄉運土，從便填築。田多之家派出樁笆，或用板坊夾築，築畢復移築其餘，務令杵春堅實。圩心若修徑塍，圩岸田頭自築修完，仍禁牛馬踐踏。

一、各屬有應開河道，或奏告而未勘，或報而未行，或開挑未完而停工，或案候而再議未處者，官吏喜於無事，下人憚於輸勞，遂多停閣不舉。仰各治農管屯官，備查應開河道，每處深通若干丈，淺塞若干丈，某處應先，某處應後，合用人夫若干，或起得利人夫，或合派十年里甲，明白開具，以憑施行。

一、開河工程近小者，照舊得利之人出力。若係重大，或於圖起夫，或計畝徵糧，或軍民協力興工之時，每塘長一名，總領若干夫，該開若干丈，每夫分定幾尺，用竹板標插夫名。每塘長幾名委一屬官，或義耆分投監督，各立旗號，以齊作息。各照面底深闊置竿，時常較量修岸栽樹，仍禁種豆麥，以致浮土淋河。

一、吳中田畝，大約高者七分病澇，低者三分病旱，故每忽於高田，以致抛荒賠糧。古人或築壩堰，而蓄水貫通，或置斗閘而隨潮啓閉，離水遠者，復開溝渠，所以防亢旱而利灌溉。今皆久廢，仰各治農管屯官相度某處應復舊迹，或即估價興修，某處應增新塘，或令廢田開掘。在民者從宜督率，係官者開報詳處。

一、各處港浦、涇瀆等，縱横聯絡，通泄江湖。有或假護岸而遍種茭蘆，(成)［或］〔一四〕圖魚利，而張釘簾籪，久成淤塞，告佃起科。又有起造大様船坊，填築出河，剗岸有未改正。即便起掘拆除，果係瀕連泖蕩、堤圩傾坍去處，方許栽種茭蒲。其一切堤岸每丈栽榆、柳、桑、柘一株，俱要大幹深培，未種者冬月補栽。

一、城市河道本自淺狹，居民日將糞土傾撒在河，又造跨河橋棚或出岸水閣，致阻絶舟航，壅塞水脈，該坊里老總甲，歲取常例，不行呈舉。除將蘇州府城内外河，差官拆卸外，仰各軍衛有司，即便省諭犯者一一改正。其諸淺塞去處，水涸排門，撈洗淤泥，暫堆兩岸，河通用船運出。

一、各處橋梁多有坍損，漕河要路固宜急修，鄉村渡頭亦不可緩。仰經該官各查境内橋梁，幾處應該重建，幾處應該修葺，從實勘報。或委耆民勸募，或於官府措置，俱要作急修完。其泄水要道密樁防盜者，即爲起除，至於浮橋擺渡，隨敝修理，乃見惠濟。

一、蘇、松、常、鎮，舊徵有導河夫價并茭蘆銀，專備募夫開河。衙門裁革之後，價亦停止，原貯庫者盡那别用。其嘉興各縣海塘夫銀，多被下人侵欺拖欠，除將犯人紙米并原存之數，今每半年填簿倒换查考外，仰各屬正官清查，那移應還者，原欠本項追補侵欠應追者，嚴限各主比完，并各佐貳官但有事干水利詞訟贓罰，俱要附開簿内，不許輕擅支動。其先年有被各役領銀在外，修理未完，開報埋没者，許諸人出首。

一、查得卷内先年首告侵占阻塞官河浜漊，及圍裁河蕩等項，多已批發各屬開報，或本衙門親理。應該拆卸入官改正者，俱經仰照擬施行中。間有罪已決贖而奸弊仍舊，人未發落，而文案揑完，近多事發，查連官吏，一體重治外，仰各該官吏不拘新舊事件，一一追究下落，責取委押人員，重具甘結回報。

一、各處馬頭，有人營充埠頭，招集船隻，雙幫灣泊阻礙河道，遇有客商雇船，主張雇價，多取入己；或因官府討船，又不挨次得財即放；况官府討船，或非盡因公務，仰各屬今後選有行止者充埠頭，聽令客商平價雇船，不許聚幫取利，仍將各船輪差給與鈐簿填數。官若用船，如行百里，與米五升，以充口食，不許科貼。

一、各處河道被竹木商人多募凶惡水手，聯簰横撑，或依牙家門首，攤泊聚賣，攔阻運河，致礙船隻不能兩過，仰各屬巡捕官督令地方總小甲人等，曉諭客商。如仍舊故違，及地方乘機詐財容隱者，事發一體治罪。

一、漕河一帶驛遞應付使客，先年巡河衙門題有禁例，今後如有違法人員爲害河道者，仰指實申呈，小則拿治，重則參處。

一、各處閘壩巡司税課等衙門，遇船一到，或督夫挨次車放，或照例盤抽批驗，隨即放行。其官吏夫牌人等，敢有詐取客商貨物，多方停阻，以致怨流河道者，訪出官吏拿治贓罪，積年夫役查例問發。

一、各巡河港多有死屍暴露川流，烏鳶争食，傷和召沴，仰各地方如遇有此，即時撈起。近城郭者官爲措置棺木，收附義塚。在鄉落者勸令附近大户，或棺或薦，收葬荒坵，務要深埋，以防犬侵。

一、村落市鎮多有軍人興販私鹽，賣與過往船户，稍不承領，逞凶欺害。其常、鎮交界埠頭大户，每遇販牛客商，因禁踐踏塘岸，盡行兜回，不容各船分攬，仰巡捕、巡司嚴加究治。

一、各處衛所官軍，前來蘇、湖等府地方交兑糧米，有等强横旗甲，不問民船有無貨物，概行拿捉，或使載糧久不交卸。已通行禁約，但照錢糧交兑，原有剥船加耗，自宜兩平雇覓，今後敢有仍前用强者，許被害之人指實陳告。

一、南北河道中，有茭蘆叢生去處，網船成羣，曉散夜聚，遇船行劫，無從挨拿。除行屬編號，給牌釘艄。嚴禁後，若有未盡編給艄牌者，仰即時盡數編給，使船各釘牌，盜或難容，各河泊所尤要嚴加約束。

一、水利文册，每遇年終，各屬報到興修事績，類造奏繳。訪得各屬官吏，間有全不調度，而妄報興修，或本無事績，而捏虚搪塞，據此進呈，欺上之罪，誰其任之？今後經該官吏各要著實舉行，年終核實造報，毋再輕犯，自招罪愆。

吕光洵《水利工計款示》嘉靖二十四年

巡按直隸監察御史吕，爲興修水利事。照得本院目擊吴中水利不修，生民危墊，除具題外，所有咨訪會計開浚工程，合行刻册頒布各屬，本院屈指瓜期，即不能爲爾民宣力，亦俾後之君子有所考據，未必非高深之助也。如有未當，不拘士民明白告我，但不許假公濟私，阻撓水利，本院三尺具在，不爾輕貸。

計開：

一曰估計土方之則。查得先年開浚吴淞江事例，每土四面深闊各一丈曰一方，約計二十工。每夫工食銀五錢，似爲太多，今當少加節縮。每方須工食銀四錢，十方則該銀四兩，積而至於百千萬方，亦皆如此估計。姑以一里較之，若面闊十丈，底闊六丈，上闊下狹，折而算之，實該八丈，每方一丈，合用人夫一十六工。一帶八方，則該人夫一百二十八工。一里則該土一千七百二十八方，合用人夫二萬七千六百八十八工，動支工食銀六百八十九兩二錢。十里則該土一萬七千二百八十方，合用人夫二十七萬六千八百八十工，動支工食銀六千八百九十二兩。百里則該土一十七萬二千八百方，合用人夫二百七十六萬八千八百工，動支工食銀六萬八千九百二十兩。設使其闊倍之，則其人夫工食亦當倍之，是爲銀一十三萬六千五百四十兩。夫費此之銀，以開百里之河，其利於兩旁之田，當不下億萬畝，若能宣泄不怠，則永無旱澇之虞，歲享豐穰之獲。而丈量驗派又不可無法也。蓋土之爲方，凡當河底者必深，近河岸者必淺，淺深難於牽折，驗派難於均平，則須每方一帶之中，通力合作，務令深淺均攤。又民之負土，河有闊狹，而路之遠近隨之，往返之間，近者便而遠者艱，難以概論，則須差爲等級。如河闊十丈者，每方派夫一十六工，若闊十五丈者，則加以一工，二十丈者則加以二工，以次第加大，約以三十丈爲率，則所加至四工而止。設更有闊於此者，亦當如數加之，寧使民有餘力，毋使土有餘工可也。其或民有勤惰，勤者未及限而完工，其應得工食必盡給之而忽減。逾限而不完者，非惟不得加，必治而去之，則惰者不得以亂羣矣。至於開挑之法，則姚工部文灝有歌云：『遠堆新土方稀罕，盡露黄泥始罷休。兩岸馬槽斜見底，中間一線水通流。』其法不可易也。但役夫自河底負擔而上，已極費力，而又欲其遠堆，不尤難乎？愚意欲每帶兩旁各造水車三乘，如方盤之式，駕以四輪，大約每乘可載土十擔，使二人挽之，則一車可當十夫，土去遠而民力省矣。若其工食，則比諸役又當少加，蓋彼寡而此多，其用力不少，無勞逸之殊也。

二曰召募夫役之方。頻年以來，三吴旱澇相仍，饑饉洊至，小民固極凋瘵，大户亦漸衰微。若欲論田起夫，則田多者難於應酬，田少者苦於擾害。若欲挨户編役，則丁富者或能取足，家貧者何以勾補。不公不均，恐浮議起，而阻撓之患生。爲今之計，莫若仿僱募賑饑之法，而行之各府、州、縣。凡有關係於水利者，先令擘畫措置錢糧已完，計費已足，然後量河渠之大小，定土方之深闊，料灘岸之遠近，爲夫役之多寡，先期明示，曉諭每都各圖，限名開報，官爲雇募。假如一圖十甲，每甲報夫二名，通圖該夫二十名。即以蘇州合府計之，一州七縣爲里三千八百七十有六，是爲三千八百七十六圖，應出夫七萬七千五百二十名。每夫用力一月而罷，是爲二百三十二萬五千六百工，可開河一百里；兩月而罷，則爲四百六十五萬一千二百工，可開河二百里；三月而罷，則爲六百九十七萬六千八百工，可開河三百里。以此夫工總而合之，何大河之足慮，析而散之，何幹河之足憂。其他小小支河，固餘事耳。況又積以歲月，繼以宣防，尚何江浦淤塞之患哉！其有因貧赴召者，則不拘多寡，亦於各該都圖編管，或衛所應役軍丁，就令千百户鈐束與民丁一體差用，并須擇精壯，汰老弱，每夫十名，或二十名，取具各該都圖糧塘、里老不扶甘結一紙。又須每名官給竹木小牌一面，其一面填寫某府州、縣，委官某、夫長某、部下人夫某；一面填寫本管州、縣字樣，下用掌印官火烙花押，以便稽考，行令各該掌印官并治農官，點齊押赴工所。於是就耆塘人等中，擇信實强幹者，立爲百長、千長，委才能丞簿、典史、巡簡大使，或納粟陰陽典膳、引禮、省祭等官，以分督之，庶幾有所統攝，而逋逃竄匿之弊可免也。然召募之法，各須附近，宜令各府、州、縣將應募夫役、銀兩，各該掌印官自行附近雇募，所不足者加工抵補，則彼出銀，而民免跋涉之勞，此得民而事有底績之望，誠兩便之策也。然大衆烏合，難保無虞，所賴處置得宜耳，必頓次舍，置井竈，時作止，禁暴虐，薪芻並給，醫藥有備。設有不幸而死者，又必爲之葬埋，而厚恤其家，則百姓樂於趨赴，非惟可以成大功，而東南亦可以無饑民矣。然此又特目前制役之法耳，若夫經久之計，則必仿前代撈淺開江之制，及復姚工部文灝、舉人秦慶請置導河之夫，每年於均徭定撥，用其土著之民，專習淘搜之事，免其別差，著爲定令。又須於沿江沿浦要害之處，置爲鋪舍。若運河之淺鋪，或募貧民之壯健者，每鋪或五人，或十人，給以導河夫銀，令其以時葺理。且視有附近荒田，與之開墾，官給耕具種穀，使有恒業，可居而守，則江浦永無淤塞之患，雖或間有興作，必不至繁費如今日之艱難矣。或謂役使軍士，則守禦有妨，添撥均徭，則丁田益重。至於召募貧民，則又倡此一班人役，耗此一項錢糧，恐難免無例起例之誚也，乃深思之。凡諸在官人役，惟民壯之設，有損於民，無益於官，實爲冗費，其必量革此輩，以供是役乎？設或此輩有所不堪，則移其工食銀兩，以備別募之費，亦庶幾一舉而兩得矣。

三曰給散糧餼之規。驅數萬之衆，置諸江湖陂澤之間，使胼手胝足，勞苦有不可勝言者，其工食可不均不繼乎？必須將應用錢糧，攢聚一處，擇委廉能府佐一員掌之，計河派夫，計夫給餉。遵照先年開浚白茆事例，每工給銀二分五釐，若凶年穀貴，則每工給米一升，給銀二分，使可足用。其銀米府佐給之丞簿等官，丞簿等官給之千長，千長分給百長，百長零散各夫，或五日，或十日一次關支。每遇將散之日，預令丞簿等官，各赴各掌收錢糧官處，計夫數之多寡，每夫長給關防號票一張，上開夫長某，部下原管人夫若干，逃亡疾病若干，今查見在若干，應該支工食銀米若干，領散各夫長執照。臨期憑票關支，關支既訖，又須丞簿等官監臨，各長隨數分封，以憑府佐不測秤驗，先期給與，令可預備薪米。設有剋減插和者，嚴加究治，計贓賠補。其銀每兩須加耗三分，米每石須加耗三升，抵補虧折。至於犒勞下程酒肉魚鹽之類，亦照白茆事例舉行，如是則人人沾惠，無不均之歎，時時足食，無不繼之憂矣。

四曰督責考驗之法。惡勞好逸，人之常情，凡百小小興作，苟不爲之經理，則未有能坐享其成者。矧大興水利，則工重役繁，管轄難周，偷惰影射之弊，有所不免。然則督責考驗之法，其可以不詳且嚴哉！故前人有謂『有廉能不省視，與無廉能同。省視不賞罰，與不省視同。賞罰不繼續，與不賞罰同』。意正如此，切照先年開浚吴淞江事例，每夫一萬名，選委精强府佐一員爲巡視官。凡夫長所管夫役，各令該管丞簿等官，用千字文照數編號簿記。每日辰時各夫長照依原分字號，每十名用字一個，如天一起至天十止，寫在面上，候巡視官至，挨號排立，以便查點。仍用水牌一面，大書夫長姓名，該管人夫若干，共幾字號，竪立旗竿一根，懸牌其上，其旗色百長用藍，千長用黄，上寫各長姓名，以便趨赴即工之日，與民約信。假如每方派夫二名，則以八日爲限，每方派夫四名，則以四日爲限，積而上之，皆如此限。有逾限者，則本夫重加鞭箠，號令示衆，而百長、千長上至丞簿等官，亦皆與有責焉。非大寒暑不休息，非大風雨不更期。又須置立循環簿二扇，紀其陰晴，以稽作輟經始之時。隨所開河淺深，樹木爲的，工畢之日，量河底闊狹，用滚木一根，以索挽之，循河而往，稍有窒礙，即加究治，罰其再行開挑，勿給工食。決壩之後，拔去的水，復以鐵足木鵝浮於水面，驗其淺深。其制大河深一丈二尺，幹河深一丈，枝河深八尺，隨流而下，稍遇淺淤，必即傾仆于是，計其淺淤丈尺之數，於百長、千長名下，追其工食，而丞簿等官，亦計贓以枉法論。其有勵精圖效者，夫長則勞以花紅，優其禮遇，丞簿等官則加以旌奬，陞其品秩，則偷惰者無所容，而勵精者益勸矣。大抵考驗百夫在百長，考驗百長在千長，考驗千長在丞簿等官，考驗丞簿等官在府佐，而守令則兼之也，如此而水利不大興，吾未之信也。

五曰催徵會計之條。水利爲三吴急務，計費實興修大端，設使計費不足，雖欲興修得乎？故召募不患無人，給散不患無制，所患者計費不足耳。此催徵會計，所以不可無法也。嘗考往歲興修，其出銀之法，皆臨時取辦，艱難百端。數年以前各州、縣尚有導河夫銀，後皆視爲不急之務，雖在官者亦爲有司别項支銷，而導河夫不復雇募。沿襲既久，卒使晝一無法，經制失宜，是焉足以興大事、修大工也耶？今須先事儲財，量財制役，凡一應無礙錢糧，貯積待用，有司不得别項支銷，設有不足，則當因時制宜明白開奏。或取諸存留餘米，如周文襄國初舊額，或折銀解運，如嘉靖十年恩詔事例，則耗贈所減，亦當數十萬矣，此所謂經費也。

校勘記

〔一〕麻合馬特　四庫本作『瑪哈穆特』。

〔二〕橋洪　疑當爲『橋硔』或『橋谼』。

〔三〕郭也先不花　四庫本作『郭額森布哈』。

〔四〕楊伯野臺　四庫本作『楊巴延台』。　伯野臺作『巴延台』。

〔五〕左荅納失里　四庫本作『遵達納實哩』。

〔六〕那補　四庫本作『挪補』。下同。

〔七〕概縣　四庫本『概』作『該』是。

〔八〕青谿　四庫本作『按畝』，據改。

〔九〕概縣　四庫本作『該縣』，據改。

〔一〇〕涇趨　四庫本亦同此，『涇趨』疑應是『徑趨』。

〔一一〕澇淺夫　四庫本亦同此，『澇』應是『撈』字。

〔一二〕概縣　四庫本作『該縣』，據改。

〔一三〕當夫旱　四庫本亦如此，『夫』疑應是『天』字。

〔一四〕成圖魚利　據上文『成』疑爲『或』之誤。

吴中水利全書卷之十六

公移

萬曆以後，公移多泛濫不經，今止採輯其關切事要者，以存證據。

［本朝］

馮叔吉《款議開浚吴淞江灘詳》萬曆五年

整飭蘇松常鎮兵備兼理糧儲水利湖廣提刑按察司按察使馮叔吉，爲蘇、松水利急難開浚，懇恩處給錢糧，并陳末議，清查灘占田地，以資工費事。蒙欽差巡視下江，專督水利監察御史林，憲牌内開吴江縣長橋、吴家港一帶工程，見今興事，中間築壩置土，及開浚淺深廣狹多不如法。爲此行道即便轉行水利王同知，并該縣掌印官隨機相度，設法開築修砌，務期功垂永久，以利地方等因，蒙此爲照長橋上至吴家港，下至龎山湖一帶開浚事宜，除上方築壩戽水，分段委官督率等項，已有成議。見今查照遵奉舉行，及蕩慣行縣嚴追，無容別議外，其運土堆置，用石包砌等項事宜，本道督令同知王事聖、知縣王一言親詣相度，酌議列款，合無請乞詳示，備行該縣查照遵行。

計開：

一、橋上三忠祠，橋下新堆三高亭，積土已多，周圍須用石砌，方免雨水崩塌之虞。合行王同知即查該縣餘剩業户定與丈尺，限十日内即行運石牢砌，下用木樁，其銷算灘價，依民間石價。如三年内倒塌，仍令砌造，而又堅好者，准(計)[記]〔一〕名在簿，量免所追蕩價。

一、長橋下以見木樁爲止，不必再開。查長橋已多坍壞，失今不爲修砌，將來水勢衝動，用力更難。合行該縣即委有心計耆民，估計管工，亦派餘剩業户，督令石匠修造，限一月内工完。但五年内有塌損，原造石匠究罪，業户賠修。如速完且好，亦准記名在簿，量免應追蕩價。

一、三忠祠堆土已高，而左右運土處少，本道會同府、縣官歷覽，議于三忠祠後灣曠處，所量留一截，許業户稍遠者堆土，其灣近者仍運在田上，不許就近堆垛。

一、運河口水口原數太闊，於該縣風水未便，士民欲於近水口處堆山，今已無及。本道會同府、縣官熟議，將水口量收二十餘丈，令水勢逶迤環向，非惟于該縣風水爲宜，亦于龐山湖水口易受，其業户開土未盡者，查明聽候另用。

一、兩灘無礙新堆處所，近橋者則爲廛市美基，遠者亦爲膏腴美地，許民承佃，實爲利民。

合示令承佃者，即先將麻石砌（礅）［駁］〔二〕，不用石築者不許給佃。其石價少而佃數多者，仍聽追價助工。

一、承佃之家先儘墳墓相連，次儘房屋田土相連，次儘開方用工最多者外，其餘聽從其便，俱許告明。如有恃勢强佃者，除究罪外，罰助石工。

一、運石以水爲便，今在河起土搬運稍難，查兩邊俱有水河，搬壩亦易，或就中先開河心一道，引水通舟，俱聽從便徑處，諸凡臨時調度，以便工役。

一、起土須從中起，繇遠而近，其堆土須量遠近處分。如東岸者挑至西岸，則西岸者應挑至空處，毋許就近堆垛，致有太近太遠不均之嘆。合行委官日逐稽查，不許違阻。

一、不論土工石工，但係如式先完者，記名在簿，量免應追蕩價。如有抗阻不到，或延捱稽工者，輕則府縣官徑自責枷，重則押解院道，除問罪外，盡追灘畝入官。

一、吴家港兩岸、長橋兩灘及龐山湖兩岸，一面堆土，一面責令人夫築實，其委官時常調度督率，有不從者，責懲以警其餘。

馮叔吉《款議開浚白茆港案驗》萬曆五年

整飭蘇松常鎮兵備兼理糧儲水利湖廣提刑按察司按察使馮叔吉，爲遵敕開浚水利，請給錢糧，以便稽考責成事。蒙欽差巡視下江專督水利監察御史林，批該本道呈蒙本院案驗，行道查照該部題奉欽依内事理，即將所請白茆塘工費通行查解常熟縣收貯，明立文案，聽候興工，委官收用未完者，嚴行催解，務足原估銀數。其覓派人夫，及委官督役，通議確詳，款報施行，定擬春初興事，仍令府縣掌印水利官親詣本塘，沿行相度窮究。知因曾經巡撫都御史海開浚，未及十年，何故淤塞？即今開浚設何方法？作何區處？方可不淤，務要一勞永逸。如應行加開，應行阻壩，及建修橋閘等項增減錢糧，毋拘原議，踏勘估計停妥，併詳定奪，一面通呈撫按詳行等因。又奉巡撫都御史胡案驗，備奉欽依内事理，轉行各該府、縣并水利等官，一體欽遵，查照施行等因，蒙此卷查先爲水利事。蒙欽差巡視下江專督水利監察御史林，批該本道呈請，勘過常熟縣開浚白茆塘，共計土方七萬七千四百三十方二分一釐九毫，每方給工銀二錢八分，該銀二萬一千六百八十兩四錢六分一釐四毫六絲。廠壩、竹木該銀二百一十九兩七錢六分五釐。又議於横塘口應建石閘一座，估該工料銀三千二百六十九兩五錢一分一釐，共該用銀二萬五千一百六十九兩七錢三分七釐四毫六絲。查有該縣見在各沙各門地價導河銀二千七百二十四兩六錢八分四釐二毫，崑山縣庫支存開江河工銀一萬三千五十七兩五分七釐零，尚欠銀九千二百餘兩，應將近奉撫院奏留宗人府米折銀八千兩，徵解支用，餘少查將長、吴、崑山等縣續完灘占地價，并該府導河夫銀，通融設處，俱解發常熟縣收候聽用，待十一月興工。至于該縣派編耆役分管監督打壩、搭廠、戽水、挑浚散給錢糧等項，俱候臨期另議呈奪。其横塘建閘，俟大工畢日，另委建造等因，具繇呈詳。蒙批本塘開浚動支工費銀兩，如議動支，但中間尚未見派夫緣繇，及應否委官督役，仍速行查議，款報遵行。

間又蒙憲牌内開：『案據該道造報，查核過吴淞江工費錢糧册内，崑山縣放存在庫，工費銀一萬七千二百九十餘兩，留爲别項支用，已經造册奏繳外，又報該縣續收灘田地價紙贖等銀六百四十餘兩，通皆議作開浚白茆塘工費支用。』今據議開本塘工費，止存崑山縣，見貯銀一萬三千五十七兩五分七釐，詳報本院。看得前項放存銀兩，既經該道覆核在册，存留河工支用，又經本院具奏事理。今據前後報數不同，合行查報該道，即查崑山縣庫原報存剩河工銀兩，有無别項支用，作速詳報，以憑題請抵白茆塘工費等因，隨該查得白茆、西氿二役，皆議今冬興事，錢糧俱當處備。崑山縣原貯常州府修河米銀，今該府申請取還，而鎮江之銀又先已解回支放段價，存聽軍餉。是崑山縣庫貯除常、鎮二府之銀所存者，又止銀八千四百八十三兩九錢矣。加以常熟縣原申見在各沙租地價導河銀二千七百二十四兩六錢八分四釐，蘇州府報徵完奏留宗人府米銀二千四百七十七兩二錢九分。是白茆塘工費通共見在者，止銀一萬三千六百八十五兩八錢零，尚欠一萬一千四百八十三兩二錢，繇各府未呈本道轉詳，徑爾請乞以致本道，前後數目互異，查得蘇州府未完宗人府禄米，原係撫院奏留。即使未完，相應責令該府輳補完足，難容稱欠。鎮江府取回練兵銀兩，除支找段價外，尚有三千六百一十二兩四錢二分未支，合容本道再詳撫院，仍借白茆河工支費。其常州府修河米銀，應否取回，伏候詳示定奪。其餘未敷工費，仍嚴催各縣灘田地價銀，及見年導河夫銀數，至日另詳。

今將查過崑山縣錢糧，并請還常州府銀兩等因，蒙批白茆河工費，本院已照該道原呈，將該縣各沙地價，并近題宗人府米折銀，及開江支存銀，通行題請給發充費。該道速行該府、縣通候明旨，將見在者聽候給發，未完者作速徵解，毋得違誤常州府西氿之役。該縣既有三千八百兩餘少銀兩，即查該府庫，見貯導河銀輳支。如再不敷，另行申請撫按兩院處發，或請借支鎮江府原取回練兵見存銀兩輳給等因，依蒙備行常州府查照。西氿不敷工費，另查府、縣見貯導河等銀輳給，并行崑山縣將原報在庫支存。常州府修河米折，并存剩與續完開江一應錢糧，共銀一萬三千五十七兩零，及催蘇州府報完奏留宗人府米折導河灘地價銀，解發常熟縣收候白茆塘工，支用不足銀兩，速行徵發。去後續據該府申稱册，查得本府白茆河工銀二萬五千一百六十九兩七錢三分七釐四毫六絲內，除見在常熟縣銀二千七百二十四兩六錢八分四釐，崑山縣銀一萬三千五十七兩五分七釐二毫，宗人府米折銀二千四百七十七兩二錢九分，尚少銀六千九百一十七兩一錢六釐一毫六絲。今本府查得庫貯續完導河夫銀一千六百七十五兩，宗人府銀一百六十五兩二錢四分三釐，長洲縣灘地價銀一百二十二兩六錢六分五釐，共銀一千九百六十二兩九錢八釐，實少四千九百四十七兩七錢九分八釐一毫六絲。今查常熟縣拖欠萬曆四年分宗人府米銀七千八十一兩八錢四分三釐，係奉奏留開浚河工之用，合無將該縣欠納前銀人户，許令自備夫工，照方開浚，委官丈量算銀作數，以銷名下原欠之銀，以近就近，實爲兩便等因，已批仰王同知再議速報。隨據本官呈稱依蒙，行據常熟縣申，該知縣留震臣查得萬曆四年分徵欠宗人府銀，間有坍江板荒，有户無追糧，先因難徵，歷年議入宗人府銀兩項下，作爲緩徵，餘有熟銀皆係任陽西北等貧區拖欠，委難徵足。

今看得白茆河工坐派該年銀四千九百四十七兩七錢一分八釐一毫六絲於内，原點大户吴潔淳、仲淘、沈懋、丁卿各名下，原管徵欠共計該銀四百七十四兩，相應扣算開浚夫工之數，餘銀四千四百七十三兩七錢一分八釐一毫六絲，容職漸次設處追徵，找給大户作正支銷等因，據此切照白茆河工欠銀四千九百餘兩，該縣原欠宗人府銀扣找。今該縣止查有大户吴潔淳等，該扣銀四百七十四兩，餘欠銀四千四百七十三兩七錢一分八釐七毫六絲，漸次設處追徵找給，似應俯從，呈乞轉達等因到道。爲照白茆塘工費原估該銀二萬五千一百六十九兩七錢三分七釐四毫六絲，前項工費除查有常熟縣原報沙租地價，及導河夫等項，共計銀二千七百二十四兩六錢八分四釐，又除題報崑山縣開江支存銀一萬三千五十七兩五分七釐三毫，蘇州府報完奏留宗人府銀二千四百七十六兩一錢九分，又續完宗人府銀一百六十五兩二錢四分三釐，又府庫導河夫銀三千六百七十五兩，長洲縣灘地價銀一百二兩六錢六分五釐，本道又查據吴縣差解户鍾鉞完解灘田銀七百三十九兩六錢三分四釐，地價銀六十二兩二錢五分，赴道掛號銀，解常熟縣交收。已上共有見在銀兩二萬一千二十三兩八錢二分三釐三毫，尚支少銀四千一百四十五兩九錢一分四釐一毫六絲，應於奏留宗人府銀内徵給。今據該府所議，前少河工銀兩，就將該縣原欠宗人府米銀扣抵，似屬相應。查據該縣大户吴潔淳等名下拖欠者，止有四百七十四兩，合令照依銀數扣抵派方認開，實止少河工銀三千六百七十一兩九錢三分四釐一毫六絲，將該縣民欠宗人府銀六千六百七兩八錢零之内，照數設法追徵找給，是以題内該縣之欠米，開該縣之河工，官民無詞，合候詳示日備行水利王同知，該縣留知縣查照。先將見在前項銀兩破土興工，再照白茆爲出海巨流，海潮與湖水晝夜必兩會處，則清濁相值，其流稍停，渾泥遂積，日復一日，故淤塞易易也。今惟於初開既開各講求利病，俾無驟湮，斯永賴矣等因具詳。蒙批白茆塘工費，俱如議處行，工完册報繳，其善後之策，似亦在年年撩洗耳。仍候面酌題覆，蒙此擬合就行。爲此案，仰蘇州府水利官，即將見在銀二萬一千二十餘兩，親行查算土方，各給耆民一半，分派丈數鑿封，唱名給發，即督令顧募人夫開浚，定限二月初十日以裏興工，候工將半，再給三分，務限四十日完工，依留二分于工完驗給，深闊俱必如式。如事半工倍，各官照例獎薦，員役通行重賞。苟且遲誤，一體參究拿問。今惟初開之時，務深而不務闊，既開之後，每年以導河銀顧夫撩洗，然後可圖永久耳。事完造册四本，呈報轉繳，俱毋違誤。

馮叔吉《開浚白茆港條約》萬曆五年

欽差整飭蘇松常鎮兵備兼理糧儲水利、湖廣提刑按察司按察使馮，爲水利事。蒙欽差巡視下江，專督水利監察御史林批，該本道呈蒙本院批發本道呈請開浚常熟縣白茆塘工費緣繇，蒙批本塘開浚工費銀兩，如議動支，但中間尚未見派夫役緣繇，及應否委官督役，仍速行查議款報。又奉欽差總理糧儲提督軍務兼巡撫應天等府地方都察院右副都御史胡批：『白茆大塘誠水利之最鉅者，該道勘議既悉，又貯留錢糧足敷工費，仰督同該府水利官、該縣掌印官動支開浚，分工稽餉，細數開載明白，仰即照行。』又蒙巡按直隸監察御史胡批：『吴中水利以白茆塘爲最巨，該道查有各項錢糧，開浚俱如議行依蒙，備行該府查照議處。不敷工費錢糧，另行請詳外，及行據水利同知王事聖公同該縣知縣留震臣，會議開浚興作事宜，緣繇到道覆議，分段委官編派耆民，募率挑淺戽水夫役，厰壩頓土給值，犒賞稽察工程等項，逐款酌妥等因蒙批，據所議白茆工役亦悉矣。但領銀一節，訪得舊時率多侵費之弊，如待工完驗不如式者，方行給還，終屬未妥。姑令各耆先領一半，募夫候工將半，再給三分，仍留二分於工完驗給，餘俱如議行。至於責成，在王同知、留知縣也。該道即行省諭各官，務令用心調度等因，蒙此擬合就行。』爲此案仰蘇州府水利官帖會常熟縣，即將見在銀姑令各耆先領一半募夫，候工將半，再給三分，仍留二分，於工完驗給其餘。分段委官編派耆民，募率挑淺戽水夫役，厰壩頓土給直，犒賞稽察工程等項，俱照各款事理，著實遵行。

計開：

一、白茆塘自歸莊起，至横塘口止，長八千七十九丈，積土七萬七千三百方，約四十五里許。每十一里餘分爲一段，每段委官一員，合委官四員，分段率督耆民，監督夫役。據王同知開報，常熟縣縣丞王儼、主簿秦湯相、吴江縣主簿李三省、吴縣主簿任可賢，俱堪委用等因，依委每官分管一段，其催督稽察與各官供給，俱照吴淞江事例遵行。

一、本塘計長八千七十九丈，據留知縣册報，已僉定有身家耆民五百名，分爲上、中、下三等。上户一百名，每名派開二十七丈，計二千七百丈；中户二百名，每名派開一十八丈，計三千六百丈；下户二百名，每名派開九丈，計一千七百七十九丈。其開挑夫役，聽其領銀自行雇募等因，爲照留知縣賢而且久，人户周知，所據上、中、下耆民分派已定，委可責成依擬，行該縣督令耆民五百名，分段募夫興工，毋許推諉。其中人户或稍有力量者，俱聽留知縣隨宜分貼，如有偷安告擾者，定行重治。

一、委官止於總督耆民，止於募夫，中間來往巡視，催趲工程，則又非委立總耆不可。今據王同知議，以每二百丈立一耆民爲分管，每千丈立一陰醫、省祭等官爲總管，庶指臂相使等因依擬，即選有心計、有調度耆民、省祭等官，徑自坐委施行。

一、軍衛屯田坐落，應修圩内，及應修河道，俱照官民協同修浚，不許坐視。

一、本塘原議開面闊一十二丈，底闊八丈，深一丈二尺，共積土方七萬七千四百三十方，每方工食銀二錢八分，共銀二萬一千六百八十兩四錢六分一釐四毫六絲。今該縣人夫既僉耆民僱募，則工食銀兩俱該耆民查縣所分丈尺，預先赴縣領三分之一，以僱募人夫，俟工完一半，又領三分之一以給工食，餘俟全完，委官驗過所開工程丈尺闊深如式，方行給足其銀，俱各耆民赴縣親領等因。爲照每方工食二錢八分，價近於廉，而各耆民俱係該縣選有身家之人，是亦可托，似不當以吴淞之工例論。若完而後給，則耆民恐有疑畏而不前者，合無將開河銀兩，每方二次各照耆民所定丈尺，掌印官逐名鑿封，於文到日先給一半，其開河將半之時，再給一半。如開完之後，驗有工不如式者，必倍追還官，則人心自用命矣。再照面闊十二丈，底闊八丈者，謂其大略也。特河形水勢自有不等，必於取數恐多非便，且開河緊要在深不在闊，其中如有兩岸估勘不足十二丈者，聽王同知與留知縣親勘明實，順勢開導，但不許將易開應開處所致不如式，違者重究。

一、横塘、歸莊芝塘應築大壩三座，原議工料銀二百四兩七錢六分五釐。據縣已僉耆民分管，合查照應用竹木，先給銀收買等因，查得築壩工料，先據該縣申請，已經批行，先自給發外，其築土、啓土仍候委官查明折方，方行給足。

一、本塘四十五里，每十里用水車二百部，共該九百部。據縣議，令塘長督同圖長出辦，但車有四人一部者，有二人、三人一部者，大約以三人通算，共約車夫二千七百人。每人給米二升，限六日車乾，共該米三百二十四石，預行該縣將官銀買辦，聽候興工之日，查給等因。看得開河之工，戽水爲先，車夫日給米二升，亦不可少。但恐人心不齊，以致玩愒曠日，合責限六日戽完，如出六日之外，罰令塘、圖自戽，不復給米。

一、本塘四十五里，每五里合造官廠一座，以便管工官往來駐扎。每一里合搭草廠二座，每座可容五十人，爲食宿避雨之所。據縣令耆民自搭，事畢聽其拆回，似屬調停，相應依擬。

一、削草爲新，增岸爲深，此開江通弊。今本塘所挑泥土，俱要運置十五丈外，仍釘樁爲界，必須綿亘整齊如圩岸狀，庶免淋雨崩頽之患等因。查得挑土成圩，在吴淞已有成式，相應照行。

一、督工員役，除職官另行外，其陰醫、耆民有竭力效勞者，相應量給花紅。至於夫役中間勤敏者，亦應量行犒賞，以示激勸等因。照得興大事動大衆，非藉賞罰何以令衆，况常熟之民，素稱尚義，而耆民俱各有身家，相應於破土之日，每耆民一名，各給花紅一副，以示優勸。其興工以後，但勤敏有效者，聽廳、縣徑行給賞，其怠玩無功者，亦聽重行枷責。仍候工完之日，分别等次，即給冠帶牌扁亦所不靳也。其給賞銀兩，徑於開河銀内支給銷算。

一、原議横塘口應建石閘一座，估該工料銀三千二百六十九兩五錢一分一釐，合行該縣委能幹官一員，選有身家耆民四名，先行量給官銀，採辦石料完備，候開浚大工畢日，興工砌築等因，爲照築閘已有成議，相應依擬。

王一言《請浚吴江長橋兩灘詳》萬曆五年

直隸蘇州府吴江縣爲水利事。案蒙欽差巡視下江兼督水利監察御史林憲牌，并案驗事理，該本縣知縣王一言備循水道，逐一考究，查得吴江爲太湖肚腹，長橋爲太湖咽喉，則太湖之通塞視之吴江，而吴江之緊切在於長橋，不待言矣。第吴江西通湖州，南接嘉興，北達長洲，東距松江，則泄太湖之水者在吴江，而泄吴江之水者又在吴淞江也。其吴江支河，如吴家港、三江橋、龎山湖、夾浦橋等處，塞者鑿之使通，淺者撩之使深，無容議已。獨長橋南北兩灘，似當急議者。

自宋慶曆以前，吴江未建城郭，江流無阻。後因創設長橋，填築堤岸，茭蘆漸長，沙泥漸高，亦勢所不容已也。惟撩淺有專設，督責之必勤，斯淤塞之未甚，水患之稍平耳。頻年以來，天時多旱，浮蕩日增。惟年之旱，則民不知有浸灌之憂；惟蕩之增，則民又幸得纖微之利。此昔日之長橋，水天一色；今日之長橋，禾黍盈疇。非盡去南、北兩灘之田，則太湖之水，終去不速矣。又查得嘉、湖居吴江上游，若長橋不開，則水泛濫於上，爲嘉、湖之害者急，爲吴江之害者緩。若長橋既開，則水源流於下，爲嘉、湖之利者二，爲吴江之利者一。兹役也，乃欲專責之吴江，是以害急而利多者，享其逸；害緩而利寡者，任其勞，此細民之見，自便之圖也。孰知其不開之害雖緩，亦非無害也。既開之利雖寡，亦非無利也。安可靳數萬金之費，不爲經久之謀，惜數百畝之田，不爲遠大之計哉？

隨經督同水利縣丞吕品，并塘長、畫工、算手人等親詣查勘，亟宜全浚東、西吴家港，長橋南、北灘等處，逐一丈量挑浚，長闊開深，用法積算，通共一十三萬五千一百九十三方二尺。每方挑深照依畫圖内原議尺數算，共夫工一百三十二萬八千五百四十六工一分，每工該工食銀四分，通共該銀五萬三千一百四十一兩八錢四分四釐。復據耆民人等告稱，欲爲小開之説者，在今時則開深以利導之，在後日則撩淺以蕩滌之。據所留之地，可追銀以佐費，省大工之半，可計日以奏功，此又一説也。又經酌量於前項處所減省丈量積算，止該四萬三千一十方三尺，每方挑深照依畫圖内原議尺數算，共工四十萬六千六百三十七工二分，每工該銀四分，通共該銀一萬六千二百六十五兩四錢八分八釐。及查丈量得九里石塘㭍竇共七十二竇，長短闊狹不等，共積四千八百六十五方四尺，每方深三尺，共算夫工二萬一千八百九十四工，理應兩傍業户照田起夫，自浚其地。如三江等七橋，上通江漕路，下通龎山湖港，各長短闊狹不等，共積土三萬八千九百七十四方，每方深三尺，共算夫工一十七萬五千三百八十三工，每工該銀四分，共該銀七千一十五兩三錢二分。三山、定海等二橋，上通江漕路，下接龎山湖，出水港淤塞，各長短闊狹不等，共積六千三百三方七尺，每方深五尺，共算夫工六萬九千三百四十工七分，每工該銀四分，共該銀二千七百七十三兩六錢二分八釐。已上共銀九千七百八十八兩九錢四分。又并勘三里倉四門外俱淺狹，運船難行，約開五十畝，共積土方四千三百三十方，深五尺，合用夫工四萬七千五百二十工，每工該銀四分，共銀一千九百兩八錢。各細數明白造册，畫圖見在，擬合備繇請詳。

馮叔吉《開浚吴淞江詳》萬曆五年

整飭蘇松常鎮兵備兼理糧儲水利湖廣提刑按察司按察使馮叔吉爲酌時宜分緩急，以便開浚事。蒙欽差巡視下江兼督水利監察御史林批，據蘇州府水利同知王事聖呈稱，議開千墩浦一帶條約緣繇，除遵照外，本道帶同原委經歷吴懷京等，及原經開河耆民，親繇慢水港相度至徐公浦，復自徐公浦測水至慢水港，隨宜議處。爲照原議開江條約，乃水涸冬春之交，其工詳于開土，而略於戽水。目今開江事理乃土動水起之時，其工倍於戽水，而半於開土。所謂冬春水勢不同，先後事理各異者，夫使五段之工齊起，則五十里之遥，水面闊者逾十丈，狹者亦不下七八丈。即當四五尺之水，即用三萬五千之夫，半以戽水，車豈能辦？况兩岸之低者，則害菜麥，高者則難泄受，而此時役夫凡四萬民，將藉口於農作。故今日之法，莫若併工，所謂併力於頭段也。頭段既浚，則次段之水有所受，而工易完，繇此而三段，工役亦不出兩月而就矣。蓋齊起則力散，而水難泄，即夫多而奚爲？併工則力專，而水不能勝，即夫半而功倍，此今日開江之大較也。合行照款覆議，伏候裁奪施行。

計開：

一、土方深闊一丈，原議工銀四錢，毋容增減一節，看得每方深闊一丈者，指平地而言也。今河身深淺不等，法應折算，如開河闊二尺，深二尺，必寬十丈，始足深闊一丈一方之數。二尺而上，准此折算，繇二尺而二丈，二千丈可知也。如以二尺派人夫一名，則繇一名而千名、萬名亦可推也。如此扣算，則不失原議方數，而官民易曉矣。

一、原議四十日完工，難以刻期。今崑山、長洲、嘉定、青浦等縣，查照縣分以定段數，庶地有段分，而事有專責一節，看得以縣分定段數者，謂原議五段齊起而言也。今併力先開一段，則宜就一段之中又定以小段，大約夫一名先派二尺，則五十夫該派十丈，五千夫該派千丈，一萬夫該派二千丈。仍以縣分挨派，各董以職官，以二尺開完，又挨派二尺，工完先止先放，是爲不失照縣定段之法，而工尤易考。

一、戽水人夫，前議令崑山縣塘長，并沿江業户，出車戽水，每夫每日量給米一升，未免偏累。今除車輛仍令崑山塘長出辦外，其車水人夫，就於各縣分定段内，責令開方人夫一併車戽，量加工食一節，看得此役之興，惟戽水爲難，前議塘長并得業之家戽水，日給米一升，於勢難行，於事難濟。今行崑山縣掌印官示令概縣三百三十四里，每里出車三輛，即起夫五名，四名擡至千墩浦頭段工所，兩行擺列，車儘壩止。其人夫戽水日起，每名照例日給工食銀二分五釐。如頭段之水既乾，前車即聽擡回二輛，豈惟河工有濟，亦與農務不妨，通限三日内車齊。今查工但車輛尚少，恐難急濟，似應發銀千兩，分給該縣塘長督夫包戽頭段，水盡即止。蓋既發千金，人自用力，或可不煩督率耳。

一、慢水港口千墩浦、夏駕、瓦浦，原議各築壩一座。又十里築腰壩一座。今照水勢頗長，十里一壩，恐難障捍。議四五里增築小壩一座一節，看得十里一壩之外，又築一小壩，亦謂五段齊起而言也。今既併力於千墩浦頭一段，則就頭一段之中，如可以腰築處所，不拘一座、二座，就便增築，以殺水勢，委於戽水之功有裨。若頭一段已浚深，則二段之水自可瀉受，小壩又不必築矣。其頭段築壩之費，徑將見在木料取用，不必拘定前議，以稽工役。

一、慢水港起至徐公浦止，原議十里許分爲一段，每段委官一員，似爲不足，增委三員，庶可底迹一節，看得各縣已蒙憲委增委簡較等八員，主簿丁楣并委崑山縣縣丞李應春、吴縣縣丞熊配麟、嘉定縣主簿陶繼顔、金山衛經歷盧大業、鎮海衛經歷吴懷京、青浦縣縣丞高良倫八員，併力於頭段。各官用之有餘，俱聽王同知細款分派，隨事委用施行。

一、委官才幹不同，勤惰亦異，合各給稽查簿一扇。凡遇支過銀糧，分過河段，統過人夫，完過河工，逐日登記，以憑不時稽查一節，看得各官才幹，則天所禀受，固不能强，其勤勵在人，皆可策也。此役已過時矣，須在各官上緊督理，又在王同知以一人一己之事責之，勿令分有彼此，大工齊完，各官方還乃可耳。今併力一段則里近而官有餘，其中分任責成，各給一簿，俱行王同知依擬施行，其勤惰顯著，不時分別賞戒。

一、每夫五十名，原議搭廠一所一節，看得天氣雖已和暖，而風雨不可定期，前項搭廠委不可已。今照議先開頭段，則柴米宿歇，前後小港可以用船，其無船者，每夫五十名，給以竹木等項，蓋廠一所，即分派以河工一丈，俟頭段已完，即往二段，仍將該廠自行移置，如篷席損壞，官再給之。

一、慢水港至千墩浦口委果深通，若即於慢水港處築壩起工，則水深難戽，合無將千墩浦一帶先築壩開挑，則工程便易一節，看得慢水港勢通潮汐，潮時則深丈餘，汐時亦深八九尺許，彼謂緩浚者，蓋謂不必浚也。即宜以千墩浦近浦墩處，築壩爲始，而於浦口就流之處，比河身再爲加深，則水流自歸，工爲省約。再照徐公港見今築壩之所，與徐公港出口之所，約遠數里，俱水深六七尺，潮至又加二尺，蓋前面之水既至六七尺，則徐公港雖深亦爲無益，况此處河面最闊，甚難用力。今就屈家墳水中有草處，築壩興工，則所省工力，惠在青浦矣。合無將慢水港工移至千墩浦，徐公港工移至屈家墳，似爲便益。

一、開江原議江面闊二十丈，深一丈二尺一節，爲大要言，非謂尺尺而絜之也。河道淺闊亦有自然之形，而官民拘攣，遂爲執一之法，此豈所宜夫？水道在深不在闊，如河底有四五尺，連潮水深一丈二尺，中流無淤淺處，則萬無阻塞之虞。是江面必二十丈，亦無損於此江，明甚也。今宜定以水底必闊五丈，水深必帶潮一丈二尺，兩岸修浚以十五丈爲主。其或水勢往東而東著老岸水深，或水勢往西而西著老岸水深，即以深處爲底，不必再開，止開一岸，即不必十五丈亦可。其有水勢漫衍，總出二十丈之外，尤宜加浚深闊，所謂因勢利導之説也。至於堆土應就老岸坳上堆進，亦不必赴二十丈之外，但在老岸下者，定行重責另堆。

一、原議崑山該夫一萬二千名，青浦該夫三千名，嘉定該夫一萬二千一百六十名，長洲該夫一萬四百四十名，共三萬五千六百二十名一節，蓋謂各開五段齊起，夫役衆多，難以計日。今先併力於頭段，則水勢不乾，夫多亦無下手。除青浦、崑山鄰近地方，同車用工多寡，臨時儘用外，其長洲、嘉定二縣，即將發去工食銀兩，儘募原數之半，定限本月二十日，差官押赴工所，候算定原發工食之數，即於工上給銀，或計日或計方，工完而止，庶爲兩便。

一、原議青浦一百五十里，每里僱夫一十名，該三千名一節，看得原議河夫三萬五千六百二十名，則青浦尚不足十分之一，但查該縣之界，不下十餘里，若用崑山之車，則一往一返不下七八十里，于勢非便。今議於屈家墳起，量五里築一壩，行青浦縣照崑山縣例起夫，儘力車水，每日亦給工食二分五釐。如恐人力不齊，農作將興，亦准發縣五百兩給散塘長，專督人夫包戽，五里之水乾即止，其三千人夫，仍聽開土，每方照給銀四錢，揭示通縣知悉，亦所以惠新造之邑也。

施之藩《奉委督浚龐山湖詳》萬曆五年

蘇州府海防同知施之藩，爲蘇、松水利急難開浚，懇恩處給錢糧并陳末議，清查灘占田地，以資工費事。奉欽差整飭蘇、松、常、鎮兵備兼理糧儲水利湖廣提刑按察司按察使馮憲牌，仰職即便前詣吴江縣督同王知縣，查勘得龐山湖一段，自運河口起至河口止，共長三百八十丈，面闊三十五丈，底深者丈餘，淺者開浚六七尺，工程已完，俱各如式。吴家港一段内，自太湖口至關王廟後止，共長一百二十丈，河面闊一十八丈，河心原係水深不開，東、西兩灘開深五尺；自關王廟後起至犁尖嘴壩上，共長二百一十六丈，河面闊一十三丈，河心深一丈，傍深八尺；自犁尖嘴起，至沈家莊止，共長六百四丈，河面闊十丈，兩傍深八尺，工程已完，俱各如式。南灘一段内，近橋一段，河面闊七十八丈，中段闊八十丈五尺；近沈家莊口一段，闊一十四丈，各開深五尺有餘。惟東南一方，止量深四尺五寸，應開挑五尺七寸；北灘一段内，近橋河闊八十八丈，中段闊六十六丈，運河邊收狹，闊四十五丈，底各深六尺，但内有數處挑深復漲，尚須再挑。三忠祠基周圍一百一十一丈，剥岸砌石將完。三高祠基周圍一百七十丈，今縮短十丈，剥岸砌石將完。爲照吴家港、龐山湖三段河工俱完，原築壩基相應開放，以便農船往來。但吴家港與南灘河身一統，原無間隔，若將河口壩基掘開，誠恐湖水湧入，直達南、北兩灘，而三忠、三高剥岸未砌者，難以施工，已砌者不免浸灌。况南灘一方未深者，尚欲加浚；北灘數處新漲者，猶未畢功；若候南、北兩灘工程盡完，三高、三忠二祠石岸盡築，然後開湖口之壩，又恐有妨農業。除龐山湖壩基已令管工巡簡張楠即日掘開外，其吴家港、南灘二段交界處所，行令該縣另築一壩，然後將太湖口大壩開掘，如此庶爲兩全。其運河口舊壩與南灘新壩，行令該縣撥夫用心防守，毋令附近居民暮夜潛自盜開，俟兩灘開浚完全，二祠築砌堅實，申報請明開放。兩灘、二祠工程著令委官定限十日内通完，毋容遲緩。

林應訓《頒行治田六事》萬曆五年

欽差巡按直隸巡視下江兼督水利監察御史林，爲水利事。今將治田六事刊榜示諭通知。

計開：

一、定式樣以便稽查。吴中之田雖有荒熟貴賤之不同，大都低鄉病潦，高鄉病旱，不出二病而已。病潦者則以修築圩岸爲急，圩岸既各高厚，雖有水溢自難潰入而渰没之矣。病旱者則以開浚溝洫爲急，溝洫既各深通，雖旱乾自可引流而灌注之矣。二者不易之論也。况開渠者勢必置土於圩旁，築圩者理當取土於溝内，二者又自有相成之機。今後不必差官泛然丈量，該府州、縣止分别孰爲低鄉，當急修圩；孰爲高鄉，當急開淤。每年府、州、縣水利官，先時議定開築之法，如開溝洫不論舊時疏通與否，其闊即以兩旁老岸爲主，其深務以一丈二尺爲率。若相地宜應加深闊者聽決，不許減少前數。挑起之土務要置在舊堤之内，就便護堤，庶使雨水不能淋漓，復流於河。如附近有低田，堪以培高者，即以其培之亦可。至於極高地方，不用堤岸而土無堆放者，亦即就靠内一邊攤放。蓋高鄉多種豆棉，一時不妨陸種，挑得河深，則灌溉自利，内中田畝仍自不妨於水種也。若惜此尺寸之地，弗令攤土沿河堆積，復入河中，無水灌溉，則内中田畝悉成枯槁。至於築圍岸，不論舊時完固與否，其底闊務要一丈，其面闊務要六尺，其高如底之數。若應高加厚者聽決，不許減少前數。如田過五百畝以上者，便要從中增築一界岸，一千畝以上者，便要從中增築二界岸。每界岸底闊四尺，面闊二尺，高與外圩平，岸之兩傍仍可栽種豆麥。如極低鄉或近湖蕩處，難於取土者，就便分别令民於岸内傍圩之田起土，增築岸外，再築子岸一節，高止一半，如階級之狀，岸上遍插水楊，圩外雜植茭蘆，以防風浪衝擊。取土之田計其所損，量派各田出銀津貼，俟後陸續篇取河泥填平，照舊耕種，永無後患，是所損者少，而所益者大也。若互相吝惜不分界岸，即如今年霪雨連旬，洪水一發，車救不前，全圩無望矣。又有一等低窪田畝，嵌坐心腹，無從蓄泄，有願開鑿通河運泥增高者聽，廢田之價衆户均認，廢田之税牽攤本圩。照此式樣，給示遍諭委官，分投區畫，每一圩爲一圖，明白帖説前件，每一圖作二本，一送縣備照，一付圩甲諭衆。俟至冬十月，刻日出示興工，各府、州、縣掌印官責令水利官不時親行驗視，若不如此式者，即係違令，輕則責治，照式加工，重則究問，别議罰治。如此則人知所遵，家自爲力，法自不煩，而事功自舉矣。

一、定夫役以杜騷擾。各鄉溝洫圩岸，雖有長短廣狹不齊，然不過爲一圩之田而設也。故田少則圩必小，田多則圩必大，而環圩之溝洫因之。此水利此圩之田，則當役此圩有田之户矣。各州、縣即令塘長備開某圩周圍若干丈，外環溝洫若干丈，圩内之田若干畝，某人得業若干畝，共該圍岸若干丈，不論官民士庶，隨田起役，各自施工。如田横闊一丈者，築岸一丈，横闊十丈者，築岸十丈。開河亦然，對河兩家各開其半，溝頭岸側非一家所能辦者，計畝出夫，衆共協力，挨序編號，置簿稽查，仍備載前圖之後。興工之日，塘長亦不必沿門催夫，徒取索求科派之議。先期五日插標分段，責令圩甲播告各户，某日興工，聽其至期各行照段如式挑築。有不依期，及不如式者，呈官枷治。若塘長不行簡舉，及攤派不公，重行究治警衆。若一溝之中，兩旁各有圩田，則從中分認，毋得推諉，違者治罪。鄉宦之田，須是田主出食，佃户出力，計工給發，仍要從厚，毋累窮民。

一、設圩甲以齊作止。塘長之設，舉一區而言之也。一區之中，各有數圩，若不立甲，何以統衆而集事也。計當僉舉殷實之家充之，但一時僉報，諸弊俱生，或圖展脱，或營冒充，無所不至。各州、縣不必僉報，即以本圩田多者爲之，雖其殷實與否不可知，其田既甲於一圩之中，則其人自足以當一圩之長矣。興工之日，塘長責令圩長躬行倡率，日出而作，日入而息，某日起工，某日完工，庶幾有所統領，而無泛散不齊之弊。中有業户不聽倡率，聽其開名呈治。如圩甲不行正身充當，或至别行代頂，查出枷號示衆。是圩之有甲也，專爲本圩修浚而立，工完即罷，非如里長有勾攝之苦，亦非如塘長有奔走之煩。雖一時倡率，不無勞費，然利歸其田，又非若驅之赴公家之役者等也。中間縱有田産極多者，各圩皆甲，同時並舉，勢若不暇。不知田多者，非富室即宦家也，力厚丁多，自可分投承應，况利害切己，倡率無難，稍相體念，有不待督促而樂從矣。

一、嚴省視以責成功。訪得常年非不議行修浚，而水利之官多不下鄉，乃使各區塘長至州、縣報數，或朔望遞結而已，如此虚套，何益實事。今後興工之日，各塘長、圩甲務要在圩時時催督，開浚功完，未可便行開壩放水，俱聽府、州、縣掌印官并水利官分投親勘。如一圩不完，責在圩甲；一區不完，責在塘長，輕則懲戒，重則罰治，本院與該道又不時間出以察之。如一州、縣有十處不完，責在州、縣官；一府有二十處不完，則府官又有不得不任其咎矣。如此行之三年，溝洫可深，圩岸可固，穡事既成，賦税自裕。以後斷定：高鄉河渠兩年一次開浚，低鄉圍岸每年一次修築，則民間田畝保無水潦之虞。即有湮塌處所，隨時修復，爲力固易，爲費固省，當不使今日之難爲功也。

一、禁侵截以通便利。訪得各鄉水利，原自疏通，近來豪家適己自便，於上流要害廣種茭菱，稍有淤墊，即謀佃爲田，所司不察，輕付執照。亦有居民貪圖小利，竭澤而漁，沿流置簖，及有挑出田内泥土，增廣田圩，堆放竹排、木排，横截河港。甚有上鄉全賴湖水灌溉奸猾人户，乃於浦口下流，設堰横截，百般刁難，然後放水入内。又其甚者，假以報税起科，遂侵爲民物，瀦水專利，以致内地灌溉無資，若不通行嚴禁，終爲水道之梗。今後各府、州、縣水利官，責令各塘長、圩甲，凡有侵截之家，即便報出，姑令改正免罪。至於灘田先年曾經丈量，收入會計册内，無礙水道者，姑聽如舊。其未經徵糧者，盡數報官開除。若故違隱漏，本院查出，或被告發，害及一圩者，即罰修一圩之工，害及一區者，即罰修一區之工，工完另行擬罪，干礙職官，定行遵敕參治。若塘長、圩甲通同漏隱，事發一體究罪，決不輕貸，庶乎害去則利可興，而細民無失所之嘆矣。

一、議賞格以寓鼓舞。賞以勸勤，罰以懲惰，二者不可偏廢。今府、州、縣巡行阡陌，稽核工程，於其不率令者，固從而責治之，究戒之矣。至于塘長、圩甲人等，率作興事如式，如期若不議賞，則亦無以示勸，自後府、縣仍要設法處置，無礙銀兩，分別等第：如修浚如法，完報獨先者，爲第一等，則圩甲應賞銀花二枝，重六錢，仍給匾以旌之；如完報稍後，而修浚如法者，爲第二等，圩長應賞銀花一枝，重三錢，不必給匾；中有工程浩大，修浚如法，雖其報完在後，仍照一等給賞。若塘長有能，督率如期，而各圩俱完，應賞銀花二枝，亦給匾以旌之；若各圩未完者，量行給賞。此事重在開浚如法，該府水利官臨期親行分別，方可定擬，毋致濫給。凡有議賞府、州、縣官，一面動支，一面申報，亦毋得逾時。凡經給匾之家，三年之内，若有細過，事犯在官，仍許訴明，姑行議豁。如此庶乎人心有所懲，亦有所勸，而事功可望其畢集矣。至於承委官員，積有勤勞者，聽行優獎，如功績卓異，自當薦舉。若各州、縣自本院奉命以來，先經動工修浚者，仍要查出，除不如式者，更議加工，其修浚如法者，俱照前例，一體給賞。

陳王道《上水院横塘横泖河工揭》萬曆六年

把總陳王道呈，爲俯察輿情，以興水利，以救荒民事。奉本院命，前往探量横塘之淺深，與酌計車水工夫之難易，沿途探視，因而咨訪土人，熟得其情，敢備細陳之。勘得青浦縣有大塘横貫其東者，名曰横泖，自東門起至北幹山前，共長一十八里。河身闊約十丈，深處水見六七尺，淺者不減五尺，兩邊田形極低，禾苗俱先栽插。民聞此塘亦在開浚之數，皆言此處低鄉，所患者水潦之爲災，所急者圩岸之爲重。蒙縣躬行督率，縱横經緯，岸塍俱已修築，餘無别慮，虺然之意，見於言外。自(此)[北][三]幹山前以至陸家墳兩邊，田地頗高，近河稍見成熟，内多蘆蕩，河水較亦漸淺，通只有四尺上下，其民僉謂此塘爲一鄉灌溉之資，遇旱不通舟楫，甚樂開浚，但因此處田圩廣大，内少支河，以致荒棄，皆成草萊。近塘田禾新插，若壩截日久，不免枯槁耳。喜此塘之開，又悲興工之晚也。

至于地名樓下，以至張幹山寺，直出横塘東口，共長一十二里，河身之闊狹不齊，而水流如綫。深者不過三尺，淺者只二尺矣，即今雨多水漲，舟尚難行，况兩岸所植不過花豆，其分段車水工夫，亦甚簡易，民情願開，急於水火。因得民情之同異如此，而竊爲斟酌其宜焉，則知横塘之工，乃樹藝者之思霖也。横泖之工，猶行旅者之厭雨也。合無以横泖之役，記工秋成，横塘之役，刻期興事。然修浚之政，不能不動衆而病農，若以利害之大小較之，豈因一時之未便，而頓忘久大之利耶？况利之所在，人必趨之，給民工食，爲民開河，興利救荒，一舉兩得。法令可以齊民，至誠足以動物，府佐董事，提調有方，縣令親民，撫字素著。此役雖曰違時，然以諄諄曉諭之明切，民知趨事，無不樂從。其管工員役，能如上海縣主簿某，董築寶城、海塘二役，夙興夜寐，身必先之，雖在赤日暴雨之時，不離工所。故夫役不得早散，民甚感激，遂竣其功。此又在事者所當知悉，以分本院孜孜汲汲之憂勤可也。再照開挑河道，勿以工巨而致詳，勿以工小而致忽，必須如浚吴淞、白茆二江，分段作壩，逐段車戽，其段數不必拘定長短，俱於有支河去處，分作一段，隨其長短，以派車工，以分夫役。夜則車戽，日則挑掘，作速完工，以便農作。如短浜不通外河者，不可車入，積滿以致崩漏妨工，近如瓦浦，殷鑒不可無慮也。

陳王道《上水院太倉州境水利揭》萬曆六年

把總陳王道考得太倉州水源，自吴淞江引太湖之水，從新洋江而來，北與至和塘，引郡東諸湖之水，兩相會合，繞太倉州城之外，以入劉家河而入海。言其形勢，抱若天虹，環如腰帶，即堪輿家所謂之員暈是也。言其方位，南鹽鐵在巽，戚虞涇在丙，應岡門在丁，北鹽鐵在亥，至和塘從庚而入，横貫城中，所謂『催官得六秀之水』是也。形勢環抱，以故英才繼發，甲第相仍，官禄竣要，財賦充腴，爲東南重鎮。然以所轄之地言之，西遠諸湖，東濱大海，其鄉高阜，地接岡身，厥土沙磽，田少畎澮，是以每遇雨暘愆期，澇則泄放無門，旱則灌溉無恃，以故民多逐末，雖有樹藝，亦皆花豆焉耳。

今本院興修水利，萬姓歡呼，引領以動來蘇之望。然其濱海之地，每多堈身，以致積土如山者，皆緣海潮錯入，渾沙填淤，屢經開浚，而漸積以成。若不爲區畫，使河水常濁，潮沙之澱，年浚年加，究其所竟，寧不爲夾岡之勢乎？故民田之灌溉，必藉海潮大汛，方可車引，蔭養田禾。一遇小汛雖有河渠，涓滴無入，束手待斃。故古人開三十六浦於今常熟、太倉境内，爲沿海泄放澇水之計，固爲救災之急務。然以三十六浦論之，如三丈、福山、奚浦、許浦、白茆、七浦、楊林、吴川、鹽鐵、横瀝諸塘之外，餘如大錢、鐺脚、雙鳴、鹿鳴、六尺、東楊林、大舍、桃源涇即如華亭、上海二縣之西，亦有三湖、四十八蕩及三泖之水，其泄瀉出海之路，止藉一黄浦。不論大小潮汛，使民田均得以資灌溉，而於七浦、湖川、楊林等大塘亦無諸浦雜引潮沙，以致填淤也。西涇、雙鳴、鹿鳴、浪港、大錢等涇，俱著民力開浚之後，各於兩頭或作土壩，或建閘𨷖，以瀦清水，以節渾潮。河之外，或爲市鎮之通渠，或爲民運之要道，必宜開浚，以利往來。餘如張涇、洋子涇、東楊林、湖川、楊林經河之外，鹽鐵、横瀝、小塘子、花浦、北漕漕、楊家浜、漕頭塘、顧堈門、六尺等浦緯

爲今之計，將常熟之二十四浦如白茆、福山、三丈、奚浦、許浦之外，太倉之十二浦、七浦、

難哉！

浦之渾潮，平原曠野，東衝西突之寇也。以井陘棧道之兵，欲制勝於東衝西突之寇，豈不不淤而日以塞。譬諸白茆、七浦等塘之勢，井陘棧道然，車不方軌，騎不成列之兵也。三十六以深。今開三十六浦於下流，則海潮亦互入于白茆、七浦等塘，湖水少而海水多，故六浦不能三十六浦于上流，則湖水併入白茆、七浦等塘，則湖水强而潮水弱，湖水不患其不泄，而六浦日岸多鑿浦港，以分其流，所假六浦引湖水以沖滌三十浦之潮沙，其多寡强弱，灼然可知。若開之處，其涓涓趨赴之勢，孰能禦之，乃開三十六浦以分泄焉。不於湖口多開，以殺其怒，乃於海諸湖之水，必繇白茆、七浦、楊林、湖川等塘而泄入于海，計其經行之路，各七八十里，行至近海之類，雜引潮沙，内多淤壅者，雖有形存，欲假之以泄放湖水之溢，殆非所賴也。蓋陽城、昆尚

浦，其東入海之處，未聞有三十六浦之多也。更有海塘以爲障蔽，故無海潮之沖，而河道皆通，其鄉支河若非舟楫必繇之道，俱於兩頭作壩瀦水以灌田禾，并獲畜魚之利，例可見矣。此雖未見一得之愚，亦博訪僉同之論，惟本院以旁燭之明，而采芻蕘之見，造無疆之利，以弘久大之謨，地方幸甚，斯民幸甚！

吴撝謙《請立練湖禁令條議》萬曆十三年

直隸鎮江府爲地方利害事。准本府知府吴撝謙，關前事所有條議，擬合通行詳請。

計開：止摘練湖水利一款。

一、練湖上受長山八十四汊之水，下通運河，周迴四十餘里，分上、下二湖，界以中埂。見有石閘三座，蓋引上湖之水，以漸達之下湖；更有石閘三座，石礎一座，則引下湖之水，以漸達之運河；又有涵洞一十二處，則引上、下湖之水以達之田間。涵洞以時啓閉，則民間之旱澇無虞；閘座以時啓閉，則運道之蓄泄有備。行令該縣水利官，每年湖堤以防衝決，著爲令其費取春初督修之湖中魚課，不足則以修河米銀益之。本府水利通判，不時查閲一應啓閉事宜，悉聽經理，若有勢豪侵業撓阻，必行法治。

許應逵《議築海塘呈》萬曆十七年

專督江南水利、湖廣提刑按察司副使許應逵，爲海水日漸衝刷，地方大可憂虞，乞賜採末議，築海塘以防内徙，以保民生事。照得三吴水利，吴淞爲中江所繇入海之路，而江身則崑山、青浦、嘉定、上海四縣共之。若闕橋迤東至蹌口，則專屬之上海，蹌口之外是爲黄浦，黄浦之外是爲大海，且黄浦一帶地土，西北名老鸛嘴，稍東南則爲李家洪，相距八九十里，其形如帶，固天所以限江海也。伏查老鸛嘴與吴淞所城相對，而老鸛嘴稍東，舊有墩舖，凡二十里，直接寶山所。先年抵寶山者陸而行，無俟舟楫，是此墩舖亦當捍海之堤，以故海水不能直射，每折而之西，反繇老鸛嘴以裹吴淞所城下，迤邐而入黄浦，迂迴九十里，水緩沙停，而蹌口日就淤塞。夫何邇年修守之策置而不講，使海水日徙而南向，所接寶山墩舖，固已蕩爲巨浸，使寶山孤懸海中。而李家洪一線之路，不三四年衝開十餘里，即今黄浦之水，險迅異常，往來苦之，而後來之衝刷者，猶未已也。

今李家洪以東，尚存六十餘里，老鸛嘴以西，亦餘二三十里，若不再加堤防，使黄浦與海合而一也，將上海縣治悉付東流，而居民且爲魚鼈。又其大者，詢之居民，每云：『近者海水頗鹹，大異往時，蓋往時海水迂迴而入黄浦，其來遠其味淡，乃今漸逼蹌口，夫安得不鹹？』然猶未也，李家洪距蹌口尚四十里而遥，鹹猶未甚，設使李家洪以東六十里，蕩然無餘，是使大海長驅深入，而苦鹹之水所在殺稼，民何以幸其生？矧李家洪一綫之路，不三四年而衝十餘里，乃今以十里之勢，而衝六十里，是旦暮遇之也，豈不殆哉？奈之何官司憚勞，而希速化也。乃浮惰而乏遠圖，如此禍機曾不慮及，真猶寢處積薪火種之上，及其未燃而安之。言之痛心，不寒而慄。今該本職親詣彼中，駕扁舟歷海畔，逐一查勘李家洪及老鸛嘴，各闊三四里，今議各包石三面，李家洪計包十里，老鸛嘴計包八里，每一百八十丈爲一里，共該包石三千二百四十丈。每丈石塊、椿木、糯米、石灰料價，工食共該二十六兩三錢一分，通共土石工料及委官口糧、犒賞等項，共該銀八萬五千七百三十八兩四錢。但係干錢糧，必須責成正官管理支放，庶無侵冒。如李家洪逼近上海，老鸛嘴原屬嘉定，應令該縣掌印官各將前銀照數扣貯該庫，每十日親齎赴工唱名給散。

然職又有説焉，好逸惡勞，人之常情，見利而趨，又中人所不免，不爵賞則士不能矢心，不優恤則夫不能效力。況李家洪、老鸛嘴海中一沙渚耳，數十里無人烟，驟而望之，凄凉萬狀，乃令委官率夫乘危蹈險，苦心力作，爲地方計久遠、畫長利也。此固人情所難，工完必當破格優處，庶以作士氣而勵人心耳。以上數者，皆繇本職逐一勘明磨算，似于事體不甚相遠，伏乞本院軫念地方民生重計，俯採末議，覆加查勘，如果職言不謬，亟賜題請施行。

許應逵《辭兼理糧儲專督水利呈》萬曆十七年

專督江南水利、湖廣提刑按察司副使許應逵，爲地方重困，事體艱虞，懇乞亟賜酌議會題，以便遵守，以重民命事。照得本職于十一月初三日接得邸報，吏部一本爲申飭部規，傍及時務，少有獻納，以效裨補事，覆南京兵部侍郎王，議將職陞湖廣布政司右參政，管理糧儲兼按察司僉事，仍管水利農務。職聞之不勝驚懼，寢食俱廢，憂危萬端。念此財賦之區，國家根本重地，乃今三四年間非水則旱，米價騰踴，民不聊生，饑饉流離，死者載道。竊照蘇、松等處地方，元氣殆盡，父子不相保焉。望出賦稅以供上，今歲蠲賑，明歲改折，日復一日，其所係國計民生，大可憂危。原其故，蓋緣水利不講，旱澇無備，以罹此咎，恐難獨罪天時也。蓋東南與西北異，彼東南澤國，雨水所聚，然距海不遠，即雨潦可使會流入海也。而又有圍岸以防泛溢，支河以資灌溉。今查入海道梗，幾爲平陸，而支河乾澀，圍岸坍塌，無怪乎頻歲淹没，粒米不收，即客秋旱魃爲虞，高者束手無策。職閏六月十八日到任，即馳詣海口親巡各鄉，酌議具呈，隨蒙本院詳允，職遂于八月十二日築壩興工，大挑吴淞江以便疏泄。

然吴中事體，其難十倍淮揚，淮揚運河以版築爲生，乃吴民則枵腹而就食耳，殊不習此，其難一。淮揚夫頭，猶里甲之相屬，乃吴民烏合之衆，急則聚，緩則散，無相約束，其難二。曠日持久，人情所難，而吴民浮薄，不耐勞苦，其難三。初議緣内及外，以漸而深，使若建瓴而下，而吴民奸詐萬端，目所不及，便不如式，其難四。泥頭侵漁，散夫不沾實惠，有終日勞苦而不得一飽者，其難五。以斯五者，足爲寒心，况投工者嘉定、青浦、上海、崑山以及紹興、蕭山、富陽、諸暨、金山、南匯等所，甚至江北、海門等處，彼皆四方之民，視官府若贅疣。職以憲臣，日拊循而程督之，稍稍用命，僅三月餘，挑過吴淞江四十里，每鷄鳴鳴篩發文移，黎明赴工，更餘始歸舟次，職豈惡逸好勞，與人性殊哉！緣此浮惰之習，既難持久，而菜色之民，豈忍刑威，計惟置身畚鍤，庶幾悦以忘勞。偶九月初旬，職患瘧疾，十餘日不能出，起視各工，曾無尺寸之功。今四十里既挑極深，乃三月卒事，非職時時在工，孰敢望此。又其大可慮者，則客歲亢旱，嘉定、上海、崑山等縣不收，甚至十室九空，鷄犬絶響，啼饑號寒，所不忍聞。今饑民投工就食者，五六萬人，一時雲集，職復推心置腹，曲爲調停，今視職如父母，嗷嗷待哺。乃今舍此，抽運過淮，則不惟前工不終，錢糧徒費，即此數萬衆皇皇無主，能保無他變耶？况職擬二月初旬而吴淞畢，三月初旬而太倉、七浦、楊林畢，四月初旬而長洲、吴江圍岸畢。親身料理，刻日計工，爲地方經畫長利，如是則旱潦可備，庶幾有秋。

今使職舍是而理糧務，則此數萬金空付東流，且異日以水利責本職，職雖萬死不足贖，而地方重困，壯者相聚爲盗，老弱餓填溝壑，反覆思維，真可痛哭。擬合呈請本院，俯察微情，如果職言不謬，深惟地方重計，關係匪輕，亟賜題請，使容本職得仍舊銜，親督前工，爲地方請一日之命，三吴幸甚，本職幸甚！

許應逵《開浚吴淞江七浦等河浦工完呈》萬曆十七年

專督江南水利、湖廣提刑按察司副使許應逵，爲江南水患不常，乞復專官及時修治，以奠民生，以裨國計事。案奉欽差總理糧儲提督軍務兼巡撫應天等府地方都察院右副都御史周批，該本道呈詳開浚吴淞江及各州、縣幹河、圩岸緣繇奉批，據呈水道通塞，極爲明悉，至繇湖入江，繇江入海，以漸而深，則内水不停，外水漫入，尤是確論。江南水利大興，指日可待，其網簖灘蕩梗水道者，嚴行禁約，阻撓者拿解重治。繳又蒙巡按直隸監察御史李批開，據議水道通塞之源，工程緩急之序，歷歷如指諸掌，而正官散銀，尤得杜弊肯綮，仍候會題行繳，蒙此遵依。于本年八月十二日親督蘇州府水利同知傅良言、松江府帶管水利通判郭承緒築壩興工。是時農事未畢，夫役鮮少，則自安亭起至艾祁止，僅九百八十八丈四尺四寸爲第一工，行委吴江縣縣丞瞿子磅等，分爲四段，除舊四五尺不等，今加深七尺，本年十月二十日完工訖。自艾祁壩起至黄渡止，長一千七百九十八丈，爲第二工，行委常熟縣主簿吕光迎等，分爲八段，而黄渡一帶六七里，茭蘆蔓延淤塞，河身僅存十分之三，除舊四五尺不等，今加深七尺五寸，本年十一月初四日完工訖。自黄渡起至章家涇止，長三千一百三十七丈八尺，爲第三工，行委華亭縣主簿應志臣等，分爲十一段，内曹家浜歷龍王廟、封家浜，大半茭蘆，淤沙日積，除舊五尺，今加深八尺，本年十二月二十二日完工訖。自章家涇起至新涇止，長五千七百三十七丈五尺，爲第四工，行委經歷邵楝等，分爲九段，内茭蘆居其大半，且闊二三十丈者有之，河洪僅存一線，實係平地開挑，除舊四五尺不等，今加深九尺，萬曆十七年四月二十三日完工，合亟呈報。

許應逵《開浚過蘇、松、常、鎮各水利工程數》萬曆十七年

專督江南水利、湖廣提刑按察司副使許應逵，爲江南水患不常，乞復專官，及時修治，以奠民生，以裨國計事。今將開浚過蘇、松、常、鎮四府各水利工程開列於後。

計開：

蘇州府屬

太倉州

七浦塘一道，長七千八百三十三丈七尺，底闊四丈不等，加深七尺八尺不等。附近東花浦等支河二十道，共長一萬九千四百四十八丈，底闊四丈不等，今浚深四尺三尺不等。

楊林河一道，長九千一百三十二丈六尺五寸，底闊三丈不等，加深五尺六尺不等。

附近六里塘等支河八道，共長五千九百三十六丈八尺，底闊二丈不等，今浚深五尺四(寸)[尺]不等。

吴塘一道，長一千四百五十丈二尺八寸，底闊三丈，加深三尺。

附近薛墅門涇等支河三道，共長一千三百九十三丈，底闊二丈不等，今浚深四尺三尺不等。

顧浦一道，長一千八十五丈九尺九寸，底闊三丈，加深三尺。

附近邵涇等支河五道，共長二千零三十九丈，底闊二丈不等，今浚深四尺三尺不等。

鹽鐵河一道，長五千二百七十四丈五尺六寸，底闊三丈，加深四尺三尺不等。

附近古塘等支河二十二道，共長一萬八千二百七十三丈九尺，底闊三丈不等，今浚深四尺三尺不等。

湖川塘一道，長五千九百七十三丈七尺，底闊三丈，加深四尺五尺不等。

附近小塘子等支河二十一道，共長一萬零九百四十八丈，底闊三丈不等，今浚深四尺三尺不等。

路漕河一道，長一千五百九十四丈，底闊三丈，加深五尺六尺不等。

附近錢涇等支河七道，共長七千三百二十五丈，底闊二丈不等，今浚深四尺三尺不等。

新塘河一道，長一千三百四十四丈，底闊二丈六尺，加深四尺五寸。

附近湯涇等支河五道，共長一千七百四十丈，底闊一丈八尺不等，今浚深三尺二尺不等。

瓦浦一道，長六百一十丈，底闊三丈，加深四尺。

附近邵涇等支河三道，共長一千二百丈，底闊二丈不等，今浚深四尺三尺不等。

漕頭塘一道，長一千二百九丈五尺，底闊一丈六尺，加深三尺五寸。

附近瞿通灣等支河五道，共長三千九百三十五丈，底闊二丈不等，今浚深三尺二尺不等。

大錢涇一道，長二千四百八丈，底闊三丈，加深四尺。

附近閔涇等支河八道，共長五千五百六十三丈，底闊一丈五尺，加深四尺三尺不等。

本州城河一道，長一千七百七十六丈，底闊二丈，加深三尺。

又浚過黄泥漕等各區支河并田間水道，共一百五十三道，共長一十一萬一千一百一十二丈四尺，底闊二丈不等，今浚深四尺三尺不等。

築過東善空字等水區圩岸五十八條，共長四萬二千八百二十七丈，根闊八尺，收頂四尺，加高四尺。

長洲縣

西太瀆河一道，長一千二百丈，底闊三丈，加深三尺。

附近廟涇等支河五道，共長一千七百零二丈五尺，底闊三丈不等，今浚深四尺三尺不等。

山塘河一道，長三十八丈，底闊二丈，加深三尺。

附近塔影浜等支河三道，共長一百六十三丈，底闊三丈不等，今浚深四尺三尺不等。

安里橋河一道，長二百八十八丈，底闊三丈不等，加深三尺。

附近匠門塘橋等支河三道，共長五百三十七丈，底闊一丈五尺不等，今浚深三尺不等。

尹山鎮河一道，長三百五丈，底闊二丈，加深四尺三尺不等。

附近桃花港等支河四道，共長七百六十丈，底闊三丈不等，今浚深四尺三尺不等。

採蓮涇河一道，長三百三十丈，底闊一丈五尺不等，加深三尺。

附近百丈浦等支河二道，共長五百一十丈，底闊三丈不等，今浚深四尺三尺不等。

丁家港河一道，長一千五百八十五丈，底闊一丈五尺，加深三尺。

附近龍橋浜等支河五道，共長一千三百一十二丈，底闊二丈，今浚深三尺不等。

城内市河共十六條，計長四千七百七十丈，底闊三丈二丈不等，今浚深四尺三尺不等。

築過圩岸陽雲必字等共五百九十一條，長三十九萬五千三百九十五丈三尺，根闊八尺，收頂五尺，加高六尺。

吴縣

興福塘一道，長五千一百六十八丈，底闊一丈五尺，加深三尺。

附近木屐港等支河共一十七道，共長二千八百五十四丈，底闊二丈不等，今浚深四尺三尺不等。

木瀆塘河長九百九十八丈，底闊三丈，加深三尺。

附近白塔浜等支河共五道，共長一千六百二十丈，底闊三丈不等，今浚深四尺三尺不等。

胥口塘一道，長六百九十丈，底闊三丈，加深三尺。

附近鍾塔沙等支河共五道，共長一千五百五十丈，底闊三丈不等，今浚深四尺三尺不等。

走馬塘一道，長一千七百丈，底闊一丈五尺，加深三尺。

附近老鴉涇等支河共一十道，共長二千四百五十八丈，底闊三丈不等，今浚深四尺三尺不等。

光福塘一道，長五千二百二十丈，底闊一丈八尺，加深三尺。

附近下沙河等支河共二十道，共長三千一百一十七丈，底闊三丈不等，今浚深四尺三尺不等。

城市河共一十五條，共長四千一百丈五尺，底闊二丈不等，今浚深三尺。

吴江縣

開過西原無等字圩十字河一百一十三條，共長一萬五千二丈一尺，面闊一丈五尺，底闊七尺八尺不等，加深七尺六尺不等。

凉角等字圩圍岸三十條，計二千二十丈八尺，面闊四尺，根闊六尺，加高四尺五尺不等。

官塘一條，共長二千八百六十六丈八尺，根闊二丈，收頂一丈二尺，加高八尺不等。石岸二十八條，共長一千八百七十丈八尺，根闊二丈，收頂一丈二尺，加高八尺。土岸一十五條，共長三千六百五十二丈，根闊一丈八尺，收頂一丈，加高六尺。建造夾浦跨塘平橋一座，自水至頂高二丈六尺。七洞瓜涇橋一座，長一十八丈四尺。張墓港口第一、第二、第三橋，共長一十五丈。

常熟縣

七浦塘長二千五百五十丈，底闊三丈七尺，加深四尺七寸。

附近兩界浜等支河共一十七道，共長九千七百丈，底闊三丈不等，今浚深四尺三尺不等。

福山塘一道，長四千二百二十二丈，底闊二丈，加深二尺八寸。

附近曹張浜等支河共二十道，共長一萬一千四百三十七丈，底闊二丈不等，今浚深四尺三尺不等。

許浦塘一道，長二千二百九十丈，底闊三丈，加深四尺二寸。

附近横塘等支河共三道，共長三千六百五十丈五尺，底闊一丈五尺，今浚深三尺。

梅林塘河一道，長二千二百二十五丈，底闊三丈，加深三尺九寸。

附近羅木涇等支河共三道，共長二千三百一十丈，底闊一丈五尺，今浚深三尺。

雲和塘官岸一道，長五千一百五十七丈，根闊二丈，收頂一丈，今加高八尺。

修過隨塘、大三里等橋梁五座。

修築過潭塘腹内圩岸等五條，共長一萬四千五百七十一丈五尺，根闊二丈，收頂一丈五尺，今加高六尺。

浚過城濠共長九百三十丈五尺，底闊一丈，加深四尺。

又開桃李墓塘等各鄉支河三十九道，共長二萬七千四百六十五丈，底闊三丈不等，今浚深四尺。

修築過各鄉吴刺史等字圩岸共一百二十四道，共長一十一萬八千四百三十八丈九尺，根闊六尺，收頂三尺，今加高五尺。

修理過橋梁，七星橋一座、讓塘橋一座。

崑山縣

鷄鳴塘一道，長三千二十六丈，底闊二丈五尺，加深四尺。

附近古木等支河四道，共長四千四百七十五丈，底闊一丈五尺，今浚深四尺。

朱炅塘一道，長一千一百六十九丈，底闊一丈五尺，加深五尺。

附近錢涇等支河二道，共長一千五百二十三丈，底闊一丈五尺，今浚深五尺。
漕塘一道，長九百二十丈，底闊一丈二尺，加深五尺。
附近李涇支河一道，長二百二十八丈五尺，底闊一丈五尺，今浚深四尺五寸。
陳涇一道，長八百八十丈，底闊一丈，加深五尺。
附近陳浦等支河三道，共長一千三百四十八丈，底闊一丈不等，今浚深四尺。
至和塘一道，長七百八十七丈五尺，底闊四丈，加深二尺。
附近雙航涇等支河三十一道，共長八千一丈，底闊二丈不等，今浚深四尺三尺不等。
千墩浦一道，長三千三百九十二丈五尺，底闊四丈，加深五尺。
附近溢浦等支河一十九道，共長一萬六百九十四丈，底闊二丈五尺不等，今浚深五尺。
繞城外濠河一道，長二千六十一丈，底闊三丈，加深五尺。
附近蔡涇等支河四十一道，共長二萬二千三百三十一丈七尺，底闊二丈不等，今浚深四尺。
小虞浦一道，長一千五百五十丈，底闊三丈，加深五尺。
附近諸天浦等支河五道，共長三千八百三丈，底闊二丈不等，今浚深五尺不等。
大瓦浦一道，長五千四百七十丈五尺，底闊三丈，加深五尺。
附近蓬温、顧昌等支河六道，共長二千六百四十九丈，底闊一丈五尺，今浚深五尺。

大石浦一道，長二千二百五十丈，底闊三丈，加深五尺。

道褐浦一道，長三千四百四十四丈，底闊四丈，加深五尺。

附近郁家涇支河一道，長六百一十一丈五尺，底闊二丈五尺，今浚深四尺五寸。

夏駕河一道，長二千四百五十丈，底闊三丈，加深五尺。

附近陶仁浦等支河二十三道，共長一萬五千九十三丈，底闊二丈不等，今浚深四尺。

徐公浦一道，長一千八百三十八丈，底闊二丈，加深五尺。

附近泗涇等支河四道，共長二千九百八丈，底闊一丈五尺不等，今浚深五尺。

建過吴淞江口閘橋一座、西江橋一座、平橋一座、微微涇口等小橋五十一座。

修築過藏字等圩岸共四百七十七條，共長二十九萬七千二百五十一丈五尺，面闊四尺，底闊六尺，加高二尺。

嘉定縣

西練祁河一道，長四千九百八十六丈，底闊五丈，加深五尺。

附近莊浦等支河六道，共長四千一百九十八丈，底闊一丈五尺，今浚深四尺。

東練祁河一道，長八千六百三十五丈五尺，底闊三丈，加深四尺。

附近東斜涇等支河二十道，共長一萬四千十一丈四尺，底闊二丈不等，今浚深四尺。

南横瀝河一道，長六千七百三十七丈二尺五寸，底闊五丈，加深六尺。

附近公孫涇等支河一十八道，共長一萬二千一百二十八丈，底闊二丈不等，今浚深四尺。

小婁塘河一道，長一千一百五十一丈，底闊五丈，浚深八尺。

沙浦一道，長三千四十九丈，底闊二丈五尺，浚深七尺。

湄浦一道，長二千七百六十五丈，底闊三丈，加深八尺。

走馬塘一道，長二千六百八十六丈七尺一寸四分，底闊三丈五尺，加深七尺。

附近南槎浦等支河二道，共長一千七百七十丈，底闊二丈，今浚深三尺。

蘊草浜一道，長三千三百七十四丈四尺，底闊三丈五尺，加深七尺。

又浚過田間楊樹等支河六十一道，共長四萬三千三百五十一丈，底闊二丈不等，今浚深四尺。

松江府屬

華亭縣

俞塘河一道，長一千八百八丈，底闊三丈，加深五尺。

附近濯錦港等支河九道，共長三千一百九十四丈，底闊一丈六尺不等，今浚深四尺三尺不等。

橫瀝河一道，長一千九百九十八丈，底闊三丈，加深五尺。

附近張家港等支河十八道，共長七千九百二十三丈，底闊一丈六尺不等，今浚深四尺三尺不等。

沙嵩河一道，長二千一十四丈，底闊二丈，加深五尺。

附近西沙港等支河五道，共二千五百九十四丈，底闊一丈六尺不等，今浚深四尺三尺不等。

秀州官塘坍塌水缺，長九百八十三丈四尺，修築根闊一丈，收頂五尺。

秀野橋北市河一道，長二百六十丈，底闊八丈，加深五尺。

西關外市河一道，長四百六十丈，底闊三丈，加深五尺。

建造三洞泖橋一座、三洞跨塘橋一座、牛滑橋一座、白蓮橋一座。

又浚過各鄉南蔣涇等支河一百四十一道，長五萬零七百九十七丈五尺，底闊二丈不等，今浚深四尺三尺不等。

上海縣

都臺浦一道，長八千八百四十五丈七尺，底闊三丈，加深六尺。

附近八竈港等支河八道，共長九千五百五十八丈，底闊二丈五尺不等，今浚深五尺。

横港一道，長一萬二千九百七十四丈六尺，底闊一丈五尺，加深五尺。

附近五竈港等支河七道，共長六千六百六十八丈，底闊二丈五尺不等，今浚深五尺。

走馬塘一道，長一千二百一十二丈，底闊三丈，加深五尺。

附近俞家浜等支河六道，共長七千五百七十四丈，底闊一丈五尺不等，今浚深五尺。

馬家浜一道，長二千三百四十四丈，底闊二丈，加深三尺。

附近吕家溝等支河七道，共長七千丈，底闊二丈不等，今浚深五尺。

沙洪一道，長五百三十丈，底闊二丈，加深四尺。

附近張鎮浦等支河九道，共長六千九十七丈，底闊二丈不等，今浚深五尺。

新涇一道，長一千二百五十七丈，底闊二丈，加深四尺。

附近薛家浜等支河八道，共長八千八百四十六丈，底闊二丈不等，今浚深五尺。

華漕一道，長一千三百丈，底闊二丈，加深六尺。

附近中沙洪等支河四道，共長二千八百六丈，底闊一丈，今浚深五尺。

莊家涇一道，長一千二百丈，底闊一丈二尺，加深六尺。

附近西謝水浜等支河六道，共長三千六百三十一丈，底闊一丈五尺不等，今浚深五尺。

孫家溝一道，長二千一百三十七丈五尺，底闊一丈五尺，加深五尺。

附近東溝浦等支河三道，共長三千七百丈，底闊二丈不等，今浚深四尺。

周浦塘一道，長一千七百六十三丈，底闊三丈，加深五尺。

附近大蹌塘等支河七道，共長六千三百五十一丈，底闊二丈不等，今浚深四尺。

白蓮涇一道，長一千三百八十三丈四尺五寸，底闊二丈，加深四尺。

附近吕家浜等支河八道，共長一萬七千六百七十五丈，底闊二丈不等，今浚深五尺。

新羅浜一道，長一千五百二十九丈二尺，底闊二丈，加深三尺。

附近上澳塘等支河四道，共長三千四百二十五丈，底闊一丈八尺不等，今浚深四尺。

趙家溝一道，長二千一百三十七丈五尺，底闊一丈五尺，加深五尺。

附近楊家溝等支河二道，共長九百三丈，底闊一丈五尺，今浚深三尺。

建造曹家橋一座、闞橋一座。

青浦縣

艾祁浦一道，長二千一百九十二丈五尺，底闊三丈，加深五尺。

附近青龍港等支河一十五道，共長四千六百八十丈，底闊二丈五尺不等，今浚深四尺三尺不等。

橫瀝河一道，長一千三百五十四丈，底闊二丈，加深五尺。

附近迮墓涇等支河一十三道，共長一萬二百七十一丈，底闊一丈五尺不等，今浚深五尺四尺不等。

小趙屯浦一道，長一千六百零一丈五尺，底闊三丈，加深六尺。

附近南洋涇等支河一十五道，共長一千八十七丈，底闊三丈不等，今浚深五尺。

管浦河一道，長二千八百九十丈零五尺，底闊二丈，加深五尺。

附近施浦等支河一十九道，共長四千三百七十八丈，底闊一丈不等，今浚深四尺。

望河涇一道，長一百三十丈，底闊三丈，加深五尺。

鳳溪塘一道，長三千七百九十六丈五尺，底闊二丈，加深五尺。

附近沈涇塘等支河一十七道，共長二千九百七十九丈，底闊二丈不等，今浚深五尺。

金涇一道，長一千一百一十八丈，底闊一丈二尺，加深四尺。

附近六須涇等支河三道，共長五百八十六丈，底闊一丈，今浚深三尺。

瀣浦一道，長七百八十三丈，底闊一丈二尺，加深四尺。

附近七千漊支河一道，長二百十五丈，底闊一丈，加深三尺。

常州府屬

武進縣

城内市河九道，共長一千八丈，底闊二丈，加深三尺。

桃花港河一道，長六百七十五丈四尺五寸，底闊三丈，加深四尺。

文亭橋河一道，長四百一十六丈五尺，底闊六丈，加深五尺。

白鶴溪直瀆河一道，長二千八十九丈，底闊三丈，加深四尺。

又浚過各鄉月河等支河共七道，長九百八十九丈，底闊三丈，今浚深三尺。

修築過隆興等圩岸共四十二處，共長一萬三千三百九十丈，根闊四尺，面闊三尺，今加高三尺。

無錫縣

石灰橋河一道，長二百四十二丈，底闊二丈，加深二尺。

附近丁家浜等支河二道，共長一百十三丈，底闊一丈五尺，今浚深二尺。

九里涇西墩河一道，長六百丈，底闊一丈五尺，加深三尺五寸。

伯瀆港口河一道，長七丈六尺，底闊二丈五尺，加深三尺五寸。

伯瀆橋河一道，長一千五百九十二丈，底闊二丈，加深三尺五寸。

附近孫冠浜等支河共七道，共長二百七十九丈五尺，底闊六尺不等，今浚深三尺。

蘇團河一道，長六百七十二丈五尺，底闊二丈，加深三尺。

附近許巷浜等支河共六道，共長六百九十丈，底闊八尺七尺不等，今浚深二尺。

南走馬塘河一道，長三千四百一十五丈七尺五寸，底闊二丈，加深三尺。

江陰縣

舜河一道，長一千九百三十二丈五尺，有奇底闊三丈，加深三尺五寸。

利港一道，長四千三百二十丈，底闊三丈二尺，加深四尺。

青暘運河一道，長三千七百五十丈，底闊三丈六尺，加深四尺五寸。

順塘河一道，長二千一十五丈，底闊三丈，加深三尺。

九里河一道，長一千三百四十九丈，底闊三丈，加深三尺五寸。

北横河一道，長六百丈，底闊三丈，加深三尺五寸。

山塘河一道，長一千九百五十六丈，底闊三丈，加深三尺。

東西雷溝二道，長二千三百二十丈，底闊三丈，加深三尺。

桃花港一道，長五千九百五十五丈，底闊三丈四尺，加深四尺。

蘆埠港一道，長二千七百八十二丈，底闊三丈，加深三尺。

宜興縣

長橋河一道，長一百六十五丈，底闊五丈，加深三尺。

新橋河一道，長一百九十六丈，底闊三丈，加深五尺。

迎恩坊橋河一道，長一十七丈八尺，底闊三丈，加深五尺。

洪巷港河一道，長七百五十丈，底闊四丈，加深三尺。

官瀆河一道，長八百丈，底闊三丈，加深三尺。

洋溪瀆河一道，長三百丈，底闊三丈，加深三尺五寸。

河瀆河一道，長五百丈，底闊三丈，加深三尺五寸。

郗瀆河一道，長四百三十丈，底闊三丈，加深三尺五寸。

中準瀆河一道，長二百丈，底闊三丈，加深三尺五寸。

又浚過各鄉練樹港等支河三十道，共長二千一百七十八丈，底闊三丈，今浚深二尺。

修築過各鄉顧道等圩岸二十六處，共長三百五十九丈，面闊五尺，根闊八尺，今加高三尺。

鎮江府屬

丹徒縣

油榨港一道，長二千七百五十四丈，底闊一丈，加深三尺。

魯堰河一道，長一千三百丈，底闊二丈五尺，加深三尺。

附近黄堰澗等支河二道，共長五百六十九丈，底闊七尺不等，今浚深三尺。

青培河一道，長一千九百八十丈，底闊三丈，加深三尺。

附近汊河等支河二道，共長五百三十一丈，底闊八尺不等，今浚深三尺。

長山河一道，長八百九十五丈，底闊三丈，加深三尺。

附近出水溝支河一道，長三百十二丈，底闊六尺，今浚深二尺。

竇堰河一道，長一千八百九十九丈，底闊三丈，加深四尺。

附近茅山港等支河二道，共長六百五丈，底闊七尺不等，今浚深三尺。

桃花港一道，長二百五十丈，底闊二丈，加深三尺。

沙腰河一道，長二千五百三十八丈，底闊二丈五尺，加深四尺。

毛沙港一道，長一千八百五十丈，底闊二丈，加深三尺。

孟家港一道，長五百九十丈，底闊一丈五尺，加深三尺。
朱家港一道，長六百一十丈，底闊一丈五尺，加深三尺。
何家港一道，長七百八十丈，底闊一丈三尺，加深三尺。
蕭家港一道，長一千二百丈，底闊一丈五尺，加深三尺。
李家港一道，長八百七十九丈，底闊一丈五尺，加深三尺。
太平港一道，長七百八十丈，底闊一丈五尺，加深三尺。
東界港一道，長一百五十丈，底闊二丈，加深三尺。
長生港一道，長三百九十丈，底闊二丈，加深三尺。
錢家港一道，長七百五十丈，底闊二丈，加深三尺。
大廟港一道，長七百一十丈，底闊二丈，加深三尺。
雙水洞港一道，長三百一十丈，底闊二丈五尺，加深三尺。
官沙港一道，長五百三十丈，底闊二丈，加深三尺。
減水港一道，長六百八十丈，底闊二丈，加深三尺。
山北港一道，長四百五十丈，底闊二丈，加深三尺。

丹陽縣

吕瀆河一道，長二千五百七十四丈，底闊二丈，加深三尺。

蕭帝河一道，長一千七百八十一丈，底闊二丈，加深三尺。

又浚過馬嘶港支河一道，長二千八百八十丈，底闊二丈，加深三尺。

周孔教《禁革浚河泥頭牌》萬曆三十六年

欽差總理糧儲提督軍務兼巡撫應天等府地方都察院右僉都御史周，爲督撫地方事。照得水利興廢，以備暵溢蓄泄，所關農務綦重。要在高鄉各浚溝渠，使之深以禦旱，低鄉各修圩岸，使之堅以救水。惟是役不離鄉民，各自便爲善，不意一種市棍，號曰『泥頭』，慣與奸胥朋謀蠶食，先將各區、各圖雜派編役，以開泥頭包攬之門。如高鄉塘長派低，低鄉塘長派高，一時東西奔走不支，無可如何，勢不得不致泥頭包攬。在泥頭一攬得銀，輒與胥役分受，嘻嘻不顧公事。間一剷去岸草，增高樣墩，自以爲開河，而河塞如故；間一撈起淤泥，略塗岸面，自以爲築圩，而圩壞如故。甚至一墩而今年築，明年又築，終于不築。一溝而今年開，明年又開，終于不開。總之利歸于奸胥，害積于地方，可勝痛恨！爲此牌仰本道官吏，即行該府州、縣，將各區、圖細造畫册，不拘高鄉低鄉，逐項開載本圖附近某大河，某官塘，本圖某港，某圩岸，不問靠塘腹裏，一體分段，應各業户自照田畝開若干，底面深廣若干，逐一具册，一本留府，一解院道。永不許奸胥撥派動摇，并豪家借用塘長以致紊亂。庶包役夫銀永永不乾没于塘長，不垂涎于積棍，如有積棍假泥頭爲名，包攬妨工者，照例問遣不貸。

聶紹昌《條上華亭縣浚築事宜申》萬曆三十七年

直隸松江府華亭縣爲敬陳浚築條規以興水利事。案奉院道明文，准本縣知縣聶紹昌關開。該職詢訪開浚河渠，并修築圍田，一應事宜，務期目前成效，日後可循，逐一款列上請，仰祈允示遵行。

計開：

一、定每年一役之法。如華亭縣有八十區，區管數圖，共計六百餘圖。區有塘長，職在督率該年，任一區之水利。圖有該年，職在督率細户，任一圖之水利。其法每年輪一人主之。八月上役，及期而代，此常規也。往年之弊，坐在法無畫一，或差或停，任意行止。或輕或重，任意派撥。于是奸胥窟穴其中，塘長、該年之精神不用之于浚築，而用之布置。百姓之脂膏不盡之于河岸，而盡之使費，此一大弊也。今將各區水利，酌其緩急、劑量輕重，分爲五工，每年定役一工，周而復始，法既畫一，力亦均平，巧無幸免，拙無獨勞，而年年有實浚之河渠，實修之圩岸矣。

一、定工不出區之法。今之神奸利於亂撥塘長者，不獨淆亂派法，那移影射，役使不均，而名曰『概縣通融』，實則丁不着役。蓋塘長止是一人，該年亦不過數人，驅而或東或西，無難供命也。而塘長、該年所統率之細户，一圖不下百人，一區不下千人，小民朝夕營生，不離場畝，豈能群數百千人供役于數十里之外，勢不得不搜括囊橐，以就泥頭之包攬。惟易畚鍤舂杵而爲銀錢粟米，於是百孔千竇從此而出。今定爲工不出區之法，家家户户使可含哺餟而事畚鍤，率妻孥以相舂杵。冬春之交，農事未興，民間工力乃其所饒，且各各自浚其灌溉之河渠，而自築其防禦之堤岸，民雖至愚，亦當倍奮矣。

一、定冬月興工之法。往年役法混淆則撥派有利，胥役喜于有事，需索百端，塘長利于奔走。今法既畫一，但有拮据之勞，絶無乾没之竇。惟有一味壓捺，多方規避，捱過冬春，便可漏脱一年。議者云：『工不出區之法，大弊已革，而大利未興。』正指此也。今將一區之内，高鄉則計應浚河渠若干，低鄉則計應修塘岸若干，長短闊狹，逐一丈明造册，每區繪一總圖，并該區、圖田畝實數一覽昭然。本縣親令各區、圖、塘長，該年會同本區圖糧長，排年從公酌量，先分水利緩急，次計工力多少，均勻搭配，分爲五工。如甲、(已)[己]年應興某工，乙、庚年興某工，丙、辛、丁、壬、戊、癸六年爲率，周而復始，圖册既定，每年舉行，限定十月中農功既畢，塘長、該年赴縣，遵照原編工次，投領督工白牌，分工告示，并工册、工單督率興工，定限三月中農興之日爲止。如有冬不領工，春不完工，區責塘長，圖責該年，仍委官親臨督責，務完一年分定工次而後已。如塘長、該年作弊曠役，并有豪猾故意阻撓，致誤一方水利者，許令委官指名申究坐罪，則往日之奸棍不復能以虚名漁利，今日之田户亦不得以偷安廢業矣。

一、定分段算土之法。冬月塘長赴縣，照分定每年工册具認狀。領工後隨該本縣，酌係大工，即日親詣勘段派工，餘則或行水利衙官，或委别官，减從親行，而勘派之日，塘長、該年會同該區糧長、該圖排年眼同分段，務在至公。蓋地勢河身，隨步换形，若一概云某河長若干，闊若干，今應浚若干，其間淺深闊狹難易不同，人情必有不均之嘆，工程便無責實之理。故勘河之時，務盡其法，須駕小舟行河中心，用畫凖丈竿，沿河點水，所測淺深即便册記。兩邊河涯之際，各用一人徒跣而行，持竿點水册記如之。又用兩人于兩邊岸上拽繩而行，以量河面丈尺，又用兩人於兩涯水際拽繩而行，以量河底丈尺，其測水之淺深，量河之闊狹，看有不同處，即便釘樁分段，逐段編號，他日算工計工，全在於此。淺深闊狹多係相同，當論丈數分段，如原議欲令水深八尺，據現在通流水有三尺，此處該去土五尺矣，應作一段算。水有二尺之處，該去土六尺矣，應另作一段。有水深四尺之處，該去土四尺，應另作一段，其闊狹亦如之。分段既明，兩岸各釘一長木橛，令深入土中，名曰『信樁』，樁上出土二尺，上書原編號數，及長短闊狹淺深丈尺，仍于四旁用土封識，不得移動。此樁不獨界限分明，亦可認記老岸，使興工之後，不得增高兩岸，以虚報河身丈尺，而他日逐號派工逐段算工，皆有的據，第一緊關工夫，只在此時也。其丈竿三根，尺寸須要刻定，丈繩二條，丈尺須用線繫定，又必官府驗准分寸不差，方無弊竇。惟偏輕偏重之議絶，而人人無不奮之功矣。

一、定計方派工之法。分段編號既明，而逐段派工當論土方，不論丈尺。土方之法，每去土四旁上下各一丈爲一方，每方計土一千尺，該一千六百挑。每方用起工一人，名曰一置；擔土二人，名曰二挑。大凡人夫荷重，妙在换肩交擔，其力少息，乃可長用。如從河底升岸，從岸遠堆，大約相去十二三丈，該用二人接挑，計每日置挑三人，約可去土四百挑，計四日積一十二工，方可去土千尺，名曰一方。而置土之人，其力稍省，法當更番以均勞逸，照范文正公河工給米法，每日一人給米五升，最爲中正。蓋業户出食，佃户出力，若給銀錢易于生弊。若傭募民間，亦照此例，或半支銀錢，即以米價准之。每土方一丈，用人十二，該工食米六斗。如河身廣闊，登岸太高，堆土太遠，亦據丈尺加增接挑一夫。大約一人接挑，可行八九丈，若行河底泥淖中，或從底登岸，或岸上堆土，從卑至高，用力甚難，其行半之，須一一至地酌量，每增路八九丈，應增接挑一人，每方該增四工，計加工食米二斗，遠近加減，悉准此例。分段之後，此法既明，即萬夫負畚于郊外，一人握算于堂中，勤惰不難于立判矣。

一、定照田均派之法。土方折算既明，不論優免，亦不論灌溉，及與不及，查係該區本年工次，即將該區田地一半計畝派方，照例算米。如本區有田三萬畝，以一萬五千畝應甲年開河之役，以一萬五千畝應乙年開河之役，兩年輪轉，互爲歇息。如一圖十甲，則以前五甲開甲歲之河，後五甲開乙歲之河，亦互爲循環也。如官甲圍户有田二百畝，則甲歲役田百畝，乙歲役田百畝，亦當自爲循環，不致併累。所以不論優免者，浚河本以資灌溉、備旱澇，爲己田耕耨之計，非公家力役之比也。至于該區田畝，則五年輪浚，次第無不周偏，更不當論灌溉及與不及。況一區數里之内，幹河、枝河大小，資灌苦樂，原是相通，此衆輕易舉之法，亦通力合作之意也。即有河道深闊處，五年輪浚，册所不及，亦不得希圖規避。蓋通流常稔之田，尤當效分力協工之義。且十年再勘，滄桑不常，勞逸均受，法始歸一。古記鄉田同井，諺稱『同區合命』，揆之理勢，應當如此。但塘長、該年十年輪當一次，督率之日常少，歇息之日常多，惟該區田地人夫兩年一役，歇息時少，不得過用其力，使爲可繼，大約以每畝出米二升爲止。每土方一丈，役田三四十畝或五六十畝。如該區本年工小，土方數少，不妨減去幾合，多則必不可過也。如工巨難完，法當先浚一半，餘俟來年。其以後工程遞年挨去，但該區一年定與一役，河渠自有開浚之期，而該區一歲之内，法無再舉，以傷民命。又若區内有拋荒田地，及逃亡孤苦鰥寡老病，果係貧難人户，於勘工之日，許塘長、該年對衆揭開，果無情弊，特與免派。該區不得過數百畝，以恤真正艱窘之輩。

一、定督率工力之法。當分段造册之後，逐段丈尺瞭然目中，然後將該區應浚河身，共該若干，逐段折算應挑土方若干，次將該區本年應役田地，算該每田幾十畝派開土一方。如不係親身赴工者，應給佃户及做工人夫，每方工食該若干，每畝應出米若干，逐一算明，大書告示，張掛工所。塘長、該年細算逐段土方，計該若干，應派某圖、某甲業户某某，該田地若干，應浚若干，遵照告示法則，逐一開註工册，送縣覆驗無弊，給與印信遵守，然後同該年至河公同輪役。五甲業户分釘夫樁，樁上明書土方丈尺，及業户姓名，各人認樁赴工，不得躲避。其各圖該年，又將本圖應浚夫樁河工，一段填寫工單一紙，給與應役人夫，以爲計工支米之據。每日塘長執官給白牌，督率一區工役，該年鳴鑼催趲，一圖人夫俱要常川在河，不得少懈。至晚該年各就夫樁，將一日浚河人夫填註工單，該年又將一日内該圖浚河人夫總數報之塘長，填註工册，以俟比較。自興工日爲始，每半月爲一限，至期塘長、該年將册送縣查比，工小赴水利衙查比，區工不及分數責塘長，圖工不及分數責該年。若有頑户抗拒不行赴工，又不給與佃户人夫工食，又或人夫支領工食用力不齊，許令塘長、該年禀究一二，以警其餘。若遇風霾雨雪，塘長開報，定以晴天十五日爲一限，三限完工。

一、定稽查工程之法。凡浚築之役，督率全在塘長、該年，故半月送册查比，而一區之勤惰立見矣。若頑户最多之處，必官府親詣工所查勘比較，人心方有奮勵。至如勘河分段之始，及事畢查工之日，大工則印官親行，小工則水利衙，或委官代之，一一將工册、工單臨河丈量，方絶虚報塞責之弊。而稽工之法，全以三樁爲主，初分段編號時，兩岸相對各釘一橛，用土封識，名曰『信樁』。又將木橛三根，刻記丈尺，二釘兩邊岸底，一釘河心，與水面平，河本無水者，與土平，名曰『樣樁』。若有水者，除去河水尺寸若干，應將開尺寸釘入土中，無水竟將應開尺寸釘入土中，即時逐段册記明白，每比限時露竿一尺，則去土一尺矣。工完時樣樁原刻尺寸盡露，則去土盡如數矣。須河心與兩岸樣樁相同，方爲合式。又用丈繩于兩岸，信樁相向拽平，立丈竿于樣樁之上，以量虛河淺深。如繩在竿十尺上，則虛河深十尺矣。取初勘時造定丈尺查之，尺寸不能欺也。其逐段中，或一户自浚若干，或數户朋浚，或一甲朋浚若干，各認工次，公同塘長、該年丈量分認，釘橛爲記，名曰『夫樁』。總之，三樁者稽工之準也，册單、竿繩稽工之具也，驗老岸，量河身，查三樁，測竿拽，稽工之法也，所憑全以原造河册爲主。

一、定官助興工之法。凡溝渠、浜漊，田地附之蓄泄者，多如木之有枝也，名曰『枝河』。枝河工費輕省，悉資民力，無煩官帑。而枝河之通流，全藉大河爲之源委，如枝葉之有本幹也，名曰『幹河』。若浚幹河，先將工程計算土方明白造册，次將幹河經過區圖，合算輪年應役田畝，民力能任幾何，其餘工力須憑官爲設處協助，方能興工。但官力所開之河，亦不必任用泥頭，别作分派，只就原分河段信樁，及細分夫樁，明算土方丈尺。其民力應開者，責令自開。其官力協助者，即將官帑銀米照土方丈尺給與各夫，仍填註于各夫工單之上，以憑稽查。但工單留各夫之手，而工册留塘長之手，若有給散，務要眼同對註明白，方准給散。若各夫不係田户、佃户，必要親識保認，方准給發，恐錢糧入手，即便逃躲廢工也。若給散時，塘長、該年無故阻撓需索，及夫親領之後，爲之設法侵漁者，定以贓究。若衙門人役因而賺取者，一體究治。

一、定照單給米之法。官府始終查工，全憑原勘河册，而塘長所司在工册，各夫所執在工單，此一單者計工在此，支領工食填註于此，限期比較，工畢查驗，亦在于此。但夫給一紙大覺瑣屑，只于逐段中每一夫椿給單一紙，或一户或朋户，總以一單論。如係田户本身赴工，只照告示派開河，或係閑民做工，當依單上原填丈尺，照例支米。其每日在河開浚工次，該年逐日填註，其支領工食數目，業户註明單上，方行給發。據此稽查，各無欺隱。若佃户做工人夫領米入手，開土不如式樣，許業主呈官驗單清理。若佃户人等遵依赴工，土方無誤，而業主抗法不給工食，或故意短少，亦許佃户人等執單呈官追給。又如幹河工程浩大，官帑協助錢糧，亦明註工單一體查考。

一、定要害閘壩之法。水利之酌盈濟虚，全在乎建閘置壩。宋范文正公言『修圍、浚河、建閘三者，如鼎足，缺一不可』。郟僑亦云『漢唐遺法，自松江而東至于海，遵海而北至于揚子江，沿江而西至于江陰，一浦一港大者皆有閘，小者皆有堰。所以外控江海，而内防旱潦也。浙東地形高卑不一，今時水利最善，無如寧紹，以其講于壩閘之制』。今沿海地方，不能深浚河渠，蓄用山源湖蕩之水，專用江海濁潮，淤塞河道，爲害不小。蓋海水挾有浮沙，一日兩潮，每潮澱沙一箬，所以旋開旋塞。且湖水澄清，底泥淤腐，農夫篰取壅田，年復一年，田愈美而河愈深；濁潮灌田，沙積田中，田力日薄，一遇大雨，浮沙滲入禾心，苗生漸槁，而所收亦薄，利害懸絶，吴人亦未之悟也。今議于豐穰之年，值河身開深處，相度形勢，建閘啓閉，或有當築壩堰者，其工料之費，俱于該區田地輪應。本年出米浚河數内，量取其半，餘則助以官帑，此亦美利之當興者。

一、定勘河省役之法。凡勘河之法，先令該區畫一河圩總圖，次開幹河、枝河幾條，然後按圖披册，逐一丈量，通計某河若干丈，自某至某，面廣若干，底廣若干，河深若干，分段填註明白，不惟開浚時可計工力，倘有侵占河道，致妨水利者，亦可以時清理。其該區内有河身深廣通流者，載明册中，無煩工力。即一河之身，有南段塞，而北段通流者，亦有南北塞，而中段通流者，一一註明緩浚以省民力，但地形水勢變遷不常，法當十年一勘，酌量緩急，派分工次。

耿橘《議浚白茆等河浦申》萬曆三十七年

直隸蘇州府常熟縣，爲大興水利，以足民足國事。准本縣知縣耿橘關開。竊照東南民生之困，全在賦税，而賦税之所出，全在水利。蓋瀦泄有法，則旱澇無患，而年穀獲登，閭閻樂利，國賦亦不虧矣。計吴中民間田租之入，最上者每畝不過一石，乃糧之重者，每畝至三斗七升以外，而均徭里甲與漕糧加耗二升，實費之數將及五斗，是什五之賦矣。以故爲吾民者歲豐僅足輸納，而猶有所欠，一遇小小水旱，輒流散四方，逋負動以數萬計焉。嗟，嗟！賦不可減，歲不可必，元元其何以爲命？ 則惟有水利大興，俾歲時無害，爲今日救時之急務。 矧本縣坐落江海之交，潮汐三面而至，且居蘇、常諸府下流，諸湖水之北溢者，並繇白茆、福山等諸港浦入海，其水利之利害，視他處爲尤巨，而其經理爲尤急也。 卑職叨任於兹，首重國賦，催科撫字之暇，即進諸父老講求水利之故。

凡地形高下之宜，水勢通塞之便，疏瀹决排之方，大小緩急之序，夫田力役之規，官帑補助之則，經營量度之法，催督考驗之術，一一條畫如左，務抒百世之訏謀，期垂一方之永利。 勉竭駑駘，躬肩勞瘁，數年之後，期於有成。 即卑職待罪巖邑，旦莫斥罷，然規畫既具，後之賢者繼緒而營之，亦職之大願也。 若擇其簡易者，略加浚築，非不可以奏捷效而博近功，第恐今日之壞塞日深，將後來之工程愈難矣。 如民生何如，國計何如，職守何職，惴惴焉懼矣。

計申報開河法：

一、照田起夫，量工給食。 范文正公有言『荒歉之歲，召民爲役，日以五升，因而賑濟』，蓋老成長慮之見如此。 吴民素驕侈，傭趁者頗少，况挑河非重其直不應，故法莫善于照田起夫，量工給銀。 然照田起夫，亦難言矣。 説者謂『有近水利者，遠水利者，不得水利者，及田止二十畝以下者，分爲四等。 除十畝以下者免役外，餘以三等爲伸縮，蓋往年之役如此』。 今竊以爲不然，全邑之田本有不藉水而成者，但河有枝幹之殊，水有大小之異耳。 彼幹河引江湖之水，而枝河非引幹河之水者乎？ 田近幹河者稱利矣，田近枝河者非幹河之利乎？

若必爲四等之説，則奸户積書，朦朧作弊，上户那而爲中户，中户那而爲下户，近利那而爲遠利，遠利那而爲不得利。而田少愚弱之氓，反差重役，即有控告，而堂高簾遠，下情難達，官即知矣，亦苦于查算之難，將置之而不問。如小民之偏苦何故？開河必觀水勢所向，應用某區、某圖之民，必無論大户、小户，通融驗派，然後于法均，于事便，于民無擾耳。派夫之法，先吊黄册，查明該區、該圖坐圩田地總數，隨令區書將業户一一註明。然後通融算派，某河應役田若干畝，每田若干畝坐夫一名，田多者領夫，田少者湊補足數，名曰『協夫』，其勘明坍江版荒田地俱豁免。如此不惟奸豪無繇規避，愚弱不致偏苦，而貧富適均，衆擎易舉矣。

一、水利不論優免，浚河以備旱澇，便轉輸也。論田而士夫之田多于小民，河成而灌運之利，亦多于小民，故同心協力，舉地方之大利，在士夫尤勤此念。若論士夫而優免之，則小民獨受其苦，大室安享其利，恐徒滋怨望而事難成。昨歲開浚福山河，以此意白之鄉紳，鄉紳咸各樂從，興工之日倡率鼓舞，工反先于百姓，而百姓益蒸蒸子來，争先趨事，恐後賴有成績。今後凡浚河築岸之事，必如往規，庶勞逸均，而上下悦服。

一、准水面算土方多寡，分工次難易。開河之法，其説甚難均。是河也，中間不無淤塞、深淺之殊，地形亦有高下、凹凸之異，而土方之多寡，工次之難易，必有判焉不相同者。宋臣郟僑云：『以地面爲丈尺，不以水面爲丈尺，不問高下，匀其淺深，欲水之東注，必不可得夫物之取平者。必期于水治水，而不師乎水，非智也。須于勘河之時，先行分段編號。算土之法，若本河有水，即沿河點水，有淺深不同之處，差一尺者即另爲一段。假如通河水深一尺，而有深二尺者，即易段也，深三尺者又易段也，深四尺者極易段也。深與議開尺寸等者，免挑段也。闊倣此，各立樁編號以記之，隨令精算者逐段計算土方。』其法每土四旁上下各一丈，爲一方，每方計土一千尺。假如本河議開面闊五丈，底闊三丈，水面下開深五尺，每長一丈，該土二方。又如某段水深一尺，該挖土方四分，實開土一方六分，爲難工。某段水深二尺，該挖土方八分，實開一方二分，爲易工。三尺、四尺、五尺仿此，闊仿此。若本河無水，即督夫先于中心挑一水線，深廣各三尺或二尺，務要徹頭徹尾，一脈通流，却去水面上丈量露出餘土，有厚薄不同之處，差一尺者另爲一段。假如通河皆餘土一尺，而有餘二尺者，即難段也。餘三尺者又難段也，餘四尺者太難段也，餘五尺者極難段也。立樁編號算土如前法。但此乃計水上之土，而水下應挑之土，可一律齊矣。然後通算本河該實開土若干方，兩旁得利田若干畝，起夫若干名，每夫該土若干方，分工定宕，第從土方。土少者宕長，土多者宕短，齊土方不齊丈尺，而後夫役爲至均，河形爲至平也。

附打水線法

水線至平也，而人心不平，奸巧百出，如三十三年開福山塘，打水線十數日不成，管工官皆不知識。既識破其術，隨設法五里委一官，官各乘馬，一里委一皂，皂各飛奔。如是往來不停，看其水線，不令陰阻，乃一日而成，奸巧立破。何以故？渠功少者于水線中暗藏小壩，官來則暫决之，過則壩住，雖土高無水之地，而兩頭藏壩中間，水不可絶，此奸不破。高低不明，水線爲虚，何以知其然也？陰壩初决者，其水流動，不然者其水静定也。

一、分工定宕難易有號矣。土方有數矣，而夫役之來，道里遠近不同，市野食宿異便，而土性亦有緊慢堅散之殊，崖岸不無險夷高下之别，强者、奸者於此争利焉。倘無術以處之，亦非盡善之道也。然此不可爲之於河濱，宜先爲之於堂上，查照區圖遠近，自頭至尾算定丈尺，搥定工次，要令遠近適中，一一明註比工簿内，用印發各千百長，照簿竪立夫樁，一定不移，庶免分争之擾，而亦無作奸之處矣。第初時量河最要的確，臨期分宕，務秉至公，否則吏胥虚報丈尺，而實剋夫價者有矣。强梁之徒夫多宕少者，亦有矣。大都正官能一親行，自無此弊。

一、堆土法。夫役偷安類于近便岸上拋土，不思老岸平坦，一遇天雨淋漓，此土隨水流入河心，倏挑倏塞，徒費錢糧，徒勞工力，總歸無益。必於河岸平坦之處，務令遠挑二十步之外，照魚鱗法層層散堆。若懶夫就便亂拋，隨時責究，或有老岸高出田上者，即挑土岸内相幫，以固子岸亦可，其平岸之處，不得援爲此例。倘岸有半圮之處，即宜挑土補塞，築成高岸，挑土一層堅築一番，層層而上，岸必堅牢，一舉兩得。不可姑置岸上，云待日後挑築，事久人玩，貽害河道不小也。若田中有溇蕩，或原因取土致田深陷者，即用河土填平。或岸邊有民房有園亭逼近，不便挑土者，即令業户自備樁笆，於房園邊旋繞築岸，亦兩利之道也。

一、考工法。《金藻水學》曰：『勤省視者，官廉能也。或不省視，與無廉能同。省視不賞罰，與不省視同。賞罰不繼續，與不賞罰同。』愚竊謂廉能矣、省視矣、賞罰矣、繼續矣，而無考驗之法，與不廉能、不省視、不賞罰、不繼續同。夫考工之法，必先立信樁、樣樁，以防其奸僞。樣樁者，用木橛刻畫尺寸，與應浚尺寸同。信樁則一木橛可已，法於號段既定之後。每段將畫尺木橛釘入河心，與水面平。本河無水者，與水線之水面平，俗所謂水平樁是也。俟開方之後，以此橛爲準，蓋橛露一尺，則工滿一尺矣，故曰『樣樁』。却將二橛書明號段，直對樣樁，釘入兩岸老土，深與岸平，名曰『信樁』，此樁四旁封識老岸數尺，不許抛土填壓，致難認記。另具直丈竿一條，丈篙一條，立竿樣樁之頂，拽篙信樁之上，以量虛河深淺。如篙在竿十尺上，則虛河深十尺矣。必十尺以下，所有尺寸乃算實工，虛河尺丈籍而藏之。夫役認宕時，又各立小樁，書某字第幾號，某千長下百長某分管。領夫某、協夫某，應浚長若干，名曰『夫樁』。又按仰月形三闊丈尺之數，爲横丈竿三條，俱畫尺寸，仿成木輪車架。此三竿，每查工之日必携，籍持竿拽篙駕車而往，先稽號樁，而知其宕之長短，即據信樁、樣樁，拽篙竪竿，而得其工之淺深。工完之後，沿河推運三竿車，而驗其工之闊狹，勤惰在目，賞罰必加，而後人力齊，工不虛耳。必信樁者，虞樣樁之上下其手也。又虞老岸之僞增其高也，驗老岸，驗信樁，驗三竿車，而後僞無容矣。迨工完之後，復打水線以驗之，有淤滯處，隨令復浚，務求線道通流，方可决壩放水。其或浚深水多，打水線不便，則于放水之後，用木鵝沿河較核。木鵝者，用直木一條，長與河深平，鐵裹其下端，隨浚過尺寸處，拴繫長繩，兩岸拽之直立水中，循水面而進，遇鵝仆處，則土高水淺處也。將該管百、千長究治，仍命撈泥，務如原議分數，須木鵝通行無滯，然後爲完工。

附輪竿式

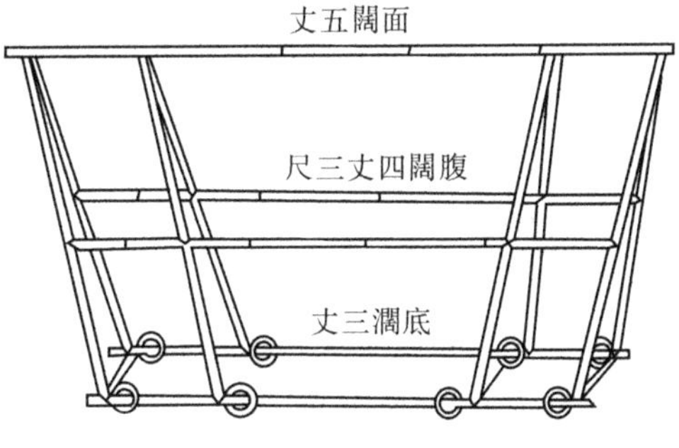

此仰月形也，面腹底三濶，乃可以滿載水，而又經久。若止用面底二濶，斜坡而下，是曰斧形，易於傾圮矣。若上下同濶，是曰筐形，更易圮矣。

一、議分管員役。諺曰：『寧管千軍，莫管一夫。』言無紀律而難御也，故督責之法，必自下而上，繇小及大，工程易起。每宕百丈，必用百長一名分催，千丈必用千長一名督催。

然此役須點該區田多大户充之，蓋大户必愛惜身家，又衆所推服，令此輩各照信地。千長立一小旗、一大椿，百長立一小椿，各書應管丈尺、夫數。千長催百長，百長催散夫，而水利官又專督千、百長。責任攸分，大小相驅，然後印官不時親詣稽查，考其工次，別其勤惰，量加賞罰，即頑猾之民，亦不敢不盡其力矣。

附用千、百長法

千、百長非身家才幹兼全者不可。照户田虎鼠册點用，十得八九。然恐法立弊生，大户田花分而顛小户於册首，點多及之。必先令公正舉報，仍參之虎鼠田册，始得人而工不難辦矣。

一、立章程，賞罰勤惰，以示鼓舞。號段定矣，宕分夫集矣，催督有人矣，然衆力難齊，衆心難一，若忠勤者與偷惰者，漫無勸懲，將勤轉爲惰矣。今定一河工比簿，每十日親查一次，是爲一限。假如本河自水面而下，應開深五尺，則第一限要見工二尺，爲泥浮易取也。二限硬泥難起，要見工一尺五寸。三限通完深闊。如或工大者，亦以此法，寬立期限。凡比工每百長管百夫，就以十夫爲一分。千長管十百長，就以一百長爲一分。又立給賞功單，若依限如式開完者，即給一單，日後遇有過犯，許齎單贖罪。其有奸頑惰工者，即查千、百長該管十分，中一分不及限者，責各散夫；二分不及限者，並責百長；三分不及限者，並責千長。庶章程立，賞罰明，而民自鼓舞，莫敢躭延矣。

一、幹河甫畢，刻期齊浚枝河。凡田附幹河者少，而附枝河者多，蓋河有枝幹譬之樹焉，千百枝皆附一幹而生，是幹爲重矣。然敷葉、開花、結子功在於枝，不可忽也。彼枝河切近圩圩，灌溉之益所關匪細，若浚幹河而不浚枝河，則枝河反高，水勢難以逆上，而幹河兩旁所及有限，枝河所經之多，田反成荒棄，即幹河之水又焉用之？法當於幹河半工之時，即專官料理枝河，責令各枝河得利業户，俱照田論工，一齊並舉，仍責成該枝河千、百長催督。務要先期料理停妥，俟幹河工完之日，先放各枝河水，放畢隨於各枝河口築一小壩，俟小壩成，然後決大壩而放湖水，其工有次第焉。蓋浚幹河時，凡幹河水悉決之枝河，而後大工可就。浚枝河時，凡枝河水悉歸之幹河，而後小工易成，况枝河淺，幹河深一丈，最易爲力。若先放湖水，則方浚之初，水勢必猛，此時枝河不能直入，必假車戽，勞費巨矣。浚河者往往於幹河告成之後，心懈而疲，置枝河於不問，無非曰：『姑俟異日也』，而前功廢矣。蓋機不可失，而勞不可辭，其工之始終，胡可弗講也。故開浚幹河應給官銀，枝河則可專用民力。

計查核築岸法：

一、築圍岸原分難易，及子岸法有異同。老農有言『種田先做岸』，蓋低田患水，以圍岸爲存亡也。矧本縣東南一帶，極目汪洋，十年九潦，室家懸磬，棄田而去者過半矣。故有田無岸，與無田同，岸不高厚與無岸同，岸高厚而無子岸，與不高厚同。今考修圍之法，難易略有三等：一等難修，水中突起，無基而成，又兩水相夾，易於浸倒，須用木樁，甚則用竹笆，又甚則石（礅）［駁］〔四〕方可成功。樁、笆、黄石宜佐官帑，難委民力，民力酌量出工，工太繁者，併佐以官帑。二等次難，平地築基，較前稍易，不用樁笆。三等易修，向有古岸，而後稍頹塌者，止費修補之力。築法：水漲則專增其裹，水涸則兼補其外。此二等岸，專用民力。三等岸脚闊皆九尺，頂闊皆六尺，高以一丈爲率。又須相度田形，以爲高卑，大抵極低之田，務築極高之岸，雖大潦之年，而圍無恙，田必登，乃爲築岸有功耳。廣詢父老，詳稽水勢，能比往昔大潦之水，高出一尺，則永無患矣。其田之稍高者，岸亦不妨稍卑，惟田有高卑，而岸能平齊，則水利大成矣。子岸者，圍岸之輔也，較圍岸又卑一二尺，蓋慮外圍水浸易壞，故内亦作此，以固其防。築法與圍岸同脚而異頂。如圍岸頂闊六尺，子岸須頂闊八尺，方爲堅固。其脚基總闊二丈，須一齊築起爲妙。圍岸一名圩岸，又名正岸，子岸一名副岸，又俗名畂塌。總之一岸也，此岸既成，可束水不得肆其横流之勢，而低田可望常稔矣。

一、戧岸。岸外開溝，亦分難易。圍田無論大小，中間必有稍高稍低之别，若不分别彼此，各立戧岸，則一隙受水，遍圍汪洋，將彼此推諉，勢必難救。稍高者曰：『吾禍未甚也』，將觀望而不之戽。稍低者曰：『吾瑣瑣者，奈此浩浩何？』將畏難而不敢戽。如此則圍岸雖築，亦歸無用。法於圍内細加區分，某高某低，某稍高某稍低，某太高某太低，隨其形勢，截斷另築小岸以防之。蓋大圍如城垣，小戧如院落，二者不可缺一。萬一水潰外圍，纔及一戧，可以力戽，即多及數戧，亦可以衆力齊戽，乃家自爲守，人自爲戰之法。築時要於低田外邊開溝取土，内邊築岸，内岸既成，外溝亦就。外溝以受高田之水，使不内浸，内岸以圍低田之稼，俾免外入。又爲高低兩便之法。此岸大略亦有三等：一等難修，地勢窪下，從水築起，雖不似圍岸之難，工力亦頗稱巨。二等次難，其地略低，岸亦略卑，且平地築起，較前稱易。三等稍高之地，其岸又卑，然俱脚闊五尺，頂闊三尺，高卑隨地形爲之，並著民力自築。

一、圍外依形連搭築岸，圍内隨勢一體開河。昔范文正公奏議謂『江南圍田，每一圍方數十里，中有河渠，外有門閘，旱則開閘，引江水之利，澇則閉閘，拒江水之害。旱澇不及，爲農美利』。本朝吴巖之疏有曰：『治農之官，督令田主、佃户各將圍岸取土，修築高闊堅固，旱則車水以入，澇則車水以出。夫車水出入以救旱澇，吴中之田皆有之。但此能禦小小旱澇，而不能禦大旱大澇。必建閘開渠，如文正之議，乃盡水田之制，而得水利之實。且一勞而永逸，費少而獲多，何憚而不爲也。』今查各圩疆界，多係犬牙交錯，勢難逐圩分築。況又不必於分築者，惟看地形四邊有河，即隨河做岸，連搭成圍。大者合數十圩、數千百畝共築一圍。小者即一圩數十畝，自築一圍亦可。但外築圍岸，内築戧岸，務合規式，不得鹵莽。其大小圍内，除原有河渠水勢通利，及雖無河渠，而田形平稔者照舊外，不然者，定須相度地勢，割田若干畝，而開河渠。蓋土之不平，而水之弗便，或四面高中心下，如仰盂形者，或中心高四面下，如覆盆形者，或半高半下，或高下宛轉，諸不等形者，外岸雖成，其何以救腹裏之旱澇？故須因形制宜，或開十字河，或丁字、一字、月樣、弓樣等河。小者一道，大者數道，於河口要處，建閘一座或數座，旱澇有救，高下俱熟，乃稱美田。又不但爲旱澇高下之用而已，柴糞草餅借水通船，尤便于搬運云。

一、築岸務實，而取土有法。凡築岸下脚不實，則上身不堅，務期十倍工夫，堅築其底，然後漸次累高，加土一層，又築一層，杵搗其面，棍鞭其旁，必錐鋤不入，築乃堅實。法如岸高一丈，其下五尺，分作十次加土，每加五寸築一次，上五尺仍作五次加土，每加一尺築一次。如此用工，何患不實，此一勞永逸之計也。但低鄉水區，不患無堅築之人，而患無可用之土。合無先按圩中形勢，果有仰盂覆盆，高下不等，宜開十字、丁字、一字、月樣、弓樣等河渠者，查議的確，申明開鑿取土，以築其岸，高下旱澇，均屬有救，計莫善矣。田價衆户均出，遺糧申入緩徵項下，候有陞科抵補。不然即查附近有何浜漊淤淺可浚者，斬壩戽水，就其中取土築岸，岸既得高，而河又得深，尤便之便也。然潭塘、任陽、唐市、五瞿、湖南、畢澤諸極低之區，往往田浮水面，四繞塘涇，又圩段延袤，大者千頃，小者五六十頃，中間包絡水蕩數十百處，河脈既多，而浜漊又深，無撮土可掬，求炊無米，坐以待斃，可乎不可乎？本縣再四思維，此等處須查本地有老版荒田，其糧久入緩徵之數，年久無人告墾者，查明坵段丈尺出示，聽民採土築岸。又不然，查有新荒田，與夫九荒一熟，究且必爲版荒者，與夫年遠廢基遺址，不便耕種者，查議的確，糧入緩徵項下，俱聽民採土築岸。又不然，查本地有茭蘆蕩之介，止收草利徵蕩糧者，申免其税，聽民採土築岸。此縱中間不無捐棄，不猶愈于并熟田而滸之而荒而棄之耶？但茭蘆蕩俱占於大姓，納百一之税，享十倍之利，人所不敢詰，官所不能問，取之爲難。然興大利者，無恤小害，竊又籌之熟矣。又不然，令民於岸裏二丈以外，開溝取土，其溝寧廣無深，深不過二尺，違者有刑。夫就岸取土，岸高溝深，内外水侵，岸旋爲土，法之所深忌也。但離岸遠則岸址寬，而溝水未能即浸，溝漕淺則受水少，而填塞後易爲力。如尤涇岸隆慶初年故事，乃萬萬不得已之計。但所取之溝，諭令佃户匀攤田面之土，兼篰外河之泥，一年内務填平滿，無令損岸亦可。又查此中低鄉土脈，有三色不堪用者，有烏山土、有灰蘿土、有竪門土。烏山土惟堅硬而質腴，種禾茂而多實，但凑理疏而透水，以之築岸易高，以之障水不密。灰蘿土即烏山之根入田一二尺，其色如灰，握之不成團，浸之則漫漶。無論障水不能，即杵之亦必不堅矣。竪門土其性不横而直，其脈自於水底貫穿，圍岸雖固，水却從田底溢出，欲圍而救之，無益也。此三者築法，必從岸脚先掘成溝深三尺，或用潮泥，或取别境白土實之，然後以本土築岸其上，方爲堅久。此等處俱屬第一等難工，宜佐以官帑。

附魚鱗取土法

田面上四散挑土，俗呼爲『抽田肋』。高鄉以此法換土插田，挑田肋置于岸邊，簏河泥蓋于田面，而田益熟矣。其法方一尺取一鍬，四散掘之，如魚鱗相似。此法亦可取土築岸，但用力多見功少。

一、業戶出本，佃戶出力，自佃窮民惰，官爲出本，宜岸勝無不修築。及到處損壞，曷以故？詢諸父老，其說有五：小民困于工力，難繼，則苟且目前而不修。大戶之田與小民之田錯壤而處，一寸之瑕，並累其百丈之瑜，即大戶亦徘徊四顧而不修。又有小民而佃大戶之田，以田非己業，業者歲取其稅，則彼此推諉而亦不修。或業戶肯出本矣，而佃戶心慮其岸成，而或爲他人更佃，即修亦虛應故事。或工費浩大，望助於官，官又以錢糧無措，厚責於民，則公私交諉，玩忽因循，修無日矣。何怪乎田圩日壞，而水旱之災頻罹也。除一等難修之岸另行查議外，其二三等易修者，即令業戶各於秋成之後，出給工本，俾佃戶出力修築，官爲省視高厚堅實，務如規式。若窮戶自佃己田者，查果貧難，官給工本，開河工本仿此。

附守岸法

正岸六尺通人行，子岸八尺閑而無用，宜種植其上。法惟種藍爲最上，蓋藍之爲物，必增土以培其根，愈培愈高，種藍三年，岸高尺許。其有土名烏山，不宜於藍者，或種蔴、豆，或種菜、茄。蓋利之所出，民必惜之，但禁鋤時勿損其岸。若正岸外址，令民蒔或種麥、其上。蓋菱與葑其苗皆可禦浪，使岸不受嚙，况菱實可鬻，葑苗可薪，又其下皆可藏魚，利之所出，民必愛護，岸不期守，而自無虞矣。

總計浚築事宜：

一、查建水閘。范文正公有言：『修圍、浚河、置閘三者，缺一不可。』郟僑亦云：『漢唐遺法，自松江而東，至於海；遵海而北，至於揚子江；沿江而西，至於江陰縣界。一浦一港，大者皆有閘，小者皆有堰，以外控江海，而内防旱澇也。』夫所謂遵海沿江而至於江陰界者，半係常熟地方。自今考之，惟白茆港口、福山港口、七浦之斜堰，僅有閘迹，其他多不存，何也？蓋有閘必有守閘之夫，寇盜豪强不利于大閘者十九，而江海口地多曠廓，守亦似難，且波濤衝蝕水道，又有遷徙之患，故難存也。然往日閘工費動逾千金，銷毁不逾歲月，追論可惜。至於圍田之上流，涇浜之要口，小閘小堰外抵横流，内泄漲溢，關係旱澇不淺，而工費亦儉，何不爲乎？所用工費驗田均派，如某區某圖應建閘若干座，合用物料銀若干兩，得利某圩某字號田若干畝。驗法每畝該銀五釐以下者，民力自爲之，倘滿一分者，官助二釐，壩堰同此。

一、水利繇湖不繇江。本縣地勢，東北濱海，正北、西北濱江，白茆潮水極盛者，達于迎春門，此海水也。白茆以南，若鐺脚港、六和港、黄浜、湖漕、石撞浜，皆爲海水。自白茆抵江陰縣，金涇、高浦、唐浦、駟馬涇、吴六涇、東瓦浦、西瓦浦、滸浦、千步涇、中沙涇、海洋塘、野兒漕、耿涇、崔浦、蘆浦、福山港、萬家港、西洋港、陳浦、錢巷港、奚浦、三丈浦、黄泗浦、新莊港、烏沙港、界涇等港數十處，皆江水也。江潮最盛者，及於城下。縣治正西、西南、正南、東南三面而下，東北而注之海、注之江者，皆湖水也，此常熟水利之大經也。夫湖水清，灌田田肥，其來也無一息之停；江水渾，灌田田瘦，其來有時，其去有候，來之時雖高於湖水，而去之時，則泯然矣。乃正北、西北、東北、正東一帶小民，第知有江海，而不知有湖，不思浚深各河，取湖水無窮之利。第計略通江口，待命於潮水之來，當潮之來也，各爲小壩，以流之朔望汛大水盛，則争取焉。逾期汛小水微，則坐而待之，曾不思縣南一帶，享湖水之利者，無日無夜無時而不可灌其田也。夫江水寧惟利小，抑且害大，彼其浮沙日至，則河易淤，來去衝刷，而岸易崩，往往浚未幾，而塞隨之矣，厥害一。江水灌田，沙積田内，田日薄，一遇大雨，浮沙滲入禾心，禾日焦枯，厥害二。河水澄清，底泥淤腐，農夫篙取壅田，年復一年，田漸美而河漸深，江水浮沙日積于河，而不可取以爲用，徒淤河耳，厥害三。况江口通流鹽船，盜艘揚帆出入，地方日受其擾，厥害四。欲求水利而袪四害，宜何如？曰：沿江大小港浦淤淺者，隨急緩浚之。浚時必於港口築壩，浚畢而壩不決，則湖水不出，而江水不入，清濁判于一堤，利害懸於霄壤，而此河亦永永無勞再浚矣。何也？縣以南凡用湖水者，未聞有塞河也，此不待大智而後見也。獨無良之民，偷壩興謡，大爲可慮，然此亦論其常耳。若大旱之年，湖水竭，江水盛；大澇之年，江水低，湖水高，不妨決壩以濟之。但浚河每先幹河，而後枝河，枝河未浚，而身高湖水，低不能上濟江潮，稍高足以濟之，則壩亦不得留矣。福山港小壩正坐此弊。吁，安得並舉枝、幹而成此悠遠之利乎？

一、興工、止工各定期日。凡事預則立，不預則廢，令信則從，不信則梗。矧浚築興大利動大衆，可不慎乎？所以預行勘定某河、某區圖應開某岸，某區圖應築，某區圖應用田若干，或某字號某圩田若干，某民力、某官帑，俱註明各河岸下，出示三月，民無異言，隨刊成册，再不更改。章程既立，衆志皆定，不思縮朒，然後每年擇其最急者而爲之。其法每十月滌場之後，下令興工，官爲省視，至次年三月終束作届期休工，則事有緒而農不妨，工易舉矣。

一、設處錢糧。稽本朝吕光洵水利疏云：『將節年未完錢糧，凡糧解大户侵欠者，督令有司設法清追。略仿范文正公以官糧募饑民修水利之法，就令開浚造册查考。夫舊逋係大户，法本當追，但屢年以起解追之而不應，只以帶徵爲故事。』今本縣清查舊逋，若會計太倉等衛本色軍儲一款，歷有省存奉帖，每石易銀六錢，抵作閘夫等項之用，遵行在卷。維時倉米已完，專徵折色，則所存軍儲設而不徵矣。日久日深，奸胥得以侵隱那移，頑户利以拖延享用，甚非法也。合無遵照舊疏，斟酌時宜，將前省軍儲，查明欠户，按逋派宕，不與徵銀，專督工力，夫復何辭。更不然，備詳兑支項下，准作本年各役工食，乃以見徵徭銀抵放河工之用，一轉移間，可應急需，亦善策也。

一、出放錢糧。有説凡興不容已之役，即有必不容已之費，定煩設處。其在今日庫藏空虛，若以浚築爲緩事，然水利乃民生粒食之源，閭閻戚休，國計盈縮係焉，何置而不問？或有以不動錢糧爲得策者，蓋銷算查考，或於陞遷離任糾纏，又或避嫌瓜李，畏縮不前。嗚呼！小民難於慮始，可與樂成，佐以官帑，尚且駭而思避，若徒以空文催督，彼亦以空文漫應，雖慕興修之名，終鮮實效。故設處錢糧，尤不容已中之，至不容已而責庫吏以足色足數包封，責千、百長以至公至平給散，禁門皂需索，塞書算之弊端，清徹見底，天日可矢，則事易舉而心無愧，銷算查考又何慮焉？

一、高區浚河，低區築岸，各隨民便。語云：『種田先治岸，種地先治溝。』不易之道也。夫享河之利，自宜浚河，享岸之利，自宜築岸，情至順也。本縣正西、西北、正北、東北盡高地，而正東、東南、正南、西南盡低田，高低既異，風土人情亦殊，驅低區之民而爲高鄉浚河，驅高鄉之民而爲低田築岸，是舟耕牛航也，必不可矣。況各方相去動逾百里，令裹糧越宿而趨他人不急之役，其誰堪之？蓋近有闔縣派夫，次第開浚之議，又有通點大户，隨急先舉之說，職竊以爲不然。凡有浚築之事，惟于該區中調設，民果不足給之，官帑不得混行派擾，以拂人情而搖衆志，則水利之常經也。若白茆大工，自昔一府通開，其動通縣也，又不可以執一論矣！

胡士容《興築婁江石塘申》萬曆四十二年

直隸蘇州府長洲縣爲興築石塘裕國便民以垂永利事。准本縣知縣胡士容關開。竊照三吴向爲澤國，而長洲益復低窪，所倚爲障水蓄水者，獨有修築塘岸一節耳。其在鄉各圖疆塍壋岸聽民自築外，查得婁門外之東接崑山，齊門外之北接常熟，葑門外之南接吴江，此又當湖水之衝，而爲水陸通途之地，則尤其最緊者也。然查照婁塘，較之葑、齊又自不同，蓋其地如釜底，東通大海，南達沙湖，北連陽城、巴城諸湖，名曰至和塘。而婁江故道爲東南諸水入海之尾閭，又係軍民二運糧艘出入，各上司飛報舖兵，傳遞公文，縴夫商賈往來絡繹，飛輓必繇之要道，則修築更宜先耳。乃每每修築皆不過編籬爲楗，插木爲樁，所以一遇霪霖洪水泛漲，風浪衝決，灌田没路，民稻病困，徒費徒勞，其亦何濟於事乎！職蓋反覆躊躕，以爲此非若常、崑之石砌，决不可耳。已經該職督同水利主簿張稜臨塘勘量。自婁門外下縴埠頭起，至崑山縣界止，一帶官塘共計長六千六百四十五丈一尺，内除前任知縣韓原善詳支官銀築過陸涇壩、西張涇等處樣塘一百五丈。其未築一面單岸石塘六千五百四十丈一尺，合用海塘青石每一丈計一層用價三錢七分八釐，四層該銀一兩五錢一分二釐；每丈樁木大小十根不等，價銀三錢七分；每丈用灰三十七斤八兩，該銀三分；石匠鏨鑿做光築砌打樁，每丈工食銀四錢一分；斷樁削尖每丈工食銀八釐，計一丈共銀二兩三錢三分，總計該銀一萬五千二百三十八兩四錢三分三釐。

又夾水内塘八百八十丈三尺，議用黄砂亂石築砌，每丈料、工銀一兩二分，計該銀八百九十七兩九錢六釐。又查東西龍漊、唯亭涇、戚家涇等處，水勢極深，應添大塘石一層，共用石一百三十丈，每丈價銀四錢二分算，該銀五十四兩六錢。及查坍壞朱涇、憲濟、周涇、新橋四座，共估料工銀三十六兩三錢四分。四項通共該銀一萬六千二百五十七兩二錢七分九釐。查得本縣四十一二兩年分原編導河夫銀六百兩，屬可支用，并查東庫見貯各院道府項下入官還官，變易盜贓失風無主堪動無礙銀九百六十六兩七錢四分六釐五毫，餘及本縣項下贖罪人犯銀兩已收者，併將支用辦料鳩工，趁時興舉。餘少銀兩俟職再行陸續議處，申請濟用，庶蓄水障水有備無患，而澤國下田少有所瘳，不但便民之涉而已矣。

胡士容《興築婁江石塘工完申》萬曆四十三年

直隸蘇州府長洲縣，爲興築石塘裕國便民，以垂永利事。奉本府帖文，該蒙欽差整飭蘇、松兵備兼理糧儲水利湖廣提刑按察司按察使俞憲牌，備蒙撫、按、漕、鹽四院批，該本縣申詳築造塘工緣繇前事，仰府官吏即查築造婁門官塘工式，所估料價是否實數，所議動導河夫銀，及見貯各院道府各項官銀中間，恐有不應動支，設或吊取作何抵補，其估用工料餘少之數，作何設處，一一酌議妥當申報等因，備帖到縣。今該本縣知縣胡士容，看得前項塘工浩大，搜查帑金僅得十分之一，巧婦不能爲無米之炊，況當此公私交困之時，興是巨萬非常之舉，又不得不多方設處，萃衆毛以成裘。蓋既圖興利，賴于斯民，自不敢恤一身之勞瘁，是以殫精畢慮，蒿目嘔心，而不遑寧處也。及照原詳各院道入官等項錢糧，切思邊海之邦，宜備不虞，仍聽貯庫俱不動支外，先將導河夫銀與職所（損）［捐］〔五〕俸薪贖鍰共銀八百六十一兩，給發辦料。行委主簿張稜選擇誠謹耆民鄒廉、鄭大淳、俞櫟等董督，於四十二年二月十九日，一面興工築造，一面勸諭闔郡士民義助。繇是鄉紳先達大學士申時行等，欣工樂助，舉人徐洌等、監生翁正學等、生員盛際等、本縣縣丞汪其俊等、商民汪芳、張邦篡等一倡百從，共捐助銀三千六百八十四兩九錢七分；耆民鄒廉、許策、夏奉石等奉公好義，願捐己資，共助築過青石塘一千七百九十四丈五尺；監生顧緒餘等助築過青石塘六十丈五尺；［監］生員顧維禎等助築過青石塘八十九丈；及蒙撫、按兩院并本縣詳罰李廷言等築過青石塘七百二十二丈、橋二座；又蒙院、道、府詳允發下變易通倭贓貨銀二千兩，監生王騰宇銀一千五百一十兩五錢八分；本縣項下罰追胡試等銀一千二百四十三兩三分三釐，通共銀九千二百九十九兩五錢八分三釐。

又該本職親詣塘所，備細查核復估，無容冒破，其海青石外塘，原估照崑山事例，今每丈減去工料銀三錢三分，實該銀二兩，共給發銀七千七百四十八兩一錢七分，築完青石外塘三千八百七十四丈一尺，又給發銀八百三十二兩六錢九分七釐。共築完黄石内塘二百一十七丈八尺，修造朱涇、憲濟、周涇、新橋四座，楊涇、蕭涇、陸市、司馬、吴涇等橋六座，泄水平橋二十六條，并東西龍漊、戚家涇等處水勢極深處所，增添大户木料等項，於本年十二月二十八日完工。

訖取有耆民嚴籲、顧綵等及宕户石匠俞朱芳等領狀包固甘結在卷申報外，又用過興工破土三牲祭禮等項銀三兩六錢七分，竪立過界址石牌、城磚、砌灰、樁木等項工料銀一十一兩三錢三分，俱有付案領狀在卷。又查得前項塘工大舉，仰藉諸臺寵靈，得以竣事，尤宜慎始圖終，恐日後不無水衝坍塌，則所宜預爲防備者也。今查除通完訖存銀七百三兩七錢一分六釐，内聽會同吴縣、吴江見行修築寳帶橋工二百兩外，相應於内動支銀三百兩，選委端謹耆碩，擇買膏腴常稔之田，召佃管種，另立印簿，歲收花利積貯專抵修塘之用，日後設或衝頽，務令估勘明確，動支修築，不得别項那放，以兹侵没。伏候詳允日一併勒石，永垂不朽。餘銀二百三兩七錢一分六釐，聽抵刊刻碑石，與夫刷印書册，及備木扁、花紅給賞塘工事内效勞員役等項，另文申報。

胡士容《置修塘義田申》萬曆四十三年

直隸蘇州府長洲縣，爲興築石塘裕國便民，以垂永利事。案奉各院、道批詳前事，該本縣知縣胡士容，將塘工省存銀七百三兩七錢一分六釐内，除聽修築寳帶橋二百兩，又聽勒碑、刻册、給扁等項銀二百三兩七錢一分六釐，計遵經動支銀三百兩，唤令原委督工誠謹殷實耆民鄒廉、鄭大淳、俞櫟各領銀一百兩，選買沃腴常稔園字等圩上則田，共計一百五十畝，每歲收租除辦税糧外，每五十畝應收納租米三十五石，計准銀一十七兩五錢。但照官田與民田不同，官佃亦與民佃少異，宜較民間稍示寬恤，每五十畝再減租銀二兩五錢，止令納租銀一十五兩，計一百五十畝共應取納租銀四十五兩，豐年不增，凶年不減，歲以爲常，無容更變。庶幾樂佃樂輸，而民無逋税，官有實用矣。再照義田一節，田既屬之官田，則租亦屬之官租，其非民間之所得侵逋明矣。所慮者在官府之那借，掾胥之乾没耳。抑或度支不足，遂旁啓别門，而歲月延淹，只視爲故事。每見吏弊移人，即賢者不免，是不可不爲之圖永久之策也。

蓋職向者區區之意，自婁塘之外，尚欲南築葑塘以接松陵，北築齊塘以接海虞，而屬以民窮財盡。大工不可以一時並舉，故任勞任怨，止勉而築此四十五里，即復以其餘銀置田若干，歲積錢四十五緡，蓋謂日引而月長，銖積而寸累，度十年便足爲葑塘之用，度二三十年便足爲齊塘之用，後有賢者家視其事，可不必再借力於民間矣。若夫今日之婁塘，賴諸臺之靈，百姓之力，亦既堅厚，且十年之内，自有匠工包修，其認狀具在，而何所用官帑爲？即用之，或取之一年足矣，豈必歲歲而用之，政惟歲歲不用，則租可貯而息亦可長，神而明之，存乎其人，豈非賢智者他日之事乎哉？伏望詳批嚴諭，檄下本縣，遵令勒石，仍立爲册。自今伊始，田畝分圩開註於前，租數逐年登記於後，凡出納之數，一一必書其非塘工以内，即一毫不許動支。每遇歲終，驗數貯入，併送查盤銀及百兩以上，即仍令買田，歲收花利如初。倘有奸胥冒破，及指稱動支於塘外别用，或虚立修塘名色付取，充爲公費，必吏引侵欺之律，官嚴簠簋之條，庶田租水利還相爲濟，而台恩憲法，永施不窮。職今日之任勞任怨任謗，猶或可諒於數十世之後也。今將田畝圩號、坵段及佃户姓名一併開報，擬合申詳。

王時和《上達民艱請興水利詳》崇禎二年

直隸蘇州府，爲民生日蹙，重地可憂，懇採末議以甦極困，以興永利事，准本府知府王時和關前事關開。蘇郡繁華冠天下，財賦甲東南，不意兆姓顛連，析肉見骨，若更狃于故常而不加察，視爲膜外而不加恤，謂民命何？謂國本何？職嘗反覆考求，其概有四：一曰重賦之困，節去全文。二曰加派之困，節去全文。三曰蠲停無實惠，節去全文。四曰水利不疏瀹。夫蘇田計畝刈獲，僅盈儋石，半入公家，半存私室，此猶以豐稔論也。倘有一二分災，則民僅贏其三矣。倘有五分災，則粟盡歸於官矣。設遇全災則國賦難蠲，惟鬻妻孥，變廬舍，以賠償矣。富者焉得不流離，而貧者何計以免死耶？然三吴十歲而九災者，非獨上天罹虐困此一方，抑人事未修，蓄泄之無備也。蓋其地，負海襟湖，其形如釜，具區三萬六千頃，西匯宣、歙、苕、霅、荆、潤諸水，三江淤塞，下流不通，有所受而無所歸，霪雨不三日而阡陌皆成巨浸，苗稼盡飽魚腹，東南澤國，何歲無經旬之雨，欲無災也得乎？夫『三江既入，震澤底定』，載在《禹貢》。開浚之及時，不待智者而後決也。

邇歲廷臣先後具疏，部臣陳懋德亦曾言之，荷聖明垂意，而論者似泥於經費之浩繁。然職歷考往年疏導故牘，及採詢今時父老，約略所需金錢不過二十萬緡，而蘇屬歲供本折幾三百萬，即以災年一分之逋欠，即足當此畚鍤之經營。況吴淞、白茅諸港一開，將垂百年永利，而松、常諸府利亦不小。我聖主何靳此涓滴，不爲吴民拯飢溺耶？夫均賦於蘇州，均之最急者也，治水于吴下，治之最急者也。伏乞疏題請允行，則東南萬姓頂戴［皇］〔六〕恩，不獨畎畝有賴，貢賦亦常充矣。

校勘記

〔一〕計名　『計』誤，當作『記名』。
〔二〕砌礅　『礅』誤，當作『砌駁』。
〔三〕此幹山　四庫本作『北幹山』是，據改。
〔四〕石礅　『礅』誤，當作『石駁』。
〔五〕損　據四庫本作『捐』是。
〔六〕頂戴恩　『恩』上脱『皇』字，據四庫本補。

吴中水利全書卷之十七

書

書以敷陳利病，反覆周詳，縱筆罄所欲言，讀之可暢水學。

［宋］

范仲淹《上宰執論水利書》

仲淹連蹇之人，常欲省事，及觀民患，不忍自安。去年姑蘇之水，逾秋不退，計司議之於上，窮俗語之於下，淹爲民之長豈敢曲沮焉。然初未甚曉，惑於羣説，及按而視之，究而思之，則了然可照，今得一二以陳焉。姑蘇四郊略平，窳而爲湖者十之二三。西南之澤尤大，謂之太湖，納數郡之水。湖東一派浚入於河，謂之松江。積雨之時，湖溢而江壅，横没諸邑，雖北壓揚子江而東抵巨浸，河渠至多，湮塞已久，莫能分其勢矣。惟松江退落，漫流始下。或一歲大水，久而未耗，來年暑雨，復爲沴焉。人必薦荒[一]，可不經畫？今疏導者不惟使東南入於松江，又使東北入於揚子，之於海也，其利在此。夫水之爲物，蓄而渟之，何爲而不害；決而流之，何爲而不利。或曰江水已高，不納此流。淹謂不然，江海所以爲百谷王者，以其善下耳，豈獨不下於此耶？江流若高，則必滔滔旁來，豈復姑蘇之有乎？矧今開畎之處，下流不息，亦明驗矣。或曰日有潮來，水安得下？淹謂不然，大江、長淮無不潮也，來之時刻少，而退之時刻多。故大江、長淮會天下之水，畢能歸於海也。或曰沙因潮至，數年復塞，豈人力之可支？淹謂不然，新導之河必設諸閘，常時扃之以禦來潮，沙不能塞也，每春理其閘外，工減數倍矣。旱歲亦扃之，注水溉田可救暵涸之灾；澇水則啓之，疏積水之患。或謂開畝之役，重勞民力。淹謂不然，東南之田，所植惟稻，大水一至，秋無他望。災沴之後，必有疾疫，乘其羸憊，十不救一，謂之天災，實繇饑耳。如能使民以時導達溝瀆，保其稼穡，俾百姓不饑而死，曷爲其勞哉？民勤而生，不猶愈於惰而死乎？或謂力役之際，大費軍食。淹謂不然，姑蘇歲納苗米三十四萬斛，官司之糴又不下數百萬斛。去秋蠲放者三十萬，官司之糴無復有焉。如豐穰之歲，春役萬人，日食三升，一月而罷，用米九千石耳。荒歉之歲，日以五升，召民爲役，因而賑濟，一月而罷，用米萬五千石耳。量此之出，較彼之入，詎謂費軍食哉！或謂陂澤之田，動成渺瀰，導川而無益也。淹謂不然，吴中之田，非水不植，減之使淺，則可播種，非必決而涸之，然後爲功也。昨開五河，泄去積水，今歲平和，秋望七八，積而未去者，猶有二三，未能播種，復清理數道以分其流，使不停壅，縱遇大水，其去必速，而無來歲之患矣。又松江一曲號曰盤龍，父老傳云，出水尤利。如總數道而開之，灾必大減，蘇、秀間有秋之半，利已大矣。畎澮之事，責在郡縣，不時開導，刺史縣令之職也。然今之世，有所興作，橫議先至，非朝廷主之，則無功而有毁，守土之人恐無建事之意矣。蘇、常、湖、秀，膏腴千里，國之倉庾也。浙漕之任及數郡之守，宜擇精心盡力之吏，不可以尋常資格而授，恐功利不至，重爲朝廷之憂，且失東南之利也。

衛涇《與提舉鄭霖論水利書》

涇寓居江湖，每見陂湖之利爲豪强所占，農人被害無所赴訴。澱山一湖廣袤四十里，澤被三郡，數十年來，湖之圍爲田者，大半無非豪右之家。旱則獨據上流，沿湖之田無所灌溉；水則無所通泄，沿湖被淹民田無慮數千頃，反爲不耕之地。細民不能自伸，抑鬱受弊而已。淳熙間，今僉書羅點爲使者，因閲詞訴，開掘山門，溜五千餘畝，乃一湖喉襟。繇是數十年之害一旦盡除，灌溉之利漸復。八年間，小有水旱，果不爲災，此利害曉然易見者。紹熙初，忽爲中天竺寺指占，使司吏輩并緣爲姦。子宜徐丈亦不深究，遽爾給佃，後因民詞訴，得旨開掘，緣冒佃者不曾行遣，小人無所忌憚。今春復有頑民數輩，約從毁撤向來禁約石碑，公然圍築。浙西多仰陂湖之利，非他處比，前後圍裏陂湖，禁戢最嚴，具載甲令，臣僚申請亦多。涇昨陛辭，曾論此事甚詳，少定簡尋得當，録呈求教也。

黄震《代平江府回馬裕齋催泄水書》

所在水利皆源高而流下，故泄之易。惟本郡西南，受荆溪以上江東數郡水，既高若建瓴。東北自崑山之太倉，連亘常熟，其勢又亢若仰盂，水亦反流而趨内，四面皆源，獨其中受水之流，水反蓄而不泄，故近郭之田，雖茫爲一壑，而濱海之田則枯涸自如。古人隨地形而爲之計，則亦曲盡其妙，第廢壞已久，有非一旦可復。古人于宜興以西，金陵管下設爲五堰，使西南水不入荆溪，而谿分水、銀林二堰，入伍子胥伐楚之運河，以入大江。東北則於崑山、常熟以東之横塘，設堽門、斗門，閉高地之水，以自漑高地之田，使水不得反流而趨内，然此特措置四境之高仰如此。若中間地卑，水聚不能以時入海，則又設爲塘浦焉。蓋吴地中間不特太湖三萬六千頃，長洲有沙湖、尹山湖，常熟有昆承湖，崑山有陽城湖，他如斜塘等諸瀼，黄天等諸蕩，市宅等諸村，皆蓄水深處，脈絡無不與太湖貫通，水面闊遠，止藉吴淞一江通注入海，水去不速，而所藉者又在塘浦。浦者導諸處之水，皆自趨吴淞江以入海塘者，防水不得入民田，必使谿浦以入於江。塘浦元計一百三十二條，浦之闊率二三十丈，塘之高率二丈，大要使浦高於江，江高於海，水駕行高處，而吴中可以無水災。古人之爲此，夫豈一日一人之力，而無存者。常考李氏有江南，五堰以西之運河尚通。錢氏有兩浙，其治塘浦尚有撩清指揮之號。彼固非真能上緝古人之功，而偏方小國封疆不廣，則農夫之有籬落下田，歲歲保治惟謹。

國朝幅員萬里，觀聽不接，南渡生聚益繁，各便己私。上焉之五堰既以不便木簰往來，而壞江東數郡水盡入太湖矣。下焉之堽門、斗門又爲側近勤耕，而壞崑山、常熟二縣水，反入内地矣。中焉之塘浦則或因行舟及安舟之便，而破其圩，或因人户請射下脚而廢其堤，或因耕墾增闢而攘斥其舊來之浦。凡今所謂某家浜、某家涇者，皆古塘浦舊地。於是蕩無堤障，水勢散漫，與江之入海處適平，退潮之減未幾，長潮之增已至，小汛之隨去未盡，大汛之擁回反多，往復洄洑，水去遲緩，而一雨即成久浸矣。古人合江、浙數郡之規模而成之，慮及萬世後人求一己田宅之利便而壞之，見止一時，壞既久，則復之甚難。自景祐以來，歲歲講求，迄無成功，蓋但知泄水，而海口既高，水非塘浦不可泄。故東坡嘗請去吴江石塘，王覿常奏開海口諸浦，朝廷皆疑不敢行。范文正公守吴，嘗開茜涇，亦止一時一方之利，而劉懋按行直謂開海口則反有風濤駕入之憂。唯熙寧初，郟亶力請于朝，嘗起六郡三十四縣之人以修塘。吏民喧訴，擊墜幞頭，卒鳴鐃散衆而止。政和六年，御筆修平江諸浦三十六閘，差霖措置，通設六十四萬餘工。宣和初，再措置支見錢四十一萬貫有奇，卒又勾收人吏送獄根磨而止。今浦閘盡廢，尤甚前日，而海沙壅漲，又前日之所無。地之高下非人力可移，沙之壅漲非人力可遏，惟復古人之塘浦，駕水歸海，可冀成功。

然所費當幾錢，所役當幾人，大豐州縣既無此事力，荒歲餓莩又無此人力，縱有之，又當歷幾時幾日而成，乃欲救其目前之急，此泄水一説未可倉卒議也。若止從人户就近泄放，則彼此皆水，雖欲以鄰田爲壑，不可得議者多。謂圍田增多，水無歸宿，然亦只見得近來之弊。古者治水有方之時，汙下[二]皆成良田，其後堤防既壞之後，平陸亦成川澤。熙寧八年，旱，太湖露丘墓街井，今瀼蕩等處尚有古岸隱見水中，以此知近來圍田不過因旱歲水減，將舊來平地被水處，間行築捺耳。就使圍田盡去，水之未能速入海自若也，何能遽益於事，况圍田未易去者乎？於今救急省事之策，惟有告諭田主，多發夫工，就塍岸漸露處，次第修築，各於水中自爲堤障，即車水出堤障之外而耕種之。此事昨已施行，鏤榜曉諭。近承專官之來，又嚴加督催，併已差官隨之行縣矣。某非不願大發工力，爲久遠計而量時度力，實非所能，更望熟議。

〔本朝〕

龔詡《上巡撫周忱修水利書》

直隸鎮海衛老疾軍龔詡上言欽差巡撫大人執事：詡竊惟天時水旱何代無之，人事堤防，從古而有。欽惟聖朝自洪武年間，東南田地高下不一，雨多則憂潦，晴久則懼旱，頻年河港湮塞，岸塍摧圮，無所資其灌溉注泄。遂至永樂三年大水，十四年大旱，人民流離，餓殍盈路，税糧逋負，盜賊生發，原其所繇，良以失於疏浚堤防之故，以致朝廷憂之。特遣大臣專督東南水利，是以連年田地頗得成熟，人民頗得聊生。近年以來，人情怠常生於所易，漸覺疏慢，各處州縣雖設治農之官，而無治農之實，一切文具苟且，反生擾害之端，倘一旦或有水旱之臻，恐不能無永樂三年、十四年之患。詡愚以爲國家所以爲國家者，以其有斯民也。民以食爲天，食不足則無以生，無以生則禍亂易作，誠朝廷所宜深憂，而當預防者也。今執事職居巡撫，斯民衣食根源，國家所係輕重莫大之事，尤不可緩，如蒙聽納愚言，熟思審處，專一提督經略，勿事虚文，務求實效，如此則災未至，而有以備之，而小民流離饑餓，盗賊之患，不足憂矣。

龔詡《再上巡撫周忱修水利書》

嚮者僭陳東南水旱必須預防者，蓋以國家租賦從此而出，小民衣食繇此而資，最爲重務。往年朝廷憂於未然，所以各處州縣特設治農官一員，不使干預雜事，專一提督經略。當時居斯任者，多得其人，繇其責有所歸，不得不苦心極力，以營治之。雖遇年時調潤，亦時常往來巡視不怠，所以岸塍堅固，河港流通，數年以來，民享其利。近年此官罷設，惟於本縣自行委官提督，奈何所委者多非其人，濫管他事之時常多，經年累月并無足迹下鄉。設或一來，不過取其文具應答而去，竟不問其實效如何，送往迎來，徒增煩擾。其中有等糧里，知道理、識干係之人，於農隙自行起督工夫修浚；其無知者，但知剥民，苟安姑息，一旦災至禍臨，無所措手，所以民受其害，而不可勝言。

且如今年低處岸塍十壞八九，高鄉河港鮮有流通，一值久雨久晴，湖水漲泛無以抵禦，潮汐不通無以灌溉，遂致稻禾渰没枯槁，兩皆失之，兼之小民田段四散，缺食無力，父母妻子東奔西走，營救不暇，呼天叩地，所不忍聞。小民苦楚如此，執事備知其情，今年被災税糧當行上聞，必可蠲免。惟是小民一年衣食，將何所望，竊恐饑餓困迫，盜賊流離，繇是而起。當此之時，政執事食不甘味，寢不安席之秋也，倘蒙深懷聖心，多方措置，督責有司禁其煩苛，凡官府一應不急公作悉行停止，召集人夫盡力修浚，勿事文具，勿吝出納，務求全濟。必使小民感恩懷德，不忍爲非，不去鄉土，救急之務莫善於斯。稍待水平之日，乞爲奏請各處，凡有水旱州縣，仍特設治農官一員，專管水利，敢有違越，使者受者各得其罪，著爲常令，使永遵守。更在執事時加體察，責問成效，驗其能否。或有貪殘冗懦，及爲斯民害者，詢問衆情，以罷黜之，或難其人，俾得兼授。更乞禁奸革弊，信賞必罰，勿奪農時，恤其勞苦，以盡人事，以回天心。誠爲利便，此係民情，當今急務，伏願執事熟思之。

史鑑《答巡撫侣鍾書》

吴江草莽生史鑑，承德音賜召，問以生民疾苦，令條具上陳，凡三件。其一坍荒田糧宜與分豁。江南諸州縣，北枕大江，東瀕滄海，而太湖一水瀦其中。近水之田，風濤吞嚙，日削月朘，十亡四五，而糧額尚存，未經放免。貧民包賠，歲歲無已，雖經具告官司勘申待報，動閲歲年，迄無了結。胥吏邀求百端，剥膚吸髓，反以爲射利之資。謡有錦灰堆之目，此之謂也。而貧民意幸除豁，欲罷不能，寧賣廬舍、鬻子孫，以副其求，是則困窮之中，又添一厄也。今造册在邇，適當其時，若不開除，又遲十載，是民之困苦無有息端之時也。宜選清强官屬，履行勘報，奏請開除，則吾民有幸，深痼之疾，庶乎其有瘳也。

史鑑《與陳璚論水利書》

近會沈啓南，讀吾子所寄書，尾有水利一事，載與伍僉事言單鍔之所建白者。噫，是夫惡足以語此哉！但能奉權貴，通富豪，以樁石爲名，欲費國家數萬金錢，侵牟實私橐耳。向非巡撫侶公、巡按張公、郡守孟公合力以遏之，則是役成矣。役成而有利於民，何惜於所費，但恐財盡而民窮，水利無纖毫之益爾。故建議之初，上自侍從之家，中至舉人之屬，下及胥吏之流，無不垂涎朵頤，則其所以自爲謀者，非淺淺也。是夫也惡足以語此哉！

夫江南水之爲害者，莫甚於湖州、蘇州、松江三府也。地勢既卑，百川奔湊，湖州西連廣德、宣州，南接杭州、嚴州，諸山、諸溪之水道於湖，而入於蘇，太湖東南之巨浸也。容匯停蓄，過於江而達於松，以放之海，則夫官是職者，其可斯須而離此地哉！其地勢之要害，有非他州之可比也。其他如常，如鎮，如杭，如嘉，地既高亢，水不停瀦，相視設施，固當次之也。而當時議設水利官屬之時，失於詳究，特令帶銜浙憲，彼庸常之人，莫不懷戀安逸，沈醉聲樂，嘯歌湖山，利害不接於其目，愁歎不聞於其耳，休戚不關於其心。孰肯去妻子，舍朋儔，遠逸樂，日趨於墊溺之鄉，以親卑濕之事也哉！不過歲一再行，以避文法爾。至於茭草之屬，悉令估賣，那東搟西，蹤跡詭譎。凡有小詞訟，則一概行提，人逾數百，高擡紙價，利其贏餘。至於大水懷襄之際，吾民曾不能望見其旌節，尚何得其處分之萬一哉！故自設官以來，未嘗有一人稱職者，豈人之性皆然哉？繇理勢與循習致爾。莫若請選清强剛正郎中一員，俾令挈其家屬，建牙于蘇，居數郡之中，道里既均，往來又易。又當其要害之處，巡視相度，不失機宜，較之坐守一城之中者，利害不可同日語也。

國朝永樂初年，户部尚書夏忠靖公治水江南，亦以三府爲急，巡行勞徠不常。厥後以通政使趙公居任踵而行之，此即往事之明驗也。或者又以爲杭州地濱於海，海患常作，今年西湖水漂入城，治水官屬雅宜居此，鑑請有以荅之。海水之嚙，暫不爲常，不暇遠舉。姑以國朝言之，永樂間海嚙仁和、海寧，比時雖有治水通政，以爲泛而不專，特遣張侍郎發民塞之。成化十三年，海嚙海寧，今都御史侶公方以監察御史巡按浙江，帥布、按二司官屬塞之。于時亦有水利吴僉事在，未嘗與力也。今年西湖上山崩水溢，卒然涌入，三司之官相率避於鎮海樓上，水利僉事亦在其中，未聞出一計施一策以退水也。幸其倏來倏去，不能爲災。以此觀之，則水利之官不居於杭，無損於事明矣。此則治水之官，當年之常法也。

啓南又以爲若欲開泄壅滯，任重而役大，有非部屬之官所能獨荷，必得重臣以專任之，始克集事。衆論以爲當在今户部侍郎劉公璋，鑑又以爲不然，劉公循規蹈矩之人也，昔爲布政，今爲侍郎，最爲得人，若處之以方面，恐其非應變之才也。以耳目之所聞見者，莫如湖廣按察使劉公喬。當其知歸安也，深恤民隱，甚有能名，講求水利最爲詳悉，故獻議於巡撫滕公，奏設此官。今本官歇歷中外，無不相知者久矣，不審其節行才名比前何如，吾子必詳知之，若使其有加無替，則舍斯人而莫可。況其官資已高，陟之執政，其孰曰不宜。其次莫如前吾蘇郡守孟公俊，其爲人也毅而有守，慤而有文，謙而有禮。但以前居蘇時，屢忤權貴，故得謗言，天地鑒視，日月照臨，卒無纖毫之實也。官資尚卑，陞之以重職，專委任之，則其所行必有大過人者。鑑鄙夫碌碌自守，已無意於世。今以吾子書中有及賤名，故謬陳管見如右。居廟堂而憂其民，吾子之責也，惟亮察，萬萬不宣。

蔡羽《與伍水部書》

竊惟執事平常負《禹貢》〔三〕之學，爲水曹之官，近者河渠紛紛，事須熟講，雖所將不同，憂國爲民之心一也。前者白茆之役，大司空爲國家興利，奮斷不惑，遂建不世之業。一勞永定，不計小費，誠偉誠善，然亦多得於天人之助。苟不因天時，相地利，乘人和，未見其濟也。今瀆川之役，憂在監司，監司執事之僚友也，平心而熟講之，勢獨不得乎？今赴江赴海，道有遠近，稽產賦工，册有情實，而道路誼然者，弊有所起也。夫疏鑿河渠，本爲國家興利，萬民生福，然愚民不見萬世之利，先見目前之憂。智者曰鑿白茆之阻而百川速，浚吴淞之尾而東江順，事既徵矣。愚者曰大害既除，小利可緩，舊冬力役，新冬暫紓，兹所以諠然道路也。太湖達婁、齊，孰速於盤門之鮎魚口？達江陰，孰速於無錫之獨山？二水既裕，長橋既多，門宜不待於瀆川也。或謂光福東通瀆川，西出滸墅，清横塘以納百川，修縱浦以向横瀝，郯亶、單鍔并有成説，勢不得已，寧失之緩，無失之驟，則天人應。徵科繁碎，寧失之輕，無失之重，則胥奸消。民有占田額多而官租不足，無阡無陌而居積巨萬者，監司豈知之乎？草茅之人不知忌諱，惟矜而采之。

姚文灝《論親行點視書》

昨會從容，備聞疵謬，非執事僕何繇而得此。欣慰，欣慰。但其中有一事愚心所未渝，不敢不質其疑於左右。承諭云：『凡諸堤岸溝渠，親行點視，不惟不能遍，且不勝其勞，矧小民被呼噪之煩，僕隸肆侵漁之毒。』又云：『在縣官爲之，亦且爲小。』以見僕之爲之，又小之小者也。至煩引《郭槖駝傳》爲證，執事之意彰彰矣，而僕尚闇焉。夫爲政有體，隨時而在，非自明理之儒，孰能免膠柱之誚哉？僕之愚迷，其失固多，然竊謂效勞之事，無上下大小之殊，有殊者或後世之失也。是故天子徇農，諸侯省耕，大夫協工，士庶盡力。昔者大舜負聖人之資，攝帝堯之位，内而九官分攝，外而十二牧分民。舜於此時端居冀方，總率宇内，豈不稱尊嚴之體，免臣庶之擾哉？乃與羣后更迭覲巡，僕僕然一歲而周四岳，所至之處，祭天可已，祀地可已，朝諸君相自尊，而忽於勞役之事，此所以不能無疑於執事之教也。　夫舜與世遠，典籍遼邈，又聖凡足以爲萬世戒也。　舜大聖人也，禹亦大聖人也，古稱其爲法于天下，可傳于後世。　僕不聞其以道有不類，而不能爲耶？　苟以爲非大臣之體而不可爲，則是後世之臣皆賢於禹，而禹之事適鯀是自百姓而上，無復有服勞者，何其與禹之見異也？　執事謂此皆懲禹之失，而不爲耶？　抑然於僚屬之上，孰肯少貶以就勞事，曰此有司之守耳。　爲有司者，又復若是，曰此百姓之役耳。其躬稼，是則禹之於水不獨自往，又自爲之也。　後之爲人臣者則得矣，職位稍崇，即自尊大，偃也，是必躬有執作之勞乃至此，若但擘畫指揮乎其間，則焦勞或有，而胼胝必無。《論語》亦稱惟恐不及，意者救饑拯溺之心橫於中，不暇顧事體之宜不宜也。　又『胼胝』云者，謂手足皮厚大勢可矣。　其他泥淖山徑之處，盡遣其屬以行而已，不勞焉，豈不可哉？　而禹方且崎嶇跋涉，舟，陸行乘車，泥乘輴，山乘樏也。　夫禹以一人而領九州之水，必不得而往，取通衢大川，相其哉？　然《書》稱其乘四載，而隨山刊木，史稱其手足胼胝何也？　嘗考『四載』云者，謂水行乘其他佐貳司空之職，又不知其幾爲禹者？　授以成算，坐收全功，豈不合大臣之體，無細事之勞君皆賢於舜，而舜之事適足以爲萬世戒也。　禹之治水，在堯、舜重華之下，居益、稷贊助之上，無供給之費，執事以爲與舜之事，孰簡而孰煩耶？　苟以爲非人君之體而不可爲，則是後世之辨此歟？　後世人主則得矣，穆然於九重之上，和鑾不響，而警蹕塵消。　諸侯無奔走之勞，百姓侯可已。　又屑屑然禮器之是修，量衡之是較，何舜之自小而不自尊也？　豈當時岳牧皆不足以不同，事難爲據。

姑以近世提舉浙西者言之，宋時有徐宗正者，親操畚鍤，率先衆庶。我明有趙通政者，巡行阡陌，泊宿洲渚，若是者如何也，皆可以爲戒歟？然此又所未見也。近日劉都憲總治張秋，文武官僚執役於河上者，不可勝數。爲劉公者坐乎一堂之上，令乎一堂之下，亦足以重國體而致河成矣。乃便服按行，日夕堤上，泥塗有所不顧，風雨有所不避。寧不計官吏之伺候，僕隸之侵漁哉？是執事所親也，豈亦以爲非歟？夫是三公者亦大臣也，其事皆載在方册，著在人耳目。僕不聞其以大臣自尊，而忽於勞役之事，此所以不能無疑於執事之教也。所謂必不能遍者然矣，僕意禹之汲汲如此，豈自度其能遍九有而後爲哉？亦盡其力之所及，所不及者，則亦已矣。若預計其不能遍，而概不行焉，非聖賢意也。夫子謂冉有曰：『力不足者，中道而廢，今汝畫。』是聖人不責人之中道而廢，而責人之畫也。彼計其不能遍而不行者，非畫歟？所謂不勝其勞者然矣。但既已受上之命，而用下之望，則不得不盡其勞，誰敢佚居哉！

昔韓子論孔席不暖而云『聖人非不知安逸之爲樂，誠畏天命而憫人窮也』。夫聖人未用，猶且上畏下憫，皇皇如此。假使見用於時，其急又何如哉？諸葛武侯亦曰：『鞠躬盡瘁，死而後已。』夫瘁亦人之所不欲，死亦人之所大惡也，彼豈獨不盡人情哉？誠以熊掌與魚有不可以兼得也。所謂小民被呼噪之煩者有之矣，僕使往年開運河，嘗呼噪其民於鎮江；去年浚諸浦，嘗呼噪其民於海濱；已而大修圩岸，又呼噪其民於田野，若是者皆可以已乎？意者擇可勞而勞之，不必避號召之煩，以佚道使之，不必慮怨尤之起也。倘謂農田之事，百姓之心，聽其自爲，不待督責，則農官不必設，水監不必開，夏忠靖不必來於前，徐司空不必繼於後矣。所謂僕隸肆侵漁之毒者，亦有之矣，但此輩害人，無往不然，顧馭之何如耳。得其法，雖野外亦不敢肆；失其道，雖庭中且不能防。執事謂一切官僚不出門庭者，便能免左右之漁獵乎，恐不可因此而廢彼也。惟其謹嚴其約束，減損其人數而已。僕每懲此，故凡入鄉之日，止用門僕一人，隸卒六人，更無書辦等役，竊效昔人單騎之行，不謂外人，猶復云云也。所謂在縣官爲之亦且爲小者，執事之警僕切矣，無非欲僕之識其大也。然僕以爲不必論其大小是非而已耳，故嘗謂政有可以坐理，官有可以堂居，較文聽訟之類是也。乃若水部農官則不然，必以舟航爲衙署，阡陌爲几席，探源索委，度高量卑，然後爲無負於人。苟或不然，皆心之所未盡，義有所未安，欲以稱於世曰賢水部、良農官，僕未之信也。況律有之，府縣官他事不許下鄉，而點視圩岸獨不在禁限，安得爲縣官爲之亦小也。

昔者子路爲宰，問政夫子，告之曰：『先之勞之。』明道程子之令晉城也，暇時每至鄉村召集老幼而告教之，詩書爲之句讀，社會爲之科條。夫宰與令亦今之縣官也，彼一聖一賢者，其所以誨人處，已皆不於其大，而於其小，何也？豈古今不同，舉措異耶？所謂《郭槖駝傳》可以爲法者，執事之警僕者又切矣，無非欲僕之不擾人也。僕謂柳子此說，亦因其警叢脞者耳，非以此爲足以盡理官之道。而凡爲理者，事事當如是也。若然則盡力溝洫之聖，反不如槖駝之守約也，且駝之于樹非蔑然無事也，先盡其培植之功，然後用其棄置之術。今則未也，堤防未盡修，川澤未盡導，猶之種樹未及培也，而遽以呼集勞來爲戒，亦同於枯槁而已矣，豈善學駝者哉？況彼之所病，正以長民者不親視，而徒使吏號於其鄉，故小民有饋吏之煩，而無得食之實。今僕則躬自往來，詢其難易，勤者勞之，惰者威之，與子厚之説似不類，執事比而同之，僕滋惑焉。夫惟執事宏達，又甚相愛，平時議論多所領解，此獨未悉者，意執事未及見僕之行事。初自遠方而歸，咻於莊岳之衆，未暇爲僕少致思耳。蓋此一事其最不便者，官吏忌其精察，糧長畏其刑威，此其騰説倒置實繁，以執事未思之情，而聽二者之説，此所以累言而累疑也。尚冀盪除目前，平視千古，遠稽聖賢之迹，近審諸子之規，必若以爲理有所不可，事有所不宜，循之則爲僨事之轍，改之則爲宜民之途，明白指趣，纖悉開示，雖愚迷敢不勵轉圜之節，服苦口之劑，以一忝人之心，以副知己之望哉！

張櫝《答張寅論水利書》

吴中之水曰震澤，曰具區，曰太湖，一也。其西之南則嚴、湖、杭天目諸山之原，有自苕、霅而來者。其西則宣、歙、池九陽江之水，有自五堰而來者。其北則潤州之金壇、延陵之丹陽與宜興之荆山之水，有自荆溪、百瀆而來者。其入海之道雖曰三江，而二江已絶。吴江南岸又築石堤以便綱運，而震澤之水漸以北徙。觀於今日，自江寧之五堰既治，而九陽之水不東注於震澤，而西下常州。蕪湖之港瀆以時而修，望亭之設堰在所得已。未數年前嚴州有山崩之變，水皆南下浙江，而苕、霅之水爲之少殺。劉家河開，夏駕浦疏，而婁江之塞者，以通華亭諸泖之水有所歸，而東江之微者以大，其爲患如澱山湖者，亦於是乎少息。斜堰決而四湖有泄水尾閭，七鴉不復當以諸浦論，而又爲吴中一大川矣。太湖入海之道雖曰三川，而其出吾州者已有其二，每爲渾潮所淤，則吾州先被其害。一議修治，則吾州獨當其勞，思患預防。

一曰：修閘以禦潮沙。諺曰：『海水一潮，其泥一箬。』新造之浦必設閘以禦，潮沙不能壅也。在吾太倉，除婁江、七浦上原洪闊，海潮所不能壅者，不必置閘外，其諸屢浚屢塞，如楊林入七浦，湖川入婁江之處，與鹽鐵塘南出婁江，北通七浦者，皆不可無閘。其他如石婆港、千步涇之類，則多置木竇，而又旁通月河，設爲硯壩，每遇大旱大澇，用以濟竇閘之所不及吐納，且以便小舟之往來。

二曰：專職掌以守成業。《周禮》遂人掌邦野，稻人掌稼地，曰『以瀦蓄水，以防止水，以溝蕩水，以遂均水，以列舍水，以澮瀉水』。旱則引川水於澮，以瀉之于川。宋定興開江兵級專治浦閘，茜涇鎮乃其屯兵處，議卒以時啓閉，常常理其閘外，使不至日積月淤而婁煩浚治，功不啻百倍耶？

三曰：輕地租以防壅塞。吾太倉之田賦雖均，而其名尚有曰田，曰地，曰山，曰池、溝、塗、蕩之異，而其賦亦各有等第。以今之壏身名之曰地，而比於塗、蕩之賦，立爲界畔，不得仍前廢棄侵占，則堈身可以常存，而限水易爲力矣。

四曰：慎陞科以抑豪强。凡以利爲名，利專於一人，而被其害者必衆。豪强欲謀兼併，每指溝洫塘浦爲塗蕩而陞科之，以升斗之米易十百千丈之業，或塞，或沃壤，或堰，或魚塘，而小民遂無從畎引，必嚴禁，痛革此弊可也。

五曰：纂圖志以便考閲。曰『諸侯惡其害己而皆去其籍』。先時清查圩圖，詳於田賦而未及於溝洫之制。愚意吾州三百有十里，必合幾十里爲一圖，四至皆以塘浦爲界，而復備開其各圩四至之溝洫，并圩中之溝洫而備書之，俾爲人所共知。則雖欲專之，而册籍井如不可得已。《禹貢》、《職方》之叙揚州不過數言，而山川貢賦，民生物産，所繇適於畿甸之路，無所不備，此聖人之經所當取法者。

此五者只爲備旱計，然高鄉之河港既通，亦低鄉之所必繇以導水者也。但水性下因而導，則順而易爲力，激而行之則逆，而難爲功。故郟氏於低田雖築圩岸，欲其高固，浚塘浦欲其闊深，而其於高田設堰瀦水，而又浚其經界溝洫，使水嘗周流浸潤，夫然後立堈門以防其壅，斯可以常無枯旱之患，而高低皆熟矣。

柴奇《上閣部請興水利書》

頃承明問，敢進瞽言，方切兢慚，乃蒙採納。謂興水利實今日吃緊第一議，七年之病，三年之艾，及今圖之猶未晚也。奇愚有以知執事之心，不惟欲活東南百萬生靈之命，抑欲培國家千百世富庶之基也。奇謹拜稽爲朝廷得人賀，而復述水利之詳，爲執事告焉。《禹貢》三江之舊不可得而復矣，太湖之水，惟併於婁江，而溢於白茆、七鴉二浦爲入海之道。七鴉猶爲通利，而白茅則湮塞成堤，水不能不泛溢而爲害。故有體國之忠者，恒抱將來之慮焉。

何以言之？五代時錢氏竊據一方，藉數郡所輸以爲國計，竭力經營，故有國百餘年，止長興一罹水災。宋初水利不修，東南告歉，則取諸淮北諸郡，水患逾五十年。南渡後日夜講求浚治之法，故百五十餘年，水災僅一二見，勝國之事大率類此。國初亦未見常稔，自夏忠靖公經理其地，水患始息，而周文襄公繼之，東南財賦遂甲於天下。今仍歲不登，公私交困，方議措置，事輒中止。所以難之者，蓋不過爲三説所屈耳。愚請別白言之。

爲浚治之難者曰：白茆海口漲沙爲梗，海潮一日再至，停積泥沙，雖大興工力，浚治數年，旋亦壅塞矣，往歲之役可鑒也。愚竊以爲不然，海口漲沙似非人力可爲，白茆傍近有馬草浜，可五里許，浚而廣之，可以曲避漲沙之梗。往時開浚所起之土，悉堆其傍，一夕霖雨，兩岸傾圮，不幾月而河流遂塞，勢使然也。吴中父老嘗以白茆長亘九十里，水行迂曲，相度其傍有湖漕，上接芝塘，不過三十里徑入大江，但漕水淺狹，必須開廣。以其事上之監司，因欲壞民廬舍墳墓，遂不果行。今惟復白茅之舊，而疏馬草港之水，於是〔四〕爲便，於勢爲易。舊時港身，東起海口，西抵芝塘，凡長六千五百餘丈。今欲即工之時，必擇收獲之後，自芝塘而馬草，自馬草而海口。每丈計用幾人，每人開深幾尺，少壯相間，畚鍤相繼，而復步設健勇幾人，搬運新土，離置數丈，兩岸所長之田，悉壄去之。若有新升之税，亦核實而開除之。馬草迤西至白魚洪等處，遇有乾淺，亦用疏通。七鴉支水爲楊林塘，爲湖川塘，各三十里，久已湮塞，亦復開浚使通，則白茆、七鴉水勢駛疾，太湖不能泛溢而爲害矣。

爲工費之難者曰：方今四隅多盜，輦轂之下，工作繁興，爲此大舉，所資不支。欲取之郡縣耶？則饑饉迭臻，公私告竭。欲請之朝廷耶？則司農少府輒以匱聞，徐議而緩圖之可也。愚竊以爲計大事者，不可惜小費，圖永逸者，不可懼先勞。往日己巳、庚午二歲水災，朝廷蠲放已及百萬，量前日之所放，計今日之所費，量今日之所費，計後日之所輸，孰多而孰寡耶？疏遠小臣，固不敢罔意論列，草野之間，嘗聞逆瑾之所積以萬萬計，無非取之閭閻之下，以飽溪壑之貪者也。謂宜合詞上請，無惜數萬之費，以建百世之功，則范文正公所謂『國之倉庾，晉人所謂外府者也』。往歲開浚白茆，自芝塘而海口，長六千五百五十丈，凡用五萬九千人。其一時因而即工者亦數處，總計用人凡十二萬，用米凡九萬，公私耗費亦萬計。計今日之所費，宜不出此，況乎失業之民，不輾轉四方，聚而爲盜，監司郡縣竊有隱憂，誠能募而用之，興非常之功，弭不測之變，活垂斃之民，一舉而三善備焉，亦何憚而不爲乎？

爲責任之難者曰：言天下事易，成天下事難。成天下事易，善天下事難。往歲朝廷嘗命大臣躬爲經理，事竣之後，或不免於物議焉，此當其事之難也。愚以爲大臣任天下之重，貴盡一己之職業，不顧在人之是非，往歲之役，議奪於衆人之見，功虧於一簣之餘，非有所損也。今日欲興大工，爲國家計，爲生民計，豈忍因之以爲前郤耶？浙江憲司雖設有水利僉事，分管蘇、松等處地方，然地遠而耳目有未及，權分而職任有不專，事干撫按，動見掣肘。弘治間，工曹奏設導河等夫，每歲每里僉夫一名，折收工價銀六兩，其後減收三兩，僱倩人夫開挑河道，雖若粗有成(蹟)[績][五]，繼之者乃不然焉，亦遂革去，今日無謂難其人也。忠靖身任其事，跋涉泥途者二十年，文襄請截綱運四十萬爲經理費，故當時水利疏通，爲國大利。廟堂之上豈無聞二公之風而興起者乎？

執事具疏上請特發内帑，親遣大臣會同撫按諸臣，詢問父老，相度地宜，如前所列，先以白茆爲急，大舉而浚治之。其次疏七鴉之壅塞，葺溧陽之五堰，復江陰之二十四瀆，則可以興百年之利，而增重朝廷之根本。若小小興作一二補苴，此蓋有司之事，非所望於執事者也。干冒尊嚴，不勝悚仄。

王同祖《上閣部設吴中治水專官書》

王者體國經野，設官分職，以爲民極。唐、虞之時禹作司空以平水土，《周禮》六卿之制，有冬官大司空，闕典無考。先儒講論《周禮》，以大司空之屬逸在五卿，若遂師、縣師、稻人、草人之類是也。禹之時洪荒草昧，故其任職之專。周公之時治定功成，故其立法也備。帝王之制爲萬世程憲若此。我朝設官大率因《周禮》六卿之名，取大唐《六典》之法而參酌宋、元之舊，以成一代之規，至爲詳且備矣。工部所掌都水、虞衡、屯田所司，可舉而言也。外有東南府縣，皆有治農專官，府有通判，縣有縣丞，使歲時循行阡陌，興修水利，以利民田。又每遇水災，則或敕巡撫、都御史等官治水，若正統間侍郎周忱，景泰間侍郎李敏，天順間都御史崔恭，成化間都御史畢亨，弘治間都御史何鑑、朱瑄，正德、嘉靖間尚書李充嗣是也。或特敕尚書、侍郎等官專治水患，若永樂間户部尚書夏原吉，弘治間侍郎徐貫，正德間都御史俞諫是也。或置僉事於浙江，專管蘇、松水利，則自成化八年始，若吴瑞、伍性、雷士旃是也。至弘治中裁革，或敕工部郎中或主事專治水利，若弘治間主事姚文灝，郎中傳潮、臧麟是也。至正德初裁革，末年復因水災遣郎中朱衮治水，未幾裁革。嘉靖初復敕郎中顏如環、林文沛治水，未幾裁革，迄於今仍以浙江僉事董水利事，若蔡乾、江良貴、蔡時、田玉今、朱衮是也。

自弘治以來，治水之官或設或罷，率無定制，故嘉靖初都御史許廷光、都給事中吴巖，相繼論列，請特設重臣以任治水之責。十一年，大理寺左寺丞周鳳鳴疏請設專官治水，是皆深知東南水利所繫不小，故惓惓焉。形之章疏，莫有能舉而行之者，蓋水利之官遇水患興修，固爲甚急，若歲豐無虞，則坐享優游，似爲閑冗，故議者輒以爲不宜專設，殊不知思患豫防之策，要在於平居而久安長治之規，實繇於積習非一朝一夕之所能辦也。且東南低下之區，歲有水患，但大小不同耳。夫苟水勢不漲，未足爲患，一遇大水，蕩爲巨浸。有司相顧束手無策，然後縣以聞於府，府以聞於撫按，撫按會議以聞於朝，事下户部覆議，動經旬日。比及旨下，文移往來，勘踏災傷，又復浹月。徐議所以救荒之策，官廩不足，繼以處畫，處畫不足，繼以勸借，比及關支，餓殍已十之八九矣。然後差官治水，量財調役，開江浚浦，不亦晚乎？是皆官不專設，水利之法久廢，一旦倉卒遇災，遂不可支，以至於此也。

或曰府縣皆有治農官，非專設乎？夫治農官之設，固祖宗良法美意，但行之既久，不能無弊，職任不專，或委以别務，賢愚不一，或雜以庸才，且工力財用，非所能辦，不過於歲時督民修築疏導，應行故事而已，又焉足以興大事，修大功也？或曰巡撫、都御史兼之可也。夫巡撫之職固無所不統，但其管轄地方廣大，政務浩繁，欲其專治水利，下行有司之事，亦日不暇給矣。或曰今浙江僉事之設，專管蘇、松水利，獨非專官乎？是固然也，但名雖專管，實則兼治。今治所猶在浙江，歲時不過巡行一二次而已，至其文移下行，有司視爲末務，漫不加省，亦不過取具依准回申而已，如此而謂之專官可乎？或曰郎中、主事，昔嘗差委治水，亦專官也。然有事則差，事已則革，廢置不常，久暫不定，又焉得爲專官乎？愚以爲必如今日僉事之設，專管蘇、松水利，内職則郎中、主事可也，外臺則副使、僉事可也。即於蘇州建立衙門，常時住扎，其松、常、鎮、嘉、湖、杭等府不時巡行，及浙東温、台、寧、紹等府瀕海之區，海塘堰壩成法具在，無俟興修者，則但委有司管轄，不必躬親往閲，使得專於蘇、松，相時立法，若前所言水利農田之事，地利有緩急，工程有大小，次第舉行，以期成效，則庶爲專官矣。然又須久任責成，假以歲月，毋徒苟且，止辨目前三載考績，視其勛業所就，量加旌擢，雖復遷官，仍其舊任。如此行之既久，則東南之水患庶乎可弭矣。何也？蓋官專而地近，則有司知所策勵，凡有興作，期於必行，而無廢閣因循之弊。任久而法著，則下民安於趨赴，凡有工役，期於必成，而無作輟偷惰之虞。是則專官久任，爲今日水利之急務如此，其所以量才而授任者，則在於持鈞衡者焉。

歸有光《上兵道熊桴水利書》

有光生長東南，祖、父皆以讀書力田爲業，然未嘗窺究水利之學。聞永樂初，夏忠靖公治水於吴，朝廷賜以水利書，夏公之書出於中秘，求之不可得見，獨於故家野老搜訪得書數種，因盡閱之，間採其議尤高者，彙爲一集。嘗見漢世國家有一事，必令公卿大臣與博士議郎雜議。始元中，諸儒相論難鹽鐵，及宣帝時桓寬推衍之至數萬言，而盛稱中山劉子、九江祝生之徒，欲以究成治亂，定一家之法。有光所取水利論，僅止一二，然以爲世所傳書，皆無逾於此者。郟大夫考古治田之迹，蓋浚甽澮，距川瀦，防溝遂列澮之制，數千百年其遺法猶可尋見如此。昔吴中嘗苦水，獨近年少雨多旱，故人不復知其爲害，而堤防一切廢壞不修。今年雨水，吴中之田淹没幾盡，不限城郭鄉村之民，皆有爲魚之患。若如郟氏所謂塘浦闊深而堤岸高厚，水猶有大於此者，亦何足慮哉！當元豐變法，擾亂天下，而郟氏父子荆舒所用之人，世因以廢其書，至其規畫之精，自謂范文正公所不能逮，非虚言也。單君鍔本毘陵人，故多論荆溪、運河古迹，地勢蓄泄之法，其一溝一港皆躬自相視，非苟然者。獨不明《禹貢》三江，未識松江之體勢，欲截西水入揚子江，上流工緒支離，未得要領。揚州藪澤曰具區，其川三江，蓋澤不患其瀦，而川患其不流也。今不專力於松江，而欲涸其源，是猶惡腹之脹，不求其通利，徒閉其口，而奪之食，豈理也哉！近世華亭金生綱領之論，實爲卓越，然尋東江古道於嫡庶之辨，終猶未明。誠以一江泄太湖之水，力全則勢壯，故水駛而常流；力分則勢弱，故水緩而易淤。此禹時之江所以能使震澤底定，而後世之江所以屢開而屢塞也。松江源本洪大，故别出而爲婁江、東江。今江既細微，則東江之迹滅没不見，無足怪者。故當復松江之形勢，而不必求東江之古道也。周生勝國時以書於行省及都水庸田使司，皆不能行。其後僞吴得其書，開浚諸水，境内豐熟。迄張氏之世，略見功效，至論松江不必開，其乖謬之甚，有不足辨者。尋周生之論，要亦可謂之詭時達變，得其下策者矣。有光迂末之議，獨謂大開松江，復禹之迹，以爲少異於前説。

然方今時勢，財力誠未可以及於此，伏惟執事秉節海上，非特保障疆圉，且以生養吾東南之赤子生民，依怙之者切矣。邇者風汛稍息，開疏瓦浦，五十餘年湮没之河，一旦通疏，連月水勢泛濫，凡瓦浦之南相近二十餘里，水皆北向而流，百姓皆臨流歎誦明公之功德。蓋下流多壅，水欲尋道而出，其勢如此。不得其道，則瀰漫横暴而不制，以此見松江不可不開也。松江開則自嘉定、上海三百里内之水，皆東南向而流矣。頃二十年以來，松江日就枯涸，惟獨崑山之東，常熟之北，江海高仰之田，歲苦旱災。腹内之民晏然不知，遂謂江之通塞無關利害，今則既見之矣。吴中久乏雨水，今雨水初至，若以運數言之，恐二三年不止，則仍歲不退之水，何以處之？當此之時，朝廷亦不得不開江也。

天下之事，因循則無一事可爲，奮然爲之，亦未必難，明公於瓦浦實親試之矣。且以倭寇未作之前，當時建議水利，動以工費無所於出爲解。然今十數年，遣將募兵，築城列戍，屯百萬之師於海上，事窮勢迫，有不得不然者。若使倭寇不作，當時有肯捐此數百萬以興水利者乎？若使三吴之民盡爲魚鼈，三吴之田盡化爲湖，則事窮勢迫，朝廷亦不得不開江矣。弘治四年、五年大水，至六年百姓饑疫死者不可勝數。正德四年亦如此，今年之水不減於正德四年，尚未及秋，民已嗷嗷矣。救荒之策決不可緩，欲望早爲措置米穀，設法賑濟，或用前人之法，召募饑民浚導松江，姑且略循近世之迹，開去兩岸茭蘆，自崑山慢水江迤東，至嘉定、上海，使江水復繇蹌口入海，放今年停瀦之流，備來年洊至之水，亦救時之策也。有光蹇拙，非有計慮足以裨當世，獨荷執事知愛，盡其區區之見，或有可備末議者，伏惟裁擇之，幸甚。

歸有光《上知府王儀書》

有光昨承明府論及水利，匆遽辭别，不及盡言。有光非能知水學者，然少嘗有意考求，見盧公《武郡志》，止抄録事迹，略無綱要。今新志因之，而近來言水利者，不過祖述此耳。嘗訪求故家野老得書數種，獨取郟氏二三家，斷以爲專門之學，遂彙録成書，非能特有所見也。惟以三吴之水瀦於太湖，太湖之水泄於松江，古今之論，無易此者，故著論以暢前人之旨。嘗又讀《禹貢》注三江者，迄無定論，惟郭景純及後來邊實之論爲是，故定以爲三江之圖。明府見諭謂吴淞江與常熟縣無預，有光所論三吴之水，非爲常熟一縣之水也。

江水自吴江經縣長洲、崑山、華亭、嘉定、上海之境，旁近之田固藉其灌溉，要之吴淞江之所以爲利者，蓋不止此，獨以其直承太湖之水，以出之海耳。今常熟東北江海之邊，固皆高仰，中間與無錫、長洲、崑山接壤之田，皆低窪多積水，此皆太湖東流不快之故。若吴淞江開浚，則常熟自無積水，然則吴淞江豈當與許浦、白茆并論耶？明府又謂揚子江、錢塘江何與於吴中水利？有光之意特欲推明三江之説，蓋自來論吴中之水，必本《禹貢》『三江既入』之文。自孔安國以下，以中江、北江爲據，既失之泥，班固、韋昭、桑欽近似而不詳，故當從郭景純。唯三江之説明，然後吴中之水可得而治也。經曰『三江既入，震澤底定』。先儒亦言三江自入，震澤自定，文不相蒙。然吴淞一江之入，震澤底定，實係於此經文，簡略不詳耳。有光誠恐論者不知此江之大漫，與諸浦無別，不辨原委，或泥張守節、顧夷之論，止求太湖下之三江，用力雖勞，反有支離湮汩之患也。但欲復禹之迹，誠駭物聽，即如宋郟亶時之丈尺，時力亦恐未及，而水勢積壅爲害，欲求明府先令所在，略據今日河影開挑茭蘆，使自崑山夏駕口至嘉定栅橋，尋入海之口，則江水有通流之漸矣。今春量撥賑饑之穀，召募饑民，或可即工。又旁江之民，積占茭蘆，指以告佃爲名，所納升斗之税，所占即百頃之江。兼之漲灘之税，亦多吏胥隱没，官司少獲其利。

昔宋時圍田，皆有禁約。今奸民豪右占江以遏水道，更經二三年，無吴淞江矣。若責所占之人，免追花利，止令隨在開挑，以復舊迹，則官不費而奸有所懲矣。有光二十年屏居江上，未嘗敢獻書當事者。異日吕公有意水利，然以平日非相知，不敢有所陳。前以分司舊識，因開瓦浦問及之，而明府親屈二千石之重，敦行古誼，虚懷下接，且惓惓以吾民之魚鼈爲憂，故特有言耳。

然區區所望於明府，有大於此者。昔魏王召史起問：『漳水可以灌鄴田，子何不爲寡人爲之？』史起曰：『臣恐王之不能爲也。』王曰：『子誠能爲寡人爲之，寡人盡聽子矣。』史起敬諾，言之於王曰：『臣爲之，民必大怨，臣大者死。其次乃籍臣，臣欲死，願王之使他人遂之也。』王曰：『諾。』使之爲鄴令，史起因往爲之，鄴民大怨，欲籍史起。史起不敢出而避之，王乃使他人遂爲之。水已行，民大得其利，繇此言之興一世之功，不當恤流俗之議也。區區之見，要以吴淞江必不可不開。即日渡江，遠離節下，豈勝瞻戀不宣。

歸有光《與崑山縣知縣彭富論水利書》

承明侯以本縣十一、十二、十三保之田土荒萊，居民逃竄，歲逋日積，十數年來官於兹土者，未嘗不深以爲憂，而不能爲吾民終歲之計。明侯戚然於此，下詢蒭蕘。有光生長窮鄉，談虎色變，安能默然而已。竊惟三區雖隸本縣，而連亘嘉定迤東沿海之地，號爲岡身，田土高仰，而吴淞江爲三州太湖出水之大道，水之經流也。江之南北岸二百五十里間，支流數百，引以灌溉。自頃水利不修，經河既湮，支流亦塞，然自長橋以東東流之水，猶駛迨夏駕口，至安亭過嘉定、青浦之境，中間不絶如綫，是以兩縣之田，與安亭連界者，無不荒。以三區言之，吴淞既塞，故瓦浦、徐公浦皆塞。瓦浦塞則十一、十二保之田不收，重以五六年之旱，溝澮生塵，嗷嗷待盡而已，此民之所以困也。

先時言水利者，不知本原，苟徇目前，修一港一浦以塞責而已。必欲自原而委，非開吴淞江不可。開吴淞江則崑山、嘉定、青浦之田皆可墾。議者不究其本，因見沿江種蘆葦之利，反從而規取其税，自用直浦、索路港諸地悉爲豪民之所占。向也私占而已，今取其税，是教之塞江之道也。上流既壅，下流安得而不閼乎？生愚爲三區之田而欲開吴淞江，似近於迂，然恐吴淞江不開，數年之後不獨三區而三州之民皆病也。若夫開瓦浦溉十一、十二保之田，開徐公浦溉十三保之田，此足支持目前下策也。生愚聞之，古之君子爲生民之計，必不肯拘攣於世俗之末議，而决以敢爲之志。況此三區本縣蕞爾之地，在明侯之宇下，得斗升之水，可以活矣。伏願毅然舉行，庶幾垂死而再甦之，其有德於吾民甚大。又今旱魃爲災，明侯昔日車馬所通，瀕河人迹所至之處，禾稼僅有存者。至於腹裏，無復青草，近經秋潦，往往千畝之田，枯苗數莖，隨水蕩漾而已。救荒之策真如拯溺救焚，萬不可緩者，惟明侯留意焉。

王世貞《與閣下王錫爵書》

江南設有水利憲臣，議尚未定，或有爲當設僉事，或有以爲宜復御史者，或有以爲宜特遣大臣者。復御史不過仍委兵道，多挾郡僚，臨期一以文移塞責而已，下僚多一番承應，百姓多一番騷擾。至於添設大臣，尤屬童稚之見。彼豈有不避艱勞，不求速化，如夏忠靖、周文襄者？況年力愈衰，體面愈重，費用愈廣，何益之有？無已則僉事乎？於民爲近，於簡爲慎。然鄙意則以未煩銓曹，議定官府，先須撫按計處錢糧。今東南民力竭矣，救死不（瞻）［贍］〔六〕，安能枵腹而事版築。若損官儲，而借之賑饑則可，然倉庾竭矣，何所請發而以供役徒？且今歲之潦，在湖海之漲，下流滿而不受，不在上流闕而未泄也。第以爲此事宜暫緩，唯先有司修築圩岸爲主，蓋費小利大，目前之至計也。若久遠之圖，唯廟堂更熟慮焉。

陸樹聲《與巡按李堯民論水利書》

承示別劄，仰見仁臺，軫念窮黎，焦勞經畫，爲吴民造命者，無遺算矣。而猶計及停折，德意所加，切於乳哺，信吴民有二天矣，其將百世頌之。所諭河工已浚，當事者業有成績。竊聞之先猷，謂治水之大要有二，曰蓄，曰泄。非蓄無以防旱，非泄無以禦潦。蓋旱則資蓄以灌輸，潦則資泄以疏導。非獨有泄而無蓄也。故三吴謂之澤國者，水所鍾也。如主於治潦，欲一决而涸之，不幾於因噎而廢食乎？今吴江而下，浦港支渠分流而東者謂之西水，西水盛則海潮不能駕越。邇緣支河淺澀，西水之來者微緩，海潮之至者湍泛，故潮至則勢急而退速，潮去則沙留而易凝。退速則無灌輸之實，易凝則多淤澱之虞。如仁臺所謂水鹹泥濁者，或以此也。今所慮者潮沙日積，河身漸仰，其於蓄泄不無兩妨。

論者謂吴江長橋之水，迤邐而東，繇浦港支渠分流，放于海而下，猶之自咽喉而達胸腹腸胃，以下注尾閭者也。如令咽喉鯁噎，胸腹腸胃壅塞，則尾閭雖通而津液不注，關鬲且將不利矣。故浦港支河尤宜浚治，務令深下，則停蓄流通無所壅塞。遇澇則水藉以容納，而不至於漫延；遇旱則水得以車戽，而不苦於乾暵，此兩利之道也。乃若田間水道，則責令田户各加疏浚，此又不待言矣。今吴淞之工已畢，聞之當事者，亦將有事於此。僕老耄懵於世故，因承下問，率爾布此，第恐言之無當，且以犯越俎之嫌也，惟仁臺亮之。

趙用賢《與水利道許應逵論常熟水利書》

吴淞爲上流所急是矣。考宋史自張獻叔及本朝錢溥皆云：松江東南高仰，西北窪下，其受水分流之大者，曰吴淞、黄浦。今臺下已浚吴淞，於此兩分之説，盍再加察，恐上流應浚者不止吴淞一江而已。自此以下，其流益分，其入海之道亦益縷析，所不及詳數。賢常熟人，則一邑水道，所身歷而可指數者。敝邑居吴郡城東北，太湖之水一繇長洲而下，繇巴城而上，以常熟、崑山爲尾閭，常州諸流則自無錫百瀆、望亭、宛山蕩而下，無慮數十道，亦皆以常熟爲匯。故唐、宋治水言上流必於吴淞，言下流必於白茆、七浦。考之趙霖嘗云：自田圩既廢，水通爲一，若遇南風則太湖、淞江與崑山積水盡奔常熟，北風反則常熟水之東赴者亦然。是見敝邑形勢，最關諸水衝要，其後任古、陳彌作相繼相度，皆言常熟之浦二十四，悉北入於江，崑山之浦十有二，悉東入於海。蓋昔人患淞江不能獨勝太湖之注，而獨重於敝邑如此。及詳治水諸策，莫精於錢武肅，其所設開江指揮，專駐常熟，范文正時稍益，卒至二千餘，則其重又可知。今欲盡復二十四浦之舊，必非力所可及。

若所謂白茆、許浦、福山、黄泗四浦，則似與吴淞江之勢相爲聯絡，必不可緩。蓋此四浦者元人嘗資爲運道，至張士誠據吴，不憚勞民，大發卒浚之。故我聖祖平吴，因置四巡簡於四港之口，以當時四港最大，爲鹽盜之出没也。百餘年後漸至湮塞，弘治中，都御史何公鑑、主事姚文灝，並大加開滌。今又百餘年，湮塞等於平陸矣。夫此四浦者，白茆居邑之正東，折而入於海，百二十里稍紆。東北曰許浦，入江八十里。當邑城之北曰福山港，入江最近三十六里。西北則曰黄泗浦，入江九十里。白茆往爲巡撫海公瑞略加疏浚，雖未迄工，海口尚未大利，然今流幸稍通數年已來，亦賴其利，乃其最徑而切。又稍近而易爲工者，則莫若福山一港而已。此港受東來直注之水，到江最易，宜與白茆稱亞，其旁多良田，頃者漸瘠鹵不堪矣。然而未有言及之者，以白茆昔時稱爲運道，其名最著，故言者往往先之。又福山之湮已久，有勢力之家，不蓄産於此。日者敝邑所議開，乃皆在三丈浦、奚浦，所費亦不資。則以此二港有三四要人田廬盡在其間，故出力得首從事耳。且舊籍所載福山港所開工食，大約不過四千二百有奇，以易具之費，而成三吴最急之工，亦宜少留神焉。

不才又(問)〔七〕聞言，今海口俱高於内地，即加開治，終亦無利，此近孩童不解事語。昔范仲淹上吕相書，其辨『江流若高，必無姑蘇』一語，足破千古。又瀕海之地，特高於他處謂之岡身，蓋天地之氣，至邊則少結以限海潮，惟不浚則海口之沙日壅，望之似高耳。惟臺下先燭此説之謬，然後循次修舉。又若敝邑目前所極要者，築圍一節臺下未及施工。於治河則宜加意於築岸，許光凝曰：『開一江有一江之利，浚一浦有一浦之利。』郟亶曰：『築圩可以禦小水，而不可以禦大水，然則必浚河而又築圩，則吴之田利而無患矣。』若止浚一吴淞，譬如人身毛竅八萬四千，獨舉一竅治之，其餘壅蔽爲害，亦不細耳。

趙用賢《與兵道李淶論水利書》

敝邑居郡城之東北，吸浙西苕、霅、太湖東泄諸水，繇吴江經郡城，會於常熟。自無錫而北太湖分流及荆溪、孟河諸水亦會於常熟。常熟在漢、唐有三十二港，以泄全湖建瓴之勢。旱則資潮汐，潦則藉分殺，故田常稔，而有此名。至元末獨存四港，已東爲白茆，嘗資爲運道，其流最大。稍北爲許浦，正北爲福山港，極西北爲三丈浦，至正中亦幾湮廢，故江南水災無日不聞。

僞吴之起，首浚四港。聖祖因之，故於此四港并設巡司，防禦海警。

以總勢論，蓋太湖之水大半歸於敝邑，而正東所受郡城及陽城湖、婁江衆流，亦下而歸於敝邑，故敝邑乃三吴之尾閭。敝邑入江諸港無壅，則長洲、吴江、無錫諸浸殺其六七矣。又以四港論，白茆入海稍紆而東，計百二十里。許浦亦不下百里，獨福山港在縣城正北，入江僅三十六里最徑，而三丈浦則以泄邑西太湖之水，其利在西北一方，於邑似少緩焉。隆慶間，撫臺海公嘗浚白茆一港，幾成而去，然累年猶少賴之。至許浦、福山二港則置不講，頃年惟三丈浦既大浚，又旁及奚浦、鹿苑，紛紛動衆，皆爲一方計，又皆爲有勢力者計耳，而邑之大形勢、大利害或未及也。故爲今目前最急計，無如擇其近而易爲力者，如福山一港先加開浚，然後以次及於白茆、許浦，白茆差尤易，以海公之浚尚不遠，猶能通流故也。福山港一通，則郡城直注之水，徑從北入江，敝邑、長洲、吴江諸浸可殺其六矣。

王焕如曰：『海忠介於隆慶末，開吴淞江畢，即疏白茆港，以解任匆迫不竟厥功，甫數載而白茆澱淤。萬曆初年，林江臺奉特遣至吴，所賜璽書，坐浚白茆，反覆勘估，倉猝竣役，上章累數千言，叙勞勩之績如畫，及梓行册考，謂忠介糜金錢四萬餘緡，而彼僅半之。迄今列郡黎民追忠介吴淞之伐，户祝家尸，而海虞一邑，謂忠介白茆之役遠孫江臺。趙文毅虞人也，素持月旦，目擊先後之疏治，兹談水利竟無隻字誦江臺，此其功罪之案何如也？忠介貞操與日月争光，而白茆遺憾，豈奉行者不得其法與？愚讀文毅斯篇爲之浩歎。』

趙用賢《再答兵道李淶問水利書》

辱明問具見留意民瘼，蓋東吴無百年不治之水，以地獨卑窪，内匯太湖之巨浸，而四灌以江海之洪流，故其通易塞，少塞則中流溢出，而滂溺之禍歲歲不免。蓋在西境則吴江、黄浦、婁江諸港最大。在東北境入江者，則無如崑山、常熟，而在常熟獨有四港以分其勢，即宋所置開江營，獨重此一邑可知矣。惟明公再籌之，如惠臨敝邑，當造膝以對。

周永年《復吴江縣知縣熊開元問水利書》

伏蒙手札，下詢水利，備見留心禹績，此百世之永賴，非一方之偏計。仁臺智欲窺五行之先，仁能窺萬姓之便，故肯究竟此事。奈此學久無顓門，永年妄意籌量，亦心長目短，兹奉明問僅以臆對。

大都論水於江北則利在漕，論水於江南則利在田。顧名思義，知水之何以利，則治水之大綱在握矣。欲求水之利，先審水之害，害在淤塞，則利在疏通，害在泛溢，則利在停泓，而泛溢之病又根於淤塞，其要總不出蓄、泄二字。故歲修之計，無如深其浜漊，高其岸塍，以治田之法治水，深者益深，則流疾而不至上涌。高者益高，則防峻而不受潰入。此嘗面奉台諭，洞中肯窾，得官民同心，年歲繼踵，便可久遠，絶陽侯之虐。惟是大興水利，則事關蘇、松二郡，役費金錢巨萬，而敝邑縣治適介左江右湖之中，則言浚決者，不能不於此注意。東坡所謂盡徙吴江一縣之民者，既爲迂論，單鍔所謂鑿吴江岸爲千木橋者，亦非捷法。計惟有用決法於江海之交，用浚法於江湖之間。而新漲爲勢家所有，則畚未動而肘先掣，是闢除之難。浮土無别地可積，則堆近於岸，而還復於水，是安頓之難。作壩以浚水，浚竟而壩根微在，則泥沙即以漸聚，插竹結草以捕魚，捕久而水面各分，則茭葦即以潛滋，是洗刷之難。且無論是諸難，而淺深廣狹須用倉舒秤象，若水量江之術相勾較，非坐談之客所謂快其脣吻也。

明問所云泛舟規度，插木表記，誠所不容已者。即當嘉靖間修邑志時，沈憲副亦偕白邑丞乘舫周遊，而其書若圖始就，況即思約計工費，而可憑空指畫乎？前聞台委各區總開報水利，永年慮此輩欲虛應故事，曾詳囑承行吏書云：各區須開明本區大小湖港若干，小水浜漊若干，其大水通流者，從何而來，從何而去，何年何處曾塞，何年何處曾開。其二都南、三都西之水，竟有向入湖而今出湖者，務須審實註明。又須逐區挨聯，畫成圖本，以便接績成帙。它日郡邑水利官，按圖臨視，有不合者，責歸開報之人。不知吏書、區總肯以鄙言從事否？仁臺既垂念此事，或即可因修志以圖治水，得嚴諭各承委者一番，使其及時開載，亦可據以爲案，而更加辨析也。

其太湖向繇吴松江入海者，是其大道。今長橋左右，既皆變作民居、民田，湖水無從直來，龐山湖亦半成蘆蕩，湖水無從盡去，是江與湖且即有間阻矣，何論海口？數年前嘗泛吳淞，已荻葦彌望，今更不知江面所存何似。日侯豫瞻，嘗述吳淞之在嘉定境者，當其尊人少時，尚見一日兩渡，今可跨而越矣，似此不盡成高阜不止耳。自城東而抵松郡，不過五十里，距海則更百里而遥。太湖既不得從長橋直東，只得迤邐而南，從徹浦橋、八斥鎮東出者爲多。幸東路有白蜆江等諸闊大處，可受以轉達於松之澱、泖不盡，恃龐湖與吳淞爲承受耳。若講求水利之書，以所見則林江臺所刻《三吳水考》悉吳中之事，沈憲副所作《吳江水利考》切邑中之事，皆足資考鏡者也。

校勘記

〔一〕薦荒　四庫本作『薦饑』。

〔二〕汙下　四庫本亦作汙下，疑應是『圩下』。

〔三〕明刻本與四庫本均作『貢禹』，誤。

〔四〕於是　四庫本亦作『於是』，似應爲『於事』。

〔五〕成蹟　『蹟』誤，應是『績』。

〔六〕救死不瞻　『瞻』誤，應是『贍』。

〔七〕問聞　衍『問』字，四庫本無此『問』字。

吴中水利全書卷之十八

志

志以徵實，在先朝唯尊信史，凡有詔令并係全文之中。本朝則蒐拾遺編，務存典確，而剿襲者不入。

［宋］志出後代編叙，然事則宋也，故標以宋，元仿此。

脱脱[一]等《宋史·河渠志》一

開寳間，議征江南，詔用京西轉運使李符之策，發和州丁夫及鄉兵凡數萬人，鑿横江渠於歷陽，令符督其役。渠成以通漕運，而軍用無闕。天禧四年，知江陰軍崔立率民修廢塘，浚古港，以灌高仰之地，并賜詔奬焉。神宗熙寧元年十月，詔杭之長安、秀之杉青、常之望亭三堰監護使臣，并以管幹河塘繫銜，常同所屬令佐巡視修固，以時啓閉，從提舉兩浙開修河渠胡淮之請也。二年二月甲申，先是凌民瞻建議廢吕城堰，又即望亭堰置閘而不用。及因浚河隳敗古涇涵、石閘、石磋，河流益阻，百姓勞弊，至是民瞻等貶降有差。六年五月，杭州於潛縣知縣郟亶言：『蘇州環湖，地卑多水，沿海地高多旱，故古人治水之迹，縱則有浦，横則有塘，又有門堰涇瀝而棋布之。』今總二百六十餘所，欲循略古人之法，七里爲一縱浦，十里爲一横塘。又因出土以爲堤岸，度用夫二十萬，水治高田，旱治下澤，不過三年，蘇之田畢治矣。十一月，命亶興修水利，然措置乖方，民多愁怨，僅及一年遂罷兩浙工役。又數月，中書檢正沈括復言浙西涇浜淺涸當浚，浙東堤防川瀆湮没當修，請下司農貸緡募役，從之，仍命括相度兩浙水利。哲宗元祐四年，知潤州林希奏復吕城堰，置上下閘，以時啓閉，其後京口、瓜洲、犇牛皆置閘。紹聖二年，詔武進、丹陽、丹徒縣界沿河堤岸及石磋、石木溝并委令佐檢察修護，勸誘食利人户修葺，任滿稽其勤惰而賞罰之，從工部之請也。元符元年正月，知潤州王悆建言吕城閘當宜單水入澳灌注閘身以濟舟，若舟沓至而力不給，許量差牽駕，兵卒併力爲之，監官任滿，水無走泄者賞，水未應而輒開閘者罰，守貳、令佐常覺察之，詔可。二年閏九月，潤州京口、常州犇牛澳閘畢工。先是兩浙轉運判官曾孝蘊獻澳閘利害，因命孝蘊提舉興修，仍相度立啓閉日限之法。三年二月，詔蘇、湖、秀州，凡開治運河港浦溝瀆，修壘堤岸，開置斗門水堰等，許役開江兵卒。

徽宗崇寧元年十二月，置提舉淮浙澳閘司官一員，掌杭州至揚州瓜洲澳閘，凡常、潤、杭、秀、揚州新舊等閘通治之。崇寧二年初，通直郎陳仲方别議浚吴淞江，自大通浦入海，計工二百二十二萬七千有奇，爲緡錢糧斛十八萬三千六百，乞置幹當官十員。朝廷下兩浙監司詳議，監司以爲可行。時又開青龍江，役夫不勝其勞，而提舉常平徐確謂三州開江，兵卒千四百人，使臣二人，請就令護察已開之江，遇潮沙淤澱，隨即開淘，若他役者，以違制論。確與監司往來被賞，人以爲濫。六年三月，詔曰：『昨二浙水災，委官調夫開江，而總領無法，役人暴露，飲食失所，疾病死亡者衆。水仍爲害，未嘗按實究罪，反蒙推賞，何以厭塞百姓怨咨。乃下本路提刑司體量，提刑司言開浚吴淞青龍江，役夫五萬，死者千一百六十二人，費錢米十六萬九千三百四十一貫石。積水至今未退，於是元相度官轉運副使劉河等皆坐貶降。』

大觀元年五月，中書舍人許光凝奏乞開江浚浦，願委本路監司，與諳曉水利者詳究利害。詔吴擇仁相度以聞，開江之議復興矣。十一月詔曰：『《禹貢》：「三江既導，震澤底定。」今三江之名既失其所，水不趨海，故蘇、湖被患，其委本路監司選擇能臣，檢按古迹循導，使之趨下，并相度圩岸以聞。』於是復詔陳仲方爲發運使，屬官再相度蘇州積水。二年八月，詔常、潤歲旱，河淺留滯，運船監司督責浚治。三年，兩浙監司言，承詔按古迹導積水，今請開淘吴淞江，復置十二閘，其餘浦閘、溝港、運河之類以次增修。若田被水圍，勸民自行修治。章下工部，工部謂今所具三江或非禹迹。又吴淞江散漫不可開淘泄水，遂命諸司再相度以聞。四年八月，臣僚言有司以練湖賜茅山道觀，緣潤州田多高仰，及運渠夾岡水淺易涸，賴湖以濟，請别用天荒江漲沙田賜之，仍令提舉常平官考求前人規畫修築，從之。十月，户部言乞如兩浙常平司奏，專委守令，藉古瀦水之地，立堤防之限，俾公私毋得侵占。凡民田不近水者，略仿《周官》遂人、稻人溝防之制，使合衆力而爲之，詔可。

政和元年十月，詔蘇、湖、秀三州治水，創立圩岸，其工費許給越州鑑湖租賦。已而升蘇州爲平江府，潤州爲鎮江府。二年七月，兵部尚書張閣言『臣昨守杭州，聞錢塘江自元豐六年泛溢之後，潮汛往來，率無寧歲，而比年水勢稍改，自海門過赭山，即回薄巖門、白石一帶北岸，壞民田及鹽亭監地，東西三十餘里，南北二十餘里。江東距仁和監止及三里，北趨赤岸瓪口二十里，運河正出臨平下塘西，入蘇、秀若失障禦，恐他日數十里膏腴平陸皆潰於江，下塘田廬莫能自保，運河中絶，有害漕運，詔亟修築之』。四年八月，詔鎮江府傍臨大江，無港澳以容舟楫，三年間覆溺五百餘艘。聞西有舊河，可避風濤，歲久湮廢，宜令發運司浚治。是年詔曰：『聞平江三十六浦内，自昔置閘，隨潮啓閉，歲久湮塞，致積水爲患。其令守臣莊徽專委户曹趙霖，講究利害，導歸江海，依舊置閘於是。發運副使應安道言，凡港浦非要切者，皆可徐議。惟當先開崑山縣界茜涇塘等六所。秀之華亭縣欲并循古法，盡去諸堰，各置小斗門。常州鎮江府望亭鎮，仍舊置閘。八月，詔户曹趙霖相度役興，而兩浙地方擾甚。七年四月，尚書省言盧宗原浚江，慮成騷擾，詔權罷其役，趙霖別與差遣。

重和元年六月，詔兩浙霖雨積水，多侵民田，平江尤甚，繇未浚港浦故也。其復以趙霖爲提舉常平，措置救護民田，賑恤人户，毋令流移失所。八月，詔加霖直秘閣。宣和元年二月，臣僚言江、淮、荆、漢間，荒瘠彌望，率古人一畝十鍾之地，其堤閼水門溝澮之迹猶存，近絳州民吕平等詣御史臺，訴乞開浚熙寧舊渠，以廣浸灌，願加税一等，則是近世陂池之利且廢矣，何暇復古哉！　願詔常平官有興修水利功效明白者，亟以名聞，特與褒除，以勵能者，從之。八月提舉專切措置水利農田，所奏浙西諸縣各有陂湖溝港涇浜湖濼，自來蓄水灌溉，及通舟檝。望令打量官按其地名丈尺四至，并鐫之石，從之。三月，趙霖坐增修水利不當降兩官。六月，詔曰：『趙霖興修水利，能募被水艱食之民，凡役工二百七十八萬二千四百有奇，開一江一港，四浦五十八瀆，俱已見成績，進直徽猷閣，仍復所降兩官。』宣和二年九月，以真、揚等州運河淺澀，委陳亨伯措置。五年三月，詔吕城至鎮江運河淺澀狹隘，監司坐視，無所施設。兩浙專委王復，淮南專委向子諲，同發運使吕淙措置車水通濟舟運。四月，又命王仲閎同廉訪劉仲光、漕臣孟庾專一往來措置常、潤運河。又詔東南六路諸閘啓閉有時，比聞綱舟及命官妄稱專承指揮，抑令非時啓版走泄河水，妨滯綱運，誤中都歲計，其禁止之。五月詔以運河淺涸，官吏互執所見，州縣莫知所從。其令發運司提舉等官同廉訪使者參訂，經久利便列奏。是月，臣僚言鎮江府練湖與新豐塘，地里相接八百餘頃，灌溉四縣民田。又湖水一寸，益漕河一尺，其來久矣。今堤岸損缺，不能貯水，乞候農隙次第補葺。詔本路漕臣，并本州縣官詳度利害，檢計工料以聞。

靖康元年三月，臣僚奏言東南瀕江枕海，水易泄而多旱，歷代皆有陂湖蓄水。祥符慶曆間，民始盜陂湖爲田，後復田爲湖。近年以來復廢爲田，雨則被潦，旱則枯涸，民久承佃，所收租税無計可脱，悉歸御前，而漕司之常賦有虧，民之失業無筭，可乞盡東南廢湖爲田者，復以爲湖，庶幾凋瘵之民稍復故業，詔相度利害馳奏以聞。八月，户部言命官在任興修農田水利，依元豐賞格，千頃以上該第一等，轉一官，下至百頃皆等第酬奬。紹聖亦如之，緣政和續附常平格，千頃增立轉兩官，減磨勘三年，實爲太優。詔依元豐、紹聖舊格施行。

脱脱等《宋史·河渠志》二

浙西運河自臨安府非郭，務至鎮江江口閘，六百四十一里。淳熙七年，帝因輔臣奏金使往來事曰：『運河有淺狹處，可令守臣以漸開浚，庶不擾民。今十一年冬，臣僚言運河之浚，自北關至秀州杉青，各有閘堰，自可瀦水。惟沿江上塘有小堰數處，積久低陷，無以防遏水勢，當以時加修治，兼沿河下岸涇港極多，其水入長水塘、海鹽塘、華亭塘，繇六里堰下私港，散漫悉入江湖。以私港深，運河淺也。若修固運河下岸一帶涇港，自無走泄。又自秀州杉青至平江府盤門，在太湖之際，與湖水相連。而平江閶門至常州，有楓橋、滸墅、烏角溪、新安溪、將軍堰，亦各通太湖。如遇西風，湖水繇港而入，皆不必浚。

惟無錫五瀉閘損壞，累年常是開堰徹底放舟。更江陰軍河港勢低，水易走泄，若從舊修築，不獨瀦水可以通舟，而無錫晉陵間所有楊湖亦當積水，而四傍田畝皆無旱暵之患。獨自常州至丹陽縣，地勢高卬，雖有犇牛、吕城二閘，别無湖港瀦水。自丹陽至鎮江，地形尤高，雖有練湖，緣湖水日淺，不能濟遠，雨晴未幾，便爾乾涸。運河之淺狹莫此爲甚，所當先浚，上以爲然。至嘉定間，臣僚又言國家駐蹕錢塘，綱運糧餉仰給諸道，所係不輕。水運之程，自大江而下，至鎮江則入閘，經行運河，如履平地，川廣巨艦直抵都城，蓋甚便也。來年鎮江閘口河道淤塞，不復通舟，乞令漕臣同淮東總領，及本府守臣，公共措置開撩。

脱脱等《宋史·河渠志》三

潤州水：紹興七年，兩浙轉運使向子諲奏，禁練湖占佃，增置斗門石礎，補堤防。乾道七年，以臣僚言：丹陽練湖幅員四十里，納長山諸水，漕渠資之，故古語云：『湖水寸，渠水尺。』在唐之禁甚嚴，盗决者罪比殺人。本朝寢緩其禁以惠民，然修築嚴甚。春夏多雨之際，瀦畜盈滿，雖秋無雨，漕渠或淺，但泄湖水一寸，則爲河一尺矣。兵變以後，多廢不治，堤岸圮闕，不能貯水，强家因而專利，耕以爲田，遂致淤澱。歲月既久，其害滋廣。望責長吏浚治堙塞，立爲盗决侵耕之法，著爲令。庶幾練湖漸復其舊，民田獲灌溉之利，漕渠無淺涸之患，詔兩浙漕臣沈度專一措置修築。慶元五年，兩浙轉運、浙西提舉言：以鎮江府守臣重修吕城兩閘畢，再造一新閘，以固堤防，庶爲便利。從之。

脱脱等《宋史·河渠志》四

常州水：隆興二年，本州守臣劉唐稽奏開申、利二港、孟瀆、百瀆。至乾道二年，以漕臣姜詵等請造蔡涇閘，及開申港上流橫石，次浚利港以泄水勢。六年三月，又命兩浙運副劉敏士、浙西提舉芮輝，於新涇塘置閘堰，以捍海潮。楊家港東開河置閘，通行鹽船，仍差閘官一人，兵級十五人，以時啓閉挑撩。五月，又以兩浙轉運司并常州守臣言，填築五瀉上、下兩閘，及修築閘裏堤岸，仍於郭瀆港口、舜郎廟側水聚會處築捺硬壩，以防走泄運水。委無錫知縣主掌鑰匣，遇水深六尺方許開閘，通放客舟。淳熙五年，以漕臣陳峴言，於十月募工開浚。無錫縣以西橫林小井，及犇牛、吕城一帶，地高水淺之處，以通漕舟。九年，知常州章冲奏疏治本州港閘溪湖，詔令相度開浚。嘉泰元年，守臣李珏奏浚漕渠，以便綱運，修建望亭上下二閘，固護水源。從之。

脱脱等《宋史·河渠志》五

蘇州水：乾道初，平江守臣沈度、兩浙漕臣陳彌作言：疏浚崑山、常熟縣界白茆等十浦，約用三百萬餘工。其所開港浦并通徹大海，遇潮則海内細沙隨泛以入，潮退則沙泥沉墜，漸致淤塞。今依舊招置闕額開江兵卒，次第開浚，不數月諸浦可以漸次通徹。又用兵卒駕船，遇潮退，摇蕩隨之，常使沙泥隨潮退露，不致停積，實爲久利。從之。淳熙元年，詔平江府守臣與許浦駐扎戚世明，同置措開浚許浦，三旬訖工。

脱脱等《宋史·河渠志》六　時華亭縣屬秀州

秀州之水：境内有四湖，一曰柘湖，二曰淀山湖，三曰當湖，四曰陳湖。東南則柘湖，自金山浦、小官浦，入於海。西南則淀山湖，自蘆瀝浦入於海。西北則陳湖，自大姚港、朱里浦入於吴淞江。其南則當湖，自月河南浦口、澉浦口，亦達於海。支港相貫。乾道二年，守臣孫大雅奏請，於諸港浦分作閘或斗門，及張涇堰兩[岸][二]創築月河，置一閘，其兩柱金口基址，并以石爲之，啓閉以時，民賴其利。淳熙十三年[三]，兩浙轉運副使張叔獻上言：華亭新涇塘、招賢港閘廢毁，莫禦鹹潮，傷禾，乞加修築。上曰：『此閘須當爲之。方今邊事寧息，惟當以民事爲急。民事以農爲重，朕觀漢文帝詔書，多爲農而下。今置閘，其利久遠，不可憚一時之勞。』十五年，以兩浙路轉運判官吴坰奏請，命浙西常平司措置錢穀，勸諭人户，於農隙併力開浚華亭等沿海三十六浦湮塞，決泄水勢，爲永久利。乾道七年，秀州守臣丘密奏，修華亭新涇堰，捍禦鹹潮。從之。尋詔特轉丘密左承議郎，令所築華亭捍海塘堰，趁時栽種蘆葦，不許樵採。九年，又命華亭縣作監閘官，招收土軍五十人，巡邏堤堰，專一禁戢，將卑薄處時加修捺。令知縣、縣尉并帶主管堰事，則上下協心，不敢廢壞。淳熙九年，又命守臣趙善括悉發一萬工，修治海鹽縣常豐閘及八十一堰壩，務令高牢，以固護水勢，遇旱可以瀦積。十年，以浙西提舉司言，命秀州發卒浚治華亭鄉魚祈塘，使接松江太湖之水，遇旱即開西閘堰，放水入泖湖，爲一縣之利。

劉蒙《松郡水利志》一

嘉祐三年，轉運使沈立開崑山之顧浦。五年，轉運使王純臣請令蘇、湖、常、秀修作田塍，位位相接，以禦風濤。令縣官教誘殖利之户，自作塍岸，定其勸課爲殿最。六年，轉運使李復圭、知崑山韓正彦，開松江之白鶴匯，如盤龍之法。崇寧中，郟亶又浚治之，皆爲民利。

劉蒙《松郡水利志》二

紹聖中，浙部水溢，轉運副使毛漸奏請按錢氏有國時故事，起長安堰至鹽官，徹清水浦入海。無錫芙蓉湖、武進廟堂港、常熟疎涇、梅李以入揚子江。又開崑山七鴉、下張諸浦。東北道吴江開大盈、顧會二浦，東南浚柘湖、新涇、下金山小官浦，悉入於海，自是水不爲患。

劉蒙《松郡水利志》三

政和中，提舉常平官興修水利，欲涸亭林湖爲田，盡決堤堰以泄湖水。華亭地勢東南益高，西北益卑，大抵自三泖五浦下注松江以入海。雖決諸堰，湖水不可泄，鹹水竟入爲害。於是東南四鄉爲斥鹵之地，民流徙他郡。中間州縣官懼其害，復故堤堰，獨留新涇塘以通鹽運。

海潮晨夕衝突，塘口至闊三十餘丈，鹹水延入蘇、湖境上。隆興間，言者復請决諸堰，以姜詵言而止。是歲八月，邑人右正言許克昌力言於朝，時丘崈以太傅除知秀州，奉命行視，與令堵觀。議以新涇塘潮勢湍急，運港距新涇二十里，水勢稍緩，於是募四縣夫移堰於運港，始九月二十六日，終十二月二十七日。併築堰外諸港，及運港之兩岸，東岸自堰至徐浦塘二十四里十七丈，西岸自堰至柘湖二十三里，上闊六尺，下闊一丈五尺，高六尺。明年正月，遣御史蕭之敏按視還奏，詔增崈秩，復租九年，以招復流民。又明年正月，遣中使宣諭守臣張元成增築。二月，特設監堰官一員，土軍五十人，置司顧林亭，以防鹽運私發諸堰。後堰外隨潮沙漲，牢不可壞。二州之田得免鹹潮浸灌之患，崈所築諸堰具列於後：

運港大堰闊三十丈，深三丈六尺，厚二十丈九寸。

驥涇堰闊一十五丈，深三丈五尺。

黄姑涇堰闊五丈，深一丈五尺。

張戀涇堰闊一十二丈，深三丈。

老兒涇堰闊二丈，深一丈。

何家涇堰闊一十丈五尺，深二丈。

善涇堰闊九丈，深一丈六尺。

徐家涇堰闊九丈，深一丈八尺。

邵家涇堰闊九丈，深一丈八尺。

新開涇堰闊九丈，深一丈八尺。

招賢涇堰闊一十一丈，深二丈八尺。

管家涇堰闊三丈，深一丈四尺。

張涇堰闊三丈，深一丈。

戚家涇堰闊六丈，深二丈五尺。

丫叉涇堰闊五丈，深二丈二尺。

蔣家涇堰闊七丈五尺，深一丈六尺。

吴塔涇堰闊一十丈三尺，深二丈六尺。

竹岡堰縣東六十里。

沙岡堰縣東七十里。

按徐碩《嘉禾志》，又有防海鹽塘石湖堤塘，鹹堰、將軍堰，通前凡二十餘所，自增築海塘，諸堰皆廢。今所存者唯張涇一堰、一閘，故時港名亦多改易，不可考矣。

劉蒙《松郡水利志》四

前進士胡恪開三江五滙，夫三江包於太湖，五滙三十六浦四十二灣，常曲爲之制，則水有所歸，永不爲患。乃詔給簿尉俸，隨司門員外郎李公傳相度開修三江積水。後轉運提刑提舉司言，開淘吳淞江湮塞去處，自大盈諸浦泄水入海，凡用二百二十二萬七千八百一十五工，錢糧一十八萬三千九十八貫石。

歸有光《嘉祐開吳淞江志》

吳淞江南岸

張家浜　戴家浜　青浦　古江　南蹌浦　上海浦
大盧浦　西盧浦　新涇　魚浦　小許浦　盤龍江
儳儻浦　周涇　西舊涇　赤眼浦　華潮浦　淮浦
朱墅浦　艾祁浦　青龍江　浦家江　大盈浦　梁紇浦
南澥浦　直浦　趙屯浦　内勳浦　石浦　道褐浦
金竈浦　蕭市浦　陸虞浦　千墩浦　任浦　漳潭浦
同丘浦　諸天浦　張浦　帆歸清　大直浦　少里浦
東齊浦　剎力浦　吳浦　界浦　甪直浦

吳淞江北岸

江灣浦　坊浜　唐莊清　東彭越浦　西彭越浦　趙浦

大塲浦　桃樹浦　下槎浦　中槎浦　上槎浦　石橋浜
新華浦　封家浜　李墅浦　上棧浦　何浦　陸皎浦
東黄渡浦　裘浦　西黄渡浦　桑浦　顧浦　安亭港
徐公浦　北澥浦　大瓦浦　小瓦浦　蔣浦　三林浦
金城浦　顧幕浦　木瓜浦　下駕浦　天明浦　新洋浦
馬仁浦　小虞浦　大虞清　良里浦　新瀆浦　下里浦
黄瀆浦　及野浦　界浦　曹涇　六市浦　管簾浦
張浦　戴墟浦　陸涇　廟涇　箭涇　青丘浦
索路港

右嘉祐所開新江，淞江自湖口來入海，兩岸皆浦，形如百足。今有見在通流者，或填淤僅如溝瀆，或没不復見，而地名猶存，皆可尋究。酈道元《水經注》云：『東南地卑，萬流所湊，濤湖泛決，觸地成川，舊瀆難以悉數。』酈氏生長北方，未嘗親見，蓋以意度之可耳。　觀吴淞江兩岸港浦，永樂二年夏忠靖掣崑山、嘉定諸塘浦，引吴淞江入劉家河，於上海浚范家浜接黄浦，而於江之東段初不施工，蓋已失水之勢矣。

〔元〕

宋濂等《元史·河渠志》一

練湖在鎮江，元有江南之後，豪强之家於湖中築堤圍田耕種，侵占既廣，不足受水，遂致泛溢。世祖末年，參政暗都剌〔四〕奏請依宋例委人提調疏治，其侵占者驗畝加賦。至治三年十二月，省臣奏請依江浙行省議，合依宋制設夫修浚練湖，瀦蓄潦水，并疏治運河，自鎮江路至吕城壩長百三十一里，計役夫萬五百十三人，六十日可畢。又用三千餘人浚滌練湖，九十日可完。人日支糧三升，中統鈔一兩，行省行臺分官監督，所用船物，今歲預備，來春興工，合行事宜，依江浙行省所擬。既得旨，都省移文江浙行省，委參政董中奉率合屬正官，親臨督役。於是董中奉言，所委前都水少監崇明州知州任奉政、鎮江路總管毛中議等議，練湖、運河此非一事，宜依澱山諸湖，農民取泥之法。用船千艘，船三人，用竹籥撈取淤泥，日可三千載，月計九萬載，三月之間通取二十七萬載，就用所取泥增築湖岸。

自鎮江在城程公壩至常州武進縣吕城壩，河長百三十一里一百四十六步，擬開河面闊五丈，底闊三丈，深四尺，與見有水二尺，可積深六尺。所役夫於平江、鎮江、常州、江陰州及建康路所轄溧陽州，田多上户内差倩。若浚湖開河二役并興，卒難辦集，宜趁農隙先開運河工畢，就浚練湖。省准所言，與都事王徵事等於泰定元年正月，至鎮江丹陽縣，洎各監工官沿湖相視，上湖沙岡黄土，下湖茭根叢雜，泥亦堅硬不可篅取。又議兩役并興，相離三百餘里，往來監督供給爲難，願以所督夫一萬三千五百十二人，先開運河，期四十七日畢，次浚練湖二十日可完。繼有江南行臺侍御史及浙西廉訪司副使俱至，乃議首事運河，備文咨稟，遂於是月十七日入役。二月十八日省臣奏，開浚運河、練湖重役也，宜依行省所議，仍令便宜從事。後各監工官言，已分運河作三壩，依元料深闊丈尺開浚，至三月四日畢工。數内平江崑山、嘉定二州實役二十六日，常熟、吴江二州、長洲、吴二縣實役二十八日，餘皆役三十日，已於三月七日積水行舟。又監修練湖官言，任奉議指稱元料增築堤堰及舊有土基，共增闊一丈二尺，平面至高底灘脚增築，共量斜高二丈五尺，依中堰西石磋、東舊堤卧羊灘修築如舊，堤高闊已及所料之上者，遇有崩缺，修築令完。中堰西石磋五百婆堤西上增高土一尺，有缺亦補之，五百婆堤至馬林橋堤，水勢稍緩，不須修治，其堤底間有滲漏者，窒塞之。三月六日破土，九日入役，至十一日工畢，實役三日。歸勘任少監元料開運河夫萬五百十三人，六十日畢。浚練湖夫三千人，九十日畢。人日支鈔一兩，米三升，共鈔萬八千一十四錠二十兩，米二萬七千二十一石六斗。實徵夫萬三千五百十二人，共役三十三日，支鈔八千六百七十九錠三十六兩，糧萬三千十九石五斗八升。比附元料省鈔九千三百三十四錠三十四兩，糧萬四千二石二升。其練湖未畢，相視地形水勢再議。

參政董中奉又言，練湖舊有湖兵四十三人，添補五十七名，共百人，於本路州縣苗糧三石之下，二石之上差充，專任修築湖岸，設提領二員，壕寨一人，司水三人，於有出身人内選用。工部議練湖所設提領人等印信，即同湖兵，宜咨本省遍行議擬。又鎮江路言，運河、練湖今已開浚，若不設法關防，徒勞民力，除關本路達魯花赤兀魯失海牙〔五〕總治其事，同知哈散〔六〕、知事程郇專管啓閉斗門。行省從之。

宋濂等《元史·河渠志》二

浙西諸山之水受之太湖，下爲吴淞江，東匯澱山湖以入海，而潮汐來往逆湧，濁沙上湮河口。是以宋時設置撩洗軍人，專掌修治。元既平宋，軍士罷散，有司不以爲務，勢豪租占爲蕩爲田。州縣不得其人，輒行許准，以致湮塞不通，公私俱失其利久矣。至治三年，江浙省臣方以爲言，就委嘉興路治中高朝列、湖州路知事丁將仕，同本處正官體究，舊曾疏浚通海故道，及新生沙漲礙水處所，商度開滌，繪圖呈擄丁知事等官按視講究，合開浚河道五十五處，内常熟州九處十三段，該工百三十二萬一千五百六十二。崑山州十一處九十五里，用工二萬七十四日，役夫四百五十六，宜於本州有田一頃之上户内，驗田多寡，算量里步均派，自備糧赴工疏浚。正月上旬興工，限六十日工畢，二年一次舉行。嘉定州三十五處，五百三十八里，該工百二十六萬七千五十九，日支糧一升，計米萬二千六百七十石五斗九升，日役夫二萬一千一百一十七，六十日工畢。工程浩大，米糧數多，乞依年例，勸率附河有田用水之家，自備口糧，佃户傭力開浚。奈本州連年被災，今歲尤甚，力有不逮，宜從上司區處。高治中會集松江府各州縣官按視，議合浚河渠，華亭縣九處，計五百二十八里，該工九百六十八萬四千八百八十二，役夫十六萬一千四百一十四人。日支糧二升，計米一十九萬三千六百九十七石六斗四升。上海縣十四處，計四百七十一里，該工千二百三十六萬八千五十二，日役夫二萬六千一百三十四人。日支糧二升，計二十四萬七千三百六十一石四升，六十日工畢。官給之糧，傭民疏治。如下年豐稔，勸率有田之家，五十畝出夫一人，十畝之上驗數合出，止於本保開浚。其權勢之家置立魚籪，并沙塗栽葦者，依土出夫。

其上海、嘉定連年旱澇，皆緣河口湮塞，旱則無以灌溉，澇則不能流泄，累致凶歉，官民俱病。至元三十年以後，兩經疏闢，稍得豐稔。比年又復壅閉，勢家愈加租占，雖得徵賦，實失大利。上海縣歲收官糧一十七萬石，民租三萬餘石，略舉似延祐七年，災傷五萬八千七百餘石。至治元年，災傷四萬九千餘石。二年，十萬七千餘石。水旱連年，殆無虚歲。不惟虧欠官糧，復有賑貸之費。近委官相視地形，講議疏浚，其通海大江未易遽治，舊有河港聯絡官民田土之間，藉以灌溉者，今皆填塞，必須疏通以利耕種。欲今有田人户，自爲開浚，而工役浩繁，民力不能獨成。繇是議上海、嘉定河港，宜令本處所管軍民、站竈、僧道諸色有田者，以多寡出夫，自備糧作治，州縣正官督役。其勢豪租占蕩田妨水利者，并與除闢。本處民田税糧，全免一年，官租減半。今秋收成，下年農隙舉行，行省、行臺、廉訪有司巡鎮外，據華亭縣、崑山、常熟州河港比上海、嘉定緩急不同，難爲一體，從各處勸農正官，督有田之家，備糧併工修治，若遽興工，陰陽家言癸亥年動土有忌，預爲咨稟可否？

至泰定元年十月十九日，右丞相旭邁傑〔七〕等奏，江浙省言：吴淞江等處河道壅塞，宜爲疏滌，仍立閘以節水勢，計用四萬餘人。今歲十二月爲始，至正月終，六十日可畢。用二萬餘人，二年可畢，其丁夫於旁郡諸色户内均差，依練湖例給傭直糧食。行省、行臺、廉訪司并有司官同提調臣等，議此事官民兩便，宜從其請。若丁夫有餘，止令一年畢命。脱懽答剌罕〔八〕諸臣同提調專委左丞朵兒只班〔九〕，及前都水任少監董役得旨，移文行省，準擬疏治江浙省下各路發夫入役，至二年閏正月四日工畢。

宋濂等《元史·河渠志》三

太湖爲浙西巨浸，上受杭、湖諸山之水，瀦蓄之餘，分匯爲澱山湖，東流入海。世祖末年，參政暗都剌言：澱湖被人侵占，壅塞水勢，農田遇潦受患，宜令本省官清治，仍設軍夫巡守。世祖曰：『利益美事，舉行已晚。』其行之，既而平章鐵哥〔一〇〕言：委官相視，計用夫十二萬，百日可畢。昨奏軍民共役，今民丁數多，不須調軍。世祖曰：『有損有益，咸令均齊，毋自疑惑，其均科之。』至元三十一年，世祖崩，成宗即位。平章鐵哥奏：澱山湖宋制設軍屯守，臣等計議應募民夫四千，調軍士四千，協同屯守。命伯顔察兒〔一一〕暨樞密院議畢聞奏。於是樞府言：嘗奏澱山湖在宋時設軍屯守，范殿帥、朱、張輩必知其故，擬與省官集議定併奏，有旨從之。乃集樞府官及范澱帥等共議。朱、張言：宋時屯守河道，用手號軍，大處千人，小處不下三四百，隸巡檢司管領。范殿帥言：差夫四千，非動摇四十萬户不可，若令五千軍屯守，就委萬户一員，提調事成可行。臣等亦以爲然，與都水巡防萬户府職名，俾隸行院。樞府官又言：若與知源委之人詢其詳，候至都定議。從之。

楊維楨《澱山湖志》

浙西水利，歸附後隸行大司農，司有曰營田者屬司也，因領四省地方，無濟事功而罷。至元二十八年，江淮行省燕參政言：浙西諸郡之水聚於太湖，湖有幾處入海河道。有澱山湖者，富豪之家占據爲田，以致湖水漲漫，損壞田禾。繇是都省奏，命其左右司郎中都爾彌失〔一二〕相與開挑。緣燕昔宿澱湖之山寺，寺之主僧一能詩，燕以掃葉命賦，一乃搦管遽書云：『階前掃落葉，明朝落更多。惟恐落盡了，無奈秋風何。』燕悦感寤，第疏理其大都焉。明年，江浙行省請諸都省委前浙西鹽使沙的〔一三〕促之，言水利人潘應武抵論去冬今春開浚溝浦三百餘處，并無一處通徹，僅有遞澱湖之曹家門百餘丈而已。三十年，又值霖潦，都省復奏命斷事官禿剌思〔一四〕、行院董僉院、浙東宣慰使哈剌歹〔一五〕，選知水利人吴俊、張桂榮、潘應武相視，到合修湖泖河港，合置橋梁閘壩九十六處，總用夫匠一十三萬，可修一百日了畢。都省之張參議者挺議所占湖田，是宋係官田地，宋亡之後富户據之，合收糧米還官，爲挑河支用，都堂然之。故即湖田開新港三條，闊約三十餘丈，及浚趙屯、大盈二浦，活疾湖流而遂輟焉。

孫鼎《松郡水利志》一

大德二年春二月，中書省奏：立浙西都水庸田使司三品衙門，於平江路設置，專一修築圍岸，疏浚河道，務要田農得濟，水道流通，圍岸堅固。内一事浙西澱山等湖已有定立官湖界，諸人不得似前侵占，復爲民害，違者庸田司就便追斷。又浙西海水晝夜兩潮，隨帶沙泥入港，漸成壅遏。宋時另設撩清軍人，專一撩洗。今仰庸田司於二、八月内，依時督責，如法疏浚，毋致壅遏，與民爲害。據浚治河道修理堤岸閘壩，合用人工如何措置，可以常久通行，行省便爲從長議擬。又浙西官田數多，俱係貧難佃户種納，春首缺食，無田主借貸，圍岸缺壞，又自行修理，官司不爲存恤，以致逼臨在逃，荒廢官田，深爲未便。今後官田佃户，若委無已業，亦無請討田主，貧難下户，止種官田，自赴官倉送納租者，管民官司并不得將此等佃户差充。里正主首雜當一切催甲等役，妨廢農務，失誤官租，如違仰庸田司究治。又澱山、練湖諸人占湖爲田，歲納租糧，所在官司另行收貯，若有合行修浚人工、物料，從庸田司募工支用。

孫鼎《松郡水利志》二

大德八年夏五月，中書省准江浙行省咨任仁發言：吴淞江故道淤塞，奏立行都水監，仍於平江路設置，直隸中書省，及命行省平章徹里[一六]提調疏浚。繼降詔旨，有云：『開挑修浚河道閘壩等，合用一切物料，行省於官錢内收買應付。』又浙西苗糧户内，起夫一萬五千名，自備什物，每名工役一年，免糧一十五石。其軍站除贍役地外，依上科着僧道也里可温答失蠻[一七]，不分常住并權豪官員，不以是何投下不納官糧之家，以地五頃，著夫一名，從行都水監選委廉幹官員，起夫督役，其有釐立事功廉能稱職者，行都水監具迹舉明，其著夫人户，雜泛差役，權用蠲免。

孫鼎《松郡水利志》三

大德十年，行都水監復開挑吴淞江東、西兩處河道，起工於閏正月之三日，自上海縣界趙屯浦、大盈浦、白鶴江分莊觜、樊浦西浜、盤龍舊江，計長三十七里三百二十一步，數内樊浦爲頭一河，下接新涇舊江，面闊二十丈，餘稍遜而不等，俱深一丈五尺。休於三月之二十九日雨輟，而實日五十九，策夫二百四十五萬六千四百一十九。既又於廟涇以西，盤龍以東，開挑出水口子五處，并新涇安置木閘二座，一至江二里三百三十九步，一至江一里四十七步。尋北一座上源太湖，水勢湍急衝倒。

孫鼎《松郡水利志》四

至大初，江浙行省以連年水旱災傷，田禾不收，物價湧貴，百姓艱食。雖曰天災流行，亦因人力不至。即今春首農作將興，各處田圍高下不等，合修陂塘圍岸溝渠，曉諭農家，須要依法修置。遇旱車水澆救，遇潦泄水通流。會集行都水監官李都水，講究得修浚之際，田主出糧，佃户出力。係官圍田若無總佃，貧窮無力，不能修浚者，量其所須，官爲借貸，收成日抵數還官。事有成效，勸農正官定擬陞賞開奏，失誤者治罪，其拋荒積水田土，多因租額太重，無人承佃，勸諭當鄉富土人户，自備工本修築成圍，聽令本户佃種爲主。拋荒官田，止納原租，初年免徵，次惟半而三甫全。積荒則三年後第依民田輸税，諸人不得争奪，及照到前庸田司五等圍岸體式，以水爲平，爲第一等，高七尺五寸，底闊一丈，面闊五尺。田高一尺爲第二等，高六尺五寸，底闊九尺，面闊四尺五寸。田高二尺爲第三等，高五尺五寸，底闊八尺，面闊四尺。田高三尺爲第四等，高四尺五寸，底闊七尺，面闊三尺五寸。田高四尺爲五等，止添備水，高三尺，底闊六尺，面闊三尺。若水原落圍岸，迫近諸湖去處，自願增者聽。

孫鼎《松郡水利志》五

泰定元年，江浙行省以平江、淞江通海河道比年壅塞，軍民官豪勢户侵占水面，插蒔蘆葦，復爲蕩田，致水不通流，遞年水旱相仍，官民虧失大利。委官同本處正官踏視講議，到吴淞舊江二道，烏泥涇、大盈浦二河合挑洗立閘，緣是年方位禁止動土，請諸工部論報云。上項河道江浙省已嘗講議，修則官無虧糧，民可足食，難與其餘土木之工，一體停罷。繇是中書奏命行省左丞朶兒只班、知水利前都水少監任仁發，督董常州、湖州、嘉興、平江路、江陰州與本府，不論是何人户，實有納苗田土一頃五十畝差夫一名，計名四萬有奇，每名實支口糧三升，中統鈔一兩。松江府官糧廣濟庫撥鈔四萬錠，内支放賜仁發銀一錠、襖子二領。始於二年十二月初五日，以次年正月十五日訖工。舊江二道比大德所開里數三之二，深闊如初。大盈浦長二十五里一百六十丈，與烏泥涇各深一丈，闊一十五丈，仍令講究永不致淤塞良法。

孫鼎《松郡水利志》六

泰定三年，任仁發等官講議吴淞江等四處河道，今已開通，擬合瀦閉附江達海。分流支港於平江嘉定州之趙浦，嘉興、上海縣之潘家浜、烏泥涇三處，各置石閘二座，設官管領。依時啓閉，以遏渾潮，使閘内清水一歸於海，衝渲江道深闊，渾潮不致傍流入江停淤，去害就利，以圖悠久之益。中書工部參詳，安置石閘，即係都省先已奏准事理，宜咨行省更爲體勘，如委便益，就令已委官員監督置造，合用工物、夫匠、口糧係官錢糧應付，於是分派趙浦閘二座，嘉定州成造。潘家浜南閘一座，上海縣造；北閘一座，崇德、海鹽州合造。烏泥涇南閘一座，嘉興縣造；北閘一座，華亭縣造。是春庀，閲夏成，夫匠爲工二十六萬四千七百七十二，糜糧七千九百四十三石，鈔二萬八百一十六錠各有奇。逮天曆元祀，詔謂：『自立庸田司以來，殊無實效，罷而復府焉。』

孫鼎《松郡水利志》七

至順、至元間，置閘乖宜，旱霪交病。旱而閘内耕甿，緣閉潮汐枯灌漑，遞鳩錢求勿閉，名曰『買潮』。霪而府修牘請於行省，略曰：『太湖周迴八百餘里，吞吐諸山百川之水，連接澱山湖、長泖，俱繇六閘而出，每閘止闊二丈，總計一十二丈，閘門欲泄浩蕩無窮之水，豈無滯乎？兼以隨潮啓閉，一日之間不過數時。去歲至順元年，天雨連綿，湖泖水漲，其常、湖、平江、嘉興、杭州諸處之水積於下，爲緣諸港閉塞，閘内不能急泄，致將田禾一概渰没，城郭居民房屋皆成巨浸。今歲八月間，又值雨水霪霖，復成盈溢，推原其繇，蓋因石閘啓閉有時，水勢不能直達下流故也。其烏泥涇閘内，舊有河身徑直下流入浦，擬合趁此農隙，差倩人夫，權將舊河直道從宜開挑，以導宿水歸海。否則來春雨水不常，官糧必被渰没，小民愈遭疲困，深係利害。』未報間，司臬按部下議從之，府復而始報，可。起工於次年春二月之十六日，開浚河長五百一十步，闊五丈，深一丈五尺。凡旬有三浹，計庸三萬一千九百六十九，二三年間水勢流通，厥患胥弭。既攖閘吏惙尸曠積，以權開陳，乞於府從堰如初，仍改。至元之四年，水復患，華亭尹郭也先不花〔一八〕承議，又克鑿之。六年，知府楊伯野台〔一九〕復決潘家浜閘內舊堰直河，迄今爲利。時府人劉廷玉，請於張涇、盤車二堰置閘，深浚外河，導水歸海。伯野台復從之。發民疏浚，置斗門焉。

孫鼎《松郡水利志》八

至正元年，中書以江浙行中書左丞相欽察台〔二〇〕開府言：浙西水利廢弛，溝港湮塞，民受重困，宜命都水監官分治，仍令各農事正官帶銜知圍田。從御史言：復立都水庸田使司，披圖按志，討論挑治，專任使以責成功。於是立使司，復於平江路設置，端命工部尚書禿魯〔二一〕行省平章政事，這里完答〔二二〕南行臺與浙西廉訪司官各一員，選知水利之人，相其舊迹，必合開挑。各處農事正官結銜知渠堰事，聽受使司節制。各官既奏，嘉興首會郡堂，以商論《尚書》訏謨大典亟斸，隆尚厥功。平章卓見役巨民疲，特略之，論遂不合而罷。且尚書憒會失首坐居後，第知渠堰官即詣寓舘關白以施，比卒攸務無復會焉。吴人陸行直者，承平章風旨，上書言於有司曰：『辛巳太歲位在東南，浙間丁其方位，修營動土，曆家忌之。』有司謄其言，以次達於朝，尚書知之，怒繫行直，而使請中書規駁論罪之。以故報曰：『大元疆封，浩大無垠，寰宇茫茫，難擬方位，繇是肇工。』於是年冬十月，撈攏吴淞江北南岸下沙泥，浚濮各閘舊河直道深闊。府之西門外漕渠，自秀野橋至跨塘橋一段，石湖橋、五舍橋二段及張涇、風波塘、南俞塘、北俞塘、鹽鐵塘、官紹塘、盤龍塘、蒲匯塘、六磊塘、石浦塘一十處河道。若張涇自府南門外太平栅而至張涇堰，長六十三里，爲夫一十九萬八百四十，用糧四千七百四十七石，鈔三千一百六十四錠，各有奇餘。咸稱是工甫半，華亭長尹以稽而嬰都水使者笞辱，是以晨夜催切，遂惟面闊焉，然亦底次年之春二月迄功，使者汪僉事萬家奴〔二三〕也，使司至十五年復罷。

孫鼎《松郡水利志》九

至正二年，塘式原高一丈，面闊一丈，底二丈。今度最高處，惟十四保蔡廟西九尺而已。耆畯并稱云，塘外二里六十步，已有古塘二，俱被海潮衝坍。此塘係大德五年風潮後所築，今四十餘年，人馬牛畜踐踏過，去土一尺也。及度到修合去處，九保餘閏收宿日荒字圍一十二段，十一保福田庵破窰港一十一段，十二保周公墩東來字圍三十六段，十四保張家宅西，鹽倉前凌家堰，蔡廟西三十段，通七十三處，共八十九段，長一千五百五丈八尺，爲八里六十五丈八尺，積土三百二十五萬一百三十二尺，爲庸三十二萬五千三十。浹月之程，日庸一萬八百三十三紐，計食鹽二十七引三十三斤，糧五千四百一十六石各有奇。於是繇及平江與嘉興都庸三千人以築作，獨平江發繇而造者二百二十四。繼踵行省臺虞以所料浩大，時急難究，改議怯薄者添土幫修，低窪者增高築壘。自六月辛亥卒戊辰，爲日一十八，庸四萬二百一十二而輟，使司之分綜厥務汪僉事也。

歸有光《大德開吳淞江志》

大德八年，都水監開江丈尺：

吳淞江東南黄浦口起，至大盈浦口止，一萬五千一百丈。

大盈浦口起，至永懷寺東止，一千六百丈。

永懷寺東起，至趙屯浦口止，一千五百丈。

趙屯浦口起，至陸家浜止，二千三百五十丈。

陸家浜起，至千墩浦口新洋江止，一千六百丈。

通計長二萬二千一百五十丈，廣二十五丈，深一丈五尺。

右浙省平章燕只吉臺徹里[二四]以轉粟京師，資東南所輸，殆當天下十七，而淞江淤塞不通，瀰漫浸灌，沮洳害稼，遂發卒數萬浚決是江。

［本朝］

史鑑《吴江運河志》上　成化十三年，南京户部右侍郎王恕徵取。

吴江縣運河之説有二。一從杭州錢塘諸山發源下流爲西湖，東出北關門，又北逾仁和及嘉興之崇德、桐鄉、秀水諸縣，至於王江涇。而吴江運河起於此河之西，爲石塘，有橋曰聞店橋，内爲市，約千有餘家。蓋秀水、吴江之民雜居焉，橋之下衆水走湊，東入於河，自南徂北，十里而至於市涇，又八九里而至於合路，折而西流，又一二里而至於黎涇，又四里而至於南六里，皆有橋臨塘，西南受穆溪之水，而入於河溪之源，又出其東南曰睡龍灣，相傳宋高宗南渡時宿此，故名。下有泉騰躍湧上，常混混波面也。河縣六里橋而西四五里，而至於百星橋，又西至於下湖橋，折而北流數百步許，爲平望鎮，居民可三百餘家，日集市中，河西有驛，名與鎮同，是爲南塘之水也。

一源於湖州之天目山，分爲苕、霅二溪，東北流至湖州，復合爲一，又東流爲荻塘，經烏程過南潯鎮東一里，入吴江縣界。水東北流三里而至於曹村之駟馬橋，又五里而至於蠡思橋，又二里而至於楊定橋，皆在河陽土塘上。又三里而至於震澤鎮，有巡簡司南臨之，鎮之居民二三百家，雖室宇連比，皆務於耕織，而不互市。蠡澤之水自河陰來會焉，河之陽有四橋，曰新興，曰通泰，曰曲橋，曰張灣，以分泄水勢。中爲大石橋三，皆横跨河上，東曰底定，西曰思范，其中曰慶源，水繇三橋下，東行十里而至於雙楊之村，過柳塘之橋，而河陽復有永安、臯安、斜路三橋。又十八里而至於梅堰，東吴、西吴二橋在其北，而中濟一橋貫其中。又十二里而至於平望鎮，諸家、六里、泄水三橋界其側。自曹村至此五六十里間，凡橋在河陽者皆南受河水，而北流入太湖，而鶯脰一湖在其陰，東納穆溪，西通麻溪，南吞爛溪，諸水瀦而爲澤，與運河合流，而東有亭臨之，名曰望湖。稍東經大通橋，又東逾巡簡司，道安德橋下，東出市中，與南塘之水會爲一焉。

史鑑《運河志》中

二塘之水既北合流至通安橋，橋甚高大，跨踞東西兩岸，水從其下過，循石塘北行，經長老橋，又七里而至於洪水橋。本朝嘗有備倭船，自太湖來道此，人因呼爲海船闕云。又三里而至於盛墩，有橋在河西，曰臯腰。又六里而至於翁涇橋，又四里至於八斥之塘，居民纔二三十家，南有橋曰廟涇，北有橋曰太浦。繇太浦益北可十里許，爲白龍橋，又一里爲徹浦橋，又一里爲龔家橋。自此河折而西北流，又四里即甘泉橋也，下有泉甚深，味甚甘，色湛湛寒碧。唐陸羽嘗品爲第四，故又呼爲第四橋。橋之東有龍神祠，邑中水旱必禱之，入我明薦登祀典，歲以春秋祭享。又北行爲三山、定海、萬頃、仙槎四橋。河益折而西，又六里而至於三江橋。《禹貢》

所書『三江既入』，而《吴越春秋》又云『范蠡乘舟出三江之口』者，疑即其處也。蓋太湖之水東注吴淞，而入於海，實繇於此。

太湖西上，承宣、歙、常、蘇、湖數州之水，汪洋浩瀚不可涯涘，故昔人有三萬六千頃之稱。而吴江當其下流，茫然澤國，古無陸路，非舟不通。唐穆宗朝刺史王仲舒，始擁土爲塘。宋祥符八年，知縣李問修之。治平五年，知縣孫覺纍石爲固。紹定五年，知縣李椿添石重修。元天曆二祀，知州孫伯恭加以巨石。至正九年，知州那海〔一二五〕又大修焉，壘石築土，長一千八十丈，廣一丈又四尺，高如廣而殺其四尺。又相度水勢，鑿竇一百三十又六，引水東泄於河，澇則用平上流之勢，旱則資以運舟。歷歲既久，濤衝水嚙，日就傾圮。

本朝永樂九年，通政使趙居任治水東南，始奏修之，躬親督視，灰石增崇，築壘堅密，視舊有加。後工部侍郎周忱、郡守邢宥雖兩修之，不能復如疇昔之固，隨葺隨壞，竇有傾者輒隨而堙之。加以沿湖之人，多種茭草，淤而爲田，而水道日微，歲長月增，其害將見甚於今日。在上之人誠能不以近且小者爲利，圖爲久遠之計，疏而導之，則匪獨吴江一邑蒙其惠矣。

史鑑《運河志》下

河水自三江橋分爲二。一從長橋巡簡司關前北流，可一里許入吴淞江，折而西流，又二里許經顧公廟，陳黄門侍郎顧野王祠也。水繇祠右西行至三里橋下，橋爲知縣韓槃重建，其圮以石犀四壓之。一入南津口西流，其地曰江南，水經醋坊橋、大明橋過河之南，爲巡撫行臺，河之北爲長橋巡簡司，又西爲太湖廟，中祀太湖之神。又西爲松陵驛，又西爲儒學，左文廟，右學宫，宋、元以來廢建不一。而熙朝正統中，侍郎周忱、知府朱勝撤而新之。又西爲三高祠，祠臨雪灘上，中祀越上將軍范蠡、晉東曹掾張翰、唐右補闕陸龜蒙，而宋參知政事范成大爲作記。宋慶曆八年，知縣李問、尉王庭堅〔二六〕新搆，然止用木爲之，中作亭名垂虹。元泰定二年，判官張顯祖始以石易之，上翼扶闌如其長，下湫水竇六十有四。三年，達魯花赤完者〔二七〕於兩塊鎮以四石獅。

皇明洪武元年，知州孔克中，立吴太宰伍員、唐中丞張巡、宋鄂王岳飛像於垂虹亭中，名曰三忠。永樂元年，知縣蔣奎以磚砌橋面。成化七年，知縣王迪又重修焉。河至橋下播而爲三：一自垂虹前北流入吴淞江，俗呼爲站船路；一西流至縣城東，循城址北行至三里倉；一繇福民橋西流入東門内，過仙里橋，察院臨其陽，税課枕其陰，又西經縣治前，道庶寧橋，益西折而北流，繇新橋、倉橋環濟農倉，逾北門倉而出，又折而東流出永濟橋下，經邑厲壇至三里倉前，會城東之水，并趨而東，又與關前之水會，道三里橋，北流入運河土塘。在其左又二里有水自西來，曰深港，又三里而會七里港之水，北流到長洲縣界中。

楊循吉《導河夫志略》

弘治十年，水利主事姚文灝奏：設比照江北運河撈淺，及嘉興海塘夫例，每年於均徭内定撥。工部爲覆奏，備行巡撫都御史朱瑄，會同本官議行蘇、松、常、鎮四府，將本年均徭，除崇明、靖江二縣隔截江海不編外，其餘每年每里各僉導河夫一名，每名折收工價銀六兩，悉聽提督水利衙門支取，就近僱夫開挑河港。行一年矣，其次年長洲縣知縣鄭瓘以爲一甲編當人難應辦，申請巡撫欲乞兩甲編當一役。巡撫因是劄仰各司減作銀三兩，編則照舊不改。自弘治十年起至十三年止，四府該徵銀共九萬二千八百一十五兩零，内除人户拖欠，遇例免徵，及挑修各處河道、橋梁、閘壩支用外，本府所屬太倉一州、長洲等六縣，見存銀二萬二千八百一十八兩零，皆謂江南糧差繁重，兼徵此銀，民實不堪，往往有致賣鬻子女房屋以輸者。既入於官，又不全給公用，勢豪之家指以造橋爲名，多有求索，士民皆言未便。是年巡撫都御史彭禮、巡按御史袁經深知其弊，欲革之時，文灝已謝病去，易郎中傅潮矣。潮亦以爲其銀有餘，具前後增減額例，呈部要將弘治十四年分每名減作二兩，惟復照舊三兩，本部方行本府斟酌減留，而撫、按衙門各以民情會同上奏，决請停止，謂四府所屬州縣，每年挑修河道止是重撥本處附近人民用工，不曾全支導河銀兩。僱夫所據前項貯庫銀兩數多，設若修河足以彀用，乞自弘治十四年爲始停革，以甦民困，候見存銀兩支銷盡絶之日，遇修河道如果工程浩大，量支府庫無礙官錢僱夫，應用該工部覆奏如議。弘治十四年二月十四日，本部尚書曾鑑等具題，蒙欽准行下革去。

楊循吉《浚河志略》

弘治四年、五年、七年，本府連遭大水，民以匱告。工科左給事中葉紳因上言太湖支派分注六府，曰蘇、松、常、杭、嘉、湖，其水有上下流不同，今所至壅塞，乞大加浚治。紳又請浚湖水入海要道，言尤切激，事下工部時，方病東南潦災，無策以救，亟是其議，爲覆奏孝宗皇帝，乃以工部左侍郎徐貫兼都察院右僉都御史，與巡撫副都御史何鑑同董厥功。於時六府并遵命旨，一同開浚。然役大工殷，惟蘇爲然，時則知府史簡提督工食，以水利通判張旻爲管工官。以其年十月有事於白茆，是港也在常熟東南，輸崑湖、承湖、陽城湖而注之海。往時水繇是行，其闊六十丈，長亘九十里，通潮往來，吐泄湖泖。然張士誠猶設爬沙之夫，歲加疏浚以爲常。入本朝尚書夏原吉治水時，相度地勢，於湖水交會之衝，慮恐水獨從七浦入海，因作斜堰障之，分其流注於白茆，欲俾地方各沾其利，一向民有所賴。天順中，潮沙日漲，罕施疏治，港漸狹小。其後又有水之獨出七浦，而決壞斜堰者，於是水遂改道，更無流波衝洗潮泥，而漲沙日甚一日，隱然成堤矣。貫等既奉遣至，亦以此爲開浚所宜。先乃以五萬九千人專事其役，東起海口，西抵芝塘，凡長六千五百五十五丈。相傳開治港面闊五十六丈，傍深一丈七尺，而以土積岸之兩傍一時因白茆而浚者，其上爲鮎魚口，傳導湖水來派，有新開河、龍潭洪、白魚洪、落星港四支浚之，總計六千四百丈，凡用萬七千六百人。而尤涇長九里，鹽鐵塘長十八里，皆通白茆，凡用萬四千九百人。

其他不因白茆而别治者，七浦與吴江水口而已。七浦長四十里，徑通海，雖則水行於是，而亦時有湮塞，凡用萬七千人。吴江水口在長橋外，橋長二里，有七十二洞，其外匯爲大沼，廣千畝，太湖之咽喉也。久爲蘆荻所礙，已成淤澱，凡用萬六千人，三閲月皆以成告。蓋以鮎魚口爲白茆上流，斜堰爲七浦上流，而長橋爲諸水上流，其在蘇州一府施工如此。其分治之法，則長橋及吴家港用吴江夫，白茆、芝塘用長洲、吴、嘉定夫，斜堰、尤涇、鹽鐵用崑山夫，鮎魚口、白魚洪、新開河、落星橋、龍潭洪用常熟夫。夫每縣皆萬有餘名，各自供餉。獨崇明視諸縣最少，又在海中，故止用其舟，決海口壅沙，夫不過千餘，仍仰給常熟焉。凡一府七縣用人十二萬有奇，粟視其人之數，而殺其四分之一，其他公私費耗亦以萬計。繇是水道通行，歲不告潦，田獲有秋者累年，皆以爲開浚所致。然議者猶謂當時大役莫如白茆，所恨輟事太速，未收成效，已而岸果崩圮，復爲潮沙凝積，塞而不通。於是常熟縣知縣楊子器以爲港身迂曲，水不能泄，致使横沙攔截海口，施功爲難。

又看得湖漕上接芝塘，其長不過三十里，徑自入海，況又河形現存雖則淺狹，水亦通流，因請於水利郎中傅潮，乞浚之。議方行，子器被召入，而郎中臧麟來管水事，首理故牘，鋭意修舉，乃檄通判陳暐署縣事，同知何宗理視狀皆言本漕視白茆誠爲徑直，但緣兩傍各有居民廬墓必須拆卸，方可即工。然理實應開，而工程浩大，計當用夫三萬，麟因其利便以奏。詔行巡撫都御史彭禮、巡按御史馮允中會勘，應否定奪。於時知府林世遠以十六年四月，親詣本處，相勘得前項港漕，俱自芝塘分流，但港曲漕直以此微有遠近，然漕形闊不過三丈，深不過數尺，設依此擬開闊十丈，兩畔田地各占三丈五尺，浚深八尺所起之土，占壓田地，尤難預計。況有民廬墳塚在上，關係事重，不如仍開白茆爲便。惟海口壅沙，則有馬草洪五里許，浚此可爲曲避之計，及將本港迤西一帶，至白魚洪等處，但遇乾淺，俱各挑深，水行勢達，壅塞自除。議上撫按，韙其言，遂依擬會奏，案候施行。

楊循吉《滸墅便渠志》

冬十月，歸自廬，繇丹陽買舟南下，未至滸墅三里許，晨光始旭，遥見樹旌而屋者曰：『噫，兹非所謂鈔關者歟？』呼謂舟人曰：『吾欲爲若出税錢，誠無難者，然必欲需次而進，是不得速達家也。吾戚焉。吾見彼其貴者，舟可以速越。然吾又惡夫無故僕僕而候人，則將奈何？』舟人曰：『否，有小竇焉，吾舟可行也。』予曰：『聞又塞之矣。』曰：『啓矣。』曰：『是舟信容於竇乎？』曰：『然。』於是舟人鼓枻繇竇以既濟告。爲是者，蓋昔賴公之遺惠也。夫設關所以税貨，其後無小大舟皆征，其病人多矣。賴獨不自利，而以爲人利，其仁矣乎！啓之者誰？塞之者誰？仁不仁相去懸絶，何其遼也！書以爲爲吏者規。

楊循吉《弘治浚湖川塘志》

湖川塘在太倉州城北數里，其塘東受海水，而尾泄於金雞諸河，傍田藉沃泄者，延袤幾百里。當未建州，塘屬崑山縣，用邑民吴起具奏議，嘗事開浚，中纔如溝，無幾何輒已漲平。弘治十年，民吴賢等復言之官，撫臣彭禮及郎中傅潮偕委有司，發州夫一萬五千人，崑山縣夫一千六百人，浚凡八千五百丈，入崑山西鄙又六百丈，費官銀三千二百五十兩有奇。

楊循吉《弘治浚許浦梅李塘志》

許浦塘在常熟縣治東北，爲諸湖所輸入海之川。水口舊設巡簡司，因海潮内蝕，已三易地矣，浦亦壅塞鮮通。弘治十二年，知縣楊子器興工開浚，凡長四千三百二十丈，復浚上流梅李六千一百三十丈，爲工總三萬三千，木石工食之費僅二千緡。

朱存理《蘇州水利志》

本朝洪武九年八月，長洲縣民俞守仁等，詣縣狀訴蘇州之東，松江之西，皆水鄉，地形洿下。上流之水迅發，雖有劉家港，難泄衆流之横潰。張氏開白茆港與劉家港，分殺水勢，自歸附以來，十餘年間并無水害。今遇霪雨，又山水奔注，江湖增漲，況常熟、崑山之民，於白茆四近，昆承湖南諸涇，及至和塘北港汊，盡爲堰壩，不使通流。曾差官開浚，被民隨開隨堰，本府遂差官會同相視淤塞港汊，丈量核實，即計工開浚。

永樂二年，朝廷以蘇、松水患爲憂，命户部尚書夏原吉疏治，尋遣都察院僉都御史俞士吉齎《水利集》賜原吉，使講究拯治之法以開。既得請，遂集民丁開浚。自崑山縣東南下界浦，掣吴淞江之水，北達婁江。二年冬，復挑嘉定縣西顧浦，南引吴淞江之水，北貫吴塘，亦繇婁江入海。又浚常熟白茆港，導諸水入揚子江。正統五年六月，廷議江南賦税多取給於蘇州，其田卑下，常有湠溺之患，宜設法疏浚，以利生民。命巡撫侍郎周忱等總其事，許以便宜處置。忱簡視嘉定吴淞江直流百里餘，東連大海，西接太湖，而北平坦滋生草蔓，民因開墾成田。江水壅塞，不能通流，乃親往江上，立表於江心，督民間挑修，崑山縣顧浦自是水得疏泄。正統七年，吴中大水，繼以初秋颶風，時周忱豫奏：量留官糧府一二十萬石，縣亦五六萬石賑濟。其年各處低圩岸塍，俱被衝坍，時水利等官先已被巡按御史何永芳奏革。忱奏：取曾經任過辦事官，量撥一二十員，准其歷俸年月，管修田邊淤塞河道，畢日送回吏部。未半事完。

景泰五年夏，大水湠浸田禾，經久不退。巡撫侍郎李敏、知府汪滸議當開浚白茆等塘以泄之。滸躬往常熟縣相視時，久不（流）［疏］〔二八〕浚，壅成堤堰，近居耄倪皆卧泣其上以求免，言一開浚則堰下之田亦就浸矣。滸不許，强之挑浚青墩浦、横瀝塘共五六里，以通白茆塘，鑿開三堰約三四里，引水通鮎魚口。其海口淤塞，漫生叢葦，仍挑去約千餘畝，於是水得歸海。天順二年，巡撫副都御史崔恭，訪得吴淞江利病，即親詣其地，以三年二月督工挑浚，分江爲三段。崑山縣自夏駕口至白鶴江，挑四千六十七丈。上海縣自白鶴江至卞家渡，挑四千六十七丈。嘉定縣自卞家渡至莊家涇，挑五千五百六十七丈。江深一丈一尺，面闊十丈三尺，底闊四丈，出舊江一萬三千七百一丈。

成化五年，吴縣知縣樊瑾，因太湖近胥口處，凡吕山、周山、東楊梅舍等處，人出入必經此，若遇風波，屢有覆溺之患，准本地民呈議，以香山西南隴阪(開)[間][二九]舊有河名九曲港者，淤塞已久，即起本地人夫，重加開浚，共三千八百五十餘丈。成化八年，奉旨設僉事於浙江按察司，專治蘇、松等府水利。吴縣知縣雍泰承檄治採香涇，廢堰之傍，糧田數千頃，遇乾旱輒槁。泰領民尋源，得於穹窿山隴阪間。蓋繇山腰法雨泉流出者，上爲一堰，下分二道，一道東繇白馬嶺南(疏)[流][三〇]，逾趙墓折而西；一道西下三漊，環趙墓復繞而東，二流相合，近採香涇瀦聚成潭。仍躬相地宜，甃砌二(百)[道][三一]石堰，堰各置閘，隨水旱而啓閉之，三閲月告成。又南勘踏三洋嘴，西北入太湖地，如牛角然，游湖在其左，貢湖在其右，風濤剥蝕，日就頽圮，復發錢市山石，繇馬山西南而東，築護堤千餘丈，而湖田藉以無恙矣。成化十年正月，巡撫副都御史畢亨與知府丘霽議開吴淞江，面闊一十四丈五尺，底闊八丈五尺，水深一丈二尺，自夏界田[三二]起至西莊家港。嘉定縣分挑六千三百五十三丈六尺，崑山縣分挑五千三百五十三丈七尺。共長一萬一千七百七丈三尺，用夫四萬六千八百三十。

弘治四、五、七年，吴中大水，上采廷臣言，當疏浚水道，命工部侍郎徐貫奉敕諭，與從行主事祝萃，會同巡撫都御史何鑑、知府史簡，尋訪水道通塞之繇。以吴江萬六千人開浚長橋水竇，疏太湖之水，以及吴淞江。蓋江口被民佃占，及叢生葦荻，蔓延數千畝。至是墾除之，以長洲、吴、崑山、常熟、嘉定等縣十萬五千餘人，挑浚白茆港，并斜堰、七浦塘，共長二萬四千餘丈，并東開鹽鐵塘十八里，西浚尤涇七里，民夫皆給以口糧，計八萬八千二百六十餘石。繇是諸涇首尾皆貫於白茆，而水有所歸矣。弘治九年，敕差工部主事姚文灝治吴淞水，築沙湖堤，廣三丈，袤三百六十六丈，至後任郎中傅潮克成之。

王臯《金壇縣水道志》

邑之西北境，受丁角長山上流諸水，自紫陽來一枝分流，并莊涇望仙橋，北屬延陵，南屬莊城之水，至縣北三十里左墓港入運河。一枝東注直里，西會茅山、桐山岡脊以東，自西陽而下諸水，至絞車軸又分爲二流。一自東北流經沈瀆，歷高湖至縣北八里許濯纓口入運河。河之東復旁出鍾秀、聯秀二橋，會横堰入錢資蕩，出方洛港，入洮湖河之直流，則爲穿城、繞城二渠，出縣南壩流入白龍蕩。一自東南流經崑崙而南，西接後溪諸汊之水，南則直注周家渡，至縣南二十里許王母觀上、下渠入運河；東則入後陽下分流東入白龍蕩匯焉。遞迤里許，又東通南洲大、小橋，同歸方洛港。西南境受茅山岡脊以南，方山以東，丫髻山以北諸水。自薛埠、希墟、赤岡三汊而下，過唐王溪，分注周瀆、接龍橋、廟下、戴圩四渠，在縣南四十里紙錢標上下入運河。其自唐王而南，則又合丫髻以南黄金山之水，自張橋至縣南四十五里莊店入運河。傍出東注于湖，相沿有七港，曰新河，曰抱村，曰大浦口，曰白石瀆，曰黄婆港，曰清水瀆，曰後瀆。河之下流則蜿蜒從西汊入震澤東北境，受陳塘、中塘、堯塘諸水，入錢資東南境，受白橋、大雲、下湯諸水，自燕子下湯港徑入於湖。湖之東南入滆湖，東汭者則有臧村、柚山、埭頭三港焉。

劉元和曰：按金壇地勢，西北爲金陵諸山之麓，東南連震澤諸山之尾，故水皆發源於西北，而歸泄於東南。然山本無泉，因雨爲源，故建昌等圩，都圩等埠，近西北、西南之山壑者，形高勢窪，一雨經旬，則水瀑而易滰，一旱逾月，則渠淺而易涸。浚渠、修埂、置閘以蓄泄，民斯可耕也。若邑東之地，雖曰平壙，然上隔於運河，下瀦於大澤，水遠地高，澇害爲鮮，惟深浚溝塘以備旱，則東土之民可免於艱食矣。

高企《上海縣水道志》一

通江諸浦，舊圖經以趙屯、大盈、顧會、崧子、盤龍爲五大浦。五浦之中，趙屯、大盈二浦尤爲至要。趙屯、大盈皆直受澱山湖水，趙屯迤西爲白鶴江，大盈迤東爲青龍江。先正論湖水下流，必繇白鶴匯以達於江。又謂繇青龍江入海。今白鶴、青龍雖以江名，僅同溝澮而已。顧會、盤龍從府郭來絶横塘、横泖，而顧會又名通波塘，崧子又名崧塘，二水同流異派。顧會、崧子西東爲淮浦，爲艾祁浦、朱墅浦、華潮浦、赤眼浦，爲華漕，爲西舊江，爲周涇。崧子南爲北平浦，北爲烏塘，烏塘東爲石淄漊。盤龍迤東爲沙岡塘，爲小萊浦，爲許浦，爲魚浦、郭巷浦，爲横瀝，爲新涇，爲東西上澳，爲大小蘆浦，爲上海浦、張家浜、馬家浜，爲東溝、西溝，爲南蹌浦。縣許浦而出爲五漕，縣郭巷而出爲莊家涇，縣新涇而出爲蒲匯塘，其東即龍華港。凡江之南，通江塘浦具於是。

然五浦之外諸浦之中，在勝國時則新涇爲要。觀吴執中論順導水勢，注江達海，僅有上海之新涇，太倉之劉家港也。今盤龍以東，江以南水唯在蒲匯、龍華二港，達於黄浦，入海爲利耳。江以北水亦有蘆浦，有横瀝，有徐公港，有黄家港、封家浜，有楊林浦，南北分流，并入於江，會於黄浦，東入於海，海口爲嘉定縣界，有界浜。

高企《上海縣水道志》二

浦旁諸水，若語兒涇，若韓倉港，若姚港，此爲浦北之水也。若千步涇，若巨漕，若沙竹岡塘，若夾溝，若横瀝，此一水而貫乎浦之南北也。若清水港、何涇，若蘆溝、淡水瀝，若聖堂港、鶯竇湖，皆二水夾浦。若金匯塘，其北南廣福寺在焉。此則浦南之水也。沙竹、横瀝俱南入華亭堰，海北入夫江，竹岡之尾即小萊浦，横瀝又名横涇，金匯又名江涇塘，鶯竇又爲鶯脰，或以爲邢、竇二姓之居名，今又訛爲櫻桃匯。過鶯竇而東，有閘港，自新塲而西，其水口正當浦之折處。繇閘港而下，若鹽鐵塘、沈莊塘，若周浦，若三林塘，若楊淄港、黄淄漊，此爲浦東之水也。若六道浜，若唐子涇，若南俞塘、北俞塘，若車溝，若吴店塘，若華涇，若烏泥涇，若龍華港，若日赤港、薛家浜、肇嘉浜，若方浜，若南北侯家浜，若洋涇，此爲浦西之水也。

閘港自西而東，有叉港，又東爲大步涇，又東爲水仙塘，通白達口、鹽鐵塘，世傳吴越王爲此以運鹽鐵。宋通判曹泳重浚，更爲下沙浦，時人唯呼舊名鹽鐵。南爲都臺浦，自閘港北流絶周浦、沈莊、三林諸塘，通横眠諸港，都臺浦北爲運鹽河，爲鹹塘，極東抵捍海塘，故有石筍灘，有如筍植立沙中，潮至分流，名分水港。今塘外内遍爲團塲煎辦鹽賦所在，自一竈以至於九，次第港皆名竈港。

楊淄港南一曲爲小黄浦，有稱黄浦爲大黄浦者，殆以此别之也。楊子港與中新河通黄淄漊，與白蓮涇合。黄淄南爲中汾涇，白蓮東北即馬家浜。乃若陸道浜又名枯樹港，與唐子涇皆西貫鶯竇湖，其潮汐與湖吞吐。南、北俞塘皆自府郭東下溝，亦從盤龍分支東流，其起處爲六磊塘。烏泥涇之西爲新村塘，皆西通上澳，肢聯股引，北流散入龍華。以下日赤、薛家二浜俱通肇嘉浜。肇嘉浜之口有新洲，舊志文暈洲，人云即高昌洲，未詳。浜水西通周涇、陳涇，西南出新港，方浜西通柴浜，蘆浦出夫江，自薛家浜至洋涇，皆爲縣市。唯黄浦自南而下，過三林塘則匯而東爲孫家灣，又匯而西爲龍華灣，又匯而爲高昌，又匯而爲江口，浩浩蕩蕩，直與江水合流於海。

王志堅曰：松郡各志，分疏境水脈絡最詳，百道皆趨江入海，則吴淞之當浚，豈曰松人有異議哉！

沈啓《水則碑志》

土圭測影，玉衡步天，制者聖也。吴江水則，式穀似之，不出户庭，而四郊水勢漲落，原隰高卑，罔逃目睫，伊誰制也？今則淪亡，安起伊人而與之論水？

横道水則，石碑一長七尺有奇，樹垂虹橋北之左。建置無考。

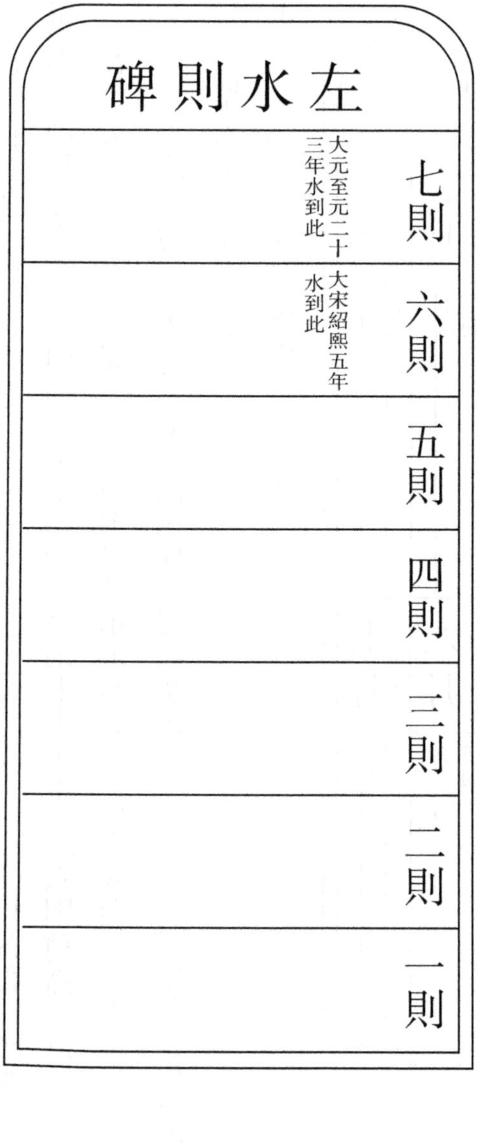

左石一，碑面横七道，道爲一則，以下一則爲平水之衡，水在一則，則高低田俱無恙，過二則極低田渰，過三則稍低田渰，過四則下中田渰，過五則上中田渰，過六則稍高田渰，過七則極高田俱渰。如某年水至某則爲災，即於本則刻曰某年水至此。凡各鄉都年報水災，雖官司未及遠臨踏勘，而某等之田被災，不被災者，已預知於日報水則之中矣。長民者時出垂虹以驗之，俱得其實，而虚冒者無所容也。

直道水則碑一，長七尺有奇，樹垂虹亭北之右。

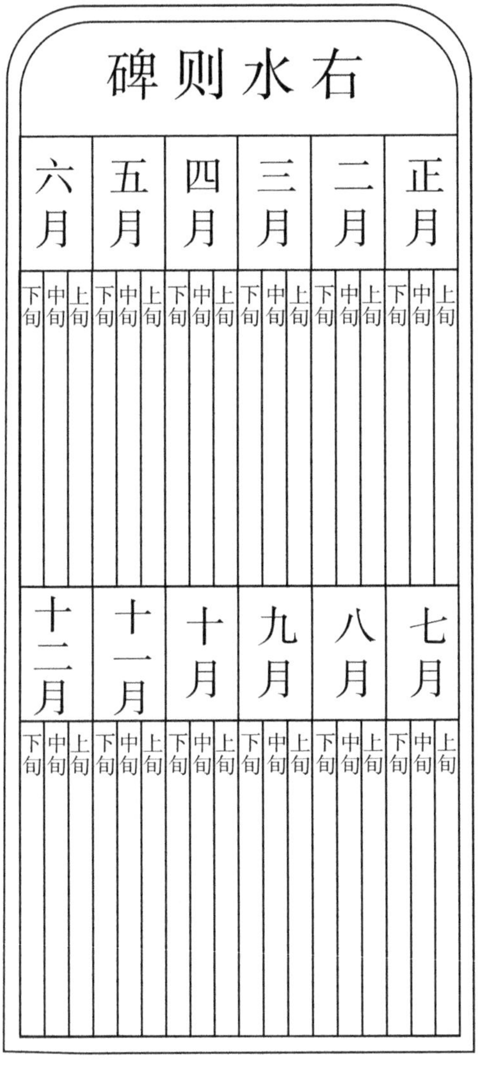

右石一，碑分上、下爲二横，每横六直，每直當一月，其上横六直刻正月至六月，下横六直

刻七月至十二月。每月三旬，月下又爲三直，直當一旬，〔三〕〔二〕〔三三〕季一十八旬，凡一十八直。其司之者每旬以水之漲落到某則，報於官，其有過則爲災者，刻之法如前。意當時必有掌水之人，較晴量雨，體阪經疇，時爲呈報，俾長民者因爲捍患之圖，而今不可見矣。

按二碑石刻甚明，正德五年猶及見之，其横第六道中，刻『大宋，紹熙五年水到此』，第七道中刻『大元至元二十三年水到此』、『正德五年大水城中街路皆斷』。稽其碑刻水到六則，與宋紹熙中同，則元之水猶過也。今石尚存，而宋、元字迹與横刻之道盡鑿無存，止有『減水則例』四字，亦非其舊。乃於大直刻『正德五年水到此』、『六年水到此』，既無横道，何以爲則？且增六年，而遺四年，謬矣哉！失古建置之意，不知伊誰之過也？今石猶樹水旁，追憶所見，識之亦存羊云。

沈啓《水蝕志》

田蝕於水，水之害也。流其土以自塞其下流而爲梗，非水之貽害乎？又稼其稅於他田，而并未蝕者，以稼之水之爲害，無有既也。昔人謂沙漲一尺，太湖水面少一尺，不知田蝕一尺，太湖水面增一尺，數固未嘗不調停也。一水不蝕，數害皆除。欲修利者，不可不先根其害。

沈啓《堤水岸志》

按圩岸田塍關係水旱最切，高田車水而入也，賴其如筐而承，毋令泄也。低田車水而出也，賴其如垣而捍，毋令浸也。昔人謂有一尺之堤，障一尺之水是也。無此而田蝕於水，謂之坍湖，水積於田謂之抛荒，因成積荒溝塗之講，非禹之所急乎？

岸高六尺，以平水爲定高下增减。基闊八尺，面闊四尺，謂之羊坡岸，其内有丈許深者。於大岸稍低處，植以桑苧，謂之抵水。環圩植以茭蘆，謂之護岸。其遇邊湖邊蕩，甃以石塊，謂之擋浪。又於圩外一二丈許，列栅作埂，植茭樹楊，謂之外護，今盡廢無遺焉。此周文襄公定制，尤詳於二十八九都，蓋此最低也。每年縣官於農隙時，詣看坍損，督塘長圩甲修之，後官不出視，民亦不舉，乃遂廢焉。

沈啓《吴江城中水道志》

城中河，西受南湖并東塘、西濠二港之水，入西門過永定橋，一名大倉橋，直出北門，其東泄者三：一曰前河，繇西門内南分，過新橋西寺前，東折過庶寧橋，一名周橋，經縣治東，有看波橋，其水從中河南分，過縣治來會，同過仙里橋，出東門。二曰中河，繇利民橋東流過六子吴興橋，又東通利順、利亨、利橋〔三四〕出東門。三曰後河，繇治安橋東流，有中河塘，水繇駱駝橋南來會，過城隍廟南重慶橋，又有城東北一隅洗馬池，及二浜合而南行，過惠民橋來會，同過太平橋，出小東門與前河、後河水合，俱出東城河。

周永年曰：江城水自昔延入西門，流東灌北。今北關亦納水，反猛於西關。蓋城西港隘，而西北寬，寬則漫衍，至北關逆行南下，乃駛東，豈亦湖口湧漲，致有變遷耶？

歸有光《天順開吴淞江志》

天順四年，巡撫都御史崔恭開吴淞江丈尺：

大盈浦東至吴淞江巡簡司，二萬二千丈。

新涇西南蒲匯塘入江，四千丈。

曹家河平地至新場三萬丈，廣十四丈，深二丈。

按：夏忠靖公治水，不全用力吴淞江者，蓋時江水猶通流也。正統六年，周文襄公始修吴淞江，立表江心，盡去壅塞。天順四年，崔都御史恭，弘治七年徐侍郎貫，嘉靖元年李尚書充嗣，凡三浚。迄今四十餘年不治矣，司賦者所當留意也。

曹胤儒《蘇州府境湖水下流志》

蘇州之浸太湖，太湖之下流大者三江，三江之外通湖水者，不可勝記，而摘其巨者列後：

一、出胥口白洋灣、鲇魚口最大。

一、胥口東出吴縣香山、胥山之間，胥口東流微北，爲木瀆，又東爲横塘。又東出吴山之南爲白洋灣，白洋東北屈爲石湖，石湖東北爲越來溪，北流與木瀆合出横塘，東入胥門運河，北流過釣橋洪，横截運河口。又稍北與北濠山塘水合，西流微北，與虎丘山塘水合爲射瀆。又横出運河爲滸墅，北流入無錫縣界中。

一、自北濠河北行，至聖塘灣分流，西過錢賣女橋，出虎丘山後，入長蕩東爲齊門塘。

一、水自光福東北流過善人橋，又東北流與箭涇之水合，過靈巖山南爲山塘，東入於木瀆。

一、水自胥口東流，北爲鲇魚口，北入盤門運河，西折而東，與胥塘合，其屈而東者，至分水墩。又東徑長洲縣東南，爲夾浦諸水，南北流入澹臺湖。又東過寶帶橋，與運河合。又自澹臺湖寶帶橋間，分流入黄天蕩、金涇漭各湖及蕩漾諸水。

一、水自分水墩南徑吴江縣東南，爲龐山湖，下流與汾湖接，汾湖東流入華亭縣界中。

一、水自分水墩北流入三白蕩，又北受曹龍港，通鶯脰湖，與澹臺諸水并流入吴淞江。

又北一派亦自鲇魚口轉入運河，徑婁門北屈出齊門塘。又北流爲施澤湖，施澤之西爲漕湖，湖之西堤屬無錫，而其浸皆屬長洲。湖之枝流則并入常熟之雲和塘，雲和之西爲尚湖，東爲昆承湖，昆承界常、崑之間。昆承之枝流：一自梅李塘東北出許浦，入於海。一自福山港北稍西入於江。一自李墓塘東趨白茆塘，入於海。

曹胤儒《蘇州府水道志》

葑門直南而行，歷滅渡橋、尹山而有浮橋鎮於水口者，夾浦也。乃吴淞江之上流，即柳胥浦，東通澱湖、三泖，西對夾涇港，連太湖南，抵吴江同里諸湖，北接長洲尹山諸湖。

瓦屑涇在滅渡橋北，從此涇而南，荷花蕩在焉。涇水洪闊。又東南爲黄天蕩，大而深。又過金涇滻西，又南行微東過獨墅湖，湖大而淺。收口爲高家店涇。北狹而南闊。涇西爲尹山，東南爲鑊底潭，潭之北口高家店在焉。舊有壩，今址存鑊底潭，直南去爲白蜆江，東南爲十八家村，横截吴淞江而南，直南爲姚城，東南行爲大姚，又經姚城市中行，市中河淺。出口爲姚城湖。又東南爲陳湖，收口又爲蕭田湖，至綦莊東行過太師田，此湖大而淺。東南入小港，又東南入急水港。此港之闊者若湖。過急水港入陳家港，爲青浦縣界。過澱山湖又過西黿蕩，東入金澤塘，過金澤市至金澤寺，即頤浩寺，四面皆湖漾。西黿在西北，雪落漾在西南，北行轉東過東青漾，東白、西陳諸蕩入連湖蕩，俗呼連湖。比各漾頗大。西北連澱山湖，東南連泖湖，干山正在其東。又東過爛路港，此港西北從澱湖東南入泖，正對泖塔[三五]東入一港，土人名小涇港。又過丫路港入小白蕩，又入小港名吴箭港，入河長灣過普安橋下，又轉而北過六安橋下，入朱涇至唐行，有潮入白鶴江，出口過吴淞江入顧浦。浦淺而狹，水面闊丈有六七，浦西岸止五丈。浦南來西下青魚涇，又西行轉南入楊涇南，東行三四里轉北而入婁江，爲太倉南馬頭。

震澤在吴江縣西南九十里，北濱太湖，東通鶯脰，西接南潯，南連諸漾。凡嘉興以北、湖州以東諸水，悉會於此，又曰東接平望。

爛溪在吴江西南四十八里，北接鶯脰湖，南抵烏鎮，爲蘇、嘉、湖三府之界，諸水所會。

白茆之南爲七浦，七浦西通陽城湖，南入崑山縣界中。

陽城之東爲包湖、爲傀儡蕩，二水與陽城合流而東爲巴城湖，其北爲鰻鱺湖、施澤湖。自施澤湖而入爲蕭涇，其南爲至和塘。至和塘西自婁門徑沙湖，又東過新洋江口，又東流注於劉家港。

至和塘之南爲淞江，淞江北受陽城湖，南通澱山湖諸水入夏駕浦，東北入於劉家港。

新洋江南通吴淞江，北通至和塘，即婁江。

三汊港南通吴淞江，北接新洋江。

劉家港之北爲七丫浦，西通常熟、崑山之諸水，東入於海。又云七丫浦入崑山、常熟爲七浦。

七丫浦之南爲鹽鐵塘，南入嘉定縣界中。

太倉婁江之濱，南馬頭之東有鹽鐵口，徑婁江之南塘，合西東之水皆會，蓋鹽鐵絶婁江而自北徑南矣。

嘉定之水，南北莫大於横瀝，東西莫大於練祁，練祁之水自西關出，合於顧浦，入吴淞江。横瀝貫婁塘之中，婁塘在嘉定縣治北十二里。横瀝之水北注劉家河入海，俗所謂公塘者是。

練祁北折爲鹽鐵，鹽鐵入劉家港。

嘉定縣北絶劉家港，南距吴淞江，與上海相屬。吴淞江之水皆徑其西南陬，屈從東流入於海。

吴江西南斜直太湖，枕三江之首。崑山在東北，爲三江入海要道。二邑治水爲急。

太倉、嘉定瀕海多高原，苦旱。

吴縣多山，高仰類太倉、嘉定。

長洲類吴江。

常熟與崑山連者，即與吴江、崑山等，西北并江，東北并海者，即與太倉、嘉定等。

曹胤儒《松江府境水道志》

松江之水不能半於蘇州，其名聞者以十數。澱山、三泖最大，皆西受太湖之水，釃而爲渠，以百數。黄浦最大，皆西受澱山、三泖之水。今諸鄉之水溉田者，皆繇此浦。唯東北瀕海岡身之田，浦水所不及，往往多廢，故開吴淞江爲永利。

曹胤儒《常州府境水道志》

常州地勢視蘇、松爲高，北枕大江，南控太湖，凡水之集其境内者，皆會合漕河，奇分而注於江湖。

宜興以荆溪兼受數州之水，其勢如建瓴也。故於荆溪之下，䤈爲百瀆，以殺水勢。又開横塘貫其中，以引荆溪水，并注太湖，達於吴江，入於海。而荆溪之所通甚衆，若洑溪、章溪、周瀆、蝦溼、慈湖溪、湖洑渚、童港、張渚諸水，并注於荆溪。

荆溪之東曰東氿溪，西曰西氿溪，上自溧陽合湃洌滰諸水，徑荆溪入東氿，繇百瀆入於太湖。

東氿溪又北流爲東蠡河、梅村河，又北屈入於宜興之運河，運河北通滆湖，滆湖受水多。

武進之東自望亭出風波橋入郡界者，爲漕河。

漕河之南曰陽湖，曰宋建河，又東曰惠明河，河之枝流并入於漕河。

漕河之旁曰邗溝，邗溝分爲二水，與後河合流入於漕河。

鳴鳳河東北枕漕河，又南通白家溪、羅澤河，東流注於滆湖。

滆湖在宜興西北、武進西南，界二邑之間。若西蠡湖、孟瀆河、青河、蠡瀆、華渡河、黄土瀆、佘柯瀆諸水，或南或北，并上通漕河，下流注於滆湖。蠡湖亦名漕河。

永安河在武進之南，河之支流，一自西南通漕河，一自無錫漕河東北徑紫溝河，入於大江。

永安之外爲得勝河、剩銀河、小新河、通濟河、順塘河、陳墅河、伯牙瀆、綱頭河，河之支流相通屬者并東北合流，而入於江。

灣頭河、戚墅港、白馬涇諸水，并西北屬漕河，東南入宜興界，而入太湖。

無錫閘口河在縣北，閘口之水東徑蔡家渡，分流入於江陰界中。

新河、洋尖河、嚴埭河又分流，與閘河合。

芙蓉河、五瀉河、歐瀆諸水，又并北入江陰界中，而注於江。

梁溪水出慧山之陽，繚歷山之西南陬，入於太湖，又北與運河合。

長廣溪在無錫縣南，溪水南流至開化鄉分流，出獨山門入於太湖。小五湖自太湖而東，徑長廣溪西，與大渲瀆合。

大、小渲瀆自梁溪至孤瀆口，分爲二水，南徑青祁瀆，又南通小五湖，入於太湖。小五湖一名五里湖。

雙河亦在無錫北，河水自錢橋貫直湖港，與雙牌港合，西貫直湖，入武進之陽湖，直湖之水又南入太湖。

唐于瀆亦在無錫之北，南通洪丘瀆，與太湖相屬，又東北入於蠡湖，亦名漕湖，與長洲分界。

濠湖又西出蠡湖，與吴縣烏角溪合流，注太湖。

閶江在太湖上。

獨山門在無錫縣西南十八里，錫山山脈西來，至此中斷，北與管社山相望，號浦嶺門，南與充山相對，號獨山門。梁溪之水行獨山門之中，自雙河口至此入於湖。

望亭漕河東通蠡湖，西通太湖。

江陰黄田港，在江陰之南，北引江水，横貫邑中，南絶蔡涇，徑青暘達於五瀉河者，曰漕河。

漕河之水分流爲長河，入谿里涇，出新河。

新河之西北曰青溪河，又東爲蔡港，其支流并西南入於長河。

漕河又分流爲南、北山塘，河南徑武進界中，入三山港。

立埭河、崇溝河、申港、利港并北通江水，南入武進界中。

江陰之南曰横河，河之水繇黄田港出春暉門，東流入令節港，與谷瀆港合，谷瀆北引江水，南行徑三河口，分爲二水。又范家港北引江水南行，與谷瀆合。谷瀆又東接倪塘河，入常熟界中。又黄山、白沙、石牌、石頭、雷溝、陳蔡諸港，并從大江南流入邑中，而達横河。

江陰地勢最卑，當漕河下流，又爲衆水入江要道，去江壖可二里，并江土墳起，日以廣斥，蓋古所云『息壤』也。然土性輕脆善崩，春夏水盛輒敗壞，填淤數丈，而河勢又曲，渾潮逆上，日二度，多渟淤。武進、無錫之十四瀆斗門又廢，即無上流水勢可刮除之，故黄田閘、九里河兩涯膏腴之地不可治。

曹胤儒《鎮江府境水道志》

鎮江據三郡上游，北負大江，地勢中高，受水甚少，唯南與漕河通，而北達於江。漕河之水流東南，順北出於江逆，故金壇、丹陽有壩堰以堤塞之，使不得東南流。又至冬江水縮，水迹去江堤甚遠，而水勢又北出順利，境内至無所瀦蓄。故又於京口置閘啓閉，令不得盡泄於江。自是漕河之水，與鎮江境内之水，自相吐納。

鎮江府城地勢至北益高，去太湖遠無所通。唯漕渠自嘉興歷蘇、常，直北流入於鎮江界中，抵京口，通江淮耳。然渠自京口徑夾岡，勢繚曲，皆鑿山爲之，而瀦水少。故宋時於京口呂城下，楗石爲渠，兩涯置閘以障内外之水。時其鍾泄，而又與丹陽之練湖相通。

金壇西北則有西洋河，上受長山、三茅諸山之水，繇十字河以入漕河。漕河之東，復分流入長蕩河。

漕河又直流爲穿城、繞城二渠，繇縣南壩與後陽千南塭河，注東墟、崑崙二橋，合流入白龍蕩，出方洛港，而注長蕩湖。

金壇西南則有薛埠、白塔、張橋三河，上受大茅、四平、牙髻、黄金、瓦屋諸山之水，繇唐王溪、三星河、東村諸橋至三汊河、下横塘河并互流入大浦、新瀆、荷花等港，以注長蕩湖。

金壇東北則有陳塘、中塘、堯塘諸水，入錢資蕩。

金壇東南則有白橋、大雲、下蕩諸水，自燕子下湯港，以注長蕩湖。

金壇之漕河，又北行注丹陽之練湖。

練湖爲丹陽之巨浸，湖之支流自斗門閘南流迤東，以入漕河。

丹陽漕河自七里橋分流入横塘，注珥瀆河。珥瀆之上爲珥村鎮河，又注珥村之東，繇黄連、吕莊等橋抵東南，爲白鶴溪。繇白鶴派分，自南而北爲丁義瀆，繇珥村之西自左墓達黄土，迤南爲河口，迤北通簡溪。簡溪西受太平河之水，東行以達漕河。

丹陽漕河又經上、下夾崗，抵郡城之南，乃折而西流，枝分貫於城中，北出復合流以入江。

丹徒四境諸水，則有紀灣崗、濫泥洪、杜墅湖、鄭湖、新豐湖等湖，馬林溪、馬潭、萬頃洋者，其勢不能盡達於漕河，然於境内引水漑田爲便。

曹胤儒《蘇、常、鎮三府入江口志》

丹徒縣入江之口三：

一、繇京口閘出金山爲運河。

一、繇鎮江市南三十里，丹徒壩，出焦山之東。

一、繇運河至犇牛，而出河莊閘，出黄山門。

又府城西十八里，有下鼻浦北通大江。

丹陽縣出江之口二：與丹徒同。

一、繇犇牛出孟河之河莊閘。

一、繇運河出京口閘。

又孩兒港之間，有龍開河亦可出江。

武進縣出江之口二：

一、繇北門七十里桃花港出江。

一、繇孟河河莊閘。與丹徒、丹陽同。

江陰縣出江之口三：

一、繇縣北黄田閘。

一、繇縣北申港。

一、繇南閘迤西之外港。

常熟縣出江之口三：

一、繇北門直行出福山港。

一、東北出許浦等港。

一、西北出三丈等浦港口。

以上出楊子江之口凡十。

林應訓《江南漕渠志》

漕渠即運河，一名邗溝，隋煬帝大業中所穿也。起杭州候潮門，北行經武林，從雙橋入崇德縣境，經縣治折北而東，過嘉興府城濠，又折而迤北，會頔塘、鶯脰湖諸水，東出平望鎮。湖州府運船繇之運河，又北經九里石塘，繞吴江縣而北。松江運道，繇白蜆江西來，出呼鯉涇，與運河合，入長洲縣界。又北經蘇州府城，東與至和塘運河繞北城濠而西相合。崑山、嘉定、太倉三處漕運繇之。蘇城之北爲元和塘，常熟運船繇之，俱會於永安橋，以出楓橋。運河繇滸墅關北行，入無錫界，經縣治而北抵五瀉河口，與江陰運道相會。又西北經常州府城而西爲西蠡河，與宜興、溧陽之運船相會。截白鶴溪折北，而爲孟瀆河口。運舟開時，遇夾岡淺阻，或北舟南還京口閉築，繇此河出江，而渡接揚州白塔河。此江南之間道也。運河越孟瀆口而西行，爲犇牛閘，又十里而爲吕城閘，吕城之西爲珥瀆河。金壇縣運船繇此出，會於運河，又西北入丹陽縣境，貫城而西北，抵夾岡入丹徒縣境。舊爲夾岡隔絶江流，不通舟楫，煬帝鑿夾岡通之。今兩崕壁立，故善崩潰。經鎮江北出京口閘，總爲里七百二十有奇，江南運舟繇此渡江，入瓜洲閘，抵淮而上。

京師東南要津也。顧其渠本人力開通，又城闉闠市，互夾民居，易於堙礫。隆慶中，議者欲將歲運冬開，避黄淮之險，而北舟南兑，且乘秋漲之便，號爲兩利。不知歲當沍寒，川瀆方枯，所在虞淺，舳艫不銜，轉掠行舟，且役居民沿洄助挽，蓋水陸兩困矣。萬曆六年，予疏請大挑創復閘壩，俾水有蓄泄，漕乃通利。

林應訓《天關志》

運河總浙直七府漕糧軍民二運，舳艫萬艘，首尾相接，必出閘外，方可起桅，停泊江中，等風北渡。卒遇怒濤，漕舟破壞，歲歲有之，公私受害者久矣。予於萬曆六年，閲視夾岡河工，始知繇於丹徒、鎮江石橋阻阨，故運船不能起桅出江所致也，乃於丹陽以北，凡有石橋俱易木頂，改爲天關，可便抽拽。運船一過丹陽，距江百里，即竪大桅，有風便渡，直抵京城。設或無風，俱得停泊於運河内地，等候順風，始免險阻之患。雖北船南還，免運進閘之後，次第卸桅，頗稱便利焉。

林應訓《閘㪷志》

閘之爲義押也，視水盈縮爲節宣也。㪷之爲義斗也，所以量水出入，無過行也。故常、鎮二府建閘蓄水，本欲以濟運河，然回南糧船，官民取道，恒必繇之，以致泄多蓄少，每艱運期。今予開瀆以通間道，於南疏九曲鐵猫以分行於北，中修練湖堤閘，又儲水以兼濟焉。則閘之啓閉有常，利兹博矣。江陰舊有斗門，積廢已久，今予以其廢者復之，圮者修之，故高鄉扃斗，以獲灌溉之資；低鄉啓斗以慎蓄泄之利。閘斗之爲義如此，司牧者其毋略諸。

歸有光《崑山縣全吴鄉浚河志》

吴淞江承太湖之水，蜿蜒東下三百里入海。左右之浦如百足，江自甫里折而北行，至崑山全吴鄉東爲渚浦，又爲帆歸浦，斜折而南入於渚浦。江復東而浦之西出者，其東爲張浦，又東爲顧仙浦，又東爲諸天浦，又東爲同丘浦，又東爲新塘，皆南入於渚浦。若爲塘，爲漊，爲涇，爲浜，凡在其間者，此光禄署丞孟紹曾規其鄉所浚之水，江東南岸之地也。自新塘東則江又南折，非其鄉矣。紹曾居家好義，歲捐貲以爲民興利，至是大旱，又捐貲盡浚諸水之在其鄉者。當此時，邑民告飢，而全吴半鄉獨豐熟，其父老咸感之。夫三吴江海之介，而群山之水，又奔注於其間爲大浸，所謂太湖也。太湖分迸而出，以入於海，若以人力溝防疏導，則無不治之田，而水旱不能爲患害。蓋湖水自西而下，而海之潮自東而上，清流不能勝濁泥之滓，故水不可一日不浚也。

嘉靖初，朝廷嘗遣大吏來治，今四十年不治矣。古之三江其二不可考，今惟吴淞一江仰接太湖之水。古者江狹處猶廣二里，今自下駕以來，僅僅如綫，而茭蒲葭菼生其中，下流入海之蹌口，不復通矣。千墩、新洋、黄浦皆亂流也，水道何繇而順乎？故江左右之浦在東者，但見止水蘊藻，而蘇城以東，秀州以北，百里間其田皆不耕。吾恐又數年江日涸而西，而湖水益横流，東南之民將不食也。紹曾居一鄉，能興其鄉之水利，則夫受司牧之寄者，獨可以辭其責耶？紹曾浚河三十四，長二萬七千六百九十四丈，爲工四萬九千六百，用穀十有三萬九千斛。

范濂《雲間據目抄水利志》

己巳海都憲建議開復吴淞江時，民謡有曰：『若要此河開，除非海龍王來。』適董其役者蘇州府推官龍宗武、松江府同知黄成樂也。吴音黄與王同呼，人以爲奇驗。第此江爲吾松郡水利要道，湮没既久，幾成平陸，海公調停允當，不煩國帑，不費民財，計日奏功，士民至今稱頌。越二十年，當事者以東南水利漸淤，特請簡命憲臣一員司之，時許副使應逵出官錢首浚吴淞江，聚工就役，溺死疫死者甚衆，且吴淞海口名老鸛嘴者，俱坍入海中。相傳有一大船前後十餘艙，約長數丈，浮没不常，人不能攝，竟不知何物也。自後潮汐往來迅速，且渾濁易積，而郡城内外枝河旋開旋塞，民甚苦之。

校勘記

〔一〕脱脱　四庫本作『托克托』。下同。

〔二〕張涇堰兩創築月河　『兩』下脱『岸』字，據《宋史》補。

〔三〕淳熙十三年　據《繫年要録》和《宋會要方域》，作紹興年間事。下文『十五年』亦同此。
〔四〕暗都刺　四庫本作『温都爾』。下同。
〔五〕達魯花赤兀魯失海牙　四庫本作『達嚕噶齊烏嚕斯哈雅』。
〔六〕哈散　四庫本作『哈薩』。
〔七〕旭邁傑　四庫本作『舒瑪爾節』。
〔八〕脱懽答刺罕　四庫本作『托歡達爾罕』。
〔九〕朶兒只班　四庫本作『多爾濟巴勒』。下同。
〔一〇〕鐵哥　四庫本作『特爾格』。下同。
〔一一〕伯顔察兒　四庫本作『巴延徹爾』。
〔一二〕都爾彌失　四庫本作『都哩默色』。
〔一三〕沙的　四庫本作『實廸』。
〔一四〕秃刺思　四庫本作『圖埒實』。
〔一五〕哈剌歹　四庫本作『哈喇岱』。
〔一六〕徹里　四庫本作『徹爾』。
〔一七〕也里可温答失蠻　四庫本作『伊囉勒琨達實密』。
〔一八〕郭也先不花　四庫本作『郭額森布哈』。
〔一九〕楊伯野台　四庫本作『楊巴延台』。下同。
〔二〇〕欽察台　四庫本作『奇徹台』。

〔二一〕秃魯　四庫本作『圖嚕』。

〔二二〕這里完答　四庫本作『哲爾諳達』。

〔二三〕萬家奴　四庫本作『萬嘉努』。

〔二四〕燕只吉臺徹里　四庫本作『揚珠濟達徹爾』。

〔二五〕那海　四庫本作『諾海』。

〔二六〕王庭堅　四庫本作『王廷堅』。

〔二七〕達魯花赤完者　四庫本作『達嚕噶齊諤勒哲』。

〔二八〕流浚　應是『疏浚』。據四庫本改。

〔二九〕隴阪開　據四庫本改『隴阪間』。本篇下文亦有『隴阪間』。

〔三〇〕南疏　應是『南流』。據《太湖備考》卷三引朱存理《蘇州水利志》改。

〔三一〕二百　當是『二道』。據同上注改。

〔三二〕夏界田　《太湖備考》卷三作『夏駕口』，可備參考。

〔三三〕三季　當是『二季』爲是。

〔三四〕利橋　四庫本同此。從上文看，疑『利』下脱一字。

〔三五〕泖塔　四庫本作『泖塔』。

吴中水利全書卷之十九

考

考以考究水利典實。諸公所搆，字字并有根柢，觀者當悉心體會。

［宋］

史佚名《京口河渠考》

京口當南北之衝要，控長江之下流，國賦所貢，軍需所供，聘介所往來，與夫商賈之舟艛，江津入漕渠，甚便利也。惟郡境高昂，勢若贔負石，鼇負水，不可以瀦，北泄于江南，注于毘陵，失時不疏，淤澱日甚。歲移月改，流斷舟膠，綱運相銜，輕涉湍涌，谿五瀉堰以濟風濤，倏警惴惴焉，覆溺是虞。其或應辦聘使，更屬冬涸，堰渠挽水，轉相添注，勞費百倍。

嘉定癸酉，采廷臣之議，令漕臣至郡，同守臣總領，相度開浚利便以聞。時史彌堅領郡事，與運副吴鎧、總領錢仲彪，沿渠按視，得其源委。蓋渠自江口行九里，而達于城之南門，民居商肆夾渠而列，渠岸狹不容㕓，畚土以貯于岸，費省易集，一雨濯之，旋復填淤江干。原有五閘，通接潮汛，樽節啓閉，粵從渠塞，積歲不開，木圮石泐，渠浚而閘啓，閘啓而漕通，是修閘不可以失時。于是郡委壕寨官，通行打量，自京江至南水門，共長一千八百六十九丈，約總用浚渠修閘三十七萬六千五百九十二工。乃先理寬僻之地，計地面積土之廣狹，以分浚渠節段之短長，計積土背渠之遠近，以約日役工數之多寡。又慮農事將舉，役民非宜，官軍健捷，器用利便，宜委戎司庀其役，規撫先定，條列上聞。都統制劉元鼎具畚鍤，籍徒庸以俟命。

明年二月己亥報可，截撥緡粟，爲庸直需。乃決渠水，立表識，程功作，侵渠而撤居者賑之。役兵大集，舉鍤如雲，守臣總領，躬自勸勞。都統制日按行伍察其惰偷。越四月庚戌，運渠底績，闊至十餘丈，深至丈餘，閘之圮蠹者，選材石更葺之。自是巨防屹立，海潮登應，則次第啓閉，出納浮江之舟。拍岸洪流，暢無留礙，揚枻維楫，舟人歡呼。然後浚市河，通橋梁，興澳港，建郵亭，修繂路，功緒一新。禮部侍郎李𡌴及彌堅皆有記，𡌴記稱曾孝蘊之功，彌堅記云：『凡費錢二十四萬五十四緡，米一萬八千八百八十一石。』

沈括《至和塘考》

至和塘自崑山縣達于婁門，凡七十里，自古皆積水，無陸途，民頗病涉，久欲爲長堤抵郡城，澤國無處求土。嘉祐中，人有獻計，就水中以籧篨爲墻，栽兩行相去三尺，去墻六丈又爲一墻，亦如此漉水中淤泥實籧篨中，候乾則以水車畎去兩墻間舊水，墻間六丈皆留半以爲堤脚，掘其半爲渠，取土以爲堤。每三四里則爲一橋，以通南北之水，不日堤成，至今爲利。

王執禮曰：至和塘既成，于至和二年立石。其開浚水道已成，塘陸塗尚未備，至是始備，岸未及成，後郟亶所謂至和塘，所以不逾一二年而壞也。

［本朝］

韓邦憲《廣通壩考》

廣通鎮在高淳縣東五十里，世所謂五堰者也。西有固城、石臼，丹陽南湖，受宣、歙、金陵、姑孰、廣德及大江水，東連三塔蕩、長蕩湖、荆溪、震澤，中可三五里，頗高阜。春秋時吴王闔閭伐楚，用伍員計開河以運糧，今尚名胥溪，及傍有伍牙山云。《左傳》襄公三年，楚伐吴，克鳩兹，今蕪湖。至于衡山。今烏程。哀公十五年，楚子胥、子期伐吴王桐汭今建平。蓋繇此道。鎮西有固城邑遺址，則吴所築以拒楚者也。自是湖流相通，東南連兩浙，西入大江，舟行無阻矣。而漢唐來言地理家者，遂以爲水源本通。桑欽《水經》云：『中江在丹陽蕪湖縣南，東至會稽陽羡，入于海。』《前漢書·地理志》于丹陽、蕪湖註云：『中江出西南，至陽羡入海。』應劭、顔師古註溧陽云：『溧水出南湖。』《後漢書·郡國志》：『蕪湖中江在西。』孔穎達《書》義疏，亦引

《漢史》爲證。蓋皆指吴所開者，爲《禹貢》三江故道耳，後不知何時漸湮。景福三年，楊行密據宣州，孫儒圍之五月不解，密將臺濛作魯陽五堰，拖輕舸饋軍，故得不困，卒破孫儒。魯陽者銀林、分水等五堰壩左右是也。壩西北有吴漕水，言吴王行密所漕也，至宋時不廢。故高淳易泄，民多墾湖爲田者，而蘇、常、湖三州，承此下流，水患特甚。

宜興人進士單鍔，採錢公輔議，著《吴中水利書》，以爲築五堰使宣、歙、金陵、九陽江之水不入荆溪、太湖，則蘇、常水勢十可殺其七八。元祐中，蘇軾稱其有《水學》，并其書薦于朝，詳具東坡奏議中。時用事者方欲興湖田，未之行也。故永豐等圩官司所築，無慮數十萬，而固城、石臼、丹陽之間，大抵多圩田矣。宣和中，待制盧襄奏罷湖田，及言開銀林湖爲非切務，于時田方屬蔡、秦、韓諸將相家及隸行宫，不便塞河，卒未行也。乾道中，周益公《南歸録》尚謂谿鄧步、東壩、銀樹可通舟至固城黄池。《景定建康志》及《祥符圖經》，亦謂瀨水西承丹陽，東入長蕩湖，足可徵胥溪尚通云。元伯顔〔一〕攻臨安，三道并進，參政阿剌罕〔二〕攻破銀樹、東壩，至伍牙山敗宋兵，實出此道，而河流亦就塞。

明興，高皇帝定鼎金陵，以蘇、浙糧運自東壩入，可避江險。洪武二十五年，浚胥溪，建石閘啓閉，命曰：『廣通鎮設巡簡司、税課司、茶引所。』當是時湖流易泄，湖中復開河一道，而尚阻溧水胭脂岡，乃命崇山侯鑿山通道，引湖水會秦淮河入于江。于是蘇、浙經東壩直達金陵爲運道云。崇山侯者李新濠人也。初以建孝陵功封侯，焚石而鑿之，費油麻不貲，石盡。赤岡脊本易通，有嚴氏者慮損其田，以女賂侯，故迂其路，侯坐極刑死，時洪武二十八年也。文皇帝遷都于北，運道廢。永樂元年，蘇人吴相五以水之爲蘇常患也，引單鍔議，奏改築土壩，增設官吏，歲僉溧陽、溧水人夫各四十看守，自是宣、歙諸水希入震澤矣，而壩猶低薄，水間漏泄，舟行猶能越之。正統六年，江水泛漲，壩大決，蘇、常潦甚，國税無所出。周文襄、楊賀一大集夫匠重築之。欽降板榜，如有走泄水利，渰没蘇、松田禾者，壩官吏處斬，夫鄰充軍。十二年，張惠等奏：復故河道，勘行屢歲未決。成化四年，普施奏阻之。十二年，牟都御史俸，溧陽知縣靳璋又議復，常民張端又奏阻之。大抵利塞者，壩下諸郡，利開者，壩上也。後車夫與商争利于陸行。正德七年，給都御史俞諫以税利，乃令鎮江府通判齊濟舟督責，增築壩三丈。自是水盡壅，高淳之圩田日就圮矣。顧其時訴辭往復在開壩，未有言減税者，里甲傾敗其半。

嘉靖初，宫保李公充嗣奉敕行詢水利，有白子俊者呈復壩河，乃命應天府治中周某、通判吕某，勘行開浚，會歲歉止。歐、夏兩撫臺時，程儀鳳再訴之，然意在通舟耳。三十五年，倭入寇，商旅繇壩行者絡繹不絶，沿壩居者，利其盤剥。復自壩東十里許，更築一壩。即古分水堰處。兩壩相隔，湖水絶不復東，今壩官及溧陽壩夫俱不存矣。蓋余他日按輿圖原本山川，金陵地脈，歷閩、浙逾東，壩至茅蔣，勢本聯絡。秦、漢以前，高淳固魚龍之宅也，自有胥溪、三湖東歸震澤，民始得平土居，稍稍墾湖田爲業，宋時煙火最盛。今冬春水涸時，湖中往往見磚石井階，蓋舊民居云。自築壩以來，水勢壅遏，田漸淪没多矣。而賦額日增，户口視前僅十之三，則惟壩之故。嘉靖戊戌核田，致虛懸米八千，繇今而後，田之將圮爲湖者，未有紀極也。父老言湖底與蘇州譙樓頂相平，假令水漲時，壩一決，蘇、常便爲魚鼈。當庚申、辛酉間，大浸稽天，淳民紛紛欲掘壩，會下壩偶決溧陽、宜興而下，勢若懷襄，有以聞于華亭徐相國階，會知縣方沂入覲，召諭重禁之。余時在京師。韓子曰：『廣通壩者所以障宣、歙、金陵、姑孰、廣德及大江之水，使不入太湖者也，自前代皆云中江故道。』近内閣王鏊記太湖，以此一源最巨，爲蘇、常患，而伍餘福著《三吴水利論》亦諄切言之。嗟乎，以蘇、常、湖、松諸郡所不能當之水，而獨一高淳爲之壑，其至于洪漲而廢田也決矣。而稅又弗捐，民何以堪之？自蘇軾、單鍔之言，行所以爲壩下諸郡者甚善，而未有爲壩上發明者。余觀淳民之日耗，且困于虛糧也，作《廣通鎮壩考》。

王同祖《三江考》

《禹貢》曰：『淮海惟揚州，三江既入，震澤底定。』三江、震澤皆在今蘇州境。昔大禹治水東南，見于經者止此兩言，而東南水利之源，古今治水之法，悉寓于此。然三江之説，漢、唐以來考究論辨互異，或諸儒未嘗親歷其地，沿訪其迹，但據《書》傳所記，附以臆説，遂使聖經微旨舛而不明，三江故道混而莫辨。今按『三江既入，震澤底定』言三江入海，則震澤之水，不爲害而致定也。三江蓋皆西通震澤，而東流入海。禹時洪水滔天，震澤之水必泛濫懷襄，爲揚州大患，故禹之治之也，因東流之勢決排壅塞，使水繇三江入海，故言『震澤底定』，以明不爲害也。

孔安國釋經曰：『三江已入，致定爲震澤。』蓋謂三江水入太湖，故定爲震澤也。及其釋嶓冢導漾至東滙澤爲彭蠡，東爲北江入于海，則曰『自彭蠡江分爲三，入震澤，遂爲北江而入海』。釋岷山導江至東爲中江，入于海，則曰『有北有中南可知矣』。遂以北江、中江、南江爲三江，其謂繇震澤而入海者，與前註相背。夫始言三江入震澤，此則自度震澤下流終入于海，故復言震澤又分三江而入海，其失得較然矣。虞氏《志林》曰：『江自彭蠡分爲三。』又云：『江自太湖出于海』，此即孔氏之説也。

班固《地里志》云：『南江自震澤東南入海，中江自蕪湖東至陽羨入海，北江自毘陵北東入海。』南江即今之松江，在吴縣南，吴江縣東。中江在應天溧陽縣西北，名九陽江，亦名永陽江，源出蕪湖，大江東流入宜興縣界，合荆溪以入震澤，宜興古陽羨也。北江在毘陵縣北，毘陵即今之武進，亦謂與震澤傍近，而其迹已不可考，與孔安國所謂『彭蠡江分爲三，入震澤，北江以入海』，道里遠近截然不同矣。桑欽《水經》所著北江與班固同，其叙南江乃謂自牛渚上桐水，過安吉縣，歷長瀆出松江入海，不知桐水，安吉中高，水不相通也。又孔穎達《書》疏云：『今南人以大江不入震澤，震澤之東别有松江等三江。』按《職方》『揚州其川曰三江』，宜舉州内大川，其松江等雖出震澤入海，既近，《周禮》不應舍名山大江之名，而記松江等小江之説。其意殆將以大江東流入海者爲三江。然考《禹貢》所謂嶓冢、岷山之江，止有北中而無南，止言彭蠡而不言震澤，則與前『三江既入，震澤底定』之旨彼此不同，不宜混而爲一。況太史公曰：『禹于吴則通渠三江五湖』，蓋三江之水，工力所平，以定震澤，記治之績也。若大江則不惟不與震澤相通，而天塹之廣，朝宗之勢，似非人力所能開鑿。禹但疏其源，導岷、嶓，通沱、潛，以至九江三澨而已，豈遂以爲于吴通渠之三江乎？蘇氏謂岷山之江爲中江，嶓冢之江爲北江，豫章之江爲南江，即導水所謂東爲北江，東爲中江者，既有中、北二江，則豫章之江爲南江可知。蔡仲默曰：『若據此爲三江，則江漢會于漢陽，合流數百里，至湖口而後與豫章江會，又合流千餘里，而後入海，不可復指爲三矣。』章俊卿考索如蘇説，而又言江自彭蠡而上爲二，自下口而上爲三，下流過秣陵京口則合而爲一，不復三矣。又指言夏口之三江口爲三江。夏口今江夏縣，《禹貢》原屬荆州，與揚州何所關涉？與震澤相去二千餘里，乃謂爲震澤所入之三江，誤矣。

韋昭以吴淞江、錢塘江、浦陽江爲三江。錢塘、浦陽元不通震澤，酈道元《水經註》復引其説而不復詳考。宋淳熙中，程大昌進《禹貢山川道里圖》辨論孔安國、班固、韋昭之説，乃定爲三江圖以《禹貢》經文北江、中江爲據，遂指揚子大江爲三江，其説曰：『北爲北江，中爲中江，南爲南江。』又云：『徐堅援鄭玄《書》傳以證三江，曰左合漢爲北江，右會彭蠡爲南江，岷江居中爲中江，知一江爲三也。』夫揚子一大江也，豈可分南、北、中而名爲三江？禹作經垂訓，恐不若此，雖其引辨叙説精密，然圖中止言三江，不及震澤，與經文戾矣。

咸淳中，邊實修《崑山志》，辨證三江口曰：『江宗于海，謂之江口，當于海求之。今大海自西沺分南北，繇轉料而西，朱陳沙謂之揚子江口，繇徘徊頭而北，黄魚垛謂之吴淞江口，繇浮子門而上，謂之錢塘江口。雖無三江口之總名，而三江口之迹顯然。況揚子江下流，屬于浙錢塘、吴淞江，分隸蘇、杭，俱與震澤水勢相入，以此爲三江，自以爲有考于韋昭。然揚子江何嘗屬于浙，而錢塘江又不通于湖，其謂與震澤之水相入，甚爲牽合。蓋徒泥『口』之一字，遂以海口、三江爲據，而不知《禹貢》三江，原無『口』字也。大抵諸儒皆不以震澤爲主，蔓引曲説，間有知震澤爲主者，又好奇立異，紛紛不一。

唐張守節《史記》正義曰：『三江在蘇州東南三十里，名三江口。一江西南上七十里，至太湖曰松江，古笠澤江；一江東南上七十里，至白蜆湖曰上江，亦曰東江；一江東北下三百餘里入海曰下江，亦曰婁江。其分處號三江口。』極有據。但東南止云至白蜆湖，而不知所止，似欠明白。而又止言婁江入海，似二江皆不通海者，然詳其意，蓋謂太湖東導爲松江，至三江口，則一分爲東江，一分爲婁江，其下流復合爲一江而入海，若導河播九河，合爲一河入海，導江分九江，亦合爲一江入海也。顧夷《吴地記》云：『松江東北行七十里得三江口，東北入海爲婁江，東南入海爲東江，并松江爲三江。』唐仲初《吴都賦》註與《正義》説頗合，而尤分明。但《正義》止言婁江入海，其二江皆不言入海。今既稱東南入海爲東江，又云東北入海爲婁江，則婁江入海之處别是一江，而與東江不相入矣。

朱長文《吴郡續圖經》云：『崑山塘自郡城婁門至崑山入海，即婁江。』指今之劉家港，蓋謂松江東口入海者爲東江，劉家港入海者爲婁江。太湖東入吴江縣長橋合龐山湖者，爲松江。

三江之迹具存，東江未嘗塞也。然吴淞江自吴縣西南邐迤而來，過崑山東南入嘉定界入海，曰吴淞江口，甚明。初未與劉家河相通，雖其支流，一從崑山之東新洋江自北而東，入太倉塘，經州南城東入劉家河；一從夏駕浦自北而東，繇小瓦浦入劉家河；其他小港亦有通者，乃特支流而非江之故道，豈遂指劉家河爲婁江哉？自宋以前，未嘗以劉家港爲婁江，朱長文始言之，而又指崑山塘爲婁江，恐未必然。按今太湖自吴江縣長橋東北合龎山湖者爲松江，又東南分流出白蜆江，入急水港，入澱山湖，迤東入海者爲東江，此單鍔《水利書》所謂開白蜆江，使水繇華亭青龍入海者是也。但澱湖之東已塞，不復徑趨入海，而北流乃合吴淞江，故曰東江已塞也。入崑山自龎山湖過大姚浦，東北流三折成三江，俗呼爲上清江、下清江、吴淞江，其實一江也。入崑山西南又分爲二，一名勳娘港，五里許復合爲一，經崑山南又東南過石浦，出安亭江，過嘉定縣黄渡，入青龍江，繇江灣、青浦入海者爲婁江。其安亭江在宋時已塞，單鍔所謂開安亭江，使水繇華亭青龍江入海是也。

然自太湖東下，皆稱吴淞江，昔人以吴多水患，故去水稱松江。夫東南水惟于三江是賴，而震澤不泛濫爲害者，實以三江入海無壅塞也。雖古今殊異，陵谷變遷，江湖故道，未免通塞更改，然所經之途，與東流之勢，則固劃然可考，何至如黄河遷徙，南北易地，懸絶之甚乎！

王同祖《三吴水利考》

吴地古稱澤國，襟江帶湖，延控大海，萬水所湊，觸地成川。是故吴于天下郡國最爲卑下，古今治水者莫先焉。《禹貢》曰：『淮海惟揚州，三江既入，震澤底定。』《周禮·職方氏》：『揚州，其澤藪曰具區，其川曰三江，其浸曰五湖。』東南州郡皆古吴地，揚州域也。而三江五湖皆在今蘇州境，故蘇州于吴地又最爲卑下，古今治水者莫先焉。太湖爲東南巨浸，周五百餘里，在蘇州西南境五十里，連蘇、湖、常三州之地，可謂大矣。東達于三江以入海，三江通則太湖之水不爲害，則蘇、常、湖三州皆安，而蘇州尤被其利。三江不通，則太湖東注，泛濫爲災，常、湖之境未爲患，而蘇已先受其害矣，何也？蓋常、湖據其上流，地常高于湖，而蘇州則居下流，稍有壅閼，境内皆成巨浸矣。故治水東南，蘇州爲急，蘇州屬邑有七，而吴江居其東南下流，爲淞江入海之發源，崑山居其東北，爲淞江入海之要道，稍有壅閼，二縣之境皆成巨浸矣。故治水于蘇，二縣爲急。然吴江之地，左江右湖，極爲低窪，是當水之都會也。崑山之地，引江達海，扼阻諸邑，是當水之關鍵也。故治水于二縣，其先後同，而崑山爲尤急也。太倉、嘉定則濱海，高原十居八九，憂旱而不憂潦，宜蓄而不宜泄，其治水之法，亦有相因而不爲背者。郟亶所謂辨高下之原，求蓄泄之迹者，此也。

然東南之地，雖間有高原，而終爲澤國，江海所歸之水，未嘗乏絶。故自古及今，皆詳于治水，而略于治旱，以旱不能爲大患也。吴縣處郡之西偏南，屬震澤，旁皆山田，高視太倉、嘉定，而長洲、常熟之地，與崑山、吴江連界者，則視崑山、吴江，其西北與常州之江陰連界，東南與太倉連界者，亦視太倉、江陰。宋趙霖所謂平江之田，雖下于諸縣，而瀕海之地，特高于他處，謂之堈身。堈身之西，又與常州地形相等，東、西與北三面，勢若盤盂，積水南入，注乎其中，所以沿海環江開治浦港，不可不先者也。大率諸縣地勢有高有卑，治水之法有同有異，豈可一概取必乎？

竊嘗考之古今治水之迹矣，吴地自大禹通渠三江五湖之後，歷夏、殷、周二千餘年，未有能纘大禹之績者。故治水之法，不見于經傳。《國語》夫差起師北征，闕爲深溝，通于齊魯之間，即今運河。南自嘉興谿石塘北流，經郡城北繞白公堤，出望亭入無錫縣界，《續圖經》所謂邗溝者此也。是亦不過疏之以通征伐耳，未聞其爲民利計也。漢初爲藩封之地，史稱吴王濞，即山鑄錢，擅山海之利，富埒天子，而亦不聞其以水利耕植也。孝武時，太史司馬遷北登姑蘇，望五湖，遊覽形勝，思禹之功，其意深矣。三國吴孫權據有江東，遂以富强。以逮魏、晉之際，皆爲股肱郡縣，然亦未聞治水興利之事，或紀載之闕，未可知也。至劉宋元嘉中，揚州刺史始興王浚以松江，滬瀆不通，欲從武康紵溪直出海口，穿渠浛，功竟不立。梁大通中，吴郡水災，詔遣前交州刺史王奕假節發中吴、吴興、信義三郡人丁，漕大瀆以瀉浙江。信義郡即蘇州也，時崑山爲信義縣，水利之説于是興矣。唐貞元、元和間，于頔、王仲舒刺蘇州，皆有興修之舉。而唯有宋爲詳且備，王荆公議廢都水監不便，謂議者曰舉天下之役，其半在于河渠堤埽，此可見矣。天禧間江淮發運副使張綸，同郡守經度于崑山、常熟，疏五湖，導太湖入海，復歲租六十萬斛。乾興五年詔，蘇、湖、秀州積水害稼，發鄰郡兵疏導，以決其壅。天聖初，蘇州水壞太湖外塘，又海旁支渠湮塞，廢民耕田，詔轉運使徐奭等董其事，敕遣内供奉官張永和相度市涇以北，赤門以南，築石堤九十里，起橋四十餘所，浚積潦，自吴江東赴海，復良田數千頃，流民得自占者二萬六千家，歲出租苗三十萬。景祐初，范仲淹守鄉郡，議疏導諸邑之水，上書宰臣具言水利。寶元元年，葉清臣爲兩浙轉運副使，以并太湖有民田豪右據上游，水不得泄，世爲民患，遂請鑿盤龍匯及滬瀆入海，民賴其利。自是以後，慶曆中，常熟開金涇、鶴瀆二浦，溉田千頃。吴江修荻塘以通湖州。至和中，崑山開塘七十里，名至和塘。嘉祐中，開崑山顧浦，開松江白鶴匯，如盤龍匯之法，皆爲民利。熙寧三年，郟亶言蘇州水利，首論六失六得，及治田利害七事，至爲詳悉，事幾行而罷。崇寧二年，宗正丞徐確考《禹貢》三江之説，以爲太湖東注于海，松江正在下流，請自封家渡古江開淘，至大通浦，直徹海口七十餘里，水道大通。政和間，趙霖體究治水利害，其有三説，一曰開治港浦，二曰置閘啓閉，三曰築圩裏田，興修未及一二而罷。隆興間，李結獻治田三議，一曰敦本，二曰協力，三曰因時，其他開治淤塞，歷淳熙、嘉定、紹定之間，皆爲民利。至胡元[三]大德八年，開吴淞江，任仁發有水利議答。泰定、至正年間，屢浚江海，然比于有宋，則爲甚略矣。潘應武言決放湖水，吴執中言順導水勢，周文英言三吴水利，皆有經畫，未知當時施行若何也。

本朝洪武九年，開浚白茆、至和塘及諸涇港。永樂二年，命户部尚書夏忠靖公原吉疏治蘇、松水患，自後巡撫侍郎周文襄公忱、巡撫都御史崔公恭，皆浚治吴淞江，以興水利。成化八年，置僉事于浙江，專治蘇、松等府水利。十年，都御史畢公亨、知府丘霽復修崔公之功。至弘治間，連被大水，命工部侍郎徐公貫，疏江湖涇浦，而水有所歸。九年，工部主事姚文灝開七鴉浦，築沙湖堤，且疏言六事，皆中機宜，告諭數條，悉明利害，其所編《築圩歌》，至今鄉村之民家傳人誦焉。十一年，工部郎中傅潮奉敕理吴中水利，浚治崑山十河。十五年，郎中臧麟繼之，皆有成(蹟)[績]〔四〕。正德四五年，蘇、松大水爲災，民不粒食，時都御史俞諫奉敕治水，逾年而工息。復差工部郎中朱袞治水吴中，并爲民利。今上御極，憫東南數被水患，恐重傷財賦之地，乃命巡撫工部尚書李公充嗣興修水利，時官屬若郎中林文沛、員外郎顔如環，實分理其任，顔治吴淞江，林治白茆。未幾顔以憂去，林遂併治二水。時李公建行臺於太倉，總督於上，而林則周行諸邑，躬親相度，導白茆，浚吴淞江，疏太湖，於夏駕浦口置閘，以障渾潮。其他堤堰陂塘之修築者甚衆，一時措置周悉，號令嚴明，厥工告成，利被吴下。迄今十餘年，沿江濱海，其要害通泄之所，所宜及時興修，以防未然，正有賴於今日也。

王同祖《太湖考》

太湖在蘇州西南境三十餘里，《禹貢》謂之震澤。《周官》、《爾雅》謂之具區。《國語》、《史記》謂之五湖。《左傳》謂之笠澤。《揚州記》曰：『太湖一名震澤，一名笠澤，一名洞庭。』《山海經》曰『浮玉之山，北望具區』是也。《周官》既云『其澤藪曰具區』，又云『其浸五湖』，似五湖别有所在。然范蠡乘舟入五湖，司馬遷登姑蘇望五湖，實又指此。且揚州之境，水大者無過於太湖，其爲具區甚明。而歷考傳記所載五湖即是太湖，非别有五湖也。張勃《吴録》曰：『五湖者太湖之别名，以其周行五百餘里，故以五湖爲名。』虞翻曰：『太湖東通長洲松江，南通烏程霅溪，西通義興荆溪，北通晉陵滆湖，東連嘉興韭溪，水通五道，謂之五湖。』陸魯望曰：『太湖上禀咸池五車之氣，故一水五名。』《圖經》以貢湖、游湖、胥湖、梅梁湖、金鼎湖爲五。韋昭以胥湖、蠡湖、洮湖、滆湖，并太湖爲五。郭璞《江賦》以具區、洮滆、彭蠡、青草、洞庭爲五。《初學記》云：『或説以射湖、貢湖、上湖、長塘湖、滆湖爲五。』按《左傳》越伐吴，吴子禦之笠澤。《國語》吴越戰於五湖。可見五湖之爲一湖，甚明也。然今湖中亦自有五名：曰菱湖，在莫釐之東，周三十餘里；曰莫湖，在莫釐之西北，周五十餘里；曰游湖，在長山之東，周五十餘里；曰貢湖，沿無錫老岸，周一百九十里；曰胥湖，在西山之西南，周六十里。五湖之外，又有三小湖：夫椒山東曰梅梁湖；杜圻之西，魚查之東，曰金鼎湖；林屋之東曰東皐里湖，而吴人稱謂則總曰太湖。《越絕書》稱其大周三萬六千頃，連蘇、常、湖三州之地，湖中有七十二山，其大者曰東、西二洞庭，馬迹次之。山居人甚多，閭巷井舍，鱗次蟻聚，無慮數千家，而仙宮梵宇分布上下，茂林平野彌望百里，可謂大矣。

然考之太湖上流，其西北自建康等處入溧陽，邐迤至長塘河，并潤州、金壇、延陵、丹陽諸水，會于宜興荆溪，以入其西南。自宣、歙、池州、武林、天目、富陽，下湖之安吉、武康、烏程、長興，合苕、霅山溪諸水，以入數郡之水，瀦匯于湖，汪洋浩瀚，不可涯涘，而東達于三江以入海，東南積水之區，蓋莫有大于此者。其底定也則灌溉民田爲三吴美利，泛濫也則浸淫數郡，而民被其大害，是以古人之治之也，疏其源使水有所入，導其流使水有所歸，皆爲民興利除害而已。故觀其置五堰于溧陽，以節宣、歙、金陵、九陽江之水，使入于蕪湖以北，入于大江，開夾苧干于宜興、武進之境，東抵滆湖，北接長塘河，西連五堰，所以泄長塘湖之水，以入滆湖，泄滆湖之水以入大吴瀆、塘口瀆、白魚灣、高梅瀆、白鶴溪，而入常州運河之北偏十四斗門，北下江陰之大江，所以殺西來之水，使不入于太湖，而皆歸于江也。又以荆溪不能當西來衆流奔注之勢，遂于震澤之口疏爲百派，謂之百瀆，而又開横塘以貫之，約四十餘里。百瀆在宜興者七十有四，在武進者二十有六，皆西接荆溪而東通震澤者也。又于烏程、長興之間開七十二漊，在烏程者三十有八，在長興者三十有四，皆自七十二漊通經遞脈，以殺其奔衝之勢，而歸于太湖也。太湖上流，諸道水之來源若此，而所以泄之者，則惟于三江是賴焉。太湖東出吴江縣之長橋爲吴淞江，繇吴淞江東流以入大海，此震澤泄水之大道也。

然泄水之處，各有區域，蓋不止于吴淞江而已，曰鮎魚口，曰胥山，曰白洋灣，曰管瀆，曰小溪港，曰瓜涇，曰夾浦，曰張家河，曰北車橋，曰漾湖溪，曰上瀆港，曰陸家浜，曰虎山橋，曰石家浜；曰南宫，曰蒯家涇，曰九曲江，曰後塘橋，曰梅梁溪，曰龍塘河，曰迎城山，曰菱湖港，曰太平橋，曰澤塘浜，曰灌瀆浜，曰和尚浜，曰長洛浜，曰王家漾，曰山涇港，曰渡水港，曰黄瀆港，曰後保河，其他支流尚多，不可殫記，皆所以泄太湖之水，以東入于三江諸浦，而歸大海者也。然以江湖形勢觀之，大要宣、溧以上，西北之水，可使入于蕪湖，以歸大江，而不可使注于荆溪。蘇、常以下東南之水，可使趨于吴淞江，歸大海，而不可使積于震澤，此治水東南之大旨也。然地形有高下，時勢有古今，水道有通塞，而所以治之之法，則固不可同年而語也。

徐獻忠《沿湖港漊考》

太湖舊有沿湖堤防，而泄以諸漊，漊有斗門，制以巨石甚固，門各以閘版，旱則閉之，以防漊水之走泄，有東北風亦閉之，以防湖水之暴漲。官主其事，爲利浩博，後漸湮廢，頗爲郡中之害。東坡水利奏云：『太湖受諸州之水，先治吴江南岸，茭葑蘆葦之積，則水東瀉而無壅滯之患，諸州利矣。』自今觀之，吴江茭葦屯結成田，長橋諸洞門悉皆湮塞，比來十水九潦，民力尤困，吴江之患，卒未能除，而沿湖諸漊不可不加之意也。

按大錢、小梅二港，總苕、霅西南衆水，以入于湖港之最大者也。大錢以東皆縱横港，注入諸港，直至吴江界。

西金港、顧家港、官瀆港、張婆港及宣家、楊瀆、泥橋、寺橋、計家等港，先素流通，止因其舊而修之也。

陽漊、沈漊、羅漊、大漊、新涇漊、潘漊、諸漊、謝漊、和尚漊、張港漊、幻湖漊、西金漊、東金漊、趙港許漊、楊漊、義高漊、陳漊、薄漊、五浦漊、蔣漊、錢漊、新涌漊、石橋漊、湯漊、盛漊、宋漊、喬漊、湖漊，已上名漊者，因民建議以便水利者也。

已上三十八港漊，俱屬烏程，按《修湖漊記》云：湖漊三十六，其九屬吴江，其二十七屬烏程，惟計家港近溪而闊，獨不置閘。紹興二年，知州事王回修之，又改二十七漊名曰豐、登、稔、熟、康、寧、安、樂、瑞、慶、福、禧、和、裕、阜、通、惠、澤、吉、利、泰、興、富、足、固、益、濟，又皆冠以常字，今久廢不閘。成化十年，添設治農通判李智，漸皆修治，民多賴之。

曹胤儒《海塘考》

竊聞海塘之制，本爲捍禦鹹潮，以便耕稼。自春秋時范蠡築圩田之後，疑即有之。唐開元初乃名之曰捍塘，起杭之鹽官，迄吴淞江，長一百五十里。宋乾道中，元至正初，皆修焉，起嘉定之老鸛嘴，以南抵海寧之澉浦，以西高于城垣，内外皆有塘溝相夾，自設此塘之後，而松、嘉、杭無入海水口，《禹貢》之東江遂湮無考矣。

國初，信國公湯和經略海防，倚以爲重。至成化中頹廢，巡撫畢亨益增其舊，及裏護塘，兵農兩濟。夫松以海塘防鹹潮，而蘇之渾潮淤澱，爲害不小。若沿海設塘，而于港汊之口置減水閘，以司啓閉，則潮沙所塞，不過港口數里，易于挑浚。更藉土著之民，沿塘以居，寬其他役，計免田税，即作兵餉，俾之守塘，則不獨險要可固，而水利無窮矣。

王圻《開浚吴淞江考略》

松江在上海縣北，舊名吴淞江，後以水災，去水從松，蓋《禹貢》三江之一也。三江者，北爲婁江，中爲松江，南爲東江。而松江又名松陵江，其源出于震澤，自吴江長橋下東流，至尹山北流，至甫里東北流，至澱山北合趙屯浦，東合大盈浦，又東合顧會浦、崧子浦、盤龍浦，凡五大浦，而至宋家橋東南流，與黄浦會而入海。其將入海處，别名滬瀆。江東西凡二百六十里，此東南水利之最著者，向與婁江、東江並爲湖流入海之要道。自唐開元元年，築捍海塘，起杭州鹽官，抵吴淞江，長一百五十里，沿海港口，盡爲堵截，而東江湮没無考矣。東江既塞，婁江界在北境，惟此松江一綫，關係蘇、松二郡民生國計，故歷代治迹獨詳于松江。

宋寶元元年，兩浙都轉運副使葉清臣，開盤龍匯以入江。慶曆元年，知華亭縣錢貽範，開顧會浦以入江。嘉祐六年，轉運使李復圭開白鶴匯以入江。元祐三年，常平使者調蘇、湖、秀之人，浚青龍江以入江。紹聖中，轉運副使毛漸開大盈諸浦以入江。崇寧二年，宗正丞徐確提舉常平，自封家渡古江開淘，至大通浦，直徹海口，凡七十四里，上海合嘉定二縣供役。大觀元年十一月，從中書舍人許光凝奏，檢較松江古迹，大加疏導。三年，兩浙監司奏請開淘松江，復置十二閘。宣和元年，兩浙提舉常平趙霖又開白鶴匯以入江。紹興四年，鹽官丞王珏開華亭海河二百餘里，通浚溉田。十五年，通判曹泳開顧會浦，又浚鹽鐵塘，更名下沙浦，以入江。乾道二年，轉運副使姜詵開通波大港，即顧會浦，以入江。前進士胡恪，隨司門員外郎李公傳，相度開修三江積水。

元至元三十年，值霖潦，知水人潘應武與吴伋、張桂榮等，承浙東僉院宣慰之命，相視合修河渠，即湖田開新港三，闊約三十餘丈，大漕港北新河即新港。及浚趙屯、大盈二浦以入江。大德八年，任仁發言開吴淞江，自上海舊江東抵嘉定石橋浜，迤邐入海。長三十六里，深一十五尺，闊二十五丈。役夫一萬五千，爲工一百六十五萬一千六百有奇，復置閘竇啓閉。十年，開趙屯、大盈、樊浦、白鶴、盤龍、舊江，計長三十七里，其中樊浦爲首，下接新涇、舊江，闊二十丈，其餘不等。又於廟涇以西，盤龍以東，開挑水口五處，新涇南、北置二木閘。泰定元年，前都水監任仁發董開吴淞、舊江二道，烏泥、大盈二河，其法以户有納苗田一頃五十畝，差夫一名，計四萬有奇，每名實支糧三升，中統鈔一兩。三年，任仁發等于上海縣之潘家浜、烏泥涇二處，各置二石閘，以遏渾潮，使閘内清水衝渲江道深闊。後至元間，又謂閘置乖宜，旱霪交病，繇是復開元堰直河。至正元年，撈漉吳淞江南北岸下泥沙，疏浚各河十數，用夫一十九萬八百四十，給糧四千七百四十七石，鈔三千一百六十四錠，各有奇。夫自宋至元，開浚松江無慮數十次，并未聞有以風水之説阻撓者，蓋亦計利害之大，而不恤其小也。

逮及國朝永樂二年，命户部尚書夏原吉治水蘇、松，挈崑山、嘉定諸塘浦，引吳淞江水入劉家河。于上海浚范家浜，接黄浦達海。正統六年，巡撫工部侍郎周忱修吳淞江，略用邑人杜宗桓議，立表江心，盡去壅塞，其沙塗成田，計畝收税，以補坍陷。天順四年，巡撫都御史崔恭，浚大盈浦以入吳淞江，又鑿江自崑山夏駕浦，至嘉定莊家涇出舊江，一萬三千七百丈。永樂初，引松江北入劉家河，江之東段不曾施工。又浚蒲匯等塘及曹家溝、呼都臺浦。成化七年，海水溢。八年，設憲臣于浙江按察司，專治蘇、松等府水利，僉事吳瑞議修華亭、上海海塘。華亭南自海鹽、上海，北抵嘉定，各數十萬丈餘。弘治初，僉事伍性浚吳淞江中段，及顧會、趙屯、都臺諸浦。七年，工部侍郎徐貫奉命治水東南，浚吳淞江，自帆歸浦至分莊，計七十餘里，府通判郝希賢承檄董工。是年，知縣董鑰築西鄉田圍。十二年，府通判原應宿浚崧塘、肇嘉浜。嘉靖元年，巡撫都御史李充嗣奉命用崑山、嘉定、華亭、上海四縣民力，相繼開吳淞江。上海分地初自崑山縣界，東至白鶴江，後自嘉定縣界東至吳塘，總四千餘丈，役夫二萬三千有餘，給散銀米八千餘兩石，犒勞旬至焉。知縣鄭洛書調度主簿黄明董工。先是開常熟白茆河，役上海九千餘夫，糜三千餘米。繼以吴淞，兩年而三興大工，嗣後撫臣屢議開浚，雖經具題，止因工費浩大，無從措辦，輒復停止。至隆慶四年，巡撫都御史海瑞，奮然獨任，借支軍餉，及各處發追稻穀贓罰導河夫無礙等銀，委本府同知黄成樂、蘇州府推官龍宗武、上海縣知縣張嵿，尅期開浚，查勘舊迹，共計長一萬一千五百七十一丈，闊三十餘丈，議半開河面一十五丈。除嘉定應浚外，上海實開長六千五百三十一丈八尺餘，面闊一十五丈，底闊七丈五尺，深一丈五尺六寸餘，共計用工食銀五萬餘兩，不兩月而工告成。是歲大饑，民多思盜，自河工興而畚鍤雲集，盜因以息。自此三十餘年，江流通利，旱潦有資，百姓至今尸祝之，後以吴中水災異常，奏請特設水利道副使許應逵專管江南水利，駐札松江。其工亦首浚吴淞，而次及諸水，工竟無成，而應逵亦以劾去，十萬帑銀付之東流，惜哉！

夫自永樂以及萬曆，開浚松江不下八九次，而亦未聞有以風水之説阻撓者。沿至今日，黄渡以西，宋家橋以東，尚皆通流如故，而中段七十餘里，卒成平陸。此江既塞，則五大浦及田間水道，日就淺淤，設遇旬日之雨，一望瀰漫，無從瀉出。幸而晴霽數日，則又車戽無資，田疇龜坼，禾苗立見枯槁。有司奉檄追徵，痛恨逋負而不知逋負之繇，皆原于此，監司但知東南凋弊，而不知凋弊之繇，皆原于此。此江之開浚，何可一日不講哉！然開河之難，難于工費，工費所需不出于官，則出于民，而今公帑空虛，閭閻匱乏，官民皆莫可搜括也。惟原編導河夫銀，及原擬提編免役一節，上下咸稱便利。蓋提編者即以各州縣新編五遞年解運推收，里老、塘長各差，量其輕重，徵銀免役，以佐河工，而各差之缺，即以次年原編人數接充。往歲上海修城事，曾經提編一次，便可得銀五六千，若以蘇、松二郡通算，便即得七萬餘金，舍此二項之外，倘不足用，更有各府州縣濟農備賑銀穀，當此水災民困之日，正當發廩拯救，一以活饑民，一以佐河工。較之往歲，請捐内帑，請吊贓贖，其難易爲何如也？且提編之舉，其便又有二，近來僉報各役，俱係宦家富户，樂于輸銀，而苦于應役，數萬餘金不煩箠楚，頃刻可完，其便一；徵銀在官，僱募饑民開浚，計工給發，方今水災之後，冬間待賑必多，即此以寓救荒之意，又省塘長起夫需索之擾，其便二。有此二便，而工費浩巨何足慮哉？夫工費既有成説，而復有倡議阻撓之者，則皆侵占官河豪民，揑造浮詞，以鼓惑縉紳，此必明哲所洞照者。又按導河夫銀，係派入條編見徵之數，提編事例乃上海許知縣建議有卷，試一吊查，即可舉事，似亦不必題請。

新勘應浚號段淺深丈尺：應用工食銀兩附。

東自上海城北閘港口二壩地方起，至西蘆浦止，長二千五百二十丈，淤澱頗高，應開深一丈二尺。若照隆慶年間面闊十六丈，底闊八丈，每丈土方折算一十四方四尺，共方三萬六千二百八十八方。

東自蘆浦起，至西上澳塘止，長一千一百七十八丈，潮沙淤澱已成平地，應開深一丈三尺。每丈折算土方一十五方六尺，共方一萬八千三百七十六方八尺。

東自上澳塘起，至新涇口，長六百五十三丈，淤澱亦高，已同平陸，應開深一丈三尺，每丈折算土方一十五方六尺，共方一萬一百八十六方八尺。

已上三段，共長四千三百五十一丈，共折方六萬四千八百五十一方六尺，每方工食銀四錢六分，共該用銀二萬九千八百三十一兩七錢三分六釐。

東自新涇口，迤西至孫基港口，長一千二百三十丈，尚有河影應開深一丈二尺，每丈折算土方一十四方四尺，共土方一萬七千七百一十二方。

東自孫基港口，迤西至莊家涇口，長一千三百五十一丈五尺，尚可通流，開深一丈一尺，每丈折算土方一十三方二尺，共土方一萬七千八百三十九方二尺。

東自莊家涇口，迤西至盤龍塘口，長四百二十五丈，應開深一丈，每丈折算土方一十二方，共土方五千一百方。

東自盤龍塘口，迤西至高家浜口，長四百八十八丈，應開深一丈，每丈折算土方一十二方，共土方五千八百五十六方。

東自高家浜口，迤西至紀王廟嚴儻浦口，長四百丈，應開深九尺，每丈折算土方十方八尺，共方四千三百二十方。

東自嚴儻浦口，迤西至青浦界宋家舊港，長五百十二丈，自此潮沙稍緩，淤墊稍低，尚可通舟來往，應開深八尺，每丈折算土方九方六尺，共土方四千九百一十五方二尺。

東自宋家舊港，迤西至洛劍浦南赤雁浦，長一千一百丈，此段尚可行舟，亦應開深七尺，每丈折算土方八方四尺，共方九千二百四十方。

已上七段，共長五千五百零六丈五尺，共折方六萬四千九百八十三方，每方工食四錢六分算，該用銀二萬九千八百九十二兩一錢八分。

通共十段，共計算工食銀五萬九千七百二十三兩九錢一分六釐。

另外又議築宋家橋口大閘，及各段堰水壩閘，并官吏役人供給飯食，共約計八千有奇。

已上通共開浚工食，并閘堰供給等項，共該用銀六萬七千七百二十三兩九錢一分六釐。

附《開吴淞江駁議》

按吴淞一江，自神禹鑿山導水以來，未有上海即有此江，而吴淞文獻未始不與天下争衡。暨元末立縣，此江水面尚闊數里，波濤洶湧十倍于今，而本縣甲科猶然繩繩不絶，奈何邇來談堪輿者，遂以此江之通塞，係文運之興衰，而縉紳賢者，乃皆嘖有煩言，是何其深信曲説，而不達國體也。夫吴淞一江，係四郡十二州縣生靈之命脈，朝廷數百萬賦糧之根本，止因科第一郡而坐令公私俱困，又豈仁人智士所忍言耶？況今之建議者，欲于上海縣北宋家港口築一壩閘，以遏潮沙，則吴淞水勢，不致東流直瀉出海，似又與堪輿家説了無妨礙，宜不當懲羹而吹虀矣，姑記此以就正于憂國憂民之君子。

計查歷年開浚吴淞江後科第：

一、弘治初年，僉事伍性開吴淞江一次，次年庚戌錢福中會元、狀元。至六年壬子，顧清中解元，官至尚書。癸丑，李希賢中會魁。乙卯，王杲中解元，唐錦中鄉魁。十四年辛酉，陸深中解元，官至侍郎。

一、嘉靖元年，巡撫侍郎李充嗣開吴淞江，二年癸未，徐階中探花，官至大學士，同年潘恩官至尚書。至十三年甲午，莫如忠中鄉魁，官至布政。至十九年庚子，林樹聲中鄉魁、會元，官至尚書，壽及百歲。

一、隆慶四年，海忠介公開吴淞江，次年辛未，郡中同榜六人，五躋三品，許樂善現任通政使。癸酉、丙子，方應選、陳所藴掄魁，俱爲文宗。

一、萬曆十六年，許副使應逵開吴淞江，十七年己丑，董其昌中會魁、傳臚入翰林。二十五年丁酉，吕克孝中應天解元，徐光啓中順天解元。二十九年辛丑，張以誠中狀元。

已上皆百年内事，典籍可據可驗，吴淞之開，并無妨于科目，且堪輿家有言，百步之外，風水即無干涉，況此江遠在百里外耶？或又言吴淞一開，黄浦必塞，第未知宋、元迄今，吴淞疏浚不下二十餘次，黄浦曾有湮塞時否？此又可以理察。設若果有妨礙，何先輩名公纂修松江、華亭，上海志乘水利款中，全無一言及此，而惓惓以開浚吴淞爲首務，則今日之倡異者，殆或未之考耳！

王焕如曰：王少參《浚吴淞議》，酌羣見，辟邪説，真救時之碩畫也。止提編一節，在嘉定、上海或可行之，今時勢不知何如矣？若蘇屬他州縣，方苦編徭不足，一開此例，重困生民，萬萬不可。

王圻《中江考》

《水經》云：『中江在丹陽蕪湖縣東南，至會稽陽羡縣入于海。震澤在吴縣南五十里，北江在毘陵北界，東入于海。』韋昭云：『三江爲吴郡東南松江、錢塘江、浦陽江。』今志以松江、婁江、東江爲三江，而中江湮没無考，疑在華亭、海鹽、平湖界中，後爲捍海塘堵絶不通耳。《一統志》云：『中江在溧陽縣西北，即《禹貢》之三江也。』今名永陽江，下流入宜興縣界。

王圻《婁江考》

《史記》正義曰：『一江東北下三百餘里入海，曰下江，亦曰婁江。』《吴記》曰：『東北入海爲婁江。』《蘇志》云：『自吴縣鮎魚口北入運河，經郡城之婁門者，曰婁江。歷崑山、太倉東至天妃宫出海。元至元二十四年，朱清浚開婁門至海口。』

王圻《東江考》

《史記》正義曰：『一江東南下七十里，至白蜆湖入海，曰上江，亦曰東江。』《吴地記》曰：『東南入海爲東江。』《蘇志》云：『自大姚分支過澱湖，東至嘉定縣界，合上海黄浦，繇黄浦經嘉定縣江灣，青浦東北流，亦名松江者，爲東江。』按大姚在長洲縣二十六七都，酈道元《水經註》云：『《漢書·地理志》曰：「秦于故越地武原鄉，置海鹽縣，後没爲柘湖，徙治武原。又淪爲當湖，南有秦望山，谷水于縣出爲澉浦，以通巨海。」』疑此即東江也。後因築捍海塘，遂湮没無考。《吴記》曰：『一江東南行七十里入小湖，爲次溪。自(吴)[湖][五]東南出爲谷水，谷水經由拳縣故城下，又東南經嘉興縣城西，又東南經鹽官縣，即海鹽縣故城，後没爲柘湖，縣南有秦望山，谷水于縣出爲澉浦，以通巨海。』此説與《水經》稍同，但未審此果東江否也。《水經》云：『又東至餘姚縣，東入于海。』《注》云：『諸暨之南，餘姚西北，浙江與浦陽江同會歸海。』《山海經》云：『浮玉之山，北望具區，苕水出于其中，北流至具區浮餘五里，便是句餘縣之東山，乃應入海。』據此則太湖水從浙湖出海，似亦有據，因書備考。宋元嘉二十二年，揚州刺史王濬欲開武康苧溪，泄湖水以入海，不果。據此則太湖水出錢塘，似亦與《水經》相合。據《松志》，上海縣黄浦支河曰閘港，閘港之東曰新場，新場舊有海口，論者或指此爲東江。

王圻《三江口考》

谿湖入海之道，最大者曰三江，即松江、婁江、東江也，其分水處曰三江口。《史記》正義曰：『三江在蘇州東南三十里。』《吴地記》曰：『松江東北行七十里，得三江口。』與《正義》不同，『一江西南上七十里，至太湖曰松江，即古笠澤。一江東南下七十里，至白蜆湖入海，曰上江，亦曰東江。一江東北下三百餘里入海，曰下江，亦曰婁江。』

王圻《溧陽五堰考》

五堰之築，在宜興以西，屬溧陽縣。古人欲分殺水勢，使西南諸水不入荆溪，谿分水、銀林等堰入。伍子胥伐楚，從運河以入大江。自五堰廢後，宣、歙、池陽、九江〔六〕諸水不入蕪湖，反皆東注震澤。故今之談水利者，以修復五堰爲首務。

王圻《土岡堰閘考》

按蘇州府太倉、常熟之東北境，有上岡身，下岡身，歸吴岡身。在新安鄉曰青岡，在惠安鄉曰王家岡。松江府華亭縣之東南境，有竹岡、紫岡、沙岡，皆土壠高起，横亘百里，殆若天所以限截湖海二水，使不相通耳。後因導江導海利于泄瀉，而穿渠横截岡身矣。在劉河以北者，高田苦于無水，遂置堈門以堰水，如今之錢堈門、張堈門、沙堰門、吴堈門、顧廟堈、百堈、李堈門及斗門之類皆是。而近多圮壞不修，旱乾水溢之患，惡能免哉！

侯峒曾《開浚吴淞江考略》

一、利弊考

三吴古稱澤國，以水爲利，亦以水爲害，而利害之源，全係吴淞江通塞。《禹貢》謂『三江既入，震澤底定』。三江者，歸太僕有光考定謂『東南錢塘江，西北揚子江，而東北爲吴淞江』，是吴淞一江與錢塘、揚子二江并泄太湖之水。自杭州築長林堰，而太湖東南之水不得入于錢塘；常州築五堰，而太湖西北之水不得入于揚子。二江之道既阻，僅有吴淞一江當太湖下流，自吴江縣長橋下東流，至尹山北，流至甫里，至澱山，又北合趙屯浦，東合大盈浦、顧會浦、崧子浦、盤龍浦，凡五大浦，而至宋家橋東南流，又納黄浦之水以入海。蓋東西亘二百里，境連嘉、崑、上、青四邑，而杭、嘉、湖、蘇、松、常六郡之水，俱泄于此，此而復淤，震澤何繇底定？

國家財賦大半倚辦東南，而六郡當十之八，《禹貢》謂『田爲下下，今賦乃上上，惟藉水爲利耳』。吴淞既塞，五大浦及田間水道日就淺淤，旬日之雨，一望瀰漫，無從瀉出，幸而晴霽數日，則又車戽無資，田疇龜坼，禾苗立槁。郡縣痛責，逋負日積，而不知逋負皆原于此。監司但知東南凋弊日甚，而不知凋弊亦原于此。吴淞開浚，豈容一日緩哉！往有侵占膏腴，因倡異説，謂不利于松郡科第者，則王參議圻即上海人，特出駁議一通可考。

一、興廢考

江爲東南水利之最著，歷代治績最詳，往不具論。自宋寶元迄元至正，開浚吴淞，載在史册者，以一二十計。自本朝永樂二年，迄隆慶三年，開浚亦八九次，詳具王參議圻《考略》中。而事最近，績最奇者，則無逾海忠介。迨萬曆十五年，因水災異常，特設許副使應逵專董水利，再浚吴淞，求通反塞，三吴坐困。今黄渡以西上流尚通一綫，中段七十餘里，竟成平陸。萬曆三十二年，撫院曹公時聘、按院馬公從聘，移文郡邑，集議開江事宜，業有成畫。四十一年，按院薛公貞，天啓二年撫院周公起元，皆特疏具題，奉有俞旨。而迄未有創非常之原者，今日廟廊詢度，執事籌咨，倘此江蓄極而通之會乎，亦千載一時已。

一、經費考

吴淞當浚，幾費講求，卒難舉事者，徒以工用浩煩，無從措辦耳。往者特頒内帑，不費民間一錢。而今不能往富室助穀，有至二萬石，而今不能往杭、嘉、湖三郡皆以贖鍰協濟，而今亦未必能往海忠介動支，各項銀不足用，遂請旨折蘇、松、常三郡漕糧二十萬石，每石折銀六錢以五錢，照例歸太倉，以一錢助河工，而今又決不能，則計莫若求之提編。提編者以各州縣新編五遞年解運催收，里老、塘長各差，量其輕重，徵銀免役，而各差之缺，即以次年原編人數接充。往者上海曾爲修城事提編一次，便得銀五六千，若以各邑通算，便可得數萬兩，再減其半，亦可得四五萬兩。近來僉報各役多宦家大户，樂于輸銀，苦于應役，不煩箠楚，頃刻可完，上下兩便，似無逾此。其次則役軍丁各衛所軍，原有食糧，查正德間撫院李公充嗣，嘉靖間按院吕公光洵，俱用軍開河。又歷考宋、元間治水，多用水軍，故費少功倍。此輩平時既不得不設，乃以有用之財，有用之人，置之無用之地，即以暫充夫役，無妨講武，況古人寓兵于農，行師之際，挑塹掘濠亦兵夫事，誠令軍官各率衛所軍兵開江，且許量加工食，功成陞賞，誰不欣然效用，是亦一議也。他如吊取導河夫銀、備賑銀、罰贖銀，又如勸助，如役傍河食利之民，前人各有行之。時異勢殊，在當事悉心籌畫耳。

一、丈尺工價考

嘉靖末，吴淞湮塞。隆慶三年，巡撫海公毅然開浚，查勘舊迹，自黄渡起至宋家浜口，長若干里，計一萬一千五百餘丈，舊河影闊三十丈，減半開一十五丈，底闊七丈五尺，深一丈五尺六寸，共計用工食銀五萬餘兩，不兩月而告成。三十餘年，利賴尸祝。萬曆十五年後，許副使應逵因開加塞，遂成平地七十餘里。萬曆三十二年，曹撫院時聘着沿江居民勘定應開丈尺，及估計工食銀兩，該上、青、嘉三縣居民各勘本江原額，面闊一十六丈。今公私匱乏，若照額開浚，恐錢糧不敷，議得開浚面闊十丈，底闊五丈，浚深一丈，每丈該土方七方五分，每方用夫十五工，每工用銀三分，每方該銀四錢五分，每丈合用夫工銀三兩三錢七分五釐，大約以此爲率。

上海縣自關橋起，至盤龍塘止，内除嘉定界九十丈，實長六千五百四十六丈二尺五寸，積該土方五萬四千三百三十方，據算每方用夫十六工，共用夫八十六萬九千二百八十工，每工三分，共銀二萬六千七十八兩四錢。

青浦縣自東虬江起，至趙屯浦口止，内除嘉定界二千一百六十弓，實長一萬九百五十四弓，據算工銀二萬一千五百五十八兩。

嘉定縣自上海界西新港起，至盤龍塘止，長三百六十弓，内聽上海界一百八十弓，止該一百八十弓。又自盤龍塘起，至青浦縣赤雁浦口止，五段量長五千七百二十六弓，内有許家村起，至赤雁浦口止，南屬青浦，北屬嘉定，應聽青浦二百六十五弓，實該一十五里七分，該江五千四百六十一弓，并上海界内一百八十弓，通共該江五千六百四十一弓，積該二千八百二十丈五尺，據算銀九千五百十九兩一錢八分七釐。上海縣平陸無水，嘉定有水二尺三尺者，各段不同，每丈合議戽水工銀一錢五分，計該銀五百三十二兩有零。另有應築大壩兩條，并兩傍支河，狹處不開外，餘有盤龍塘口大浦一十三處，共約計備椿木工料銀三百兩，共算銀一萬三百四十二兩一錢八分七釐。

右係萬曆三十二年勘數，及萬曆四十一年兵道俞公維宇再行檄勘查。隨據上海縣申報此江東自上海起，西自青浦、嘉定止，湮没九千八百餘丈，則比前數翻減矣。且開江止議面闊十丈，底闊五丈，較舊額愈縮愈狹，識者謂江之易塞，止以潮沙易澱。今江流愈微，潮泥愈積，不一二年將復淤梗，是使力爲徒勞，財爲徒費，海忠介十五丈之額，似斷不可復減。又土方工價或議四錢，或議四錢五分，或四錢六分，或四錢八分，須有畫一，則夫淤河之長短，開浚之丈尺，工價之多寡，今日自宜另行踏勘計議，聊述舊聞，備參考爾。

一、夫役綜理考

海忠介開河事迹，多在上、嘉二處，吊卷可查，大抵委用廉幹府縣佐貳三四人總理，又查報上、青、嘉三縣殷實耆民，分段募夫，忠介親自巡省。至工銀給散，預令各縣秤對包封，本院親自抽兑無差，親至河所計工給散，奸猾一毫不敢染指，以故小民踴躍，不日告成。今日委用綜理官員，誠爲吃緊，所謂有治人，無治法。至于夫役除役軍丁一議，貴在省費，聽酌行外，若調極東之民，開極西之江，勞費數倍，功迄不成，往有役四郡人夫者，其弊可鑒。惟附近募夫，晨聚夕散，晴作雨歇，力省而費寡，乃泥頭最不可用，民間私浚，多任此輩使之募夫，夫工僅得六七，泥頭坐享三四，共知其弊。仍習用之者，以夫役散處，主家難集。又羣工雜聚，不能無寄托，若公家浚河，有官府爲之號召，塘長爲之統率，即慮脱逃，又有互保之法，何藉此輩，而以耗減工食哉！

已上五款，據憲檄查議者，錯舉所知，以備酌復。若施工伊始，則審地高下，有議運泥木車，有議開首中心，有議竣事之時稽驗深廣，有議導河鐵帚，有議浦口置閘，有議容陸續條上，兹未敢贅。

校勘記

〔一〕伯顔　四庫本作『巴延』。

〔二〕阿剌罕　四庫本作『阿拉哈』。

〔三〕胡元　四庫本作『前元』。

〔四〕成蹟，『蹟』誤，當作『績』。

〔五〕自吳東南出爲谷水　《水經注》卷二九，吳作『湖』，是。

〔六〕宣歙池陽九江　四庫本同此。疑應爲『宣、歙、池、九陽江』，參本卷韓邦憲《廣通壩考》引單鍔《吳中水利書》中語。

吴中水利全書卷之二十

説

説本註疏之義，其文或略或詳，皆所以指畫水道，務合源委。讀者應知作者之苦心。

［宋］

朱長文《東南水利説》

地傾東南，而吴之爲境，居東南最卑處，故宜多水。昔禹之治水也，因其勢之可决者，疏而爲三江，因其勢之必聚者，瀦而爲五湖，乃底於定。微禹其能不魚乎？觀昔之智亦勤矣，故以塘行水，以涇約水，以塍禦水，以埭儲水，遇淫潦可泄以去，逢旱歲可引以灌，故吴人遂其生焉。

前代經營之迹，多不見矣。至唐元和中，開常熟塘，古碣僅存，頗稱灌溉之利。錢氏時，常置都水營田使以主水事，募卒爲都，號曰撩淺，蓋當是時，方欲富境禦敵，必以是爲先務。國朝天禧、天聖間，吴中水災，於是命發運使張綸同郡守經度於崑山、常熟，各開衆浦，以導積水。

嘉祐中，范文正公來治此州，適當歉歲，深究利病，不苟興作。公以爲松江不能獨泄震澤諸湖之水，雖北壓揚子江，東抵巨海，河渠至多，湮塞已久，不能分其勢。今當疏導諸邑之水，東南入於松江，東北入於揚子與海也。有盤龍匯者，介於華亭、崑山之間，步其徑纔十里，而洄汱迂緩逾四十里，江流爲之阻遏，盛夏大雨，則泛溢旁嚙，淪稼穡，壞室廬，殆無寧歲。范公嘗經度之，未遑興作。

寶元中，太史葉公清臣漕按本路，遂建議釃爲新渠，道直流速，其患遂弭。厥後轉運使沈立之又開崑山之顧浦，頗爲深浚。嘉祐間，吴中薦饑，朝廷擇選守將經制其事，蔡秦州自杭校理典是郡，嘗請行縣按水，親度其利。是時轉運使王純臣建議，請令蘇、湖、常、秀修作田塍，位位相接，以禦風濤。令縣教誘植利之户，自作塍岸，定邑吏勸課爲殿最，當時推行焉。及李兵部復圭爲運使，韓殿省正彦宰崑山，於是復修至和塘，使之完厚，民得因依，立塍堨以免水患，而韓君又開松江之白鶴匯，如盤龍之法，皆爲民利。

熙寧元年六月，有詔興修水利。二年十一月，頒農田水利約束。三年，廣東安撫司機宜文字，崑山郟亶上言蘇州水利，大概以爲環湖地低，故常多水，沿海地高，故常多旱，治田爲先，決水爲後。欲取所謂水田者，略循古法也。七里爲一縱浦，十里爲一横塘，因出土以爲堤，又取所謂高田者，一切設堰瀦水以灌溉之，則高田不涸，而水田亦減流注之勢。度用二十萬工，水治高田，旱治下澤，要以三年，而蘇之田畢治矣。其後士人傅肱欲決松江之千墩、金城諸匯，又欲開無錫之五瀉堰以泄太湖，而入於北江。導海鹽之蘆瀝浦，以分吳淞江而入於海。於崑山、常熟二縣，深闢諸浦，遇東南風則水北下於揚子，遇西北風則水南下於松江，庶可紓患。夫治水者當浚其下流，下流既通，則上流可導也。

范成大《水利圍田説》

今之岸塍，率去水二三尺，人單行猶側足而行，坎坷斷裂，累累如蹲羊伏兔。佃户貧下，至東作時舉，質以備糧種，其勢無餘力。以及畚臿之工，婦子持木杴，探污泥，補綴空缺，累塊亭亭，一蹴便隕，謂之作岸，實可憐笑。秋雨時至，莫之障防，與江湖同波，農人轉徙而他。明年或能歸業，或召新租，事力愈薄，鹵莽增甚。今宜於邊臨湖瀼，土人所謂搭白之處，增築長堤，使高五六尺，基廣七八尺以上。秋冬之交，潢潦乾源，手足所及，土皆可取。閲春夏半年，至秋雨風潮，土已堅定，草茅生之，可恃爲安，較之臨時補綴，客土杌揑，不可同年而語。至於夫力，則同頃共利者不殊。如一頃之田，南高而北下，水必先自北入，北邊有田之人，固當悉力，三邊衆户，亦合併工同作。夫有田無岸，水平之日，輒復罪歲，愚甿受敝，没世不悟，誠可太息。

［元］

佚名《鎮江漕渠説》

唐孫處玄《潤州圖説》云：『雲陽西城有水道，至東城而止。』《建康實録》：『吴大帝赤烏八年，使校尉陳勳作屯，用發屯兵三萬，鑿句容中道至雲陽西城，以通吴會船艦，號破岡瀆，上下一十四埭，上七埭入延陵界，下七埭入江寧界，于是東郡船艦不復行京江矣。』晉、宋、齊因之，梁以太子名綱，乃廢破岡瀆，而開上容瀆，在句容縣東南五里。頂上分流，一源東南流三十里十六埭，入延陵界；一源西南流三十六里五埭，注句容界，西流入秦淮。至陳霸先，又湮上容瀆，而更修破岡瀆。隋既平陳，詔並廢之，則知六朝都建康，吴會漕輸自雲陽西城水道，徑至都下。故梁朝四時遣公卿行陵，乘舴艋自方山抵雲陽。

至隋大業中，煬帝幸江都，欲遂東遊吴會，始自京江開河至于杭。此説不然，京口有渠，肇自始皇，非始于隋也。蓋六朝漕輸，繇京口泛江以達金陵，則有風濤之險，故開雲陽之瀆，以達句容，而京口固未嘗無漕渠也。詳諸《實録》，所謂『東郡船艦不復行京江』之語，可見《輿地志》。晉元帝子裒鎮廣陵，運糧出京口，爲水涸，奏請于丁卯港立埭。又《齊志》：丹徒水道入通吴會，皆六朝時事，尤爲明驗。是則煬帝初非創置，不過開使寬廣耳。及觀京口詩集，宋乾道庚寅，郡守蔡洸浚渠河成，郡人顧致堯詩，則渠始于秦明矣。

佚名《都水庸田使司集江湖水利説》

震澤受吴中數郡之水，西南湖州諸溪，西北宣州諸溪，並下太湖。蓋諸山峙於太湖之西，地形高阜，兼南、北、東三處江海之岸亦高，而太湖之四外，皆高水積其中，常若盤盂之盈滿，非藉江湖深利，何以通泄。設有雨潦，則泛濫四溢，環湖低田，其能免淹没乎？范文正公謂太湖天開澤國，衆流所聚，而江海之涯，地勢皆高，若欲導泄積水，在乎時時點檢太湖東岸、北岸通江諸河道水洞，不致諸物閉塞可也。蓋環湖皆蘇、湖、常、秀之良田，病於低窪，利在泄潦。兼沿江傍海諸高田，亦仗湖流奔注，衝散潮沙，使江湖深利，乃可引潮灌溉。繇是言之，凡太湖出水口子，宜常通，不宜略塞也。

諸小湖在太湖迤東及北者，有昆承湖、巴城湖、陽城湖、沙湖、陳湖、尹山湖、蠡湖、薛澱湖，又名澱山湖，并諸水泖瀼淹蕩，皆能接泄太湖水，注江達海。數内澱山湖，關係吴淞江注泄至爲切要，論其古迹，周圍二百里，此湖水自大盈、趙屯二浦，以瀉吴淞江，既近且便，較之諸湖，惟澱山湖之東岸、北岸與渾潮相接最近，若上源所注不急，則潮沙繇此以注湖内，漸成淤澱。富豪之家，繇淤澱而圍成田地，里步不多，其來久矣。繇是湖之瀦水益狹，又與二浦漸遠，而所泄不能快，便若非就湖内圍田上多開河道，及時時修浚二浦，并浚近浦諸溝洫，接濟通泄，衝滌渾潮，則此湖淤澱，恐不止於是也。

吴江長堤，又名挽路石塘。按宜興前輩單鍔云：『昔慶曆二年，因風濤多敗漕舟，遂接續築成長堤，横截五六十里，雖時有橋梁，而流勢不快，江海浦港，復多沙漲。』又按東坡蘇公云：『淞江沿數十里，積石壅土，築爲挽路，建長橋，植千柱於水中，漲水之時，橋上水常高尺餘，江水不快，則海之泥沙，隨潮日積，而吴中多水患。』又按崑山郟亶云：『吴江築爲石塘，以障東流之勢，是致下流淺狹，遽漲潮沙，半爲平地。如長堤，如挽路，如石塘，皆同此處，正是太湖東岸泄水下吴淞江入海第一要處。』古賢交口立論以曉人者，乃至再三，必是此處不當閉塞。凡先來於堤間多置木橋，多鑿水洞，上則通行，下則泄水者，蓋欲仗其急流奔注江河，衝滌泥沙，免致水患。然猶慮橋柱之阻水，今人多不知此意，或便於行路，則壩塞河口，或惰於巡防，則密置樁橛，此又不止於橋柱之阻水也。吴江長橋，長洲寶帶橋，曾議鑿堍添橋，寬展水道，皆合浚治崑山塘，矧以茭菱魚斷等物障遏，妨害農功，必得官司於此處榜示告戒，使之咸知利害可也。

北納陽城湖，南吐吴淞江，常熟塘接泄太湖水勢，入昆承等湖，注江達海，兩傍河道，各有七十餘條，多有壩塞之處，合去壩塞，使之通流。

大盈浦南接澱山湖，自白鶴匯以達吴淞江，浦闊三十餘丈。趙屯浦南接澱山湖，北達吴淞江，浦闊五十餘丈，此二浦注泄湖水，最爲切要，常宜深闊通利。近年以來，漸至淤塞。又太湖東至松江，有白鶴匯者，宋嘉祐、崇寧、宣和間，三次開浚。又有顧浦匯、盤龍匯、千墩、金澤諸匯，推原其故，皆繇上源閉塞，湖流遲緩，潮沙積聚而成。

今有河沙匯者，漲塞江心，阻水尤甚，及有新華觜、分莊觜、嚴家觜，暴漲爲害，俱合鑿開，蓋觜即匯之異名也。

［本朝］

姚文灝《浙西水道圖説》

浙西爲區，四高中下，勢若盤盂，諸源西來，天目爲魁也。列澤中匯，太湖爲最也。衆流歸東，三江爲宗也。近世治水者，浚松江，蹌口則不通，水之不樂東也。决黄浦，夏駕則沛然水之欲北旋也。夫萬水皆東，三江故同也，今兹之欲北何也？海塘障而東江塞也，自東江之塞也，天目南源迂迴數百里，過松江然後入海，失其宅也。議者徒知惡諸浦之奪江而欲截其流，而不知江之不能自繇也。然則通東江復禹迹，可乎？曰不可也。東江通則鹹潮溢也，近江膏腴之田復鹵斥也。後之治水者莫若因其勢之所在，近三泖者導之使入黄浦，近澱湖者導之使入婁江，近陽城者導之使入七浦，庶幾事半而功倍也。圖之作舉綱也，綱舉而目張也。觀者得水土分數于區畫之間，高下見矣，高下見，疏防辨矣。

魏校《吴中水利説》

吴地邊高中下，昔人象爲盤盂，不大决其下，流注之海，則胡以止湖翻矣。《禹貢》所謂『三江既入，震澤底定』是也。今淞江全受震澤諸水，實維經流而中多淤阻，如腸胃病噎。然則併而入婁江，過劉家港入海，西迤北地形愈卑，則匯爲陽城、昆承諸湖，故有白茆塘受之以泄于江。

何宜《水利塘圩説》

修治塘圩，浙西水利急務，約略其説如左：

一、修築圍岸，苦於無土。若圍外河水淺狹，即將外河車乾取土，若外河深闊，則將圍内溝洫車乾取土，此一舉兩得之術也。

一、凡圍内有徑塍者，遇潦易於車戽，是以常年有收。其無徑塍者，遇潦難於車戽，是以常年無收。宜諭令田户，凡大圍有田三四百畝者，須築徑塍一條，五六百畝者，須築徑塍二條，七八百畝者如數增築。

一、圍岸田畔，或土脈虚浮，外水滲入，晝雖車乾，夜復漲滿者，宜於岸塍中心開掘一槽，深入外河之底，隨簖河泥填及一半，俟其稍乾，用杵築令堅實。又復簖泥填滿，則水無自而入矣。

又有圍岸因鰍鱔掘穴，或樹根朽爛，遂成漏洞者，亦依前法築之。若田中有泉水爲害者，可用磚灰圍砌泉口，如井欄之狀，則泉不漫散，或將泉口掘作深坎，用大缸覆之，却以泥土圍築缸上，而泉亦不能出矣。

一、高田去河遼遠，無水可救者，須於田内計畝開塘。如田一畝，開塘一分，有田二畝，開塘二分，其三畝四畝以上，各宜依數開之，庶可防旱。或有愚民吝惜不肯將田開塘者，可以善言諭之曰：『爾有田二畝，若將二分開塘，則彼一畝八分更不憂旱，年年有收，是所費者小，而所利者大。若惜此二分之田，不以開塘，則彼二畝旱即無收，是所惜者小，而所害者大。古人寧損膏腴之産，而廣溝洫之制者，爲此故也。』

張鐸《圍田溝洫説》

治水以爲田也，治田以防水也。治田之水有三：曰築岸塍，曰修堰壩，曰分大圩。全吴之地，古稱澤國，田多低窪，所藉以防水者塍岸也。塍岸不固，則雖有沃壤，亦棄之爲沮洳矣。古人制田之法，率因水道以正疆界，曰涇，曰漊，曰浜，曰溝，縱横曲直，有井田之象焉。其通也以泄水，其塞也以瀦水，使不爲田害而已。後乃破古堤以通江湖，專小利，而風濤之入，獨倚於岸塍，故民日益勞，而增築日益繁矣。范仲淹有曰：『江南圍田每方數十里，内有河渠，外有門閘，旱則啓之，潦則閉之，旱潦不及，爲農美利。』今門閘不可復矣，而修築堰壩之策獨不可行耶？圩田之制，隨地形之廣狹，水道之遠近，而爲之大小。圩之小者，岸塍易完，民工易集，時有浸潦，則車戽之，功可以朝夕計也。圩之大者，岸塍既廣，工力不及，積水經月，而實粟者將化而爲浥腐矣。度其勢而分之，使一勞而永逸，事半而工倍，民其有不賴乎？夫岸塍譬則城郭也，壩堰譬則關隘也。小圩譬則三里五里也，關隘固，城郭堅，則內有所恃，而寇不能入，三里之城，七里之郭，則小而易守，綽然應敵，無虞矣。

史鑑《吴江水利説》

吴江之地，土疏水緩，左江右湖，故水之爲患也特甚。太湖東南巨浸，即《禹貢》之震澤也，其西北納荆溪、宣、歙、蕪湖、宜興、溧陽、廣德數郡之水，西南合天目、富陽、分水、湖州、杭州諸山諸溪奔注之水，瀦聚於湖，汪洋浩瀚，不可涯涘。而松江承其下流，松江即《禹貢》所云『三江既入』之一水也，逶迤曲折，洄流旋洑，逆行二百餘里，始入海。而吴江據江湖之會，屹然中流，每遇霖雨積旬，潦水漲溢，渺然無際，或風濤大作，吞嚙衝擊，其害又甚於雨。東風則江水西浸，西風則湖水東浸，俄頃頓盡，人力莫施，故瀕湖之人，謂之賊水者此也。議者徒欲開一渠，浚一涇，置一閘，以爲治之之方，是皆徇偏一之見，而無救患之益也。何則？吴江水多田少，溪渠與江湖相連，水皆周流，無不通者，特有大與小，急與緩之異耳。假令南置一閘，而北流者自若，東開一渠，而西溢者如故，固不當與諸縣治法同也。切以爲今日措置之方，其要有四：

一曰築堤。吴中之田，皆居江湖之濱，支流旁出皆蕩漾，不可以名計，苟不致力於堤防以捍禦之，則未見其可也。國朝永樂中，治水東南，尚書夏忠靖公創於前，通政使趙居任繼於後，無不注意於堤防。其法常於春初編集民夫，每圩先築樣墩一座，爲式高廣各若干尺，然後築堤如之。其取土皆於附近之田，又必督民以杵堅築，務令築固，堤既訖工，令民筩泥填灌，取土之田必使克滿，復於堤之内外增廣其基，名爲抵水。蓋堤既高峻無基以培之，日久必頽矣。正統間，尚書周文襄公，講求二公之法而損益之，繇是水患漸平，民安其業。近來法廢，每年府雖下縣，縣雖下鄉，率皆以僞應之，其於堤防略不加省，壞者十七八，欲求水之無害難矣。且戊午而至丁卯，其間稔者纔二，而旱者一，水者七，固繇天災流行，然亦堤防圮壞，水不能禦，旱不能蓄，有以致之也。

二曰審分泄。吴江之地當太湖東南，其在南者，分衆流以入湖，吴漊港、東宋家港、朱家港、蠡思港、直瀆港、黄沙港、韭溪是也。居其東者，引湖水以入江，瓜涇港、七里橋、柳胥港、虹橋、長橋、三江橋、三山橋、定海橋、萬頃橋、仙槎橋、甘泉橋、白龍橋是也。又自縣治至平望四十里間，亦係分泄湖水之所。今爲石塘，雖便往來，前輩嘗言其有害水道，故鑿竇以通水流。近年傾圮，俗吏鄙夫，不知大計，輒因而築之。又湖水之渾滓易爲停積，沿湖之人多種茭蒲，歲久成田，咸登糧額，遂致水道日微。又瓜涇港、長橋正當太湖東流入江要道，至爲深闊，而瓜涇港居民慮賊所侵，輒夤緣巡捕官爲之築堰。長橋又爲豪家湮塞，規爲田宅，爲患極大。今則入湖者泛濫不流矣，入江者洄流而西浸矣，日滋月長，其害將尤甚於今日也。莫若一概疏浚，不許踵襲前迹。

三曰務車救。夫水之泛濫者，既築堤以障之矣，而水之停積者，若不竭力以車戽，則何從而減之乎？然民之貧乏者，或無力而弗供，豪横者又恃頑而弗服，以致互相推調，坐視陸沉。在上之人激勸，而編集之水患初作，上自長貳，下至簿吏，無不躬親看視，奔走道路，未嘗寧居。故諺有『救水如救火』之言，此言當急而不當緩也。自近年設立水利官後，一切委之，然地既廣，遠居東則西不知，在南則北罔恤，欲求其無誤難矣。夫軍國之需所係至重，合著爲令典，凡後水潦任牧民之任者，悉令分投巡視，督民而力救之。

四曰專委任。永樂間，凡興建水利，皆責成糧長，而官爲節度之。蓋糧長任在賦税，其用心必專。近年添設塘長，又立耆老，復革去塘長而立圖長，又有屬官義官之委，紛紛多制，十羊九牧，乞令糧長管其都，圩長管其圩，縣之佐貳分管巡視，幸甚。

顔如環《新洋江夏駕浦説》

吴淞江一帶，流至新洋江口、夏駕浦口二處交會，二處因通婁江，潮水倒入，江内淤積泥沙，又因地勢卑近，遂引江水順趨北下，併入婁江，以致吴淞江易成淤淺，累經開浚，不久復塞。或謂此江出海一百餘里，累浚累塞，而此二處相去婁江不過三十里，因而疏浚深闊，使此江中水并入婁江出海，似爲便易。不知此江乃三江之一，與婁江各自通泄，當夫旱乾固可合而爲一，及至水溢則婁江自泄所受之水，方且不暇，又安能併吴淞之水而皆泄乎？故昔人有言，使二江可併爲一，則神禹先併之矣，何必又有三江。此誠不易之論。

然而先年累次修浚，皆以此江之水可併婁江爲便，惟於新洋、夏駕修浚，樂簡易而畏煩難，以致二處淤塞不通，而棄此爲可不必用。即今雖以開浚深闊，應該設法區處，以爲經久之計。予竊詢訪耆民，咸謂當於新洋、夏駕口各置一閘，冬春常閉，夏秋淫潦開之，以分泄水勢。或旱乾開之以通引灌溉，庶幾江水常通，旱潦有備。又查得夏駕口闊一十六丈，深止四五尺，潮勢亦緩，造閘無難。其新洋口闊四十丈，深一丈五尺，潮勢頗大，難以作堰，但事體重大，及費用錢糧數多，必須委官勘議停當，方可施行。

高企《三江説》

吴中之水，震澤爲巨，震澤即今太湖。蓋受江東宣、歙、浙西蘇、湖、常、秀數郡，天目諸山荆溪、百瀆之水，周五百里，或云六百里、八百里。藉三江以入于海，是總江、浙諸水，皆爲太湖之源。太湖以東諸湖，與夫三江之水，皆爲太湖之委。三江一爲吾松郡名之松江，其二婁江、東江。雖《禹貢》並稱三江，《書》傳松江下七十里，分流東北入海爲婁江，東南流者爲東江。婁江、東江又松江之支流，今自太湖而東二百餘里徹海，惟有松之一江，觀荆公《送人宰吴江詩》：『三江斷其二，往往菰蒲青。』自宋已然已。

吕光洵《蘇松常鎮水利總説》

《禹貢》揚州之域，自江以南其郡以十數，蘇州、松江、常州、鎮江四郡最大，於地爲吴，分其部所領凡一州十有七縣，縣地千里，畛畷無數。自漢、唐以來號稱財賦壤，嘗按圖書在虞、夏之貢，以爲下田，然亦靡有象、犀、珠、玉、丹砂、金碧、山林之饒，而財豐若此者，豈有他哉！蓋其民重稼穡，專務水利故也。夫水利之大，莫過于江海，今自蘇州以北至常州、鎮江，東至松江，皆壤地相屬，襟帶江海，而又有太湖爲之灌注。漢司馬遷以爲吴東有三江、五湖之利，有縣來矣。三江即淞江、東江、婁江也，五湖即太湖中小湖有菱湖、莫湖、胥湖、游湖、貢湖，凡五名，故曰五湖，其實一太湖也。蘇州在太湖東北，三江、五湖皆屬焉。三江、五湖之外，若湖、瀼、蕩、漾、湶、瀆、塘、浦名聞者以百數，釃而爲渠，行水溉田者，其交絡之流，又無所不至。是以蘇州地雖卑下，爲衆水所鍾，而田因貯淤肥美，多爲沃壤，今量其賦，獨爲諸郡最。松江之水不能半于蘇州，其名聞者以十數，澱湖、三泖最大，皆西受太湖之水。釃而爲渠者以百數，黄浦最大，皆西受澱湖、三泖之水。浦之始，楚春申君黄歇之所爲也。今諸鄉之水溉田者，皆緜此浦，世賴其利，唯東北瀕海，堈身之田，浦水所不及者，往往多廢。故松江之賦，視蘇州十居其五。

常州之水，其最大者有滆湖、洮湖、濠湖、閶江、九溪、荆溪、百瀆諸水，雖璚璚分流，或北屬于大江，而南屬于太湖，然而地居太湖上流，多高原，易填淤爲害，故其賦又視松江爲下。

鎮江地勢至北益高，去太湖頗爲遠無所通，唯漕渠自嘉興歷蘇州、常州，直北流入界中，抵京口，通江淮耳。然渠自京口徑夾岡，勢繚曲，皆鑿山爲之，而瀦水少。宋元祐中，于京口吕城下，楗石爲渠，兩涯置閘，以禁障内外之水，時其鍾泄而又與内之練湖相宣通，練湖方四十餘里，晉陳敏據江東遏馬林溪爲之，以溉雲陽，今并有益于渠田。湖視新豐、杜墅、長蕩諸湖最大，而水淺亦易索，大抵鎮江地皆瀕山，鮮平土，水往往循行岬隙間，故其田多瘠塉，而賦獨在諸郡之下。夫蘇州通水多，故其賦獨爲最，鎮江通水少，故其賦獨爲下，此水之爲利于四郡，較然也。

然水本以爲利，自水道淤閼，比年以來，旱澇薦臻，如此四郡數逢其害，民人流散，死喪相踵，深可痛恤。而其財賦所出與所稱亦異，宣究所繇，豈非爲有司者慮害不深，重煩費，不專務水利之故哉！方今四郡財賦，歲輸于京師者，往往當天下之半，其爲有益于朝廷甚大，其所宜軫念，又非他郡之比。今水道淤閼爲害茲久，而不早爲之所，吾恐民日益困，財日益匱，賦將安出，甚非所以爲國家久遠長善之慮。且今量其費，不及一郡一歲所輸三分之一，其勞又非有鑿龍門、辟伊闕、析砥柱之艱危，其遠又不過五六歲，而即有以建數百歲安富之美功，未聞有事省，而能收大利，有如此者。如此而又不亟爲之，是謂棄天之時，遺地之利，竭人之財，莫此爲甚。

夫宜知山川與民所疾苦，國之利害，皆有官守者之任，故余既考迹志記，綜核舊聞，博議深論以相難，及利害既明，是非亦定，于是乃推表四郡，及其所部州縣，輯爲圖考，條其川原，預定計算，綴集遺文，以爲一書，庶國之利害，皆有實徵而可行焉。

吕光洵《蘇州府境水利説》

蘇州府其浸太湖，在郡城西南三十里，連跨數郡，周迴四萬八千餘頃。其源有二，一，北受建康、溧陽、潤州、丹陽、荆溪之水，南則宣、歙、池州、天目、富陽、安吉、武康、烏程、長興、苕、霅之水注焉。混川并瀆，羡溢爲災，禹乃疏其下流爲三江，以入于海。三江其一自太湖出吴江縣長橋，東北合龐山湖爲淞江。一自東南分流出白蜆江，過急水港流注澱湖，東徑三泖，又東迤入海爲東江。東江填滅已久，不復能求其故迹。一自郡城婁門，歷崑山縣，徑太倉州東北流入海爲婁江，今訛爲劉家港云。

三江之外，通湖水者甚衆，不可殫記，唯胥口、白洋灣、鲇魚口最大。胥口東出吴縣香山、胥山之間，胥口東流爲木瀆，又東爲横塘，又東出吴山之南，爲白洋灣。白洋之水又東流北屈爲石湖，石湖之東，越來溪與木瀆合流，出横塘，東入胥門運河爲胥塘。胥塘北流，與北濠山塘水合，西流北屈與虎丘山塘水合爲射瀆，又横出運河爲滸墅，入無錫縣流注之。又自胥口東流，北爲鲇魚口，自鲇魚口北入盤門運河，又屈而東，至分水墩，又東徑長洲縣東南爲柳胥港。

即夾浦。諸水南北合流，轉入澹臺湖，又東過寶帶橋與運河合，復分流入朝天、金涇、湖瀇蕩漾諸水。又自分水墩南徑吴江縣東南，爲龎山湖，下流與汾湖接。汾湖東流入華亭縣流注之，其北流入三白蕩，又北受曹龍港，通鶯脰湖，與澹臺湖諸水並交流入吴淞江。又北一派，亦自鮎魚口轉入運河，徑婁門北屈出齊門塘，又北流爲施澤湖。施澤之西爲漕湖，湖之西堤屬無錫，而其浸皆屬長洲，湖之枝流，則並入常熟之雲和塘。即元和塘。雲和之西爲尚湖，東爲昆承湖，昆承界常熟、崑山之間。昆承之枝流，一自梅李塘東北出許浦入于海；一自福山港北西入于江；一自李墓塘東入白茆塘，入于海。白茆之南爲七浦，七浦西通陽城湖，南入崑山界中，陽城之東爲包湖，爲傀儡蕩，二水與陽城合流而東，爲巴城湖。其北爲鰻鱺湖、施澤湖，而入爲蕭涇。其南爲至和塘，至和塘西自婁門徑沙湖，又東過新洋江口，又東流注太倉劉家港。至和之南爲淞江，淞江北受陽城，南通澱山諸水，入夏駕浦，東北入于劉家港之北，爲七鴉浦。浦入崑山、常熟爲七浦。西通常熟、崑山諸水，東入于海。七鴉之南爲鹽鐵塘，南入嘉定縣界中，嘉定北絕劉家港，南距吴淞江，與上海縣界相屬。吴淞江之水，皆徑其西南隈屈從東流入于海，而導湖入海之道，於是始竟焉。

夫七邑皆湖水所經，而要害特異。吴江西南斜直太湖，枕三江之首，崑山在東北，爲三江入海要道，稍有填淤，輒放溢爲敗，故二邑治水爲急。太倉、嘉定瀕海多高原，苦旱。吴縣多山田高邛類太倉、嘉定，而長洲類吴江、常熟，其與崑山相屬者，即與吴江、崑山等。常熟之西北并揚子江者，東北并海者，即與太倉、嘉定等。宋趙霖以爲平江地雖下，而瀕海之地獨高，河渠多不利，故于諸邑則備旱爲急。

然議者又以蘇州間有平原，本澤國，往往詳于治水，而略于備旱，比年以來，田者至不能償種，故今之争言水利者，必于吴淞、白茆、七浦焉。其大略云：『淞江一水奇分爲三，獨受太湖西來數郡之水。昔人度其勢必不能禁，復于崑山、常熟二邑開浚三十六浦以殺水怒，可謂甚善。今淞江屢浚屢塞，民往往茭牧其中，而諸浦之中，唯七浦、白茆最大，今亦相踵填淤者，豈有他哉？蓋其地皆瀕海故也。瀕海之地既高，復遇填淤，猶築垣居，水潦則湖水潰溢爲敗，旱則不能引水溉田，而吴江、崑山勢豈獨能完安哉！宜觀地形，準高下，各順其性，浚令廣深，而又爲之閘堰以堤防之，旱則引諸水溉田，潦又水道自利，必無潰溢之害矣。故浚治于七邑往往相因焉，不可廢。』其所言宜有益，若崇明環海而邑，其諸沙又環邑而居，皆穿渠引海水溉田，獨無水旱憂，故不備論其事。

吕光洵《松江府境水利説》

松江爲蘇州下流，去海甚近，北截于吴淞江，而西南有澱湖、當湖、金銀、青白蕩漾諸水，聯絡環繞，皆源于太湖，而委之三泖。三泖一曰圓泖，一曰大泖，一曰長泖，旁釃爲數渠，自澱湖北出，爲趙屯浦，徑望湖涇，至蘇溝分流，爲内勳浦，爲會仙浦，爲古盤浦，爲南澥浦，爲梁紇浦，並入于江。又東出爲大盈浦，徑南漕港，絶横泖，合北漕港，繇新河會于青龍江、白鶴江，入于江。又西出爲大石浦，北徑崑山之道褐浦、千墩浦入于江。

圓泖則東出爲横山塘，過沈涇塘，北折至通波塘，繇顧會浦分流，爲艾祁浦，爲崧子浦入于江。大泖則東出爲曹浜，又東出爲走馬塘，並北折而東爲七里涇，繇青波塘入于江。又東出爲石湖塘，歷東、西山涇，合秀州塘，北流從通波塘入于江。此并華亭、青浦二境，自西迤北入江之水也。長泖則東出斜塘，爲潢潦涇，又東流爲（一）瓜涇塘〔二〕、爲詹家匯，北折爲黄浦，爲范家浜，二百五十餘里合于江，徑南蹌口入于海。又東出爲歸涇塘，爲胥浦塘，并東流至掘㙮涇，入于黄浦。又東出爲瀝瀆橋，合于胥浦，入于横潦，此并華亭西境迤南入浦之水也。浦于湖泖，其所宣泄視他浦最爲要害。往時東江浚利其分流入黄潦涇，抵詹家匯，不必至黄浦，即南折奔注東江入海甚徑易。自東江填滅，諸水皆屈流入黄浦，勢頗迂緩，浦之廣深僅半淞江。

迨永樂初，夏忠靖公原吉以淞江淤塞頗多，施功甚難，乃開崑山之夏駕浦，嘉定之顧浦，掣太湖之水入劉家港。又以黄浦爲通江要道，度其旁有范家浜，至南蹌口可徑入海，乃浚令廣深，上屬黄浦，于是水勢遂不復東注淞江，而盡縱諸水以入浦，浦勢自是數倍于淞江矣。

今考其入浦之水，自李塔匯分枝者，則有若南錢塘、官紹塘、米市塘、南俞塘、鹽鐵塘、北俞塘、洞涇、駟馬塘、六磊塘、車溝、新村塘、吴店塘、烏泥涇、華漕港、龍華港、蒲匯塘諸水，此亦華亭、上海二境自南迤北而東入于浦者也。自界涇、横泖分枝者，則有若高蔣涇、顧胥塘、前後岡塘、上下横涇、方西塘、淺沙塘、金匯塘、閘港、下沙浦，即鹽鐵塘。鹽鐵塘、都臺浦、沈莊塘、周浦塘、三林塘、黄淄湊、馬家浜、陳村塘諸水，此并華亭、上海二境自南迆北而西入于浦者也。其盤龍塘、沙岡塘、竹岡塘、横瀝塘、新涇諸水，則二境之間自南至北，達于浦而通于江者也。

夫浦勢湍悍，入海徑易，議者以爲可補東江之闕，又以爲淞江浚，則太湖之水盡泱，而東南境内受水多，必泛溢爲害。若淞江既浚，宜急復東江故道，使水勢奇分，則三郡宜皆有益。或又以東江通則鹹潮溢，而近江之田復爲斥鹵之壤矣。通東江不利，其言如此，雖未必盡是，亦并爲論次，庶夫計議者有考驗焉。

吕光洵《常州府境水利説》

常州地勢視蘇、松爲高，然北枕大江，南控太湖，凡水之猥集其境内者，往往合于漕河，奇分之而流注于江湖焉，蓋亦百川之巨都也。今境内之水，若武進之東自望亭出風波橋入郡界者，曰漕河，漕河之南曰陽湖，東南曰宋建河，又東曰惠明河，河之支流并流入于漕河。漕河之旁曰邗溝，邗溝分爲二水，與後河合流入于漕河。又鳴鳳河東北枕漕河，又南通白鶴溪、羅澤河，東流注于滆湖，滆湖在郡城西南，與宜興分派。若西蠡湖、孟瀆、青河、蠡瀆、華渡河、黄土瀆、佘柯瀆諸水，或南或北，并上通漕河，下流注于滆湖者也。又邑之南曰永安河，河之支流，一自西南通漕河，一自無錫漕河東北徑紫溝河，入于大江。永安之外爲得勝河、剩銀河、小新河、通濟河、順塘河、陳塹河、伯牙瀆、綱頭河，河之支流相通屬者，并東北合流而入于江者也。若灣瀆河、戚墅港、白馬涇諸水，并西北屬漕河，東南屬宜興界中，而流于太湖者也，此武進境內之水也。

無錫之北曰閘口河，閘口之水東徑蔡家渡，分流入于江陰界中，新河、羊尖河、嚴埭河又分流與閘口合，芙蓉河、五瀉河、歐瀆諸水，又并北入江陰界中，而流注于江者也。又慧山之陽，梁溪之水出焉，溪繚歷山之西南陬入于太湖，又北與運河合。邑之南曰長廣溪，溪之水南流至開化鄉，分流出獨山門，入于太湖小五湖，自太湖而東徑長廣溪，西與大宣瀆合，大、小宣瀆自梁溪至孤瀆口，分爲二水，南徑青祁瀆，又南通小五湖，入于太湖。又邑之北曰雙河，河之水自錢橋貫直河港，與雙牌港合，西貫直河，入武進之陽河，直河之水又南入于太湖。又邑之南曰塘于瀆，南通洪丘瀆與太湖相屬。又東北入于蠡湖，與長洲分界。濠湖又西出蠡湖，與吳縣烏角溪合流，注于太湖，而閶江則又在太湖之濱者也，此無錫境內之水也。

宜興之南曰荆溪，荆溪之水東流注于太湖，達于淞江入于海。荆溪之所通屬甚衆，若洑溪、章溪、周瀆、蝦涇、慈湖、溪湖、洑渚、童渚、張渚諸水，并流注于荆溪者也。荆溪之下曰百瀆，荆溪之東曰東九溪，其西曰西九溪[二]，上自溧陽合湃浰瀆諸水，徑荆溪入東九溪，繇百瀆入于太湖。東九溪又北流爲東蠡湖、梅村湖，又北屈而入于運河。運河北通滆湖，湖受水衆，潰沍洴瀾，勢振湖陸，唐孟簡乃疏爲渠，以殺其勢，謂之孟涇。涇水又西入塞溪，溪之源出于洮湖，又東入於荆溪。邑之北曰東湛瀆、西湛瀆，并合流而西入於運河者也。邑之東南曰忻溪，又東曰陽溪，曰沙塘港，并東北入于太湖，而大浦則又在太湖之濱者也，此宜興境内之水也。江陰之南，北引江水入于黄田港，横貫邑中，南絶蔡涇，徑青暘達于五瀉河者，曰漕河。漕河之水分流爲長河，入谿里涇，出新河，新河之西北曰青溪河，又東爲蔡港，其支流并西南入于長河。漕河又分流爲南、北山塘河，南徑武進縣界中，入三山港，若立埭河、崇溝河、申港、利港，并北通江水，南入武進縣，流注之。又邑之南曰横河，河之水繇黄田港出春暉門，東流入令節河，與谷瀆港合。谷瀆北引江水，南行徑三河口，分爲二水。又范家港北引江水南行，與谷瀆合，谷瀆又東接倪塘河，入常熟界中流注之。其黄山、白沙、石牌、石頭、雷溝、陳蔡諸港，并從大江南流入邑中，而達于横河者也，此江陰境内之水也。

夫常州四邑之水，又有緩急，夫宜興以一荆溪兼受數州之水，其衝决之勢，猶居高建瓴甋也。故于荆溪之下，釃爲百瀆，以殺水勢。又開横塘貫其中矣，引荆溪之水，并入于太湖。然以太湖受水多，而宜興爲諸水入湖要道，仍復于宜興之上，溧陽之間，置五堰堤塞之，令宣、歙、金陵、九陽江之水，繇分水、銀林二堰北决于蕪湖，其方略可謂至備矣。然今所謂百瀆，在宋時知縣樓閌所浚治者，止四十有二，餘皆湮塞。今湮塞者又不知其幾，而五堰至唐末已廢，自是宣、歙諸水不復決于蕪湖，而反東注于太湖矣。太湖上當衆中水之衝，下有吴江湖堤之阻，水勢洄洑，瀰漫盈溢，納而不吐，貯淤成陸。雖近瀆低窪之田，一遇旱暵，而鬱爲枯壤矣。江陰地勢最卑，當漕河下流，又爲衆水入江要道，去江壖可二里，并江多山土，隆堀墳起，日以廣斥，蓋古所云息壤也。然土性輕脆善崩，春夏水盛，輒敗壞填淤數丈，而河勢又曲，渾潮逆上日兩至，泥沙隨潮停蓄，武進、無錫之十四瀆㪷門又廢，即無上流水勢可刮除之，故黄田閘、九里河兩涯膏腴之田，往往蕪穢不可耕治。議者以爲浚治堤防，於宜興、江陰爲急，武進、無錫次之。宜興宜疏百瀆、夾苧、干（百）瀆〔三〕、横塘之口，江陰宜浚申、利、桃花諸港，武進、無錫宜復十四瀆㪷門，使百川流行，必無填淤盈溢之害矣。若靖江環江而邑，境内之水皆股引取之，而還復于江，其利害與四邑殊等，略與蘇州、崇明同，故不論。

吕光洵《鎮江府境水利説》

鎮江據三郡之上游，而北負大江，地勢中高，受水甚少。唯南與漕河相通，而北達于江，然漕河之水，其勢于東南爲順，北出爲逆，故昔人于金壇、丹陽二邑，築壩堰以堤塞之，令不得東南流。又至冬，江水漸縮，水迹去江堤甚遠，而水勢又北出爲順，境内至無所瀦蓄，故又于京口置閘啓閉之，令不得盡泄于江，自是漕河之水，唯與其境内之水相吐納耳。

今考其境内之水，若金壇西北則有西洋河，上受長山、三茅諸山之水，繇十字河以入于漕河，河之東復分流，并入長蕩湖，河又直流爲穿城、繞城二渠，繇縣南壩與後陽干南壜河，經東墟、崑崙二橋，合流入白龍蕩，出方洛港以至長蕩湖。其西南則有薛埠、白塔、張橋三河，上受大茅、四平、鴉髻、黄金、瓦屋諸山之水，繇唐王溪、三里河、東村諸橋，至三汊河、下塘横河，并互流入大浦、新瀆、荷花等港，以注長蕩湖。其東北則有陳塘、中塘、堯塘諸水，入錢資蕩。其東南則有白橋、大雲、下湯諸水，自燕子、下湯港以注長蕩湖。漕河又北行經丹陽練湖，爲丹陽巨浸，湖之支流自斗門閘南流迤東，以達于漕河。河又自七里橋分流入横塘，經珥瀆河，珥瀆之上爲珥村鎮。河又經珥村之東，繇黄連、吕莊等橋抵東南，爲白鶴溪。繇白鶴分派，自南而北爲丁義瀆，繇珥村之西，自左墓達黄土迤南爲湖口，迤北通簡溪。簡溪西受太平河之水，東行以達于漕河，河又經上、下夾岡，抵郡城之南，乃折而西流，枝分貫于城中，北出復合流以入于江。

若丹徒四境諸水，則有紀灣岡、濫泥洪、杜墅湖、鄭湖、新豐湖、寺湖、馬林溪、馬潭、萬頃洋者，其勢不能盡達于漕河，然于境内引水溉田甚便利，不可略。他陂塘小渠之流甚猥衆，今不復推究焉。

夫鎮江地雖高，而原隰之窊窿，三邑之中亦有殊等。若丹陽之練湖，于諸水最大，然曲阿地勢岡阜，彌月不雨，其所瀦即自索。金壇視二邑爲下，而長蕩湖諸浦，其大雖不能與練湖相埒，然多澱淤，水則泛濫，民又以潦爲憂。議者以爲于丹陽宜疏斜橋諸港，繕完曲阿以防此流，爲旱歲備。于金壇宜疏長蕩諸浦，以導東流，爲潦歲備。而丹徒則又準二邑之高下，庶周于所慮，而無偏廢之病云。

王臯《金壇縣運河説》

即古荆溪，今爲糧運要道，自城北至丹陽七里橋，横介于邑中者七十里，西受左墓、濯纓二港之上流，旁出東暨南者爲鶴溪、鍾秀、聯秀、穿城、繞城之五渠爲下流。夏秋雨多，固泛溢瀰漫矣，冬春雨少，則運道淺隘，歲歲築壩于五渠之口，及潦淺蓄水以資運。萬曆四年，巡撫都御史宋儀望建議置閘于七里橋、岸頭橋、莊家溯三河口，以省築壩撩淺，小民亦喜息勞，衆口稱便，上下議合，遂爾成閘。

今詳岸頭河口閘，隔遠運河十五里，自閘而上有北渚、岳莊、東林，五六萬頃之蕩，前莊、堯塘四五十里之河。莊家溯閘隔遠運河三里，自閘而上有徐塘、下墟萬頃之陂，必俟其汪洋充滿，然後可撑拄運河之下注而漸漸停蓄，殊非救時急務，故仍歲歲築壩撩淺以資運。且霖潦一至，則閘口狹小，阻礙下流，以致上流泛濫，沉没城北七十里之低田，是不惟無益而反有害，欲省民勞而置閘，則水關七里橋原有閘竅，鶴溪、鍾秀、聯秀、繞城之四渠，各有橋垜傍垜而爲閘，則取彼三閘之一而足辦矣。爲力少而成功遠，當亟圖之。

吴韶《水利修圩説》

禾生于水，溺之則腐，蘇、松水田卑下，暴水每高于田，不可無塍以障水也。然一塍之間，田連千畝，業非一主，不有官司督役，孰先爲之？自正德來，水利全廢，塘長人役不復知水利爲何事，舊塍高六七尺者，或與田平，水無所限，遇潦已不足言，稍遇旱暵，向來塍岸塌土成灘，水不可到，畎𤰝無資，禾亦就萎，饑莩盈塗，率繇于是。又況塍坍浪洗，田畝日虧，不免以虧田糧而加之，見田糧愈重而民逃，又不免以逃户差而加之，見户賦役日繁，民斯輾轉，良可歎息。

爲今日計，必也清其舊役，仿其成規，思濟旱如救焚，念防潦如拯溺，圖其久逸，而無憚于一勞，則厥事之濟爲無難，而輔贊乾坤化育之功有在矣。民固有勞之不怨者，斯之謂歟？塍既成，保之又不可以無道，湖田水闊而岸易摧，昔人常甃以石，不久復壞，後因言植茭蘆于岸脚以護浪，梅天水發，蘆已茂而浪不可衝也。

考元至大初，江浙行省督治田圍岸體式，以水（爲）［面］〔四〕平爲第一等，高七尺五寸，底闊一丈，面闊五尺。田高于水一尺爲二等，高六尺五寸，底闊九尺，面闊四尺五寸。田高二尺爲第三等，高五尺五寸，底闊八尺，面闊四尺。田高三尺爲第四等，高四尺五寸，底闊七尺，面闊三尺五寸。田高四尺爲第五等，止添備水，高三尺，底闊六尺，面闊三尺。若山水源落圍岸迫近諸湖去處，自願增進者聽。本朝弘治間，姚工部文灝立爲五等圩岸式：田低于水者底闊一丈五尺；田與水平者底闊一丈四尺；田高于水一尺者底闊一丈二尺；田高于水二尺者底闊一丈；田高于水三尺者底闊九尺；面闊比底各減半，高亦以水爲準，外面各離水八尺。

沈啓《吴中水道説》

水道者，水之道也，繇地中行而無不下之謂也。激之者石，窒之者土，留滯之者草梗，皆水害也。害貴决之，以循其流行之道，道得則豬泄之政可舉，灌溉之利可興，貢賦之職可修，是皆水道乎始也。

沈啓《吴中水源説》

治水自下流始，人咸知之，故識者曰蘇州之于十郡，猶九州之兖也，其治之固矣。獨不謂嶓塚、岷、峨、龍門、積石奚所遺乎！夫源一也，而委未嘗不百也。孰謂太湖爲委，而源則不止于百乎？况環太湖之源而爲地者，幾倍于湖，則環太湖之地而爲雨之積者，更幾倍于湖矣。泄太湖而爲委者，不亦艱哉！議者謂下流之導其十，不若上流之殺其一，爲功倍云。

歸有光《三江説》

古今論三江者，班固、韋昭、桑欽之説近之，但固以蕪湖東至陽羨入海，昭分錢塘江、浦陽江爲二，桑欽謂南江自牛渚上桐水，通安吉，歷長瀆，爲不習地勢，程大昌辨之詳矣。然孔安國、蘇軾所論亦未必然也。今從郭璞以岷江、淞江、浙江爲三江，蓋自揚州斜轉東南，揚子江、吴淞江、錢塘江三處入海，而皆以江名，其爲三江無疑，但淞江湮塞，細弱無復江之形勢，世遂忽之而不論耳。宋淳熙中，直學邊寔修《崑山志》，言大海自西沺分南北，繇轉斜而西，朱陳沙謂之揚子江口，繇徘徊頭而北黄魚垛，謂之吴淞江口，浮子門而上謂之錢塘江口，三江既入，禹迹無改，此今日之所目見，諸儒胸臆之説，不足道也。

王志堅曰：三江之説，自昔互異，各有所本，唯歸太僕玆議爲鑿，嗣曹胤儒輩皆宗之矣。然論東南水利，以東江、吴淞江、婁江爲三江，未爲誤謬，不必遽執是説以斥之。

歸有光《吴淞江下三江口説》

《史記正義》曰：『在蘇州東南三十里，名三江口。一江西南上七十里至太湖，名曰淞江，古笠澤江。一江東南上七十里白蜆湖，名曰上江，亦曰東江。一江東北下二百餘里入海，名曰下江，亦曰婁江，其分處號三江口。』顧夷《吴地記》：『淞江東北行七十里，得三江口。』庾仲初注《揚都賦》：『太湖東注爲淞江，行七十里有水口，流東北入海，爲婁江，東南入海爲東江。』蓋淞江之有婁江、東江，如岷江之中江、北江、九江，其實一江耳。昔賢以此解淞江下之三江口，非以爲《禹貢》之三江也。《吴郡續志》云：『淞江受太湖，一自長橋流入同里犂湖、瀼田、白蜆江入薛澱湖；一自甘泉橋，繇淞江尾東葉澤湖，自急水港至白蜆江入澱湖，而注之海。』以《正義》、《吴地記》求其所在，則淞江北行七十里分流者，當在今崑山之境，説者徒欲尋求二江，而不知谿淞江細弱，所以奇分之水遂不可見。《續郡志》云：『崑山塘自婁門歷崑山，以達于海』，以劉家港爲婁江，意亦附會也。

鄭若曾《練湖説》

練湖即諺所謂開家河也，在丹陽縣北百二十步，自馬林至縣治，沿河上下周圍約六十餘里，迺丹陽所視以爲利病者也。何也？丹陽乃運道所經，運河之通塞，常係于湖水之收放，十六水函與七石匣是也。運河之水原係江潮，從京口、丹徒二閘而來。若江水涸時，則二閘之水不至，而運河不通，所資者開練湖諸閘之水而已。向來豪家多占湖爲田，此義不明已久，須縣令留心經理，當水涸之日，禁民開閘，常養湖水以備蓄泄，斯利莫大焉，不可忽也。

曹胤儒《三江説》

謹按《水經》，岷山之水東過牛渚、石城分爲二，其一東北流過毘陵北爲北江，今揚子江所繇道是也；其一東南流徑寧國，又東北爲長瀆瀝河口南，東注于具區爲中江，往時土人呼爲瀨陽江是也。其江水復自具區枝分，歷烏程抵餘杭，與浙江合爲南江。故謝靈運曰『具區在餘杭』，而郭璞《江賦》亦曰：『注五湖以漫漭，古之江水派分如此，太湖號爲震澤，勢極泛決，有以哉！匪但受宣、歙、湖、婺諸山之水已也。』蓋自廣通、固城壩堰，既設中江流絶，故向時泛濫之禍少殺，三吴鮮墊溺之災，民得佃作。雖時有浸淫，不至陷由（卷）［拳］[五]，淪海鹽，蕩武原矣。下流易壅，每費開浚亦職此耳。楊修《湖賦》[六]曰：『頭首無錫，足蹄松江，負烏程于背上，懷震澤以當胸際』，其渺瀚詎曰諸郡水利之匯已哉！

曹胤儒《練湖説》

按杜佑《通典》，練湖亦曰後湖，劉宋顔延年有《侍游曲阿後湖詩》，所繇來古矣。李華《復練塘頌》，所謂『大江具區，惟潤州其藪』，曰『練湖幅員四十里，刺史韋損廣之爲八十里』是也。茲湖之水，旱則放，潦則蓄，西南諸山泉雨之匯也。每遇水涸，開閘放水一寸，則運河水尺，運舟不梗，耕者資焉。今爲豪家佔佃，官爲給帖，自丹陽、丹徒、金壇環地三百里，旱則懸耜，水則浮桴，況于運舟歲窒，艱楚萬狀，奈何不爲之所也。念塘林公亦曰『修練湖不惟通運道，且益民田，非與？』　又按六朝齊鸞永泰初，王敬則反會稽至曲阿，曲阿令丘仲孚收船艦，鑿崗埭，瀉瀆水，以阻其路，留數日，臺軍克之，則此地之有湖，此湖之爲重，較如也。

又按御史劉曰睿觀《吴録》曰：『練湖坐落丹陽，上受高麗、長山諸汊之水，泛濫爲災，始自先秦，時居民疏告官司，議將開姓田地，築梗瀦水，得免旱潦，始名開家湖，周迴四十餘里，計畝一萬三千有奇。』晉陳敏據有江東，改名曲阿湖。南宋文帝遊幸其上，更名勝景湖。至宋建炎間，值亂，練兵于此，遂易今名，載在水經誌册，居五湖之一也。

曹胤儒《草堰橋河水利説》

丹陽舊築小城以守，後擴而大之，中間腰城未拆，而縣治反在腰城之内，設有寇警將，獨守小城，棄大城弗顧乎！又按城中井泉頗鮮，每就運河而汲，萬一爲盜所遏，城中立枯，縱有舊水，久亦污穢不可食矣。今宜拆此腰墻，于水門内置閘啓閉。夫腰墻拆，則中小南門可塞，成夫減矣。米市之西，有草堰橋河及水門，外通延陵，萬頃洋、太平、香草及長山八十四汊之水，引入城中，北注運河。今洞門塞久，水衝城脚，轉而東行，怒濤洶湧，城類頽圮。況附近居民不獲水利，公私不便，宜大啓水關，或開丈餘水洞，疏其淤堙，殺其衝激，城可使無危也。且水溢城中，運河不梗，而西南諸村，亦可使無墊矣。

曹胤儒《龍開河水利説》

丹陽、丹徒之交，有埤城諸鎮，西南抵山，南北繞江，幅員百餘里，其地西北高，東南下，金牛等山九十三汊之水行其間，别無河瀆。又東南至九曲河遼矣，故每歲夏秋間，江水不入，山水不泄，埤城而上，赤地一望，埤城而下，魚鼈行陸，民甚楚之。今考有龍開河者，午貫其間，西北爲孩溪港，東南爲新河口，長曲將四十里也。惟自孩溪港而南四五里許，至紀灣崗，有崗土二里許梗焉。

今開之利有四：一曰鑿崗浚河，則方百里之民，旱潦胥濟。二曰江中舟楫往來，徑收孩溪港以達孟河，可免外轉圌山飄劫之患。三曰運河或阻，繇孟河道此，亦濟其不及。四曰此崗未鑿，則龍開河之水不迅不深，山水注之不能容，或行地上，居民築堤守焉。堤左之人盜右，堤右之人盜左，或至兵刃，開之可使俗睦。

但此河不可開之勢亦有六：此河勘官須自孟河堡西北行，始知開挑之利，自小丹徒東行，則不見其要領一也。往年曾一浚治也，紀灣岡下有翟姓者田一二伯畝，蓋占河身而得熟者，乃密埋猪血于岡下，官至開出，詭稱龍脈，不可傷遽已二也。開此港官民航便焉，丹徒、丹陽諸處之民失利，必爲阻執三也。受水利之民皆貧乏户，官吏勘視，漫無禮款，况使費耶？而阻水利若翟姓者，反甘出賄四也。丹徒、丹陽舊有河工銀兩，册籍内物也，開此河即用此銀便甚，今阻之者多言錢糧無措，而吏胥乾没河工銀者，唯欲開浚小河以塞責，若開此河費大無羡，多爲之説五也。兵變時少，而民受旱澇日多，坐憂兵防守港之事，而斃我百里之民，利害必有能辨之者。今人必曰開此河則上下港門必須置戍，當此減兵之時，乃欲益兵，不便六也。

又按紀灣岡乃上阜闊二里零八步，高四五丈耳，如曰爲力之艱也，則向之開運河而鑿夾岡者何人耶？今使得利之夫，用力掘去，彼亦欣然，不半月通矣，方百里實民命關焉，仁人所宜究心也。

韓浚《嘉定縣境水利説》

嘉定幅員不百里，而塘浦陂池大者以數十計，次者以數百計，小者以數千計，複出多岐，縱横紆直，至不勝紀。蓋古者治農之官，疆理之密，疏鑿之勤，猶可見也。縣額設簿一員，專董水利，然簿之于民，既未必疾痛相關，而民之于簿亦未必指臂相使，徇名興役，空文報成，即鏤冰畫脂無殊矣。故自昔長吏之賢者，曾不以水利爲大政額，故有河夫銀三伯兩，曾不當三軍之囊糒，餘更無可轉移，勢不得不取給民力。顧小民胼胝以勤其事，巨室拱手而享其成，故役者常有不樂爲用之意。

嘗熟計其便，每歲必以十月預發教于四境，令民各以應浚工役列上，然後躬自巡行，度緩急而舉事，量繁簡而鳩工。衣食之源，貧富賤貴所共也。自非例得優免者，宜仿他邑縉紳家貼役之意，令出財佐之。又必出舍河旁，嚴立朝會，分别勤惰，即行法稍峻，不得稱苛。蓋令長身勞怨以慮其始，而後佐貳無私事以掣其權，上夙戒而視其成，而後小民争趨以致其力。大較居此土者，無一歲之定，纔無百歲之計，勢使然也。語曰『悦以使民，民忘其勞』，是在長民者加之意耳。

耿橘《白茆港通塞説》

白茆港出常熟縣迎春門起，至海長八十里，皆常熟境也。凡太湖之水，自無錫、長洲而下者，若蠡湖，若元和塘，若陽城湖，以逮崑山之傀儡蕩、巴城湖，皆會于華蕩、昆承湖、尚湖，繇白茆入海。故白茆通，則長洲、無錫東注之水，咸有所泄，太湖底定。白茆不通，則常熟爲巨浸，而長洲、無錫諸水與崑山渺漫之一枝，皆無所泄，而太湖不定矣。

自昔以東江、吴淞江、婁江爲三江，夫浙西一區，杭、嘉、湖、蘇、松、常、鎮七郡水咸以太湖爲壑，太湖又以海爲壑，而以三江爲門户。後東江廢，引水紆迴北向，猶藉白茆一綫以分婁江之勢，故白茆之通塞，爲今日目前至急之務。按白茆港長一萬六千二伯八十二丈，闊狹不等，開深一丈二尺，土一十九萬九千七百八十四方，夫三百九十九萬五千六百八十工，工食銀九萬九千八百九十二兩，此呂巡按光洵所考定，非浪著于册者。

然斯役也，無論先代入我明，亦經五舉，若夏尚書原吉、徐侍郎貫、李尚書充嗣、海都憲瑞、林巡江御史應訓，咸後先相繼董其事，而經費有煩簡之異，亨利有久暫之殊，此其故何也？有調夫旁郡二萬餘人者，有大發近郡徒卒，工費視前加倍者，而海都憲之役，計費四萬有奇，未幾而旋淤。說者謂海方注意吴淞，而白茆委任稍疏，林御史則費不過二萬五千，而迄今白茆之迹却有頌者，馴至今日，此港淤沙日積，海變桑田，自海口至墩頭三里閘一帶，陰沙或東或西，恒無定勢，其水深不過一二尺，此爲塞漲之根。自墩頭而西，抵雉浦七十餘里，淤疏相間，大半淺狹矣。淺者水不過一二尺，狹者僅容一舠，則宣泄奚賴？

詢諸父老，萬曆七年林御史巡江，實止浚中段四十五里，自海口至横塘二十一里，自歸家橋至迎春門一十五里，想未壅淤，故不之浚。若横塘以東，歸家橋以西，往時既爾深闊，則中間四十五里之内，豈如今日之淺狹，又豈如今日之淺狹，至七十里之遥哉？唯一旦淹塞，無論邊港高區，失灌溉之利。遇旱如涸轍枯鮒，不能望救西江，即常熟之南、之東南、之西南，低窪萬頃，東泄之道既絶，西來之水日瀦，不必于大潦之年，而稽天浩淼，已在目中，萬一商羊爲虐，更有不忍言者。故不特華蕩、昆承、尚湖難受瀦蓄，蠡湖、元和塘、陽城、傀儡、巴城諸水，俱不安位。太湖泛溢，吴中有莫救之禍，而疏浚可置弗講耶？

唐鶴徵《常州府全境河渠説》

自古論河渠者有二利，轉漕、溉田而已。吾郡雖云江湖澤國，安能廢畚鍤，程功見稱，財賦奥區，悉取辦田農拙業，察其去來之性，時其蓄泄之宜，則兩者俱利，苟爲不然，則兩者俱病矣。江南地勢雖若平衍，然西北高而東南下，自京口以至武林，其高卑豈止尋丈計。常、鎮居西北上游，災惟苦旱，蘇、松、嘉等郡處東南下流，災常苦潦。昔年夏忠靖公合四郡之力，以疏吴淞江，取其泄耳。又合四郡之力，以鑿孟瀆河，蓋取其納焉，水勢可概覩矣。

自吾一郡言，則武進、江陰在北，無錫、宜興在南，其旱潦疏浚又可推矣。吾郡之水，其流者莫長于江，長則源流不竭，其匯者莫大于震澤，大則儲泄有餘。况惟運道直貫其中，或統其綱，或職其緯，殺獨盛之勢，集衆趨之流，實利多而害少者也。吾郡所分攝一伯六十餘里，所藉疏浚，其實無幾，倘能一浚而深，可保百年無役何也？岸堅而水多也。奈何水曹賣富，差貧編夫，輒至概縣，且利在速成，傍岸之泥必不盡去，河底之淖何必甚深，則屢疏而數壅，不可知矣，此以運言也。若灌溉之利，則兩涯得利，人夫足以給之，勤惰不齊，則官司課督之而已。丹陽吕城而下張店舖，始入郡界，爲武進治地。十里至犇牛，十五里至連江橋，五里至新閘，十里至郡城西水門，昔年漕河出入東、西兩水門，貫城而行，官民之舟，晝夜不息。

至嘉靖末，倭亂江南，難于防守，始以城南舊濠爲運道。既而又築文成壩，東始入運河故道，去十里至丁堰，十里至戚墅堰，十里至横林，十里至五牧，爲無錫治地，與武進分界。十里而洛社，自郡城而下横林，洛社民居甚密，河道稍窄，棄灰游泥足墊塞道，秋冬之間時有阻滯。十里而潘葑，十里而高橋，十里而無錫。其先無錫南城圮，舟北貫縣而東行，嘉靖末亦以備倭築城，運道遂繞城之西而出。其東南二十里而望亭，與蘇之長洲分界矣。此一伯六十里乃爲運河正道。江南水鄉故多枝流，張店舖至郡城，枝流之大者，北出者三枝，南出者二枝。其北出者一曰孟瀆河，則自犇牛而分者，北貫孟河城而出江，凡三十里，即孟簡所鑿，夏忠靖合四郡之力而浚之者也。

萬曆初，説者以京口漕至儀真，逆流而上者六十里，未爲安流，欲于孟河對泰興而渡，不知至此已闊，即截流而渡亦六十里矣。風波更險，盜賊出没無問白日，其議乃絀。然旱歲頗得其利，令人守孟河閘，潮至而啓，潮平輒閉，其流可以六十里，至郡兩岸灌田不計其數。一曰德勝新河，則自連江橋而分者，繇大河直達于江，又分而爲剩銀河、小河、戲龍河、小龍河、白龍河，昔皆通江，今悉湮閼矣。令其如孟瀆之閘，未必不獲孟瀆之利，無奈其渾濁之易壅也。惟養濟河、花塘港、延壽河、安寧河、太平河，東西如織，皆通德勝新河，于孟瀆或可因孟瀆以收江潮之利耳。一曰北洞子河，自新閘而分，繇顔塘河北出澡港，以達于江，細流會之者甚多，利大、通濟亦附焉。西河洞以東，宂雜細流不足紀述，惟自郡北出以通江陰，與江陰支流相錯，須合江陰言之，俱别見江陰。其南出者一曰直瀆，分于犇牛東三里，又東分爲官瀆河，又東分爲南洞子河，蓋與北洞子河相對而分者也。又東分爲海子口河，官瀆先合于南洞子，又合于海子口河，西南行始與直瀆會于三溪口，入鳴鳳鄉爲鳴鳳河。又南行數十折，入欽風鄉，爲白鶴溪，始雖分而爲四，終合于一者也。惟洞子河分流一枝東行至東戴而横林，出孫塘橋注南運河之徐湖瀆，其流雖微，亦運河通南運河之一路也。郡城西自古稱西蠡河，即南運河。運河南出之最大且長者，自所橋南出普濟橋，十里而至陳渡橋，六里而至游塘，四里而至丫河，十里而至萬塔，十里而至塘洋，十里而至寨橋，十里而至鍾溪，西蠡河至此實爲武進、宜興分界。

鍾溪以南十里而栅頭，七里而河橋，三里而塘瀆，十里而計亭，五里而湛瀆，五里而十里牌，十里而宜興縣，此宜興、溧陽之運道也，故曰南運河。南運河至丫河，適與西滆湖相直，故其中一股出入于西滆湖，名蠡瀆港。西股則循湖之西，爲孟涇河，西歷懷南、欽風、大名、棲鸞、尚宜五鄉九十里，極湖之南，而與金壇、宜興分界，其間枝流，如下蕭、垂虹、郯邨、下溪、佘澤〔七〕、平原、孝感、遺柯、市奔〔八〕、張河諸河瀆，雖長短小大不同，要之皆直入西滆湖者，即白鶴溪亦繇垂虹入湖矣。然孟涇一河，乃鄉人畏滆湖之風波而鑿之者，與河瀆之入湖無礙也。自蠡瀆港分流繞湖之東南，以至宜興，皆南運河也。滆湖之東，運河之西，其間如白魚灣、龍門港、大洪港、龍蕩港、普安港、楊柳港、楝樹港、湖瀆港、唐瀆港、莊瀆港、馬塔港、湛瀆，亦長短小大不同，要之皆直出西滆湖者。竊嘗聞形家言，始知此有西滆湖之故，蓋以丹陽之水，初不直下武進，繇七里橋入荆城港，至金壇會洮湖，又會武進西鄉，入湖之水不得不注于西滆湖，以入震澤，故不特大勢向東南，其散流曲港非折而東，即折而南，其去郡城已十六七里，無不自郡城之西，繞郡城之南而東出者。未至丫湖五里，有沙自東來，名曰徐湖尖，蓋徐湖滹中之沙也。自分南運河而爲二，一股仍爲南運河，一股繇徐湖橋而東，繇浮蕩、降子、豐城三橋入採菱港，出安定橋，以合于運河。又繇社橋分一枝達之上店河，曰長溝，此南運河東流之第一枝也。其一青龍河，自萬塔河合三渦溪，至查冠橋入青龍河，至老鴉浜，亦北合採菱港。其一順龍河，舊名柘塘河，自塘洋港引入，延袤五十里，亦通走馬塘。老鴉浜、走馬塘皆採菱港之南流也。大抵採菱港爲郡東運河初南出之枝，直南而行，雖其枝流不一，稱名不同，要之直通新塘、下埠而入于震澤者。故西來諸水，未有舍之而取他道以入湖者，矧自此而東曰戚墅港，繇虞橋、洛陽、戴埼以至華渡，節節與採菱港諸河會。再東則繇飲馬河，入南北陽湖，節節與戚墅港諸河會，亦至下埠入震澤，再東則爲無錫界矣。

南運河未至鍾溪五里曰老鸛嘴，過鍾溪五里曰官才瀆，其入口雖相去十里，均之皆合于曹橋、運村而東行，以入華渡、百瀆者。過此而塘瀆一枝，則出計山之北，其流甚微，繇官渡橋南入陽山滄、湛瀆一枝則出計山之南，其流甚大，繇下培滄南入陽山滄，并出竹山以入震澤者也。

蓋宜興兩脇皆水，西曰西氿，東曰東氿，水以氿名，以其長九里也。西氿凡三，合二十七里，東氿凡二，則一十八里，悉從西北趨歸東南入湖。蓋荆溪本係江南最下之地，故銀注未築之先，長江之水不盡趨其下流，而采石引宣、歙、九陽之水，徑趨宜興，故宜興十年而九潦，浚百瀆以歸震澤，浚三江以瀉百瀆，單鍔之議所以汲汲也。東壩既築，上流之灌雖少紓，而金壇、溧陽之水，猶集卑窪之形勢則固在也，兩氿之風波則固在也，西氿南北必繇西氿以入，縣多苦覆溺。成化間，宜興知縣袁道自五洞橋至土圩，鑿河凡五十里，名曰後袁河，蓋對漢之袁圮而并稱之者，西氿以南之民可無涉氿矣。自萬曆初，水利御史林應訓再開氿北之内河，繇城塘橋以東蕭家浜，過鎮塘、南塘二橋，槿村、程墅、常富抵張思橋、福德橋，凡三十里，入南運河，以便溧陽之運，而氿北之民可無涉氿矣。東氿之長減西氿三之一，廣減二之一，故嘉靖間知縣馮惟訥，常浚通澤河，西接荆溪，東連震澤，而東氿之險可避，然西鄙之水，必盡入東氿而後可以出震澤。縣東南五十里，有定跨、烏溪、蘭後三港，似爲宜興下震澤正路，湖汊南來之水，與溧陽洮、滆西來之水適會于此。蓮花蕩之汪洋渟泓，足以容蓄，乃以湖盜之縱横，湖商之逃税，遂從而閉之。北行二十里，東出一枝曰横塘，傍震澤而行，循横塘以東過陳橋、周鐵、下洙至下埠港，相去九十餘里，皆有瀆入震澤，往有百瀆，今僅七十餘瀆。蓋上游之來水既緩，則下流之疏浚自怠，恐將來更多堙塞矣。然如陳橋、周鐵、下洙一帶水勢甚大，不易閼耳。

竊嘗計之，武進下無錫之水，僅可十三，諸港下震澤之水當十七，宜興下震澤之水十六，谿武進下震澤之水亦十四，則知宜興之獨爲低下矣。武進與江陰相錯之河，首曰通江河，蓋至通江河則西河洞、卧龍橋、所橋諸小水俱會矣。直東而行爲武進，入江陰通渠曰綱頭河，《郡志》謂其延袤六十五里，恰盡武進入江陰界矣。乃地圖又稱爲北順塘河，豈一河而後先異名耶？其南分運河而通綱頭者三：一曰平塘港，自水平橋至倉頭入綱頭河；一曰丁塘港，自丁堰至洋頭橋入綱頭河；一曰戚墅港，自戚墅堰至三山港，截綱頭河而入江，三河惟此爲最長，合衆流爲最多者也。綱頭河北出通江者有七：其一自倉頭河分枝出龍窟港，北流入依仁鄉曰澡港；自蔣林橋分派至錢家橋，仍合本河曰利大河；自下象橋分派至小劉橋，仍合本河曰通濟河。其一未至鄭陸橋三里，北出一枝曰王汀，分而爲二，一出王汀，一出桃花港，通江陰立埭河，五里入江。其一自楊頭鄭陸居涇口，直東北行三十里入江曰利港。其一自鄭陸北出曰蘆埠港，二十五里入江。其一自後塘橋東北入江曰申港，流皮港南來接之東北入江。一自三山石堰東北入江曰新溝。一自東姑出，一枝北行爲九曲河。又自聖堂橋分一枝至麻皮橋，與九曲河會而北出江陰大君橋曰舜河。東出則繇孫公橋會三山港，出江陰虞門橋曰龍溝河。其北通綱頭河分派而南者六：一自白洋橋東曰百丈河。一自後塘橋東曰興龍河。一自三河橋東曰陳湖港，又東曰夾涇。一自周濟橋東曰王家港，皆不能南通運河也。一曰經河，在繇里山西南，自石撞引五瀉堰過青暘，北至山塘河口接夏港。一曰埸水港，西南自楊淮口而東北出月城北，以達于經河。一曰崇溝，在秦望山陰，又名北山塘河，自三山石堰東行二十里達夏港。一曰新涇，岑村西南三里，繇崇溝合夏港以達于江。一曰漕港，自四河口分流而行，折而北二十里，出山塘河西口，達于石堰，武進北界盡矣。

大都諸流皆合之爲江陰運道者也，江陰運河在縣治南，北引大江入黃田港，橫貫縣城，南行截蔡涇朱村青暘七十五里，達五瀉河，出無錫之高橋，與運河合。其南出之枝，一自青暘出武進之横林，一自楊岐河出石撞通無錫之洛社，皆先與運河合，此地皆昔年之芙蓉湖，今皆成田矣。江陰運河以東之水，莫大于横河，自回塘堰接黃田港，出東水關，横亘東北境七十里，入常熟界。次之爲長河，即應天河也，于縣城分横河南流，折而東，西北至磨盤墩，通黃田港，東南至北角接清水塘，入常熟界。其永安河、觀荘河、清溪河皆東入蠡湖，以備旱澇，又皆自西而東，通長河于横河者也。長壽河在時山東南，分長河之枝，至時山西，復分爲二。北一枝繇馮涇、馬涇入斜涇，以合于九里河；南一枝繇流黃入楊岐河，又飲馬鎮河，繇界涇通高陸堰。倪塘河則谿清塘而東南至顧山，入無錫界。泰清直塘、馮塘、湯村皆長河之分枝也。

無錫于運河之南，則接武進界曰雙牌，東引運河至神護鄉，入陽湖港。于運河北則接江陰界曰蟆塘港，在縣北興道鄉，自咸塘西爲鄒祁河，至興寧界口名蟆塘尖，爲蟆塘港，行二里許，與西瓜瀆會，接江陰界。雙牌之東曰直湖港，在青城鄉，東引運河西北入直湖。又東曰雙河，引運河過錢橋，越布政鄉，貫直湖港，南下震澤。無錫谿郡城至宜興，水道二百餘里，自雙河取道華渡，百四十里可至宜興矣，蓋二縣皆在郡南故也。自雙牌以下，四港相去不遠，故或會于陽湖，或會于直湖，皆谿慧山之西以入震澤者。慧山之泉聚爲梁溪，北入運河，繞慧山自開原數里過仙女墩，折而西南行，分而爲二，東曰大渲瀆，西曰小渲瀆，中隔平壤，相去五里許。南行十餘里，會于清祈瀆，稍南爲長廣溪，長三十里，廣里許，受陽明、開化諸山之水，北合五里湖，南合洪丘瀆，併清祈瀆，則赤城溪、新安溪、唐于瀆無不會矣，而後入于震澤。蠡湖凡八十五里，則爲孟瀆，亦謂之蠡瀆，東接運河，西合梁墓涇，南行十餘里，至蠡湖南入赤城溪，自蠡口分流而行，已入唐于瀆矣。況東葑瀆在縣西二十里，已引運河西入蠡瀆乎，則是錫邑之水，南下蘇州者，不能三分之一，而西趨震澤者，十分之七矣。去城北二里，有閘口河，舊從五瀉口來，宣德間，始鑿之，谿顧城南至蔡家渡，分而爲二。其一循城而東，越景雲至梅李鄉，而入于百瀆；其一東流越膠山鄉，而與宅仁鄉新河北接江陰，俗謂之南、北興塘河，無錫之水自邑東而延于西南，莫長于此者，幾繞四境而遍之矣。又徐察之宅仁與張涇一帶，乃無錫所稱高阜，水無逆上之理，北興塘東受江陰之流而入南興塘者，人自邑出，適據其中，故以分而爲二，不知其高下必有分矣。其咸塘、嚴埭、張塘大都在縣東北，盤旋分合于興寧、天授間。而接江陰之流者，爲多鴨城河，在縣城東梅李鄉，分自運河，至景雲出江陂橋，越梅李、上福至延祥而止。在景雲者爲王莊橋河，江陂河在梅李者爲新塘河，爲鴨城，在上福者爲信義瀆，爲杜家河，亦名太平橋河，至延祥鄉蓄爲謝蕩，引流至甘露，分而爲二，過濠橋，一繇月河皆東至濠湖，即俗所稱鵝肫蕩也。其破塘、潭塘、斷塘、横塘皆在縣之東。破塘則自鴨城分流，越泰伯而入蠡湖。潭塘則自鴨城分流，北行爲劉家河，截興塘新河，接斷塘，則太平之別脈，南至延祥入于濠湖。横塘則信義瀆之旁注於北者，東貫走馬塘，爲芙蓉塘河，至懷仁鄉爲盛塘河，入常熟界。

大都天下之物，恒爭于其所不足，而棄于其所有餘。洛社以北，疏浚竭人力，而不敢告勞；洛社以南，則運河未嘗告澀，有餘不足之明驗也。十里之間，水之有餘不足頓異，豈無錫受江陰之流獨多邪，抑無錫之低下，幾與震澤平耶？不獨横浦、獨山、豆塘諸門與湖灌輸，而開原、富安、新安、開化、揚明，歷五鄉九十五里，處處與湖通，而水反有餘，非以其平故耶？昔人以邊江諸閘，爲瀉内地之水，昔姚文灝獨以爲納江洋之流，或未覩潮汐之故，高下之形者也。江南之高下，原不相懸，江潮之來，至以尋丈。數日不雨，深流或至膠舟，浹旬而霖，平原苦于沉竈。則知内地旱，江潮必能遠入，内地潦則諸港必能速瀉。雖震澤主于匯，亦能内灌以濟旱，况于江乎？西風可以決湖水而東流，東風可以決湖水而西注，况水之有旱潦乎？察此可以知蓄泄矣。乃者南運河之淺，議起武、宜兩縣之夫一十八萬以浚之，具呈撫按，已有定議。人心皇皇如納陷阱，知府劉廣生察其故，仍用築壩戽水之法以灌之。夫不千人，役不再旬，運舟晏然，過于枕席之上，而民弗知矣。

唐鶴徵《武進縣河渠説》

武進北瀕大江，南介滆湖，東偏震澤，而中以漕渠一帶，西受京口、雲陽諸水，繞郡城而東注之，其所蓄泄吐納，不惟國家漕計特重，諸郡旱潦實係之。此各支河之通塞啓閉，不可不講也。考邑地形，西北高，東南下，高田苦無水，利在蓄之使合，多爲陂塘厚儲深蓄，勿使泄而溢之外。低田苦多水，利在導之使分，多爲圩堰渠穿股引，無使潰而入于内。本縣高鄉陂塘溝渠不下千數，低鄉圩堰數亦相當。誠使陂塘時浚深闊，小旱足供車挽，小有霖潦亦足蓄貯。上水既留，下水自少，故論一邑之水利者，當以治西北爲先，而論東南之水患者，尤當以治西北爲要也。

唐鶴徵《無錫縣河渠説》

無錫河以千百數，惟梁溪爲大，梁溪之外，爲溪者以十數，惟長廣溪爲大。運河之水自京口建瓴而下，兩溪受之以注太湖。湖水演漾，饒蒲葦贏蛤之屬，民茭牧其中以爲利，或築爲田，異時兩陽湖匯爲巨浸，芙蓉、五步皆湖也。今湖旁皆有葑田，湖流甚微，而芙蓉則已圍而爲圩矣。萬曆間，官出水衡錢募夫築堤，搴茭塞罅而下竹以爲楗，最爲鞏固。其堤面闊丈有咫，基倍之，多置閘堰于上，閘以啓閉，而堰用置車。其車有用牛者，用帆者，牛一日灌百畦，帆則隨其風之所向，而設機轉之。澇則導圩之水，而注之河，旱則引河之水，而灌之田。歲即大祲，此地獨熟，畝可入三鍾，厥田上上，而厥賦下下，民所以有攤税之議也。

考邑東南諸鄉，最爲污下，宜略仿芙蓉之法，厚築堤防，而堤之外雜樹萑葦蒹葭以爲堤衛。西北諸鄉稍高昂，則多爲渠塘陂池，以厚蓄其水，而備車挽。淤者浚之，淺者深之，有田而無塘者，鑿之通其源于大河，而輸其委于溝洫。湖即在數十里外，而業已浚之使出，亦可引之使入，獨不能藉其升斗之潤，以助雨澤之所不及乎？

至于運河兩岸，南派屈從諸港，以注之湖，北派屈從諸港，以達之江，而洛社橋跨運河之上，爲漕渠之孔道，其地稍昂，河流易啬，商艘滿載而來者，至此率多起剥。市民習剥淺之利，多置小舠以爲奇貨，或有意擲磚石以阻其流，船或稍壞，小舠蟻附，争爲起剥主者勢，旁午不及周顧，則駕之他竄矣。謂宜乘水涸之月，一大浚治，嚴其磚石之禁。驛路之坍塌者，橋梁之圮壞者，以時增築，使民不患于涉，而田亦藉之爲衛，此職水衡者所當加意也。

若夫城市之河，市民資以謀生，而鄉民繇之輸税，往時積漸淤塞，箭河凡九，業已湮其八，今所存者唯弓河之一綫。設今不治，則置河之碑將遂爲山巔之石，其無等居民之泥沙爲精衛之填也，而忽之哉！今冉涇里第三箭河，業已開通，乘此將已湮之河盡行浚鑿，俾皆可通舟，亦一便也。但所浚之泥，仍置之河濱，闊則民占以爲基，狹則土復歸于河，量責得利之户，載土填岸，補其坍塌，則河以浚而通，岸得土而固，鄉城兩受其利矣。

唐鶴徵《江陰縣河渠説》

江陰則運河自邑南迎無錫五瀉河之水，過青暘鎮茶市而會于九里河，從九里河屈曲而北，抵朝宗門南水關入城。北行過杜橋、聖母橋、周橋、堰橋，又從華橋折而西，過安利橋、坊橋而至虹橋，水分二派。一派北經城隍廟之旁，而東繞于廣福寺萬壽山之後。一派西南行過文亨橋者繞學之後，過鴻漸橋者環學之前，而總會于善政橋，折而北通倉河以出北水關，繇黄田港以入江。城外之河，循城東西互相迴轉，俗謂轉河，即城濠也。轉河之外，邑東之河縱横旁午，相錯如織，而横河、長河實相經緯。横河從縣市東堰北貫黄田港，出春暉門，東流令節港，而横亘于邑之東北。長河從南門運河支流，繇東望橋、屺山橋東南至北角，出清水塘。此兩河者，諸河入江，此爲之輸，諸河出口此爲之導，蓋所謂河之咽喉也。

自九里河南至蔡涇閘，水分爲三，曰三河口。東派繇蕭其橋、高岸橋抵常熟界；西派繇秦望山、茶岐山抵武進綱頭河；中派即前出青暘鎮之運河，其從邑東之港而入江者。黄山港、石牌港、東、西雷港、蔡港、范港、令節諸港，其從邑西之港而入江者。夏港、流皮港、申港、蘆埠港、利港、五斗、桃花諸港，其南通者。無錫爲轉水河、高六堰、五瀉堰、洛社河。武進爲水碰河、丁堰河、陳墅河、黄汀堰，此數處皆分運河之支流以入于江陰，而要其所入之路，即爲所出之路也。總之，江陰之水，皆以江爲壑，而江潮之漲，則有時貫入于諸河，姚文灝論之詳矣。故其水有二，北自黄田港流注諸河達于境，謂之江潮。南則太湖梁溪之水溢于無錫之運河，自五瀉諸堰而來，西則丹陽練湖、白鶴諸溪之水溢于武進之運河，自黄汀諸堰而來達于境，謂之河水。夫水之來也，有所受而後水能爲利，其溢也有所泄，而後水不爲害。

四境之内，其在東也，凡爲溝港涇者十三，曰鰣魚港、趙婆港、白沙港、石牌港、石頭港、西雷溝、東雷溝、蔡港、私港、范港、谷瀆港、令節港、界涇，惟谷瀆港、蔡港、石頭港爲大，其港身袤四十餘里有差，（口北）［北口］〔九〕通大江腹裏，南通應天等河，跨崇仁、實池、清化、化城、白鹿五鄉，資溉民田最博。横河貫其中，不治則有旱患。其在西也，爲河港者九，曰夏港、流皮港、新溝河、申港、蘆埠港、利港、立埭港、五斗港、桃花港，惟申港、蘆埠港、利港爲大，其港身袤三十餘里有差，南通武進綱頭河，北口通大江，跨永陵、良信、來春三鄉，民田多賴爲利。中有順塘河横亘其間，梗塞不通，歲旱益甚。其崇溝河長十六里，隸來春，沿秦望山下通南山塘河，河闊水溢，山水迸發，田没無救。旱時田岸瀉鹵，朝戽暮竭，用力多而見功少，則水旱均足患矣。

桃花港近利大河，與武進半之，通則分受其利，塞則均受其害。其在西南則青暘一鄉，有前渟塘、九頃圩、後渟塘、三尖圩、謝莊村等處，最爲窪下，多被水災。其次塌水港河口淺隘，中流微細，遇旱稍患之，餘壤沃肥，種秔稻歲入畝可一鍾，旱患不及。其在東南是爲東順、西順、長壽、鳳戈、金鳳五鄉，田多高昂，湯村、東新、南新、李岸、官禄、倪塘、清溪、太清、長壽、直塘諸河聯絡其中，疏之則治。其馮涇河約袤十里，界蕭岐、花塘、高岸、上廟堂四處，河身狹小，西通經河，東通長壽河，流波俱不能納，此又水旱俱患者也。傍有黄天宕，地形下，土性疏惡，水至瀰漫，其害尤劇。凡高昂者利江潮之灌注，凡低窪者苦湖水之泛溢，江潮繇諸港以入，而衆河爲之接引，湖水繇諸港以出，而衆河爲之受瀉，此其大較也。

支分而委治之，則存乎其人。前輩鑿河穿渠，縱横曲直，灌注輻輳，各有條理，故通溝瀆蓄陂澤，所以備旱也。觀地形，令水工準高下，開大河泄暴水，築田圍所以防潦也。江陰河港潮沙易壅，沿江去處問嘗設閘，而力不能守，終至于廢。又懼勞民，數年而不一浚，棄河爲榛莽。夫有河而不能浚者過，不能浚河而并棄其河抑又過。今宜考潮沙壅積之處，次第疏浚之，如某河某港淺淤，宜五年而一開，某河某港淤稍深，宜三年而一開，計用夫力若干，工食若干，每歲徵收導河夫銀兩，不得别項支用，畫以一定之數，立爲循環之法，而官所不足者，臨時復責之近便得利人，民利其灌溉，相率開浚，雖勞而不以爲疲矣。

唐鶴徵《宜興縣河渠説》

宜興之水西接溧陽，西北接金壇及洮、滆二湖，諸水繇西溪以入縣境，下注東溪，分流于百瀆，以達具區而入江入海。愚按水利之在一邑，恒與邑之形勢、時之雨暘相爲倚伏。顧所以經理之者，不必循習舊聞，務爲迂遠，惟在因其原隰之高下，權其事宜之緩急，相時度力而爲之，則民易使而事可舉，功易集而效可臻。宜興境土右高而左下，西鄉居其上游，且河之經流不甚浩大，而支流又多淤澀。遇久雨則山水横流，遲泄而易盈，禾輒渰没。遇久旱則河流縮隘，直泄而易涸，禾輒枯槁。東鄉雖居其下，而瀕臨太湖，歲潦則有百瀆以分泄，歲旱則可沿流以車戽，爲患頗殺于西鄉，此特論其常耳。設夏秋淫雨則諸山洪水驟發，如發于張渚等山，則水患在西，發于湖洑等山，則水患在東，此又不可以執一論也。

兹欲圖久安計，但當于高阜之所，及時令民疏浚河道。若河道不通，土壤廣博者，則穿爲深塘，蓄水備旱，大約每田二十畝内，穿塘二畝，其所折田二畝，分派于十八畝之中，每畝各受實田九分，仍令不失二十畝之額。其低下之所，多是圩田，在東鄉則圩之大者不過百畝，小者僅數十畝，只須令民歲加修築，塍岸固完，縱暴水浸溢，而禾苗亦可併力戽救。若西鄉圩田，其最廣博者，動經數千畝，縱塍岸延亘堅完，然積漲瀰流，難施車戽，則當令民多穿溝洫，或如高田深塘之制，各從其便，團爲埂塍，任其折田多寡，界作小圩。如東鄉款段，俾民易于分力，車戽其所折田額，亦如前法補之。凡此之役，鍬鋤畚鍤，丁夫口食，不必仰給于官，而百姓可以出己之力，稔己之田，捐目前之小貲，獲永遠之大利，夫誰曰不可。但無以作率之，則終于因循，難于慮始。今若專委良水衡，視民事如己事，每乘農隙，親履其地，召集父老田工，商（確）[榷]

利害，經度規畫，一切聽其便宜從事，雖于大家巨室不得少徇，計畝出力，計程立期，處置公平，將人人樂赴。誠所謂因民利而利之，而上不費；擇可勞而勞之，而下不怨也。審如是則何功不就，何利不興。即有旱乾水溢，庶可以無患矣。此爲宜興水利之大略云。

萬任《嘉定縣開河説》

嘉定濱海而治，吴淞江在境南，婁江在境北，泄太湖瀦蓄，全賴此二江。蓋蘇、松、常爲東南諸郡之壑，而嘉定又蘇、松、常之壑也。水利關要，固不待言，即以一邑河港而論，四境皆沙，土性下漏，不宜種稻，其中可水耕者僅什一。然苦海潮渾濁，泥沙易淤，昔人云：『一潮往來，沙積一箬』，無怪乎嘉之水道，一歲開而三歲壅。嘉不産穀，通邑食口盡仰給於外境之粟，商販三日不至，則百萬生靈嗷嗷枵腹，則河可不開乎？開河良法安在？士民爲言，開河不難，但有四患：一曰胥(史)[吏]爲梗。夫河港當開，上官必待小民呈請，既准行矣，而該房之常規不到，百計延捺，河不即開。二曰委官塞責。縣事如麻，長令不能日日躬履河上，而治水乃簿職耳。勢不得不坐委，既委曷能保其必廉慎。倘一有染指，則監督徇情，開猶弗開矣。三曰隔扇調開。如以一都之塘長，開十都之河，以十都之塘長，開一都之河，其開而善也，已不蒙其利，開而不善，已不罹其害，誰肯盡心力，爲他人效胼胝。且近工易成，遠工難就，數十里擔米負薪趨役，倘遇風雨，坐食四五日，則薪米竭而輒返，一往一還，廢時失事，河工終不成。四曰塘長權輕。塘長者修浚之綱領也，權輕則人不聽其呼召，年來更因大户多避役，每以小户充之，小户焉能起大户之夫。故爲塘長者，往往破家而河工不就。今欲除四患，則宜分河爲三等，遠于海者難淤，則十年一開。在遠近之際者，淤亦在難易之間，則五年一開。密邇於海者，其淤甚速，則三年一開，萬不容緩。將此三等河形，繪圖公堂後壁，註定開浚年分於河旁，至期按圖而開，左右不得闗其口，則胥(史)[吏]之弊革。凡開一河，無論遠近，縣令必十日一巡河上，計勤惰，行賞罰，則水衙之弊革。縣中大河如鹽鐵、東、西練祁、南、北横瀝，當以合縣人夫協開，餘則以本扇得利人夫，開本扇得利河道，斯利害切膚，自絶掩飾罔上之計。而塘長必僉大户，公忠勤幹，庶幾壓服衆心，河夫有所畏憚，仍嚴禁賣夫浮派之積弊。何曰賣夫浮派？塘長受賄賂，則宄法濫免，當賦五夫者，止賦二、賦三，當賦三夫者，止賦一、賦二，於是人少工多，不容不浮派乎。貧人當開一丈者，暗加五六尺，人心不甘，益藐塘長，雖强事畚鍤，不過苟且塞責，此水政之大病也。吾且著爲是説，昭示大公，以壹民志，於修浚似有裨乎？若夫開江事宜，諸上臺與各守令，并有碩畫，不待余之鰓鰓過慮矣。

校勘記

〔一〕一瓜涇塘　四庫本同此。根據行文習慣，此處疑衍『一』字。瓜涇塘見卷六華亭縣水名。

〔二〕東九溪西九溪　查卷六宜興水名，『九』字作『氿』。下同。

〔三〕干百瀆　查卷六宜興水名，有干瀆，疑衍『百』字。

〔四〕以水爲平爲第一等　四庫本作『以水面平爲第一等』，今據改。

〔五〕由卷　疑當作『由拳』。

〔六〕楊修《湖賦》　查《水經注·沔水》，作『楊泉五湖賦』。

〔七〕佘澤　四庫本同此。卷六武進縣水名作『佘澤』。

〔八〕市奔　四庫本同此。卷六武進縣水名作『布奔』。

〔九〕口北　參下文當作『北口』。

浙江文叢

吴中水利全書

〔第四册〕
卷二十一至卷二十八

〔明〕張國維 編著
蔡一平 點校

浙江古籍出版社

吴中水利全書卷之二十一

論

論以原始要終，其于水政并參究精詳，觀者必深心領會，乃悉其妙。

[元]

周文英《論三吴水利》

蘇、湖、常、秀土田高下不等，以十分爲率，低田七分，高田三分。所謂天下之利莫大于水田，水田之美無過于浙右。五代末吴越錢王，獨居東南，專享此利。宋范文正公嘗論于朝曰：『江南圍田，每一圍方數十里，中有河渠，外有門閘，旱則開閘，引江水之利，潦則閉閘，拒江水之害，旱潦不及，爲農美利。』嘗詢訪高年，云曩時兩浙未納土時，蘇州有營田軍四部，共七八千餘人。又有撩淺夫專爲田事導河築堤以減水患。于時歲熟，錢五十文糴米一石。

自歸宋之後，慢于農政，不復修舉，田圍河港大半隳壞。今江浙之米，石不下一貫，比之當時，其貴十倍，民不得不困，國不得不虚矣。前都水監于江面置閘節水，終非經久良法。且如見置閘三處，本意潮來則拒潮沙之水，潮退則放江水決潮，殊不知江水源築塞，水勢細緩，内水外水高低無幾，又閘之相去不遠，決放之水既淺且緩，又烏能衝激潮沙，而不積于江也。施之常年，初無損益，設遇潦歲，覬其傾泄江湖巨浸，則見其不能，此所謂徐行拯溺，緩步救焚者也。

海者百川之所宗，水有所歸，則不泛濫，善治水者必識其源流可也。嘗經行太倉劉家港及吴淞江之左右，登高眺遠，隨流尋源，爲今之計，莫若因水勢之所趨，順其性而疏導之，則易于成功。劉家港南有一港，名南石橋港，近年天然深闊，直通劉家港，西南通横塘，以至夏駕浦入吴淞江。其中間有紆迴窄狹處，若使疏浚深闊，則太湖泄水一大路也。英今棄吴淞江東南塗之地，姑置勿論，而專意于江之東北劉家港，即古婁江，三江之一也。地深港闊，此三吴東北泄水之尾閭，斯所謂順天之時，隨地之宜也。惟開浚之法，付之有司，例將有田之家差夫動擾，猶爲未便，乞從省府差委諳通水利官，詣沿海各處相視合浚港浦，具數計工，擬議申聞，或都水監分官前來，或選省府能官，于浙間富户勸率百十家，斟酌遠近，及功績巨細，照依捨糧賑饑例，優以官禄，擬定品級，令其開浚，考其成效。工役輕省者，量行優叙，如功績重大者，優以一官，激勸勉勵，庶幾勞而無怨，擾不及衆。假如凶年，勸令富户捐糧賑濟，不過救一歲一處之災，尚優以官，推此恩例，成此美績，則可弭浙西數郡久遠之災，寧不偉歟？

經治之後，更須都水監差官按行嚴督各州縣，每歲修葺，使其經久不廢，或委行省官專一提調，庶幾執督事嚴，免致有司樂歲則苟且玩視，以爲常程，設遇潦歲，則縮手無措，敗事傷農。《詩》所謂『迨天之未陰雨，徹彼桑土，綢繆牖户』者此也。水利有成，則樂歲相仍，國富民安，誠非小補。

任仁發《言開江》

治水之法，須識潮水之背順，地形之高低，沙泥之聚散，隘口之緩急，尋源溯流，各得其當。合開者開之，合閉者閉之，合堤防者堤防之，庶不徒勞民力，虚費錢糧。水不傷禾，民享無窮之利，豈非國家之利乎？昔自唐至宋，陳令公、丞相裴度、范文正公、葉内翰、朱晦菴、蘇東坡、歐陽文忠公等，皆言修浚，或吝于浩費而不行，或惑于浮議而弗講，或始行而終輟，或營修不得治水之法，因循歲月，少見實效。歸附以來，江河淮海缺官管治，愈見湮塞，二十餘年之間，水利大壞，以致蘇、湖、常、秀之良田，多棄爲荒蕪之地，深可痛惜。區區管見，惟以開江、圍岸、置閘爲第一義也。

［本朝］

梁寅《論田中鑿池》

嘗觀之畎畝之間，若十畝而廢一畝以爲池，則九畝可以無災患，百畝而廢十畝以爲池，則九十畝可以資灌溉。民非不知此也，蓋以膏腴之壤，人之所惜，一家之田止十數畝，或二三畝，百畝之中，孰能棄十畝之地以爲衆人之利乎？民知與水争地，而不知與田蓄水，一遇亢旱則坐視苗槁，見小利而失大利，愚亦甚矣。

金處和《論疏水種茭》

昔之君子，論作堤、疏水、種茭三事，誠爲有見。然種茭之事，不可一例而言。低鄉田岸狹小，河港深闊，湖泖漾水面相接，加之風波衝盪，擊損岸塍，及夏雨之際，全仗茭蒲障護岸塍。若高鄉近于江海，潮水出入，賴以灌田，況潮水之河淺狹，必一年一浚，若亦種茭，阻遏水利，害民不小。治水者當責令耆塘糧里，將低鄉去處，照舊種茭，其高鄉潮水河溝，每年秋間許各人户，將自己茭草悉皆樵去，毋容阻遏潮水。

金藻《三江水學》

《禹貢》曰：『三江既入，震澤底定。』又曰：『九川滌源，九澤既陂。』今東江已塞，而松江復微，是川源無滌也。太湖泛濫，堤防不修，是澤無陂障也。惟其無陂，所以靡定，惟其無滌，所以靡入。東風則西決，西風則東潰，一雨連旬，數月如海。此頻年水患，所以不可救治者，良繇備之不預，慮之不周也。

愚以爲《禹貢》之法，萬世當守，治水者順此而行，則有無窮之利。然順之之道有六：曰探本源也，順形勢也，正綱領也，循次序也，均財力也，勤省視也。所以行之之要，又在任得其人而已，任得其人，而六事不舉者未之有也。夫治水救民，莫大之事，今之治水，惟總之以僉憲，凡百舉動不得自爲，是以事功難成。愚謂若欲水患消除，必專任大臣，而輔之以所屬，責成于守令，而催辦于糧里。不宜泛遣他官，而隳失厚利，添設耆塘，而擾害良民也。士有高識遠慮，剛明果斷，不恃一己之聰明，而採納天下之公論，不恤一己之勞逸，而體悉萬夫之凍餒，斯可以膺大任，而成大功也。

所謂勤省視者，官廉矣；或不省視，與無廉能同；省視不賞罰，與不省視同；賞罰不繼，與不賞罰同。省視之時預與民約，某月至某縣，某月至某鄉，一月三周，一年三遍，非大寒暑不休息，非大風雨不易期。大約省視一年二年，圍岸可成；三年四年，溝洫可深；五年六年，浦瀆可通；七年八年，三江可入；至于九年，閘竇可完，石堤可備。一圖水利，省視在里長；一區水利，省視在糧長。治農縣丞，則省視一縣；治農通判，則省視一府；而守令則兼之也。提七郡之綱，而以水功分數爲殿最者，大臣也。參贊乎上，綱紀乎下者，大臣之佐也。若夫相與調劑，以成其事者，巡撫也。相與糾舉，以正其法者，巡按也。如此而水利不興，吾未之信也。

所謂均財力者，財不均則無食，無食則多怨，力不均則無功，無功則徒費。愚謂圍岸溝洫隨其田旁，而責其户以自修之，一尺一步，皆有歸着。今之修圍者，不令自爲，須要起倩，其弊甚多。往年開河，每里起夫二三十名，傷于太多，在家人户，又無所助，雖或有之，亦是弱者，官府給米不過數斗。爲今之計，莫若每甲朋出長夫一名，三時治水，一冬休養，其餘九户，分爲九等，每月一户，貼錢三百六十文。十夫一舟，往來宿養，百夫十舟，千夫百舟，自正月發運已畢，水工方興，至十月開倉，水工又止。千夫修一處，萬夫修十處。各有立功以憑賞罰，惟是石堤閘竇或憂浩費，欲乞朝廷暫將七郡魚課、船課、竹木雜課，量停起解，留充水用，待功成之後，悉依原議，所謂循次序者也。

昔人以開江、置閘、圍岸爲第一義，又以河道、田圍二事可兼修，而不可偏廢，此皆確論。但惜其失先後之序，故祖之者率多以開江爲急，而圍岸溝洫漫不之省，是以用力多，而成功少，憑以爲江，固當開閘，固當置圍岸溝洫，則在開江置閘之先，而圍岸又當先于溝洫也。修圍之法，水漲則專增其裹，土不狼籍，水涸則兼築其外，岸方堅固，圍大者其中須畫界岸。但今低鄉圍岸，蕩無根基，須得樁笆方可修築。若乃震澤之湖，須用石堤，宜專任大臣經理其事，況江南運河，資震澤諸湖之利，豈可不加之意乎？開溝無他法，惟在深廣而已。開河之法，疾流搔乘，緩流撈剪，污泥盤吊，平陸開挑。開江之法，與開河同，但各處積荒田土，與夫沙塗水蕩，却用長夫開以溝洫，畫以疆界，墾闢成田，召人耕種，抵足原租，餘充開費。待開江之時，遇有所損，即以此償之，如此則上不煩官，下不損民，而事濟矣。老農云種田先做岸，種地先做溝。蓋高鄉不收，無溝故也；低鄉不收，無岸故也。至若池塘，又高鄉急務，大約有田一頃，開塘十畝，可以蓄水而防旱矣。

所謂探本源者，天下之事有利于民，則當厚其本，深其源；有害于民，則當拔其本，塞其源。況水之利害，尤當深探其本，而窮究其源者也。竊見弘治五年，江南久雨，湖泖相連，民居漂蕩。迨及六年，疫厲大作，至于七年，春夏大水，菜麥禾苗，極目沉淪，饑民逃竄，絶野蕭條。今欲救其已然之災，不若因之以救未然之災。除一二年之害，不若因之以除千百年之害。救已然一二年之災，倉廩府庫是也，救未然千百年之災，江湖田野是也。江湖浚治，然後田野開闢，田野開闢，然後百穀豐登，倉廩盈溢，尚何災害之足憂哉！

金藻《三江水學或問》

或曰三時治水，一冬休養，此今古之通誼也。近者開河，亦冬月也，如何成功？曰幸而冬暖，故功亦成，然嘉定人夫亦多有死者。曰開河役夫衆多，焉能保其不死。曰冬月不役老弱，不用衣食温飽，痛革暴虐，有疾即與之藥，而遣之回船，舍近便足蔽風雨，皆求生之路也，如此而猶不免于死，是誠當死者也。然亦不可不爲之祭埋，而厚恤其家也。曰不用耆塘可也，又用糧里可乎？曰糧里舊所置也，耆塘今所增也，不足而增可也，既足而增可乎？曰上得其人，雖用耆塘，亦不爲害。曰與其上得人，而下不得人，孰與其上下皆得人乎？曰隨其田旁，自修溝岸，不若計其畎畝，均其工程爲善。蓋田有長倚涇者，有横出涇者，有不出涇者，用子之法，即長倚涇者用工太多，横出涇者用工太少，不出涇者無工可用，安得爲均乎？曰甲治乙田，丁修丙岸，非惟不肯盡心，抑且無憑賞罰。蓋不出涇之田，潦則不得泄，旱則不得溉，糞則難于入，斂則難于出，凡有此者，必貧難丁户也。若其横出涇者，與長倚涇者，旱則易于溉，潦則易于泄，糞則便于入，斂則便于出，凡有此者，必殷實有力之家也。故定爲此法，使貧乏者得安其生，而有力者不至偷惰，堅固浚滌者，既得以蒙賞，而淤淺疏略者，又無得以逃其罪也。曰低鄉無土岸，何爲修也？此則須在平時載土，近處撈泥，得一船即一船之米，得萬船即萬船之米，但寄之于田，歲歲取之，而無窮也。曰天下本無事，庸人自擾之。曰四年滂没，萬姓漂流，尚謂之無事乎？且愚見不過遵［祖］宗〔二〕之法，守前人之規，修堤防，浚溝洫，滌川原而已，何擾之有！

吴荃《原三江略》

太湖之水，自東南分流，出白蜆入急水溵山，繇小曹、大瀝以入海者曰東江。自龐山過大姚，經崑山石浦、安亭，繇青浦達滬瀆，東瀉入海者曰吴淞江。自東北分流，從郡城東行，經古婁縣，水勢洪駛，元少紆曲，東南北直下，今俗訛爲劉家港者曰婁江。是三江實東南泄水之尾閭，各有入海之所，而弗可混焉者也。震澤疏源以注江，三江導流以入海，水有所歸，民物奠乂，全吴財賦其昉諸此。

逞私智者務穿鑿，圖苟安者樂因循，故漕瀝港浦日就淤淺薄狹，而東江遂湮。惟溵湖支流，北注吴淞，而吴淞之流，又北趨婁江，而後入海。三江塞二，而以全吴東注之水，獨歸婁江，其勢漸不能容，日積月累，行復如二江患矣。故開復三江，以興百世之利，固其策之上也。經理三江諸港浦，以支四五紀者，亦其策之次也。天下仰給于東南，東南倚賴于三江，故酌以蕪見，作《原三江》，以爲後之欲知（何）［河］〔二〕事者告。

王鏊《白茆水利論》

吴有白茆港者，三吴之水繇以入海，海潮日至，淤爲沃壤，民遂占爲田，或廬其上，于是吴中多水患。議者以白茆一浚，三州均利。迄今百年，未聞有任其事，蓋有任其事者，而浮議輒興，行且復止矣。欲享其利，則安得辭其勞；欲有其功，則安得辭其謗？於戲，天下之事，其率類此乎？

伍餘福《水利論》

一、論五堰

古者宣、歙、金陵、九陽江之水，皆入蕪湖，以五堰爲之障也。其地在溧陽縣界，自隋景福三年，有楊行密者，作此以爲拖舸饋糧之計，而蘇軾奏議稱，五堰所以節前項諸水。其後販賣簰木以入東、西二浙者，又以五堰爲阻，遂廢去，而東、西二壩列焉。于是前項諸水，多入荆溪，間有入蕪湖者，亦西北之源，而非東南之勢也。其故道尚在，去溧陽八十里，而宋進士單鍔亦嘗言之，雖蘇軾尚有不能必行于仁宗之朝者，其他可知也。

二、論九陽江

九陽江或以爲中江者，非也。或以爲東江者，亦非也。考唐仲初之賦，薛士龍之説，末復折衷于《禹貢》，則知淞江七十里，分流東北入海者，爲婁江，東南流者爲東江，併淞江爲三江，而九陽江乃出三江之外，正溧陽之所謂潁陽江者是也。其源出自曹姥山，流爲瀨渚，昔子胥避楚乞食于一婦餔之，卒投千金不報之義，以酬七日不火之恩，至今有李太白碑在焉。

三、論夾苧干

夾苧干，《宜興志》無也，惟宋進士單鍔遺書論及其事，而今無復有知故道者。近抵其地，始得聞其詳，半在宜興，半在金壇，半在武進，東抵滆湖，北通長蕩湖，西接五堰。蓋古人以泄長蕩湖之水，以入滆湖，泄滆湖之水以入大吴瀆、塘口瀆、白魚灣、高梅瀆四瀆，及白鶴溪而北入常州運河以歸大江，于水勢甚便。自五堰既廢之後，其所謂夾苧干者，亦復湮塞，皆爲桑麻之區，雖有清東、清西相去百里，終非水道。至于橋名，亦訛爲鴨嘴之呼，將掩其舊，以圖其新，去其不利，以冀其利，而其鄉父老，亦有能知利害者，曰是禹之利也，爲鯀壅之，是欲去鯀以就禹也，始信鍔之言不誣。而今知縣谷繼宗者，相與通議，以爲一勞永逸之計。蓋此計一行，上可以接滆湖，而運河有功，下可以達荆溪，而震澤無害。鍔稱深利于三州，以予觀之，豈獨三州然哉，惜乎！自宋以來，一奪于滆湖之田户，再奪于兩浙之豪民，良法美意寢而不行，至今識者惜之，而三縣之民，亦置之何有，噫！

四、論荆溪

宜興之水，爲溪者九，而荆溪正當縣治東西之間，按志稱中江，出蕪湖之西。荆溪又受宣、歙等數郡之水，流注震澤以入海，而西溪尤其要者，蓋其外諸水之會也。夫何近年以來，蘆葦壅其流，溪田擅其利大，非汪洋無畔之區，而牧民者又不能去害以就利，一遇大潦，輒復狂瀾，如之何其可也？若夫疏瀹排決之責，則有司存。

五、論百瀆

按《縣志》稱百瀆在宜興者七十四，在武進者二十六，顧其亦有不能盡如古者，何則？時異而勢亦殊，利盡而弊亦起，安能爲之一哉！就如志有五千瀆，而册則亡，册有大墟瀆，而志則少其名號，已不能無魯魚之訛，而况古之所謂瀆者，吾恐未必然也。或者勢家豪族，有去彼取此之意乎，不然何另立一名以淆之也。吾觀其地勢，縣東南爲上瀆，縣東北爲下瀆。古人以荆溪不能當衆流奔注之勢，遂于震澤之口疏爲百派，各有分域，而有開横塘以貫之，約有四十餘里，蓋横塘者，水之經也，所以直南北者也。百瀆者水之緯也，所以列東西者也。然則荆溪之害可以謂之無，而未必無；震澤之利可以謂之有，而未必有，豈其天作而人壞之耶？

六、論七十三漊

按諸漊界烏程、長興之間，岐而視之，烏程三十有九，長興三十有四，總而論之，計七十有三。其畫圖所載名號，今古不同，訪之父老，亦鮮有知其詳者。初入其境，大者如溪河，小者如石澗，塞者如陸沈，通者如神瀵。湖塘皆有桑麻、蘆葦之類，以扼其流，而民之利其業者，又憚于疏浚，以積其弊，無怪乎儲之者有湖，而泄之者無漊也。蓋浙西之水，皆從天目，天目據上游之地，而十二龍潭出焉。或時雨大至，四野奔流，其注廣德者，繇（四）〔泗〕[三]安以入方山、清泉；其注餘杭者，繇德清以合銅、峴諸山；其注孝豐者，繇廣苕以入小溪，沿之爲苕溪，射之爲霅川，萃之爲江子匯，皆自七十三漊，通經遞脈，以殺其奔衝必潰之勢，而今則有不能盡然，是可歎也！

七、論長橋百洞

宋單子論吴江長橋，爲三吴諸水之足，以承震澤之腹，而往來吐納之勢，率繇于此，爲其出淞江以入海故也。蓋自唐刺史王仲舒先築石堤，以順牽挽；至宋慶曆間，知縣李問始駕木以橋其上；又至泰定間，州判官張均、參知政事馬思忽、總管殷鵬翼輩，白諸丞相答剌罕[四]，遂捐萬緡爲首倡，而士民胥應者駢集，竟成巨功。夫古人豈不知東流滔滔之勢，而故爲之障哉？障之所以節之，節之所以利之，非直爲美觀而已。吾蘇本爲水國，而非此障則狂瀾倒矣。狂瀾倒而何有于浙西哉！吾嘗登垂虹亭而望之，其浩淼無涯，牛馬莫辨，長橋河西南以上，皆納數郡之水，以備旱潦。而今淤塞有如此河者，已過其半，大則瀼爲圩田，小則散爲草梗，居民比屋，沃墅[五]連疇，此治農者之所當患也。説者謂以東則泄至龐山，以東北則泄至同里，繇此歸海，而不知淞江、盤龍一曲，沮塞者多。先臣范文正公蓋嘗有行之者，而況此哉！爲今之計，去其泥沙，以伐其茭葦，仍令佃之者經野分守，以時蕩滌，而後水有餘利，久無滔天壅積之患矣。

八、論震澤

今之所謂太湖，古之所謂震澤也。《書》曰『震澤底定』，謂其振撼不定之勢，何以殺之，曰三江有所歸也。三江而上有堤阜焉，昔也截其流，今也順其利，爲禹鑿之也，其利民也深，而民之飲其利也亦深。于是繇三江以入海，自今皆然，而今三江僅通其一，所謂吴淞江者是也。其瀕湖之地皆卑，猶在江水之下，與江湖相連，何以乾封？其沿海之地皆高，反在江水之上，與江湖相遠，何以潤澤？是故環湖者多水患，沿海者多旱灾，無怪其然也。

蘇、湖、常三郡皆隸太湖，而吾蘇獨當太湖之中，若一盂然，藏垢納污，何所不有。吾生長其地，每有望洋之歎，而亦不能無探源之心。按圖論之，中有七十二峰，襟帶三州，而夏屋仙宫多出東、西洞庭馬迹之上，其爲勝可取也，其爲害亦可慮也。上入而下自泄，西納而東自流，是故泛觀之，則有縱有横，約取之，則有倫有要。其間有自石湖泄之者，有自鮎魚口泄之者，有自管瀆泄之者，有自小溪港泄之者，有自張家河泄之者，有自北車橋泄之者，有自漾湖溪泄之者，有自上瀆港泄之者，有自陸家浜泄之者，有自虎山橋泄之者，有自石家浜泄之者，有自南宫港泄之者，有自蒯家涇泄之者，有自九曲江泄之者，有自後塘橋泄之者，有自梅梁溪泄之者，有自龍塘河泄之者，有自迎城山泄之者，有自菱湖港泄之者，有自太平橋泄之者，有自澤塘浜泄之者，有自灌瀆浜泄之者，有自和尚浜泄之者，有自長洛浜泄之者，有自王家漾泄之者，有自山涇港泄之者，有自渡水港泄之者，有自黄瀆港泄之者，有自後保河泄之者，此其大略也。

其他支流餘裔，不可枚舉，而繪事者錯綜陳之亦贅矣。是故舉此例彼，而具區爲藪之大者，源流在焉，可忽者哉！蓋太湖之水，本以瀦水，將以潤田，三州之田，將以利田，先以資水。通則百脈皆和，不通則百病皆至。此單子手足之喻，深爲有見，而或有不能盡如其意者，古今之勢異也。説者謂宣、溧以上，西北之水，可入于蕪湖，而不可使注于荆溪。蘇、常以下東南之水，可趨于盤龍，而不可使積于震澤，其道無他焉，曰疏之、浚之，循其故也，故者以利爲本。

張寅《海潮論》

惟太倉環州境皆水道，縱則有浦，横則有塘，門堰以堤防之，涇瀝以疏泄之，小而曰浜，曰漕，曰溝，曰潭，布列其間，不可勝紀。莫非海潮貫徹，如血脈之流通，經緯之聯絡，周流無滯者也。故舟有行止，必隨潮之漲退，田無潦瀦，必因潮之盈縮。其導引汲取，家至户到，則備物致用之無窮，潮汐爲州境之利若此。考其入諸港，南則劉家港入徑崑山，西至信義界，北則七鴉港入徑任陽西之石牌灣，海水逆流過斜堰，入巴城，此潮汐之大者也。其分注各河，亦二港之水爲多，餘各港汊之入，則大小不甚相遠矣。

夫潮汐者，海之喘息也，氣有盈虚消息，則潮有往來大小，氣候不齊，故潮汐時候不一。每半月省潮一次，以應月之虧盈，故月大則五、十八潮，月小則五、十六潮，此人皆見之而莫計其數，習之而莫究其繇，所謂百姓日用，而不知者多也。余襄公安道曰：潮之漲退，海非增減，蓋月之所臨，則水往從之。日月右轉，而天左轉，一日之周，臨于四極，故月臨卯酉，則水漲乎東西，月臨子午，則潮平乎南北。彼竭此盈，往來不絶，皆繫于月，何以知其然乎？夫晝夜之運，日東行一度，月行十三度有奇，故太陰西没之期，常緩于日三刻有奇，潮之日緩其期，率亦如是。自朔至望，常緩一夜潮，自望而晦，復緩一晝潮，朔望前後，月行差疾，故晦前三日潮勢長，朔後三日潮勢大。望亦如之，月弦之際，其行差遲，故潮之去來亦合沓不盡，盈虚消息，一之于月，陰陽之所以分也。春夏晝潮常大，秋冬夜潮常大，蓋春爲陽中，秋爲陰中，歲之有春秋，猶月之有朔望也。故潮之極漲，常在春秋之中，潮之極大，常在朔望之後，此又天地之常數也。太倉州境之水，不外乎潮汐，利用厚生，不可一日闕焉者。

沈啓《塘長圩長論》

塘長、圩長之説，即《周官》土均、稻人之意。嘗觀稻人以瀦蓄水，以防止水，以溝蕩水，以遂均水；土均爲掌其平水土之政，而率以治水。然則今之塘長，遇田塍傾圮，溝洫湮微，梁塘崩損，非所當率其圩長而經葺者乎？緬惟朔望結報于官之法猶存，則植塗通水，修復文襄之政，以裨耕稼，以還流移，不在兹歟？

沈啓《治水專官論》

司空治水，古制也。東南水國，官可設者可不設乎？嘗聞三農生九穀，穀生于水，水得其性，則穀生而爲利，水失其性，則穀不生而爲害，殖利以芟害，非官不可。朝廷念東南國本，何嘗不遺而不設哉？其不能久者，非朝廷意也。何以知之，觀之鹽馬屯田，非有重于玉食之地也。既設運司，又差巡鹽御史，既設太僕寺、行太僕寺、苑馬寺，又差巡馬御史，各省設按察司屯田官，兩直隸差巡屯御史，是朝廷豈靳水利一官之設哉！其不容于久設者，有故也。且是官也，職在必專，專則法有定守，任在必久，久則績可責成，觀之八年胼胝，而不一入三過之門，可知矣。而豈謂今之官水，有速如傳舍，寄如贅疣者哉！其不能專且久者，惟監司之不相能焉耳。

昔如周文襄公，天下第一流人品也，其于民情國事，真如痌瘝乃身。當時治水奏請官屬，多非監司所轄，乃巡按御史何永芳一疏而盡革之。文襄正當旁午之際，手足不能一轉，孰謂責以地平之業而予奪，若是之輕可乎！幸文襄方當君相屬心，否則不能安其位矣。文襄又且不動于心，復疏懇請仍給官屬以畢乃緒，以是例之，則今安得不利于帶攝哉！又嘗見監司亦有以天下事爲己任，如巡按御史吕公光洵者，力疏東南水利，力任而勇圖之功竟不立，何哉？瓜期不可逾也。余故曰必專官久任而後可，豈徒曰可有可無也哉？

沈啓《府州縣水利官論》

修水興農，守令法典，朝更代歷，政無改權。兹焉設有弼丞，將以代勞，非侵其秩，而分其權也。如此協恭，胥濟共美，苟主曰有弼，弼曰有主，不免各有餘責矣。仰觀一統輿圖添設者，僅東南五郡邑，建立之意，顧不深哉！尚圖重其官，榮其選，賢借科甲，精明水政，何意每每裁革司權者，動必先以應命，大違建置初意，豈于國重民艱，有未討歟？

歸有光《水利論》前

吴地卑下，水之所都，爲民利害尤劇，治之者皆莫得其源委。禹之故迹，其廢久矣。吴東北邊境，環以江海，中瀦太湖。自湖州諸溪，從天目山西北，宣州諸山溪水所奔注，而從吴江過甫里，經華亭（入）〔六〕青龍江，以入海。蓋太湖之廣三萬六千頃，入海之道獨有一路，所謂吴淞江者。顧江自湖口距海不遠，有潮泥填淤反土之患，湖田膏腴，往往爲民所圍占，而與水争尺寸之利。所以淞江日隘，議者不循其本，沿流逐末，取目前之小快，别浚浦港，以求一時之利，而淞江之勢日失。所以沿至今日，僅與支流無辨，或至指大于股，海口遂至湮塞，此豈非治水之過與？蓋自宋揚州刺史王濬以淞江滬瀆壅噎不利，從武康紵谿爲渠浛，直達于海，穿鑿之端自此始。夫以江之湮塞，宜從其湮塞而治之，不此之務，而別求他道，所以治之愈力，而失之愈遠也。

夫倉公爲人治疾，所胗期決死生，而或有不驗者，以爲不當飲藥針灸，而飲藥針灸則先期而死。後之治水者，與其飲藥針灸何以異？孟子曰：『天下之言性也，則故而已矣。故者以利爲本。禹之治水，所以行其所無事也。』欲圖天下之大功，而不知執其利勢以行其所無事，其害有不可勝言者。嗟夫！後世之論，徒區區于三十六浦間，或有及于淞江，亦不過浚盤龍、白鶴匯，未見能曠然修禹之迹者。宜興單鍔著書，爲蘇子瞻所稱，然欲修五堰，開夾苧干瀆，絕西來之水，不入太湖，殊不知揚州藪澤，天所以瀦東南之水也，今以人力遏之。夫水爲民之害，亦爲民之利，就使太湖乾枯，于民豈爲利哉？太史公稱禹治水，河災衍溢，害中國也尤甚，惟是爲務。禹治四海之水，而獨以河爲務，此所謂執其利勢者。故余以爲治吳之水，宜專力于淞江，淞江既治，則太湖之水東下，而餘水不勞餘力矣。

或曰《禹貢》『三江既入，震澤底定』〔七〕，震澤所以入海，明非一江也，曰此顧夷、張守節妄註地理之誤。其説云：『太湖：一江西南上，爲淞江。一江東南上，至白蜆湖爲東江。一江東北下，曰婁江。』不知二水皆淞江之所分流，《水經》所謂『長瀆歷河口，東則淞江出焉，江水奇分，謂之三江口』者也，而非《禹貢》之三江。惟班固《地理志》：南江自震澤東南入海，中江自蕪湖東至陽羨入海，北江自毘陵北入海。郭景純以爲岷江、淞江、浙江，此與《禹貢》之説爲近。蓋《經》言『三江既入，震澤底定』，特紀揚州之水，今之揚子江、淞江、錢塘江，并在揚州之域，故以告成功，而淞江繇震澤入海，《經》蓋未之及也。繇此觀之，則淞江獨承太湖之水，故古書江湖通謂之笠澤，要其源近不可比擬揚子江，而深闊當與相雄長。范蠡云『吴之與越，三江環之』，則古三江并稱無疑，故獨治淞江，則吴中必無白水之患，而從其旁鈎引以溉田，無不治之田矣。然治淞江，必令闊深，水勢洪壯，與揚子江埒，而後可以言復禹之迹也。

歸有光《水利論》後

單鍔以吴江堤横截江流，而岸東江尾茭蘆叢生，泥沙漲塞，欲開茭蘆之地，遷沙村之民，運去漲土，鑿堤岸千橋走水，而于下流開白蜆、安亭江，使湖水繇華亭青龍入海，雖知淞江之要，而不識《禹貢》之三江，其所建白猶未卓然，所以欲截西水壅太湖之上流也。蘇軾有言『欲淞江不塞，必盡徙吴江一縣之民』，此論殆非鍔之所及。今不鐫去堤岸，而直爲千橋，亦守常之論耳。崇寧二年，宗正丞徐確提舉常平，考《禹貢》三江之説，以爲太湖東注淞江，正在下流，請自封家渡古江開淘至大通浦，直徹海口。當時唯確欲復古道，然確爲三江之説，今亦不可得而考。元泰定二年，都水監任仁發，開江自黄浦口至新洋江，江面開闊十五丈，仁發稱古者江狹處猶廣二里，然二里即江之湮已久矣。自宋元嘉中，滬瀆已壅噎至此，何啻千年。郟氏云『吴淞古道，可敵千浦』，又江旁縱浦，郟氏自言小時猶見其闊二十五丈，則江之廣可知，故古江蟠屈如龍形。蓋江自太湖來源不遠，面勢既廣，若徑直則又易泄，而湖水不能蓄聚，所以迂迴其途，使如今江之淺狹，何用蟠屈如此？余家安亭，在淞江上求所謂安亭江者，了不可見，而江南有大盈浦，北有顧浦，土人亦有三江口之稱。江口有渡，問之百（步）［歲］〔八〕老人，云往時南北渡，一日往來僅一二迴，可知古江之廣也。

本朝都御史崔恭鑿新道，自大盈浦東至吴淞江巡簡司，又自新涇西南蒲匯塘入江，自曹家河直鑿平地至新場，江面廣十四丈。夫以郟氏所見之浦，尚有二十五丈，而都水所開江面（財）［才］及當時之浦，至本朝之開江，乃十四丈，則興工造事，以今方古，日就卑微，安能復見大禹往日之江哉！漢賈讓論治河，欲北徙冀州之民當水衝者，決黎陽遮害亭，放河北入海，當敗壞城郭、田廬、塚墓以萬數。以爲大禹治水，山陵當路者毀之，隳斷天地之性，此乃人功所造，何足言也。若惜區區漲沙茭蘆之地，雖歲歲開浦，而支本不正，水終横行。

今自嘉靖以來，歲多旱而少水，愚民以爲不復見白水之患。余嘗聞正德四年，秋雨七日夜，吴中遂成巨浸，設使如漢建始間霖雨三十日，將如之何？天災流行，國家代有，一遇水（源）［潦］〔九〕，吾民必有魚鼈之憂矣。或曰今獨開一江，則其餘溪港當盡廢耶？曰禹決九川，距四海，浚畎澮距川，江流既正，則隨其所在，可鈎引以溉田畝。且江流浩大，其勢不能不漫溢，如今之小江尚有剿娘江，分四五里而合者，則夫奇分而旁出，古婁江、東（北）［江］〔一〇〕之迹，或當自見。且如劉家港，元時海運千艘所聚，至今爲入海大道，而上海之黄浦，勢猶洶湧，豈能廢之，但本支尊大，則支庶莫不得所矣。

毛節卿《三江水勢論》

海潮漲而東江塞，舊迹已不可尋，惟上海金藻考其故道，以爲可復，然人往往廢而不講者，恐鹹潮溢，而良田廢也。然淞江、婁江、七鴉、白茆港亦通海，何無鹹潮也？蓋揚子江下流，水勢洶湧，南瀉于海，衝爲套子，故淞江之口去婁江、七鴉之口，殆百餘里。而白茆一港，古志云『入江之道，其潮來不過江流逆轉耳。惟東江去江已遠，故旱歲乃有鹹潮也』。今欲通之，須倣古人横置十閘之説，水年隨潮啓閉，而旱歲則常扃之，亦可有利無害。淞江西抵太湖，東北入于海，地勢低于震澤三丈，潮來時水高三丈，至震澤而止。舊額不可考，近額闊一百五十丈，今上流無恙，下流亦通，惟中流三絶，以諸浦渾潮之相會也。故上流不能東下，而北折于婁江，今不可不浚也。東江既塞，淞江已微，衆流併下東北，故婁江爲獨盛。然崑山一段，迂迴勢緩，而海口漲沙伊始，今亦不可不講也。

然太湖之形勢，非特三江既入，而南有通海之閘河，北有瀉江之百瀆，西有接水之五堰，今其廢也久矣。究而復之，庶足殺三江之水勢乎！震澤、澱山等湖，在前朝已有圍田之弊，間嘗開鑿，定立界畔，使豪右不容侵占。我明弘治中，徐侍郎貫亦嘗疏理長橋，占田千餘畝，今亦不多，阻遏水勢，宜查要害禦盜之處量留，其他通潮江浦，切宜撤去。

毛節卿《太倉堈堰論》

太倉之境有堈身，堈身之東有一塘焉，西徹淞江，北過常熟，謂之横瀝。又有小塘，或二里或三里，貫横瀝而東西流者，多謂之門，若所謂錢堈門、張堈門、沙堰門、吴堈、顧廟堈、丁堈、李堈門及斗門之類是也。夫南北其塘，則謂之横瀝，東西其塘，則謂之堈門、堰門、斗門者是。古者堰水于堈身之東，灌溉高田，而又爲堈者恐水之或壅則决之，而横瀝所以分其流也，故堈身之東，其田尚有丘畝經界，溝洫之迹在焉。是皆古之良田，因堈門圮壞，不能蓄水而爲旱田耳。堈門之外，豈非五代之季，民各從其行舟之便，而廢之耶？此治高田之遺迹也。

若夫水田遺迹，即今崑山之南，所謂夏駕、小虞等浦者，皆决水于淞江，其浦之舊迹，闊者二十餘丈，狹者十餘丈。又有横塘以貫其中，而棋布之，是古者既爲縱浦以通于江，又爲横瀝以分其勢，使水行于外，田成于内，有圩田之象焉。故水雖大，而不能爲田之害，必歸于江海而後已，以是推之，則一州之田可知矣。

故蘇州府五門，舊皆有堰，今俗呼城下爲堰下，而齊門猶有舊堰之稱，是則防堤既完，則水無所瀦容，而又設堰者，恐其暴漲，流入于城也。至和二年，前知蘇州吕侍郎開崑山塘，而得古閘于唯亭之側，是古者水不亂行之明驗也。及夫堤防既壞，水亂行于田間，而有所瀦容，故蘇州得以廢其堰，而唯亭亦無所用其閘也。爲民者因利其浦之闊，攘其旁以爲田，又利其行舟安舟之便，決其堤以爲涇。

今崑山諸浦之間，有半里或一里、二里而爲小涇，命之爲某家涇、某家浜者，皆破古堤而爲之也。浦日以壞，故水道湮而流遲，涇日以多，故田堤壞而不固，日隳月壞，遂蕩然而爲陂湖矣，此古人之迹也。

今秀州濱海之地，皆有堰以蓄水，而海鹽一縣，有堰近百餘所，湖州皆築堤于水中以固田，而西塘之岸，至有高一丈有餘者，此其遺法，獨蘇、松圮壞殆盡，卒莫有能講求修復，惜哉！

毛節卿《江海壩閘論》

沿江海通潮港浦，歷代設官置閘，潮至則閉閘，潮退則啓閘，故港無淤澱，潮無泛濫。自蘇、范、郟諸公咸云『置閘利而廢閘害』，惟元至順間，乃有廢閘之論。我明港浦屢開旋塞，水旱相仍，間有議復古制。節民財者，愛惜物力，則謂以爲澤國賴舟航以往來，高鄉賴潮水而灌溉，役在得已。殊不知古人經營設法，將以利民，豈欲病民，而故爲此煩費哉！今欲置之，必須兼古制通時宜，每河闊三丈者，置閘一座，六丈者置閘二座，多寡以是爲差。每閘各置亭一所，歲撥閘夫二名，和雇近閘居民，世掌其事，有失則罪之。每九月至二月，常川扃閉，朔望則啓中閘以通海船，傍開月河，低堰以通小舟之行小港者，或湖水溢下，則潮退而悉啓之。其三月至八月，高田用水，則啓閘以進潮，或雨澤滿盈，足以灌溉，則亦閉之，以清江流，庶舟無往來之阻，田無苦旱之災，江無淤塞之患，高鄉歲免疏浚，而低田亦減三年二水之憂矣。

今高鄉支河，在在湮塞，旱年則從外塘搬水以救苗，民實勞止，雖曰農官不省視，而塘長不得人，亦繇古制埛門法廢，農民不勝歲歲開挑之勞，故至于此。蓋古者高田則設斗門，即今水竇是也。旱則閉以蓄水，潦則啓以泄水。今太倉河名，多埛門者，其遺制也。五代之季，民利行舟之便而決之，故高田多不可治，今乞查支河通舟者，責令得利大户，共造水閘，支河小浦，約費銀百餘兩。其不通舟者，量置水竇，俗名水漊，約費銀四五兩。報河口居民一兩家，專司啓閉，免其一二十畝丁田役銀，以酬其勞。不然，止令塘長九月朔填壩，三月朔開壩。吴俗低鄉清明浸種，高鄉穀雨浸種，至三月則用水矣。諺云『八月半住車』，則不用水矣。亦可以免半年渾潮之積，而民力庶乎其少減矣。

周大韶《論治水古今異宜》

蓋水之在天地間，每隨氣候以爲盈虛，猶人之鼻息然也。古今言水患者，必先于吴江，及歸咎于長橋、輓路也。然考之宋、元以來，其變遷之故，有不盡然者。蓋輓路築于宋慶曆八年，長橋建于元泰定元年，宋時郟喬言曰：『禹以三江決震澤之水，今之二江已絶，惟吴淞一江猶存。』元時任仁發復曰『三江引太湖之水，以入于海，二江俱塞，僅有吳淞江存焉』。則自宋迄元，雖有輓路、長橋，而吳淞江固無恙也。其二江之本源，不假于吳江以爲咽喉，初無輓路、長橋之阻，已先亡之矣。後因江流湍急，激成大匯，路漸迂遠，民罹水患。後人乃開新洋、夏駕二水以泄其流，而江之勢始分。張士誠又北開白茆港，以殺上流之勢，迨至本朝，而吳淞江乃塞。今南之黄浦，北之劉河，即古之東江、婁江也。二江今既深闊疾流，則吳淞又焉得與二江俱存而無恙乎？猶人以一身之大，其氣不能兼通于鼻息然也。

今之議者，咸按昔人之言曰『盡從吳江沙村之民，開而爲水，并鑿吳江之堤而爲木橋千所』。然長橋與石堤于吳江上流之勢，不能無阻。若云盡徙吳江之民，又鑿爲木橋千所，未必皆然。且如吳江之南九里，有阜名牛毛墩，其四下即東湖，乃汪洋之水也。自嘉靖二年之後，迄今成田民居之矣，則湖水之盈涸，亦自有時。昔湖今田，則吳江之地奚必盡徙其民乎？又如長橋里許，爲錤六十有一，石塘九里，爲橋三十六座，繇此以達太湖，不過三四里之程。今視其水之流行，不及十餘處橋門之内外水勢，亦不甚見其高低湍湧，雖屢經開浚，而湖水不能衝滌諸橋之淤，然則又奚必鑿爲木橋千所乎？則湖水本枯，又可見矣。

自今言之，宜于長橋之南、北，以及吳家港口等處，宜相度形勢，急于開浚，以資其上流之源，使太湖之水必趨于吳淞江而後已。今已開矣，第湖中西北風起，吹渾泥入港，至南灘又爲長橋鎖住，不無澱積，故南、北兩灘三五年當一撈淺也。又于新洋江口之兩岸，各築短壩六丈，則減十二丈之力，所存者十丈而已，自不足以奪吴淞江十八丈之勢，使此江之水必趨于海而後已。其如崑山塘之東西龍溇、界牌涇、陸涇等壩，金雞、黄昌、清水等港，凡可以決陽城湖水，以補婁江上流之源者，盡宜疏而通之，則三江之勢秩然不亂，可復大禹三江之迹，潦固可泄，涸亦可瀦矣。

周大韶《論治水爲謀不臧》

蓋治水之法，必先明其來歷之源，然後導其歸宿之路，其序不可亂行，其功不可逆施也。嘗考常州之水，下至無錫，以達蘇州，自運河之水，無不西南行以注于太湖，直至胥口，方引太湖之水，繇横塘以出胥門城濠。自蘇州以至無錫、常州，未聞有出太湖之水也。惟運河以東之水，入太湖不遠者，乃東下長蕩、鵝肫等蕩，而分瀦爲陽城等湖。故自婁門以達崑山城，繇陽城湖而南，皆出塘之水，未聞有水自太湖北入于婁門塘，下注于陽城、昆、尚諸湖，而泄入于江也，此其迹之顯然有不可誣者。然此沿江諸浦所泄者，乃不及入太湖之水，謂之殺其上流之怒，而分太湖之勢可也。何論者咸謂震澤之水，北注于陽城、昆、尚諸湖，指福山、許浦等塘爲震澤之尾閭，茜涇諸浦爲震澤之後門，乃謂浚三十六浦以泄太湖之水，同歸于海？然則以三江爲震澤之咽喉乎？爲震澤之胸腹乎？此不經考索之故也。宋時黄震亦嘗論及之，曰『昔人開茜涇諸浦，亦主一時一方之利而然』。今聞浦盡廢，而海沙壅塞爲患，又前日之所無，觀此可見矣。

又如沿海一帶，地形頗高于内田，而湖水因之不能急泄，故呼爲堈身。然開三十六浦之後，沿河積土高出丈外，而腹内之田，旱則無路引水，以爲灌溉之資，潦則無門出水，以爲泄放之計，故沿海舊有一帶之堈身，形如仰盂，水不能泄，人皆知之矣。而三十六浦之沿河，隨處皆成堈身，形如圍墻，田地荒棄，人所不知也。故郟亶言水利之六失，首先及之矣。

又如沿江開浦，本爲泄水之計，而于浦口置閘，亦欲拒絶渾潮，意亦善矣。然以土地之宜否，理勢之非便，有不必然也。且以一日兩至之潮，其在昏夜，皆以疾風暴雨，冰凍霜雪之時，雖欲以時啓閉，誰爲司守？況一歲之内，春夏則潦水常多，更且海潮洶湧，閘一上版，則力有不支；秋冬則雨澤少降，而水勢枯涸，又不必有閘，此人情必然之理也。自常州以上，地連山土，脈理堅實，又無潮水之交衝，故可築閘以獲宣泄之利，吕城、孟瀆等閘是也。蘇州邊海地，皆浮沙海潮，湖水内外衝囓，閘底樁木之處，一有罅隙，漸次流空，而易崩損，白茆、七浦、斜堰等閘是也。故閘雖十設而九廢耳。

且如橋梁之有便于民者，爲地方之利，隨壞隨修，衆咸捐財以助之矣。閘果有關于宣泄之具，可爲旱潦之資，公私曷敢坐視傾頽，曾無一人留心于此乎？若必欲置之，須于近浦實田之中，開深倍于河底，純用磚石，不用木樁，貫以灰沙，築成之後，仍實以土如田，使無虚處積水，灰沙自然膠融，年餘之後，乃開通引水，繇閘而行，將舊河壩作平地，則閘可永久無虞，又省作壩、車水、椿木之費，此乃造閘之要法也。其如三十六浦之中，惟七浦、白茆爲最；次則楊林、湖川、福山、三丈等浦，但宜相時開浚，不可壩截。餘如茜涇、東楊林、雙鳴、鹿鳴、大錢、周涇、滸浦等河，各于開浚之後，須于兩頭作壩，以節清水，以拒渾潮。旱則瀦而蓄之，潦則決而放之，則官不勞于開浚工力之艱，民不病于田地抛棄之苦，實爲兩便也。

屠隆《東南水利論》

夫水政者，聖王之所修以利民，其利害之相懸，則天壤矣。此非可以智嘗而懸斷。談三吳水政者雖多端，大約不出治水、治田兩者，而治田之與治水，實相表裏，要之治田所以治水也。水之利害繫于田，水政修則田獲其利，水政不修則田受其害，而治水、治田兩者自不可缺。治田而不治水，則田功罔施，治水而不治田，則水政尚缺，均非完計也。昔人之推水學者，曰郟亶，曰單鍔，郟亶詳于治田，單鍔詳于治水，兼而用之，水政舉矣。請先言治水，三吳巨浸，厥有太湖，汪洋浩淼，綿亘三萬六千頃，三吳諸水咸入太湖，而分注三江以入大海，是吞吐元氣，翕蕩東南之一大關鍵也。南則杭、湖、天目諸山發源苕、霅等溪，繇湖州七十二漊而入；西則金陵、溧水、溧陽、九陽江、洮湖、荆溪諸水繇常州百瀆而入；北有運河，受京口大江，及練湖諸水，北繇江陰一十四瀆入于大江；東繇常熟、崑山之三十六浦，入于大海；而入江海不及者，亦繇武進、無錫諸港以入太湖。太湖三面受水，獨湖東一面瀉之三江以入大海。然三江水道，僅有吴江一十八港入江，是太湖三面受水，一面分流，吞多吐少，易蓄難泄，水口一有鯁塞，則停緩無力，天時一遇淫雨，則泛溢爲災，是水口之宜通而不宜塞，彰彰明甚也。

太湖之水，繇江入海，大江之水日接海潮，江水清而海潮濁，海潮每來，常有淤塞，江水清駛，隨輒滌去，以故向無水患。自吴江將泄瀉太湖一帶故道，建長橋，築挽路，以便漕舟，水道始梗，泥沙澱積，而太湖之水往往漫衍矣。況三吴地形，東來漸低，蘇州爲常、鎮之下流，松江爲蘇州之下流，蘇、松并海地岸反高于腹裏，形如仰盂，洪波流潦，尤易内注太湖，水口既已鯁塞，淫雨乘之，大風適作，海水湧入太湖，既漲不能復受，則常、鎮諸邑之水，合于蘇州，而蘇州已先被其患。蘇州諸邑之水，又合于松江，而松江之患益深。蓋自有宋以來，三吴水災，志不絶書，渰没田禾，漂蕩廬舍，澤國千里，民化魚鼈，雖朝廷下令遣官，累有修浚，時通時塞，得失相參，利害相半，迄未聞有爲三吴遺千百年之永利者。頃臺使者懷安林公，奉璽書來督三吴水利，矢謨宣力，蒙犯霜露，郊行野宿，無間寒暑，晝夜訪諸縉紳，謀諸三老。相地形之高下，尋水道之源委，權其利害，察其得失，深知三吴之水，匯于太湖，瀉于三江，而入于大海。既以得水利之要領，而各郡各邑江湖河渠浦港浜塘之類，條分縷析，又無不合治水之機宜，是以數年之内，水利大興。今總四郡之成事，約而言之，則瞭然矣。開吴淞江四十餘里，以復大江入海之故道。浚吴江之吴家港、長橋南、北灘、龐山湖口，使太湖積水徑達于淞江。以澱山湖直接太湖之流，其來甚徑易，而爛路港不足以泄之，故于青浦浚小、大山涇，以泄澱湖之水，而南入于泖。又浚踰開河，以接大曹港，浚橫塘、橫泖以接蒲匯塘。浚崑山澱湖諸口，使湖水分注千墩、道褐、趙屯、大盈、崧子、盤龍等浦，而北入于江。又以三泖北納澱湖，南連浙水，西入長洲、吴江諸蕩，故于華亭浚秀州、官紹、鹽鐵等塘，金山三汊等河，上下橫涇、沙竹岡塘、金匯塘、運鹽河以泄南北兩涯之水于黄浦。于上海浚蒲匯、六磊、竹岡等塘，周浦、三林、都臺等浦，新港、董家浜、嚴茂塘以泄東、西兩涯之水于黄浦，總之合流吴淞以入大海。又以吴淞出海之路，頗覺遼遠，不能徑達，則泖、澱北注諸水，淞江或不能盡容，故于崑山浚夏駕浦、大瓦、赤涇諸水，于嘉定浚顧浦、吴塘、南鹽鐵、北橫瀝、西練祁、彭越浦、華亭涇、南翔河、湄浦、張家浜以泄淞江北行之水于婁江。三江并行，恐難盡泄，復浚太倉之吴川塘、楊林塘、七浦塘、路漕塘、杜漕塘以泄陽城、巴城諸湖東行之水而入海。浚常熟之白茆塘、許浦、梅李塘、福山塘、耿涇塘、吴泗浦、三丈浦以泄尚湖、昆承湖及毘陵、晉陵諸水徑入大江。浚江陰之東、西雷溝，舜河，利港，北橫河、九里河、山塘河、青暘河以泄五瀉河、芙蓉河諸水以入大江。其治水次第如此，故太湖有所泄瀉，三江有所分注，衆水盡治，下流俱通。下流既通，上源宜導，于是浚宜興之西氿裏河、百瀆，武進之白鶴溪，金壇之荆城港，及長蕩之裏河、徐村、蔭封等河，泄長山、洮湖、荆溪之水，而分入太湖。運河浚武進之孟瀆，丹陽之九曲河，丹徒之鐵猫港，以泄潤州上流諸水而入大江。上源既導，則下流可接，下流既通，則上源益順。又恐新洋江過于深闊，分引江水北流，引入渾潮，將來不無淤塞之憂，故于夏駕口、慢水江口，并建二閘，時乃啓閉，慎乃宣防，庶幾水不外趨，潮不倒注，吴淞之通可垂久遠，而水利興矣。

水利既興，田乃可治，治水而不治田，豈惟田功之虧，終爲水政之缺，何也？蓋三吴雖號稱澤國低窪，而中間田畝，亦自有高下，高田十居二三，下田十居六七，高田所患在旱，下田所患在水，而兩者利害，又每相懸。大旱之歲，水涸岸出，低窪下田幸而一熟，而高田則已盡枯。大潦之歲，水浸上行，岡阜高田幸而一熟，而下田則已盡没，是烏可不爲之計也，下田所患在水，則不可無障，而所以障其水者圩岸也。高田所患在旱，則不可無蓄，而所以蓄其水者溝渠也。下田不修圩岸，則太湖雖通，而適遇水潦，一時泄瀉不及者，何以障水而免患？高田不浚溝渠，則江海雖大，而適遇旱暵，江海流注不到者，何以蓄水而灌田？于是公又條爲治田六事，刊布書册，移檄有司。而又力勸親督高田，令浚溝渠，下田令修圩岸，令諸郡各邑犁然舉行。溝渠浚則高田有以蓄水，而旱不能爲災；圩岸修則下田有以障水，而水不能爲害，是治田之事，正治水中之最切要者也。故曰治田治水，相爲表裏，治田所以治水也。

三吴之言水利者，代有其人，興水利者，累聞其事，而策非萬全，功成小補，未有建石畫，垂永如今日者也。良谿公之志鋭而心誠，量虚而識遠，智習而善斷。志鋭則前無畏途，心誠則精貫金石，量虚則下情悉達，識遠則利害畢照，智習則事至不迷，善斷則機來無失，故其建立非凡，而成就宏遠也。隆嘗相從畚鍤，知其事之始末頗詳，是以不辭庸鄙，而爲之著論，以俟後之君子，有所考鏡焉。

許應逵《吴淞江或問》

或問于許應逵曰：『子治水，先吴淞江，其説奈何？』應逵曰：『子不睹海口乎？抑未讀《水利考》乎？古今治水名臣，無慮十數公。其忠臣傑士獻策上書，軫桑土之思，而重經國之計者，亦無慮十數公。今其書具在，未有不以吴淞爲急者。蓋東吴之水，千流萬派，會于五湖，而繇三江以入海，此童而習之，人人皆能言之，故論者咸云五湖其咽喉也，三江其心腹也，海口其尾閭也，尾閭之不泄，將倒灌而横溢，可使過顙，在山即隆(于)[圩]〔一二〕之高至于天，猶之無益也。』

或曰：『如客歲之旱何？』應逵曰：『子亦爲是説耶？東吴澤國，歲歲苦潦，乃客歲之旱，則自來所未有者。蓋連歲不雨，亢陽斯極，即老人年七八十，亦云僅一見之。以故各省告災，率稱苦旱，而長江、洞庭等處，悉就淺涸，揚子金、焦兩旁，漸成沙灘，豈亦吴淞宣泄致之耶？且無論遠者，即以人身譬之，苟尾閭不通，痞滿爲患，使醫者不以調胃承氣等劑，推之蕩之，而猶倡爲從容消導之説，彼其人可立而斃也。第尾閭決而元氣虚，飲食調理，其功尤急，所爲飲食者，則支河及時雨也。時雨不敢必，所可盡力者支河耳。始予建議挑吴淞以便疏泄，浚支河以資灌溉，築圩岸以防泛濫，無日不以是三者而亟舉之。且牌行各州縣，令悉舉境内支河，逐一查勘，當與吴淞并浚而并深，三令五申，文移具在，不謂專吴淞而棄支河也。如專吴淞而棄支河者，猶治痞滿者，專推蕩而不爲飲食調理，其人亦立而斃，無益也。奈之何錢糧減半，而南京户部尚猶豫不發，且先發五萬兩，秖以挑吴淞、太倉及量浚上海、嘉定、崑山、華亭等處，以故十七年雖旱，而太倉所挑七浦、楊林、吴塘、顧浦亦大有秋，而吴淞兩傍俱受其利。即十八年五月十二日，雷雨驟漲，至六月初七日止，計二十五日，中間晴霽者八九日耳，此其潦不在十四年之下。予令人走吴江二十八都覘之，則水下于堤者三尺，夫吴江東南之最下，而二十八都又吴江之最下者，此而不溢，此非挑吴淞水不能潦之驗與？六月初七至八月初旬不雨，則其旱又極矣。予復令人所在覘之，則淺者尚餘二三尺，以資灌溉，否則既種而雨水不繼，將不秀不實，安所冀穰穰之利？此非浚支河旱不能病之驗與？向使十六年帑銀全發，當令各州縣分投并浚，即旱無可虞。奈之何忍弗能予，使太倉先受其益，則非予之罪也。且内河距海口蜿蜒幾三百里，自内及外，以漸而高，而中多曲折迂迴，即使挑深與内河等，未可建瓴而下者，秖以備極澇使急則順流東注，而免于淪胥。如子所言，則漏巵也顧不謬，與夫不罪發銀之遲，而病其宣泄；不察于并舉之説，而罪其偏枯，雖十大禹不能當前，而況予之不肖者乎！』

張應武《吴淞江疏浚論》

吾邑左浸東海，淞江經其前，劉河繞其後，黄浦自東南來，合于淞江之尾。昔人所指以爲三江者，皆繇以入于海。淞江位二江之中，載地既高，而江形又直，建瓴東注，自安亭港至李家浜，縈紆境内百有餘里。塘浦左右股引，足于清水，而亦無壅溢之患。五季以前，江鄉號稱樂土。自吴江石堤既築，清水之出于湖口者日微，不足以蕩滌潮沙。淞江屢浚屢湮，議者咸思一大治之，廣數里之江，決壅出之口塞，傍分之竇曠然，爲數百年之規，然而物力不給，衆口難調，近乎可言而不可行。

本朝疏浚者五六公，雖廣不逾十尋，通不過數十年，未足厭議者之志。然是江流通一日，則民受一日之利，他日復湮，又當有任其責者，隨時量力，以舒目前之急，未可謂非中策也。耳目所及，惟隆慶四年，海忠介公寓賑濟于興作，至誠所感，寮寀敬應，富室樂助，役夫競勸，所費官金不過五六萬，疏上海南蹌口至嘉定黄渡平陸六十餘里，兩月成，江清水奄至，葑泥自去，當時以爲若有神助，非盡人力也。萬曆七年，巡江林公應訓接疏黄渡至崑山千墩三十餘里，上流江南亦加闢焉。萬曆十五年，因水災用科臣言，特設專官，發帑銀以開江爲首務，而所任非人，背公營私。初至見江尚流通，前人之所疏鑿，可攘爲後功，于是不酌羣言，不委州縣，不役鄉夫，獨任私人，共圖欺罔，托言以漸而深，惟務築壩。曾不運土，每車戽微乾，稍削茭蘆，即已放水，迤邐而東起自安亭，至宋家橋分爲十段，九段畢，工岸無積土，人以爲笑談。末段去海不遠，潮勢湍悍，屢築不成，遂以頑石壓弊舟雜築之，費數千金，幾成而潰。乃試其所製混江龍，聊掩衆目而罷。自知不厭衆心，頗留銀還官，虚告成功，遷官以行，而其所沉木石，留礙江心，潮沙依之，易爲澱聚，未及兩載，海公所疏，復爲平陸矣。自昔開江，未有若是役之無益而有害也，即今萬姓嗷嗷，復思疏浚，如望歲焉。是須廟堂主張，六郡協力，非一邑之所能必也。

邑治以四水聚爲形勢，東西練祁，南北横瀝，形如十字交貫城中。境内塘浦以百計，支港以千計，東引大海，南引淞江，北引劉河，西仰湖澤，四面潮汐，咸會邑城。自淞江既湮，清水罕至，舟楫、灌溉咸資潮水。宋人引清障濁之法，已不可施于今。每歲所開塘浦，還爲潮汐之所填淤，三歲而淺，四歲而湮，五歲又須重浚，亦無一勞永逸之術。所可自盡者，修浚均節其間焉耳。酌塘浦之間，要參以淺深，及前浚之歲月，分爲五等，著之一籍，依次修浚，周而復始，無得逾越五歲，（不紊）〔一二〕則不紊矣。若乃近海之區，潮沙倍積，出入孔道，官舟重載所繇，或有不能待五年者，所當别議。然一邑不過三四，不可以此而并廢經常之規也。修浚之際，擇民之才幹有行者，分段監護，必使底面四傍深淺闊狹咸中程式，庶岸不善崩，可支五六年，以待重浚。如此則民力不甚疲，塘浦亦不加淤，非遇颶風，小旱小潦，不至全歉，此亦杜牧所謂上策莫如自治，其于開江，固并行而不悖也。

王焕如曰：先大父京兆公嘗言，『吴淞江自海忠介一浚，而後繼之者，虚糜數萬公鏹，何裨水利！』愚覽林水院刻疏，及諸公序記，採輯一二三，略存典故，非徵實也。最後讀屠儀部總論，鋪張偉績，與許水道之自著《或問》相頡頏矣，賴張應武以嘉邑人，目覩三公開江之事，手持鐵筆，不少假借，則功罪之案，其斬然乎！屠、許、張三論，篇章銜尾，百世而下，披是編者可考鏡前修矣。嗟夫！

張獻翼《長洲水利論》

江南水利，無論漢唐，計宋有天下三百年，而命官修治，凡三十餘度，殆不十年一興利也。迨皇明自永樂初迄嘉靖初，百十年有餘，而夏忠靖以後，相繼治水者，亦八臣，計之亦不過十餘年一興利也。今五六十年來，僅一海忠介公，又功程未竟而去。他率空談水利，豈不日就淤涸，土瘠民貧也哉！《禮》六府嚴司水之官，司空專度地之職，山林川澤各盡其利，以足國用，是以計三十年之通，而不及于困急也。長洲之水，治之不能專其利，不治則必同其害，苟能倡浚導之舉，以率旁邑，是惟良有司力爲之耳。

校勘記

〔一〕遵宗　據四庫本作『遵祖宗』，補『祖』字。
〔二〕欲知何事　四庫本作『河事』，據改。
〔三〕四安　當爲『泗安』。
〔四〕答剌罕　四庫本作『塔喇罕』。
〔五〕沃墅　明刻、四庫本均作『沃墅』，疑爲『沃野』。
〔六〕入　此『入』字爲衍字。
〔七〕底定　據《叢書集成初編》本，『底定』之下脱『吴地尚有婁江、東江與淞江爲三』句。

〔八〕百步　四庫本同此。今據《叢書集成初編》改作『百歲』。

〔九〕水源　四庫本同此。今據《叢書集成初編》改作『水潦』。

〔一〇〕東北　四庫本同此。今據《叢書集成初編》改『東江』。

〔一一〕于　四庫本作『圩』。

〔一二〕不紊則不紊矣　上『不紊』似爲衍文。

吴中水利全書卷之二十二

議

議皆擬議修浚便益，因時設策，隨地酌宜，各攄所見，合類縱觀，斯知後人之指畫，總不越前人之範圍。

［宋］

趙必棣《修復練湖議》

雲陽之練湖，原有斗門三、石䃮六、函口一十三，多被風水衝坍，上湖則褰裳可涉，下湖則如履平地，今水道久已湮塞，未可猝復，惟存涵管，取以備蓄泄也。若湖中水滿，須資函以泄之，淺則不須矣。舊年傾頽處，止是下湖西埂，四百餘丈，今上湖横埂，三百六十丈，上金斗門三十五丈，南石䃮基七丈，皆先後坍壞，官府倘復悠悠不恤，非惟水無所蓄，而頑民仿效，侵害耕農，其來正未艾也。維今霜降水涸，亟宜上緊興工，必于安邊太平庫錢，及平江府新收義米内量支，募夫運土，補築外埂，然後(值)[植][二]松插柳，候措置樁石，陸續釘砌，若失此時，後悔無及。

[元]

任仁發《水利議答》

議者曰：『吳淞江前時深通，今時何爲而塞，豈如海變桑田之説，非人力所可爲者歟？』答曰：『東坡有言：「若要吳淞江不塞，吳江一縣之民盡可徙于他處，庶上源寬闊，清水力盛，沙泥自不能積，何致有湮塞之患哉！」歸附後將太湖東岸出水去處，或釘柵，或作堰，爲築狹爲橋，及有湖泖港汊，又慮私鹽船往來，多行塞斷，所以清水日弱，渾潮日盛，沙泥日積，而吳淞江日就淤塞，正與東坡所見合。若曰如海變桑田，一付之天，則聖人手足胼胝，盡力溝洫，皆虚言也，聖人豈欺我哉！所當盡人力而可爲也。』

議者曰：『錢氏有國百餘年，止長興間一次水災。亡宋南渡百五十餘年，止景定間一二次水災。今或一二年三四年，水災頻仍，其故何也？』答曰：『錢氏有國，亡宋南渡，全藉蘇、湖、常、秀數郡所產，以爲國計。常時盡心經理，高田低田各有制水之法，其間水利當興，水害當除。合役軍民，不問繁難，合用錢糧，不吝浩大，必然爲之；又使名卿重臣，專董其事，豪富上户，讒言不能亂其耳，珍貨不能動其心；又復七里爲一縱浦，十里爲一横塘，田連阡陌，位位相接，悉爲膏腴之産，以故二三百年之間，水災罕見。國朝四海一統，又居位者未知風土所宜，視浙西水利與諸處無異。任地之高下，任時之水旱，所以一二年間，水旱頻仍也。』

議者曰：『蘇州地勢低下，與江水平，故曰平江，故稱澤國，其地不可作田。今欲圍築，亦逆土之性耳。』答曰：『晉、宋以降，倉廪所積，悉仰給于浙西之水田，故曰「蘇湖熟，天下足」。若謂地勢低下，不可作田，此誠無稽之論，何以言也！浙西之地低于天下，而蘇、湖又低于浙西，澱山湖又低于蘇、湖，彼中富户數千家，每歲種植茭蘆，編釘樁篠，圍築埂岸，豈非逆土之性，何謂今日盡成膏腴之田，此明效大驗，不可掩也。既是澱山最低之處，尚可經理爲田，却説已成之田，不可作田，何其愚也！』

議者曰：『水旱天時非人力所可勝，自來討究浙西治水之法，終無寸成。』答曰：『浙西水利，明白易曉，何謂無成？大抵治之之法有三，浚河港必深闊，築圍岸必高厚，置閘竇必多廣。設遇水旱，就三者而乘除之，自然不能爲害。倘人力不盡，而一切歸數于天，寧有豐年耶？東坡亦言「浙西水旱，乃人事不修之積」，正此謂也。昔范文正親開海浦，議者沮之，公力排浮議，疏浚積潦，數年大稔，民受其賜，載之方册，昭然可考，謂之無成，可乎？』

議者曰：『河渠、圍岸、閘竇三者俱備，則水旱可無，民食可足，誠爲久遠之計。朝廷何謂而廢之？』答曰：『范文正公宋之名臣，盡心于水利，嘗謂「修圍、浚河、置閘三者如鼎足，缺一不可，三者備矣，水旱豈足憂哉！」國家收附江南三十餘年，浙西河港、圍岸、閘竇無官整治，遂致廢壞。一遇水旱，小則小害，大則大害，是以年年有荒蕪不可種之田，深可痛惜。今朝廷廢而不治者，蓋募夫供役，取辦于富户，部夫督役，責成于有司，二者皆非其所樂，所以猾吏豪民搆扇，必欲沮壞而後已。朝廷未見日後之利，但厭目前之擾，是以成事則難，壞事則易。東坡亦云：「官吏憚其經營，百姓畏其出力」，所以累行而終輟，不能成久遠之計也。』

議者曰：『行都水監既是有益衙門，何衆口一詞，皆謂無益，而明議罷之。』答曰：『民可使由之，不可使知之，事之利害，久而始明。彼小民無知，但見工役之繁，豪民肆奸，又吝供輸之費，所以百般阻撓，但謂無益，以敗乃事。殊不知浙西有數等之水，拯治方略，皆不相同，非立專司，豈能成功？使水監衙門真爲無益，古之有國者，亦廢而不置久矣。何爲周、漢、唐、宋之世，未嘗一日不用心盡力經營水利之事，列之史傳，代有其人。諺曰「水利通，民力鬆」，斯言信矣。若浙西低下之地，不須水監，即今中原高阜之處，水監既不可缺，而低下之處，乃謂不必置，何不智之甚也！數年之後，河港淺塞，水害滋甚，有憂民忠國者出，必復興修水利之事。彼横議者，豈得終沮之哉！』

議者曰：『水利固不可不修，然今隴西漢唐二渠，止是責之有司。』答曰：『隴西二渠，長流水也，浚成深渠，水自下流，治之無難。浙西水性不一，整治方法亦殊，豈可以漢唐二渠例視之哉。宋賢如范文正公、蘇文忠公、王荆公、朱文公皆經世大儒，經綸天下之大材，尚各建策設官置卒，專力經營，必有所見，若有司兼管，何往而不敗事？』

潘應武《言决放湖水》

浙西地勢極低，米糧豐厚，自福山而下，有二百八十餘里沙岡，深以限滄溟，岡身之間有港浦一百五十餘處。太湖三萬六千頃，受納三州之水，溢流而下，一路徑下吴淞江，二百六十餘里，抵海一路，自急水港五十里，下澱山湖，繇港浦而入海。古人開港、浦、漊、涇、瀝之類，無非爲去水計，使民居無昏墊，而土可耕種。居民常常修圍築塍，官府常常修浚水路，澇則車水出田，旱則車水入田，公私之利，豈不溥哉！若公私之力少有不及，則民居蕩析，而厚利以失。錢王時，置撩淺軍四部七八千人，專爲事導河築堤。宋初廢弛，故常有水患。至仁宗朝，范文正公親歷海濱，開浚五浦，費錢米一十八萬餘貫石，自後置豐田水利使者，專管湖塘河渠。趙運使任内，用錢米四十餘萬，至理宗朝創立魏江、江灣、福山水軍數千人，專修江河湖塘，僅免水患。歸附後軍散營廢，河港湮塞。

其澱山湖中有山寺，宋時在水中心。東有出水港曰斜瀝口，曰叉港口，曰小曹港，曰大瀝口，曰小瀝口，各闊十餘丈，通潮水往來，潮退則引湖水下大曹、大盈等浦，入青龍、蟠龍江而出海，古人謂之尾閭門。宋法禁人占湖爲田，爲泄水路故也。歸附後權勢占據爲田，今山寺在田中，雖有港漊，悉皆淺狹，潮水、湖水不相往來，攔住去水，東南風水回太湖，則長興、宜興、歸安、烏程、德清等處泛濫，西北風水下澱山湖泖，則崑山、常熟、吴江、松江等處泛濫，皆因下流不決，積水往來爲害。去夏一水，澱山湖、太湖四畔良田，至今不可耕種。今年可種者，皆是以人力與天時争勝負，農家日夜踏車車水出田，子女生趼，田外河水高于田内數尺。近有稻禾將熟，又爲暴風驟雨激破圍塍，全圍渰没，子女號天慟地，老農洒泪交頤。今秋雖熟，即日菜麥無土可種，或遇風雨，來歲又是荒歉。建言屢矣，未見施行，一日過一日，一年復一年，積久不決，圍塍坍壞，再遇淫雨，悉爲魚池，民居蕩析，公私坐失厚利。彼時修治用費既廣，民方困乏，悔亦無及。

愚昨隨營田司官親曾相視水勢，與高年老農知識地理人講究得澱山湖東大、小曹港、斜瀝等處，固是泄水尾閭，今爲權勢占據，卒難復舊。澱山湖北有道褐浦、石浦、千墩浦、小瀝口四處，取江波近水勢順便，今若先于此四處開浚，决放水路，以救百姓，以保公私，實爲居安慮危經理根本之計。候水減退，然後次第開浚諸處河港，此即古人所謂下流既通，上流可導也。

潘應武《再言水利便宜》

東坡先生曰：『三江之水，瀦爲太湖。太湖之水，溢流吴淞江以入海。海日兩潮，潮濁而江清，潮水濁，常欲淤塞江路，而江水清駛隨輒滌去。海水常通，則吴中少水患。』此數句包盡浙西水路，下一箇『駛』字，斷盡浙西水性。今日浙西水，自丙子年歸附時，招民官慮，恐哨船入境，擄掠鄉村，各自釘塞，地分河港。吴江長橋係三州六縣太湖衆水之咽喉。長橋南堍，古來水到龍王廟側，後被築塞五十餘丈，沿塘三十六座橋道，實鄉村河港衆流之脈絡，多被釘斷。日久歲深，浮穢壅塞。亦有橋道被築實，壩水不通流，所以不能滌去淤塞，以致澱山湖東小曹港口、大瀝口、汊港口等處，潮沙日壅，積成數十里之廣，三五尺之厚，被權要占據爲田，湖水潮水不相往來。如人之便溺不通，水滿胸腹，淫雨再作，舊病復至，四年兩潦，朝廷虧失糧米數百萬石，浙西百姓離散大半。今日得蒙参政相公敷奏決放湖水入海，父老聞風鼓舞，已有更生之望。續見諸人陳言，俱非救弊良策，切恐有誤國聽，徒費錢糧工役，除已再赴省府陳言外，今逐一條具事目于後。

計開：

一、道褐浦、石浦、千墩浦屬崑山縣界，小瀝口屬華亭縣界，澱山湖北一帶，自廟兒頭港、趙屯浦一百餘里，共有港浦一十三條，并皆淤塞，淺狹不通。應武昨來與營田司劉副使登澱山寺鐘樓上遠望相視，惟有道褐浦、石浦最低，此二處取江頗近，水勢順便，此即隨其所趨也。叩問當地耆老，俱曰：『十年前，潮水往來，近年湮塞，淺狹不通。此四處若不及早修浚，淫雨再作，舊病復至。』

一、沿塘三十六座橋道，俱屬吴江縣。又葑門外至吴江七里橋，屬長洲縣，多有上下塘橋道壩塞不通。數内第四橋，一條水路來自湖州大錢港，又名南江，衝出下塘湖泊間，下笠澤湖、汾湖、白蜆江，下急水港，直至澱山湖。自來此水甚險，歸附後因被占湖蕩爲荷蕩，造橋築堤，水路淺狹，不甚通徹，宜委官相視，各各仍復通放。

一、舊時長橋南堍，水口至龍王廟側，歸附後被壩塞五十餘丈，見蓋房屋與軍户居住，以致太湖水口狹小，淫雨一至，水不通徹，多致泛濫，衝損塘岸行路，不時差夫修治，深爲不便。近日開浚處，乃係歸附後添創長橋，三高亭前即非舊來泄水故道，徒費工程。今來宜委官往地所，指定龍王廟基，省會軍户移入營内，候七八月，日長水涸，興工撅取泥土，就便壩壘沿塘道路高牢，此亦兩便，中間留一實堍，仍舊造橋相接。

一、吴江長橋，實三州六縣衆水之咽喉。沿塘三十座橋道，實鄉村河港衆流之脈絡。宋立水軍三四千人，吴江知縣職銜帶提督湖塘河渠，縣尉職帶巡視湖塘河渠，設官田米三千餘石，名修橋米。歸附時，又曰修浚縣河米應有橋道坍壞，水路堙塞，本縣自行支用，隨即修治。自此浙西三十年來，并無水害。及范文正公治水議乞敕下諸路，行勸課之法，取其簡約易從之術，頒賜諸路轉運使，面賜一本付新授知州、知縣等，此養民之政，富國之本也。今日參政爲浙西生靈敷陳決放湖水入海，此三百年一遇，深恐去後，仍舊廢弛。沿塘衆水咽喉橋道河渠，失于修浚，如蒙以官田撥付吴江縣管隸，選委經任好人充吴江縣尹，職銜帶提領湖塘河岸，常切巡視前項沿塘一帶橋道河渠，并道褐浦等河，應有圮壞堙塞，隨即修浚通徹，如此則自然永無水害，實爲公私無窮之利。

〔國朝〕

張汝弼《松江水利議》

松江澤國，水利爲重，而水道之要者，則吴淞江與黄浦。吴淞江在宋范文正、蘇文忠兩公言之甚悉，然惟患墊溺，而詳疏導，不慮旱暵，議及節宣，非慮不及，緣當時黄浦止聞有墊弱，而無旱暵。自永樂四年，夏忠靖開黄浦，其利甚大。去年水潦，較之永樂三年，尚少三四尺。然永樂三年，以連雨十日大潦，今年連雨月餘而潦，何昔之水反多，今之水反少耶？

蓋昔以黄浦未開，泄水之道隘，今以黄浦既通，而泄水之道徑耳。使無黄浦月餘之雨，當何如耶？此黄浦之大利，不在吴淞江下矣。然水勢急于此，則緩于彼，黄浦潮勢奔激，衝齧兩岸，泄水益徑，則淞江潮勢平緩，停注淤泥，泄水益隘。故黄浦之闊漸倍于舊，吴淞江狹處，僅若溝渠矣。況淞江限于低鄉之東北，泄水隘則低鄉益潦，黄浦界于高鄉之西北，泄水徑則高鄉益旱。兩鄉異宜，罕遇全熟，或一歲旱潦，俱見災歉，實難爲辭。惟在乎因其地勢之高下，疏導節蓄以應之，當于出浦河口内，被潮衝激之所，運石置閘。遇農月水少，以時啓閉，閉則高鄉潮到，積水不泄而少旱矣；開則收藏閘板，無阻行舟，并禁倚閘漁簖，則此節蓄可利。高鄉再于江中甚隘處，則疏而芟去蒲葦，則水勢雖不繇蒲葦梗咽漸淤塞，則故道不廢，泄水如駛而少潦矣。其泥沙湧漲，隨掘隨壅，非大興作不可，此疏導以利低鄉也。然低鄉田圩不修，水亦不能自避，高鄉河渠不浚，水亦不能逆上，故有司每歲修浚。

但一法百弊，徒勞少功，而弊起于初時，報數則曰某河若干，某河若干，及興工止浚一河，或十數里、五七里，泥深四五鍤，或止挑一鍤、二鍤，或推其高積填于深窪，其功將畢，即時星散，堰水之壩仍留在河。有司臨視，或指一河爲二河，或指某河爲某河，新水既漫，孰測其淺，孰見其壩址。名曰浚河，河不加深，徒增諸壩以阻水，即鄉人所謂『竹節壩』者是也。况黠夫雖多得賂，即放實下手者無幾。若田圩則高山水上，可望而知，水患常不測而至，民亦不敢因循，故其弊頗少，此特有司之未知，知而防之，直易易耳。雖然地方廣遠，必得專官提督，若委官暫至，不能時巡不熟地所，多爲所昧，且疏導江流，苟非專官，豈能時巡？故宋置農田水利使，元置都水庸田使、都水監等官，亦不得已也。舉事易，得人難，慎擇其人，則利無不興，弊無不革矣。

史鑑《吴江水利議》

吴江之地，土疏水緩，左江右湖，故水之爲患也特甚。太湖東南巨浸，即《禹貢》之震澤也，其西北納荆溪、宣、歙、蕪湖、宜興、溧陽、溧水數郡之水，西南合天目、富陽、分水、湖州、杭州諸山諸溪奔注之水，瀦于湖，汪洋浩瀚，不可涯涘。而松江承其下流，松江，吴江古名也。即《禹貢》

所書三江既入之一也，逶迤曲折，洄流洑逆，行百餘里，始入于海。而吴江據江湖之會，屹然中流，每遇霖雨積旬，潦水漲溢，渺然無際。或風濤大作，吞齧衝激，其害又甚于雨。東風則江水西侵，西風則湖水東泛，俄頃數尺，人力莫施，故瀕江之人，謂之賊水者此也。議者徒欲開一渠，浚一涇，置一鍤，以爲治水之方，是皆徇偏一之見，而無救患之益也。何則？吴江水多田少，溪渠與江湖相連，水皆周流，無不通者，特有大與小，急與緩之異爾。假令南置一鍤，而北流者自若，東開一渠，而西溢者如故，固不當與諸縣治法同也。切以爲今日措置之方，其要有四：

一曰築堤。吴江之田，盡居江湖濱，支流旁出皆蕩漾，不可以名計，苟不致力于堤防以禦捍之，則未見其可也。本朝永樂中，治水東南，尚書夏忠靖公創于前，通政使趙君繼任于後，無不注意于堤防。皆妙選官屬，分任諸縣，而二公則周爰相度而考課焉。其法常于春初，編集民夫，每圩先築樣墩一爲式，高廣各若干尺，然後築堤如之，其取土皆于附近之田，又必督民以杵堅築，務令牢固。堤既訖工，令民篙泥填灌，取土之田，必使充滿，復于堤之內外增廣其基，名爲『抵水』，蓋堤既高峻，無基以培之，則歲久必頹矣。又課名于抵水之上，許其種藍，而不許種豆，蓋種藍必增土，久而日高，種豆則土隨根去，久而日低矣。此雖爲繁碎難行，然亦可使民繇之而不知也。厥後二公去任，二三十年間豈無水患，而不至于大害者，良繇堤防猶存之力也。然人亡法廢，堤日就傾，水患復作。正統間，尚書周文襄公講求二公之法而損益之，繇是水患漸平，民安其業。近年以來，法度廢弛，上恬下嬉，民無所恃，每年府雖下縣，縣雖下鄉，率皆以僞應之。所任糧長、耆老之屬，不過頭會箕斂以賂奸吏爲虚文，其于堤防略不加省，壞者十七八，欲求水之無害者難矣。且自戊子而至丁卯，其間稔者纔二，而旱者一，水者七，固繇天災流行，然亦堤防圮壞，水不能禦，旱不能蓄，有以致之。自國初以來，水之爲害，未有甚于今日也。今生民之困已極，苟不加意而拯救之，其不轉死于溝壑，迨無幾也。今爲之計，莫若上按三公已行之成規，嚴爲之制，于來春課民興作，官屬躬親臨視，務臻實效，毋令吏胥得售其奸，則堤防有成，民免其害矣。所可慮者，但此承積荒之後，多苦無食，當令取勘貧者，驗口每日給糧，就准作賑濟之數，至秋還官，則民皆樂趨，而無逃避之患，斯亦講求荒政之一端也。

二曰審分泄。吴江之地，當太湖東南，其在南者分衆流以入湖，吴淒港、宋家港、朱家港、蠡思港、直瀆港、黄沙港、韭溪是也；居其東者引湖水以入江，花涇港、七里橋、柳胥港、虹橋、長橋、三江橋、三山橋、定海橋、萬頃橋、仙槎橋、甘泉橋、白龍橋是也。又自縣治至平望四十里間，亦係分泄湖水之所，今爲石塘，雖便往來，前輩嘗言有害水道，故鑿道以通水流，近年傾圮，俗吏鄙夫不知大計，輒堙而築之。又湖水多渾，易爲停積，沿湖之人多種茭蘆，歲久成田，咸登糧額，遂致水道日微。又花涇港、長橋正當太湖東流入江要道，至爲深闊，而花涇港居民慮爲盗賊所侵，苟利于己，輒夤緣巡捕官，爲之築堰，長橋又爲豪家堙塞，規爲田宅，水遂不通，爲患極大。今則入湖者泛濫而南流矣，入江者洄流而西浸矣，日滋月長，其害將見甚于今日。伏惟深爲利民至計，不惜小費，不求近效，不惑浮言，一切疏浚仍爲之防，不許踵襲前迹，則水有所歸，而無泛濫之患矣。

三曰務車救。夫水之泛濫者，既築堤以障之矣，水之壅遏者，又疏渠以導之矣，而水之停積者，若不竭力以車戽，則何從而減之乎！ 然民之貧乏者，或無力而弗供，豪獷者又恃頑而不服，以致互相推調，坐視陸沉，在乎上之人爲之激勸，而安集之爾。往年水患初作，上自長貳，下至簿尉，無不躬親看視，奔走道路，未嘗寧居，故諺有『救水如救火』之言，當急不當緩也。頑者治之，貧者寬之，繇是人知警勸，而法在必行。自近年設立水利官後，一切委之，然地既廣遠，卒未能周，居東則西不知，在南則北罔恤，欲求其無誤難矣。夫軍國之需在賦稅，賦稅之供在土田，土田之出在豐歉，豈可忽而不務者乎？ 伏望著爲令典，今後水潦，凡任牧民之任者，悉令分投巡視，督民而力救之，務在水平而後返，不可專委水利一官，以誤大計，如此則水患可禦，而民有粒食之惠矣。

四曰專委任。夫事功之成繇委任，委任之方貴專壹。伏覩永樂年間，凡興建水利，庶事皆責成糧長，而官自節度之。蓋糧長之任職在農功、賦稅而已，用心必專。自近年以來，添設塘長，又立耆老，復革去塘長，而立圖長，又有屬官、義官之委，糧長、耆老之總，紛紛多制。一國三公，十羊九牧，民無定志，莫知所從。且屬官望淺位卑，民不知畏，義官、總糧、總耆又皆貪猾之人，招權納賂，靡所不爲，是皆無益于民，適足以爲聚斂之端，張其兼併之勢。又況保選者老、圖長皆繇糧長，則其人可知矣。倚法爲奸，病民尤甚，望將所設諸色盡行革去，專令糧長、圩長管之，糧長管其都，圩長管其圩，縣之佐貳咸令分管地方，往來巡視，而正官總攬其綱，考其殿最，如此法歸于一，而民免侵漁之患矣。

張衍《水利款議》

東南水利，撮其大要，共十三則，倘能按款施行，可垂百世之利，謹序列如左。

計開：

一、蘇、湖之水爲上流之下者，嘉興、松江之水爲下流之下者，宜所先；常州、鎮江之水爲上流之上者，常熟、平湖亦似之，宜所後；其松江爲衆流之就下蹌口，又爲吴淞江之入海，施功所當先者。

一、在元嘗有水監之官，專理其事。每年開挑，各置水閘，作大舟横鐵帚，隨風流行，掃蕩沙漲，此最良法。其置閘每處一座，以愚計之，水閘之處，當置水洞于兩旁，置閘于中，此亦前人經理有迹可見者也。其吴淞江撩淺夫，必用蘇州、嘉興等衛所防海軍士及囚役之徒，常時看守，有淺則挑。

一、吴淞黄浦之入者，皆大江之尾，其水和淡，鹹潮小入，無害田稼，故河在東北者，宜浚。若邊南海則外灘低，而鹹潮易入，内地高而淡水不去，故在南者不宜浚也。

一、秀州塘抵松江城，西受湖泖之水，今已淤淺，其岸爲官塘，凡旱歲舟必涉淺，不若自今冬取其塘中之土而爲堤岸，一年一浚，誠爲至要。今乃仍取土于岸，泥益深岸益孤，而塘之淺自如也。然疏鑿其塘，宜多列水洞，以通西來之水，如旱潦皆可閉之。蓋自楓涇至松江府，不過泖橋、膝港、斜塘、石湖塘跨塘通流，若不置水洞，則水之來處甚大，去處甚少，不能去之速也。

一、凡小河曲港，每年九月半爲始，皆令有田之家自行開浚，如有豪户阻占者，令其一年一開。其官河中川如甽澮者，令附近人户二年一開，其大川責令有司申請鄰縣協開，五年爲率，所開之泥停積兩岸者，不許大户取築房基，止許小民挑修阡陌。

一、水利之職督于糧老，糧老督于圩甲，其農隙每區每圩修之務必堅厚，則自久遠。其土取之荒蕩，不必取之田中，其夫用之本圩，不必取之他所。自九月半起工，至正月初畢工，庶幾不廢農事。其修圩之際，凡官塘處所，盡爲修築，腹内地方全不經心，不知官塘水易車戽，腹内田仍渰没，此糧里、圩甲之罪也。爲今之制，必曰今日之不修，他日之渰没，其税糧差役，何從而辦？如是人孰不懼而爲之也，其有不修者，毋問官勢土豪，呈之于官，治之以罪。

一、茭蘆宜于湖蕩之濱，每年種之，可以當白浪之衝岸，又使小民之得魚。今凡小河曲港多被大户占種覓利，一遇水旱，則阻河道。大户田在河口者，車戽得所，則民田在中心者，勺水無求，此茭蘆之利與害也，不可不分别行禁。

一、松江東鄉地高，每年慮旱，春雨方行，作壩儲水，一遇天旱，田地俱荒。莫若着令有田之家，十畝開池一畝，百畝開池十畝，既能救旱，亦可蓄魚。

一、松江東鄉懼旱，宜閘水以種田，西鄉懼潦，宜作堰以截水。然堰之外固沮外潦，不能入堰之内，其水何從而出？蓋截水必在于水未長大之先，當下樁作堰，止留一河通舟，既可禦水，又能禦盜，泥土易取，樁木易辦，若臨時則費力多，而成功少矣。

一、湖泖之傍多有水渰田土，旱則止見舊岸，水則全爲巨浸，人户逃絶，每歲里甲賠糧，此當奏聞請蠲其税。其勢豪傍湖積茭成田者，當痛禁止，蓋成田者多，則蓄水者少，潢潦之際，何以容受？

一、出水之口名曰水洞，開閘多置水栅，上則通行，下則滯水，合于府、縣將官錢預收磚石，積于附近，專人督管，覷其水通之處，盡爲水洞，或磚或石，圍砌爲之，不宜深厚。旱則流通，水則泄閉，不可以木爲之，不久則朽，又不能無盜之者。

一、塘岸種樹，上可以垂行人之蔭，下可以堅塘岸之脚，必于農隙之時，命水利耆老，取水楊之枝，用附近之夫，每一丈而種一枝。蓋水楊多鬚，盤根則能護岸，其餘不可用也。附近田家鋪舍，朝暮視之，如有損盜者，治之以罪。

一、水利之興，不能不費財用，莫若令河泊所并新漲沙塗、新開蕩田、或官倉借米之息，三者之中，取而用之，庶功可成，而績可久矣。

楊循吉《浚白茆議》

三吴之田，大抵多卑濕，自京口至錢塘，皆東面海而西環山焉，中間南北徑七百里，盡肥饒之土，實以水利故也。水利者太湖匯西來羣壑之水，儲而爲溉者也。百年以來，法廢而不講，所謂水利者，今爲水害矣。何謂水利？太湖之水，善用之則爲利，不善用之則爲害也。不善用之害，則今年大潦，禾盡没，民至餓死，賣子女拆廬舍而不得食者是也。害至是，弗可再，皆郡中所目見，有去害之道，而容不講乎？所謂致害者，可一言而盡也，不開白茆港害也。害何在？害田害人，害人之鬻兒女爲奴婢，害無罪之人束腹而死，害平日之良民爲盜賊，害廬舍爲爨薪。今年害官糧不得入廩，將數十萬，是致害者，雖百年而不可盡也。然則人甘于害者，何故？曰有利，利又安在？利在白茆之人。嗚呼！爲潦也而捐數十萬糧，即又潦，將又捐之乎，此非長策明矣。蘇、松、嘉、湖皆仰命于一太湖之水，今悉毒其害而已，利獨一方之人。有議開白茆者，必畏害其一方之人而止。嗟乎！一方與四郡之人，孰爲多乎哉？然則若爲而可任怨禁強，移一潦免數〔二〕之糧，借餓死流移十萬之役大作，而徐爲之引太湖之水，東入于海，不使盤結于七百里之内，爲人大害，則大禹疏導之初心得矣。

姚文灦《水性辯議》

舊見《毘陵志·序》，沿江諸港，皆自外而内，自下而上，倒置源流，不識水道，江陰舊志亦然。夫三吴水道，皆西出于山，瀦于澤，東北注于江海，何乃類云自大江而入南，經某處某處耶？以諸港皆出于江，而流入于漕渠，悖亦甚矣。且蔡涇、黄田二港，相距九里，各自入江，昔人于其間鑿渠以通舟楫，遂以九里名河，舊志之記黄田乃舍其東南之源，而假以西南之派，且并吞九里，又以上下各二閘，若本爲一港者，彼豈知三水各有派，而二閘本不相沿乎？最後得曹宻之説，云江陰當運河下流，其水自常州經申港、利港以入于江。又云丹陽練湖、白鶴溪諸水，西自武進而來，入于江陰，其南太湖、梁溪皆溢于運河，自五瀉堰奔衝，而申、利、夏港以出于江，可謂深明水道者矣。

姚文灦《九里河議》

東南諸河，惟此易壅，推原其故有三：一曰黄田潮來，自東而西，蔡涇潮來，自西而東，交衝互激，會趨斜涇，湧滚泥沙，積聚腰腹。一曰浚起浮土，堆積兩厓，風雨淋洗，漸復入河，且河形曲隘，厓勢高陟，疏鑿既深，黄沙壁立，復水之後，遇没輒崩，少剥一隅，便壅數丈。一曰中吴地勢，沿江有山爲之包，近山土壤迤邐隆起，山脈引帶，生氣流通，日漸增長，如古之所謂息壤。

坐此三故，人不之察，以致此河堙廢。今欲開挑各一二丈，惟有才良吏爲政，久而得民深，徐依原議，以漸爲之，而又相度形便，攻鑿河口，別出蔡涇之南，拒却蔡涇潮流，不使東行以相衝鬪，則百數十年流通可必，而江陰之民，亦或少息肩矣。

楊子器《常熟縣水利議》

疏浚陂塘泖瀝

今按常熟北枕大江，諸湖交貫其中，實水澤也。有陂塘以蓄灌溉，有泖瀝以泄泛漲，故無旱乾水溢，而得常熟之名。然潮沙易積，浦溆多壅，每賴疏瀹浚導之功。錢氏有國之時，創開江營置都水使者，以主水事，募卒爲都，號曰撩淺。宋朝置卒千人，爲兩指揮，第一在常熟，第二在崑山，專職修浚。自郡民朱勔進花石，奪營卒以往，于是開江營遂空，而疏浚之事廢矣，今不可不講。

開決塘浦

今按縣治低田甚多，水聚不能以時入海，故設塘者，防水不得入民田，浦者導水以入江海。本治塘有三十四處，浦有四十二處，塘岸之高，率一二丈，浦之闊大三五十丈，要使浦高于江，江高于海，水行高處，而吴中可無水患矣。

上浜水匱

縣治有高阜之地，必設爲上浜水匱，關閉其水，以自灌漑，則水有所儲積，不得反流而趨内，是爲措置高亢之地。

善計度

宋時封疆萬里，觀聽不接，委任不專，五堰既壞，江東數郡之水皆入太湖，則源不節下焉。塘浦不治，則耕種之勤者，攘斥其地以爲己私，于是蕩無堤障，一雨即成久浸。蘇公軾、王公覿屢請開浚，朝廷疑而不行。郟亶力請于朝，嘗起六郡三十四縣之人以修塘浦，吏民喧訴，而擊墮幞頭，卒鳴鐃散衆而止。政和中差趙霖措置，通役六十四萬餘工，宣和再措置，支見錢四十一萬貫有畸，卒又勾收人吏，送獄勘磨而止。其計度之善者，惟范文正公來守吴郡，奏開許浦、茜涇、黄泗浦、福山港爲有功，至今講水利者，可遵可行。

順天時從民願

順天時者，必于歲晚務閑之際，方春東作未興之先是也。從民願者，即今水利壅塞，良田變爲巨浸，民心嗟怨。以致上天降災，水旱相繼，地道不寧，山崩水溢，若與開通水利，則固民之大願也。或遇年穀不登，欲興此役，必須設法口食以給所需，庶有成效。

固堤防

縣治田雖膏腴，或處低窪，或傍湖蕩，堤防不固，一遇天雨，遂成巨浸。近年增設水利縣丞一員，專董其事，每以農隙之時，修築圩岸，務要高闊堅固，旱則可以積水，潦則可以戽救，此水利中之急務，誠不可緩也已。

白茆港利益

吴淞江淤塞，而太湖之水北下，一遇淫雨，遂成巨浸。元末張士誠據有蘇州，閲故牘得周文英之議，開塹白茆港，長亘九十餘里，東抵海口，寬廣直徑，水去如瀉，吾邑受利爲多。國朝永樂間大水，命尚書夏原吉來治，賴此港疏通積潦。至成化以來，泥沙日漸壅塞，中流如溝，港口海沙適漲，横截潮沙，出入阻滯，水患自是不息。朝廷于府、縣添設通判、縣丞，專治水利，又有按察僉事總爲提督，建言欲浚此港者不下十數，皆曰氣運使然，置而不理。弘治四年以來，連遭大水，朝廷遣工部侍郎徐貫主事，祝萃來治，廣詢衆議，始獲一浚。腹心雖寬，而口沙尚鯁，勞而無益。今又革去僉事，易以部臣，領敕來治，必有大設施，以甦宿患也。吾民何其幸哉！

沈啓《導河夫銀議》

導河之役，始于吴越錢氏之撩淺卒，繼以宋之節置開江兵，迨至熙朝，額定派徵若〔三〕銀，而本縣歲徵里甲，以備浚瀹修築之需。惟嘉靖十六年，均一田糧，時無水患，盡釐革之。至二十六年，議復派徵如其前。三十六年，郡改爲驛遞修船之費，餘待水利之用焉，豈不誤哉？

王同祖《治水議》

治水之要，其説有三：一曰開決三江故道，以泄震澤之水。二曰浚治諸浦，以泄江湖之水。三曰疏導涇港，以泄田中之水。

何謂開決三江故道？太湖東入淞江，出吴江長橋，長橋之水未嘗不通，而所以爲東吴害者，則在下流入海之處淤，故積水溢而爲沴耳。若復決去長橋，使湖流浩至，而入海之處又復不疾，則長洲、崑山、常熟三縣之地，將爲深淵，此長橋不可盡決，利害甚明也。東江舊迹在大泖西北，爲爛路港、澱湖，西有急水港、白蜆江，皆東江之西段也。澱湖之東有出水港、斜瀝口、汉港口、小漕港、大瀝口、小瀝口，通潮水往來。潮退則引湖水下大漕、大盈等浦，入青龍、蟠龍江而出海，皆東江之東段也。今諸港皆淺狹壅遏，不通潮汐，而東江入海之處遂塞。東南風水回太湖，則湖州諸縣皆泛溢，西北風太湖水下澱山、泖湖，則崑山、常熟、吴江、華亭等處泛溢，是皆東江不通之害也。今之言東江所以塞而不通者，大率歸咎于黄浦奪權，海塘障遏，而不知江之通塞，亦自有時。黄浦、海塘未必能爲東江害也，或以爲東江既塞，而澱湖之水，繇千墩等浦北入于淞江，殊不知澱湖之水自屬東江，其北入于吴淞江者，但支流耳。遂以爲可泄澱湖之水者非也，苟能尋東江之舊而疏治之，使澱湖所受之水，皆得達于東南以入海，則松江可通，而數百年之害可去，萬世之利可興矣。

何謂浚治諸浦？吴郡之地，北枕揚子江，東通大海，西控太湖，南襟三江水之發源，則自太湖東注三江以入海。又其支流北達揚子江以入海，故古人于東北沿江海之所，浚三十六浦，以分三江之勢，使同歸于海。其常熟之浦二十有四，崑山之浦十有二，今三十六浦之中入海者，惟茜涇、七鴉、白茆、楊林爲最大，入揚子江者，惟福山、許浦爲最大。吴淞江之南有大浦三十六條，東自北平破江、艾祁、顧會、養蠶、大盈、南瀨、梁紇、石臼、分桑、趙屯、内勳、石浦、道褐、蕭市、金竈、千墩、注浦、張潭、棠梨、同丘、諸天、張浦、帆歸、舟直、甫里、渡頭、東齊、剎刀〔四〕、界浦、浮高、順德、大姚、破墩、盞頭。吴淞之北有大浦三十二條，東自顧會、安亭、徐公、北瀨、瓦浦、三林、顧幕、金城、木瓜、夏駕、[大/頁]浦、廣浦、社城、新洋江、馬仁、小虞、大虞、尤涇、梁里、華翔、心瀆、欒浦、薛莊、黄瀆、真義、界浦、下里、戴墟、上顧、青丘、奉里、任浦。其在江之南者，則西受陳湖等水，南受澱山湖諸水，以入吴淞江而達于海；其在江之北者則西受陽城湖諸水，横截至和塘，以入吴淞江而達于海。自新洋、夏駕以東則反納吴淞江之水，以東北趨于劉家港而入海。吴淞江迤東入海之口，其南有浜浦一十九條，皆通上海華亭縣界，其北有浜浦二十二條，皆北通嘉定縣界，皆近海，潮汐往來，易于漲塞，廣者日狹，深者日淺，惟千墩一浦，南通澱山湖，最爲關要，浦極深闊，與夏駕、新洋南北相望，水勢相入，屢經開浚，皆爲民利。今宜沿江相度各浦之通塞，使湖之水必趨于江，而江之水得入于海，則郡中東南之水定矣。

何謂疏導涇港？蓋圩田四圍皆涇港環繞，或傍江湖，或傍浦塘。曰涇港者，論其概也。涇港之設，有公有私，今則并通舟楫，分利水道。旱則引其水以溉田，潦則決田之水以入涇港，泄諸江湖浦塘，使歸于海。其利于農田最爲切要，故凡緊要圍田，水道通行開浚，使稍深闊，即取其所開之土，以修岸塍。如是則田間之積水，可引入涇港，涇港通流，可散灌于浦塘，浦塘決水可疾趨于江海。大小相資，首尾相貫，又何水之足患乎！

王同祖《水利工計議》

工役、計費二事，常相須計費足則公役舉。故今之言治農田水利者，莫急于量財，蓋公役之舉，歲歲興修，則繁而難行，數歲不治，則廢而難葺，故必相其工之大小，而爲之制。開江浚浦以十年爲率，疏決涇港，築圩治堰，歲歲修補，或間歲一葺，則工役不繁，而民不以爲勞矣。計費之出，必量其費之多寡而爲之制。若開江浚浦，疏通涇瀆之大者，則官爲之區畫，其築圩修堰，及疏決涇港之小者，則取諸食利佃作之家，如此則不煩于公，而不傷于民矣。

徐獻忠《山鄉水利議》

屢見各縣山鄉，旱災不收，大受饑困，山鄉平田既少，一遇旱暵，泉流枯涸，計無所資，坐以待斃，有司者徒見下鄉平田，頗有潤色，不肯特爲奏免糧税，予按視其地，皆坐不知水利之故。昔時梁寅有鑿池溉田之議，其略云畎畝之間，若十畝而廢一畝以爲（也）［池］[五]，則九畝可以無災患，百畝而廢十畝以爲（也）［池］，則九十畝可以無災患。予嘗至上虞之下溉湖觀之，方知梁子之議可行，而永久利民矣。有志經國者，當相視一鄉之中，擇其最高仰者，割爲陂湖，先均其税額于衆利之民，次營别業以補失田之户。大展陂岸，使廣而多受，雖亢旱之年，不至耗涸。從高瀉下，均資廣及，沾潤一番，可以經月，雖有凶災，不能及矣。況陂湖之利，魚蝦雜産，茭葦叢生，貧者資以養生，富者因而便利。大雨一注，衆流復積，前者既瀉，後者復蓄，山鄉水利，無愈此者。故叔孫之芍陂，汝南之鴻却陂，古人成績，可以引見，自非爲民父母者力主其事，愚民誰肯割其成業者乎？至于下鄉之田，亦有高亢不通資灌者，莫若照依北方掘鑿大井，上置轆轤，汲引之利，亦足自辦。民可樂成，不可謀始，出力任事，雖存乎人，必須奏留久任，方可成功，此又監司者之責也。

徐獻忠《復設勸農府縣佐議》

按成化九年，添設蘇、松、常、嘉、湖五府勸農通判，所屬縣縣丞各一員，近復革去。今世冗官，理應裁省者甚衆，惟蘇、松、湖三府勸農官，獨不可少。所謂勸者，專督水利以興農功者也，蘇、松在震澤下流，淤澱日甚，加以海潮漲沙日積，故吴淞江已爲平陸。今之爲郡邑者，誰復以水利爲念哉！而歲額日重，加派不息，今之蘇、松視昔之蘇、松何如也？吴興居于上流，其入太湖之水，既爲吴江所遏塞，則其南向之流，所係亦甚重，而圈爲菱藕之蕩，塞爲桑麻之區，日已加多，苟無專官治之，其誰已哉！若徒以區區冗官之議概例之，更後五十年，浦漊漲塞，高下俱病，非費數百萬，不足以議其成功也。

徐獻忠《吴淞江議》

考吴淞江所以湮塞之故，蓋海水有潮汐之害，必太湖東下之流，迅急方可敵住渾潮。潮退則因上流蕩滌淤沙，不致停住。今吴江長橋，既多湮塞，則水流不疾，而潮沙停滯，日復一日，遂致漲塞如此。夏忠靖公親履其地，遂將吴淞上流，引入婁江，而以黄浦改入范家浜，誠爲達權通變之機。至今黄浦通利，雖吴淞東半截竟湮，而夏駕以入安亭江，以達于婁江，至今猶通，自後即照此疏導，自然太湖之水可泄，以免湖州、宜興之患矣。若不探其本末利害，必欲開通吴淞，使與黄浦會而入海，則不惟工力煩難，將併黄浦湮塞，則東南之害，有不可勝言者矣。愚嘗以吴淞與黄浦如人兩足，吴淞之塞已廢其一，而黄浦尚堪達海，如人雖跛一足，猶可踉蹌而行也。或曰：『開通吴淞，工力雖大，何至既通而併黄浦塞之，此必有説。』予曰：『黄浦與吴淞，其勢相敵，此盛則彼衰者也。往時吴淞通利，黄浦之勢甚小，及吴淞既塞，而其勢始大，今則與錢塘江之迅急相上下矣。若開通吴淞，則其流直出黄浦，曲轉之勢不容不緩。況吴江長橋及寶帶橋之流入于吴淞甚徑，而入黄浦甚紆遠，若欲挽回其勢，非百千巨萬之錢穀不可辦。況今松江二縣之税，黄浦所利者居其八九，吴淞湮塞之患止居其一二，與其救一二之害，而廢八九之利，此不待智者可辨矣。』

沈啓曰：按吴淞江引太湖入海，即《禹貢》三江之一也。始于湖，終于海，凡二百六十里，昔人以吴江爲首，後議者以入海爲首，改吴江爲尾，則倍矣。今入海處界上海、嘉定間，有吴淞所爲徵，水猶通流，但勢微于首尾，遥遥其間，湮塞非一，爲田爲村爲鎮，各以地名呼，代易人更，遂忘爲吴淞故道。議者以爲吴淞全失，豈其然乎？況支流孽派，分泄未泯，若小龍江、新洋江、大直港之類是也。惟不能全受太湖之水耳。徐獻忠謂夏公引上流入婁江，顔郎中如環嘗辨其非，素通各注，不必爲引也。又謂黄浦通利，勢足代淞似矣。夫水勢自西南而東北者古也，數年來水勢日徙而南，蓋以黄浦在南，日決而大，吴淞在北，日墊而微，此去水之緩急，因之而遷徙，固有繇耳。然黄浦遠，而吴淞近也。黄浦之利盡歸華、上，而蘇州之利宜不能不求其下流于崑、常、嘉、太之河浦云。且四縣諸河，各居其縣之下流，疏常熟者不關于崑山，疏崑、太、嘉者各亦然。惟吴江與長、吴在上游，靡不涉焉。

張棟曰：夏忠靖通變達權，所謂急則治其標也。若獻忠之議則泥而迂矣，悖古違時，起蘇、松異同之見，吴淞不開，東南水患將成痼疾，害不獨在蘇耳。試合衆議，衡其是非，獻忠亦無所置喙矣。悲夫！

鄧韍《常熟縣水利議》

常熟固吴水之壑也，昔之人于其境，縱之以爲浦，横之以爲涇爲浜，大小貫輸，棋布而杼織，得古溝洫之遺意甚矣。功之施于世者，遠也。今其迹具在，而浦獨常廢而弗治，兹非潮沙之爲害乎？潮沙之日至，人狎視之久，則不可以有爲矣。至其不可爲治，而委之曰『此非人事之不至，乃氣數之必至』，非也。考之前代，有挑江之營卒，有浦口之置閘，有圍田之厲禁，有浚川之舟楫，有水課之殿最，所以爲浦謀者悉矣。

今當浦之湮也，則起大役以治之，役已則爲牘以奏績于朝，以爲自今水可以無暴，不復爲之後計，非誤乎？挑江有卒，則疏導之工不闕；港口置閘，則啓閉以時，而渾潮不入；圍田有禁，則水道廣而無障；浚川有器，則沙土不得以滯留，水課有殿，則官知自力，而不敢以苟簡。凡從事于水役者，其能外此以爲策，非也。常熟之水，視三江爲小異，以其力易而工速也，試操是說以見之于行事，視諸水至而爲之治，治已而無善後之圖，若有間乎哉，而載也何足以知之！

沈啓《決浚下流議》

按新漲阻塞水利講求修浚者，自古以迄今，則其爲害也無疑矣。然利害所關，不在上流，必在下流，而古今又不相沿。如宋單鍔謂增吴江一邑之賦，不知幾百倍也。所謂三州者，指湖、常、秀而言，稽之常州之水，在宋入太湖，在今已堰入大江，歲久法廢，不知堰尚至今存乎否也。秀州即嘉興，在縣東南其入界之水，僅谿瀾溪、汾湖以出三泖，與太湖渺不相涉。所關者惟湖州一郡，在縣上游與本縣四五至十五等都，壤界相連，俱在太湖西南水源之所谿來也。下流一阻，上流爲潦，勢所必然，此疏浚之説，不容于不講者。而今官司視爲迂緩，下民苦于工役，而利己者又懼其奪削也。故凡遇當事者，一則曰江湖水平，不爲阻礙。二則曰早開暮漲，浚之何益？三則曰所掘泥土，堆置何處？又好事者鼓舞之曰昔人治水，欲決吴江一邑，嗟乎！使盡決吴江以利湖州，湖州一郡之賦，不若吴江一邑之多，握賦權者必不惑也。惟所阻三説，在通變宜民者亦能辨之。夫百畝之田，多分河港，且猶爲利，而況利在本縣西鄉，旁及鄰郡者乎！浚吴江利在湖州，然則吴江之利何求？亦曰浚華、上、崑、常云耳。此上流下流之别也，復何疑，則吴淞、白茅之通利，豈緩于婁江，而婁江一綫之道，必不能兼泄諸港之水，故議者必以決浚下流爲便。

周鼎《農田水利議》

水之爲利大矣，其爲害亦不小，在反其所爲害者以爲利耳。浙西地勢卑下，積旬淫雨，輒内外交浸，雖竭力車戽，人苦不能勝天。一圍之中，又不能無高下，沿邊可車，腹心則力不能及。雖嘗界爲裏塍，奈無土可增，揭取旁近田面，纔四五寸，則瘦削不可以稼。彼遠田衆分其利，而獨損其近者，往往礙此，而莫之策也。竊謂或五百畝，或三百畝爲率，鑿深溝廣二丈，旁爲塍，内廣八尺，袤一百二十丈，不過壞田四五畝，而四五百畝皆無内浸之憂。況于溝塍上裝車，不挑損四外圍塍，免風浪之危，使沿邊高田之水畢歸之，車亦易力也。其所壞田上税糧，量于旁近田上均派，則圩心囊底，化爲沿邊高架，小有水旱，不能爲患，莫大之功也。

又永樂初年，農政是急，百凡公事，皆待農隙施行。各農官時常往來諸鄉，官舸隨地野宿，動經旬朔，督民整理，務臻實效，甚美事也。近聞事勢不復同前，每歲所修圩岸，皆卑狹脆薄，且新土易崩，方築于春，而梅霖踵至，唾手摧毁。愚謂習俗皆取塍内之土，粧貼塍外，似有可觀，但新舊土不相粘，未燥而雨，則累及原土，併墜于水。或燥而不雨，亦自迸裂，可惜不若幫闊裏面，縱有崩脱，其土原只在内，依舊可取爲用，非比外脱之土，隨流消毁也。

又議者欲沿塍裏邊鑿溝取土，以增崇而加厚之，多用樁笆以固其址，粗若有足觀者，然亦近似而實非也。田壓于水，罕有乾土，纔鑿下尚淺，外水即滲入于內，而內水亦土中泛起，併力車戽，用力反多，且濕土不宜多築，多築則經月如醉，不肯凝實，稍緩則梅潦將至，急則隨築隨潰，烏能成功？必今年築若干，明年增若干，後年高若干，庶幾有堅完之望。恐無是理，不若別築一裹塍，距外二丈，不用樁木，既免外來風浪，亦無雨崩之憂，不必疊歲增築，隨手散堆。如坡平闊，省人工而易爲力，略待燥，裁取裹坡脚，如在脊上，外坡則平妥如舊，不許陡直。棄外塍爲蘆葦葭菼，而禁其樵牧，一舉而三者之弊皆免。仍別鑿溝于圩心囊底，則彼民可得而有歲也。其法最善，奈之何而弗爲耶？

金處和《浚河築岸議》

浦塘河埭蓄水以溉田者，須于每年冬月，水涸之時，浚之使深，築之使固，或天時亢旱，雖不至于大稔，亦不至于全損。今人往往于亢旱之際，常使修治，至收刈之後，則忘興（上）[工]〔六〕，又況浦塘河埭衆享其利，若遇冬時修築圩岸以障水，疏浚溝渠以蓄水，其利豈不溥哉！但近來役于官者，當夫修治之際，不爲堅久之謀，徒勞民力，略無寸土。今之治水，必掄選通達水利者爲區長，立册在官，俾之經管，每季終赴官考其勤怠，如此則事克有成，民得安生矣。

曹胤儒《東南水利議》

江南之地，浙西爲低，浙西之水，太湖匯之。應、鎮、杭、湖爲南北西之極高，嘉、常以次第而漸卑，姑蘇居中，松爲下流，天目障萬峯于西岡，身亘百里于東。蓋江海之岸與山麓并高，所謂形如仰盂，非耶？湖水積于中，常若盂之形，非藉江湖深駛，何以通泄？況渾潮日上日積，港門日淤，此東南水利有不容一日不講者。而治之之法，大抵有三，所謂浚浦、築圩、置閘三者，如鼎足缺一不可。是議也范希文倡之，趙霖踵而行之，元有任仁發者，亦云治東南水利無他，浚河港必欲其深闊，築圍岸必欲其高厚，置閘竇必欲其衆多。設遇水旱，就三者而乘除之，自然不能爲害。漢、晉迄唐、宋，治績彰明較著也。以故東西號爲沃區，自元至今，漫弗復省，民窘財傷，有繇然哉！

乃我明自夏公原吉始大治之，逮及徐尚書貫，徐尚書之後李公充嗣、吕公光洵、宋公儀望、海公瑞皆欲建太平之道于東南，甚盛心也。吕、宋疏上未行，吕公專治白茆、吴淞、夏駕，次之海公專治吴淞、白茆，次之李公功則未終，海公最爲有見。蓋自夏忠靖用元人周文英之議，舍吴淞事婁江，一時不爲無利，然以全吴之水，一婁江泄之，似未爲安。今自海公開浚吴淞，數十年間，雖有水災，不爲大害，所謂擇善而行，巧于師古者，公其有之。其間諸公所行之事，徐尚書頗爲詳當，即其疏議有可按而覆者。一時浚治，俱有次第，隘口支川，無不就理。維時水患十去八九，但有司迎合，惟圖目前，而徐亦小就自畫，不能爲轉身之計。舊制版閘，淘河夫卒之設，圍岸之築，皆未全備。不過十二三年，而諸浦復塞，使醫除疾，而曰必遺類焉，過也！今視徐公之得，鑒徐公之失，并沃州吕公、陽山宋公二疏，劑量其間，必有處矣。無已則其要有五焉。

其一，高圩圍以固其防。修圩之利，最爲經久之圖。宋郟公僑議乞如練湖大作堤防以櫃其水，復于堤防四傍設爲斗門、水瀨，即大水之年足以瀦蓄湖瀼之水，使不與外水相通，而水田之圩岸，無衝激之虞，大旱之年可以決斗門、水瀨以浸灌水田，而旱田之溝洫，有車救之便。本朝沃州吕公光洵云：『吴下之田，以圩岸爲存亡。』失今不治，則坍没日甚，而農業日蹙，宜令民間如往年故事，每歲農隙，各出其力，以治圩岸，則田畝自固，雖有霖潦，不能爲害，且足以制諸湖之水，不得漫行田間，而咸歸于港浦。俾港浦之水自高于江，江之水自高于海，不待決泄，自然湍流。此之爲利，亦有三：

其一岡壠之地，岡水稍高，可畎引而資灌溉；其一屯水之區，因堤既立，可畝履而施播種；其一近海之港，因水駛急，可衝滌而去淤塞。宋兩浙提舉趙霖亦云：『平江之地，低于諸州，唯高大圩岸，方與諸州地形相等。昔人築圩（裹）［裏］〔七〕田，非謂得以種植爾，也將恃此以殺水勢耳。』但民無力爲之，當官司借貸錢穀，集得利之人，督以必成。或十畝或二十畝之中，棄一畝取土爲岸，取土之田令衆户均價償之，其借貸錢穀，官爲置籍，責以三年六限，隨税輸還，此誠治積水之第一議也。一時難興，願以異日，然終不可已。

其二，開江河以導其壅。近者海中丞之開吴淞也，吴中之水視昔少減，儒昨往上海，見吴淞東段宋家橋、真如港諸處，舟行澀甚。蓋千餘年來不爲疏浚，其勢則然，欲爲目前急務，莫若再開吴淞，并治七浦、白茆，及今爲之，功尚易施也。更緩之，日將復一日，儒甚慄焉。吴淞上流，寶帶、長橋一帶，或茭牧其中，或漁簖其上，及車坊漾諸咽噎之處，是宜急治無疑。白茆、七浦二浦在婁江之北，向因東江塞，淞江微，湖水乃北折併于婁江，而溢于此二浦。于長洲、常熟自西迤北，地勢卑處匯爲陽城、昆承等湖，二浦當諸湖之衝，上承湖水，入江海爲徑。昔人以陽城湖水經斜堰之地，枝分七浦，則白茆之流少殺，遂築斜堰，使湖水皆入白茆，而七浦漸塞，是宜就堰或疏而爲硔，或易而爲閘，庶乎其可也。欲開二浦，亦不可草草，蓋江海之濱，地形高于腹内，宋郟亶云：『昔禹之時，震澤爲患，東有岡阜，隔絶其流，禹乃鑿斷岡阜，疏爲三江，東入于海，震澤始定。』趙霖亦曰：『平江之地，雖下于諸州，而瀕海之地，特高于他處，謂之堈身，堈身之狀，又與常州地形相等。』是堈身也，起自福山、圌山迤邐常熟、太倉、嘉定三州縣之間，殆將三百餘里。儒嘗出太倉東門，諸茜涇中間，所謂腰茭站云者，誠如近白下之七里八岡，昔人謂茜涇南北之地，比蘇城、崑山其高不啻丈餘是也。往年開治各江浦，不過三四尺一二尺而已，又止于其地面爲丈尺，而不知以江湖之水面爲丈尺，又不問高下，而匀其淺深，欲水之東往，所謂倒行，而求及前人者也，自古而患之久矣。

其三，穿港瀆以分其流。即蘇郡婁門至太倉茜涇，通流之水名曰婁江，實至和塘接劉家港之水，而婁江乘之以流耳。其水自婁門至茜涇，約一百六七十里，南北兩岸各有浦，無慮三十餘處。蘇郡齊門北至常熟，通流之水名爲元和塘，約百餘里，東西兩岸各有涇，亦無慮三十餘處。舉二水觀之，所謂五里而爲一縱浦，七里十里而爲一横塘，非耶？今其水多湮，則湖江不分，田疇失利，不待中智而知者。是宜修復古迹，高大其岸，交加棋布，因而爲圩，以急而興，自近及遠，則良田漸多，白水漸狹，風濤漸小，宋人所稱，有不誣矣。即至和、元和二塘，他可知也。

其四，築壩堰以遏其衝。大都太湖上流壩堰之處，大者有三：其一，高淳之廣通三壩是也，宋郟僑書曰：『今究水利必先于江寧，治永陽江與銀林江等五堰故迹，決入西江。』單鍔書曰：『谿宜興而西有五堰，所以節歙、宣、金陵、九陽即永陽。衆水，俾西趨蕪湖。後廢五堰，則水皆入于宜興之荆溪，而下太湖，東灌蘇、常、湖嘉興舊屬蘇州三州矣。』今廣通等壩，雖不知是五堰故處與否，而所溢之水，即五堰所障之水也，西自蕪湖却入大江，民誠便之。自嘉靖四十年，一盜開之，吴下不免墊溺，今其禁不可不嚴也。溧陽等志有云：『中江一云永陽江，又或名之爲爛洋江』，則廣通所壩爲遏古中江之流無疑。其二，杭州之長河溢，其勢衝激，號爲震澤云者，正以岷江之水，西自蕪湖下宜興，東往太湖。浙江之外，南自錢塘入運河，北注太湖，杭西嚴、歙諸山之水并下苕溪，又自溪注湖故也。今廣通有壩，岷江絶流是矣。宋郟亶云：『杭州立長河堰，以歙、宣、杭、睦等山源决于浙江，則東南之水不入太湖爲害。』所謂長河堰，即今杭州德勝、長安等壩足當之。五代以前，浙江之潮直入運河，谿河灌湖，潮汐泛濫，泥水狼籍，似此之事，不可不虞。其三，金壇、丹陽、烏程、歸安、臨安、餘杭之間并有壩堰，當以百計，各志可稽。蓋使諸山之水瀦而後泄，其瀦也可以救彼地之旱，其泄也可以救彼地之潦，且視蘇、松水勢大小而啓閉之，計無便于此者。今諸壩堰多廢而不瀦，莫爲節宣，其利害爛然可睹矣。乃荆溪、百瀆之間亦宜仿古人成迹，爬梳之可也。

其五，别源流以殺其勢。今吴淞、婁江爲湖水入海之要道，白茆、七浦次之，乃若江陰、武進、無錫、常熟古有瀉水入江之勢，歷來各疏議可稽也。即今武進、無錫有孟瀆等一十四斗門，江陰有黄田、申、利、桃花諸港，常熟連接崑山，有福山、許浦、三丈等浦，皆瀉水北入大江，年來多湮，亦以傍江之地，高而易淤故耳。今非開浚使深，則諸水不入于江，而皆溢于湖，欲不泛濫，胡可得哉！又蘇、松之間湖、泖之水，互相攝受。然以大分言之，則澱山湖水注爲趙屯、大盈、顧會、崧子、盤龍等五浦，而入于淞江，三泖則注爲各塘涇港數百餘，而入于黄浦。自范蠡圍田，東江漸塞，後春申君遷就其間，始開黄浦。是浦也，實乘太湖東南委輸之水，及杭、湖、嘉分注諸流。向也東江未塞，此等之水自松江、柘湖、閘港等處直東入海，何其便也。東江既塞，黄浦雖浚，其水不東，而北屈與吴淞江會。吴淞通利，此水尚爲迂流，吴淞若塞，併入婁江，愈迂愈溢，害莫巨焉。昔人謂黄浦亦爲亂流，良是。今東江既已難開，鹹潮不可使入似矣。第錢氏有國時，南起杭之長安堰，至鹽官爲清水浦，谿柘湖、新涇塘爲小官浦，導二浦入海，爲復東江之一奇。惟有南宋乾道間，嘗開新涇塘，而鹹水延入蘇、湖爲害，于是廢新涇堰運港，而十八堰之議興焉。此丘密之功，到于今稱之，而惜其説之未竟也。夫毛漸之開新涇，與夫柘湖未涸之前，新場之東有通海故道，皆未聞鹹水爲害也，胡新涇之獨爾也？要亦水竇、涵管、閘壩之法，多有未善故耳。元人有云，願將松江通徹海潮河港，勸諭近民或官爲之，于港口築壘土壩，安置透水大漕，名曰水竇，潮來閉竇，遏渾鹹之潮，潮退啓竇，泄湖、泖之水，此舉最當，惜無有能行之者。若夫近江近海諸港浦，應設閘竇，昔人所列尤彰著也。今之人多迂之，其亦未之思與？是五者，前三以導下流，後二以理上源，蓋合應、徽、池、太、寧、蘇、常、鎮、松、杭、嚴、嘉、湖十三府之利害而總計之，非漫爲之説也。

又所謂三江云者，惟歸冏丞有光，以岷江、浙江、松江當之，與范蠡、郭璞之言合。若後人所稱松江、東江、婁江，今惟婁江爲大。東江自築圩田護塘之後，堙絶已久。向者岷江之中江，谿蕪湖過高淳，至陽羨，其勢自西徑東，故吴淞之流獨盛，以吴淞西受中江爲直故耳。三壩既設，中江之水，與南江併入北江，今揚子江是也。江水不至，則自西趨東，已無巨源。宜興上下惟受長蕩、荆溪諸水，其勢不甚洪壯，而太湖獨承天目山水矣。天目山水，在太湖西南，從西南趨東北爲易，而至和塘直接鮎魚口，其勢尤捷。夏公原吉又于崑山開夏駕浦，嘉定開顧浦，掣吴淞之水，入劉家港。婁江之不浚，自深有以也。太湖與岷水既隔，故不至蕩擊，免古陷由拳，潰武原，淪海鹽之患。吴江一縣，長橋一帶，不必決去，而吴淞屢塞，職此之繇。然吴淞與荆溪、百瀆、長蕩等湖之水直，又受黄浦，豈容不浚。乃若專督水利之官，僉憲爲便，嘉、湖屬之，則宋公儀望之疏在，似無容議。苟以近利通之，專轄以臬憲，統制以巡撫，如直省、兵道督以軍門是也。府、州、縣水利官，各衙門不得别有差委，其舉劾必以開復爲期。如漕完汛畢之例，庶幾哉事無推調，人有責成，而其效可睹矣。

曹胤儒《東南水利續議》

東南水利，即無事時，宜預爲之所，況今浙西五郡，一望渺然，古云『急易興也』，正此之謂。前小議已述梗概，有未盡者更詳之。夫築圩、置閘，此治水第一議，古及今談者，罔弗先之。然積以歲，乃可致也。若救目前，則重浚吴淞江，并治七浦、白茆，加意無錫、江陰、武進、常熟通江河港，吴氓庶有瘳乎！其繇具後，築圩、置閘所費不貲，非貧民所能自效，勢必動支官銀。今淘河夫銀之外，可取用者無幾。即開挑，且未敷也。無已則各郡邑所積賑荒鍰贖可議處也。滔滔者皆是，民皇皇焉無所措手足，其爲荒也甚矣。此而弗賑，貯之奚爲？苟以圩閘之費，盡用之于開挑，亦有圩閘之實效，竊有請焉，盍奏請欽定各江河塘港，三年一小浚，六年一大浚。當大浚之期，巡撫會同巡按，將六年之内監司及府、州縣水利之官某，干何年開浚何處，今通流或否，以爲殿最，舉劾隨之，則開江淘河撩淺，歲歲行之，不圩而圩，不閘而閘，事半而功易就，誠亦會其時之可爲也。若以十年爲率，恐僚屬間將有稱弗便者，水利道亦宜如提學故事，某年某月按臨某處，開浚何河，即呈報撫按，交儆互繩始可，不然前轍可鑒矣。

吴淞江西段，勢頗渺漫，至嘉定、上海之間，漸以淺狹。原其所以然者，蓋岷江之水不至，而夏忠靖公于崑山開夏駕浦，嘉定開顧浦，掣吴淞之水入于婁江，故水有分流，勢不雄巨，抑亦近海之地形高，且渾潮易淤耳。權而論之，婁江向爲吴淞之子江，今劉家河上接至和塘，至和塘上接五龍橋鮎魚口，則婁江直承太湖之水，無藉吴淞，其婁江之通利與否，與夏駕、顧浦無大相關。此二者有之，適所以爲吴淞之累，竊以爲塞之可也，即弗易塞，亦無可開矣。愚嘗泛舟顧浦，水亦無幾，不五六年此亦將湮。惟夏駕浦流尚巨耳，吴淞東段宜仿近日海中丞開浚之法，轉令深闊，爲一勞永逸計，餘恩其爲數世隆乎，不然徒以水面之丈尺，苟且塞責，則虚爲此紛紛，而所謂冥冥決事者也。吴淞既浚，則荆溪上源尤宜措置。蓋横塘、百瀆上承洮、滆二湖之水，而二湖上承應、鎮諸山溪之水，此等之水并注荆溪，荆溪之勢直貫吴淞，此而弗治，則上流壅而應、鎮有泛濫之虞，下流微而吴淞有淤積之患。

又所謂吐而不吞，求其爲建瓴也，弗可得矣。七鴉、白茆二浦在婁江之北，蓋太湖之水注于吴淞，吴淞淤塞，併入婁江，婁江亦不能盡容，溢入于此二浦。然二浦之水雖遞相吞吐，亦微不同，七鴉浦上接陽城湖，陽城界長洲、崑山之間，受蘇郡葑、婁二門迤東至和等塘、真義等浦之水爲多。白茆浦上接昆承湖，昆承界崑山、常熟之間，受蘇郡閶、齊二門遞北元和等塘、宛山等蕩之水爲多，正受正輸，各不相悖。此斜堰之設，大有妨于七浦，而或磇或閘，誠不容已，白茆不但南受吴淞、婁江之水，而且西受宛山蕩之水，宛山蕩上承無錫運河，則太湖之水溢于滆湖者，亦此分瀉，而蘇郡西北虎丘山後長蕩之水，更多白茆是歸。昔人云『沿江泄水，惟白茆爲大』是也。此二浦宜浚較炳如彼，其二浦枝河，在七浦則有陽林河可開泄陽城之水于海，大虞浦可開泄陽城之水于婁江。在白茆則梅李塘可開泄昆承之水于許浦。福山港可開泄昆承之水于揚子江，而鹽鐵塘南通吴淞，北達揚子，横貫二浦之間，似亦宜治。

又昔人稱昆承、尚湖上接常州諸水，婁門官瀆通陽城湖，上接太湖，其接處多有障遏，以及二浦接陽城、昆承二湖涇漊乃本浦咽喉，皆當併行疏瀹者也。沃州吕公有云『婁江見在疏通，今之争言水利者，必曰吴淞、白茆、七浦焉』，誠哉是言也。乃若常州以上泄湖水入揚子江之道，武進有永安河、南新河、德勝河，無錫有閘口河、芙蓉河、五瀉河，江陰有申港、利港、青暘河、西山塘、九里河，似此等水皆上承運河，南受太湖，殺河上流，莫此急焉。古云『開一江有一江之益，開一港有一港之利』，非歟？但瀕海沿江之地，當于腹内渾潮之上，易于壅淤，是在加之意耳。

嘉興之水北自運河注于吴江，西北自爛溪注于太湖，東北自秀州塘注于三泖、黄浦，若吴淞通利，嘉興可使無侵也。乃常、湖二郡居太湖上流，常州則有前所云各通江河港矣，而宜興横塘、百瀆，湖州通湖漊涇，盡當疏通，俾太湖西南、西北兩源一無咽噎可也。松江東南有曰閘港者，自新塲西流入于黄浦，其入處乃黄浦之折而北行處也。新塲之東去海不遠，故議者指是爲東江故道。今故道與否不必太泥，但導而東置壩堰三重，各設涵管，俾湖泖之水便于東泄渾鹹之潮，難于内延，此真復東江之一奇。昔人亦數言之，使果能行，則嘉、松二郡永無泛溢之虞，而松、婁二江亦有分殺之利，然亦未易言也。

吴江長橋，長洲寶帶橋，各洞門壅淤日甚，其内占而爲田者日衆，使鷁往來，罔不見之，卒未聞有誰何之者。是不必增置洞門，闢展兩傍，惟亟決其淤，而清其占足矣。但二橋之洞門雖闢，而海口之浦港未疏，則水有所行而無所歸，其爲溢溢也均焉。已上成説不過小補目前，即向所謂開江河、穿港瀆、別源流而已。

曹胤儒《練湖水利議》

常、鎮二府惟丹陽、丹徒有水利可講耳，練湖最焉。宋法凡有占塞及盜泄湖水者，罷如擅殺人律。元史至治三年冬，省臣奏江浙行省言鎮江運河全藉練湖之水，官司漕運，商販農舟，莫不繇此。宋時專設人夫，以時修浚，接濟運舟。自平江南之後，豪勢之家，于湖中築堤圍田耕種，侵占既廣，不足瀦水，遂致泛溢淤淺。委官相視浚滁，計用三千人九十日可畢，參政董中奉又言練湖舊有湖兵四十三人，添補五十七名，共百人，于本路州縣苗糧三石之下，一石之上，差充專任修築湖岸，設提領二員，豪寨二人，司吏三人，于有出身人内選用，工部給印，仍委本路達魯花赤〔八〕總治其事，同知知事專管啓閉斗門。并從之。夫宋、元之重練湖如是，豈得已哉！我明乃漫不加意，國初尚設巡司，旋復裁之。二百餘年棄置弗及，駸尋至于今日，運舟壅塞，無歲無之，而旱潦亦不獲其利。萬萬有風塵之警，欲行丘仲孚之策，不可得也。是當亟治無疑者，開挑占田，啓閉置閘，更當詳議。今有爲湖漏者，皆飾説也，如其果漏，亦當治之以復古迹始當。

毛節卿《水利議》

浙西爲區四高中下，勢若盤盂，浙西之田低于天下，蘇、松之田又低于浙西，東南濱海，北亘長江，西界常州，地皆高仰，而列澤中匯，太湖爲最。西北則受荆溪、宣、歙、蕪湖、宜興、溧陽、溧水數郡之水，西南則受天目、富陽、杭州、分水、湖州諸山諸溪奔注之水，瀦聚于湖。其下流分注龐山湖，滂承之而入于海者，是爲松江，此三江之主也。其下七十里東北流者爲婁江，而太湖分注陳湖、沙湖諸滂之水承之；其東南流者爲東江，而太湖分注澱山湖、三泖諸滂之水承之；其北溢匯而爲昆承、陽城、巴城諸湖者，北入揚子江；東入大海則有白茆、七鴉、梅里諸浦在焉，此三江五湖之源委也。水繇地中行，古之人因其高下之勢，制爲蓄泄之法。于江南北或五里七里爲一縱浦，以通其流；復于浦中東西或七里十里爲一横塘，以分其勢。低鄉則因取土築圍，以固田水，無泛溢之患；高鄉則因浚河引潮以灌苗田，無苦旱之災。海濁而江清，潮日二至，常欲淤塞江路，故通潮江浦悉置諸閘，隨潮啓閉。而中鄉地勢西傾之處，復設斗門、水竇瀦積湖水雨澤以灌溉。是故高卑兩利，水旱無虞，自唐益賦江南以來，疏防之具代不廢弛。至錢氏有國，趙宋南渡，全藉蘇、湖、常、秀數郡之賦以充軍國之需。當時盡心經理高田低田，各有制水法，利害興除，莫不備舉。故錢氏有國百餘年，止長興年間一次水災，逮胡元僭國〔九〕，古法漸廢，自是水旱相仍，歲課不入，復立水監庸田司，興修水利，雖不能如錢、宋，而吴淞一江，白茆諸浦，尚皆汪洋通利。

我明適東南富庶之餘，有司因循，失于經理，前朝所設撩清夫、管閘官與夫修橋、開河錢米等額，悉以無用廢之。成祖時常遣大臣來治，間亦有功，然不久召還。後以水利分屬浙江僉憲，凡百舉動，不得自爲，移文關會，數月未定，歲一出巡，虚應故事而已。治水之法，不當與水争利，官既廢弛，民亦偷惰，漸至奸頑勢要或利江湖之闊，攘其傍以爲田，或利通舟之便，決其堤以爲涇，種植茭蒲，滋生蘆葦，凡百要害，開掘壩塞，悉從民便。阻節上流，水勢無力，不能衝敵潮沙，兼以閘竇不設，渾潮日積，而江浦漸湮，湖水泛溢，而堤防日壞，是故東江塞矣。三泖南源繇黄浦北折而入松江之下流，松江中絶，龐山、澱湖諸水，繇新洋、夏駕而入于婁江，白茆新浚，昆承、陽城、巴城諸水日有所泄，七鴉壩絶潮水，而直塘數里中微，渾潮漸積。夫以太湖横亘三郡，周圍五百里，三萬六千頃之水，止繇一江一浦而入海。邇來婁江自太倉南關至海口五六十里，中流漲沙不下五六所，長者七八里，短者三四里，潮落行舟，往往浮沙而過。訪諸沙民，皆云出海向有横沙爲梗，此實漸有可憂之勢。及今圖之，費省而工倍，不然安知異日不爲松江之微，東江之塞耶？此事關係地方最大，人無遠慮，莫之省憂，當路蓋未之聞也。他如低鄉圩岸未築，而多水患，高鄉塘浦未浚，而多旱災，又其小者耳。

國家財賦仰賴東南，東南財賦資乎水利，水利本也，財賦用也。故祖宗朝精選重臣，專督委任，約費緡錢，動以百萬計。嘉靖初，肅皇帝敕巡撫大臣兼治，官吏既易服從，錢糧又便支用，最爲得體。後復廢革，有識者惜之。今賴政府言官深維國計，奏請簡命兵備憲臣兼督，住劄太倉，而帶銜山東，蓋欲專心水利，以蘇東南之困也。但府、州、縣水利官，更乞查照弘治九年，提督水利工部主事姚文灝奏内事宜，重農官之選，專農官之任，仍照推官例，不許别項差遣，相與講求水學，分行巡視，細造水道田圖，參訪利害，何圍岸當築而未築，何塘浦當浚而未浚，何江湖當開而未開，何閘竇當設而未設，孰爲急，孰爲緩，孰爲易，孰爲難，各該人工幾何，夫銀幾何，今春興某處，明春興某處，甲官督某工，乙官督某工，不惟其職惟其人，規模既定，次第舉行，大臣則提其綱而考察之，以定殿最。水利既興，通海江浦悉置閘竇，立啓閉賞罰之法，而歲加修理，庶免夏秋搶潮之勞，冬春渾潮之積，而恒暘得蓄河水以救旱。主委得人，則撩清之卒，亦可據險以防鹽徒、海盗之出没，利莫大焉。其開河築圩之法，宜照姚工部水利事宜條式，但民窮財盡，當役大户，不當役小户，當發公廩，不當發私廩。興大役也，驗田派夫，驗夫派工，以區分得利遠近而爲多寡，夫銀計户，隨蠲其糧，仍訪得利公正大户分督，若支河小圩之類，則令田主出食，佃户出力，或各治其田頭，而塘長、圩甲報夫之弊永革，則利可興而害除矣。昔范文正公守蘇，興修水利，斗米十錢，今之司牧，倘能留意，是亦今之文正也。

計開：

一、照田之法。姚工部水利事宜，照田撥夫，照夫分工，大户出食，小户出力，此不易之良法，民至于今頌之。姑舉近事以驗往年，本州水利判官王聘開楊林河，通查一州實徵田若干頃，内除例免田若干頃，存該撥夫田若干頃，計河丈數若干，合用夫工若干，然後計田撥夫，計夫分工。近河得利區，分三十畝一名，稍遠者五十，再遠者一百。如婁江之南，七浦之北，不資本河水利者，百五十畝不足數者，朋當每夫派五尺。造册既定，以木牌分立界限，塘長惟令督工，以近河服衆，大户分界，總督處置得宜，而人心自服，大小皆無怨言。近年復開楊林河，大户憚于出夫，從臾官府，大家多田，焉得許多夫役，故撥里甲夫日給米二升，而取辦于近河田濟農倉，出納侵漁，有名無實，是役包工，大户得利，小户受害，民是以胥讒夫惑。大家田多夫少之説者，蓋不知有田則有夫，假如户田千畝，須有佃户百家，就令三十畝一名，不過三十夫耳。自令計夫分工，立限責成，庶公平而無勞逸不均之歎。今塘長報夫開河，止查沿河得利人户家出夫一名，其間有業户，有佃户，有丁力多而種田百畝者，有丁力少而種田十畝者，若使概出一夫，不均孰大焉。今照田撥夫，照夫分工，既革塘長報夫之弊，又免頑民偷力之欺，不計大工小工，此法皆可用也。

一、開河修岸運土之法。岸有當修有不當修者，如有長灘多嘴須用挑去，其餘不必一一削草，見新土如有崩陷當補者，須令先載草泥，織砌外脚，方填新土杵實，庶得堅固。若不預先經畫，立定法程，則塘長只圖速遞滿呈，縱容夫役堆泥灘邊岸上，或以浮土幫岸補缺，甚有挑淺填深，如官來看河，只見岸新水平，便説工完。一遇渾潮大雨，衝洗新土，復歸舊河，名開實塞。又結工之日，河底未免有水，以故樣墩壩岸界多起不淨，以致阻節水勢，此須先令車夫去水起淨，打通水線，然後開壩通潮可也。

一、開河打水線之法。姚工部開河謡曰：『遠堆新土纔稀罕，盡露黄泥始罷休。兩岸馬槽斜見底，中間水線直通頭。』先年水利判官王聘繇給諫左遷，肯與百姓開河，民甚愛之，惟不知此法，故開吴塘而中流蘆灘不去，以致北段淺狹，開楊林而中流水線不通，以致東段淤塞，功小施而弗克大就。父老相傳，弘治年間，有本府水利通判陳暐善開河，嘗開某河，工將完而遇雨，塘長私開壩放水，無從考其淺深。暐曰：『先與我打水平也。』遂將茅毛截，兩岸打平水石灰樁，令曰『准此下深五尺』。命車夫去水重開，工完放水一二尺，取大鯉魚一箇，緣繫(本)[木]〔一〇〕牌于尾，投之中流，觀其浮没遲速，以測深淺處識之，責令重浚，必魚遊無礙而後已。此打水線之法也。

一、開河當順水勢之法。嘗見嘉定鹽鐵河出婁江口，舊河在西，某官因見海潮東來，欲迎其勢以利之，大集夫丁，從平陸開新河東出，填塞故道。不半年，新河復塞，舊河自通，水性之不可逆類如此。先年李尚書充嗣開白茅，知州梁穀下問水利于愚，愚聞白茅海口漲沙爲梗，殆非人力之可爲，變而通之，宜別有其道，西接鮎魚口，東來以達支塘，約長三十六里，自直塘北下稍東以達。巡司亦如之，上流頗通，下流乃塞，故道北折而轉入江者二十里，其徑平陸而去江者僅五里，因採獻野老之言曰：『舍故道而開平陸，一避海口之漲沙，二順水勢之就下，庶幾事半而功倍。』尚書遂從之，故今白茅通利，崑山、常熟南、長洲東、太倉西之低田，數年得熟者，皆開白茅之功，此當棄故道而不棄之者也。如近年楊林河屢開屢塞，人皆歸咎雙鳳士大夫開黃涇橋、鹽鐵塘壩，以致水勢北瀉，故東來淤塞。此得其一，未得其二也。蓋楊林河出海，自有故道，塞也久矣。下流北折借花浦併入七鴉以達海，故水去不及，而渾潮易積，此當循故道而不循之者也。湖川塘旋開旋塞，不通舟者四十餘年，人皆謂鹽鐵、楊林之潮適會于湖川，西去北折繇金雞河以通巴城，東去南折繇小塘子以入婁江，出口處適有漲沙，上流既無湖水之衝，下流又有漲沙之阻，此其所以易塞，婁江漲沙去，湖川亦自通矣。

一、開河當順天時之法，傳曰：『使民以時，釋者曰春耕、夏耘、秋收，至冬乃役。』愚曰：『不然，今觀高田收穫差早，而種菜麥約十月盡方閑。低田雖少菜麥，而收穫差晚，約十一月盡方閑。十二月嚴寒，民力難用，故興工須正月初，雖遲毋過正月半，放工須三月初，雖遲毋過三月半。蓋三月後，高田務桑麻，低田務番耕，農時不可違也。且開泥例運菜麥田上，三月麥長不敢挑，五月農忙不暇挑，又誤一年，種作故須及時也。如興大役，勢不容已，十一月上工，或中秋後重陽前亦可，暫役半月。吴俗種晚稻多，中秋稻次之，早稻又次之，大約八月盡收早稻，九月中收秋稻，十月初收晚稻，此時民力頗閑耳。

一、開市河之法。城中通潮，市河多被居民乘便棄撇煤燼、瓦礫，灰土阻節水勢，以致渾潮易積。而吾蘇郡城中不通潮者，日積月累，亦漸淤塞，旱年不能通舟。先時太倉開浚内河，知州陳璜知其弊，責令兩岸居民各照屋基開挑，遂著爲例，但未查姚水部開河之法，故不久湮塞。今欲疏通，必查原額，及今深闊，酌量中制，上樹界木，下留樣墩，居民各照丈尺分挑，不許浮土幫岸，挑土堆崖，如無空地容土者，查照松城開市河法，俱用船載，水則撩篰，旱則開挑，其公占官地，則報腹裏地方。夫一尺一丈皆有歸着，歲令總甲、保長巡視，則市河長通，而農工永賴矣。太倉水關三閘，乞加修治，立啓閉之法，以便軍民。父老僉謂閘傍仍開月河，築軟壩一條，聽潮來往，内河常蓄水三尺，大汛可以通舟，小汛可以運載，每一月啓閘，以泄積水，試之太倉有效，嘉定亦可行矣。

毛節卿《圍田議》

嘗考古堤岸高者，須及二丈，低者亦不下一丈，借令大水之年，湖水高民田五七尺，而堤岸尚出塘浦之外三五尺至一丈，故雖大水，不能入民田也。民田既不容水，則塘浦之水自高于江，江水亦高于海，不須決泄而水自湍流矣。故三江常浚，水田常熟，此古人治三江低田之法也。今水利久廢，江浦圍岸，外日傾而内日削，高者卑而廣者狹。近年大潦，高者僅能平水，低者水浮三四尺，觸處崩坍，不可勝舉。愚民只利近不見遠，稍遇旱年，沿江近浦田輒掘通下脚，以爲車場，水洞土虚善崩，理固然也。

今當于中鄉淤塞塘浦，因而開闊取土以築圍，固可一舉兩得。其低鄉無土去處，宜圩岸内開子河一條，取土增岸高五尺，闊一丈，内更作小岸一條以抵水。俱要砌爲高低水竇引水，内河以車灌，不許隨便開掘。岸塍栽桑柘以固土，河種茭蒲以聚泥，其通潮江浦，日引渾沙積澱，漸爲幫岸之助，則永久可無崩陷之虞矣。

其所毁田畝，必須開豁税糧以升科，開墾荒田、沙埸、草蕩之類補之。作爲官河、官岸，不許侵損其桑蘆等利，隨田收管，有缺輒令補之。又茭能殺水，亦能阻水，傍江湖之岸，宜多栽以禦風浪，其腹裏塘浦泄水去處，不許一概栽種，阻遏水勢。布政何宜《水利策略》云：『圍田四畔，或土脈虚浮，外水滲入，晝雖車乾，夜復漲溢者，宜于岸塍中心開掘一槽，深及外河之底，隨篙湖泥填及一半，俟其稍乾，用杵築令堅實。又復篙泥築滿，則水無自而入矣。又有圍岸因鰍鱔掘穴，或樹根朽爛，遂成漏洞者，亦依前法築之，自然堅固。』此宋、元極重圍田之議，今宜深究此法，則惠賫無窮矣。

錢允治《長洲縣水利議》

夫治水必須躬歷山川，不可妄意户牖，以禹之神聖，而未免乘撬乘檋，身親胼胝者。蓋地有高下，土有沃鹵，湍有緩急，瀦有淺深，勢有迂邇，苟非相度，不得其情，非咨詢，不窮其致。兹典籍具在，條分縷析，不可不謂之詳且密也，而或施之行事，則有挂漏者，繇其偏徇于掌故，而歷覽未周，指畫于陳言，而時變未悉也。即世之善爲論者，咸曰太湖翕受宣、歙、池州、建康諸水，未嘗言江水亦從蕪湖而入。又曰今日水患，皆繇太湖之下流壅塞，積水四溢，未嘗言太湖今日之下流甚細，不大爲患，何也？

高皇帝定鼎金陵，劉誠意實相厥役，因取九陽江之水，自天生橋折而北拱洪武門，繞京城出龍江口，于是築東壩，斷西南下太湖之水。而今太湖所受，惟荆溪、天目諸山水而已，是湖之水止大于瀦蓄，而不使于奔放，可足于灌注，而無妨于泛溢。觀吴江長橋迆南水洞填塞，而沿堤彌望，皆成膏腴之田。其在宋、元稍塞蘆葦，而水即四溢，何今二百年無此患耶？實西南諸水不入故也。吴淞江自古承太湖之流，而泄之海。湖水常駛，與海潮勢敵，故江流常通，水勢稍微，即渾潮深入，積土淤江，故昔之治水者，必先治吴淞江。今數十年來，潮水無障，積久成陸，所苦惟沿江之田枯旱而已，不聞湖水四溢爲患也。此亦足證太湖水源，視宋、元僅存十三矣。并湖之郡爲常州、爲湖州、爲蘇州，惟蘇州當其下流，下流之水乃蘇之吴江縣、吴縣爲之入口，太倉之劉家河，嘉定之吴淞江，常熟之白茆港爲之出口。

惟長洲縣隸郡東界入口之水，至是支分節溉，縱横旁溢。南爲尹山湖、澹臺湖、車坊湖、黄天蕩、金涇漴、朝天湖、吴淞江、獨墅湖、鑊底潭、姚城湖、陳湖、澱山湖；東爲沙湖，東北爲彭漴、陽城湖、施澤湖、昆承湖、耆澤湖、段澤湖、上澤湖；北爲黄埭蕩、長蕩、鵝肫蕩、漕湖；其通流爲官塘支港，其積流爲白蕩、白漾，蓋不下百十之數，皆受太湖之水，渟泓充滿，而後出于吴淞江、劉家河、白茆港，大抵邑之諸水猶導河者所謂分爲九河也。其太倉、嘉定、常熟出口處，猶所謂合爲逆河也。通流靡滯，則潦不妨農，旱可供戽，稍有澱淤，則水漫且激。田畝成浸，圩岸崩潰，傷苗害稼，非若他邑尚存高阜二三，可藝花荳也。其修治之要者，略有可舉河港爲舟楫通行者，官爲之疏鑿，其用以溉田泄潦者，即受利之民，自行開掘，所起之土，即用以築塘岸、填圩塍。在長洲之水利，異于他邑，而亦易于舉事者。如此俾有循良之吏，處官事如家事，究心三年之間，即可成數十年之利。然今之有司，非不經營水利也，其議論則悉，行移則備，然任事者視爲常談，不過略加掩飾，銷繳公文而已。此無他，繇主之者無專官，而施之也不責實焉耳。

本朝軍國大計半在江南，苟不修水利，則田賦不登，田賦不登則國用是匱，所當亟爲講求以開利源者，莫先于水也。誠得廣詢嚴勘，實見某河當官開，某河當民開，某堤當加高，某堤當增築闊厚，請著爲令，大約十餘年，一遣重臣蒞事，刻期訖工即回，此則利之利也。若付之帶管之官，不過行文塞白，訖無成效，又何咎哉！　在今日觀之，府、縣有水利官，繇役有導河夫銀，主之者又都臺御史、憲使，又每歲經理之。　試舉所修者何水，所利者何處，竟致五十年通行之水，則河身日高，而遇水至即盈，稍旱即涸，不通行處，則漸以成陸，不特茭葦叢生而已。　岸塍則大者崩削，小者堙廢，至于官塘亦傾圮斷缺，行路沮洳矣。　是謂之實意爲民，以圖久遠之功，可乎？

按長洲目前之水，其僅通者凡三十有三，曰吳淞江、陳湖、瀆墅湖、陽城湖、昆承湖、王墓湖、朝天湖、尹山湖、葉澤湖、漕湖、施澤湖、赭墪湖、黄天蕩、三塲蕩、鵝肫蕩、馬尾湖、車坊漾、范青漾、鑊底潭、運河、闔閭浦、角直浦、射瀆、麋瀆涇〔一二〕、齾塘、至和塘、匠門塘、柳胥塘、石獅涇、楊涇、龍漊、官才漊、金涇滸。　其已塞而應通者，凡五十，曰白蜆江支河、官浦支河、朱涇支河、吳莊河、瓜涇港、金巷港、王巷浜、黄泥涇河、珍珠浜河、黄涇港河、旱涇河、蠡瀆涇、長涇、揭安浜、永昌涇、雷塘河、趙墓涇、徐瀆河、濟民塘、陸墓塘、和尚港、思賢涇、堵墓涇、暢浦港、滕巷港、戰浦河、西浮阜港、張陵港、急水港、土橋浜河、錦帆涇、唯亭涇、魯斑涇、山塘河、太平涇、吳絲涇、寺橋河、楊巷塘、黄埭河、蠡塘河、南屑涇、泗馬涇、葑門塘、瓦屑涇、和豐橋河、甫里塘、東、北城濠河、鮎魚竇浦、東倉河。　是水可數舉，則工可數計，求其故道，因其自然，淺者深之，狹者廣之，淤者疏之，堙者鑿之，此無不可成之功矣。

又長洲之地平曠，水演漾而不得遽泄，每遇霖雨泛漲，風濤相薄，則河港之水逆行衝嚙，侵入田間，汪洋無制。宋轉運使王純臣，令吴民作田塍禦水，司農丞郟亶亦云『治水以治田爲本』，其説多可采行，今鄉中耆老皆言，三十年前民間食足事簡，歲時得因其餘力，營治圩岸，故田以完固。近年窮苦，救死不贍，不遑修理，故田圩盡壞，而水災加甚。國家額設塘長，正爲圩岸計也。今則水利官于塘役，則常例是急，塘役于田户，則科斂需索爲務，而于上司督促，不過飾虚文揑故事應之而已。其日至廢壞，而不可頓復，皆坐此也。誠使盡力圩塍，牢爲築治，則岸塍高田自固，雖有水潦，豈能爲災，且足以制諸湖之水，不得漫行，而咸歸于河港。水歸河港，則河港之水自然高于江，而江流疾駛，自然潮勢不能抗，而積水亦泄矣。此殆明白易見，而上無作者，下無奉行者，卒至利不克修，患不克弭，賦縮民困，吾不知其終何所取給也。

吴韶《吴中水利議》

導河主潮沙之導滁，制始于唐，詳于吴越錢氏，宋人承之，故吴江、常熟、崑山設城下四指揮，又有開江兵卒，撥隸開江指揮置營之舉。元人法之，乃有撩淺人夫，專事修理之制。蓋凡湖港通潮，沙隨潮上潮退，而沙日留積漸凝淤，遂成沙漲。今歲不闢，明年不開，略與岸等，故必設是人以主之。時常撩探浮沙，偶積即抉而去之，其始不過一二人之力，逮既成堙，豈止百千其功。謀其易而不謀其難，甚善治法也。其不以夫而以軍者，蓋夫出于民，恐妨農事，軍則不耕不植，有糧以贍其生，爲甲爲伍，有官以董其役，分方撩滁，得專心于所事。苟民夫應役，動致紛紜，雖有興事之人，必俟文移輾轉，坐費時日，莫急其功。前人之見，殆有深意。

至我熙朝，此法遂廢，每一興挑，積數十年。其在州縣，雖有水利屬員，不過四海九州之人，驟官臨蒞，莫識水土之宜，不四五年，且移官去，有秩滿而不識河港何在者，比比然也。爲今日計，不若以此分隸于近衛之官軍，則其人土著，而功緒有所稽也。且弘治年間，主事姚公文灝嘗立法，每縣于均徭項下，辦解導河夫銀若干兩，銀既解而河卒莫之導使，即以此給軍夫，以代其給引辦價之役，豈不兩便。江南寡寇，禍莫急于水災，以此責軍人，理無不宜。況唐、宋時之舊制，又昭昭矣。

張内蘊《東南水利議》一

江南水利，瀦蓄于太湖，太湖宣泄取道于吳淞江。吳淞西連太湖，東通大海，海日兩潮，渾沙易積，太湖之水注江達海，晝夜不息，力能衝散潮沙。漢、唐以來，吳江未築長堤，湖水無阻，沙不積聚，江水常深，吳中自來無水患。迨宋慶曆間，以淞江風濤，多敗漕舟，遂築吳江長堤，横絶江流五六十里。雖有橋梁石竇瀉水，終是抑遏阻滯，而江流之紆緩，始不足以敵渾潮之倒注，而吳之水患，始于此矣。宋人設法經理，既立水軍三四千人，以爲撩淺之用，另設官田米三千石，以爲經費之需。吳江知縣職銜帶提督湖塘河渠，縣尉職銜帶巡視湖塘河渠，如遇水路淺隘，橋道傾頹，本縣徑自支米應用，即時修理，賴此僅保無虞。繇此言之，太湖諸口，只宜常通，不宜略塞，水利職員，只宜特設，不宜兼官。胡元〔一〇〕不知遠略，軍散營廢，官田米歸之朝廷，所惜者止于三千石，卒之湖口湮塞，無官督治，貽害三州六郡之民，不知幾倍，終亦修浚。

迨我列聖留心農政，各處設有水利僉事，各府、州、縣設有治農佐貳等官，亦既勤矣。又恐遷轉不常，虛文塞責，故又時遣大臣經理。承平日久，成法漸弛，馴至水口堙塞，年復一年，沿江占據成田，日甚一日。湖流愈加隔絶，江水不復流通，非惟通潮去處，無復能衝散潮沙，即以湖水發源處所，亦往往停滯渾泥，漲灘一望極目。沿至嘉靖二十年以後，吴淞江日就堙塞，而吴之水患，始不可復救矣。太湖泛溢，泄放無門，低鄉田畝，方患全渰，沿江高仰之區，則又不能引潮灌溉，荒棄田地萬萬畝，虧損錢糧萬萬石。即今江道西自慢水江口，東距徐公浦口四十餘里，幾成平陸。至于太湖泄水諸口，如吴江之長橋，長洲之寶帶橋，沿江三十六座橋道，及一百三十餘處泄水石竇，内中多有浮泥積穢漲塞者，所當急爲相視，急爲疏浚者也。此須動支官銀，或起集官夫，非止一勞永逸，實爲正本清源，然此特其大綱耳，非其節目也。求其節目之最急者，則又在乎河渠堤岸之交修。

蓋河渠者蓄水以資灌溉，堤岸者禦水不得入民田，古者河渠深廣，堤岸高厚，非止爲治田之計，正欲約束水道，使江之水常高于海，浦之水常高于江，湖之水又常高于浦。蓋順其就下之性，引而導之，然後湖之水自入于浦，浦之水自入于江，江之水自入于海，沙不阻塞，旱潦皆宜。國計民生永永有賴，苟無堤防以約束水道，則散逸妄行，悉假低田以爲容受之地矣。欲藉其建瓴之勢，以蕩滌潮沙，胡可得哉！　夫有田無岸，水平入之，一年墮工，前功盡棄，一家墮工，諸家之功盡棄，則河渠堤岸之役，每歲當舉，此工不繼，安用開江爲哉！

夫以河渠堤岸之關繫甚急者，民間反忽而慢之，皆因水利官雜委兼攝，未暇專心巡視之故。其不曾巡視，又皆因未有特設憲臣提督之，故蓋上司之賞罰不行于水利衙門，則水利衙門之賞罰不行于塘長等役，上下相蒙，因循苟簡，若此不已，其害不獨在于民生，而且移之國計矣。然則方今救時之急務，舍水利之外，奚以哉！　水利之急務，舍堤岸河渠開江之外，又奚以哉！　夫治水天下之大事也，而足國裕民，全在乎此。　又天下之大功也，任天下之大事，以成天下之大功，非有天下之大智，秉匡時之大忠者，其孰能與于此？

張内藴《東南水利議》二

凡水勢聚則力專而流迅，散則力分而勢緩，故渾潮倒注之處宜于分，而江流順行之處則又宜于聚，殆不可以一概論也。　古者河渠深廣，堤岸高厚，非止爲治田之計，正欲駕水歸海，使渾潮永不積聚，江可常通耳。　以故近江高仰之地，常要多浚枝河，而通江近水低田，須要堅築堤岸，何則？　渾潮出没，必繇海口入江，方其潮來之時，有此枝河可以分其脈絡，而殺其洶湧之勢。　退潮之時，有此枝河，則百川衆流，并瀉入江，方能併力衝散潮沙。　故欲江之常通，莫先于兼浚傍江之枝河者，此一策也。　水鄉低田，賴其堤岸高厚，方可攔截水勢，使之盡入于江，不得散逸妄行，江流乃可迅速。若堤岸單薄，不行修築，則浩淼無涯之水，悉從無岸低田散入，水勢愈加紆緩，安望其滌去渾沙。故欲江之常通，尤莫先于急修堤岸者，此又一策也。

若其上源要害尤在太湖泄水諸口，現今沿湖諸口，悉被民間圍裏成田，築爲蘆埂茭蕩，水脈全然不通，吴淞江夷爲平陸，實繇于此。應委風裁有司，備查沿湖通江泄水諸口及石竇。古迹港汊，凡有淺隘漲塞，工程重大，官爲措置。工程小者，着各專利豪家，自備人夫，悉從自己田限所對橋門石竇，通行開浚，不如式者罰。追歷年花利，以備河工之用，兼防里胥因而索詐擾民。其水利官分地程功，定勸課爲殿最。仍再查照銀渚東壩事例，請旨申飭，刊榜嚴爲禁約。夫旱地有支河，則海潮倒注之處，常分而不聚，水田有堤岸，則江流順行之處，常聚而不分。沿湖泄水口子，又有厲禁而時常修浚，則上源之宣泄，益無阻滯。三策并行，雖有渾潮，決不能深入。縱有沙泥停蓄，江流隨輒滌去，如此則吴淞江可以常通，太湖積水可以常泄，吴中可以永無水患。

張内蘊《東南水利議》三

爲政有體，操得其柄，則己不勞而事畢舉，功在萬世矣。今欲興修水政，垂惠三吴，不須別項勞神，祇須采集衆議，立爲成規，以傳示永久。如旱鄉支河，限定每年一開，幹河則五年一開；低鄉圍岸，限定每年一築，界岸則三年一築，剋定程期，永爲遵守。一家之工役不完，責在業户;一圩之工役不完,責在圩甲;一圖之工役不完,責在該年總甲;一區之工役不完,責在塘長;一縣之圍岸、界岸、支河、幹河俱不及期修浚,責在水利官。

水利官自十一月起至二三月止,并不許雜委,亦不許取具糧塘、里老結狀一紙以塞責,須令出舍鄉鎮巡行,問其疾苦,省其勤惰,相其原隰,酌其淺深高下,孰爲利所當興,害所當除。各處荒棄田地,用何調度,方可轉荒爲熟。凡切于國計民生者,通要留心經理,申詳酌處。雖上司或有别委,掌印官不必關牒本官,徑自另議一員,申請朦朧,不行申請,致令雜管他事,墮誤水利大政,責在掌印官。水利官怠惰偷安,不爲出舍巡行,責在該府水利廳。該府水利廳不嚴加督察,不按季臨視,其責亦有所歸。大約巡視一年二年,圩岸可成;巡視三年四年,溝洫可深;巡視五年六年,浦瀆可通;巡視七年八年,三江可入;十年之外,流民可以盡歸,荒田可以悉治,户口漸饒,國計日裕矣。

王叔杲《吴中治水專官議》

江南水道湮廢已久,今驟欲開復故道,非惟工費無從措處,即積土何所安置,民情必有大不堪者。惟當久任專官,漸次疏導,方可望其底績。官不必以水利爲名,惟當以治農爲務。愚考前代江南嘗設有營田司,誠以田疇之廣衍,民力之勤惰,不可無專官以督察之也。昔錢鏐以蕞爾之區,惟盡力農事,遂致富饒。我國家財賦,仰給東南,乃惟知責小民供輸,而於治農略不加意，此愚之所未喻。或謂小民力田爲生，固所自盡，添設一官，徒以增擾，或謂各府、縣治農之官，未嘗不設，而卒未見有裨於農事。夫百姓顓蒙，非提撕則日就荒惰，官職卑猥，非督察則甘坐鰥曠。今州、縣治農之官，因上無專督之長，漫不知職守爲何事，既有臺臣以總轄於上，不可無治農僉事以承奉專督于下。

夫所謂治農者，非止於水利也。如低鄉畏潦，則急於築圩岸，高鄉畏涸，則急於浚陂塘。幹流病於淤塞也，則疏導不可以不時；支流病其分水勢也，則堰閘不可以不築。以至江湖之旁，坍漲不一，坍則速爲開除，俾小民免虚賠之苦；漲則即爲升科，俾奸豪銷專利之謀，此皆治農之事也。州縣之長，既苦於政務之繁，力不遑及，而丞簿等官，勢固有所不能行。江南逋負之多，雖繇於供輸之繁，而實苦於荒區之累，皆原於農事之未修也。欲爲財賦根本計，誠莫要於設治農專司，終歲帶同丞貳等官，巡行阡陌，浮泛江湖，問農家之疾苦，察田蕩之利弊。時當農隙，則督民疏浚築圩，農事既興，則爲民清查勸相，所謂擇可而勞，佚道而使，小民習以爲常，自不見其擾，而反以相安矣。

昔人謂江南之水利，如人之治身，不可使氣血一日之不調。愚以爲國家之視江南，如富室之視腴産，不可使農佃一日不加勤恤。歷考前朝，每每數十年間，必遭大潦，田疇悉淹，上供困匱，而後建議遣官治水。及遣官既至，而水勢已漸消，稍一疏導，輒奏平成矣。今其所治之河，歷歷可按，悉已漲爲平陸，與其修治於已變之後，孰若預防於未變之前。與其驟興於一時，以磬無算之費，孰若漸修於平日，以成不勞之功哉！ 若官徒以水利爲名，誠恐三時農事既興，疏浚稍息，居閑無事，議者又目之爲冗員。 或水利稍治，旋復報罷矣，誠不若專設治農官之可久而有據也。 當事者宜諦思之。

周大韶《崑山、嘉定二縣荒田水利議》

積荒田土，惟崑山之十二、十三保，嘉定之十六、十七都爲尤甚，究其所以，始緣水利不通，并苦官逋爲累，小民無所控訴，故相率而去，以爲緩死之計耳。 茲欲區處流民，使之歸墾，其説有五。 一曰減重賦。 蓋此處地廣人稀，糧多租少，不足以償所出，當役者往往問罪破家，故不得已而爲之逃亡。 今雖不能如周文襄秤土定賦，亦當於三斗三升之内，量減一斗或八升，而又輕其徭役，免其重派，則斯民莫不樂歸而開河渠。 蓋此地高阜太甚，溝洫難通，一澇則積水爲害，一旱則車戽無資，賦負民逃，皆繇於此。 但今吴淞江雖開，而内河如徐公浦、瓦浦、顧浦、雞鳴塘等處，尚多淤塞，所通者亦不滿二三尺，豈能灌溉。 必將此數條大幹河，動支官銀開浚，以此墾荒，荒可熟矣。

周大韶《吴江縣蕩價議》

今之議塗田者，僉謂享利甚厚，價值甚高，故加其賦也。 重其價使入於官，亦可也。 殊不知亨利厚，繇於天時晴霽耳。霪潦一至，率多滰没。價值高，繇於税糧輕省耳。賦額一重，誰肯承當。故今區處塗田，竊以爲加其賦不若清查舊佃册籍，使糧之顆粒皆有歸著；重其價使入於官，不若加意於丈量之際，使田之隱漏一無所容。况今議價入官，不爲急濟河工之用，與其議多而難，不若減少而易，與其盡法而得虚名，不若量情而收實用。爲今計者，合行委官，將此新漲舊漲塗田，排字定圩，挨坵編號，通行丈步，盡數報官，除荒蕩茭蕩另議外，其餘熟田，列爲上、中、下三等，逐一註明于册，聽候覆勘。

上等熟田兼種菜麥，每畝徵銀六錢或七銀；中等熟田止種稻禾，難種菜麥，每畝徵銀三錢或四錢；下等熟田雖種稻禾，亦難保其常稔，每畝徵銀二錢。于税糧則隨其所納以爲定額，永不加增，茭蕩荒田則并其田之價銀，亦通行免派，以示寬恤。惟有不經告佃，私墾成田，栽種稻禾者，免其追花問罪，每畝罰銀一兩，至於水閣橋棚，查其有礙于水利者拆之可也，如無礙于水利者存之可也，或每丈納銀一錢二錢，亦無不可。如此則既不輕縱之，而示之以法，亦不重苦之，而權之以情，是雖價從輕減，在民間不無遺利也。

周大韶《吴江縣河工議》

竊惟水利之所需者，莫急於財力，財力之所賴者，莫大於塗田，塗田之最多者，莫過於吴江。計田徵銀，計夫給食，人皆謂河工之費，可取辦於吴江矣。而卒大繆不然者，韶反覆思維，惟以俯順人情，姑聽貧民自用其力，爲從長之計。蓋以吴江之貧民，就開吴江之河道，其便有九：鞭(朴)[扑][一三]不施，而夫之所在，即銀之所在，其便一也。田多價多者，即爲之長，不必另報夫頭，以生事端，其便二也。雖用其力，實以勾銷其應納之銀，仍用銀名色取具領狀，在官事干錢糧，易於責成，其便三也。上無出納給散之勞，止須臨事課功，其便四也。下無守候領支之苦，而工食盡足，毫無掛欠，其便五也。各食其食，即各居其居，夫廠不必蓋造，其便六也。椿笆竹木，富家各願自備，工完各自領回，無煩官府措辦，其便七也。況今貧民盡收，是國家不費一粟，兼寓救荒之意，其便八也。河工取諸其力，省出一粟一布，皆易銀以供正額，民得存生，其便九也。

夫天下之可患者，止爲有銀而無夫耳。一用貧民，遂可以不勞而集事，較之始焉，追呼拘迫，以責民之所無，既而曠日持久，散而聚，聚而復散，以求濟乃事者，相去不亦遠哉！然欲得民之財，當先服其心，而欲服民之心，其策有三：一曰預給憲票，以絶加賦之疑。夫塗田納價，本爲糧輕，許以糧輕，而無憑據，何以示信。今當刊布帖文，示以納價之後，聽其永爲世業，永不加賦。先令該縣用印，候具領狀之日，户給一紙，以歆動其心，俟其工完之日，仍復送縣類解，請給憲印。以民之力，治民之田，以永遠之輕科，易現今之實用。大令一布，翕然歡騰，鼓舞民心，此一策也。二曰候查低荒，以杜混徵之累。夫低田年常渰没，九年三熟，錢糧累賠，此田俱屬貧民，大户絶無，較之湖口塗田，利厚糧輕者，大不相侔。耆民混報，蓋亦有之，概行徵價，既以不可，即與開豁，人將效尤，合行出示，如有此等，許具區圖圩號，步口開報，聽候吊取先年丈田經緯册覆查。生情告擾，希求漏價者，盡法重處。通計册内混報，十中不過一二，所議之價，當必在於下田，得即准查價之所蠲，雖甚不多，恩之所及，殆非小補，鼓舞民心，此二策也。三曰明立限期，以紓併徵之憂。夫塗田價銀，鄉宦動經千兩，富户百兩，或數十兩，塗田銀如此，則正賦可知。一時併徵，勢難兩辦，合無將蕩銀明立程期，定限今年先完一半，明年通完，庶幾數少則民易於供辦，官易於比徵，鼓舞人心，此三策也。以此三策，出示曉諭，民雖疲聾，自當感激，奮勵安坐而籌，吴江之河工，可以指日計矣。

周大韶《宜興西氿水利議》

宜興縣之水，上接金壇、溧陽及廣德分界山，長興張渚之水，并會于此氿之中。一從縣治前後瀉出東氿，以入太湖，一從長富、張師等河分入西隔湖，支流分散，故西鄉一帶之水，雖甚積雨，不至久淹。既又問之居民，云西氿之水，雖有大風，不過少阻程途，而無覆舟之患。復詢溧陽運道云，此氿每歲冬間，順風駕帆，頃刻可至數十里，况溧陽從七里莊河徑出丹陽，但橋梁低下，增高數尺，則不必更出常州，此又至便之事也。又至成塘橋，咨土人以復河之策，云北有宋瀆，前人所開，以避氿中風波之險，後人趨便，俱從西氿出入，略加修浚，則巨舸重載，亦可無虞。循至宋瀆，見兩岸古堤，原係舊路中間一河，既深且闊，獨梅春滜稍闊，須當作堤成路，然亦不過半里許。其餘淺淤小者，少事疏浚而已，其道里之遠近，亦與沈相當，縱迂遠亦不過一里，於各支河上横布木橋，則至成塘率皆縴路，每河置橋，不過八九條，無甚巨費。不知當時委勘府、縣官，何不訪其舊迹，以圖便易。司水利者見之，必將樂其功之易成，而亟圖之矣。議者又欲近沈蘆灘草岸民田開進一河，算來該開畝數約二百有餘，價銀與所費樁木，不相上下，無山塹廬墓所阻，兩岸竪土，可免波浪衝激，况實地用功，民易爲力。但工計繁劇，姑置之後着可也。即今蘆洲與無灘者，尚皆水淹，不知冬水落否，否則車戽甚難，與其重費以圖其難，孰若省費以圖其易，且可以禦風波，可以避盜賊，可以過糧運，可以便商賈，而百世永利矣。

沈位《吴江水利議》

竊聞三吴大水，迄今且數月，尚未全落，祇恐春耕在即，難以興播奈何？大抵東吴西浙水利，半在吴江，而吴江水利，半在長橋上下。今之長橋，即古之淞江，南受湖州苕、霅諸溪之水，北受震澤之水，故一遇霪霖，則吴江先受其害，其勢然也。然聞正德庚午，大水不過三日即去；嘉靖辛酉，大水不下庚午，然自五月至十月乃去。今年之水去辛酉不過三四寸，今尚未去，何正德之水易退，而今日之難退也？究其故，正德年間，蕩田之利未興，而今日則勢家巨室，瀕水之田，争占蕩利，故河身日小，瀦泄無從，水雖欲退而不可得也。夫此蕩田每畝起税，少者三升，即此三升計之，吴江蕩糧可得五六萬。此五六萬者，乃後來隨增隨派，亦不在惟正之供之數，不知此項在何處開豁。故此一蕩田也，上有裨于國稅，增之可也，下有益于民家，增之可也。今益稅無補于國，一遇水害，不論高下，水壅而不得泄，又無裨于民，是蕩田之利害，不待辭畢而已見矣。

嗟乎！昔殷欲遷都，巨室擅沃饒之利者，皆不肯遷。今欲開長橋上下一帶，必憎多口，自非遠見之士，不爲目前計者，不肯爲此言。自非憂國奉公之當事，亦不敢以此言進，位唯有浩歎耳。試詢父老之力耕而貧者，當得其實。壬寅、癸卯之間，沃州吕公嘗有得于此，嘗疏告廟堂，會計工需，有事開浚，以代速不能行其志，其他傳舍其官者，率置之膜外。今沃州之説具在，倘按而求之，則水利何患不興耶！

王焕如曰：言吳江蕩田之害者不一，率未暢快，得沈公數行，砉然神解，多言不如簡當，信哉！

耿橘《任陽水利建閘壩議》

任陽六區，并極低之地，坐跨七鴉大浦，形若仰盂，水能入不能出。其東南一帶係太倉州岡身高地，一遇天雨，水從高建瓴而下，向七鴉大浦入海，而浦至太倉沙頭鎮、七鴉口一帶，淤淺倒注西奔，則亭毒于任陽之間。況七浦大塘西通長洲縣陽城湖，西南通崑山縣傀儡、巴城二湖，湖俱東北流入于海者，地勢然也。一浦不能泄三湖之水，故向于三縣界築斜堰建大閘以障之，使陽城、傀儡二湖，繇黃涇下白茆入海，而閘不知于何年全毁。浦口又塞，東海不泄，西湖莫禦，一遇水潦，六區之地，匯爲巨浸，田爲沼，民爲魚，非一朝一夕矣。

此中父老，議欲訪[一四]范文正公築圍建閘故事，以驅其害。橘嘗再四查勘，如于東南陶舍涇、重罡涇、周涇、曲漊等四口，各建小閘，龍池涇、前、後黃涇、馬池涇等四口，各築土壩，以禦太倉岡身之水，使之繇吳塘過七浦，循鹽鐵塘下白茆港入海。西南如沈家浜、丁澤涇、塢坵涇、石灰涇、周涇、南梢西鵝涇、南梢西斜塘七口，各建小閘，防備漊口，築一土壩，以西禦南斜塘、界涇、太湖涇、巴城湖之水，而東禦潘涇、太倉高處之水，北禦毛沙塘、七浦之水，使其水西繇毛沙塘過七浦，遵黃涇俱下白茆港入海，則三面西來之水，不能犯任陽一滴矣。再于七浦兩岸，如古全涇、西鵝涇、北梢東鵝涇、北梢周涇、倒插浜、瓦屑涇、黃昃涇、橫塘八口，各建小閘，新開河、蕩涇二口，各築土壩，使七鴉大浦之水，不能南害東四十都、南四十都、正副四區。如山涇、大周涇、小周涇、蒲漸涇、廟涇、北橫塘六口，各建一小閘，使七鴉大浦之水，不能北害北四十都，正副二區，則任陽六區如金甌然，海溢湖翻，任其縱橫，拱手而觀之，六萬四千畝沮洳荒田，盡變爲膏腴沃壤，此任陽百世之利也。

夫江海大閘，工費動逾二三千金，即斜堰閘，費亦不下千餘金，不易辦也。此任陽小閘，每座費不過十數金，浦南四區通計一十九閘，計田三萬四千七百五十三畝；浦北二區計六閘，計田二萬九千一百七十八畝，驗田派工，每畝不過釐毫，此田歲輸糧每畝費不下二錢，而荒瘠污穢，所收不償所輸，捐釐毫以博無窮之利，倘亦必不容已之役乎？少佐官帑，以督責其成，所當亟議。

耿橘《潭塘水利建閘壩議》

潭塘八區，自縣翼京、迎春兩門外，南抵長洲縣界，縱長三十有五里。昆承湖逼其左腋，華蕩衝其右臂，元和塘、陶蕩循其兩股，若西，若西北，若西南，江陰、無錫二縣之水，繇蠡湖者，繇尚湖者，繇王港蕩者，繇宛山蕩者，繇佳菱蕩者，俱會于華蕩，而奔入于潭塘，至昆承湖下白茆港入海。若南若西南，長洲縣境以南之水，繇陽城湖者，繇傀儡蕩者，散漫北流，緣元和塘、陶蕩諸處，亦經潭塘會昆承，下白茆入海。譬之人身，潭塘胸膈也，昆承腸胃也，白茆尾閭也，華蕩、元和塘、陶蕩皆咽喉要路，而華蕩爲尤甚。養生者咽喉納，腸胃蓄，尾閭瀉，則胸膈快暢而無恙。乃今白茆入海之通渠，日就淤塞，昆承湖蓄極不通，勢且返溢，則腹裏大港、分鄉涇、新安塘諸水，又爲潭塘翻胃之道，納者莽滔，瀉者涓滴，反溢者彌漫而莫稽，則潭塘危矣。田荒民竄，豈得已哉！

橘嘗日進父老講求，惟浚白茆爲治本之良劑，而工巨費繁，未敢即舉，姑學醫方之治標。查得西四十四都正副二區被滰之田，南和尚、北和尚等圩萬餘畝受病。在元和塘之黄墓涇，此涇東西兩頭建閘，中間南股築壩，以外禦華蕩横流，内禦大港反注，而此地庶亦可穌乎！又查得西四十四都之十六圖，北四十四都之九圖，南四十四都之七圖、九圖、十圖，田二萬餘畝被潦尤甚。受病非一，必西壩蝍螺涇、池家漊、大潭塘、中潭塘、張港五處，禦元和塘一帶南來、西來之水；北壩龍蕩、狄家、趙鏘、天井四處，禦廟涇、大港内攻之水；南壩毛涇，禦顧涇外來之水；東南壩新莊禦陶蕩北來之水。又于兩潭塘、張泗蕩東梢建石閘三處，禦新安塘、分鄉涇反注諸水，且以通舟楫，便農田，而此地可緩乎！又查得西四十三都之二十九圖、北四十四都之十圖，田七十餘畝，僻處一隅，被潦更甚。東潭塘、陳蕩二水經絡其中，東受六十二涇，西受新安塘，北受龍涇，東北受昆承湖諸水，又於四方築壩四條，而後稔可保也。凡此特爲低中之極低者，區畫所謂暫救燃眉之計耳。又須與築岸裹田之法并行，而始克有濟。若練墩浜直下白茆、張蝦漊、徐涇、鏌門塘，直下昆承、顧涇、吴塔塘、單長涇、界涇，直下陶蕩之處，地勢稍高，而水勢亦稱莫禦，疏之使流而已。其大蕩、魏涇、廟涇三處，正當華蕩要衝，西來水勢疾如奔雷，從此東灌大港而入昆承，惟患其不速，又咽喉中之咽喉也。治標之法，不過如此。必求永利而無害，非大開白茆港導水入海不可，開白茆則鄒家浜、南前洪、中洪、草鞋洪、大洪及新開洪、白魚洪、蘇家洪、周家洪諸水，又爲昆承入白茆之咽喉，均當留意者。

吴爾成《水田修浚議》

吴中之財賦甲天下，而財賦之源在農田，農田之源在水利。我太祖高皇帝深惟根本之計，特頒敕諭，凡天下陂塘湖堰，可瀦蓄以備旱暵，宣泄以防霖潦者，皆因其地勢修治之。又遣官分詣天下，督吏民修治水利，嗣是列聖相承，獨加意于蘇、松等七府水利，或設郎中，或命都御史，或工部尚書，或專敕巡撫官，或督巡鹽巡江御史，而又特申禁令，令秋成時修築圩岸，疏浚陂塘，以便農作，無非欲使各鄉、區、圖之役伍，各就其鄉井之中，自爲修救。高鄉則浚溝渠深闊，而旱魃不能災；低鄉則修圩岸高厚，而陽侯不能祟。役不離鄉，民各自爲，世世相承，浸深浸厚，以歌豐穰，而成富庶。不知何年，始生蠹弊，有水利積胥，奸宄百出，而又一種市棍刁猾，號曰『泥頭』，爲之包攬，侵冒工食，遂與積胥朋謀通計，合爲一家一體，先將各區各圖水利之役，紛然散派，令不得守其本鄉，以開泥頭包攬之門。如高鄉之塘長、里長則自捨其久涸之溝渠，而偏派以隔區窵遠之圩塘；低鄉之塘長、里長則自舍其久倒之圩岸，而偏派以隔區窵遠之河壑。夫蚩蚩之民，亦各自戀其鄉井，而且倀倀于適途，安能裹糧而前，以走數十百里之外，而奉公家星火之令。正號慟驚魂，無可如何，而神奸泥頭，方且乘其苦而爲之承攬。于是塘長派之里長，里長斂之人户，人户多賣子鬻身以供包役，包役餽銀于塘長，塘長乾没再輸于泥頭，而泥頭入己。夫銀入泥頭之時，則已爲河工、圩工畢事之日矣。何也？泥頭既攬得銀，則與胥役輩灌輸分受，故今年記工，明年停閣，萬不得已而開河，則不過剷去岸草，增高樣墩，而河之閼塞如故；萬不得已而築圩，則不過撈起淤泥，略塗岸面，而圩之傾頽如故。

有一墩而今年築，明年又築，終于不築；一溝而今年開，明年又開，終于不開。積至于今日，則高鄉已無河渠，低鄉已無圩岸。無河渠，故近者三十五年之旱，則東鄉百里枯焦，而斗水百錢，寸草不長。無圩岸，故昨者三十六年之水，則西鄉萬井烟銷，而顆粒無收，民爲溝瘠。雖有廉能之官，精明之長，率見爲相仍故事，而莫知其窟穴之所繇藏，民事之所繇蠹，則豈可不爲改絃，而任其一往不返，以致東南之陸沈也哉！惟望先行各府、州、縣諭各區、圖細造水利書册。高鄉則逐項開載本圖附近某大河，應與某區、圖協開若干丈尺，本圖通潮活水溝瀴幾條，名某名某，本圖自該照里甲田畝，不問傍河腹裹，一體分段開浚若干丈尺，底闊若干丈尺，面闊若干丈尺，深若干丈尺。低鄉則逐項開載本圖附近官塘，應興工區、圖協築若干丈，底廣若干丈尺，面廣若干丈尺，高若干丈尺，本圖圩岸、戧岸應照里甲田畝，不問靠塘腹裹，一體分段自築若干丈，高若干丈尺，底廣若干丈尺，面廣若干丈尺。并附册内載高、低兩鄉，相其地勢，應築壩閘，旱則内水不出，潦則外水不入，亦一一具載，以便挑築。書册已定，留貯府、縣及申報院道，永永遵行，仍仿祖制，于九月盡，十月中，農工已畢之際，諭各區、圖里長、塘長即乘農隙，刻日開浚挑築。如初年先與該區協開某大河，即自分開小瀴。初年先與該區協築某官塘，即自分築圩岸、戧岸，酌緩急而均工力，以定年次，或三年五年爲一周，增築開深，週而復始，年年如是。到三月中，農工將興，即諭各里、塘具狀，結得河工圩工，一一如書册所載丈尺，毫不虚報。如有水旱枯焦衝倒以壞田疇，本役甘聽處治。

夫昔也民苦出鄉，旁皇無計，至于鬻身命，以投虎狼之喙，而已田毫無救于水旱。今也民各自救，役不出鄉，不過自以畚鍤舂杵，自營本業，而又無絲毫之耗費。昔也東撥西，西撥東，專以其摇亂無定之奸，得藏其虚影不實之弊，而東、西率至于兩傷。今也高救高，低救低，獨以其專一不分之力，各畢其鑿鑿可據之事，而高、低究至于兩利。此即三代鄉田同井之制，我疆我理之規。故三吴有開浚吴淞江之議，苦於時詘難舉，然舉之固爲神禹疏九河之大功，令各於本鄉整頓，就疆而理，亦是神禹盡力溝洫之一法。先使下流處處疏通，稍待物力充盈，亟議開浚吴淞江，以備三江入海之故道，則吴中尤爲萬世永賴，即我明亦屢厪宸謨，其效不彰彰較著哉！

陳仁錫《治水約言》

一、設官始末并善後未盡事宜

永樂三年，命户部尚書夏原吉佐以侍郎李文郁、大理寺少卿袁復、陝西參政宋性，又命僉都俞士吉，賫《水利集》使講究以聞。公首開崑山夏駕浦，掣吴淞北達婁江，復挑嘉定縣之顧浦，南引吴淞，北貫吴塘，自婁江入海。又浚常熟白茆，導諸水于揚子江。是時吴淞江闊一百五十丈，公之治七浦也，因作斜堰障之，分其流于白茆，自後决壞斜堰，水遂改道云。正統五年，命巡撫侍郎周忱便宜處置，公立表江心，挑顧浦泄之。七年，大水，先是巡按何永芳題革水利官，公奏取曾經任過辦事官一二十員，准其歷俸年月，修理田圩，開塞河道，畢日送回吏部。未半年事竣，此任人之效，而水利官不可革明矣。景泰五年，大水，侍郎李敏、知府汪滸，復浚白茆諸塘。天順二年，巡撫崔恭分吴淞江爲三段，崑山、上海、嘉定各董之，浚舊江一萬三千一百七十丈。成化八年，置僉事于松江，專治蘇、松諸水利。成化十年，巡撫畢亨與知府丘霽，開吴淞江，用夫四萬六千八百三十。弘治四年、五年、七年，大水，給事中葉紳奏請於廷臣中選差有才力、通曉水利一二員，授以節鉞，會同撫按，指定地方，分投相視，何地爲山水入湖之衝，何港爲太湖入海之道，度其經費，然後大加浚治，使下流得以宣泄。于是徐侍郎貫奉專敕，與主事祝萃，同巡撫何鑑、知府史簡，先開長橋入吴淞，墾除江口民田，并浚白茆港及斜堰、七浦塘，東開鹽鐵塘，西浚尤涇七里，役夫八萬八千三百六十。是時六府並遵上旨，一同開浚崇明，用其巨舟，決海口壅沙。説者猶謂奉行非人，輟事太速，其止開南沙洪一派之水，尚若不支，豈能又泄蘇、松之水。已而功成一載，岸果漸崩，可不鑒哉！往聞常熟知縣楊子器議開湖漕，請于水利郎中傅潮，會子器被召，郎中臧麟入奏，詔撫按相視，知府林世遠，恐妨田廬，仍開白茆，彼一時精心講究，不厭反覆乃爾。隆慶四年，巡撫海瑞開吴淞江，查舊迹，自王渡起至宋家港口，長一萬一千五百七十一丈，闊三十餘丈。今議減半，開河面一十五丈，底闊七丈五尺六寸，計工食六萬餘兩，兼療饑民，不兩月告成。徐文貞公階以是年拜相，然亦嫌有司但支目前，未大備耳。自水利官裁設不一，或行屯田捕盜僉事帶管，或設工部郎中專管。萬曆十五年，奏請特設副使一員，專管江南水利，駐劄松江，以河南副使許應逵來董其事，雖出帑金十萬，故道反塞，吴淞至于斷流，是與無人同耳。故任官急矣，知人尤急。昔葉給事之請節鉞大臣也，猶鄉紳之言也，查牟都御史俸疏乞敕大臣一員，會同臣等處置，則撫臣自言之，而其不能兼理可知矣。無已專設御史，如南京巡江、巡倉、屯田三差，可併者併之，而以一員專督水利，三年爲期，有勞迹擢陞京堂可也。

一、尋源委尋先手

正德十四年，吴巖疏太湖，亘數百里，納天目諸山溪澗之水，繇三江入海。是太湖者，諸郡水所瀦，而三江又太湖所泄也。如白茆港、七浦塘、劉家河，蘇州東北泄水之大川也。如吴淞江、大黄浦，蘇、松南北交境，與松江南境泄水之大川。而吴淞南北與白茆諸港又各有支渠，引上流諸水，以歸其中并入海，此原委也。歸太僕云：『必欲自源而委，非開吴淞江不可，開吴淞江則崑山、嘉定、青浦之田皆可墾。議者見沿江種蘆之利，反從而規取其税，是教其塞江之道也。』『倘不專力吴淞，是猶患腹之脹不求通利，徒閉口而奪之食，豈理也哉！』『古之三江，其二不可考，僅吴淞一江仰接太湖，又四十年不治矣。』此太僕時語，今又數十年，江口涸而西湖水益横流，東南之民將不食也。悲夫！吕巡按光洵疏上未行，先是李巡撫充嗣專治白茆，而吴淞、夏駕次之。海巡撫瑞專治吴淞，而白茆次之。李公功則未終，海公最爲有見。蓋忠靖用元人周文英之議，舍吴淞事婁江，不爲無利。然以全湖之水，一婁江泄之，其力恇怯。自海公開吴淞江，數十年間，雖有水災，不爲大害。一時隘口支川，無不就理，公開江專以深闊爲主，不計水面丈尺最善。今查如吴淞東段，宋家橋、真如港諸處，舟行澀甚。吴淞上流，寶帶、長橋一帶，茭牧漁簖宜急治。開吴淞宜併治七浦、白茆，蓋二浦在婁江之北，向因東江塞，淞江微，湖水乃北折併于婁江，而溢于此二浦也。至無錫、江陰、武進、常熟通江河港，亦不可不議。近年頻遭水患，吴淞治，則荆溪上源亦宜措置。蓋横塘、百瀆上承洮、(隔)[滆][一五]二湖之水，二湖上承應、鎮諸山溪之水，并注荆溪之勢，直貫吴淞，又吐而弗吞，建瓴不可得也。前人之語，大都至和塘、婁江可緩，以直承太湖之水，無藉吴淞。嘉興之水，北自運河注于吴江，西北自爛溪注于太湖，東北自秀州塘注于三泖、黄浦。若吴淞通利，嘉興可無侵嚙。初成化間，葉給事紳疏云：『昔人于溧陽爲堰壩，以遏其衝，于常州穿港瀆，以分其勢，于蘇、松開江河以導其流。惟入海之處，潮汐易淤，故前代極力浚治。法久令弛，致巨浸壅于中，故道漲于外，土民或堰而爲田，築而爲圃。』此治吴淞江爲第一先手也。常、潤高于蘇，蘇之東接海岸，其地亦高，蘇介兩高之間，每大水西爲常、潤之水所注，東爲大海岸道所障，苦瀦蓄不得通泄，并湖三郡，若常、若湖、若蘇，蘇最下流，下流之水，吴江、吴縣爲入口，嘉定之吴淞，常熟之白茆港，太倉之劉家河，爲出口。惟長洲、崑山隸郡東界，入口之水，縱分旁溢，凡數十大浸，皆受太湖之水，渟泓充滿，而後出于吴淞江、劉家河、白茆港。若然安得不困，譬如咽喉絶矣，非一人一家之咽喉之，可不懼乎？此治蘇州諸巨浸，尤爲第一先手也。

一、設處錢糧

如夏忠靖公之請倉廩三十萬石，許副使之給帑金十萬。尚矣，遠之有元豐六年，蘇州開江兵級八百人，專治浦閘之例，有政和六年，差户曹趙霖合用錢米，并辟置官司，奏報急遞于内侍省，投進悉依御筆，違者即以違制論。又遠之有錢氏撩淺指揮之例，置軍四部七八千人。故錢氏之功于江南最大，而五十年不被兵，皆水政修明，澇歸海，旱歸涇也。宋有天下三百年，命官修治凡三十餘，蓋十年一興利云。其法禁人佔湖爲田，恐泄水路故也。張士誠亦設爬沙之夫于白茆，今不治幾百年，可不痛哉！負擔小民，至食一兩之貴粟，且逾十年，而曾無變計，可乎？故西北急矣，東南更急也。鹽急矣，水利更急。西北出孔也，有出無入，東南入孔也，上一出，下百入，上速出，下速入，屯鹽不可卒復，而水利興，港瀆有港瀆之利，治尺寸獲尺寸之益，何煩再計爲。

一、凡富豪承佃漲灘，名曰蕩田，報官給帖，其利高于田，而所入税僅一斗。今宜倍其科以供治河之費。如沿江阻塞，侵而爲田，巡撫大臣芟治之，不必拘升科之利也。

一、海上無大患，水陸官兵暫移河干爲河工可。

一、萬曆十五年後，淘河夫銀可查。

一、萬曆七年，巡撫胡公有田主自開河之令。宋單鍔《水利書》，華亭、青龍人户相率陳狀，情願出資開浚，本縣官吏未與施行，今豈無其人乎？倘大姓能舉行者，聽奉旨自行建坊。

一、宋朝修東南水利，輒下空名度牒二千道，給賣承德郎將仕郎官告身各五十道，今僧家多無度牒，仿而行之可。

一、查近有納曠役銀寄庫者，可助河工。

一、有司設法興修水利，聽專督官特疏行取科道，即人才，即政事，即財用，何憂不足。

陳仁錫《圍田議》

吴中水利乃國家財賦之源，生民衣食之本，而今頻年渰没，頻年荒歉，此曷故哉？皆繇水道壅遏，不能開浚之故也。夫吴淞江横亘蘇、松二郡，流長二百餘里，其次則白茆、青陽等河，震澤之水繇此入海。嘉靖以前，或部郎，或府佐專督水利，有時疏泄，倘遇水災，易漲易退，低區不盡渰没。即有凶年，倉粟有餘，尚可抵補。邇年以來，水利無專官，萬曆丁亥年間，治水許憲副，雖曾具牒，設處河工之費未竟而中止，迄今六十餘年。潮汐來往，逆湧濁沙，日增月累，附近勢豪圍爲平田，不知幾千萬畝矣。即以此升科抵補荒糧，謂權宜之計耶？若當事者力主此議，恐豪右不能無阻撓也。然則如之何，而可必也治田乎？

夫治河不若治田，而治田必先治岸。蓋水田以圩岸爲存亡，近年百姓罹水災之害，家計空乏，救死不贍，不暇修繕，故圩岸俱爲烏有。萬曆戊戌間，本縣鄧父母設處官銀，曾一修築，而節遇水災，十無一存，故今之治田，當以治岸爲先也。所可恨者，業主坐享田中之利，而至于修築之費，茫然不加之意，及使區圖塘長小民爲之。夫塘長之役，不過念畝之家充之，其家計幾何？而况水利衙官，需其常例衙門書皂索其酒貲，所費已不能堪，若之何而能辦此役也？其必官大户業主，給工費與佃田者協力而爲之，可乎？方今陰雨浹旬，河流暴漲，工本之多，成功之難，比于先年尤甚也，故水利不可不及時修也。

陳秉忠《開浚吴淞江事宜經費條議》

松江府上海縣二十八九保居民陳秉忠等呈，爲冒陳吴淞開浚事宜，并約計工料數目，懇察繁易緩急，亟施德政，裕國安民事。竊照國賦本乎農田，農田賴乎水利。夫幹河泄澇兼行舟楫，枝河積蓄，專資灌溉，但有淹塞，致害耕耘。至吴淞江延袤西連太湖，東出大海，諸塘浦港之行潦，無不繇江爲腹尾，因中段與蘇、松二府分境互紐，北屬嘉定，南屬上、青，唯苦潮沙一日二汛，漲勢洶湧，急來緩去，傍遭衝坍，中受澱積，歷代屢修，通暢不久，又復壅淤。昔蒙海都老爺開浚，題疏内云：『浙江杭、嘉、湖三府，與蘇、松、常三府，共此太湖之水。吴淞江開則六府均沾其利，塞則六府同受其害。』吊應天、嘉、湖等府各州、縣錢糧協濟，幸得奏功。後復設水利道，許副使駐劄松江，首浚吴淞，費帑數萬，上煩下累，利少害多，反致旱槁潦渰，田荒糧墮。

蘇、松二郡父老，垂首歎息，忠等探得此江利病之原，議有興修枝幹之法，呈控憲天批府行縣勘議，禍被工房吏書，受占佃江面賄，寢閣七年，民苦災困，抛離將盡。兹幸院道牌行二府，着同嘉、上、青三縣會勘，議申用銀八萬餘兩，闊照舊則，深更加透，但恐工煩銀乏，德政難施。又奉憲文行建石閘，永遏潮沙之入，使清水常滿，候過潦啓閘，無衝坍淤積之虞。忠等建議一册，量減省銀約四萬有零，工在一月可竟，謹將繁易緩急逐段開註明白。其易急者先治，繁緩者從容，勿因繁誤易，勿趨緩棄急，則國計民生，共沾恩造矣。

計開開浚吴淞江繁易緩急各段總數：東自上海縣城北闊港口二壩地方起，繇西蘆浦、曹家橋、上澳塘、新涇、孫基港、莊家涇、蟠龍塘接嘉定、青浦縣屬高松塘、儻儻浦、紀王廟、樊將軍廟至西落劍坡，對南岸赤雁浦止，共長九千八百五十七丈五尺。其上面之廣，悉照舊額一十五丈，兩傍老岸爲定，不必增減，免派施工。今議水面之廣，應在老岸二尺之下，障灘之上以官尺量闊一十二丈，比之民尺，闊有一十四丈四尺，下底之廣以官尺量闊七丈，比之民尺闊有八丈四尺，與今議建閘口相若，儘通蓄泄，不必太過，徒勞無益，以面底併闊一十九丈，摺作九丈五尺，其間有淺深不等，以逐段加深積算。土方共七萬四千八百一十二方，每方用夫一十六工，夫工共一百一十九萬七千工，每工工食銀三分，共該工食銀三萬五千九百一十兩。如減闊一半，減深一尺六寸，止用工三分之一，該銀一萬一千九百七十兩。

一、應急浚工易之段。

西自嘉定、青浦縣屬赤雁浦起，至東上海縣屬新涇口止，長五千五百六丈五尺。據《上海縣志》云：『吴淞江湮塞時，太湖之水迂迴宛轉，多繇上海新涇返經于海。』勝國時惟新涇爲要，細思此段實應急浚泄西六府不測之霪潦，其間深淺不一，約分四段派算。土方共三萬三千四百七十八方，夫工共五十三萬五千六百四十八工，共該工食銀一萬六千六十九兩四錢四分。

第一段西自赤雁浦起，至東紀王廟、儼儻浦止，長一千六百一十二丈。加深官尺五尺，比民尺深有六尺，每丈積土方四方七分五釐，夫工七十六工，該銀二兩二錢六分，土方共七千六百五十七方，夫工共一十二萬三千五百一十二工，共該工食銀三千六百七十五兩三錢六分。

獨此段水深四五尺，若使戽乾至底，其費倍加。應候第二、三段開完之日，然後翻段。使水自竭，民無煩遠挑，且泥土浮軟，亦難施工，暫可停緩。令附近農夫篙起浮泥，田借培壅，江亦漸深，挨至冬時撈泄，便可省工食。其浚新涇、横泖、肇嘉浜、小虬江皆是分泄西水注海之道。

第二段西自紀王廟、儼儻浦起，至東莊家涇長一千三百一十一丈五尺。加深官尺六尺，比民尺深有七尺二寸，每丈積該土方五方七分，該夫九十一工二分，該銀二兩七錢三分六釐。土方共七千四百七十五方五分五釐，夫工共十一萬九千六百八工八分，共該工食銀三千五百八十八兩二錢六分四釐。

第三段西自莊家涇起，至東孫基港高墩止，長一千三百五十三丈。加深官尺七尺，比民尺深有八尺四寸。每丈積該土方六方六分五釐，該夫一百六工四分，該銀三兩一錢九分二釐，土方共八千九百九十七方四分五釐，夫工共一十四萬三千九百五十九工二分，共該工食銀四千三百一十八兩七錢七分六釐。

第四段西自高墩起，至東南岸屬上海新涇，北岸屬嘉定牧犢港，長一千二百三十丈。加深官尺八尺，比民尺深有九尺六寸。每丈積該土方七方六分，該夫一百二十一工三分，該銀三兩六錢四分八釐，土方共九千三百四十八方，夫工共一十四萬九千五百六十八工，共該工食銀四千四百八十七兩四分。

一、應次第緩浚工煩之段。

西自新涇口起，至東上海城北土壩地方閘港口止，長四千三百五十一丈，悉如平陸。今議加深官尺一丈，比民尺深有一丈二尺，每丈積該土方九方五分，該夫一百五十二工，該銀四兩五錢六分，土方共四萬一千三百三十四方五分，夫工共六十六萬一千三百五十二工，共該工食銀一萬九千八百四十兩五錢六分。此亦分爲四段，銀倘未足，可以次第興工，逐段疏浚。

第一段西自新涇口起，至東上澳塘口止，長六百五十二丈。土方共六千二百三方五分，夫工共九萬九千二百五十六工，共該工食銀二千九百七十七兩六錢八分。算勾此銀，先開此段。

第二段西自上澳塘起，至東蘆家橋蘆浦止，長一千一百九十八丈。土方共一萬一千九十一方，夫工共一十七萬九千五十六工，共該工食銀五千三百七十一兩六錢八分。

第三段西自蘆浦起，至東徐公港關橋傍止，長一千二百六十丈。土方共一萬一千九百七十方，夫工共一十九萬一千五百二十工，共該工食銀五千七百四十五兩六錢。

第四段西自關橋傍潘家浜起，至東土壩地方閘港口止，長一千二百六十丈。土方共一萬一千九百七十方，夫工共一十九萬一千五百二十工，共該工食銀五千七百四十五兩六錢。獨此段土壩地方閘港，向來湧入潮沙之口，受害最多，歷來費帑勞民。今治病之閘應建于此口，先要閘完，後可開通。若使二工并舉，須銀一萬三千兩，缺亦可以暫緩，且急淘江傍洛枝、上澳、連三涇、閘港、河塘、川洪，皆能引水注江，分流入海，所謂借此衆口代江宣泄，用此一法，則開江稍遲，農田亦半沾利。

一、應急浚枝河

新涇一道北通吴淞江，南通蒲匯塘，長一千八百丈。今議面闊五丈，底闊三丈，加深八尺，每丈積該土方三方二分，該夫五十一工二分，每工二分，該銀一兩二分四釐。土方共五千七百六十方，夫工共九萬二千一百六十工，共該工食銀一千八百四十三兩二錢。

横泖塘一道，東連華亭、青浦、上海三縣之蒲匯塘，西連青浦城濠，長五千丈。今議面闊五丈，底闊四丈，加深五尺，每丈積該土方二方二分五釐，該夫三十六工，每工二分，該銀七錢二分，土方共一萬一千二百五十方，夫工共一十八萬工，共該工食銀三千六百兩。

小虬江接連黄泥浜，西南通吴淞江，東連大虬江，直出東段吴淞江，應浚者共長二千六百丈。今議面闊四丈，底闊二丈，加深五尺，每丈積該土方一方五分，該夫二十四工，該銀四錢八分，土方各三千九百方，夫工共六萬二千四百工，共工食銀一千二百四十八兩。

已上三河，共該工食銀六千六百九十餘兩。

一、設處工食

看得役有消長，人有高下，獨田無動移，開通河道，先利農田。若今但云設處官帑民役，不言田上加派，倘庫藏無贏，免役有限，終成畫餅。必將二者兼行，衆輕易湊，均須均派蘇、松州縣。

前議提編五遞年内，糧長免役一年，納銀公用。目今舊者見充不全，新者未蒙編審，更憐五年一替，點派煩難。今應在各圖十甲，排年内提編，免役追銀十年之内，輪充辦糧，分催一年，民當悦服。一示願輸二府州縣約有平米四百五十萬石，各分承辦平米百石者，納出免役銀一兩，辦有一千石者，納出免役銀一十兩，除聽官田不納亦可。共納免役銀三萬餘兩。可以借支緩解者，一面徵補之。田上加派每畝納銀一釐五毫，亦在二府州縣官民户，相助暫納，不爲永利，法既適均，自然完速。共約加派田上銀二萬二千餘兩，應在各櫃上各官甲分催完額内扣。導河夫銀二府州縣每年約有三千餘兩，共若干兩。濟農倉稻穀共若干石。庫括無礙贖罪銀兩共若干兩。

一、募召人夫

應在傍江附近嘉定、上海、青浦等縣之里甲募召爲便。三縣共約一千餘里，每一里編有十甲排年，共有排年一萬甲，每甲出夫四名。每圖小塘長管夫四十名，每日用夫四萬，在河開挑十日，該夫四十萬，三十日共夫一百二十萬。若賴天晴，不一月江上可完。此用塘長泥夫俱係有産之户，各保身家者，食領官銀視如己業，不煩鞭撲，速能告成。

一、枝河

水道爲農田之命脈，今傍江枝河淤塞，即吴淞大江開通，水安從飛入。應着坐區塘長圩中得利人户，查照魚鱗圖册，逐坵計畝出夫，協力淘浚。出工築岸可以禦防，河深蓄水可以救旱。興工之日，即着信地巡簡，日兼監督，夜勤巡緝，更足弭盜安民。

一、石閘

閘座創修甚難，須委用得人，方能料理先安預辦，琢成堅石，趁天氣晴和，農事既畢，下安築基密實，上安壘砌得宜，務革一切弊竇，纔稱水利。

一、塘岸

官塘大路，止蒲匯塘接連肇嘉浜，東貫上海城濠，西串華、青二治。凡遇上司府縣經臨官糧，客貨裝載，每因潮沙爲患，屢浚屢淤。既蒙各憲詳建石閘三座，東來濁汛不入，西下清水常流，官站民船，早暮皆得穩行。不經外浦風險，牽輓行役俱便，農田旱潦有備，更不待言矣。但新閘缺版，舊閘半圮，不能遏蓄三河，患害依然不改。乞吊驗府縣呈卷，應催原勘老人潘昇急追估修治病，設夫以時啓閉，則農田利益無窮，輓路坦夷有賴。

陳繼儒《浚吴淞江議》

《禹貢》云：『三江既入，震澤底定。』蓋宣、歙、苕、霅諸大水皆西注震澤，東達于海，震澤者其腹，三江者其尾閭也。一曰婁江，即太倉之劉家河是也，以婁江訛而爲劉也。自震澤從吴江縣經蘇城之婁門，繇崑山轉入太倉，此蘇州之水口，亦常州之大水口也。一曰東江，即松江府之黄浦是也，以西浙水來，故曰東江也。此松江之大水口，亦嘉、湖、杭之大水口也。一曰中江，即今之吴淞江是也，自東及西，横亘百四十里。海忠介開鑿，而後歲久，僅成故影。譬之《乾卦》，但有外二爻，而無中一爻。譬之人身，但有大腹，而無尾閭。蘇州之下流不能泄，而蘇州之低鄉困矣。松江之上流不能泄，而松江之低鄉困矣，於是吴江、常熟、長洲、崑山、嘉定、太倉以及華亭、青浦等處，無不水勢漫延，受其殘滅，屋廬塌毁，田地抛荒，錢糧無出，敲撲不停。此緣旱無灌輸，潦無泄瀉故耳。

頃皇上登極，召對時出禮部員外郎陳懋德《吴淞奏疏》，面問可行，豈非東南第一永利乎？以愚計之，度非千夫不可，非設處八萬錢糧不可，錢糧非協濟不可，非專官責成不可，非庶官分督不可，非大户催儹不可，六七十里之遠道，非立標分界不可，非蓋厰分棚不可。又須巡行，海忠介公布袍草蔬，帶星出入，親給錢糧，不遲緩一刻，不扣除一釐，隋官人役不横索人一錢，不巧賺人一飯，而後事可舉也。或曰海忠介開而復塞何也？曰以海潮之東入故也。海潮渾濁，潮退則泥留矣。泥厚一箬，一日兩潮，則一年七百二十箬矣。日積一日，年厚一年，雖欲不淤塞得乎！識者云自西徂東，開至盡頭處，留里許不開，以壩海口，既無潮退泥留之患，又省防鹽防盜之虞。若逢水災洶湧，請牌開壩，衆鍤如雲，里許不日可浚，水泄復塞，何畏海潮，何傷風水，此開吴淞之妙策也。但以銀米召募，因救饑貧，其利大，其功速。派（潑）［撥］〔一六〕民夫，因累塘長，其害大，其功遲，知此而禹迹可成，海忠介可以並享而血食矣。不識東南萬萬姓，果有此大福否？書此以待救時之君子。

沈幾《東南水利議》

一、議興水利以阜安東南，固根本以開百世之利。國家財賦仰給東南，東南民命懸于水利，水利要害制于三江。三江源委，古今志載紛紜無定，大約南曰東江，繇寵山至大姚分支，出陳湖經樊村、蘆墟、三白入澱山、三泖，合于黄浦江灣而入海，其道在長洲、青浦、上海之南。中曰松江，繇越溪、五龍出朝天、金雞，合陳湖、沙湖，經甪直、千墩、安亭、四十二浦至吴淞所而入海，其道在崑山、嘉定之南，青浦、上海之北。北曰婁江，繇鮎魚口合運河諸水，經婁關至陽城湖，分爲白茆、劉家二港而入海，其道在長洲、崑山、太倉之南之北，常熟之南之東，斯則《禹貢》所稱『三江既入，震澤底定』者是也。自海塘障而東江湮，止二江受全湖之水，宋、元及國初之所以有水患也。然猶有二江也，夏忠靖、周文襄治水後，太平百餘年。至嘉靖之季，而松江塞矣，嘉靖壬戌諸年之所以多水患也。海忠介公起而受符治之，未及半而松江之士夫齮齕焉，謝事去。萬曆己卯諸年之愈多水患也，然猶有半松江、全婁江也。自庚辰來五十年間，松江以半開而易塞，婁江以全身而半塞，是以半江受全湖之水，十年九湮，夫奚疑哉！

請先言婁江，夫水勢必趨東南，婁在太湖東北，而水全趨之者，其故有二。一者地近北爲唯亭，南爲甪直，皆相去于湖不五十里，而潮汐通焉，呼吸相接，地近則趨，從其便也。二者勢迫兩江既塞，無從分派，全身趨婁，其勢重其流愈急，從其迫也。若然則婁之所係大矣，而水利之官空設，開浚之策不講者，士夫爲之礙也。婁江自蘇之婁門出，下雉瀆、唯亭，經徵里至崑山，繇奣子抵太倉，而入劉河者。上官所耳目以爲婁江故道，而非也。此婁江之最平穩處，故治以(焉)[爲][一七]官道，而險不在焉。險在北爲陽城，連亘百餘里，而走白茆塘南遮松江之半身，連亘四十餘里，其廣者可百餘丈，狹者可十四丈，而走安亭、漳浦其大凡也，而至廣至狹不與焉。潮勢洶湧，挾泥沙而上，約一升之水，泥沙二合，潮退漸平，末勢緩弱，泥渟水去，日漸一日，泥壅沙浮，河身高淺，小民射利，傍岸所在種茭蘆。茭蘆既生，泥沙藉之可以安立，不二三年可種菱藕，菱藕衍蔓，泥沙愈凝，不三四年可種苗稻，築爲外圩，照前漸擴。平民如此爲人告發，無（種）［糧］〔一八〕之田，勢不能存，獻賣士夫，士夫受之，通賄吏書陞科輕糧田，則斗則蕩則陞科，填入縣總以補（攤）［攤］荒〔一九〕，士夫得爲世業，傳之子孫，縣中入之版籍，例同正額，而不知河之百餘丈者漸爲數丈，十數〔二〇〕丈者漸爲一二丈。平時不覺，迨至夏雨時行，水勢一漲，急不得瀉，膏腴之壤，盡爲巨浸，直須臾耳。以前所陞之毫末，易所湮之巨萬，以千百家之受利，易萬姓之災荒，其利害易知，而士夫爲子孫計，狃目前之利，聽臧獲之言，必不肯棄此茭蕩，爲軍國大計也。故曰白茆開，利歸于蘇，而阻撓者必蘇之士夫也。

其次言松江，夫水勢趨東南，其正脈也，而入海之道稍遠，既合東江之水，河浦最多最大，汪洋浩渺，不復可治。官道所以驛傳，借路嘉興，其中水勢既盛，蓄泄甚難，而松江泥沙同于嘉興，其味鹽鹵，其質細重，易于凝滯，結爲原壤。松民不知，取利目前，青秕花豆在在而是，向之河身，已架高屋樓房，起爲墳墓。嘉定以南，華、上以北，一望平蕪，棄舟縱馬，百里之中，不聞舟楫，此豈尾閭之地所宜旦夕有者？顛倒地脈，逆害陰陽，何怪乎連年地震、颶風、霪雨，海波逆流，海塘橫圻，千山之木，一暮盡拔哉！請以易耳目者以一例，餘吴江長橋浙直孔道，凡有軒車無不駐節。試觀長橋之下，爲門七十有二，以殺水勢，古人爲此苦心極慮，觸目可思，而間有貪利者，東西占爲茭蘆，數百頃漸填爲平壤，架爲市房，又數頃矣。坐視吴江之民，頻遭水厄，湖水一漲，灌城而入，全縣之田，蕩然爲患。士民屢屢具呈，貪者執不肯行，寧兩府全荒，不恤也。又近之而一縣全荒，不恤也；又近之而本户所荒，百千餘畝子粒不存，又不恤也；而止顧此尺寸之利，罔念滔天之害，癡愚之惑，一至此哉！觀此一處例知萬情，故曰淞江之開，利歸松江，而開之有阻撓者，必松江士夫也。高皇帝遣信國公湯和築修海塘，金牌寶劍便宜行事，豈非洞見數百年後，必有今日，預爲榜樣以詔後來耶！水利之不可不講也。自東南及西北，無不急矣。

顧時勢所囿，物力所制，審其緩急難易以定先後，則開中江最要，中江即吴淞也。居松江之上流，蘇州之下流。蘇州之上流，婁江不能盡瀉，松江之上流，黄浦不能盡瀉。積雨連綿之後，太湖水勢湧發，耕種失時，錢糧無出，即請蠲請賑請折，修岸修圩，皆補苴之術矣。風水地脈之饒舌，錢糧匱乏之疑慮，皆將聽禍福休戚于天，自托于中醫不服藥而已，言及真可浩歎！浚吴淞以開水利，修海塘以塞水害，棄小利而捐情面，久任責成，權無旁撓，仰體聖天子清問至意，是在今日之當事者矣。

嚴衍《開吴淞江議》

東南之水匯于太湖，太湖之水泄于吴淞，太湖口，東海腹，而吴淞咽喉也。咽喉塞，則口不能納物于腹，而身病矣，此吴淞江之所以不可不開也。但議開不難開爲難，不得人不開，不得財不開，不得法不開，此議開者唇欲敝，而築室仍在道旁也。愚以爲此江議開于五六十年前則難，議開于今日則易，何也？往者波濤洶湧，勢如奔馬，駕舟而渡者，時常覆溺。斯時欲築壩戽水，費不下三五千金，而開浚非二十餘萬未易畢工。今則洶湧如奔馬者，俱成平地，中間止存一線水路，即潮上時，可躍而過，殆與無江同。如欲開浚，則築壩戽水便可省一二千金，較之洪流澒洞，全藉桔槔之力，非用數萬人，一月胼胝，無能使通江之水盡去，而可施畚鍤之功也。倘此一月之中，陡值霪潦，則旋戽旋滿，旋滿旋戽，又不知費幾多工力，而水乃可盡。是浚鑿之力，一未施工而民力先疲，財用先竭，故曰此江議開于五六十年之前則難。然在今日，江身等于平地，而欲鑿平地爲深江，則其功力多寡，奚啻十倍于前，而何云今日反易？

吾嘗叩諸耆老，其言曰：此江湮塞以後，太湖水壅絶不下，瀕湖諸邑固并受害，而江邊之田，亦旱乏灌溉，水無宣泄，民生憔悴已極矣。既欲開江，期于西瀉湖水，東蘇民困，不必復舊時之大觀。舊時江面廣五十丈，今日國用匱缺，錢糧無措，民力凋敝，往役難支，莫如止開十丈或七八丈，苟能永永通水不塞，自足以泄湖水而注之海，灌枯田而滋其膏矣。今日權時救急之策，無過于此。更有説焉，濁潮不止，清水日下，則江底日深，江岸日蝕，焉知今日之所謂十丈七八丈，不漸爲後日之二十丈三十丈以至于復五十丈之舊觀乎？此小借民力，全用水力，日夕而成川，其法安在？曰清水不下，皆繇吴江縣長橋之壅沮，湖水東泄之勢不迅，故海潮日上，湖水不下，而江塞矣。盍仿單、蘇二公之論，以疏通湖尾，湖尾通則江口利，而清水寧不下乎！如欲使濁潮不上，非江尾設閘不可，江尾者非江之大尾闊盈十里者，蓋指通海之處耳。
古者吴淞水盛，春申君從江腰開一浦，南泄其水于三泖，人遂呼之爲黄浦。黄浦既開，江水遂
從浦中南行入泖，而西路之江遂塞，其塞處名宋家渡。今當于宋家渡設一閘，潮去則開，以泄
西來之清流，潮來則閉，以拒東來之濁湧，則此江永無澱淤之患矣。

然猶未也，朝廷苟能俯採芻蕘，我能不費官帑分文，不起民間一夫，而江自開、閘自建，請
詳言之。此江自宋家渡以東，勢尚浩瀚，無容開也。自黄渡以西，亦不失故迹，不必開也。其
湮塞處，自黄渡之東，宋渡之西，計其遠近不過三十里耳。三十里其長有限，非人力所不辦，況
以舊日江面計之，闊處不減五十丈，隘處亦不減四十丈，今止開十丈爲河面，則兩端餘地尚存
四十丈，或三十丈，皆茂蘆叢莽，久爲豪家專利。姑計三十里之長，五十四十丈之闊，其爲田殆
不下二三萬畝。畝收其税三錢，歲將及萬金，如是積之三年，則三萬金，積之五年，則五萬金。
以此五萬金，乘農隙之時，而募貧民爲傭力，約萬金開十里，以三萬金開三十里，不築壩，不戽
水，晴則興工，雨則歇作。願者執役，否者勿强其施爲，次第自西而東，從黄渡有水處爲始，進
尺則尺，進丈則丈，不取辦于一時，不苟且于目下，務求深一丈五尺而止。閘之設，以兩重爲
要，閘岸即築廨宇，置閘官一員，閘夫五十名，以司啓閉之司。江道既通，兩端餘地，尚不減一
二萬畝，仍歲收其租，以充官吏禄廩，修(膳)[繕]〔二二〕廨宇諸費，用之不盡，又歲歲借以爲浚導
之資，則此江將日深日廣，而三吴終免水患。此謂以吴淞治吴淞，不傷財，不害民，可久之術

也。予服其言，爲作《開吴淞江議》。

王焕如曰：嚴衍此議，于疏浚最爲便易，但曰不費一錢，江面少斂，或亦鑒當事之畏難，有激爲此言乎！物力恐必須措置，師其意而約爲用，使往日汪洋之體不失，尤盡善乎！總之欲望興舉，上下需人爲急。

周永年《請止長橋占湖架屋議》〔二二〕

國子生周永年呈爲水道宜通不宜塞，馬路宜存不宜廢，懇禁將來營造，漸還夙昔規模事。竊照吴江依郭，垂虹蜿蜒，俗號長橋，古名利，往處左江右湖之上，在昔極目汪洋，介縣治、學宫之間，于今四脈通達。一自水積浮沙，漸乃人規厚利，或成圍而築岸，水路俱蝕于圍中，或架屋以排空，橋門悉藏于屋底，邇且橋形已失，畔岸水面都變桑田。不惟湖流有咽塞之虞，東逝者轉迴南注，抑亦縣市無膏澤之潤，環繞者概病乾枯，大而妨東南水利，江湖久被其瀫淤，小而失障塹規形，膠轕莫挹其靈秀。

歲臨乙亥，時届元宵，回禄爲災，橋北垗并成煨燼，室廬既燬，城東門稍覩空明，縱未頓去坵塍，以需浚鑿之大舉，豈可重添屋宇。若視佔佃爲固然，向因水政不修，故火德代其開闢。今若木妖不作，將金壤堪必豐登，况通江大道，最忌蘆梗，往時曾設撩清，至近城有路，應聽馬馳。遇警不免撤屋，即前此丈量之役，浮漲亦科租，而不科糧。茲適構焚毁之餘，橋梁宜盡虛以期盡復。永年生長江鄉，既與鄉梓共憂患，佐修郡乘，偏于故實，知考求，爰因感時以抒懷，遂忘出位而言事。伏乞俯念澤國，何繇成陸，深思瀹導，早冀施工，或刊榜于城闉，或勒石于橋柱，特懸嚴禁，預絶新增，地方幸甚，人物幸甚！

校勘記

〔一〕值松插柳　『值』應作『植』。

〔二〕數　『數』字之下疑有脱漏，如『十萬』或『郡』之類。

〔三〕若　『若』下疑落『干』字。

〔四〕刹刀　四庫本作『刹力』。

〔五〕也　四庫本作『池』，據改。下同。

〔六〕興上　四庫本爲『興工』，據改。

〔七〕裹田　查卷十三趙霖《治水利害狀》原文，作『裹田』。

〔八〕達魯花赤　四庫本作『達嚕噶齊』。

〔九〕胡元僭國　四庫本作『有元立政』。

〔一〇〕本牌　四庫本作『木牌』，據改。

〔一一〕穈瀆涇　查對本書卷五，長洲縣水名，作『穈瀆』。

〔一二〕胡元　四庫本作『前元』。

〔一三〕鞭朴　『朴』應作『扑』。
〔一四〕訪　四庫本同此。疑應爲『仿』字。
〔一五〕洮隔二湖　『隔』應作『滆』。
〔一六〕派潑　四庫本作『派撥』，是。
〔一七〕焉　四庫本作『爲』，是。
〔一八〕無種　四庫本作『無糧』。
〔一九〕攤荒　四庫本作『攤荒』，據改。
〔二〇〕十四丈　四庫本作『十數丈』，據改。
〔二一〕修膳　『膳』應作『繕』。
〔二二〕此文標題名，目録作《議止長橋架屋呈》。

吴中水利全書卷之二十三

序

序以述事，凡水政大小事績之可紀，及編纂成帙者，并有序，亦全書之所應收也。

〔唐〕

李華《練湖頌序》

土反其宅，水歸其壑，先王因流下而導之，故曰『九川滌源』，因迤匯而潴之，故曰『九澤既陂』，以疏天地之氣，以利元元之用。崇伯汩五行，而殛羽山，臺駘障大澤，而封汾川，《洪範》首之，《春秋》載之。地有廣狹，事無古今，大江具區，惟潤州其藪曰練湖，幅員四十里，菰蒲菱芡之生，黿魚螺鼈之産，饜飫江淮，膏潤數州。其傍大族强家，世流爲田，專利上腴，畝收倍種，萬劇淫衍。自丹陽、延陵、金壇環地三百里，數合五萬室。旱則懸劫，水則具舟，人罹其害，九十餘祀。凡經上司紛紜予奪，八十一斷。嗚呼！曲能掩直，强者有以得之，老稚怨痛，沈聲無告。

永泰元年，王師大翦西戎，西戎既駾矣，生人舒息，詔公卿選賢良，先除二千石，以江南經用所資，首任能者。是歲十二月二十三日，拜前常州刺史京兆韋公損爲潤州，聲如飈馳，先詔而至，吏人畏伏，男女相賀，即日上無貪刻，下無冤憤。公素知截湖潤壤，災甚螟蝥，臨事風生，指其以復，郡謗雷動，山鎮恬然，中明獨裁，文之以禮。乃白本道觀察使兼御史中丞韋公元浦，中丞撫掌愜心，如公之謀，且曰：『興利除害，得其人而後行非常之政，敢歸叔父。』公乃申戒縣吏，率徒闢之人，不俟召呼忭從役，畚鍤蓋野，峻皐成蹊。增理故塘，繚而合之，湖廣爲八十里。若海之彌望，灝灝像月之規，儔金之固，水復其所，如鯨噀射，洶洶隱地，雷聞泉中，先程三日。於是疏爲斗門，既殺其溢，又支其澤，沃瘠均品，河渠通流，商悦蕒賈，人勇輸賦，遐邇受利，其惟此州。每歲萌陰乘陽，二氣相薄，大雨時行，羣潦奔流，水勢所入，盈而無傷，龍見方雩，稼蒙其渥。

時前相國彭城公劉尚書晏，統東方諸侯，平其貢税，聞而悦之。白二事以聞，詔書褒異焉。彭城公宣命至江南，捧詔授公，公率元僚掾史，令丞已下至耆艾，西向拜首。忻戴皇明，人心上感，天降嘉澤，如有神祇，昭協厥志。公正直而和，專静而斷，嫉惡宥過，惠人察奸，純鈞精堅，百煉不耗。伐冰之貴，降從士禮。《詩》云『靖恭爾位，好是正直』，宜其享福也。吏人入賀，公拱而謝之曰：『尚書劉公，觀察韋公，奉行王澤也，鄙何力之有焉？』丹陽令杜孟寅，秉公之清白」，延陵令季令從，如公之愛人」，金壇令胡玘，禀公之成規」，及丹陽耆壽周孝環，百姓湯源等，拜首而請曰：『兑爲澤，兑悦也。水歸於澤，而澤悦於人，百年浸塞，而公啓之，臣哉鄰哉！克諧帝休，永代是式，三縣無災，若不碣而刻之，則主命不揚於厥後，後之人無以倚負也。』華嘗學古，見訪爲頌曰：『望沄沄兮視冥冥，鳥鬬魚樂葭菼生。膏腴利倍起訟争，斯人怨抑痛無聲。韋公正直動神靈，百年游淀爲澤清。饑者飲兮病者寧，詔書光寵恩霈榮。劃然眊瞶復皎明，追琢刻頌揚芬馨。』

〔元〕

秦約《崑山州修圍政績序》

《禹貢》揚州之域，『厥土惟塗泥，厥田惟下下，厥賦下上上錯』。考之簡册，則今日吴郡東南之地具是也。然吴素號澤國，其稻粱樹藝之區，一或堤防不固，瀦泄不時，則歲之豐凶，非但繫之天時，抑亦責之人事焉。故國家守令之選，必以農事繫銜，重邦本也。每歲東作將興之時，所在州縣必擇官一員，專職修圍，蓋慮水潦之災，而預爲之備也。是以丁寧告戒，使其父子兄弟盡力畎畝，以驗天時，以服民事，豈古所謂田大夫勸農之官者歟？

吴郡之屬州曰崑山，田多污下，賦實繁夥，嘗時修圍之官，往往不過奉行典故而已，豈知斯民根本之所在也。今通守郜侯，尤以軍食民命爲急，跋履川原，衝冒風雨，故其勸勉程督，民皆欣欣然。具畚鍤，荷蓑笠，父詔其子，兄告其弟，樂於趨事赴功，莫不以侯之心爲心。噫！以一人究心，而其農事有成，若此則人存政舉，概可知矣。是以侯之爲政，較之常歲修圍之外，其增墾露田若干畝，計賦若干石，回視食人之禄，玩歲而愒日者，大有間矣。侯才器宏博，歷練優爲，嘗參贊江浙行省平章政事王公幕府，籌策居多。今膺是職，不過小試其大用之才爾，樞庭藩省不日可以陞華進秩矣。大夫士嘉其政績，咸爲歌詩美之，吾友玉山顧君仲瑛書來賓館，俾予序次其事。若其能守官箴，勵志操，此特士君子平昔所當爲者，兹不書。侯名肅，字彦清，山東人。至正壬辰夏六月朔，淮海秦約序。

［本朝］〔一〕

宣邦直《贈王貳守佐理開河序》

有大德者，必有大功於萬世，其惟大聖人乎？昔舜命禹治九州之水，而先導河。故《書》紀冀州，既載壺口，紀導河之始也。蓋河源發於崑崙，其流泛濫中國，始固不免疏鑿之勞，及水患既平，然後人享其利。凡九州貢賦，若遠若近，皆自河而至於帝國焉。所謂一勞永逸，其道固然也。

我皇上建都金陵，今再周星矣。以天下寧謐，九夷八蠻罔不來賓，惟東南漕運，及商賈往來不便。由丹陽而車載者，有人馬之勞，由鎮江而舟入於大江者，風波不測，檣傾柁摧，往往沉溺者有之，乃夙夜憂憫，咨詢父老經久利便之道，咸曰：『溧水銀墅東壩之上，舊有小河，相傳自吴伍子胥肇開之，欲以攻楚不能而罷。至宋孝宗乾道年間，又命建康府經營開之，通判張維不能奉上意，建言不便而止。』竊惟萬世之功，豈偏方小國之所能成哉！今國家富有四海，無施不可，事固有所待也。皇上乃斷自聖衷，命崇山大臣統官千四百員，夫丁七十五萬有奇，東接震澤，西通南湖，北至京師若干里，刻日修鑿。於是衆官各率厥夫，競相事事，若不知土之厚，山之高，石之堅者。嘗觀東壩分水嶺間，有土山十五里，石岡十餘里，萬夫如螘，鉏鍤如雲，斧鑿如雨，鏗鍧震擊，聲聞四野，不久已爲通渠。此非以逸道使民，則民忘勞，而功易就歟！

自今以往，豈但東南貢賦之便，其商賈而往來者，西如川蜀，北如朔漠，亦無不由河以達建康，而萬斛之舟，泛乎中流，雖烈風暴作，亦蔑鯨波之恐。至於風寂水平，其淨如練，南船歌，北船和，洋洋乎詠皇上之功，而莫知所以報之者，其樂何極，則吾皇上之功，不啻舜禹并矣。

信乎有大德者，必有大功於萬世也。崇山國之勛，舊名著旂，常奉揚上命，命官分工於衆官之内，選其尤能者，分掌衆工。若貳守王子華氏，出羣拔俗，有幹濟之才，既分工於東壩，又督衆工於沙河。邦直等同受上命，開河銀墅，忝在千四百員之列，較其功則子華爲多也。子華嘗命工繪圖，大夫士咸有詩美之，一日出以示予，予不揣遂僭爲之序云。洪武二十五年，歲在壬申閏十二月三日，會稽宣邦直書。

方鵬《治水成績詩序》

聖人之業，有以成之，必有以保之，故遍天下而垂無窮。遍天下至大也，垂無窮至久也，不可尚已，其次足以利一方，而澤數世，以幾於可大可久者，其聖人之徒歟！夫震澤三吴之喉襟也，由吴淞江、由白茆港以達於海，猶自腸胃以至尾閭也。善醫者理腸胃，導尾閭，以快喉襟，而疾去矣。又調攝而愛養之，使疾不更作可也。且二水之當治，夫誰不知，役大費繁，莫之能舉耳。有其舉之，則具文塞責，姑應目前，而無經久善後之圖，不旋軫而前功棄矣。

今大司馬李公獨異於是，方其謀始也，集衆説以用中，選庶官以分任，而爲之必勇；及其慮終也，丁寧告誡，而貽之必遠，防之必豫。故先白茆，次吴淞，又次支流，别委凡有相於二水者，咸用底績所以成之也。堰以障之，閘以瀦之，徒以守之，備舟制器以疏之，所以保之也。君子曰：『是役也，不在成之之易，而在保之之難。公善法聖人者也，吾其有勸乎！』其小人則曰：『公善醫國者也，吾其瘳乎。故今日則思而歌之，他日則尸而祝之，固吴人之情也，雖欲辭得乎！』雖然，疲民疵政，天下皆是也，所以拯救而康濟之者，鵬於公有深望焉，則是役爲之兆耳。因僭序於羣玉之左。

薛應旂《浚河録序》

昔史遷書河渠，班史志溝洫，自禹而下，皆盛稱李冰、西門豹、史起、鄭國之功，謂其能引水溉田，以業農也。夫農天下之本也，泉流浸灌所以育五穀也，五穀育而農事植，夫然後衣食足，而禮義興，太平之治可保於無虞矣。此其所繫豈微乎哉！然而天下之以農爲職者，或因循歲月，或苟且文具，而其所以爲乎農者，多漫不知省。是亦非不知職之當舉也，蓋以民可與樂成，不可與慮始，而在下位者，又難於獲上。是故不好逸而惡勞，則遠嫌而避怨，而農事往往廢弛，流離者載道矣，斯民將何賴焉！

淳安胡君道宗，以賢良文學貢諸廷，授丞吾邑，職在治農，公清勤，慎視民事如家事，川塗溝洫，陂障圩塘，丘陵墳衍，港塹橋梁，靡不悉心疆理，而承委申請，畫圖貼説，率皆躬自相度。協人情土俗之宜，建經常久遠之計，民不勞而事集，財不匱而功成。而吾邑之民，旱潦有備，豐穰可必，是君之功利濟斯民者實大。豈特如昔人所語，不負臣而已哉！當漢大始間，趙中大夫白公穿渠引涇，首起谷口，尾入櫟陽，溉田四千五百餘頃，而當時之民歌之。兹武進之田九千三百餘頃，視白公所溉，不啻倍之，使有爲鄭國白渠之歌者，舍君其誰哉！故於是録，樂爲之序。

沈啓《吴江水考序》

東南水政有書，更何考焉？ 考者考吴江水也。 吴江奚考？ 蓋源委之要，瀦泄之樞也。何言乎要樞？ 夫東南之水源者天目，委者東海，相距數百里間，瀠洄澎湃，而值其中爲吴江。吴江邑也，邑之西窪而廓如者爲太湖，承受源水之來邑之東紆而條如者爲吴淞江。 導引委水之去，太湖不能盡容也，亞而爲湖、爲蕩、爲漾、爲堰、爲潭、爲坑、爲池者，二百有奇，皆翕受而分瀦太湖之不盡者也。 吴淞江不能盡引也，亞江而爲川、爲瀆、爲溪、爲浦、爲河、爲港、爲渠、爲涇、爲漊、爲衖、爲浜、爲洪者，千計有奇，皆連絡而分泄江之不駛者也。 東南之區，莫是窟焉，故曰澤國。 而邑當夫交會之衝，苟有小水囊納，獨先諸他郡邑，是以歲之豐凶，民之利害，國計之詘伸，恒是乎先節宣之法，孰是爲最？ 故善觀水者，觀吴江思過半矣。 觀之善者，孰如古聖人，其始之憂水也曰昏墊、曰阻饑，及其治之也，決九川，濬溝澮，後先有序，小大不遺，要其終底於績也。 務奠居，務迺粒，務成賦，中邦而後已。 修弛之間，利害攸判，天下治亂所從出也，而肯末焉視乎哉！ 繼是迄今，知國之本恒於斯者，必寬農詔重農官，以修水政，以濟民饑，以裕貢賦，吾未見其有改也。

迨至我熙明，尤致重焉。 初責守令，繼總撫臣，小潦必除，微堙必浚，共享豐阜，胥忘德恩，久而守令弗遑從役也，添設倅丞，撫臣難親細勞也，添設水部或憲司。 於是撫偕郡邑，各有所委，水之利害不入於心矣。官水者，未必皆不舉職也，每或以節費汰冗，疏而革之，必待極潦大浸，方請復設，寒後索裘，無救卒歲，河清之俟能免胥溺也乎！方革而設，方設而革，彼間設者客也，暫差者寄也，帶攝者他人之田也，修節宣之政，以爲豫遠之圖者，誰與無怪乎！民逋日竄，而督税之使時遣，而歲不能復命也。嗚呼，政修奚遺爲哉！議者猶歸罪天時，而不察人政之未修，墜久遐遺識無十一可憫也。邇來湖承於源者，賴堰壩之節也。或崩或占，奔潰日注而無掣，江泄於海者，在汀渚之決也。或萑或葦，淤浛日淺而不通，猶之人也口鼻浸灌不停，膀胱窒滯不溲，胸腹能不脹蠱，以至於斃者幾希矣？

余歸田數年，躬覩鄉國之艱，羊不圖存，後將焉考？爲輯《吴江水考》四卷凡十條，條間爲箋，庶前賢之心與政，不盡泯也。若以不合於舊，或陵谷移形，名號易故，猶《水經》之不同於《職方》，《職方》不同於《禹貢》，勢則然矣。司農者執而裁制之，斯考或不爲東南覆瓿也。噫！

谷繼宗《刻單鍔水利書序》

皇明永樂改元，太宗以蘇、松水沴是憂，遣大司徒夏忠靖公總籌，督公取單書，師其意，東南竟弗魚腹。至今血食，且京闈曾發策試，華亭顧公清掇其言而對，即舉第一，累官少宗伯。野史氏曰：『夫天下之學莫大於水，故窮水績者通乎聖。』《禹貢》曰『三江既入，震澤底定』，入者入於海也，水性必歸於海順也。順其性而導之歸，行其所無事也，故曰水之道也。單子祖《禹貢》而作書，書成身退，後世有述焉。嗚呼！單子身若屯矣。其書則昌，蓋屯者命也，昌者智也，數奇而理符也。雖然，單子之書論三州而止，此其學未通乎聖也。孟軻氏曰『禹以四海爲壑』，夫推而廣之，仁覆天下矣。

歸有光《水利書序》

《夏書》曰：『淮海維揚州。彭蠡既豬，陽鳥攸居。三江既入，震澤底定。』《周禮》：『東南曰揚州，其山鎮曰會稽，其澤藪曰具區，其川三江，其浸五湖。』世言震澤、具區，今太湖也。五湖在太湖之間，而吳淞江爲三江之一。其説如此，然不可不考也。漢司馬遷作《河渠書》，班固志溝洫，於東南之水略矣。自唐而後，漕輓仰給天下，經費所出，宜有經營、疏鑿、利害之論，前史軼之，宋、元以來始有言水事者，然多命官遣吏，苟且集之，奏復之文，攬引塗説，非較然之見，今取其顓學二三家著於篇。

俞允文《治水述》

大理彭侯治崑山之三年，考最居上，天子徵詣長安，以補臺諫之缺，臺諫言官也。夫言一人之得失，莫若言國家之本政，國家之本政莫重於財賦，財賦莫重於蘇州，蘇州歲運之米四百萬石，是國家倉庾也。而財賦皆出於水田，崑山蘇州屬縣也，竊爲傒言之。昔司馬遷云：『吴有三江五湖之利。』而宋趙霖又云：『天下之地，膏腴莫過於水田，水田之利莫盛於蘇州。』吴越王錢氏有國百年，唯長興一歲（失）［大］〔二〕稔，享利甚饒，比後頻遭旱潦，屬者大水數縣，匯成巨浸，千斛之舟，皆縱横取路，罕辨涯涘，百姓纍踣萬狀，莫能圖畫。田薄民貧，國賦每至空乏不繼，古今利害相懸若此，何哉？蓋蘇州地既低下，而東北瀕海之地特高，浙西六川之水皆流注太湖，積水泛濫，如貯盤盂，謂之澤國。禹穿三江，導太湖之水，并入於海，而水始定。

今三江唯淞江泄水爲徑，後世以太湖之水，獨泄於一江，其勢有所不逮。故於常熟開二十四浦，北達揚子，又於崑山開十二浦，疏松江之水東入於海。民間私港又不可勝數，繇是高田引以灌溉，低田賴以決泄，至於瀕海之田雖高，日懼鹹潮之害，因作堰壩裹水，不得外流。而渾潮日積，諸浦漸堙，法宜盡決堰壩，近海置閘，隨潮啓閉，使有泄無入，閘内港浦常得通流，閘外淤河亦近易爲力。若堰壩既決，浦閘既修，苟非厚築圩岸，一遇大水，湖水隨風往來，則壞岸低田與水漫漶。此築圩裹岸之法，尤爲最要。范仲淹云：『修圍、浚河、置閘三者如鼎足，缺一不可。』故錢氏偏據一方，專心田事，蘇州有營田軍四部，共七八十人，又有撩清之夫，是其享利之饒，豈非人事之修乎！蘇公軾云：『浙西水旱，乃人事不修之積』，正此謂也。今泄水要處，吴淞、白茆等諸浦，大半湮塞，閘廢圍壞，水害日滋。未死之民，饑寒失業，而部使猶相踵追徵，以至田事輒以國用窘乏，格沮不行，是使地無可耕之田，民有失業之怨，賦亦奚從而出。

嘗考永樂二年，户部尚書夏公原吉奉檄開浚，其功最著。正德十年，又命工部侍郎李公充嗣重加浚治，水害暫息。時三法未備，終非經久之策。爲今計者，誠宜朝廷不惜浩費，博選幹臣，推原水利，相度事宜，舉行三法，置官精理，以至盡力之吏，必令越次推遷，則人知激勸，建功必多。朝廷無宵旰之憂，而長有東南之利，誠治安之策也。方今三事謨謀，緝熙帝載，當無急於此者，侯之忠廣，必能昌言之，余不佞敢以是爲視焉。

嚴訥《蘇州府水利圩圖序》

今天下以墾田當司農巨供者，蘇、松爲最，蘇域介在湖海，厥土塗泥，利害以水圩岸者，所以堤水而田，即《周禮》稻人、匠人所掌塗防者也。田甚下隰，岸則陡立，如城河循其外而中田焉。禾在田雖芃芃起矣，而河流猶出其上，舟行者蓋俯而窺也。岸或咫隙莫禦，而田且沛澤矣。其田之最高阜，去水遠而不及溉者，則又終成瀉鹵，田在上下壤之間，土厚而水深，則號膏腴，以其得水蓄泄，可爲旱澇備也，而所爲能蓄泄者，以有圩岸耳。歲苦旱則河之水，續桔橰而上，以入於田，河不龜（拆）[坼][三]，田不乏溉。歲苦潦則戽水出於河，而岸障之，雖勞人力，不盡待命於天。

自三江道湮，疏釃失宜，恒雨注積，而無從尾閭也。水襄於岸寸而膏腴汩爲巨浸，不能與下隰者論良瘠矣。廟堂深惟國計，軫念民瘼，枚擇憲臣，專董水政，而閩之林公實來，公承簡書之重，躬撬載之勤，周爰咨諏，尋源徹委，决壅導積，滌茹存匯，塘之，浦之，涇之，港之，溪之，閘之，以爲宣節之大計者，既殫厥心矣。條縷其目，知圩岸爲節務而修築焉，卑令高，缺令補，廢令興，薄令培而厚，浮令杵而堅，規畫既定，先有司而躬督察之，東馳西顧，不遑寧處。自庚辰歲農隙始事，凡閲歲而次第告成。方歲之澇也，故老相傳説以爲正德之庚午，嘉靖之辛酉，以及於今。顧辛酉之澇，纔匝昏旦，而漂没無算，今雨浹旬彌月，而民幸不悉魚者，伊誰力耶？先見之預圖，而成勞之陰賜也。公以拯溺引責，而不以禦災伐功，嗣厥胼胝，聿觀厥成，蓋至兹謀及圩岸，而公之大造民者，悉巨細矣。使公緒之就先三歲，民將不知災，而且忘公力於何有。然今而後，其蒙福被慶何限也！

且圩岸之有無，其利害彰彰也。農民櫛沐，蕉萲罄室，竭力於田，而婦子懸命焉。寧束手於一朝之患，號呼奔走其傍，痛莫之救，而獨不爲先事之備，余怪而求其説矣。每圩田畝姑以千計，田其中者姑以百計，百家之中有十不協力，而九十家者修築之無益也。農雖值有年，僅給俯仰，困於澇而轉徙者衆矣，宜未暇爲圩岸計。岸土取於田，岸寬則田窄，小民愚不察其損小而利大也，惜不忍。今令出於官，何力不協，遠近風行，咸德上佚道之使永圖之懷，誰不子來，誰復惜小。况公誠意感孚一時，司牧者競體公心，勸相多方，視民之私計者功相萬矣。故圩岸之利不難知，難在公之悉民隱，而爲之任之也。公績不磨而有紹之者，民其永賴哉！夫述《禹貢》，書河渠，志溝洫者，古今稽之圩圖册慮遠也。公曩歲有事白茆，所謂塘之者也。余竊記之兹册，郡守朱侯示余而屬序，以余郡人也，雖不文敢辭諸？萬曆庚辰臘月之望。

徐階《松江府水利圩圖序》

松澤國也，水行田疇間，若弈道然，民因謂其田曰圩，圩者圍也，言圍於水也。循水而堤焉者曰圩岸，所以禦潦水，使不得入，又穴之以泄田中之水，使注諸川也。歲多雨，或川流壅塞，水溢於圩，則田没而民以告饑，故松之利惟水爲大，其害亦惟水爲大，而其政亦惟治水爲急。國初，郡邑水利皆有專官，又數遣大臣爲之經畫，夏忠靖、周文襄最著。承平既久，吏懈民狃，水淤不流，岸缺不補，及倭患作，而上下胥奔於兵，由是田之圩岸毁逾半。歲屢有水災，民日貧且走四方，而國之額税亦多負矣。萬曆六年，皇上特簡侍御史林君應訓督有司治之，君乘單舸，東傳於海，西至於江，中歷湖泖浦涇，冒寒暑，凌風濤，相原隰之形，與水之勢，浚大川六，支流四十七，港浜之小者九十有一。求圩岸之故迹，盡修築之，逾年功成，民歸如市。君曰：「此其利溥矣。然非籍無以訓久遠，使勿廢。」檄吾郡守閻侯邦寧圖而梓之。侯以示余，予曰：「《禹貢》揚州『厥田下下，厥賦下上上錯』，則田之卑，賦之重可知，而禹盡力於溝洫，非有能益其卑，去其重也。今松固揚州之域，圩岸者又溝洫之遺制也，則松之治水，其道固無外於圩岸之修築矣。林君身督其成，復計久遠，而爲之籍，其猷誠然，籍可必恃以訓後乎！自古天下事有人則興，無人則廢，今而後懷仁抱義之士，踵相接於朝，則君之成績，雖莫爲之述，猶當有慕而繼焉，矧其大書深刻，炳然在乎，予敢稽首爲吾君吾民賀。」

劉光濟《常州府水利圖册序》

昔太史公作《河渠書》，首序大禹治水之績，乃曰「九川既疏，九澤既灑，諸夏乂安」，而與「吴則通渠三江、五湖」。夷考《夏書》所載「三江既入，震澤底定」，古今言三吴水利者，無以易此。夫三吴諸郡，東南奥區也。往者數被水患，當事者議興大役，開劉家港以入海，開白茆港以入江，浚吴淞江南北兩岸，以引太湖諸水，拯治之法稱善矣。然事竣則代，後命臬臣兼攝，人無專責，而内地溝洫之政，略而不講，以故或湮或溢，卒無永利，而害乘之。

惟我聖天子臨御以來，凡海内利病，民生休戚，罔不咨於良弼嘉猷，虚懷聽納。惟兹三吴水利，上厪九重宵旰之憂，萬曆丁丑，特採廷議，擇臺臣之有材識者，俾之董治，必底績乃代。於是侍御林公應訓奉璽書，祗受廟謨，攬轡吴中，遠稽往牒，近訪輿論，周爰咨諏，巡行於沮洳萑葦之區。相其原隰，溯其委源，因天之時，順地之宜，疏滌壅遏，以引以注。爰條治田六事，檄郡邑長吏，率其屬以勸相三農，皇皇焉車不停軌，歷五載而丕績用成。慮夫歲久而法弛也，圖而志之。

是圖也刻之吾常者也，常居蘇、松上游，其屬邑有五，而地勢各殊。昔人謂吴淞江被災，宜多穿毘陵郡西洞河，以分殺之。正統間，周文襄請築金陵五堰，以障上水，穿百瀆於震澤，以導下流，繪魚鱗圖以稽畎澮，兹圖則加詳矣。總之一郡以提其綱，列之五邑以挈其領，疆界既明，悉引之説，若江若湖，若氿若河，若瀆若港，若浦若蕩，若浜若陂池，若圩塍堰壩，若堤防津梁，掃閘之區，罔不具列，而五邑之地形，粲然在目。宜障也，宜泄也，宜疏也、瀦也，小者役以民力，大者資以官帑，精神心術之所運用，殆爲千百年計乎！後之視今者，按圖而索之可也，而侍御公之績偉矣。

予恒竊歎朝廷設官，興修水利，以惠養元元，而實效未臻，水患洊至，民用阻饑，至煩主上憂，屢下蠲賑之令，損賦額以恤之，而後民困始蘇，曷故哉？夫任事之臣，狃於故常者小智也，休於豪黠者保禄也，責效旦夕者邀功也。監司不能責之長吏，長吏不能責之僚屬，是以虚文相應，負國而厲民。今林公之涖吴也，精白乃心，夙夜勤事，予從田野間望旌旄，一歲中按部者凡幾而不言勞。吾郡守穆公煒矢猷宣力，輸共濟之患，偕其僚佐萬君輝，暨諸邑之長吏，從事於阡陌間，躬自勸相而不言勞，是以利興害去，臻乂安之績，以對揚天子之休命。兹圖也特其迹焉耳，予承郡公之委，敬爲之序，以告夫繼事者。

姜寶《鎮江府水利圖册序》

雲源林侍御公，奉專敕領特差，治水江南，既五年且竣事，蘇、松、常三府皆刊行水利圖説，以紀成功。而我鎮江則郡大夫龍谷王公，取諸丹徒、金壇及我丹陽三令長所撰述，而總其條貫者也。丹徒爲鄉八：曰崇德，曰大慈，曰長樂，曰義里，曰平昌，曰高平，曰洞仙，曰丹徒，圖與説各二十有四。丹陽爲鄉十：曰練塘，曰壽安，曰太平，曰石城，曰高牧，曰桂仙，曰永和，曰永濟，曰仁信，曰尚德，圖與説各十有二。金壇分高、中、低爲鄉三，爲區十，圖十二，而説則十焉。中間水利在丹徒有山鄉，有沙鄉，其沙鄉有水有旱，宜瀦宜泄，宜堤防，圖與説備矣。丹陽、金壇因地形之高下，爲幹支河港，爲洲，爲圩，其宜瀦、宜泄、宜堤防，圖與説亦備矣。又中間爲橋，爲閘，爲岸，凡有關水利者，無不載。開浚、修築，凡公所嘗規畫以底績，亦無不編摹而纂著也。

屆期入梓，龍谷公造予廬屬爲序，予惟鎮江之水利，以漕河爲先，漕河以丹陽爲先，丹陽居丹徒、金壇地之中，受練湖之水以濟運也。故丹陽之漕河以治練湖爲先，練湖上受諸山之水，勢奔騰難於蓄，而漕河居蘇、松、常上流，地形高而易於走泄也。故湖以治湖閘爲先，河以治河閘爲先，湖閘治令蓄，河閘治令不走泄矣。然而運回船每梗，湖閘不得閉，故欲使運回船不梗，河閘令得閉也。以開武進之孟瀆河，令放行運回船爲先。前時公常究心及此，而僉同前撫按兩臺胡公、郭公議孟瀆河開矣，然而運回船不盡由以入也。河閘治矣，河閘上修京口，下修呂城、犇牛，中於麥舟、尹公兩橋，兩設閘函口，以待下版閘水，而今者則又創增陵口閘矣。然而閘之不得閉，以官舫往來，恐猶然如昔也。每冬月苦丹徒、丹陽之民以挑漕河，而我丹陽之民，尤苦每冬月之挑漕河也。是果誰之責歟？

予惟閘以蓄水，閘可以蓄水而運苟有濟，則漕河可以不挑，故使閘設而得閉也，可蓄水以濟運，亦可蓄水以免民挑河。然其事則惟撫臺與漕臺得專之，蓋撫臺主起運，漕臺主儹運。運船空而回，撫臺儻先期令曰繇孟河入，不繇孟河入，於本船之官旗，罰無赦。河閘當以時閉，漕臺儻以先期令曰閘設而不閘，與無閘同，閘應以時閉，而或不閉也，於本地方之所司，罰無赦。閘閉矣，運回船繇孟瀆河入矣。如是又告總漕於淮，亦無或有所異同，而可否也。湖之得以蓄者，下於河閘閉，而河之得以蓄者不走泄也。於是漕舟無不通行，漕事無不濟，而丹徒、丹陽之民可不苦每冬月之挑河矣，此乃撫臺、漕臺事也。然則公獨無責歟？蘇、松、常之興水利，利於挑浚，我鎮江（他）〔興〕水利〔四〕，亦利於挑浚，而獨漕河應挑浚，乃利於不挑浚，而法亦可以不挑浚也，又何歟？

予又惟蘇、松、常之興水利也，利農田以足國課也，爲民以爲國也。我鎮江之興水利也，他亦與三府同，獨漕河求有濟於國運，亦求無病於民生也，爲國亦以爲民也，公嘗勞心籌此矣。顧漕河之水利，公得與而不得專，公所得專者公爲之，公所不得專者公告之撫、漕二臺，一如予言相與處官舫之往來，講求爲禁令，務有以相濟而相成焉。公雖不得專爲，亦猶公爲之，是則我鎮江水利之大者也。諸如所當開浚而修築，既經公規畫以底績，郡縣諸公者亦既一一奉行，而編摹纂著之爲圖説，備矣備矣，當無以予言爲也，是爲序。

徐栻《三吴水考序》

夫予江南非古所稱塗泥之域哉？然謂『厥田下下，厥賦下上上錯』，則尤震澤初定時，充貢未博也。今國家財賦大半出是，所關係巨計至矣。顧澤國源委，上自天目，下沿東海，相距數百里而遥，瀠洄澎湃，百折而星流，似未易窺其脈胳。予自有四方之役，嘗渡錢塘，涉豫章，浮沅湘暨淮黄，泝濟膠萊間，試浚水工，則念吾土利病，視之獨難。以地形平壙，海潮上下不常，每當潦集，輒浩漫洚注，四望湖海，非若他有崇岡壘壁，水速來可防禦宣引爲也。

竊謂先正范文正公守吴郡，首疏水利爲要務，予每乘間理棹遨遊，目太湖之津煙，慨雨澤之悠瀾，尋三江之故道，望禹迹之茫茫，沉思久之。博聞父老有曰是夏駕、新洋，昔夏忠靖所疏理也；是秀州、蒲匯、澱泖諸湖水所經泄也；是吴塘、顧浦、劉河所瀦衍也；是白茆、青暘、西湖、毘、晉陵所繇入江也；是白鶴、荆城、孟瀆、九曲所繇入江注海也。爰稽傳志，三吴之地，惟常熟多有巨匯，而白茆港視他水獨廣闊，而順達於此，導之使蘇、常東北諸水皆繇此港以入海，而震澤上源自可減殺横溢之勢。信乎白茆尤吴中水利之要宇者也，今流注失宜，高土浸以淪没，而下者又致淤壅，獨奈民生國計何！予嘆曰是即《禹貢》所謂『三江既入，震澤底定』者與？

邇閩懷安林公茂膺簡命，治水兹土，非底定之一會乎！予撫豫章，公尹南昌，共事治水，卒賴宏濟大略以相成。今公按吴兩越歲，河工告成，出《水利圖説》示予，乃熟視之，何盡我地宜若是悉哉！公指顧中即貼貼爾席之安，抑何神哉！蓋公行水之道，與神禹智同，而咨詢營度，一不出所云，三江既入，吴淞江爲正派，東、婁二江爲旁支，支派分而或疏，或浚，或節，可次第施矣。以故太湖諸水注吴淞，澱、泖諸湖水注黄浦，崑、嘉諸水注劉河、白茆，而陽城、晉、毘諸水悉使入江入海，則水流導長蕩、潤州諸水繇運河入大江，則水源節。公駐節吾邑，督浚白茆，復深且廣，俾可停蓄宣導以入海。連年大水，得藉宣泄之力，不至盡填溝壑者，公疏白茆之功章章較著也。大都並流，不至妨礙野潰，不至外逸平潮，不至倒注要害之衝，罔不疏浚深闊，納巨浸而尾閭奔趨分支，則蕩滌沮洳，取滋灌溉，浚畎澮距川已耳。至疏旁渠築圍埂，俾旱澇有備，高低鄉咸利，則悉載在《治田六事》中。率民力任之，官爲量助督率，綱舉而目張，一勞而永逸。吾江南民從此得免魚鼈焉，詎非仁人大惠哉！日者梯航充發，以下下之土田，半天下之供奉，而國不稱乏，民不告病，而公且屢上蠲恤疏，荷俞旨寬恤，以蘇孑遺，公有大造於江南矣。

所著《水利圖説》爲册若干卷，用以告夫將來官水者。嗟夫！治水猶醫治疾然，圖説其方也，視民饑溺，繇己而抱康濟實心，猶醫活人心也。方策具在，醫國者執而用之，以行其濟人利物之心，要取經用於世間，其所以康濟奕世者博矣。底定宏勳，將永賴之，覩河流而思禹績，公之明德遠矣哉！他日薦承簡渥，繇司空而宅端揆，以告成功，錫玄圭豈得擅美於前乎！則有太常金石之勒銘者在，固予夙所首薦，知公期公者也，顒以俟之。

錢有威《三吴水考序》

皇上軫念江南水利，命侍御閩中林公董理其事，公至之日，釐侵決淤，首闢漕渠，既而念曰漕務誠重堤防，川澮一或不備，旱潦薦臻，民受其饑，漕安所出？乃相地形，披載籍，決三江之壅蔽，導震澤之委積，其中爲塘、爲浦、爲河、爲溪、爲涇、爲港、爲溝、爲閘者，百有餘所，悉加浚鑿，條引縷析，綱挈目張，蓄泄宣節，各有成式。俾民水不患汩，旱不患槁，公私並利，漕計無虧，詳具諸名公圖序説中。

先是歲穀不登，民雖知水，然狃於故常，驟聞公議，猝有煩言。公毅然曰：『民可與樂成，難與慮始。佚道使民，久當自定。』遂跋涉胼胝，首當其衝，决排浚導，以次而舉，厥有成績。而又連值大水，若將試公之功，而信公之説者。蓋聞諸故老，東南水患，正德庚午爲最，次則嘉靖辛酉，以及於今。顧辛酉淫潦，纔及旮旦，遂爾淪没。乃今雨輒浹旬，甚至彌月，向使川澤不除，有若往昔民之墊溺，將何底止。議者徒知洪水爲災，漂溺竟免，而不知廟堂之規畫，我公之浚導，有以殺其勢，而消其毒也。豈陰受其賜，而不及察者與？公乃不張功，不避讓，直以狀聞，竟得賑恤，尤人所難。而又以其餘日，躬歷郡縣，督率屬吏，省巡阡陌，修築堤防，務崇務廣，災而不害。

余嘗課築農畝，順流而東，涉沙湖溯新洋，泛吴淞閲青浦，往返二百餘里，得以遍覽公所疏浚處，一一與圖符契。兩涯削峙，如墉如櫛，民將自此蘇矣。昔周、夏二公治水吴中，民初不便，詢諸父老，父老對曰：『相公開河，功多怨多，千載之後，功在怨磨。』二公斷而行之，功施到今，公踵其後，甫及三載，民已愉懌。然則歌功德者，又豈待於千載哉！繇是知事在天下，患在不爲，安有爲而不成者也！

王穉登《三吴水考序》

吴故蛟龍之國，三江五湖，濱帶藪澤，於古稱沮洳矣。歲乙卯、庚辰之間，蚩尤旗出牛女，霪雨累月，百川横流，阡陌壞者十五。大司農奏課之不登，天子惻焉，憫元元之墊溺，降德音勞問。江南諸父老咸謂水政之不飭，民庶鮮食，以貽陛下憂。於是詔臺使者出行水，釃渠決川，如漢宣房勺陂故事。

今侍御林公有聲南臺中籍甚，羣公卿士相與推轂於朝，俾爲督。公既奉璽書，殫智術，畢思慮，上下原隰，忘其胼胝，繡斧所臨，悉召文武吏士、三老嗇夫，使前咨諏相度，審厥形勢，察利病之原，考通塞之宜，爲之弭節，迴車者再四。而後三吴水利之説，一經一緯，脈絡井如，曲折縈紆，燦若掌上然，且推擇羣吏，指授機宜，集胥徒陳畚鍤，土石陶冶，竹木藁芻之費，一一既具。堙者鑿，潴者泄，淤者決，半者浚，且導繇川入江，繇江入海，而水之東下若建瓴矣。大要合東南水利，而論首天目，而尾閭於海，五湖心腹也，三江腸胃也，腸胃心腹病，而首尾之脈離，故復吴松之故道，俾走海；分諸浦之亂流，俾走江。吴淞爲正脈，東、婁二江輔之，諸浦又輔之，在江南北者不同，而治之之法亦異。治江南之浦宜廣而深，欲其引湖東注，以壯此江也。治江北之浦宜狹而淺，懼其分水北趨，以耗此江也。凡易寒暑者幾，而政平人和，群僚底績，謳歌載塗，民有生氣。

公則恐然罔有德色曰：『使者之盡瘁於菰蘆，力且竭矣，其濟則天子之靈也，廟堂之算也，僚佐之賢勞也，民氓兆庶之子來也，於使者何有？雖然，其猶有周爰之二三策在，繼今者非是曷取徵焉？』乃勒成爲書十六卷，使夫覽者若誦《禹貢》於軺中，奏《河渠》於馬首，公之功寧有涯哉！夫水德之在天壤，雖習坎成性，而泛濫靡極，涓涓失序，禍終懷襄，非夫略不世出之英疇，克纘神禹之無事，鑒白圭之鄰壑乎？後之行水者，取公是編，世世守之，神明其意，變化其説，無徒枝梧苴塞，以苟目前之安，即七九之阨，何損於堯湯，而吾儕小人抑庶幾哉！其幸而不爲魚也已。

陸化淳《常熟縣水政序》

《水利全書》者我耿侯三年中所講求於虞，而實見諸行之規畫也。虞之地三面阻海，及江形勢極高，一面控引上流及昆承諸湖以達於海；又極卑，卑利恒暘，即高區已號涸轍，高利恒雨，即低區已悲沉竈。以常熟之名，蒙常荒之實者，堤防通而不塞，溝渠塞而不通，拱手以俟命於天故也。是以築堤防、浚溝渠並爲治虞急務。就二者較之，堤防以圩以畝爲量，隨方塗葺，隨時補苴，無大壞亦無大興，溝渠動色數區，綿亘數十里，不大興即大壞矣。侯留心經世，未下車時，已洞悉此中隱情，一經親歷，端委畢見，毅然引爲己任，參酌緩急，次第興工，工竣於此，嗣興於彼，意若謂在地方一日，且爲地方辦一日事者，而比報政，則從來湮廢之迹，已一一修備矣。

夫謹蓄泄以弭旱澇，厚實也，以一勞而博永逸，遠慮也。小人即朝不謀夕，豈不亦自爲糊口計，而因循相仗，以至今日，大都爲工費浩煩，倉卒無所倚辦，則當道爲之梗。尸其利乃欲避其事，則豪强爲之梗。赴役者多，服役者少，則刁頑爲之梗。鬻法者多，程功者少，則吏胥爲之梗。甘苦之相畸，勞逸之相懸，張弛之相左，則怨咨爲之梗。此五梗者，水利所以將興復廢，名興實廢之大竇也，而獨無能梗侯哉，非不欲梗，無可梗也。向者經始福山塘，人頗謂落落難合，及三丈諸浦，梅林、鹽鐵諸塘漸次告成，始相顧以爲神功。今觀此書中綱領節目，則公之匠心操縱，而坐觀其成，已有日矣。其役不逾時，功臻永賴，豈偶然哉！士民易與樂成，業已隨浚治所及，伐石紀功，東北際海，西屬之江，頌聲洋洋，而是書實司左券，不可以無刻。于其刻也，余因僭題首簡，庶幾後之見是書者，無替侯嘉惠虞民之志云。

王圻《水利考序》

嘗讀《夏書》任土作貢，而必先之以隨山浚川；《周禮》大司徒專理貢賦，而稻人所掌必先以瀦口蓄水，以防止水，以遂均水，以列舍水，以澮瀉水。至於匠人一職又專主溝洫澮川之廣狹，以通田間水道。是貢賦誠不可一日廢，而水利獨可一日不講哉？然古今譚水利者莫詳於《禹貢》，而九川之導，與三江之入並載。蓋舉其重也，蓋重其貢賦之自出也。自漢迄元，英君察相何嘗頃刻忘東南水利哉！皇朝定鼎燕雲，一切供億仰給東南歲漕，天下四百萬石以充禄餉，而蘇、松、常、鎮、嘉、湖六郡彈丸之地，所出殆居其半。然一顆一粒何者不産於地，何者不資於水，而廟堂籌畫往往於修治漕河，動費數百萬金，而東吴水利棄焉若置。即如吴淞一江之通塞，係東南水利最巨者，齒及修浚，輒以帑藏空虚爲辭，若論田間水道，則益以爲不入耳之談。是經國者但知貢賦之所繇入，而竟忘貢賦之所繇出，坐令浦港日漸湮淺，旱潦無繇瀦泄，遂致霖雨數日，膏腴悉成巨浸，萬一經旬不雨，田疇立見龜坼。自萬曆戊子以來，災侵疊奏，逋課歲積，杼軸既空，催科愈急，無惑乎人愁鬼泣，禍亂之萌，將有不可勝言者。

余生長海右，頗熟地勢，浚治之法亦非難事。大都四郡水利，在上流者不可勝計，而大者止長橋、百瀆五六所；在下流者亦不可勝計，而其大者止吴淞、婁江、白茆等十餘所。欲修水利，當先要害，惟先治長橋等處茭蘆壅滯之地，道太湖之水，散入陽城、昆承、三泖等湖；而又浚吴淞、婁江，并大石、趙屯等數十大浦，泄澱山之水以入海；又開白茆、許浦、七鴉、福山等塘港以泄陽城、昆承諸水注於江，達於海；又令各縣分督各都圖，導田間之水，悉入於小浦，導小浦之水悉入於大浦，則瀦者泄者兩無阻塞，而農田國課永有倚賴矣。顧余老矣，目不及見文襄、忠介之盛事，姑述其梗概，次其等第，以竢後之司國計者。

校勘記

〔一〕本朝　四庫本作『明』。

〔二〕一歲失稔，亨利甚饒　『失稔』疑誤，似當作『大稔』。

〔三〕鼀拆　『拆』誤，當作『坼』。

〔四〕他水利　疑應是『興水利』。

吴中水利全書卷之二十四

記

自唐歷宋迄元，凡興修水利記文，並從紀載諸書搜采編次。

［唐］

劉允文《元和塘記》元和二年

吴之藪曰具區，郡之大惟蘇州，商爲貨居，農實邦本，錫貢多品，厥田上中，土宜在民，地利乎水。常熟塘按《圖經》云：南北之路，自城而遥，百有餘里，旁引湖水，下通江潮，支連派分，近委遐輸，左右惟强家大族，疇接壤制，動涉千頃，年登萬箱，豈伊沿泝之功，實繇灌溉之利，故名常熟，歲無眚焉。洎貞元以來，時屬大旱，繇是填淤，薦爲塗泥，而淪胥怨咨，殖物痡矣。郡守隴西李素，［居中］〔二〕字人，原始覩弊，則曰在穿導之，遂聞於本道廉使吏部尚書韓公，公秉文惟謹，施德惠人，發令爲適，觀風悦隨，人無間言，我得從政。攝令吴縣主簿李仲芳稟其成規，請事疏鑿，於是參井邑之役，則經費其力，而長洲當三之一焉。

縣宰李暵復善供命，乃計工量日，候隙庀徒，爲利涉之宜，蔽反壤之害，詢蓄泄之勢，增遠近之防，人不告勞，事爲永逸。先期而望表繩直，不日而終朝子來，塘開地中，工畢泉出，山澤作氣，江湖發源，積爲長流，實自新浙。舟楫鱗集，農商景從，春秋有施，水旱斯備。嗟乎！塘之堙鬱也久矣！何壅之無慮，而啓之有時，非體仁宏多，應用高朗，曷以越前所未暇，逮今而行其志哉！則史之決渠，書之滌源，以流其惡，潤彼稻田。况山川襟帶之廣，林鹽沃饒之資，規同九州，股列七縣，其提(刑)[封]〔二〕底績，固良二千石之能。惟李公敏於直方，精在損益，爲信安未半歲，而吴郡餘一年焉。政猶風行，惠與時至，文學備全，清慎寡欲，通貨豐財，五行因之，順下致理之實，不其偉歟！去歲諸方搆患，而郡邑連陷，公驅白徒，以(捏)[捍]〔三〕狂寇，挺拔凶黨，修浚城池，皇帝聞而嘉之，俾金章與紫綬，給誥垂美，必將大闡王度，紹休朝廷，豈惟與民分憂。

是塘之爲政也，使人士以允文在公之宇，備詳其事，請刻於石，庶詞之可復。銘曰：瞻彼塘矣，昔之所闕。物利乘舟，土膏其澤。歲有堙塞，時罔疏滌。誰爲澄流，變爲廣潟。降是良牧，猗歟隴西。揆日爰鑿，經旬洞開。湖水南迤，江源北來。旁分溝洫，潛蓄風雷。政可施利，役無勞止。力均二邑，功逾百里。舟楫攸往，田疇所視。義實通方，智侔經始。浚自高岸，豈云隨山。人歡在路，魚樂于泉。伊此化遠，矧夫事宣。立石川上，維無窮焉。自唐迄今，通流如故。

[宋]

章峴《華亭縣開顧[會]浦[四]記》慶曆元年

禾興郡領邑四，號繁劇者，華亭居其首。唐天寶中，析吴郡東境而置焉。負海控江，土爲上腴，其魚鹽之饒，版圖之盛，視他邑之不若也。國朝重馭民之官，宰是者非名通閨籍，秩在京寺，則未始輕授。慶曆辛巳歲夏六月，彭城錢君以九棘丞來更縣章君再調百里□□□□凡積政間有因，仍未遑者□思念窮乏，顯乎改爲如恐不及，直縣西北走六十里，趨青龍鎮，浦曰顧會。南通漕渠，下達松江，舟艎去來，實爲衝要，平疇芳甸，傍羅迤邐，灌溉之厚，民斯賴焉。自簳山之陽，地形中阜，積淤不決，漸與岸等，每信潮吐納，財及半道而止者，垂三十年。

康定建元之後，滛澤仍歲，田無刈穫，榜人其咨，捨舟而徒。錢君惻然，有浚浦便民之志，首建是議。明年春，山青龍睨江瀾所來，圖上其狀，遂以議白府。會府公集仙錢侯偃藩之初，鋭於振舉，周覽風俗，憫時災凶，期於順成，刻意溝瀆，樂聞斯議，深然其請。乃籍新江、海隅、北亭、集賢四鄉之民，得役夫三千五百二十人，府教以尉孫君專董其役，既授成算，乃克濟美。庀徒之始，患穀高民饑，又重發官廩，募邑之大姓，洎瀕浦豪右力能捐金錢助庸者，量其豐約，疏之於瀆，誘言孔甘，喜輸叢來，凡得錢一百三十六萬，計粟之直，頭會而晨敷之，繇是揆日戒告，標明部分，定幟臚呼，荷鍤雲集，澤門廢不勉之抶，東山賦忘勞之詩。興三月辛酉，訖四月己丑，始於邑郛，終於江滸，增深四尺，概廣八丈，無慮役工十萬二千九百五十，畚土平道者不預焉。

距縣半里，舊設堰埭，壅其上流，今則仍貫，按圖經縣管塘浦，大而居其最者五，顧會是其一焉，次曰盤龍，曰崧塘，曰趙屯，曰大盈，而崧塘首源與顧會合，俱支流股引，聚瀆民壤。錢君又諭墾田，乘農之隙，户出丁壯，咸至顧會疏導之。其或歲苦淫雨，水沴且作，則敗去防庸，縱其澶漫，自浦而泄，匯於大川。若驕陽盛怒，藴隆爲虐，則瀦渟潮波，分注壃畂，繇浦而入，潤及千頃。

夫然則陰陽慘舒之權，歲時豐穰之候，可移於人手，何水旱之足慮哉！爾其大堤屹起，素波盛滿，煙霞澄滅乎！萬狀簫淪，朝夕而兩至，行商力穡者，各適其便，拿音壤歌而歡騰其間。於是邑民之耄老鼓舞，聚而言曰：『兹浦之堙，爲吾儕病久矣。曩時字人者，雖廉得利害，而嗇於經費，豈物有通否，必待其人耶？今吾（寧）〔宰〕〔五〕以和惠浸人髓，以鍼石去民瘼，興壞起廢，易於轉圜。是舉也靡殘乎私，罔耗於公，因民所欲而利之，則圖大垂久之制，孰愈於是哉！』

胡宿《晉陵浚渠記》慶曆二年

常領四邑，治吴西境晉陵，户二萬，生齒十萬，過江來東，列爲大縣。其土會之法，田第九，賦第七，帛宜絲枲，穀宜秔稻。美川澤，饒魚鼈，太湖底定於其南，大江繞出於其北。閑民無事，擅漁採之利，以生其生。有二浸之大，而農不能引以灌，迹其所以，民非棄之，顧上謀之未及究，旅力之不能集爾。天時稍或亢縮，人心乘以焦窘。

慶曆之元，高陽許君恢以大理丞治於斯，既視邑事，精恤民隱，審江湖之利，可以活夫田也。乃歎曰：『昔西門豹治鄴，漳水在鄴旁，豹不能用，故史(記)[起]〔六〕譏之，謂其不足以言智。今兹邑南趨湖，北倚江，據是美利田，其舍諸委而弗謀大，懼後世之嗤予也。』因環按四封，周咨野老，乃得申港、戚墅、竈子三港，皆往時溉田之川，中間廢不復治，緒餘且在，因作圖言狀，列於外計，且曰：『湖水可以灌戚港，江水可以灌申、竈。』計司移官，覆視其利信然，比得符文，報從所請。始籲厥衆，開陳以利，民飴其言，悦以承使，不戒而廩食具，未幾而鼛鼓興，其集如雲，乃畚乃鍤。自二年冬十月，浚申港凡三十八里，引潮水抵城之西北隅，朝夕再至焉。竈子港去申港三十里，自江口浚之，凡四十里，並趣縣之東北，不與申港合。戚墅港東南去縣二十里，自湖口浚之，凡九十里，太湖之舟艑至焉。三港之溉，申港最博，繇大港之側，聽民自射其便。股引支水，分注運瀆、東函等十九小港，以釃其利，長波之所貫，衆渠之所殺，變瘠土成腴壤，稽於大浸，暢於四支，約凡溉田萬頃，計工二十六萬，前後凡三月而罷。役不加擾，衆靡告勞，耒耨者賴焉，網罟者依焉。明年郡境仍旱，渠田獨稔，冒磧鹵生粱稻，華穗薿薿，清畎泱泱，牛羊來思，雞豚萃止，野有高廩，神有豐豆。

噫，江湖以善利利萬物，不私所利，至矣哉！從於政者，猶夫川也，據能濟之勢，操有爲之資，利足以培，害足以剗，棄而弗營者，力非有之，繇無志於民爾。從是而觀，高陽君之政，其美志所潛，惠化所孚，在民博矣。後之長此邑者，尚監前良之勤，恤百姓之欲，嗣而浚之，繩而廣之，使繼繼不絶，則三港之利，衣食兹土，庸可竭乎！

丘與權《至和塘記》至和二年

吴城東闉，距崑山縣七十里，俗謂之崑山塘，北納陽湖，南吐淞江，繇堤防之不立，故風波相凴以馳突，廢民田以瀦魚鼈，其民病賦入之侵蝨，相從以逋徙。姦人緣之以邀劫，行旅通鹽賈以自利，吏莫能禁。父老相傳，自唐至今三百餘年，欲有營作而弗克也。有宋至道二年，陳令公之守蘇，嘗與中貴人按行之，邑人朱珏父子相繼論其事，爲州縣者亦繼經度之，皆以横絶巨浸，費用十數萬緡，中議而沮。皇祐中，發運使許公建言，蘇之田膏腴，而地下嘗苦水患，乞置官司以畎泄之，請令舒州通判殿中丞王安石先相視焉。朝廷從之，王君既至，從縣吏拿荒梗浮傾沮，訊其鄉人，盡得其利害，度長繩短，順其故道施之圖繪，疏曰『請議如許公』，朝廷未之行也。

至和初，今太守吕公既下車問民所愁苦，蓋有意於疏導矣。明年，與權爲崑山簿，始陳五利：一曰便舟楫、二曰闢田野、三曰復租賦、四曰止盜賊、五曰禁姦商。其餘所濟非可以勝擬，期約故制，役民以興作，經費寡而售效速，若其不成，請以身塞責。既而令錢君復太守，嘗念所以興利之計，喜其謀之協從，於是列而上聞其副，以決於監司。乃誠庸力，經遠邇，興屯舍，宿餱薪，既成以授有司。郡相元君實總之，粤十月甲午治役，先設外防以遏上流，立橫埭以限之，乃自下流浚而決焉。畚鍤所至，皆於平陸，其始戒也，猖風號霾，迅雷以雨，乃用牲於神，至癸巳夜半雨息，逮明休霽，以卒其役，人皆以爲有相之者。始計月餘，蓋旬有九日而成，深五尺，廣六十尺，用民力纔一十五萬六千工，費民財若干貫，米纔四千六百八十石，爲橋梁五十二，蒔榆柳五萬七千八百，其貳河植茭蒲芙蕖稱是。計其入以爲修完節民之餘，治小虞自嚴村至於鰻鱺瀼，治新洋江自朱瀝至於清港，治山塘自南山至於東，浚諸涇六十四，浦四十四，塘六。於是陽城諸湖瀼皆通而及江，田無洿瀦，民不病涉矣。

初治河至唯亭，得古閘，用柏合抱以爲楹。蓋古渠，况今深數尺設閘者，以限淞江之潮勢耳，耆舊莫能詳之。嗚呼，爲民者因循而至此乎！是役也，自城東走二十里曰任浦，崑山縣治其東，長洲治其西，以俗名非便，於是議請更之，曰『至和』，識年號也。建亭曰『乙未』，記歲功也。太守嘉其有成，謂權實區區於其間，其言必詳，命之爲記。

蔣静《江陰重建黄田閘記》政和二年

暨陽城北一里許，有港曰黄田，世傳以爲楚黄歇開以溉田，北引大江，横貫城中，南出於郭，截蔡涇過茶鎮，至五瀉堰，凡七十五里，距二浙之漕渠，而溉田頃以萬計，皆資潮汐爲膏腴。昔人即港口置上閘，以啓北江之潮，又即蔡涇爲下閘，以節制旁浦之水，於是旱無焦枯之憂，霪無漂墊之患。

比年以來，港浸及壤，閘亦破毁。大觀戊子，徐侯申來守毘陵，會命尹徐君充、邑丞于君溥踵至。會歲事稍登，人樂自效，得錢三百萬，市材命工，以庚寅季冬，下上閘之良址，於舊基之北百步爲之，而成於明年政和改元之正月。其版築剛實，規制宏壯，反觀舊址，若坐嵬阜視培塿焉。乃更浚上下流之積沙，去支港之游土，復以餘材作新下閘，而闔境之民亡凶歲憂，漕輸者亦省率而功倍矣。

蔣静《江陰河港堰閘記》政和五年

惟江陰地廣民稠，爲毘陵五邑之冠。壤四高中下，而旱乾水溢比旁縣爲鮮。嘗竊怪之，已而披按地圖，大江横其北，太湖處其東南，而挹北江之潮汐，釃具區之泛濫，爲河港以十數，港之中又有港焉，派而爲溝洫，潨而爲畎遂，若身之血脈，失其節宣，則病或乘之。此天禧之崔屯田立，嘉祐之楊都官士彦，所以汲汲於横河、市墩、令節、蔡港，以爲下車政治之先，而書諸國史，形於褒詔，記之楊蟠之文，民到於今稱焉。

蓋導江水而南，彼其最巨者，縣黄田港閘距五卸堰爲漕渠。漕渠之東有河曰市墩，又其東曰新河，新河受令節港之水，市墩承蔡港之下流，皆北引大江，南匯代洪港，而震澤之餘波暨焉。猶或治而不周，崔乃西起漕渠，中絶蔡港，而東至令節，鑿河以貫之。於是從衡絡繹，與百瀆相爲經緯，而田之窪者仰，旱者澤，瘠者腴，而介於江湖之間，暨楊尤爲沃野，此士彦所以一理前人之迹，而百姓重饗其利也。縣楊距今五十餘年，横河故道堙没，略辨市墩、新河、代洪港，悉又反壤，而具區之水繇無錫而入者既不得泄，北江之潮，繇令節、蔡港、黄田閘而注者，又遏而不逝。於是白鹿、化成等十鄉之田，頻苦旱澇，而比歲六年之間，秋賦之捐者五，朝廷信賞必罰，於民功尤重，以承流宣化之官，然或苟且歲月，雖欲獻議，而部使者沮不得爲，而生財之道，裕民之術，所以不能仰副朝廷寄委之意者，郡邑外臺之罪也。

政和甲午，縣丞楚通仕執柔患之，乃行視水道，謂利害之當興者，莫先崔侯之所鑿，與楊守之所嘗盡力者，然當創閘馬師、唐市二橋之旁，而仍堰邑東門之外，以南泄震澤，北接大江，視二水之盈虚而爲之啓閉，則善無以加。經畫既定，乃度地計工，圖其狀以陳，而郡侯部使者遣官覆視久之。閱歲復澇，乃始得請，遂因農隙且缺食者，取資於官，時貸以常平錢穀，得夫一萬四千七百六十七，延袤深廣，計夫授步，二河一港同日皆作。丞躬至其所，察其偷惰，激賞勸工者，而食利之家争出私錢以佐鍤費。於是市墩、新河、代洪港環亘七十里，所流逶迤，兩閘宏壯，其溉民田以頃而數四千六十，作始乙未冬十一月，辛巳而畢工，十二月庚戌卜以明年三月己巳將浚横河。

會知縣事王承奉有來，遂相與戮力，自邑之回堰塘出建寅門，東至石牌港，凡二十三里，皆令之所董，繇石牌以達令節，凡二十六里，則丞之所部，合四十九里之所溉，又爲田二千三百一十三頃，不逾月工就，而東門之堰亦完。總三河一港而計之，田之沾其澤者，凡六千五百七十三頃有畸，而昔之負載於道路，今操筏而運之，一夫可以敵百，折商販之趨關市徑，且免於江濤，而縣征滋以致遠，故雖積工亡慮四十萬，而民亦不以多辭，散緡料亡慮二萬二千三百，而官不以費嗇，乃知令丞此舉不爲無補於公私，與夫職爲民官，而恬不以民爲念者，不可同日而語矣。始丞之議是役，或謂歲方歉，民未可以輕擾，而丞以歲歉之患，政繇水利之不修，苟佚道使民，其將勞而不怨。至是邑人果以令丞功利之實，相與礱石以待書。余謂十目所視，不待記而可知，而崔、楊偉績不蕪没而無考，則或在于是，乃濡筆而識之，俾鑱石以示遠云。

楊炬《重開顧會浦記》紹興十五年

三江東注，震澤介其間，潦集川溢，畎澮皆盈，而浙右數被水患，蘇、秀、湖三州地形益下，故爲害滋甚。紹興甲子夏大水，吴門以東，沃壤之區悉爲巨浸。部使者飭郡邑詢求故道，導源決壅，以泄水勢。於是監州曹公以身任責，慨然興歎曰：『吾嘗巡行屬邑，講問民瘼，亦既有得於此，顧未有以發之也。觀雲間之爲縣，連亘百里，彌望皆陂湖沮澤，當春農事方興，則桔槔蔽野，必盡力於積水而後能種藝，是宜地勢愈卑，當有支渠分導瀦水而納之海。乃歷覽川源，考視高下，詢諸父老，謀之邑僚，得顧會浦自縣之北門，至青龍鎮，浦凡六十里，南接漕渠而下屬於松江。按上流得故閘基，僅存敗木，是爲旱澇潮水蓄泄之限。復得慶曆二年《修河記》於縣圖，而知兹河興廢之歲月，與夫淺深廣狹之制，役徒錢穀之數，判然察其惠愛之實，有在於此矣。』

蓋歷百有六年，浦久不浚，而淹塞淤澱，行爲平陸，遂以狀請於朝。籍縣之新江、海隅、北亭、集賢四鄉食利之民，以疏治之，官給緡錢，而董以縣令簿尉。公首冒風霜，率先僚屬，興工自十月二十有六日，役三月而河成。起青龍浦及於北門，分爲十部，因形勢上下爲級十等。北門之外增深三尺，而下至鎮浦極於一丈，面横廣五丈有奇，底通三丈，據上流築兩狹堤，固舊基爲閘而新之。復于河之東，闢治行道，建石梁四十六，通諸小涇以分東鄉之渟浸，不旬浹水落土墳，繇是自斡山東西民田數千頃，昔爲魚鼈之藏，皆出爲膏腴，豈不美哉！役工二十萬，用糧以石計七千二百萬，錢以緡計二萬五千。若其他凡見於前記者，兹不暇録。

許克昌《華亭縣開通波大港建張涇堰閘記》乾道二年

蘇、湖、常、秀四郡，經渠數百，畎澮數千，脈絡交會，旁注側出，更相委輸。自松江太湖而注于海，而所入之道，歲填閼，雨少過涯則泛濫瀰漫，決齧堤防，浸灌阡陌。乃隆興甲申秋八月，淫雨害稼。明年大饑，上臨朝咨嗟，分遣使者結轍於道，發廩賦粟以活餓者。會有言蘇、秀勢最下，華亭尤近海，十八港皆有堰捍潮，可一切決之，四湖所瀦水，宜爲斗門，以便節減。上覽而異之，亟命兩浙轉運副使姜詵與令丞行視，姜侯開明强濟，誠愛果達，既受旨即馳布德意，諏訪故老，周覽川野，窮源委，度高下，審逆順，取衡要，盡得其便利以聞曰：『東南海濱之地，視諸港反高，雖有神禹，不能導水使上也。盡開諸堰，能挽潮爲害，閘湖以瀦水可矣。將以決泄，而下流猶壅塞無益也。今宜浚通波大港，以爲建瓴之勢。又即張涇堰傍增庳爲高，築月河置閘其上，謹視水旱，以時啓閉，則西北積水順流以達于江，東南鹹潮自無從入也。』上稱善，即丐以常平之帑贍其役，且與守臣鄭聞會其事，制許焉。則相與庀徒揆日，賦材計功，纖悉周密，費而有節，既具以授之縣令侍其銓，侍其亦健吏也。始協謀，終盡力，威以柅奸，説以使人，一木一石，一夫一工，必手自賦給，不可廋匿，簡程視作，弗容苟簡。乃浚河自辥山達青龍江口，二十有七里，其深可以負千斛之舟，因其土治高岸，護青墩傍故水所敗田數萬畝，還爲膏腴。置閘於邑東南四十有八板，板尺有一寸，月河之長三千三百五十有五尺，廣長有六尺。凡浚河之工萬有一千二百，金工、石工、木工、畚築之工、伐取運致之工，總其數概七倍于浚河，糜錢緡九千三百五十四，粟石二千三百有九十。始于仲冬之朔，凡五十有五日而畢，蓋歛未嘗及民，而民亦若不知有是役也。

於是耕夫野人相與來言曰：『昔也十日不雨，吾倚鋤而待澤，十日而雨，吾捧土以增防。今四境之人，自是知耕歛而已。雨暘惟天可也，惟吾君之澤，而二三大夫之力。吾濟鄙人也，持牛尾抃蹈而歌嗚嗚，言語下俚，不可聽也。』乃爲歌五章以遺斯民，其詞曰：水横流兮無津涯，浩浩洋洋兮誰東之，帝不寧兮謀臣來，謀臣兮夙夜。水滔滔兮迤而下，不靡芟兮但耕稼，君王智兮如伯禹，川后雨師兮莫余敢侮。且決且溉兮介我稷黍，我受一廛兮終善且有。汝行四方兮，曾不足以餬其口，盍歸來兮，君王錫汝以萬金之畝。帝謂兮三臣，錫之福兮慰汝勤，報吾君兮歲後天，施我子孫兮彌豐年。

章洽《乾道治水記》乾道六年

上即位之六年，歲在丙戌，詔遣轉運副使姜公詵按視浙西四郡水利，與守臣條具以聞。遂以八月次於江陰，知軍事徐公蒧相與研究利病，延見父老，審訂其説，曰：『江陰北臨大江，地勢洿下，潮汐往來，浮沙停淖，港瀆善淤。夏秋淫雨，浙西數郡百川并委，瀕港七鄉并湖三山低卬之田，混爲一區。尋丈而增，膚寸而落，十年之間，没休者一百六十七萬餘畝，歲蠲秋苗以一二萬計，公私病焉。故申港、利港皆宜治，蔡涇之閘西通夏港，大江之潮繇之以上下，東連漕渠、五瀉之水以因之盈縮，摧廢既久，亦宜治。』乃并銜上奏，有旨以丁亥歲興申港二役，己丑歲浚利港，輟馬御之資，以充經費。越孟春正月鳩徒僝工，兩役并舉，軺車隼旟聯轡於邁，撫勉存問，衆説忘勞。迨仲春二十三日訖工。起三河口，以西浙抵江地與毘陵犬牙相錯，分治其在吾境者二十九里，深九尺，廣六丈，下流之廣幾倍焉，用工三十六萬有奇。閘之故基，距河差遠，兩翼迫蹙，波流悍急，易以頽壞，乃移基并東，直抵漕渠。斥而大之，易木以石，屹然對峙。長各十有三丈四尺，高一丈八尺，洪之闊二丈三尺，岸之西北匯爲過蠹，分殺水怒。土木鐵石之工萬有九百，費錢以緡計者三萬二千三百有奇，米以石計者一萬一千四百有奇，而二利興焉。出陂澤爲平疇，變沮洳爲膏壤，七鄉歲入增十餘萬石。毘陵諸邑固當倍蓰，凡浙西之田陰獲利者，又不知其幾千萬頃也。

蓋自嘉祐六年，朝廷遣都水監簿相視河渠，郡守都官郎中楊士彦建議開導擦柱等六河，下及申、利二港，厥後水利不講且逾百祀，而蔡涇閘壞已二十年矣。至是工役洊興，徐公曰：『動大衆建大利，幸聖君矜吾民，財用許出於官，而郡止一邑，調度不支，且奈何重費大農乎！』再歲，於此擿奸欺，汰浮冗，銖積寸絫，凡得緡錢一十萬，非以備之，絶將焉用？建閘浚港既以是充，且謂利港在毘陵之利多，宜以屬之，而江陰所宜增浚漕渠，下通黄田，以防泛濫，絶壅滯。預請於朝，儲所贏錢六萬八千六百緡，命郡從事王淙掌之，以備他日工役之費。報可。聞者太息，咸謂上不耗國用，下不歛民財，是舉也善之善矣。姑叙顛末，俾來有考云。

范成大《崑山新開塘浦記》乾道元年

隆興三年，淛河以西，郡國七大水，吴之屬縣五，崑山爲甚。長老之記，以爲三江具區占揚州地勢最下，是爲東南水之所都。其東地益下爲崑山，又東愈益下海也。故崑山常受三江具區之委以入於海，其野甚平，而善於霖潦，時至則水多高居，必以衡塘從浦疏瀹四出，然後民得污邪而稼之。今歲久弗浚，塗泥滿溝，夫地愈益下，而脈絡壅底，則其沈灊獨甚於他邑。固宜明年春二月，民大饑且疫，皆仰哺於官。河陽李結次山適爲其邑長，思念水利未修，則水害亡終窮也。按農田令，甲歲荒得殺工直以募役，乃飾供上之羡，若勸分所得爲之糗糧，扉屨畚鍤號召前仰哺者，一時麕至。浚浦五，曰新洋江、曰小虞、曰茜涇、曰下張、曰顧浦，浚塘曰郭澤、曰七丫、曰至和，五旬而告休，用民之力役凡十有三萬四千六百有奇，糜緡錢萬一千二百有奇，稻麥以鍾計七千七百有奇，而官儲不知公徒無所與焉。

余時備史官，次山使來勾書以爲記。余聞其土水患舊矣，間者朝議，屢欲遣使發官錢，用諸費以從事。論議藏有司充屋，卒以事大重無敢承命者，次山獨能餓羸之餘嘗試之，其績已不可揜。後有來者，逢年而有餘力，必且思前人之意，彷彿其緒而緝之。隨水之變，而爲之救，將終古無後艱，此予之所以欲書者。饑疫之烈也，延緣數十縣，見大夫錯立其間，左奉食，右執飲，嗟餓者於路，窮日力且弗給。方是時，人其敢以從容修廢望其長哉！有能賈瀕死者之餘力，以舉是役，君子謂之賢勞，而黯然無傳，僅與不爲者相絶如毛氂耳。事固有屈於一時而伸於後，此又余之所以欲書者。所謂至和塘者，是姑蘇道也，異時舟行，則一長亭輒膠，則折入其旁湖泖以達於郡。盜區寒荒亡以衛，不然遇禍不可勝計。今雖暮夜，猶肆行塘中，如過舟枕席之上憧憧者，身親蒙其利，不可誣餘。雖在絶遠僻陋之濱，以一至和之親見，足以信其餘之可傳，此又余之所以遂書而不辭者，是爲記。

鄒補之《武進縣重開後河記》 淳熙闕

毘陵郡城，大抵西仰而東傾，漕渠貫其中，故水悉東下，獨南水門受荆溪流注之惠明河，道舜宜橋并卧龍街，抵迎秋門，釃爲二股。一自月斜橋以達於金斗橋，一自迎秋水門入經狀元橋，略州倉後接於縣橋，與金斗水匯。地格勢禁，不可前往。慶曆中，李公餘慶以國子博士守州，始穿顧塘河經大市，益引惠明水東注之漕渠。郡人既以漕渠爲前河，遂指顧塘爲後河，以其在互市間，故亦曰市河云，中稍填淤，崇寧元年，太守給事中朱公彦更浚之。未幾復罹兵禍，夾河民居蕩爲瓦礫，悉推納其中。又繼居者多冶鐵家子，頑鑛餘滓，日月增益，故其地轉堅悍。繇是河之不浚治者，餘四百甲子，間有勇於興作，當官不爲，去官而後太息者皆是。

淳熙十三年春，太守四明林公實來，既視事，輒訪民間利害，亟罷行之。居復深念常爲東南大州，富於文雅，顧今風俗不加於舊，而文士日遜焉。他日肩籃輿，訪井落，謂彼顧塘橋于州，位爲東南，勢爲喉襟，此殆《易》所謂『巽東南』也，文明以止者耶！文明者不可使晦，喉襟者不可使壅，暇日合里居縉紳士道之。後有出郡人道卿先生侍郎鄒公浩所爲開河記文，歷道余公中、霍公端友所以魁天下狀，益證前説。道卿嘗受《大學》於河南二程夫子之門，紹聖中爲御史，言宫掖間事，視死如歸，寧娟此陰陽拘忌説耶？於是益思所以爲經紀之具，逾一年浮議摇摇，幾爲沮敗者數矣。夏六月，屬時不雨，於浚沼爲宜。乃蒐卒之羨，斥帑藏之遺餘，十月戒事，仍令晉陵武進令丞四戎官護作役，不浹旬河復故道，袤三百丈，闊三十尺，深於舊爲尺者五，向之晦者日以白，向之壅者日以闢，煌煌乎繼慶曆、崇寧循吏之懋績，其不在兹乎！然君子於是役也，見公惠民之德四焉，以議論者尚其決，以力役者尚其神，以文學者尚其明，以舟楫者尚其利，興一役而四德具焉，是宜特書大書，以無忘公德。郡文學掾三衢鄒補之執筆，睨其傍請書之，遂書以爲《開後河記》，公名祖洽，官爲朝奉大夫。

鄭霖《重修崑山塘記》淳熙六年

至和塘自郡城東屬於崑山，亘七十里，北納陽湖，南吐淞江，舊名崑山塘，至和中調民興役始成，故以年名，詳見丘與權所記。淳祐中，魏峻復修之，以下闕十六字□□□□□□□□□□□□□□□□。天一生水，水行乎地中，治之存乎人，自排決疏瀹，載於《書》。於是五行以陳，六府以修。厥後河渠溝洫，皆有志，所以著因革，明利害，非徒紀述而已。吴爲澤國，三江所匯，脈絡貫通，爲湖、爲浦、爲堰、爲梁，皆順水性之宜，以便人之居者行者。自郡婁門至崑山七十二里，塘曰至和，南吐新洋江，北納陽城湖，又有沙湖、鰻鱺湖介乎東西之間。唯亭之東二十五里隸崑山，四十七里隸長洲，支派連亘，澱山湖、吴淞江接顧涇、黄泗浦以達於海。自駟馬橋至金潼橋，乃新洋江、陽城湖兩水交擊之會。自黄墓頭至夾潮塘凡七里，民并河而居，潮水往來，淤泥易塞，考之圖志，厥初水勢澎湃瀰漫，茫無畔岸，行旅病涉，田夫病耕。自唐歷本朝至和，三百年間接續用力，經營始就，水有所歸，澤者瀦之，淺者浚之，岸以通乎衢，堤以捍其衝，橋以續其斷，塘成名至和，紀以年也。

然自至和以迄於今，又一百三十年，雖舊跡尚存，奈何修治之功不加，故狐鼠憑恃，乘其乾涸，攔絶作壩，遇有負載，邀阻四出，憧憧往來，非復由行之舊，則不從新洋江出吴淞江，斜塘以至葑門，必自明水港、鰻鱺、陽城二湖，取蠡塘港以達婁門。嗚呼，艱矣哉！颶風急濤，不惟有葬魚腹之憂，陰霾蓄盜，又有罹紅巾之懼。方泉魏公峻以發運節領郡，披閲獄訟，莫此爲甚。開藩半載，周詢民隱，審所欲惡，知其尤無良害民者，乃遣官吏相度便宜，復至和舊矩。自界牌東至崑山駟馬橋，凡二十七里，計三千四百二十一丈三尺，西至戴墟浦，計九百五十四丈。又自黄墓頭至夾潮塘七里，計九百三十八丈五尺，鑿淺通窒，障狂植潰，潮入於真義、曹涇兩浦，則捍之斷港無壅。始於季春，而成於孟夏，富民争出財以助工，官無重費，不越四旬而竣事。

公又慮港汊紛錯，盜夫潛影，鹽賈借徑，以萃淵藪。又於修葺之暇，自涇橋至於陸涇港，凡三十二處立栅三層，防築堅固，禁不逾越，共闊一百六十丈六尺，用椿木長短一萬一千七百四十根，横攔栅木五百八十八丈四尺。是役也約前後工費出於民者不計，出於官者錢二萬二千二百緡，米一百二石有奇。是皆增至和塘之未有，興於農時，人不爲病，助以衆力，人不爲擾。可以想輿情之所共趨，不以役我勞我也。

昔霖作邑嘉定，詣府白事，經從數矣，目擊其害，慨然欲爲，厄於位卑而不能爲。逮今將常平指職所當爲，又奪於所急，而未暇爲。偉公之敏於有爲，而功成若無所爲，尤人之所難能者。昔主簿丘君與權之記此塘有五利：使舟楫，闢田野，復租賦，止盜賊，禁奸商，非虚語也。自非有賢侯相望後先，果孰任其責邪？以時計之，前乎有唐，以至至和，後乎至和，以至於今，人免乎登涉之險，其間皆可考而知也。夫因利致利者不可無，憂民之憂者未嘗乏，豈其歷年之久，曾不見邪？庸詎知智及之，仁不能守之，勇不足以行之。天下事功之不立，豈但一塘之利而已哉！愧予之未能，幸有如吾志，故書之以示來者云。

史彌堅《重浚歸水澳記》淳熙十六年

南徐地高卬，漕渠貫城，中爲西津斗門達於海，以出納綱運。昔之爲渠謀者，慮斗門之開，而水走下也，則爲積水歸水之澳，以輔乎渠，積水在東，歸水在北，皆有閘焉。渠滿則閉，耗則啓，故渠常通流，而無淺淤之患。歲久澳廢，渠亦告病，余至視渠湮塞且盡，斗門不開，公私之舟，跬步不進，率由江陰五瀉而去。父老言二澳不可不復，亟按故迹。水爲居民膠固盤錯，獨歸水澳而堤防略存，澳之西南則轉般倉，東北則甘露港，引而環之倉垣，因以護倉，受者在渠，給者在濠，以便綱運之出納，引而接之，甘露别爲斗門，以通於江，亘三水爲之長壕。於是度工改修歸水故閘，以通於渠。其倉壕則取其土以廣，倉垣之北規爲廣闊，益受灌輸。其達於甘露港者，則爲上、下二閘，且慮其不足以容多舟也，視閘之址有陂澤，則又通之爲秋月之潭，以藏舟焉。其下閘之外，則浚浦百八十丈，客舟浮江，乘便艤泊，以避夫風濤之害。

陳伯廣《練湖增置斗門䃎函記》淳熙十六年

自□□〔七〕合八十四流布爲辰溪，自辰溪而爲練湖，湖又自别爲重湖，堤環湖四十里而築，高於舊者六尺，加厚四十尺，而半殺其上。舊疏爲斗門者五，爲石䃎者三，爲石函者十有三，皆以備蓄泄也。今加板於䃎十有二寸，加涵之管數倍之，而易斗門之柱以石者，抵涵之數，均用民力二十一萬六千二百九十有七，總爲米一萬八千八十一石，爲錢二千一百三十一萬四千八百，皆有奇，而錢出於郡帑者五之三，鳩工於冬之十一月，越明年三月朔而畢其役。

王應麟《毘陵重浚後河記》淳熙二十五年

毘陵爲股肱郡，文物彬蔚。太守四明史公以儒雅飾吏事，謂郡城之南曰後河，實繫斯文氣脈。自淳熙間，太守林公疏浚之後，積以填閼。公昔爲尉時，講聞利病甚悉。二十五年來守，亟欲躊初志，乃撙浮費以度工，而民不擾，率伍籍以賦役，而民不勞，浚源釃流，無所壅塞，再閱月迄事。計功程七千八百有奇，費緡八千五百有奇，東西三百餘丈照舊，深七尺，士民訢勸焉。

陸游《重修武進犇牛閘記》嘉泰三年

岷山導江行數千里，至廣陵、丹陽之間，是爲南北之衝，皆疏河以通餫餉。北爲瓜洲閘，入淮汴以至河洛，南爲京口閘，歷吴中以達浙江。而京口之東有吕城閘，猶在丹陽境中。又東有犇牛閘，則隸常州武進縣。以地勢言之，自創爲是餫餉河時，是三閘已具矣。蓋無之則水不能節，水不能節，則朝溢暮涸，安在其爲餫也？蘇子瞻常過犇牛，六月無水，有仰視古堰之歎，則水之枯涸固久，地志概述本末而不能詳也。

今知軍州事趙侯善防，字若川，以諸王孫來爲郡，未滿歲，政事爲畿内最。考古以驗今，約己以便人，裕民以束吏，不以難止，不以毁疑，不以費懼。於是郡之人僉以閘爲請，侯慨然是其言。會知武進縣丘君壽雋來白事，所陳利病益明，侯既以告於轉運使，且亟以其役專畀之丘君。於是凡問前後左右，受水之地，悉伐石於小河元山，爲無窮計，舊用木者皆易去之，凡用工二萬二千，石二千六百，錢以緡計者八千，米以斛計者五百，皆有奇。又爲屋以覆閘，皆宏傑堅牢，自鳩材至訖役，閱三時，其成之日，蓋嘉泰三年八月乙巳也。

明年正月丁卯，侯移書來請記。予謂方朝廷在故都時，實仰東南財賦，而吴中又爲東南根柢。語曰『蘇常熟，天下足』，此閘尤爲國用所仰，淹速豐耗，天下休戚在焉。自天子駐蹕臨安，牧貢戒贄四方之賦輸與郵置往來，軍旅征戍，商賈貿遷者，塗出於此，居天下十七，其所繫豈不愈重哉！雖然，猶未盡見也。今天子憂勤恭儉，以撫四海，德教洋溢，如祖宗時，齊、魯、燕、晉、秦、雍之地，且盡歸版圖，則龍舟仗衛，復泝淮、汴以還，故所百司庶府，熊羆豹虎之師，翼衛以從，戈旗蔽天，舳艫相銜，然後知趙侯之功，爲國長慮遠圖之意，不特爲一時便慮而已。侯吾甥也，請至四五不倦，故不得以衰耄辭。

謝原《平江府重浚運河記》嘉定十年

平江郡闉有城四十七里，夾以兩河，環帶中外，涇源港脈在在流通。歷時變遷，主聚蕃塞，植蘆託處，遥遥河流，失其故道。雨潦時至，逆濇不行，上者湫濕，下者沮洳，漱嚙之害，幾及公庾。歲丁丑，侍郎趙公出藩於此，曾未逾時，州民以開浚涇河爲請，公於是亟爲民條列其事於部使者。乃約經費，量公力，捐公帑之餘，聽富室之助，役以募召，用從官給，無科犯之擾，而有泄於外，以利通濟，以備農田，其功不既遠哉！

勢，稍有損益，窒者既通，淤者既行，源達派流，脈絡相貫，暵則導清流而繚於中，潦則釃游波而

經始，衡從四丈，出跨橋五十有五，爲河一千一百九十丈有奇，淺深廣狹以丈爲率，而隨其地

偕作之樂。基事於秋，閱月而功以畢矣。前後以工計幾二萬，而糜財凡三千餘緡。自錦帆涇

李𡌴《鎮江漕渠記》嘉定十年

嘉定甲戌仲冬，有詔京口漕渠歲久堙閼，爰命守臣史公彌堅總領軍賦，錢公仲彪行視疏瀹，三公程功計費，列上於朝。越明年春賜可，乃擇良日，分飭王旅會於渠上，畚梮雲興，綆鍤麇集，統師監督，相率勸功。自城南以抵江口，爲里者九。先是居民侵冒臨洿，刮腐輦壤，布於近岸，一雨驟至，旋復淤渠。今分積塗泥，高埒邱頭，并渠之家咸歸所浸。開空沙瀫，呈露垠涯，層碕修聳，清波演溢。閘舊有五，乃命更葺，跨渠而橋，前後唯六。公曰：『惟城之東，歸水有澳。以匯積流，堙壅既入，復命疏鑿，折而西，抵通津門，回環軍廩。東行由甘露港注之於江，復建二閘，以時啓閉。由南城入抵朱方門，悉甓其岸。由城南出，達於吕城，間石其途，挽夫上下，妥視安行，以至市溝，蠲濁而清。東抵黄泥，浚淺而湊，小利微害。隨力所及，以興以除。迨及奏功，甫一周旬，民不預知，官不告勞。豈唯輓餉，繄此之賴。流惡達壅，宜民孔多。』

蔣惟曉《江陰開河記》嘉定十二年

嘉定己卯春，邢侯焘以扈承出守。越明年，乃浚九里河，以疏游土。會水澤腹堅，而漕河亦病於膠舟，爰即其所酌，從其宜，命縣令張君宗焘董其役。起自崇鎮之橎橋，極於青陽之屠墅。地以里計者倍十，而徭役以鄉受者纔四而足，面之闊爲丈者八，底則五之，深如其底十之一。又自橎橋而上逆於朝宗門，陸續鳩工，城内外河築，頓還舊觀。是役也爲丁夫九千三百二十有七，始事於仲冬晦，歲除而工畢。

康舉之《招真治記》淳祐十年

邑去江不及程陂湖溝澮之積，自南至者傾入於江。江潮既應，則迅瀾流逆於市橋下，二水相制，移時不能去，可想矣。自紹興丁卯至今，百餘年來，涇浦淤塞，至成委曲，僅一線之水，既無復開導，而陂湖又多包圍成田，故水則下流不能遽泄，遂決溢以成淹浸。一或告旱，而上流去水愈遠，易成乾涸。浙西提舉徐誼所謂『昔之中田，今爲上田，昔之下田，今爲中田，昔之草蕩，今爲下田』是也。極於寶慶之水，嘉熙之旱，無所措手，大爲邑民之病。然則任斯邑之寄者，水利源委，蓋不可不熟講云。

[元]

陳膺《重修練湖記》大德九年

練湖之興，其來遠矣。繇晉及唐迄於今，廢而復，壞而修者不可勝紀。每一役輒劇勞甚費，乃克底于定。其最近而可考者，淳熙之役，用工人二十有二萬六千三百九十有七，米萬八千八十石，錢二千一百三十一萬四千八百有奇，其汗漫狼戾如此，雖曰爲民興利除害，然妨奪庶務，耗蠹財物，不已甚乎！乃至元三十一年，亦嘗經紀於湖，當時蒞事者痛抑浮靡，存其大綱，損其糅目，工亦不下六千四百餘人，糧亦不下五千石，錢稱是，然則湖之濟民也雖大，而其弊苦民也亦不細。

夫以幅員數十里之奥區，水自長山奔流而匯者，八十有四派，亦可謂一巨浸也。而欲使之大旱不減，大澇不溢，可溉而田，可運而河，可使爲利，而不可使爲害，厥惟艱哉！牢捍禦以防衝決，深浚導以治填淤，多門函以備蓄泄，堅木石以俟悠久，勞逸均而趨疾，試省勤而集易，期限蹙而費省，丁徒少而功多，凡此八者，倘非儉以體國，勤以恤民，深知利病者，孰克臻其具美哉！

大德乙巳春，都水監丞行檄相湖中順大夫鎮江路總管史公實董修役，公以名門貴介，春秋富而見地高，力量毅而精思到，以節用愛人爲根本，以至公無私爲權衡，懲昔大奢，酌今便宜。作於仲春之初，息於莫春之首，環湖上下，陵埒巋然，厚且完固，斗門石碪，暨諸涵竇，辰次星列，陽開陰闔，視舊制無毫髮遺。然計工度財，纔及曩時三之一耳。適務民之義，蠲抑配之苛，嚴而恕，暇而整，跋涉揭厲，與農夫野人共辛苦。有不勉者，至親執鉏鍤訓誘之，異乎子罕之執朴以抶也。將成，平章政事徹（爾）〔里〕〔八〕公臨視稱善，既畢工，父老來言，請壽諸石。

佚名《吴淞江記》大德九年，見《名臣事略》。

歲甲辰，前海道千夫長任仁發，以吴淞江故道堙塞，使震澤之水失其就下性，爲浙西居民害垂二十年，上疏條具利病疏導之法。中書省以聞，特命平章徹（爾）〔里〕〔八〕公董其役。公乃相其山川形勢之宜，高深廣狹之度，工役之數，錢穀之費，畚鍤之用，飲食之需，命民索綯乘屋，厚稾桔以防其卑濕，爲醫藥以防其疾疫，時作輟以防其倦怠，上以誠感下，下以誠應上，民乃歡呼四集，樂於趨事赴功。始於大德八年冬十一月望前二日，西自上海縣界吴淞舊江，東抵嘉定石橋洪，迤邐入海長三十八里一百八十一步三尺，深一丈五尺，闊二十五丈，役夫爲數一萬五千，爲工一百六十五萬一千六百七十有奇，至九年二月晦畢工。復置閘竇，啓閉以時，物無疵厲，民無夭閼，而事竟集。

翟思忠《復修練湖記》泰定元年

水在天地間爲利甚大，利不興，害不除，民之生奚以遂？陻不通，淺不浚，水之利奚以興？京口漕運迤邐，夾岡勢卬，微犇牛、吕城閘堰之捍，瀉不日矣。南去數百里，皆無水源，仰給練湖。自長山八十四汊，流爲辰溪，瀦而爲湖，不有疏鑿，則有壅淤，不有堤防，則有奔衝。丹陽、金壇之田衺廣勢下，微湖之承匯有年矣。若夫春淫夏亢，瀦之泄之，此湖得用而河得濟也。歲遷月改，淤之澱之，此湖必疏，而河必浚也。隨勢上下，中埂一，爲湖二，函磋斗門一一有法，旱不乾枯，滂不滰没，湖水放寸，運河注尺，其功如何哉！郡當南北要衝，貢賦之輸，運聘介之。往來蠻商蜀賈，荆航吴楫，泛閩浙，上京師者，無虚日。

至泰定元冬，湖河淺塞，牽夫頓蹶，進不能趨，車挽肩輸，公私病之。浙省平章政事剌罕[九]光禄，暨僚屬僉謀，委前都水任少監路總管毛公，計工程適平章政事元伯都剌[一〇]榮禄赴召，旋得上聞，命行省參知政事董中奉行，臺侍御史忽都魯參阿[一一]奉親臨之，兼司副使管不八[一二]、奉議僉事和尚[一三]、奉議董督之，省鎮撫會立萬户警巡之，凡募五郡夫萬五千二十二人，工六十日，郡廢錢六十二萬七百二十緡，米萬八千九百餘石，皆出於官。由程公壩抵浦河口，百二十里，深浚四尺，廣上五尺，廣下三尺，畚壤培岸，霖潦不復灌河底半高，置涵管五十四，一利舟漕，一利田溉。於是河流瀰漫，大艘小舫悉得通行，無膠澀之厄。又役三千人，舟千隻，工九十日，郡廢錢二十七萬緡，米八千一百石，以南湖泥茭根植淖，不可斸鍤，止求土漕堤埂爲斗門一，石碶六，石涵十有三，一備啓閉，一借蓄泄。於是湖波瀲灩，官漕民田，悉得灌溉，無旱澇之虞，時泰定甲子春也。噫！昔漢開南山渠，鑿褒斜道唐門、三山門，鑿廣運潭。今國家舉河之重役，民忘其勞，興湖之大利，民賴其便。是非天休涵濡，省臺贊襄，安能奠此大功？姑記其實，俾來者有所考云。

陸文圭《江陰浚蔡涇閘記》至順三年

暨州瀕江，受蘇、常以北之水，鵝鼻灣西折入黄田港，出上閘通五卸堰，凡九里一曲，第二曲至新橋。夏浦之潮自蔡涇與港横出，匯爲泥沙，閘廢土堙，水淤不泄。至順以來，暵澇相仍，行省謂江陰居湖下游，首議挑浚。分委官吏，差募人夫，由蔡涇北出江口十里一百五步，積壤翻高，用力尤艱。同知州事萬侯慨然任責，專督下閘以西一千八百五十餘丈，用夫一千八百餘，壬申二月起工，至三月而竣事。

張天英《至正石塘記》至正七年

吴江居具區上游，昔吴郡也，其地濱太湖，故築堤塘以爲保障。唐穆宗朝，刺史王仲舒爲橋以達其道路，宋紹定間，提刑吴淵命知縣李椿重修之。自版圖入國朝，以民衆陞州，又五十餘年矣。州長那海〔一四〕公至州之明年，乃謀諸僚友曰：『爲政莫大於安民，安民莫急於水患。縣長橋而南至於平望，延袤四五十里，風濤衝激，日夜無休。時置郵慮危，官具修以數，則民多蒙其害，予甚欲然。將築以厚完之，必鎮之巨石，然後可對曰斯塘之爲民害也久矣。或巨浸颶風，小石皆爲之漂蕩，官日修治，因循塞責，朝壘夕傾，皆虚其費。自省郡及州之官屬，往往有志於斯，卒無成議。』今賢侯爲吾父母，有子民心，以化其下，下之人曷敢不竭忠以報。方今朝廷弛佛者力役，使出財以助里胥，衆皆義公之爲，願盡輸其財，以樂成公家事，使我子孫將爲無恐矣。公大喜，知州孫公嗣遠聞之，亦喜而贊相曰：『嘗聞佛者以善誘人，而信從者衆，以官府使民，民勞而功半。』公然之，遂招致空山、小山、清溪、獨芳四僧至堂上議，皆稱善，命胥三人曰：『謝珍、俞立、陸文彪掌其財用之出入。』吏二人曰：『何宗善、劉景泰掌其工事，材器之名物而書其數。凡日成月要，及執事者，以聽於四大士焉。』明日祭白龍祠下，卜人占之曰吉，即經始，實至正六年四月也。

昔公治湖州事，知彼官有餘石，乃聞於省府，命給與之，凡三千餘版。於時天無淫雨，水不揚波，五穀亦大熟，况吏廉而司會計者公無私，四人又篤行其道，不避寒暑，與百工分其勞。市價傭值，均給無少損。是以羣公無不盡其心力者，總其費爲鈔八千餘錠，石之工五萬四千，佐其役者倍之。塘基崇丈，其廣丈四尺有奇，其修一千八十丈，相其地勢，輒墄水竇以疏横流，凡爲竇一百三十有六，衆皆歡然曰：『誠亘古未之見也。』既訖工，復搆室道周曰『丁亥』，安居有道行者以守，置田若干畝，歲積其入，以爲後人營繕計。令不費官，不役民，農不違時，有司不煩其政，田里人不知有隸卒，而大事克成，以爲長久之利。使人人履坦道而躋春臺，微明公善政，何能致若是哉！七年春二月落成，立石門於南浦亭之南，鄉表之曰『至正石塘』，所以識年號，從民望也。

是日公大宴賓客、官屬與百執事，百工賞與有差，文武賓士咸歌詩獻酒以爲公壽，且曰天將成一代之偉績，必生一代之偉人。吴江公偉人也，上世高昌氏，父祖皆社稷臣。公自中書舍人提點資乘庫，出治中興郡，今爲是州。烏乎！石塘萬古，當與吾侯之名同萬古也。咸願刻石以彰厥美，而系之以歌曰：『震澤之陽兮吴江之州，雍熙之世兮逢此賢侯。受天之禄兮憂民之憂，視民如子兮爰始爰謀。易險以正固兮周道孔修，行道之人兮罔弗悦懌。民今無患兮緊吾侯之力，蛟龍在淵兮毋嚙我石，垂千萬歲兮纘禹之績。』至正七年，開城州判官張天英記。

楊維楨《都水庸田使司記》至正八年

天地位而水爲之脈絡，脈絡運而天地之功成。古者水病民，神禹治之，功侔天地。代之職水者，雖小大不等，其得一日廢耶？此周之匠人、稻人，漢之水衡、水司空之官所繇著，而今都水使監之司所繇立也。大德初，司置平江曰行都水者，泰定年改庸田遷松江，以廢置不常，人視爲疣，舍故棟其署，寄署於他所。至正元年，重置司平江，秩隆三品，轄江東、浙東、西道。官與風紀重臣交調御兼行工部事，掾屬亦皆視司臬吏遴選，郡縣守令咸受節制，司之權崇勢重，視昔有加。八年，都水使者左答納失里〔一五〕公來，謂今聖天子切切焉，以東南租稅之出，重在三吳，而三吳水國也，故署都水司平江，而官吏寄署他所，事體弗稱。先是請於朝，得給官錢四萬緡，仍得撥地郡治西財賦府故基若干畝。於是鳩工庀材，經始於是年十月八日，不三月告完。中堂宏廠，（挾）［掖］〔一六〕室静密，幕司曹舍，鱗次翼張。旁爲繚垣，前爲崇閎，氣勢突兀，規模備具。吳父老咸扶黎仰瞻，嘖嘖稱贊，以爲不自意垂白復見是司之新也。既而羣工竣事，長貳率僚屬位正新（守）［宇］〔一七〕，相與舉酒落成。幕元僚沙君來，請於維禎願有以記。維禎考中吳水患，自宋李兵部韓、殿省郟亶父子，經營規畫亦詳矣。其溧陽五堰，江陰十四瀆，宜興大吳等瀆，松江曰塘曰浦者，凡一百三十有二，志籍尚可稽也。然未若我朝知力足以興除其利害，而德足以消其震盪漂忽之變也。大德間，三江湮塞，平章徹里氏浚治功成，民到於今稱之。邇者洪河暴決，折而西北流，天子一念動坤載，遣使沉璧，而河復故道。吁官都水者，上以聖天子之心爲心，下以徹里氏之功爲功，三吳之民尚有昏墊，而無訴者乎？抑相水之職，本諸順天之理，世未有順於理而利不興，亦未有逆諸理而害能除者。孟子曰『禹之行水也，行其所無事也』。行其所無事者，順理也。鯀之反事則以方命，命者何？即理也。以水爲職者，職與理應，雖湯湯可乂，不則天下之治水者皆鯀也，可不慎哉！

左公字廷憲，居憲府，使雲南，岩岩有風采，奮髯之頃，奸膽盡落，居官視民饑溺猶己。是年十二月，除浙東閫帥大使尚公有用，字繼賢，是年九月九日卒於官。副使算卓字質卿，康公若泰字魯瞻，是年五月，除國子監司業僉事。觀音努公字國賓，是年十二月除福建憲僉事。王公仲温字輔卿，照磨李㟴字公錫，分事董者。掾史錢璛奏差蔡琳、李報也。繫之辭曰：『邈哉法象，類玄與黄，坎德流長。雷雨在上，江河在下，吐内陰陽。維坎之德，惠迪惟吉，從逆惟殃。帝憫下土，具區芒芒，忽焉震湯。周官稻人，漢司水衡，利修于農。叶爰設司存，保彼東方，臬臣之良。爲天子使，材貞且幹，不吴不揚。相彼天時，以順地理，恩肥海邦。水居其壑，土反其宅，昆蟲蟄藏。耕食鑿飲，男樂其作，女修其紅。叶年穀屢登，順成八方，其蠟悉通。叶職臣報功，曰我水庸，長發農祥。作浪反。』

校勘記

〔一〕居中　據《全唐文》卷七三一增補。

〔二〕刑　據《全唐文》改爲『封』。

〔三〕揑　據《全唐文》改爲『捍』。

〔四〕顧浦　據《宋文鑑》并參下文，應作『顧會浦』。

〔五〕吾寧　疑當作『吾宰』。

〔六〕史記　『記』誤，據《全唐文》改爲『史起』。

〔七〕自□□　闕二字，疑爲『長山』二字，可參見本書一一六四頁陳賡《重修練湖記》及一一六六頁翟思忠

《復修練湖記》。

〔八〕徹里　四庫本作『徹爾』。下同。

〔九〕剌罕　四庫本作『拉哈』。

〔一〇〕伯都剌　四庫本作『布達剌』。

〔一一〕忽都魯參阿　四庫本作『和托拉察喝』。

〔一二〕不八　四庫本作『本巴』。

〔一三〕和尚　四庫本作『華善』。

〔一四〕那海　四庫本作『諾海』。

〔一五〕左答納失里　四庫本作『尊達納實哩』。

〔一六〕挾室　據《全元文》作『掖室』。

〔一七〕新守　據《全元文》作『新宇』。

吴中水利全書卷之二十五

記

二百餘祀内，水利紀文，悉從貞珉考載，以徵今時之獻。

〔本朝〕

楊榮《重建武進孟瀆閘記》宣德八年

工部侍郎周君忱巡撫蘇、常諸郡。常之武進故有孟瀆河閘，以通東南漕運，及商販之舟，且溉傍近田數千頃。歲久閘壞，公私病焉。常守莫君愚圖改作之，以役費繁重，謀于周君，議以克合，遂發往歲節省税賦浮費，以市材僦工，礱石積漸至，郡民皆歡欣趨事，作於舊址之南丈餘。其下先錯列巨杙，貫以長松，而後宜石焉。東西石甃，縱以丈計，爲十有六；崇以丈計，爲二有五；中廣視縱當八之一，南北爲雁翅狀，以殺水勢。中夾木石，鑿以納懸板而上下之。經始于宣德八年九月，畢工于是年之冬。用徒匠以日計，一萬三千七百六十；木以株計，八千九百；石以丈計，三千九百；灰以斤計，二十二萬；磚以片計，十有二萬。始終董其役者，知縣朱昶也。

張洪《常熟縣重浚七浦塘記》正統二年

嘗見古之言水利者，或鑿渠以灌溉，或破堰以宣泄，用雖不同，各隨其地。地之高者，非渠不可。爲田其下者，則無用其瀦水，破堰宣泄乃其宜也。江南之蘇、松東瀕大海，猶中原之兗州也。禹之治水先於冀州，君親所在，不得不致其急。其次遂及於兗，九河既道，然後及于諸州，以地勢東南下，西北高也。蘇、松當東南之衝，衆流争入於海，必有所停蓄，故瀦水之澤甚衆。大者爲震澤，次者爲陽城、巴城、雉城諸湖。下流壅塞，水不宣泄，無以灌溉。雨甚則有漂没之患，民甚苦之。

縣令郭公南察知其然，躬履其地，窮其源委。以七浦塘可泄陽城湖之餘波，尤涇可導巴城之水，至于七浦同入于海。歲旱則分其支流，以灌崑山、常熟二縣之田，澇則徑入于海，民無墊溺，咸懷其惠。謁文以紀其績。予聞當官任事，惟公無私者，克濟厥功。公則民服，無私則不牽制於物，何往非善，何爲不成。郭公窮究事理，不惑人言，政予所謂公無私者。故其浚尤涇、七浦，有合於穿渠灌溉之利；導陽城、巴城之水，有加於破堰宣泄之功。然皆誠心愛民，非如昔人爲功利而爲之者，論者不可不知也。

吴節《鎮江重開漕河記》天順三年

鎮江邊臨大江，通江有河，舊名京口，有閘有壩，南通常郡。地名犇牛，亦有壩有閘，皆潛通潮汐以濟漕舟。本朝洪武初，舟經此者尚衆，比年淤塞不通，重載之艘多從孟河出入，必繇大江，風濤不測，每致顛隕。天順改元，朝廷欲于丹徒七里港開道以接舊河。詔下巡撫大臣勘議，時左副都御史崔公恭躬臨其地，乃偕巡按御史鄭祐、鎮江知府林鶚，親詣七里港相其地勢，載詢父老，咸以爲宜，止浚舊河，則工用較省，具疏以聞。上可其奏，於是以常、蘇三萬人，自京口起至犇牛，計百六十里，各委官分領督浚。復懼有損民居，令河岸惟仍其故，崇者深丈餘，卑者深八尺。又設法得公餘白鏹九百八十兩，俾修砌京口、甘露、吕城、犇牛舊閘。於郡城西南二門，各置浮橋以通往來，於朝陽門外增建新閘，以防水涸。經始于是年春正月，甫三月而訖工，崔公等屬節爲之記。

錢溥《松江府重浚蒲滙塘記》天順三年

吾松西北窪下，則自太湖入澱山湖，經吴淞江以入海。東北高仰，則受杭、湖之水，達黄浦以入海。然旱惟東南受病，其患小；水則西北列郡無所歸泄，其患大。吴淞江自勝國末湮塞，迨今稍遇淫雨，即成一壑，財賦虧，民艱食矣。天順三年，都憲崔公巡撫東南，首詢水患，以松爲尤甚。乃舉府判洪侯景德，暨二縣尹楊昕、李紋治之。侯等相視，以爲江之故道雖浚必合，莫若從新地鑿之，力易爲而功不壞。起自大盈浦，東至吴淞江巡司，計二萬二千丈；又自新涇西南至蒲匯塘入江，計四千丈，闊皆一十四丈，深皆二丈，而低鄉之潦可泄。東北則自曹家溝平地鑿至新場，計三萬餘丈，深闊皆與江同。又自華涇塘、六磊塘、鶯竇湖、烏泥涇入浦，而高鄉之旱亦免。噫，亦勤矣哉！用工總三萬五千，民雖勞而不怨，則圖本垂永之計，孰愈于此。

范純《嘉定縣重修滬瀆龍王廟記》天順三年

滬瀆龍王廟者，祀吴淞江之神也。吴淞江爲太湖咽喉，吐納湖水，且資以溉田，而民食賴之以足。江界今崑山、嘉定、上海三縣，而淤塞不通已百四十餘年。故澇無所泄，旱無所救，水患滋甚，民食屢艱。天順二年，都察院左副都御史崔公巡撫南畿，咨詢民隱，首及平江嘉定縣尹龍君晉力請治之，公是其議，即率君親臨其地觀視咨嗟。遂檄三縣，各出夫一萬，擇日興役，且責成於君。君至止爲二邑倡，乃選夫長，乃立藁舍，乃賑錢米，乃時作輟。子來雲集，歡喜趨事，始於庚辰春二月，至三月而畢功。夫工計一百九十八萬，米石計二萬七千，錢文計二十萬五千。江深一丈一尺，闊十丈二尺。長起夏駕口，至孫基浜，共長一萬三千七百一丈。江復通流，迤邐入海，而神之靈將日昭赫，其祀事亦有所託，而相爲無窮也。余因代輿人之誦，而爲之記。

潘暄《松江府新鑿都臺浦記》天順四年

都御史崔公巡撫畿甸，咨詢利病，謂農畝所資，水利爲急。惟松郡上海東南有田萬頃，歲入萬石，舊有曹家溝蜿蜒横亘浦之左右，里凡百十二，區計一十有六，人民數百萬家。引潮灌田，素爲生業，淤塞日久，民食用艱。先是郡侯葉公、邑令李君欲事疏鑿，以瀕歲荒歉未果。兹遇都臺下采民言，遂選郡判洪公景德職司其事，率夫萬有五千，統制千夫長若干名，百夫長若干名，調度勞來，翕然趨事。時以兼疏吴淞江，統夫幾二萬，仍分委監司副使襄其事。事始于天順四年正月二十六日，畢工於四月八日，河之長計三萬餘丈，闊一十餘丈，深二丈。於是萬姓交歡，忘其勞勩，目之曰都臺浦云。

王僎《吴縣興築西華石塘記》成化八年

具區之水，浸五湖，際四郡。夫自禹功底定，而歷代因之以爲利，川分派别，瀦滀溉灌，爲郡邑者，苟知導民使服田力穡，則決渠爲雨，荷鍤成雲，長我禾黍，以衣食兹土者，常源源而不竭矣。抑或昧焉，浚之無其方，防之失其備，則亢或致焦窘，庳或成污澤，向所謂利乃反爲害，此西華石塘之所爲作也。西華在吴邑西南兩舍許，其地瀕湖，環五千畝皆沃壤，獨以無防止水，驚風駭浪日三面至，漱朠成瘠，民罔攸濟，則相率以告于邑。時京兆雍君泰爲令，特軫念焉。重以成化壬辰之秋，霪雨彌旬，吴越諸州多被災，而所謂西華者特甚。君乃惻然躬履其地審視，咨度揆日，庀徒役工于水利所及之民。採石于湖中旁近之山，凡廪食之費，皆取諸公帑羡錢，而毫末不以事規。以癸巳二月肇工，蓋閲月而成。凡爲塘三千一百丈有奇，博其趾廣十尺，而殺其上得廣八尺，高如其上之數。自其東褚山望之，圍環綿亘，以屬于其西淋峰之麓，所謂五千畝者，皆在所畢護以保其故壤。尤加闢湖壖之地得二百畝，以斥爲新畬塘成。而是夏復澇，而西華之民芟耨自如，雨蓑風笠歌呼隴畝間，以爲吾農之所以得遂西成之望者，皆君之惠也。盍記之？

邑諸生吴鳴翰氏，遂疏其事來請記。予聞之善爲政者，惟在因民之所利而利之也。蓋水土本天地自然之利，以養人者也；然常待人而其利始博，不然則求利未得，而害已爲民病矣。此白渠之興利，偃虹堤之捍患，之所以有聞於後世也。然昔猶二事也，君一舉而兼得之，不惟無患，而且獲利。不惟爲備於一時，而且垂惠於悠久。使此石不泐，則魏史起所謂仁智之可法者，豈獨河内之民之有賴哉！君名泰字世隆，其治邑多著勞績，如鑿穹窿山渠以溉上田，置閘以瀹泄水，皆利民事也，宜牽聯得書，遂爲之書。

黄體勤《常熟縣趙段築圍記》成化十年

國家財賦重於東南，水利所以出乎財賦，而堤岸所以障乎水利，水得其利則生齒以養，百用自充，而政化可行。《禹貢》聖人開田賦，必極夫疏河導江之功，而敷聲教訖於四海，其經世之意見矣。蘇天下大郡，常熟又蘇之大縣也。地處下游，古號澤國，趙段一圩尤其最下。堤創宋元間，久而盡圮，無復存者。湖田悉爲巨浸，歲屢不秋，逋租者日以就困，民空其居以徙，有司艱於理。成化乙未春，民告於縣，縣上其狀於巡撫都憲畢公亨、巡按御史戴公縉，僉爲民憂，乃調度所征之材，以昌其邑，而謀於治水。僉憲吴公璠曰：『受朝廷特命之嚴，寄吴越民事之重，綱紀振肅繫焉，尚可隳怠乎？』授其機宜於郡判何君唐，何君曰：『專農桑以牧民，民瘼未瘳，豈善牧者哉！』遂責成於縣尹蘭君玉。

君屬父老以諭意，或曰計一方之所利，不能償其所費，乘百年之垂緒，未可必以成功。君曰：『圖之不見者其謀遠，忘小利者其效大。』衆皆感悟。於是財獲于官，力借于民，抑聚斂也。伐石於山，運土於陸，因地利也。量田授役，獲利者倍出其工，隣壤者半焉均徭役。較人力多寡以爲尋尺，驗土築虚實以稽勤惰，課章程也。堤之袤延亘數里，丈一千有奇。用木爲橛，橛之内編以竹。甃石爲址，而高與土等，上廣八尺，而下加三之一，固基本也。堤之形逶迤若環帶然，其外則種以萑葦、茭蘆殺水勢也。又懼其塞之難而潰之易，豫爲設，備永久也。木以萬計，竹倍差於木，石以舟計及二千艘，錢穀之需累巨萬有奇，工役則五萬三千有奇，用雖夥，而民不見擾也。始工於是歲二月廿六日乙巳，告成于三月廿九日丙子，功之成何其速哉！于是沮洳之鄉變爲禾稼，流徙之民相續而還。歲已登而賦無愆期，澤之及何其溥耶！

夫治水必始下流，趙段之水既治，則衆流不勞而治，治之施又何其知所先務耶！嗟夫，善治水者必得夫治民之道，善養民者必賴夫治水之功。君子建水利以阜乎民，猶得民心以治乎水。水浚其源而防其流則利豐，民順其性而防其情則俗美，爲政之道端在是矣。使後有繼今而作者，恒如今之繼乎古。水利源源而不竭，則國家億萬年享貢賦之供，而民亦億萬年漸河渠之利矣。諸公之清德，與是水想悠久而有光焉。是宜民樂之不已，而形諸歌，歌曰：『堤之未築，男混于湖。居者以徙，賦者以逋。堤之既築，湖潤於田。徙者以還，逋者有年。噫嘻長堤，屹乎天作。伊誰之功？臺憲民牧。田稼芃芃，湖水溶溶。百千萬祀，澤流無窮。』

祝灝《蘇州府新建水利分司記》成化十七年

蘇地名本吴國，秦改爲郡，歷代建置沿革不一。入熙朝爲畿内大府，蓋其地方千里，統轄七縣，東銜巨浸，西挾具區，北枕大江，南界浙水，山川城郭，聯絡分布，舟航輻輳，民物阜殷，户口田糧甲於天下，國用倚爲根本，四方賴之以濟，實東南都會也。然在江湖之間，厥田下下，厥土塗泥，百穀之全資農力，而農之首務在于固堤防，謹疏濬，以備蓄泄，則水之於田爲利，而不爲害。雖遇天時欠順，旱澇相仍，而農之耕漑自如，無妨稼穡，力不勞而歲常登，所謂有備無患也。然亦在乎司農于長民者，法制禁令之嚴，勸課提撕之至，庶克有濟。異時上無專任，下無法守，凡遇災傷，緩急無備，加以鄉豪武斷，里悍憑陵，横斂苛征，侵漁掊尅，疲農告病，逋負流亡，積沴成災，莫之救藥，坐是淪胥，蓋亦久矣。

成化辛卯秋九月，兩浙海鹽、上海諸處，颶風大作，潮水湧漲，墊溺居民、畜産，不可勝計。時巡撫都御史滕公，深以是方水利無官專理，馳驛奏請，上命簡拔廷臣任之。于是當軸以内臺監察御史吴公應詔陞浙江按察司僉事，專管蘇、松、常、鎮、杭、嘉、湖七府衛所地方河道水利，特賜璽書以行。公既莅止，按部相宜，復自建議得請于上。府、縣亦各設官一員分理，聽公提督，可謂事之重，而任之顓矣。先是蘇郡原無衙門，公每按臨，靡有定止。郡守劉公曰：『是關治體，不可缺也。』乃集僚屬，擇吉地於治之西，高明弘敞，營建攸宜。於是聚材鳩工，卜日就事，前蓋重門，中建廳宇，後作寢室，貫以穿堂，翼以旁舍，下至庖湢器用，纖悉畢具。又因取土鑿池，引流種樹，結亭于中，以休燕息。凡房屋以間計者若干，垣墻以度計者若干，規模整飭，體勢崇嚴，乃表其額曰『水利分司』。以奉璽書停憲節足，以聳具瞻而臨衆庶，革因循而新號令，名實稱矣。經始於成化十一年之春，落成于是年之冬。上不煩而下無擾，吴公嘉之，僉謂不可無述以詔後來。

適余養息丘園，固請執筆。切惟王政所重，莫先民食，而倉出于農，農資于水，水得其用，利莫大焉，誠在治理之人何如耳！蓋得其人則興，非其人則壞，所以朝廷慎擇良才，授以憲職，所在兵民，悉受約束，而凡綱維調度，舉措勸懲，皆得便宜從事，良法美意至矣。維公練達老成，廉能周慎，宜于厥職，輿論攸歸，無庸置喙。然而開先繼後，去代交承，理皆當備載，是用直書備録，勒之貞石，使知是司之建創自公始，而來者得有考據，于踵美揚休，嘉惠斯邦，永永無替，庶不負上之委任，與三公建立之意。滕公名昭字自明，汝州人。吴公名瑺字廷玉，豐潤人。劉公名瑀字汝器，蠡縣人。皆生出賢科，職風憲而膺重寄於斯云。

尹直《宜興縣開鑿後袁河碑記》成化二十年

宜興邑之西，有巨浸曰九，渺瀰逾舍許，邑之山亭八鄉，洎鄰邑溧陽，所屬水道所必繇，公私商旅之舟，浮亂沿溯，卒值風濤，覆溺漂潰。乃成化癸卯夏，袁侯道以名進士再調來尹，顧西九之南有古鶴鸛漊，積淤成陸，其東復有小河，達縣城南。惟中隔澗北、土干兩村，僅十里耳。侯曰：『苟闢此成河，上溯汧洌淹，下達小河，將不知西九之害乎？』遂具圖白之上官，即計徒庸，辨高下。其最下而易浚若鶴鸛漊者，人一尺有五寸；南華淹者，人一尺稍高而難鑿；若澗北村者，人五寸；土干村者，人七寸。凡役夫二萬五千，爲河長一千五百四十餘丈，廣爲尺二十，深視廣僅二之一。兩岸各廣十尺，復搆二十六橋于河上，以通阻絶，而小流小河亦疏浚之。其開毁官民田百八十畝有奇，皆公償其值，而别均其税。自始事至訖工，甫匝月而河成，遐邇永賴，頌聲載道。咸曰：『漢袁玘令兹邑，常搆長橋以利涉，千載之後乃復有今。』若侯姓與玘同，因命之曰後袁河云。

錢福《上海縣捍水堤記》弘治六年

吴故多水患，而近時尤數且甚。皇上宵旰兢惕，時鄞進士董君鑰出尹上海，進父老諏便宜得策，曰：邑分東西鄉，高下迥絶。東抵海障，類高亢患旱，利於浚；西跨五湖，鍾震澤下流，類卑窪患潦，利於防。故嘗有浚防之令矣。役弗鈞而力偷，規弗定而文玩，患自若也。夫浚則擇其人，嚴其戒而已。而防爲艱，請以民之義而力贍者督其役，且令履畝計防，程其工而分督之。地闊而防遠者，多爲畛以拒漫延，使食其地者，各效力而無勞於官。役於官者官食之，而食之所出，處之以權，於廩藏無損也。又曰：農罔穫，冬愈隙矣。毋俟春溢弗及也，且因而食之，有助斂不給之義焉。白巡撫何公鑑詳，授以區畫之方，埤闕之計，勸懲之典，而聽其行。且令曰『凡吏吴者式是規』。浙臬僉事雷公旃亦偉而許之。

君於是躬率水利縣丞馮經相利庀材，如其策築之，應期而成。袤延百餘里，其崇視凶歲漫迹加尺者三，其廣加崇尺者三，其側植楊插茭以護之。其障而築之也，折竹織蘆而匝之以幹，其材悉出於官。凡奪田益堤而妨于藝者，官計其地而均其賦。既而有以水患聞者，上乃命工部侍郎徐公貫率其屬主事祝君萃，大舉浚防。於是何公以下至于董君，皆與之。君子謂是役也，先國之謀而上合焉，預民之患而下樂焉，創于一邑而四國則焉，成於羣議而若出一人焉，惟患是捍而饑則賑焉。不可泯也，乃碑于其地。

白茆塘。

楊循吉《白茆疏渠長洲縣義官題名記》弘治六、七兩年，長洲縣僉夫往役于常熟縣

具區之水東北折而入海，則必宿於長洲而後得達，故是邑大抵皆水也。夫水受焉而有歸，乃不爲災，是以當治最急。然繇是抵海，越鄰尚百里，不流不導無所於壑，則不獨治以自利亦明矣。弘治之二年，天子以進士邢侯纓來撫兹人。先是三吴水歷治且八十載，防壞渠塞，荒以歲繼，侯汲汲輸賑，補救百方民，幸免於轉徙，而終以爲非遠圖。每欲大決一邑之水而東之，顧境有畫焉不可也。七年，侍郎徐公貫以上命至，大發列郡之士，盡去水害，而以白茅塘爲之首。於是塘在常熟，受長洲諸湖而達於海，兹所謂下流之當治者也，治則均利，而邇其土者尤甚。邢侯任其事，加力妙選義官之有材諝者，得某等三十七人，畀之人二萬使分作焉。

明年二月功成，自芝塘至于廟灣，積沙盡决，迅流飛疾。繇蔽者觀之，則役不在境，苦驅氓以他救。而不知白茆通，則長洲先被其利，固侯素議然也。凡侯于是役，慨焉爲諸邑先，竟能假隣以自濟，因衆而有功，然則其于理水與人，咸哲而善其道者歟！及其成也，則又曰：『吾無勳，諸人焉爾。』苟不以一名永其傳，則櫛風沐雨之勞，旋踵不聞，後不可使也，於是以具石請。噫！是真循良美意，不可辭，乃文其略而人人列焉。

楊循吉《支塘疏渠吴縣義官題名記》

弘治六、七兩年，吴縣僉夫往役於常熟縣支塘。

江之南比歲大水，稼用弗登，民飢縠翔，公私告竭。有獻謀于朝者曰：『三吴之饒其惟外府，而以巨海爲壑，水不克下，乃災于農，請決之。』便語聞皇帝以爲然，於是以工部侍郎徐公貫兼都御史治其事。既至籍丁壯十二萬人，將盡導具區之流注諸東，儲糧授界，經始有期，圖用古役法，以伍什百千長其人。顧吏少不可以署無所屬，僉曰民有以義顯而仕服者，亦吏也。凡其人多故家子，有恒心，用之庶其濟乎？從之。郡以下邑徵用厥良，惟時吾吴實將發萬五千人，以往長之者，當用二十八人。縣大夫鄺侯璠，乃汰衰升壯，斥愚進敏，簡拔登數，俾行視役，分地得常熟之芝塘，用能協力，諧志無懈，晨夕督促，提調咸中程度，以弘治八年二月功成。

侯乃建綵旆，列金鼓，躬迓於郭外，宴享有序，百瘁咸澤。初役之興，憚往者衆，既而多以疾祈中輟。侯一折以大誼不聽，且約列名于石以爲旌，至是惟言之圖踐，請於都臺許焉，而予受命當書。夫是役也，除沴召豐，光復禹績，功利博大，實聖朝之盛事，天下莫不手額爲生人慶。顧得預力其間，而獨非榮歟？雖然，匪載則後罔聞，是猶無遭也。而侯於此乃能敦信崇讓，以彰下之勞，遂使一時駿奔之士，得以垂聲邑中，永永無極。蓋一舉而三美咸具，其樹立宏遠，抑可因是而知其大略焉。侯癸丑進士，任丘人，至之半載，威惠大行，誠賢牧也。

吴瑞《崑山縣重浚至和塘記》弘治九年

崑之至和塘，肇宋至和初，郡守吕公居簡爲之。在當時有五利之説，歷年彌久，而利物之功益倍。近歲潮汐壅，於輕舟輒膠，邑城東西數十里爲尤甚。嘗考《禹貢》『三江既入，震澤底定』，今三江故迹大非昔比，不藉故川舊瀆，分殺其勢，則震東傾西，潰决四出，吴民受患，烏有已時。况其道繇郡城南下，折入東北，東北故道惟白茆、七浦與兹至和分爲三支，名入海要道。白茆往歲不通，朝廷嘗遣大臣爲疏浚之説者，謂其功用與三江等，而至和淺涸如故。值姚公文灝以工部主事奉敕治水吴中，顧兹當浚，遂命府判陳侯暐、知縣張侯鼐，即日召工計度東堰、新洋江口，西至九里橋，爲丈凡若干，爲工凡若干，深一丈，闊比于深十倍，中作水綫，制其高卑。工則計日受直，費錢凡若干，悉出公奏請民徭餘儲。自弘治十年十二月三日興役，至廿又六日而畢。

先是陰雨彌月，衆以凍沍爲憂，及即事，晴暖倍常，風雪不作，畚锸克施，群情歡洽。張侯以公成績徵予記示久遠。昔眉山蘇氏論吴中水患，不咎諸天，而惟咎人事之不修。蓋天時之變雖若有數，賴人謀而勝之十常七八。彼有不參以人，一惟委之于天，是不究本之論也。古之聖人贊化育，參天地，未有不本于人事者。若唐虞置虞官，益掌山澤，《周禮》以中士爲川師，我國家川澤之任，則領于冬官大司空。今聖天子尤拳拳東南水利，乃者從臣下之請，特遣郎官往治，其任公繇慎選而來。至則延訪鴻碩，講求源委，荒陬僻藪，躬自涉歷，未嘗以耳目寄人。謹其封防，俾不得以妨農稼，決其壅蔽而不逆其所取。繇是迂談鑿論，舉不足以奪其所見之真矣。

兹于至和一支，關係重大，雖勞衆費財，有所不計，其知要哉！而陳、張二侯復能一心同德，竭力從事，鳩工散則杜絶侵蠹，實惠及民，民忘其勞，故能化梗爲通，去害爲利。不出旬月，而事功成集，皆可書也。後之繼公者，當時加浚治，紹公休績，豈惟兹水永永有賴，亦因得以仰窺皇上參贊之化，益宏遠而無窮焉。公又近治七浦，功亦就緒，以其事聯三支，併書之。姚公字秀夫，江右人，繇甲科進士。陳侯字耀卿，河南人，繇鄉進士。張侯字宗獻，其地同於陳侯，而甲科則與姚公同也。

姚文灝《重浚七鴉浦記》弘治十年

東吴泄水之大道，三江之外，蘇有三十六浦，松有八匯，常有運河十四瀆。然自海塘作于東南，而東江以塞，松江以微，水乃北折，併于婁江，而溢于七鴉、白茅二浦。故今之七鴉、白茅在三十六浦爲最巨而要。近日大司空徐公受命治水，拳拳乎此者有以也。然白茆海口漲沙爲梗，以非人力之可爲，變而通之，宜别有其道。惟是七鴉獨無他妨，且當陽城諸湖之衝，而入海又徑可恃以爲利也。但其間亦頗爲村市居民所阨塞，水性未遂。余之有意于是也亦久矣，顧未有所儲，不忍驅無食之民以就役。弘治九年，乃請于上，設導河夫于沿江，既又議收其值，隨時募工。十年始以斯詢於通判陳暐、常熟知縣楊子器、崑山知縣張鼐，遂籍二縣近浦之户，得二萬五千三百人，疏自尤涇東至木樨灣，凡五千五百九十丈，可旬有五日而成，計工受直，實用夫銀五千二百七十兩。上闊如舊，而深倍之，下闊直塘，兩厓市肆所侵，其闊倍舊。決放之日，衆流奔注，而沙頭圍築之處，日以崩頹，水益洶湧，郡人歡傳。或有道予之績者，然不知三子之勞也。蓋陳以職專水事，晝夜經理，雖監司以他務督趣，至被譴怒，不爲去。楊則舊治崑山，素達水道之要害，而張又果于疏導之事，是以動順而易成也。成之日陳以紀述爲言，予曰不足以煩作者，乃自書其概如此云。

袁袠曰：弘治八年，吴大水，國計告乏。少司徒徐公貫奉敕開浚白茆港，水始有歸。繼之者主政姚公文灝，議築沙湖堤，用治河卷埽法而事協濟，迄今賴焉。五十餘年來，水災屢見，大約二十年，港浦堙塞，水始瀦積泛濫。議者云必開白茆港、七鴉浦數支，而災至稍可免。然開浚之費浩繁，殆難悦以使民乎！正德初，郡守林公廷棉嘗一浚之。嘉靖初巡撫李公充嗣奉敕開府太倉，又一浚。今又將其期矣。今歲之水，時届沍寒，不縮不涸，歲歉已見。意者開浚兹其時乎？在掌國計者之所當急講也。嘉靖戊申臘日識。

吴瑞《崑山縣重濬十河功績記》弘治十一年

崑故澤國也，鍾三江五湖之底，其西納東吐，晝夜不息，實藉支川衆瀆有以分殺其勢也。苟疏瀹之失宜，則潴積不流，有入無出，若盆盂既盈，潰決泛濫，禍延隣國，匪直爲一邑之患而已。昔之治水者，往往致詳于崑，亦有以哉！兹江右傅公潮以冬官郎中奉敕治水中吴，公清材遠識，博學而能文，其視太宗伯體齋先生爲伯兄，世稱大小傅先生云。行縣至崑，視崑之支流雖聯絡交錯，而整然不亂，深嘆前人經畫之精。以爲不如是，則邑無寧歲矣。然通則利，淤則害，其得失是非，瞭然易辨。將欲大修水土之利于崑，而崑民方脱水患之餘，呻吟甫息，生理未暢，苟簡目前，憚於動作，因集父老于庭，反覆開諭，民始曉然趨令。乃飭有司經理財賦，調役授地，卜日而即事焉。濬浦四，曰大虞浦、曰大石浦、曰徐公浦、曰顧浦。濬涇五，曰斗門涇、曰羅莊涇、曰尤涇、曰横涇、曰黄昌涇。濬塘一，曰至和塘，其深闊丈尺視舊加倍，復崇其堤防，以絶旁嚙。工給以直，不以官使，故畚鍤之興，歡聲如雷。共用夫若干萬人，錢若干萬緡。始事于弘治戊午十月，歷己未，庚申十二月而十功告成。蓋役止于農隙，以最後畢工之日爲斷也。董其役者知縣徐侯璁、縣丞楊侯孟奇，而總之府判陳侯暐，三君體悉公意，程督固嚴，而保愛之仁，未嘗不寓于其中。公則單騎往來，旌勤勵惰，提其宏綱，罔有遺漏。

惟兹十河利博而害亦大，故治之當最先。其他川瀆關涉稍緩，分命旁近，協力拯濟，務俾通利。若湖川塘地屬太倉，當崑下流，距海密邇，崑嘗爲其浚助，故記亦見之。公尤嚴盜河爲田之禁，重其罰而悉奪其地還之官。雖有請佃之説，亦閣而不行矣。三君以公成績爲崑民百世永賴，相與伐石，徵予文爲記。予嘗讀文正范公書，有曰：『吴中水患，昨開五湖泄去積水，秋望可期。』是知治水要訣在河也。復讀文穆范公記文有曰：『崑當具區之委，必使縱塘衡浦，疏瀹四出，然後民得而稼之。』又知浚滌爲治水急務也。公于崑之十河獨加詳焉，將無小大，一惟浚滌爲務，其亦二公之見歟？治甫三載連三稔，百姓自輸恒賦外，足以仰事而俯育，室家相慶，飽煖卒歲，固天運之有常，亦人謀有以勝之也。即一邑而七郡可類推矣。曩予亦嘗承乏理北河事，尋以病免。蓋北河以漕事爲重，恒苦水之源不繼，治法嘗先源而後委。吴中以田事爲急，惟慮水之委不泄，治法嘗先委而後源。南北不同，故疏治亦不能以皆同。予偶執筆記公偉績，仰止不休，徒興執鞭之嘆。若公者可謂不負聖天子付託之重者矣，竊于簡末，附己見以爲欲知河事者告焉。

倪岳《常熟縣許浦塘疏浚記》弘治十二年

四明楊君子器，以名進士來知縣事，孶孶治理，事有病民者，次第罷去。惟是縣治濱海，其東北有許浦塘，上接梅李塘，會昆承諸湖水，以達于海。在宋、元時嘗立水軍寨，建爲巨鎮，我明更置巡檢司，以事防守。歷歲兹久，海水衝坍，至今海口以三十六里，巡司三易其地，浦爲潮沙所壅，堙塞亦久，旱則潮汐弗通，澇則沮洳弗泄，民兩病之。君軫于中，思力浚治，以工巨弗穰，未易事事。適水部郎中新喻傅君曰會奉命來司水政，遂命治農丞趙祥者董其役，民用胥勸，役者子來。于是浚許浦之壅者闊十二丈，深八尺，長四千三百二十丈有奇，分占工作，稍食稱事。爲力易者人三尺，爲力難者人一尺有奇。工畢即釋，不計早暮，不逾月告成。凡役二萬二千人有奇，鑿地之紆者十有二所，除兩崖積土以爲坦道，植柳于兩崖之上，俾土不善崩，以蔭行者。得舊石閘于雙墩，移置海口，俾啓閉以時，蓄泄有節，旱澇無虞。易置巡司于閘上，用便巡邏。

復謂梅李實居上流，水比不通，舟行用阻，仍以萬二千餘人浚之，長六千一百三十丈有奇，深闊減許浦十之二。始浚許浦，繼浚梅李，蓋自城東門抵海口，七十里有奇。凡爲工三萬三千有奇，木石工之費僅二十緡有奇。始工于弘治己未十一月，訖工于庚申正月。爲費省，而成功速，有如是哉！邑人咸謂是浦之爲民病者，幾五十年矣，一旦賴焉。令尹之力，民享其利者將無窮，乃建亭鑿石置諸閘上。介邑庠生朱紳來請紀，予惟朝廷張官置吏，惟以爲民。故閭閻之下，呻吟病苦，率于親民者是賴。而世之鋭者，樂于速化，既無意于爲民，鈍者安于無爲，又無力于爲民，是以民病日深，莫可告語。若今許浦之役，其事最重大，其費最浩穰，使非楊君篤于爲民，傅君樂于從善，欲求是浦底績，不亦難乎？孔子論政曰：『因民所利而利之，擇可勞而勞之。』楊君其庶幾焉！是用具書以告來者。

吴寬《長洲縣興築沙湖堤記》弘治十二年

《周禮·職方氏》：『東南曰揚州，其澤藪曰具區，浸曰五湖。』今蘇郡在古揚州境内，而具區即太湖也。又在今吴縣境内，獨所謂五湖者，莫考其迹。然水所瀦輒數千頃，以湖名者不知有幾，豈即《周禮》之五湖耶？或曰太湖中分爲五，故名。夫既曰具區，不應複言五湖，是必不然。凡田之并湖者，既藉灌溉之利，而風波衝激，田塍輒崩，則有浸淫之苦。至於舟楫往來，固擅乘載之利，然而風波猝興，港渚無避，亦有覆溺之憂，蓋利害之相倚伏如此。

湖之在偏隅者不必論，若距郡城東二十里曰沙湖，凡太倉、崑山、嘉定、崇明之人之所必經者，其廣袤各數十里，横絶道上，其北多腴田，其中多舟楫，人以爲患者尤甚。旁有盜藪，以行劫爲業，客舟爲風波所阻，集于岸下，多不能免，人益患之。昔人欲築堤以捍水者久矣，皆謂土石所施無所附麗，其功難成，遂置之。乃弘治丙辰工部主事姚君文灝奉敕來督水利，始白于巡撫右副都御史朱公瑄，謂堤可築，公往視之，亦曰可築，且曰：『是宜用卷埽法，蓋吾治河決時，所已試者也。』謀既協，姚君乃專任其事，先時君從工部侍郎徐公貫浚常熟江口，獲葦利之占於民者充公用，及是遂賴其濟。一時夫卒盡力，材用畢具，功垂成而君移疾去矣。

今郎中傅君潮來代，周行田野，水利大興。他日行至沙湖，歎曰：『是堤之功，其可已乎？』至是巡撫爲左副都御史彭公禮復勸相之，而堤竟以完告，其闊爲丈三，長爲丈三百六十，隱然如城，堅壯可久，而水勢汪汪，安流成渠，人皆稱便。惟古土功之興，春秋謹之，大抵因民之所利而利之，則易爲功，違之則難。雖然，又有難易焉，孟子曰：『爲高必因丘陵，爲下必因川澤。』蓋言因其勢者則易也，故世之捍水者，未有不因于土之勢。然非知乎水之性，亦終于壞而已。今夫沙湖爲堤，既無所因，可謂難矣。顧其水湍悍，特殺而抑之，其漩洄演漾固無所滯，此其所以竟成也。彼梁作淮，堰成而即壞，惟障而塞之，不知其性爾。水利之不行日久，行則有利焉。然能去其患，則利在其中，如是堤然。蓋耕者無浸淫之苦，則安於田畝；行者無覆溺之憂，則樂於道路；賈者無掠奪之恐，則保其貨財，利何博於此？

是役也，前守爲史侯簡，今爲曹侯鳳，皆經畫其事者，若通判陳暐、知縣劉珂、鄺璠、縣丞竇胤、主簿喻秉，則勞績並著，皆可書者。於是傅君使來請文刻石。予郡人也，喜水患之能去，且知君之才操與姚君并美，無忝於上命也，遂爲之記。後之人尚謹視之，以無隳其功云。

祝允明《太倉州重浚湖川塘記》 弘治十二年

水生於天，行乎地，而假人以治。治無所用于私，私則鑿物失其理而亂，吾更以亂加之，是益其亂也。惟知及之而以仁守之，勇成之，則雖不必創作，其績有以相時聖后而配古聖。臣以康黎民何也？得其理故也。孔子稱舜、禹之有天下也，不與而無爲。觀舜命禹，禹盡溝洫，力至胼胝八年，若是謂無爲不與者耶？爲不爲咸以理，理爲而爲，雖甚勞煩焉，猶無爲也。天下之水十五在江南，去禹逾三千年，而三江失入，震澤不定，昔之議治者，紛若聚訟。繇范文正、蘇文忠，迨二郟、單、任等，言人人殊，至就其理而理之，狹者廣之，高者下之，塞者通之，不能異也。則今日循故理成新功，不以巨微、古今而間然爲之者，其舜、禹之事歟？

太倉州北數十里，有塘曰湖川，延袤九萬七千一百尺，西分源於太湖，歷婁江而下，入巴城湖，新塘以來匯，東連小塘子，中貫石婆港，以達劉家河，海潮西突，巴城東注，清濁交嚙。又劉家潮之緯州而西出者，繇鹽鐵塘及湖川而定，東北繇七子港而花浦而楊林塘，潮之來亦及湖川而尼當地。與時之會，渾沙迎合，淀壅澱洿，可立而待，傍田藉沃泄者頻病之。天順間，民沈定奏可下郡、縣浚治，時治塘面廣二百四十尺，底半之，堤深十有二尺，輔堤之廣殺二尺。潮歸支川，傍田以利。迨今久且復淤，東至堙身十里餘，塘成夷壤，草荄糾盤，小汛絶滴，西至金雞河口，亦僅沮洳。民吳紀復奏可下郡、縣浚治，郡、縣以役寡工薄，稍疏狹中纔如溝，無幾輒已漲平，佃涉兼病。歲庚申，民吳賢等乃牒陳於今巡撫都御史彭公禮、提督浙西水利郎中傅公潮，乞裁治活赤民，二公曰俞，屬之治農府判陳君暐率州判黄君譜往相度，得其理。乃鳩州萬有五千夫，崑山千二百夫，挑抉塗泥，導誘線路，畚鍤任扉，雲聚蟻運，二公躬往視之。初塘身既闢，而兩岸相去直與下等，彭公曰：『是不然，岸潰且復合，塘之塞耳。』乃命削其廉隅，俾夷而固。啓役於冬十二月上旬，訖事于明年春三月十三日。凡浚自徐昌橋至於金雞之口，八萬五千一百尺，入崑山西段又六千尺，面廣一百尺，底四十四尺，深九尺。尤以民造新州積勞，日給導河官銀糜三千二百五十兩有奇。于是水道流利，而田野闢，舟楫便，租賦復，上下賴之。彭公命允明記其事，允明民于郡，郡大利病固無越水事。竊嘗研究今昔諸賢緒論，愧愚暗無獲。然妄謂理之一言，貫萬有，亘宇宙，弗可易者。有物於此失其理而亂，無必更張復之而還，治茲塘是也。假令舜、禹復起，其於是能舍浚瀹而他爲乎？大哉二公，知及仁守而勇成之，五行既陳，六府惟修，有以相后皇，補天地，蓋有根柢所在，在獨持一理以宰割百度。故不以巨微，循而不鑿，有爲而若無爲，若禹之于虞也。奚其異於乎勸今規來，永古作者之澤，以信吾民之刓鏤，固小子幸願且承命也不敢辭。謹用鋪勒昭烈，俾職于後者，時消息以斯理，將萬世是賴。是役也承引而提挈者，知府曹公鳳、知州李侯端，董莅于成者，陳君專職之力及黃君也。

桑悅《太倉州重浚湖川塘題名記》弘治十二年

湖川塘横亘於州，其尾少接崑山縣，漉潤數十里，歲久滯壅，窪者沮洳，萃杪平原。有司被旨欲浚，因循功巨弗果。提督浙西水利工部郎中傅公按視之，召所屬諭之曰：『水利，民之命脈。昔西門豹爲鄴令，鑿十二陂以利民，時稱賢大夫。司馬遷紀之以傳不朽。』全州之力，津以大邑，顧慊鄰邪棘鑿，允宜令下，荷锸如雲，庶民子來。工興之中，巡撫都御史彭公親履眺，相示以勸懲。工訖已命鄉進士祝君允明記其顛末矣。

公軫成功孔艱，書告悅曰：『《禮》云「后稷之爲烈也，豈一手一足之力哉！」塘浚何所歸，凡百執事效勞已久，先生當爲之暴白以勸來者。』悦聞《老子》云：數其車無全車，以車分數之曰輻、曰輪、曰軫、曰（益）［蓋］〔一〕之屬不可枚舉，合而言之曰車而已，總名彰則諸名隱，理之必然者也。今公總名已獲，乃不自居，而欲分數輻等，其德之厚爲何如耶？是役之興，知府曹公鳳綱維有度，翼以竟事。治農通判陳侯暐，身致于河，疲病忘息，櫛沐風雨，膚功告成。州判黄君譜、崑山縣丞楊君孟奇，分董工役，勤勤惟均。知州李侯端暨崑山知縣徐君聰，繫念籌畫，算金廩夫。州判龔君詔吏目施泰，給散以公。巡檢孫雄奔走鐫隋弗懈，皆可數之以詔無極。其參事、義官、糧塘、耆老不能悉數，宜拔其尤者，書其姓名于碑陰。衆議河所繇浚，公實不得辭其總名。

陳琦《滸墅永通渠記》弘治十二年

吴郡去城西北三舍許，有名鎮曰滸墅，濱臨漕河，舟航所聚，商賈所通，驛使交馳，紛紜填溢，殆無虚時。自永樂間通漕以來，至景泰間朝廷設關津以征商税，每歲必命地官之廉勤幹濟者莅焉。莅于是操拘縱之柄，而時其啓閉，遇夜則鑰之以防私渡，其法舟之廣狹，徵賦之多寡，按季而輸之民部，其資國用也廣矣。然皆視公署猶傳舍，以積斂爲功績，事裁損於利者，咸莫之爲。弘治十二年己未，今地官員外郎賴公奉命以來，凡百究心，一以寬仁爲本，如商之竹木過此者，則曰此工曹已税矣，不可爲之重征也，聽其徑行。仍謂往來小航，容無斗斛，例不納税者，且與商賈舟艣次放行。其間豈無婚喪，延醫診援危疾，而時刻不可逾者，能不苦于稽滯乎？爰謀爰度，乃即關轄之防，命工鑿小渠以石固壘，其修若干丈，廣六尺餘，僅容刀舟之度，一時之農工漁樵、婚喪之人，行旅裹糧之輩，晨夕往來，無復艱阻。

于是人心欣躍，感戴公德之至。關之父老相率踵予告曰：『賴公建此，萬世永利，良恐歲久繕治不繼，日就堙汨，則爲民病。猶前日願得一言以紀諸石，庶使後之繼至者有所考見，以相承于勿替乎！』予謂世有古今，人心無古今，賴公忠以奉國，仁以惠民，秉彝之理，人心所同。後之君子同寅協恭，贊相輔翼，增所未備也必矣，又奚爲慮哉？且公之偉績誠不止此，觀其堂廡惟新，窗户疏達，外建屏墻，增補石岸，財出于官，民不知費。蓋公廉以濟敏，公以施仁，故商不濫徵，而課額自足；津無苛留，而渡有捷徑。夤緣射利者，無所投其隙；倚法爲奸者，無所施其計。烏乎！是可以規政矣。異時秉國之鈞，均國之惠，即此心之充拓耳，又奚庸言！因記其渠也，而牽聯書之。公名先，字伯啓，閩之汀州人，繇進士任今官云。

楊循吉《三吴治水碑記》弘治十三年

大明啓運，光造區夏，列聖相承，莫不則效。古皇崇重稼穡之事，是致黎民勤耕，咸飽以嬉；亦以臣工弼相之有人，故水土用乂，而歲功成焉。蓋我國家兼包四海，邁唐、虞以爲域，厥今江南數郡，雖藐列版圖，然高皇帝定鼎金陵，實用以爲三輔，則當時溝洫之法，亦詳也已。逮至太宗皇帝，而經畫益周，時則有夏、周二公繼理，兹土克用浚防，以增太平之業，非無所繇然也。皇上統御元元，隆繼述之道，仁孝恭儉，思念農作，東南之在聖衷，蓋自籍田以來，朝夕罔懈。

粤弘治紀元之七年，給事中葉紳病水之弗利，具列以聞，即用其議。特命工部侍郎今尚書徐公貫，以右副都御史來視修治之役，則又詔今刑部侍郎前巡撫何公鑑同其事，而得領屬官一人治文書，任至重也。蓋昔神禹治水揚州，以震澤爲大。今三江雖具，輸瀉無所，則嚙田漫禾，民餒繇焉。公用是以德意諭郡縣，發疏鑿之士十二萬，俾行即工，則判澤支爲三道，而以常導北流，蘇導中流，松導南流。授界分程，顯示所宜，環千有餘里，扶畚揮鍤，一日并作，搔爬不通，號令風行，而所謂白茆塘者爲之尤力，大概取推蕩令滔滔而已，越明年二月功成。公有粒食生民之勞，整御大衆之略，動而不譁，既成弗怨，政寛而有制，績速而能堅，肅亮惠和，彰乎遠邇。皇上嘉褒，入朝拜工部尚書，又奏以分司專治水事，而薦前主事姚君文灝領其職。

後三年，新喻傅君潮以郎中至，祗承惟謹，益取遺規而廣之。于是茂績有加，而田間父老始相與詣君，具言昔之紀載簡略，與興作弗稱，願重刻石播盛美，乃述斯頌，達羣情而使著焉。其詞曰：若稽古初，耒耜未興，人攫鳥獸以食，居罔攸寧。延及陶唐，洪水湯湯，以勤夏王，手足胼胝。厥害既攘，稷乃播百穀，民用阜康。然則天立民命，莫大于農，水土弗率，亦罔有成功。考本究始，耕鑄在後，疏鑿在先，明明無逸，實著于篇。故以天子居九重，克念田野，俾作于東，兹惟艱乎哉！惟我皇上，龍飛御宇，建元戊申，瑞協太祖，四海一心，同奉真主。天縱元聖，威德具溥，兆庶樂戴，懽忻鼓舞，惟帝心乾乾，圖兹萬邦。爰憫于南之水，式思導江，誕發大命，册用司空。夫明后在上，則下多股肱，而世將建乎非常之事，必有賢臣翼其成。以我公肅奉明詔，來南經營，駟牡是乘，揚揚旆旌，巡彼阡陌，周覽川澤，孰源孰流，若通若塞，乃起徒衆，大致乎厥役，衆來不已。公曰：『宜止三月爲期，毋或病爾，爾田爾利。』聖皇戴於懷，庶民聞公觀相盈涯，積土成山，拔濤如雷，瀰瀰洋洋，脈理無乖。皇有明德，惟公布之，大功亟就，聲色不施。昔民苦耕之匪易，戚于漂流。今者來歸，莫匪良疇。一畝三石，惟水去有溝，禾斯有秋，衎衎婦子，不復聚憂。架廬築垣，亦買其牛，笑語欣欣，達于四州。擁車引襜，視公出游，懿我徐公，胡德之優，胡作之勞，匪夏伊周，穰穰甫田，犬不夜噑。嗚呼休哉！蓋勞罔不逸，而勩罔不報，公進六卿，寵光有耀。明良逢兮世雍熙，江南稔兮歲無災。聖明兮萬壽，黎民兮不飢。統八埏兮咸樂，奚可美兮惟兹。顧一代之偉績，亦巍乎卓矣。是故敢陳于頌詩。

王鏊《五湖記》正德二年

吴郡之西南有巨浸焉，廣三萬六千頃，中有山七十二，襟帶三州，東南諸水皆歸焉。其最大者二：一自寧國、建康等處入溧陽，迤邐至長塘，并潤州、金壇、延陵、丹陽諸水，會于宜興以入。一自宣、歙、天目諸山下杭之臨安、餘杭、湖之安吉、武康、長興以入，而皆繇吴江分流以入海。一名震澤，《書》所謂『震澤底定』是也。一名具區，《周禮·職方》『揚州之藪，曰具區。』一名笠澤，《左傳》『越伐吴，吴子禦之笠澤』是也。一名五湖，《山海經》『浮玉之山北望具區』是也。五湖者張勃《吴録》云『周行五百里，故名』。虞仲翔云『太湖東通長洲松江，南通烏程霅溪，西通宜興荆溪，北通晉陵滆湖，東連嘉興韭溪，水凡五道，故謂之五湖』。陸魯望曰『太湖上稟咸池五車之氣，故一水五名』。然今湖中亦自有五湖，曰菱湖、莫湖、游湖、貢湖、胥湖。莫釐之東，周三十餘里曰菱湖；其西北周五十里曰莫湖；長山之東，周五十里曰游湖；沿無錫老岸，周一百九十里曰貢湖；胥山之西南，周六十里曰胥湖。五湖之外又有三小湖：夫椒山東曰梅梁湖；杜圻之西，魚查之東曰金鼎湖；林屋之東曰東皋里湖。而吴人稱語則惟曰太湖云。

劉天和《建昌圩閘記》正德十年

金壇西北有圩曰建昌，其上流全受茅山、丁角、長山諸水，每夏秋霖潦，則水泛濫而下，乃環圩築土爲堤以禦之。週八十餘里，分諸水爲二派，南北環堤而流以入于運河。圩之内皆平壤，以畝計者近十萬，土雜沙泥，宜麰麥，所入利與秋穀等。中爲天荒蕩，溪流旁達，積水以備旱，畝與田稱，舊於圩南置閘，以司蓄泄。顧近上流水易衝嚙，且地高水去不疾，成化間乃移置圩東下流潭頭。然閘高則水積不去，田之下者易没；下則水去不留，田之高者易旱，有難以兩遂者，以故隨葺隨圮，歲久莫治也。

正德歲乙亥十月，余循行田野，偶至此而得其故，乃進圩民之長者而問焉，曰：『圩田高者十之八，下者十之二爾。』閘南北各二里許，則田之最下者，就觀之水没不盈尺，而閘底之水尚三尺許，乃稔于衆。曰：『使水縮尺許，則田之下者盡露矣，矧可利於寡而不利於衆哉？然則閘視舊宜高而廣。』衆乃欣然合辭以應曰：『唯唯。』于是鳩工計材，委圩民之能者分治其事，峙椿木累堅珉，傍各爲二翼以殺水勢，上甃石爲橋，以通往來。越丙子春正，凡四月而告成，閘制廣狹高下。蓄泄之禁，與治閘者姓名，備列於碑陰。

劉天和《都圩埠閘記》 正德十一年

金壇之地惟四區爲最下，區有閘名都圩，其上流分受茅山、方山，全受丫髻山、青龍洞、黄金山、白玉澗四源之水，南北分流入長蕩湖。介兩河之間，田皆窪下，隨地形築土爲圩、爲埠，中曰蕩東、曰邵家、曰東莊、曰岳家，凡埠四；北曰大蕩、曰張家、曰蕩景、曰伏草，凡埠三圩一；南曰蕩埠、曰上葑、曰中葑、曰下葑、曰張祥、曰戴圩，凡埠五圩一。其間復有枝河二，導水自閘以達于運河，瀦于湖，顧河淺而隘，埠低而圮，閘廢不治久矣。每夏秋霖潦，則水彌漫而下，渺然巨浸，率累歲僅一穫，且税倍重他所，居民流徙者十之七，荒蕪極目。

余見而悲之，進區民而語之曰：『若胡不治堤與閘，而甘於轉徙耶？』咸蹙額曰：『傭作以給妻孥，竭力以償税，凡里鄰之流徙者併償焉。救死且不贍，而何有於是耶？』余聞而益悲曰：『閘可復而堤不可卒爲也，然歲一治焉，庶其可漸復乎？』衆曰：『唯唯。』乃蠲其税之倍，償與貧不能輸者，俾民出力以治堤，計田而任，官出貲以治閘，量値而給。于是衆欣然趨令，無督責點集之擾，而工不愆期，堤之高者僅尺許，蓋不欲急就以病民也。自冬徂春而堤成，甫夏而閘成，及秋乃大穫。余率僚屬往觀，而喜吾民之少濟。乃記此于石，且有望于來者嗣而治之也。治閘者爲耆民陳篚、姜玉云。

王鏊《吴郡治水碑記》嘉靖元年

今天下財賦多仰東南，東南財賦多出吴郡，而吴郡於東南地最下，最多水患。南方夏、秋間最苦多雨，蘇、湖渺然，輒成巨浸。故官多逋負，民多流殍。于是廷臣争言水利，而以吴淞、白茆港爲首，請設官專治。時巡撫應天西蜀李公充嗣，方著若績，詔即委之進工部尚書，得便宜從事。復以工部都水郎中林君文沛、顔君如環佐之。公博訪羣策，相度源委，謂東南諸水或匯太湖，繇三江入海，而東江久失故道，不可復尋，獨婁江尚在。吴淞江雖在而多咽，其别出一支，從常熟白茆港入海最大且駛，而海沙淤塞，久成平陸，民且屋廬、墳墓其上。自成化以來，每議開之，輒畏其難而止。

夫太湖吞納衆流，猶人之腹，白茆、吴淞則尾閭也，陽城、昆承、澱、泖諸處，猶脈絡也。尾閭不泄，腹且漲爲病，四肢百脈悉病矣。公乃駐節湖上，且行且度，度地賦功，量功賦役，仞淺深，計遠邇，力賦諸近，財取諸遠，廬舍有次，樵爨有所，分授以責成，時犒以行賞。天時晴和，法令明一，衆心競勸。率未明興作，入夜未已，河上燈攢如星，插畚如雨，歡呼之聲，數里不絕，不數月功告成。

初白茆自北達于江，河形結屈不可復通，乃改就東南挑平陸，直注諸海。自雙廟至東倉通一萬七千三百九十二丈，其深一丈五尺，闊三十三丈。白茆上流又開尚湖、昆承、陽城湖，各隘爲塘、爲洪、爲港、爲涇、爲漊者，凡十有九。吴淞江上流頗通利，自夏駕浦至舊江口，不復容舟，因其舊形廣之、深之，凡六千三百三十六丈，其深一丈二尺，闊十八丈。白茆港口海潮日至，沙泥易閼，則爲石閘一。陽城湖水至斜堰，分流七浦塘，則可少殺白茆之流，又爲堰一。淞勢弱不能蕩激，易澱且閼，又爲石閘一。

蓋疏宜興、湖州諸閼，水歸太湖無礙，則常之宜興、武進，湖之烏程、歸安，松之華亭，可無水患。浚吴淞、白茆之閼，太湖之水入江海無礙，則蘇之長洲、常熟、崑山可無水患。而吴淞、白茆之役最大，功費尤多，始事於正德十六年十月，嘉靖元年四月訖工。凡爲工四十一萬二千五十三，銀爲兩若干，米爲石若干，費亦大矣。保而勿壞，則在後之人焉。勿廢疏瀹，勿惰啓閉，勿縱豪强，勿規小利，所以保之也夫。

陳璜《太倉州大東門閘記》嘉靖十年

嘉靖戊子秋，予來守兹土，於諸興革必集儒紳耆彦議厥所宜。其曰葺學宫，曰建水閘，則固言人人符，而吾同年張侍御仲明，屬寓書爲之贊決。越明年，乃閲境内淫祠之弗在祀典者毁之，用廣文廟、建尊經閣、修明倫堂而規制略備。又明年庚寅，而閘事興焉。婁城水門凡三區，左一右二，引貫海潮，旋盈輒涸，其土著之家若干，火〔二〕患病于取給，此議者之所以罔或後也。初擬發公儲之羨，而州民有仗義者，佐力以成其二。會太倉衛揮使王侯過予，語及兹役，因承任焉。已而聚石鳩工，璜雖量爲之處，經畫章程則一以與侯商之。始是年仲春，訖季秋之望，其崇廣有加于右者，防海潮之勢甚于東偏也。

予與州人落其成，仍爲審盈虚之候，嚴啓閉之規，以示有永，衆曰：『乃今三門之水，有常瀦矣。風氣所鍾，土脈厚矣。溝洫分流，灌溉時矣。』以至商賈舟楫，百物用利，若將有推于予者，而不知終美之功，予實有賴于侯也。侯復請記歲月，竊惟城池之説，凡以衛民也，水閘之設，又以利民也。侯于兹土任衛民之責者也。是舉也，其果利吾民耶？侯之功固有在矣。其以吾民之利之也，而保障之或疎，吾恐海邦險地，殆不足以今日之利爲利也。《詩》曰『公侯干城』，侯之謂矣。《易》曰『思患預防』，願相與勉之。侯名漢，字天章，其先鳳陽定遠人，以武功世官太倉，至侯凡六傳矣。相厥工者則王衛幕名祐，四川犍爲人。

顧溱《太倉州大西門閘記》嘉靖十年

夫太倉吴之左蔽也，東帶巨海，西控太湖，南抱婁江，北通七浦。其城之水門曰大東、大西、小西，實接受海潮，而東南之州，名雄天下。陳侯來守三年，平易布素，惠政勤勤，如歷城相厥居焉，觀流泉焉，尋興革焉，望風氣焉，發人才焉。作曰：兹水所籍咸吾州，曷一城哉？大東堵弗流，生氣微大西、小西盈涸不移晷，元氣微奚可乎？堵者宜閘，通者散宜閘，閘利蔑加焉。乃下令首閘大西門，其長一丈五尺，廣九丈二尺，崇一丈五尺，壘石版中，時啓閉也。閘左作堂三楹，以便巡息。工始于嘉靖九年十月望日，訖于今年三月十二日。閘東距大東可三里，南距小西可一里，于是東海、太湖、婁江、七浦之秀，博洽州土，水火相濟，利用厚生，懋矣哉！侯名璜，字珮之，予同年進士，江西鄱陽人。

王同祖《太倉州城水門三閘記》嘉靖十二年

太倉古婁邑東境，襟帶滄海，爲三吴園，故無城，逮僞周誠王，始城之。我高皇帝戡定禍亂，混一區宇，創制經野，惟時要衝，設太倉、鎮海二衛戍守之。弘治間，用撫臣議，分土建州，屬之蘇。於是元元日殷，賦供日蕃，比于上邑，遂爲東南雄鎮，於乎盛哉！

嘉靖戊子，鄱陽陳子珮之以駕部郎中絀守是邦，懷和操平，履樸崇惠，敷猷底績，不茹不吐，熙熙乎期年而治矣。陳子猶退然若不足，求所以益之者，于是躬循閭閻，問所疾苦，喟然嘆曰：『兹州建且三十餘年，而民無恒産，空虚轉徙什八九，其故何哉？』乃詢謀諸里士大夫，侍御張子仲明曰：『予聞之民之言曰，城距海不數十里，而近門之通水者三，東一西二，惟是潮汐經其中，矢迅而驟涸也。民皆洶洶焉，弗遑寧處，遞興廢而無有永基，皆以是之兆之也。是固青烏之説也，豈其然乎？』陳子曰：『嗚呼，法之無良，焉取于治；人之不臧，焉取于法？水烏能爲？雖然，相土表植，厥惟五材。天之始生，物之攸資，水居其要，是故古之敷土者導江河，基邑者卜瀍澗，重形勢以裕民也。夫水之勢，矢則直而無情，迅則激而靡寧，驟涸則虚而不盈，皆非民之利也，子得之矣。』乃周覽區涯，博采形奥，以暨城闉，曰：『節以殺之，其庶乎民之情乎？』爰度于三門之内門置閘焉，俾啓閉出入，無盈虧疾徐，而緩急需也。州之巨室咸樂趨事，分委力任，要束功緒，石菑金堤，蹇蹇翼翼，不費于公，不裒於民，曾不逾時，而厥功告成。於是土著之民，始有固志，歡然胥慶，以爲無窮之澤也。

已掌衛事指揮文君子良、馬君應乾目覩盛舉，作而言曰：『兵民一道，竊與有賴焉，圖所以敷述成功，勒諸貞石，以昭示永久者。』乃相率屬記于王子，王子曰：祖聞之：緣宜以宣惠者，功不困；聯情以集事者，力不殫；覽勢以永圖者，利習而民安之。是故從政者有所反之，以取媚故之道也，所以道乎民之欲也。是役也，緣物之宜節之，而不拂乎故也。聯民之情恤之，而無所于損也。攬地之勢利之，若踞而俟可以固存也。于是乎不朽矣！是役也，張子能達之，陳子能行之以庇民也，皆可以書，故不以不腆辭而爲之記其事。陳子名璜，張子名寅，與祖皆爲同年進士。文君名相武舉士，馬君名子龍。其工始訖閘具記，故不書。

鄧韍《常熟縣重修芝塘鎮尚書行府記》嘉靖九年

初太子少保内江李公充嗣，以加秩工部尚書兼都御史治水三吴，天子錫之璽書，用昔臨遣夏忠靖公故事，所以簡任責成之者甚至。公既乘傳至吴中，延見耆俊問水之病民有幾，其當事治者何居？僉曰：『吴下邑常熟，厥有巨浦曰白茆，是會衆水達于海，其湮久矣。即治之，未可以旬月計也。』公曰：『俞，予其往觀哉！』乃遍視水道，已而率用羣議，致公於白茆，分遣庶僚治他水，而躬涖于兹。調工峙粻，役大而煩，公職巡撫，轄屬職吏，若民胥來走節，下符移調，答無虚晷，公謂茇舍即事可乎？爰命有司治廨宇，縣之鎮曰芝塘，近臨海壖，有老氏之宫，即用改作之，加塗飾焉。浹月而以具告，體勢甚尊，是謂尚書行府。

他日河工成，公奏于朝，有詔嘉賚，遷公兵部。會天子南狩，公典留務，自是不復至，前爲老氏學者，緣託守視，潛據以有，邑之人有訟于侍御交城胡公體乾，公曰：『今天子方黜異教，而是獨敢干紀！』亟下縣令徐侯洑俾治之，斥其徒，召里師，集諸生，業于旁舍如書院，仍書其事于石以著戒。侯承命惟謹，命工加葺，復舊觀，具牘論報于臺。間以記命韍，韍謹序次其事而言曰：夫官宇之建爲職務也，有係於事置，有因事而暫置，事已則革，乃若暫置而其事不可廢者，則今尚書行府是已。蘄邑人也，於白茆水事常與聞之。當元末張氏之有吴，白茆廢不治，僞僉樞吕珍浚之。明興，永樂中旋廢，時則以命湘陰夏忠靖公。弘治中再廢，廷臣以爲言，時則以命尚書浮安徐公貫，繇徐公後凡二十年餘而廢。時則以命李公充嗣。夫白茆之通塞無恒，塞則煩大臣以出，若其廨宇可得而廢乎？昔召康公敷政南國，後人見其所舍之甘棠，相戒勿剪。諸葛武侯輔漢于末造，所遺廟相，蜀人世不敢傷之。治不足以行遠，則其遺迹之存亡不屬於人心。此尚書行府之修復，于民事官常俱有攸係，未可易視焉者。交城公以正學登朝，司國之直，所至振揚風紀，斯舉也又以見其慎司存，芟異教，篤美于前政，而邑侯之趣尚雅正，官度精敏，皆可紀也。

張袞《江陰縣建三關淺水閘記》嘉靖二十五年

江陰四門，南、北、東三門皆設水關，潮汐患至，未有閘也。北倚大江，直受江水之激射，朝浮暮涸，比及冬寒，城中無勺水自潤，况舟楫乎？南與北直對，而東居左，水勢易泄，其患同。然嘉靖丙午，連遭旱威，人情洶洶，城内外居人，願出私錢自效。邑大尹麟陽趙君錦，聽民之請，復令公舉耆民三人領之。畫既定，趙君入覲，推府剡溪裘君某來署縣事，乃以趙君成畫，民庶輿情，亟辭告所隸行臺。尋報曰：『可。』裘君乃布令國中，指揮各役，關北、關東則陳鶴、徐治主之，關以南屬之黄鑾，鑾願獨力是究，總其事者水利丞王南山也。始工於是冬之十二月，越明年丁未三月，以次即叙其爲制也。壘石爲防，中横以檻，去河底高二尺有餘，潮至則舟從以入，退則積水平盈於檻。沄沄渠渠，蔚有嘉利。維北築高三倍，以禦湍急。東稍次之，令江水從外濠迤邐而東，又南轉以入于關之河，此其大較也。

趙君既礱石道傍，俾予書之日月。予惟邑有六事，水利爲急，古之人蓋有能障大澤，明用錫享受封國者。西門遺利，漳水在旁，豹不知引，而史起譏之，謂其不知，是不智也；知而不爲，是不仁也。仁智未盡，政何有也？以今視昔，利害較然，而三閘之興，順地勢高下之宜，節潮汐往來之候，風氣以固，福祚攸隆，其功不可諼也。爰刻而存之，以永憲于來者。

張寅《婁江新堤記》嘉靖二十四年

蘇郡屬治，惟太倉處劇雄鎮，婁江西受震澤之水，震澤之水入三江，而婁江爲大。其南東江、吴淞江，今且湓流矣。東受海潮之水入三港，而劉家河爲大，其北戚浦、白茆港，今爲圩渠矣。州之西鄙東去城三里，西接吴塘口，爲里者半。近郊稱險，盡廬名關，傳館送迎，舳艫蟻泊，饋運連艘，賈貨兹殖，游人喧渡，漁户圍網，田無輟耰，樵無停採。地爲至要，勢當其衝。知政君子治莫可緩，其水涯舊址，廣若康衢，能捍水患，年代寖遠，堤防漸壞。况當湖、潮二水之會，波流瀠迴，驚濤悍湍，走陸嚙道，土隨流去，十且六七。舟隔則揭跣以登，岸逼則易廛而徙。往來局促，行旅咨嗟，公私病之。

牧守周侯士佐見而嘆曰：『削疆漂民，政惟闕哉！失時不修，政惟怠哉！』既而曰：『廩無餘粟，帑無羨財，歲歉舉盈，政惟悖哉，將若之何？凡民苦於始作，泰于成功，擇勞而使，易趨通變，而使不倦可也。』乃白于代巡吕公光洵、憲司敖公璠、郡長范公慶，悉可其議。視厥庶民，有偶爾犯科，情可矜疑者，條爲法程，使分治之計直；而自用其財鳩工，而自食其力。耕夫無所徭，舶賈無所征，官不爲勞，民不爲擾，不三月而事竣。長可八百尺，廣加仍舊，甃石於激射之旁，柱木于沸奔之下。如崗如墉，弗潰弗崩，以遏亂流，以薄江怒。人皆樂而利之，召堰、蘇堤不獨專美，侯之功其永存也哉！

寅爲序之，而繹其旨有二焉，曰：侯斯舉也，有利物之仁，有節財之義，仁以行之，自夫心之愛耳。爲愷悌，爲循良，政始不苛，義以達之，自夫事之宜耳。爲嚴毅，爲斷制，政始不紊。雖則斯堤形器之粗，而至精之理，無不寓焉。誠我侯立德之地也，侯之名其不朽也哉！佐斯役者湯君拱、閻君儀、金君江，而贊之則阮君洪也。

徐門肇《建練湖公莊記》嘉靖二十四年

鎮江郡屬邑丹陽，北通大江，東接吴越，西達南京，當水陸交會，達官公使舟車坌至其邑。凡廩食夫家之出，罔恤民囏，或張威聲以陵轢州縣，必遂而後已。長吏率多厚遺，顯以求譽，進而僚佐公私宴會，下至胥徒雜役，皆得以蠶食其間。故城邑有所謂坊支，鄉鄙有所謂班支之直。坊支歲費二三千金，班支歲計七百餘金，一切厚歛，無名之出，視前約加數倍，而猶不足，皆出官府追呼，擊椎敲撲之下，蕩産業，鬻子女以充，日瀕于流離困阨，較他邑亦數倍焉。

莆田林子華來守是邦，眷兹民隱，盡於其心，求所以節縮益裕，興利除害，未有術也。惟邑西北有巨浸，舊名練湖，水勢衝激縈迴，下生魚鱉，上壅陂田，每爲勢家所侵。宋賈似道得之，賈敗旋歸諸民。自元迄我明，往往利歸豪勢，豪去民復争之，死于訟者不知幾人。案牒棼如，官弗勝理。林子曰：『是物極將復，宜歸諸民也。夫裒多而益少，散利益民，奚不可者？』乃以經理狀白前巡撫、今少司寇喻公茂堅、今巡撫中丞丁公汝夔、操江中丞錫公行中、巡按侍御周君亮、吕君光洵、吴君瓊、李君丕顯，謂有經國遠圖，咸如其議。先時兵備陳君楠議，又欲盡復爲湖，以通運道，其費浩繁，公私皆無所益。林子乃率僚屬郡丞鄒揚、金壇令黄縉、丹陽令雷鳴往湖周約六十里，承蓄長山諸水，惟因勢高下而利通之，故有水出石閘各二十三座，瀦放皆有節候，近資民溉，下達官河。其高處久壅爲廬舍，麥、稻、桑、麻之野，土沃而利饒。又近巡按侍御舒君汀輩理劄楊、靳、歐諸姓所争田，通計該二千三十二畝有奇；并嘉山寺民争鬬田地，計四百八十二畝有奇；舒侍御又以頑民王可所争丹徒縣江漲洲田九千餘畝，不入版圖，下府理没其三分之一，并没裏腦、上護二洲計五百六十二畝；鶴林院田地一百七十八畝，山八百八十六畝。亦白前巡撫、今南少司農夏公邦謨、前巡撫喻公、丁公、巡按周君、吕君、吴君、李君，今兵備憲副陶君欽夔皆如議，召無業之民，俾食其力，歲收入易價各九千金。下丹徒令茅君坤、丹陽令胡君慥議約二邑歲額二千金，爲三百六十以代站支，郡以二百金，邑以一百二十金以代坊支，備賓旅、廩食、鄉飲、公讌之費，註記有籍，邑掌出納，而郡察之。凡昔官府追呼敲撲，竭民膏以給坊班公私冗費，一切停罷，斥其羨餘，少補會計，惟正不足之供，繇是凋瘵，四民歡忻鼓舞，咸樂有生矣。

粤惟山澤之利，天地本生以利人，先王憲天而立政，疆理授田，川梁弛禁，以美利而利之，而豪勢富家本厚封殖，又復處非其有，以鬱衆情，胥讒胥慝，以塞公議。不知上天生人之意，厚殖之不可常也。林子廉得其清，政得其理，析羣隱於震憾不撓之中。而撫、按諸司一皆樹德爲民，宣和振滯，或先之以創事，或引之以就功，蓋其正大公平之心，上下交通，以開民生長久之利。視昔傷財而厲民，匿慝而蠹政，其於公私利害之相懸，奚啻倍屣什百計哉！余赴任過丹陽，見胡尹平易愿慤，蓋欲成林子之意，而保艾其民者，謂良法可傳於後世而無弊，拜乞記言於余。余官於閩，雅知林子恬淡甘貧，窮達不貳，必能深静養以觀萬物之情，故其爲政，實有孔門節用愛人，惠而不費之意者，遂記其事歸焉。

文徵明《太倉州重浚七浦塘碑記》嘉靖二十五年

吴號澤國，故多水患。太倉在郡東鄙，地瀕大海，乃多高仰之田，非資海潤，莫適灌溉。海日再潮，澱沙易淤，在昔田各成圩，圩必有長，歲其徒修築浚治之，堤防恒固，浦港通流，高下之田，咸濟弗病。郟亶氏謂『廣深其源，非直用以決低田之水，亦使岡阜之地，皆可耕而食也』。州既瀕海，浦港爲多，而七浦塘最巨。塘在州之東北，橫亘五十里，西受陽城諸湖之委以入于海，海潮去來有時，而湖流不息，駛迅激射，淤沙不能爲患，斯固東人之恒利也。歲久厄塞，民病不耕，弘治初都水姚公文灝嘗一浚之，賴以處業。比歲陽城之民并湖爲斜堰，堰湖水而分之。其西流北折而入於白茆，東流自尤涇南出巴城，迂迴而屬七浦，其勢漸緩而其流益微，不能當海潮之衝，日積月淤，至于不通，而高仰之田獨受其敝。

嘉靖丙午，有詔興修三吴水利，于時都御史歐陽公必進、御史王公言祇詔維謹，謀于副使敖公璠、郡守范公慶，議既克協，乃糾民集財，以是歲十月之隙，蕆事即工，而州同知浦城周公實董其役。于是躬履其地，分程授事，時其食作，而公其勸懲，民歡趨之如子趨父事，秉鍤操畚，偕手并作。始浚自石橋圩東，行若干里，至于直塘，延袤千八十丈有奇。自直塘東行若干里，至于沙頭，延袤二千四百二十丈。又東行歷塗松，抵橫涇若干里，延袤千八十有一丈，總爲丈四千五百六十有奇，其深自一丈至八尺，廣自八丈至十丈，極于十有五丈，始微而漸拓之以極其勢也。于是輸瀉有委，飛流迅疾，淤沙滌不復留，田之出于磽确而資以灌溉者，頃畝以萬計，而東民有粒食之望矣。是役也，凡用民夫萬八千四百，縻銀爲兩者七千八百二十有三。自經始迄於告成，僅九十有七日。都御史、御史實肇之，監司、郡守主之，今御史陳公終之。

至于區畫之周，督率之勤，周公與有勞焉。公名鳳岐，起進士，以刑曹郎出決倅於此，誕章敷化，異績爲多，此特其一事耳。昉役之興也，屬歲不登，民飢而虚，議者謂事大而役繁，更費無堤，驅飢虚之民，而責以重大之役，更無堤之費，不病亦瘠矣。曾不知事有緩急，勞逸相倚，不一勞之，逸終無日，兹役雖巨，實所以逸之也。故曰以逸道使民，雖勞弗怨；雖然，不小任怨，則將因循自恕，莫克肇端，而持之不固，行之不力，亦終無所成而已矣。故事尤貴于有終也，穀梁氏有言『智者慮，勇者行，仁者守』，惟諸公有焉，斯不可以無紀也。系之詩曰：粤吴奥區，澤維其藪。乃眷在東，曰堽維阜。堽身嶐嶐，海波瀜瀜。孰漑以庸，陽湖維衝。歲悠有室，磽确有瘠。民乃不粒，爲我心惻。惟皇明聖，克念下民。維諸公仁，克艱厥臣。明詔是承，弗遑有斁。周覽川澤，爰通斯塞。川源既通，川流既從。有來弗窮，沃衍以豐。歲豐穰穰，民歡懌懌。豈不我勞，以永有逸。人亦有言，厲之弗庸。尚千百祀，毋忘厥功。

陳如綸《太倉州重浚七鴉港等河記》嘉靖二十六年

蘇州府之屬有太倉州，州之北三十有六里，有七丫浦，西承陽、昆諸湖之委，東受海潮之逆，其旁列支渠四十有六，其田引而漑者，萬有餘頃，皆爲沃壤。其始不可考，歷宋而元，及我熙朝，則浦分隸崑山、常熟。弘治丁巳，太倉立州，割二縣地而浦始隸于太倉蓋十七也。通塞靡常，豐凶攸繫，而識本利者恒首務焉。既而崑山築斜堰，障絶湖流，弗復入浦，無以滌源。日潮汐再至，泥沙淤澱，間有射之搆廬舍，而水道束隘，浦竟以湮廢，旱潦無所於濟，屢歲大亡，民用告歉。州民有何鼐者，詣闕上書，請重浚七丫浦。先是巡撫都御史丁公汝夔、巡按御史吕公光洵疏修水利，已勤宸慮，因而特降璽書，簡畀巡撫都御史歐陽公必進，專任經略。公欽奉惟謹，乃駐節吾州，同兵備副使敖公瑶、集知府范君慶、同知唐君儀、知州周君士佐，及二縣之長，爰度土宜，爰詢民瘼，皆議曰：「兹浦宜重浚，不可緩也。必毁斜堰，必置閘焉，以節啓閉。遂掄州縣之良，各董其役。吾州則屬於同知周侯鳳岐，侯繇刑部郎左遷初莅任，其雅志任天下，肆于兹役也，尤勤焉。乃因農隙以致期，作界堰以程功，稽户田以調役，立耆總以率作止，發帑錢以助饔飧，置偵騎以辨勤惰，斵平準以測深淺。隨所經畫，動中機宜，衆志既孚，羣力畢效。侯乃托野處而時勸戒，或曰：『任勞乎？』侯則曰：『予勤於衆焉辟勞。』乃正故道，而撤廬舍。或曰：『任怨乎？』侯則曰：『予勤於衆焉辟怨。』於是民益知威，盡心盡力，相忘於勞。且幸天鑒下民，雨不破塊，川靈效順，海不揚波，俾攻治各盡其能，胼胝不益其苦，而弗亟弗弛，功已就緒。及其界堰盡夷，石閘屹立，湖流東注，海汛西逆。渠港皆盈，灌溉咸給。舟楫相尾，桔槔相因。歌聲續續，喜色欣欣。遐邇無間，胥以樂其成也。兹役也，自嘉靖丙午十月經始，再越月而竣矣。爲丈凡四千五百三十有九，爲夫凡一萬八千四百四十有二，爲工凡五十一萬六千四百二十有八。民之耆長楊祥輩，相謀礱石，請記于予，用紀侯績。予惟吴中之水甚易於治，甚流有定趨，其浚有定法，其功有定程。蓋異于江淮河漢，悍迅横出，築瀹雜施，而功不可以歲月計焉者也。第今云治農者瘝官曠職，弗知所務，即知務，其或畏勞者沮，辟怨者遜，而弗克任其事。即任其事，亦或議撓築室，毀愳厲階，習視因循，弗底於績。嗚呼，水果未易治哉？而治水者顧自難之耳。侯也忠上之託，惻民之隱，勇弗辭勞，公弗恤怨，明以持斷，説以孚民，兹皆經世之大猷，御事之至要也。而侯兼有之，是故功成于易易矣。予抑有前聞孫叔敖鑿芍陂，楚惠其德；文翁治湔水，蜀獲其饒。又若召曰父，杜曰母，其功至今猶烈，大抵率治水致之也。今兹之浚兹浦也，順天之時，因地之利，阜民之務，理會勢從，費省功倍，氓有攸藉，允慰永懷，將見足食之休，溢於四境，恤功之譽，逮於三吴。而孫叔敖諸君子，詎專美耶？後世必有覩七丫之迹，究其本利所從來者矣，則侯之流澤遺聲，胥亡窮哉，胥亡窮哉！周侯字文徵，閩浦城人，時判官義烏。金君江職在水利，循行勸，相預有勞焉，例得附書。

王世貞《太倉州重浚七浦楊林鹽鐵三塘記》隆慶元年

先皇帝之四十五年，前參政臣凌雲翼言：『臣吴人，頗習知吴事。吴地固不能當天下五十之一，而歲賦十之二，漕粟給大司農，遂當天下半。其農自壯比老，死不能得一佚食，日夜從事桔槔於水，以田而間者水，故道多閼，無所灌泄，請一切治水委之御史，詔下大司空議督鹺，故嘗任治水，其屬之鹺御史，詔可其下鹺御史。』于是侍御孝義蔚公元康議治水，而侍御洛陽董公堯封以按來曰：『是小借民力，而大裨之于永永，余敢以自諉？』乃會蔚公及撫中丞巴陵謝公登之下，按察使者湯公賓、按察使者下郡守蔡君國熙、丞金君柱、龍君慶雲、吴君宗吉議曰：

『水數治不能周，南畝以憂，吴父老至煩參政言。』

然曩者尚書李公用大興法辟召官屬遍四郡甚屈，縣官帑不二十餘年，而塞不腆。丁未之役，臺使者以名任一倅，倅以丈報至委數萬緡，水土間不二年而塞，即計之今，未有能用大興者也。然使縣官不愛食，民不愛力，而司役者不愛耳目，則固未有不辦治者也。夫計之力，取民近利者，田二十而夫一，遠者三十而夫一。計之工，夫三而丈一，難者四而丈一。計之食，夫一而緡半，計之耳目，則丞等請以不肖軀任，三公曰：『善。』其申議，議四郡則先蘇，議蘇先常熟、太倉，次嘉定；議太倉先七浦，次楊林、鹽鐵。則爲議七浦曰：夫七浦綰轂常熟之口，貫太倉而東注海者也，利最先于是。即以今皇帝之元年春，金君任治七浦，其役夫合諸七浦之傍田者，而佐以楊林、鹽鐵之民，凡十八日而竣。爲丈七千二百有奇，工六十一萬一千五百十九，食若金者六千一百五十有奇。外創壩以距海潮，費若金一百二十八，閘一以備止泄，費若金三百五十七，又拓月河以輔之，工萬一千六百五十二，食若金者百三十七。既報而謝公以遷去，今中丞莆田林公潤來曰：『嗚呼，是余所理賦，乃以勤以二三子。』亡何，侍御慶陽麻公永吉以瓜代蔚公，曰：『惟余所奉璽書以嗣事，余敢辭？』則會林公、董公，再下金君、吴君及倅吴君維京，則復爲議楊林、鹽鐵曰：『夫楊林者横州之北，其右多阜易涸，而鹽鐵故漕河也。是二河者，太倉幹也，丈各八千有奇。青魚涇至吴塘、顧浦，嘉定幹也，丈各三千有奇。出七浦壩而外者，海沙所沮洳，不浚之即揚塵也，爲丈三千八百五十，計之工四萬五千，食若金者五千四百有奇。』

倶報可。

則又以戊辰春，俾吴君與金君畫地而治之，其規摹大抵視七浦，其役夫合諸河之傍田者，而佐以七浦之民，凡三十日而竣。既報，不佞貞以燕請林公、董公，則相謂曰：『日大司農困匈奴使者，十輩相望，而天子即位，予民租不能半，然陽予之，陰蝟取之矣。吾儕憂皇之度無所出，今而知所以策矣。』貞謝不敏，乃曰：『昔在永、宣，民困犂庭，忠靖敷刊，壤沃流安，文襄核均伏搜困蘇，其季年公私陳因筴殆謂是乎？』二公曰：『然。豈維子之州是利，將四郡蚤莫焉。』退而蔡君以書請曰：『子爲銘之，非以耀成事也，以示後之志水者有考也。其無難興也，無避口也。』無何，而州父老數十百人復來請曰：『嚮者諸公雖屬我畚鍤，而厚食我，今旱二月矣，而環河之民有生色焉。殆諸公之貺乎？與造物者均哉！』

貞乃不辭而爲之銘曰：震澤沮洳，惟天所匯。以爲帝藏，日夜北首。銜雲屑霜，既艫而廂。原之不探，陸塵其波。河以溝防，譬彼峻冬。敗厥貉狐，而嘆無裳。維先末祀，臣翼有言。逮帝初載，大臣細旃。强本節用，覯求利害。中丞煌煌，手抉天翳。百吏伏駭，惟麻與董。左冠右斧，日畏日愛。監司承之，提衡守令。以蠱成事，曰維諸河。襟帶太倉，黔首所恃。官無私帑，民無私力。務一其志，庶幾子來。立表刻漏，以聽戒備。男跣而撬，女執簞筐。遵彼河旁，猗歟金吴。立畚鍤間，與細分功。民亦有言，不日成之。毋久勤公，清流泱泱。樹之梓楊，以爲河封。豈不念恤，鬾佐其武。千里若赫，環河四周。膏澤所浸，悉爲沃野。桔槔之聲，比阡相警。以代澍雨，無靳于夫。靳我大吏，是浚是撫。爰在永、宣，忠靖司平。七澤節宣，文襄繼績。籌析秋毫，爲民請蠲。上錯塗泥，外庾于田。外府于廛，姒績棄仁。羣公勉旃，斯千百年。

嚴訥《常熟縣白茆港新建石閘記》隆慶三年

吴之水，莫大于震澤，其克有底定，則以三江入于海也，《禹貢》志之矣。三江今已湮其一，而太倉之有七浦，常熟之有白茆之二港者，其口皆瀕于海，而吴諸水所從入，若可當二江，然其關于水利也甚大。嘉靖初，天子特命大司空率其屬，臨白茆浚之，費二十餘萬金，江南數郡供之，而其工亦役數郡之人。歷年多而港日已湮，久議當疏，以其費巨役衆，而聞者皆相顧逡巡，不敢輕動。吴中境内，坐是數十年中災，被水旱者常六七。頃歲諸上官以諮于邑令張侯博，張侯數詣遍視，謂其役亦不必求如昔之大浚，徒煩頰舌，而坐失事功也。則權宜小浚之，其深廣丈尺，屬顧憲副量度。

時又有獻計者謂港所繇湮，徒以海潮混進，而沙積焉耳。今欲圖久遠，莫若閘于海壖，時其啓閉，以節制之便，而欲其閘之固，免于水之衝嚙，而未易崩也，則莫若石潭以麗之便。于是張侯以請于巡撫林公潤、巡按董公堯封、温公如玉、兵憲湯公賓、郡守蔡公國熙，諸公皆心切利民，皆是之。先是并港居民有牟墾于積土之上者，張侯弛其罰，而第令計畝補税，爲伐石之費，詢訪。與張侯議克合，因亦延致多所經營，丞夏佐時往相之，而邑士夫經事唐君雅于此留心焉。邑簿唐卿乃奉檄委茇于其地，專志其餘則斥邑帑之羡金，而撫按以下亦各發贖金之餘助之。

晝既周詳，而唐侯輩亦殫智畢力，勸相多方，早作夜思，寒暑無間。未幾張侯被徵去，而郡貳守龍侯慶雲、金侯柱、張侯雲鶱、吴侯宗吉、王侯軒迭臨，以董、蔡公每于勤勞有旌，羣心衆力，不懈益奮。邑令許侯洛繼至，又往督之，而裨益其所未及。蓋經始于戊辰年之六月，凡用銀四千一百四十一兩有奇，役工凡五萬一千三十有奇，迄己巳年之五月而聞告成矣。今之蘇、松公家之賦，强半仰給。主計者每議設官以督之，而不知賦出于田，田資于水利，水利誠修，則田可不蕪，而賦可不虧。是以有識者謂宜省督賦官，而專設官以司水利，可謂知要之論。

夫古之聖王之治水也，即躬自胼胝亦所不辭，而《周禮》遂人、稻人、匠人，列其官曰遂、曰溝、曰洫、曰澮、曰川，辨其制以蓄、以防、以蕩、以均、以舍、以瀉，備其法蓋有以也。今之食于民者，號稱民之父母，民有當興之利不亟圖之，旱則坐視壤之瀉鹵，潦則坐視鄉之沮洳，藨蔉不可施，銍艾無所穫，而徒叢繭絲于懸罄之室，濫鞭棫于菜色之甿，其不轉徙與剽剟也者幾希矣。而有道仁人，其忍乎哉！昔有渠于谷口者，而其民歌之曰：『鄭國在前，白公起後。』有陂于南陽者，而其民歌之曰：『前有召父，後有杜母。』斯役也，水得所循而不爲害，禾藉以溉而饒其生，歲挽凶以爲豐，土化瘠以爲沃，士女老稚飢饉之厄鮮罹，而公私之需多賴，其頌聲之作，夫豈後于谷口、南陽之歌者哉！往港既大浚，復設有導河之夫、導河之艘，以防其湮。人以爲其衣袽之思，其後工直在官，每借以他用，而所存者特其名而已。河不復導，而欲其不湮也難矣！今聞所宜防，亦何以異于是？吾欲告後來者，慎葺其間而勿使漸圮，且凡可利民若茲閘者，相繼講求而嗣興之，以弘有濟于蒼生，故于許侯之請記也，爲不辭而書之。

陳瓚《常熟縣重浚奚浦碑記》隆慶五年

奚浦在縣治北七十里，導江流灌田千八百頃有畸。洪武中常一浚，厥功不繼，浦遂淤，民以大困。英皇帝詔侍郎周公忱理東南水事。錢故吾邑著姓，時則有曰寬、曰洪者稱賢豪，爲里中倡。上記周公，請更浚浦，且願輸資餉役夫，公可之。水部郎鄭公顒訖其事，民賴以饒。厥後浦復漸淤，始猶潺潺不絶如帶，寖遠竟成平疇，雨瀰日即大溢，暵浹辰即大涸，年屢不登，而歲租三萬六千餘斛，逋不勝責。先是蔡公守吴日，鰓鰓然于東南利病，病必剗，利必樹，而以事中去。頃天子念吴民，趣公再至，已遷公臬副備四郡兵。公曰：『禁民盜，不如惠民使勿盜。』乃益求故所未盡者舉之，錢之後刑部君，受其父封公指，復具奚浦當浚狀請于公，公曰：『吾事也。』遂白巡按御史劉公，屬郡倅吴侯相度之，分疆戒徒，方荷鍤儋土，而邑令連侯至，即徒步周察，抶其不力及深廣不中程者，民益用勸，蓋不逾月而竣事，計所浚長四千四百十丈，廣五丈，深六丈，凡用夫八萬八千九百五十，官給金二千二百二十三兩餘。功興農隙，不妨三時，費出罰鍰，不斂一緡。

君子謂是役也主之者兩臺，經之者蔡公，吴侯慮其始，連侯棘其成。前規頓復，稻粱興歌，其利澤弘矣。夫鄭國開先，白公繼作，故利可永久此一渠也。使往歲周公之緒，時纘不廢，則力一而功百，胡至官與民交病哉！顧距今百三年，始得一蔡公興其役，信夫任事者希也，今而後其尚圖永利哉！劉公名曰睿，南昌人。蔡公名國熙，永年人。吴侯名宗吉，浮梁人。連侯名三元，永年人。刑部錢君名順德，封公名體仁。

方逢時《金壇縣浚張公壩河記》萬曆元年

余嘗謂天下河渠，係民生利病者甚巨，故太史氏纂輯漢譜，獨筆之於書，較然明已。及讀《西門豹傳》，每言鑿渠若干里，溉田若干頃，則又疑其功甚偉，而疏鑿之費曾不少概見。當其時豈皆取辦官府，意必有好義樂施之士捐貲以助，而史氏皆不及書，故後世莫得其故也。

嘉靖壬寅，余釋褐令宜興，蚤夜靡寧，求所以利便其民者。問民所疾苦，輒欲爲罷之；問民所利，輒欲爲興之。居無幾，值歲大旱，當道有興水利之議，諸長老來言，張公壩地勢最高亢，泉源不通，罹災獨甚。故有河歲久湮廢，請疏之。余往按視其地，一如長老言，乃嘆曰：『嗟乎，使西門豹諸人蒞若土浚渠役，豈暇朝食哉！』乃復諸當道，請疏之。維時飢饉之後，民力不堪，方謀爲捐俸、發倉廪之事，而溧陽史君際家居聞之，告予曰：『公疏河以利民，某願捐利以助役，可乎？』遂發巨艘運米五百石于河上，令其紀綱之僕三人，來經出納，河工用成。

既予去宜興，宦游幾四十餘年，而民有時時來傳言，張公壩水泉溉田之利者。予曰：『此史君之功也。』今年外翰王生國賓者，言念舊雅，間關走燕中候予。因念往時各束髮譚析經史，而今相顧皆頽然老矣，不覺愴然，因走筆爲之記。

徐階《華亭縣修築捍海塘記》萬曆三年

華亭縣故有捍海塘，按志塘築于開元元年，縣創于天寶十年，則塘固先縣而築矣。豈塘成之後，海水既不闖入，而江湖之水又藉以停蓄，故耕者獲其利，日富日蕃，而縣因以建歟？萬曆三年夏五月晦，海大風鼓濤，山立怒號而西注，敗塘于漴，闕於白沙，漂没廬舍百十區。潮乘其闕，日再入，流溢四境。潮味鹹，所過禾麥荳蔬立槁。適歲旱，民不得灌溉，太守西蜀王侯以修瞿然曰：『災若此，吾曷敢寧居？』亟檄知縣事南海楊君瑞雲往視，楊君冒盛暑，循海行二百里，具得其狀以白王侯。侯首議修築費巨無所給，或謂民可役也，巡按御史姚江邵公陛曰：『吁，華亭人瘦矣，吾奚忍益之！』亟出贖金五百兩，俾侯經始。巡撫中丞永豐宋公儀望聞之，曰：『俞，吾保釐兹土，固惟奠乂之求。』出贖金三百。督鹺侍御真定王公藻曰：『使者巡行，問民利害，矧吾煎海之民，環塘而居者千萬計，其可無時舉？』出贖金百。侯亦出贖金二百，及河夫之值二百六十。召徒役，具器用，囊糗船粟，率楊君齋禱而從事，于是整飭兵備，東甌王公叔杲爲設禁令，陳賞罰，擇典史林國惠、千户李國美、百户濮文卿，使董厥工。畚築日奮，塘亟告成。長八百五十丈有畸，高厚各一丈五尺，址加厚二丈。川原底寧，行其上者若坦途，耕于其内者若倚平岡，不復虞鹽潮之入也。胥拜且言曰：『非諸君子之力，其曷能有此？』請予記成事。予嘗論古君子聞民之災，必相與動色怛中，舉力而爲之救。後之爲政者，勞率避而不肯爲，功率倡而莫之和。今觀于諸君子，信可謂協于爲民矣，遂諾而記諸石。

劉美長《新埠閘記》萬曆六年

歲戊寅冬十月，義民虞郊等來言，邑因大廷橋之下有荒蕩，廣袤可二十里，民度其宜田也而墾之。墾之既久，無利而有害焉，揆其故則以蓄水無閘而旱易災，導水無渠而澇易溢。今將以時興工，敢以請。余欣然許之，郊遂鳩工聚財，率衆疏鑿，通成新舊二渠。舊渠則起自敞塞口，經涇溝入潭頭、直埠；新渠則起自涇溝口，經團盤、邢塢、東西村、張巷、陳觀山、歐莊至延慶寺東入大廷橋河。二渠屈曲各長二十餘里，自是水勢四達，而田可耕矣。去大廷橋之北二丈許，料石爲閘，閘口僅闊六尺，便啓閉、防衝决也。涇溝口爲一大閘，閘口闊一丈二尺，以便舟楫，且水勢横溢，必如此，然後無阻。大抵以二閘節宣二渠，即旱澇不足虞矣。閘之上架以石，平如砥，可通人行，皆郊等之謀也。越明年春告成，余嘉其功，因名大廷之閘曰義成，涇溝口之閘曰廣澤，而爲之記。

莫如忠《浚龍游馬路二港記》萬曆六年

新場，海上巨鎮。其東有五龍墩，又東折而南北爲諸竈港及龍游，衡鎮其間，而鎮之港西曰馬路港者，實受海潮之入，自黄龍浦達諸港，溉農畝以巨萬計，而商人藉通艖艦，取赢不貲，斯東南之大利也。正德之季，諸港就湮，僅以形辨，潮壅淤若蹄涔，而商甿之胥病非一日矣。歲戊寅，部使者成公至理鹽政，議興水利，則莫諸港先而難其任使。時里人倪鏞，俶儻有義概，爲運丞徐君紹先所知，上其名，成公因署鏞董其役。鏞即毅然任之，不越月工訖，引水内向數十里間，彌望皆沃衍，而商艦殷凑，農甿樂業，咸賴其利。

嚴訥《常熟縣重浚白茆塘記》萬曆八年

治江南之水之使之顓設也，在萬曆初祀，而侍御林君應訓首膺是命。夫江南之水雜匯具區，其入於海也，繇吴淞江諸川，而吾邑常熟有塘曰白茆者，乃其一也。是塘也，自余所睹記，嘉靖間嘗一大浚之，歲久漸堙，而田收不饒。頃歲稍稍疏之，鬧于海壖，匪久而以不堅圮矣。都憲海公瑞撫吴之數月，忽操艇臨視，鋭意興浚，會公遷秩，其志未畢。

今天子踐阼方興，宰相協籌所以利天下者，會總漕凌公雲翼疏請興江南水利，謂必以憲臣領治水事而顓其任，乃可以行便宜，計久遠而責其成功。君時在南臺，敏練毅直，廷臣共推轂君，爰受特簡，既弭節境上，則延見諸縉紳父老，講求源委，一一中窾，則念以爲興事役衆，必資於財。夫所謂治水者，本以利民也，未蒙利而顧先索財於民乎？况民瘵已極，即索之必無有乎！縱民不以爲厲己也，而心乎民者忍乎？則與巡撫胡公執禮、巡按胡君時化計之。先是正供之賦，有所謂宗人府禄糧者，民見謂可緩，而歲逋以爲常，繫法宜追徵，可得金三百四十有奇，民居并塘牟蝕水道，而租匿不入，繫法宜追奪，得金二萬一千有奇。夫其追奪者，民甘之矣，而其追徵者，則以歲比大侵，民逋如故，而金數不贏。君乃又與備兵按察使徐君節詳計之，適有江上練兵羨金貯之潤州，遂携取八百有奇而輻輳焉。財用既庀，君則仿《周禮》救荒之意，募厥無饘者，即以工直給而賑之，躬率其屬，蚤夜董督，殫神劬形，即胼胝不辭，即皯黣不憚，有舟車撬梮之遺風焉。凡再閱月而工遂告成，袤凡四十里有奇，爲丈八千有奇，廣凡十二丈，深凡丈有二尺，而塘則大通，復嘉靖之舊矣。塘之方浚也，會浹歲連雨，亘數百里，水猥溢溢，賴是塘漸泄之。如不然者，垌野田廬，汩漂無論，即闤闠官亭，當亦在浸中。

自是以後，水苟不甚濫，其泄滋易。歲即旱，亦有海水繇塘而入，可桔槔挹也。瀉鹵之原，獲溉以腴，沮洳之隰，免于墊溺。將歲之所收，畝可數鍾，正賦足供，而豐粟尚餘，公私藉之，水誠利哉！夫觀于一塘而他川可知，觀于吾一邑而他州郡可知。先是，往哲治水謂湖海之交，水什泥伍，易以淤積，嘗置導河之艘、導河之夫，使歲導之。其後有司見以爲迂，竟議裁革，君乃議復其制，檄有司每歲于冬春農隙之時，役夫乘艘導之必勤，毋得苟應故事，即泥水相溷，衝激不填，而塘得永通。昔人有言，微禹吾其魚乎？吾今亦云，而鄭、白諸渠民歌之，史志之，千載而下，侈爲美談。江南人德君，安知不遂號稱林塘而傳盛於竹帛間耶？君之屬邑尉王儼、邑簿秦湯相、吴縣簿任可賢、吴江簿李三省，奉公令惟謹，各效有勞績，而蘇貳守王君貽德、邑令留君敬臣，其賢能較著，君特爲之剡薦于朝，上名尚書，而君之知人善任也，哲哉！

徐師曾《吴江縣水利功成碑記》

三吴水利，屢壞屢修，蓋無一不厪宸慮。然考其議論之紛紜，經畫之詳略，財力之贏詘，勳業之巨細，與夫志之行不行，則存乎時與人焉耳。嘉靖甲辰而後，闕焉而弗修，繇是水沴頻仍，歲數不登，公賦日逋，民生日蹙，識者憂之。今天子冲聖，思惟邦本，軫念吴農，俞言官之請，簡命御史林公顓董厥務。時公方領臺檄巡視下江，虔奉璽書，按行州縣，惟我吴江據江湖之交，會水道之咽喉，視他處尤亟。公周爰相度，咨詢羣策，而以獨智斷之。知吴家港爲太湖東注之口也，於是乎首浚其淤。知長橋南北兩灘爲湖水駐匯之區也，於是乎斥私占之田，令復其舊，而窒其中。知龐山湖爲通江入海之道也，于是乎闢隘撅泄，引其中之蓄聚而瀉之，析爲兩流：其一東北行，繇吴淞江入海；其一東行，繇黄浦入海，咸得所歸。已又浚三江等九橋，修石塘，開百竇，疏南北運河以利漕舟。已又葺長橋，疏兩灘，積土以防復隍之虞。乃稽吉典，遷太湖神祠，重建三忠、三高兩祠，及垂虹等亭。凡諸造作，次第興舉，其敷土以方計之爲三萬二千一百有奇，其夫庸以兩計之爲一萬二千九百有奇，其塘竇、橋亭、祠屋、木石、瓴甓、工匠之需爲金一千一百四十八兩有奇。凡此經費盡出蕩户，財力兼輸，悉從民便。間推有才幹者若干人以爲之，而齊民不濫及焉。以萬曆五年十一月庚寅始作，而以明年四月壬辰告成。

至是而吾邑之水利，可謂完且美矣，公猶以爲未也，創治田六事，鋟梓以頒農甿，使自相養。蓋公於是時焦勞劬勩，晝不寧居，夜不安寢，故能綜理周詳，人樂趨之，不半載而奏績，且有永圖以稱塞，我皇上援拯吴民之至意，於乎休哉！今而後，惟願良有司培公之成績，揚公之六事，即天數未可知，吾意非有天災，歲鮮不登，自是貢賦可充，生養可遂，其爲久遠之利歟！此特論吾邑耳，其他郡縣别自有記。

是舉也，先時協理則前巡撫都御史宋公儀望，今巡撫都御史胡公執禮、前巡按御史郭公思極、王公民順，前郡守吴公善言。臨事贊襄則今巡按御史胡公時化、前兵備參政王公叔杲、攝兵備事督糧參政徐公用檢、今兵備按察使馮公叔吉、郡守李侯充實。若貳守劉君崑、王君事聖，商確裁度，勞績弘多。貳守施君之藩，核實報功，不誣不隱。貳守侯君師顔、能判許君雲濤、段君文清、推官赫君瀛，與聞斯議，於法得書，縣令王君一言，斟酌運量，纖悉無遺。至於分區督率，則署教諭舉人陳君文燦。以才借委縣丞萬君鳳至、張君家喻、主簿李君三省、陳君球、典史劉君遇明、震澤司巡檢張楠，朝夕勤勞，咸有成效，而前縣丞吕君品初亦與議焉。至於考圖指説，裨益講畫，則周生大韶也。其他效勞耆役，人多不載，則並列于碑陰云。

曾嘗聞父老云，三吴治水，惟正德辛巳之役最巨，費最多，而訖無實效。噫，此其故難言之矣。視兹工大費小，一勞永逸者，相去何如哉！縉紳士庶，僉謂宜有刻石以紀美實，而縣令王君來以命，曾辭不獲，乃書其顛末及功成之歲月，而系以銘詞曰：我邑庳濕，湖水所趨，下流弗浚，水返其居。兩灘之交，淤爲畦畛，私其膏腴，水道以梗。吭搤乃閉，孰泄孰容，泛濫狂奔，害我三農。繇晉迄元，非不疏浚，時移勢改，莫救饑饉。暨入我朝，屢厪宸衷，敕使修築，凡十餘通。疇功最巨，夏周徐吕，間有弗終，大都克舉。兹逢聖主，憫念東南，聞言即行，璽書下頒。憲臣祗承，夙夜靡及，爰咨藩臬，以逮郡邑。上議既同，下亦稱便，出力出財，時罔胥怨。斥廢占田，豪右柔帖，除害興利，要在咽喉。咽喉既通，我邑斯乂，遂導下流，望海而逝。乃條六事，播告羣農，勞來勸相，人争歡從。緊公之功，維帝之德，稽首勒銘，昭示無極。

陳允升《吴淞江功成碑記》

《夏書》稱『三江既入，震澤底定』。蓋禹治東南之水，其詳不可得聞，而其大要不出乎此。後世水學失傳，非惟治法不講，而三江之説紛紛，迄無定論。唯吴淞江爲震澤入海之道，自古及今，莫之能易，其爲三江之一無疑。今按江源出吴江長橋下，經長洲、崑山、青浦、嘉定四邑之地，抵上海縣入海。前代修治之迹，姑未暇論。本朝二百年來，有事于東南水利者非一，惟永樂中夏忠靖公於吴淞江爲簡略，正統以來并皆浚治，至隆慶初御史中丞海公來爲巡撫，尤鋭意焉。於是自嘉定之艾祁，以至入海之口八十里間，咸通流無滯。然一時工費悉取諸豪家，以故謗讟易興，而全江之工弗竟。逮今皇帝嗣位之五年，時念東南財賦重地，會有以蘇、松水利爲言者，上首俞之。而侍御林公實奉璽書，專蒞其事，惟是吴淞江於水利最巨，浚治既成，有司者俾升紀其始末。

升嘗謂水在天地間，猶血脈之在人身也，苟不能養人，則鮮有不爲病者。往者大江之北，河水横流，災被數郡，頻年不息，至上廑宵旰，沉璧馬祭之所以爲捍治之具，亦多術矣。而迄未底績，因竊計以爲江南之事，其可憂莫切於此。及公既至，則兼採衆長，斷以己見，相地之勢，因天之時，均四縣之力，協謀於督撫中丞胡公、前參政王公、今按察使馮公，各相繼營度，以贊成事。自崑山之慢水港東至艾祁，凡六十里，隨其通塞廣狹，施工各有差。公復往來江上，時加省視，始于萬曆六年三月辛未，迄于四月辛丑，而江工告成，而千墩、夏駕大小二閘之工，亦不日而就。夫然後慢水以西，則溯乎上游，艾祁以東，則沿乎海中丞之績，而全江皆通流矣。至其工費所出，或取之灘占，或取之贖鍰，或取導河、修河諸課，上無損於國帑，下無加于編氓，爲力省而成功巨，數十年壅閼旁潰之水，一旦咸受厥職，如宣導血脈，融液流暢，不復爲病，而適以養人，豈非江南民之厚幸歟？

是役也，用夫四萬二千餘人，用銀二萬四千九百餘兩，錢八萬有奇。爲日者三旬而畢。董其役者郡貳王侯事聖、崑山令程侯達；經其費者郡守李侯充實、郡貳劉侯崑、嘉定令徐侯上達、長洲令李侯堯民、吴縣令郝侯國章，畫地而程工者領佐之屬，凡十人，不能悉書。他若疏剔江源於長橋之下，事在吴江，當自有志，故不書。林公名應訓，閩之懷安人。王公名叔杲，浙之永嘉人。馮公名叔吉，慈谿人。銘曰：禹定震澤，實疏三江，攏東百川，以截湯湯。時惟吴淞，三江之一，二江多湮，疏水爲疾。歷世浚之，隨復湮塞，横流莫制，害兹稼穡。民困國匱，帝用斯憫，乃詢乃謀，僉曰公能。誕命惟公，承命以行，乃相厥勢，乃度厥形。取財借力，經費揆程，萬夫營營，乃鍤乃畚。款廣厥壅，斥舊流新，溉灌田疇，浸潤溝塍。惟兹墊下，化爲膏凝，三農歡呼，百穀用登。昔嘗理水，罔或克成，惟公之來，百廢具興。西門治鄴，鄭國鑿涇，王景修卞，杜預疏荆。方公之功，並駕齊聲，既富我國，既饒我民。竭心公朝，以沃湛恩，刻銘貞石，永焕千春。

錢岱《常熟縣重浚三丈浦記》

吴人之命，縣于水利，在吴虞急，在虞西北鄙急。夫西北土瘠而高，其下者病潦，蓋雨暘交稱困，環西北灌泄者維三丈浦，浦最闊爲丈三十有三，父老取其奇以名浦。起禄園洎土塘，河袤亘四十餘里以浦爲命，浦又東南入海道，微獨西北鄙賴之。弘治末浦淤，中不能置刀焉。西北之民亡所歸命，言于有司，有司難其費，計無所出。我王世父參知公，奏記舒侍御請浚之。侍御曰俞，乃發四郡金錢浚浦，浦如故。自嘉靖乙未，四十里之内無論士庶宰官，到于今交口德侍御與參知。覩茲浦而思功者，幾埒河洛云。

顧浦納海潮汐，水至則挾游沙而入，水平則積，積久則淤。至隆慶中，而西北鄙之民憂復如故。不佞兒時，記憶家大人爲不佞言：『若曹幸而貴，毋忘王世父之業，則吾可以謝茲土矣。』不佞聞而識之，蓋二十餘年。會侍御林公奉天子璽書按吴，經略河渠。不佞始得從臾林公曰：『浦幸及公修治，事易工倍，久則浦益淤，費益不貲，西北之民不知所終，敢請命於使君。』使君幸過聽而許之，檄治兵使者與郡邑吏議，議定屬郡丞王公與令留侯綱紀其事，括帑金得五千八百有奇，不以煩四郡畚插之役，料濱河之民授直分浚，不以勤一邑。經始于今上八年二月二十日，迄工于三月二十五日，不以害三時。浦長四千一百四十丈有奇，廣十丈有奇，深八尺有奇。浦復如嘉靖乙未時，西北鄙自今有秋，亡污萊苦矣。當林公下議時，稱不便者十人而九。及臻厥成，則人人交口頌，謂林公再造我西北鄙也，且畏壘祝焉。嗟乎，慮始誠難哉！林公名應訓，舒公名汀，王世父名泮。林與舒皆閩人，舒與王世父，林與岱皆同舉進士，斯亦以奇矣。是役也，王公名事聖，南康人。留公名震臣，晉江人。邑丞而下凡有勞于浦者，書姓氏于碑陰。

于業《金壇縣開河記》萬曆九年

天之愛民甚矣。以我聖祖挺生，克肖其德，授以革命之權，全賦所覆之民而再造焉。唐、虞以來，統宇盡歸版圖，憤元穢沸，百川潰瀰，神禹所經，悉湮湮失故道，蒼生曷賴焉？登極初，即詔天下修水利，三輔重地加意獨殷，仿單鍔之策，任重臣治以便宜，俾吴瀆之土，可耕無曠，非開闢之一覩哉！以傳聖子神孫，憲章萬世，仰惟皇上沖年御極，敬天法祖，重親民之官，核以久任，封章關民瘼者，下旨申飭，一事無慮百言，意何渥哉！

歲丁丑，星象示異占者，主吴越大水，明年果淫雨爲災，全吴不登。事追徵則十室九懸，無從措辦，老幼填于溝壑，强壯驅而爲盜，此難在科賦也。議蠲免則以一歲之課供一歲之需，司農猶然告匱，取不盈焉，用何以充？此難在經費也。不得已而以改兑寓蠲，錙銖之微，無裨殘喘價折之數，浮于時值，上則糧不充額，下則折反傷農，公私且交病矣。此水之爲災也，一疏能盡狀哉！帝聞之惻然，以諭輔臣，謂『臨御未久而星變，水災相仍，迭警不能省愆修德以回天譴，其何以見於郊廟，事于弭災者？』亟集議以行，輔臣惕然，引愆燮理，竭猷入告，謂民之命懸于農，而農尤以水利爲命。三吴財賦當天下半，圖拯恤而昧先事之防，吴其爲壑矣，軍儲奚取給焉？匡濟時艱，非壯猷藎臣，以握治水之權，不可參之。廷論得御史林君應訓一人焉，以薦制曰：『可江防、水政其并以敕。』

於是御史軫輔郡之重，切已溺之憂，考圖經之故，踵神禹之謨，究致災之因，訪永賴之略。疆域所轄，僻塢必臨，陟高麗、天目諸山以探河源，繇長蕩浮東滆，溯震澤諸湖，放於三江以達於海。水之分合源委，高宜蓄，卑宜泄，明若燭照，乃喜而擊節自誓曰：『謭予祇役，叨率群工，先漕渠而後支河，先三江而後百瀆，先滔湖而後萬洋，庶東南可奠，宵旰可紓，敢不秉忠竭力有如此水。』乃復移檄觀察使李君頤曰：『四郡治河，界於一道，稽察吏治，合以河工爲先。』時核其狀，而奬戒其用命不用命，以胥成功。』檄知府鍾君庚陽曰：『三邑水災，金壇爲甚，可與佐百姓者，唯良二千石，必理艱危、蘇窮困而後可以稱良。』其立石白橋，請文以紀其事，業雖謭陋，安敢昧夫良心？謹叙其初末，以昭示四方。御史慷慨有大節，天下大事可屬，而正直之聲，安壤之績，炳烺頌之宇内如一口。此不書，書其能嗣禹功也。爰掇民謳誦爲記，俾邦人歌之勿忘，以詔來者，且以俟修國史者採焉。

王世貞《太倉州浚七浦楊林二塘記》萬曆十七年

大江以南皆號爲澤國，五湖之所匯浸，而太倉之州與嘉定之邑，最爲其門户，水則瀉湖以之海，旱則資海以通潤。然其地頗高阜，其水不虞溢而虞涸，而其害亦不在水而在旱。太倉之幹河三，劉家港其最大者，自海口而抵崑山可百里，浸闊而流汛不受閼，無所事浚。其次曰七浦，廣殺其十之八，修得十之六。又其次曰楊林，廣得七浦之半，修如之，所灌溉田爲頃以數千計，然其浸稍狹而流緩，潮在往返，閼泥從之，僅十年而一浚，後之浚者，以苟且報成事而已。岸而工直之資大，吏多侵漁其間，農不得食，計不暇爲久遠。掘土三尺，不至岸而委之其傍。岸日浸，水溢狹〔三〕，潮挾閼泥以來，兩涯之土即蘇蘇落，蓋不三年而輒當浚。一綫之水，不能入支河以供桔槔，何論舟楫。

日者天子采臺臣言，發司空帑，大興水利，而以故太僕河堤使者許公持按察節來董之。許公乃首治嘉定之吳淞江，甫竣而即馳吾州，謂州大夫韓侯才，而悉屬以七浦、楊林之役，侯乃大集三老吏民，顜求夙之所以失，身親行河，浹旬不歸，示之以恩信曰：『食不汝枵，抶不汝假。以人計工，以日計人，夙而興，晦而息。入鍤必深，遷土必遠，犯者雖貴勢亡貸。』以復於許公，是之。公時駐節吾州，爲時時行役所，分別勤惰，鼓以賞罰。蓋工起二月之朔，至四月之朔，僅六十日而二河皆告成。

侯又采三老吏民議，徙壩于海口，於潮汐寬然無害，以復許公，復報可。蓋河成而傍畝而農者，咸欣然自幸其耕仔之得所，楫而往來者，則快然釋其步擔之勞，而又恍然若驟得其所未覩之二河也。三老之祭酒有錢天福者，倡于衆，謂韓侯之覆露吾民甚博，其爲吾民乳哺甚久，吾儕食其德，不能有所咏述，今幸覩一斑于治水之績，而不才宇下之士能文章者，伐之石以示永永。吾儕小人哉！不食其餘。於是趣而赴留都者數十輩。咸具狀以請，余曰：『不可，子不覩甲令乎？且韓侯有禮而謹讓人也，其必不若之徇。』天福曰：『吾安知甲令，即不敢記謏侯它德，第欲使十載之後浚河者，籍是以知侯功之所以能永，與夙之所以失。上可省縣官帑，而下可蘇民。數歲之力，則維子之言是賴。』余乃曰：『可。』請爲重浚七浦、楊林二塘記。侯名策，字獻之，真定之南宮人，萬曆之丙戌進士。許公名應逵，其荒度遍江南，當必有紀之者。

申時行《滸墅關修堤記》萬曆二十二年

國家以榷之利佐度支，關有征，舟有算，司徒之屬，奉璽書從事焉。吳之滸墅其一也，吳故東南都會，而滸墅綰轂其口，關臨漕渠，有堤翼之，蜿蜒綿亘，四出九達。無論冠蓋走集，商賈輻輳，而大農之粟，少府之錢，歲輸以巨萬億計。舳艫相銜，邪許之聲不絶，關之左右皆名田土腴，水至不害，其穫自倍，饔飧租賦出其中。蓋行旅所迹，歲漕所經，穡事所仰，賴是堤之重久矣。比歲行潦，水齧堤崩，徒涉既艱，淪胥日甚。一時行者、負者、輓舟而過者、秉耒庤鎛而望歲者，皆顰蹙咨嗟。有司雖駴目疚心，而物力方虚，莫知爲計也。

户部郎澶淵董君漢儒，以萬曆丙申來領榷務，既釐剔弊蠹，修舉經程，邇遐慕懷，至者繦屬，逾年而税之溢于舊額者三千金而羡，關吏請如故事，治槖中裝，君叱之去曰：『奈何污我！』而議所以捐之，則以語備兵憲使曹君時聘，曹君曰：『請捐之堤工，爲吳民利可乎？』君欣然曰：『可。』即輸金府藏，以待庀役，而曹君爲聞之中丞侍御，檄郡丞應侯楠、長洲令江侯盈科董其事。乃發部民二百四十家，各率丁夫，具畚鍤，塞決補罅，培薄增卑，衆志太和，并手皆作。自楓橋抵關二十里所，堤爲丈二千六百有奇，如砥如墉，既崇既固。工始于某月某日，訖于某月某日，凡三閱月而告成。于是江侯來乞言，將石其工之始末，以示永久。

昔在成周，關市不征，澤梁無禁，其取諸民也廉。而至于遂徑溝畛，川涂澮道，遂人之所治，司險之所周知，無不犂然備飭者，則安所措費而得是？蓋其時鄉有委積，野有聚粟，載師有園廛，縣稍之入均，人有公旬之力，政常以其不涸之財，有餘之力，興事而勸工。故人不告勞，而國不知費，其豐豫若此。余嘗聞父老言，周文襄撫吴時，繕治津梁道途，以數十百計。所在廩庾皆滿，間以抵無年之租，熙熙乎若成周之盛世。而今則有大異不然者，賦額日廣，供億日繁，重以災沴，薦臻督逋之檄，旁午于道。閭閻如罄，府藏如洗，有司至不能名一錢。甚則學宫頹圮，經數歲而不得治，蓋已窘矣。

向微董君出其餘税，捐以予堤，則病涉苦潦、顰顣咨嗟之民，庸有極乎？蓋江侯爲余言，董君之司榷也，度舟算緡，如式而止，皆躬自衡較。一不以假吏胥税金，谿銷解運，綜理微密，無敢有炯渴爲奸利者。民間小艇緣關往來，一無所呵禁，蓋以其精明彊察，燭奸杜欺。以其寬平和惠，懷遠附近。其贏得過當，乃大勝于競錙銖、折秋毫者。而氷蘗之操，羔羊素絲之風，又皭然自拔于脂膏之地。故能酌彼以注兹，推贏以濟詘，上佐公家之急，而下以拯一方之艱危。躋之周行，貽以永利，其有造于吴豈淺鮮哉？昔者原思廉而不知惠，國僑惠而不知政，余謂君實兼之，以訓官箴，以恤民隱，以修王政之闕，一舉而三善備矣。則是役也，胡可以不書，遂爲之記。

唐時升《重築沙湖堤記》萬曆二十六年

昔在弘治九年丙辰，始築沙湖堤，至於今蓋百有餘年矣。駭風驚波，震撼齧蝕幾十之二。日引月長，勢將不能自止。觀察曹公言於中丞趙公，欲重治之。顧數年以來，内營皇居，將作之費以億計，外奉軍師，輓輸萬里外。府庫之藏，搜括無餘。然及今爲之猶易爲力，是不可遺後人。會司徒郎管公來治關稅，剔弊釐奸，商旅咸集，歲額之外得金一千四百有奇。公曰：『今歲幸有餘入，吾不敢加於常課，以困後來者。其可留以予民，必有所以用之。』以書告中丞暨觀察二公，二公計曰：『用管公之遺於沙湖，其澤可以永久。』遂檄郡縣，庀木石之數，度畚鍤之役，適與金相當，乃興事。凡爲堤七十五丈，高十尺，廣六尺，五閱月金盡而堤成焉。内涵外流，狂瀾不興，東船西舫，如行康莊，民甚樂之。

余觀太湖，從三江東下，其泛濫四出者，遇洿瀦則復成湖。沙湖在郡城之東，其南北與二江相吞吐，而當四縣走集之地，公私期會，與百貨之出入，無論晝夜晦暝，舳艫常相望。一旦南風驅波濤而下，如萬馬之騰驤。舟黏北岸尺寸不得動。北風驟至，則漂蕩入湖中，檣摧櫓折，如箭脱弦，故奸人依以爲窟穴。盲風怪雨之日，則鳥聚鼠伏，伺候行者。而湖之陽皆畝鍾之田，穀芽之春，稼成之秋，風起浪湧，一望泙湃，不見踪迹，此昔人之所爲作堤也。傳曰無平不陂，無往不復，假使數十年之後，湖堤盡廢，波濤横行，道路多警，亦孰知爲誰之過者？吾憂當事者之莫以爲意也。以今之時，而舉百年之廢，上不知費，下不知勞，滄波沆漭之間，隱然如城郭，前人之績將墜而復存，可謂盛矣。若夫千金之積，不以自私而用之于民，捍患救災，垂無疆之休，使過之者謳吟歎息，想見其人。蓋賢者所至，必有遺澤，没世而不忘者也。

夫吴爲澤國，考其記載，大抵皆沮洳之場。昔之賢人君子，相與彌縫其闕，而匡救其災，以及於今，遂爲天下財賦之最。蓋大廈之成，非一木之支也。然而昔人平水土之策，不出二者，曰塘浦以疏之，堤岸以捍之。今千里之内，溝渠塘圩之迹，不獨不如吴越錢氏之盛時，即考文襄、忠靖之遺烈，鮮有存者。蓋一川之浚，遇旱而後知其功；一堤之毁，遇潦而後知其害。故庸人之情，常不以置意。至於陵夷已極，乃唏嘘太息，又以爲非一時物力所能辦，此東南水利之所以日湮也。後之繼今者，將廢而隨舉之，幾毁而復成之，皆若斯堤之弗壞也，則國家根本之地，永有望矣。

王衡《嘉定縣學重開河記》萬曆二十七年

嘉定縣學泮池，故野奴、清境二水匯焉。清境自北而南，環其左，野奴從西會之。無何民居漸墊塞，西水不東，與左不相顧，而科第亦寖不如前。華亭鄉進士王君善繼，博學工文章，兼通形家言。辛丑來署學事，集諸髦士較藝，已出倚池上，四顧而嘆曰：『非其文之罪也。』白諸邑長韓侯浚，請稍徙屋廬之直河道者，使仍故流，而公償其徙居之費，諏某日以畚鍤，未幾日而輟工，屬衡記歲月。

余不敏于形家言，瞢如也。獨念昔者青烏説未興，先王設膠庠之制，以敷教流化，苟横經有地，足以詩書絃誦其中足矣。奚以若泮若雝，環繞如璧爲哉？彼有取爾也，學斆蓄才，正如井之蓄泉，井不泉而泥，則亦已矣。井實有泉而莫繘之，或幕之，井渫不食，則行道之人惻焉。天下事類相感，氣相合，可盡謂水之通塞，無關於人才耶？獨怪以王君之材品，豈不能如蘇湖先生故事，以實學實行教弟子，而沾沾科目爲？即言而驗，見謂所收者末而愚，謂科目之與書升聘召非有二也。天生才無方，隨世所趣尚，而靈氣儲蓄其間。當今之世，業無所求飯牛版築之用，所以勵世磨鈍者，惟是途。使一不振則倦，倦則業徙而日下，所以鼓之舞之，使之不倦者，天與人參焉。

吾郡七縣中，嘉定風氣沉厚，善惡雜處，其君子務讀書行義之士，漸老且倦矣。而嚚而善訟者，其氣方張，使蘇湖先生當此時，其亦不能以枯槁無用之學術，鎮嚚疏穢明矣。倘有術于此，使其君子早爲天下用，不至槁首黄馘，私其衡泌之樂，而邑之父子兄弟習見其利而趨之，機心悍氣，不繩督而自化。疑亦大慈惠之長，忠信之師，所樂與鼓舞而作新者也。吾姑志歲月于石，俟嘉之科第益振，民風士習漸變雅馴，而後頌兩君子之功焉，豈不美哉！是爲記。

周道登《吴江縣新築石塘碑記》萬曆三十三年

今皇帝之三十有三祀五月朔，邑侯劉公新築石塘成。塘修九萬九千八百一十四尺，爲橋十有三，爲竇三十有七，南連檇李，北接茂苑，並葺舊者爲里八十有三。其石約二而成丈，博一尺有八寸九分，其博網一以爲厚，四壘其厚以爲塘之崇，倍其崇以爲基。和之用灰，支之用木，每尺而支者三。以石之厚爲木之圍，三倍其圍以爲修，水遞深而遞加，率一木而爲五支，薪其本末以當庸直，計木五萬九千八百八十六，三分之加一以爲石之數，二分其石加一以爲石之工，佐者居三之一，灰三千有四百石，鐵炭索綯直二百五十餘，凡費二萬七千金有奇。役始于癸卯正月十七日，主其議而捐俸以倡者曹中丞也。邑二尹西蜀李宗程則督視，邑人王郡倅忠則勗勸，沈方伯季文則協議，沈寺丞璟、沈僉憲瓚、沈孝廉令名與不佞登則出納，父老屠大化等十人則宣力。凡再閲歲而效其成於公，公率千尺而視其三，仞之以視其崇也，析之以視其砥也，度之以視其修也，數之以視其木之稠也，揠之以視其水之中程也。

滿志始告竣事，於是億兆歡呼，得未曾有，而薦紳先生搆亭鶯湖，屬不佞記其事。夫以塘之積圮，歲歲修而圮日甚，空爲縣官費何益，公新以巨石爲邑永利，是大有造於我也。日天子嘗出内帑，贍修築矣，卒未睹〔四〕片石寸土之績。公不煩官，不强民，百計拮据，杯酒諷勸而事忽大集，我享其利而卒不聞其擾也。方事之始，有諷以佛誘者，公掀髯笑曰：『謂乃公饒鬚髮耶？』議竟不行，美哉公之績也！其舉事也能持正也，其勸相也能設誠也，其垂謀也能永賴也，一舉而三善備美矣，公之績也可以頌矣。公名時俊，字恒甫，别號勿所，蜀富順人。戊戌進士，歷廬江、桐城再調吾邑，治行皆第一。不佞職得論次循吏中，兹不具書。中丞名時聘，獲鹿人，辛未進士。吾邑之得有劉公，中丞力也。頌曰：繄我笠澤，實維龍宫。震澤騰西，吴淞薄東〔五〕。砐硪雹激，滃渟煙訌。憯兹行旅，誰呼鞠躬。遹有石堤，隱隱隆隆。如櫛斯比，如墉斯崇。金湯綿亘，坦道遐通。遇風不波，未霽而虹。爰戢馮夷，式濟艨艟。其來熙熙，其樂融融。云誰之賜，曰我劉公。於億斯年，纘禹之功。

管一德《常熟縣重浚横瀝湖漕等河記》萬曆三十四年

夫官與民一體也，而官常與民則稍異，民情可樂成而難慮始，官常易慮始而難觀成。此政貴先勞，尤貴無倦，而太史公志河渠，期于溉田沃野而止也。先是萬曆辛丑，邑侯趙公國琦嘗下令浚横瀝，而一夫爲梗，尋丈爲阻，不逾年而厥淺如故爾。蓋事起倉卒，縣尉行河如某者，政以賄成，功遂不繼。兹耿公橋下車之日，首問河渠，父老即以荒度事對，公曰：『固也。然吾聞常熟巨流無過白茆，而支流餘派無慮數十道，今者白茆淤，何所不淤？而漫言荒度，毋乃輕百姓力乎！』夫梁好土功，宋妨農事，古今所戒。而曹姑少待之，乃先浚福山塘，周察士民，稱便利焉。

又逾年而政通人和，因經始其事。先採輿論，協土宜，次計徒庸，酌財用，次乘龍火，尅時日，暨乃課土功，責成事。于西則奚浦、三丈浦，其功甚巨，官給以金。于東則李墓、貴涇、鹽鐵、湖漕、横瀝浦，其工稍較省，則照民田起民夫，而稍借夫商賈之力，諸河并浚。公戴星出入，朝西北而暮東南，陸行乘馬，水行載舟，泥行蹈撬，親慰勞其勤事者，而間抶其不勉者。雖亦有長吏之屬分督其間，而躬爲總攬者則公也。故長吏亦望風旨，飭簞篋，民乃歡然趨，翕然赴。其贏糧而景從，款乃而荷鍤者，土烟迴而人霧錯，衿紳不敢徼優免之例，豪右不敢行隱匿之私，不兩月而諸工告成。

不佞一德横瀝里人也，所見横瀝之役，長二千六百丈有奇，廣四丈，深五尺。當用夫三萬有奇，然經始于二月朔，而告成于是月晦。推而諸河縱横深廣之數，當以億萬計，莫不皆然。延袤百里，蓄泄有備，號稱沃野，抑何神速之甚乎？蓋公寧爲巫馬期之治，不浮慕宓子賤之治，先勞無倦，以身兼之，故往年三月而無成，今則匝月而就緒。往年專治一河而不足，今則兼治諸河而有餘也。昔人謂雷霆百里，故縣令象之分土百里，夫使三吴百里之宰，盡如公治河，乃何憂百萬財賦哉！雖然，公固天下才也，而屈爲百里才，文經武緯，利興害除，無所不幹辦，而是區區土功又何難也？諸工竣而白茆潺潺不絶如帶，公又將爲慮始，不佞且拭目而觀成。彼孫叔敖、士彌牟之事，豈足道哉！

管一德《常熟縣重浚福山塘記》萬曆三十四年

常熟故瀕海而居，蓋東南沮洳之鄉，而昔人稱爲澤國。南受太湖以下諸水，而蓄聚于昆、尚兩湖，其東西北有二十四浦，分流入海，而海水之溢縮，亦各施受于諸浦之最者，曰白茆，而次則福山塘。塘雖次于白茆，而北枕大江，凡通、泰兩州與吾邑相貿易，其販舶必道經于此，而南貫邑城通江門，其所灌泄田數千頃。大都白茆以下田多瘠鹵，而福山以下田多沃美，巡撫侍郎周文襄公忱，嘗三等其賦，則斯塘要害實不下于白茆。治水户部尚書夏忠靖公原吉、暨給事中姚公善、僉事伍公性，嘗三四浚之，然潮汐去來，浮沙積聚，蓋旋浚而旋塞者數矣。

天包水，水承地，而一元之氣升降浮沉于地中，人力安能圉其去來，所恃者有司之經理，與農氓之畚鍤耳。邇者二十四浦，多就淤塞，而福山塘爲甚有識者日抱旱澇之憂。萬曆甲辰，北地耿公橘以進士來宰是邦，首除錢糧侵牟隱匿之弊，著爲令稱碩畫矣。而旋問河渠之政利所當興者，則里胥三老首以福山塘對。公行河盱視，乃下令大疏浚之。嚴于程限，而寬于均調，設置百夫、千夫之長，而以司徒相地度水之法，一禀于準繩，夫無惰工，户無隱口。經始于本年嘉平月，而告竣于次年春王正月，費官帑一千二百金有奇，而縉紳士庶計田出夫，自給口食之費不與焉。

是舉也民不告勞，官不告竭，嘗試登虞山之巔而眺望焉。福山如礪，斯塘如帶，商艘賈舶銜尾而上下，南北一水乘候而盈虚，而吾民稻粱成慶，鄭白興歌，不永永弗替哉！第公問河渠疾徐輕重，必次第布之福山通道，且漸及白茆，白茆利而所謂二十四浦者迎刃而解矣。昔者僞吴張士誠偏霸耳，人民幾何，糧儲幾何，尚能疏浚諸浦，使吴民享百餘年之利。矧今天子英武神聖，而公又精心念民瘼，彼瀕海而居者，皆曰奚爲後我。公所穿引，寧止是哉！

文震孟《長洲縣興築婁江石堤記》萬曆四十三年

蘇故澤國也，江淮之水繇京口，歷毘陵，皆從蘇以注海。震澤匯宣、歙、霅、苕之巨浸，宣吐于長、崑二邑間，而婁江實所繇道，至和塘最當其衝蕩云。自宋轉運使喬惟嶽決堤爲涇，水患滋起以迄於今，當事者咸緦緦慮焉。而苦于任事之難，至插楝樹版以殺水勢，亦幾無謀矣。廣濟胡侯士容，自嘉定令移劇長洲，神明之政，首試於奸惡之鋤夷，一朝獲三十餘輩，咸伏厥辜。境内肅清，民用衽席，日延父老問所疾苦，而知婁江之塘不可緩也。曰是且病涉病溺、病飛輓、病農。農兹土者至累歲不登半菽，誰司民牧，責可諉諸？既又相度土宜，而知非石堤無以障水勢。曰是金涇、陽城諸湖蕩之所震撼也；是太湖沙湖之所騰躍而淜湃也；是新洋、吴淞諸江之所逆駕也；是兩龍涇、朱涇、蕭涇、吴涇、陸涇諸要害之所泛而旁齧也；苟不爲永賴謀，僅飾目前，又豈司牧者之實意經始也？里計者四十有五，丈計者六千七百，橋計者二十有六，其巨者三十有八，金錢計者萬五千有奇。

顧邑民苦貧，府庫竭，莫可調發。侯又不能如正統中周、夏兩尚書，奉璽書從事水利，復田租，徵發屬邑，僅搜導河官帑之羡金不滿千，悉捐歲俸與贖鍰所入，集好義之衆，期月而成。自長至崑，長堤如帶，屹然如山，于是行者歌于道，鼓枻者歌於河，農歌於野，穡人成功。更于其贏金，益盡捐禄俸，買田三頃，其半以屬耆老，爲永堤計，且將續海虞、松陵之役，而半以給澤宫之貧士，使有恒産，俾免于寒飢。侯乃過予而言曰：『不佞兹役也，幸借賢士大夫之寵靈，與父老子弟之力獲，藉手以報績，請記記焉。非以耀成事也，此堤一日而不毁，即不佞之所以懷大夫與父老子弟者一日而不忘。』

吁，侯之材豈不甚異哉！顧其言又何長者乃爾。夫侯之始事也，國人以爲難，而侯不阻，侯之算長也。侯之集事也，國人以爲懼，而侯不怵，侯之操潔也。今之竣事也，國人以爲世世之功，而侯不喜，侯之心苦也。故此堤一日而不毁，即士大夫、父老子弟之頌侯者一日而不忘。且夫天下今方多事矣，侯駸駸向用，以侯之算、侯之操、侯之苦心，其何所不濟。婁江之堤亦曰始基已哉，侯拱手曰唯唯，敢拜君子之明訓，因書以爲記。時萬曆卯六月吉旦。

陸彦章《上海縣疏河記》萬曆四十五年

上海澤國也，百餘年來，縣不得水之益。地中市民龐雜，苴礫雜投，而豪家大族漁罔（并）[井]〔六〕小利。岸日益拓，河日益狹，久則屋其上，無故迹可尋。不久則更相傳，更相售，以爲固然。子大夫有議疏者，顧盼不敢動，輒議輒止，故市民旱則捐滴無所求，潦則溝澮無所泄，穢則蒸厲，火則延燼，此城中腸胃之大害也。城西某河漸成平陸，郡邑往來者，非步即騎。不然取道龍華，轉黄浦始得達，潮退則一葉可膠，風横則萬斛可覆，此城外咽喉之大害也。

吕公濬甫下車，顧而嘆曰：『古者居民立國，必通川澤之分。今海上水利久淤，非無良父母，直無醫師耳。請爲父老疏城中河，河旁有屋其上者，不問單赤豪貴，立撤之如河故迹而止。』凡百日而工竣，乃疏城外河。城西自肇嘉浜至新港湮十八里，城北虬江達嘉定湮十五里。丁夫雲集，又值歲晚冬暵，凡百日而工又竣。自是郡城之舟，直艤縣門矣。汲者舍浦而城矣，行者舍騎而舟矣，步夫争擔者息矣。疫癘不作，祝融無權矣。怒風暴雨，沸波狂瀾，莫復爲梗矣。赤田高壤，耕者有溉灌矣。舟可夜行，浦盜無所掠矣。不苦渴，不苦飢矣。是數者，近則貽目前之利，遠則垂數百世之利。目前之利，利細民，利商賈，利豪家大族。數百世之利，利人文，利城守。昔禹鑿龍門而聚礫，西門豹鑿十二渠而曰百歲，後令父老子弟思我，今視吕公何如哉？海上洋洋大國，邇來百度廢弛，幾如郵傳，莫知税駕。公修黌序、修城櫓以及衢路、厲壇、囹圄亭、長亭等，皆綜理之，制作焕然。如更闢東南一精采巖邑，而無若疏河，工尤最巨。公嘗曰：『《易》卦《鼎》之後，繼以《震》，《震》之後繼以《艮》。凡勢不得已，乃鼎革，革不得已乃震動。初與民更始，今與民休息，其惟艮乎？疏河以後，諸父老子弟可以長無事矣。』吕公名濬，丙辰進士，平湖人。

校勘記

〔一〕益　據《老子》作『蓋』字。

〔二〕火患病于取給　『火』似應爲『人』。

〔三〕水溢狹　『溢』字似應爲『益』。

〔四〕未睹　似應爲『未睹』。

〔五〕薄東　疑當爲『浦東』。

〔六〕間并　『并』似應爲『井』。

吴中水利全書卷之二十六

策對

試策發問水利，古今名賢之敷對鑿鑿，并輯以徵識見之符合。

［宋］

范仲淹《天章閣江南水利策對》

聖人之德，發於善政。天下之化，起於農畝。故《詩》有《七月》之篇，陳王業也。今國家不務農桑，粟帛常貴，江南諸州，歲糴米二百萬石，其所糴之價與輦運之費，每歲共用錢三百餘萬貫文。又貧弱之民，困於賦斂，樵伐桑棗，鬻而爲薪，勸課之方，有名無實。故粟帛常貴，府庫日虚，此而不謀，將何以濟？臣於天下農利之中，粗舉一二言之。且如五代羣雄争霸之時，本國歲饑，則告糴於鄰國，故各興農利，自致豐足。江南應有圩田，每一圩方數十里，如大城中有河渠，外有門閘，旱則開閘，引江水之利，潦則閉閘，拒江水之害。旱潦不及，爲農美利。又浙西地卑，常苦水沴，雖有溝河可以通海，惟時開導，則潮泥不得而湮之，雖有堤塘可以禦患，惟時修固，則無摧壞。臣知蘇州日，簡點簿書，一州之田，係出税者三萬四千頃。中稔之利，每畝得米二石至三石，計出米七百餘萬石。東南每歲上供之數六百萬石，乃一州所出。

臣詢訪高年，則云曩時兩浙未歸朝廷，蘇州有營田軍四部，共七八千人，專爲田事導河築堤，以減水患。於時民間錢五十文糴白米一石。自皇朝一統，江南不稔，則取之浙右。浙右不稔，則取之淮南。故慢於農政，不復修舉江南圩田，浙西河塘大半隳廢，失東南之大利。今江南之米，石不下六七百文，足至一貫文者。比於當時，其貴十倍，而民不得不困，國不得不虚矣。又京東西路，有卑濕積潦之地，早年國家特令開决之後，水患大減。今罷役數年，漸已湮塞，復將爲患，臣請每歲之秋，降敕下諸路轉運司，令轄下州軍吏民，各言農桑之間可興之利，可去之害，或合開河渠，或築堤塘陂堰之類，并委本州軍選官計定工料。每歲於二月間興役，半月而罷。仍具功績開奏，如此不絶，數年之間農利大興，下少饑饉，上無貴糴，則東南歲糴輦運之費，大可减省。其勸課之法，宜選官討論古制，取其簡約易從之術，頒賜諸路轉運使，及面賜一本，付新受知州、知縣等各官。此養民之政，富國之本也。

［本朝］

顧清《鄉試水利策》

問今天下財賦出於東南，而漕輸以北，乘輿之奉、百官之禄、六軍之糧多賴焉，重可知也。然乘歲以來，水旱爲虐，東南數郡，渺然巨浸，而濟寧上下，河欲生塵，是果天數乎，抑人事也？蓋嘗考之地理，詢之父老，乃知東南之水，太湖之溢也。北河之涸，黄河之徙也。其果然乎？然黄河之徙，不獨有涸流之患，而青、徐一帶又有漂溺之憂。故朝廷方遣官治之，而東南未之聞焉，不知二者孰重孰急乎？夫東南之水，單鍔論之詳，而國朝夏忠靖嘗治之。黄河利害，古人之論尤多，而國初宋學士亦嘗論之，其猶可舉而行者乎？兹欲考古人水利之學，立久遠之計，使東南雖雨而不潦，北河雖旱而不涸，黄河雖徙而無漂溺之憂，庶所謂一勞永逸者，思其術而未得也，願以告我。

除非常之害者，有獨知之慮者也。興無窮之利者，有特立之操者也。故曰非常之元，黎民懼焉。及臻厥成，天下晏如也。執事發策秋闈，以南北旱潦爲問，此誠國計之所當先也。夫漕河所資者水也，而連月不雨。東南所懼者水也，而雨或連月。若此者以爲非天乎？殆未可也。然北方常恒暘矣，東南嘗多雨矣，而未至於斯，則謂之非人亦未可也。數也存乎天，備也存乎人。夫併則湧，分則衰，順則安，逆則怒，水之大情也。萬世治水之法，無出禹者矣。《禹貢》曰『三江既入，震澤底定』，則知三江治，而震澤定也。又曰『播爲九河，同爲逆河，入於海』，則知九河疏而河流安也。然三江、九河不可尋矣，有能訪其意以治東南之水，則亦三江之遺法也。仿其意以治黄河之決，則亦九河之遺法也。

夫東南之水聚於太湖，而繇吴淞江入海，前此未聞其爲害也。宋慶曆間，築長橋以便漕路，水去漸澀，而黄浦之口漸湮，故三吴多水患。然不特此也，溧陽之上有五堰，以節宣、歙、金陵、九陽江之水。宜興之下有百瀆，以疏荆溪所受諸水，所以殺其來之勢也。江陰而東置運河一十四瀆，泄水以入江。宜興而西置夾苧干與塘口、大吴等瀆，泄水以入運河。皆所以導其流之歸也，此亦三江之遺意也，而今多涸矣，何怪水之不爲害耶！

黄河發源星宿，禹時繇碣石入海，當時未睹其爲害也。周定王時始失故道，而中國數被其害，嘗略考之矣。漢時河決酸棗，決瓠子，決東郡金堤，其勢漸東。宋至和決大名、館陶，熙寧決澶州、曹村，其勢漸南。金元以來，繇渦合淮以入海。今聞一旦驟徙於徐州，又徙於東平，又徙於臨清，其勢漸北。兖州上下，此亦九河之故處也，而今乃自復焉，則河徙未必不爲利也。然今濟寧而下，每有暵乾之憂。東平以上，又有漂溺之利。以勢論之，則黄河之患爲急。而東南財賦所出，亦未爲輕也。《孟子》曰：『禹之治水也，水之道也。』故治水者有順而無障，有分而無併。』宋時河決而南，一時小人必欲障而北之，以復禹故迹。所謂以有限之財，填無窮之壑，其事可鑒也。

今日東南之計，莫若略仿單鍔之論，疏决壅滯以導其歸，而夏忠靖所行，則其成效也。漕河之計，莫若略仿賈讓之策，多穿漕渠以殺水勢，而宋學士之議，亦其遺法也。復溧陽之堰，節金陵諸水，繇子胥運河以入江。開白茅諸浦，繇常熟以入海。疏運河諸瀆，繇江陰以入江，而松江、黄浦宜浚其淤塞，使入海無礙。且聽民作圩田以捍水，則太湖之水分，而東南水患减矣。導臨清之河，濟直沽以南之運。導東平之河，濟臨清以南之運。導徐州之河，濟邳州以南之運。而濟寧故有馬頰河，宜尋其迹導河以濟濟寧一帶之運。且聽民穿支渠以溉田，則黄河之勢分，而漕渠亦通利矣。然議者必曰東南諸浦或成膏腴，疏之則有侵尅之擾。濟寧一帶僅克自全，引之則有衝齧之勢。噫，愚固已言之矣，除非常之害者，有獨知之慮者也。興無窮之利者，有不拔之操者也。使任得其人，則勞之者所以安之也，而何有於紛擾；疏之者所以分之也，而何有於衝齧。必也，東南得人如夏忠靖，北河得人如陳恭襄，而又任之以專，行之以漸，無惜於小費，無惑於浮言，無求於近效，此功一成，南北永利，庶所謂一勞而永逸者乎！不然，殆未可輕議也。

袁黄《東南水利策對擬》

按《禹貢》『三江既入，震澤底定』，《爾雅》『吴越之間有具區』，蓋鎮、常、蘇、湖七郡之地，中含太湖，而東漸於海，上受杭、睦、宣、歙、天目諸山之水，下自三江泄焉。故禹敷土方，決三江，疏其委勢而平之也，自漢以來咸獲其利。雖古人順治之道，必觀其源以溯其委，上築溧陽之間分水、銀林五堰以節其流，而使發源之水得以西決於蕪湖。下疏三江，而使積聚之水得以東決於滄海。故自吴江抵華亭青龍合於三江之水，雖有二百八十里之遥，而上流既迅，大海之潮沙不得以障之也，其勢烏得不平乎！

夫何唐末商販簰木繇宣、歙以入兩浙，乃病五堰艱阻，紿官中廢，則金陵、九陽數郡之水，不西入於蕪湖，而東入於震澤矣。至宋慶曆二年，李禹卿又堤太湖八十里爲漕，而中截之，使湖水不得以東下。是五堰既開，則來者愈迅，湖堤既固，則去者復緩其勢，烏得不蔽乎！繇是三江之水，上不受湖流之衝，而下有潮沙之湧，於此而亦蔽矣。單鍔嘗言之，自五堰以至湖堤，猶之一身也。五堰則首也，荆溪則咽喉也，百瀆則心也，震澤則腹也。傍通太湖之衆流，則脈絡諸竅也，吴江則足也。今上廢五堰之固，下有江岸之阻，是桎其手足，塞其衆竅，以沃其口，沃而不已，則腹滿而氣絶矣。其後吴執中、郟喬類皆言之，而當時之執政，漫不知簡，遂使江口爲豪强之業，江尾爲茭蘆之區，淤田村落無慮數計，湖日湧，而江日廢，漸爲百世之患矣。悲乎！

仰惟國家永樂二年，夏原吉以善言水利，得蒞兹土，宜其復禹之故而平之矣。乃復不念其本，而徒自崑山開下界浦，掣淞江以達劉家河，而泄吴江北去之水，自華亭開黄浦，掣三泖，以達范家浜，而泄吴江南渡之水。至於湖堤之涸，則漫不爲意。正統六年，周忱修復三江，復以湖沙墾辟成田，因循不舉，是豈知湖堤不去，終非利導之源，三江不復，終非底定之本哉！爲今之計，五堰之復於正德五年者，修其成焉可也。其下委之勢，當自吴江以決其堤，自堤以決三江之壅，使之繇華亭青龍、顧會諸浦以達於海，其他疏泄之處，若宜興之百瀆，吕城之三堰，崑山之至和塘，咸復古人之道焉，何患水之不治哉！

張溥《東南水利策要》

永樂之元年，詔户尚書夏原吉治水江南，復以《水利集》賜之，使講究拯治之法。尚書原吉奏以爲浙江諸郡蘇、松最居下流；嘉、湖、常三郡，土田下者少，高者多，環以太湖，綿亘五百餘里，納杭、湖、宣、歙諸州之水，散注澱山等湖以入三泖。頃爲浦港湮塞，匯流漲溢，治法要在浚滌吴淞諸浦港，泄其壅遏，以入於海。宣德之時，知府况鍾言：蘇、松、嘉、湖之地，其湖有六，曰太湖、龐山、陽城、昆承、沙湖、尚湖，聯屬三百餘里，其水東南出嘉定吴淞江，東出崑山劉家港，東北出常熟白茆港，年久不通，乞遣大臣督各府縣官，於農隙時，發民疏浚。於是踵而言之者，無不以吴淞、白茆爲急。知府汪滸之議開白茆等塘也，挑浚青墩浦、横瀝塘共五六十里以通之。鑿三堰通鮎魚口，而水得歸海。崔巡撫恭督工浚江，分爲三段，有夏駕口、白鶴江、卞家渡、莊家涇之挑浚，而曹家溝、蒲匯塘、新涇、大盈浦諸水，無不浚治。至今民目漕港爲都臺浦，則明德之志也。

泄理多方，而爲術有要，無過於胡御史體乾之六策矣。其言曰：『開泄水之川，浚容水之湖，殺上流之勢，决下流之壑，挑潮漲之沙，立治田之規。』而又請專設督理之官，嗚呼，盡之矣。然而《禹貢》之道雖存，謗書之來可懼，則當不避嫌怨以圖成功，必李尚書充嗣之尋訪淤塞故道，正世家之所據，盡心所事，不辭煩苦。凡椿木畚插，給賞僱直之需，取諸帑之羨餘，可法也。開浚之費，取之官無取之民。若海巡撫瑞之請，量留各處贓罰漕糧二十萬石，折銀濟工，可法也。費有所不支，則當權宜變化，以求其濟。若何巡撫鑑之以兑軍諸費兑役治其地，即役其地之人，分地程工，分工賦糧，使官賴民力，民受官濟，用米二十八萬石，人二十五萬，而衆不爲勞，可法也。

蓋浙西、蘇、松諸郡之水，其源皆出天目，昔之人言之矣。水之枝節多岐，而白茆港、吴淞二派最大，昔之人又辨之矣。故通修之令，時見於明詔，責成之説，嘗出於敕書。有謂巡鹽御史當理蘇、松水利，而兼及浙江水利，僉事當行於浙江而兼及直隸。有謂諸郡地濱太湖，水利廢興乞專差工部官管理，凡以致重其事也。誠先此二派，而餘以次修，則藏村瀃金壇，溧港瀃武進，艾祁、通波瀃青浦，顧浦、吴塘瀃嘉定，大瓦等浦瀃崑山之東，許浦等塘瀃常熟之北，岡壠支河深廣復舊，無不在其中矣。

吴中水利全書卷之二十七

祀文

開浚祀神，有祝舉事鄭重，其誠懇情見乎詞，不可弗載。或稿逸無搜，則置之矣。

［宋］

葉清臣《祀滬瀆龍王文》

清臣叨被朝恩，出持使斧，觀采風俗，詢究利病。上分天子之寄，下救斯民之瘼，職思其守，靡敢怠遑。眷惟全吴舊多積水，加以夏秋霖潦，田疇污没，浩浩罔濟，人無聊生。聞諸鄉老之言，患在盤龍之匯，但陵谷變遷，枉直倍差，水道回遏，湖波壅滯。自乾興以來，屢經疏决，未得其要，不免爲沴。蘇、秀之人皆云，神故有廟，在江涘。錢氏有土，祀典惟寅。霜星貿移，棟宇崩壞。官失檢校，民無遵奉。自時厥後，歲亦多水。且謂神不血食，降災下民。清臣躬行按視，徇人所欲。乘乎農隙，釃此江流。神果有靈，主斯蓄泄。敢告無風雪、無瘥癘，舉鍤而土潰，決渠而水降，改昔沮澤，化爲壤田。即當嚴督郡縣，修復祠貌。春秋致饗，蘋藻如故。若疲吾役夫，不能弭患，則我躬不閔，皇恤於神？神惟聰明，昭鑒無忽。

［本朝］

夏原吉《治水祀告河神文》

溯維三江，神禹開鑿。曠久不治，涓流將涸。農田被害，神氣蕭索。眷兹九重，聖人復作。宵旰憂勤，命予疏瀹。願神助勳，水歸其壑。

姚文灝《治水告河神文》

三江不流，勾吴昏墊。天子憂民，愧灝弗忝。胼胝曷辭，宵行露蟾。務底厥成，洪濤罔瀲。不效甘誅，體不歸窆。誦此誓詞，惟神動念。

海瑞《開吴淞江祭江神文》

吴淞古江，横亘吴邦。歲久湮淤，震澤水洚。瑞請王命，建壩樹樁。廣募畚鍤，務駛行艭。默相勵助，遥望神幢。

林應訓《開江祭龍神文》

惟神職司利濟，永底民生。分方奠位，以赫厥靈。惟是震澤，東南具區。三江既入，昏墊攸除。歷年既久，湮塞靡常。疆畝泛濫，稼用弗臧。時浚時淤，詢諸僉謀。咸謂長橋，實係咽喉。長橋既辟，爰及吴淞。二水安流，三江遂通。予膺簡命，相厥地宜。欲復故道，實首於兹。穆卜良辰，大工伊始。繇湖及海，經三百里。總總林林，億兆生氓。我實董正，授之規程。念兹力役，實惟佚道。俾相勸勉，神之大造。我憂風雨，重以祁寒。惟恒暘燠，神錫之安。凡此疏浚，曰天子命。惟神效靈，惟民從令。凡我官屬，恪勤敬承。敢有怠事，神其糾繩。祈兹收功，不疾而速。國裕民殷，并受其福。謹用牲醴，式申虔告。遹觀厥成，永言食報。

林應訓《又祭龍神文》

三江既入，神禹之功。震澤底定，於吴則通。惟此東江，久湮不治。水源壅閼，爲民之厲。天子仁聖，軫念東南。疇咨元宰，羣謀是參。臣未巡行，恭承簡命。夙夜祇慄，勉圖報稱。鳩工集事，役不逾時。相其土宜，疏以導之。百川可安，三農無害。匪臣之勞，神實大賴。漢塞瓠子，歲久始平。豈如今日，俯仰西成。君相同心，荷兹靈貺。臣亦遇合，職幸無曠。自今伊始，必屢豐年。大府所儲，仰給於田。水常潤下，河不溢流。降福穰穰，以奠千秋。神協人謀，敢不報賜。合樂陳牲，告虔明祀。

吴中水利全書卷之二十八

詩歌

江湖泖澤，題詠最繁，兹但採其有關修浚者，考驗人情，備徵典故，餘悉置不録。

〔元〕

陸仁《崑山州築圍辭》

《築圍辭》美郜侯也，侯能恤民之勞，故民樂於趨事。堤既成，田亦增墾，潦不爲災，侯之績也。

湖水兮漫漫，善嚙我稻田。何以禦之？築圍必堅。　湖水兮漫漶，雨潦至兮茫無畔岸。何以備之？築堤以捍。　農之勞兮侯所哀，侯之德兮農是懷。　田增墾兮薙荒茨，堤既成兮潦無災。

徐恒《築圍婦》

日出鼓逢逢，築圍湖水中。湖水不可築，滔滔勢浮空。妾身無文繡，何繇禦蛟龍？州有部長官，時時來勸工。長官憐妾意，不答岸上翁。妾身願化爲精衛，銜泥去填東海水。海水竭，變桑田，公家不用憂租稅。

馬弓《築圍謡》

婁東有田皆斥鹵，水高田下常愁雨。雨多要令禾稼傷，年年修圍起編户。去年修圍誠可悲，差到單丁八歲兒。終朝汗流泥没脚，長官肯信家無糜？今年徵官勝去年，鄉胥不索下圍錢。阿兄荷鍤弟持畚，郎罷負輿兒替肩。相呼相笑争先後，築圍既成無滲溜。田中禾本似車輪，不比苗株去年瘦。但願秋來禾熟時，大家作酒烹黄雞。上堂先爲監官壽，明年早拜蘇州守。

金絅《築圍謡》

春田未云耕，春水已平岸。農官曉行水，輕舠歷瀰漫。咨詢遍村村，父老喜相唤。輿言具畚鍤，築土作堤捍。長圍如長城，百頃平如案。鳩工不終日，見此農有畔。新秧泛晴風，剡剡翠光亂。登成足供賦，困庾不可筭。焉知賴坊庸，勞績乃居半。我行崑山野，田里悉嗟歎。共言府公賢，貳守類王涣。爲官務寬猛，已足見區幹。韋丹既稱唐，召父久名漢。循良人所罕，今古亦同貫。作詩繼塗歌，善政不能贊。

顧瑛《築圍謡》

文章别駕劭農日，積雨初收水漫圍。月出柁樓供晚飯，江深草色上春衣。鳴鳩拂羽巢桑隴，飛燕捎花傍石磯。緑滿大田民樂業，鼕鼕社鼓送將歸。

陸麒《築圍謡》

劭農使者出郊坰，雞犬田家總不驚。花送綵舟飛撥穀，秧齊緑水過清明。尋僧得句題新竹，打鼓催車候晚晴。父老豚蹄今有祝，秋來穫稻醉承平。

楊維楨《澱湖》

禹畫三江東入海，神姑繼禹澱湖開。獨鰲贔屭戴山出，三龍聯翩乘女來。稽天怪浪俄桑土，閲世神牙亦劫灰。我憶舊時松頂月，夜深夢接鶴飛回。

張之瀚《高昌渡》

黃浦春風正怒號，扁舟一葉渡驚濤。諸君來問民間苦，何用潮頭幾丈高。

無名氏《白茆歌》

白茆夫，何蚩蚩。耰鋤版鍤二十萬，盡是吳中一十二郡良家兒。道旁過客問夫事，但言將軍有令開江堤。江堤延袤九十里，息肩弛擔知何時？自從去年秋，迄今猶未歸。層氷鑿鑿墮血指，北風獵獵吹單衣。父母不得見，兒寒妻啼饑。邊烽入夜急，羽檄流星馳。縱勞里正裹糧食，長年苦役家亦隳。費伯帥師速如火，弱者已死壯者羸。白茆夫，良可悲。豈無新店獵，豈無趙光奇？天關隔下土，爾訴那繇知？生男信是生女好，爾生不仁逢百罹。我歌白茆夫，將軍靜聽之。君不聞晉陽水沉竈，產蛙民弗離。又不聞瓠子決天命，殆非人所爲。水可航，山可梯。在德不在險，先言猶足規。承平之世，念未及此，况今四海皆瘡痍。我願將軍心推德，懷庶黎，靖八荒，平四夷。上書太平旗，下立襄陽碑，男耕女織天下一，坐令百姓歌雍熙。

貝瓊《白茆歌》

山東未息馬，山西尚揮戈。急起州縣兵，北開白茆河。海風裂面天雨雪，山高水深不見月。萬人鑿土如鑿山，河邊死者誰收骨？白茆河成如白虹，百里直與昆承通。將軍不待驅鬼工，平地遂作魚龍宫。問誰愛民如愛子？華亭盛侯古莫比。昔去今還悲復喜，非汝身爲白茆鬼。盛之德，河之水，千古萬年流無已。盛侯名彦忠，華亭縣縣丞。

［本朝］

夏原吉《過澱湖》

煙光萬頃拍天浮，震澤分來氣勢優。寄語蜿蜒波底物，于今還肯負舟不？

蒲璧《郎官渡》

郎官渡口説郎官，能使居民奠枕安。志在濟川真可尚，功歸導水自來難。浸淫積潦通流浄，澄徹清光照眼寒。我欲勒銘誇盛德，便須刻石樹江干。

偶桓《郎官渡》二首

郎官渡口樹亭亭，曾爲郎官繫綵舲。疋練瑩連三茆白，聯螺晴漾九峰青。風傳漁唱來前渚，雪壓鷗羣下别汀。老我猶存釣鰲手，持竿從此欲浮溟。

郎官渡口浪如雷，繫纜沙頭日幾迴。拯溺昔聞憂世志，濟川今見出羣材。已驅積潦歸滄海，還使春風發朽荄。欲刻瓊瑶昭令德，不知誰有紀功才？

范能《郎官渡》

郎官渡口聽謳歌，盡説郎官德政多。山作馬鞍横玉阜，江拖練帶落銀河。萬夫疏鑿今重見，千古聲名久不磨。從此熙熙民樂業，天時地利日相和。

蒲璧《題少卿墩》

少卿墩下告成功，排瀹狂流勢已平。片石豈能鎸偉績，千年猶得紀芳名。派流震澤今重定，源比黄河又一清。黎庶欣欣蒙潤澤，田間擊壤樂春耕。

葉提《題少卿墩》

少卿墩上望江湄，畫舫多來此處維。南峙鳳凰山朶朶，東連墩海水瀰瀰。五丁端藉神功力，萬姓無愁墊溺時。主聖臣良遭際日，亘天盤地立丕基。

偶桓《題少卿墩》

少卿墩下水沄沄，決浚重看禹績新。笠澤西來循古道，海門東去接通津。天低極浦鷗鳧晚，雨浥芳洲杜若春。又聽滄浪歌孺子，解纓好濯屬車塵。

范能《題少卿墩》二首

少卿墩上瞰晴沙，沉潦滔滔達海涯。國有勳臣勞贊畫，民安生業務桑麻。輕風吹浪牙檣動，明月浮空白練斜。歸覲九重春正好，紅香襯馬入京華。

少卿墩號喜新聞，遠挹滄江達海門。地脈潤分南澱水，山光晴接北崑雲。芃芃禾黍高低隴，藹藹桑麻遠近村。一自重臣經濟後，芳名偉績鎮長存。

袁凱《沙塗行》

西起吴江東海浦，茫茫沙塗皆沃土。當時此物不歸官，盡養此地饑民户。紅尖小麥畝二石，荻蘆輪囷竟三尺。紛紛赤線何足論，瓜芋青秧密如櫛。饑民得此不復饑，昔無一物今五衣。子孫相仍二十載，飽暖得與平民齊。君恩如天不可負，君恩能前不能後。力微勢怯官不理，一一奄與强家有。强家犬馬厭菽粟，强家篋笥盡珠玉。君不聞江頭浦邊三萬家，秋雨秋風夜無燭。

陳章《寄祝主事萃詩》

通海易塞□海難[二]，請君反覆思兩端。雨暘愆期致澇乾，此與時政還相干。人力回天亦良艱，惟是築堤護圩田。此策若舉人心安，單舸寡從相周旋。東西遍閱陌與阡，佚道使民省笞鞭。低者增築令高堅，破者被綴令完全。可以蓄泄防未然，道元《水經》有本源。守敬議論非腐酸，前元特設水監官。仁發姓任號月山，此老水利亦精專。今君奇胸萬卷蟠，取用不竭如淵泉。縱横曲直珠走盤，但厚民力無傷殘。眼前活法人所便，古人陳迹亦蹄筌。吾君吾相聖且賢，將舉廢墜起跛偏。和氣充塞位兩間，堯水湯旱非所患。側聞西潭過高軒，移時不出吏倴關。方且索我詩稿看，感君西臺舊歲寒，不惜千里披心肝。

姚文灝《浚河歌》

遠聞新土方希罕，盡露黄泥始罷休。兩岸馬槽斜見底，中間一線水通流。

姚文灝《開壩歌》

開河容易壩難通，我有良方不廢工。壩裏掘潭寬似壩，却疏餘土入其中。

姚文灝《修圩歌》

修圩莫修外，留得草根在。草積土自堅，不怕風浪喧。修圩只修内，培得脚根大。脚大岸自高，不怕東風潮。教爾築岸塍，築得堅如城。莫作浮土堆，轉眼都頹傾。教爾分小圩，圩小水易除。廢田苦不多，救得千家禾。

姚文灝《相視吟》

三江七澤使舟輕，看盡長堤及短塍。雞犬不驚行李處，魚龍應識棹歌聲。田邊圩埂年年壞，江上潮沙日日凝。一築永無他患至，但交東作自西成。

方豪《謁林知府懋舉於白茆港舟中獻詩》有序　二首

白茆港塞，吴下連年被災，豪令崑山，輒念及此。太倉守倪宗正，特白我公躬臨相度，豪喜其功必成也，敬叩隼旟奉呈拙句。

太守欲開白茆港，縣官特過清水河。崑山縣東有清水港。人家盡拆留基址，田隴不分躍浪波。東陌西村炊突斷，南涯北岸漁火多。掩蓬觸目傷心坐，老淚寒風兩下沱。

水利官去白茆塞，白茆港塞全吴荒。婁東刺史獻長策，郡上使君臨僻鄉。財力眼前嗟有限，惠聲日後被無疆。不才寧敢辭迂腐，荷锸先趨芳草場。

林懋舉《和前韻志感》二首

風帆一葉衝寒雨，到處逢人問治河。肯爲亡羊嗟末路，欲憑砥柱障狂波。茅簷日午雞聲悄，澤國秋聲雁影多。北向青天頻稽首，甘霖何日大滂沱。

白茆故道年年塞，緑野良田處處荒。世界却疑魚鳥窟，人家半在水雲鄉。六龍下降平分野，歲當六龍治水。五馬東來問辟疆。天意定從人意好，萬家禾黍歲登場。

倪宗正《和前韻上林懋舉》二首

遠馳玉節問民瘼，咸謂豐凶係此河。患在東吴歌黍稷，誠通南海奠風波。共誇邦伯旬宣重，敢謂書生議論多。試看往時江漢績，安流分處是滂沱。

六事狂圖先水利，荷蒙採擇在包荒。掌中指畫非難事，眼底逃亡半異鄉。王事深慙虚歲月，農功漸見遍封疆。更憐丁壯忙如許，抛却春田習戰場。

朱文《和前韻謝林懋舉》二首

海濱何事旌旗滿？邦伯遥臨相白河。冒雨直須窮底止，爲公寧肯惜奔波。莫言歲歉民財盡，還計年豐國賦多。伏願吾皇法往古，大開帑藏濟滂沱。

良田没水緣河塞，粒米如珠歲大荒。版籍僅存空有數，逃亡欲盡不成鄉。可憐廢宅長新草，未識何時復舊疆。枯朽髑髏隨處見，翻疑隴畝是沙場。

浹歲良田渰横潦，而今到處懼天荒。銜哀拆屋來城市，垂淚移家別海鄉。業在却無人佃種，界連那有岸爲疆？何如四野歌聲滿，策杖還須醉一場。

錢仁夫《和前韻謝林懋舉》二首

白茆曾費民財力，名是開河實塞河。下海緩流沙作梗，在田積水雨增波。坐令四海公私乏，延及三吴潦暵多。勿急近功爲遠計，請看神禹導滂沱。

三時苦雨愁渰没，百日乾晴告旱荒。無路可從消積水，有冤莫訴苦低鄉。募民出力隨償值，立長分工各守疆。欲浚河漕須果決，莫容觜距得專場。

錢承德《和前韻謝林懋舉》二首

牧伯衝風冒雨過，爲民辛苦欲開河。遭年饑饉愁黎庶，百里荒凉渺白波。天府但需財賦急，使君周慮本根多。白茆水道加疏浚，始信東南故有沱。

郡邑連遭雨降殃，高圩低畝盡抛荒。民多流竄愁饑歲，草不飄浮驗水鄉。澤國喉襟真要害，錢糧淵藪此封疆。開河若報功成日，我到明秋預築場。

倪宗正、方豪《白茅舟中聯句》

入冬風雨癡如春，宗正傍海泥沙愁殺人。太守欲開萬世利，豪臺臣應念三吴貧。莫辭跋涉探源委，宗正還向輿情爲討論。他日功成崇廟祀，豪年年血食海東神。

方豪《過河舍》

河舍窄如溝，中堪容一舟。海沙高比岸，蒲草緑成洲。苦積崑山水，偏妨農畝秋。白茅如舉事，先向此中修。

倪宗正《過河舍和前韻》

麥隴淺深溝，潮平可泛舟。恐加三月雨，連没百花洲。禾黍懷他日，蘋蕪記早秋。欲爲農事計，次第兩河修。

謝琛《閲姚文灝水道圖説詩》

東南財賦區，三吴本奇絶。揭來見蕭索，貢納歲虧折。天王賴慈仁，蠲税縱縲絏。一雨近半月，經旬没溝畷。播種已失時，凶饑更奚揲。累累行路人，揭衣語悲咽。去年水尚在，今年勢尤烈。觀風愧嚴命，對此衷腸熱。封章謹奏聞，虛懷還切切。南方蒸濕重，時雨三邊雪。滴露天地澤，轉患何迭迭。嘗爲田家子，農事歷騷屑。下流上不溢，此理無分别。按行姚公圖，細讀圖中説。了然覺有得，兹人亦豪杰。傷哉數十年，人事誠欠缺。西來百源長，東逝諸浦竭。夏、徐疏浚後，何人繼其轍。雖有水利官，兼管難施設。有司惜小費，當道結長舌。災成付上天，天寃何處雪。我欲揮長鋤，重把三江决。渺茫平地波，一海都收滅。栽培表天功，當國足周徹。世情忌形迹，焉敢上論列。

校勘記

〔一〕通海易塞海難　『塞』下疑落一字。

《吴中水利全書》後序

萬任

竊任銅崖豎儒，未審天下大計，嘗讀《管子》書《水地篇》而知桓公之富强有以也。國之本在食，食所生之源水土，又乃能生殖阜庶。當春秋時，齊之地未大於列國，而兵車之役，又無歲不駕。齊獨雄於四鄰，則太公之所疆理，管子蓋善修之，故能以其賦從諸侯之事。秦、漢興圖一統，歷唐、宋至勝國，並師其法修水利。迨我列聖，益勤農事，成(蹟)[績][一]昭然。乃神廟以後，國用常憂不足，核其貢入之額，則半在吴。吴僅數郡，介諸東南，鴟夷子所稱黿鼉魚鼈之與處者也。而供輸煩重，惟水稻刈穫是賴。昔禹畫野分州，謂土惟塗泥，田惟下下，而賦偏上上，匪徒地利，有人力焉，豈人力亦今昔之或殊？任釋褐爲令，執鞭弭於督撫。中丞張公，殷殷提誨，謂『吴壤濱於海陂，邇值水政曠怠，凶荒洊臻，官民愁困。嘉邑褊小，吴淞江横亘其中，正壅遏受病之區，爾其察之。』任亟延見士紳，始知吴中之水從西南傾注東北，遠如宣、歙、苕、霅，近如常、潤諸川瀆，匯於具區，引而灌之，爲泖爲蕩、爲瀫、爲湖、爲滁、爲漾，悉向淞、婁、東三江趨海。東江既廢，二江之流益猛，更藉白茆北泄，分殺其勢。今吴淞、白茆並受潮汐浸灌，沙土填閼，婁江一道，安能容東南千里之狂瀾？且支渠淫泛，藪污沼沚，午貫交注者，一切膠澀。夫水取灌輸，《管子》所謂地之血氣，若筋脈之流通者也。故曰：水，具材也。又曰：水，神於萬物，莫不得其養，盡其幾者。水之内度適也，今深則漂墊，淺則焦枯，潦病暵亦病，樹藝不登，逋稅莫措。聖天子宵衣旰食，久於疏導注懷。中丞公體國憂民，專以飢溺憫念。會詔旨頻頒，於整兵拒寇之隙暇，巡行甸服，凡江湖澤壑，郊原郛郭，摹肖以圖，隨考度稽謀，搜閱典籍，纂輯全書。首紀水所發源，次列水所經帶。天之雨暘，歲多愆慝，水之盈縮，轉爲利害。明王令不需時，水工設有常秩。他如董率鎮撫，與經緯方略，順水之性而循下也。自古及今，其浚治之迹，爲農田利者，爰逮所列，上啓事版下郡國，恒著爲令。有所損益因革，曁廊廟草野，建畫答教，頌述功德之詞，皆羅而入。蓋司空治水，虞人掌水之政，以時行其湟，遂畎澮溝洫。又農正所典司疏瀹，有程水庸職焉。詳哉，法之善矣！洵爲百世憲章之書，行且繕呈御覽，先授棗梨，屬任參訂。任悚然愧汗，展卷莊誦，佩公之忠亮，直揭肝膽于斯編。若匯次較讐，則蔡參知經綸夙抱，王文學淹博共推，辱公延禮，殫厥心力。而公又手自裁定，夫何待於任？雖然，任受教承令，敢不究心吳淞江之尾泄，適在嘉、上二邑治境，往者數十丈之洪濤，今無徑寸之澌溜。聞之白茆亦然。每謁臺司，及與州邑牧長星聚，共嘆吳中之水，似病者之蠱膈。歲即薦登，未蘇積餒，征賦屢虧，流離滿道，有司待罪不皇。至嘉尤斥鹵不宜禾，止栽吉貝，自江流阻絕，一遇商羊旱魃，立時槁仆，父老言之涕下。茲邀公寵靈，拭目俞旨俄下，畚鍤雲興，竭排治淘決之功，俾高高下下，咸若其性。而土益作乂，將見萑蒲化爲沃沮，焦塙仍爲膏土。更有說焉，漕渠闢治，蜚輓得任飈馳，濠塹加深，艅艎可以布列。廪庾紅粟，豐鎬苞桑，默培根本，源源貢賦。安內攘外，莫先於此。斯熙朝鼎祚，億萬無疆，則是書之成，豈宰割小吏所能贊嘆哉！

校勘記

〔一〕成蹟　『蹟』應作『績』。

附録

《明史·張國維傳》

張國維，字玉笥，東陽人。天啓二年進士。授番禺知縣。

崇禎元年擢刑科給事中，劾罷副都御史楊所修、御史田景新，皆魏忠賢黨也。已，陳時政五事，言：『陛下求治太鋭，綜核太嚴。拙者跼蹐以避咎，巧者委蛇以取容，誰能展布四體，爲國家營職業者。故治象精明，而腹心手足之誼實薄，此英察宜斂也。祖宗朝，閣臣有封還詔旨者，有疏揭屢上而争一事者。今一奉詰責，則俛首不遑；一承改擬，則順旨恐後。倘處置失宜，亦必不敢執奏，此將順宜戒也。召對本以通下情，未有因而獲罪者。今則惟傳天語，莫諸拜颺。臣同官熊奮渭還朝十日，旁措一詞，遂蒙譴謫。不可稍加薄罰，示優容之度乎？此上下宜洽也。』其二條，請平刑罰，溥膏澤。帝不能盡用。進禮科都給事中。京師地震，規弊政甚切，遷太常少卿。

七年擢右僉都御史，巡撫應天、安慶等十府。其冬，流賊犯桐城，官軍覆没。國維方壯年，一夕鬚髮頓白。明年正月率副將許自强赴援，遊擊潘可大、知縣陳爾銘等守桐不下。賊乃攻潛山，知縣趙士彦重傷卒。攻太湖，知縣金應元、訓導扈永寧被殺。國維至，解桐圍，遣守備朱士胤趨潛山，把總張其威趨太湖。士胤戰死，自强遇賊宿松，殺傷相當。安慶山民桀石以投賊，賊多死，乃越英山、霍山而遁。九月，賊復由宿松入潛山、太湖，他賊掃地王亦陷宿松等三縣。國維乃募土著二千人戍之，而以兵事屬監軍史可法。明年正月，賊圍江浦，遣守備蔣若來、陳于王戰却之。十二月，賊分兵犯懷寧，可法及左良玉、馬爌遏之。復犯江浦，副將程龍及若來、于王等拒守。諸誠並全。又圍望江，遣兵援之，亦解去。

十年三月，國維率龍等赴安慶，禦賊酆家店，龍軍數千悉没。賊東陷和州、含山、定遠，攻陷六合，知縣鄭同元潰走，賊遂攻天長。國維見賊勢日熾，請於朝，割安慶、池州、太平，别設巡撫，以可法任之。安慶不隸江南巡撫，自此始也。議者欲并割江浦、六合，俾國維專護江南，不許。

國維爲人寬厚，得士大夫心，屬郡災傷，輒爲請命。築太湖、繁昌二城，建蘇州九里石塘及平望内外塘、長洲至和等塘，修松江捍海堤，浚鎮江及江陰漕渠，並有成績。遷工部右侍郎兼右僉都御史，總理河道。歲大旱，漕流涸，國維浚諸水以通漕。山東饑，振活窮民無算。

十四年夏，山東盜起，改兵部右侍郎兼督淮、徐、臨、通四鎮兵，護漕運。大盜李青山衆數萬，據梁山濼，遣其黨分據韓莊等八閘，運道爲梗。周延儒赴召北上，青山謁之，言率衆護漕，非亂也。延儒許言於朝，授以職。而青山竟截漕舟，大焚掠，迫臨清。國維合所部兵擊降之，獻俘於朝，磔諸市。兵部尚書陳新甲下獄，帝召國維代之。乃定戰守賞罰格，列上嚴世職、酌推陞、慎咨題等七事，帝皆報可。會開封陷，河北震動，條防河數策，帝亦納之。

十六年四月，我大清兵入畿輔，國維檄趙光抃拒螺山，八總兵之師皆潰。言者詆國維，乃解職，尋下獄。帝念其治河功，得釋。召對中左門，復故官，兼右僉都御史，馳赴江南、浙江督練兵輸餉諸務。出都十日而都城陷。

福王召令協理戎政。尋敘山東討賊功，加太子太保，廕錦衣僉事。吏部尚書徐石麒去位，衆議歸國維。馬士英不用，用張捷。國維乃乞省親歸。

南都覆，踰月，潞王監國於杭州，不數日出降。閏六月，國維朝魯王於台州，請王監國。即日移駐紹興，進國維少傅兼太子太傅、兵部尚書、武英殿大學士，督師江上。總兵官方國安亦自金華至。馬士英素善國安，匿其軍中，請入朝。國維劾其十大罪，乃不敢入。連復富陽、於潛，樹木城緣江要害，聯合國安及王之仁、鄭遵謙、熊汝霖、孫嘉績、錢肅樂諸營，爲持久計。順治三年五月，國安等諸軍乏餉潰，王走台州航海，國維亦還守東陽。六月知勢不可支，作絶命詞三章，赴水死，年五十有二。

《四庫總目提要》相關按語

紀　昀等

臣等謹案：《吴中水利全書》二十八卷，明張國維撰。國維字九一，號玉笥，東陽人。天啓壬戌進士，福王時官至吏部尚書。南京破，復從魯王于紹興，事敗，投水死。事迹具《明史》本傳。是書先列東南七府水利總圖，凡五十二幅，次標水源、水脈、水名等目。又輯詔敕、章奏，下逮論、議、序、記、歌謡。所記雖止明代事，然指陳詳切，頗爲有用之言。凡例謂崇明、靖江二邑浮江海之中，地脈不相聯贅，自昔不混東南水政之内。今按二邑形勢，所説不誣，足以見其明確。《明史》本傳稱國維爲江南巡撫時，建蘇州九里石塘及平望内外塘、長洲至和塘等，修松江捍海堤，浚鎮江及江陰漕渠，并有成績。遷工部右侍郎兼右僉都御史，總督河道。時值歲旱，漕流涸，浚諸水以通漕。又稱崇禎十六年，八總兵師潰，國維時爲兵部尚書，坐解職下獄，帝念其治河功得釋，則國維之于水利實能有所擘畫。是書所記皆其閱歷之言，與儒生紙上空談，固迥不侔矣。乾隆四十五年十一月恭校上。

《鄭堂讀書記補逸》卷十四評隲《吴中水利全書》　周中孚

是編乃其巡撫應天等府時作，前有自序、凡例及蔡維立懋德、陳眉公繼儒二序。蓋以從前東南水利諸書，皆言持一家，議主一時，惠一郡一邑。或師古悖今，或詳今略古。因採古今來凡有關于蘇、松、常、鎮四郡水利典故文章者，分類匯纂，名曰《吴中水利全書》。凡圖説五十三篇爲二卷，水源、水脈各一卷，河形、水年、水官、水治各一卷，詔命、敕書、奏狀、章疏、公移、書志、考、説、論、議、序、記、策對、祝文、詩歌共十八卷，搜羅大備，纖悉不遺。其于水性順逆，因勢利導之故，則于水源、水脈、河形、水治諸門及各圖説，俱尋源溯委而分疏之。其總圖兼杭、嘉、湖三府者，以吴中之水，由杭、湖發源，自西南而傾東北。嘉興亦其流駛渟泓之境，非合七郡，莫悉端委。故水源一類亦并及廣德、寧國、應天焉。其不及崇明、靖江者，以二邑沙浮江海之中，地脈不相聯貫，故只于蘇、常全境總圖中，繪二邑方輿，并摹及港脈，以存考證。按東南水利，大都興于宋、元，而盛于明。故是書于唐以前之文，止存五篇，而諸類亦略及唐以前。至其指陳詳切有用之言，其是書之謂歟！